建筑抗震设计手册

Seismic Design Manual for Buildings

(按 GB 50011—2010（2016 年版）编写)

(According to GB 50011-2010 (2016 Edition))

(下　册)

(Part 2)

罗开海　唐曹明　黄世敏　主编

地震出版社

图书在版编目（CIP）数据

建筑抗震设计手册：按 GB 50011—2010（2016 年版）编写/罗开海，唐曹明，黄世敏主编.
—北京：地震出版社，2023. 10

ISBN 978-7-5028-5603-8

Ⅰ.①建…　Ⅱ.①罗…　②唐…　③黄…　Ⅲ.①建筑结构—抗震设计—手册
Ⅳ.①TU352.104-62

中国国家版本馆 CIP 数据核字（2023）第 218970 号

地震版　XM4607/TU（6424）

建筑抗震设计手册（按 GB 50011—2010（2016 年版）编写）（下册）

Seismic Design Manual for Buildings(According to GB 50011-2010 (2016 Edition)) (Part 2)

罗开海　唐曹明　黄世敏　主编

责任编辑：王　伟　俞怡岚

责任校对：凌　樱

出版发行：地震出版社

北京市海淀区民族大学南路 9 号　　邮编：100081

销售中心：68423031　68467991　　传真：68467991

总 编 办：68462709　68423029

编辑二部（原专业部）：68721991

http://seismologicalpress. com

E-mail：68721991@ sina. com

经销：全国各地新华书店

印刷：河北文盛印刷有限公司

版（印）次：2023 年 10 月第一版　2023 年 10 月第一次印刷

开本：787×1092　1/16

字数：2471 千字

印张：96. 5

书号：ISBN 978-7-5028-5603-8

定价：480. 00 元（上下册）

本手册编委会成员及分工

主　编	罗开海　唐曹明　黄世敏	中国建筑科学研究院有限公司
第1篇	唐曹明	中国建筑科学研究院有限公司
	罗开海（第2章）	中国建筑科学研究院有限公司
	黄世敏（第3章）	中国建筑科学研究院有限公司
	吴乐乐（第4章）	中国建筑科学研究院有限公司
第2篇	周燕国	浙江大学
	陈云敏（第6章）	浙江大学
	凌道盛（第9章）	浙江大学
	黄　博（第12章）	浙江大学
第3篇	罗开海	中国建筑科学研究院有限公司
	姚志华（第19章）	中国建筑科学研究院有限公司
	保海娥（第20章）	中国建筑科学研究院有限公司
第4篇	周炳章	北京市建筑设计研究院有限公司
	薛慧立（第21章）	北京市建筑设计研究院有限公司
	吴明舜（第22章）	同济大学
	程才渊（第23章）	同济大学
第5篇	林元庆	中国核电工程有限公司郑州分公司
	杨小卫（第25章）	中原工学院
	鲍永健（第26章）	中国核电工程有限公司郑州分公司
	赵柏玲（第27章）	中国核电工程有限公司郑州分公司
	鲁晓旭（第29章）	中国核电工程有限公司郑州分公司
第6篇	徐　建	中国机械工业集团有限公司
	陈　炯（第34、36章）	宝钢工程技术集团有限公司
	刘大海（第32章）	中国建筑西北设计研究院有限公司

杨翠如（第 32 章）　中国建筑西北设计研究院有限公司
裘民川（第 33 章）　中国中元国际工程公司
李　亮（第 35 章）　中国中元国际工程公司
路志浩（第 36 章）　宝钢工程技术集团工程设计院
王建宁（第 33 章）　中国机械工业集团有限公司

第 7 篇
肖　伟　中国建筑科学研究院有限公司
袁金西（第 38 章）　新疆维吾尔自治区建筑设计研究院有限公司
涂　锐（第 38 章）　新疆维吾尔自治区建筑设计研究院有限公司
唐曹明（第 39 章）　中国建筑科学研究院有限公司
邓　华（第 41 章）　浙江大学
保海娥（第 40 章）　中国建筑科学研究院有限公司

第 8 篇
郁银泉　中国建筑标准设计研究院有限公司
王　喆　中国建筑标准设计研究院有限公司

第 9 篇
张　超　广州大学
周　云　广州大学

第 10 篇
罗开海　中国建筑科学研究院有限公司
秦　权　清华大学

第 11 篇
陈之毅　同济大学
杨林德　同济大学

前　言

抗震设计手册在我国的抗震工程实践中历来有着非常重要的地位，是指导我国工程技术人员做好抗震设防工作十分重要的工具书和技术指南，也是贯彻和落实《建筑抗震设计规范》等技术法规的重要途径和手段。

在我国抗震发展进程中，为配合各版本抗震规范的实施，已先后编制了三个版本的抗震设计手册。第一本抗震设计手册是为了配合 TJ 11—74《工业与民用建筑抗震设计规范（试行）》的实施于 1975 年着手编制，1977 年形成《工业与民用建筑抗震设计手册（讨论稿）》，发至各设计单位试用。唐山地震后，又依据 TJ 11—78《工业与民用建筑抗震设计规范》进行了修改和补充，于是，形成了第一版抗震设计手册，名称为《工业与民用建筑抗震设计手册》。第二本抗震设计手册是 20 世纪 90 年代初依据 GBJ 11—89《建筑抗震设计规范》编写的，名称为《建筑抗震设计手册》。2002 年为了配合 GB 50011—2001《建筑抗震设计规范》的实施，依据抗震规范的修订情况对《建筑抗震设计手册》进行了调整和修订，形成了《建筑抗震设计手册（第二版）》。

本次抗震设计手册系依据 GB 50011—2010（2016 年版）《建筑抗震设计规范》编写而成，名称定为《建筑抗震设计手册（按 GB 50011—2010（2016 年版）编写）》。随着计算机技术的发展，计算机辅助设计的手段不断丰富和完善，与 20 世纪 70~80 年代相比，最近 20 年工程设计业态已经发生了重大变化。故而，此次手册在保持历次抗震设计手册框架体例的基础上，调整了部分内容，删除了主要用于手工计算的若干计算图表，同时，增补了地下建筑和大跨屋盖建筑等内容。

本手册共 11 篇 51 章，全面覆盖了现行规范 GB 50011—2010（2016 年版）的技术内容。手册在编写时，着重对规范条文的背景与来源、技术要点、实施注意事项等进行阐述，并辅以必要的算例进行说明。参加本手册编写工作的人员，大多为参与规范修订工作或多年从事本专业勘察、设计、科研、教学等的专业工作者，他们出色的技术背景和扎实的理论功底保证了本手册的规范性与专业性。

然而，需要提醒注意的是，工程抗震是一门涉及内容极其广泛的复杂学科。到目前为止，工程抗震的很多问题仍然等待研究解决，还没有确定性解答；有些措施未经实际地震考验，规范也未能给出明确的规定；还有一些问题涉及不同的理解和认识，手册编写者的意见也不是唯一的答案，……，凡此种种。因此，手册内容仅供同行们参考使用。

综上，本手册既包含规范背景资料、条文要义及算例应用等内容，又充分吸纳了各位编写人员多年从事工程抗震工作的科研成果和工程经验，是一本有关建筑抗震防灾的综合性资料库，既可以作为工程技术人员正确理解、把握和应用规范条文规定的技术指南，又可供高等院校、科研机构的广大师生和科研工作者参考使用。

限于编者水平，本手册有疏漏不当之处，欢迎读者批评指正。

2023年8月于北京

Preface

Seismic design manual which has always played a very important role in China's seismic engineering practice, is a very important tool book to guide China's engineers and technical personnel to do a good job in seismic protection and is also an important way and means to implement technical regulations such as "*Code for Seismic Design of Buildings*".

In the development process of earthquake and disaster prevention in China, in order to cooperate with the implementation of various versions of seismic specifications, three versions of seismic design manuals have been compiled. The first seismic design manual was compiled in 1975 to cooperate with the implementation of TJ 11–74 "*Code for Seismic Design of Industrial and Civil Buildings* (*Trial*)", and in 1977, the "*Seismic Design Manual for Industrial and Civil Buildings* (*Discussion Draft*)" was formed and sent to each design company for trial. After the Tangshan earthquake (1976), it was revised and supplemented according to TJ 11–78 "*Code for Seismic Design of Industrial and Civil Buildings*", and as a result, the first version of the seismic design manual was formed, titled "*Seismic Design Manual for Industrial and Civil Buildings*". The second seismic design manual, called "*Seismic Design Manual for Buildings*", was compiled in the early 90s of the 20th century according to GBJ 11–89 "*Code for Seismic Design of Buildings*". In 2002, in order to cooperate with the implementation of GB 50011–2001 "*Code for Seismic Design of Buildings*", the "*Seismic Design Manual for Buildings*" was adjusted and revised according to the revision of the seismic code, and the "*Seismic Design Manual for Buildings* (*Second Edition*)" was formed.

This edition of the Seismic Design Manual is compiled according to GB 50011–2010 (2016 edition) "*Code for Seismic Design of Buildings*", and the name is set as "*Seismic Design Manual for Buildings* (*According to GB 50011–2010* (*2016 edition*))". With the development of computer technology, the means of computer-aided design have been continuously enriched and improved, and compared with the 70–80s of the 20th century, the engineering design format has undergone major changes in the past 20 years. To this end, on the basis of maintaining the framework of previous seismic design manuals, some of the contents have been adjusted, and some calculation charts mainly used for manual calculations have been deleted, and some contents related to underground buildings and large-span roof buildings have been added.

This manual consists of 11 articles and 51 chapters, which comprehensively cover the technical content of the current specification GB 50011–2010 (2016 edition). During the preparation of the manual, it focuses on the background and sources of normative provisions, technical points, implementation considerations, etc., supplemented by necessary examples to illustrate. Most of the personnel participated in the preparation of this manual are professional workers who have participated in the revision of the specifications or have been engaged in survey, design, scientific research, teaching, etc. for many years, and their excellent technical background and solid theoretical foundation ensure the standardization and professionalism of this manual.

However, it is important to note that earthquake engineering is a complex discipline involving an extremely wide range of topics. So far, many problems of earthquake engineering still need to be studied and solved, and there are no definitive answers. Some seismic measures have not been tested by actual earthquakes, and the specifications also fail to provide clear provisions. There are also questions that involve different understandings and perceptions, and the opinions of the authors of the manual are not the only answers. … and so on. Therefore, the contents of the manual are for the reference of peers only.

In summary, this manual not only contains the background information, the essence of the provisions and the application of examples, but also fully absorbs the scientific research achievements and engineering experience of the compilers engaged in engineering earthquake resistance for many years, and it is a comprehensive database on building earthquake resistance and disaster prevention. So, it can be used as a technical guide for engineers and technicians to correctly understand, grasp and apply the provisions of the specifications, and also can be used as a reference book for teachers, students and scientific research workers in colleges, universities and scientific research institutions.

Limited to the level of editors, readers are welcome to criticize and correct any omissions in this manual.

August 2023 in Beijing

目　录

上册：

第1篇　总　论

第2篇 场地、地基和基础

第3篇　地震作用和结构抗震验算

第4篇　多层砌体房屋

第5篇　多层和高层钢筋混凝土房屋

下册：

第6篇　工业厂房

第7篇　底部框架砌体房屋、空旷房屋和大跨屋盖建筑

第8篇　钢结构房屋

第9篇　隔震与消能减震

第10篇　非结构构件

第 11 篇 地 下 建 筑

第6篇　工 业 厂 房

本篇主要编写人

徐　建	中国机械工业集团有限公司
陈　炯（第34、36章）	宝钢工程技术集团有限公司
刘大海（第32章）	中国建筑西北设计研究院有限公司
杨翠如（第32章）	中国建筑西北设计研究院有限公司
裘民川（第33章）	中国中元国际工程公司
李　亮（第35章）	中国中元国际工程公司
路志浩（第36章）	宝钢工程技术集团工程设计院
王建宁（第33章）	中国机械工业集团有限公司

第 32 章 单层钢筋混凝土柱厂房

32.1 厂房布置与结构造型

32.1.1 适用范围

（1）沿厂房横向，柱上端与屋架（层面梁）铰接，下端与基础固接的铰接排架单层混凝土柱房。

（2）沿厂房纵向，各柱列均设置柱间支撑或其他抗侧力构件。

（3）不适用于有跨变的锯齿形单层厂房。

（4）厂房内可设有桥式吊车，吊车梁沿厂房纵向铰接搁支于柱上。

（5）屋盖可以是钢筋混凝土无檩屋盖、钢筋混凝土有檩屋盖或轻型有檩屋盖。

32.1.2 厂房结构的总体布置

厂房结构的总体布置应力求简单、规则、对称，尽量使厂房结构的质量和刚度分布均匀、协调，尽可能使厂房的质量中心与刚度中心相重合，避免产生扭转效应。

1. 厂房结构的平面布置

（1）历次地震的震害表明，不等高多跨厂房有高振型反应，不等长多跨厂房有扭转效应，地震破坏较重；厂房的平面宜采用规整、对称的矩形，不宜用局部外突或内凹的布置，多跨厂房的各跨长度宜等长。

（2）毗屋不宜设置在厂房纵墙与山墙交会的角部，因设在角部的毗屋将造成沿纵墙和山墙的双向开口，对抗震极为不利；毗屋也不宜设在紧邻防震缝处，因为厂房在防震缝处的变形最大，地震时由于相互碰撞或变形受约束，加重破坏和倒塌。不宜在主厂房的柱边外侧布置紧贴接建的局部突出的短毗屋结构，造成该毗屋区段主厂房排架柱地震作用的加大和变形不协调。

（3）厂房的墙体宜均匀对称布置，使整个厂房结构相互间变形协调，地震力分布均匀。墙体布置宜符合以下要求：

①山墙应对称设置。尽量不用仅一端有山墙，另一端为开口的布置，以避免扭转地震作用。

②厂房两侧的纵向围护墙要对称均匀布置，不宜采用仅一侧有围护墙，另一侧无围护墙；或一侧为刚性砖墙，另一侧为轻型挂板（水泥波形瓦、石棉瓦、压形钢板等）的刚度

与质量相差悬殊的不均匀布置。也不宜采用一侧为柱间嵌砌墙，另一侧为柱边贴砌墙的布置，以避免厂房因墙体布置不对称而带来的纵向扭转地震效应。

③厂房的围护墙宜采用外贴式布置，不宜采用柱间嵌砌式，以利厂房柱列的纵向变形。

④厂房的内隔墙，不宜在局部区段内过分集中布置，也不宜在厂房平面内无规则地任意设置；避免内隔墙墙体刚度分布不均造成整个厂房空间刚度的不均，使地震力传递和分配复杂化；内隔墙宜有规则地沿若干排架（柱列）布置，并尽量连续布置，使地震力传递不致中断。

⑤当无法避免内隔墙不规则设置时，宜将墙体布置在排架柱侧边，与柱脱开，自成体系，使其不影响厂房和排架的刚度。

（4）厂房结构平面布置尚宜符合以下要求：

①当在两个主厂房之间设有过渡跨时，宜至少将一个主厂房与过渡跨用防震缝分开，以避免过渡跨屋盖在地震时因两个主厂房振动不协调而造成破坏。

②工作平台或刚性内隔墙与厂房主体结构连接时，改变了主体结构的工作性状，加大地震反应；导致应力集中，可能造成短柱效应，不仅影响排架柱，还可能涉及柱顶的连接和相邻的屋盖结构，计算和加强措施均较困难，因此宜将工作平台或刚性内隔墙与厂房主体结构脱开。

③多跨厂房，当各跨都有桥式吊车时，各跨内的上桥式吊车的铁梯不宜设置在厂房的同一排架平面轴线内，因为吊车不运行时若停放在同一排架平面内，由桥架质量和刚度导致所在排架的横向地震作用显著增大，相关排架柱的震害会加重。

2. 厂房结构的竖向布置

厂房的竖向布置要避免质量与刚度沿高度的突变，使厂房结构沿竖向的变形协调，受力均匀。

（1）厂房横向和纵向屋盖宜在同一标高，尽量不采用屋盖不在同一标高的不等高厂房。

（2）厂房的端部宜设置柱与屋架，不宜采用无端排架的山增承重。

（3）在生产使用条件允许的情况下，尽量不采用突出屋面的天窗架结构。

3. 防震缝

当厂房的平面或竖向布置较复杂时，宜设置防震缝将厂房分成平面和体形简单、规则的独立单元。

（1）在下列位置宜设置防震缝：

①厂房的纵跨和横跨相交处。

②厂房侧边贴建的毗屋与主厂房交接处。

③车间的生活间（多层砌体房屋）与厂房交接处。

④厂房内的工作平台与排架柱交接处。

⑤厂房沿纵向屋盖高差错落交接处。

⑥不等高厂房，当低跨与高跨刚度相差悬殊或高度相差悬殊时，低跨与高跨交接处。

（2）防震缝的两侧应设置墙或柱。

（3）防震缝的宽度，应满足地震时相邻单元结构相对变位的需要。在一般情况下，可根据设防烈度、场地类别和房屋侧移刚度综合确定。通常可按以下数值采用：

在厂房纵、横跨交接处，大柱网厂房或不设柱间支撑的厂房，取 100~150mm。

其他位置和情况，取 50~90mm。

（4）当厂房已设有变形（温度、沉降）缝时，防震缝可结合该缝一并设置，但其缝宽及设置原则应按防震缝的规定采用。

32.1.3　厂房的结构选型

1. 天窗架

（1）天窗架宜采用突出屋面较小的避风型天窗；突出屋面较大的天窗宜采用钢天窗架；6~8 度时，也可采用矩形截面杆件的桁架式钢筋混凝土天窗架；9 度时，宜采用下沉式天窗，如井式天窗，也可采用钢天窗架，但突出屋面的高度宜尽可能压低。

（2）天窗的屋盖、端壁板和侧板，宜采用轻型板材，不应采用端壁板代替端天窗架。

（3）天窗架不宜从厂房结构单元第一开间开始设置，但从第二开间起开设天窗，将使端开间屋面板与屋架无法焊接或焊接的可靠性降低而导致地震时掉落，同时也大大降低屋面纵向水平刚度。所以，当山墙能够开窗，或者采光要求不高时，天窗从第三开间开始设为好。规范规定：8 度和 9 度时，天窗架宜从厂房单元端部第三开间开始设置。

（4）采用突出屋面的天窗架时，天窗宜沿厂房纵向按单元设置，不宜穿过防震缝（变形缝）连续设置。

2. 屋架

（1）轻型大型屋面板无檩屋盖和钢筋混凝土有檩屋盖抗震性能较好，特别是下沉式屋架的屋盖，经过 8~10 度强烈地震的考验没有破坏。因此厂房宜采用钢屋架或重心较低的预应力混凝土、钢筋混凝土屋架。

（2）拼块式的预应力混凝土和钢筋混凝土屋架（屋面架）的结构整体性差，地震时破坏较重。选用预应力混凝土或钢筋混凝土屋架（屋面架）时，应采用整榀式结构。

（3）预应力混凝土和钢筋混凝土空腹桁架的腹杆及其上弦节点均较薄弱，在天窗两侧竖向支撑的附加地震作用下，容易产生节点破坏、腹杆折断的严重破坏，因此，有突出屋面天窗架的屋盖不宜采用预应力混凝土或钢筋混凝土空腹屋架。

（4）屋架的选用，可遵循下列原则：

①跨度不大于 15m 时，可采用钢筋混凝土屋面梁。

②跨度大于 24m，或 8 度Ⅲ、Ⅳ类场地和 9 度时，应优先采用钢屋架。

③柱距为 12m 时，可采用预应力混凝土托架（梁）；当采用钢屋架时，亦可采用钢托架（梁）。

④8 度（0.3g）和 9 度时，跨度大于 24m 的厂房不宜采用大型屋面板。

3. 柱子

（1）在一般情况下，都可采用钢筋混凝土柱，只有在工艺要求（例如重型热加工生产厂房，高度超过 20m 的高大厂房等）必须采用钢结构的厂房，才采用钢柱。

（2）8、9 度时，宜采用矩形、工字形截面柱或斜腹杆双肢柱，不宜采用薄壁工字形柱、腹板开孔工字形柱、预制腹板的工字形柱和管柱。

（3）当采用双肢柱时，宜采用斜腹杆式，不宜采用平腹杆型；如采用平腹杆型双肢柱，平腹杆的截面应加大，并从构造上增强其与柱肢相交处的抗剪刚度和强度。

（4）不论采用何种型式的钢筋混凝土柱，柱底至设计地面以上 500mm 范围以及上柱根部（柱牛腿面至吊车梁面以上 30mm 高度区段）的柱截面均应采用矩形截面。

（5）山墙的抗风柱，宜采用矩形截面；高大厂房的抗风柱也可采用工字形柱；抗风柱在屋架高度区段的截面应采用矩形，并通过配筋提高其截面延性。

4. 围护墙

（1）当有条件时，围护墙宜采用强度和整体性都较好的钢筋混凝土大型墙板，或采用轻质材料制成的墙板；当外侧柱距不低于 12m 时，应采用轻质墙板或钢筋混凝土大型墙板。

（2）不等高厂房的高低跨封墙和纵横向厂房交接处的悬墙，宜采用轻质墙板；6、7 度采用砌体时，不应直接砌在低跨屋面上。

（3）砌体围护墙应采用外贴式并与柱子可靠拉结。

（4）山墙墙体按纵墙要求选用，其墙体应具有足够的抗剪承载力，为厂房的空间工作提供条件。

32.1.4　厂房的支撑与连接节点

（1）厂房的支撑系统（包括屋盖支撑和柱间支撑）是保障厂房整体性的重要条件。支撑的设计应遵循以下原则：

①屋盖支撑：

a. 在任何情况下，厂房必须设置屋盖支撑，使屋盖形成有足够整体水平刚度的空间结构体系；不允许采用无屋盖支撑的厂房屋盖。

b. 屋盖支撑应有效地传递地震作用，所有支撑杆件均按受力构件设计。

c. 屋盖支撑的设置应与厂房柱列的支撑布置上下配套，协同工作，使上下支撑形成封闭的空间桁架体系。

②柱间支撑：

a. 厂房沿纵向柱列（包括边柱列和中柱列）均应设置柱间支撑，不宜采用不设柱间支撑、纵向地震作用完全由厂房柱承担的结构体系（无桥式吊车的大柱网厂房除外）。

b. 柱间支撑的刚度应合理选择，避免刚度过大导致厂房纵向地震作用加大，刚度过小使支撑失去抗震作用。

c. 当所设柱间支撑的刚度或强度不能满足抗震要求时，宜采用增设柱间支撑的多道支撑方案。

d. 柱间支撑一般布置在厂房单元中段；如有实践经验，在一定条件下，也可布置在厂房单元两端柱间。

（2）厂房结构构件的连接节点，直接关系到整个厂房的整体性和抗震能力，因此，要充分重视连接节点的抗震设计。连接节点抗震设计应符合以下要求：

①节点的承载能力要大于所连接结构构件的承载能力，使节点的破坏不先于结构构件，以保证结构构件承载能力和变形能力充分发挥。

②连接节点的节点板和预埋件（锚固件）构造，均应具有足够的强度和较好的变形能力。

32.2　计算要点

厂房的抗震计算，分别按横向（排架方向）与纵向（柱列方向）两个主轴方向进行，分别按横向与纵向计算厂房所受的地震作用和效应，并在此基础上对结构进行横向和纵向的抗震验算。

32.2.1　计算原则

1. 横向抗震计算

（1）为使计算结果较好地反映厂房在地震作用下的实际受力情况，厂房的横向抗震分析采用空间结构模型，考虑厂房在地震作用下的空间工作。

（2）厂房屋盖为钢筋混凝土无檩和有檩屋盖时，考虑屋盖平面的弹性变形，取屋盖为有限刚度。

（3）对质量和刚度明显不均匀、不对称的厂房，例如仅一端有山墙，另一端为开口的厂房（包括中间设有变形缝分成两段的厂房），其横向水平地震作用尚应考虑扭转的影响。

（4）为简化计算，厂房可按平面排架进行地震作用分析，但需考虑山墙对厂房空间工作的影响，对按平面排架计算所得的排架地震作用进行考虑空间工作的相应调整。

（5）对柱距相等，但支撑系统不完整的轻型屋盖厂房，屋盖水平刚度很小，其横向抗震分析可不考虑空间工作，完全按平面排架进行计算。

（6）厂房在按平面或空间体系进行横向抗震分析时，其动力分析简图可采用质量集中在柱顶或不同标高处的单质点或多质点的平面或空间的竖杆体系，并按结构动力学的基本原理和方法进行结构动力分析，求算厂房结构的动力反应。

（7）在计算厂房的横向水平地震作用时，重力荷载代表值按下列原则采用：

①结构重力荷载（包括屋盖结构屋面构造材料、柱、吊车梁及墙体自重）取标准值。

②雪荷载，取标准值的 50%。

③屋面积灰荷载，取积灰荷载标准值的 50%。

④屋面活荷载，不考虑。

⑤吊车荷载，对单跨厂房，取一台吊车（选吨位最大的）；对多跨厂房，取每跨一台吊车（并不超过两台）；其重力荷载，对软钩吊车只取桥架（包括小车）自重，不考虑吊重，对硬钩吊车，除桥架自重外，再加 30% 吊重。对夜间停放吊车的端部排架，应考虑每跨一台吊车自重，软、硬钩均不考虑吊重。

（8）厂房的横向地震作用效应应与以下荷载效应进行组合：

①结构自重（包括屋盖重，吊车梁重等）产生的重力荷载效应。

②雪荷载、积灰荷载产生的重力荷载效应。

③吊车竖向荷载产生的重力荷载效应，包括一台吊车桥架自重对排架柱引起的重力荷载

效应，还包括吊重产生的重力荷载效应，但后者按对排架柱截面最不利荷载效应组合的原则进行组合；组合时，每一跨只考虑一台吊车，多跨厂房不超过两台吊车，可以相邻两跨各取一台，也可隔一跨各取一台，按所算排架柱组合效应最不利为准。

厂房的横向水平地震作用效应不考虑与风荷载效应和其他振动荷载（如锻锤、空压机、风机等）效应进行组合。

（9）7度Ⅰ、Ⅱ类场地，柱高不超过10m且两端均有山墙的单跨及等高多跨厂房（锯齿形厂房除外），当按《建筑抗震设计规范》（GB 50011—2010）（以下简称《规范》）的规定采取抗震构造措施时，可不进行厂房的横向抗震验算；7度和8度（0.2g）Ⅰ、Ⅱ类场地的露天吊车栈桥，也可不进行厂房的横向抗震验算。

（10）8度Ⅲ、Ⅳ类场地和9度时，高大（20m以上）的单层钢筋混凝土柱厂房，宜在完成抗震承载力验算的基础上，再进行高于设防烈度的罕遇地震作用下的厂房横向抗震变形验算厂房排架顶部的弹塑性位移应不大于上柱高度的1/30。

（11）双向柱距不小于12m，无桥式吊车且无柱间支撑的大柱网单层厂房，其柱截面的抗震验算应同时考虑两个主轴方向的水平地震作用，并应考虑位移引起的附加弯矩；两个主轴方向的水平地震作用分别按各自方向的基本周期计算确定。

2. 纵向抗震计算

（1）同横向一样，厂房的纵向抗震分析采用整体空间结构模型，考虑厂房各柱列在屋盖连接下的空间工作。

（2）当厂房为钢筋混凝土无檩和有檩屋盖时，考虑屋盖的纵向弹性剪切变形，取屋盖为有限刚度。

（3）对非对称厂房，除考虑屋盖平面的弹性变形外，还考虑屋盖沿纵向的扭转效应，按空间剪扭振动进行分析。

（4）厂房在空间分析中，柱列的纵向刚度除考虑柱与柱间支撑刚度外，还考虑厂房围护纵墙参与纵向工作的有效刚度，根据纵墙在地震中的开裂造成墙体刚度降低情况确定，对设防烈度7、8、9度分别取初始刚度的0.6、0.4和0.2。

（5）在纵向抗震分析时，其动力分析简图采用空间的串并联多质点系，并按结构动力学的基本振动方程和方法，利用矩阵求算特征值和地震作用。

（6）在计算厂房的纵向地震作用时，将连续分布质量结构，通过离散化处理，可将结构质量按需要集中到若干质点，例如柱顶和柱身某一标高处，集中到质点的重力荷载代表值按下列原则采用：

①结构重力荷载（按柱列进行集中，包括柱列左右各半跨的屋盖和山墙自重，柱与纵墙、吊车梁等重力荷载）取标准值。

②雪荷载，取标准值的50%。

③积灰荷载，取标准值的50%。

④屋面活荷载，不考虑。

⑤吊车荷载，在计算厂房纵向周期时，一般情况下（吊车总重量在整个柱列重量中所占比例较小）不考虑吊车重量的影响；在计算厂房纵向地震作用时，一般，吊车的纵向水平地震作用按集中在吊车梁面标高处的质点进行计算，集中到该质点的吊车重力荷载，可取

该柱列左右跨吊车桥架自重之和的一半，硬钩吊车考虑吊重的 30%。

(7) 7 度Ⅰ、Ⅱ类场地，柱高不超过 10m 且结构单元两端均有山墙的单跨和等高多跨厂房（锯齿形厂房除外），当按《规范》的规定采用抗震构造措施时，可不进行厂房的纵向抗震验算。

32.2.2　计算方法

1. 横向抗震计算

厂房的横向抗震计算，根据计算原则可分为平面计算法和空间计算法两种。平面计算法又分为考虑厂房空间工作和不考虑空间工作两种。使用时，可根据所设计厂房结构的具体情况选用如下：

(1) 当厂房为钢筋混凝土无檩和有檩屋盖，柱顶标高不超过 15m，并符合以下要求时，可采用考虑空间工作影响调整的平面排架计算法确定排架的横向水平地震作用：

①设防烈度为 7、8 度。

②厂房单元长度和总跨度之比小于 8 或总跨度大于 12m。

③山墙或横墙的厚度不小于 240mm，且开洞所占水平截面积不超过总面积的 50%，并与屋盖系统有良好的连接。

此法实际上是空间分析方法以平面排架形式出现的一种简化方法。对一般的等高或不等高厂房，均可采用此法进行计算。在实际计算时，可采用《规范》规定的底部剪力法进行；对不等高厂房当有需要时，也可采用振型分解反应谱法进行计算。

(2) 当厂房为钢筋混凝土无檩和有檩屋盖，厂房高度超过 15m 时，或设防烈度为 9 度时，可采用考虑屋盖为弹性变形的多质点空间分析法进行计算。计算时，屋盖的基本刚度取 2×10^4kN/m（无檩屋盖）和 0.6×10^4kN/m（有檩屋盖）。具体计算采用多质点串并联空间体系按振型分解反应谱法进行求解。由于此法计算工作量很大，需采用专用电算程序进行。

(3) 当厂房为压型钢板、瓦楞铁、石棉瓦等轻型有檩屋盖，但缺少完整的支撑系统，屋盖刚度很小时，可采用完全不考虑空间工作的单榀平面排架计算法，具体计算可采用底部剪力法，排架复杂时也可采用振型分解反应谱法。凡属柔性屋盖厂房均可按此法进行计算。

2. 纵向抗震计算

厂房的纵向抗震计算，可根据不同具体情况，选用以下方法进行：

1) 空间分析法

此法适用于等高和不等高的钢筋混凝土无檩和有檩屋盖及有较完整支撑系统的轻型屋盖三类厂房，采用考虑屋盖平面的弹性变形、围护墙与隔墙的有效刚度以及扭转的影响，按多质点空间结构分析计算厂房柱列的纵向地震作用。这是《规范》规定的厂房纵向抗震计算的基本方法。

2) 简化的空间分析法——修正刚度法

此法用于厂房柱顶标高不大于 15m 且平均跨度不大于 30m 的单跨和等高多跨的上述钢筋混凝土屋盖的厂房。此法的基本思路是，视厂房为单质点系，在求算厂房的自振周期和纵向地震作用中，都考虑屋盖变形的影响进行相应的修正，对自振周期引入了周期修正系数

ψ_T，对柱列地震作用的分配，引入了刚度修正系数。具体计算可采用《规范》规定的附录 J 进行。

3）拟能量法

此法只适用于钢筋混凝土无檩和有檩屋盖的两跨不等高厂房。此法是以剪扭振动空间分析结果为标准，运用能量法的原理，进行试算对比，找出各柱列按跨度中线划分质量的调整系数，由此得到各柱列作用分离时的有效质量。然后用能量法公式确定整个厂房的振动周期，并按单独柱列计算出各个柱列的水平地震作用。具体计算详见 32.4 节“厂房纵向抗震计算”。

4）柱列分片计算法

此法适用于纵墙对称布置的单跨厂房和轻型屋盖的多跨厂房。对柱列进行分片独立计算的方法是，各柱列的基本周期和纵向地震作用都分开计算。具体计算是，以厂房跨度中线为界，把柱列左右各半跨的重力荷载分别集中到各柱列的柱顶，柱列的基本周期按柱列的侧移刚度和集中到柱顶的周期等效重力荷载进行计算，柱列的总水平地震作用按本柱列的基本周期计算确定。

32.3　厂房横向抗震计算

32.3.1　平面排架分析法

1. 底部剪力法

1）计算基本假定

（1）平面排架计算单元的取用。

①对于各列柱距均相等的厂房，取柱距中心线作为划分计算单元的界限如图 32.3－1 所示。

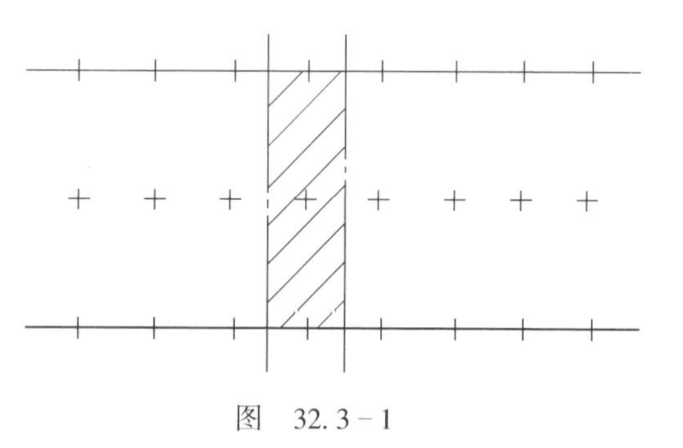
图　32.3－1

②对于中柱有规律抽柱且柱距相等，边柱柱距也相等的厂房，中柱取柱距的中心线，边柱取柱的轴线作为划分计算单元的界限，如图 32.3－2 所示。

③对于中柱抽柱无规律，柱距不相等的厂房，边柱取柱的轴线，中柱取最大柱距中心线作为划分计算单元的界限，如图 32.3－3 所示。

（2）平面排架计算质点的假定。

平面排架计算质点的设置按以下假定采用：

①排架的计算质点均假定集中在柱顶，等高厂房取一个计算质点，不等高厂房根据屋盖标高，取两个或三个计算质点。

②当厂房有天窗时，天窗屋盖的重力荷载也集中到所在跨的柱顶，只在计算天窗屋盖标

高处横向水平地震作用时才视为单独质点。

③吊车重力荷载在一般情况下不作为一个单独质点对待，吊车重力荷载的影响，在计算排架基本周期时一般不予考虑，因其对排架基本周期的影响很小。只有在吊车台数较多，吊车吨位较大的情况下，才考虑将其重力荷载（取分配到每榀排架的平均值）集中到柱顶进行排架基本周期计算。而在计算排架地震作用时，则假定吊车重力荷载所在的吊车梁面标高处为一单独集中质点，并计算作用在此集中质点上的吊车水平地震作用。

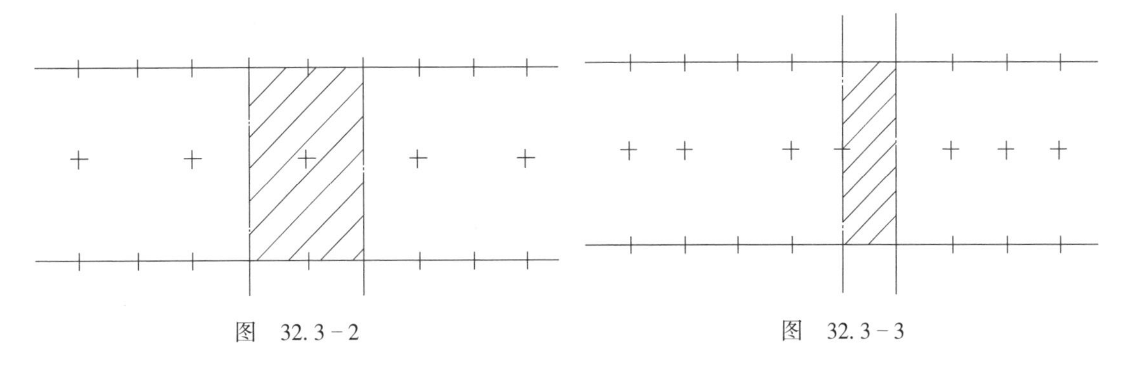

图　32.3-2　　　　图　32.3-3

2）计算步骤

采用底部剪力法计算厂房排架横向水平地震作用时，按以下步骤进行：

（1）建立平面排架计算简图。

（2）按照计算简图所取质点，计算质点的等效集中重力荷载。

（3）根据结构计算简图，计算厂房平面排架的基本周期。

（4）根据求得的结构基本周期，按《规范》的设计反应谱（地震影响系数 α）曲线和底部剪力法计算公式计算厂房平面排架各质点的横向水平地震作用。

（5）根据求得的排架横向水平地震作用计算排架柱的地震作用效应，并与排架柱的其他荷载效应相组合，最后得到排架柱各验算截面的组合地震作用效应。

3）平面排架的结构计算简图

平面排架的横向抗震结构计算简图，可按厂房不同类型采用如下：

（1）单跨和等高多跨厂房，取单质点体系（图 32.3-4）。

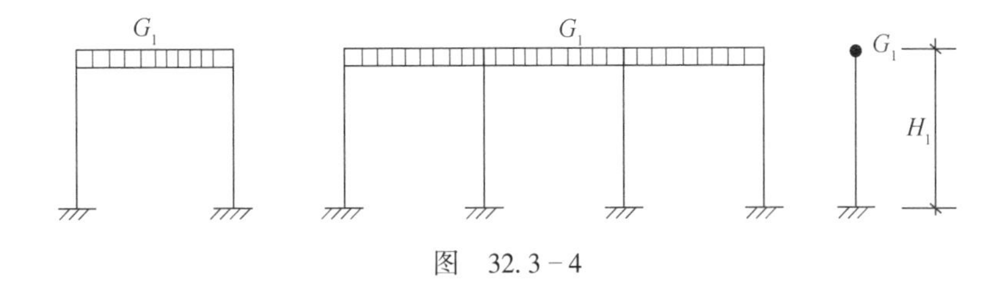

图　32.3-4

（2）不等高厂房，取两质点体系（图 32.3-5）。

（3）三跨屋盖均不等高的厂房，取三质点体系（图 32.3-6）。

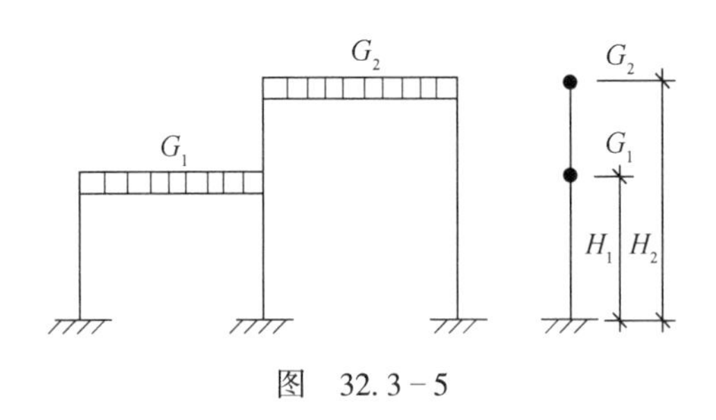

图　32.3-5

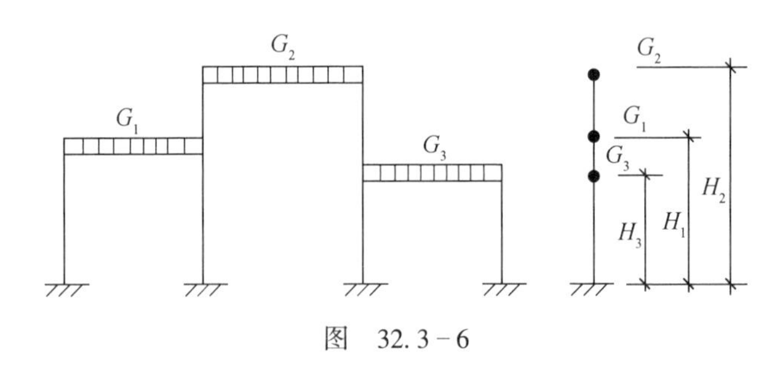

图　32.3-6

（4）对有突出屋面天窗的厂房，其计算简图可取：在计算排架基本周期时，取单质点体系，将天窗屋盖重力荷载与厂房屋盖重力荷载合并为一个质点，如图 32.3-7a 所示；在计算天窗屋盖标高处的横向水平地震作用时，取视天窗屋盖为独立质点的两质点体系，将天窗屋盖重力荷载（G_{SL}）集中到天窗屋盖标高处，如图 32.3-7b 所示，据此计算天窗屋盖标高处的横向水平地震作用值。

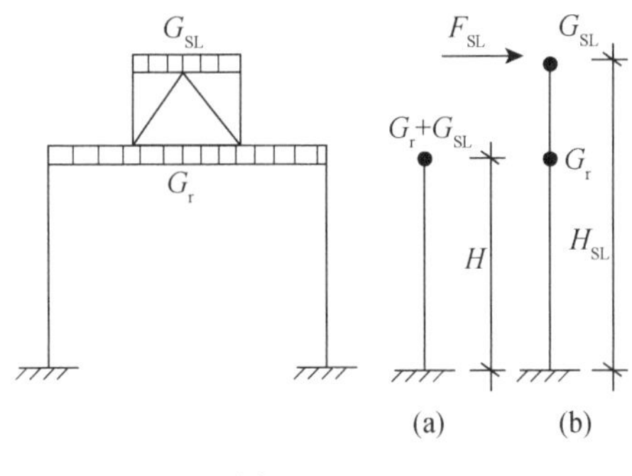

图　32.3-7

4）质点等效集中重力荷载的计算

质点的等效集中重力荷载按 32.2 的计算原则所规定的重力荷载代表值乘以相应的等效集中系数采用。等效集中系数分别按基本周期等效和地震作用效应（内力）等效，分为周期等效集中系数和地震作用效应等效集中系数。二者的差别主要是对柱子、吊车梁和墙体的集中系数取值不同。

（1）质点的等效集中系数可根据被等效集中到柱顶的各部分重力荷载按表 32.3-1 采用。

表 32.3－1　质点等效集中系数表

序号	等效集中到柱顶的各部分重力荷载	等效集中系数	
		周期等效	作用等效
1	柱顶以上部位重力荷载（屋盖、雪、积灰等）	1.0	1.0
2	柱		
	（1）单跨、等高多跨厂房柱及不等高厂房边柱自重	0.25	0.5
	（2）不等高厂房交接处中柱上柱自重（分别集中到高跨和低跨柱顶）	0.5	0.5
	（3）不等高厂房中柱下柱自重重力荷载（集中到低跨柱顶）	0.25	0.5
3	墙		
	（1）与柱等高的到顶墙体自重	0.25	0.5
	（2）不等高厂房高低跨封墙墙体自重（分别集中到高跨与低跨柱顶）	0	0.5
4	吊车梁		
	（1）不等高厂房中柱吊车梁位于靠近高跨屋盖或低跨屋盖时吊车梁自重（集中到高跨柱顶或低跨柱顶）	1.0	1.0
	（2）不等高厂房中柱当吊车梁位于高跨和低跨屋盖之间时，吊车梁自重（分别集中到高跨和低跨柱顶）	0.5	0.75
	（3）一般厂房吊车梁自重	0.5	0.75

（2）吊车桥架自重的重力荷载等效集中系数，集中到柱顶质点时，取 0.5，集中到吊车梁面标高处时，取 1.0。

（3）按周期等效（能量相等换算集中到厂房柱顶）的质点重力荷载计算：

①单跨或等高多跨厂房柱顶质点：

$$G_1 = 1.0(G_r + 0.5G_{sn} + 0.5G_d) + 0.25G_c + 0.25G_w + 0.5G_b \qquad (32.3-1)$$

②一低一高不等高厂房的高跨与低跨柱顶质点：

低跨柱顶质点 G_l：

$$G_l = 1.0(G_{rl} + 0.5G_{sn} + 0.5G_d) + 0.25G_c + 0.25G_{cl} + 0.5G_{cu} + 0.25G_{wl} + 0.5G_{ws} + 0.5G_{bl} + 0.5G_{bh}^* \qquad (32.3-2)$$

高跨柱顶质点 G_h：

$$G_h = 1.0(G_{rh} + 0.5G_{sn} + 0.5G_d) + 0.25G_c + 0.5G_{cu} + 0.25G_{wh} + 0.5G_{ws} + 0.5G_{bh}^* \qquad (32.3-3)$$

式中　G_r、G_{sn}、G_d、G_c、G_w、G_b——分别为屋盖、雪、积灰、柱、墙和吊车梁的重力荷载；

G_{cu}、G_{cl}——分别为高低跨中柱的上部柱和下部柱的重力荷载；

G_{ws}——高跨封墙的重力荷载；

式中的 * ——表示高跨吊车梁的等效集中系数取值与所处位置有关，按表 32.3－1 取值，此处取的是高跨吊车梁位于高低跨柱顶之间，故取 0.5；

下标 l 和 h——分别代表低跨与高跨。

在式（32.3－1）至式（32.3－3）中，G_{sn}、G_{d} 前的0.5是组合系数，其等效集中系数同屋盖，取1.0，故以括号表示。

③三跨屋盖均不等高厂房各跨柱顶的质点：

左低跨柱顶质点：

$$G_1 = 1.0(G_r + 0.5G_{sn} + 0.5G_d) + 0.5G_{bl} + 1.0G_{sh}^* + 0.25G_{csL} + 0.25G_{ccL} + 0.5G_{ccu} + 0.25G_{wL} + 0.5G_{wsL} \quad (32.3-4)$$

高跨柱顶质点：

$$G_2 = 1.0(G_r + 0.5G_{sn} + 0.5G_d) + 0.5G_{bh} + 0.5G_{ccuL} + 0.5G_{wsL} + 0.5(G_{ccuR} + G'_{cclR}) + 0.5G_{wsR} \quad (32.3-5)$$

右低跨柱顶质点：

$$G_3 = 1.0(G_r + 0.5G_{sn} + 0.5G_d) + 0.5G_b + 0.5(G_{ccuR} + G'_{cclR}) + 0.25G_{cclR} + 0.5G_{wsR} + 0.25G_{csR} + 0.25G_{wlR} \quad (32.3-6)$$

上述表达式中的下标含义分别为：

s——外边　　ccuL——左侧中柱的上柱

l——低跨或下柱　　ccuR——右侧中柱的上柱

u——上柱　　cc$l$R——右侧中柱的下柱（高出右侧低跨屋盖以上部分）；

L——左侧　　csR——右侧边柱

R——右侧　　ws——高跨封墙

c——柱　　wsL——左侧高跨封墙

w——墙　　wsR——右侧高跨封墙

cc——中柱　　wL——左侧纵墙

csL——左侧边柱　　wR——右侧纵墙

ccu——中柱的上柱

（4）按地震作用效应等效（柱底内力相等换算集中到厂房柱顶）的质点重力荷载计算：

①单跨或等高多跨厂房柱顶的质点：

$$\bar{G}_1 = 1.0(G_r + 0.5G_{sn} + 0.5G_d) + 0.5G_c + 0.5G_w + 0.75G_b \quad (32.3-7)$$

②一低一高不等高厂房的柱顶质点：

低跨柱顶质点 G_l：

$$\bar{G}_l = 1.0(G_r + 0.5G_{sn} + 0.5G_d) + 0.5G_c + 0.5G_{cl} + 0.5G_{cu} + 0.5G_{wl} + 0.5G_{ws} + 0.75G_{bl} + 0.5G_{bh}^* \quad (32.3-8)$$

高跨柱顶质点 G_h：

$$\bar{G}_h = 1.0(G_r + 0.5G_{sn} + 0.5G_d) + 0.5G_c + 0.5G_{cu} + 0.5G_{wh} + 0.5G_{ws} + 0.5G_{bh}^* \quad (32.3-9)$$

③三跨屋盖均不等高厂房的柱顶质点：

三跨均不等高厂房柱顶质点重力荷载 G_1、G_2、G_3 的计算，采用与按周期等效所采用的式（32.3-4）至式（32.3－6）一样进行计算，但公式中的柱与纵墙的等效集中系数应改“0.25”为“0.5”。吊车梁等效集中系数应改为“0.75”。

5）平面排架的基本周期计算

排架的基本周期按结构计算简图分别按单质点系、两质点系和三质点系进行计算确定。

（1）单跨和等高多跨厂房—单质点系。

①单柱位移（以下类型厂房同此）。

排架柱的单柱位移是计算排架侧移的基础，分为等截面柱和变截面柱两种，柱的计算高度取柱基础顶面至柱顶面的距离。

②排架侧移（图 32.3-8）。

排架侧移计算包括：排架横梁内力和排架柱顶侧移。

a. 等截面柱

$$\delta_{11} = \frac{H^3}{3E\sum I_i} \tag{32.3-10}$$

式中　H——柱的计算高度；

E——柱的混凝土弹性模量；

I_i——第 i 柱的截面惯性矩。

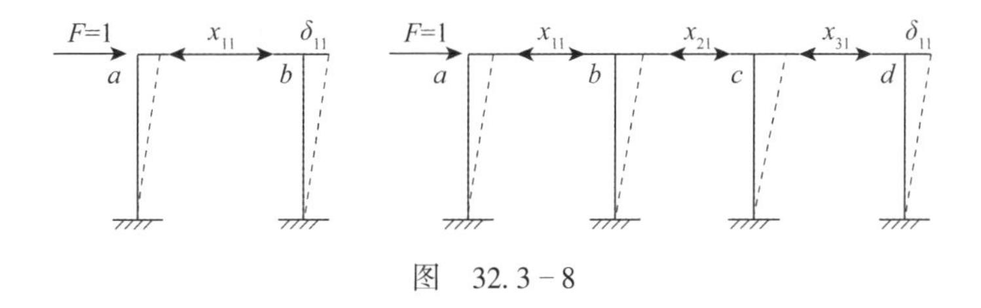

图　32.3-8

b. 阶形柱

单跨：
$$\delta_{11} = x_{11}\delta_b = (1 - x_{11})\delta_a \tag{32.3-11}$$

两跨或三跨：
$$\delta_{11} = (1 - x_{11})\delta_a = (x_{11} - x_{21})\delta_b = (x_{21} - x_{31})\delta_c = x_{31}\delta_d \tag{32.3-12}$$

式中　x_{11}、x_{21}、x_{31}——分别为单位力作用下各跨的横梁内力；

δ_a、δ_b、δ_c、δ_d——分别为单位力作用下的各柱的柱顶位移。

③排架基本周期计算公式：

$$T_1 = 2\psi_T r\sqrt{G\delta_{11}} \tag{32.3-13}$$

式中　G——柱顶质点的等效集中重力荷载（kN），按式（32.3-1）计算确定；

ψ_T——基本周期修正系数，考虑屋架与柱顶连接节点刚性及纵墙刚度对排架侧移影响的周期缩短修正系数，按表 32.3-2 采用。

表 32.3-2　排架基本周期修正系数 ψ_T

屋架类型	有纵向砖围护墙	无纵向围护墙
钢筋混凝土或钢屋架	0.8	0.9
轻钢或木屋架	0.9	1.0

(2) 一低一高不等高厂房——两质点系。

①排架侧移（图 32.3 - 9）：

$$\left.\begin{aligned}\delta_{11} &= (1 - x_{11})\delta_a \\ \delta_{12} &= x_{12}\delta_a = \delta_{21} = x_{21}\delta_d \\ \delta_{22} &= (1 - x_{22})\delta_d\end{aligned}\right\} \quad (32.3-14)$$

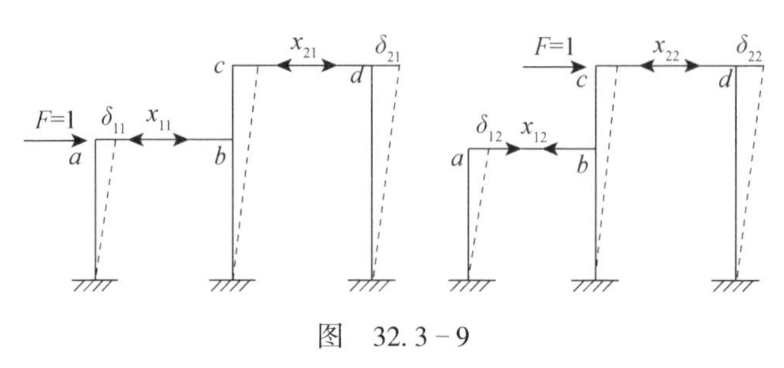

图　32.3 - 9

式中　x_{11}、x_{12}、x_{21}、x_{22}——分别为单位力在低跨和高跨屋盖作用时，在低跨和高跨屋盖横梁产生的内力。下标 1 代表低跨，2 代表高跨。

②排架基本周期计算公式：

$$T_1 = 2\psi_T\sqrt{\frac{G_1u_1^2 + G_2u_2^2}{G_1u_1 + G_2u_2}} \quad (32.3-15)$$

式中　$u_1 = G_1\delta_{11} + G_2\delta_{12}$；$u_2 = G_1\delta_{21} + G_2\delta_{22}$；

G_1、G_2——分别为低跨和高跨柱顶质点的等效集中重力荷载（kN），按公式（32.3 - 2）、式（32.3 - 3）计算；

δ_{11}、δ_{12}、δ_{21}、δ_{22}——按公式（32.3 - 14）计算（m）；

ψ_T——按表 32.3 - 2 取值。

(3) 一高二低不等高厂房——两质点系。

①排架侧移（图 32.3 - 10）。

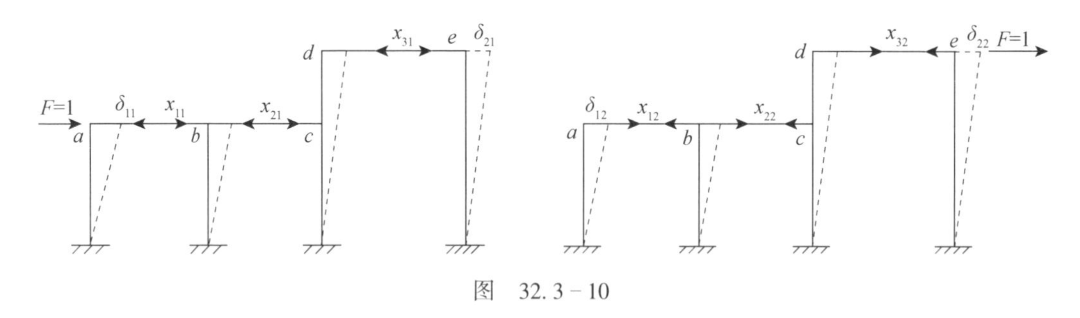

图　32.3 - 10

$$\left.\begin{aligned}\delta_{11} &= (1 - x_{11})\delta_a \\ \delta_{12} &= x_{12}\delta_a = \delta_{21} = x_{31}\delta_e \\ \delta_{22} &= (1 - x_{32})\delta_e\end{aligned}\right\} \quad (32.3-16)$$

②排架基本周期计算公式。

排架基本周期计算公式同式（32.3-15）。对于其他类型排架，例如：一高三低，一高四低，或是二高一低，二高二低，二高三低等等，只要是两质点系，均可采用公式（32.3-15）进行计算其基本周期。

（4）对称的中高二低不等高厂房。

对此类型厂房，可利用其对称性，只取其一半进行计算，也为两质点系。

①排架侧移计算（图 32.3-11）：

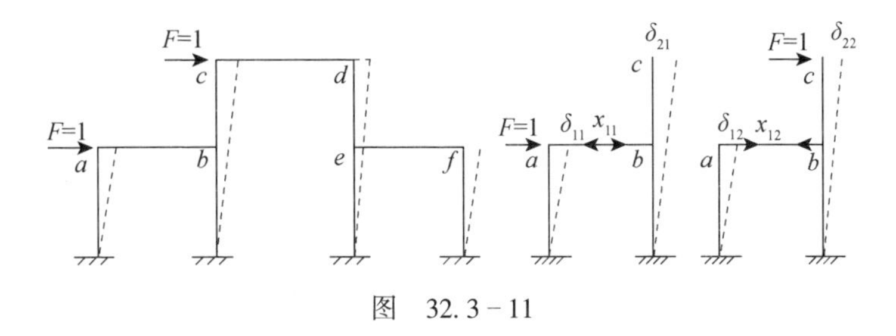

图　32.3-11

$$\left.\begin{aligned}\delta_{11}&=(1-x_{11})\delta_a\\ \delta_{21}&=\delta_{12}=x_{11}\delta_b\\ \delta_{22}&=(1-x_{12})\delta_b\end{aligned}\right\}\qquad(32.3-17)$$

②排架基本周期计算公式：

$$T_1=2\psi_T\sqrt{\frac{G_1u_1^2+\dfrac{G_2}{2}u_2^2}{G_1u_1+\dfrac{G_2}{2}u_2}}\qquad(32.3-18)$$

式中　$u_1=G_1\delta_{11}+\dfrac{G_2}{2}\delta_{12}$；$u_2=G_1\delta_{21}+\dfrac{G_2}{2}\delta_{22}$。

（5）三跨均不等高厂房——三质点系。

①排架侧移计算（图 32.3-12）：

$$\left.\begin{aligned}\delta_{11}&=(1-x_{11})\delta_a\\ \delta_{22}&=(1-x_{22})\delta_c-x_{12}\delta_{cb}\\ \delta_{12}&=x_{12}\delta_a=\delta_{21}=x_{11}\delta_{cb}-x_{21}\delta_c\\ \delta_{23}&=x_{23}\delta_c-x_{13}\delta_{cb}=\delta_{32}=x_{32}\delta_f\\ \delta_{13}&=x_{13}\delta_a=\delta_{31}=x_{31}\delta_f\\ \delta_33&-(1-x_{33})\delta_f\end{aligned}\right\}\qquad(32.3-19a)$$

②排架基本周期计算公式：

$$T_1=2\psi_T\sqrt{\frac{G_1u_1^2+G_2u_2^2+G_3u_3^2}{G_1u_1+G_2u_2+G_3u_3}}\qquad(32.3-19b)$$

式中　$u_1=G_1\delta_{11}+G_2\delta_{12}+G_3\delta_{13}$；

$u_2 = G_1\delta_{21} + G_2\delta_{22} + G_3\delta_{23}$;

$u_3 = G_1\delta_{31} + G_2\delta_{32} + G_3\delta_{33}$。

G_1、G_2、G_3 按式（32.3－4）至式（32.3－6）计算，ψ_T 按表 32.3－2 取值。

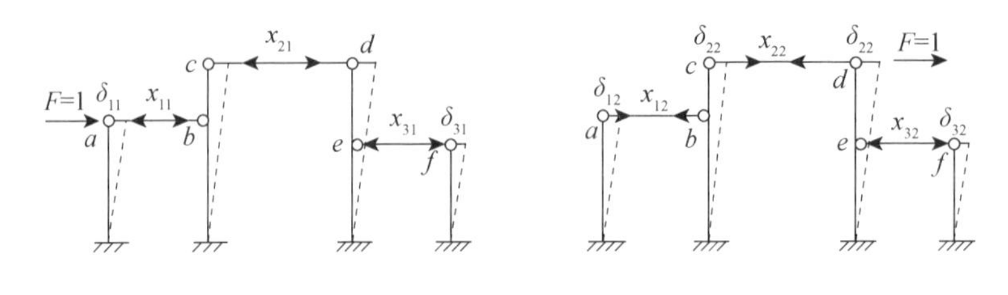

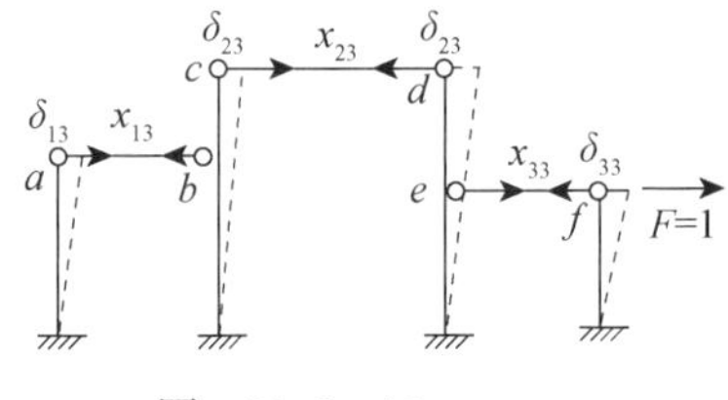

图　32.3－12

6）平面排架横向水平地震作用计算

（1）排架的横向水平地震作用标准值，按下式确定：

$$F_{Ek} = \alpha_1 G_{eq} \tag{32.3-20}$$

式中　F_{Ek}——厂房排架的横向总水平地震作用（总底部剪力）；

α_1——相应于结构基本周期 T_1 的水平地震影响系数 α 值，按《规范》图 5.1.5 确定；

G_{eq}——集中到排架柱顶的等效总重力荷载；对单跨和等高厂房，$G_{eq}=G$；对不等高厂房，$G_{eq}=0.85\times\Sigma G_i$（i=1，2，3）。

结构计算简图示于图 32.3－13。

（2）沿排架高度质点 i 的横向水平地震作用标准值按下式计算：

$$F_i = \frac{G_i H_i}{\sum_{i=1}^{n} G_i H_i} \cdot F_{Ek} \quad (i=1,\ 2,\ 3\cdots,\ n) \tag{32.3-21}$$

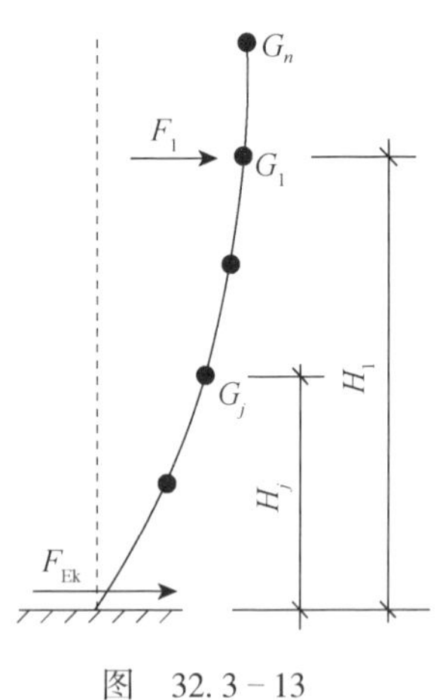

图　32.3－13

①单跨和等高多跨厂房：

排架底部总地震剪力为　　$F_{Ek} = \alpha_1 G$

排架柱顶的总横向水平地震作用为　　$F = F_{Ek} = \alpha_1 G$

②两个屋盖高度的不等高厂房：

排架底部总地震剪力为

$$F_{Ek} = \alpha_1 G_{eq} = \alpha_1 0.85\Sigma G_i = \alpha_1 0.85(G_1 + G_2)$$

排架柱顶处的横向水平地震作用为

$$F_1 = \frac{G_1 H_1}{G_1 H_1 + G_2 H_2} \cdot F_{Ek}$$

$$F_2=\frac{G_2H_2}{G_1H_1+G_2H_2}\cdot F_{Ek}$$

③三个屋盖均不等高的厂房：

排架底部总地震剪力为

$$F_{Ek}=0.85\alpha_1(G_1+G_2+G_3)$$

排架柱顶（三个高度）处的横向水平地震作用为

$$F_1=\frac{G_1H_1}{G_1H_1+G_2H_2+G_3H_3}\cdot F_{Ek}$$

$$F_2=\frac{G_2H_2}{G_1H_1+G_2H_2+G_3H_3}\cdot F_{Ek}$$

$$F_3=\frac{G_3H_3}{G_1H_1+G_2H_2+G_3H_3}\cdot F_{Ek}$$

（3）吊车产生的横向水平地震作用按下式计算确定（图 32.3-14）：

一台吊车桥架重力荷载产生的作用在一根柱上的吊车水平地震作用 F_{cr} 为：

$$F_{cri}=\alpha_1G_{cri}\frac{h_{cri}}{H}\tag{32.3-22}$$

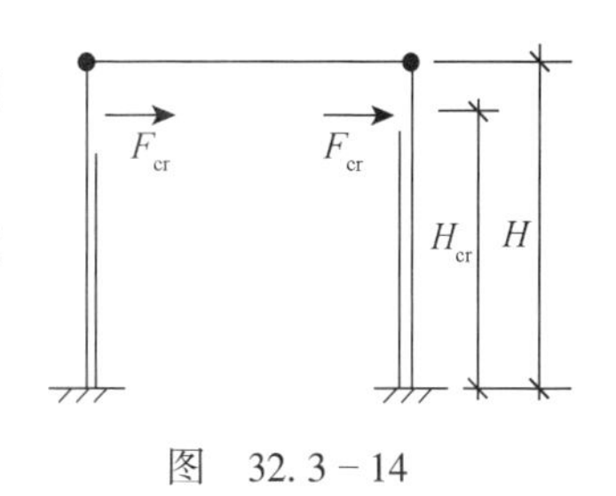

图　32.3-14

式中　G_{cri}——第 i 跨吊车桥架作用在一根柱上的重力荷载，其数值取一台吊车桥架自重轮压在一根柱上的牛腿反力；

h_{cri}——第 i 跨吊车梁面标高处的高度；

H——吊车所在跨柱顶的高度；

α_1——按厂房平面排架横向水平地震作用计算所取的 α 值采用。

当为多跨厂房时，各跨的吊车地震作用分别进行计算，例如 F_{cr1}、F_{cr2} 分别代表吊车 1 和吊车 2 各自在所在跨内产生的吊车地震作用。

（4）突出屋面天窗架横向水平地震作用的计算按下式确定（图 32.3-7）：

$$F_{sl}^*=\frac{G_{sl}H_{sl}}{\sum_{j=1}^{n}G_jH_j}F_{Ek}\tag{32.3-23}$$

式中　G_{sl}——突出屋面部分天窗架的等效集中重力荷载代表值，

$$G_{sl}=1.0\ (G_{rsl}+0.5G_{snsl}+0.5G_{dsl})$$

H_{sl}——天窗屋盖标高的高度，由厂房柱基础面算起。

对单跨或等高多跨厂房，其突出屋面天窗架的横向水平地震作用计算公式为

$$F_{sl}^*=\frac{G_{sl}H_{sl}}{G_{sl}H_{sl}+G_1H_1}F_{Ek}\tag{32.3-24}$$

对不等高厂房，计算公式为

$$F_{sl}^{*} = \frac{G_{sl}H_{sl}}{G_{sl}H_{sl} + G_1H_1 + G_2H_2}F_{Ek} \quad (32.3-25)$$

上述公式中的＊号是指按公式（32.3－23）算得的天窗架横向水平地震作用 F_{sl}，尚应注意以下二点：

①天窗跨度不超过9m且设防烈度为7、8度时，按《规范》规定，不必再乘增大系数，就取按公式（32.3－23）计算所得的结果；

②当天窗跨度大于9m且设防烈度为9度时，F_{sl}应乘以增大系数，取公式（32.3－23）计算结果的1.5倍，即 $1.5F_{sl}$。

2. 振型分解反应谱法

1）计算基本假定

（1）不等高厂房的平面排架均可简化为质量等效集中在柱顶的多质点平面竖杆体系（二质点系，三质点系，……）进行计算。

（2）体系的振动，可以分解为一组不同振型的单独振动；每一个振型对应一个振动周期；有一个质点，就有一个相应的振动周期。

（3）体系的每一个振动周期产生的对应于设计反应谱值以及作用在各质点上的水平地震作用。

（4）各振型产生的质点水平地震作用所形成的结构水平地震作用效应，可进行振型组合，取得体系的组合水平地震作用效应。

（5）在计算各质点的水平地震作用时，所采用的自振周期 T_j（第 j 振型下的结构自振周期）也应乘以相应的计算周期修正系数 ψ_T。

2）计算步骤

（1）建立结构计算简图，可采用与底部剪力法相同的计算简图，如图32.3－5、图32.5－6所示。

（2）按照计算简图所取质点，将各部分结构和有关重力荷载，等效集中到各质点 G_i。

（3）根据结构计算简图，按照结构动力学基本方程，计算结构各振型的自振周期 T_j（j=1，2，3，…）以及相应的振型参与系数 γ_j 和质点的相对水平位移 X_{ji}。

（4）根据所求得的结构自振周期 T_j，分别计算各振型所对应的在第 j 振型下各质点的横向水平地震作用 F_{ji}（j——振型；i——质点，i=1，2，3，…）。

（5）根据所求得的各质点在各振型下的水平地震作用，分别计算排架在该振型水平地震作用下的排架柱地震作用效应（即内力 M、V）。

（6）将排架柱在各振型下的地震作用效应进行振型组合，求出振型组合地震作用效应。

3）结构自振周期 T_j 的计算

（1）两质点系的不等高厂房。

①两质点系结构的第一和第二振型下的结构自振圆频率按下式计算：

$$\omega_{1,2}^2 = A \pm \sqrt{\frac{A^2 - 4B}{2B}} \quad (32.3-26)$$

$$A = G_1\delta_{11} + G_2\delta_{22}$$

$$B = G_1G_2(\delta_{11}\delta_{22} - \delta_{12}^2)$$

式（32.3－26）中，计算 ω_1 时，根号前取正号，计算 ω_2 时，取负号。

②两质点系结构的第一、第二振型下的结构自振周期按下式确定：

$$\left.\begin{aligned} T_1 &= \frac{2\pi}{\omega_1}\psi_T \\ T_2 &= \frac{2\pi}{\omega_2}\psi_T \end{aligned}\right\} \qquad (32.3-27)$$

也可直接采用下式计算第一、第二振型的结构自振周期 T_1 和 T_2：

$$T_1 = 1.4\psi_T\sqrt{G_1\delta_{11} + G_2\delta_{22} + \sqrt{(G_1\delta_{11} - G_2\delta_{22})^2 + 4G_1G_2\delta_{12}^2}} \qquad (32.3-28)$$

$$T_2 = 1.4\psi_T\sqrt{G_1\delta_{11} + G_2\delta_{22} - \sqrt{(G_1\delta_{11} - G_2\delta_{22})^2 + 4G_1G_2\delta_{12}^2}} \qquad (32.3-29)$$

公式中的排架侧移 δ_{11}、δ_{12}、δ_{22}，按前述式（32.3－14）确定。

③在第一、二振型下质点 G_1 和 G_2 的相对水平位移按下式进行计算（图 32.3－15）：

第一振型时：

$$x_{11} = 1,\ x_{12} = \frac{1}{G_2\delta_{12}}\left[0.248\left(\frac{T_1}{\psi_T}\right) - G_1\delta_{11}\right] \qquad (32.3-30)$$

第二振型时：

$$x_{21} = 1,\ x_{22} = \frac{1}{G_2\delta_{12}}\left[0.248\left(\frac{T_2}{\psi_T}\right)^2 - G_1\delta_{11}\right] \qquad (32.3-31)$$

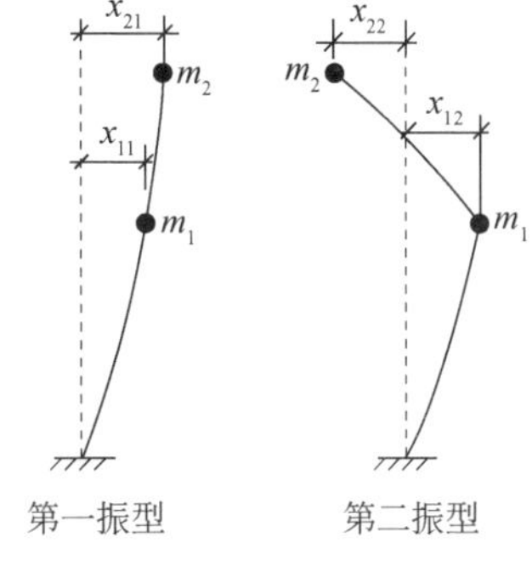

图　32.3－15

（2）对称中高二低不等高厂房。

对称中高二低不等高厂房也为两质点系，但可利用其结构的对称性计算如下：

①体系在第一、第二振型下的结构自振周期 T_1 和 T_2 按下式计算：

$$T_1 = 1.4\psi_T\sqrt{G_1\delta_{11} + \frac{1}{2}G_2\delta_{22} + \sqrt{\left(G_1\delta_{11} - \frac{1}{2}G_2\delta_{22}\right)^2 + 2G_1G_2\delta_{12}^2}} \qquad (32.3-32)$$

$$T_2 = 1.4\psi_T\sqrt{G_1\delta_{11} + \frac{1}{2}G_2\delta_{22} - \sqrt{\left(G_1\delta_{11} - \frac{1}{2}G_2\delta_{22}\right)^2 + 2G_1G_2\delta_{12}^2}} \qquad (32.3-33)$$

②在第一、二振型下质点 G_1 和 G_2 的相对水平位移（图 32.3－15）按下式计算：

第一振型时：

$$x_{11} = 1,\ x_{12} = \frac{2}{G_2\delta_{12}}\left[0.248\left(\frac{T_1}{\psi_T}\right)^2 - G_1\delta_{11}\right] \qquad (32.3-34)$$

第二振型时：

$$x_{21} = 1,\ x_{22} = \frac{2}{G_2\delta_{12}}\left[0.248\left(\frac{T_2}{\psi_T}\right)^2 - G_1\delta_{11}\right] \qquad (32.3-35)$$

（3）三质点系的不等高厂房。

①第一、二、三振型下结构自振圆频率 ω_j 按下式计算确定：

$$\begin{vmatrix} (m_1\delta_{11}\omega_j^2-1) & m_2\delta_{12}\omega_j^2 & m_3\delta_{13}\omega_j^2 \\ m_1\delta_{21}\omega_j^2 & (m_2\delta_{22}\omega_j^2-1) & m_3\delta_{23}\omega_j^2 \\ m_1\delta_{31}\omega_j^2 & m_2\delta_{32}\omega_j^2 & (m_3\delta_{33}\omega_j^2-1) \end{vmatrix}=0 \quad (32.3-36)$$

式中　$m_1=\frac{G_1}{g}$，$m_2=\frac{G_2}{g}$，$m_3=\frac{G_3}{g}$。

令 $\lambda_j=\frac{1}{\omega_j^2}$，式（32.3－36）可展开改写为：

$$\begin{aligned}\lambda_j^3-(m_1\delta_{11}+m_2\delta_{22}+m_3\delta_{33})\lambda_j^2+[m_1m_2(\delta_{11}\delta_{22}-\delta_{12}^2)+m_2m_3(\delta_{22}\delta_{33}-\delta_{23}^2)\\+m_3m_1(\delta_{33}\delta_{11}-\delta_{31}^2)]\lambda_j\\-m_1m_2m_3[\delta_{11}\delta_{22}\delta_{33}+2\delta_{12}\delta_{23}\delta_{21}\\-\delta_{11}\delta_{23}^2-\delta_{23}\delta_{31}^2-\delta_{33}\delta_{12}^2]=0\end{aligned} \quad (32.3-37)$$

解此方程，可求得三个正实根 λ_1、λ_2、λ_3，由此得：

$$\omega_1^2=\frac{1}{\lambda_1},\ \omega_2^2=\frac{1}{\lambda_2},\ \omega_3^2=\frac{1}{\lambda_3}$$

②第一、二、三振型下的结构自振周期按下式计算：

$$\left.\begin{aligned}T_1=\frac{2\pi}{\omega_1}\psi_T\\T_2=\frac{2\pi}{\omega_2}\psi_T\\T_3=\frac{2\pi}{\omega_3}\psi_T\end{aligned}\right\} \quad (32.3-38)$$

③在第一、二、三振型下质点 G_1、G_2 和 G_3 的相对水平位移按下列方程求解确定：

$$\left.\begin{aligned}(m_1\delta_{11}\omega_j^2-1)x_{j1}+m_2\delta_{12}\omega_j^2x_{j2}+m_3\delta_{13}\omega_j^2x_{j3}=0\\m_1\delta_{21}\omega_j^2x_{j1}+(m_2\delta_{22}\omega_j^2-1)x_{j2}+m_3\delta_{23}\omega_j^2x_{j3}=0\\m_1\delta_{31}\omega_j^2x_{j1}+m_2\delta_{32}\omega_j^2x_{j2}+(m_3\delta_{33}\omega_j^2-1)x_{j3}=0\end{aligned}\right\} \quad (32.3-39)$$

将 j=1、2、3 分别代入，可得以下三组方程：

$$\left.\begin{aligned}(m_1\delta_{11}\omega_1^2-1)x_{11}+m_2\delta_{12}\omega_1^2x_{12}+m_3\delta_{13}\omega_1^2x_{13}=0\\m_1\delta_{21}\omega_1^2x_{11}+(m_2\delta_{22}\omega_1^2-1)x_{12}+m_3\delta_{23}\omega_1^2x_{13}=0\\m_1\delta_{31}\omega_1^2x_{11}+m_2\delta_{32}\omega_1^2x_{12}+(m_3\delta_{33}\omega_1^2-1)x_{13}=0\end{aligned}\right\} \quad (32.3-40)$$

$$\left.\begin{aligned}(m_1\delta_{11}\omega_2^2-1)x_{21}+m_2\delta_{12}\omega_2^2x_{32}+m_3\delta_{13}\omega_2^2x_{23}=0\\m_1\delta_{21}\omega_2^2x_{21}+(m_2\delta_{22}\omega_2^2-1)x_{22}+m_3\delta_{23}\omega_2^2x_{23}=0\\m_1\delta_{31}\omega_2^2x_{21}+m_3\delta_{32}\omega_2^2x_{32}+(m_3\delta_{33}\omega_2^2-1)x_{23}=0\end{aligned}\right\} \quad (32.3-41)$$

$$\left.\begin{aligned}(m_1\delta_{11}\omega_3^2-1)x_{31}+m_2\delta_{12}\omega_3^2x_{32}+m_3\delta_{13}\omega_2^2x_{33}=0\\m_1\delta_{21}\omega_3^2x_{31}+(m_2\delta_{22}\omega_3^2-1)x_{32}+m_3\delta_{23}\omega_3^2x_{33}=0\\m_1\delta_{31}\omega_3^2x_{31}+m_2\delta_{32}\omega_3^2x_{32}+(m_3\delta_{33}\omega_3^2-1)x_{33}=0\end{aligned}\right\} \quad (32.3-42)$$

第一振型时，

令 $x_{11}=1$，利用方程（32.3－40）即可求得质点 m_2 和 m_3 的相对水平位移 x_{12}和 x_{13}；

第二振型时，

令 $x_{21}=1$，利用方程（32.3－41）即可求得质点 m_2 和 m_3 的相对水平位移 x_{22}和 x_{23}；

第三振型时，

令 $x_{31}=1$ 时，利用方程（32.3－42）即可求得质点 m_2 和 m_3 的相对水平位移 x_{32}和 x_{33}。三质点系的不同振型下的相对水平位移如图 32.3－16 所示。

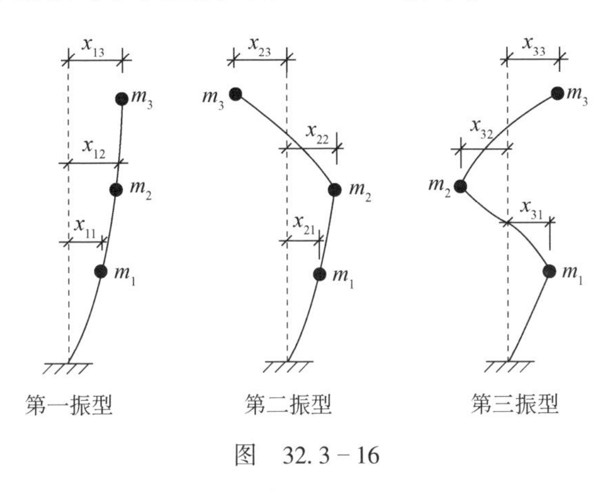

图　32.3－16

4）排架水平地震作用的计算

（1）多质点系结构 j 振型质点 i 水平地震作用计算基本公式为

$$F_{ji}=\alpha_j\gamma_j x_{ji}G_i \quad (i=1,2,3,\cdots,n;\ j=1,2,3,\cdots,n) \tag{32.3-43}$$

式中　x_{ji}——第 j 振型下质点 i 的相对水平位移；

γ_j——第 j 振型的振型参与系数，按下式计算：

$$\gamma_j=\frac{\sum_{i=1}^{n}x_{ji}G_i}{\sum_{i=1}^{n}x_{ji}^2G_i} \tag{32.3-44}$$

G_i——集中到质点 i 的重力荷载代表值，同底部剪力法一样采用。

（2）两质点系不等高厂房的振型质点水平地震作用按下式计算：

第一振型时，

质点 1：$F_{11}=\alpha_1\gamma_1x_{11}G_1$

质点 2：$F_{12}=\alpha_1\gamma_1x_{12}G_2$

第二振型时，

质点 1：$F_{21}=\alpha_2\gamma_2x_{21}G_1$

质点 2：$F_{22}=\alpha_2\gamma_2x_{22}G_2$

第一、二振型的振型参与系数按下式计算：

第一振型　$\gamma_1=\dfrac{x_{11}G_1+x_{12}G_2}{x_{11}^2G_1+x_{12}^2G_2}$

第二振型　$\gamma_2=\dfrac{x_{21}G_1+x_{22}G_2}{x_{21}^2G_1+x_{22}^2G_2}$

（3）三质点系不等高厂房振型质点水平地震作用，按下式计算：

第一振型时：

质点 1：$F_{11}=\alpha_1\gamma_1x_{11}G_1$

质点 2：$F_{12}=\alpha_1\gamma_1x_{12}G_2$

质点 3：$F_{13}=\alpha_1\gamma_1x_{13}G_3$

第二振型时：

质点 1：$F_{21}=\alpha_2\gamma_2x_{21}G_1$

质点 2：$F_{22}=\alpha_2\gamma_2x_{22}G_2$

质点 3：$F_{23}=\alpha_2\gamma_2x_{23}G_3$

第三振型时：

质点 1：$F_{31}=\alpha_3\gamma_3x_{31}G_1$

质点 2：$F_{32}=\alpha_3\gamma_3x_{32}G_2$

质点 3：$F_{33}=\alpha_3\gamma_3x_{33}G_3$

在上述计算公式中，γ_1、γ_2、γ_3 分别按式（32.3－44）确定；x_{11}、x_{12}、x_{13}，x_{21}、x_{22}、x_{23}，x_{31}、x_{32}、x_{33}分别按式（32.3－40）至式（32.3－42）确定。

5）吊车桥架产生的水平地震作用计算

采用振型分解反应谱法计算吊车的水平地震作用时，应视吊车所在处为一单独质点，按多质点系计算简图进行振型分解计算，但为简化，一般不按吊车为单独质点的多质点系来进行计算，而是近似地假定在吊车高度处排架柱的振型幅值与所在跨度的柱顶振型幅值同号，并与其所在跨的高度成比例关系，吊车的水平地震作用可按排架的基本振型进行计算，采用以下计算公式：

$$F_{cri}=\alpha_1\gamma_1x_{1i}G_{cri}\frac{h_{cri}}{H}\tag{32.3－45}$$

式中　α_1——相应于排架基本振型的水平地震影响系数；

γ_1——排架基本振型的振型参与系数；

x_{1i}——排架基本振型下质点 i 的相对位移；

G_{cri}——第 i 跨度内一台最大吨位吊车桥架重力荷载作用在一根柱牛腿上的反力值；

h_{cri}——吊车所处的高度。

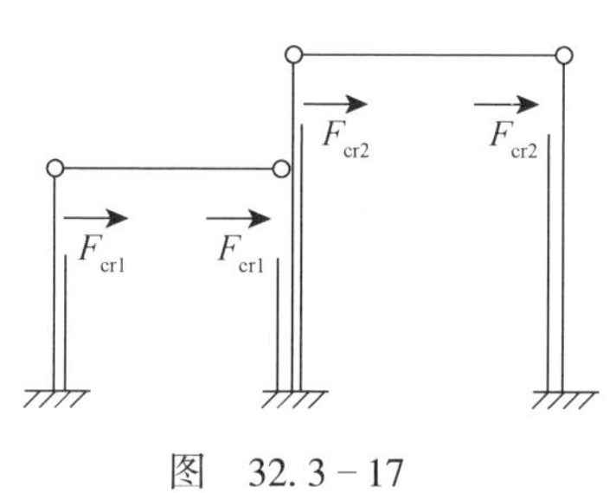

图　32.3－17

（1）对两质点系不等高厂房，吊车桥架在其所在跨吊车梁面处产生的水平地震作用可按以下公式计算（图 32.3－17）：

$$F_{cr1}=\alpha_1\gamma_1x_{11}G_{cr1}\frac{h_{cr1}}{H}\tag{32.3－46}$$

$$F_{cr2}=\alpha_1\gamma_1x_{12}G_{cr2}\frac{h_{cr2}}{H}\tag{32.3－47}$$

上述计算公式中的 α_1、γ_1、x_{11}、x_{12} 均为所示两质点系不等高排架的第一振型（基本振型）对应的排架自振特性和质点 1、2 的相对水平位移幅值。

（2）对三质点系不等高厂房，则为：

$$F_{cr1} = \alpha_1 \gamma_1 x_{11} G_{cr1} \frac{h_{cr1}}{H} \tag{32.3-48}$$

$$F_{cr2} = \alpha_1 \gamma_1 x_{12} G_{cr2} \frac{h_{cr2}}{H} \tag{32.3-49}$$

$$F_{cr3} = \alpha_1 \gamma_1 x_{13} G_{cr3} \frac{h_{cr3}}{H} \tag{32.3-50}$$

6）排架地震作用效应的振型组合

（1）根据上述求得的在各振型下各质点 G_i 的水平地震作用 F_{ji}，分别按振型对排架进行相应的内力分析，求出对应于各振型的排架柱计算截面的地震作用效应 S_{ji}（振型 $j=1$，2，3；柱截面 $i=1$，2），即各振型下的地震作用所产生的弯矩和剪力。

（2）根据所求得的各振型下排架柱地震作用效应 S_j，按下式进行振型组合，以求出组合后的地震作用效应 S：

$$S = \sqrt{\Sigma S_j} \tag{32.3-51}$$

对两质点系不等高厂房，$j=1$，2，

$$S = \sqrt{S_1^2 + S_2^2} \tag{32.3-52}$$

如按柱截面表达，则为：

$$S_i = \sqrt{S_{1i}^2 + S_{2i}^2} \tag{32.3-53}$$

i 为柱截面序号；

即

$$M_i = \sqrt{M_{1i}^2 + M_{2i}^2}$$

$$V_i = \sqrt{V_{1i}^2 + V_{2i}^2}$$

对三质点系不等高厂房，$j=1$，2，3

$$S_i = \sqrt{S_{1i}^2 + S_{2i}^2 + S_{3i}^2} \tag{32.3-54}$$

即：

$$M_i = \sqrt{M_{1i}^2 + M_{2i}^2 + M_{3i}^2}$$

$$V_i = \sqrt{V_{1i}^2 + V_{2i}^2 + V_{3i}^2}$$

上述算式中的 M_i 和 V_i 即为柱截面 i 的各振型组合弯矩和组合剪力。

3. 平面排架地震作用效应的空间工作影响的调整

对钢筋混凝土无檩和有檩屋盖厂房，无论是采用底部剪力法或是振型分解反应谱法，其按平面排架计算所得的地震作用效应（地震弯矩和剪力）均应考虑空间工作影响的调整，并按以下规定采用相应的调整系数：

（1）对单跨和等高多跨厂房，其排架柱地震作用效应按表 32.3-3 的调整系数进行调整；调整系数（ξ_1）根据厂房的屋盖类别和长度以及山墙设置情况取用。

表 32.3-3 等高厂房排架柱地震作用效应考虑空间工作的调整系数 ξ_1

屋盖	山墙	屋盖长度/m											
		≤30	36	42	48	54	60	66	72	78	84	90	96
钢筋混凝土无檩屋盖	两端山墙			0.75	0.75	0.75	0.8	0.8	0.8	0.88	0.88	0.88	0.9
	一端山墙	1.05	1.15	1.2	1.25	1.3	1.3	1.3	1.3	1.35	1.35	1.35	1.35
钢筋混凝土有檩屋盖	两端山墙			0.8	0.85	0.9	0.95	0.95	1.0	1.0	1.05	1.05	1.1
	一端山墙	1.0	1.05	1.1	1.1	1.15	1.15	1.15	1.2	1.2	1.2	1.25	1.25

（2）对不等高厂房，其排架柱地震作用效应（除高低跨交接处中柱上柱截面外），按表32.3-4的调整系数进行调整；从表32.3-4可见，对两端有山墙的厂房，不等高厂房排架柱的调整系数值较等高厂房为大，即考虑空间工作影响的地震作用效应值折减得要少，为区别，设此调整系数为ξ_2。对一端山墙的厂房，等高厂房与不等高厂房的调整系数相同，即$\xi_1=\xi_2$。

表 32.3-4 不等高厂房排架柱（除高低跨交接处上柱截面外）地震作用效应考虑空间工作和扭转影响的调整系数 ξ_2

屋盖	山墙	屋盖长度/m											
		≤30	36	42	48	54	60	66	72	78	84	90	96
钢筋混凝土无檩屋盖	两端山墙			0.85	0.85	0.85	0.9	0.9	0.9	0.95	0.95	0.95	1.0
	一端山墙	1.05	1.15	1.2	1.25	1.3	1.3	1.3	1.3	1.35	1.35	1.35	1.35
钢筋混凝土有檩屋盖	两端山墙			0.85	0.9	0.95	0.95	1.0	1.05	1.05	1.1	1.1	1.15
	一端山墙	1.0	1.05	1.1	1.1	1.15	1.15	1.15	1.2	1.2	1.2	1.25	1.25

表32.3-4中的一端山墙的调整系数考虑了空间工作中的扭转影响，故排架柱的地震作用效应均比只考虑厂房平移时为大，调整系数值均大于1；但在实际计算时，可只考虑自无山墙开口端往里2~3榀排架乘以表32.3-3和表32.3-4的调整系数，无须所有排架柱都放大调整，其他排架柱均取1.0。

（3）对不等高厂房高低跨交接处支承低跨屋盖牛腿以上排架柱的柱截面，其考虑空间工作影响对地震作用效应的调整不同于一般柱截面，调整系数（ξ）按表32.3-5采用。

表 32.3－5　高低跨交接处中柱牛腿以上截面地震作用效应调整系数 ξ

屋盖	山墙	屋盖长度/m										
		≤30	42	48	54	60	66	72	78	84	90	96
钢筋混凝土无檩屋盖	两端山墙		0.7	0.76	0.82	0.84	0.94	1.0	1.06	1.06	1.06	1.06
	一端山墙	1.25										
钢筋混凝土有檩屋盖	两端山墙		0.9	1.0	1.05	1.1	1.1	1.15	1.15	1.15	1.20	1.20
	一端山墙	1.05										

（4）需调整地震作用效应的柱截面及其采用的调整系数。

①等高厂房，各排架柱计算截面（图 32.3－18）的地震作用效应 M 和 V 应乘以表 32.3－3的调整系数 ξ_1 即：

$$M_{空间} = \xi_1 M_{平面}$$
$$V_{空间} = \xi_1 V_{平面}$$

②不等高厂房，除高低跨交接处柱牛腿以上柱截面外，其他所有排架柱的计算截面（图 32.3－19）的地震作用效应 M 和 V 均应乘以表 32.3－4 的调整系数 ξ_2，即：

$$M_{空间} = \xi_2 M_{平面}$$
$$V_{空间} = \xi_2 V_{平面}$$

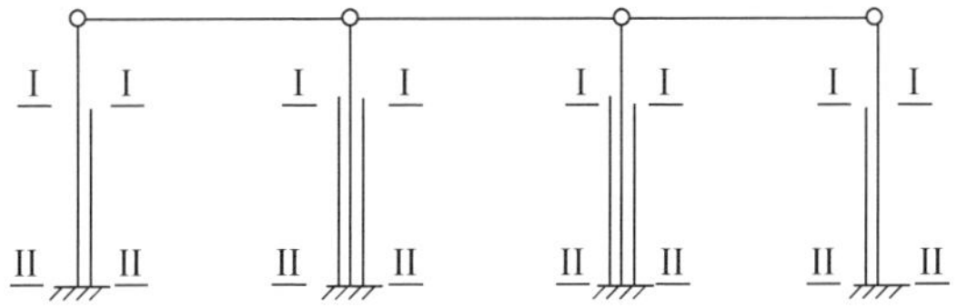

图　32.3－18

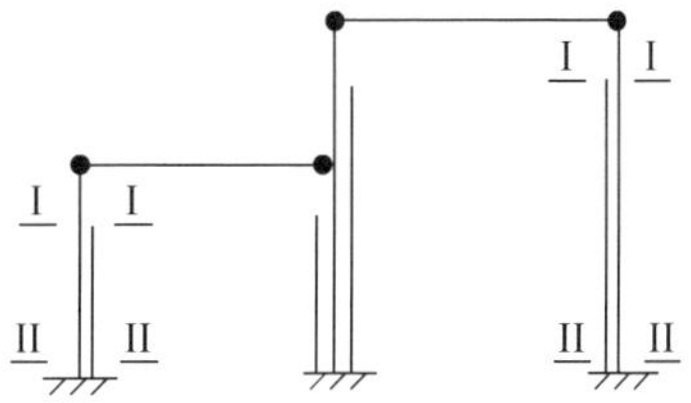

图　32.3－19

③对不等高厂房高低跨交接处柱牛腿以上柱截面的地震作用效应 M 和 V，其考虑空间工作影响的调整系数 ξ，按表 32.3－5 采用。但应用时应注意以下两点：

a. 当为按底部剪力法算得的地震作用效应时，该截面的地震作用效应调整应与考虑不等高厂房的高次振型影响的效应增大系数 η 一并计算，按下述的第 4 款所提供的公式进行调整。

b. 当为按振型分解反应谱法算得的地震作用效应时，则可将算得的该截面的地震作用效应直接乘以表 32.3－5 的 ξ 系数。

4. 不等高厂房高低跨交接处柱牛腿以上柱截面地震作用效应增大系数 η 的计算与应用

按底部剪力法求得的高低跨交接处柱牛腿以上柱截面的地震作用效应，应分别按以下公式算得的 η 值进行调整：

（1）对仅一侧有低跨的不等高厂房，η 值按下式确定：

$$\eta = \xi\left(1 + 1.7\frac{n_h}{n_l + n_b}\frac{G_{El}}{G_{Eh}}\right) \tag{32.3-55}$$

式中　η——地震作用效应（弯矩、剪力）的高次振型影响的增大系数；

ξ——不等高厂房高低跨交接处柱截面的空间工作影响系数，按表32.3-5采用；

n_l、n_h——分别为低跨和高跨的跨数；

G_{El}——集中于交接处一侧各低跨屋盖标高处的总重力荷载代表值；

G_{Eh}——集中于高跨柱顶标高处的总重力荷载代表值。

①当为一低一高厂房时，η 值可按下式计算：

$$\eta = \xi\left(1 + 0.85\frac{G_{El}}{G_{Eh}}\right) \tag{32.3-56}$$

②当为二低一高厂房时，η 值可按下式计算：

$$\eta = \xi\left(1 + 0.57\frac{G_{El}}{G_{Eh}}\right) \tag{32.3-57}$$

③当为三低一高厂房时，η 值可按下式进行计算：

$$\eta = \xi\left(1 + 0.43\frac{G_{El}}{G_{Eh}}\right) \tag{32.3-58}$$

（2）对两侧均有低跨的不等高厂房，η 值按下式计算确定：

$$\eta = \xi\left(1 + 1.7\frac{n_h}{2n_h + n_l}\frac{G_{El}}{G_{Eh}}\right) \tag{32.3-59}$$

①中间一高跨两侧各一低跨的不等高厂房，η 值可按下式进行计算：

左侧：

$$\eta_{左} = \xi\left(1 + 0.425\frac{G_{El左}}{G_{Eh}}\right) \tag{32.3-60}$$

右侧：

$$\eta_{右} = \xi\left(1 + 0.425\frac{G_{El右}}{G_{Eh}}\right) \tag{32.3-61}$$

上式中的 $G_{El左}$、$G_{El右}$ 分别为左右两侧低跨屋盖的重力荷载代表值。

②当为中间一高跨，一侧为一低跨另一侧为两个低跨的不等高厂房时，此时左、右两侧的 η 值可按下式计算确定：

$$\eta_{左} = \xi\left(1 + 0.34\frac{G_{El左}}{G_{Eh}}\right) \tag{32.3-62}$$

$$\eta_{右} = \xi\left(1 + 0.34\frac{G_{El右}}{G_{Eh}}\right) \tag{32.3-63}$$

③当为中间一高跨，一侧为一低跨而另一侧为三个低跨的不等高厂房时，此时的左、右两侧的 η 值按下式进行计算确定：

$$\eta_{左} = \xi\left(1 + 0.283\frac{G_{El左}}{G_{Eh}}\right) \tag{32.3-64}$$

$$\eta_{右} = \xi\left(1 + 0.283\frac{G_{El右}}{G_{Eh}}\right) \tag{32.3-65}$$

从以上计算公式可知，两侧左右均有低跨时，η 值应左右分开进行计算，它们是不相等的。只有当中间一高跨两侧各一低跨且跨度相同，高度也相同时，左右的 η 值才等同。

(3) 需调整的柱截面位置及其调整后的地震作用效应。

①应进行调整效应的柱截面位置示于图 32.3－20。

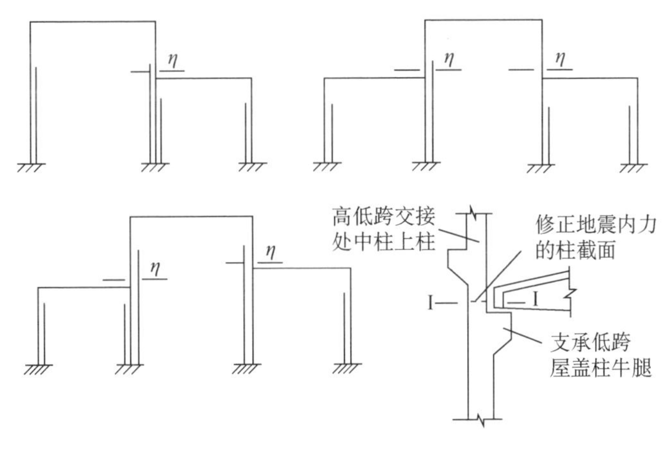

图　32.3－20

②调整后的柱截面地震作用效应为：

$$M' = \eta M$$
$$V' = \eta V \tag{32.3-66}$$

式中　M、V——分别为按底部剪力法计算所得的该柱截面的弯矩和剪力（地震作用效应），当采用振型分解反应谱法计算平面排架时，调整系数 $\eta=\xi$。

5. 地震作用效应与其他荷载效应的组合效应计算

按上述计算所得的排架柱地震作用效应，应与其他荷载作用下的效应进行组合。应组合的其他荷载效应有：屋盖结构自重、屋面积雪、屋面积灰、吊车梁自重和其他作用在排架柱上的有关结构或设施自重，以及吊车等重力荷载效应。

1) 地震作用效应与其他荷载效应的组合表达式

$$S = \gamma_G C_G G_E + \gamma_{Eh} C_{Eh} E_{hk} \tag{32.3-67}$$

式中　γ_G——重力荷载分项系数，取 $\gamma_G = 1，2$；

G_E——计算地震作用时采用的重力荷载代表值，即结构和构配件自重标准值和各可变荷载组合值（如 50%屋面雪荷载，50%屋面积灰荷载）之和，有吊车时，应包括一台吊车（软钩或硬钩）悬吊物作用于柱上的重力荷载标准值；

γ_{Eh}——水平地震作用分项系数，取 $\gamma_{Eh} = 1.3$；

E_{hk}——水平地震作用标准值；

C_G、C_{Eh}——分别为重力荷载和水平地震作用的作用效应系数，根据结构构件的计算简图确定，并尚应乘以《规范》规定的地震作用效应增大系数或调整系数；

S——经组合后的对结构最不利的总组合效应，对不同截面，取不同的组合 S 值。

实际计算时，即为排架柱截面弯矩和剪力的组合。组合时，对结构自重、积雪、积灰荷载引起的排架柱截面的弯矩和剪力，应乘以分项系数 1.2；对地震作用引起的柱截面弯矩和剪力，则应乘以分项系数 1.3。当有吊车时，还应考虑吊车（包括桥架自重和吊重的竖向重力荷载）产生的柱截面弯矩和剪力，其分项系数也取 1.2。组合表达式为：

$$\left.\begin{aligned} M_i &= 1.2M_{\mathrm{G}} + 1.3M_{\mathrm{E}} + 1.2M_{\mathrm{cr}} \\ V_i &= 1.2V_{\mathrm{G}} + 1.3V_{\mathrm{E}} + 1.2V_{\mathrm{cr}} \end{aligned}\right\} \quad (32.3-68)$$

式中　M_i、V_i——分别为柱截面 i 的组合后的弯矩和剪力设计值。

2）吊车荷载作用效应的计算及组合原则

吊车荷载作用效应包括吊车桥架（硬钩时还包括吊重的 30%）在吊车梁面标高处引起的水平地震作用效应，和吊车重力荷载（包括桥架自重和吊重）作用在柱牛腿上引起的竖向荷载效应（包括 M、N 和 V）两部分。

（1）吊车水平地震作用 F_{cr} 引起的排架柱地震作用效应的计算。

吊车水平地震作用 F_{cr} 在排架柱截面产生的效应（弯矩和剪力）的计算，可采用两种方法：

①吊车吨位在 30t 以下时，在 F_{cr} 作用下，排架柱可按柱顶为不动铰的计算简图进行计算，如图 32.3－21 所示。

柱顶反力 R 求出后，即可求得各柱在吊车梁面标高处、上柱根部和下柱根部截面处的吊车地震作用效应（弯矩和剪力）。

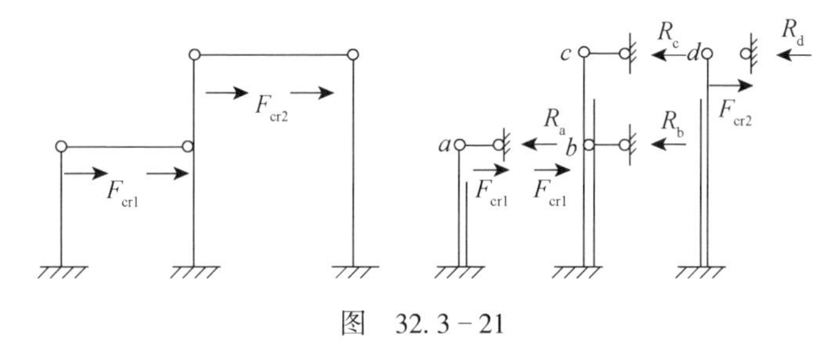

图　32.3－21

②吊车吨位超过 30t 时，吊车地震作用 F_{cr} 产生的各柱柱截面地震作用效应，可按排架分析求得。计算时按跨进行，如图 32.3－22 所示。

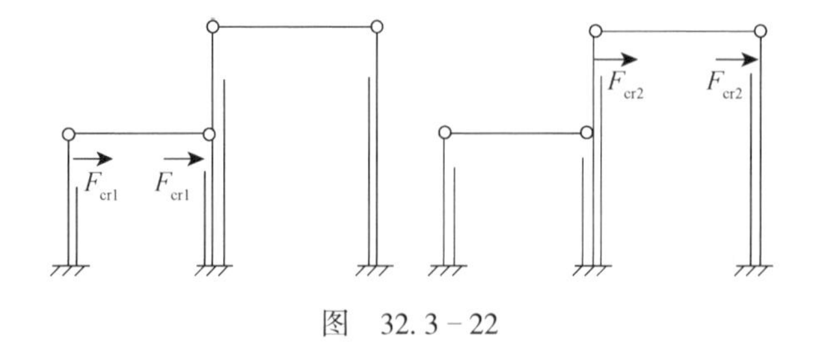

图　32.3－22

由于吊车水平地震作用在地震时为往复作用，故柱截面的效应均应取正负双向符号，即 $\pm M_{\mathrm{cr}}$、$\pm V_{\mathrm{cr}}$。

（2）吊车水平地震作用在吊车梁面标高处柱截面地震作用效应的局部增大计算。

根据空间分析，地震时，吊车在吊车梁面标高处存在显著的局部振动效应，增大了上柱截面的地震作用效应，为此对该标高处柱截面的吊车地震作用效应应予以放大，其按平面排架计算所得的地震作用效应应乘以表 32.3－6 的效应增大系数，即：

表 32.3－6　吊车桥架引起的地震作用效应增大系数 η'

屋盖类型	山墙	边柱	高低跨柱	其他中柱
钢筋混凝土无檩屋盖	两端山墙	2.0	2.5	3.0
	一端山墙	1.5	2.0	2.5
钢筋混凝土有檩屋盖	两端山墙	1.5	2.0	2.5
	一端山墙	1.5	2.0	2.0

$$\left.\begin{aligned} M'_{cr} &= \eta' M_{cr} \\ V'_{cr} &= \eta' V_{cr} \end{aligned}\right\} \tag{32.3-69}$$

式中　M'_{cr}、V'_{cr}——考虑吊车局部振动效应增大系数放大后的吊车梁面标高处的柱截面弯矩和剪力。

必须注意的是，此效应增大系数只用于吊车梁面标高处的柱截面，而且增大的只是吊车桥架产生的地震作用所引起那部分地震作用效应，而不是该柱截面的全部组合地震作用效应。

（3）吊车重力荷载产生的竖向荷载效应的计算。

吊车重力荷载的竖向荷载效应包括吊车桥架自重部分（作用在所在跨柱牛腿上的竖向荷载 N_{Gcr} 和弯矩 M_{Gcr}）所引起的排架柱截面的作用效应弯矩和剪力 M_{cri} 和 V_{cri} 以及吊重部分（作用在柱牛腿上的竖向荷载效应 N_{crl} 和 M_{crl}）所引起的排架柱截面的作用效应弯矩 M_{crli} 和 V_{crli}。作用在柱牛腿上的吊车竖向荷载示于图 32.3－23。在图示竖向荷载作用下的柱截面荷载效应的计算通过排架内力分析求得。方法与静力计算中所求的吊车荷载作用效应一样。

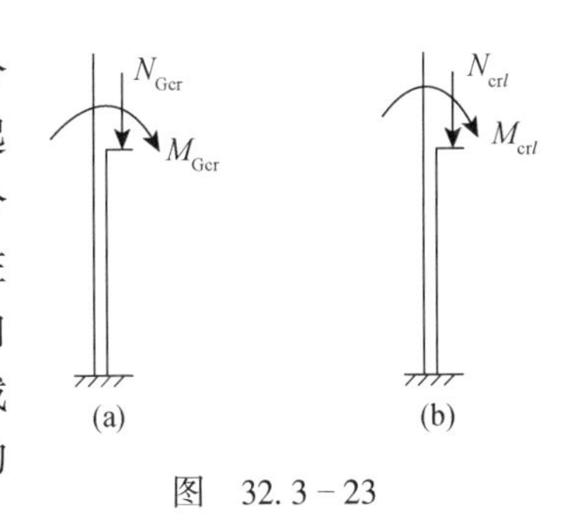

图　32.3－23

（4）吊车荷载作用效应的组合原则。

①吊车的水平地震作用效应，只考虑吊车桥架（包括小跑车）自重产生的地震作用效应；如为硬吊钩时，则另加 30% 吊重产生的水平地震作用效应；不考虑吊车的横向水平制动力。

②组合时，单跨厂房考虑一台吨位最大的吊车；多跨厂房如各跨均有吊车，可任意选两跨，一跨一台，不超过两台，其值可由静力计算中吊车荷载（二台）项下的柱子内力乘以一台吊车与二台吊车作用下牛腿反力的比值求得。

③在进行对吊车地震作用效应组合时，应同时组合吊车的竖向荷载效应。其中，吊重的竖向荷载效应组合，对上柱根部柱截面应考虑最大吊重（N_{Gcrl}）产生的竖向荷载效应，对下

柱根部柱截面则应根据效应最不利组合原则确定。

④组合时，吊车的水平地震作用效应 M 和 V 的受力作用方向（正向或负向），应与结构产生的水平地震作用效应方向一致，以取得最不利的组合效应。

6. 排架柱截面的抗震承载力验算

排架柱各计算截面的抗震承载力按下式进行验算：

$$S \leqslant R/\gamma_{RE} \tag{32.3-70}$$

式中　S——验算柱截面的组合作用效应设计值，即组合弯矩和剪力设计值；

R——结构承载力设计值，按《混凝土结构设计规范》（GB 50010—2001）的规定计算取值；

γ_{RE}——考虑地震作用的承载力抗震调整系数，按表 32.3－7 采用。

表 32.3－7　承载力抗震调整系数

截面位置	上、下柱正截面	支承低跨屋盖的柱牛腿
γ_{RE}	0.8	1.0

7. 单层厂房排架柱的抗震变形验算

《规范》规定，对位于 8 度Ⅲ、Ⅳ类场地和 9 度区的高大单层钢筋混凝土柱厂房横向排架，应进行在罕遇地震作用下的排架柱上柱的弹塑性变形验算。高大厂房一般是指屋架的下弦标高大于或等于 18m 的单层钢筋混凝土柱厂房，或是吊车起重量大于或等于 75t 的厂房，以及排架基本周期 $T_1 \geqslant 1.5s$ 的较柔厂房。

在验算厂房排架柱的弹塑性变形时，不考虑厂房空间工作对地震作用的影响，不作折减地震作用效应的调整。

单层厂房排架柱的抗震变形验算可采用以下方法进行：

1）单层厂房排架柱抗震变形验算的基本步骤

（1）按在罕遇地震作用下的结构弹性分析计算排架柱上柱的弹性地震弯矩 M_e。

（2）按排架柱截面的实际配筋面积、材料强度标准值和轴向力计算上柱正截面的受弯承载力 M_y^a。

（3）根据计算所得的 M_e 和 M_y^a，求算屈服强度系数 ξ_y。

（4）计算罕遇地震作用下排架柱上柱的弹性位移 Δu_e。

（5）根据所得的屈服强度系数 ξ_y，确定弹塑性位移增大系数 η_p。

（6）计算排架柱上柱在罕遇地震作用下的弹塑性位移 Δu_p。

（7）核验所得的 Δu_p 是否符合《规范》规定的最大控制位移限值。

2）变形验算的公式和方法

（1）屈服强度系数 ξ_y 按下式进行计算：

$$\xi_y = M_y^a/M_e \tag{32.3-71}$$

式中 M_e 根据罕遇地震作用相应的水平地震影响系数最大值 α_m 所算得的罕遇地震作用

在排架柱柱顶产生的地震剪力所引起的按平面排架弹性分析计算所得的上柱根部截面的地震弯矩取值；罕遇地震作用的水平地震影响系数最大值 α_m 按表 32.3－8 采用。

表 32.3－8

烈度	8	9
α_m	0.9	1.40

M_y^a 根据排架柱截面的实际配筋、材料强度和轴向力，按下式计算确定：

$$M_y^a = f_{yk} A_s^a (h - a_s') + 0.5 N_G h \left(1 - \frac{N_G}{\alpha_1 f_{ck}} bh\right)$$

式中　M_y^a——偏压柱实际的正截面受弯承载力；

A_s^a——实际的纵向受拉钢筋截面面积；

$h_0 - a_s'$——纵向受拉与受压钢筋合力点之间的距离；

f_{yk}——纵向钢筋的抗拉强度标准值；

f_{ck}——混凝土抗压强度标准值；

α_1——受压区混凝土矩形应力图的应力与混凝土抗压强度设计值的比值，一般取等于 1；

N_G——对应于重力荷载代表值的轴向力（$\gamma_G = 1.0$）；

bh——柱截面面积。

如算得的 $\xi_y \geqslant 0.5$ 时，可不必进行该排架柱的抗震变形验算。如 $\xi_y < 0.5$ 时，则需按以下公式继续进行验算。

（2）上柱的弹性位移 Δu_e 按下式计算：

$$\Delta u_e = \frac{V_e H_1^3}{3EI} \tag{32.3-72}$$

式中　V_e——罕遇地震作用下排架柱柱顶的弹性地震剪力；

H_1——上柱的高度；

E——上柱混凝土的弹性模量；

I——上柱截面的惯性矩。

（3）上柱的弹塑性位移 Δu_p 按下式确定：

$$\Delta u_p = \eta_p \cdot \Delta u_e \tag{32.3-73}$$

弹塑性位移增大系数 η_p 按表 32.3－9 采用。

表 32.3－9

ξ_y	0.5	0.4	0.3	0.2
η_p	1.30	1.60	2.00	2.60

（4）上柱的弹塑性位移应满足下式限值要求：

$$\Delta u_p \leqslant [\theta_p] \cdot H_1 \tag{32.3-74}$$

式中 $[\theta_p]$——弹塑性位移角，对单层厂房上柱，$[\theta_p]=1/30$；即

$$\Delta u_p \leqslant H_1/30 \tag{32.3-75}$$

3）计算例题

设有一单跨钢筋混凝土柱厂房，跨度18m，柱高11.3m，上柱高为3.8m；厂房排架的基本周期 $T_1=1.49\text{s}\approx1.5\text{s}$，位于8度Ⅳ类场地；需验算排架柱上柱的弹塑性变形。

已知上柱截面为方形，400mm×400mm，配筋为3ϕ18（对称配筋）；柱的混凝土强度为C20。

（1）计算在罕遇地震作用下排架柱上柱的弹性地震弯矩 M_e。

已知该厂房在多遇地震作用下（$\alpha_m=0.16$）上柱根部的总地震弯矩设计值为 $M=87.1\text{kN}\cdot\text{m}$，根据弹塑性变形验算要求，在罕遇地震作用下的 α_m 应取0.9；与此同时，不予考虑厂房的空间工作（多遇地震作用时考虑了空间工作影响系数0.75）和荷载分项系数（多遇地震时采用了分项系数 $\gamma_E=1.3$），为此，在罕遇地震作用下，上柱底部的总地震弯矩设计值应为

$$M_e=\frac{0.9M}{1.3\times0.75\times0.16}=502.5\text{kN}\cdot\text{m}$$

（2）计算排架柱上柱的实际受弯承载力 M_y^a。

已知

$$M_y^a=f_{yk}A_s^a(h_0-a'_s)+0.5N_Gh\left(1-\frac{N_G}{\alpha_1 f_{ck}}bh\right)$$

代入本例排架柱上柱各实际参数量，钢筋Ⅱ级钢，$f_{yk}=340\text{MPa}$；混凝土C20，$f_{ck}=13.4\text{MPa}$；$\alpha_1=1$；轴向力 $N_G=194.0\text{kN}$；柱截面 $b=400\text{mm}$，$h=400\text{mm}$；钢筋截面积 $A_s^a=763\text{mm}^2$；即可算得上柱的实际受弯承载力为

$$M_y^a=115.49\text{kN}\cdot\text{m}$$

（3）计算排架柱上柱的屈服强度系数 ξ_y。

$$\xi_y=\frac{M_a}{M_e}=\frac{115.49}{502.5}=0.23$$

上柱的 $\xi_y=0.23<0.5$，须进行弹塑性变形验算。

（4）计算罕遇地震作用下上柱的弹性位移 Δu_e。

已知在多遇地震作用下上柱的弹性位移为 $\Delta u=8.8\text{mm}$，则在罕遇地震作用下的弹性位移应为

$$\Delta u_e=\left(\frac{\alpha_m=0.9}{\alpha_m=0.16}\right)\cdot\Delta u=\frac{0.9}{0.16}\times8.8=49.5\text{mm}$$

（5）根据求得的 ξ_y，确定弹塑性位移增大系数 η_p。

已知 $\xi_y=0.234$，查表32.3-9，用插入法得：

$$\eta_p=2.4$$

（6）计算上柱在罕遇地震作用下的弹塑性位移 Δu_p。

$$\Delta u_p = \eta_p \cdot \Delta u_e = 2.4 \times 49.5 = 118.8\text{mm}$$

（7）验算所求得的上柱弹塑性位移 Δu_p 是否符合《规范》规定的最大限值。

已知排架上柱高度 $H_1 = 3.80\text{m}$，

Δu_p 应满足：

$$\Delta u_p < H_1/30 = \frac{3800}{30} = 126.7\text{mm}$$

本例的 $\Delta u_p = 118.8\text{mm} < 126.7\text{mm}$

故基本满足抗震安全。

8. 结构布置不规则厂房的横向地震作用计算

当厂房结构布置遇有下述特殊情况时，厂房排架横向水平地震作用可近似地采用以下方法进行计算：

（1）当高低跨厂房其低跨砌有与柱紧贴的刚性嵌砌墙时（图 32.3－24），此时的计算简图按图 32.3－4b、c 采用。

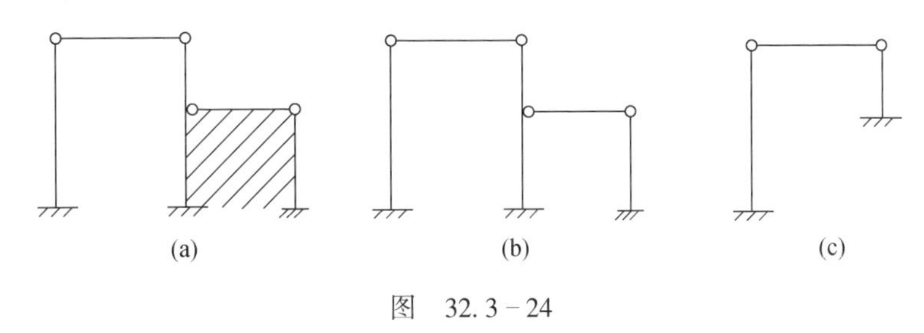

图　32.3－24

计算时，先按图 3.3－24b 用底部剪力法按一般排架计算排架柱的水平地震作用，并对高低跨交接处柱截面的地震作用效应进行增大调整；然后再按图 32.3－24c 取低跨砖墙顶面处作为高跨排架柱右柱的下固定端，据此简图再补充分析由于嵌砌墙刚度对高跨排架柱的不利影响，验算排架柱的地震作用。

（2）厂房内设有局部通长平台时（图 32.3－25），此时的计算简图可根据平台柱的刚度情况分别采用。

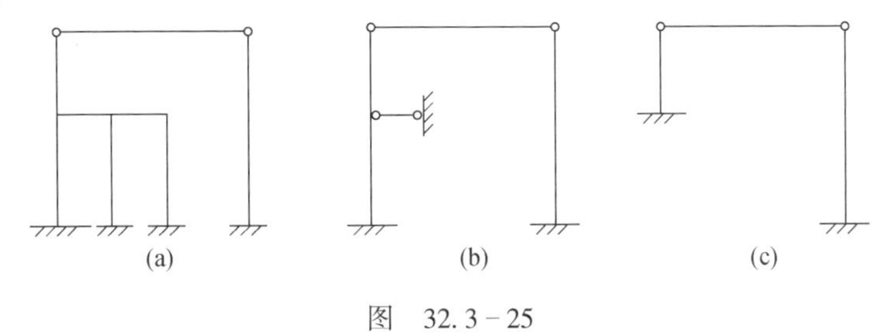

图　32.3－25

①当平台柱截面的刚度之和 $\sum EI$ 小于与所连排架柱截面刚度 E_cI_c 的 1/10 时，不考虑平台柱刚度对排架柱刚度的影响，但平台的重力荷载则仍传给排架柱，按一般排架进行计算。

②当平台柱截面刚度之和 ΣEI 大于排架柱截面刚度 E_cI_c 的 10 倍时，可将平台与厂房柱的连接点作为排架柱的不动铰支点，按图 32.3－25b 进行计算；而此时的排架基本周期则可

近似地取平台与厂房柱的连接点作为柱的下固定端，按图 32. 3 – 25 进行计算。

③当平台柱截面刚度之和与排架柱截面刚度之比介于上述两种情况之间时，此时应考虑平台柱与厂房柱的整体工作，按平台柱作为排架的组成部分进行计算。可近似地将平台柱及平台上的重力荷载集中到排架柱上作为一个单独质点，按多质点系计算排架的基本周期和水平地震作用。

（3）当厂房内设有满堂通长平台时（图 32. 3 – 26），此时应考虑平台与排架柱的共同工作，其计算简图可按图 32. 3 – 26b、c 采用。

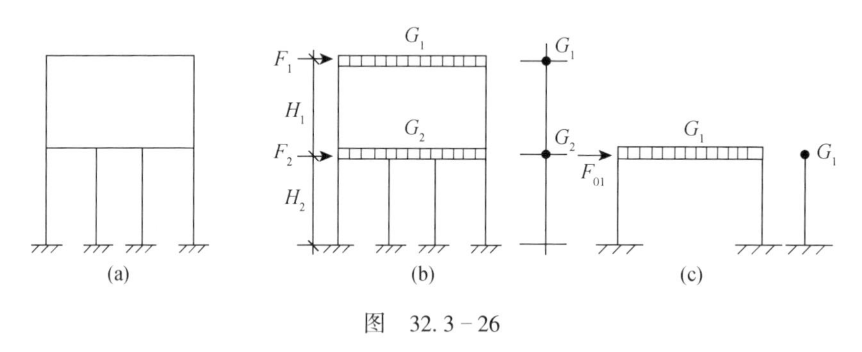

图　32. 3 – 26

①作用在屋盖标高处的水平地震作用为

$$F_1 = \kappa_{s1} F_{01} \qquad (32.3-76)$$

②作用在平台标高处的水平地震作用为

$$F_2 = \kappa_{s2} F_{01} \qquad (32.3-77)$$

式中　　F_{01}——将厂房上层作为单独体系时的屋盖标高处的水平地震作用（图 32. 3 – 25c）；

κ_{s1}、κ_{s2}——分别为上层和下层的荷载分配系数，可按表 32. 3 – 10 进行计算采用。

表 32. 3 – 10　分配系数

H_1/H_2	κ_1/κ_2 \ G_2/G_1	1		2		3		4		5		6		7		8	
		κ_{s1}	κ_{s2}	κ_{s1}	κ_{s2}	κ_{s1}	κ_{s2}	κ_{s1}	κ_{s2}	κ_{s1}	κ_{s2}	κ_{s1}	κ_{s2}	κ_{s1}	κ_{s2}	κ_{s1}	κ_{s2}
1	0. 05	1. 00	2. 62	1. 18	4. 75	1. 33	5. 83	1. 48	6. 69	1. 61	7. 39	1. 75	7. 99	1. 88	8. 49	2. 01	8. 92
	0. 10	0. 98	1. 86	1. 19	2. 88	1. 37	3. 49	1. 53	3. 95	1. 67	4. 31	1. 80	4. 61	1. 92	4. 87	2. 02	5. 10
	0. 15	0. 94	1. 43	1. 15	2. 15	1. 33	2. 58	1. 48	2. 91	1. 60	3. 19	1. 71	3. 43	1. 80	3. 66	1. 87	3. 89
	0. 20	0. 90	1. 16	1. 11	1. 75	1. 27	2. 11	1. 41	2. 39	1. 52	2. 63	1. 61	2. 85	1. 68	3. 07	1. 74	3. 30
	0. 25	0. 85	0. 98	1. 07	1. 51	1. 22	1. 82	1. 35	2. 07	1. 45	2. 29	1. 52	2. 50	1. 58	2. 72	1. 63	2. 94
	0. 30	0. 81	0. 86	1. 03	1. 34	1. 18	1. 62	1. 29	1. 85	1. 38	2. 06	1. 45	2. 27	1. 50	2. 47	1. 55	2. 68
	0. 35	0. 78	0. 76	0. 99	1. 22	1. 13	1. 48	1. 24	1. 69	1. 32	1. 89	1. 39	2. 09	1. 44	2. 29	1. 48	2. 49
	0. 40	0. 74	0. 69	0. 96	1. 13	1. 10	1. 37	1. 20	1. 57	1. 28	1. 76	1. 37	1. 95	1. 38	2. 14	1. 42	2. 33
	0. 45	0. 72	0. 63	0. 94	1. 05	1. 06	1. 28	1. 16	1. 48	1. 24	1. 66	1. 29	1. 84	1. 33	2. 02	1. 37	2. 20
	0. 50	0. 69	0. 58	0. 91	0. 99	1. 04	1. 21	1. 13	1. 39	1. 20	1. 57	1. 25	1. 74	1. 29	1. 92	1. 32	2. 09

续表

H_1/H_2	κ_1/κ_2 \ G_2/G_1 \ κ_{s1}、κ_{s2}	1		2		3		4		5		6		7		8	
		κ_{s1}	κ_{s2}	κ_{s1}	κ_{s2}	κ_{s1}	κ_{s2}	κ_{s1}	κ_{s2}	κ_{s1}	κ_{s2}	κ_{s1}	κ_{s2}	κ_{s1}	κ_{s2}	κ_{s1}	κ_{s2}
2	0.05	0.97	3.65	1.01	8.07	1.06	12.50	1.11	16.92	1.18	21.33	1.25	25.73	1.32	30.10	1.40	34.31
	0.10	0.95	3.29	1.03	7.26	1.14	11.21	1.26	15.12	1.39	18.60	1.47	20.30	1.56	22.00	1.64	23.50
	0.15	0.93	3.00	1.05	6.60	1.20	10.14	1.37	15.28	2.48	14.84	1.59	16.23	1.69	17.49	1.79	18.64
	0.20	0.91	2.76	1.06	6.04	1.26	9.25	1.41	11.30	1.54	18.61	1.66	13.76	1.77	14.80	1.88	15.74
	0.25	0.89	2.55	1.07	5.58	1.29	8.51	1.44	9.97	1.57	11.10	1.70	12.09	1.82	12.98	1.94	13.78
	0.30	0.88	2.38	1.07	5.58	1.31	7.82	1.45	9.00	1.59	10.00	1.72	10.88	1.85	11.66	1.97	12.35
	0.35	0.86	2.24	1.07	4.86	1.31	7.18	1.46	8.26	1.60	9.17	1.74	9.96	1.86	10.56	1.98	11.27
	0.40	0.85	2.11	1.06	4.57	1.31	6.68	1.46	7.67	1.61	8.50	1.74	9.22	1.87	9.86	1.99	10.42
3	0.05	0.98	3.87	0.99	8.55	1.00	13.26	1.02	17.98	1.04	22.69	1.06	27.40	1.08	32.11	1.11	36.32
	0.10	0.96	3.67	0.99	8.11	1.02	12.57	1.06	17.02	1.10	21.47	1.15	25.91	1.21	30.54	1.27	34.76
	0.15	0.94	3.49	0.98	7.71	1.04	11.94	1.10	16.16	1.71	20.36	1.25	24.54	1.34	28.71	1.43	32.87
	0.20	0.92	3.33	0.98	7.35	1.05	11.38	1.14	15.38	1.24	19.35	1.34	23.31	1.46	27.24	1.58	31.14
	0.25	0.91	3.18	0.98	7.03	1.07	10.87	1.18	14.67	1.30	18.45	1.43	22.19	1.56	25.90	1.68	28.64
	0.30	0.89	3.05	0.98	6.74	1.08	10.41	1.21	14.03	1.35	17.68	1.50	21.18	1.64	24.42	1.73	26.08
4	0.05	0.98	3.95	0.99	8.73	1.00	13.54	1.00	18.36	1.01	23.18	1.02	23.00	1.03	32.82	1.04	37.63
	0.10	0.97	3.82	0.98	8.44	0.99	13.08	1.01	17.73	1.03	22.39	1.05	27.03	1.08	31.68	1.10	36.32
	0.15	0.95	3.69	0.97	8.16	1.00	12.66	1.02	17.15	1.06	21.65	1.09	26.13	1.13	30.61	1.17	35.09
	0.20	0.94	3.58	0.96	7.91	1.00	12.26	1.04	16.61	1.08	20.96	1.13	25.29	1.19	29.61	1.25	33.93
5	0.05	0.99	3.99	0.99	8.82	0.99	13.68	1.00	18.54	1.00	23.41	1.01	28.28	1.01	33.16	1.02	38.03
	0.10	0.97	3.89	0.98	8.60	0.99	13.34	1.00	18.09	1.01	22.84	1.02	27.59	1.03	32.33	1.04	37.08
	0.15	0.96	3.80	0.97	8.40	0.98	13.03	1.00	17.66	1.02	22.29	1.04	26.92	1.06	31.55	1.08	36.18
6	0.05	0.99	4.02	0.99	8.87	0.99	13.76	1.00	18.65	1.00	23.55	1.00	28.45	1.00	33.35	1.01	38.25
	0.10	0.98	3.94	0.98	8.70	0.90	13.50	0.99	18.30	1.00	23.10	1.01	27.91	1.01	32.71	1.02	37.52

注：κ_1、κ_2 为上层、下层的刚度，$\kappa_1=\Sigma K_{ai}$，$\kappa_2=\Sigma K_{bi}$；G_1、G_2 为上层、下层的集中重力荷载代表值；H_1、H_2 为上层、下层的层间高度。

32.3.2　空间分析法

1. 计算原则

（1）厂房受到地震作用时，考虑排架、刚性山墙（贴砌砖墙等）和钢筋混凝土无檩或有檩屋盖参与工作，共同组成空间抗侧力体系。

（2）确定厂房的自振特性（自振周期和振型）时，采用结构的弹性刚度，但不考虑诸如柔性接头、钢筋混凝土挂板等弱连接构件的刚度。

（3）确定厂房自振特性时，考虑屋架与柱顶弹性嵌固作用以及纵向贴砌砖墙对排架刚度的影响。

（4）计算构件地震内力时，考虑砖围护墙微裂引起的刚度退化对地震作用分配的影响。

（5）确定厂房自振特性以及构件地震内力时，考虑吊车的质量，并将它作为移动式质点，计算它对某些构件的最不利影响。

（6）目前Π形天窗所采用的带斜杆天窗架，沿厂房横向的刚度远大于排架刚度，因而在厂房的横向抗震分析中，天窗部分的质量不必另设质点，可以合并到屋盖处的质点中。

2. 对称等高厂房

1）计算简图

对钢筋混凝土屋盖、两端有山墙的对称厂房，采用的横向抗震分析空间结构力学模型如图 32.3－27 所示。屋盖视为水平剪切梁，厂房的竖构件（排架和山墙）通过水平剪切梁的联系组成一个空间结构。地震作用下屋盖将会产生水平变形。

将结构的连续分布质量，按开间分段相对集中为多个质点，使整个结构转化为“串并联多质点系”的计算简图（图 32.3－28a）。对于等高厂房，通过理论分析和大量对比计算，确定房屋自振特性时，根据动能相等原则，将墙、柱重量换算集中到柱顶；确定地震作用时，根据柱底弯矩相等原则更换质量集中系数，此一原则比较成熟，所以对等高厂房采用“并联多质点系”计算简图（图 32.3－28b）是完全可行的，误差在工程设计允许范围之内。

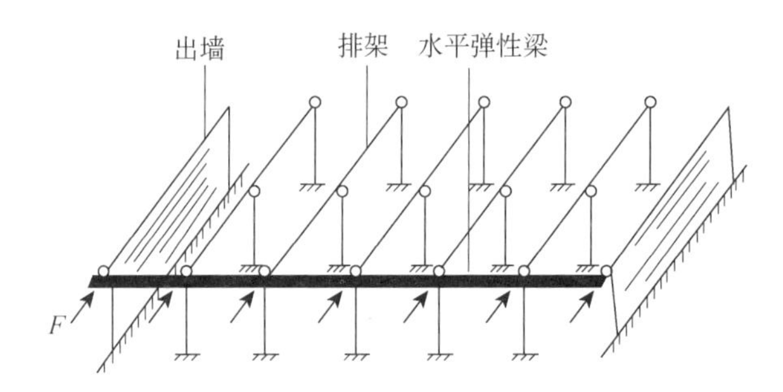

图 32.3－27　等高厂房力学模型

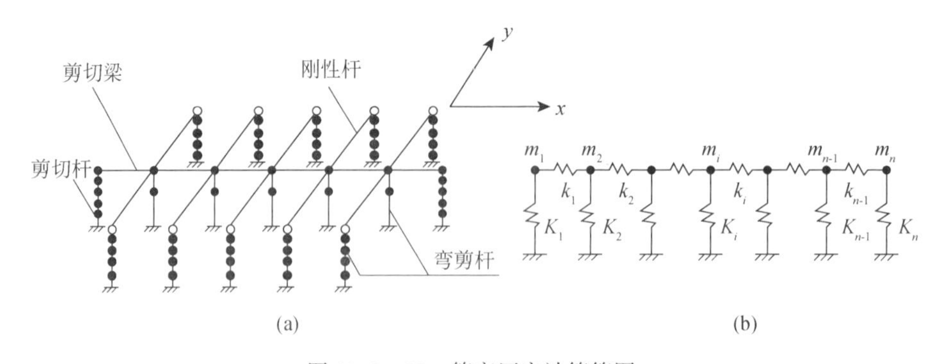

图 32.3－28　等高厂房计算简图

（a）串并联多质点系；（b）并联多质点系

关于吊车，因为是就整个厂房进行分析，全部吊车均应计算在内，作为移动质点，还应考虑每跨一台吊车位于同一排架处的最不利情况。

2）振动方程

采用基于弹性反应谱理论的振型分解法计算质点地震作用时，只需建立结构的自由振动方程式，以求得结构自振周期和振型。

代表对称等高厂房空间结构的并联多质点系（图 32.3－28b），以质点相对位移幅值表示的自由振动方程为

$$
\begin{aligned}
&-\omega^2[m]\{Y\}+[K]\{Y\}=0\\
&\{Y\}=[Y_1\ Y_2\ \cdots\ Y_i\ \cdots\ Y_n]^{\mathrm{T}}\\
&[m]=\mathrm{diag}[m_1\ m_2\ \cdots\ m_i\ \cdots\ m_n]\\
&[K]=[K']+[k]\\
&[K']=\mathrm{diag}[K_1\ K_2\ \cdots\ K_i\ \cdots\ K_n]
\end{aligned}
\tag{32.3-78}
$$

$$
[k]=\begin{bmatrix}
k_1 & -k_1 & & & & \\
-k_1 & k_1+k_2 & -k_2 & & & \\
 & -k_2 & k_2+k_3 & -k_3 & & \\
 & & \cdots & \cdots & \cdots & \\
 & & & -k_{n-2} & k_{n-2}+k_{n-1} & -k_{n-1}\\
 & & & & -k_{n-1} & k_{n-1}
\end{bmatrix}
$$

式中　ω——结构自由振动圆频率；

$\{Y\}$——质点相对位移幅值列向量；

m_i——第 i 质点的质量，一般情况下

$$m_1=m_n,m_2=m_3=\cdots=m_i=\cdots=m_{n-1} \tag{32.3-79}$$

$$m_i=(0.25G_{\mathrm{c}}+0.25G_{\mathrm{w}l}+0.5G_{\mathrm{b}}+1.0(G_{\mathrm{r}}+0.5G_{\mathrm{sn}}+0.5G_{\mathrm{d}}))/g$$

G_{c}、$G_{\mathrm{w}l}$、G_{b}、G_4、G_{sn}、G_{d} 分别为柱、纵墙、吊车梁、屋盖荷载、雪荷载和屋面积灰荷载等重力荷载标准值，雪荷载和屋面积灰荷载的质量集中系数均为 1.0，它们前面的系数为可变荷载组合值系数；

$[K']$——山墙、排架等竖构件的刚度矩阵；

K_1、K_n——山墙的刚度（图 32.3－29），

$$K_1=K_n=\frac{1}{\delta}=\frac{1}{\sum_{i=1}^{7}\delta_i} \tag{32.3-80}$$

当 i=1、3、5 时

$$\delta_i=\frac{1}{(K_0)_i E t_i}\qquad (K_0)_i=\frac{1}{3\rho_i}\qquad \rho_i=\frac{h_i}{b_i}$$

当 i=2、4、6、7 时

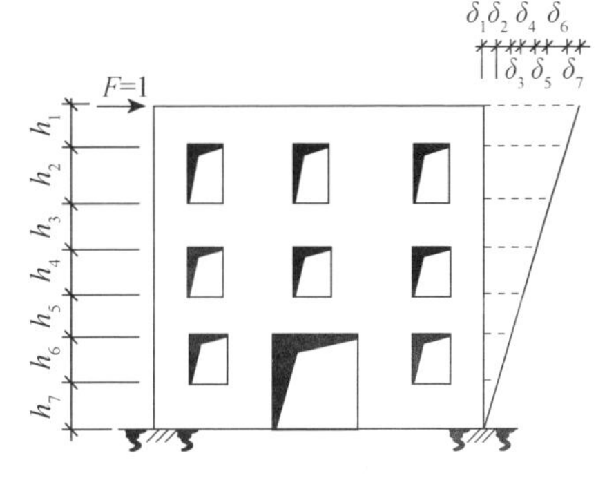

图 32.3－29　山墙的侧移柔度

$$\delta_i = \frac{1}{\sum_m (K_0)_m E t_m} \qquad (K_0)_m = \frac{1}{\rho_m + 3\rho_m} \qquad \rho_m = \frac{h_m}{b_m}$$

K_i——第 i 榀排架的侧移刚度（$i=2\sim n-1$），一般情况，$K_2=K_3=\cdots=K_n-1$；等截面柱：

$$K_i = \frac{3E\sum I}{H^3}$$

$\sum I$——一榀等高排架各柱的截面惯性矩之和；

$[k]$——各开间屋盖水平刚度引起的竖构件耦合刚度矩阵；

k_i——第 i 开间屋盖的水平等效剪切刚度，一般情况下，$k_1=k_2=\cdots=k_{l-1}=\frac{B}{d}\bar{k}$；

B——厂房整个屋盖的宽度，即各跨度之和，$B=\sum L$；

d——开间宽度，一般为 6 或 4m；

$\bar{k}$——每 $1m^2$ 屋盖沿厂房横向的水平等效剪切刚度基本值，根据现有实测资料，对于大型屋面板屋盖和钢筋混凝土有檩屋盖，分别取 2×10^4 和 0.6×10^4kN。

3）周期和振型

将式（32.3－78）转换成特征问题

$$\omega^2\{Y\} = [m]^{-1}[K]\{Y\} \tag{32.3－81}$$

解得上式的特征值和特征向量，即可求得结构的周期和振型。

在求解特征问题中，雅可比法应用广泛，且已有标准程序，它一次就把特征值 $\{\omega\}$ 和特征向量 $\{Y\}$ 全部算出（就一定精确度要求而言）。但它仅适用于动力矩阵 $[m]^{-1}[K]$ 为实对称方阵的形式，因此需要将式（32.3－81）转换成标准对称形式。因为质量矩阵为对角阵，转换很简单，

令
$$\{Y\} = [m]^{-\frac{1}{2}}\{\phi\} \tag{32.2－82}$$

代入式（32.3－76），并前乘以 $[m]^{-\frac{1}{2}}$，则得

$$\omega^2\{\phi\} = [m]^{-\frac{1}{2}}[K][m]^{-\frac{1}{2}}\{\phi\}$$

即

$$\omega^2\{\phi\} = [B]\{\phi\} \tag{32.3－83}$$

式中，$[B]=[m]^{-\frac{1}{2}}[K][m]^{-\frac{1}{2}}$为实对称方阵。因 $[m]$ 为对角阵，$[m]^{-\frac{1}{2}}$只要取 $[m]$ 对角线项的平方根的倒数即得（变换中矩阵仍保持对角形）。用雅可比法求解式（32.3－83）这个对称的特征问题，求得的特征值 ω_j 即为体系按 j 振型振动的圆频率，周期 $T_j=\frac{2\pi}{\omega_j}$；求得的特征向量 $\{\phi\}$，通过式（32.3－82）的变换，即得结构的振型 $\{Y\}$。

采用振型分解法进行构件地震内力分析时，一般取前 5 个振型即可获得较满意的结果。

4）质点地震作用

作用于各质点的振型水平地震作用为

$$[F_{ji}] = g[\bar{m}_i][Y_{ij}][\alpha_j][\gamma_j] \tag{32.3-84}$$

作用于各质点前 5 个振型水平地震作用则为

$$\begin{bmatrix} F_{11} & F_{21} & \cdots & F_{51} \\ F_{12} & F_{22} & \cdots & F_{52} \\ \vdots & \vdots & \cdots & \vdots \\ F_{1N} & F_{2N} & \cdots & F_{5N} \end{bmatrix} = g \begin{bmatrix} \bar{m}_1 & & & 0 \\ & \bar{m}_2 & & \\ & & \ddots & \\ 0 & & & \bar{m}_N \end{bmatrix} \begin{bmatrix} Y_{11} & Y_{21} & \cdots & Y_{51} \\ Y_{12} & Y_{22} & \cdots & Y_{52} \\ \vdots & \vdots & \vdots & \vdots \\ Y_{1N} & Y_{2N} & \cdots & Y_{5N} \end{bmatrix}$$

$$\begin{bmatrix} \alpha_1 & & & 0 \\ & \alpha_2 & & \\ & & \ddots & \\ 0 & & & \alpha_5 \end{bmatrix} \begin{bmatrix} \gamma_1 & & & 0 \\ & \gamma_2 & & \\ & & \ddots & \\ 0 & & & \gamma_5 \end{bmatrix} \tag{32.3-85}$$

式中　F_{ji}——作用于 i 质点的 j 振型水平地震力；

$\bar{m}_i$——按柱底弯矩相等，换算集中到柱顶的 i 质点的质量，

$$\bar{m} = (0.5G_c + 0.5G_{wl} + 0.75G_b + 1.0(G_r + 0.5G_{sn} + 0.5G_d))/g$$

Y_{ji}——空间结构按 j 振型振动时 i 质点的相对侧移幅值；

α_j、γ_i——第 j 振型的地震影响系数和振型参与系数，

$$\gamma_j = \frac{\sum_{i=1}^{N} m^i Y_{ji}}{\sum_{i=1}^{N} m_i Y_{ji}^2} \tag{32.3-86}$$

N——质点位移数，对并联多质点系，$N = n$。

5）空间结构节点侧移

（1）j 振型地震作用引起的结构第一变形阶段侧移 $[\Delta_{ji}]$ 为

$$[\Delta_{ji}] = [K]^{-1}\{F_{ji}\} \tag{32.3-87}$$

式中　$[K]$——空间结构的弹性侧移刚度矩阵，计算式如式（32.3-73）中所示。

（2）空间结构第二变形阶段侧移 $[\Delta'_{ji}]$

$$[\Delta'_{ji}] = [\bar{K}]^{-1}\{F_{ji}\}$$

式中　$[\bar{K}]$——考虑山墙开裂后的第二变形阶段刚度矩阵，

$$[\bar{K}] = [K''] + [k] \tag{32.3-88}$$

$$[K''] = \mathrm{diag}[\mu K_1 \quad K_2 \quad \cdots \quad K_i \quad \cdots \quad K_{n-1} \quad \mu K_n]$$

μ——地震期间山墙出现裂缝后侧移刚度系数，根据各烈度区山墙的平均震害程度

和砖墙试验数据综合确定。目前，工程设计中取 $\mu=0.2$；

Δ'_{ji}——考虑山墙刚度退化时第 i 竖构件（排架或山墙）顶端的 j 振型侧移。

6）排架和山墙地震作用

山墙或排架顶端的 j 振型水平地震作用，分别等于结构处于第一或第二变形阶段时，各该构件的侧移乘以各自的刚度，即

$$\left.\begin{array}{ll} F_{j1}=K_1\Delta_{j1} & F_{jn}=K_n\Delta_{jn} \\ F_{ji}=K_i\Delta'_{ji} & (i=2,3,\cdots,n-1) \end{array}\right\} \tag{32.3-89}$$

式中　F'_{j1}、F_{jn}——作用于山墙顶端的 j 振型水平地震作用；

F_{j2}、…、$F_{j,n-1}$——分别作用于各榀排架顶端的 j 振型水平地震作用。

7）地震内力

分别计算出山墙、排架分离体的前 5 个振型水平地震作用引起的截面地震内力，然后按照“平方和平方根”法则进行组合，得各截面地震剪力和弯矩：

$$V_i=\sqrt{\sum_{j=1}^{5}V_{ji}^2}\qquad M_i=\sqrt{\sum_{j=1}^{5}M_{ji}^2} \tag{32.3-90}$$

式中　V_{ij}、M_{ji}——竖构件第 i 截面的 j 振型地震剪力和弯矩。

3. 对称不等高厂房

1）计算简图

对不等高厂房，其计算简图为“串并联多质点系”（图 32.3－30）。为缩减体系自由度，除对吊车另设一移动式质点外，每根边柱设 5 个质点，柱身分布质量较小的中柱设两个质点，高低跨设 4 个质点。

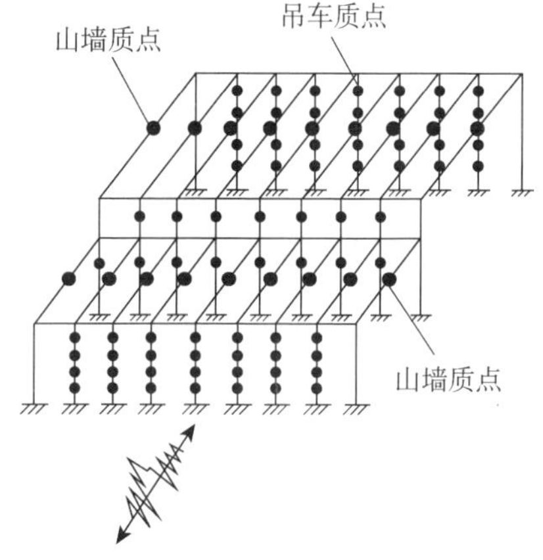

图 32.3－30　不等高厂房计算简图

2）振动方程

代表不等高厂房结构的串并联多质点系（图 32.3－30），其质点相对位移幅值表示的自由振动方程形式同并联多质点系，但各矩阵所含内容不同。

$$-\omega^2[m]\{Y\}+[K]\{Y\}=0 \tag{32.3-91}$$

式中　$[m]$——空间结构多质点系的质量矩阵，$[m]=\mathrm{diag}[[m_1]\cdots[m_i]\cdots[m_n]]$；

$[m_i]=\mathrm{diag}[m_1\ \ m_2\ \ \cdots\ \ m_5\ \ \cdots\ \ m_l]$，为第 i 榀排架的质量矩阵，注意质点的编号顺序，应与各质点侧移编号顺序相同，此时，因为质量未换算到柱顶，无质量集中系数问题，仅需按开间分段相对集中即可；

$[K]$——空间结构多质点系的侧移刚度矩阵，

$$[K]=[\bar{K}]+[k]$$

$[\bar{K}]$——由山墙、排架等竖构件刚度子矩阵形成的对角阵，

$$[\bar{K}]=\mathrm{diag}[[K_1][K_2]\cdots[K_i]\cdots[K_n]]$$

$[K_1]$、$[K_n]$——厂房两端的带山墙排架的刚度子矩阵（图 32.3－31），

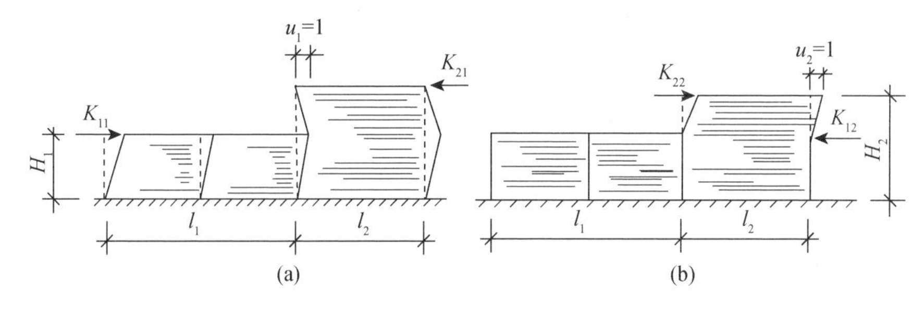

图 32.3－31　山墙侧移刚度

$$[K_1]\text{或}[K_n]=\begin{bmatrix}K_{11} & K_{12}\\ K_{21} & K_{22}\end{bmatrix}$$

K_{11}、K_{22}、K_{12}、K_{21}的计算见式（32.3－80）；

$[K_2]$ ～ $[K_{n-1}]$——分别为各榀排架的侧移刚度矩阵。由排架总柔度矩阵中的右下角，取出阶数等于排架侧移数的块矩阵，即为排架侧移柔度矩阵，对它求逆，即得排架侧移刚度矩阵。为便于分离，须将排架各单元节点转角未知量的编号排在前，侧移未知量的编号排在后，柱顶侧移排在最后。为方便说明，以减少了质点数的不等高排架为例（图 32.3－32），标明其编码。1～8 为转角编号，9～14 为侧移编号；

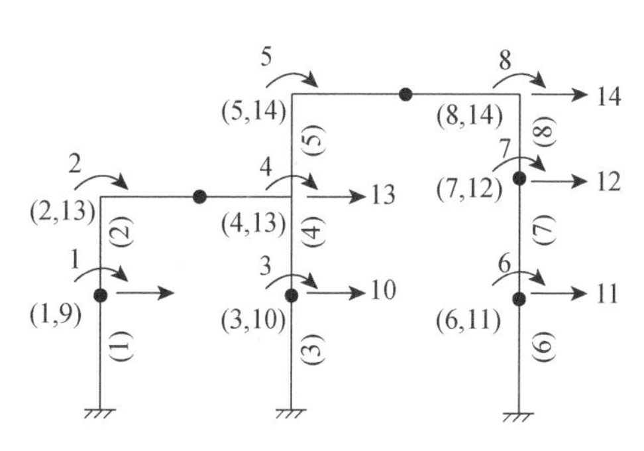

图 32.3－32　不等高排架的编码

$[k]$——由屋盖等效水平剪切刚度引起各排架耦联的刚度子矩阵，

$$[k]=\begin{bmatrix}[k_1] & -[k_1] & & & & & 0\\ -[k_1] & [k_1]+[k_2] & -[k_2] & & & & \\ & & \cdots & \cdots & \cdots & & \\ & & & -[k_{n-2}] & [k_{n-2}]+[k_{n-1}] & -[k_{n-1}] & \\ & 0 & & & -[k_{n-1}] & [k_{n-1}] & \end{bmatrix}$$

对于图 32.3－31 所示的排架，有

$$[k_i]=\mathrm{diag}[0\ 0\ 0\ 0\ k_i^{(1)}\ k_i^{(2)}]$$

$$k_i^r=\bar{k}\frac{\sum L^r}{s_i}\qquad (r=1,2)$$

$\sum L^r$——第 r 层屋盖各跨度之和；

s_i——第 i 开间的柱距；

$\bar{k}$——单位面积屋盖沿厂房横向的等效水平剪切刚度基本值，取值见式（32.3－78）的说明。

3）周期和振型

计算步骤同等高厂房。

4）质点地震作用

作用于各质点的振型水平地震作用为

$$[F_{ji}] = g[m][Y_{ji}][\alpha_j][\gamma_j] \tag{32.3-92}$$

需要指出，因为质点布置相对均匀，质量没有集中在柱顶，质点的质量按开间分段相对集中，故在计算周期和地震作用时，没有质量集中系数的变换问题。

5）空间结构节点侧移

（1）j 振型地震作用引起的结构第一变形阶段侧移 $[\Delta_{ji}]$ 为

$$[\Delta_{ji}] = [K]^{-1}\{F_{ji}\} \tag{32.3-93}$$

式中　$[K]$——空间结构的弹性刚度矩阵。

（2）空间结构第二变形阶段侧移 $[\Delta'_{ji}]$

$$[\Delta'_{ji}] = [\bar{K}]^{-1}\{F_{ji}\} \tag{32.3-94}$$

式中　$[\bar{K}]$——考虑山墙开裂后的第二变形阶段刚度矩阵，

$$[\bar{K}] = [K''] + [k]$$

$$[K''] = \mathrm{diag}[\mu[K_1]\ [K_2]\ \cdots\ [K_i]\ \cdots\ [K_{n-1}]\ \mu[K_n]]$$

μ 取 0.2。

6）竖构件分离体上的水平地震作用

分别从式（32.3-93）和式（32.3-94）中取出山墙和最不利排架（第 k 榀）的各振型节点侧移，形成该竖构件节点侧移矩阵 $[\Delta_1]$ 和 $[\Delta'_k]$，用此右乘相应竖构件的刚度子矩阵 $[K_1]$ 和 $[K_k]$，即得该竖构件节点侧力子矩阵：

$$\left.\begin{aligned} &\text{山墙} && [F_1] = [K_1][\Delta_1] \\ &\text{最不利第 } k \text{ 榀排架} && [F_k] = [K_k][\Delta_k] \end{aligned}\right\} \quad (k = 2,\ 3,\ \cdots,\ i,\ \cdots,\ n-1) \tag{32.3-95}$$

7）竖构件节点广义位移

厂房空间结构在振型地震作用下，在竖构件各杆单元节点处仅引起侧向力，而不引起力矩。因而各振型地震力作用下，竖构件节点广义力矩阵 $[\tilde{F}_k]$ 中的力矩子矩阵 $[M_k]$ 为零。

第 k 竖构件各杆单元节点的广义力矩阵为

$$[\tilde{F}_k] = \begin{bmatrix} [M_k] \\ [F_k] \end{bmatrix} = \begin{bmatrix} [0] \\ [F_k] \end{bmatrix} \tag{32.3-96}$$

第 k 竖构件各振型节点广义位移矩阵为

$$[U_k] = [\delta_k][\tilde{F}_k] = \begin{bmatrix} [\delta_{\theta M}] & [\delta_{\theta F}] \\ [\delta_{uM}] & [\delta_{uF}] \end{bmatrix} \begin{bmatrix} [0] \\ [F_k] \end{bmatrix} \quad (k = 1,\ 2,\ \cdots,\ i,\ \cdots,\ n) \tag{32.3-97}$$

式中　$[\delta_k]$——第 k 竖构件总柔度矩阵，等于第 k 竖构件总刚度矩阵的逆阵。

8）竖构件截面地震内力

从式（32.3-97）左端竖构件节点广义位移矩阵中，逐个地成对取出各杆单元两端的 j 振型转角和侧移，形成 4 阶的位移列向量，取 5 个振型时，则组成 4×5 阶单元位移矩阵

$[U^S]$，用它右乘该单元不计杆轴方向变形的 4 阶单元刚度矩阵 $[K^S]$，即得杆单元两端的各振型地震内力。

竖构件在第 s 杆单元两端节点处的截面振型地震内力 S_j^S 按下式计算：

$$[S_j^S] = [K^S][U_j^S] \tag{32.3-98}$$

即

$$\begin{bmatrix} M_{1a}^S & M_{2a}^S & \cdots & M_{5a}^S \\ M_{1b}^S & M_{2b}^S & \cdots & M_{5b}^S \\ V_{1a}^S & V_{2a}^S & \cdots & V_{5a}^S \\ V_{1b}^S & V_{2b}^S & \cdots & V_{5b}^S \end{bmatrix} = [K^S] \begin{bmatrix} \theta_{1a}^S & \theta_{2a}^S & \cdots & \theta_{5a}^S \\ \theta_{1b}^S & \theta_{2b}^S & \cdots & \theta_{5b}^S \\ U_{1a}^S & U_{2a}^S & \cdots & U_{5a}^S \\ U_{1b}^S & U_{2b}^S & \cdots & U_{5b}^S \end{bmatrix} \tag{32.3-99}$$

各截面的前 5 个振型地震内力，按“平方和平方根”法则（式（32.3－90））组合，即得各该截面的设计地震弯矩和剪力。

4. 非对称厂房

1）计算简图

对于仅一端有山墙的非对称厂房的横向抗震空间分析，除需考虑屋盖产生的水平变形外，尚需考虑厂房的扭转振动。因此，对于非对称厂房，应该采取图 32.3－33 所示的空间结构力学模型，及相应的“串并联多质点系”计算简图（图 32.3－34），按照平动-扭转耦联振动方式进行厂房横向抗震分析。

需要指出：代表对称结构的多质点系，作单向平动时，自由度等于具有独立侧移的质点数。而代表非对称结构的多质点系，在单向地面平动分量作用下进行振动时，除每个质点具有一个平动自由度外，每层屋盖还有一个整体转动自由度。因而，体系的自由度，等于具有独立侧移的质点数，加上厂房不同高度屋盖的层数。

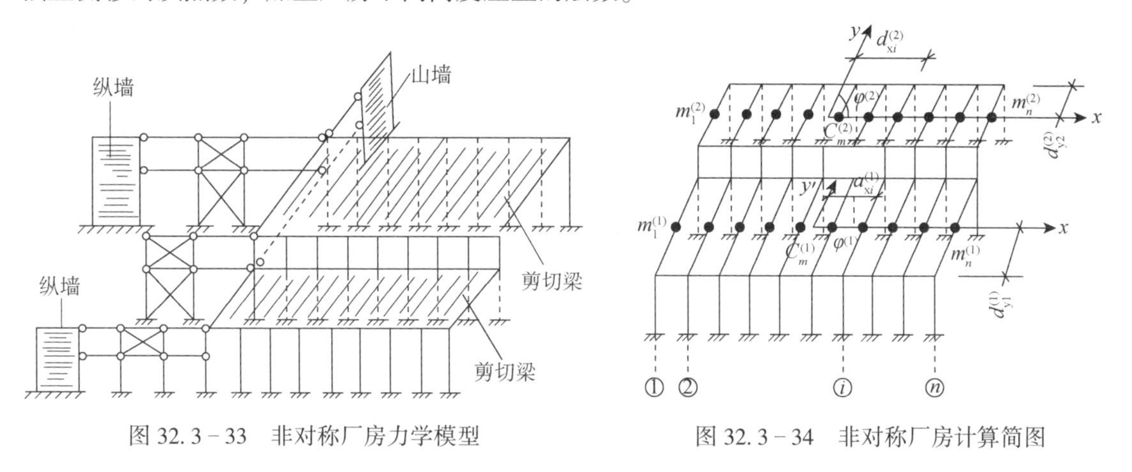

图 32.3－33　非对称厂房力学模型　　图 32.3－34　非对称厂房计算简图

2）振动方程

非对称厂房的平动-扭转耦联振动方程，以具有两跨不等高单层厂房为例，列出其自由振动方程及式中各矩阵的内容

$$[m]\{\ddot{U}\} + [K]\{U\} = 0 \tag{32.3-100}$$

式中 $\{U\}$——广义位移列向量，

$$\{U\} = [y_1^{(1)} \quad y_2^{(1)} \quad \cdots \quad y_n^{(1)} \quad y_1^{(2)} \quad y_2^{(2)} \quad \cdots \quad y_n^{(2)} \quad \varphi^{(1)} \quad \varphi^{(2)}]^{\mathrm{T}}$$

$[m]$——广义质量矩阵，其中 $[m_{yy}]$ 为平动质量子矩阵，$[m_{\varphi\varphi}]$ 为转动惯量子矩阵，$[m_{y\varphi}]$ 和 $[m_{\varphi y}]$ 为平动–扭转耦联质量子矩阵，

$$[m] = \begin{bmatrix} [m_{yy}][m_{y\varphi}] \\ [m_{\varphi y}][m_{\varphi\varphi}] \end{bmatrix}_{N\times N} \qquad (N = (n+1)h,\ 此处\ h = 2)$$

$$[m_{yy}] = \mathrm{diag}[m_1^{(1)} \quad m_2^{(1)} \quad \cdots \quad m_n^{(1)} \quad m_1^{(2)} \quad m_2^{(2)} \quad \cdots \quad m_n^{(2)}]$$

$$[m_{\varphi\varphi}] = \mathrm{diag}[J^{(1)} \quad J^{(2)}]$$

J^r——换算到 r 层屋盖处质量绕本层质心的转动惯量，

$$[m_{\varphi y}] = \mathrm{diag}(\{d_x^{(1)}\}^{\mathrm{T}}[m^{(1)}] \quad \{d_x^{(2)}\}^{\mathrm{T}}[m^{(2)}])$$

$$[m_{y\varphi}] = [m_{\varphi y}]^{\mathrm{T}}$$

$$\{d_x^r\} = [d_{x1}^r \quad d_{x2}^r \quad \cdots \quad d_{xi}^r \quad \cdots \quad d_{xn}^r]$$

d_{xi}^r——第 r 层盖质心 0^r 至第 i 榀排架的垂直距离，$r=1、2、\cdots、h$，此处，$h=2$；

$[K]$——空间结构广义侧移刚度矩阵，

$$[K] = \begin{bmatrix} [K_{yy}][K_{y\varphi}] \\ [K_{\varphi y}][K_{\varphi\varphi}] \end{bmatrix}$$

$[K_{yy}]$——空间结构横向平动刚度子矩阵，

$$[K_{yy}] = [K_y] + [k_y]$$

$[K_y]$、$[k_y]$——分别为竖构件（排架或带山墙排架）或水平构件（各层屋盖）沿厂房横向的刚度矩阵，

$$[K_y] = \begin{bmatrix} [K_y^{1,1}][K_y^{1,2}] \\ [K_y^{2,1}][K_y^{2,2}] \end{bmatrix}, \qquad [k_y] = \begin{bmatrix} [k_y^{1,1}] & 0 \\ 0 & [k_y^{2,2}] \end{bmatrix}$$

$$[K_y^{r,t}] = \mathrm{diag}(K_1^{r,t} \quad K_2^{r,t} \quad \cdots \quad K_1^{r,t} \quad \cdots \quad K_n^{r,t}) \qquad (r=1,\ 2;\ t=1,\ 2)$$

$K_i^{r,t}$——第 i 榀排架侧移刚度矩阵 $[K_i]$ 中的有关元素，

$$[K_i] = \begin{bmatrix} K_i^{1,1} & K_i^{1,2} \\ K_i^{2,1} & K_i^{2,2} \end{bmatrix} \qquad (i=1,\ 2,\ \cdots,\ n)$$

$$[k_y^{r,r}] = \begin{bmatrix} k^r & -k^r & & & \\ -k^r & 2k^r & -k^r & & \\ & & \cdots & \cdots & \cdots \\ & & & -k^r & 2k^r & -k^r \\ & & & & -k^r & k^r \end{bmatrix}_{n\times n}$$

k^r——第 r 层盖一个柱距宽度的等效水平剪切刚度（$r=1,\ 2$）；

$[K_{\varphi\varphi}^{r,t}]$——空间结构扭转刚度子矩阵，

$$[K_{\varphi\varphi}^{r,t}]=\begin{bmatrix}K_{\varphi}^{1,1} & K_{\varphi}^{1,2}\\ K_{\varphi}^{2,1} & K_{\varphi}^{2,2}\end{bmatrix}$$

$$K_{\varphi}^{r,t}=\{d_{x}^{r}\}[K_{y}^{r,t}]\{d_{x}^{t}\}+\{d_{y}^{r}\}[K_{x}^{r,t}]\{d_{y}^{t}\}\qquad(r,\ t=1,\ 2)$$

$$[K_{x}^{r,r}]=\mathrm{diag}(K_{x1}^{r,r}\quad K_{x2}^{r,r}\quad\cdots\quad K_{xl}^{r,r})\qquad(r=1,\ 2)$$

$$[K_{x}^{1,2}]=\begin{bmatrix}0 & 0\\ K_{xl}^{1,2} & 0\end{bmatrix},\qquad [K_{x}^{2,1}]=\begin{bmatrix}0 & K_{xl}^{2,1}\\ 0 & 0\end{bmatrix}$$

$$\{d_{y}^{r}\}=[d_{y1}^{r}\quad d_{y2}^{r}\quad\cdots\quad d_{ys}^{r}\quad\cdots\quad d_{yl}^{r}]^{\mathrm{T}}$$

$K_{xs}^{r,t}$——第 r、t 屋盖交界处纵向柱列 s 的侧移刚度系数；

d_{ys}^{r} 或 d_{ys}^{t}——第 r 或第 t 屋盖质心至第 s 纵向柱列的垂直距离；

h、l、n——分别为不同高度屋盖的层数、每层屋盖下的纵向柱列和排架榀数；

$[K_{\varphi y}]$、$[K_{y\varphi}]$——空间结构的平动—扭转耦合刚度子矩阵，

$$[K_{\varphi y}]=\begin{bmatrix}\{d_{x}^{(1)}\}^{\mathrm{T}}[K_{y}^{(1,1)}] & \{d_{x}^{(1)}\}^{\mathrm{T}}[K_{y}^{(1,2)}]\\ \{d_{x}^{(2)}\}^{\mathrm{T}}[K_{y}^{(2,1)}] & \{d_{x}^{(2)}\}^{\mathrm{T}}[K_{y}^{(2,2)}]\end{bmatrix},\qquad [K_{y\varphi}]=[K_{\varphi y}]^{\mathrm{T}}$$

3）周期和振型

在平动—扭转耦联振动方程中，因为质量矩阵为非对角阵，要将动力矩阵对称化处理工作量大，故一般不再采用要求动力矩阵为实对称方阵的雅可比法；而且对耦联振动的特征问题，用一般其他方法很难奏效。虽然迭代法能够求解，但所费机时太多，推荐用已有标准程序的 QR 方法。

此法为将动力矩阵化为上赫申伯格矩阵，然后求解它的全部特征值和特征向量，即可求得体系的周期 $\{T\}$ 和振型 $[A]$。

$$\{T\}=[T_1\quad T_2\quad\cdots\quad T_j\quad\cdots T_N]^{\mathrm{T}}\qquad N=(n+1)h,\ (h=2)$$

$$[A]=\begin{bmatrix}[Y_j]\\ [\boldsymbol{\Phi}_j]\end{bmatrix}=\begin{bmatrix}\{Y_1\}\cdots\{Y_j\}\cdots\{Y_N\}\\ \{\boldsymbol{\Phi}_1\}\cdots\{\boldsymbol{\Phi}_j\}\cdots\{\boldsymbol{\Phi}_N\}\end{bmatrix}_{N\times N}$$

$$\{Y_j\}=[Y_{j1}^{(1)}\quad Y_{j2}^{(1)}\quad\cdots\quad Y_{jn}^{(1)}\quad Y_{j1}^{(2)}\quad Y_{j2}^{(2)}\quad\cdots\quad Y_{jn}^{(2)}]^{\mathrm{T}}$$

$$\{\boldsymbol{\Phi}_j\}=[\boldsymbol{\Phi}_j^{(1)}\quad \boldsymbol{\Phi}_j^{(2)}]^{\mathrm{T}}$$

4）振型参与系数

因为结构的振动，有平动，有扭转，所以它的振型是二维的。对应于每个二维振型，存在着平动和扭转两个振型参与系数 γ_{jy}、$\gamma_{j\varphi}$。

$$[\gamma_{jy}\quad \gamma_{j\varphi}]=\frac{\{A_j\}^{\mathrm{T}}[m]\begin{bmatrix}\{1\}_{nh} & 0\\ 0 & \{1\}_{h}\end{bmatrix}}{\{A_j\}^{\mathrm{T}}[m]\{A_j\}}\qquad(h=2)\qquad(32.3-101)$$

式中　$\{A_j\}$——第 j 振型列向量

$$\{A_j\}=[\{Y_j\}^{\mathrm{T}}\{\boldsymbol{\Phi}_j\}^{\mathrm{T}}]^{\mathrm{T}}$$
$$=[Y_{j1}^{(1)}\quad\cdots\quad Y_{ji}^{(1)}\quad\cdots\quad Y_{jn}^{(1)}\quad Y_{j1}^{(2)}\quad\cdots\quad Y_{ji}^{(2)}\quad \boldsymbol{\Phi}^{(1)}\quad \boldsymbol{\Phi}^{(2)}]^{\mathrm{T}}$$

目前，由于地面运动旋转分量地震反应谱尚未达到实用阶段，工程抗震设计中均不考虑

地面旋转分量对结构的作用，因而扭转振型参与系数 $\gamma_{j\varphi}$ 属于无效系数，下面仅列出图32.3-33所示两跨不等高厂房在厂房横向地面平动分量作用下的 j 振型参与系数 $\gamma_{j\varphi}$ 的算术表达式

$$\gamma_{jy}=\frac{\sum_{i=1}^{n}m_i^{(1)}(Y_{ji}^{(1)}+d_i^{(1)}\Phi_j^{(1)})+\sum_{i=1}^{n}m_i^{(2)}(Y_{ji}^{(2)}+d_i^{(2)}\Phi_j^{(2)})}{\sum_{i=1}^{n}m_i^{(1)}[(Y_{ji}^{(2)})^2+2d_i^{(1)}Y_{ji}^{(1)}\Phi_j^{(1)}]+\sum_{i=1}^{n}m_i^{(2)}[(Y_{ji}^{(2)})^2+2d_i^{(2)}Y_{ji}^{(2)}\Phi_j^{(2)}]+J^{(1)}(\Phi^{(1)})^2+J^{(2)}(\Phi^{(2)})^2}$$

(32.3-102)

5）水平地震作用

质点的 j 振型水平地震作用（质点水平地震力 $[F_y]$ 和绕各层屋盖质心的水平地震弯矩 $[M]$）为

$$\begin{bmatrix}[F_y]\\ [M]\end{bmatrix}_{N\times N}=g[m][A][\alpha_y][\gamma_y] \qquad (32.3-103)$$

$$[F_y]=[\{F_{1y}\}\cdots\{F_{jy}\}\cdots\{F_{Ny}\}]$$

$$\{F_{jy}\}=[F_{j1}^{(1)}\quad F_{j2}^{(1)}\quad\cdots\quad F_{jn}^{(1)}\quad F_{j1}^{(2)}\quad F_{j2}^{(2)}\quad\cdots\quad F_{jn}^{(2)}]^{\mathrm T}$$

$$[M]=[\{M_1\}\cdots\{M_j\}\cdots\{M_N\}]$$

$$\{M_j\}=[M_j^{(1)}\quad M_j^{(2)}]^{\mathrm T}$$

式中　$[\alpha_y]$、$[\gamma_y]$——分别为 y 方向平动分量地震影响系数和振型参与系数的对角方阵，

$$[\alpha_y]=\mathrm{diag}[\alpha_{1y}\quad\alpha_{2y}\quad\cdots\quad\alpha_{jy}\quad\cdots\quad\alpha_{Ny}]$$

$$[\gamma_y]=\mathrm{diag}[\gamma_{1y}\quad\gamma_{2y}\quad\cdots\quad\gamma_{jy}\quad\cdots\quad{}_{Ny}]$$

6）广义位移

（1）砖墙开裂前空间结构第一变形阶段，质点的平动位移 $[y]$ 和各层屋盖的角位移 $[\varphi]$ 为

$$\begin{bmatrix}[y]\\ [\varphi]\end{bmatrix}=\begin{bmatrix}\{y_1\}_{nh} & \{y_2\} & \cdots & \{y_i\} & \cdots & \{y_N\}\\ \{\varphi_1\}_h & \{\varphi_2\} & \cdots & \{\varphi_j\} & \cdots & \{\varphi_N\}\end{bmatrix}=[K]^{-1}\begin{bmatrix}[F_y]\\ [M]\end{bmatrix}_{N\times N}$$

(32.3-104)

式中　$\{y_i\}$——j 振型质点平动位移列向量，

$$\{y_i\}=[y_{j1}^{(1)}\quad\cdots\quad y_{ji}^{(1)}\quad\cdots\quad y_{jn}^{(1)}\quad y_{j1}^{(2)}\quad\cdots\quad y_{ji}^{(2)}\quad\cdots\quad y_{jn}^{(2)}]^{\mathrm T}$$

$\{\varphi_j\}$——j 振型各层屋盖转角列向量，

$$\{\varphi_j\}=[\varphi_j^{(1)}\quad\varphi_j^{(2)}]^{\mathrm T}$$

$[K]^{-1}$——空间结构广义柔度矩阵，为弹性侧移刚度矩阵 $[K]$（表达式详见式（32.3-100）中的 $[K]$）的逆阵。

（2）山墙开裂后空间结构第二变形阶段的广义位移矩阵为

$$\begin{bmatrix}[\bar y]\\ [\bar\varphi]\end{bmatrix}=\begin{bmatrix}\{\bar y_1\}_{nh} & \{\bar y_2\} & \cdots & \{\bar y_i\} & \cdots\\ \{\bar\varphi_1\} & \{\bar\varphi_2\} & \cdots & \{\bar\varphi_j\} & \cdots\end{bmatrix}=[\bar K]^{-1}\begin{bmatrix}[F_y]\\ [M]\end{bmatrix}_{N\times N} \qquad (32.3-105)$$

式中　$[\overline{K}]^{-1}$——考虑山墙开裂后的第二变形阶段空间结构广义刚度矩阵 $[\overline{K}]$ 的逆阵。将空间结构弹性刚度矩阵 $[K]$ 中的砖墙侧移刚度元素，乘以 0.2，即得新的广义刚度矩阵 $[\overline{K}]$。

7）竖构件侧移

由式（32.3－104）和式（32.3－105）中分别挑选出山墙和第 i 榀排架各振型平动位移 y_{j1}^r 和 y_{ji}^r，组成不同变形阶段新的平动位移矩阵 $[y_1]$ 和 $[\overline{y}_i]$，并取出广义位移矩阵中的转动位移子矩阵 $[\varphi]$ 和 $[\varphi']$，即可按下式计算出山墙和第 i 榀排架各振型侧移 $[\Delta_1]$ 和 $[\overline{\Delta}_i]$。

$$\left.\begin{aligned}&\text{山墙} && [\Delta_1]=[y_1]+[d_1][\varphi]\\&\text{第 } i \text{ 榀排架} && [\overline{\Delta}_i]=[\overline{y}_i]+[d_i][\overline{\varphi}]\end{aligned}\right\}\tag{32.3－106}$$

式中

$$[\Delta_1]=\begin{bmatrix}\Delta_{11}^{(1)}\cdots\Delta_{j1}^{(1)}\cdots\Delta_{N1}^{(1)}\\ \Delta_{11}^{(2)}\cdots\Delta_{j1}^{(2)}\cdots\Delta_{N1}^{(2)}\end{bmatrix}\qquad[\overline{\Delta}_1]=\begin{bmatrix}\overline{\Delta}_{1i}^{(1)}\cdots\overline{\Delta}_{ji}^{(1)}\cdots\overline{\Delta}_{Ni}^{(1)}\\ \overline{\Delta}_{1i}^{(2)}\cdots\Delta_{ji}^{(2)}\cdots\Delta_{Ni}^{(2)}\end{bmatrix}$$

$$[y_1]=\begin{bmatrix}y_{11}^{(1)}\cdots y_{j1}^{(1)}\cdots y_{N1}^{(1)}\\ y_{11}^{(2)}\cdots y_{j1}^{(2)}\cdots y_{N1}^{(2)}\end{bmatrix}\qquad[\overline{y}_1]=\begin{bmatrix}\overline{y}_{1i}^{(1)}\cdots\overline{y}_{ji}^{(1)}\cdots\overline{y}_{Ni}^{(1)}\\ \overline{y}_{1i}^{(2)}\cdots\overline{y}_{ji}^{(2)}\cdots\overline{y}_{Ni}^{(2)}\end{bmatrix}$$

$$[d_i]=\begin{bmatrix}d_i^{(1)} & 0\\ 0 & d_i^{(2)}\end{bmatrix}\qquad[\overline{\varphi}]=\begin{bmatrix}\overline{\varphi}_1^{(1)}\cdots\overline{\varphi}_j^{(1)}\cdots\overline{\varphi}_N^{(1)}\\ \overline{\varphi}_1^{(2)}\cdots\overline{\varphi}_j^{(2)}\cdots\overline{\varphi}_N^{(2)}\end{bmatrix}$$

8）竖构件上振型地震力

$$\left.\begin{aligned}&\text{山墙} && [F_1]=\begin{bmatrix}F_{11}^{(1)}\cdots F_{j1}^{(1)}\cdots F_{N1}^{(1)}\\ F_{11}^{(2)}\cdots F_{j1}^{(2)}\cdots F_{N1}^{(2)}\end{bmatrix}=[K_1][\Delta_1]\\&\text{第 } i \text{ 榀排架} && [F_i]=\begin{bmatrix}F_{1i}^{(1)}\cdots F_{ji}^{(1)}\cdots F_{Ni}^{(1)}\\ F_{(1i)}^{(2)}\cdots F_{ji}^{(2)}\cdots F_{Ni}^{(2)}\end{bmatrix}=[K_i][\overline{\Delta}_i]\end{aligned}\right\}\tag{32.3－107}$$

式中　$[F_1]$、$[F_i]$——分别作用于山墙、排架上各振型水平地震力矩阵；

$[K_1]$、$[K_i]$——分别为山墙、排架侧移刚度矩阵。

9）竖构件地震作用效应

将式（32.3－107）算得的各竖构件分离体上振型地震力 $[F_1]$、$[F_i]$，代入式（32.3－97），求得竖构件各节点广义位移，再按式（32.3－98）计算，得竖构件各控制设计截面振型地震内力（弯矩和剪力），取前 5 个振型地震内力，用“平方和平方根”法则组合，即得竖构件各该截面的设计地震内力。

32.4　厂房纵向抗震计算

32.4.1　构件沿厂房纵向的侧向刚度

1. 柱子

1）等截面柱

（1）等截面柱的柔度计算公式。

单位水平集中荷载作用下等截面柱各点的侧移（图32.4－1），按下列各式计算：

$$\left.\begin{aligned}\delta_1&=\frac{H^3}{3EI}\\\delta_{12}=\delta_{21}&=\frac{(H-h)^2(2H+h)}{6EI}\\\delta_2&=\frac{(H-h)^3}{3EI}\end{aligned}\right\}\tag{32.4-1}$$

式中　E——混凝土弹性模量；

I——截面惯性矩（纵向）。

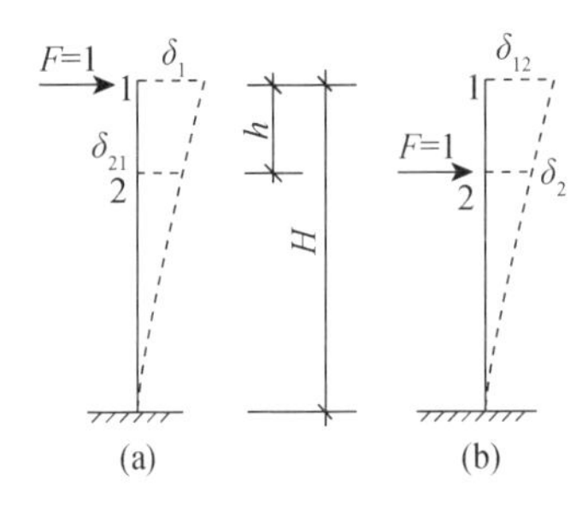

图32.4－1　等截面柱的侧移

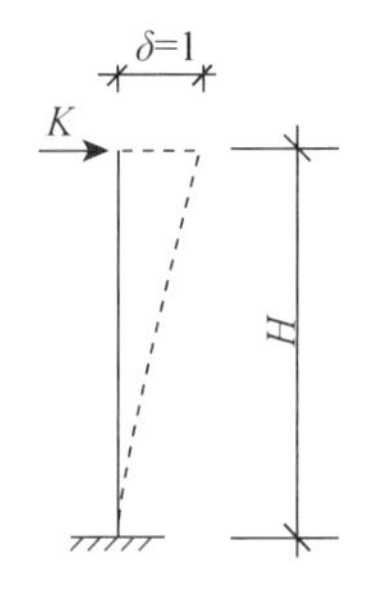

图32.4－2　柱的侧移刚度

（2）等截面柱的侧向刚度。

①一个力作用于柱顶端时（图32.4－2）：

$$K_{11}=\psi\frac{3EI}{H^3}\tag{32.4-2}$$

式中　ψ——屋盖、吊车梁等纵向构件对柱子侧移刚度的影响系数，

无吊车梁时　$\psi=1.1$；

有吊车梁时　$\psi=1.5$。

②两个力分别作用于柱顶和柱中部时（图32.4－3）：

单柱柔度矩阵

$$[\delta_c]=\begin{bmatrix}\delta_{c11}&\delta_{c12}\\\delta_{c21}&\delta_{c22}\end{bmatrix}\tag{32.4-3}$$

单柱刚度矩阵　　$[K_c]=\begin{bmatrix}K_{c11} & K_{c12}\\ C_{c21} & K_{c22}\end{bmatrix}=\psi[\delta_c]^{-1}=\frac{\psi}{|\delta|}\begin{bmatrix}\delta_{c22} & -\delta_{c21}\\ -\delta_{c12} & \delta_{c11}\end{bmatrix}$　　(32.4－4)

式中　δ_{c11}、δ_{c12}、δ_{c21}、δ_{c22}——单柱柔度系数，按式（32.4－1）计算，$|\delta|=\delta_{c11}\delta_{c22}-(\delta_{c12})^2$；

ψ——刚度影响系数，取值见式（32.4－2）。

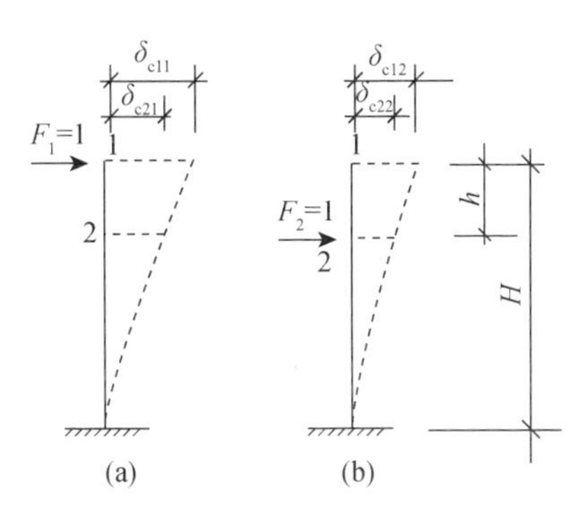

图 32.4－3　柱的柔度系数

2）变截面柱

（1）变截面柱的柔度计算公式。

单阶柱在柱顶单位水平力作用下的柱顶侧移（图 32.4－4）：

$$\delta=\frac{H_1^3}{3EI_1}+\frac{H_2^3-H_1^3}{3EI_2}\tag{32.4-5}$$

式中　I_1、I_2——分别为上、下柱截面的纵向惯性矩。

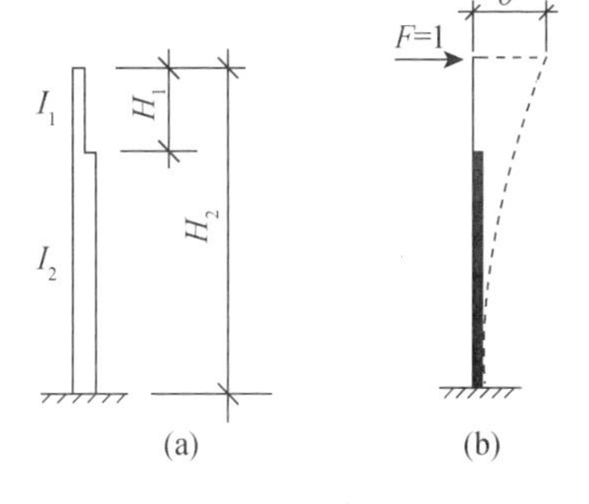

图 32.4－4　单阶柱

（2）变截面柱的侧向刚度。

①一个力作用于柱顶端时：

$$K_c=\frac{\psi}{\delta_c}\tag{32.4-6}$$

式中　δ_c——单位水平力作用下的柱顶侧移，对于单阶柱，可按式（32.4－5）计算；

ψ——刚度影响系数，取值见式（32.4－2）。

②两个力分别作用于柱顶和柱中部时：

$$[K_c]=\frac{\psi}{|\delta|}\begin{bmatrix}\delta_{c22} & -\delta_{c21}\\ -\delta_{c12} & \delta_{c11}\end{bmatrix}\tag{32.4-7}$$

式中　$|\delta|=\delta_{c11}\delta_{c22}-(\delta_{c12})^2$。

2. 砖墙

1）墙段的刚度

（1）无洞砖墙。

①底端固定上端自由的悬臂墙（图 32.4－5）：

悬臂墙顶端在单位水平力作用下的侧移（即侧移柔度）为

$$\delta=\frac{h^3}{3EI}+\frac{\xi h}{GA}=\frac{12h^3}{3Etb^3}+\frac{1.2h}{0.4Etb}$$

令 $\rho=h/b$，上式变为

$$\delta=\frac{4\rho^3+3\rho}{Et} \qquad (32.4-8)$$

悬臂墙顶端的刚度系数为

$$K_w=\frac{Et}{4\rho^3+3\rho}=EtK_0' \qquad (32.4-9)$$

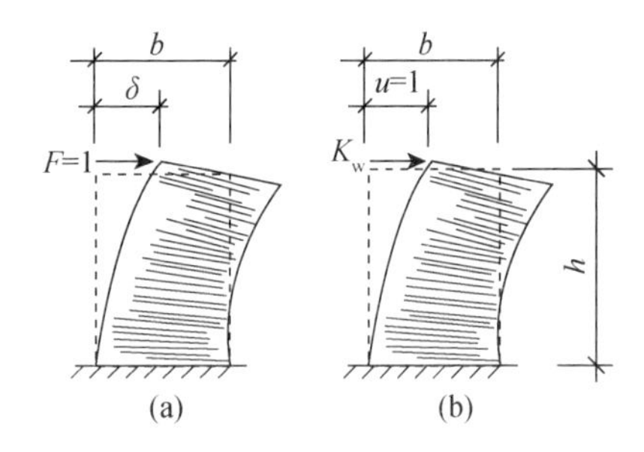

图 32.4－5　悬臂墙的柔度和刚度

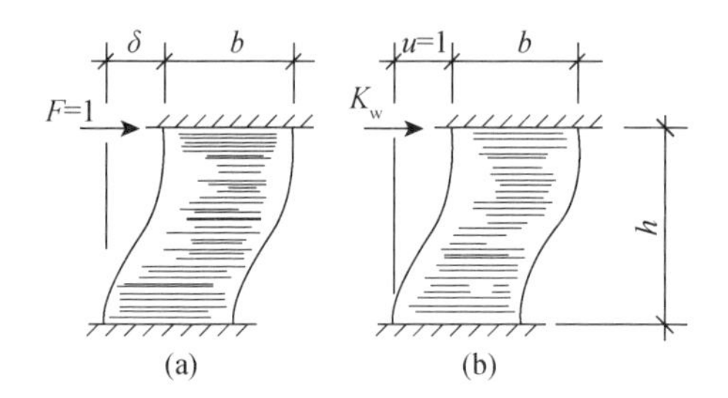

图 32.4－6　上下嵌固墙的柔度和刚度

②上下两端均为嵌固的墙肢（图 32.4－6）：
墙肢上端的柔度和侧移刚度系数分别为

$$\delta=\frac{\rho^3+3\rho}{Et} \qquad (32.4-10)$$

$$K_w=\frac{Et}{\rho^3+3\rho}=EtK_0 \qquad (32.4-11)$$

式中　h、b、t——悬臂墙或墙肢的高度、宽度、厚度；

E、G——砖砌体的弹性模量和剪切模量，$G=0.4E$，E 值列于表 32.4－1；

ξ——剪应变不均匀系数，矩形截面，$\xi=1.2$；

K_0'、K_0——悬臂墙或墙肢的相对刚度，根据墙段的高宽比 ρ 值查表 32.4－2。

表 32.4－1　砖砌体弹性模量 E（N/mm²）

砖强度等级 \ 砂浆强度等级	M10	M7.5	M5	M2.5
MU10	3×10^3	2.7×10^3	2.4×10^3	1.8×10^3
MU7.5	2.6×10^3	2.3×10^3	2.1×10^3	1.6×10^3

表 32.4－2　墙段的相对侧移刚度 K_0 和 K_0'

ρ	0.1	0.2	0.4	0.6	0.8	1.0	1.2	1.4	1.6	1.8	2.0	2.5	3.0
K_0	3.322	1.644	0.791	0.496	0.343	0.250	0.188	0.144	0.112	0.089	0.071	0.043	0.028
K_0'	3.289	1.582	0.687	0.375	0.225	0.143	0.095	0.066	0.047	0.035	0.026	0.014	0.009

（2）单洞砖墙。

①墙面仅开设一个小洞（图 32.4－7a）。

若洞口平均边长与所在墙面平均边长的比值（$a=\sqrt{b'h'/bh}$）小于 0.4，即面积比小于 0.16，且洞口高度与墙高的比值（h'/h）小于 0.35 时，有洞墙片的刚度可近似地取无洞墙片刚度乘以开洞折减系数。

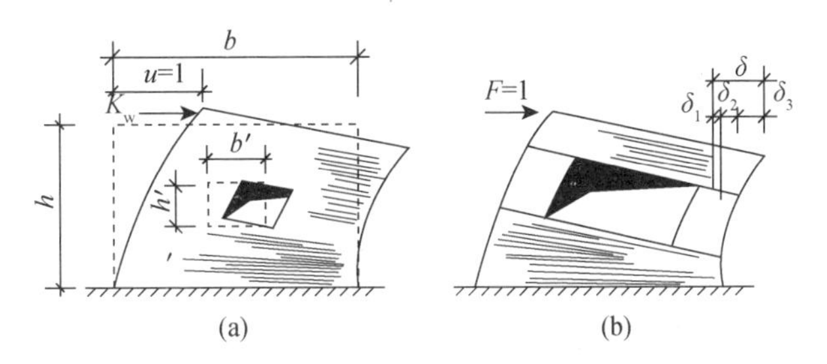

图 32.4－7　有洞砖墙的刚度和柔度

（a）小洞；（b）大洞

小洞悬臂墙顶端的侧移刚度系数为

$$K_w=\frac{(1-1.2a)Et}{4\rho^3+3\rho}=(1-1.2a)EtK_0' \tag{32.4-12}$$

②墙面开设一个大洞（$a\geqslant0.4$）。

沿墙高分段求出各段墙在单位水平力作用下的侧移 δ_i，求和，得整片墙在单位水平力作用下的顶端侧移值 δ（图 32.4－7b），取其倒数即得墙顶处的刚度系数 K_w。

$$K_w=\frac{1}{\delta}=\frac{1}{\sum_1^3\delta_i} \tag{32.4-13}$$

当 $i=1$ 或 3 时

$$\delta_i=\frac{1}{(K_0')_iEt}$$

当 $i=2$ 时

$$\delta_2=\frac{1}{2(K_0')_2Et}$$

式中　$(K_0')_i$——第 i 水平墙段的相对侧移刚度，查表 32.4－2；

$(K_0')_2$——第 2 墙段中一片窗间墙的相对侧移刚度，查表 32.4－2。

（3）多洞砖墙（图 32.4－8）。

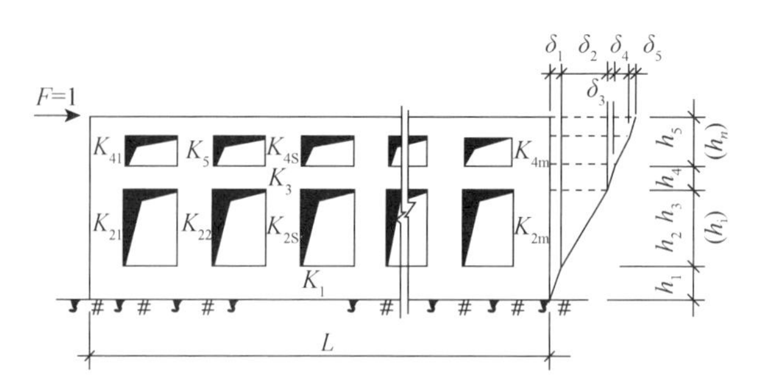

图 32.4－8　多洞砖墙的侧移

$$\left.\begin{aligned} K_w &= \frac{1}{\delta} \\ \delta &= \sum_{i=1}^{n} \delta_i \\ \delta_i &= \frac{1}{K_i} \end{aligned}\right\} \tag{32.4-14}$$

对水平实心砖带　$K_i = Et\,(K_0)_i$　　　$(i=1，3，5)$

对有洞口的墙段（具有多肢墙的墙段）

$$K_i = \sum_{s=1}^{m} K_{is} = Et \sum_{s=1}^{m} (K_0)_{is} \qquad (i=2，4)$$

式中　$(K_0)_i$——沿墙高第 i 段墙的相对刚度 K_0，根据 i 段墙的高宽比 ρ 值查表 32.4－2；

$(K_0)_{is}$——第 i 段墙中第 s 墙肢的相对刚度 K_0，根据第 s 墙肢的高宽比 ρ 值查表 32.4－2；

t——砖墙的厚度；

n——沿高度划分的墙段数，图 32.4－8 中 $n=5$；

m——有洞口墙段的墙肢数。

2）*贴砌砖墙刚度*

对贴砌于钢筋混凝土柱边的砖墙，其侧移刚度按下式计算：

$$K_w = \gamma_1 \frac{1}{\sum_{1}^{n} \delta_i} \tag{32.4-15}$$

式中　γ_1——计算周期时，$\gamma_1=1$；计算地震作用时，考虑砖墙由于开裂以及与柱子的非整体联结等因素所引起的刚度折减系数，对于纵向无筋砌体，7、8、9 度时，γ_1 分别取 0.6、0.4、0.2；

δ_i——各墙段的侧移，按多洞墙的公式（32.4－14）计算。

3）*嵌砌墙刚度*

对嵌砌于钢筋混凝土柱间的砖墙（图 32.4－9a），其刚度：

$$K_w = \gamma_2 \frac{1}{\delta} \tag{32.4-16}$$

$$\delta = \frac{H^3}{3EI} + \sum_{i=1}^{n} \frac{1.2h_i}{GA_i} = \frac{H^4}{3E\sum_{i=1}^{n} I_i h_i} + \sum_{i=1}^{n} \frac{4h_i}{EA_i} \tag{32.4-17}$$

当上下洞口的宽度相同时（图 32.4－9b）：

$$\delta = \frac{H^4}{3E} \cdot \frac{1}{I_1 \sum_{i=1}^{n} h_{1i} + I_2 \sum_{s=1}^{n} h_{2s}} + \frac{4\sum h_{1i}}{EA_1} + \frac{4\sum h_{2s}}{EA_2} \tag{32.4-18}$$

式中　γ_2——计算周期时，$\gamma_2 = 1.5$，计算地震作用时，考虑钢筋混凝土柱与砖墙共同作用，以及砖墙自身开裂等因素所引起的综合调整系数；7、8、9 度时分别取 1.2、0.8、0.4。

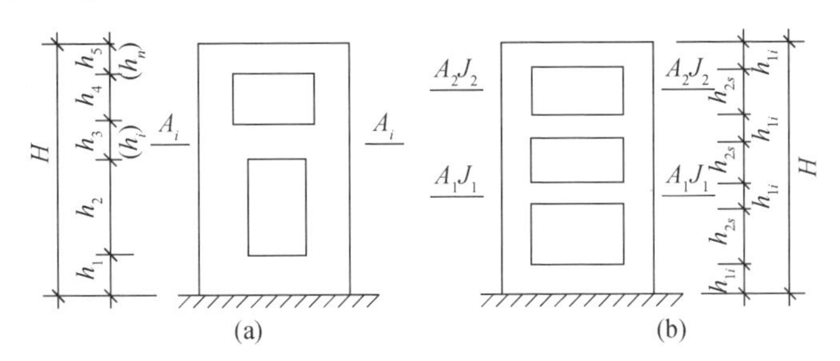

图 32.4－9　嵌砌墙简图

3. 柱间支撑

1）交叉支撑的柔度系数

（1）柔性支撑（$\lambda>200$）。

①对于图 32.4－10 所示支撑，在单位力 F_1 的作用下（图 32.4－10a），有：

$$\delta_{11} = \delta_{21} = \frac{l_1^3}{EA_1L^2} \tag{32.4-19}$$

支撑在单位力 $F_2=1$ 的作用下（图 32.4－10b），节点②和节点①的侧移分别等于：

$$\delta_{22} = \frac{1}{EL^2}\left(\frac{l_1^3}{A_1} + \frac{l_2^3}{A_2}\right) \tag{32.4-20}$$

$$\delta_{12} = \frac{l_1^3}{EA_1L^2} = \delta_{21} \tag{32.4-21}$$

②对于图 32.4－11 所示具有三个节间的支撑，在单位力 F_1 的作用下（图 32.4－11a），节点①和节点②的侧移均等于：

$$\delta_{11} = \delta_{21} = \frac{1}{EL^2}\left(\frac{l_1^3}{A_1} + \frac{l_2^3}{A_2}\right) \tag{32.4-22}$$

支撑在单位力 $F_2=1$ 的作用下（图 32.4－11b），节点②和节点①的侧移分别等于：

$$\delta_{22} = \frac{1}{EL^2}\left(\frac{l_1^3}{A_1} + \frac{l_2^3}{A_2} + \frac{l_3^3}{A_3}\right) \tag{32.4-23}$$

$$\delta_{12}=\frac{1}{EL^2}\left(\frac{l_1^3}{A_1}+\frac{l_2^3}{A_2}\right)=\delta_{21}$$

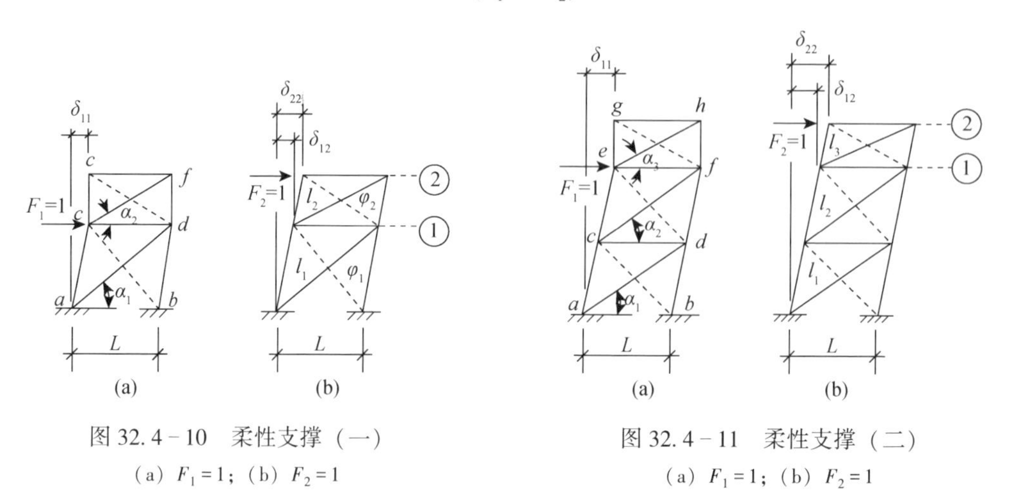

图 32.4－10　柔性支撑（一）

（a）$F_1=1$；（b）$F_2=1$

图 32.4－11　柔性支撑（二）

（a）$F_1=1$；（b）$F_2=1$

（2）半刚性支撑（$\lambda\leqslant200$）。

在计算半刚性柱间支撑的侧移刚度系数或侧移柔度系数时，应计入受压斜杆稳定系数的影响。

①对于图 32.4－12 所示支撑，在单位力 F_1 作用下（图 32.4－12a），节点①和节点②的侧移分别等于：

$$\delta_{11}=\frac{l_1^3}{(1+\varphi_1)EA_1L^2}\tag{32.4－24}$$

$$\delta_{21}=\frac{l_1^3}{(1+\varphi_1)EA_1L^2}\tag{32.4－25}$$

半刚性支撑在单位水平力 $F_2=1$ 的作用下（图 32.4－12b），节点②和节点①的侧移分别等于：

$$\delta_{22}=\frac{1}{EL^2}\left[\frac{l_1^3}{(1+\varphi_1)A_1}+\frac{l_2^3}{(1+\varphi_2)A_2}\right]\tag{32.4－26}$$

$$\delta_{12}=\frac{l_1^3}{(1+\varphi_1)EA_1L^2}=\delta_{21}$$

②对具有三个节间的半刚性支撑（图 32.4－13）的柔度系数计算公式如下：

$$\delta_{11}=\delta_{12}=\delta_{21}=\frac{1}{EL^2}\left[\frac{l_1^3}{(1+\varphi_1)A_1}+\frac{l_2^3}{(1+\varphi_2)A_2}\right]\tag{32.4－27}$$

$$\delta_{22}=\frac{1}{EL^2}\left[\frac{l_1^3}{(1+\varphi_1)A_1}+\frac{l_2^3}{(1+\varphi_2)A_2}+\frac{l_3^3}{(1+\varphi_3)A_3}\right]\tag{32.4－28}$$

式（32.4－19）至式（32.4－28）中，

l_i、A_i——分别为各节间斜杆的长度和截面面积（$i=1，2，3$）；

E——钢材的弹性模量；

L——柱间支撑的宽度；

φ_i——各节间斜杆受压时的稳定系数，根据杆件的最大计算长细比 λ 查表 32.4-3，（i=1，2，3）。

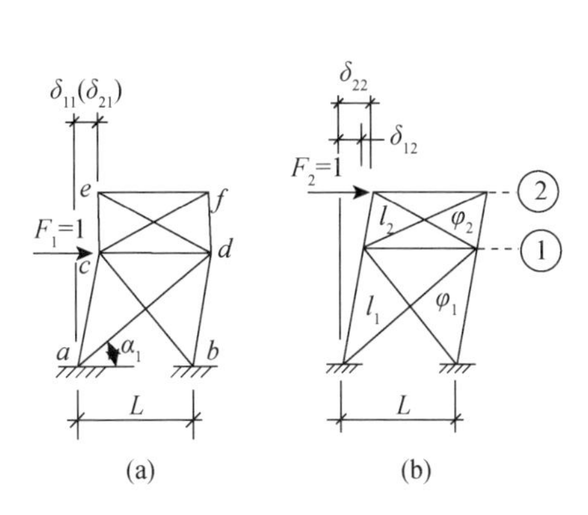

图 32.4-12　半刚性支撑（一）

（a）$F_1=1$；（b）$F_2=1$

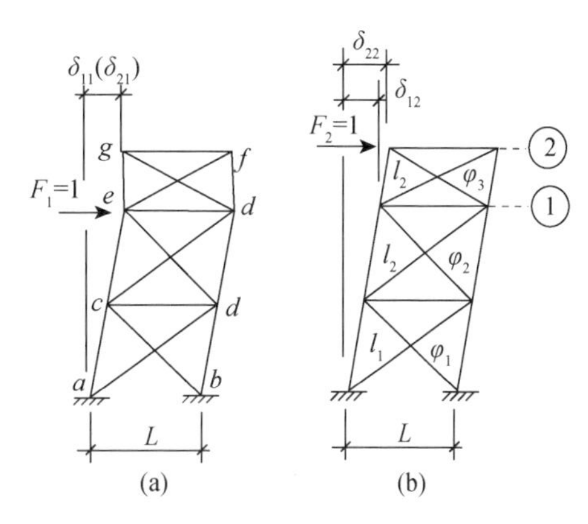

图 32.4-13　半刚性支撑（二）

（a）$F_1=1$；（b）$F_2=1$

表 32.4-3　Q235 号钢 b 类截面轴心受压构件的稳定系数 φ

λ	0	1	2	3	4	5	6	7	8	9
50	0.856	0.852	0.847	0.842	0.838	0.833	0.828	0.823	0.818	0.813
60	0.807	0.802	0.797	0.791	0.786	0.780	0.774	0.769	0.763	0.757
70	0.751	0.745	0.739	0.732	0.726	0.720	0.714	0.707	0.701	0.694
80	0.688	0.681	0.675	0.668	0.661	0.655	0.648	0.641	0.635	0.628
90	0.621	0.614	0.608	0.601	0.594	0.588	0.581	0.575	0.568	0.561
100	0.555	0.549	0.542	0.536	0.529	0.523	0.517	0.511	0.505	0.499
110	0.493	0.487	0.481	0.475	0.470	0.464	0.458	0.453	0.447	0.442
120	0.437	0.432	0.426	0.421	0.416	0.411	0.406	0.402	0.397	0.392
130	0.387	0.383	0.378	0.374	0.370	0.365	0.361	0.357	0.353	0.349
140	0.345	0.341	0.337	0.333	0.329	0.325	0.322	0.318	0.315	0.311
150	0.308	0.304	0.301	0.298	0.295	0.291	0.288	0.285	0.282	0.279
160	0.276	0.273	0.270	0.267	0.265	0.262	0.259	0.256	0.254	0.251
170	0.249	0.246	0.244	0.241	0.239	0.236	0.234	0.232	0.229	0.227
180	0.225	0.223	0.220	0.218	0.216	0.214	0.212	0.210	0.208	0.206
190	0.204	0.202	0.200	0.198	0.197	0.195	0.193	0.191	0.190	0.188
200	0.186	0.184	0.183	0.181	0.180	0.178	0.176	0.175	0.173	0.172
210	0.170	0.169	0.167	0.166	0.165	0.163	0.162	0.160	0.159	0.158

续表

λ	0	1	2	3	4	5	6	7	8	9
220	0.156	0.155	0.154	0.153	0.151	0.150	0.149	0.148	0.146	0.145
230	0.144	0.143	0.142	0.141	0.140	0.138	0.137	0.136	0.135	0.134
240	0.133	0.132	0.131	0.130	0.129	0.128	0.127	0.126	0.125	0.124
250	0.123									

当支撑斜杆为单面连接的单角钢，且按轴心受压杆确定其稳定系数 φ_i 值时，φ_i 值应取表 32.4－3 中数值乘以折减系数 η：当 $\lambda \leqslant 100$ 时，$\eta = 0.7$；$\lambda \geqslant 200$ 时，$\eta = 1.0$；当 $100 < \lambda < 200$ 时，η 值按线性插入取值。

2）交叉支撑的刚度

（1）仅有一个力作用于支撑顶端（图 32.4－14）。

等高厂房的纵向分析，当假定地震力全部集中作用于柱顶时，对于柱间支撑，仅有一个力作用于支撑顶端。此时，支撑顶端的刚度系数 K 按下式计算

$$K = \frac{1}{\delta} \tag{32.4-29}$$

式中，δ 相当于图 32.4－10 至图 32.4－13 中的 δ_{22}，分别情况按公式（32.4－20）、式（32.4－23）、式（32.4－26）、式（32.4－28）计算。

（2）两个荷载下的支撑刚度系数。

对于不等高厂房或重型吊车厂房，在纵向抗震分析中，需将厂房质量分别集中于柱列的两个高度位置。此时，柱间支撑两个高度处的刚度系数（图 32.4－15）为

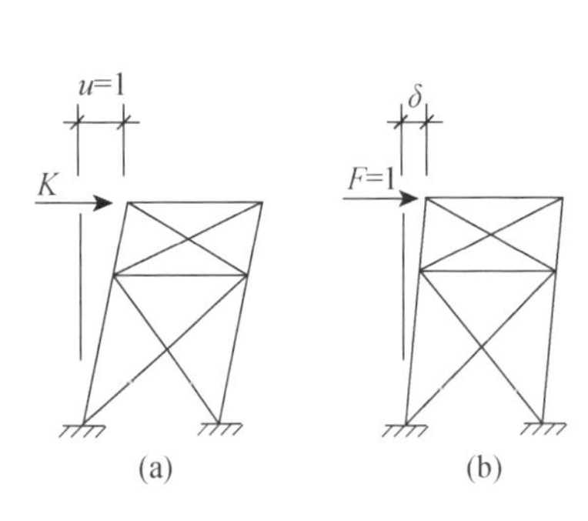

图 32.4－14 一个荷载下的支撑刚度系数

（a）侧移刚度；（b）侧移柔度

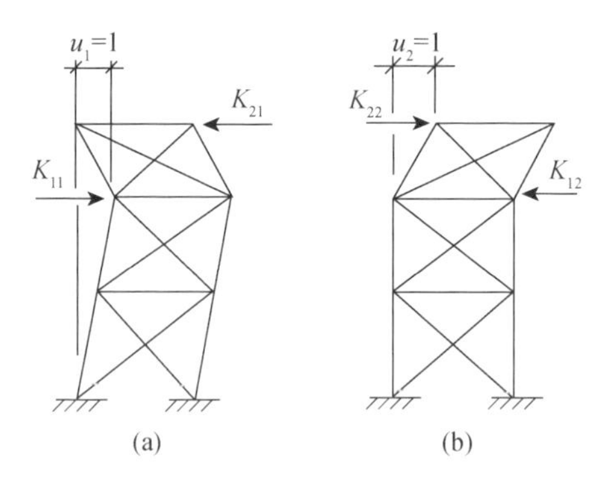

图 32.4－15 两个荷载下的支撑刚度系数

$$\begin{bmatrix} K_{11} & K_{12} \\ K_{21} & K_{22} \end{bmatrix} = \begin{bmatrix} \delta_{11} & \delta_{12} \\ \delta_{21} & \delta_{22} \end{bmatrix}^{-1} = \frac{1}{\delta} \begin{bmatrix} \delta_{22} & -\delta_{21} \\ -\delta_{12} & \delta_{11} \end{bmatrix} \tag{32.4-30}$$

即

$$\left.\begin{aligned}K_{11}&=\frac{\delta_{22}}{|\delta|}\qquad K_{12}=K_{21}=-\frac{\delta_{12}}{|\delta|}\\K_{22}&=\frac{\delta_{11}}{|\delta|}\qquad |\delta|=\delta_{11}\delta_{22}-(\delta_{12})^{2}\end{aligned}\right\}\tag{32.4-31}$$

式中　δ_{11}、δ_{12}、δ_{22}——根据支撑的形状和杆件长细比分别按公式（32.4－19）至式（32.4－28）计算。

支撑系统属剪切型结构，因而柱间支撑的刚度系数也可按照剪切杆采取荷载作用点的上段和下段刚度叠加而成。以具有三个节间的支撑（图 32.4－16）为例：

$$\left.\begin{aligned}K_{22}&=\frac{1}{\delta_2}\qquad K_{12}=K_{21}=-\frac{1}{\delta_2}\\K_{11}&=\frac{1}{\delta_1}+\frac{1}{\delta_2}\end{aligned}\right\}\tag{32.4-32}$$

式中，δ_1、δ_2 根据支撑的形式和杆件长细比分别参照公式（32.4－19）至式（32.4－28）计算。

3）人字形支撑的柔度

对 $\lambda\leqslant200$ 的半刚性人字形支撑，在 F_1 或 F_2 两个单位水平力作用点处的柔度系数（图 32.4－17）分别为

$$\delta_{11}=\delta_{12}=\delta_{21}=\frac{4}{EL^2}\left[\frac{l_1^3}{(1+\varphi_1)A_1}+\frac{l_2^3}{(1+\varphi_2)A_2}\right]\tag{32.4-33}$$

$$\delta_{22}=\frac{4}{EL^2}\left[\frac{l_1^3}{(1+\varphi_1)A_1}+\frac{l_2^3}{(1+\varphi_2)A_2}+\frac{l_3^3}{(1+\varphi_3)A_3}\right]\tag{32.4-34}$$

式中　l_i、A_i——分别为 i 节间的斜杆计算长度和截面面积，斜杆的计算长度取节点间的几何长度（i=1，2，3）；

φ_1、φ_2、φ_3——各层斜杆受压时的稳定系数，根据斜杆的最大长细比 λ（弱轴方向）由表 32.4－3 查得。

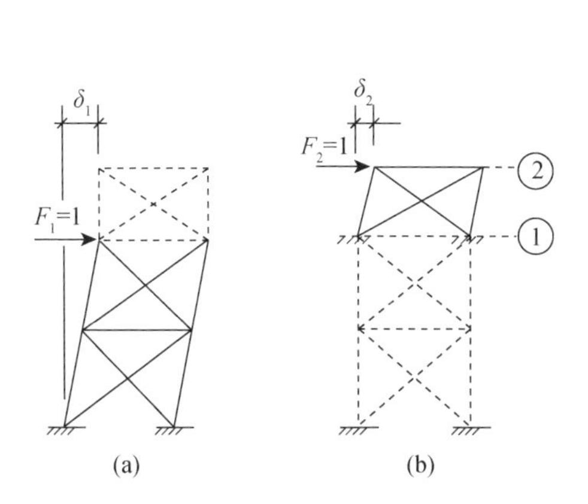

图 32.4－16　剪切型结构刚度系数的计算简图

（a）支撑下段侧移柔度；（b）支撑上段侧移柔度

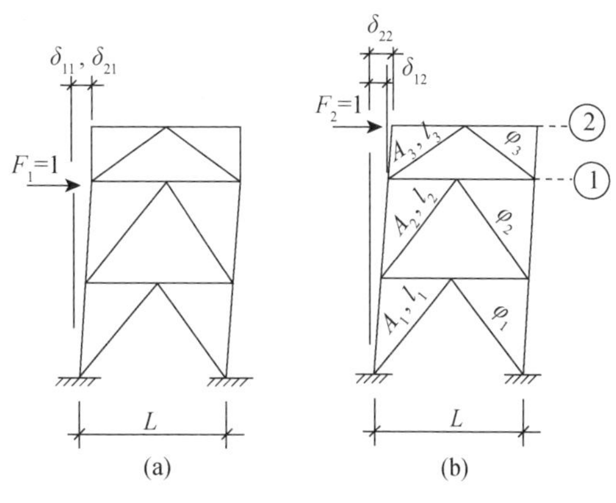

图 32.4－17　半刚性人字形支撑的柔度

（a）$F_1=1$；（b）$F_2=1$

4）人字形支撑的刚度

（1）方法一。

人字形支撑在一个水平力或两个水平力作用下的刚度系数计算，可采用公式（32.4－29）或式（32.4－30），其中的柔度系数按公式（32.4－33）、式（32.4－34）计算。

（2）方法二。

如果在抗震分析的计算过程中，不需要计算支撑的柔度系数时，也可按公式（32.4－32）一次计算人字形支撑的刚度系数。此时，δ_1 和 δ_2（图32.4－18）按下式计算：

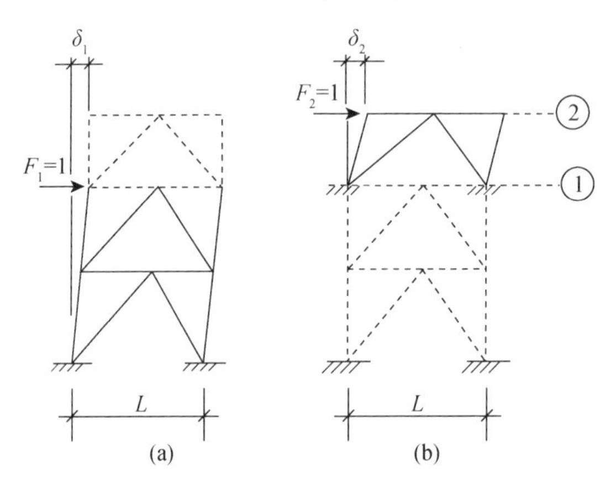

图32.4－18 确定刚度系数的计算简图

（a）计算 δ_1；（b）计算 δ_2

$$\delta_1 = \frac{4}{EL^2}\left[\frac{l_1^3}{(1+\varphi_1)A_1} + \frac{l_2^3}{(1+\varphi_2)A_2}\right] \qquad (32.4-35)$$

$$\delta_2 = \frac{4l_3^3}{(1+\varphi_3)EA_3L^2} \qquad (32.4-36)$$

32.4.2 柱列刚度 K_s 和柱列柔度 δ_s

厂房的第 s 柱列的柱列刚度 K_s 等于该柱列所有构件（柱、墙、支撑）沿厂房纵向的侧向刚度之和。

1. 仅柱顶设水平联杆的纵向柱列

当采取图32.4－19所示的仅柱顶设连杆的简化计算图形时，柱列刚度 K_s 按公式（32.4－37）计算。

$$K_s = \sum K_c + \sum K_b + \sum K_w \qquad (32.4-37)$$

式中 K_c——一根柱子的刚度，按式（32.4－2）计算；

K_b——一片支撑的刚度，按式（32.4－29）计算；

K_w——一片纵墙的刚度，按式（32.4－15）、式（32.4－16）计算。

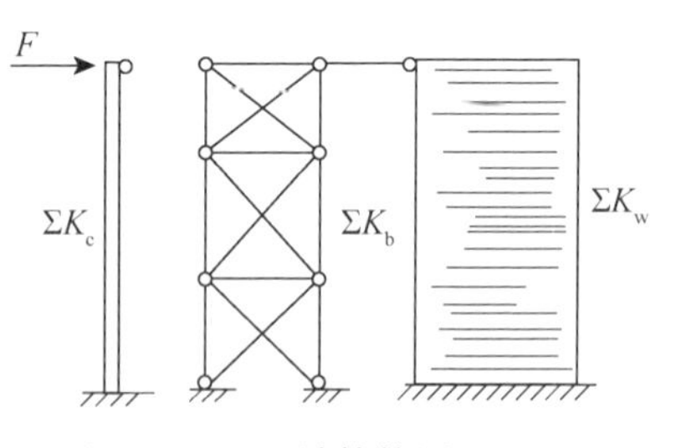

图32.4－19 计算简图（一）

柱列支撑的侧移刚度为柱间支撑和屋架端部竖向支撑串联后的刚度。但是，除设防烈度为 9 度的较大跨度屋盖外，一般情况下，屋架端部竖向支撑因为数量多，杆件内力很小，它的变形对整个柱列侧移刚度影响不大，可略去不计。

为了进一步简化计算，对于钢筋混凝土柱厂房，一个柱列内所有柱子的总刚度，也可粗略地取为该柱列柱间支撑刚度的 10%，即取 $\sum K_c = 0.1\sum K_b$ 。

2. 有两根连杆的纵向柱列

两个力（F_1 和 F_2）分别作用于柱顶和柱中部时（图 32.4-20），或者仅有一个力作用于柱顶，但采取两根连杆（分别设在屋盖和吊车梁高度处）的计算简图时（图 32.4-21），根据工程设计的计算精度要求，采用下述的一般方法或简化法。

当工程设计精度要求不高时，也可粗略地假定柱子为剪切杆，并取整个柱列的柱子总刚度为该柱列支撑刚度的 10%。

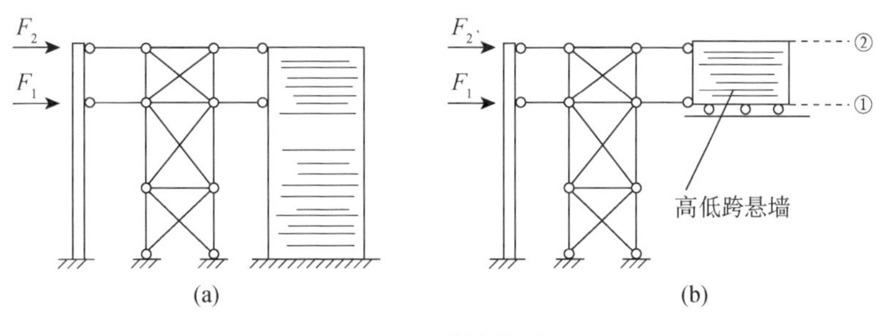

图 32.4-20　计算简图（二）

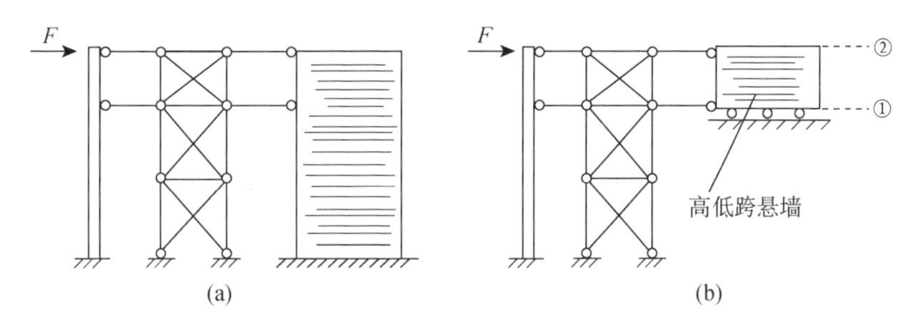

图 32.4-21　计算简图（三）

1）一般方法

第 s 柱列的刚度矩阵：

$$[K_s] = \begin{bmatrix} K_{11} & K_{12} \\ K_{21} & K_{22} \end{bmatrix} = [K_c] + [K_b] + [K_w]$$

$$= \begin{bmatrix} K_{c11} + K_{b11} + K_{w11} & K_{c12} + K_{b12} + K_{w12} \\ K_{c21} + K_{b21} + K_{w21} & K_{c22} + K_{b22} + K_{w22} \end{bmatrix} \tag{32.4-38}$$

式中　K_c——第 s 柱列中 n 根柱子总的刚度矩阵，

$$[K_c] = \begin{bmatrix} K_{c11} & K_{c12} \\ K_{c21} & K_{c22} \end{bmatrix} = \frac{n\psi}{|\delta|}\begin{bmatrix} \delta_{c22} & -\delta_{c21} \\ -\delta_{c12} & \delta_{c11} \end{bmatrix}$$

$$|\delta| = \delta_{c11}\delta_{c22} - (\delta_{c12})^2$$

δ_{c11}、δ_{c12}、δ_{c21}、δ_{c22}——按公式（32.4－1）计算；

ψ——刚度影响系数，无吊车梁时 $\psi=1.1$，有吊车梁时，$\psi=1.5$；

$[K_b]$——支撑侧移刚度矩阵，

$$[K_b] = \begin{bmatrix} K_{b11} & K_{b12} \\ K_{b21} & K_{b22} \end{bmatrix}$$

K_{b11}、K_{b12}、K_{b21}、K_{b22}——按公式（32.4－31）、式（32.4－32）计算；

$[K_w]$——纵向砖墙刚度矩阵，

$$[K_w] = \begin{bmatrix} K_{w11} & K_{w12} \\ K_{w21} & K_{w22} \end{bmatrix}$$

对于图 32.4－22a 所示情况，　$K_{w12}=K_{w21}=-K_{w22}$

$$K_{w11} = K_{w22} + K'_{11}$$

对于图 32.4－22b 所示悬墙情况，　$K_{w12} = K_{w21} = -K_{w22}$

$$K_{w22} = K_{w11}$$

K_{w11}、K_{w12}、K_{w21}、K_{w22}、K'_{11}——根据图 32.4－22 按式（32.4－8）至式（32.4－16）计算，K'_{11}为点①以下墙段的侧移刚度。

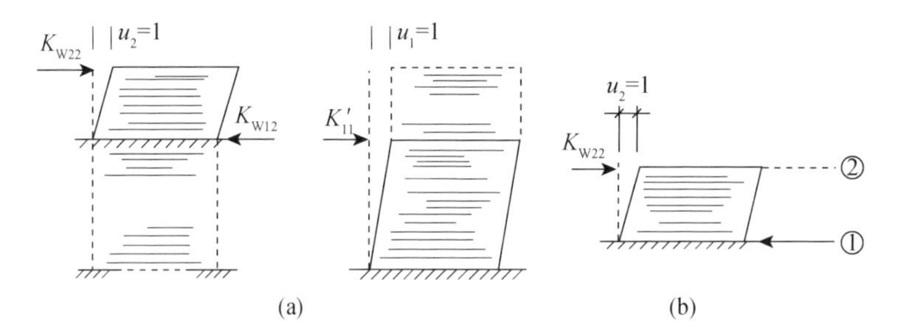

图 32.4－22　砖墙刚度

（a）落地砖墙；（b）高低跨砖墙

第 s 柱列的柱列柔度矩阵：

$$[\delta_s] = \begin{bmatrix} \delta_{11} & \delta_{12} \\ \delta_{21} & \delta_{22} \end{bmatrix} = [K_s]^{-1} = \frac{1}{|K|}\begin{bmatrix} K_{22} & -K_{21} \\ -K_{12} & K_{11} \end{bmatrix} \tag{32.4－39}$$

$$|K| = K_{11}K_{22} - (K_{12})^2$$

式中　K_{11}、K_{22}、K_{12}、K_{21}——按式（32.4－38）计算。

2）简化法

（1）单位力作用于点②（图 32.4－23）：

整个柱列 2 段的刚度：

$$K_2 = \frac{1}{\delta_{c22} - \delta_{c12}} + \frac{1}{\delta_{b22} - \delta_{b12}} + \frac{1}{\delta_{w22} - \delta_{w12}} \tag{32.4－40}$$

整个柱列 1 段的刚度：

$$K_1 = \frac{1}{\delta_{c12}} + \frac{1}{\delta_{b12}} + \frac{1}{\delta_{w12}} \tag{32.4-41}$$

上面式中　K_1 和 K_2——近似的剪切刚度。

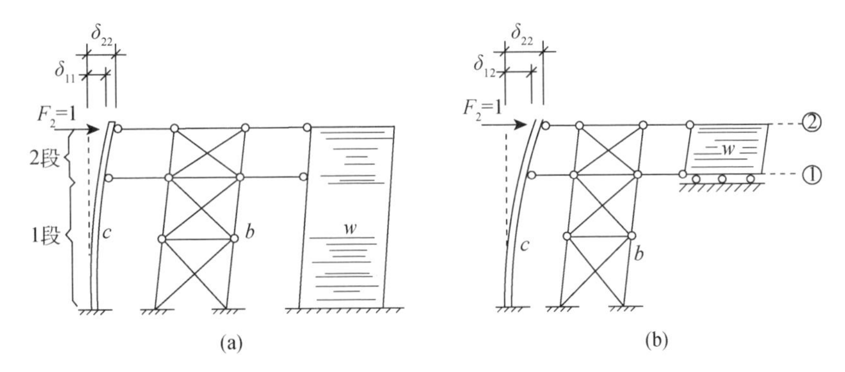

图 32.4-23　纵向柱列计算简图（一）

柱列柔度系数：

$$\delta_{22} = \frac{1}{K_1} + \frac{1}{K_2} \qquad \delta_{12} = \frac{1}{K_1} \tag{32.4-42}$$

（2）单位力作用于点①（图 32.4-24）：

$$K'_1 = \frac{1}{\delta_{c11}} + \frac{1}{\delta_{b11}} + \frac{1}{\delta_{w11}} = \frac{1}{\delta_{c12}} + \frac{1}{\delta_{b12}} + \frac{1}{\delta_{w12}} \tag{32.4-43}$$

柱列柔度系数：

$$\delta_{21} = \delta_{11} = \frac{1}{K'_1} \tag{32.4-44}$$

式中　$\delta_{c11} \cdots \delta_{c22}$——$n$ 根柱子的柔度系数，但计算结果应再除以刚度影响系数 ψ；

$\delta_{b11} \cdots \delta_{b22}$——支撑柔度系数，按式（32.4-19）至式（32.4-36）计算出的 $\delta_{11} \cdots \delta_{22}$；

$\delta_{w11} \cdots \delta_{w22}$——砖墙柔度系数，按式（32.4-17）、式（32.4-18）计算，但对图 32.4-23、图 32.4-24 中的高低跨悬墙：

$$\frac{1}{\delta_{w12}} = \frac{1}{\delta_{w11}} = 0 \qquad \frac{1}{\delta_{w22}} - \frac{1}{\delta_{w12}} = K_w \tag{32.4-45}$$

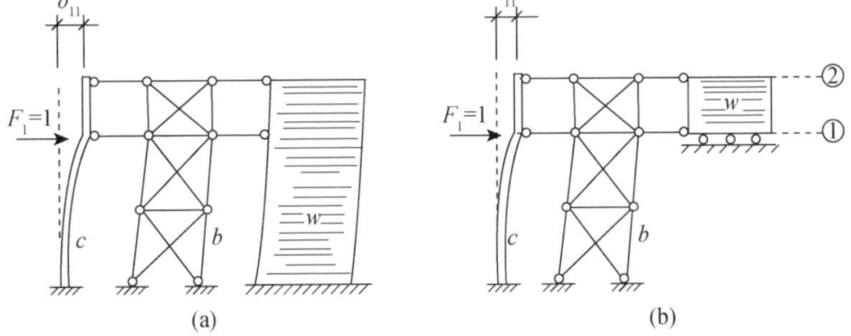

图 32.4-24　纵向柱列计算简图（二）

式（32.4－42）、式（32.4－44）用于“拟能量法”。等高厂房，如果取两根链杆的柱列计算简图，且采用“点刚度法”时，需对柱列的柔度矩阵求逆，即可得到柱列的刚度矩阵，即 $[K_s]=[\delta_s]^{-1}$。

32.4.3　厂房纵向抗震计算

关于单层厂房的纵向抗震计算，《规范》作如下规定：

钢筋混凝土无檩和有檩屋盖及有较完整支撑系统的轻型屋盖厂房，可考虑屋盖平面的弹性变形、围护墙与隔墙的有效刚度以及扭转的影响，按多质点空间结构分析，符合《规范》附录六的条件时，可采用相应的简化方法：

其他轻型屋盖厂房可按柱列分片独立进行计算。

下面，按照不同屋盖和不同厂房类型，对不同纵向抗震设计方法分别给予介绍。

1. 等高钢筋混凝土屋盖厂房

1）空间分析法

（1）力学模型及计算简图。

进行等高厂房的纵向抗震整体分析时，可视屋盖为有限刚度的剪切梁，厂房的各个纵向柱列为柱子、支撑和纵墙的并联体，由屋盖将它们联结成为一个空间结构。对于屋架端部高度较矮且无天窗的厂房，力学模型如图 32.4－25a 所示；对于屋架端部较高且设置端部竖向支撑的有天窗厂房，力学模型如图 32.4－25b 所示，由于中柱列上面左、右跨的两排屋架端支撑受力不等，在简图中不能合并为一根杆件。

将连续分布质量的结构，进行离散化处理，即可得所需的计算简图。对于边柱列，宜取不少于 5 个质点；对于中柱列，宜取不少于两个质点。为了一次计算出屋面构件节点及屋架端部竖向支撑的地震内力，并控制计算误差在 10%以内，对于无天窗屋盖，每跨不少于 6 个质点；对于有天窗屋盖，每跨不少于 8 个质点（图 32.4－26）。当屋架端头较矮，无需校验屋架端部竖向支撑的强度时，每跨屋盖的端部质点可以与柱顶质点合并，如 5、15 二个质点合并，7、21、22 三个质点合并等。

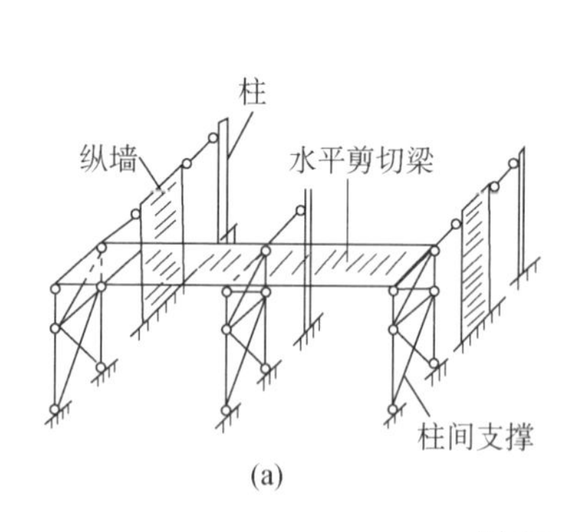

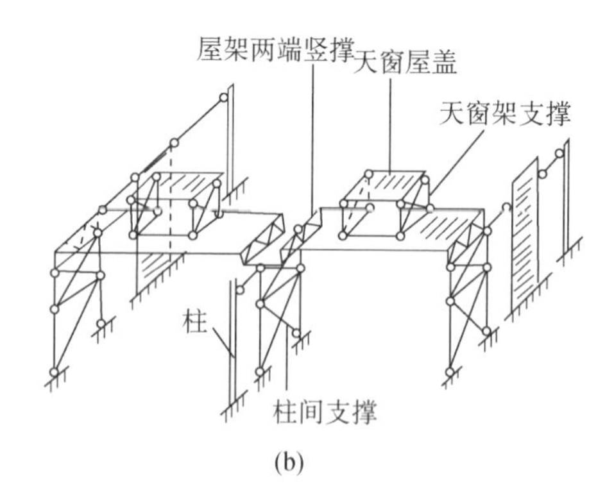

图 32.4－25　力学模型

（a）无天窗厂房；（b）有天窗厂房

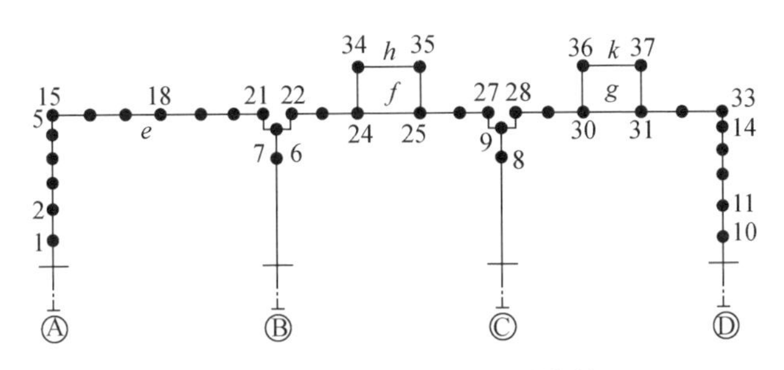

图 32.4－26　等高厂房纵向计算简图

若进行厂房纵向抗震分析时，仅需确定作用于各柱列的水平地震作用，而不需验算屋面构件及其连接的抗震强度时，也可按照“动能相等”原则（确定结构自振特性时），或“内力相等”原则（确定水平地震作用时），将每一柱列竖构件的全部质量，换算集中到柱顶，并与该柱列按跨度中线划分的屋盖质量，合并为一个质量，将厂房凝聚为具有较少质点的“并联多质点系”，如图 32.4－27 所示。

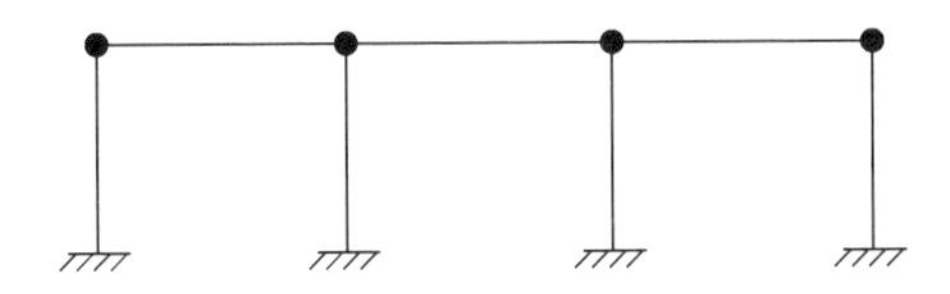

图 32.4－27　并联多质点系

（2）振动方程。

以质点纵向相对位移幅值 $\{X\}$ 为变量的厂房自由振动方程为：

$$-\omega^2[m]\{X\}+[K]\{X\}=0 \tag{32.4-46}$$

为了矩阵表示的方便，以较少质点的图 32.4－28 为例，详细列出式（32.4－46）各矩阵内容。

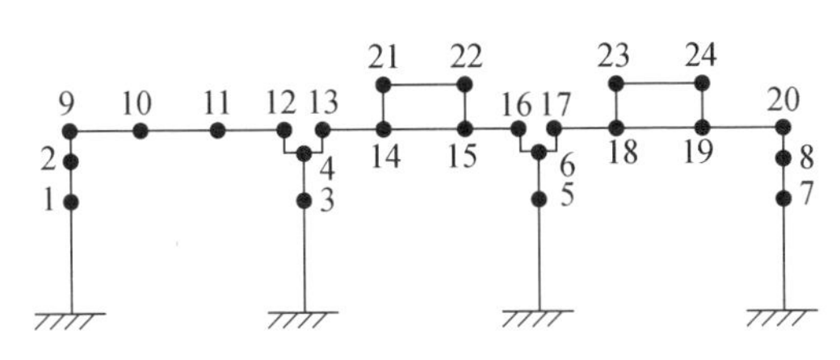

图 32.4－28　分析简图

式中　ω——多质点系按某一振型作自由振动时的圆频率；

$\{X\}$——体系按某一振型作自由振动时，各质点相对位移幅值列向量，

$\{X\}=[X_1X_2\cdots X_i\cdots X_n]^{\mathrm{T}}\qquad n=24$

$[m]$——质量矩阵，

$[m]=\mathrm{diag}(m_1\quad m_2\quad\cdots\quad m_i\quad\cdots\quad m_n)\qquad n=24$

$[K]$——空间结构刚度矩阵，

$$[K]=\begin{bmatrix}[K_a] & 0 & 0 & 0 & [K_{ae}] & 0 & 0 & 0 & 0\\ 0 & [K_b] & 0 & 0 & [K_{be}] & [K_{bf}] & 0 & 0 & 0\\ 0 & 0 & [K_c] & 0 & 0 & [K_{cf}] & [K_{cg}] & 0 & 0\\ 0 & 0 & 0 & [K_d] & 0 & 0 & [K_{dg}] & 0 & 0\\ [K_{ea}] & [K_{eb}] & 0 & 0 & [K_e] & 0 & 0 & 0 & 0\\ 0 & [K_{fb}] & [K_{fc}] & 0 & 0 & [K_f] & 0 & [K_{fh}] & 0\\ 0 & 0 & [K_{gc}] & [K_{gd}] & 0 & 0 & [K_g] & 0 & [K_{gk}]\\ 0 & 0 & 0 & 0 & 0 & [K_{hf}] & 0 & [K_h] & 0\\ 0 & 0 & 0 & 0 & 0 & 0 & [K_{kg}] & 0 & [K_k]\end{bmatrix}$$

$[K_a]$、$[K_b]$、$[K_c]$、$[K_d]$ 分别为柱列 A、B、C、D 的侧移刚度子矩阵，

$$[K_a]=\begin{bmatrix}K_{11} & K_{12}\\ K_{21} & K_{22}\end{bmatrix}+\begin{bmatrix}0 & 0\\ 0 & K_{2,\ 9}\end{bmatrix}$$

$$[K_b]=\begin{bmatrix}K_{33} & K_{34}\\ K_{43} & K_{44}\end{bmatrix}+\begin{bmatrix}0 & 0\\ 0 & K_{4,\ 12}\end{bmatrix}+\begin{bmatrix}0 & 0\\ 0 & K_{4,\ 13}\end{bmatrix}$$

$$[K_c]=\begin{bmatrix}K_{55} & K_{56}\\ K_{65} & K_{66}\end{bmatrix}+\begin{bmatrix}0 & 0\\ 0 & K_{6,\ 16}\end{bmatrix}+\begin{bmatrix}0 & 0\\ 0 & K_{6,\ 17}\end{bmatrix}$$

$$[K_d]=\begin{bmatrix}K_{77} & K_{78}\\ K_{87} & K_{88}\end{bmatrix}+\begin{bmatrix}0 & 0\\ 0 & K_{8,\ 20}\end{bmatrix}$$

K_{11}、K_{22}、K_{12}、$K_{21}\cdots$ K_{77}、K_{88}、K_{78}、K_{87}可按式（32.4－29）至式（32.4－45）有关公式计算；$K_{2,9}$、$K_{4,12}$、$K_{4,13}$、$K_{6,16}$、$K_{6,17}$、$K_{8,20}$为各该柱列屋架端部竖向支撑的刚度，其计算公式详见32.4.5节支撑设计部分；

$[K_e]$、$[K_f]$、$[K_g]$ 为屋盖水平刚度子矩阵，

编号⑨　⑩　⑪　⑫　编号

$$[K_e]=\begin{bmatrix}k_1+K_{9,\ 2} & -k_1 & 0 & 0\\ -k_1 & 2k_1 & -k_1 & 0\\ 0 & -k_1 & 2k_1 & -k_1\\ 0 & 0 & -k_1 & k_1+K_{12,\ 4}\end{bmatrix}\begin{matrix}⑨\\ ⑩\\ ⑪\\ ⑫\end{matrix}$$

$$k_1=\frac{L_1}{l_1}\bar{k}$$

k_1 为 AB 跨屋盖的质点间纵向水平刚度；L_1 为该跨厂房长度或防震缝区段长度；l_1 为 AB 跨屋盖质点间水平距离；$\bar{k}$为单位面积屋盖沿厂房纵向的水平等效剪切刚度基本值，对于采用钢筋混凝土大型屋面板的无檩屋盖或钢筋混凝土瓦材的有檩屋盖，$\bar{k}$可分别取 2×10^4 和 6×10^3kN；$K_{12,4}$、$K_{9,2}$为屋架端部竖向支撑侧移刚度值；

$$K_{9,\ 2}=K_{2,\ 9}\qquad K_{12,\ 4}=K_{4,\ 12}$$

$$
\begin{array}{c}
\text{编号} \quad ⑬ \quad ⑭ \quad ⑮ \quad ⑯ \quad \text{编号}\\
[K_f]=\begin{bmatrix} k_2+K_{13,4} & -k_2 & 0 & 0\\ -k_2 & k_2+k_3+K_{14,21} & -k_3 & 0\\ 0 & -k_3 & k_2+k_3+K_{15,22} & -k_2\\ 0 & 0 & -k_2 & k_2+K_{16,6}\end{bmatrix}\begin{matrix}⑬\\⑭\\⑮\\⑯\end{matrix}
\end{array}
$$

$$k_2=\frac{L_2}{l_2}\bar{k} \qquad k_3=\frac{L_3}{l_3}\bar{k}$$

$$K_{13,4}=K_{4,13} \qquad K_{16,6}=K_{6,16}$$

k_2 为 BC 跨屋盖的质点间纵向水平刚度；L_2 为该跨厂房长度或防震缝区段长度；l_2 为 BC 跨屋盖质点间水平距离；k_3 为 BC 跨天窗开洞范围处屋盖的水平刚度；L_3 为扣除天窗开洞长度 L_6 的屋盖长度；l_3 为天窗开洞范围内质点间水平距离；$K_{14,21}$、$K_{15,22}$ 为天窗侧面竖向支撑的刚度值，其计算公式详见 32.4.5 节支撑设计部分；

$$
\begin{array}{c}
\text{编号} \quad ⑰ \quad ⑱ \quad ⑲ \quad ⑳ \quad \text{编号}\\
[K_g]=\begin{bmatrix} k_4+K_{17,6} & -k_4 & 0 & 0\\ -k_4 & k_4+k_5+K_{18,23} & -k_5 & 0\\ 0 & -k_5 & k_4+k_5+K_{19,24} & -k_4\\ 0 & 0 & -k_4 & k_4+K_{20,8}\end{bmatrix}\begin{matrix}⑰\\⑱\\⑲\\⑳\end{matrix}
\end{array}
$$

$$k_4=\frac{L_4}{l_4}\bar{k} \qquad k_5=\frac{L_5}{l_5}\bar{k}$$

$$K_{17,6}=K_{6,17} \qquad K_{20,8}=K_{8,20}$$

k_4 为 CD 跨屋盖的质点间纵向水平刚度；L_4 为该跨厂房长度或防震缝区段长度；l_4 为 CD 跨屋盖质点间水平距离；k_5 为 CD 跨天窗开洞范围处屋盖的水平刚度；L_5 为扣除天窗开洞长度 L_7 的屋盖长度；l_5 为天窗开洞范围内质点间水平距离；$K_{18,23}$、$K_{19,24}$ 为天窗侧面竖向支撑的刚度值；

$[K_h]$、$[K_k]$ 为天窗屋面刚度子矩阵，

$$
\begin{array}{c}
\text{编号} \quad ㉑ \quad ㉒ \quad \text{编号}\\
[K_h]=\begin{bmatrix} k_6+K_{21,14} & -k_6\\ -k_6 & k_6+K_{22,15}\end{bmatrix}\begin{matrix}㉑\\㉒\end{matrix}
\end{array}
$$

$$
\begin{array}{c}
\text{编号} \quad ㉓ \quad ㉔ \quad \text{编号}\\
[K_k]=\begin{bmatrix} k_7+K_{23,18} & -k_7\\ -k_7 & k_7+K_{24,19}\end{bmatrix}\begin{matrix}㉓\\㉔\end{matrix}
\end{array}
$$

$$k_6=\frac{L_6}{l_3}\bar{k} \qquad k_7=\frac{L_7}{l_5}\bar{k}$$

$$K_{21,14}=K_{14,21} \qquad K_{22,15}=K_{15,22}$$

$$K_{23,18}=K_{18,23} \qquad K_{24,19}=K_{19,24}$$

$[K_{ae}]$、$[K_{be}]$、$[K_{bf}]$、$[K_{cf}]$、$[K_{cg}]$、$[K_{dg}]$ 分别为 A、B、C、D 柱列与屋盖相互之间的连接刚度子矩阵，

⑨　⑩　⑪　⑫

$$[K_{ae}] = \begin{bmatrix} 0 & 0 & 0 & 0 \\ -K_{2,9} & 0 & 0 & 0 \end{bmatrix}\begin{matrix} \text{①} \\ \text{②} \end{matrix}$$

⑨　⑩　⑪　⑫

$$[K_{be}] = \begin{bmatrix} 0 & 0 & 0 & 0 \\ 0 & 0 & 0 & -K_{4,12} \end{bmatrix}\begin{matrix} \text{③} \\ \text{④} \end{matrix} \qquad [K_{eb}] = [K_{be}]^{T}$$

⑬　⑭　⑮　⑯

$$[K_{bf}] = \begin{bmatrix} 0 & 0 & 0 & 0 \\ -K_{4,13} & 0 & 0 & 0 \end{bmatrix}\begin{matrix} \text{③} \\ \text{④} \end{matrix} \qquad [K_{fb}] = [K_{bf}]^{T}$$

⑬　⑭　⑮　⑯

$$[K_{cf}] = \begin{bmatrix} 0 & 0 & 0 & 0 \\ 0 & 0 & 0 & -K_{6,16} \end{bmatrix}\begin{matrix} \text{⑤} \\ \text{⑥} \end{matrix} \qquad [K_{fc}] = [K_{cf}]^{T}$$

⑰　⑱　⑲　⑳

$$[K_{cg}] = \begin{bmatrix} 0 & 0 & 0 & 0 \\ -K_{6,17} & 0 & 0 & 0 \end{bmatrix}\begin{matrix} \text{⑤} \\ \text{⑥} \end{matrix} \qquad [K_{gc}] = [K_{cg}]^{T}$$

⑰　⑱　⑲　⑳

$$[K_{dg}] = \begin{bmatrix} 0 & 0 & 0 & 0 \\ 0 & 0 & 0 & -K_{8,20} \end{bmatrix}\begin{matrix} \text{⑦} \\ \text{⑧} \end{matrix}$$

$[K_{gd}] = [K_{dg}]^{T}$ $[K_{fh}]$、$[K_{gk}]$ 分别为f、g 屋盖与天窗构件相互之间的连接刚度子矩阵，

㉑　㉒

$$[K_{fh}] = \begin{bmatrix} 0 & 0 \\ -K_{14,21} & 0 \\ 0 & -K_{15,22} \\ 0 & 0 \end{bmatrix}\begin{matrix} \text{⑬} \\ \text{⑭} \\ \text{⑮} \\ \text{⑯} \end{matrix}$$

㉓　㉔

$$[K_{gk}] = \begin{bmatrix} 0 & 0 \\ -K_{18,23} & 0 \\ 0 & -K_{19,24} \\ 0 & 0 \end{bmatrix}\begin{matrix} \text{⑰} \\ \text{⑱} \\ \text{⑲} \\ \text{⑳} \end{matrix}$$

$$[K_{hf}] = [K_{fh}]^{T} \quad [K_{kg}] = [K_{gk}]^{T}$$

（3）周期和振型。

将式（32.4－46）转换成求解矩阵特征值和特征向量的标准形式：

$$[K]^{-1}[m]\{X\} = \lambda\{X\} \tag{32.4－47}$$

式中　λ——多质点系动力矩阵 $[K]^{-1}$ $[m]$ 的特征值，$\lambda = \dfrac{1}{\omega^2}$；

ω——多质点系按某一振型作自由振动时的圆频率。

用迭代法，或者对动力矩阵进行对称化处理，并用雅可比法解之，即可得多质点系的自

振周期列向量 $\{T\}$ 和振型矩阵 $\{A\}$。

$$\{T\} = 2\pi\{\sqrt{\lambda}\} \tag{32.4-48}$$

$$[A] = [\{X_1\}\cdots\{X\}\cdots\{X_n\}] = \begin{bmatrix} X_{11} & \cdots & X_{j1} & \cdots & X_{n1} \\ X_{12} & \cdots & X_{j2} & \cdots & X_{n2} \\ \vdots & \cdots & \vdots & \cdots & \vdots \\ X_{1n} & \cdots & X_{jn} & \cdots & X_{nn} \end{bmatrix} \quad (n = 24)$$

(32.4-49)

(4) 质点水平地震作用。

多质点系前 7 个振型质点纵向水平地震作用形成的矩阵为

$$[F]_{n\times t} = g[m][A]_{n\times t}[\alpha][\gamma] \tag{32.4-50}$$

式中　$[\alpha]$——相应于各阶自振周期的地震影响系数形成的对角阵，

$$[\alpha] = \mathrm{diag}(\alpha_1 \quad \alpha_2 \quad \cdots \quad \alpha_j \quad \cdots \quad \alpha_t) \tag{32.4-51}$$

$[\gamma]$——各阶振型参与系数 γ_j 形成的对角阵，

$$[\gamma] = \mathrm{diag}(\gamma_1 \quad \gamma_2 \quad \cdots \quad \gamma_j \quad \cdots \quad \gamma_t)$$

$$\gamma_j = \frac{\sum_{i=1}^{n} m_i X_{ji}}{\sum_{i=1}^{n} m_i X_{ji}^2} \tag{32.4-52}$$

t（下角码）——需要组合的振型数，一般情况下，取 $t=5$。

(5) 空间结构侧移。

考虑地震期间砖墙开裂，其刚度下降对各构件地震内力的影响，重新建立包含砖墙退化刚度在内的新的空间结构刚度矩阵 $[K']$，用它来求质点振型侧移 $[\Delta]$：

$$[\Delta]_{n\times 5} = [K']^{-1}_{n\times n}[F]_{n\times 5} \tag{32.4-53}$$

式中，$[K']$ ——等于弹性刚度矩阵 $[K]$ 中的各柱列侧移刚度子矩阵 $[K_i]$（$i=a$、b、c、d），换为考虑砖墙刚度退化后的 $[K_i']$，

$$[K_i'] = [K_{ic}] + [K_{ib}] + \psi_1[K_{iw}] \quad (i = a、b、c、d) \tag{32.4-54}$$

式中　$[K_{ic}]$、$[K_{ib}]$、$[K_{iw}]$——分别为 i 柱列中的柱、柱间支撑、围护墙的侧移刚度子矩阵，计算公式分别详见式（32.4-2）、式（32.4-4）、式（32.4-6）、式（32.4-7），式（32.4-29）、式（32.4-30）、式（32.4-32），式（32.4-8）至式（32.4-16）；

ψ_1——砖墙开裂后的刚度降低系数，当设防烈度为 7、8、9 度时，对于到底围护墙 ψ_1 分别取 0.6、0.4、0.2，对于悬墙分别取 0.4，0.2，0.1。

(6) 构件振型地震内力。

在柱列中，支撑和墙的刚度占柱列刚度 90% 以上，它们均是剪切型构件，因而柱列可按剪切杆对待。屋架端部和天窗侧面竖向支撑也均为剪切型构件，屋盖和天窗屋面为等效剪

切梁。正因为纵向空间结构全部由剪切构件组成，杆段内力与杆端相对侧移成正比，计算过程中无需再像厂房横向空间分析那样计算各杆段的杆端广义位移，可以直接利用杆端相对侧移确定杆段振型地震剪力。

从 [Δ] 中求出质点之间相对侧移 Δ'_{ji}，乘以相应构件的杆段剪切刚度 K'_i，即得该杆段的 j 振型地震剪力 V_{ji}（图 32.4－29）。

$$V_{ji} = K'_i \Delta'_{ji} \qquad (j = 1 \sim 5) \qquad (32.4-55)$$

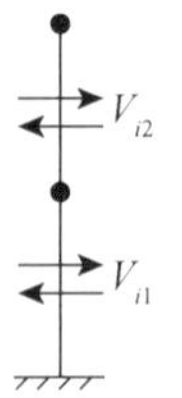

（7）构件地震内力。

图 32.4－29　构件振型地震剪力

取前 5 个振型的振型地震内力，按下式组合，即得构件杆段地震剪力 V_i

$$V_i = \sqrt{\sum_{j=1}^{5} V_{ji}^2} \qquad (32.4-56)$$

2）空间分析简化法——修正刚度法

（1）基本思想。

此法适用于单跨或多跨等高钢筋混凝土无檩和有檩屋盖的厂房。取整个抗震缝区段为纵向计算单元。在确定厂房的纵向自振周期时，先假定整个屋盖为一刚性体，把所有柱列的纵向刚度加在一起，按“单质点系”（图 32.4－30）计算。因为屋盖实际上并非绝对刚性，这样，自振周期计算中引入了一个修正系数 ψ_T（表 32.4－4），以考虑屋盖变形的影响，而获得实际周期值。确定地震作用在各柱列之间的分配时，只有当屋盖的水平刚度为无限大时，各柱列地震作用才仅与柱列刚度单一因素成正比，按柱列刚度比例分配。因为屋盖并非绝对刚性，地震作用分配系数就应该与柱列刚度和地震时柱列实际侧移的乘积成正比。因此，如果采用按柱列刚度比例分配的简单形式，又要反映屋盖变形的影响，逼近空间分析结果，就有必要根据该柱列地震时的侧移量对柱列刚度乘以修正系数，作为分配地震作用的依据。

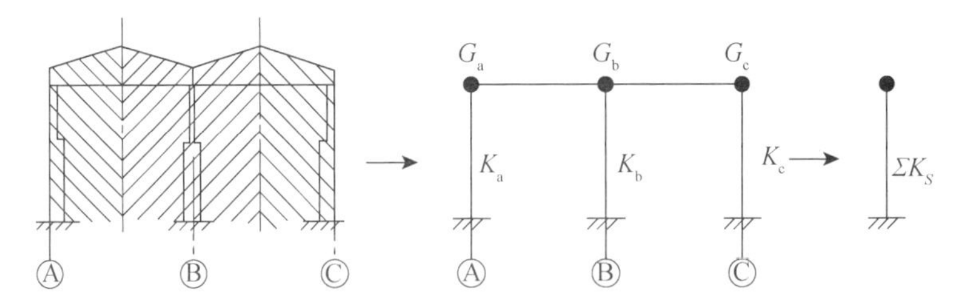

图 32.4－30　确定周期用的计算简图

按空间分析结果，第 s 柱列的水平地震作用 F_s（图 32.4－31）

$$F_s = K_s u_s$$

$$F_s = K_s \frac{u_s}{\bar{u}} \bar{u} = K_{as} \bar{u} \qquad (32.4-57)$$

式中　K_s——第 s 柱列的刚度；

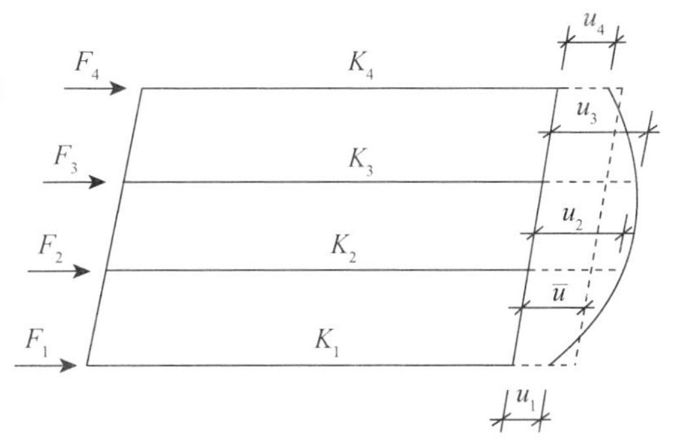

图 32.4－31　等高厂房纵向各柱列地震作用

K_{as}——第 s 柱列的修正刚度；

u_s——空间分析法计算所得第 s 柱列侧移；

$\bar{u}_s$——假设屋盖为绝对刚性时各柱列的平均侧移；

$u_s/\bar{u}_s$——第 s 柱列的刚度修正系数。在具体计算中，通过系数 ψ_3（表 32.4－5）来反映纵向围护墙的刚度对柱列侧移量的影响；用 ψ_4（表 32.4－6）反映纵向采用砖围护墙时，中柱列支撑的强弱对柱列侧移量的影响。

通过上式可看出，柱列的水平地震作用就可按修正后的柱列刚度 K_{as}进行比例分配。

（2）基本周期。

厂房纵向自振周期计算可取图 32.4－30 为简图，按下式计算：

$$T_1 = 2\psi_T \sqrt{\frac{\sum G_s}{\sum K_s}} \tag{32.4-58}$$

式中　s（下标）——柱列序号，$s=a$、b、c、…；

K_s——第 s 柱列的纵向刚度，等于该柱列所有柱子、支撑和砖墙刚度（K_c、K_b、K_w）之和，按式（32.4－37）、式（32.4－38）计算；

ψ_T——周期修正系数，见表 32.4－4，它相当于屋盖为有限刚度时厂房周期与屋盖为刚性假定下厂房周期的比值，并包含并联多质点系的等效质量系数 0.85；

G_s——第 s 柱列换算集中到柱顶处的重力荷载代表值，包括柱列左右各半跨的屋盖和山墙重量，及墙、柱等按能量相等原则换算集中到柱顶处的重力荷载代表值，

$$G_s = 0.25G_c + 0.25G_{wt} + 0.35G_{wl} + 0.5G_b + 1.0(G_r + 0.5G_{sn} + 0.5G_d) \tag{32.4-59}$$

G_c——柱列中所有柱子的重力荷载代表值；

G_{wt}——柱列左右各半跨的山墙重力荷载代表值；

G_{wl}——柱列中底层窗间墙半高以上纵墙重力荷载代表值；

G_b——柱列中吊车梁重力荷载代表值；

G_r——柱列左右各半跨的屋盖重力荷载代表值；

G_{sn}——柱列左右各半跨的屋面雪荷载的标准值，0.5 为可变荷载的组合值系数；

G_d——柱列左右各半跨屋面积灰的自重标准值。

表 32.4-4　钢筋混凝土屋盖厂房的纵向周期修正系数 ψ_T

纵墙＼屋盖	无檩屋盖		有檩屋盖	
	边跨无天窗	边跨有天窗	边跨无天窗	边跨有天窗
砖墙	1.45	1.50	1.60	1.65
无墙、石棉瓦、挂板	1.0	1.0	1.0	1.0

若吊车台数较少或吨位较小，吊车总重量在整个柱列重量中所占比例较小，确定柱列自振周期时，吊车重量可略去不计。

(3) 柱列的水平地震作用。

①无吊车厂房。

第 s 柱列柱顶处纵向水平地震作用 F_s（图 32.4-32）为

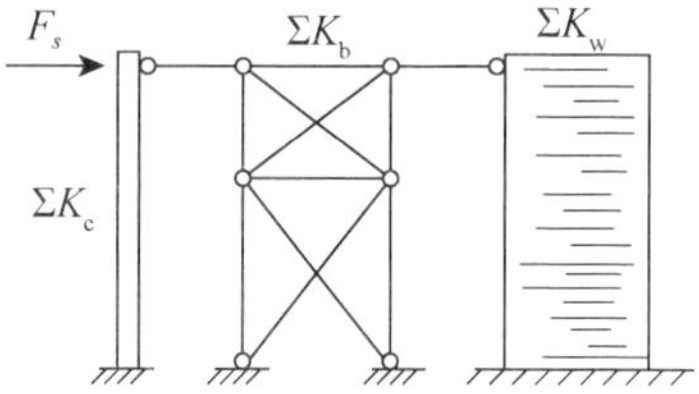

$$F_s = \alpha_1 \overline{G} \frac{K_{as}}{\sum_s K_{as}} \qquad (32.4-60)$$

$$\overline{G} = \sum_s \overline{G}_s \qquad (32.4-61)$$

$$K_{as} = \psi_3 \psi_4 K'_s \qquad (32.4-62)$$

图 32.4-32　无吊车厂房柱列地震作用

式中　α_1——相应于厂房纵向基本自振周期的水平地震影响系数，按《规范》图 5.1.5 确定；

$\overline{G}_s$——按底部剪力相等原则，换算集中到柱顶处的第 s 柱列重力荷载代表值，

$$\overline{G}_s = 0.5G_c + 0.5G_{wt} + 0.7G_{wl} + 1.0(G_r + 0.5G_{sn} + 0.5G_d) \qquad (32.4-63)$$

G_c、G_{mt}、G_{wl}、G_r、G_{sn}、G_d 所示意义，见式（32.4-59）；

ψ_3——柱列刚度的围护墙影响系数，按表 32.4-5 采用；

ψ_4——柱列刚度的柱间支撑影响系数，纵向为砖围护墙时，边柱列可采用 1.0，中柱列可按表 32.4-6 采用；

K'_s——s 柱列柱顶的总刚度，应包括 s 柱列内柱子和上、下柱间支撑的刚度及纵墙的折减刚度的总和，

$$K'_s = \Sigma K_c + \Sigma K_b + \psi_1 \Sigma K_w \qquad (32.4-64)$$

ψ_1——砖墙开裂后刚度降低系数，取值见式（32.4-54）。

表 32.4－5　围护墙影响系数 ψ_3

纵向砖围护墙和烈度		边柱列	中柱列			
			钢筋混凝土无檩屋盖		钢筋混凝土有檩屋盖	
240 砖墙	370 砖墙		边跨无天窗	边跨有天窗	边跨无天窗	边跨有天窗
	7 度	0.85	1.7	1.8	1.8	1.9
7 度	8 度	0.85	1.5	1.6	1.6	1.7
8 度	9 度	0.85	1.3	1.4	1.4	1.5
9 度		0.85	1.2	1.3	1.3	1.4
无墙、石棉瓦或挂板		0.90	1.1	1.1	1.2	1.2

注：有纵向砖围护墙的四跨或五跨厂房，由边柱列数起，第三柱列的 Ψ_3 取本表中柱列数值乘以 1.15。

表 32.4－6　纵向采用砖围护墙的中柱列柱间支撑影响系数 ψ_4

中柱列下柱支撑的斜杆长细比（λ）	<40	41～80	81～120	121～150	>150	无支撑
一个柱列内仅一柱间设下柱支撑	0.9	0.95	1.0	1.1	1.25	1.4
一个柱列内有两柱间设下柱支撑	—	—	0.9	0.95	1.0	

②有吊车厂房。

第 s 柱列柱顶处水平地震作用 F_s（图 32.4－32），按式（32.4－60）至式（32.4－62）计算，但式（32.4－61）中的$\overline{G}_s$ 应按下式确定：

$$\overline{G}_s = 0.1G_c + 0.5G_{wt} + 0.7G_{wl} + 1.0(G_r + 0.5G_{sn} + 0.5G_d) \qquad (32.4-65)$$

第 s 柱列牛腿面高度处的纵向水平地震作用 F_{cs}（图 32.4－33）为

$$F_{cs} = \alpha_1 G_{cs}\frac{H_{cs}}{H_s} \qquad (32.4-66)$$

式中　G_{cs}——集中于 s 柱列牛腿面高度处的等效重力荷载代表值

$$G_{cs} = 0.4G_c + 1.0G_b + 1.0G'_{cr} \qquad (32.4-67)$$

G_c、G_b——柱子、吊车梁的重力荷载代表值；

G'_{cr}——第 s 柱列左右跨各一台吊车桥自重之和的一半，硬钩吊车尚应包括其吊重的 30%；

H_s、H_{cs}——第 s 柱列柱顶和牛腿面至柱基础杯口顶面的高度。

（4）构件的水平地震作用。

①无吊车柱列。

第 s 柱列中各构件分担的水平地震作用（图 32.4－34）按下式计算：

$$F_c = \frac{K_c}{K'_s}F_s \qquad F_b = \frac{K_b}{K'_s}F_s \qquad F_w = \frac{\Psi_1 K_w}{K'_s}F_s \qquad (32.4-68)$$

式中　F_c、F_b、F_w——分别为一根柱、一片支撑、一片砖墙在柱列高度处的水平地震作用；

K_c、K_b、K_w——分别为一根柱、一片支撑、一片砖墙的刚度；

K_s'——砖墙开裂后柱列的刚度，按式（32.4-64）计算；

ψ_1——砖墙开裂后的刚度降低系数，当烈度为 7、8、9 度时，ψ_1 分别取 0.6、0.4、0.2。

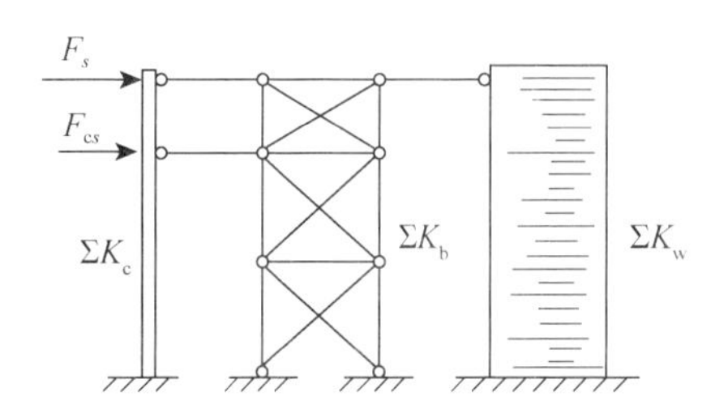

图 32.4-33　有吊车厂房柱列地震作用

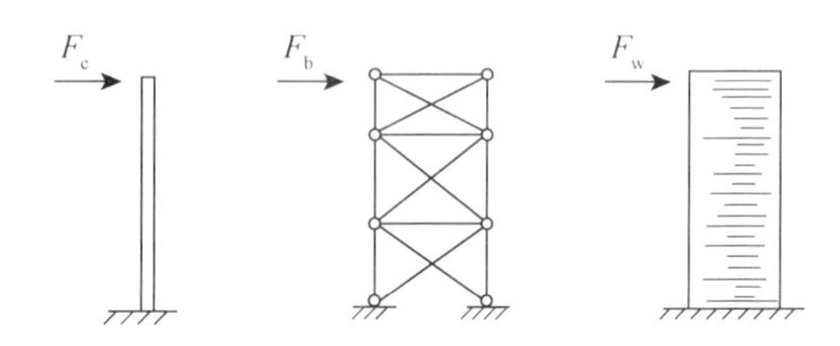

图 32.4-34　柱列各构件水平地震作用

②有吊车柱列。

为了简化计算，对于中小型厂房，可粗略地取整个柱列所有柱的总刚度为该柱列柱间支撑刚度的 10%，即取 $\Sigma K_c = 0.1\Sigma K_b$。据计算，采用此简化假定所带来的误差，对于柱底地震弯矩和柱间支撑地震内力，分别大致为 20%和 10%。

a. 柱顶水平地震作用。

第 s 柱列一根柱、一片支撑或一片砖墙所分担的柱顶高度处水平地震作用（图 32.4-35），仍按式（32.4-68）计算。

b. 吊车水平地震作用。

吊车水平地震作用，因偏离砖墙较远，仅由柱和柱间支撑分担。一根柱、一片支撑所分担的吊车水平地震作用分别为（图 32.4-35）：

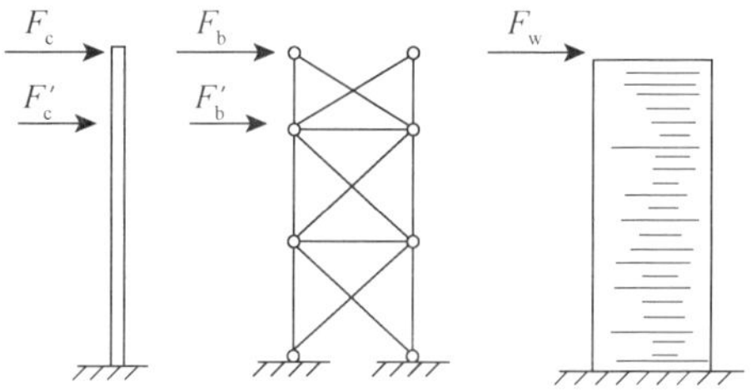

图 32.4-35　有吊车柱列各构件的地震作用

$$F_c' = \frac{1}{11n}F_{cs} \qquad F_b' = \frac{K_b}{1.1\Sigma K_b}F_{cs} \tag{32.4-69}$$

式中　n——柱列中柱子的根数。

2. 不等高钢筋混凝土屋盖厂房

1）空间分析法

（1）力学模型及计算简图。

对于不等高单层厂房的纵向抗震分析，应该采取包括屋盖纵向变形、屋盖整体转动、纵向砖墙有效刚度三要素的，能够充分反映非对称结构剪扭振动特性的空间结构力学模型，如图 32.4-36 所示。组成空间结构的水平构件，为代表各层屋盖的等效剪切梁；竖向构件，为代表各柱列的柱、墙、支撑并联体。

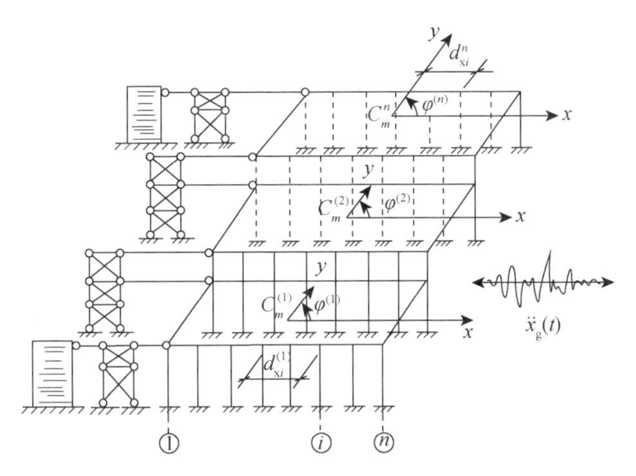

图 32.4-36　不等高厂房纵向分析力学模型

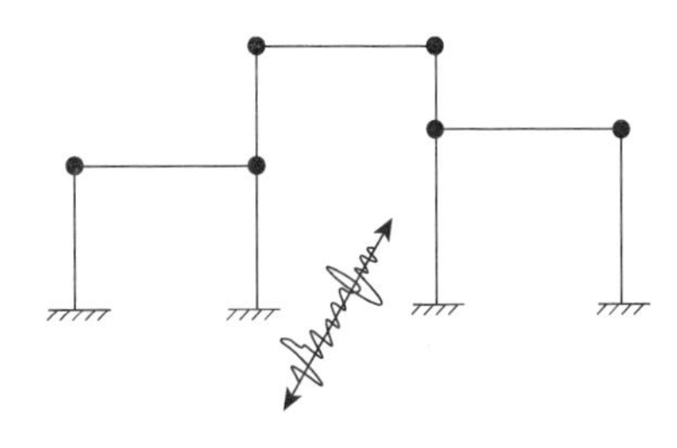

图 32.4-37　不等高厂房纵向计算简图

对于非对称结构的剪扭振动分析，由于运动方程比较复杂，按照“动能相等”或“内力相等”原则，采取凝聚的较少质点的“串并联多质点系”(图 32.4-36)。图中 $2^{(1)}$、$1^{(2)}$ 分别表示第 1 个屋盖下第 2 柱列和第 2 个屋盖下第 1 柱列的轴线号。由于存在扭转振动，每个屋盖具有一个整体转动自由度。因而，整个多质点系的自由度，等于质点数目加上屋盖的层数。

(2) 振动方程。

以图 32.4-37 所示三跨不等高厂房为例，列出其质点广义相对位移幅值 $\{U\}$ 为变量的厂房自由振动方程及式中各矩阵的内容：

$$-\omega^2[m]\{U\}+[K]\{U\}=0 \tag{32.4-70}$$

式中　ω——多质点系按某一振型作纵向自由振动时的圆频率；

$\{U\}$——体系按某一振型作自由振动时，各质点广义相对位移幅值列向量，其中 X 为平动相对位移幅值，如 $X_1^{(1)}$ 为第 1 个屋盖高度处第 1 个质点的相对位移幅值；φ 为屋盖整体转动的幅值，如 $\varphi^{(2)}$ 为第 2 个屋盖整体转动幅值，则

$$\{U\}=[X_1^{(1)}\quad X_2^{(1)}\quad X_1^{(2)}\quad X_2^{(2)}\quad X_1^{(3)}\quad X_2^{(3)}\quad \varphi^{(1)}\quad \varphi^{(2)}\quad \varphi^{(3)}]^{\mathrm{T}}$$

$[m]$——广义质量矩阵，

$$[m]=\begin{bmatrix}[m_{xx}] & [m_{x\varphi}]\\ [m_{\varphi x}] & [m_{\varphi\varphi}]\end{bmatrix}$$

$[m_{xx}]$——平动质量子矩阵，

$$\begin{aligned}[m_{xx}]&=\mathrm{diag}([m^{(1)}][m^{(2)}][m^{(3)}])\\&=\mathrm{diag}(m_1^{(1)}\quad m_2^{(1)}\quad m_1^{(2)}\quad m_2^{(2)}\quad m_1^{(3)}\quad m_2^{(3)})\end{aligned}$$

$[m_{\varphi\varphi}]$——转动惯量子矩阵，

$$[m_{\varphi\varphi}] = \mathrm{diag}(J^{(1)} \quad J^{(2)} \quad J^{(3)})$$

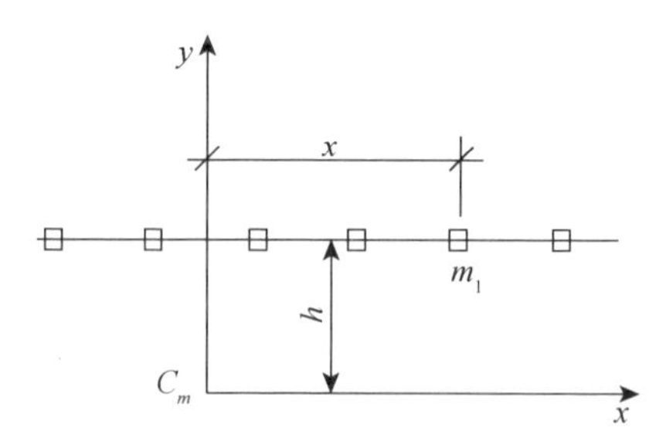

图 32.4-38　质点的整体转动惯量

J^r——第 r 层屋盖处质量绕本层质心 O^r 处竖轴的整体转动惯量（图 32.4-38），

$$J^r = \sum_i m_i^r (h^2 + x_i^2) \qquad (r = 1,\ 2,\ 3)$$

$[m_{x\varphi}]$、$[m_{\varphi x}]$——平动与扭转耦连质量子矩阵，

$$[m_{\varphi x}] = \mathrm{diag}(-\{d_y^{(1)}\}^T[m^{(1)}] \quad -\{d_y^{(2)}\}^T[m^{(2)}] \quad -\{d_y^{(3)}\}^T[m^{(3)}])$$

即

$$[m_{\varphi x}] = \begin{bmatrix} -d_{y1}^{(1)}m_1^{(1)} & -d_{y2}^{(1)}m_2^{(1)} & 0 & 0 & 0 & 0 \\ 0 & 0 & -d_{y1}^{(2)}m_1^{(2)} & -d_{y2}^{(2)}m_2^{(2)} & 0 & 0 \\ 0 & 0 & 0 & 0 & -d_{y1}^{(3)}m_1^{(3)} & -d_{y2}^{(3)}m_2^{(3)} \end{bmatrix}$$

$$[m_{x\varphi}] = [m_{\varphi x}]^T$$

d_{ys}^r——第 r 层屋盖处质心 O^r 至第 s 柱列所在平面的垂直距离，在图 32.4-36 中，$r=1$、2、3，$s=1$、2；

$[K]$——空间结构纵向广义侧移刚度矩阵，

$$[K] = \begin{bmatrix} [K_{xx}] & [K_{x\varphi}] \\ [K_{\varphi x}] & [K_{\varphi\varphi}] \end{bmatrix}$$

$[K_{xx}]$——空间结构纵向平动时的刚度子矩阵，

$$[K_{xx}] = [K_x] + [k_x]$$

$[K_x]$——竖构件（柱列）纵向刚度子矩阵，

$$[K_x] = \begin{bmatrix} [K_x^{1,1}] & [K_x^{1,2}] & [0] \\ [K_x^{2,1}] & [K_x^{2,2}] & [K_x^{2,3}] \\ [0] & [K_x^{3,2}] & [K_x^{3,3}] \end{bmatrix}$$

$[K_x^{r,r}]$——仅使第 r（$r=1$，2，3）屋盖产生单位纵向平移而其他各层屋盖保持不动时，分别在各柱列与第 r 屋盖联结处需要施加的纵向水平力 $K_{xs}^{r,r}$（$s=1$，2）所形成的对角阵，

$$[K_x^{r,r}] = \mathrm{diag}(K_{x1}^{r,r} \quad K_{x2}^{r,r})$$

$[K_x^{r,r-1}]$——仅使第 $r-1$（$r=1$，2，3）层屋盖产生单位纵向平移，而其他层屋盖保持

不动时，分别在各柱列与第 r 屋盖联结处需要施加的纵向水平力所形成的方阵，

$$[K_x^{r,r-1}] = \begin{bmatrix} 0 & A \\ 0 & 0 \end{bmatrix}$$

当第 r 屋盖高于第（$r-1$）屋盖时（图 32.4－39a），$A = K_{xl}^{r,r}$，当第 r 屋盖低于第（$r-1$）屋盖时（图 32.4－39b），$A = K_{xl}^{r-1,r-1}$，下角标 l 为该屋盖下柱列总数。故

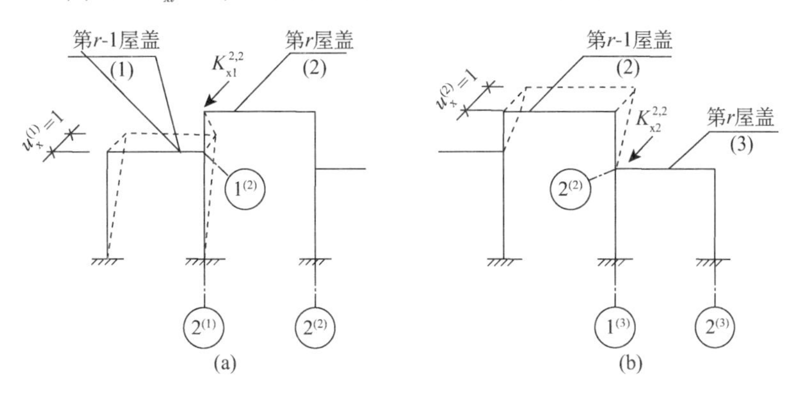

图 32.4－39　各屋盖之间的耦合刚度系数 A

$$[K_x^{2,1}] = \begin{bmatrix} 0 & K_{x1}^{2,2} \\ 0 & 0 \end{bmatrix} \qquad [K_x^{3,2}] = \begin{bmatrix} 0 & K_{x2}^{2,2} \\ 0 & 0 \end{bmatrix}$$

$[K_x^{r,r+1}]$ ——仅使第（$r+1$）屋盖产生单位纵向平移而其他各层屋盖均保持不动时，分别在各柱列与第 r 屋盖联结处需要施加的纵向水平力所形成的方阵，

$$[K_x^{r,r+1}] = \begin{bmatrix} 0 & 0 \\ B & 0 \end{bmatrix} \qquad (r = 1,\ 2,\ 3)$$

当第 r 屋盖低于第（$r+1$）屋盖时（图 32.4－40a），$B = K_{xl}^{r+1,r+1}$，当第 r 屋盖高于第（$r+1$）屋盖时（图 32.4－40b），

$$B = K_{xl}^{r,r}$$

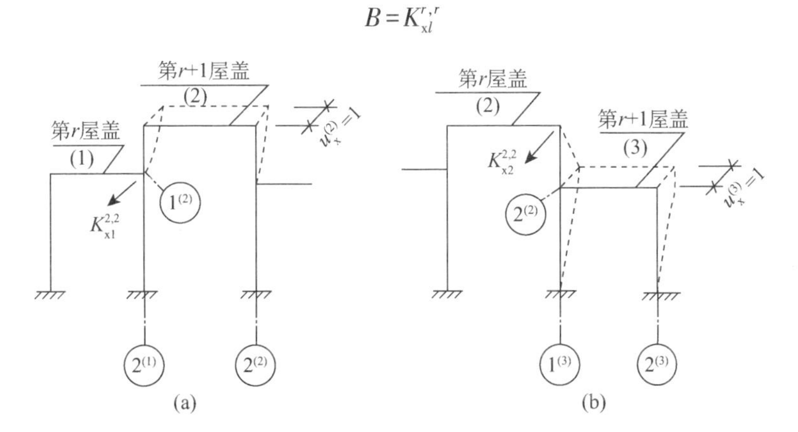

图 32.4－40　各屋盖之间的耦连刚度系数 B

$$[K_x^{1,2}] = \begin{bmatrix} 0 & 0 \\ K_{x1}^{2,2} & 0 \end{bmatrix} \qquad [K_x^{3,2}] = \begin{bmatrix} 0 & 0 \\ K_{x2}^{2,2} & 0 \end{bmatrix}$$

$K_{xs}^{r,r}$、$K_{xs}^{r,r-1}$、$K_{xs}^{r,r+1}$（$r=1$、2、3，$s=1$、2）可按公式（32.4－37）、式（32.4－38）、式（32.4－40）、式（32.4－41）计算；

$[k_x]$——屋盖纵向剪切刚度子矩阵

$$[k_x] = \mathrm{diag}([k_x^{(1)}][k_x^{(2)}][k_x^{(3)}])$$

$$[k_x^r] = \begin{bmatrix} k_x^r & -k_x^r \\ -k_x^r & k_x^r \end{bmatrix} \qquad (r=1,\ 2,\ 3)$$

$$k_x^r = \frac{L^r}{l^r}\bar{k}$$

k_x^r 为 r 屋盖的纵向水平刚度；L^r 和 l^r 分别为该屋盖长度和跨度；$\bar{k}$的取值，对钢筋混凝土无檩屋盖和有檩屋盖，分别取 2×10^4 和 6×10^3kN；

$[K_{\varphi\varphi}]$——空间结构扭转刚度子矩阵，其中元素 $K_\varphi^{r,t}$ 为第 t 屋盖产生单位转动在第 r 屋盖处引起的恢复力矩，

$$[K_{\varphi\varphi}] = \begin{bmatrix} K_\varphi^{1,1} & K_\varphi^{1,2} & 0 \\ K_\varphi^{2,1} & K_\varphi^{2,2} & K_\varphi^{2,3} \\ 0 & K_\varphi^{3,2} & K_\varphi^{3,3} \end{bmatrix}$$

$$K_\varphi^{r,t} = \{d_x^r\}^T[K_y^{r,t}]\{d_x^t\} + \{d_y^r\}^T[K_x^{r,t}]\{d_y^t\} \qquad (r,\ t=1,\ 2,\ 3)$$

$$\{d_x^r\} = [d_{x1}^r \quad d_{x2}^r \quad \cdots \quad d_{xi}^r \quad \cdots \quad d_{xn}^r]^T$$

$$\{d_y^r\} = [d_{y1}^r \quad d_{y2}^r \quad \cdots \quad d_{xs}^r \quad \cdots \quad d_{yl}^r]^T \qquad (l=2)$$

$$[K_y^{r,t}] = \mathrm{diag}(K_1^{r,t} \quad K_2^{r,t} \quad \cdots \quad K_i^{r,t} \quad \cdots \quad K_n^{r,t})$$

$K_i^{r,t}$ 为第 i 榀横向排架侧移刚度矩阵 $[K_{yi}]$ 中的有关元素；d_{xi}^r为第 r 屋盖质心 C_m^r 至第 i 榀排架所在平面的垂直距离；d_{ds}^r为第 r 屋盖质心 C_m^r 至第 s 柱列所在平面的垂直距离；

$[K_{\varphi x}]$、$[K_{x\varphi}]$——空间结构平动与扭转耦合刚度子矩阵，

$$[K_{\varphi x}] = \begin{bmatrix} -\{d_y^{(1)}\}^T[K_x^{1,1}] & -\{d_y^{(1)}\}^T[K_x^{1,2}] & 0 \\ -\{d_y^{(2)}\}^T[K_x^{2,1}] & -\{d_y^{(2)}\}^T[K_x^{2,2}] & -\{d_y^{(2)}\}^T[K_x^{2,3}] \\ 0 & -\{d_y^{(3)}\}^T[K_x^{3,2}] & -\{d_y^{(3)}\}^T[K_x^{3,3}] \end{bmatrix}$$

$$[K_{x\varphi}] = [K_{\varphi x}]^T$$

（3）周期和振型。

对刚度矩阵求逆，建立由柔度矩阵形成的动力矩阵 $[K]^{-1}$ $[m]$，参照横向空间分析中介绍的方法，求解其特征值和特征向量，从而得到空间结构自由振动周期列向量 $\{T\}$ 剪扭二维振型矩阵 $[A]$。

$$\{T\} = 2\pi\left\{\frac{1}{\omega}\right\} \qquad (32.4-71)$$

$$[A]=\begin{bmatrix}[X]\\ [\boldsymbol{\Phi}]\end{bmatrix}=\begin{bmatrix}\{X_1\}\cdots\{X_i\}\cdots\{X_N\}\\ \{\boldsymbol{\Phi}_1\}\cdots\{\boldsymbol{\Phi}_i\}\cdots\{\boldsymbol{\Phi}_N\}\end{bmatrix}_{N\times N} \tag{32.4-72}$$

式中　$\{X_j\}$——j 振型中纵向平动分量列向量；

$\{\boldsymbol{\Phi}_j\}$——j 振型中的转动分量列向量；

N——体系的总自由度，图 32.4－37 中，$N=9$。

（4）振型参与系数。

非对称空间结构作纵向剪扭耦联振动时，其振型参与系数可按下式求得：

$$[\Gamma]=\begin{bmatrix}\gamma_{1x} & \gamma_{1\varphi}\\ \vdots & \vdots\\ \gamma_{jx} & \gamma_{j\varphi}\\ \vdots & \vdots\\ \gamma_{Nx} & \gamma_{N\varphi}\end{bmatrix}=[A]^{-1}\begin{bmatrix}\{1\}_6 & 0\\ 0 & \{1\}_3\end{bmatrix} \tag{32.4-73}$$

式中　γ_{jx}——平动振型参与系数；

$\gamma_{j\varphi}$——扭转振型参与系数。

因为目前工程设计中，暂不考虑地面运动旋转分量所引起的结构反应，故 γ_{φ} 属于无效系数，计算质点地震作用时，不予采用。

（5）水平地震作用。

对空间结构的 j 振型水平地震作用，包括质点的纵向水平地震作用［F_x］和绕各层屋盖质心的水平地震力矩［M］：

$$\begin{bmatrix}[F_x]\\ [M]\end{bmatrix}_{9\times 9}=g[\overline{m}][A][\alpha_x][\gamma_x] \tag{32.4-74}$$

式中　$[\alpha_x]$、$[\gamma_x]$——分别为 x 方向平动分量地震影响系数和振型参与系数的对角方阵，

$$[\alpha_x]=\mathrm{diag}(\alpha_{1x}\quad \alpha_{2x}\quad \cdots\quad \alpha_{jx}\quad \cdots\quad \alpha_{Nx})$$

$$[\gamma_x]=\mathrm{diag}(\gamma_{1x}\quad \gamma_{2x}\quad \cdots\quad \gamma_{jx}\quad \cdots\quad \gamma_{Nx})$$

$[\overline{m}]$——形式与式（32.4－70）相同，但其中的元素为按照柱列底部地震剪力相等原则将分布质量换算集中后所形成的空间结构广义质量矩阵。

（6）空间结构广义位移。

空间结构分别在各振型水平地震力和力矩作用下，所产生的质点平动位移和屋盖角位移按下式计算：

$$\begin{bmatrix}[x]\\ [\varphi]\end{bmatrix}=\begin{bmatrix}\{x_1\}\cdots\{x_j\}\cdots\{x_N\}\\ \{\varphi_1\}\cdots\{\varphi_j\}\cdots\{\varphi_N\}\end{bmatrix}=[K']^{-1}\begin{bmatrix}[F_x]\\ [M]\end{bmatrix} \tag{32.4-75}$$

式中　$\{x_j\}$——j 振型质点平动位移列向量，

$$\{x_j\}=[\{x_{j1}^{(1)}\quad x_{j2}^{(1)}\quad x_{j1}^{(2)}\quad x_{j2}^{(2)}\quad x_{j1}^{(3)}\quad x_{j2}^{(3)}\}]^{\mathrm{T}}$$

$\{\varphi_j\}$——j 振型屋盖角位移列向量，

$$\{\varphi_j\}=[\varphi_j^{(1)}\quad \varphi_j^{(2)}\quad \varphi_j^{(3)}]$$

$\{K'\}$——考虑砖墙刚度退化影响的空间结构刚度矩阵，按式（32.4－54）计算。

（7）柱列侧移。

柱列的 j 振型侧移，等于 j 振型平动引起的侧移加上 j 振型屋盖转动引起的侧移：

$$\{\Delta_s^r\} = \{x_s^r\} + d_{ys}^r\{\varphi_r^r\} \tag{32.4-76}$$

$$\begin{bmatrix} \Delta_{1s}^r \\ \vdots \\ \Delta_{js}^r \\ \vdots \\ \Delta_{Ns}^r \end{bmatrix} = \begin{bmatrix} x_{1s}^r \\ \vdots \\ x_{js}^r \\ \vdots \\ x_{Ns}^r \end{bmatrix} + d_{ys}^r \begin{bmatrix} \varphi_1^r \\ \vdots \\ \varphi_j^r \\ \vdots \\ \varphi_N^r \end{bmatrix}$$

式中　$\{\Delta_s^r\}$——第 r 屋盖第 s 柱列各振型侧移列向量；

$\{x_s^r\}$——第 r 屋盖第 s 柱列平动位移列向量，其中元素 x_{js}^r，由式（32.4－75）计算得出；

$\{\varphi_r^r\}$——第 r 屋盖转角列向量，其中元素 φ_j^r 由式（32.4－75）计算得出。

（8）柱列构件地震作用。

s 柱列的柱、墙或支撑各振型地震作用

一般柱列：

$$\{F_{se}^r\} = \{\Delta_s^r\}K_{se} \tag{32.4-77}$$

高低跨柱列：

$$[\{F_{se}^r\}\{F_{se}^{r+1}\}] = [\{\Delta_s^r\}\{\Delta_s^{r+1}\}][K_{se}] \tag{32.4-78}$$

式中　$\{F_{se}^r\}$、$\{F_{se}^{r+1}\}$——作用于第 s 柱列一根柱、一片墙或一片支撑与第 r 和（r+1）屋盖联结处的各振型地震作用列向量；

K_{se}——第 s 柱列一根柱、一片墙或一片支撑的侧移刚度（K_c、K_w 或 K_b）；

$[K_{se}]$——高低跨柱列一根柱，一片墙或一片支撑的侧移刚度矩阵，

$$[K_{se}] = \begin{bmatrix} K^{r,r} & K^{r,r+1} \\ K^{r+1,r} & K^{r+1,r+1} \end{bmatrix}$$

（9）柱列构件地震内力。

由构件各振型地震作用，计算出 s 柱列各构件 j 振型地震内力，然后，按“平方和平方根”法则进行振型内力组合，即得构件地震内力。

2）拟能量法

（1）适用范围。

本方法仅适用于钢筋混凝土无檩和有檩屋盖的双跨不等高厂房的纵向地震作用计算。

（2）基本思想。

以剪扭振动空间分析结果为标准，运用“能量法”的原理，进行试算对比，找出各柱列按跨度中线划分质量的调整系数，从而得各柱列作用分离体时的有效质量。然后，用能量法公式确定整个厂房的振动周期，并按单独柱列分别计算出各个柱列的水平地震作用。

（3）计算公式。

①质量的集中。

各构件换算集中到屋盖高度处的重力荷载，计算厂房自振周期时按动能相等原则确定，而计算柱列水平地震作用时按构件底部地震内力相等的原则确定。两者在数值上是不相等的，而且差别较大。为减少手算工作量，统一用后一数值，同时对计算周期乘以根据比较计算得出的小于 1 的修正系数 ψ_T。

各构件质量集中到相应的高度处的换算系数，是按底部剪力相等的原则确定。对于无吊车厂房或有较小吨位吊车厂房，为了简化计算，质量全部集中到柱顶；而对有较大吨位吊车的厂房，则应在支承吊车梁的牛腿面处增设一个质点，除将吊车梁和吊车桥质量集中在此之外，并考虑将柱的一部分质量就近集中于此处。

A. 集中于柱列屋盖高度处的质点重力荷载。

a. 边柱列。

当无吊车或有较小吨位吊车时（图 32.4-41a）：

$$\overline{G}_s = 0.5G_c + 0.5G_{wt} + 0.7G_{wl} + 0.75(G_b + G'_{cr}) + 1.0(G_r + 0.5G_{sn} + 0.5G_d) \tag{32.4-79}$$

有较大吨位吊车时（图 32.4-41b）：

$$\overline{G}_s = 0.1G_c + 0.5G_{wt} + 0.7G_{wl} + 1.0(G_r + 0.5G_{sn} + 0.5G_d) \tag{32.4-80}$$

b. 高低跨柱列。

当无吊车或有较小吨位吊车时（图 32.4-41a）：

$$\left.\begin{aligned}\overline{G}_1 &= 0.5G_c + 0.5G_{wt} + 0.7G_{wl} + 1.0(G_b + G'_{cr})(\text{高跨}) + 0.75(G_b + G'_{cr})(\text{低跨})\\ &\quad + 0.5G_{ws} + 1.0(G_r + 0.5G_{sn} + 0.5G_d)\\ \overline{G}_2 &= 0.5G_{wt} + 0.5G_{ws} + 1.0(G_r + 0.5G_{sn} + 0.5G_d)\end{aligned}\right\} \tag{32.4-81}$$

对吊车吨位较大的厂房：

$$\left.\begin{aligned}\overline{G}_1 &= 0.1G_c + 0.5G_{wt} + 0.5G_{ws} + 1.0(G_r + 0.5G_{sn} + 0.5G_d) + 1.0(G_b + G'_{cr})(\text{高跨})\\ \overline{G}_2 &= 0.5G_{wt} + 0.5G_{ws} + 1.0(G_r + 0.5G_{sn} + 0.5G_d)\end{aligned}\right\} \tag{32.4-82}$$

B. 集中到牛腿面处的质点重力荷载（图 32.4-41b）。

仅对吊车吨位较大的厂房，才需设立此质点，此质点所代表的重力荷载为

$$G_{cs} = 0.4G_c + 1.0G_b + 1.0G'_{cr}(\text{低跨}) \tag{32.4-83}$$

式（32.4-79）至式（32.4-83）中，G_c、G_{wt}、G_{wl}、G_r、G_{sn}、G_d、G_{ws}、G_b 分别为柱子、横墙、纵墙（底层窗间墙半高以上）、屋盖、雪、屋面积灰、高低跨处悬墙、吊车梁的重力荷载代表值；G'_{cr}第 s 柱列左右跨吊车桥架自重之和的一半，硬钩吊车尚应包括其吊重的 30%。

②厂房纵向基本周期。

厂房纵向基本周期 T_1 按下式计算：

$$T_1 = 2\psi_T \sqrt{\frac{\sum_i G'_i u_i^2}{\sum_i G'_i u_i}} \tag{32.4-84}$$

式中　i（下标）——总的质点序号（图 32.4－41）；

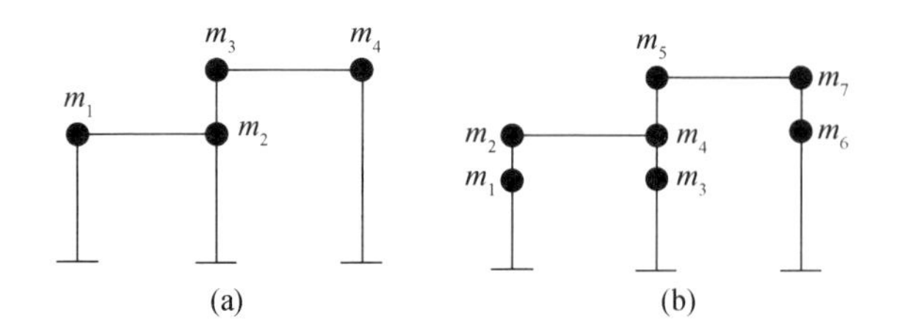

图 32.4－41　厂房纵向各质点

（a）无吊车或小吨位吊车；（b）大吨位吊车厂房

ψ_T——拟能量法周期修正系数，无围护墙时，取 0.9；有围护墙（砖墙、挂板、压型钢板或瓦楞铁皮）时，取 0.8；

G'_i——按厂房空间作用进行质量调整后，第 i 质点的重力荷载代表值；柱列屋盖处质点：

$$\left.\begin{array}{lll} \text{高低跨柱列：} & G'_i = \nu \overline{G}_s & \\ \text{边柱列：} & G'_i = \overline{G}_s + (1-\nu)\overline{G}_s & \text{（高低跨柱列）} \\ \text{牛腿面质点：} & G'_i = G_{cs} & \end{array}\right\} \tag{32.4-85}$$

ν——按跨度中线划分的柱列质量的调整系数，按表 32.4－7 取值，为了进一步简化，中柱列的高、低跨屋盖处的质量调整系数，取同一数值，按表 32.4－8 取值；这里用不同烈度下不同的系数调整厂房中柱列和边柱列的周期，以达到不同烈度下中柱列和边柱列地震作用的大小和分配不同，这是近似处理方法；

表 32.4－7　中柱列质量调整系数 ν（一）

纵向围护墙和地震烈度		钢筋混凝土无檩屋盖				钢筋混凝土有檩屋盖			
240 砖墙	370 砖墙	边跨无天窗		边跨有天窗		边跨无天窗		边跨有天窗	
		低跨	高跨	低跨	高跨	低跨	高跨	低跨	高跨
	7	0.50	0.50	0.55	0.55	0.60	0.60	0.65	0.65
7	8	0.55	0.60	0.60	0.65	0.65	0.70	0.70	0.75
8	9	0.60	0.70	0.65	0.75	0.70	0.80	0.75	0.85
9		0.70	0.85	0.75	0.90	0.80	0.90	0.85	0.95
无墙、石棉瓦、瓦楞铁或挂板		0.90		0.90		1.0		1.0	

表 32.4-8　中柱列质量调整系数 v（二）

纵向围护墙和地震烈度		钢筋混凝土无檩屋盖		钢筋混凝土有檩屋盖	
240 砖墙	370 砖墙	边跨无天窗	边跨有天窗	边跨无天窗	边跨有天窗
	7	0.50	0.55	0.60	0.65
7	8	0.60	0.65	0.70	0.75
8	9	0.70	0.75	0.80	0.85
9		0.75	0.80	0.85	0.90
无墙、石棉瓦、瓦楞铁或挂板		0.90	0.90	1.0	1.0

u_i——各柱列作为分离体，在本柱列各质点重力荷载 G_i' 作为纵向水平力的共同作用下，i 质点处产生的侧移（图 32.4-42a）；对于牛腿面有质点的柱列（图 32.4-42b），作为一种近似计算，牛腿面质点处侧移 u_i 也可取等于屋盖（中柱列则为低跨屋盖处）质点侧移，乘以吊车牛腿面高度 h 与该跨层高 H 的比值，

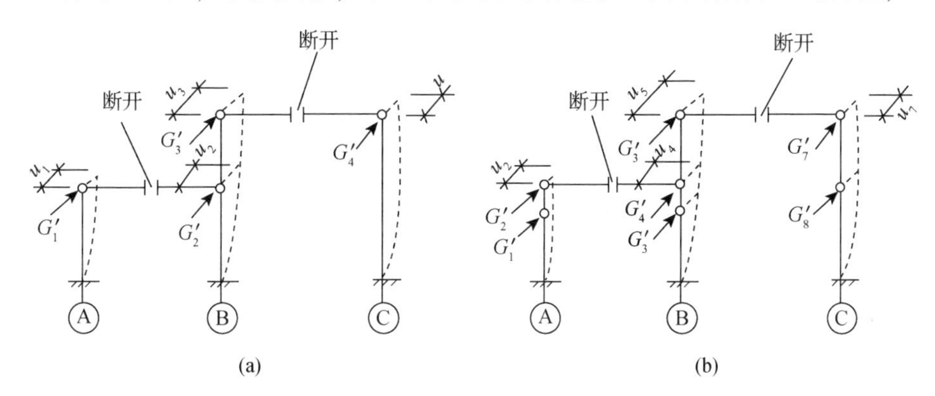

图 32.4-42　厂房各质点纵向侧移

（a）无吊车或小吨位吊车厂房；（b）大吨位吊车厂房

即
$$u_i(\text{牛腿面}) = \frac{h}{H}u_i \qquad (\text{屋盖处}) \qquad (32.4-86)$$

③柱列水平地震作用（图 32.4-43）。

作用于第 s 柱列（分离体）屋盖高度处的纵向水平地震力，均以该柱列屋盖处调整后的重力荷载 G_s' 进行计算。

$$\left.\begin{aligned} &\text{一般柱列：} && F_s = \alpha_1 G_s' \\ &\text{高低跨柱列：} && F_j = \alpha_1(G_1' + G_2')\frac{G_j'H_j}{G_1'H_1 + G_2'H_2} \quad (j = 1,\ 2) \end{aligned}\right\} \qquad (32.4-87)$$

式中　j——高低跨柱列不同高度屋盖的序号。

对于有吊车厂房，作用于第 s 柱列吊车牛腿面高度处的纵向水平地震力（图 32.4-43）为

$$F_{cs}=\alpha_1 G_{cs}\frac{h_s}{H_s} \tag{32.4-88}$$

④构件水平地震作用。

由一般重力荷载产生的水平地震作用：

a. 边柱列。

边柱列的一根柱、一片支撑或一片墙在柱顶高度处的水平地震作用（图 32.4－43），可按式（32.4－68）计算。

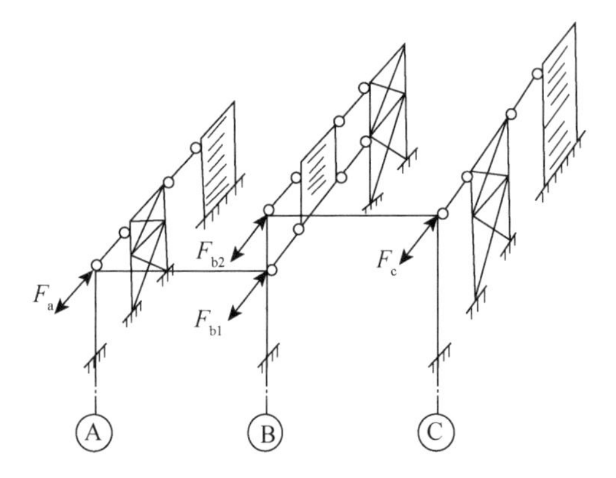

图 32.4－43　柱列水平地震作用

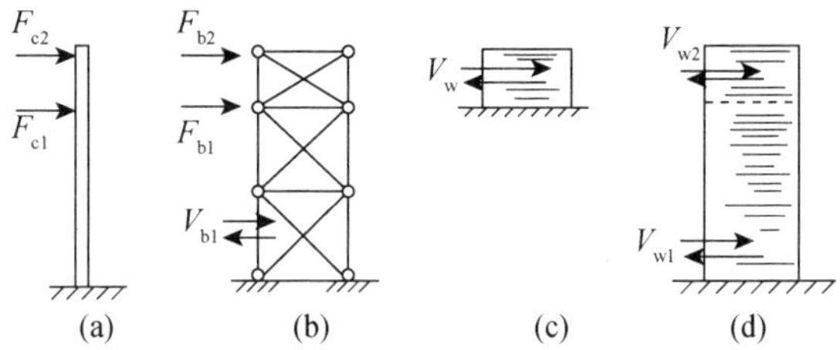

图 32.4－44　高低跨柱列构件水平地震作用

b. 高低跨柱列（图 32.4－44）。

纵向柱列均为剪切构件和弯曲型构件的并联体，柱列的水平地震作用，不能直接按构件刚度比例分配。而需先计算出柱列侧移，再乘构件的刚度矩阵（二阶），得各构件的水平地震作用（可参见柱列法）。如果粗略地假定柱子为等效剪切杆，则整个柱列为剪切型构件，柱列的水平地震作用，可直接按构件刚度比例分配，各构件的水平地震作用或地震作用效应可按下列各式计算。

对于无围护墙柱列：

$$\left.\begin{aligned}&\text{一根柱水平地震作用：}\quad F_{c1}=\frac{1}{11n}F_1 \qquad F_{c2}=\frac{1}{11n}F_2\\&\text{一片支撑水平地震作用：}\quad F_{b1}=\frac{10}{11r_1}F_1 \qquad F_{b2}=\frac{10}{11r_2}F_2\end{aligned}\right\} \tag{32.4-89}$$

式中　n——高低跨柱列内柱的根数；

r_1、r_2——下柱柱间支撑和上柱柱间支撑的片数。

对于有悬墙柱列：

$$\left.\begin{aligned}
&\text{作用于整片悬墙上的地震剪力} \quad V_{w}=\frac{\psi_{1}}{\delta_{w}K_{s2}}F_{2}\\
&\text{作用于上柱支撑的总地震剪力} \quad V_{b2}=\frac{10}{11}(F_{2}-V_{w})\\
&\text{作用于一根柱顶水平地震作用} \quad F_{c2}=\frac{1}{11n}(F_{2}-V_{w})\\
&\text{作用于下柱支撑的总地震剪力} \quad V_{b1}=\frac{10}{11}(F_{1}+F_{2})\\
&\text{作用于一根柱低跨屋盖处水平地震作用} \quad F_{c1}=\frac{1}{11n}(V_{b1}-V_{b2})
\end{aligned}\right\} \tag{32.4-90}$$

对于有落地墙柱列：

$$\left.\begin{aligned}
&\text{作用于砖墙上的地震剪力} \quad V_{w2}=\frac{\psi_{1}}{K_{s2}(\delta_{w22}-\delta_{w12})}F_{2}\\
&\qquad V_{w1}=\frac{\psi_{1}}{K_{s1}\delta_{w12}}(F_{1}+F_{2})\\
&\text{作用于柱间支撑地震剪力} \quad V_{b2}=\frac{10}{11}(F_{2}-V_{w2})\\
&\qquad V_{b1}=\frac{10}{11}(F_{1}+F_{2}-V_{w1})\\
&\text{作用于一根柱上地震作用} \quad F_{c2}=\frac{1}{10n}V_{b2}\\
&\qquad F_{c1}=\frac{1}{10n}(V_{b1}-V_{b2})
\end{aligned}\right\} \tag{32.4-91}$$

式中 ψ_1——砖墙开裂后刚度降低系数，见式（32.4－47）；

δ_w——悬墙的侧移柔度（图 32.4－45a）；

δ_{w12}、δ_{w22}——落地砖墙的侧移柔度系数（图 32.4－45b）；

K_{s1}、K_{s2}——整个柱列 1 段和 2 段的侧移刚度，按公式（32.4－40）、式（32.4－41）计算。

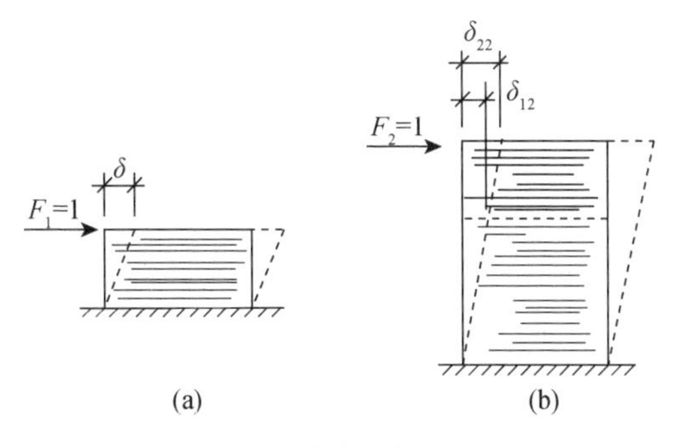

图 32.4－45 砖墙的侧移柔度系数

（a）悬墙；（b）落地墙

3. 轻型屋盖厂房

对于有较完整支撑系统的轻型屋盖厂房，其纵向抗震计算，可参照钢筋混凝土屋盖厂房的方法进行。如无较完整的支撑系统，由于此种柔性屋盖的水平刚度较小，厂房在纵向地面运动作用下，各个柱列独自振动的成分很大。当然，各纵向柱列之间由屋架、水平支撑等屋面构件联为一体，使各个柱列的独立运动受到一定的牵制，其影响程度也不宜忽视。

对实际工程中的一些轻型屋盖厂房，按空间结构分析结果表明（屋盖纵向等效水平剪切刚度取 1×10^3kN），对于此类柔性屋盖厂房，采取对各柱列单独振动进行分析所得自振周期加以适当调整，其计算结果的误差不大。此种以各柱列独自振动分析的结果为基础进行调整的方法，简称之为“柱列法”。

1）等高厂房

采取图 32.4－46a 所示的仅柱顶设水平联杆的简化力学模型，此时，柱列计算简图为单质点系（图 32.4－46b）。

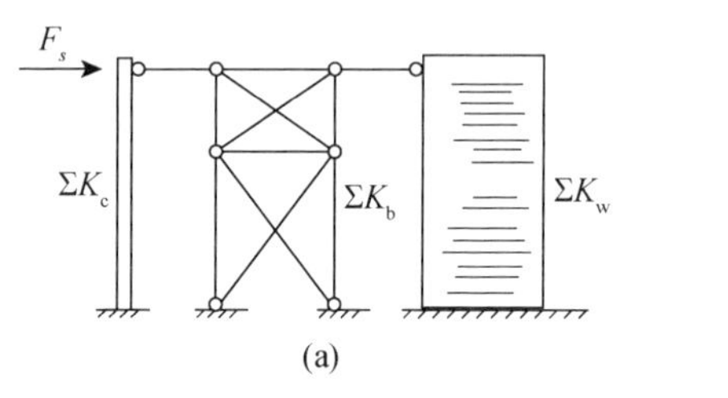

图 32.4－46　纵向柱列

（a）力学模型；（b）计算简图

（1）柱列侧移柔度。

第 s 柱列的侧移柔度为

$$\delta_s = \frac{1}{K_s} \qquad (32.4-92)$$

式中　K_s——第 s 柱列（边柱列或中柱列）的刚度，按式（32.4－37）计算。

（2）柱列自振周期。

第 s 柱列单独沿厂房纵向作自由振动时的周期为

$$T_s = 2\psi_T\sqrt{G_s\delta_s} \qquad (32.4-93)$$

式中　ψ_T——根据厂房纵向空间分析结果确定的周期修正系数，对于单跨厂房取 $\psi_T = 1.0$；对于多跨厂房，按表 32.4－9 取值；

表 32.4－9　柱列自振周期修正系数 ψ_T

围护墙 \ 柱撑或天窗 \ 柱列			边柱列	中柱列
石棉瓦、挂板或无墙	有柱撑	边跨无天窗	1.3	0.9
		边跨有天窗	1.4	0.9
	无柱间支撑		1.15	0.85
砖墙	有柱撑	边跨无天窗	1.60	0.9
		边跨有天窗	1.65	0.9
	无柱间支撑		2	0.85

G_s——第 s 柱列换算集中到柱顶处的重力荷载，包括柱列左右各半跨的屋盖和山墙重量及墙、柱等按动能相等原则换算集中到柱顶处的重力荷载，

$$G_s = 0.25G_c + 0.25G_{wt} + 0.35G_{wl} + 0.5G_b + 1.0(G_r + 0.5G_{sn} + 0.5G_d) \qquad (32.4-94)$$

G_c——柱列中所有柱子的重力荷载代表值；

G_{wt}——柱列左右各半跨的山墙重力荷载代表值。

若吊车台数较少或吨位较小，吊车总重量在整个柱列重量中所占比例较小，确定柱列自振周期时，吊车重量可略去不计。

(3) 柱列水平地震作用。

第 s 柱列柱顶处的水平地震作用（图 32.4－46）为

$$F_s = \alpha \overline{G}_s \qquad (32.4-95)$$

式中　α——相应于柱列自振周期 T_1 的水平地震影响系数；

$\overline{G}_s$——按照底部剪力相等原则，第 s 柱列换算集中到柱顶处的重量，

$$\overline{G}_s = 0.5G_c + 0.5G_{wt} + 0.7G_{wl} + 0.75(G_b + G'_{cr}) + 1.0(G_r + 0.5G_s + 0.5G_d) \qquad (32.4-96)$$

G'_{cr}——第 s 柱列左右跨吊车桥架自重之和的一半，硬钩吊车尚应包括其吊重的 30%。

(4) 构件水平地震作用。

一根柱、一片支撑或一片墙在柱顶高度处的水平地震作用（图 32.4－47）分别为

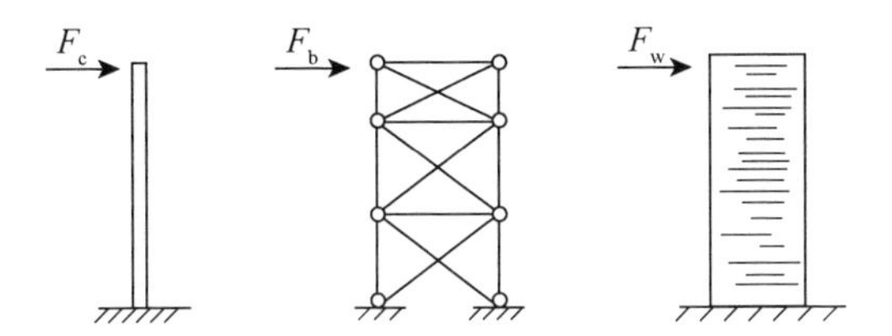

图 32.4－47　等高厂房柱列构件水平地震作用

$$F_c = \frac{K_c}{K'_s}F_s \qquad F_b = \frac{K_b}{K'_s}F_s \qquad F_w = \frac{\psi_1 K_w}{K'_s}F_s \qquad (32.4-97)$$

式中　K_c、K_b、K_w——分别为一根柱、一片支撑、一片墙的刚度，按 32.4.1 节中的有关公式计算；

K'_s——砖墙开裂后柱列的侧移刚度，ψ_1 为砖墙的刚度降低系数，均按公式（32.4－64）计算。

2) 不等高厂房

(1) 一般柱列。

一般柱列指高、低跨柱列以外的仅有一层屋盖的柱列。可以按照等高厂房柱列法的有关公式计算。

(2) 高低跨柱列。

高低跨柱列具有两层屋盖，若吊车重量较小，牛腿面高度处不设质点时，柱列力学模型应采取两根水平刚性联杆的并联体系（图 32.4－48a），其计算简图为“串联两质点系”

(图 32. 4 -48b)。

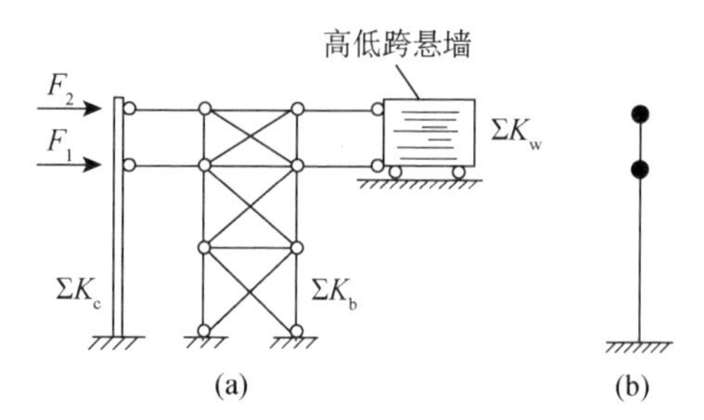

图 32. 4 - 48　高低跨柱列

(a) 力学模型;(b) 计算简图

①振型分解法。

a. 柱列侧移刚度矩阵。

高低跨柱列的侧移刚度矩阵可按式 (32. 4 - 38) 计算,即

$$[K_s]=\begin{bmatrix}K_{11} & K_{12}\\ K_{21} & K_{22}\end{bmatrix}=[K_c]+[K_b]+[K_w]$$

$$=\begin{bmatrix}K_{c11}+K_{b11}+K_{w11} & K_{c12}+K_{b12}+K_{w12}\\ K_{c21}+K_{b21}+K_{w21} & K_{c22}+K_{b22}+K_{w22}\end{bmatrix}$$

式中　$[K_c]$、$[K_b]$、$[K_w]$ ——分别为柱、支撑、围护墙的侧移刚度矩阵。

b. 周期和振型。

高低跨柱列按两质点系分析时,它的两个自振频率 ω_1、ω_2 和周期 T_1、T_2 按下面公式计算:

$$\omega_1^2\text{ 或 }\omega_2^2=\frac{m_1K_{22}+m_2K_{11}\pm\sqrt{(m_1K_{22}-m_2K_{11})^2+4m_1m_2K_{12}^2}}{2m_1m_2\psi_T^2}\qquad(32.4-98)$$

$$T_1=\frac{2\pi}{\omega_1}\qquad T_2=\frac{2\pi}{\omega_2}\qquad(32.4-99)$$

$$\left.\begin{aligned}&\text{第一振型}\qquad X_{12}=1\qquad X_{11}=\frac{\omega_1^2m_2-K_{22}}{K_{21}}\\&\text{第二振型}\qquad X_{22}=1\qquad X_{21}=\frac{\omega_2^2m_2-K_{22}}{K_{21}}\end{aligned}\right\}\qquad(32.4-100)$$

式中　m_1、m_2——根据动能相等原则,整个高低跨柱列换算集中到低跨和高跨柱顶的质量,包括柱列左半跨或右半跨的屋盖和山墙质量及本柱列的墙柱质量,$m_1=G_1/g$,$m_2=G_2/g$,

$$\left.\begin{aligned}G_1=&0.25G_c+0.25G_{wt}+0.35G_{wl}+1.0G_b(\text{高跨})+0.5G_b(\text{低跨})\\&+\frac{1}{2}G_{ws}+1.0(G_r+0.5G_{sn}+0.5G_d)(\text{低跨})\\G_2=&0.25G_{wt}+\frac{1}{2}G_{ws}+1.0(G_r+0.5G_{sn}+0.5G_d)(\text{高跨})\end{aligned}\right\}\qquad(32.4-101)$$

G_{ws}为高低跨处悬墙的自重；G_1 为计算式中的柱和纵墙（底层窗间墙半高以上）重量，指低跨屋面以下部分的重力荷载；

ψ_T——柱列自振周期修正系数，见表 32.4-9。

c. 水平地震作用。

第一振型水平地震作用：

$$\left.\begin{aligned} F_{11} &= \alpha_1\gamma_1 X_{11}\overline{G}_1 \\ F_{12} &= \alpha_1\gamma_1 X_{12}\overline{G}_2 \end{aligned}\right\} \tag{32.4-102}$$

第二振型水平地震作用：

$$\left.\begin{aligned} F_{21} &= \alpha_2\gamma_2 X_{21}\overline{G}_1 \\ F_{22} &= \alpha_2\gamma_2 X_{22}\overline{G}_2 \end{aligned}\right\} \tag{32.4-103}$$

式中 α_1、α_2——相应于周期 T_1 和 T_2 的地震影响系数；

γ_1、γ_2——第一和第二振型参与系数，按式（32.4-52）计算；

$\overline{G}_1$、$\overline{G}_2$——按柱列底部剪力相等原则，整个柱列换算集中到低跨和高跨柱顶处的重力荷载代表值，

$$\left.\begin{aligned} \overline{G}_1 &= 0.5G_c + 0.5G_{wt} + 0.7G_{wl} + 1.0(G_b + G_{cr})(\text{高跨}) \\ &\quad + 0.75\times(G_b + G_{cr})(\text{低跨}) + \frac{1}{2}G_{ws} + 1.0(G_r + 0.5G_{sn} + 0.5G_d) \\ \overline{G}_2 &= 0.5G_{wt} + \frac{1}{2}G_{ws} + 1.0(G_r + 0.5G_{sn} + 0.5G_d) \end{aligned}\right\} \tag{32.4-104}$$

d. 柱列振型侧移。

j 振型水平地震作用下的柱列侧移：

$$\left.\begin{aligned} u_{j1} &= F_{j1}\delta_{11} + F_{j2}\delta_{12} \\ u_{j2} &= F_{j1}\delta_{21} + F_{j2}\delta_{22} \qquad (j=1,\ 2) \end{aligned}\right\} \tag{32.4-105}$$

式中 δ_{11}、…、δ_{22}——对柱列刚度矩阵求逆所得的柱列侧移柔度矩阵中的元素。

当围护墙采用贴砌砖墙时，应考虑砖墙开裂，刚度降低对柱列地震作用效应的影响。在计算柱列振型侧移时，应采用砖墙开裂、刚度降低后的柱列侧移柔度矩阵 $[\overline{\delta}_s]$ 中的柔度系数取代式（32.4-105）中的各柔度系数，

$$[\overline{\delta}_s] = [\overline{K}_s]^{-1} \tag{32.4-106}$$

$$[\overline{K}_s] = [K_c] + [K_b] + \psi_1[K_w] \tag{32.4-107}$$

式中 ψ_1——地震期间砖墙开裂后的刚度降低系数，7、8、9 度时，对于围护墙，分别取 0.6、0.4、0.2；对于悬墙，分别取 0.4、0.2、0.1。

e. 构件水平地震作用。

根柱（分离体）的 j 振型水平地震作用：

$$\left.\begin{aligned} F_{cj1} &= \frac{1}{n}(K_{c11}u_{j1} + K_{c12}u_{j2}) \\ F_{cj2} &= \frac{1}{n}(K_{c21}u_{j1} + K_{c22}u_{j2}) \qquad (j=1,\ 2) \end{aligned}\right\} \tag{32.4-108}$$

柱间支撑（分离体）的 j 振型水平地震作用：

$$\left.\begin{aligned} F_{bj1} &= K_{b11}u_{j1} + K_{b12}u_{j2} \\ F_{bj2} &= K_{b21}u_{j1} + K_{b22}u_{j2} \qquad (j=1,\ 2) \end{aligned}\right\} \tag{32.4-109}$$

围护墙（分离体）的 j 振型水平地震作用对于悬墙：

$$\left.\begin{aligned} F_{wj1} &= 0 \\ F_{wj2} &= K_{w}(u_{j2} - u_{j1}) \qquad (j=1,\ 2) \end{aligned}\right\} \tag{32.4-110}$$

对于到底围护墙：

$$\left.\begin{aligned} F_{wj1} &= K_{w11}u_{j1} + K_{w12}u_{j2} \\ F_{wj2} &= K_{w21}u_{j1} + K_{w22}u_{j2} \qquad (j=1,\ 2) \end{aligned}\right\} \tag{32.4-111}$$

当围护墙采用贴砌砖墙时，确定作用于砖围护墙（分离体）上的 j 振型地震力 F_{wji} 时，式（32.2－110）或式（32.4－111）中的砖墙刚度系数也应乘以刚度降低系数 ψ_1。

f. 构件地震作用效应。

分别计算出柱、支撑、墙在第一和第二振型水平地震作用下的截面内力（弯矩或剪力），进行振型组合，得各构件截面地震作用效应。再与各构件的相应有效重力荷载效应组合，进行截面强度验算。

②底部剪力法。

a. 柱列侧移柔度。

当工程设计精度要求不是很高时，也可粗略地假定柱子为剪切杆，并取一个柱列中所有柱子总刚度为该柱列柱间支撑刚度的 10%。

当柱列无围护墙或为不计刚度的柔性围护墙时（图 32.4－49）：

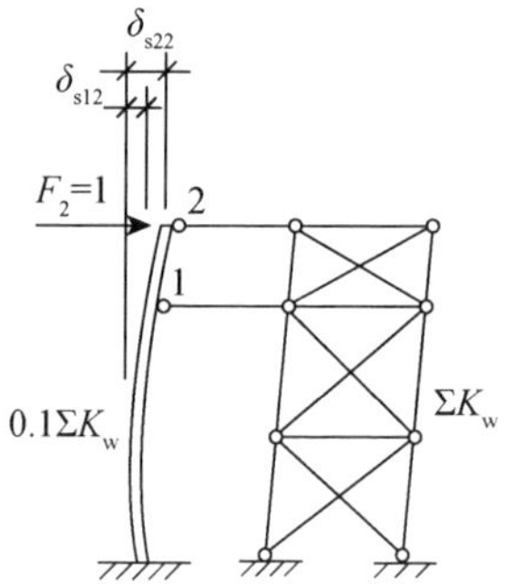

图 32.4－49　无墙柱列侧移柔度系数

柱列侧移刚度：

$$K_s = \Sigma K_c + \Sigma K_b \approx 1.1\Sigma K_b \tag{32.4-112}$$

柱列侧移柔度系数：

$$\delta_{sik} = \frac{1}{1.2}\delta_{bik} \qquad (i=1,\ 2;\ k=1,\ 2) \tag{32.4-113}$$

式中　δ_{bik}——柱间支撑侧移柔度系数，因为是剪切构件，$\delta_{b11}=\delta_{b21}=\delta_{b12}$。

当柱列设有刚性围护墙时（图 32.4－50）：

柱列 1 段的侧移刚度：

图 32.4－50a
$$K_{s1} = \frac{1.1}{\delta_{b12}} \tag{32.4-114}$$

图 32.4－50b
$$K_{s1} = \frac{1.1}{\delta_{b12}} + \frac{1}{\delta_{w12}} \tag{32.4-115}$$

柱列 2 段的侧移刚度：

图 32.4－50a
$$K_{s2} = \frac{1.1}{\delta_{b22} - \delta_{b12}} + \frac{1}{\delta_w} \tag{32.4-116}$$

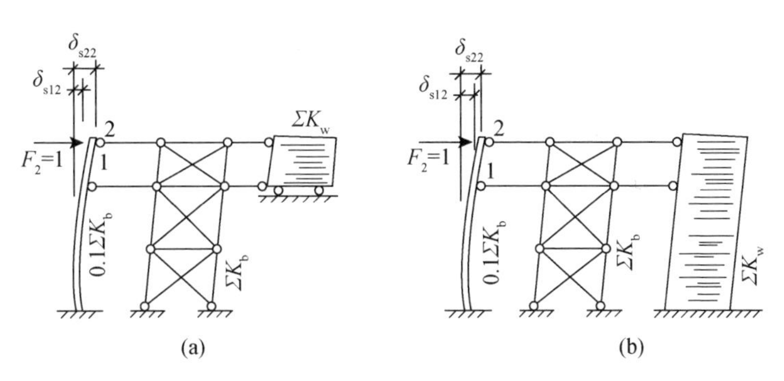

图 32.4-50　有墙柱列侧移柔度系数

（a）悬墙；（b）落地墙

图 32.4-50b
$$K_{s2}=\frac{1.1}{\delta_{b22}-\delta_{b12}}+\frac{1}{\delta_{w22}-\delta_{w12}} \tag{32.4-117}$$

柱列的侧移柔度系数：

$$\left.\begin{aligned}\delta_{s11}&=\delta_{s12}=\delta_{s21}=\frac{1}{K_{s1}}\\ \delta_{s22}&=\frac{1}{K_{s1}}+\frac{1}{K_{s2}}\end{aligned}\right\} \tag{32.4-118}$$

式中　δ_{s12}、δ_{b22}、δ_{w12}、δ_w——分别为柱间支撑或围护墙的侧移柔度系数 δ_{12}、δ_{22}，按 32.4.1 节的有关公式计算。

b. 柱列基本周期。

高低跨柱列的纵向基本周期：

$$T_1=2\psi_T\sqrt{\frac{G_1u_1^2+G_2u_2^2}{G_1u_1+G_2u_2}} \tag{32.4-119}$$

式中　ψ_T——柱列自振周期修正系数，按表 32.4-9 采用；

G_1、G_2——按式（32.4-101）采用；

u_1、u_2——整个高低跨柱列在以 G_1 和 G_2 作为纵向水平力的共同作用下，低跨柱顶和高跨柱顶的纵向侧移（图 32.4-51），

$$\left.\begin{aligned}u_1&=G_1\delta_{s11}+G_2\delta_{s12}\\ u_2&=G_1\delta_{s21}+G_2\delta_{s22}\end{aligned}\right\} \tag{32.4-120}$$

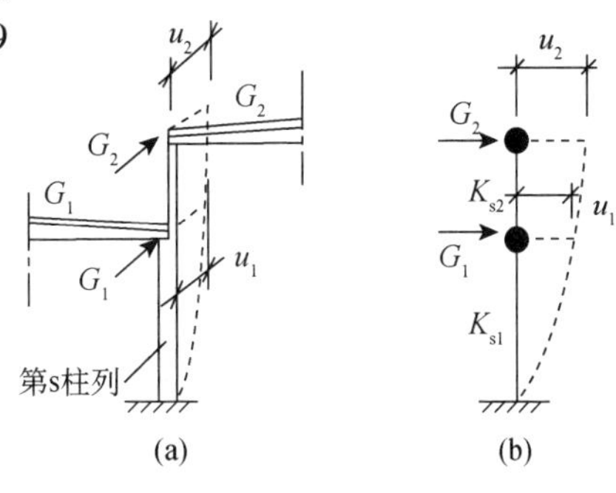

图 32.4-51　高低跨柱列纵向侧移

c. 柱列水平地震作用。

柱列底部的总水平地震作用：

$$F_{Ek}=0.85\alpha_1G_{eq}=\alpha_1(\overline{G}_1+\overline{G}_2) \tag{32.4-121}$$

式中　α_1——相应于基本周期 T_1 的地震影响系数；

G_{eq}——结构等效总重力荷载，0.85 为多质点系化作单质点系的等效重力荷载系数；

$\overline{G}_1$、$\overline{G}_2$——按式（32.4－104）计算。

高低跨柱列的低跨和高跨柱顶处的水平地震作用：

$$\left.\begin{aligned} F_1 &= \frac{\overline{G}_1 H_1}{\overline{G}_1 H_1 + \overline{G}_2 H_2} F_{\mathrm{Ek}} \\ F_2 &= \frac{\overline{G}_2 H_2}{\overline{G}_1 H_1 + \overline{G}_2 H_2} F_{Ek} \end{aligned}\right\} \tag{32.4-122}$$

式中　H_1、H_2——分别为低跨和高跨柱顶至基础杯口顶面的高度。

d. 构件水平地震作用。

对于无围护墙柱列，可按式（32.4－89）计算构件水平地震作用。

对于有悬墙柱列和有落地墙柱列的构件水平地震作用，可分别按式（32.4－90）和式（32.4－91）计算。

32.4.4　天窗架的纵向抗震计算

1. 空间结构分析法

《规范》规定，天窗架的纵向抗震计算，可采用空间结构分析法，并应考虑屋盖平面弹性变形和纵墙的有效刚度。

为了验算天窗架的抗震强度，对各类有天窗厂房，可参照图32.4－25和图32.4－26建立力学模型和计算简图。空间结构分析法的计算步骤，均可参照等高和不等高钢筋混凝土厂房的空间分析法进行，不再赘述。

2. 简化计算法

对于采用钢筋混凝土无檩屋盖、层高（屋架下弦高度）不超过15m的单跨和等高多跨有天窗厂房，突出屋面天窗两侧的天窗架竖向支撑纵向水平地震作用效应，等于按底部剪力法计算得的数值，乘以下列的效应增大系数 η：

单跨厂房：$\eta=1.5$

等高多跨厂房：

单跨、边跨屋盖或沿纵向柱列设置全高内隔墙的中跨屋盖　$\eta=1+0.5n$

其他中跨屋盖　$\eta=0.5n$

式中　n——多跨厂房的跨数，超过4跨时，仍取 $n=4$。

32.4.5　支撑设计

1. 柱间支撑

1）交叉支撑

（1）支撑杆件的计算长度。

①水平杆的计算长度 l_0。

在支撑平面内和平面外均取节点中心间的距离，即取等于构件的几何长度 l_0。

②交叉斜杆的计算长度 l_0。

受拉杆件的计算长度，在支撑平面内、外，均取节点中心间的距离（交叉点不作为节点考虑）。

受压杆件的计算长度 l_0 按表 32.4－10 取值。

表 32.4－10　交叉支撑中受压斜杆的计算长度

压杆弯曲方向	相交的另一杆的受力状态	两交叉斜杆相交处的特征	计算长度 l_0
在支撑平面内	—	—	节点中心至交叉点间的距离
在支撑平面外	受拉	两杆均不中断	$0.5l$
		两杆中有一杆中断，并以接点板搭接	$0.7l$
在单角钢斜平面内	—	—	节点中心至交叉点间的距离

注：①l 为节点中心间距离，交叉点不作为节点考虑；
②当两交叉杆均受压时，不宜有一杆中断。

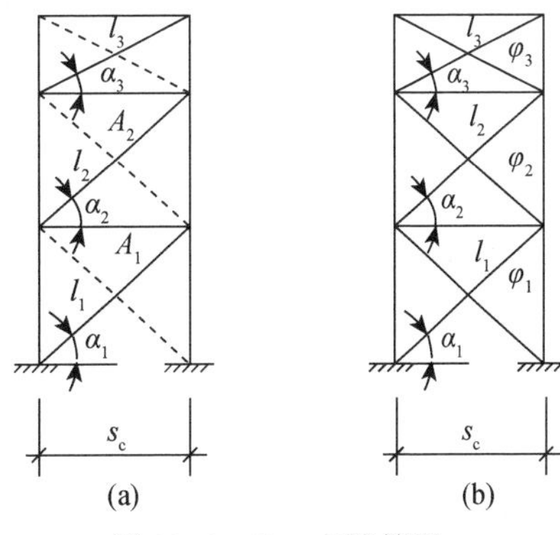

图 32.4－52　支撑简图

（a）柔性支撑；（b）半刚性支撑

（2）交叉支撑的柔度和刚度。

交叉支撑的柔度和刚度计算，详见式（32.4－19）至式（32.4－32）。

（3）交叉支撑的承载力验算。

①斜杆的强度验算。

a. 柔性支撑（λ>200）（图 32.4－52a）。

第 i 节间受拉斜杆的应力应符合下面的承载力验算条件式：

$$\sigma_t = \frac{V_{bi} l_i}{A_n s_c} \leqslant \frac{f}{\gamma_{RE}} \qquad (32.4-123)$$

式中　σ_t——第 i 节间受拉斜杆应力；

V_{bi}——作用于支撑第 i 节间的水平地震剪力设计值（已乘分项系数 γ_{Eh}）；

l_i、A_n——柱间支撑第 i 节间斜杆的几何长度和净截面面积；

s_c——支撑的宽度，取支撑所在柱间的净距；

f——钢材的抗拉设计强度，见《钢结构设计标准》（GB 50017），对于单面连接的单角钢，钢材设计强度值降低 15%；

γ_{RE}——承载力抗震调整系数，$\gamma_{RE}=0.8$。

b. 半刚性支撑（$\lambda \leqslant 200$）（图 32.4－52b）。

半刚性交叉支撑第 i 节间斜杆的强度验算条件为

$$\sigma_t = \frac{l_i}{(1+\psi_c \varphi_i) A_n s_c} V_{bi} \leqslant \frac{f}{\gamma_{RE}} \qquad (32.4-124)$$

式中　φ_i——支撑第 i 节间斜杆轴心受压稳定系数，查表 32.4－3；

ψ_c——压杆非弹性工作阶段的强度综合折减系数，查表 32.4－11；

其他系数说明见式（32.4－123）。

表 32.4－11　压杆非弹性阶段的强度综合折减系数

斜杆的最大计算长细比（λ）	60	100	200
ψ_c	0.7	0.6	0.5

②水平杆的强度验算。

为确保柱间支撑不丧失桁架体系的功能，支撑各节间水平杆在整个受力过程中的最低抗压能力，应稍大于下一节间中受拉斜杆全截面抗拉强度极大值（包括钢材强化效应）与受压斜杆抗压强度极小值之差的水平分量，即

$$\psi'_c\varphi'A'\frac{f}{\gamma_{RE}} \geqslant \frac{1.2A_n s_c f}{l_i} - \frac{\psi_c\varphi_i A s_c f}{l_i}$$

$$\psi'_c\varphi'A'\frac{1}{\gamma_{RE}} \geqslant (1.2A_n - \psi_c\varphi_i A)\frac{s_c}{l_i} \tag{32.4-125}$$

式中　A'——水平杆的毛截面面积；

A——下一节间斜杆的毛截面面积；

φ'、ψ'_c——水平杆的受压稳定系数和非弹性降低系数，根据水平杆的最大计算长细比（计算长度取节点中心之间的距离），分别查表 32.4－3 和表 32.4－11；

系数 1.2——拉杆屈服后因钢材硬化的强度提高系数。

③节点设计力（图 32.4－53）。

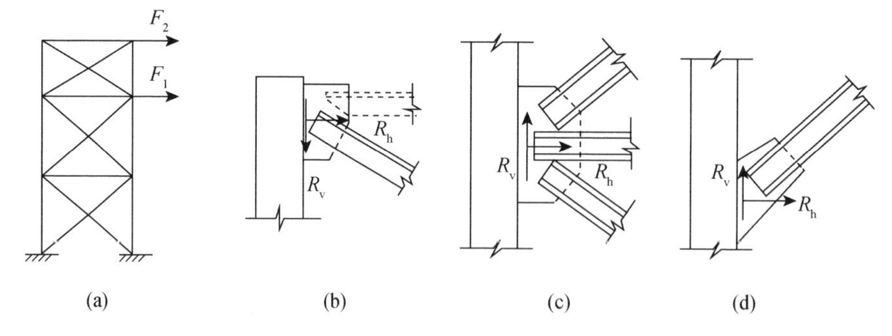

图 32.4－53　交叉支撑的节点设计力

（a）支撑简图；（b）上端节点；（c）中间节点；（d）下端节点

A. 杆件与节点板之间。

杆件与节点板之间连接焊缝的设计力，宜取该杆件全截面屈服强度的 1.05 倍。

B. 预埋件与节点板之间。

验算柱中预埋件以及其与节点板之间的连接焊缝或螺栓的强度时，设计力 R_h、R_v 宜取

交汇于该节点的各杆件全截面屈服强度代数和的 1.05 倍。

a. 上端节点（图 32.4－53b）：

$$R_h = 1.05 f_y \frac{A_l s_c}{l_l} \tag{32.4-126}$$

$$R_v = 1.05 f_y \frac{A_l h_l}{l_l} \tag{32.4-127}$$

式中　f_y——钢材的屈服强度，按《钢结构设计标准》（GB50017）取值；

l_l、A_l、h_l——验算节点的下一支撑节间内的斜杆长度、截面面积和节间高度。

b. 中间节点（图 32.4－53c）：

（a）当中间节点处无水平荷载作用时，交会于中间节点各杆的水平分力相互平衡，作用于柱中预埋件以及其与节点板之间连接焊缝上的水平力等于零。

（b）当中间节点处有水平荷载作用时，则预埋件以及其与节点板连接焊缝处将产生水平拉力，其数值等于作用于该节点处的水平荷载。

（c）作用于预埋件以及其与节点板连接焊缝处的竖向节点力，根据支撑类型分别按下列公式确定。

柔性支撑：

$$R_v = 1.05 f_y \frac{A_u h_u}{l_u} \tag{32.4-128}$$

半刚性支撑：

$$R_v = 1.05 f_y \left(\frac{A_u h_u}{l_u} + \varphi_l \frac{A_l h_l}{l_l} \right) \tag{32.4-129}$$

式中　l_u、A_u、h_u——验算节点的上一支撑节间内的斜杆长度、截面面积和节间高度；

φ_l——验算节点的下一支撑节间内的受压斜杆的稳定系数。

c. 下端节点（图 32.4－53d）：

$$R_h = 1.05 f_y \frac{A_u s_c}{l_u} \tag{32.4-130}$$

$$R_v = 1.05 f_y \frac{A_u h_u}{l_u} \tag{32.4-131}$$

当下端节点处设置水平杆时，R_h 等于按式（32.4－130）计算结果的一半。

2）人字形支撑

（1）人字形支撑的柔度和刚度。

人字形支撑的柔度和刚度计算，详见公式（32.4－33）至式（32.4－36）。

（2）人字形支撑的承载力验算（图 32.4－54）。

第 i 节间受拉斜杆（$\lambda \leqslant 200$）按下式验算承载力：

$$\sigma = \frac{2 l_i}{(1 + \psi_c \varphi_i) A_n s_c} V_{bi} \leqslant \frac{f}{\gamma_{RE}} \tag{32.4-132}$$

式中的符号说明见公式（32.4－123）和式（32.4－124）。

在半刚性人字形支撑中（$\lambda \leqslant 200$），由于斜杆受压时的强度低于受拉时的强度，各层水平杆的中间节点 d、g、j 处，竖向分力不平衡。因此，验算各层水平杆的强度时，除计算节点水平荷载引起的轴向力 N 外，还应考虑中间节点处斜杆内力不平衡竖向分量 G 引起的弯矩 M，按压弯构件进行承载力验算（图 32.4－55）。

$$\left.\begin{aligned} G &= (\sigma A_n - \psi_c \varphi_i \sigma A)\sin\alpha_i \\ M &= \frac{1}{2} G s_c \end{aligned}\right\} \qquad (32.4-133)$$

式中　A_n、A——支撑第 i 节间斜杆的净截面面积和毛截面面积；

σ——按公式（32.4－132）计算得的第 i 节间斜杆的拉应力；

α_i——第 i 节间斜杆的倾角。

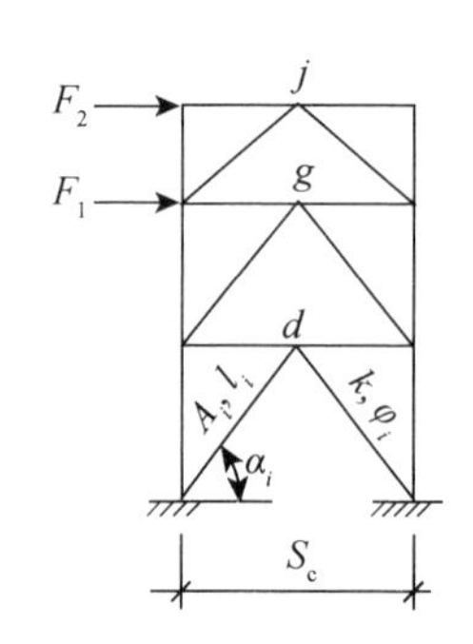

图 32.4－54　人字形支撑的强度验算

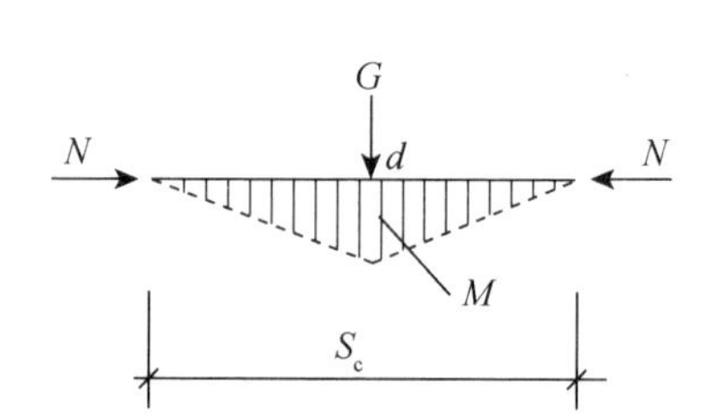

图 32.4－55　人字形支撑水平杆的受力状态

2. 屋盖支撑

1）横向水平支撑

（1）支撑杆件长细比。

对于一般单层厂房，屋架上弦横向支撑腹杆的长细比不宜超过表 32.4－12 中的限值。

表 32.4－12　屋架上弦横向支撑腹杆的容许长细比值

烈度	厂房类型		容许长细比［λ］值	
			垂直腹杆	斜腹杆
6、7	单跨厂房		200	300
	多跨厂房	边跨无天窗	200	300
		边跨有天窗	200	250
8	单跨厂房	跨度≤24m	200	300
		跨度>24m	200	250
	多跨厂房		150	200
9	单跨和多跨厂房		150	200

(2) 支撑的地震剪力。

屋盖自身质量引起的纵向水平地震力，以及通过防风柱传来的山墙地震力，由屋盖和屋架上弦横向水平支撑共同承担，传递给纵向柱列。若视屋盖为剪切梁，支撑与屋盖就同属剪切型构件，两者并联共同承担的地震剪力将按照支撑的节间剪切刚度及与支撑节间同宽的屋盖的剪切刚度比例分配（图 32.4-56）。

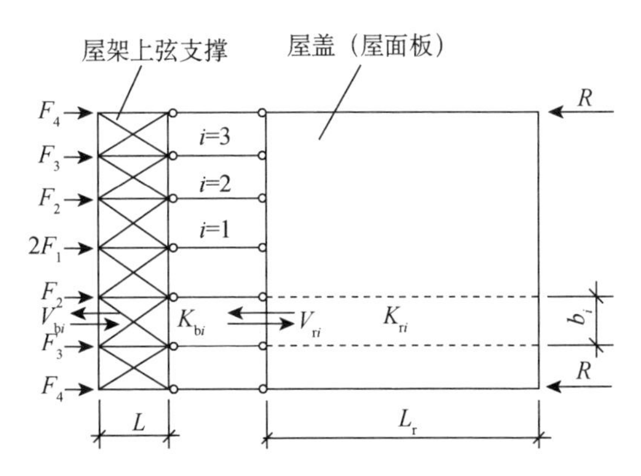

图 32.4-56　屋盖水平地震剪力的分配

一道屋架上弦支撑第 i 节间所承担的水平地震剪力设计值为

$$V_{bi}=\frac{K_{bi}}{\Sigma K_{bi}+K_{ri}}V_i \quad (32.4-134)$$

屋面板在支撑第 i 节间位置处所承担的水平地震剪力设计值为：

$$V_{ri}=\frac{K_{ri}}{\Sigma K_{bi}+K_{ri}}V_i \quad (32.4-135)$$

式中　V_i——在支撑第 i 节间（由屋盖跨度中线算起）处作用于整个屋盖系统的水平地震剪力设计值，

$$V_i=1.3\sum_{i=1}^{i}F_i$$

K_{bi}——一道支撑第 i 节间的剪切刚度，

$$K_{bi}=\frac{(1+\varphi_i)EAL^2}{l^3}$$

L——支撑的宽度，等于支撑所在柱距的尺寸；

A、l、φ_i——支撑第 i 节间单根斜杆的截面积、几何长度和按最大计算长细比 λ 由表 32.4-3 查得的稳定系数；

K_{ri}——与支撑第 i 节间长度（b_i）同宽的屋盖的水平剪切刚度，

$$K_{ri}=\bar{k}_p\frac{L_r}{b_i}$$

$\bar{k}_p$——平面尺寸为 1m×1m 的屋盖的水平剪切刚度基本值，根据屋盖处于大变形状态下的实测或实验数据确定。若缺乏这方面具体实验数据时，可比照钢筋混凝土抗震墙的试验资料，粗略地取 0.3 倍屋盖弹性刚度值，即：

$$\bar{k}_p=0.3\bar{k}$$

对于钢筋混凝土无檩屋盖和有檩屋盖，弹性状态下，单位面积（1m×1m）屋盖的水平等效剪切刚度基本值$\bar{k}$，可分别取 2×10^4 和 6×10^3kN。

(3) 支撑腹杆的承载力验算。

①斜腹杆。

在杆件承载力验算中，斜腹杆的计算长度可参照 32.4.5 节“②交叉斜杆计算长度”中的规定和表32.4－10取值。

交叉斜腹杆的承载力验算，根据杆件的最大长细比大于或小于200，分别按公式（32.4－123）或式（32.4－124）计算。

②直腹杆。

屋架上弦水平支撑的各道直腹杆，担负着将支撑所分担的地震剪力传递至下一节间斜杆的作用，其承载力应该得到保证。其强度验算公式可参照式（32.4－125）进行。

2）竖向支撑

（1）支承杆件长细比。

竖向支撑的形式因高跨比的大小而不同。高跨比值小的多采用人字形支撑图（32.4－57），高跨比值大的多采用交叉支撑（图32.4－58）。

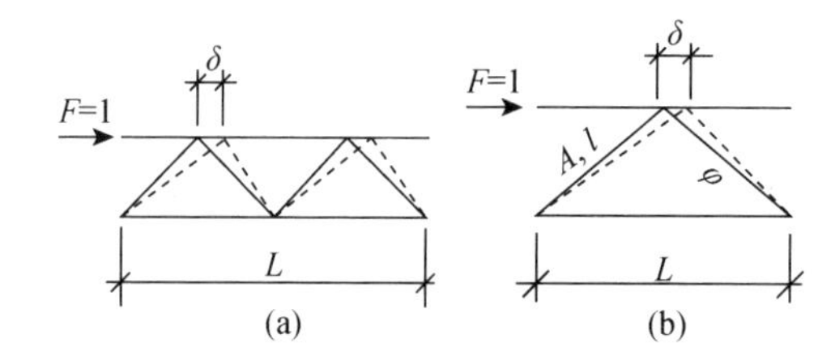

图32.4－57　人字形支撑

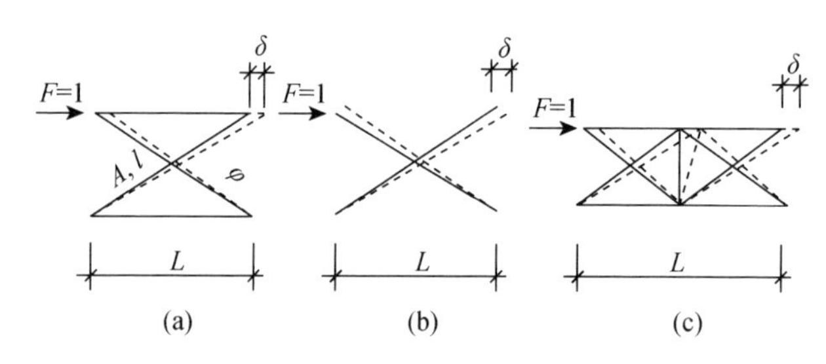

图32.4－58　交叉支撑

上述两种型式的水平杆，主要是受压，人字形支撑的水平杆还因中间节点存在着不平衡的竖向分力而受弯，因而各水平杆的长细比宜控制在150以内。

斜腹杆的长细比，不宜超过表32.4－13的数值。

表32.4－13　竖向支撑斜腹杆的最大长细比

竖向支撑形式	烈度			
	6	7	8	9
交叉支撑	250	250	200	150
人字形支撑	200	150	150	150

（2）竖向支撑的柔度和刚度。

①双人字形支撑的侧移柔度（图32.4－57a）：

$$\delta = \frac{1}{1+\varphi} \cdot \frac{8l^3}{EAL^2} \tag{32.4-136}$$

②单人字形支撑的侧移柔度（图 32.4－57b）：

$$\delta = \frac{1}{1+\varphi} \cdot \frac{4l^3}{EAL^2} \tag{32.4-137}$$

式中　A、l、φ——斜腹杆的截面积、几何长度和根据最大计算长细比查表 32.4－3 所得的受压稳定系数；

E——钢材弹性模量。

③单交叉支撑的侧移柔度（图 32.4－58a）：

$$\delta = \frac{1}{1+\varphi} \cdot \frac{l^3}{EAL^2} \tag{32.4-138}$$

④双交叉支撑的侧移柔度（图 32.4－58b）：

$$\delta = \frac{1}{1+\varphi} \cdot \frac{2l^3}{EAL^2} \tag{32.4-139}$$

⑤上述支撑的侧移刚度：

$$K = \frac{1}{\delta} \tag{32.4-140}$$

（3）竖向支撑的承载力验算。

①斜腹杆。

单人字形或双人字形支撑：

$$\sigma = \frac{2Fl}{(1+\psi_c\varphi)A_nL} \leqslant \frac{f}{\gamma_{RE}} \tag{32.4-141}$$

单交叉或双交叉支撑：

$$\sigma = \frac{Fl}{(1+\psi_c\varphi)A_nL} \leqslant \frac{f}{\gamma_{RE}} \tag{32.4-142}$$

式中　F——作用于一片支撑上的水平地震剪力设计值（已乘分项系数 γ_{Eh}）；

A_n、l——人字形或交叉支撑一根受拉斜杆的净截面面积和几何长度；

φ、ψ_c——受压斜杆按其最大计算长细比查表 32.4－3 和表 32.4－11 求得；

L——支撑的跨度；

γ_{RE}——承载力抗震调整系数，$\gamma_{RE}=0.8$；

f——钢材的抗拉设计强度。

②水平杆。

交叉支撑的水平杆按轴心受压杆件验算承载力和稳定性：

$$\sigma = \frac{F}{A_n} \leqslant \frac{f}{\gamma_{RE}} \qquad \sigma = \frac{F}{\varphi A} \leqslant \frac{f}{\gamma_{RE}} \tag{32.4-143}$$

式中　A——水平杆的毛截面面积；

f——钢材的抗压强度设计值；

其他符号详见式（32.4－142）。

人字形支撑的水平杆，应考虑中间节点受拉斜杆和受压斜杆引起的不平衡竖向节点力，按压弯杆件进行承载力和稳定性验算：

$$\frac{N}{A_n} \pm \frac{M_x}{\gamma_x W_{nx}} \leqslant \frac{f}{\gamma_{RE}}$$

$$\frac{N}{\varphi_x A} + \frac{\beta_{mx} M_x}{W_{1x}\left(1 - 0.8\frac{\gamma_{RE} N}{N_{Ex}}\right)} \leqslant \frac{f}{\gamma_{RE}} \tag{32.4-144}$$

式中　N——水平杆的轴心压力设计值；

φ_x——弯矩作用平面内的轴心受压构件稳定系数，查表32.4-3或《钢结构设计标准》；

M_x——作用于水平杆的最大弯矩设计值，按式（32.4-133）计算后乘分项系数 γ_{Eh}；

N_{Ex}——欧拉临界力，$N_{Ex} = \pi^2 EA/\lambda_x^2$；

W_{1x}——弯矩作用平面内较大受压毛截面模量；

f——钢材的抗压强度设计值；

γ_x——截面塑性发展系数，按《钢结构设计标准》采用；

β_{mx}——等效弯矩系数，按《钢结构设计标准》采用。

32.5　连接节点的抗震计算

连接节点对厂房结构抗震安全具有重要作用，节点的设计应使其能具有足够的抗震承载力，使之不出现先于结构构件的破坏。

节点的抗震承载力可根据其在地震中的受力特点分别按以下方法进行计算。

32.5.1　屋架与柱顶的连接节点计算

1. 焊接连接的节点（图32.5-1）

焊接连接节点适用于6、7度地震区，其屋架支座板与柱顶预埋板的连接焊缝抗震承载力，按下式进行计算：

$$\tau_f = \frac{V}{h_e l_w} \leqslant f_f^w/\gamma_{RE} \tag{32.5-1}$$

式中　τ_f——焊缝长度方向有效截面上的剪应力；

V——作用在排架柱顶上的按最不利组合得到的地震剪力设计值；

h_e——角焊缝的有效厚度，取 $0.7h_f$，不小于8mm；

l_w——角焊缝的计算长度，取实际焊缝长度减去10mm；

f_f^w——角焊缝的强度设计值，按《钢结构设计标准》采用；但实际设计时，宜考虑高空作业对施焊质量的影响，尚应乘以降低系数0.9；

γ_{RE}——焊缝承载力抗震调整系数，可取0.9。实际计算时，可直接采用下式：

$$\tau_f = \frac{V}{0.7h_f l_w} \leqslant 0.9f_f^w/\gamma_{RE} \quad (32.5-2)$$

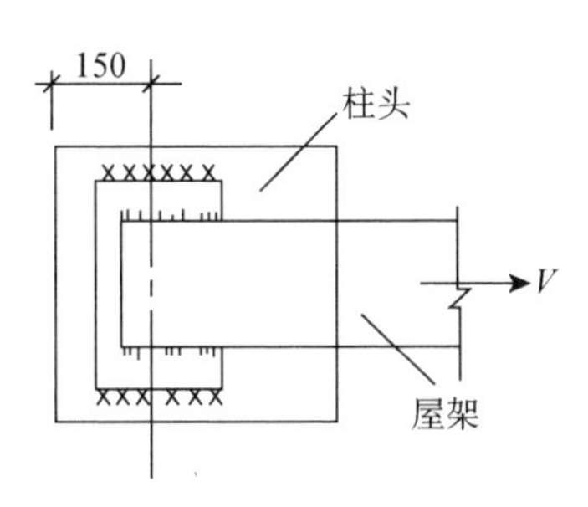

图 32.5－1 焊接连接节点

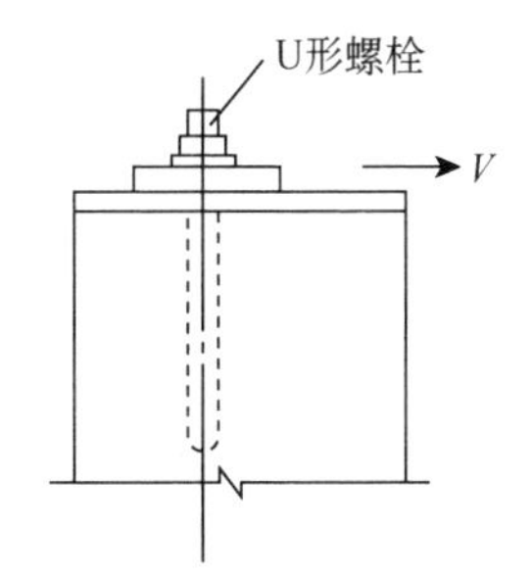

图 32.5－2 螺栓连接节点

2. 螺栓连接的节点（图 32.5－2）

螺栓连接节点适用于 8 度及以上地震区，螺栓是承受水平地震剪力的主要构件，其抗震承载力按下式进行验算：

$$V \leqslant n_v \frac{\pi d^2}{4} f_v^b/\gamma_{RE} \quad (32.5-3)$$

式中 n_v——承受剪力的螺栓受剪面数量；

d——螺栓的直径；

f_v^b——螺栓的抗剪强度设计值；

γ_{RE}——承载力抗震调整系数，取 0.85；

V——作用在每个螺栓上的水平地震剪力设计值。

在实际计算时，按上述节点构造，螺栓的受剪面为一个，故可直接按下式进行验算：

$$V \leqslant 0.25\pi d^2 f_v^b/\gamma_{RE} \quad (32.5-4)$$

应注意的是，在任何情况下，螺栓的直径不应小于 $\phi22$。

3. 钢板铰连接的节点（图 32.5－3）

钢板铰连接节点适用于 9 度地震区，由两块钢板组成，下面一块钢板（板 B）直接与柱顶埋板焊连，板的两端悬伸出柱外，上面一块钢板（板 A）只在两端与 B 板相焊连，沿板的长向为自由边缘；在地震作用下，屋架支座传来的水平地震剪力首先传给 A 板，然后通过 B 板再传给柱顶。节点的连接计算主要是验算板和焊缝的抗震承载力，可按以下程序进行。

1）钢板 A 的计算

设板 A 为支承在板 B 上的两端固定的水平梁，其计算简图如图 32.5－4 所示。

板的支座弯矩 M_1 为

$$M_1 = 0.6Vb_1\left(1 - \frac{b}{b + 2b_1}\right) \quad (32.5-5)$$

跨中弯矩 M_2 为

$$M_2 = 0.6Vb_1 \frac{b}{b + 2b_1} \tag{32.5-6}$$

支座剪力取 $0.6V$。

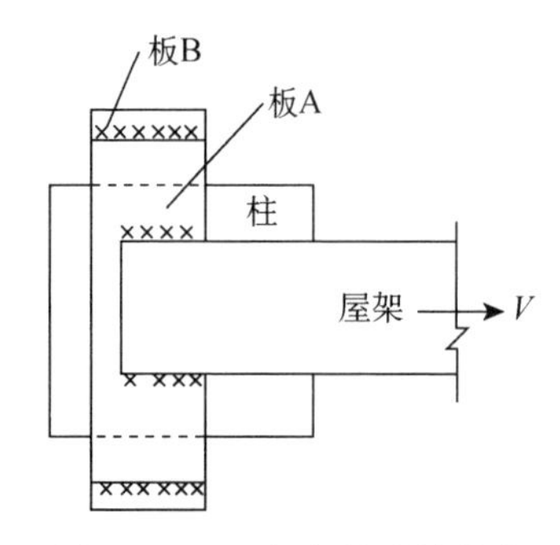

图 32.5－3　钢板铰连接节点

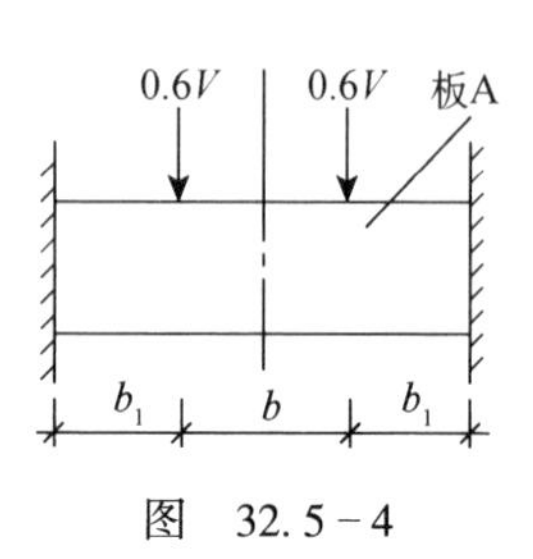

图　32.5－4

跨中弯矩 M_2 引起的板中截面弯曲应力应满足下式：

$$\sigma = \frac{M_2}{W_A} \leqslant f/\gamma_{RE} \tag{32.5-7}$$

式中　W_A——截面模量；

f——钢材的抗弯强度设计值；

γ_{RE}——截面抗震承载力调整系数，取等于 0.85。

剪应力应满足下式：

$$\tau = \frac{0.6VS}{I_A t_A} \leqslant f_v/\gamma_{RE} \tag{32.5-8}$$

式中　I_A——板 A 截面的惯性矩；

t_A——板 A 的厚度；

S——截面的面积矩；

f_v——钢材的抗剪强度设计值。

按上述计算所得的板 A 厚度不应小于 8mm。

板 A 两端与板 B 焊连的焊缝剪应力应满足下式要求：

$$\sqrt{\tau_M^2 + \tau_v^2} \leqslant f_f^w/\gamma_{RE} \tag{32.5-9}$$

$$\tau_M = \frac{M_1}{W_f} \qquad W_f = \frac{0.7h_f l_w^2}{6} \qquad \tau_v = \frac{0.6V}{0.7h_f l_w}$$

γ_{RE} 取 0.9。

2）钢板 B 的计算

板 B 为固定在柱顶上的悬伸板，计算简图如图 32.5－5 所示。

作用在板 B 上的固端弯矩 M_2 为

$$M_2 = 0.6Vb_2$$

其弯曲应力应满足下式：

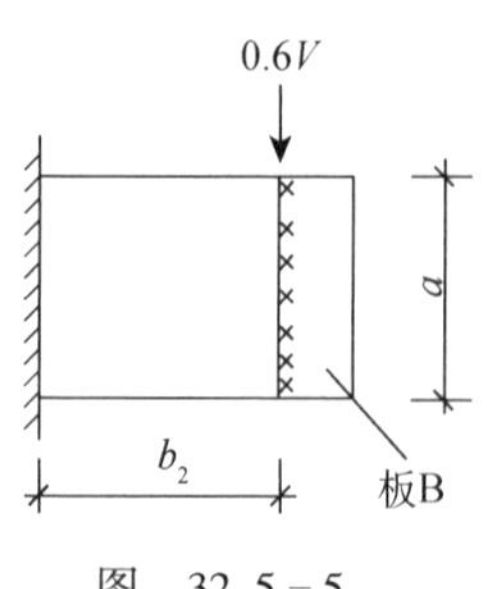

图　32.5－5

$$\sigma = \frac{M_2}{W_B} \leqslant f/\gamma_{RE} \tag{32.5-10}$$

$$W_B = t_b a^2/6$$

剪应力应满足：

$$\tau = 0.6V/t_b a \leqslant f_v/\gamma_{RE} \tag{32.5-11}$$

t_b 为板 B 的厚度，γ_{RE}取 0.85。

按上述计算所得的板 B 厚度也不应小于 8mm。

在设计时，板 A 和板 B 应取等厚；对于跨度≥24m 的厂房，板厚应取不小于 10mm。

4. 柱顶埋板的计算

（1）柱顶埋板是柱顶连接节点的重要受力构件，在一般情况下，可仍采用竖向锚筋构造的做法，如图 32.5-6 所示。在地震作用下，柱顶埋板既承受水平横向（排架方向）地震剪力，同时又承受屋盖重力荷载的竖向压力作用，处于压剪工作状态。其抗震承载力可按下式进行验算：

$$(V - 0.3N_c) \leqslant 0.8\alpha_r\alpha_v A_s f_y \tag{32.5-12}$$

式中　V——作用在埋板顶面的水平地震剪力设计值；

N_c——作用在埋板顶面的竖向压力设计值，$\gamma_G = 1.2$；

α_r——剪力作用方向锚筋排数的影响系数，对二排锚筋，取 $\alpha_r = 1.0$；对三排锚筋，取 $\alpha_r = 0.9$；对四排锚筋取 $\alpha_r = 0.85$；

α_v——锚筋的抗剪强度系数，取

$$\alpha_v = (4 - 0.08d)\sqrt{\frac{f_c}{f_y}} \leqslant 0.7$$

0.8——考虑周期反复荷载的承载力降低系数；

f_y——钢筋的强度设计值；

A_s——锚筋截面面积。

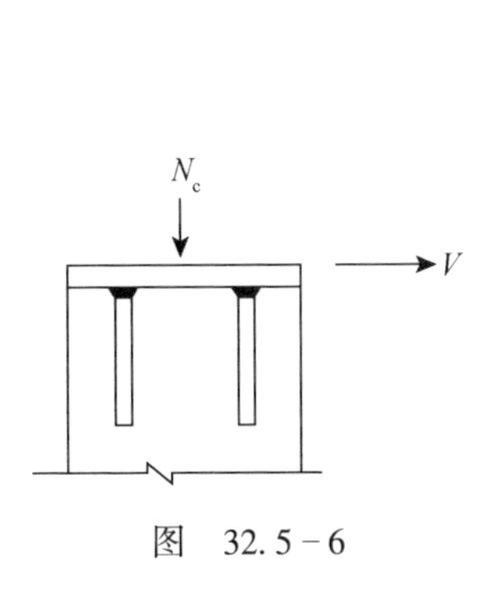

图　32.5-6

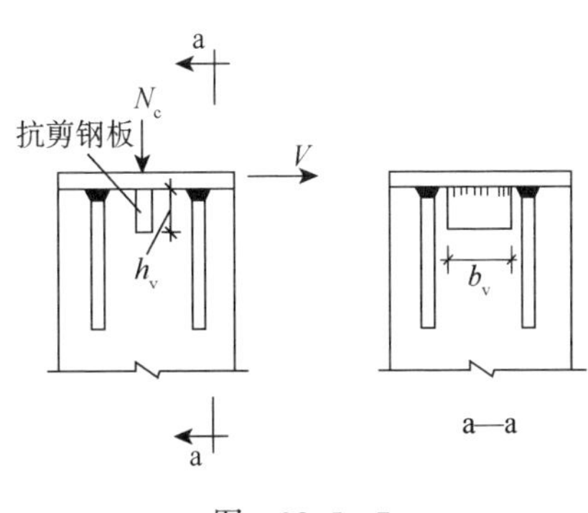

图　32.5-7

（2）当需要增强柱顶埋板的抗剪承载力时，可以在埋板底面加焊一块与剪力作用方向相垂直的抗剪钢板（如图 32.5-7），此时，埋板的抗剪承载力可按下式进行验算：

$$V - 0.3N_c \leqslant 0.7(\alpha_r\alpha_v A_s f_y + 0.7A_v f_c) \qquad (32.5-13)$$

式中　A_v——抗剪钢板的承压面积，$A_v = b_v \times h_v$；

f_c——混凝土轴心抗压强度设计值；

0.7——劲性抗剪钢板在周期反复荷载下的强度折减系数；

其余符号含义同（32.5－12）式。

抗剪钢板的高度一般可取 4 倍钢板厚度，或取 50mm；其承载力可取不大于总剪力的 30%：

$$0.7A_v f_c \leqslant 0.3V \qquad (32.5-14)$$

32.5.2　不等高厂房支承低跨屋盖柱牛腿的连接节点计算（图 32.5－8）

此节点计算由柱牛腿的抗横向水平地震剪力的水平受拉钢筋截面面积计算和牛腿顶面的预埋板竖向锚筋数量计算两部分组成，可按以下方法进行计算。

（1）柱牛腿的纵向水平受拉钢筋截面积 A_s 按下式进行计算确定：

$$A_s \geqslant \left(\frac{N_G a}{0.85h_0 f_y} + 1.2\frac{N_E}{f_y}\right)\gamma_{RE} \qquad (32.5-15)$$

式中　N_G——柱牛腿面上重力荷载代表值产生的竖向压力设计值；

a——重力作用点至下柱近侧边缘的距离，当小于 $0.3h_0$ 时，采用 $0.3h_0$；

h_0——牛腿最大竖向截面的有效高度；

N_E——作用在牛腿面上的水平地震组合拉力设计值，取排架计算所得的最不利组合值；

γ_{RE}——承载力抗震调整系数，取等于 1.0。

公式中的右侧第二项，即为因地震作用所增加的纵向受拉钢筋截面面积部分。

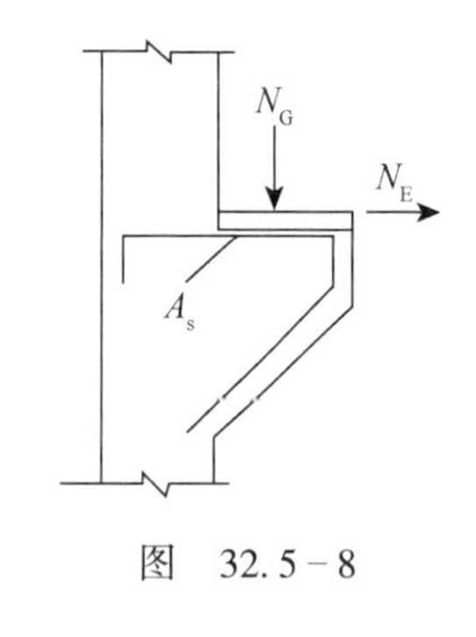

图　32.5－8

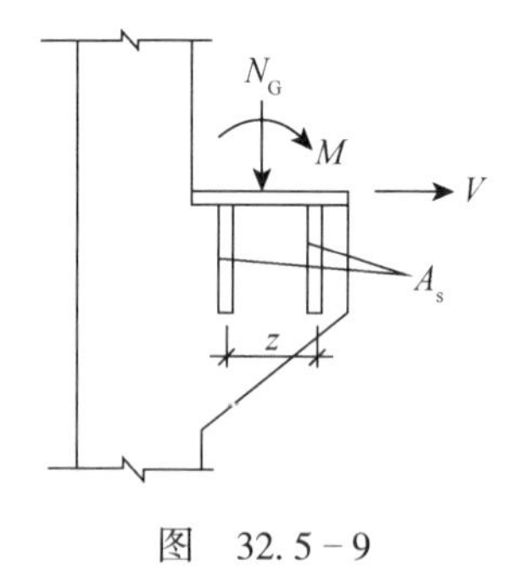

图　32.5－9

（2）牛腿顶面预埋板的竖向锚筋按以下公式进行计算：

埋板同时承受压、剪、弯作用，如图 32.5－9 所示。

先计算剪力比 λ，根据 λ 的幅值分别采用以下公式验算埋板的锚筋 A_s：

$$\lambda = \frac{V - 0.3N_G}{0.8\alpha_r\alpha_v A_s f_y}$$

①当 $\lambda \leqslant 0.7$ 时，按下式进行验算：

$$A_s \geqslant \frac{M - 0.4N_G z}{0.28\alpha_r \alpha_b f_y z}\gamma_{RE} \tag{32.5-16}$$

式中　M——作用在牛腿面上的重力荷载产生的弯矩设计值；

z——锚筋中心间距离；

α_b——埋板的弯曲变形折减系数，按表 32.5-1 采用；表中的 t、b、d 分别为埋板厚度，锚筋间距，锚筋直径；埋板的 b/t 宜≤12，t/d 宜≤0.6；

γ_{ER}——可取等于 1.0。

表 32.5-1　埋板的弯曲变形折减系数 α_b

t/d	b/t			
	8	12	16	20
0.6	0.76	0.62	0.54	0.50
0.8	0.81	0.66	0.57	0.51

②当 $\lambda > 0.7$ 时，按下式进行验算：

$$A_s \geqslant \left(\frac{M - 0.4N_G z}{1.04\alpha_r \alpha_b f_y z} + \frac{V - 0.3N_G}{0.8\alpha_r \alpha_v f_y}\right)\gamma_{RE} \tag{32.5-17}$$

计算时，上述所有内力设计值均应分别乘荷载分项系数 γ_G 和 γ_{Eh}。

32.5.3　柱间支撑与柱连接节点计算

柱间支撑与柱连接节点的计算包括支撑端节点板与柱预埋件锚板连接焊缝抗震强度的验算和柱预埋件锚件截面的抗震验算；分别按以下公式进行计算。

（1）支撑端节点板与柱预埋件锚板连接焊缝的抗震强度验算（图 32.5-10）。

连接焊缝的抗震承载力应满足下式要求：

$$h_f l_w \geqslant \frac{\gamma_{RE} N \sqrt{(\psi_f \cos\theta)^2 + \sin^2\theta}}{2 \times 0.7 f_t^w} \tag{32.5-18}$$

$$\psi_f = 1 + \frac{6e_0}{l_w} \tag{32.5-19}$$

式中　N——作用在连接焊缝上的支撑斜向拉力，可采用按杆件全截面屈服点强度计算的支撑斜杆轴向力的 1.05 倍；

θ——柱间支撑斜杆轴向力与其水平投影的夹角；

e_0——斜向拉力对焊缝重心的偏心距；

ψ_f——偏心影响系数；

γ_{RE}——承载力抗震调整系数，采用 0.9。

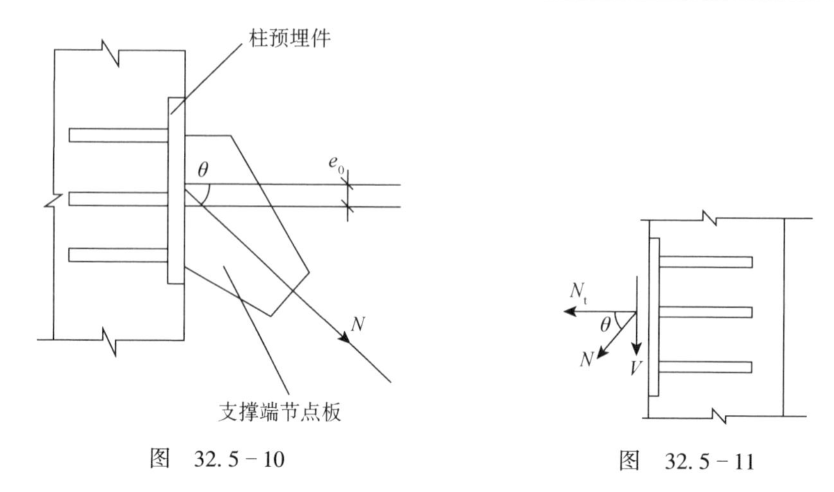

图　32.5-10　　　图　32.5-11

（2）柱预埋件锚件截面的抗震强度验算。

柱间支撑与柱连接节点的预埋件在地震作用下同时承受拉力和剪力作用（图32.5-11），预埋件的铺件将在拉力和剪力共同作用下抗剪和抗拉；锚件按不同的设计构造可分别采用下列公式进行抗震强度验算。

①当锚件为锚筋时，锚筋的截面应符合下式要求：

$$A_s \geqslant \frac{1.25\gamma_{RE}N}{f_y}\left(\frac{\cos\theta}{0.8\xi_m\psi}+\frac{\sin\theta}{\xi_r\xi_v}\right) \tag{32.5-20}$$

$$\psi = \frac{1}{1+\dfrac{0.6e_0}{\xi_r s}} \tag{32.5-21}$$

$$\xi_m = 0.6 + 0.25t/d \tag{32.5-22}$$

$$\xi_r = (4 - 0.08d)\sqrt{\frac{f_c}{f_y}} \tag{32.5-23}$$

式中　A_s——埋板锚筋的总截面面积；

N——作用在预埋板上的斜向拉力，采用支撑斜杆全截面屈服点强度计算所得值的1.05倍；

e_0——斜向拉力对锚筋合力作用线的偏心距，取小于外排锚筋之间距离的20%；

θ——斜向拉力与其水平投影的夹角；

ψ——偏心影响系数；

s——外排锚筋间的距离；

ξ_m——预埋板弯曲变形影响系数；

t——预埋板厚度（mm）；

d——锚筋直径（mm）；

ξ_r——验算方向锚筋排数的影响系数，二、三和四排可分别采用1.0、0.9和0.85；

ξ_v——锚筋的受剪影响系数，大于0.7时应采用0.7；

γ_{RE}——承载力抗震调整系数，取等于1.0。

设计时，锚筋应采用Ⅱ级变形钢筋，f_v 按《混凝土结构设计规范》采用。锚筋的锚固长度不应小于 $30d$。

②当锚件为角钢加端板时，锚件的抗震承载力按以下公式验算：

$$N \leqslant \frac{0.7}{\gamma_{RE}\left(\frac{\sin\theta}{V_{uo}}+\frac{\cos\theta}{\psi N_{uo}}\right)} \tag{32.5-24}$$

$$V_{uo}=3n\xi_r\sqrt{W_{min}bff_c} \tag{32.5-25}$$

$$N_{uo}=0.8nfA_s \tag{32.5-26}$$

式中　n——角钢根数；

b——角钢肢宽；

W_{min}——中和轴与剪力作用方向垂直的角钢最小截面抵抗矩；

A_s——一根角钢的截面面积；

f——角钢抗拉强度设计值。

其余符号含义同前。

③当锚件为角钢（图 32.5-12）时，此时的角钢截面可按下式进行验算：

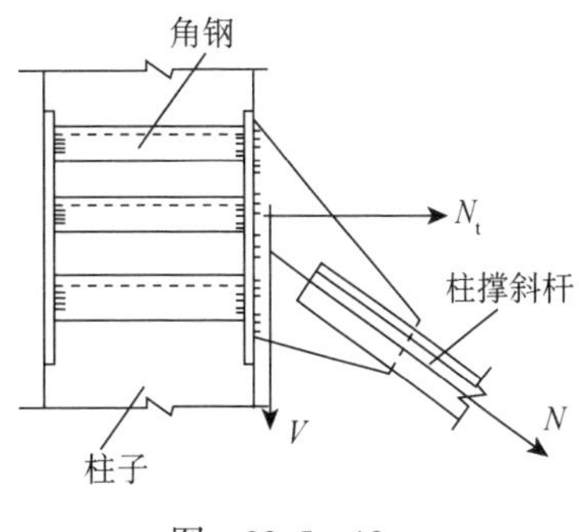

图　32.5-12

$$A_s \geqslant \frac{V}{V_u}+\frac{N_t}{N_u}+\frac{M}{1.3M_u} \tag{32.5-27}$$

$$V_u=3nk_2\alpha_r\sqrt{W_{min}bff_c} \tag{32.5-28}$$

$$N_u=0.8k_2\alpha_b f \tag{32.5-29}$$

$$M_u=\alpha_r\alpha_b fz \tag{32.5-30}$$

式中　V_u——埋件的抗剪承载力设计值；

N_u——埋件的抗拉承载力设计值；

M_u——埋件的抗弯承载力设计值；

n——角钢根数；

k_2——考虑反复荷载的承载力降低系数，取 $k_2=0.7$；

α_r——顺剪力作用方向锚筋排数的影响系数，对二排锚筋取 $\alpha_r=1.0$，三排锚筋取 0.9，四排取 0.85；

W_{min}——与剪力方向垂直的角钢最小弹性截面模量（mm^3）；

b——角钢肢的宽度；

α_b——锚板的弯曲变形对抗拉承载力的影响系数；按表 32.5-1 采用；

z——外排锚筋重心线间的距离；

f——锚筋抗拉强度设计值，3 号钢取 $f=215N/mm^2$；

f_c——混凝土轴心抗压强度设计值。

上述公式中的 V、N_t 和 M 分别为柱间支撑斜杆作用在节点埋件上的剪力、拉力和弯矩。

在计算时，均应乘上地震作用分项系数 γ_{Eh}，取 γ_{Eh} 等于1.3。

作用在柱撑斜杆上的拉力 N，按其全截面屈服强度的1.2~1.3倍采用。

32.5.4 天窗竖向支撑与立柱的连接节点计算

天窗竖向支撑与立柱宜采用螺栓连接，可采用在立柱内预埋钢管（直径比螺栓直径大2mm）供螺栓穿越两端后再用螺帽紧固的构造。连接节点的受力主要是拉、剪，如图32.5-13所示。螺栓是承受地震拉力和剪力的主要杆件，其抗震承载力计算可按以下公式进行：

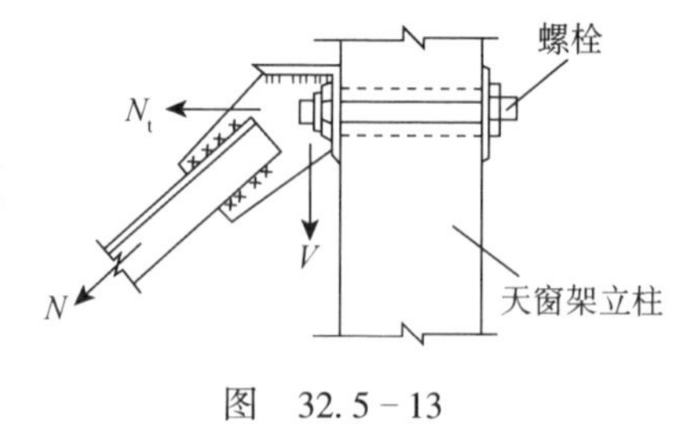

图 32.5-13

$$\sqrt{\left(\frac{N_v}{N_r^b}\right)^2+\left(\frac{N_t}{N_t^b}\right)^2}\leqslant 1/\gamma_{RE} \tag{32.5-31}$$

$$N_v^b=n_v\frac{\pi d^2}{4}f_v^b \tag{32.5-32}$$

$$N_t^b=\frac{\pi d^2}{4}f_t^b \tag{32.5-33}$$

式中 N_v——每个螺栓所承受的地震作用剪力；

N_v^b——每个螺栓的受剪承载力设计值，按式（32.5-32）确定；

N_t——每个螺栓所承受的地震作用拉力；

N_t^b——每个螺栓的受拉承载力设计值，按式（32.5-33）确定；

f_v^b、f_t^b——分别为螺栓连接的抗剪、抗拉强度设计值，按《钢结构设计标准》采用；

γ_{RE}——螺栓抗震承载力的调整系数，取等于0.85。

在计算时，N_t 和 N_v 均取一道竖向支撑受拉斜杆在一个连接节点螺栓上的作用力。其值按《规范》所给的天窗架纵向抗震计算的规定采用。N_t 和 N_v 均应乘以作用分项系数1.3（γ_{Eh}）。

32.5.5 屋架上弦横向水平支撑端节点和屋架端部竖向支撑连接节点的计算

屋架上弦端部与屋盖上弦横向水平支撑的连接节点（图32.5-14a）和屋架端头竖杆与竖向支撑的连接节点（图32.5-14b）的连接螺栓，其抗震强度可按下式进行验算：

$$\sqrt{N_t^2+1.05N_v^2}\leqslant\frac{1}{\gamma_{RE}}\cdot\frac{n\pi d_e^2}{4}\cdot f_t^b \tag{32.5-34}$$

式中 N_t——作用在屋架上弦横向水平支撑端节点或屋架端头竖向支撑端节点上的纵向地震作用；

N_v——沿平行于屋架上弦方向或沿屋架端竖杆竖向作用的地震剪力；

n——螺栓根数；

d_e——螺栓螺纹处有效直径；

其余符号的含义及取值同前。

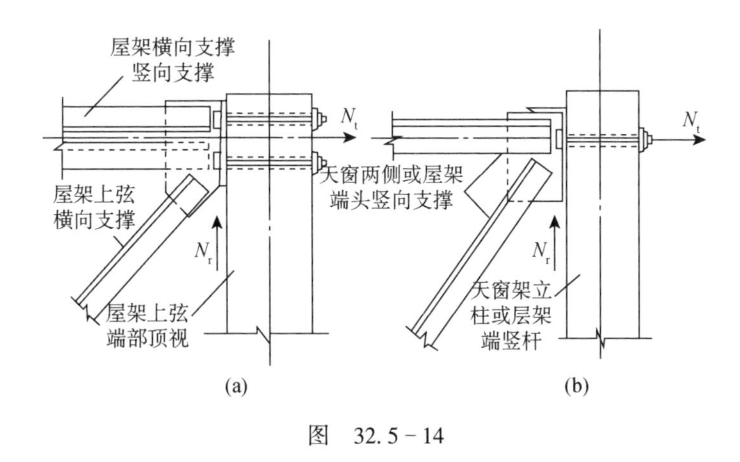

图　32.5－14

32.6　抗震构造措施

32.6.1　屋盖系统

1. 有檩屋盖构件的连接

（1）檩条要逐根与屋架（屋面梁）焊牢，檩条的搁置长度不应小于 70mm。

（2）双脊檩应在跨度 1/3 处相互拉结（图 32.6－1）。

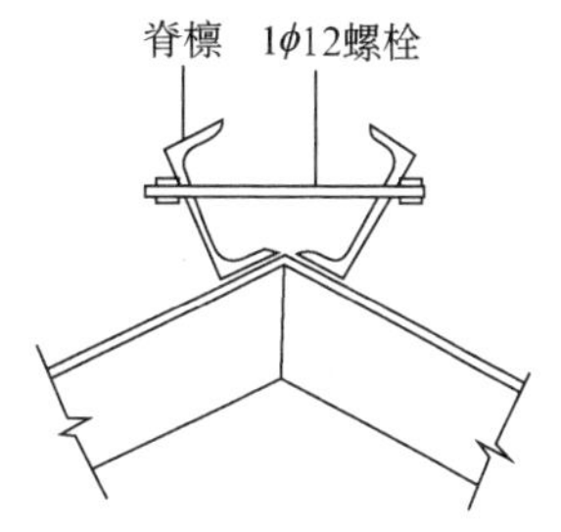

图 32.6－1　双脊檩的拉结

（3）压型钢板应与檩条可靠连接，瓦楞铁皮、石棉瓦等应与檩条拉结。

（4）檩条的预埋件，应有足够的锚固强度，按承受拉、剪配置锚筋；预应力混凝土檩条的主筋宜在端部设置 U 形锚板，并与主筋焊牢。

（5）对于混凝土槽瓦，应在每块的上端预留两个 40mm×8mm 的孔洞对准槽瓦的上边缘，然后将 L 形钢片插下，并打弯，钩住檩条（图 32.6－2）；9 度时，还应采用带钩螺栓将槽瓦的下端压紧（图 32.6－3）。

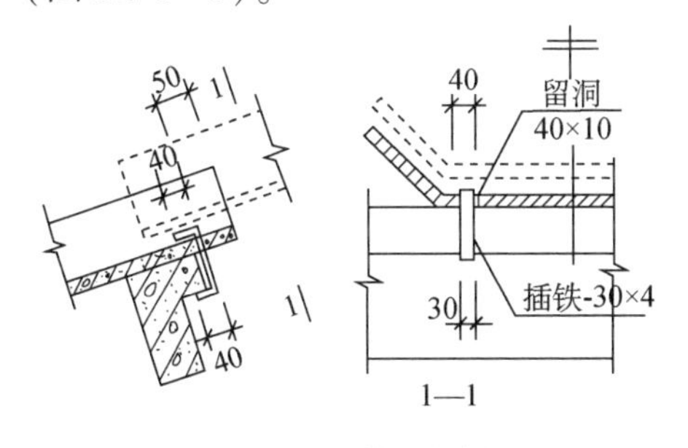

图 32.6－2　槽瓦的锚固

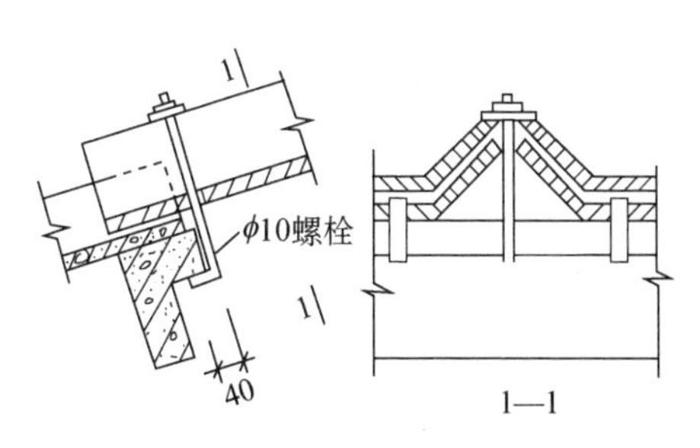

图 32.6－3　9 度区措施

2. 无檩屋盖构件的连接

（1）大型屋面板在屋架上弦的支承长度不小于 60mm，且应与屋架（屋面梁）保证有三点焊牢，每点焊缝的焊脚尺寸与长度不宜小于 60mm，靠柱列的屋面板与屋架（屋面梁）的连接焊缝不宜小于 80mm。

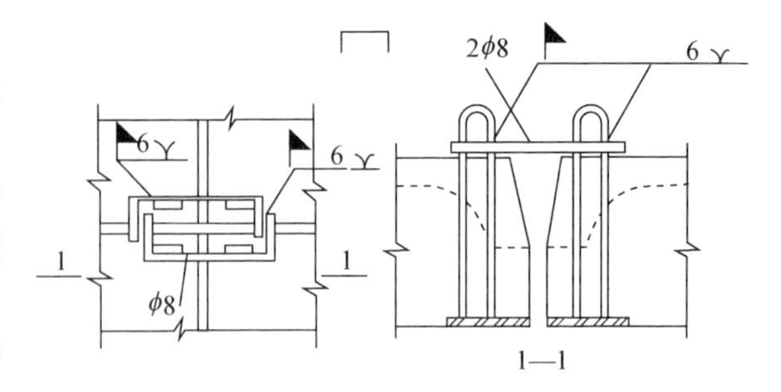

图 32.6－4　相邻吊钩焊连

6、7 度时，有天窗厂房的两端第一开间，以及 8 度或 9 度时厂房的各个开间，屋面板吊装妥当后，用 U 形钢筋将相邻屋面板的吊钩焊连在一起（图 32.6－4）；对于不设吊钩的屋面板，可以在屋面板四角顶面预埋铁板，待屋面板装妥后，用斜放钢筋将四个板角连在一起（图 32.6－5）。

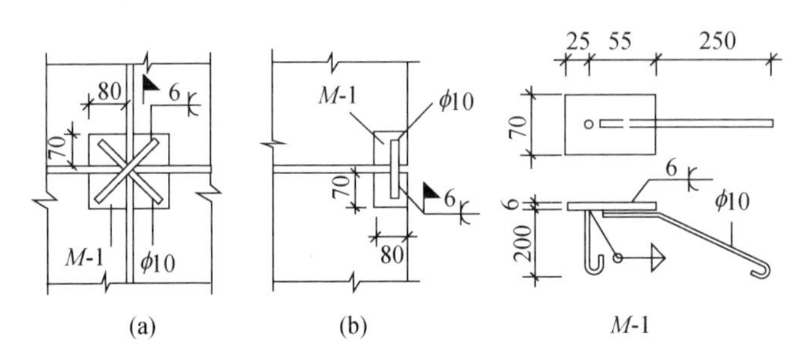

图 32.6－5　相邻板角焊连

（a）一般节点；（b）端板节点

（2）8、9 度时，大型屋面板端头底面预埋件宜采用角钢，并将其与主筋焊牢。

（3）当采用先张法预应力大型屋面板时，应采取措施，增强主筋的锚固性能，也可采取主筋与肋端预埋板的 U 型槽口焊牢。

（4）非标准屋面板宜采用装配整体式接头（图 32.6－6），或将板四角切掉（即端肋后退）（图 32.6－7）后与屋架（屋面梁）焊牢。

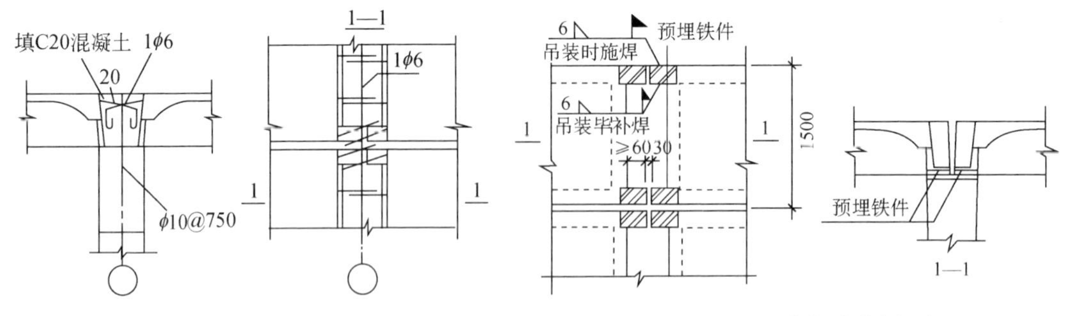

图 32.6－6　整浇接头屋面板　　　　图 32.6－7　四角焊连的屋面板

装配整体式的具体做法是：将原预应力混凝土大型屋面板的两端横肋往里移 80mm，仅以两纵肋作为支点，搁置于屋架上；端横肋下方挂有作为模板用的钢筋混凝土薄板，并把屋面板顶面 8ϕ4 纵向钢筋伸出；同时沿屋架上弦按一定距离设置剪力齿槽和插筋。屋面板安装完毕后，通过附加钢筋将屋面板伸出筋和屋架插筋绑成骨架，用 C20 号细石混凝土灌填密实（图 32.6－6）此方案的优点是：①屋盖整体性很好；②屋盖水平刚度大；③对预制构件的施工误差不敏感。

端肋后退的板型（图 32.6－7），板端顶埋铁板与主肋同宽。如此构造，能适应快速吊装。根据施工过程中屋盖体系稳定的需要，确定边吊边焊的点数剩余的板与屋架的连接点，可在屋面板装妥后进行补焊。此板型的优点是：①每块板均有四个角与屋架焊连，大大增强了屋盖的整体性和纵横向刚度；②对焊缝的质量可进行事后检查。

3. 天窗架构件及连接

（1）天窗架杆件应采用矩形截面，立柱纵筋不宜小于 4ϕ12，节点附近 500mm 范围内箍筋间距不宜大于 100mm。

（2）天窗下档或侧板与天窗架的连接。

突出屋面的钢筋混凝土天窗架，其下档或侧板与天窗立柱宜采用螺栓连接。方法是：将下档简单搁置在角钢支托上，不加焊；另用一根螺栓由下档接缝中通过，将下档与立柱固定，并将螺栓的垫板与下档的预埋铁板焊牢（图 32.6－8）。

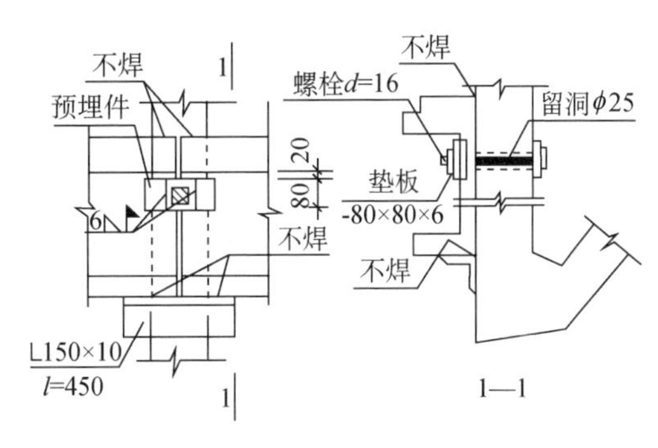

图 32.6－8　下档与天窗架立柱的连接

（3）支撑与天窗架的连接。

要防止支撑节点的破坏，一方面要根据厂房纵向抗震计算，合理布置足够数量的竖向支撑；另一方面宜将刚性的焊接连接节点改为弹性的螺栓连接方案。即在天窗架立柱内预埋钢管，穿螺栓，固定节点板（图 32.6－9）。这种构造方法，既能满足节点连接强度的要求，又能使节点具有一定的变形能力，而且施工方便，损坏后能很快修复。

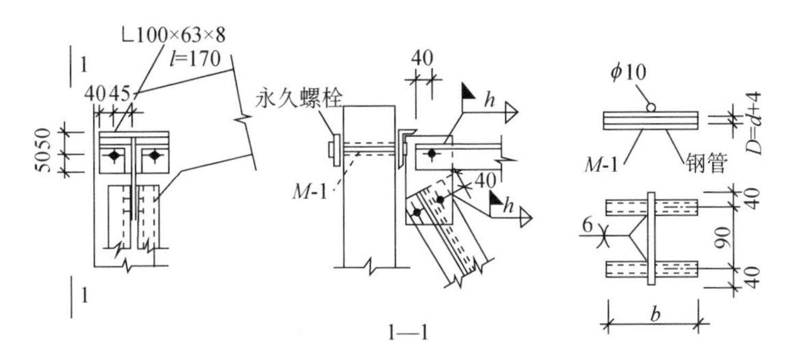

图 32.6－9　天窗架支撑的螺栓连接

4. 屋架

1）屋架端部顶面预埋件

为防止屋架端头上角破坏，宜增多、加粗预埋件的锚筋，并使锚筋至铁板边缘的距离等于保护层厚度加 30mm，以保证锚筋插在主筋或箍筋的内面（图 32.6－10）。8、9 度时，该预埋件的锚筋不宜小于 4ϕ10 和 4ϕ12。

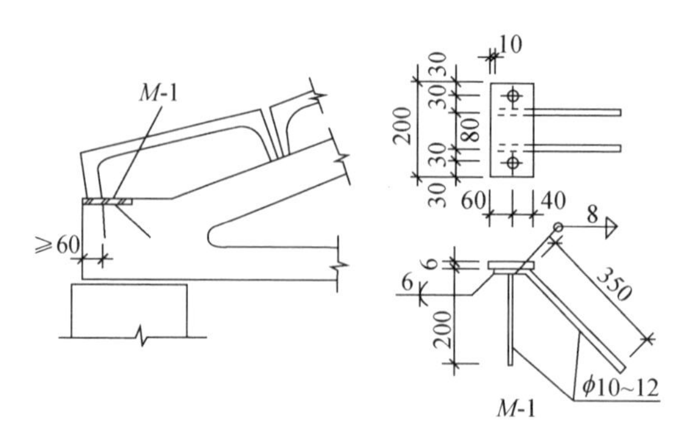

图 32.6－10　屋架端部上角的预埋件

2）屋架端头小立柱

屋架端头小立柱的高度不宜超过 500mm，小立柱的截面不宜小于 200mm×200mm，柱内的竖向钢筋宜采用Ⅱ形，并不宜小于 4ϕ12（6、7 度）或 4ϕ14（8、9 度），箍筋采用中 ϕ6@ 100mm。

3）屋架上弦第一节间配筋

屋架的上弦第一节间和梯形屋架端竖杆的配筋，6、7 度时不宜小于 4ϕ12，8、9 度时不宜小于 4ϕ14，箍筋宜采用 ϕ6，间距 100mm。

4）屋架（屋面梁）与柱的连接

屋架（屋面梁）与柱顶连接形式：8 度时，宜采用螺栓连接；9 度时，宜采用钢板铰连接，也可采用螺栓连接。

（1）焊接节点（图 32.6－11）。

除屋架端头底面和柱头顶面的预埋铁板外，两者之间应增设钢垫板，其厚度不宜小于 16mm。在屋架吊装前，先将垫板与屋架底板焊牢，屋架就位后，再将垫板与柱头顶板焊牢。

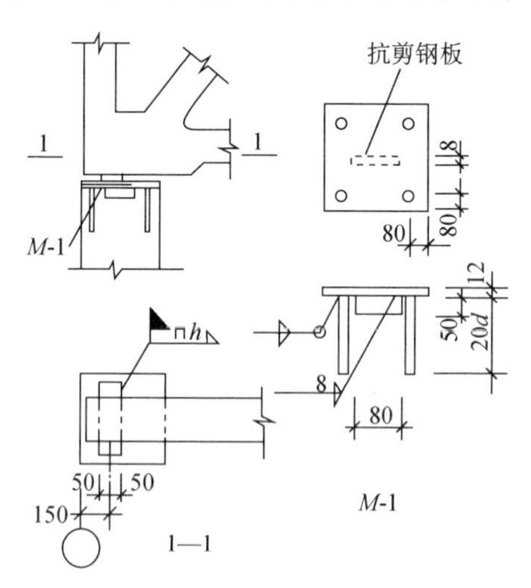

图 32.6－11　屋架与柱的焊接节点

（2）螺栓连接（图 32.6－12）。

屋架（局面梁）端头的支承垫板厚度不宜小于 16mm；连接用螺栓的直径按剪弯强度计

算确定，但不小于 $\phi22$，螺栓锚入混凝土内的长度不少于 20 倍螺栓直径。螺栓应位于柱箍筋的内面，即螺栓至柱面的净距离不少于 30mm。此外，螺栓应与柱顶铁板底面周圈焊接，以便将螺栓承担的地震剪力通过铁板传至锚筋。螺栓螺帽下加垫的钢板，必须与屋架下支承垫板焊接，以传递地震剪力。

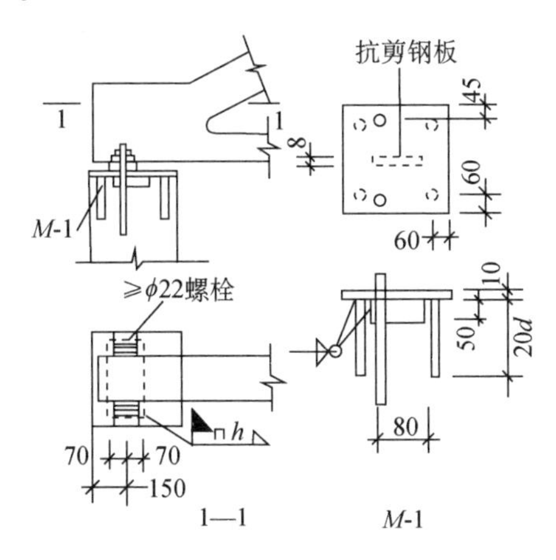

图 32.6－12　螺栓连接的抗震构造

(3) 板铰连接（图 32.6－13）。

此种连接方式的特点是采用双层垫板，垫板比柱宽每边长出 80mm，并在垫板的悬出部分，采用螺栓将两块垫板联牢。下层垫板在柱子吊装前焊于柱头顶面的预埋钢板上，再将上层垫板用螺栓与下层垫板联牢，切忌加焊。待柱和屋架先后吊装就位后，将屋架端头底面的预埋钢板与上层垫板焊牢。为使垫板具有一定的转动能力，垫板不能太厚，一般取 10～12mm。连接两层垫板的螺栓直径按抗剪强度计算确定，但不宜小于 22m。垫板上的孔径宜取螺栓直径加 1mm，不宜过大。

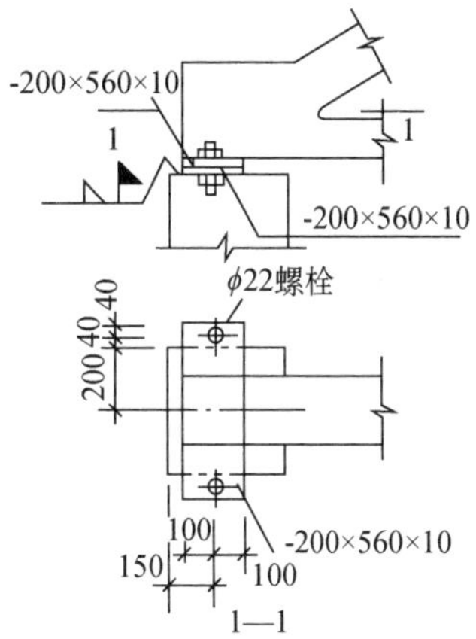

图 32.6－13　屋架与柱的板铰连接构造

(4) 柱顶预埋件。

柱顶预埋件的锚筋直径和数量，按抗剪强度计算确定，8 度时不宜少于 $4\phi14$，9 度时不宜少于 $4\phi16$。锚固长度取 20 倍锚固筋直径，锚筋与铁板之间采取丁字焊。对于设置上柱支撑的柱，柱顶预埋件还应增设抵抗纵向地震剪力的抗剪钢板（图 32.6－11、图 32.6－12）。

5) 支撑与屋架的连接

要使屋面支撑真正起到承担纵向地震力的作用，并保持所在屋架的间距不发生变化，就应该使支撑与屋架的连接为固定式节点。方法是：在屋架上下弦内预埋固定式钢套管，作为连接螺栓的预留孔洞。设防烈度为 8、9 度时，最好于支撑一侧，在预埋的套管端部加焊钢板，待连接支撑用的角钢装妥后，于角钢预留的 40×80 孔洞处将节点板角钢与预埋钢板焊接（图 32.6－14）。

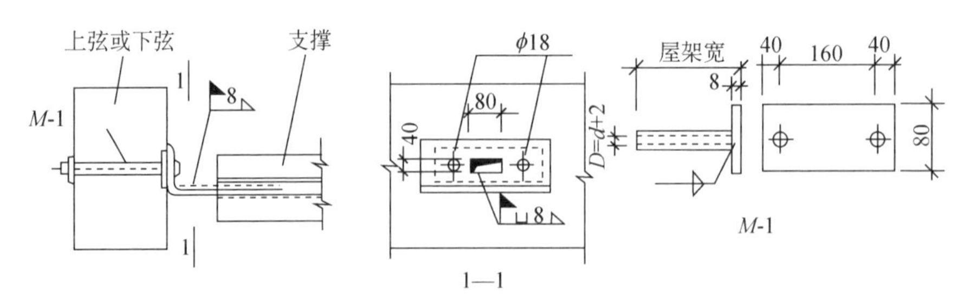

图 32.6－14　支撑与屋架的固定式节点

5. 屋盖支撑的布置与构造

（1）设计屋盖支撑时应遵守下列原则：

①整个屋盖支撑的布置（包括横向与纵向）必须为封闭型。

②所有横向、纵向和竖向支撑均应与屋架、天窗架或檩条组成几何不变的桁架体系。

③每一厂房单元或天窗单元，其支撑布置应分别设置成独立的空间稳定的支撑系统。

④支撑的布置，应使地震力的传递路线短捷明确；天窗支撑，屋架上下弦支撑，屋架跨中及端头竖向支撑与柱顶系杆、上下柱支撑的布置应互相协调，以保证地震作用迅速通过支撑杆件系统传至基础。

⑤支撑杆件的刚度应适当，避免过大或过柔。

⑥支撑节点及其与屋盖构件的连接强度应加强，避免连接节点先于构件破坏。

（2）屋盖支撑系统应包括以下支撑：

①屋架上弦横向支撑。

②屋架上弦通长水平系杆。

③屋架跨中竖向支撑。

④屋架两端竖向支撑。

⑤屋架下弦横向支撑（只在 9 度时要求设置）。

在上述支撑中，对抗地震来说，最重要的是屋架上弦横向支撑，特别是厂房单元两端开间和柱间支撑开间，必须按规定设置。

当有天窗时，还必须设置天窗两侧竖向支撑，天窗两侧竖向支撑是天窗抗纵向地震作用的主要侧力构件，需十分注意。

（3）屋盖支撑的布置宜符合下列要求：

①无檩屋盖的支撑宜按表 32.6－1 布置。

表 32.6－1　无檩屋盖的支撑布置

<table>
<tr><th colspan="3" rowspan="2">支撑名称</th><th colspan="3">烈度</th></tr>
<tr><th>6、7</th><th>8</th><th>9</th></tr>
<tr><td rowspan="6">屋架支撑</td><td colspan="2">上弦横向支撑</td><td>屋架跨度小于 18m 时同非抗震设计，跨度不小于 18m 时在厂房单元端开间各设一道</td><td colspan="2">厂房单元端开间及柱间支撑开间各设一道；天窗开洞范围的两端各增设局部的支撑一道</td></tr>
<tr><td colspan="2">上弦通长水平系杆</td><td rowspan="4">同非抗震设计</td><td>沿屋架跨度不大于 15m 设一道，但装配整体式屋面可不设；围护墙在屋架上弦高度有现浇圈梁时，其端部处可不另设</td><td>沿屋架跨度不大于 12m 设一道，但装配整体式屋面可不设；围护墙屋架上弦标高有现浇圈梁时，其端部处可不另设</td></tr>
<tr><td colspan="2">下弦横向支撑</td><td>同非抗震设计</td><td>同上弦横向支撑</td></tr>
<tr><td colspan="2">跨中竖向支撑</td><td rowspan="2">厂房单元端开间各设一道</td><td rowspan="2">厂房单元端开间及每隔 48m 各设一道</td></tr>
<tr><td rowspan="2">两端竖向支撑</td><td>屋架端部高度≤900mm</td></tr>
<tr><td>屋架端部高度>900mm</td><td>厂房单元端开间各设一道</td><td>厂房单元端开间及柱间支撑开间各设一道</td><td>厂房单元端开间、柱间支撑开间及每隔 30m 各设一道</td></tr>
<tr><td rowspan="2">天窗架支撑</td><td colspan="2">天窗两侧竖向支撑</td><td>厂房单元天窗端开间及每隔 30m 各设一道</td><td>厂房单元天窗端开间及每隔 24m 各设一道</td><td>厂房单元天窗端开间及每隔 18m 各设一道</td></tr>
<tr><td colspan="2">上弦横向支撑</td><td>同非抗震设计</td><td>天窗跨度≥9m 时，厂房单元天窗端开间及柱间支撑开间各设一道</td><td>厂房单元端开间及柱间支撑开间各设一道</td></tr>
</table>

在应用表 32.6－1 时，以下情况的屋盖支撑布置可按下列要求设置：

a. 对装配整体式屋盖，可不设上弦通长水平系杆，但当屋盖设有天窗时，在天窗开洞范围内仍须设置该系杆；天窗开洞范围内，在屋架脊点处应设上弦通长水平压杆。

b. 有围护墙的边列柱，当在屋架上弦标高处设有现浇围梁并与屋架有牢固连接时，屋架墙头上的通长水平系杆可以不设。

c. 跨度小于或等于 15m 的薄腹梁屋盖，可只在厂房单元两端的屋面梁端头设置竖向支撑，其他支撑可不设置；对跨度为 18m 的薄腹梁屋盖，其支撑布置宜视同屋架一样对待。

d. 8 度Ⅲ、Ⅳ类场地和 9 度时，梯形屋架端头上节点应沿厂房纵向设置通长水平压杆。

e. 当厂房柱距为 12m，设有托架，屋架支承间距为 6m 时，宜在屋架下弦平面增设纵向支撑。

图 32.6－15、图 32.6－16 和图 32.6－17 表示屋架间距为 6m 的无檩屋盖支撑布置和局部柱间有托架的纵向支撑布置。

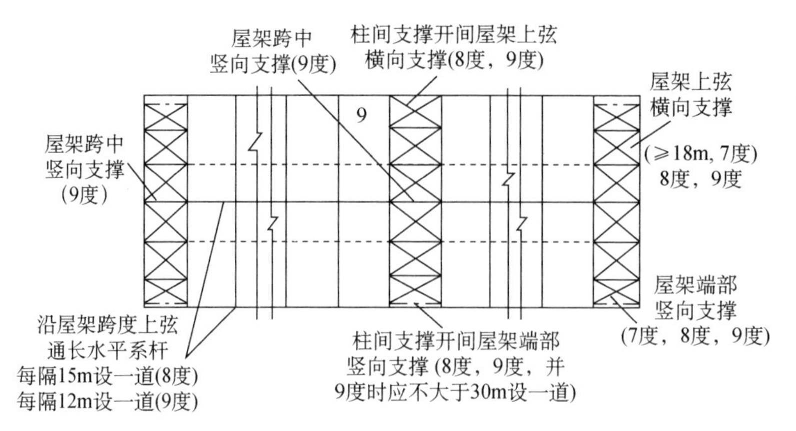

图 32.6－15　无檩屋盖支撑布置

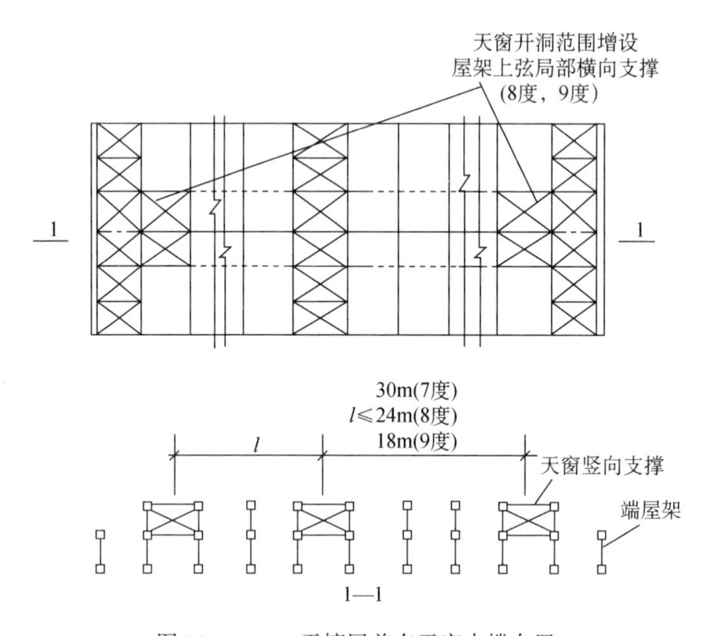

图 32.6－16　无檩屋盖有天窗支撑布置

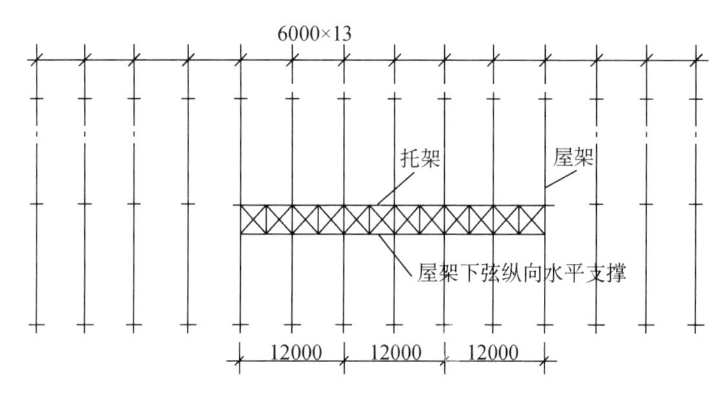

图 32.6－17　局部柱间有托架的纵向支撑布置

②有檩屋盖的支撑布置宜按表 32.6－2 采用。

表 32.6－2　有檩屋盖的支撑布置

<table>
<tr><td colspan="2" rowspan="2">支撑名称</td><td colspan="3">烈度</td></tr>
<tr><td>6、7</td><td>8</td><td>9</td></tr>
<tr><td rowspan="4">屋架支撑</td><td>上弦横向支撑</td><td>厂房单元端开间各设一道</td><td>厂房单元端开间及厂房单元长度大于 66m 的柱间支撑开间各设一道；
天窗开洞范围的两端各增设局部的支撑一道</td><td rowspan="3">厂房单元端开间及厂房单元长度大于 42m 的柱间支撑开间各设一道；
天窗开洞范围的两端各增设局部的上弦横向支撑一道</td></tr>
<tr><td>下弦横向支撑</td><td colspan="2" rowspan="2">同非抗震设计</td></tr>
<tr><td>跨中竖向支撑</td></tr>
<tr><td>端部竖向支撑</td><td colspan="3">屋架端部高度大于 900mm 时，厂房单元端开间及柱间支撑开间各设一道</td></tr>
<tr><td rowspan="2">天窗架支撑</td><td>上弦横向支撑</td><td>厂房单元天窗端开间各设一道</td><td rowspan="2">厂房单元天窗端开间及每隔 30m 各设一道</td><td rowspan="2">厂房单元天窗端开间及每隔 18m 各设一道</td></tr>
<tr><td>两侧竖向支撑</td><td>厂房单元天窗端开间及每隔 36m 各设一道</td></tr>
</table>

从 6 度起，不论厂房跨度，都要设置厂房单元两端开间屋架上弦横向支撑；当屋架端部高度大于 90m 时，在 6、7 度情况下，在厂房单元端开间和柱间支撑开间都要设置屋架端部竖向支撑；天窗开洞范围内，在屋架眷点处应设上弦通长水平压杆。

③中间井式天窗无檩屋盖的支撑布置宜按表 32.6－3 采用。

表 32.6－3　中间井式天窗无檩屋盖支撑布置

<table>
<tr><td colspan="2" rowspan="2">支撑名称</td><td colspan="3">烈度</td></tr>
<tr><td>6、7</td><td>8</td><td>9</td></tr>
<tr><td colspan="2">上弦横向支撑</td><td rowspan="2">厂房单元端开间各设一道</td><td colspan="2" rowspan="2">厂房单元端开间及柱间支撑开间各设一道</td></tr>
<tr><td colspan="2">下弦横向支撑</td></tr>
<tr><td colspan="2">上弦通长水平系杆</td><td colspan="3">天窗范围内屋架跨中上弦节点设置</td></tr>
<tr><td colspan="2">下弦通长水平系杆</td><td colspan="3">天窗两侧及天窗范围内屋架下弦节点设置</td></tr>
<tr><td colspan="2">跨中竖向支撑</td><td colspan="3">有上弦横向支撑开间设置，位置与下弦通长系杆相对应</td></tr>
<tr><td rowspan="2">两端竖向支撑</td><td>屋架端部高度≤900mm</td><td colspan="2">同非抗震设计</td><td>有上弦横向支撑开间，且间距不大于 48m</td></tr>
<tr><td>屋架端部高度>900m</td><td>厂房单元端开间各设一道</td><td>有上弦横向支撑开间，且间距不大于 48m</td><td>有上弦横向支撑开间，且间距不大于 30m</td></tr>
</table>

图 32. 6 - 18 为厂房跨度中间设井式天窗的无檩屋盖支撑布置图，图中未示出的屋架端头竖向支撑应按表 32. 6 - 3 根据不同设防烈度的规定设置。

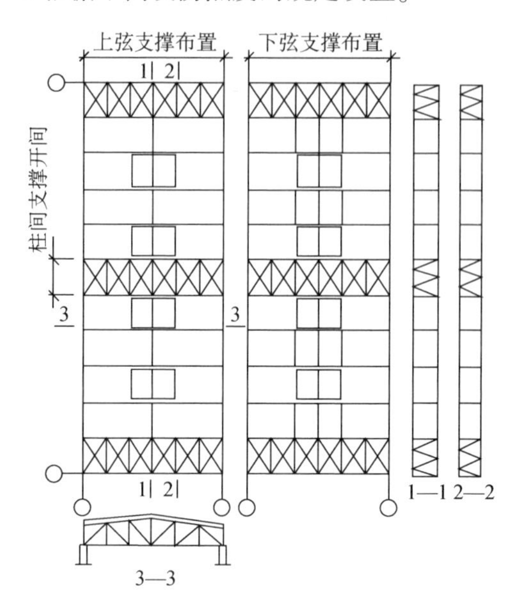

图 32. 6 - 18　无檩屋盖有井式天窗支撑布置图

（4）屋架和天窗架的竖向支撑形式宜按支撑的高宽比不同，选用下列形式：

①$h \leqslant 0.2l$ 时，采用图 32. 6 - 19a。

②$h = (0.2 \sim 0.4)\ l$ 时，采用图 32. 6 - 19b。

③$h = (0.4 \sim 0.6)\ l$ 时，采用图 32. 6 - 19c。

④$h = (0.2 \sim 0.5)\ l$ 时，采用图 32. 6 - 19d。

⑤$h > 0.6l$ 时，采用图 32. 6 - 19e。

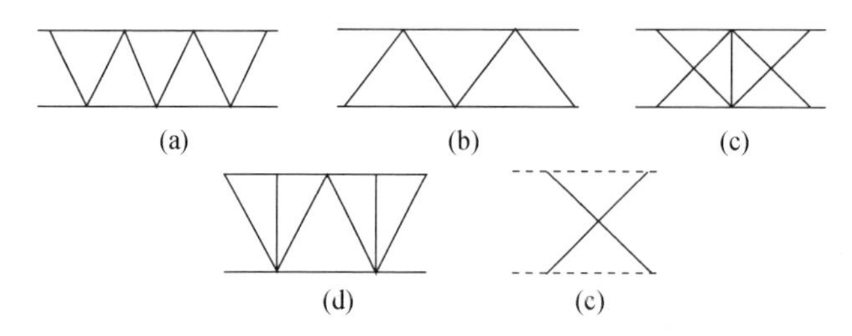

图 32. 6 - 19　屋架和天窗架的竖向支撑形式

（5）屋盖支撑和天窗支撑杆件的长细比宜按表 32. 4 - 12 取值。

（6）屋盖和天窗支撑杆件的截面，当符合下列条件时，可参考表 32. 6 - 4 选用：

表 32.6－4　屋盖与天窗支撑杆件截面

支撑型式	支撑宽（高）度	杆件截面
h；6000	$h=3000$ $h=3500$	∟63×5 ∟70×5
┐┌70×5；h；a；∟50×5；┐┌70×5；6000	$h=2500$ $h=3000$ $h=3000$	a—∟63×5 a—∟70×5 a—∟50×5
h；a；6000	$h=10000$ $h=1500$ $h=2000$ $h=2500$ $h=3000$	a—∟50×5 a—∟56×5 a—∟63×5 a—∟75×5 a—∟50×5

①设防烈度为 6、7 度。

②屋架间距为 6m。

设防烈度为 8、9 度时，天窗两侧的竖向支撑杆件截面应根据计算确定。

（7）支撑杆件和连接的构造应符合下列要求：

①所有支撑杆件均不应采用圆钢，应采用型钢。

②支撑杆件与屋架或天窗架的连接宜采用 C 级螺栓，每一杆件接头处的螺栓数不应少于两个，螺栓直径不小于 $\phi16$。

③当为交叉支撑时，在交叉点应设置节点板，节点板的厚度不小于 6mm。

32.6.2　柱与柱列系统

1. 柱子的构造要求

（1）为提高柱子各主要受力截面的抗震强度和延性，以下部位柱截面的箍筋应加强，并符合表 32.6－5 规定的要求。

表 32.6－5

烈度和场地类别		6、7 度 Ⅰ、Ⅱ类场地	7 度Ⅲ、Ⅳ类场地和 8 度Ⅰ、Ⅱ类场地	8 度Ⅲ、Ⅳ类场地 9 度
箍筋最小直径	一般柱头和柱根	$\phi6$	$\phi8$	$\phi8$（$\phi10$）
	角柱柱头	$\phi8$	$\phi10$	$\phi10$
	上柱、牛腿和有支撑的柱根	$\phi8$	$\phi8$	$\phi10$
	有支撑的柱头和柱变位受约束部位	$\phi8$	$\phi10$	$\phi12$
箍筋的最大肢距（mm）		300	250	200

注：括号由数值用于柱根。

所加密的箍筋间距不应大于100mm；箍筋的加密范围应为（图32.6－20）：

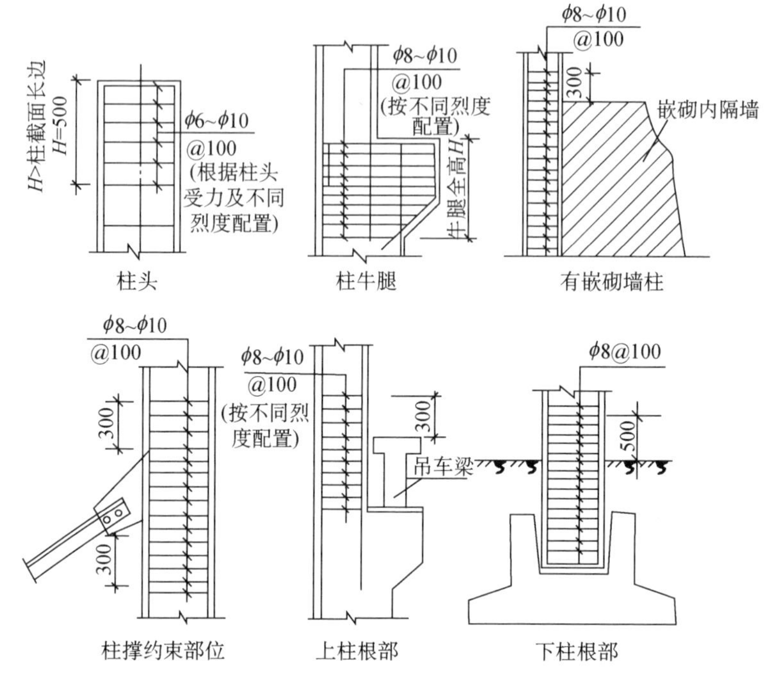

图32.6－20　柱箍筋加密区范围图

①柱头，取柱顶以下500mm并不小于柱截面长边尺寸。

②上柱，取阶形柱自牛腿面至吊车梁面以上300m高度范围内。

③柱牛腿（柱肩），取牛腿与柱肩的全高。

④柱根，取下柱柱底至室内地坪以上500mm。

⑤柱撑与柱连接节点，以及柱变位受一旁平台、嵌砌内隔墙等约束的截面部位，取上、下各300mm。

（2）不等高厂房中柱支承低跨屋盖柱牛腿（柱肩）的预埋件，除埋板的直锚筋外，还应将根据计算确定的承受水平拉力部分的纵向钢筋与埋板焊连，并应满足以下要求（图32.6－21）：

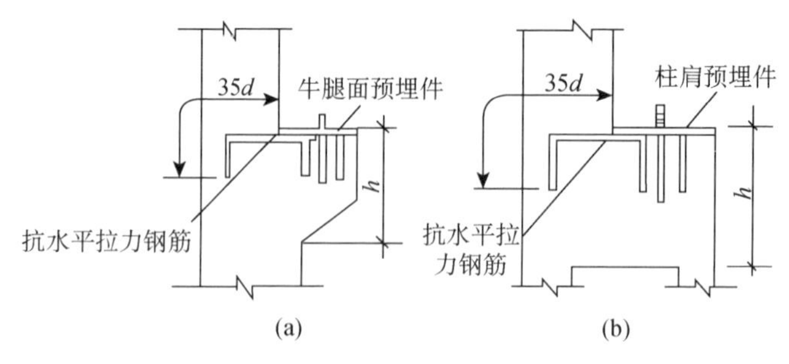

图32.6－21　抗水平拉力钢筋与柱牛腿（柱肩）预埋件焊连

（a）柱牛腿；（b）柱肩

①6、7 度时，焊连的纵筋不少于 $2\phi12$。

②8 度时，不应少于 $2\phi14$。

③9 度时，不应少于 $2\phi16$。

（3）所有排架柱的柱顶预埋件的铺筋应加强，8 度时宜采用 $4\phi14$；9 度时宜采用 $4\phi16$；有柱间支撑的柱子，柱顶的预埋件还应增设承受纵向地震作用的抗剪钢板，抗剪钢板的方向与厂房纵向相垂直。

（4）山墙抗风柱的柱顶，应设置预埋件，通过此预埋件将柱与屋架上弦可靠连接。

2. 柱间支撑的布置与构造

（1）柱间支撑的布置应遵守下列原则；

①支撑的布置应尽可能与屋盖横向水平支撑的布置相协调和配套，形成上下整体共同作用的空间桁架体系。

②厂房的每一单元中的每一柱列，都应设置柱间支撑，边柱与中柱柱列的柱间支撑应在同一开间设置。

③柱间支撑一般宜设置在厂房单元中央区段并设置上柱和下柱的柱间支撑。

④当厂房内设有桥式吊车或设防烈度为 8、9 度时，尚宜在厂房单元两端开间增设上柱支撑（图 32.6－22）。

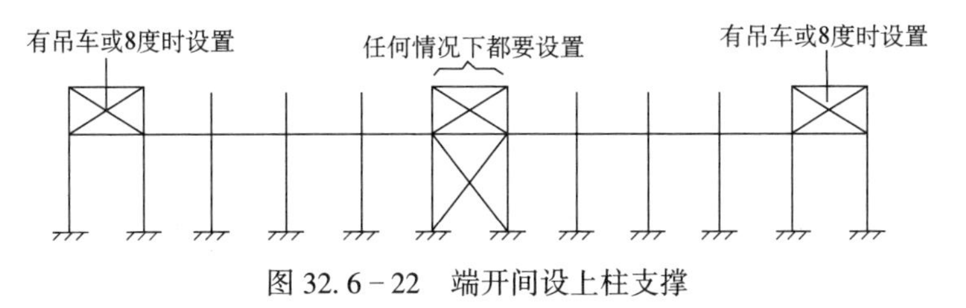

图 32.6－22　端开间设上柱支撑

⑤当厂房很长时，或设防烈度为 8 度Ⅲ、Ⅳ类场地和 9 度时，可采用在厂房单元长度三分之一区段处设置两道支撑的方案（图 32.6－23），支撑杆件截面根据计算确定。

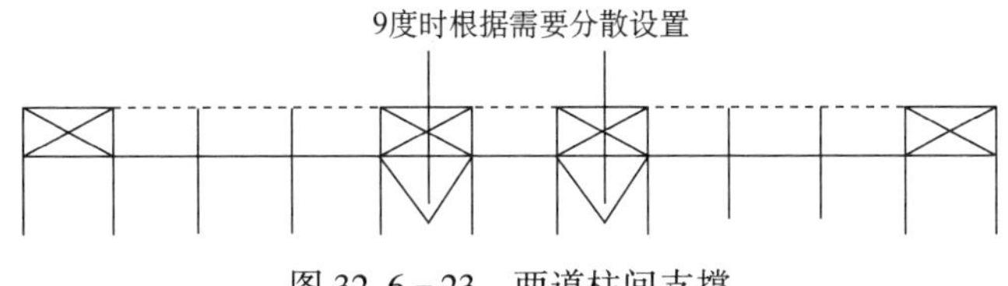

图 32.6－23　两道柱间支撑

⑥8 度时，跨度大于等于 18m 的多跨厂房中柱列和 9 度时多跨厂房的各个柱列，柱顶宜设置通长水平压杆（图 32.6－24）；但当屋架支座处已有通长水平系杆时，二者可以合并设置。

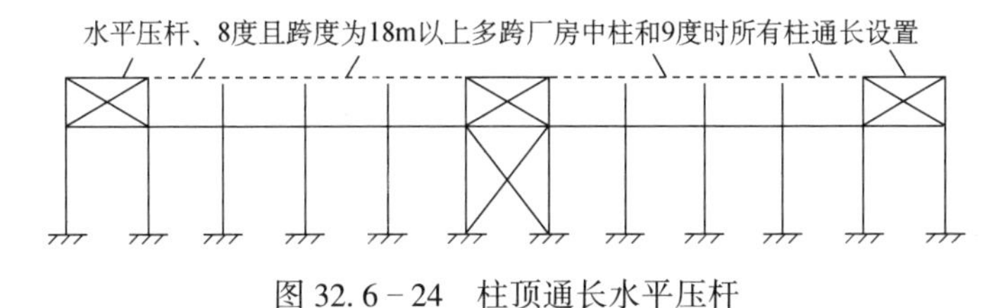

图 32.6－24　柱顶通长水平压杆

（2）柱间支撑的杆件容许长细比可按表32.6－6的规定采用。

表32.6－6

位置	烈度			
	6、7度 Ⅰ、Ⅱ类场地	7度Ⅲ、Ⅳ类场地和 8度Ⅰ、Ⅱ类场地	8度Ⅲ、Ⅳ类场地和 9度Ⅰ、Ⅱ类场地	9度Ⅲ、Ⅳ类场地
上柱支撑	250	250	200	150
下柱支撑	200	200	150	150

在一般情况下，不宜超过上表规定的限值。

3. 柱间支撑节点

1）支撑上节点

（1）节点板的厚度不宜小于10mm，支撑的水平杆和斜杆的端头应尽量靠近柱面。

（2）节点采取焊接方案时，由于柱的宽度多为400mm，不能满足预埋板锚筋的锚固长度要求，因此，应采取锚固角钢板，并在角钢的端头加焊小钢板，以增强锚固效果（图32.6－25）。

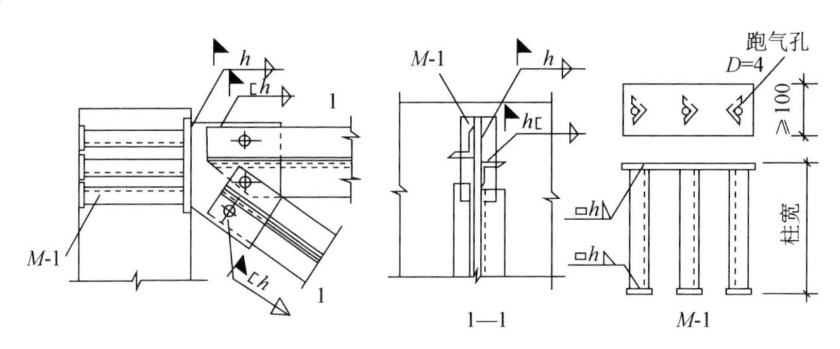

图32.6－25　焊接连接的锚件

（3）与柱的连接采取螺栓方案时，为使柱内预埋件具有一定的抗剪强度，预埋板上应加焊螺栓套管，套管内径应比螺栓直径大1mm（图32.6－26）。

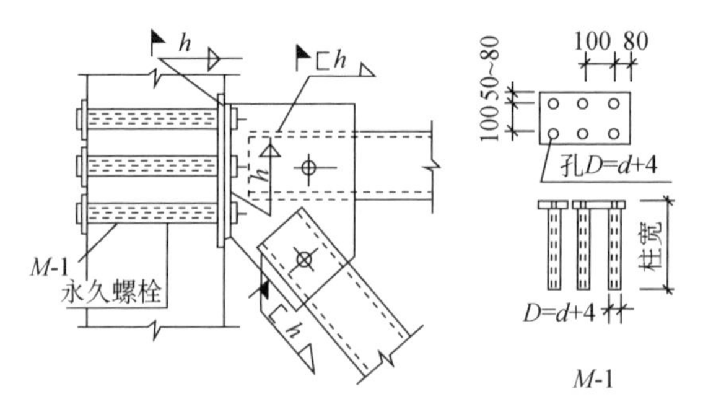

图32.6－26　上节点的螺栓连接构造

2）支撑下节点

（1）参照图 32.6－25、图 32.6－26 所示的构造加强支撑与柱的连接强度。

（2）设防烈度为 7 度时，柱间支撑的下节点可设在紧靠车间室内地坪面的柱上。8 度Ⅰ、Ⅱ类场地，支撑下节点应设置在靠近基础顶面处，为了使支撑左右两根柱平均分担支撑传来的水平地震力，宜在支撑下节点处增设柱底水平系杆（图 32.6－27）；8 度Ⅲ、Ⅳ类场地和 9 度时，应将支撑下节点设在基础上（图 32.6－28），或者设置在连接两个基础的基础梁上（图 32.6－29）。

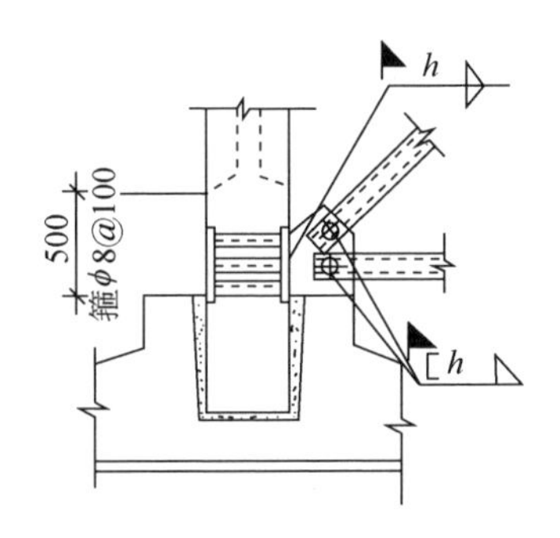

图 32.6－27　8 度Ⅰ、Ⅱ类场地支撑下节点

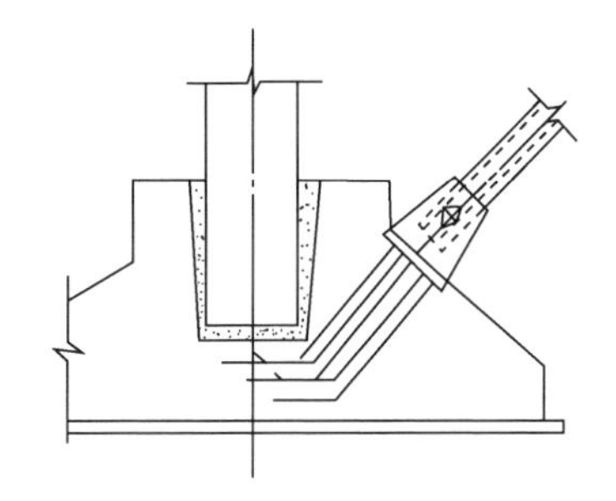

图 32.6－28　支撑下节点设在基础上

（3）下节点设在地坪以下时，地面以下的钢结构应采用沥青和混凝土包裹，以防锈蚀。

3）支撑中间节点

（1）当斜杆为单角钢或单槽钢时，最好采取两根斜杆均不中断，并在中间接点处进行背靠背连接的构造。

（2）若在中间节点处必须有一根斜杆中断而进行搭接时，中断斜杆两端在中间接点处应尽量靠近，且节点板的厚度取不小于 10mm。

（3）8 度Ⅰ、Ⅱ类场地的大型厂房，或 8 度Ⅲ、Ⅳ类场地以及 9 度区的厂房，交叉支撑的中间节点板应采取补强措施。斜杆为十字形截面的上柱支撑中间节点的加强构造如图 32.6－30 所示；斜杆采用槽钢的下柱支撑中间节点的加强构造如图 32.6－31 所示。

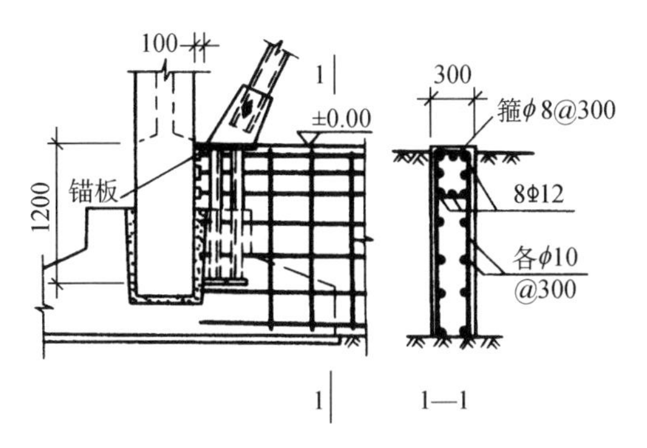

图 32.6－29　支撑下节点设在基础梁上

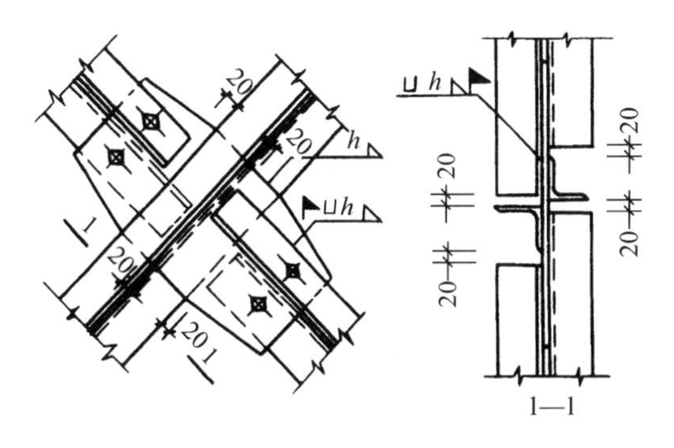

图 32.6－30　上柱支撑的加强中间节点

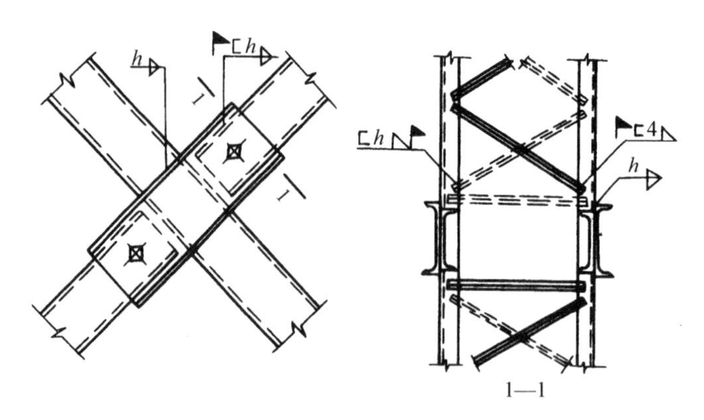

图32.6-31　下柱支撑的加强中间节点

4. 防风柱

1）柱顶的连接构造

（1）7度以及8度的Ⅰ、Ⅱ类场地上的单层厂房，柱顶连接可采取图32.6-32a所示的构造；8度Ⅲ、Ⅳ类场地以及9度时，防风柱与屋架上弦的连接宜采取图32.6-32b所示的构造。

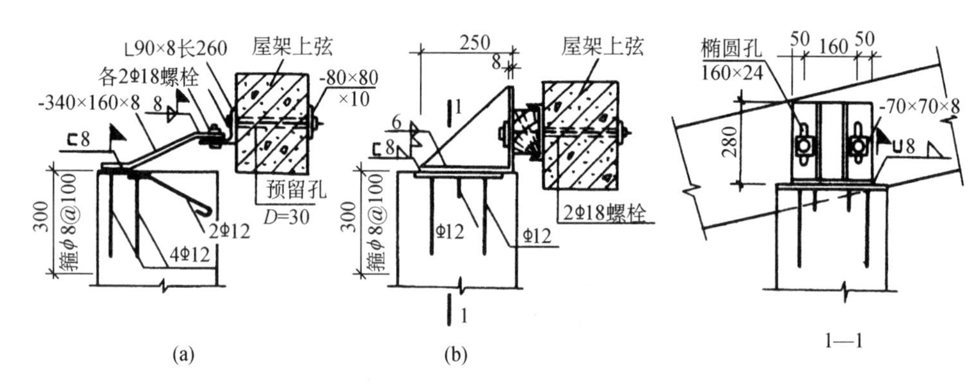

图32.6-32　防风柱顶与屋架上弦的连接

（2）抗风柱顶端以下300mm范围内的箍筋，直径不宜小于6mm，竖向间距不应大于100mm，肢距不宜大于250mm抗风柱的变截面牛腿（杆肩）处，宜设置纵向受拉钢筋。

2）防风柱与屋架下弦的连接

除特殊情况外，抗风柱应该仅与屋架上弦相连。当抗风柱太高，必须与屋架下弦相连接时，屋架下弦横向水平支撑必须按纵向水平地震作用的大小，计算确定杆件截面。

5. 吊车梁与柱的连接

（1）吊车梁与柱牛腿的连接螺栓或焊缝，应根据纵向水平地震和温度作用的大小计算确定。

（2）牛腿面的预埋钢板应为整块的。

（3）牛腿（柱肩）面以上300mm范围内的箍筋应加密，间距不大于100m，肢距不宜大于 250m，箍筋直径不小于 6mm。

32.6.3　围护墙系统

1. 围护墙

1）贴砌砖纵墙

（1）纵墙与柱的拉结。

一般可沿柱全高每隔 500mm 预埋 2ϕ6 钢筋，形状如图 32.6－33 所示。当柱内预留钢筋位置凑不上砖墙灰缝时，可将钢筋稍向上斜折，并抽去靠近柱面的一块砖，换填以砂浆（图 32.6－33a）。厂房转角处的砖墙应沿两个主轴方向与角柱拉结（图 32.6－33b）。

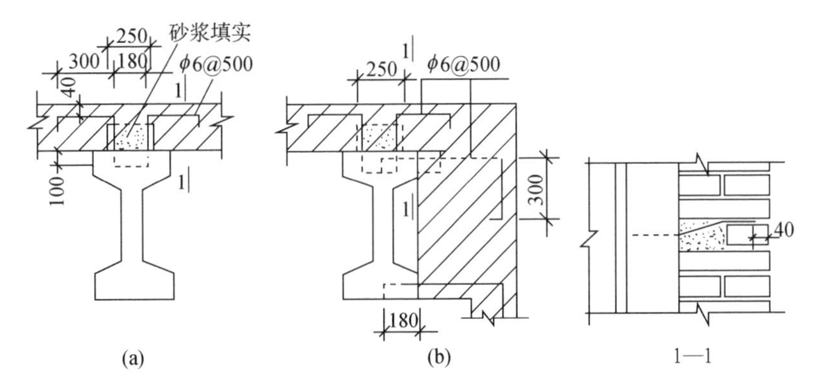

图 32.6－33　贴砌砖墙与柱的拉结

（2）柱顶以上部分砖围护墙。

①柱顶以上部分砖墙与屋架端头、端竖杆和屋面板之间，应有钢筋相互拉结，于屋架上弦高度处设置现浇钢筋混凝土圈梁，并与屋架端头伸出的钢筋拉结（图 32.6－34）。

②应避免采用女儿墙。必须砌筑女儿墙时，应由屋架端头高度处的圈梁内伸出钢筋，砌入女儿墙内，并锚人压顶（图 32.6－34）。

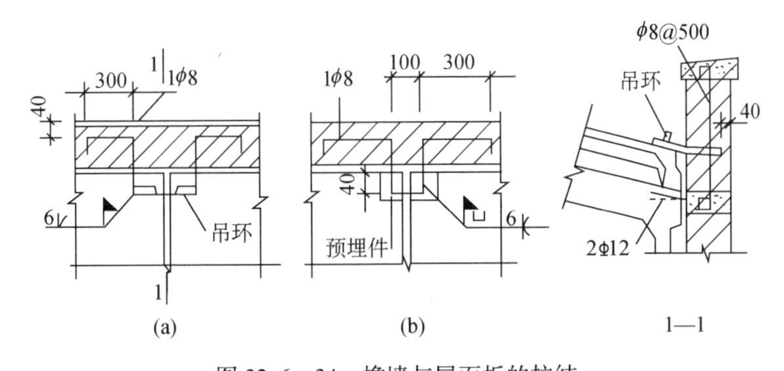

图 32.6－34　檐墙与屋面板的拉结

2）山墙

山墙山尖部分若采取封山做法，应于屋面板高度处沿着屋面坡度在墙上设置现浇钢筋混凝土卧梁，与纵墙上的屋架上弦高度处圈梁相衔接，于每块屋面板端头顶面预埋铁件或吊钩，用U形钢筋与之焊接，并伸入卧梁内；此外，还应在卧梁内每隔500mm预埋1ϕ8竖向钢筋，砌入女儿墙的中央竖缝，上端埋入混凝土压预内（图32.6-35）。

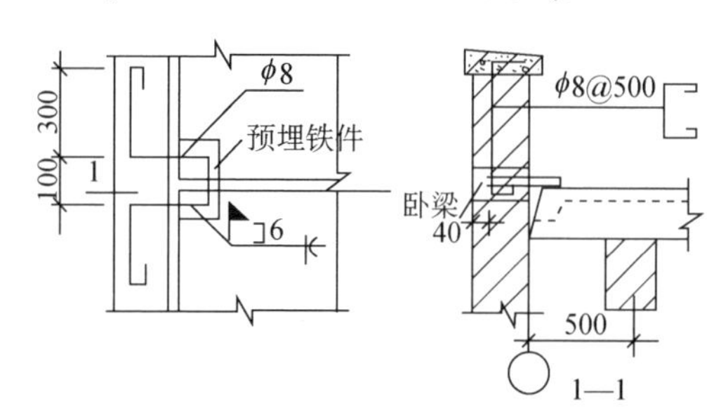

图32.6-35　山墙与屋面板的拉结

3）高低跨交接处封墙

（1）此封墙宜采用与柱柔性连接的钢筋混凝土墙板或其他轻质墙板。

（2）采用砖墙时，一般应在封墙的窗台、窗顶、柱顶、屋架上弦等高度处，各设置现浇钢筋混凝土圈梁一道，并使圈梁竖向间距不大于3m。沿封墙全高在混凝土柱内每隔250mm预埋1ϕ6拉结钢筋，并按图32.6-36a或b做法，将砌入墙内的钢筋周围用砂浆填实。

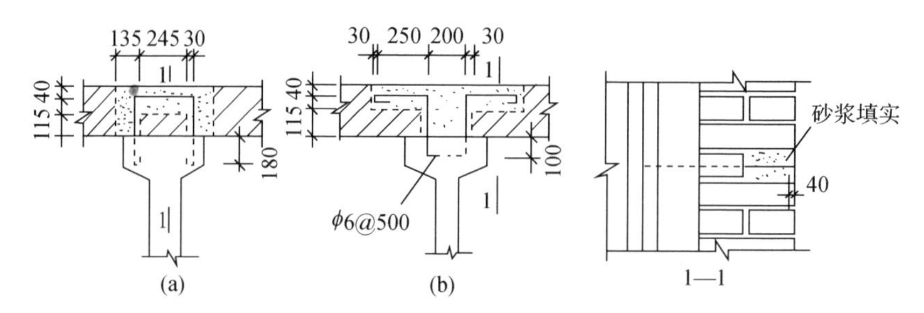

图32.6-36　高低跨处封墙与柱的拉结

2. 圈梁和墙梁

1）圈梁截面的配筋

（1）圈梁截面宽度不能小于墙厚，截面高度不应小于180mm，纵向钢筋应不少于4ϕ12（6~8度）或4ϕ14（9度）。

（2）厂房转角处柱顶圈梁端开间范围内的纵筋，6~8度时不宜小于4ϕ14，9度时不宜少于4ϕ16，转角两侧各1m范围内的箍筋直径不宜小于ϕ8，间距不宜大于100mm；各圈梁在转角处应增设不少于3根且直径与纵筋相同的水平斜筋（图32.6-37）。

2）圈梁与柱的拉结

一般圈梁，与柱的拉结钢筋不宜少于2ϕ12，对于柱顶处圈梁，不宜少于4ϕ12。拉结钢筋在柱内和圈梁内的锚固长度均不应小于35倍钢筋直径（图32.6-38）。角柱则应在两个方向设置钢筋与圈梁连接（图32.6-37）。

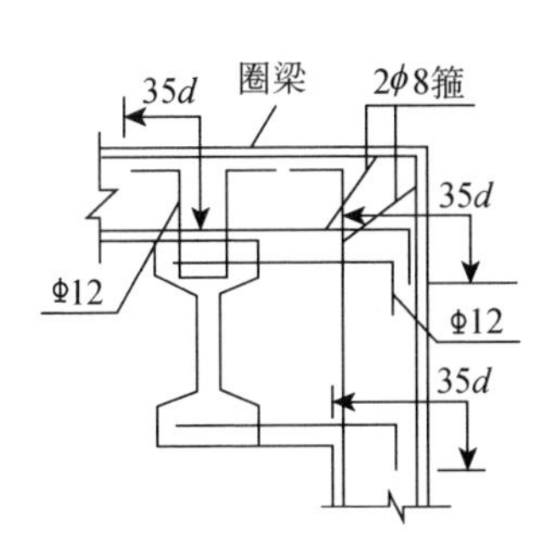

图 32.6－37　圈梁转角处配筋

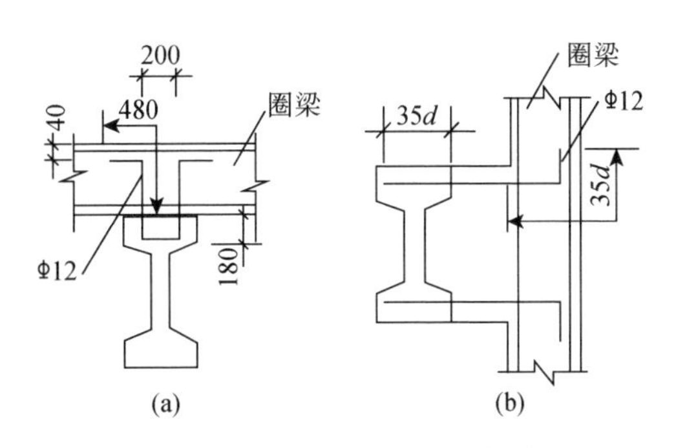

图 32.6－38　圈梁与柱的拉结

3）墙梁与柱的拉结

（1）墙梁宜采用现浇。

（2）采用预制墙梁时，应与柱锚拉，8、9 度时宜在墙梁端头正面预埋钢板，与连接螺栓的垫板焊连（图 32.6－39）。

（3）厂房转角处的纵向和横向墙梁的端头宜采用钢板将两者相互焊连。

4）墙梁底面与砖墙的拉结

采用预制墙梁时，梁底应与砖墙顶面紧密接触，或采取拉结措施。以下几种方法可供参考。

（1）在安装各层预制墙梁之前，在柱的各个牛腿面放置厚约 10mm 的楔形的钢片，待砖墙砌至墙梁底面并塞实砂浆后（墙梁与牛腿面之间不得填砂浆），抽出楔形钢片，墙梁下落，压紧砖墙，然后再充分拧紧连接螺栓。8、9 度时，还应将螺栓垫板与墙梁端头正面的预埋钢板焊牢（图 32.6－40）。

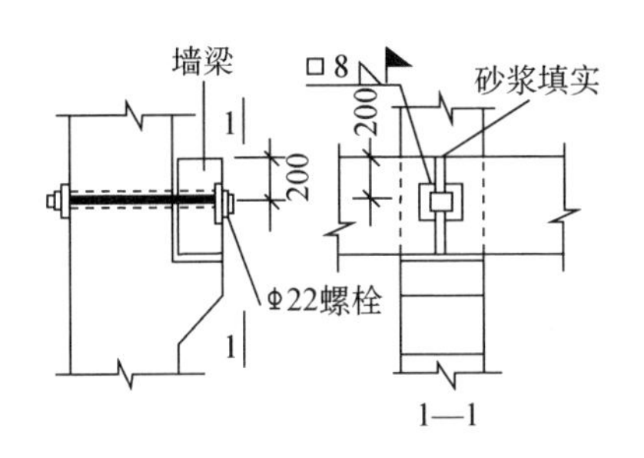

图 32.6－39　墙梁与柱的连接

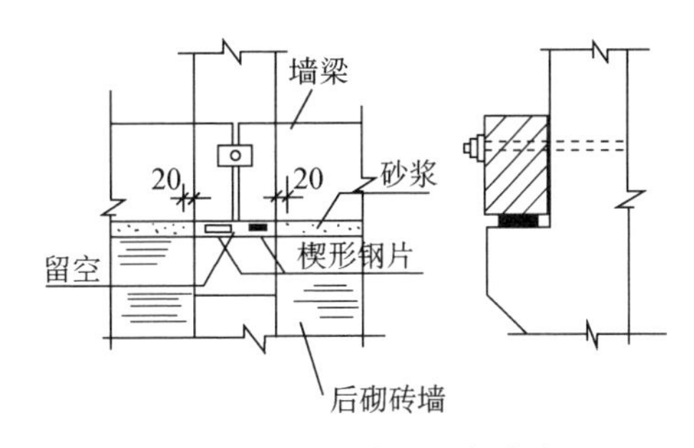

图 32.6－40　墙梁压紧砖墙

（2）沿预制墙梁长度方向，每隔 1.5m 预留直径为 80m 的竖向孔洞，待其下的砖墙砌至距离墙梁底面 300mm 时，由下向孔洞内插入宽 40mm 厚 6mm L 形钢板，并将此钢板砌入砖墙的竖缝中，最后由墙梁顶面用砂浆填实孔洞（图 32.6－41）。

（3）沿墙梁长度方向每隔 1.5m 在墙梁底面预埋一块宽 60m 厚 6m 长同墙梁底宽的钢板，待砖墙砌至梁底时，由砖墙两侧面插入长 50mm 的小角钢，并与梁底钢板焊接（图 32.6－42）。

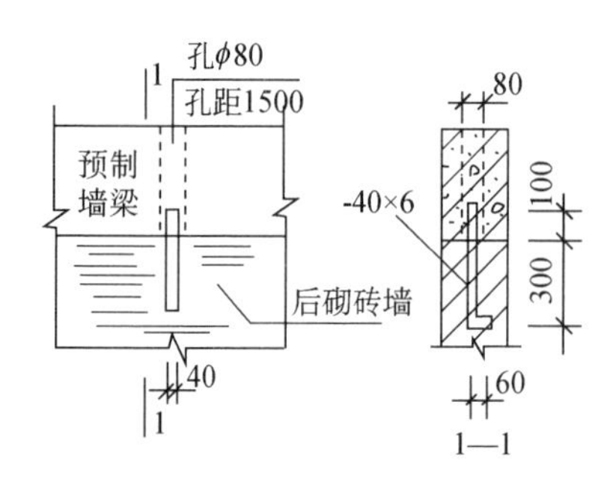

图 32.6－41　砖墙与墙梁的钢板连接

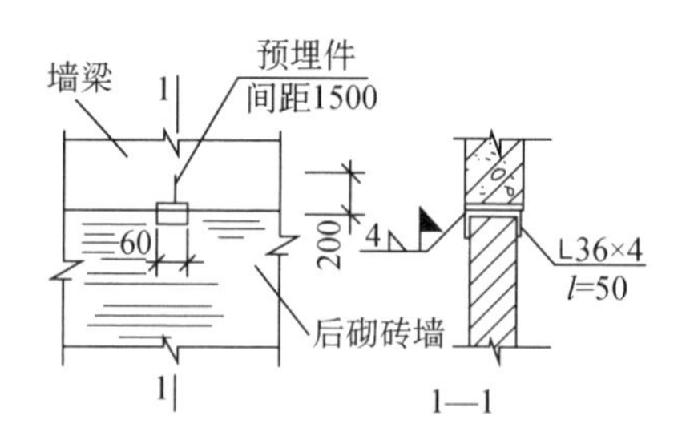

图 32.6－42　砖墙与墙梁的连接

3. 砖隔墙的柔性连接

1）不到顶砖隔墙

（1）对于厂房内部的纵向和横向砖砌隔墙，不宜采取嵌砌于柱间的刚性连接构造，宜改为贴砌于柱边的柔性连接构造。

（2）砖隔墙与柱柔性连接构造见图 32.6－43。砖墙与柱面接触处隔以双层油毡，并沿墙高每隔 1m 抽去一块砖，形成 120mm×63mm 的留洞，与柱上的 $\phi50$ 留洞对齐，穿以 $\phi12$ 螺栓与柱拉结。墙上的圈梁则预留 100mm×50mm 孔洞，并用 $\phi16$ 螺栓与柱拉结。

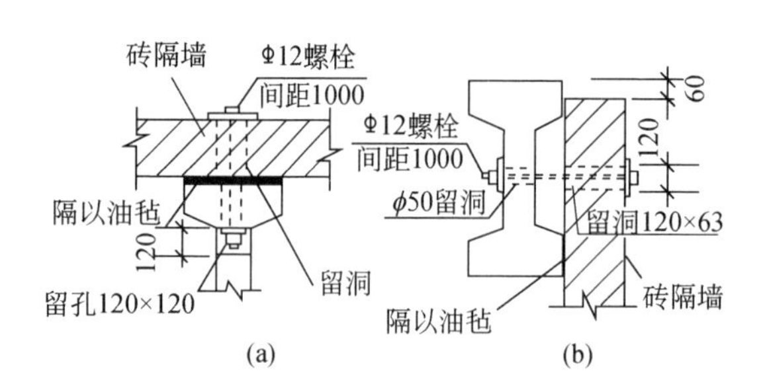

图 32.6－43　砖隔墙与柱的柔性连接

（a）纵隔墙；（b）横隔墙

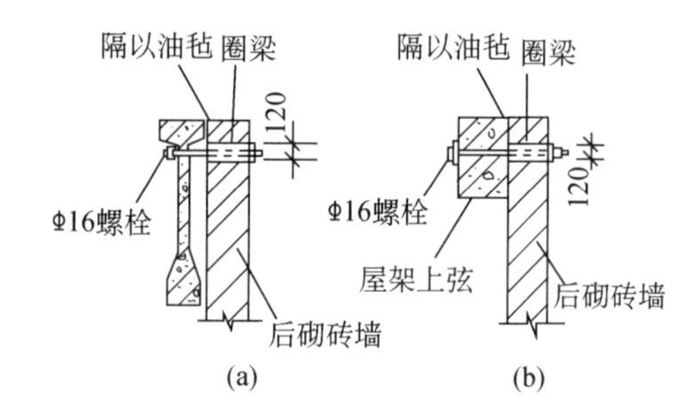

图 32.6－44　横隔墙与屋架的拉结

2）到顶的贴砌横隔墙

墙的顶端应设置厚 120 的现浇钢筋混凝土圈梁，若该处浇灌混凝土有困难时，亦可改用 M5 砂浆制成的内配 $2\phi10$ 通长钢筋的砂浆带。圈梁（或砂浆带）、砖墙与屋架上弦（或屋面梁）接触处应隔以双层油毡。圈梁或砂浆带应沿墙长每隔 1.5m 预留一个 $\phi50$ 孔洞，穿以 $\phi16$ 螺栓与屋架上弦或屋面梁拉结（图 32.6－44）。

4. 钢筋混凝土墙板

8、9 度时，钢筋混凝土大型墙板与厂房柱或屋架，宜采用柔性连接。下面介绍两种抗震性能较优的做法。

1）钢筋焊接及插销连接法

墙板的上节点，采用 U 形钢筋将板顶面预埋钢板与柱面预埋钢板焊接。下节点不再与柱连接，而是采用钢插销来固定位置（图 32.6－45）。

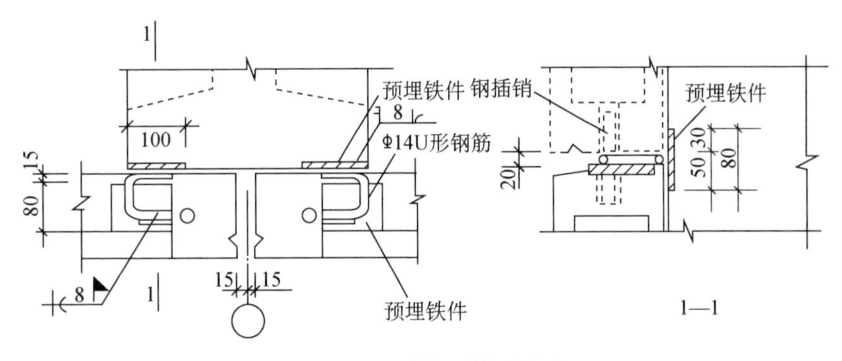

图 32.6－45　墙板柔性连接之一

2）钢筋焊接及橡胶垫连接法

墙板上节点仍采用 U 形连接钢筋将墙板与柱拉结，墙板下节点则采用橡胶垫块固定方式的做法（图 32.6－46）。具体做法是：在已安装好的下墙板顶面端部，各放置一块平面尺寸为 100mm×100mm、厚 20mm 的橡胶块（氯丁橡胶或天然橡胶），再将上墙板吊装就位。通过在橡胶块面坐浆的方式，调整墙板的位置及板缝的大小，然后进行节点隐蔽式钢筋焊接的施工。

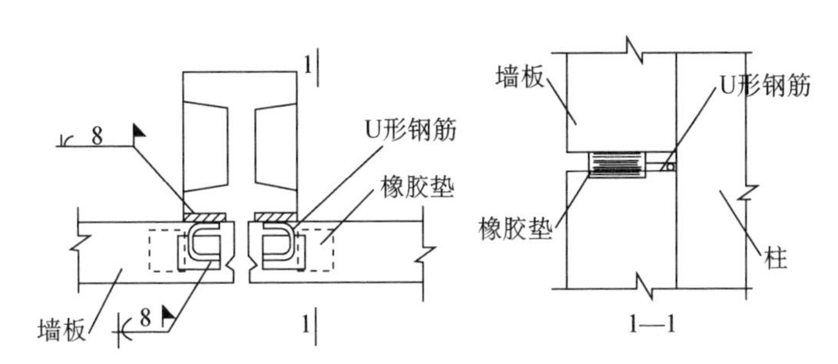

图 32.6－46　墙板柔性连接之二

以上两种连接方法，均需沿柱高每隔 4.5～6m 设置一个丁字形钢牛腿支托（图 32.6－47）。

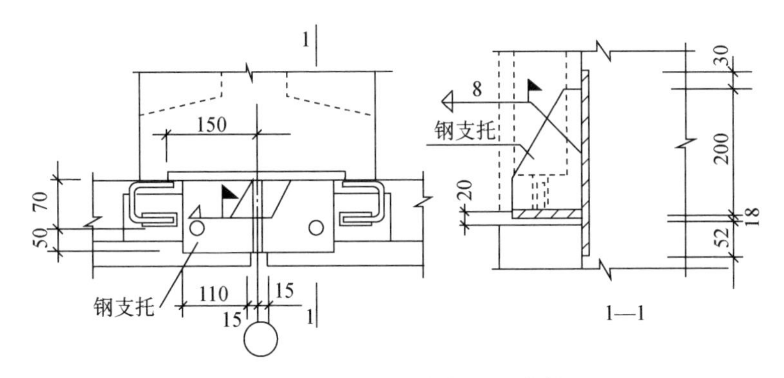

图 32.6－47　墙板的钢牛腿支托

32.7　横向抗震计算例题

【例 32.7-1】　两跨等高钢筋混凝土柱厂房（图 32.7-1）

有一位于8度Ⅱ类场地的等高两跨钢筋混凝土柱厂房，其结构布置及基本数据示于图 32.7-1。AB跨和BC跨分别设有5t和10t桥式吊车一台。厂房的屋盖重力荷载为3.5kN/m²，雪荷载为0.3kN/m²，柱的混凝土强度等级为C20，围护结构为240mm砖墙。求厂房排架的横向水平地震作用。

【解】　按《抗震规范》规定，本例可按平面排架采用底部剪力法进行计算。

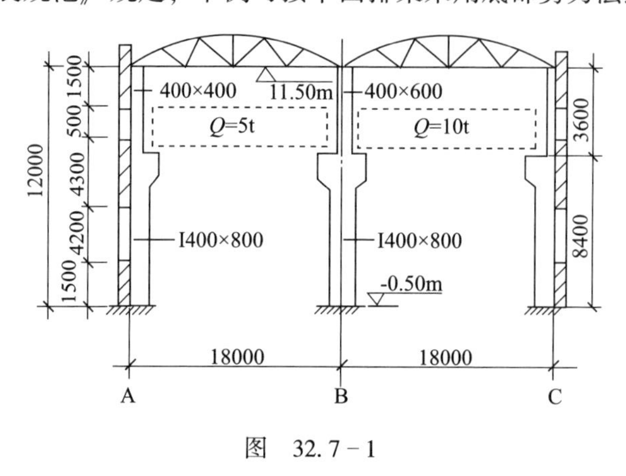

图　32.7-1

1. 一般重力荷载计算

重力荷载均按一个柱距为单元进行计算，下同。

（1）屋盖结构重力荷载（G_r）：

$$G_r = 3.5 \times 18 \times 6 = 378\text{kN}$$

（2）雪载（G_{sn}）：

$$G_{sn} = 0.3 \times 18 \times 6 = 32.4\text{kN}$$

（3）柱子重（G_c）：

A、C柱　上柱　$0.16 \times 3.6 \times 25 = 14.4\text{kN}$

　　　　下柱　$0.178 \times 8.4 \times 25 = 37.3\text{kN}$

$$G_c = 51.7\text{kN}$$

B柱　上柱　$0.24 \times 3.6 \times 25 = 21.6\text{kN}$

　　　下柱　$0.178 \times 8.4 \times 25 = 37.3\text{kN}$

$$G_c = 58.9\text{kN}$$

（4）吊车梁重（G_b）：

$$G_b = 30\text{kN/根}$$

（5）吊车桥架重（G_{cr}）：

一台5t　　157kN

一台 10t　186kN

（6）纵墙重（G_{wl}）：

$$G_{wl}=248.3\text{kN}\ (\text{扣除窗孔})$$

2. 结构计算简图

等高厂房的计算简图可取图 32.7－2 所示的单质点系，全部结构重力荷载及雪荷载均按周期（内力）等效原则折算集中到柱顶标高处质点 G_1 上。

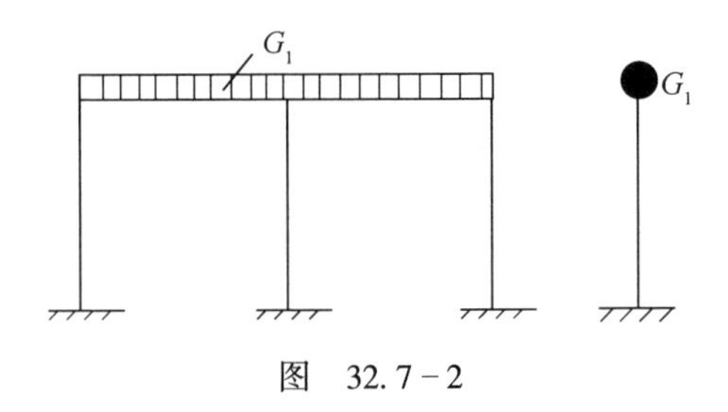

图　32.7－2

3. 质点集中重力荷载代表值计算

1）柱顶标高处

（1）计算基本周期时，

$$\begin{aligned}G &= 1.0(G_r+0.5G_{sn})+0.5G_b+0.25G_{cs}+0.25G_{cc}+0.25G_w+1.0G_{we}\\ &=1.0(378\times2+0.5\times32.4\times2)+0.5\times30\times4+0.25\times51.7\times2\\ &\quad+0.25\times58.9+0.25\times222.4\times2+1.0\times25.9\times2\\ &=1052\text{kN}\end{aligned}$$

式中　G_{we}——檐墙的重力荷载。

（2）计算地震作用时，

$$\begin{aligned}\overline{G} &= 1.0(378\times2+0.5\times32.4\times2)+0.75\times30\times4+0.5\times51.7\times2\\ &\quad+0.5\times58.9+0.5\times222.4\times2+1.0\times25.9\times2\\ &=1203.8\text{kN}\end{aligned}$$

2）吊车梁面标高处

AB 跨　$G_{cr1}=1.0\times57.3=57.3\text{kN}$

BC 跨　$G_{cr2}=1.0\times61.6=61.6\text{kN}$

注：G_{cr1} 和 G_{cr2} 分别为作用在所在跨一根柱之上的吊车桥架重力荷载，其量值等于一台吊车轮压作用在一侧柱子牛腿上的最大反力。

此标高的集中重力荷载 G_{cr} 只用于计算吊车桥架在此标高产生的水平地震作用。

4. 排架基本周期计算

1）单柱位移计算

单柱位移的计算简图示于图 32.7－3。

边柱：$\delta_a=\delta_c=\dfrac{1}{3E}\left(\dfrac{H_1^3}{I_1}+\dfrac{H^3-H_1^3}{I_2}\right)$

$$=\frac{1}{3\times 2.55\times 10^7}\left(\frac{3.6^3}{2.13\times 10^{-3}}+\frac{12^3-3.6^3}{14.38\times 10^{-3}}\right)$$

$$=1.81\times 10^{-3}\text{m/kN}$$

中柱：$\delta_b=\dfrac{1}{3\times 2.55\times 10^7}\left(\dfrac{3.6^3}{7.2\times 10^{-3}}+\dfrac{12^3-3.6^3}{14.38\times 10^{-3}}\right)$

$$=1.61\times 10^{-3}\text{m/kN}$$

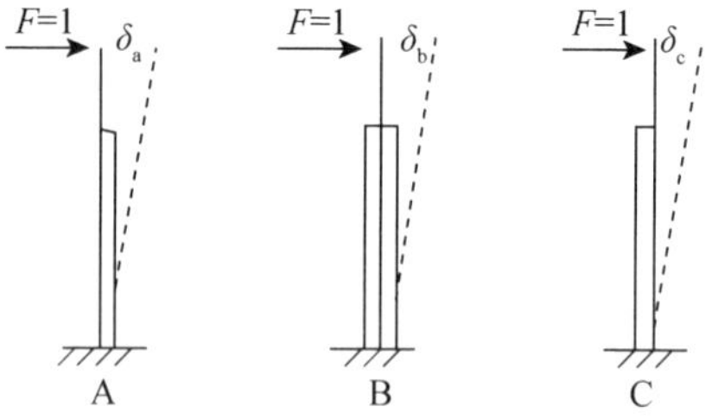

图　32.7－3

上式中的排架柱计算参数为

$$H_1=3.6\text{mm}\qquad H=12\text{m}$$

$$I_1=2.13\times 10^{-3}\text{m}^4\qquad I_2=14.38\times 10^{-3}\text{m}^4$$

$$E=2.55\times 10^7\text{kN/m}^2$$

2）排架横梁内力计算

$$K=\frac{1}{\delta_a}+\frac{1}{\delta_b}+\frac{1}{\delta_c}=\left(\frac{1}{1.81}+\frac{1}{1.61}+\frac{1}{1.81}\right)\times 10^3=1.726\times 10^3\text{kN/m}$$

$$V_A=\frac{1}{\delta_a K}=\frac{1}{1.81\times 10^3\times 1.726\times 10^{-3}}=0.32$$

$$V_B=\frac{1}{\delta_b K}=\frac{1}{1.61\times 10^3\times 1.726\times 10^{-3}}=0.36$$

$$V_C=\frac{1}{\delta_c K}=\frac{1}{1.81\times 10^3\times 1.726\times 10^{-3}}=0.32$$

由此得：

$$x_{11}=1-V_A=1-0.32=0.68$$

$$x_{11}-x_{12}=V_B$$

$$x_{12}=x_{11}-V_B=0.68-0.36=0.32$$

计算简图示于图 32.7－4

排架在单位力作用下的位移计算简图示于图 32.7－5。

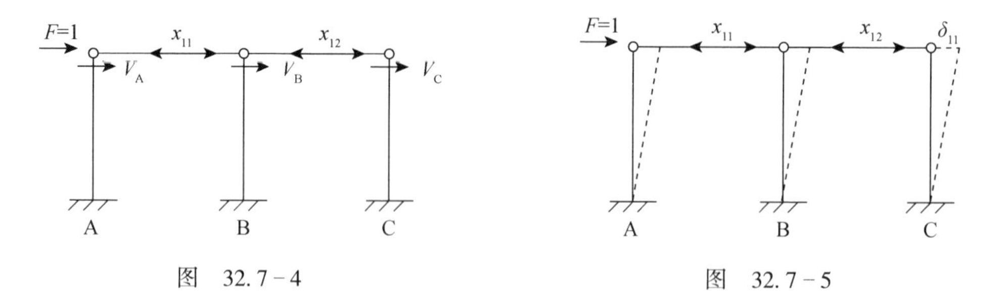

图　32.7－4　　　　图　32.7－5

3）排架位移计算

$$\delta_{11}=(1-x_{11})\delta_a=(1-0.68)\times 1.81\times 10^{-3}=0.579\times 10^{-3}\text{m/kN}$$

也可用下式求得：

$$\delta_{11}=(x_{11}-x_{12})\delta_{b}=(0.68-0.32)\times1.61\times10^{-3}=0.59\times10^{3}\mathrm{m/kN}$$

4）基本周期 T 的计算

单质点系的排架基本周期 T 可按下式进行计算：

$$T=2\psi_{T}\sqrt{G\delta_{11}}=2\times0.8\sqrt{1052\times0.579\times10^{-3}}=1.24\mathrm{s}$$

式中　ψ_{T}——周期修正系数取 0.8。

5. 排架横向水平地震作用计算

排架底部的总地震剪力标准值为

$$F_{Ek}=\alpha_{1}G_{eq}$$

$$G_{eq}=G_{E}=G=1233.8\mathrm{kN}$$

按《规范》规定，本例位于 8 度，Ⅱ类场地，设计地震分组属第一组，特征周期值为

$$T_{g}=0.35\ (\mathrm{s})$$

其设计基本地震加速度值为 0.20g，相应的水平地震影响系数最大值为

$$\alpha_{max}=0.16$$

由此得

$$\alpha_{1}=\left(\frac{T_{g}}{T_{1}}\right)^{0.9}\cdot\alpha_{max}=\left(\frac{0.35}{1.24}\right)^{0.9}\times0.16=0.05$$

$$F_{Ek}=0.05\times1233.8=61.69\mathrm{kN}$$

排架柱顶的地震作用为　$F_{1}=F_{Ek}=61.69\mathrm{kN}$

吊车梁面标高处的吊车桥架产生的横向水平地震作用为

$$F_{cr1}=\alpha_{1}G_{cr1}\frac{H_{cr1}}{H}=0.05\times57.3\times\frac{9.3}{12}=2.22\mathrm{kN}\qquad(\text{AB 跨一根柱})$$

$$F_{cr2}=\alpha_{1}G_{cr2}\frac{H_{cr2}}{H}=0.05\times61.6\times\frac{9.3}{12}=2.38\mathrm{kN}\qquad(\text{BC 跨一根柱})$$

6. 排架地震作用效应计算

（1）在柱顶地震作用下的地震作用效应示于图 32.7－6。

A 柱：$M_{\text{I-I}}=71.06\mathrm{kN\cdot m}$

$V_{\text{I-I}}=19.74\mathrm{kN}$

$M_{\text{II-II}}=236.88\mathrm{kN\cdot m}$

$V_{\text{II-II}}=19.74\mathrm{kN}$

B 柱：$M_{\text{I-I}}=79.96\mathrm{kN\cdot m}$

$V_{\text{I-I}}=22.21\mathrm{kN}$

$M_{\text{II-II}}=266.52\mathrm{kN\cdot m}$

$V_{\text{II-II}}=22.21\mathrm{kN}$

C 柱：$M_{\text{I-I}}=71.06\mathrm{kN\cdot m}$

$V_{\text{I-I}}=19.74\mathrm{kN}$

$M_{Ⅱ-Ⅱ}=236.88\text{kN}\cdot\text{m}$

$V_{Ⅱ-Ⅱ}=19.74\text{kN}$

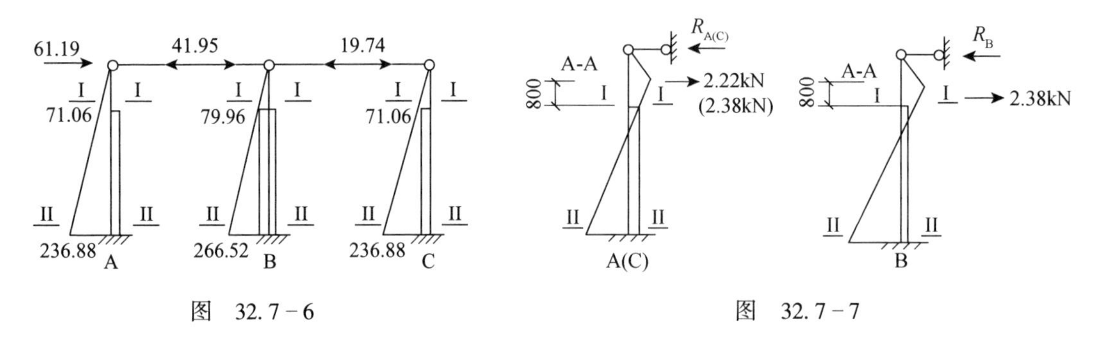

图　32.7－6　　　　图　32.7－7

(2) 吊车桥架水平地震作用的地震作用效应示于图 32.7－7，按柱顶为不动铰的计算简图进行计算。吊车水平地震作用分别由所在跨排架左右二柱共同承受。

A 柱：$F_{cr1}=2.22\text{kN}$

B 柱：$F_{cr1}=2.22\text{kN}$　　（左侧）

$F_{cr2}=2.38\text{kN}$　　（右侧）

C 柱：$F_{cr2}=2.38\text{kN}$

柱顶为不动铰时各柱柱顶反力为

$$R_A=1.3\text{kN}\quad R_B=1.5\text{kN}\quad R_C=1.4\text{kN}$$

由此得各柱截面的地震作用效应如下：

A、C 柱：$M_{Ⅰ-Ⅰ}=-1.3\times3.6+2.22\times0.8=-2.90\text{kN}\cdot\text{m}$

$M_{Ⅱ-Ⅱ}=-1.3\times12+2.22\times9.2=4.80\text{kN}\cdot\text{m}$

$M_{A-A}=-1.3\times2.8=-3.64\text{kN}\cdot\text{m}$

$V_{Ⅰ-Ⅰ}=0.92\text{kN}$

$V_{Ⅱ-Ⅱ}=0.92\text{kN}$

注：M_{A-A}为吊车梁面标高处柱截面的地震作用效应（弯矩）。

B 柱：$M_{Ⅰ-Ⅰ}=\mp3.50\text{kN}\cdot\text{m}$

$M_{Ⅱ-Ⅱ}=\pm3.90\text{kN}\cdot\text{m}$

$M_{A-A}=\mp4.20\text{kN}\cdot\text{m}$

$V_{Ⅰ-Ⅰ}=\pm0.88\text{kN}$

$V_{Ⅱ-Ⅱ}=\pm0.88\text{kN}$

C 柱的地震作用效应计算从略。

7. 排架地震作用效应考虑空间工作影响的调整和吊车地震作用效应考虑局部振动影响的增大调整

(1) 排架地震作用效应考虑空间工作影响的调整。

本例厂房长 78m，两端均有山墙，钢筋混凝土无檩屋盖，按《规范》规定其排架截面Ⅰ—Ⅰ和Ⅱ—Ⅱ的地震作用效应，应按《规范》附录 J 表 J.2.3－1 考虑空间工作影响的效应调整系数 0.85 进行调整。

A 柱：$M_{Ⅰ-Ⅰ}=0.85\times71.06=60.40\text{kN}\cdot\text{m}$

$V_{Ⅰ-Ⅰ}=0.85\times19.74=16.78\text{kN}$

$M_{Ⅱ-Ⅱ}=0.85\times236.88=201.35\text{kN}\cdot\text{m}$

$V_{Ⅱ-Ⅱ}=0.85\times19.74=16.78\text{kN}$

B 柱：$M_{Ⅰ-Ⅰ}=0.85\times79.96=67.97\text{kN}\cdot\text{m}$

$V_{Ⅰ-Ⅰ}=0.85\times22.21=18.88\text{kN}$

$M_{Ⅱ-Ⅱ}=0.85\times266.52=226.54\text{kN}\cdot\text{m}$

$V_{Ⅱ-Ⅱ}=0.85\times22.21=18.88\text{kN}$

C 柱：$M_{Ⅰ-Ⅰ}=0.85\times71.03=60.40\text{kN}\cdot\text{m}$

$V_{Ⅰ-Ⅰ}=0.85\times19.74=16.78\text{kN}$

$M_{Ⅱ-Ⅱ}=0.85\times236.88=201.35\text{kN}\cdot\text{m}$

$V_{Ⅱ-Ⅱ}=0.85\times19.74=16.78\text{kN}$

（2）吊车地震作用效应的调整，按《规范》规定，应乘以《规范》附录 J 表 J. 2. 5 的增大系数。本例为钢筋混凝土无檩屋盖，两端山墙，边柱 A 和 C 的增大系数为 2. 0，中柱 B 的增大系数为 3. 0；应乘此增大系数的柱截面是吊车梁面标高处的柱截面 A—A：

A 柱：$M'_{A-A}=2.0\times3.64=\mp7.28\text{kN}\cdot\text{m}$

$V'_{A-A}=2.0\times1.69=\pm3.38\text{kN}$

B 柱：$M'_{A-A}=3.0\times4.20=\mp12.60\text{kN}\cdot\text{m}$

$V'_{A-A}=3.0\times1.5=\pm4.50\text{kN}$

C 柱同 A 柱。

8. 排架地震作用效应与其他荷载效应的组合

1）排架地震作用效应与结构重力荷载和雪荷载效应的组合

$$M_{组合}=\gamma_G(M_r+0.5M_{sn}+M_b)+\gamma_{Eh}M_{Eh}$$

$$V_{组合}=\gamma_G(V_r+0.5V_{sn}+V_b)+\gamma_{Eh}V_{Eh}$$

注：式中的 M_r、M_{sn}、M_b、M_{Eh} 分别代表屋盖重力荷载、雪荷载，吊车梁荷载和柱顶水平地震作用产生的柱截面弯矩；V_r、V_{sn}、V_{Eh} 分别为与弯矩相对应的截面剪力；γ_G、γ_{Eh} 为荷载分项系数，取 $\gamma_G=1.2$，$\gamma_{Eh}=1.3$。组合按柱截面Ⅰ—Ⅰ和Ⅱ—Ⅱ进行，即：

$$M_{Ⅰ-Ⅰ}=1.2(M_r^{Ⅰ}+0.5M_{sn}^{Ⅰ}+M_b^{Ⅰ})+1.3M_{Eh}^{Ⅰ}$$

$$V_{Ⅰ-Ⅰ}=1.2(V_r^{Ⅰ}+0.5V_{sn}^{Ⅰ}+V_b^{Ⅰ})+1.3M_{Eh}^{Ⅰ}$$

$$M_{Ⅱ-Ⅱ}=1.2(M_r^{Ⅱ}+0.5M_{sn}^{Ⅱ}+M_b^{Ⅱ})+1.3M_{Eh}^{Ⅱ}$$

$$V_{Ⅱ-Ⅱ}=1.2(V_r^{Ⅱ}+0.5V_{sn}^{Ⅱ}+V_b^{Ⅱ})+1.3V_{Eh}^{Ⅱ}$$

上述表达式中右边第一项取自排架静力分析，第二项取自本例图 32. 7－6 所示的弯矩和剪力值。

2）排架地震作用效应与吊车荷载效应的组合

（1）与吊车桥架产生的水平地震作用效应的组合。

吊车桥架产生的地震作用效应 M_{Ehcr}（即本例 6（2）和 7（2）所示的柱截面Ⅰ—Ⅰ、Ⅱ—Ⅱ和 A—A 的 $M_{Ⅰ-Ⅰ}$，$M_{Ⅱ-Ⅱ}$，M'_{A-A}）应根据对柱截面受力最不利的原则进行组合（吊

车地震作用效应考虑双向作用)，此时的组合表达式为

$$M_{组合}=1.2(M_r+0.5M_{sn}+M_b)+1.3(M_{Eh}+M_{Ehcr})$$

$$V_{组合}=1.2(V_r+0.5V_{sn}+V_b)+1.3(V_{Eh}+V_{Ehcr})$$

组合分别按 A 柱、B 柱和 C 柱的相应柱截面进行。

(2) 与吊车竖向重力荷载效应的组合。

吊车竖向重力荷载效应包括二部分:

①吊车桥架自重 N_{cr}对柱产生的弯矩 M_{cr}和剪力 V_{cr}。

②吊重 N_{crl}对柱引起的弯矩 M_{crl}和剪力 V_{crl}。

组合时，对 M_{cr}和 V_{cr}必须进行组合；对吊重产生的 M_{crl}和 V_{crl}则应根据柱截面受力最不利情况分别考虑，对上柱根部截面Ⅰ—Ⅰ，一般应予以组合，而对下柱根部柱截面Ⅱ—Ⅱ，则应视其对该截面受力是否不利来确定，例如使柱导致 N_{min}的大偏心受压时就不予考虑吊重竖向荷载的组合。在组合吊车的竖向荷载效应时，按《规范》规定荷载分项系数也取 1.2。即在总的组合表达式中再增加一项 1.2 ($M_{cr}+M_{crl}$) 和 1.2 ($V_{cr}+V_{crl}$)。

【例 32.7-2】　两跨不等高单层厂房

设一厂房位于 7 度Ⅲ类场地，结构布置和基本数据示于图 32.7-8。AB 跨和 CD 跨各有 5t 和 10t 桥式吊车一台；屋盖重力荷载为 3.5kN/m²；雪荷载为 0.2kN/m²；柱的混凝土强度等级为 C20；砖围护墙厚 240mm；试用底部剪力法计算排架的横向地震作用。

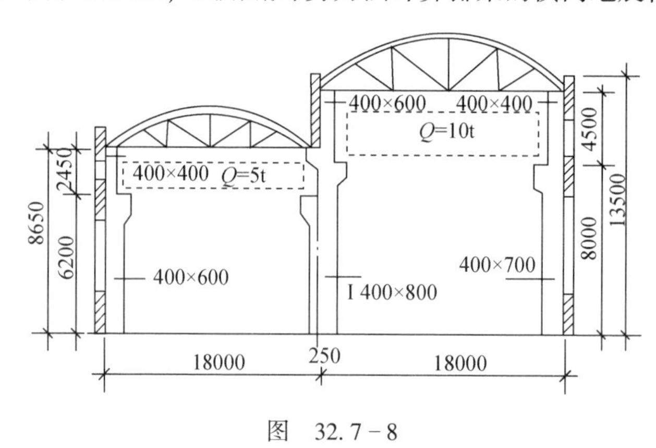

图　32.7-8

【解】　按《规范》的底部剪力法求算厂房排架的横向地震作用。

1. 一般重力荷载计算

(1) 屋盖结构重力荷载

$$G_r=3.5\times18\times6=378\text{kN}$$

(2) 雪荷载

$$G_{sn}=0.2\times18\times6=21.6\text{kN}$$

(3) 柱子重

$$G_{cA}=49\text{kN},\ G_{cB}=75\text{kN},\ G_{cD}=77\text{kN}$$

(4) 吊车梁重

$$G_b=45\text{kN/根}$$

(5) 墙体重

$$G_{mlA} = 196\text{kN} \quad \text{(A 柱列纵墙)}$$

$$G_{wSB} = 89\text{kN} \quad \text{(高跨封墙)}$$

$$G_{wlD} = 286\text{kN} \quad \text{(D 柱列纵墙)}$$

(6) 吊车桥架重

一台 5t　153kN

一台 10t　186kN

2. 结构计算简图

本例为一低一高不等高厂房，结构计算简图可取图 32.7－9 所示的两质点系。

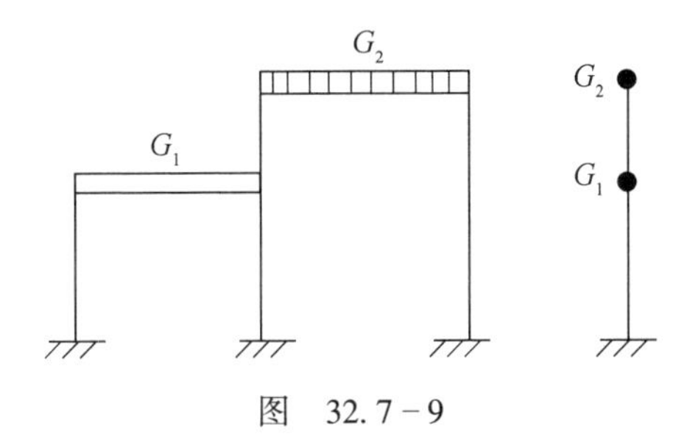

图　32.7－9

3. 质点集中重力荷载计算

1) 低跨柱顶标高处

(1) 计算基本周期时，

$$\begin{aligned} G_1 &= 1.0(G_r + 0.5G_{sh}) + 0.5G_{bl} + 1.0G_{bh} + 0.25G_{cA} \\ &\quad + 0.25G_{cBl} + 0.5G_{cBu} + 0.25G_{wlA} + 0.5G_{wsB} \\ &= 1.0(378 + 0.5 \times 21.6) + 0.5 \times 45 \times 2 + 1.0 \times 45 \\ &\quad + 0.25 \times 49 + 0.25 \times 50 + 0.5 \times 25 + 0.25 \times 196 \\ &\quad + 0.5 \times 89 = 609.5\text{kN} \end{aligned}$$

注：上式中的下脚标 A、B、C 表示柱列编号。

(2) 计算地震作用时，

$$\begin{aligned} G_1 &= 1.0(378 + 0.5 \times 21.6) + 0.75 \times 45 \times 2 + 1.0 \times 45 \\ &\quad + 0.5 \times 49 + 0.5 \times 50 + 0.5 \times 25 + 0.5 \times 196 + 0.5 \times 89 \\ &= 683\text{kN} \end{aligned}$$

2) 高跨柱顶处

(1) 计算基本周期时，

$$\begin{aligned} G_2 &= 1.0(G_r + 0.5G_{sn}) + 0.5G_{bh} + 0.25G_{cD} + 0.5G_{cBu} + 0.25G_{wh} + 0.5G_{ws} \\ &= 1.0(378 + 0.5 \times 21.6) + 0.5 \times 45 + 0.25 \times 77 \\ &\quad + 0.5 \times 25 + 0.25 \times 286 + 0.5 \times 89 \\ &= 559.10\text{kN} \end{aligned}$$

（2）计算地震作用时，

$$G_2 = 1.0(378 + 0.5 \times 21.6) + 0.75 \times 45 + 0.5 \times 77 + 0.5 \times 25 + 0.5 \times 286 + 0.5 \times 89 = 649.85\text{kN}$$

3）吊车梁面标高处

AB 跨　$G_{cr1} = 1.0 \times 57.3 = 57.3\text{kN}$

CD 跨　$G_{cr2} = 1.0 \times 61.6 = 61.6\text{kN}$

4. 排架基本周期计算

1）单柱位移计算

单柱位移的计算简图示于图 32.7－10。

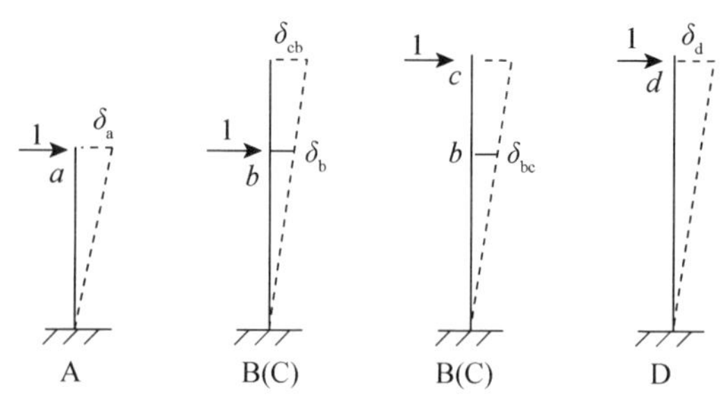
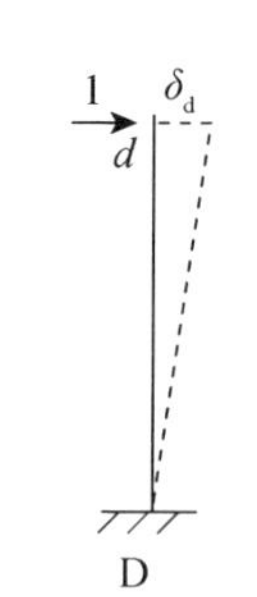

图　32.7－10

各柱在单位力作用下的柱顶及高低跨交接处的水平位移如下：

$$\delta_a = \frac{1}{3E}\left(\frac{H_1^3}{I_1} + \frac{H_2^3 - H_1^3}{I_2}\right) = \frac{1}{3 \times 2.55 \times 10^7}\left(\frac{2.45^3}{2.13 \times 10^{-3}} + \frac{9.15^3 - 2.45^3}{7.2 \times 10^{-3}}\right)$$
$$= 14.5 \times 10^{-3}\text{m/kN}$$

$$\delta_c = \frac{1}{3E}\left(\frac{H_3^3}{I_1} + \frac{H_4^3 - H_3^3}{I_2}\right) = \frac{1}{3 \times 2.55 \times 10^7}\left(\frac{4.5^3}{7.2 \times 10^{-3}} + \frac{13^3 - 4.5^3}{14.38 \times 10^{-3}}\right)$$
$$= 2.08 \times 10^{-3}\text{m/kN}$$

$$\delta_b = \frac{1}{3E}\left(\frac{H_3^3}{I_1} + \frac{H_5^3 - H_3^3}{I_2}\right) = \frac{1}{3 \times 2.55 \times 10^7}\left(\frac{4.5^3}{7.2 \times 10^{-3}} + \frac{9.15^3 - 4.5^3}{14.38 \times 10^{-3}}\right)$$
$$= 0.78 \times 10^{-3}\text{m/kN}$$

$$\delta_{bc} = \delta_{cb} = \frac{1}{3E}\left(\frac{H_3^3 - a^3}{I_1} - \frac{a(H_3^2 - a^2)}{0.67I_1} + \frac{H_4^3 - H_3^3}{I_2} - \frac{a(H_4^2 - H_3^2)}{0.67I_2}\right)$$
$$= \frac{1}{3 \times 2.55 \times 10^7}\left[\frac{4.5^3 - 3.85^3}{7.2 \times 10^{-3}} - \frac{3.85(4.5^2 - 3.85^2)}{0.67 \times 7.2 \times 10^{-3}} + \frac{13^3 - 4.5^3}{14.38 \times 10^{-3}} - \frac{3.85(13^2 - 4.5^2)}{0.67 \times 14.38 \times 10^{-3}}\right]$$
$$= 1.143 \times 10^{-3}\text{m/kN}$$

$$\delta_d = \frac{1}{3E}\left(\frac{H_3^3}{I_1} + \frac{H_4^3 - H_3^3}{I_2}\right) = \frac{1}{3 \times 2.55 \times 10^7}\left(\frac{4.5^3}{2.13 \times 10^{-3}} + \frac{13^3 - 4.5^3}{11.43 \times 10^{-3}}\right)$$
$$= 2.96 \times 10^{-3}\text{m/kN}$$

2）排架横梁内力计算

当单位力作用在左边屋盖时（图 32.7－11a），横梁内力为

$$x_{11} = \frac{\delta_a}{K_1} \qquad x_{21} = K_3 x_{11}$$

当单位力作用在右边屋盖（图 32.7－11b）时，横梁内力为

$$x_{22} = \frac{\delta_d}{K_2} \qquad x_{12} = K_4 x_{22}$$

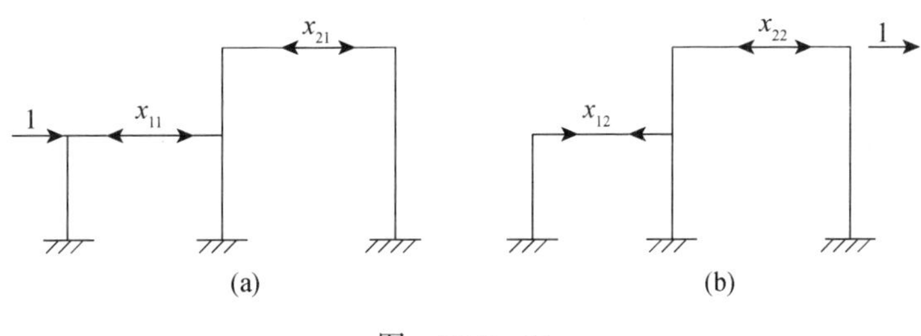

图　32.7-11

$K_1 \sim K_4$ 按下式计算：

$$K_1 = \delta_a + \delta_b - \delta_{bc} K_3$$

$$K_2 = \delta_c + \delta_d - \delta_{bc} K_4$$

$$K_3 = \frac{\delta_{bc}}{\delta_c + \delta_d}$$

$$K_4 = \frac{\delta_{bc}}{\delta_a + \delta_b}$$

$$K_1 = 1.97 \qquad K_2 = 4.46 \qquad K_3 = 0.226 \qquad K_4 = 0.511$$

由此得：

$$x_{11} = \frac{\delta_a}{K_1} = \frac{1.45}{1.97} = 0.736$$

$$x_{21} = K_3 x_{11} = 0.226 \times 0.736 = 0.166$$

$$x_{22} = \frac{\delta_d}{K_2} = \frac{2.96}{4.46} = 0.663$$

$$x_{12} = K_4 x_{22} = 0.511 \times 0.663 = 0.338$$

3）排架在单位力作用下的位移计算（图 32.7-12）

$$\delta_{11} = (1 - x_{11})\delta_a = (1 - 0.736) \times 1.45 \times 10^{-3} = 0.383 \times 10^{-3}\mathrm{m/kN}$$

$$\delta_{12} = \delta_{21} = x_{21}\delta_d = 0.166 \times 2.96 \times 10^{-3} = 0.491 \times 10^{-3}\mathrm{m/kN}$$

$$\delta_{22} = (t - X_{22})\delta_d = (t - 0.663) \times 2.96 = 0.997 \times 10^{-3}\mathrm{m/kN}$$

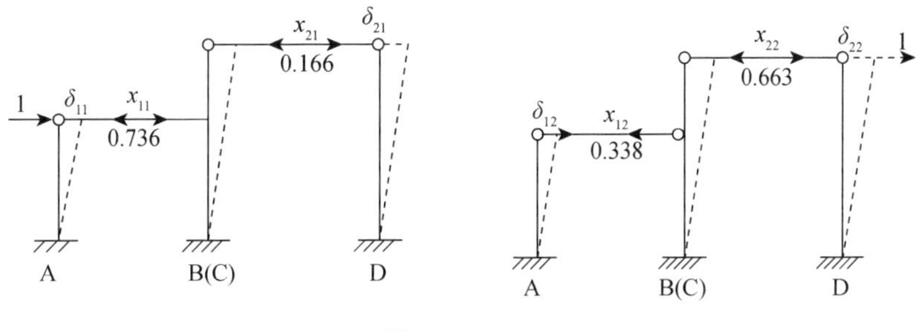

图　32.7-12

4）基本周期计算

对两质点系，排架的基本周期可按下式计算：

$$T_1 = 1.44\psi_T\sqrt{G_1\delta_{11} + G_2\delta_{22}\sqrt{(G_1\delta_{11} - G_2\delta_{22})^2 + 4G_1G_2\delta_{12}^2}}$$

$$= 1.4 \times 0.8\{609.5 \times 0.383 \times 10^{-3} + 559.10 \times 0.997 \times 10^{-3}$$

$$+ [(609.5 \times 0.383 - 559.10 \times 0.997)^2 \times 10^{-6}$$

$$+ 4 \times 609.5 \times 559.10 \times (0.491 \times 10^{-3})^2]^{\frac{1}{2}}\}^{\frac{1}{2}} = 1.35\text{s}$$

T_1 也可采用下式求得：

$$T_1 = 2\psi_T\sqrt{\frac{\Sigma G_i u_i^2}{\Sigma G_i u_i}} \qquad (i = 1,\ 2)$$

式中　$u_1 = G_1\delta_{11} + G_2\delta_{12}$

$u_2 = G_1\delta_{21} + G_2\delta_{22}$

其结果也得 $T_1 = 1.35\text{s}$。

5. 排架横向水平地震作用计算

（1）排架底部总水平地震作用标准值为

$$F_{Ek} = \alpha_1 G_{eq}$$

本例厂房设防烈度为 7 度，设计基本地震加速度为 0.15g，相应于 7 度 0.15g 的水平地震影响系数最大值 $\alpha_{max} = 0.12$；设计地震为第二组，场地为Ⅲ类，其特征周期 $T_g = 0.55\text{s}$。

即：$T_g = 0.55\text{s}$，$\alpha_m = 0.12$

由此得：

$$\alpha_1 = \left(\frac{T_g}{T_1}\right)^{0.9} \cdot \alpha_{max} = \left(\frac{0.55}{1.35}\right)^{0.9} \times 0.12 = 0.054$$

$$G_{eq} = 0.85 \times (G_1 + G_2) = 0.85 \times (683 + 649.85)$$

$$= 0.85 \times 1332.85 = 1132.92\text{kN}$$

排架底部总地震剪力为

$$F_{Ek} = 0.054 \times 1132.92 = 61.18\text{kN}$$

（2）低跨和高跨柱顶处的横向水平地震作用标准值为

$$F_i = \frac{G_i H_i}{\sum_i G_j H_j} F_{Ek}$$

$$F_1 = \frac{G_1 H_1}{G_1 H_1 + G_2 H_2} \cdot F_{Ek} = \frac{683 \times 9.15 \times 61.18}{683 \times 9.15 + 649.85 \times 13}$$

$$= \frac{6249.45 \times 61.18}{6249.45 + 8448.1} = 26.00\text{kN}$$

$$F_2 = \frac{G_2 H_2}{G_1 H_1 + G_2 H_2} \cdot F_{Ek} = \frac{649.85 \times 13 \times 61.18}{683 \times 9.15 + 649.85 \times 13}$$

$$= 35.20\text{kN}$$

（3）吊车梁面处吊车桥架引起的横向水平地震作用标准值为

$$F_{cr1} = \alpha_1 G_{cr1}\frac{H_{cr1}}{H} = 0.054 \times 57.3 \times \frac{7.5}{13} = 1.78\text{kN}$$

$$F_{cr2}=\alpha_1 G_{cr2}\frac{H_{cr2}}{H}=0.054\times 61.6\times\frac{9.3}{13}=2.38\text{kN}$$

6. 排架地震作用效应计算

（1）排架地震作用效应分别按图 32.7－13a 和图 32.7－13b 进行计算：

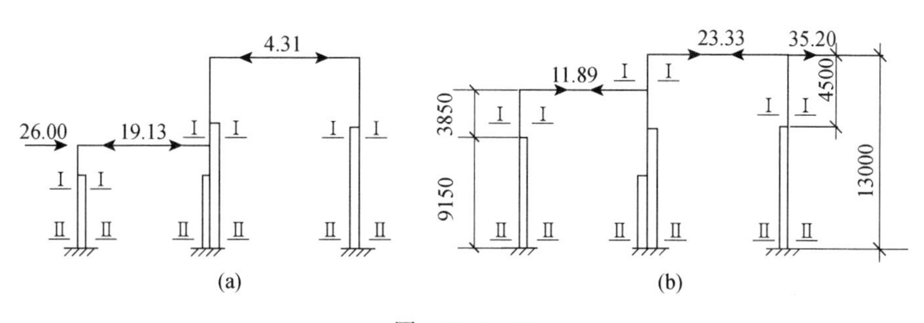

图　32.7－13

在 F_1 和 F_2 同时作用下的排架柱地震作用效应示于图 32.7－14。

各柱的柱截面地震作用效应如下：

A 柱：$M_{I-I}=45.96\text{kN}\cdot\text{m}$

$V_{I-I}=18.76\text{kN}$

$M_{II-II}=171.65\text{kN}\cdot\text{m}$

$V_{II-II}=18.76\text{kN}$

B（C）柱：$M_{I-I}=73.23\text{kN}\cdot\text{m}$

$V_{I-I}=19.02\text{kN}$

$M_{II-II}=313.51\text{kN}\cdot\text{m}$

$V_{II-II}=26.26\text{kN}$

D 柱：$M_{I-I}=62.29\text{kN}\cdot\text{m}$

$V_{I-I}=16.18\text{kN}$

$M_{II-II}=210.34\text{kN}\cdot\text{m}$

$V_{II-II}=16.18\text{kN}$

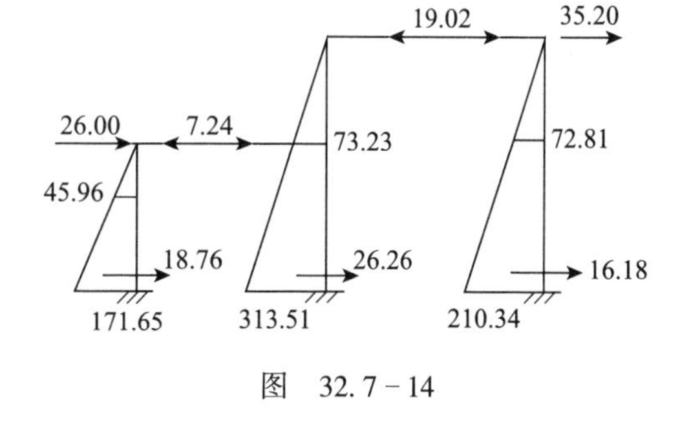

图　32.7－14

（2）吊车桥架产生的地震作用效应。

吊车在地震作用下产生的排架柱地震作用效应，可按柱顶为不动铰简图进行计算，如图 32.7－15 所示。

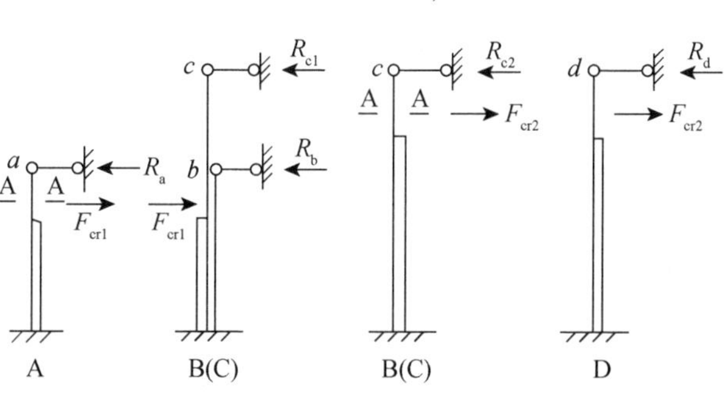

图　32.7－15

同【例32.7－1】，通过上述简图分别按AB跨的吊车和CD跨的吊车，求出各柱的柱顶反力，和在柱顶反力及吊车地震作用 F_{cr1}（F_{cr2}）作用下的排架柱吊车地震作用效应（在柱截面Ⅰ—Ⅰ，Ⅱ—Ⅱ以及A—A的弯矩和剪力）。具体计算从略。图32.7－15中所示的 R_a 和 R_{c1} 为低跨有吊车地震作用时的A柱和B柱的柱顶反力；R_{c2} 和 R_d 为高跨（CD跨）有吊车地震作用时的B柱和D柱的柱顶反力。

7. 排架柱地震作用效应的调整

1）考虑厂房空间工作影响的调整

不等高厂房排架柱地震作用效应的调整分两个组成部分：

（1）除高低跨交接柱上柱以外的所有排架柱柱截面，其按平面排架算得的地震作用效应 M 和 V，均应乘以《规范》附录J表J.2.3－1所示的考虑空间工作影响的效应调整系数，对本例，厂房长66m，钢筋混凝土屋盖，两端均有山墙，由表可查得效应调整系数为0.90，即本例的A柱，B（C）柱的下柱，D柱的所有截面地震作用效应均应乘以0.9，调整后的效应如下：

A柱：$M_{Ⅰ-Ⅰ}=0.9\times45.96=41.36\text{kN}\cdot\text{m}$

$V_{Ⅰ-Ⅰ}=0.9\times18.76=16.88\text{kN}$

$M_{Ⅱ-Ⅱ}=0.9\times171.65=154.49\text{kN}\cdot\text{m}$

$V_{Ⅱ-Ⅱ}=0.9\times18.76=16.88\text{kN}$

B（C）柱：$M_{Ⅱ-Ⅱ}=0.9\times313.51=282.16\text{kN}\cdot\text{m}$

$V_{Ⅱ-Ⅱ}=0.9\times26.26=23.63\text{kN}$

D柱：$M_{Ⅰ-Ⅰ}=0.9\times72.18=64.96\text{kN}\cdot\text{m}$

$V_{Ⅰ-Ⅰ}=0.9\times16.18=14.56\text{kN}$

$M_{Ⅱ-Ⅱ}=0.9\times210.34=189.31\text{kN}\cdot\text{m}$

$V_{Ⅱ-Ⅱ}=0.9\times16.18=14.56\text{kN}$

（2）高低跨交接柱支承低跨屋盖牛腿以上柱截面的地震作用效应，应考虑空间工作条件下的高振型影响修正，按《规范》附录J所给的公式（J.2.4）计算所得的增大系数进行调整。对本例，即B柱的上柱截面 $M_{Ⅰ—Ⅰ}$ 和 $V_{Ⅰ—Ⅰ}$。空间工作影响系数按《规范》附录J表J.2.4为0.94。

$$\eta=\xi\left(1+1.7\frac{n_h}{n_0}\frac{G_{El}}{G_{Eh}}\right)=0.94\left(1+1.7\times\frac{1}{2}\times\frac{683}{649.85}\right)=1.78$$

由此得B（C）柱上柱截面增大后的地震作用效应为

$$M_{Ⅰ-Ⅰ}=1.78\times73.23=130.35\text{kN}\cdot\text{m}$$

$$V_{Ⅰ-Ⅰ}=1.78\times26.26=46.47\text{kN}$$

2）吊车地震作用效应的局部振动增大影响调整

吊车地震作用效应同【例32.7－1】所示，应乘以《规范》附录J附表J.2.5的增大系数，但只用于吊车梁面的柱截面，对本例，A柱的 $M_{A—A}$ 应乘以增大系数2.0，B柱的 $M_{A—A}$ 应乘以增大系数3.0，C柱的 $M_{A—A}$ 也是乘2.0。

8. 排架地震作用效应与其他荷载效应的组合

1）与结构重力荷载及雪荷载的组合

同本节【例 32.7－1】一样，对 A、B、D 柱分别进行柱截面的效应组合，组合表达式为

$$M_{组合} = 1.2(M_r + 0.5M_{sn} + M_b) + 1.3M_{Eh}$$
$$V_{组合} = 1.2(M_r + 0.5M_{sn} + M_b) + 1.3M_{Eh}$$

式中的 M_r、M_{sn}、M_b 均取自静力计算的排架分析效应；M_{Eh} 则取自排架的地震作用效应分析。

2）与吊车荷载效应的组合

（1）与吊车桥架地震作用效应的组合。

吊车桥架地震作用效应 M_{Ehcr}，即本例图 32.7－7 和图 32.7－15 所示的柱截面Ⅰ—Ⅰ，Ⅱ—Ⅱ和 A—A 的吊车地震作用效应（截面 A—A 的吊车地震作用效应 M_{A-A} 应取乘局部增大系数后的效应值，对 A、D 柱取 2.0，对 B 柱取 3.0），应根据对柱截面受力最不利的组合原则进行组合。

在上述组合表达式中应再增加一项 M_{Ehcr}，其作用分项系数也取 1.3。

（2）与吊车竖向荷载效应的组。

与吊车竖向重力荷载效应的组合原则和方法，均同【例 32.7－1】所述。

32.8　纵向抗震计算例题

【例 32.8－1】　两跨等高单层钢筋混凝土柱厂房（图 32.8－1）

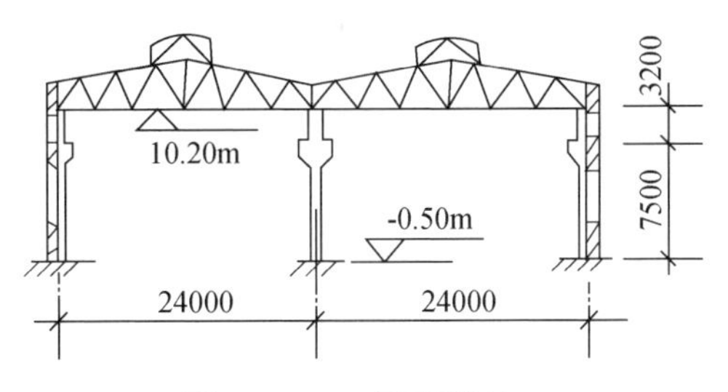

图 32.8－1　厂房剖面

厂房每跨设有二台 15t 吊车，柱距 6m，厂房长度为 60m；柱截面：边柱，上柱为矩形 500mm×500mm，下柱为工字形 500mm×1000mm；中柱、上柱为矩形 500mm×600mm，下柱为工字形 500mm×100mm；柱的混凝土强度等级为 C20，$E_c = 2.55\times10^7 kN/m^2$；屋盖采用大型屋面板、折线形屋架，屋盖自重为 $3kN/m^2$，雪荷载为 $0.3kN/m^2$；围护结构采用 240m 厚砖砌体，材料强度等级：砖，MU10；砂浆，M2.5；柱间支撑布置及支撑截面参见图 32.8－2；设防烈度为 8 度第二组，Ⅱ类场地。按修正刚度法进行纵向抗震计算。

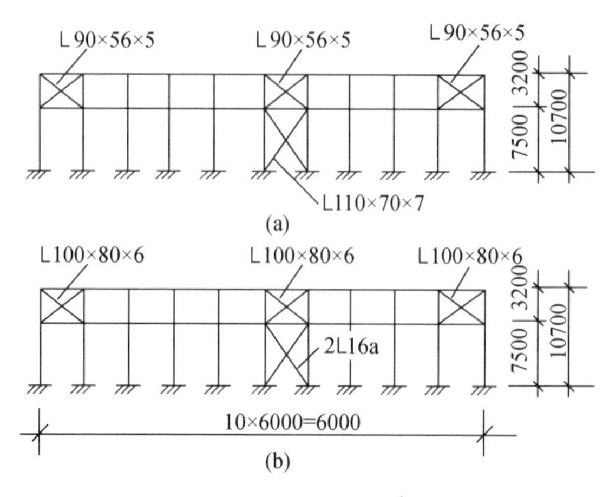

图 32.8－2　柱间支撑布置

（a）边柱列；（b）中柱列

1. 柱列的重力荷载代表值（图 32.8－3）

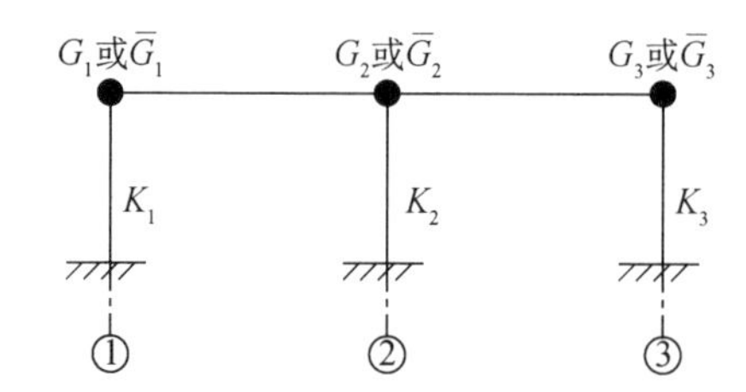

图 32.8－3　柱列重力荷载代表值的集中

1）确定自振周期

换算集中到各柱列柱顶处的重力荷载代表值按式（32.4－59）计算，

$$G_s = 0.25G_c + 0.25G_{wt} + 0.35G_{wl} + 0.5G_b + 1.0(G_r + 0.5G_{sn})$$

$$G_1 = G_3 = 0.25 \times 800 + 0.25 \times 1400 + 0.35 \times 1270 + 0.5 \times 420 + 2810 + 0.5 \times 280 = 0.42 \times 10^4\text{kN}$$

$$G_2 = 0.5 \times 840 + 0.25 \times 2800 + 0.5 \times 840 + 5620 + 0.5 \times 560 = 0.74 \times 10^4\text{kN}$$

$$\Sigma G_s = (2 \times 0.42 + 0.74) \times 10^4 = 1.58 \times 10^4\text{kN}$$

2）确定地震作用

（1）换算集中到各柱列柱顶处的重力载代表值按式（32.4－61）计算，

$$\overline{G}_s = 0.1G_c + 0.5G_{wt} + 0.7G_{wl} + 1.0(G_r -+ 0.5G_{sn})$$

$$\overline{G}_1 = \overline{G}_3 = 0.1 \times 800 + 0.5 \times 1400 + 0.7 \times 1270 + 2810 + 0.5 \times 280 = 0.46 \times 10^4\text{kN}$$

$$\overline{G}_2 = 0.1 \times 840 + 0.5 \times 2800 + 5620 + 0.5 \times 560 = 0.74 \times 10^4\text{kN}$$

$$\Sigma \overline{G}_s = (2 \times 0.46 + 0.74) \times 10^4 = 1.66 \times 10^4 \text{kN}$$

（2）换算集中到牛腿面高度处的重力荷载代表值按式（32.4－67）计算，

$$G_{cs} = 0.4G_c + 1.0G_b + 1.0G'_{cr}$$

一台 15t 吊车桥重力荷载为 316kN，边柱列为 0.5×316＝158kN。

$$G_{c1} = G_{c3} = 0.4 \times 800 + 420 + 158 \times 2 = 1056\text{kN}$$

$$G_{c2} = 0.4 \times 840 + 840 + 316 \times 2 = 1808\text{kN}$$

2. 厂房纵向刚度

1）柱的侧移刚度

按式（32.4－5）、（32.4－6）计算。

（1）边柱列：

$$\delta_{c1} = \frac{H_1^3}{3E_cI_1} + \frac{H_2^3 - H_1^3}{3E_cI_2} = \frac{1}{3 \times 2.55 \times 10^7}\left(\frac{3.2^3}{5.21 \times 10^{-3}} + \frac{10.7^3 - 3.2^3}{4.4 \times 10^{-3}}\right)$$
$$= 3.62 \times 10^{-3}\text{m/kN}$$

$$K_{c1} = \psi/\delta_{c1} = 1.5/(3.62 \times 10^{-3}) = 414\text{kN/m}$$

$$\Sigma K_{c1} = nK_{c1} = 11 \times 414 = 0.46 \times 10^4\text{kN/m} = \Sigma K_{c3}$$

式中，ψ 为考虑吊车梁的嵌固效应对柱的刚度影响系数，取 $\psi = 1.5$；n 为柱列的柱子总数。

（2）中柱列：

$$\delta_{c2} = \frac{1}{3 \times 2.55 \times 10^7}\left(\frac{3.2^3}{6.25 \times 10^{-3}} + \frac{10.7^3 - 3.2^3}{4.4 \times 10^{-3}}\right) = 3.61 \times 10^{-3}\text{m/kN}$$

$$K_{c2} = 1.5/(3.61 \times 10^{-3}) = 416\text{kN/m}$$

$$\Sigma K_{c2} = 11 \times 416 = 0.46 \times 10^4\text{kN/m}$$

2）柱间支撑的侧移刚度

厂房柱间支撑的布置见图 32.8－2。

（1）边柱列：

下柱：2∟110×70×7（一道），$A_1 = 2 \times 12.3 \times 10^{-4} = 24.6 \times 10^{-4}\text{m}^2$，$i_x = 3.55 \times 10^{-2}\text{m}$，$l_1 = \sqrt{7.2^2 + 5.5^2} = 9.06\text{m}$。支撑斜杆的计算长度由表 32.4－10，$l_{01} = 0.5 \times 9.06 = 4.53\text{m}$，$\lambda_1 = 453/3.53 = 128 < 150$，满足《规范》第 9.1.23 条表 9.1.23 的规定。查表 32.4－3，得 $\varphi_1 = 0.397$。

上柱：∟90×56×5（三道），$A_2 = 3 \times 7.21 \times 10^{-4} = 21.6 \times 10^{-4}\text{m}^2$；$i_x = 2.9 \times 10^{-2}\text{m}$，$i_y = 1.59 \times 10^{-2}\text{m}$，$l_2 = \sqrt{2.9^2 + 5.5^2} = 6.22\text{m}$。由表 32.4－10，支撑在平面内的计算长度 $l'_{02} = 0.5 \times 6.22 = 3.11\text{m}$，$\lambda_2 = l_{02}/i_y = 311/1.59 = 196 < 200$；支撑在平面外的计算长度 $l'_{02} = 0.7 \times 6.22 = 4.35\text{m}$，$\lambda'_2 = l'_{02}/i_x = 435/2.9 = 150 < 200$，均满足《规范》表 9.1.23 的规定。本例题计算支撑在平面内情况，$\lambda_2 = 196$，查表 32.4－3，得 $\varphi_2 = 0.193$。

支撑的侧移和刚度按式（32.4－26）式（32.4－29）计算，

$$\delta_{b1} = \frac{1}{EL^2}\left[\frac{l_1^3}{(1 + \varphi_1)A_1} + \frac{l_2^3}{(1 + \varphi_2)A_2}\right]$$

$$= \frac{1}{2.06 \times 10^8 \times 5.5^2}\left[\frac{9.06^3}{(1 + 0.397) \times 24.6 \times 10^{-4}} + \frac{6.22^3}{(1 + 0.193) \times 21.6 \times 10^{-4}}\right]$$

$$= 0.497 \times 10^{-4}\text{m/kN}$$

$$K_{b1} = 1/\delta_{b1} = 1/(0.497 \times 10^{-4}) = 2.01 \times 10^4\text{kN/m} = K_{b3}$$

（2）中柱列：

下柱：2［16a（一道），$A_1 = 2\times21.9\times10^{-4} = 43.8\times10^{-4}\text{m}^2$，$i_x = 6.28\times10^{-2}\text{m}$，$\lambda_1 = 453/6.28 = 72 < 150$，查表32.4－3，得 $\varphi_1 = 0.739$。

上柱：∟100×80×6（三道），$A_2 = 3\times10.64\times10^{-4} = 31.9\times10^{-4}\text{m}^2$，$i_x = 3.17\times10^{-2}\text{m}$，$i_y = 2.4\times10^{-2}\text{m}$。在支撑平面内长细比 $\lambda_2 = 311/2.4 = 130 < 200$；在支撑平面外长细比 $\lambda_2' = 435/3.17 = 137 < 200$；由 $\lambda_2 = 130$，查表32.4－3，得 $\varphi = 0.387$。

支撑的侧移和刚度计算：

$$\delta_{b2} = \frac{1}{2.06 \times 10^8 \times 5.5^2}\left[\frac{9.06^3}{(1 + 0.739) \times 43.8 \times 10^{-4}} + \frac{6.22^3}{(1 + 0.387) \times 31.9 \times 10^{-4}}\right]$$

$$= 0.244 \times 10^{-4}\text{m/kN}$$

$$K_{b2} = 1/\delta_{b2} = 1/(0.244 \times 10^{-4}) = 4.1 \times 10^4\text{kN/m}$$

3）纵墙刚度

纵墙立面示意参见图32.8－4，刚度按式（32.4－14）计算。由《砌体结构设计规范》，砌体的弹性模量

$$E_w = 1390\times1.3\times10^3 = 18.1\times10^5\text{kN/m}^2$$

$$E_w t = 18.1\times0.24\times10^5 = 4.34\times10^5\text{kN/m}。$$

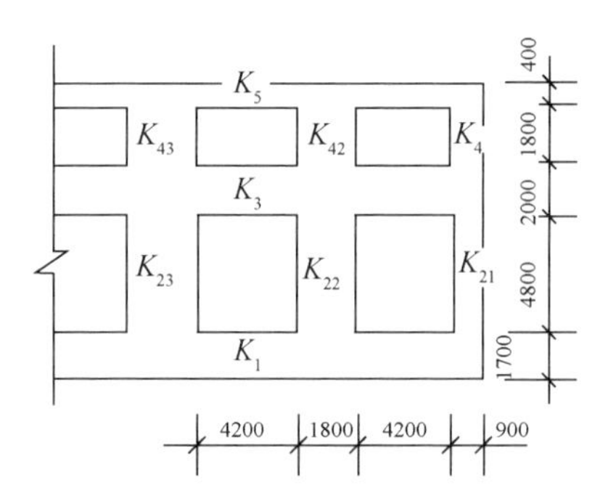

图32.8－4　纵墙立面示意

（1）各墙肢刚度和侧移：

水平实心砖带　$K_i = E_w t\ (K_0)_i$

多肢墙　$K_i = Et\sum_{s=1}^{m}(K_0)_{is}$

墙肢刚度和侧移计算列于表32.8－1。

表 32.8－1　墙肢刚度和侧移计算

序号		h	b	$\rho=h/b$	$K_0=1/(\rho^3+3\rho)$	K_i ($\times10^5$)	$\delta_i=1/K_i$ ($\times10^5$)
1		1.7	60	0.028	11.9	51.6	0.019
2	2_1、2_{11}（2 道）	4.8	0.9	5.33	0.006	1.5	0.668
	$2_2\sim2_{10}$（9 道）	4.8	1.8	2.67	0.037		
3		2	60	0.033	10.1	43.8	0.023
4	4_1、4_{111}（2 道）	1.8	0.9	2	0.071	10.4	0.096
	$4_2\sim4_{10}$（9 道）	1.8	1.8	1	0.25		
5		0.4	60	0.007	47.6	206.6	0.005

（2）纵墙侧移刚度：

$$K_{w1}=1/\sum\delta_i=1/[(0.019+0.668+0.023+0.096+0.005)\times10^{-5}]$$
$$=12.3\times10^4\text{kN/m}$$

4）厂房纵向刚度

柱列刚度 K_s 按式（32.4－37）计算，

$$K_1=\sum K_{c1}+\sum K_{b1}+\sum K_{w1}=(0.46+2.01+12.3)\times10^4$$
$$=14.67\times10^4\text{kN/m}=K_3$$

$$K_2=\sum K_{c2}+\sum K_{b2}=(0.46+4.1)\times10^4=4.56\times10^4\text{kN/m}$$

$$\sum K_s=(2\times14.76+4.56)\times10^4=3.41\times10^4\text{kN/m}$$

3. 基本周期

厂房纵向基本周期按式（32.4－58）计算，周期修正系数 ψ_T 由表 32.4－4 查得，当为无檩屋盖、有天窗、砖围护墙时，$\psi_T=1.5$。

$$T_1=2\psi_T\sqrt{\frac{\sum G_s}{\sum K_s}}=2\times1.5\times\sqrt{\frac{1.66\times10^4}{3.41\times10^4}}=0.663\text{s}$$

4. 柱列的水平地震作用（图 32.8－5）

1）柱列柱顶处水平地震作用

第 s 柱列柱顶处水平地震作用 F_s 按式（32.4－60）计算。考虑砖墙刚度退化柱列侧移刚度按式（32.4－64），式中 ψ_1 为砖墙开裂后的刚度降低系数，当设防烈度 8 度时，取 $\psi_1=0.4$；柱列侧移刚度影响系数 ψ_3、ψ_4 由表 32.4－5、表 32.4－6 查得。α_1 相应于厂房纵向基本自振周期的水平地震影响系数，按《规范》图 5.1.5 确定。

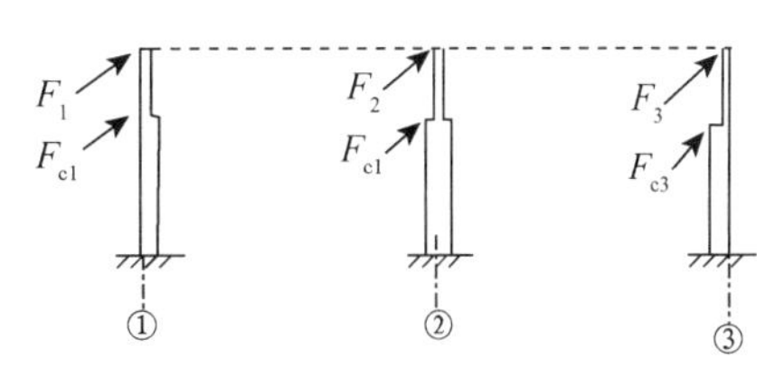

图 32.8－5　柱列地震作用

$$K_1'=\sum K_{c1}+K_{b1}+\psi_1K_{w1}=(0.46+2.01+0.4\times12.3)\times10^4$$
$$=7.39\times10^4\text{kN/m}$$

$$K_{a1} = \psi_3\psi_4 K_1' = 0.85 \times 1.0 \times 7.39 \times 10^4 = 6.82 \times 10^4 \text{kN/m}$$

$$K_2' = K_2 = 4.56 \times 10^4 \text{kN/m}$$

$$K_{a2} = \psi_3\psi_4 K_2' = 1.4 \times 0.95 \times 4.56 \times 10^4 = 6.06 \times 10^4 \text{kN/m}$$

$$\sum K_{as} = (2 \times 6.28 + 6.06) \times 10^4 = 1.86 \times 10^5 \text{kN/m}$$

$$\alpha_1 = \left(\frac{T_g}{T_1}\right)^{0.9} \cdot \alpha_{max} = \left(\frac{0.4}{0.663}\right)^{0.9} \times 0.16 = 0.10$$

边柱列：$F_1 = \alpha_1 \sum \bar{G}_s \dfrac{K_{a1}}{K_{as}} = 0.1 \times 1.66 \times 10^4 \times \dfrac{6.28 \times 10^4}{1.86 \times 10^5} = 560\text{kN} = F_3$

中柱列：$F_2 = \alpha_1 \sum \bar{G}_s \dfrac{K_{a2}}{K_{as}} = 0.1 \times 1.66 \times 10^4 \times \dfrac{6.06 \times 10^4}{1.86 \times 10^5} = 541\text{kN}$

2）柱列牛腿面高度处的水平地震作用

第 s 柱列牛腿面高度处的纵向水平地震作用按式（32.4－68）计算。

边柱列：$F_{c1} = \alpha_1 G_{c1} \dfrac{H_{c1}}{H_s} = 0.1 \times 1056 \times \dfrac{7.5}{10.7} = 74\text{kN}$

中柱列：$F_{c2} = \alpha_1 G_{c2} \dfrac{H_{c2}}{H_s} = 0.1 \times 1808 \times \dfrac{7.5}{10.7} = 127\text{kN}$

5. 构件的水平地震作用

第 s 柱列中各构件分担的纵向水平地震作用按式（32.4－68）计算。

1）边柱列

（1）柱顶处水平地震作用：

柱：$F_{c1} = \dfrac{K_{c1}}{K_1} F_1 = \dfrac{414}{7.39 \times 10^4} \times 560 = 3\text{kN}$

支撑：$F_{b1} = \dfrac{K_{b1}}{K_1} F_1 = \dfrac{2.01 \times 10^4}{7.39 \times 10^4} \times 560 = 152\text{kN}$

砖围护墙：$F_{w1} = \dfrac{\psi_1 K_{w1}}{K_1} F_1 = \dfrac{0.4 \times 12.3 \times 10^4}{7.39 \times 10^4} \times 560 = 373\text{kN}$

（2）牛腿面高度处水平地震作用：

柱：$F'_{c1} = \dfrac{K_{c1}}{\sum K_{c1} + K_{b1}} F_{c1} = \dfrac{414}{(0.46 + 2.01) \times 10^4} \times 74 = 1\text{kN}$

支撑：$F'_{b1} = \dfrac{K_{b1}}{\sum K_{c1} + K_{b1}} F_{c1} = \dfrac{2.01 \times 10^4}{(0.46 + 2.01) \times 10^4} \times 74 = 60\text{kN}$

对于牛腿面高度处水平地震作用也可采用简化公式（32.4－69）。

2）中柱列

（1）柱顶水平地震作用：

柱：$F_{c2} = \dfrac{K_{c2}}{\sum K_{c2} + K_{b2}} F_2 = \dfrac{416}{(0.46 + 4.1) \times 10^4} \times 541 = 5\text{kN}$

支撑：$F_{b2}=\dfrac{K_{b2}}{\sum K_{c2}+K_{b2}}F_2=\dfrac{4.1\times10^4}{(0.46+4.1)\times10^4}\times541=486\text{kN}$

（2）牛腿面高度处水平地震作用：

柱：$F'_{c2}=\dfrac{416}{45600}\times127=1\text{kN}$

支撑：$F'_{b2}=\dfrac{41000}{45600}\times127=114\text{kN}$

6. 截面抗震验算

仅验算柱间支撑承载力，按式（32.4-124），

$$\sigma_t=\frac{l_i}{(1+\psi_c\varphi_i)A_n s_c}V_{bi}\leqslant\frac{f}{\gamma_{RE}}$$

式中，$\gamma_{RE}=0.9$

1）边柱列

（1）上柱支撑：

$l_i=6220\text{mm}$，$A_n=21.6\times10^2\text{mm}^2$，$s_c=5500\text{mm}$，$\varphi_i=0.193$，$\psi_c$ 由表 32.4-11 查得，当 $\lambda=196$，$\psi_c=0.5$，作用于支撑第 i 节点的水平地震剪力 $V_{bi}=1.3F_{b1}=1.3\times152\times10^3\text{N}$，对于单面连接的单角钢按《钢结构设计标准》规定，强度设计值乘以 0.85 的折减系数，$f=0,85\times215=183\text{N/mm}^2$。

$$\sigma_t=\frac{1.3\times6220}{(1+0.5\times0.193)\times21.6\times10^2\times5500}\times152\times10^3$$

$$=94\text{N/mm}^2<\frac{183}{0.9}=203\text{N/mm}^2$$

（2）下柱支撑：

$l_i=9060\text{mm}$，$A_n=24.6\times10^2\text{mm}^2$，$s_c=5500\text{mn}$，$\varphi_i=0.397$，$\lambda=128$，由表 32.4-11 得 $\psi_c=0.57$，$V_{bi}=1.3(F_{b1}+F'_{b1})=1.3\times(152+60)\times10^3\text{N}$，$f=215\text{N/mm}^2$。

$$\sigma_t=\frac{9060}{(1+0.57\times0.397)\times24.6\times10^2\times5500}\times1.3\times212\times10^3$$

$$=150\text{N/mm}^2<\frac{215}{0.9}=239\text{N/mm}^2$$

2）中柱列

（1）上柱支撑：

$l_i=6220\text{mm}$，$A_n=31.9\times10^2\text{mm}^2$，$s_c=5500\text{mm}$，$\varphi_i=0.387$，$\lambda=130$，由表 32.4-11 得 $\psi_c=0.57$，$V_{bi}=1.3F_{b2}=1.3\times486\times10^3\text{N}$，$f=0.85\times215=183\text{N/mm}^2$。

$$\sigma_t=\frac{6220}{(1+0.57\times0.387)\times31.9\times10^2\times5500}\times1.3\times486\times10^3$$

$$=183\text{N/mm}^2<203\text{N/mm}^2$$

（2）下柱支撑：

$l_i = 9060\text{m}$，$A_n = 43.8\times10^2\text{mm}^2$，$s_c = 5500\text{m}$，$\varphi_i = 0.739$，$\lambda = 72$，由表 32.4－11 得$\psi_c = 0.67$，$V_{bi} = 1.3\ (F_{b2}+F'_{b2}) = 1.3\times(486+114)\times10^3 = 780\times10^3\text{N}$，$f = 215\text{N/mm}^2$。

$$\sigma_t = \frac{9060}{(1+0.67\times0.739)\times43.8\times10^2\times5500}\times780\times10^3 = 196\text{N/mm}^2 < 239\text{N/mm}^2$$

【例 32.8－2】　两跨不等高单层钢筋混凝土柱厂房（图 32.8－6）

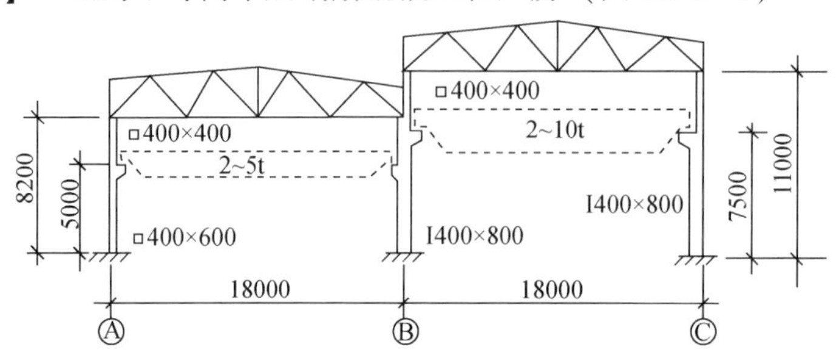

图 32.8－6　厂房剖面

厂房低跨设有二台 5t 吊车，高跨设有一台 10t 吊车，柱距 6m，厂房长度为 72m；柱截面：A 柱列为矩形，上柱 400mm×400mm，下柱 400mm×600mm；B 柱列、C 柱列，上柱为矩形 400mm×400mm，下柱为工字形 400mm×800mm；柱的混凝土强度等级为 C20，$E_c = 2.55\times10^7\text{kN/m}^2$。屋盖采用大型屋面板，折线形屋架；雪荷载为 0.3kN/m^2；围护结构采用 240mm 厚砖砌体，材料强度等级：砖，MU10；砂浆，M2.5；高低跨悬墙采用钢筋混凝土槽形墙板；柱间支撑布置如图 32.8－7 所示。设防烈度为 8 度第二组，I类场地。采用拟能量法进行纵向抗震计算。

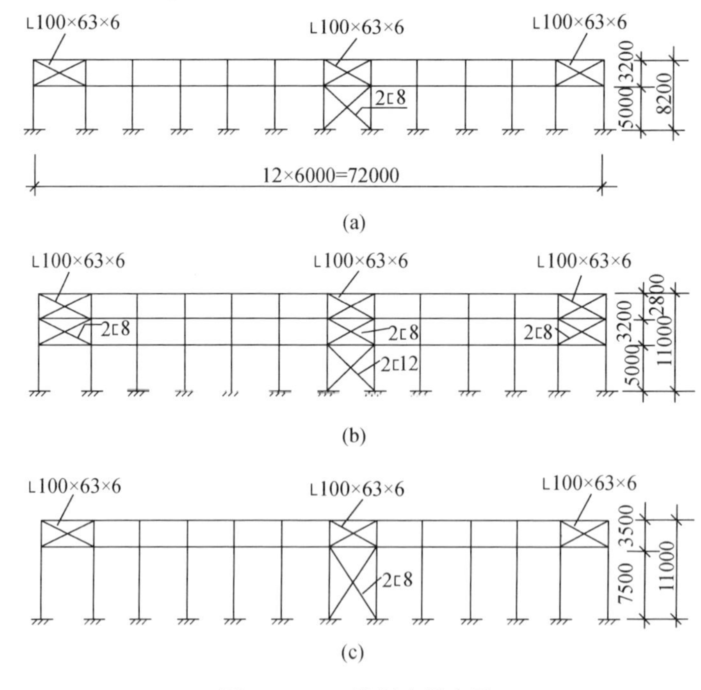

图 32.8－7　柱间支撑布置

（a）A 柱列；（b）B 柱列；（c）C 柱列

1. 柱列纵向刚度

1）构件刚度

（1）纵墙刚度。

纵墙立面示意参见图 32.8－8，刚度按式（32.4－14）计算。

$$K_w = 1/\delta \qquad \delta = \sum_{i=1}^{n} \delta_i \qquad \delta_i = 1/K_i$$

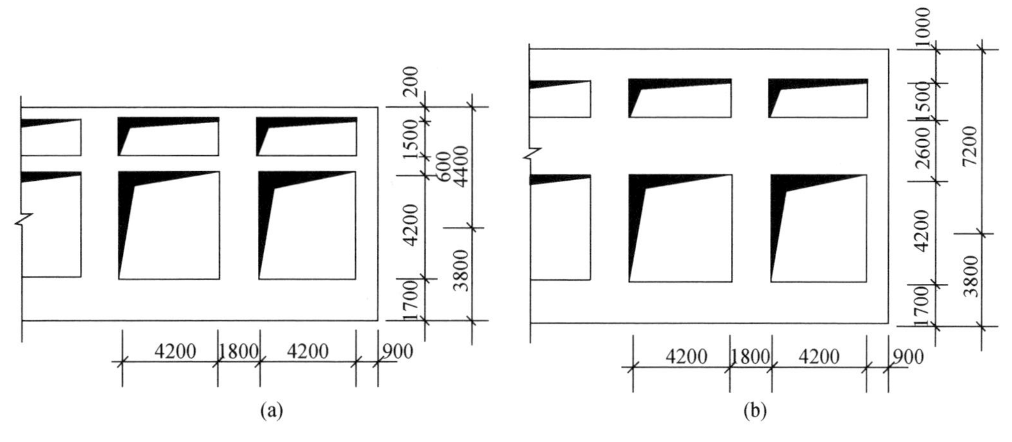

图 32.8－8　纵墙立面示意

（a）A 柱列纵墙；（b）C 柱列纵墙

各墙肢刚度和侧移，按下式计算，

对水平实心砖带　$K_i = E_w t\,(K_0)_i$

对有洞口的墙肢　$K_i = E_w t \sum_{s=1}^{m} (K_0)_{is}$

由《砌体结构设计规范》，纵墙砌体的弹性模量：

$$E_w = 1390 \times 1.3 \times 10^3 = 18.1 \times 10^5 \text{kN/m}^2$$

$$Et = 18.1 \times 10^5 \times 0.24 = 4.34 \times 10^5 \text{kN/m}$$

①A 柱列纵墙。

墙肢刚度和侧移计算见表 32.8－2。

表 32.8－2　墙肢刚度和侧移计算

序号		h	b	$\rho = h/b$	$K_0 = 1/(\rho^3 + 3\rho)$	K_i（$\times 10^5$）	$\delta_i = 1/K_i$（$\times 10^5$）
1		1.7	72	0.0236	14.1	61.2	0.016
2	2_1、2_{13}（2 道）	4.2	0.9	4.667	0.009	2.51	0.398
	$2_2 \sim 2_{12}$（11 道）	4.2	1.8	2.333	0.051		
3		0.6	72	0.0083	40.2	174	0.006

续表

序号		h	b	$\rho=h/b$	$K_0=1/(\rho^3+3\rho)$	K_i（×10^5）	$\delta_i=1/K_i$（×10^5）
4	4_1、4_{13}（2 道）	1.5	0.9	1.667	0.104	16.4	0.061
	4_2~4_{12}（11 道）	1.5	1.8	0.833	0.325		
5		0.2	72	0.0028	119	516.5	0.002

纵墙刚度

$$K_w = 1/\sum \delta_i = 1/[(0.016 + 0.398 + 0.006 + 0.061 + 0.002) \times 10^{-5}]$$
$$= 2.07 \times 10^{-5}\text{kN/m}$$

②C 柱列纵墙。

墙肢刚度和侧移计算见表 32.8－3。

表 32.8－3　墙肢刚度和侧移计算

序号		h	b	$\rho=h/b$	$K_0=1/(\rho^3+3\rho)$	K_i（×10^5）	$\delta_i=1/K_i$（×10^5）
1		1.7	72	0.0236	14.1	61.2	0.016
2	2_1、2_{13}（2 道）	4.2	0.9	4.667	0.009	2.51	0.398
	2_2~2_{12}（11 道）	4.2	1.8	2.333	0.051		
3		2.6	72	0.036	9.23	40.1	0.025
4	4_1、4_{13}（2 道）	1.5	0.9	1.667	0.104	16.4	0.061
	4_2~4_{12}（11 道）	1.5	1.8	0.833	0.325		
5		1.0	72	0.0139	24	104.2	0.01

纵墙刚度

$$K_w = 1/\sum \delta_i = 1/[(0.016 + 0.398 + 0.025 + 0.061 + 0.01) \times 10^{-5}]$$
$$= 1.96 \times 10^{-5}\text{kN/m}$$

（2）柱间支撑侧移刚度。

柱间支撑简图如图 32.8－9 所示。支撑采用 3 号钢，钢材的强度设计值 $f=215\text{N/mm}^2$，弹性模量 $E=206\times10^3\text{N/mm}^2$。按《钢结构设计标准》规定，支撑为 b 类截面。

①A 柱列支撑。

a. 几何参数和稳定系数。

下柱：轻型槽钢 2[8（一道），$A_1=2\times8.98\times10^{-4}=18\times10^{-4}\text{m}^2$，$i_x=3.16\times10^{-2}\text{m}$，$l_1=\sqrt{4.7^2+5.6^2}=7.31\text{m}$，支撑斜杆的计算长度由表 32.4－10，$l_{01}=0.5\times7.31=3.66\text{m}$，$\lambda_1=366/3.16=116<150$，满足《规范》的规定。查表 32.4－3，$\varphi_1=0.458$。

上柱：单角钢∟100×63×6（三道），$A_2=3\times9.62\times10^{-4}=28.9\times10^{-4}\text{m}^2$，$i_x=3.21\times10^{-2}\text{m}$，

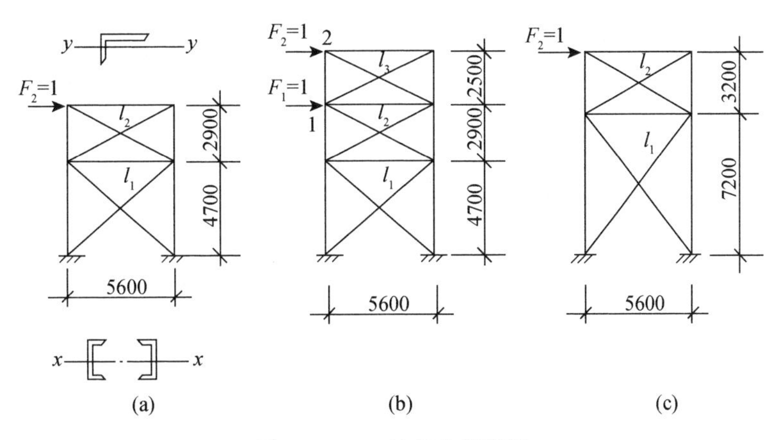

图 32.8－9　柱间支撑简图

（a）A 柱列；（b）B 柱列；（c）C 柱列

$i_y=1.79\times10^{-2}$m，$l_2=\sqrt{2.9^2+5.6^2}=6.31$m。由表 32.4－10，支撑斜杆在平面内的计算长度 $l_{02}=0.5l_2=0.5\times6.31=3.16$m，$\lambda_2=l_{02}/\lambda_y=316/1.79=177<200$；斜杆在平面外的计算长度 $l'_{02}=0.7l_2=0.7\times6.31=4.42$m，$\lambda'_2=l'_{02}/i_x=442/3.21=138<200$，均满足《规范》斜杆最大长细比限值的规定。以支撑在平面内为例，$\lambda_2=177$，查表 32.4－3，$\varphi_2=0.232$。

b. 支撑侧移。按式（32.4－26）计算。

$$\delta_{22}=\frac{1}{EL^2}\left[\frac{l_1^3}{(1+\varphi_1)A_1}+\frac{l_2^3}{(1+\varphi_2)A_2}\right]$$

$$=\frac{1}{2.06\times10^8\times5.6^2}\left[\frac{7.31^3}{(1+0.458)\times18\times10^{-4}}+\frac{6.31^3}{(1+0.232)\times28.9\times10^{-4}}\right]$$

$$=0.34\times10^{-4}\text{m/kN}$$

c. 支撑刚度。按式（32.4－29）计算。

$$K_b=1/\delta_{22}=1/0.34\times10^{-4}=0.294\times10^5\text{kN/m}$$

②B 柱列支撑。

a. 几何参数和稳定系数。

下柱：轻型槽钢 2[14（一道），$A_1=2\times15.65\times10^{-4}=31.3\times10^{-4}\text{m}^2$，$i_x=5.60\times10^{-2}$m，$l_1=7.31$m，$l_{01}=3.36$m，$\lambda_1=366/5.60=65<150$，查表 32.4－3，$\varphi_1=0.780$。

中柱：轻型槽钢 2[8（三道），$A_2=3\times2\times8.98\times10^{-4}=53.9\times10^{-4}\text{m}^2$，$i_x=3.16\times10^{-2}$m，$l_2=6.31$m，$l_{02}=3.16$m，$\lambda_2=316/3.16=100<150$，查表 32.4－3，$\varphi_2=0.555$。

上柱：单角钢∟100×63×6（三道），$A_3=28.9\times10^{-4}\text{m}^2$，$i_x=3.21\times10^{-2}$m，$i_y=1.79\times10^{-2}$m，$l_3=\sqrt{2.5^2+5.6^2}=6.13$m，由 A 列柱上柱支撑得出，支撑斜杆的最大长细比满足《规范》要求。由 $\lambda_3=0.5\times613/1.79=171$，$\varphi_3=0.246$。

b. 支撑柔度系数。按式（32.4－27）、式（32.4－28）计算。

$$\delta_{11}=\delta_{12}=\delta_{21}=\frac{1}{EL^2}\left[\frac{l_1^3}{(1+\varphi_1)A_1}+\frac{l_2^3}{(1+\varphi_2)A_2}\right]$$

$$= \frac{1}{2.06 \times 10^8 \times 5.6^2} \times \left[\frac{7.31^3}{(1+0.780) \times 31.3 \times 10^{-4}} + \frac{6.31^3}{(1+0.555) \times 53.9 \times 10^{-4}} \right]$$

$$= 0.155 \times 10^{-4} \text{m/kN}$$

$$\delta_{22} = \frac{1}{EL^2} \left[\frac{l_1^3}{(1+\varphi_1)A_1} + \frac{l_2^3}{(1+\varphi_2)A_2} + \frac{l_3^3}{(1+\varphi_3)A_3} \right]$$

$$= \frac{1}{2.06 \times 10^8 \times 5.6^2} \left[\frac{7.31^3}{(1+0.780) \times 31.3 \times 10^{-4}} + \frac{6.31^3}{(1+0.555) \times 53.9 \times 10^{-4}} + \frac{6.31^3}{(1+0.246) \times 28.9 \times 10^{-4}} \right]$$

$$= 0.254 \times 10^{-4} \text{m/kN}$$

c. 支撑刚度系数。按式（32.4－30）、式（32.4－31）计算。

$$[K_b] = \begin{bmatrix} K_{b11} & K_{b12} \\ K_{b21} & K_{b22} \end{bmatrix} = \frac{1}{|\delta|} \begin{bmatrix} \delta_{22} & -\delta_{21} \\ -\delta_{12} & \delta_{11} \end{bmatrix}$$

$$|\delta| = \delta_{11}\delta_{22} - (\delta_{12})^2 = (0.155 \times 0.254 - 0.155^2) \times 10^{-8} = 1.53 \times 10^{-10}$$

$$K_{b11} = \frac{\delta_{22}}{|\delta|} = \frac{0.254 \times 10^{-4}}{1.53 \times 10^{-10}} = 1.66 \times 10^{-5} \text{kN/m}$$

$$K_{b12} = K_{b21} = \frac{\delta_{12}}{|\delta|} = -\frac{0.155 \times 10^{-4}}{1.53 \times 10^{-10}} = -1.01 \times 10^5 \text{kN/m}$$

$$K_{b22} = \frac{\delta_{11}}{|\delta|} = \frac{0.155 \times 10^{-4}}{1.53 \times 10^{-10}} = 1.01 \times 10^5 \text{kN/m}$$

$$[K_b] = \begin{bmatrix} 1.66 & -1.01 \\ -1.01 & 1.01 \end{bmatrix} \times 10^5 \text{kN/m}$$

③C 柱列支撑。

a. 几何参数和稳定系数。

下柱：轻型槽钢 2[8（一道），$A_1 = 18 \times 10^{-4} \text{m}^2$，$i_x = 3.16 \times 10^{-2} \text{m}$，$l_1 = \sqrt{7.2^2 + 5.6^2} = 9.12 \text{m}$，$l_{01} = 0.5 \times 9.12 = 4.56 \text{m}$，$\lambda_1 = 456/3.16 = 144 < 150$，查表 32.4－3，$\varphi_1 = 0.329$。

上柱：单角钢∟100×63×6（三道），$A_2 = 28.9 \times 10^{-4} \text{m}^2$，$i_x = 3.21 \times 10^{-2} \text{m}$，$i_y = 1.79 \times 10^{-2} \text{m}$，$l_2 = \sqrt{3.2^2 + 5.6^2} = 6.45 \text{m}$。由表 32.4－10，支撑斜杆在平面内的计算长度 $l_{02} = 0.5 \times 6.45 = 3.23 \text{m}$，$\lambda_2 = 323/1.79 = 180 < 200$；斜杆在平面外的计算长度 $l'_{02} = 0.7 \times 6.45 = 4.52 \text{m}$，$\lambda'_2 = 452/3.21 = 141 < 200$。由 $\lambda_2 = 180$，查表 32.4－3，$\varphi_2 = 0.225$。

b. 支撑侧移：

$$\delta_{22} = \frac{1}{2.06 \times 10^8 \times 5.6^2} \left[\frac{9.12^3}{(1+0.329) \times 18 \times 10^{-4}} + \frac{6.45}{(1+0.225) \times 28.9 \times 10^{-4}} \right]$$

$$= 0.608 \times 10^{-4} \text{m/kN}$$

c. 支撑刚度：

$$K_b = 1/\delta_{22} = 1/0.608 \times 10^{-4} = 0.165 \times 10^5 \text{kN/m}$$

（3）柱侧移刚度。

为了简化计算，根据 32.4.1 节中“柱间支撑”规定，可以粗略地假定每一柱列所有柱子的总刚度取为该柱列柱间支撑刚度 10%，此处不另计算。

2）柱列刚度

参照式（32.4－38）计算，

$$[K_s] = 1.1[K_b] + [K_w]$$

（1）A 柱列刚度：

$$K_A = 1.1K_b + K_w = (1.1 \times 0.294 + 2.07) \times 10^5 = 2.39 \times 10^5 \text{kN/m}$$

（2）B 柱列刚度矩阵：

$$[K_B] = 1.1 \cdot \begin{bmatrix} K_{b11} & K_{b12} \\ K_{b21} & K_{b22} \end{bmatrix} = 1.1 \times \begin{bmatrix} 1.66 & -1.01 \\ -1.01 & 1.01 \end{bmatrix} \times 10^5$$

$$= \begin{bmatrix} 1.83 & -1.11 \\ -1.11 & 1.11 \end{bmatrix} \times 10^5 \text{kN/m}$$

（3）C 柱列刚度：

$$K_C = (1.1 \times 0.165 + 1.96) \times 10^5 = 2.14 \times 10^5 \text{kN/m}$$

2. 柱列侧移柔度

1）A 柱列柔度

$$\delta_A = 1/K_A = 1/(2.39 \times 10^5) = 0.418 \times 10^{-5} \text{m/kN}$$

2）B 柱列柔度系数

按式（32.4－39）计算，

$$[\delta_B] = \begin{bmatrix} \delta_{11} & \delta_{12} \\ \delta_{21} & \delta_{22} \end{bmatrix} = \frac{1}{|K|} \begin{bmatrix} K_{B22} & -K_{B21} \\ -K_{B12} & K_{B11} \end{bmatrix}$$

$$|K| = K_{B11}K_{B22} - (K_{B12})^2 = (1.83 \times 1.11 - 1.11^2) \times 10^{10} = 0.799 \times 10^{10}$$

$$\delta_{11} = \frac{K_{B22}}{|K|} = \frac{1.11}{0.799} \times 10^{-5} = 1.39 \times 10^{-5} \text{m/kN}$$

$$\delta_{22} = \frac{K_{B11}}{|K|} = \frac{1.83}{0.799} \times 10^{-5} = 2.29 \times 10^{-5} \text{m/kN}$$

$$\delta_{12} = \delta_{21} = -\frac{K_{B12}}{|K|} = -\frac{1.11}{0.799} \times 10^{-5} = -1.39 \times 10^{-5} \text{m/kN}$$

$$[\delta_B] = \begin{bmatrix} 1.39 & 1.39 \\ 1.39 & 2.29 \end{bmatrix} \times 10^{-5} \text{m/kN}$$

3）C 列柱柔度

$$\delta_C = 1/K_C = 1/(2.14 \times 10^5) = 0.467 \times 10^{-5} \text{m/kN}$$

3. 柱列的重力荷载代表值

因为吊车吨位较小，不再在吊车梁的牛腿面处另设质点 G_{cs}（图 32.8－10）。

1）A 柱列重力荷载代表值

（1）各项构件自重标准值和可变荷载值。

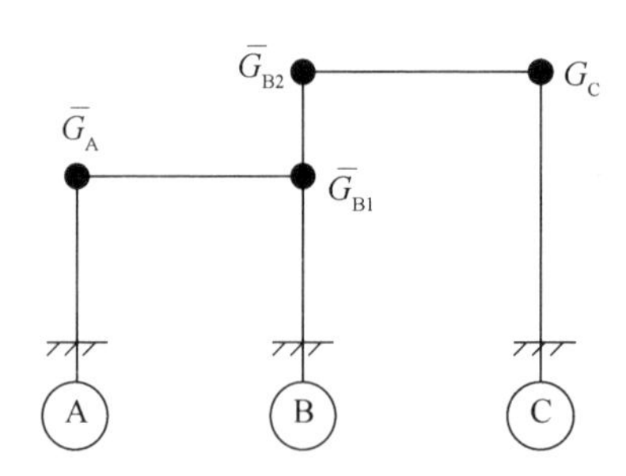

图 32.8-10　柱列重力荷载代表值的集中

柱：$G_c=576$kN，山墙：$G_{wt}=845$kN，纵墙（底层窗间墙半高以上）：柱顶以下 $G_{wl}=657$kN，柱顶以上 $G'_{wl}=690$kN（该部分自重按 $1.0G'_{wl}$集中于柱顶），吊车梁：$G_b=504$kN，吊车桥自重：$G'_{cr}=164/2=82$kN，屋盖：$G_r=2435$kN，雪：$G_{sn}=203$kN。

（2）重力荷载代表值。按式（32.2-79）计算。

$$\begin{aligned}\overline{G}_A &= 0.5G_c+0.5G_{wt}+0.7G_{wl}+1.0G'_{wl}+0.75(G_b+G'_{cr})+1.0(G_r+0.5G_{sn})\\&=0.5\times576+0.5\times845+0.7\times657+1.0\times690+0.75\times(504+82)\\&\quad+1.0\times(2435+0.5\times203)=0.48\times10^4\text{kN}\end{aligned}$$

2）B 柱列重力荷载代表值

（1）各项构件自重标准值和可变荷载值。

柱：$G_c=827$kN，山墙：轴线Ⓐ—Ⓑ的一半 $G_{wt}=845$kN，轴线Ⓑ—Ⓒ的一半 $G_{wt}=1075$kN，悬墙：$G_{ws}=306$kN，吊车梁：$G_b=504$kN，吊车桥：轴线Ⓐ—Ⓑ$G'_{cr}=2\times(164/2)=164$kN，轴线Ⓑ—Ⓒ$G'_{cr}=2\times(180/2)=180$kN，屋盖：轴线Ⓐ—Ⓑ$G_r=2435$kN，轴线Ⓑ—Ⓒ$G_r=2300$kN，雪：轴线Ⓐ—Ⓑ$G_{sn}=203$kN，轴线Ⓑ—Ⓒ$G_{sn}=212$kN。

（2）重力荷载代表值。按式（32.4-81）计算。

$$\begin{aligned}\overline{G}_{B1} &= 0.5G_c+0.5G_{wt}+1.0(G_b+G'_{cr})(\text{高跨})+0.75(G_b+G'_{cr})(\text{低跨})+0.5G_{ws}\\&\quad+1.0(G_r+0.5G_{sn})(\text{低跨})\\&=0.5\times827+0.5\times845+1.0\times(504+180)+0.75\times(504+164)\\&\quad+0.5\times306+1.0\times(2435+0.5\times203)=0.47\times10^4\text{kN}\end{aligned}$$

$$\begin{aligned}\overline{G}_{B2} &= 0.5G_{wt}+0.5G_{ws}+1.0(G_r+0.5G_{sn})(\text{高跨})\\&=0.5\times1075+0.5\times306+1.0\times(2300+0.5\times212)=0.31\times10^4\text{kN}\end{aligned}$$

3）C 柱列重力荷载代表值

（1）各项构件自重标准值和可变荷载值。

柱：$G_c=767$kN，山墙：$G_{wt}=1075$kN，纵墙（底层窗间墙半高以上）：柱顶以下 $G_{wt}=1610$kN，柱顶以上 $G'_{wl}=690$kN，吊车梁：$G_b=504$kN，吊车桥：$G'_{cr}=90$kN，屋盖：$G_r=2300$kN，雪：$G_{sn}=212$kN。

（2）重力荷载代表值。

$$\overline{G}_C=0.5G_C+0.5G_{wt}+0.7G_{wl}+1.0G'_{wl}+0.75(G_b+G'_{cr})+1.0(G_r+0.5G_{sn})$$

$= 0.5 \times 767 + 0.5 \times 1075 + 0.7 \times 1610 + 1.0 \times 690 + 0.75 \times (504 + 90)$
$+ 1.0 \times (2300 + 0.5 \times 212) = 0.56 \times 10^4\text{kN}$

4. 厂房纵向基本周期

1）重力荷载代表值的调整

根据厂房空间作用进行重力荷载代表值调整，按式（32.4－85）计算，

高低跨柱列　　　　$G_i'=\nu \overline{G}_s$

边柱列　　　　$G_i'=\overline{G}_s+(1-\nu)\overline{G}_s$　　（高低跨柱列）

ν 为按跨度中线划分的柱列重力荷载代表值的调整系数，按表 32.4－7 取值；当设防烈度为 8 度、240mm 砖围护墙、无天窗时，

低跨：$\nu_1=0.6$，

高跨：$\nu_2=0.7$

$$G_A'=\overline{G}_A+(1-\nu_1)\overline{G}_{B1}=0.48\times10^4+(1-0.6)\times0.47\times10^4=0.67\times10^4\text{kN}$$

$$G_{B1}'=\nu_1\overline{G}_{B1}=0.6\times0.47\times10^4=0.28\times10^4\text{kN}$$

$$G_{B2}'=\nu_2\overline{G}_{B2}=0.7\times0.31\times10^4=0.22\times10^4\text{kN}$$

$$G_C'=\overline{G}_C+(1-\nu_2)\overline{G}_{B2}=0.56\times10^4+(1-0.7)\times0.31\times10^4=0.65\times10^4\text{kN}$$

2）柱列侧移

此柱列侧移为：将各柱列作为分离体，在本柱列各质点调整后的重力荷载代表值 G_i' 作为纵向水平力的共同作用下，i 质点处产生的侧移（图 32.8－11）。

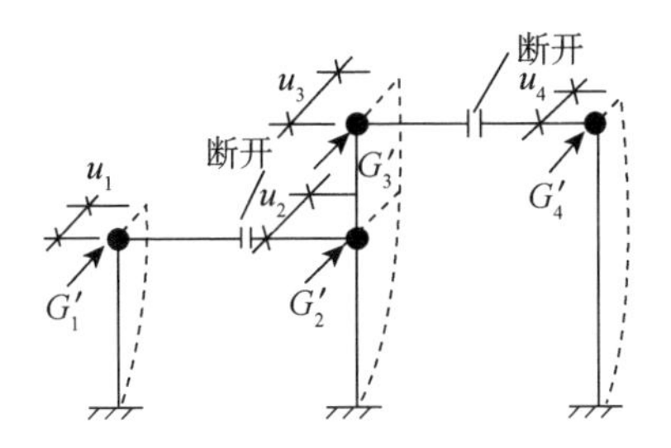

图 32.8－11　厂房各质点纵向侧移

$$u_1=G_A'\delta_A=0.67\times10^4\times0.418\times10^{-5}=2.8\times10^{-2}\text{m}$$

$$u_2=G_{B1}'\delta_{11}+G_{B2}'\delta_{12}=(0.28+0.22)\times10^4\times1.39\times10^{-5}=5.86\times10^{-2}\text{m}$$

$$u_3=G_{B1}'\delta_{21}+G_{B2}'\delta_{22}=(0.28\times1.39+0.22\times2.29)\times10^{-1}=8.93\times10^{-2}\text{m}$$

$$u_4=G_C'\delta_C=0.65\times10^4\times0.467\times10^{-5}=3.04\times10^{-2}\text{m}$$

3）厂房纵向基本周期

厂房纵向基本周期按式（32.4－84）计算，

$$T_1=2\psi_T\sqrt{\frac{\sum G_i'u_i^2}{\sum G_i'u_i}}$$

式中，ψ_T 为拟能量法周期修正系数，有围护墙时，$\psi_T = 0.8$。

$$T_1 = 2 \times 0.8 \times \sqrt{\frac{(0.67 \times 2.8^2 + 0.28 \times 5.86^2 + 0.22 \times 8.93^2 + 0.65 \times 3.04^2)}{(0.67 \times 2.8 + 0.28 \times 5.86 + 0.22 \times 8.93 + 0.65 \times 3.04) \times 10^2}}$$

$$= 0.363\text{s}$$

5. 柱列水平地震作用

柱列水平地震作用按式（32.4－87）计算，

一般柱列　　$F_s = \alpha_1 G_s'$

高低跨柱列　　$F_j = \alpha_1 (G_1' + G_2') \dfrac{G_j' H_j}{G_1' H_1 + G_2' H_2}$　　$(j = 1, 2)$

式中，α_1 相应于厂房纵向基本周期的水平地震影响系数，根据《规范》第 5.1.5 条图 5.1.5 确定。

$$\alpha_1 = \left(\frac{T_g}{T_1}\right)^{0.9} \cdot \alpha_{max} = \left(\frac{0.3}{0.363}\right)^{0.9} \times 0.16 = 0.135$$

1）A 柱列水平地震作用

$$F_A = \alpha_1 G_A' = 0.135 \times 0.67 \times 10^4 = 905\text{kN}$$

2）B 柱列水平地震作用（图 32.8－12）

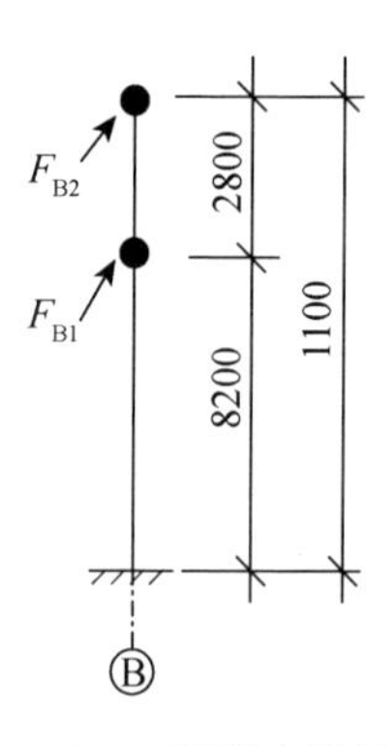

图 32.8－12　B 柱列水平地震作用

$$F_{B1} = \alpha_1 (G_{B1}' + G_{B2}') \frac{G_{B1}' H_1}{G_{B1}' H_1 + G_{B2}' H_2}$$

$$= 0.135 \times (0.28 + 0.22) \times 10^4 \times \frac{0.28 \times 10^4 \times 8.2}{(0.28 \times 8.2 + 0.22 \times 11) \times 10^4}$$

$$= 329\text{kN}$$

$$F_{B2} = 0.135 \times (0.28 + 0.22) \times 10^4 \times \frac{0.22 \times 10^4 \times 11}{(0.28 \times 8.2 + 0.22 \times 11) \times 10^4}$$

$$= 346\text{kN}$$

3）C 柱列水平地震作用

$$F_C = \alpha_1 G_C' = 0.135 \times 0.65 \times 10^4 = 880\text{kN}$$

6. 构件水平地震作用

A、C 柱列参照式（32.4－68）计算，B 柱列参照式（32.4－89）计算。

1）A 柱列构件水平地震作用

$$F_w=\frac{\psi_1 K_w}{K'_A}F_A \qquad F_b=\frac{K_b}{K'_A}F_A \qquad F_c=\frac{0.1K_b}{nK'_A}F_A$$

式中，K'_A为砖墙开裂后柱列的刚度，参照式（32.4－64）计算；当设防烈度为 8 度，砖墙开裂后的刚度降低系数 $\psi_1=0.4$；n 为柱列柱子根数，$n=13$。

$$K'_A=1.1K_b+\psi_1 K_w=(1.1\times 0.294+0.4\times 2.07)\times 10^5$$
$$=1.15\times 10^5 \text{kN/m}$$

砖围护墙：$F_w=\frac{0.4\times 2.07}{1.15}\times 905=652\text{kN}$

柱间支撑：$F_b=\frac{0.294}{1.15}\times 905=231\text{kN}$

柱：　$F_c=\frac{0.1\times 0.294}{13\times 1.15}\times 905=1.8\text{kN}$

2）B 柱列构件水平地震作用

柱间支撑：$F_{b1}=\frac{10}{11}F_{B1}=\frac{10}{11}\times 329=299\text{kN}$

$F_{b2}=\frac{10}{11}F_{B2}=\frac{10}{11}\times 346=315\text{kN}$

柱：　$F_{c1}=\frac{1}{11n}F_{B1}=\frac{1}{11\times 13}\times 329=2.3\text{kN}$

$F_{c2}=\frac{1}{11n}F_{B2}=\frac{1}{11\times 13}\times 346=2.4\text{kN}$

3）C 柱列构件水平地震作用

$$K'_C=1.1K_b+\psi_1 K_w=(1.1\times 0.165+0.4\times 1.96)\times 10^5=0.966\times 10^5\text{kN}$$

砖围护墙：$F_w=\frac{0.4\times 1.96}{0.966}\times 880=714\text{kN}$

柱间支撑：$F_b=\frac{0.165}{0.966}\times 880=150\text{kN}$

柱：　$F_c=\frac{0.1\times 0.165}{13\times 0.966}\times 880=1.2\text{kN}$

7. 截面抗震验算

仅验算柱间支撑承载力，按式（32.4－124）计算，

$$\sigma_t=\frac{l_i}{(1+\psi_c\varphi_i)A_n s_c}V_{bi}\leqslant\frac{f}{\gamma_{RE}}$$

式中，$\gamma_{RE}=0.9$。柱间支撑简图如图 32.8－13 所示。

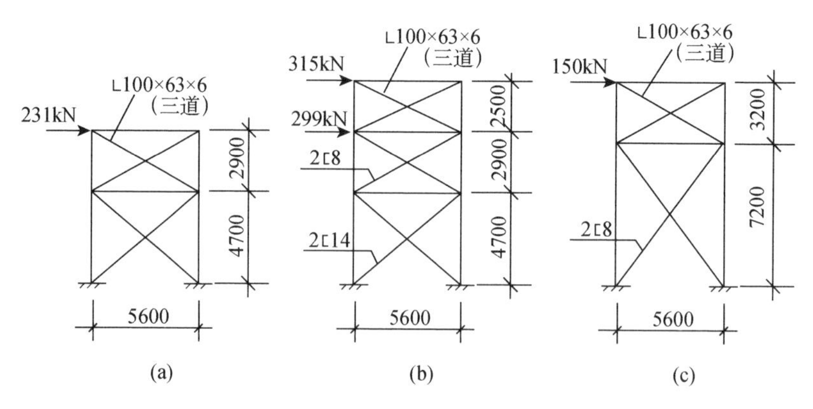

图 32.8－13　柱间支撑简图

（a）A 柱列；（b）B 柱列；（c）C 柱列

1）A 柱列柱间支撑

（1）上柱支撑。

$l_i=l_2=6310\text{mm}$，$A_n=A_2=28.9\times10^2\text{mm}^2$，$s_c=5600\text{mm}$，$\varphi_i=\varphi_2=0.232$，$\varphi_c$ 由表 32.4－11 查得，当 $\lambda_2=177$，$\psi_c=0.523$，作用于支撑第 i 节点的水平地震剪力设计值 $V_{b2}=F_{b\gamma Eh}=231\times10^3\times1.3=300\times10^3\text{N}$，对于单面连接的单角钢按《钢结构设计标准》规定，强度设计值乘以 0.85 的折减系数，$f=0.85\times215=183\text{N/mm}^2$。

$$\sigma_t=\frac{6310}{(1+0.523\times0.232)\times28.9\times10^2\times5600}\times300\times10^3=99<\frac{183}{0.9}=203\text{kN/mm}^2$$

（2）下柱支撑。

$l_1=7310\text{mm}$，$A_1=18\times10^2\text{mm}^2$，$s_c=5600\text{mm}$，$\varphi_1=0.458$，$\lambda_1=116$，由表 32.4－11 得 $\psi_c=0.584$，$V_{b1}=F_{b\gamma Eh}=231\times10^3\times1.3=300\times10^3\text{N}$。

$$\sigma_t=\frac{7310}{(1+0.584\times0.458)\times18\times10^2\times5600}\times300\times10^3=172<\frac{215}{0.9}=239\text{kN/mm}^2$$

2）B 柱列柱间支撑

（1）上柱支撑。

$l_3=6130\text{mm}$，$A_3=28.9\times10^2\text{mm}^2$，$s_c=5600\text{mm}$，$\varphi_3=0.246$，$\lambda_3=171$，由表 32.4－11 得 $\psi_c=0.529$，$V_{b3}=F_{b2\gamma Eh}=299\times10^3\times1.3=389\times10^3\text{N}$。单面连接的单角钢 $f=183\text{N/mm}^2$。

$$\sigma_t=\frac{6130}{(1+0.529\times0.246)\times28.9\times10^2\times5600}\times389\times10^3=198<\frac{183}{0.9}=203\text{kN/mm}^2$$

（2）中柱支撑。

$l_2=6310\text{mm}$，$A_2=53.9\times10^2\text{mm}^2$，$s_c=5600\text{mm}$，$\varphi_2=0.555$，$\lambda_2=100$，由表 32.4－11 得 $\psi_c=0.6$，$V_{b2}=(F_{b2}+F_{b1})\gamma_{Eh}=(299+315)\times10^3\times1.3=614\times10^3\times1.3=798\times10^3\text{N}$。

$$\sigma_t=\frac{6310}{(1+0.6\times0.555)\times53.9\times10^2\times5600}\times798\times10^3=124$$
$$<239\text{kN/mm}^2$$

（3）下柱支撑。

$L_1=7310\text{mm}$，$A_1=31.3\times10^2\text{mm}^2$，$s_c=5600\text{mm}$，$\varphi_1=0.780$，$\lambda_1=65$，由表 32.4－11 得 $\psi_c=0.688$，$V_{b1}=798\times10^3\text{N}$。

$$\sigma_t=\frac{7310}{(1+0.688\times0.780)\times31.3\times10^2\times5600}\times789\times10^3=217$$
$$<239\text{kN/mm}^2$$

3）C 柱列柱间支撑

（1）上柱支撑。

$L_2=6450\text{mm}$，$A_2=28.9\times10^2\text{mm}^2$，$s_c=5600\text{mm}$，$\varphi_3=0.225$，$\lambda_3=180$，由表 32.4－11 得 $\psi_c=0.52$，$V_{b2}=15\text{E}0\times10^3\times1.3=195\times10^3\text{N}$。单面连接的单角钢 $f=183\text{N/mm}^2$。

$$\sigma_t=\frac{6450}{(1+0.52\times0.225)\times28.9\times10^2\times5600}\times195\times10^3=70$$
$$<\frac{183}{0.9}=203\text{kN/mm}^2$$

（2）下柱支撑。

$l_1=9120\text{mm}$，$A_1=18\times10^2\text{mm}^2$，$s_c=5600\text{mm}$，$\varphi_2=0.329$，$\lambda_1=144$，由表 32.4－11 得 $\psi_c=0.556$，$V_{b1}=150\times10^3\times1.3=195\times10^3\text{N}$。

$$\sigma_t=\frac{9210}{(1+0.556\times0.329)\times18\times10^2\times5600}\times195\times10^3=149$$
$$<239\text{kN/mm}^2$$

第33章　单层砖柱厂房

33.1　一 般 规 定

33.1.1　适用范围

本章适用于6~8度（0.2g）的烧结黏土砖、烧结页岩砖、混凝土普通砖砌筑的砖柱（墙垛）承重的下列中小型单层工业厂房：

（1）单跨和等高多跨且无桥式起重机的车间、仓库等。

（2）跨度不大于15m且柱顶柱高大于6.6m的厂房。

33.1.2　平面和体形

1. 平面

砖柱厂房的平面宜设计成矩形。如确系生产需要，采取L形或T形平面时，应对平面转角处的屋盖和墙体采取适当加强措施，以满足空间作用的传力要求和防止应力集中、墙角开裂等所造成的危害。加强措施可以是：在屋架底面标高处设置高度为240mm、宽度不小于墙厚的现浇钢筋混凝土圈梁；在墙角设置与墙厚同宽的钢筋混凝土构造柱；用螺栓将屋架与圈梁锚固。

对于堆放散装物体的仓库，为了避免粒料所生侧压力造成震害，最好采用圆形筒仓；若采取矩形平面的砖排架库房时，除了墙顶设置现浇钢筋混凝土圈梁并与屋架妥善锚固外，为了提高外墙的抗弯能力，外纵墙每开间壁柱以及山墙壁柱均应采用组合砖柱。

2. 体形

砖柱厂房应特别注意采用简单的体形。对于必须设置的配电间、工具间等小工房，或附属小建筑物，不宜布置在厂房角部，且不论是贴建在厂房内还是贴建在厂房外，如为钢筋混凝土屋盖，应采用防震缝与主厂房分离开。

地震区不宜采用不等高砖柱厂房。

3. 防震缝

防震缝的设置，应符合下列要求：

（1）轻型层盖厂房，可不设防震缝。

（2）钢筋混凝土屋盖厂房与贴建的建（构）筑物间宜设防震缝，防震缝的宽度可采用

50~70mm，防震缝处宜设置双柱或双墙。

33.1.3　厂房与生活间的连接

车间是砖排架结构，生活间是多层的砖墙承重结构，就其抗侧力能力而言，前者弱，后者强。为了使厂房及其生活间在地震期间能够各自独立振动，互不干扰，设计时应将它们用防震缝分开。

33.1.4　墙体布置

1. 厂房横向

1）防震缝处横墙

厂房防震缝的两侧应设置成对的砖横墙，L 形或 T 形平面的纵横跨交接处，以及厂房长度超过伸缩缝最大间距，必须设置开口防震缝时，防震缝处及其附近一到两个排架，应采用配竖筋砖柱或钢筋混凝土柱（图 33.1－1）。

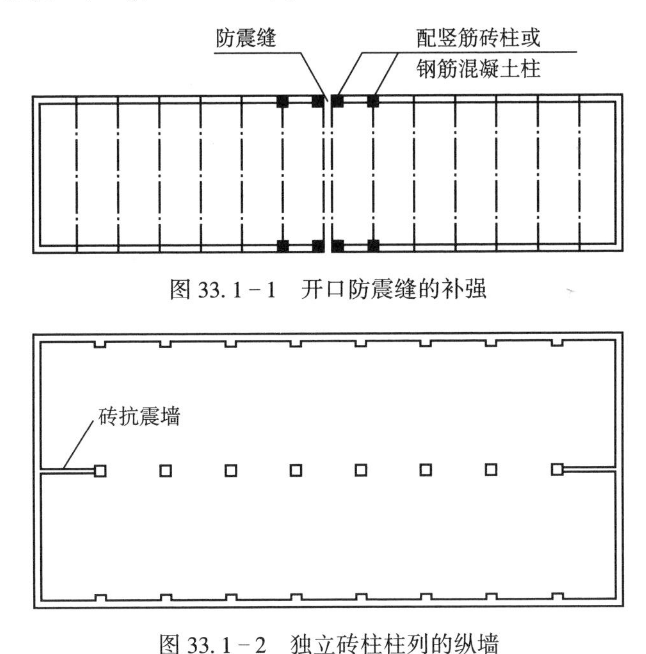

图 33.1－1　开口防震缝的补强

图 33.1－2　独立砖柱柱列的纵墙

2）内部横墙

横向内隔墙宜做成抗震墙，以充分利用墙体的功能，并应考虑其对柱及屋架与柱连接点的不利影响。当不能与抗震墙合并设置时，非承重隔墙宜采用轻质墙，如采用非轻质墙时，应与柱脱开或采用柔性连接，否则应考虑隔墙对柱及其与屋架连接节点的附加地震剪力。

2. 厂房纵向

敞棚和多跨厂房的独立砖柱柱列，可在厂房两端一到两开间内设置与柱等高的抗震墙，与砖柱同时砌筑，连为一体（图 33.1－2），并设基础，以承受厂房纵向地震作用。

不宜采用交叉支撑来取代柱列间的纵向抗震墙。

33.1.5　结构体系

1. 屋盖结构

（1）厂房屋盖宜采用轻型屋盖。

（2）天窗不应通至厂房单元的端开间，天窗不应采用端砖壁承重。8 度时木屋盖不宜设置天窗。

2. 排架结构

（1）6 度和 7 度时，可采用十字形截面的无筋砖柱。

（2）8 度时采用组合砖柱（图 33.1－3）或边柱采用组合砖柱、中柱采用钢筋混凝土柱，不应采用无筋砖柱。

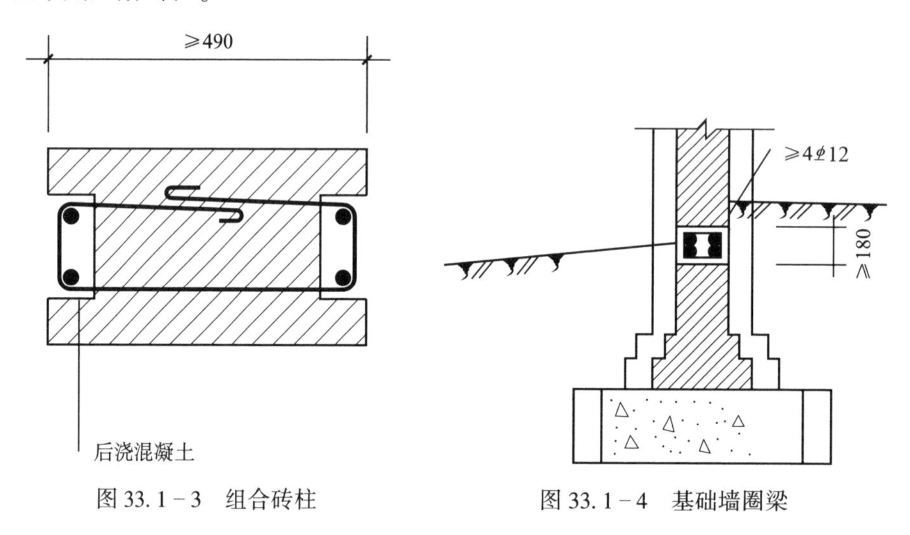

图 33.1－3　组合砖柱　　图 33.1－4　基础墙圈梁

33.1.6　圈梁的布置

1. 墙顶圈梁

砖柱厂房应于屋架底面标高处，沿房屋外墙和承重内墙设置闭合的现浇钢筋混凝土圈梁。

2. 墙身圈梁

8 度时，除应在屋架底部标高处沿房屋外墙和承重内墙设置现浇闭合圈梁外，还应沿墙高适当位置增设圈梁一道。

3. 基础墙圈梁

地基为软弱黏性土、液化土、新近填土或严重不均匀土层时，为防止由地面裂缝引起砖墙开裂，应沿房屋周围在纵墙和山墙的基础墙内，设置现浇钢筋混凝土圈梁（图 33.1－4）。

33.2　抗 震 计 算

33.2.1　可不进行抗震验算的范围

按本章的规定采取抗震构造措施的单层砖柱厂房，当符合下列条件之一时，可不进行横向或纵向截面抗震验算：

（1）7 度（0.10g）Ⅰ、Ⅱ类场地，柱顶标高不超过 4.5m，且结构单元两端均有山墙的单跨及等高多跨砖柱厂房，可不进行横向和纵向抗震验算。

（2）7 度（0.10g）Ⅰ、Ⅱ类场地，柱顶标高不超过 6.6m，两侧设有厚度不小于 240mm 且开洞截面面积不超过 50%的外纵墙，结构单元两端均有山墙的单跨厂房，可不进行纵向抗震验算。

33.2.2　厂房横向抗震计算

厂房的横向抗震计算，可采用下列方法：

（1）轻型屋盖厂房可按平面排架进行计算。

（2）钢筋混凝土屋盖厂房和密铺望板的瓦木屋盖厂房可按平面排架进行计算并计及空间工作，按《规范》附录 J 调整地震作用效应。

1. 轻型屋盖厂房

1）计算简图

厂房屋面采用密铺望板、稀铺望板或楞摊瓦屋面的瓦木屋盖，以及石棉瓦、瓦楞铁皮等松散的轻质瓦材时，屋盖沿水平方向刚度很小，一般情况下作为一种简化，不考虑此类屋盖的水平刚度，横向地震作用下，砖排架和山墙各自单独工作，故采用轻型屋盖的砖排架房屋的力学模型如图 33.2－1a 所示。

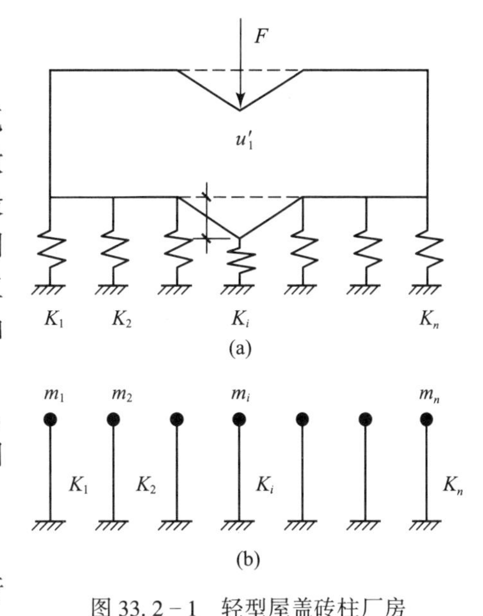

图 33.2－1　轻型屋盖砖柱厂房
（a）力学模型；（b）计算简图

将构件的分布质量分别集中到结构各节点处，对于等高砖柱厂房，则将质量集中到柱顶（图 33.2－1b）。

2）单排架计算假定

（1）排架在水平外力作用下，进行排架分析时，假定横梁为刚性杆。

（2）屋架、屋面梁与柱顶的联结具有一定的嵌固作用。确定排架柔度时，假定为铰接，其嵌固作用对排架柔度的影响，将在计算排架周期的公式中予以反映。

（3）一般情况下，假定排架底部固接于柱基础的顶面，不考虑柱基础转动的影响。

对于混合结构排架，不高于 7 度时，砖柱或带壁柱砖墙的下端按“固接”考虑（图 33.2－2a）；高于 7 度时，或者虽为 7 度，但按图 33.2－2a 计算简图确定的砖柱地震内力大于砖柱抗弯强度时，无竖向配筋的砖柱和带壁柱砖墙的下端，在确定厂房周期时，仍按“固接”考虑。确定地震力分配时，按“铰接”考虑（图 33.2－2b）；配置竖向钢筋的砖柱和带壁柱砖墙，确定厂房周期和地震力的分配时，下端均按“固接”考虑（图 33.2－2a）。

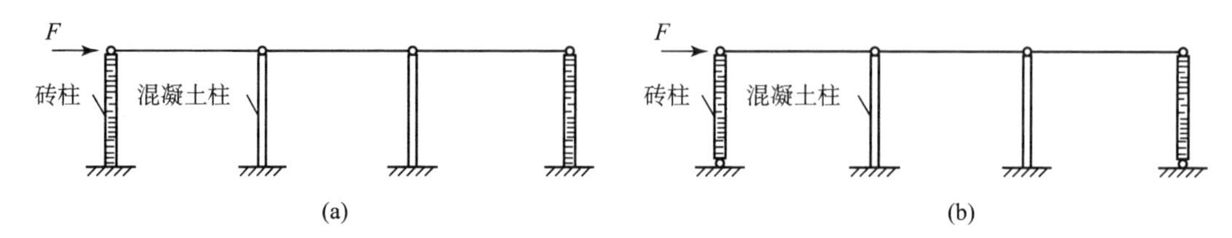

图 33.2－2　混合排架计算简图

（4）计算排架柔度系数时，取柱的全截面及砖砌体或混凝土的弹性模量，不考虑地震时，柱身可能出现裂缝引起的刚度降低。

3）单柱

等截面的独立砖柱和带墙砖壁柱（包括配筋砖柱和组合砖柱），当柱底固定、柱顶为自由端时，单位水平力作用下的侧移 u_A（图 33.2－3）为

$$u_A = \frac{H^3}{3EI} \tag{33.2-1}$$

式中　H——柱高，由柱基础大放脚顶面算至柱顶，一般情况下，也可近似地由地面下 500mm 算起；

I——柱的截面惯性矩。

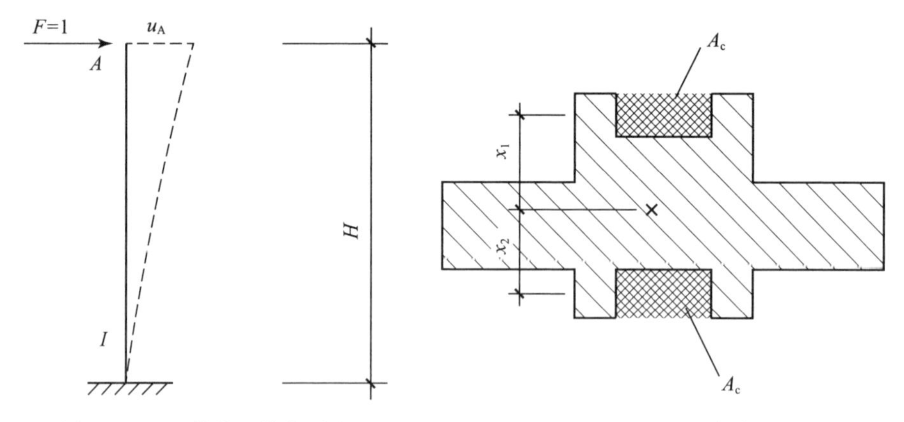

图 33.2－3　等截面单柱柔度　　　图 33.2－4　组合砖柱

带墙砖壁柱采用组合砖柱时，截面按矩形考虑，不计翼缘（图 33.2－4），截面惯性矩按下式计算：

$$I = I_0 + A_c\left(\frac{E_c}{E} - 1\right)(x_1^2 + x_2^2) \tag{33.2-2}$$

式中　I_0——设全截面均为砖砌体时的惯性矩；

A_c——砖柱一侧的混凝土截面积；

E_c、E——分别为混凝土和砌体的弹性模量；

x_1、x_2——混凝土部分的形心到整个截面形心的距离。

4）排架侧移柔度

（1）等高砖排架。

假定横梁不产生轴向变形，外力作用下，一榀排架中各柱顶的侧移值则相等，排架刚度等于各柱列刚度之和。排架受到柱顶处单位水平力的作用时，排架的侧移 δ（图 33.2-5）按下式确定：

$$\delta = \frac{H^3}{3E\Sigma I_i} \tag{33.2-3}$$

式中　ΣI_i——一榀排架各柱截面惯性矩之和。

（2）等高混合排架。

对于边柱为砖柱或组合砖柱，中柱为钢筋混凝土柱的等高混合排架：

$$\delta = \frac{H^3}{3\Sigma E_i I_i} \tag{33.2-4}$$

E_i 的取值：当为钢筋混凝土柱时为 E_c，砖柱和组合砖柱时取砌体的弹性模量 E；组合砖柱的截面惯性矩 I_i 应按式（33.2-2）计算。

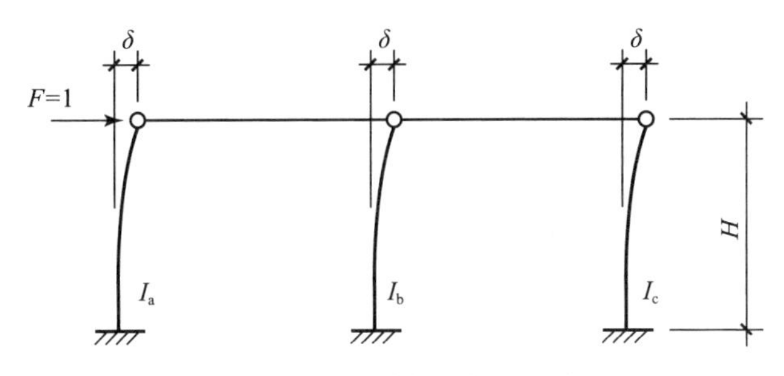

图 33.2-5　等高排架的柔度

5）等高排架的基本周期

等高排架（图 33.2-6）的基本周期 T_1 按下式计算：

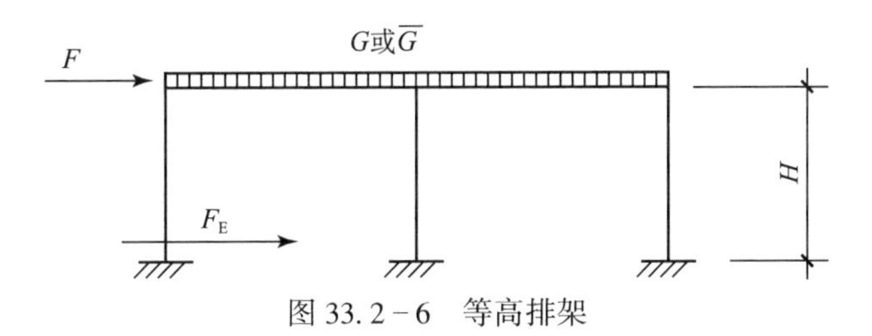

图 33.2-6　等高排架

$$T_1 = 2\psi_T \sqrt{G\delta} \tag{33.2-5}$$

式中　ψ_T——考虑屋架与砖柱连接的固结作用，对周期的调整系数，当采用钢筋混凝土屋架时，$\psi_T=0.9$，当采用木屋架、钢木屋架或轻钢屋架时，$\psi_T=1.08$；

δ——单位水平集中力作用于一榀排架柱顶时所引起的柱顶侧移（图33.2－5）；

G——根据动能相等原则，一榀排架换算集中到柱顶处的重力荷载代表值，

$$G = 0.25G_c + 0.25G_{wl} + 1.0G_r + 0.5G_{sn} + 0.5G_d \tag{33.2-6}$$

G_c、G_{wl}、G_r、G_{sn}、G_d 分别为柱自重、纵墙自重、屋盖荷载、雪荷载和屋面积灰荷载，均取建筑荷载规范中所规定的标准值。雪荷载和屋面积灰荷载的质量集中系数均为1.0，前面的系数0.5是可变荷载的组合值系数。

6）水平地震作用

（1）排架总水平地震作用（图33.2－6）。

一榀排架的总水平地震作用（排架底部地震剪力标准值）为

$$F_{Ek} = \alpha_1 \bar{G} \tag{33.2-7}$$

式中　α_1——相应于单榀排架基本周期 T_1 的水平地震影响系数 α 值，按《规范》图5.1.4确定；

$\bar{G}$——产生地震作用的一榀排架等效重的荷载，按柱底弯矩相等原则求算，

$$\bar{G} = 0.5G_c + 0.5G_{wl} + 1.0G_r + 0.5G_{sn} + 0.5G_d \tag{33.2-8}$$

（2）屋盖处地震作用。

单层砖柱厂房是单层等高房屋，一榀排架屋盖处的水平地震作用，等于该排架总水平地震作用：

$$F = F_{Ek} = \alpha_1 \bar{G} \tag{33.2-9}$$

2. 钢筋混凝土屋盖厂房

钢筋混凝土屋盖砖柱厂房的横向抗震计算，根据《规范》的规定，可采用按平面排架计算，但应考虑空间工作，按《规范》附录J的空间工作效应调整系数调整地震作用效应的简化方法。

1）简化法的依据——空间分析法

装配式钢筋混凝土无檩屋盖和有檩屋盖等高厂房地震内力的分析可采用空间结构力学模型（图33.2－7），及多竖杆的“串并联多质点系”计算简图（图33.2－8）。也可采取“并联多质点系”计算简图（图33.2－9）进行空间分析，误差在工程设计允许范围之内。

空间分析法的具体计算步骤，详见钢筋混凝土柱厂房32.2节中的横向空间分析法。

2）空间分析简化法

以单榀排架抗震分析的截面地震内力作为基础，与不同山墙间距的抗震空间分析结果进行对比，找出各种情况下的调整系数，就可以使复杂的空间分析转化为以单排架分析为基础的简化方法。

（1）计算参数：

①钢筋混凝土有檩屋盖和无檩屋盖，单位面积的等效水平剪切刚度基本值，分别取6×

10^3 和 2×10^4kN。

②厂房高度以 1m 为模数，由 4m 变化到 8m。

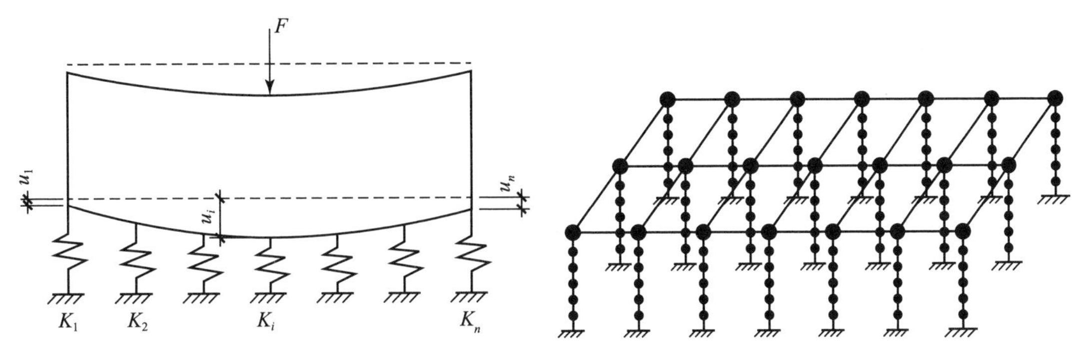

图 33.2－7　弹性屋盖砖排架房屋力学模型　　图 33.2－8　串并联多质点系简图

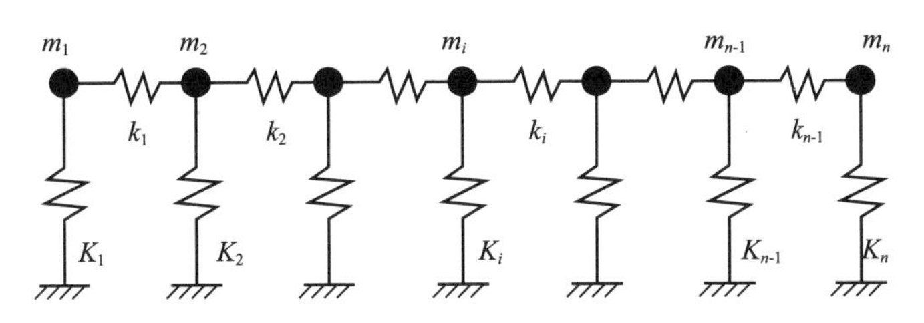

图 33.2－9　并联多质点系简图

③厂房类型有单跨、双跨和三跨，均为等高厂房。

④山墙间距以 6m 为模数，由 30m 变化到 72m。

⑤选取厂房高度、厂房跨数、屋盖类型和山墙间距等四个参数作为“调整系数”的试探性参数，视统计分析结果的相关性进行取舍。

⑥地震影响系数按近震Ⅱ类场地的谱曲线取值。

⑦按设防烈度 8 度考虑。

⑧计算排架的侧移和截面地震内力时，考虑地震时砖山墙出现细微裂缝而引起的刚度降低，根据试验，刚度降低系数取 0.2。

⑨按照《规范》关于计算排架周期应考虑屋架与砖柱连接的固接作用乘以 0.9 的规定，对排架计算刚度乘以提高系数 $1/0.9^2$。

⑩按照《砌体结构设计规范》的规定，带墙砖壁柱采用组合砌体时，截面按矩形考虑，不计翼缘。

⑪山墙开洞率不大于 50%，计算山墙的有关力学常数时，砌体材料，砖按 MU7.5，砂浆按 M2.5 考虑。

（2）简化计算公式。

采用钢筋混凝土无檩或有檩屋盖的砖排架厂房，可取一个开间的厂房作为计算单元，按单排架结构确定自振周期和地震作用，然后乘空间作用调整系数，即得作用于空间结构中排架分离体上的水平地震作用，以此地震作用进行排架分析，得各柱地震内力。

排架（分离体）水平地震作用（图33.2-6）为

$$F = F_{Ek} = \zeta \alpha_1 \bar{G} \tag{33.2-10}$$

式中　ζ——砖排架厂房空间工作的效应调整系数，见表33.2-1，按《规范》，这个系数是效应调整系数，应乘在内力上，这里为计算方便，乘在地震作用上，其结果相同。

表33.2-1　砖排架考虑空间作用的效应调整系数ζ

屋盖类别 \ 山墙间距 L/m	24	30	36	42	48	54	60	66	72
钢筋混凝土无檩屋盖	0.70	0.75	0.80	0.85	0.85	0.90	0.95	0.95	1.00
钢筋混凝土有檩屋盖	0.75	0.80	0.90	0.95	0.95	1.00	1.05	1.05	1.10

33.2.3　厂房纵向计算

1. 纵向抗震分析的特点

砖柱厂房的横向结构和纵向结构在力学特性方面存在着一定的差异，因而厂房纵向抗震分析与厂房横向抗震分析相比较，具有如下不同之处。

1）基本构件

厂房横向分析的基本结构是以弯曲变形为主的排架，而厂房纵向的主要抗震构件是以剪切变形为主的纵墙。

2）质量集中系数

确定厂房自振周期时，墙柱等竖向构件分布质量集中到排架柱顶时的换算系数，横向分析是按弯曲杆动能相等原则确定，纵向分析是按剪切杆动能相等原则确定。因而纵向的质量集中系数约比横向大40%。确定厂房地震作用时，竖向构件分布质量集中到柱顶或墙顶的换算系数，横向分析是按排架柱底地震弯矩相等的条件确定，纵向分析则是按墙底水平剪力相等的条件确定。后一情况的系数也比前一情况约大40%。

3）计算简图

（1）柔性屋盖。

对于屋面材料采用机瓦、石棉瓦、瓦楞铁等的柔性屋盖厂房，横向取一榀排架作为计算单元；纵向则以一个柱列作为计算单元（多开间的整片带壁柱砖墙，或一列砖柱加砖抗震墙）。

（2）弹性屋盖。

对于采用钢筋混凝土大型屋面板或钢筋混凝土有檩屋面等弹性屋盖厂房，横向分析时，质量是按开间分片集中到每榀排架；纵向分析则是一个柱列的质量集中为一个质点。

4）屋盖刚度

横向分析时，质点间水平杆的剪切刚度，等于长度为一个开间（即柱距）、宽度为房屋全宽的一片屋盖的水平刚度；纵向分析时，质点间水平杆的剪切刚度，等于长度为一个跨度、宽度为厂房全长的一片屋盖水平刚度。

2. 纵向空间分析法

分析方法与钢筋混凝土柱厂房纵向空间分析法相同。

3. 简化方法

1）柱列法

柱列法是将房屋沿每跨的纵向中线切开（图 33.2－10），对每个柱列分别单独进行分析，它仅适用于某几种情况厂房的纵向抗震分析。

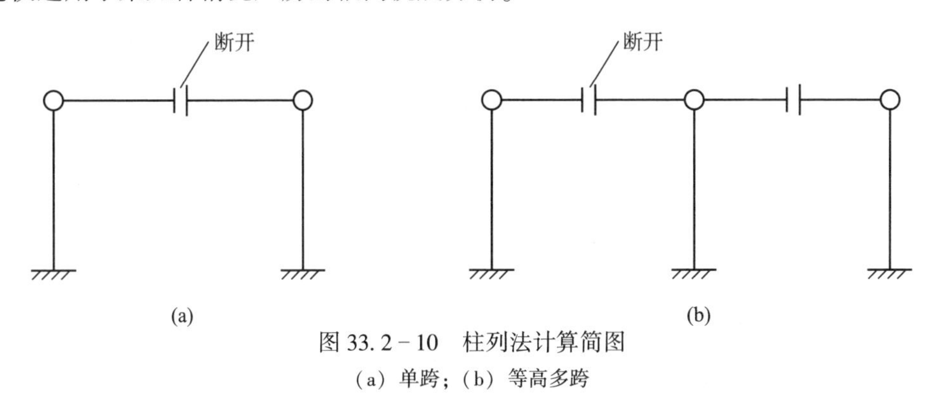

图 33.2－10　柱列法计算简图
（a）单跨；（b）等高多跨

（1）适应范围。

①单跨厂房。

单跨砖柱厂房沿纵向一般均是对称的。沿跨度中线划分，取一个柱列进行纵向地震内力分析，其结果应该与厂房纵向整体抗震分析的结果相同。因此，对于各种类型屋盖的单跨厂房，均可采用柱列法进行纵向地震内力分析。

②柔性屋盖多跨厂房。

采用机瓦、石棉瓦、瓦楞铁等轻型屋面的柔性屋盖厂房，通常假定地震时等高砖柱厂房的各个纵向柱列为独立地运动，进行厂房纵向抗震计算时，分别对各柱列进行单独分析。

（2）柱列柔度。

砖柱厂房的边柱列多为带壁柱的开洞砖墙，中柱列多为一列砖柱加 2~4 开间实体砖墙，其柱列柔度分别按下式计算。

①具有多层洞的多开间砖墙。

柔度和刚度可按照 32.4.1、2、1）、（3）节以及图 32.4－8 计算，本章从略。但砖墙厚度 t，当墙肢带有壁柱时，可粗略地按“截面积相等”原则换算成矩形截面，如图 33.2－11。

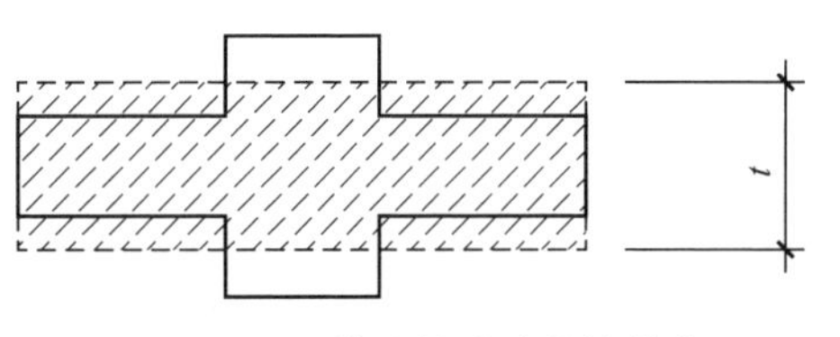

图 33.2－11　带壁柱墙肢的换算截面

②中柱列。

对于设有砖抗震墙的砖柱柱列（图 33.2－12a），其计算简图为砖柱和砖墙的并联体（图 33.2－12b）。单位水平力作用于并联体的顶端时，并联体顶端所产生的侧移，即并联体顶端的柔度为

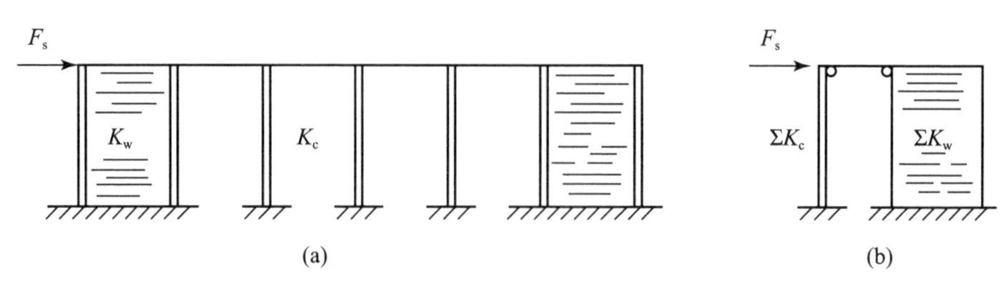

图 33.2-12　柱-墙并联体

$$\delta = \frac{1}{\sum_{i=1}^{n} K_c + \sum_{j=1}^{m} K_w} = \frac{1}{\frac{n}{\delta_c} + Et\Sigma K'_0} \quad (33.2-11)$$

式中　n、m——一个纵向柱列中独立砖柱的根数和抗震墙的片数；

δ_c——一根独立砖柱的柔度，按式（33.2-1）计算；

K'_0——一片砖抗震墙的相对刚度，无洞悬臂砖墙的相对刚度可按其高宽比 ρ 由表 32.4-2 查取，或 $K'_0 = \frac{1}{4\rho^3+3\rho}$。

（3）柱列自振周期。

第 s 柱列（边柱列或中柱列）沿厂房纵向单独自由振动时的周期为

$$T_s = 2\sqrt{G_s\delta} \quad (33.2-12)$$

式中　δ——一个柱列沿厂房纵向的柔度，按式（33.4-14）或（33.2-12）计算；

G_s——第 s 柱列的集中重量，

$$G_s = 0.25G_c + 0.25G_{wt} + 0.35G_{wl} + 1.0\ (G_r + 0.5G_{sn} + 0.5G_d) \quad (33.2-13)$$

G_c、G_{wt}、G_{wl}、G_r、G_{sn}、G_d 分别为柱自重、横墙自重、纵墙自重、屋盖荷载、雪荷载和屋面积灰荷载等重力荷载标准值（kN）。

（4）柱列地震作用。

整个边柱列或中柱列顶部的纵向水平地震作用为

$$F_s = \alpha\bar{G}_s \quad (33.2-14)$$

式中　α——相应于柱列周期 T_s 的地震影响系数；

$\bar{G}_s$——第 s 柱列换算集中到墙顶处的重力荷载，

$$\bar{G}_s = 0.5G_c + 0.5G_{wt} + 0.7G_{wl} + 1.0(G_r + 0.5G_{sn} + 0.5G_d) \quad (33.2-15)$$

（5）柱列中的墙、柱地震内力。

①边柱列。

边柱列多为开有门窗洞口的带壁柱砖墙，于墙顶处作用于整个柱列的纵向水平地震作用 F_s，按墙肢的刚度或其相对刚度 K_0 比例分配，然后根据各窗间墙分得的地震剪力验算其抗剪强度。当外纵墙上开有多层窗洞时，验算上层窗间墙的抗震强度，应从 F_s 中扣除验算截面所在高度以下的墙、柱所引起的水平地震作用。

作用于一片窗间墙上的纵向水平地震剪力为

$$V_s = \frac{(K_0)_{is}}{\sum_{i=1}^{m}(K_0)_{is}} F_s \tag{33.2-16}$$

式中　$(K_0)_{is}$——一片窗间墙的相对刚度，可按其高度比ρ值由表 33.4-2 查取。

②中柱列。

中柱列多为柱和墙的并联体（图 33.2-12）作用于柱顶处的整个柱列纵向水平地震作用 F_s，按墙和柱的刚度比例分配给墙和柱。

作用于一根砖柱上端的纵向水平地震作用和底截面纵向地震弯矩分别为

$$\left.\begin{aligned} F_c &= \frac{K_c}{\Sigma K_c + \Sigma K_w} F_s \\ M_c &= F_c H \end{aligned}\right\} \tag{33.2-17}$$

作用于一片砖抗震墙上端的纵向水平地震作用和底截面地震剪力分别为

$$\left.\begin{aligned} F_w &= \frac{K_w}{\Sigma K_c + \Sigma K_w} F_s \\ V_w &= F_w \end{aligned}\right\} \tag{33.2-18}$$

式中　K_c、K_w——分别为一根柱、一片墙的刚度。

2）修正刚度法

修正刚度法的含义和原则，可参阅第 32.4.2 节内容。

本方法适用于钢筋混凝土无檩或有檩等高多跨砖柱厂房。计算的步骤和要点如下：

（1）周期（假定屋盖为刚性）。

厂房纵向基本周期按下式计算：

$$T_1 = 2\psi_T \sqrt{\frac{\Sigma G_s}{\Sigma K_s}} \tag{33.2-19}$$

式中　ψ_T——周期修正系数，见表 33.2-2；

G_s——计算公式见式（33.2-13）；

K_s——第 s 柱列的刚度，它等于柱列柔度的倒数，$K_s = 1/\delta_s$，δ_s 参照式（32.4-14）或式（33.2-12）计算。

表 33.2-2　厂房纵向基本周期修正系数 ψ_T

屋盖类型	钢筋混凝土无檩屋盖		钢筋混凝土有檩屋盖	
	边跨无天窗	边跨有天窗	边跨无天窗	边跨有天窗
周期修正系数	1.3	1.35	1.4	1.45

（2）厂房纵向地震作用。

沿厂房纵向总水平地震作用

$$F_{Ek} = 0.85\alpha_1 \Sigma \overline{G}_s \tag{33.2-20}$$

式中　α_1——相应于厂房纵向基本周期 T_1 的地震影响系数；

$\bar{G}_s$——见公式（33.2－15）；

0.85——并联多质点系换算为单质点系的等效质量系数。

（3）柱列地震作用。

沿厂房纵向第 s 柱列上端的水平地震作用为

$$F_s = \frac{\mu_s K_s}{\sum \mu_s K_s} F_{Ek} \tag{33.2-21}$$

式中 μ_s——反映屋盖水平变形影响的柱列刚度调整系数，根据屋盖类型和各柱列的纵墙设置情况，查表 33.2－3。

表 33.2－3　柱列刚度调整系数 μ_s

纵墙设置情况 \ 屋盖类型		钢筋混凝土无檩屋盖		钢筋混凝土有檩屋盖	
		边柱列	中柱列	边柱列	中柱列
砖柱敞棚		0.99	1.1	0.9	1.1
各柱列均为带壁柱砖墙		0.95	1.1	0.9	1.2
边柱列为带壁柱砖墙	中柱列的纵墙不少于 4 开间	0.7	1.4	0.75	1.5
	中柱列的纵墙少于 4 开间	0.6	1.8	0.65	1.9

33.3　抗震构造措施

33.3.1　屋盖支撑布置及构件连接

1. 屋盖支撑布置

1）木屋盖

木屋盖的支撑布置，宜符合表 33.3－1 的要求。

表 33.3－1　木屋盖的支撑布置

支撑名称		烈度		
		6、7	8	
		各类屋盖	满铺望板	稀铺望板或无望板
屋架支撑	上弦横向支撑	同非抗震设计		屋架跨度大于 6m 时，房屋单元两端第二开间及每隔 20m 设一道

续表

<table>
<tr><td colspan="2" rowspan="3">支撑名称</td><td colspan="3">烈度</td></tr>
<tr><td>6、7</td><td colspan="2">8</td></tr>
<tr><td>各类屋盖</td><td>满铺望板</td><td>稀铺望板或无望板</td></tr>
<tr><td rowspan="2">屋架支撑</td><td>下弦横向支撑</td><td colspan="3">同非抗震设计</td></tr>
<tr><td>跨中竖向支撑</td><td colspan="3">同非抗震设计</td></tr>
<tr><td rowspan="2">天窗架支撑</td><td>天窗两侧竖向支撑</td><td rowspan="2">同非抗震设计</td><td colspan="2" rowspan="2">不宜设置天窗</td></tr>
<tr><td>上弦横向支撑</td></tr>
</table>

2）波形瓦屋盖的支撑布置

采用瓦楞铁、压型钢板等屋面材料的轻型屋盖的支撑布置，可按表 33. 3 – 1 中无望板屋盖的规定设置。

3）钢筋混凝土有檩屋盖

钢筋混凝土有檩屋盖的支撑布置，宜符合表 32. 6 – 2 的要求。

4）薄腹梁屋盖

对于跨度不大于 15m 的薄腹梁、大型屋面板屋盖，除每隔不大于 48m，于薄腹梁两端设置型钢或空腹式混凝土竖向支撑外，不需要再在薄腹梁上下翼缘处设置任何横向水平支撑，其他要求可参阅表 32. 6 – 1。

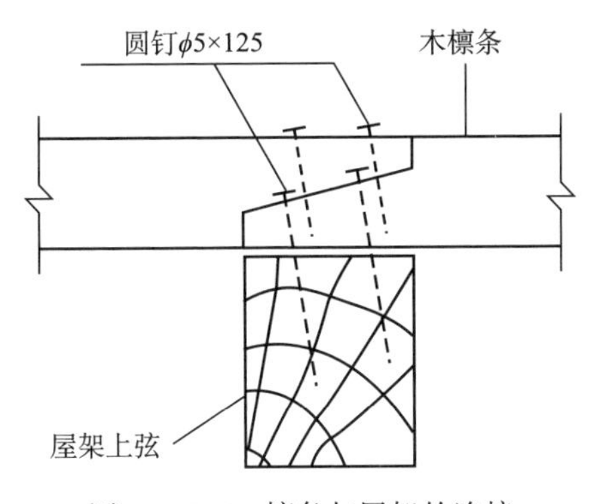

图 33. 3 – 1　檩条与屋架的连接

2. 屋面构件连接

1）瓦木屋盖

（1）檩条与屋架的连接。

木檩条在屋架上宜采用搭接接头（俗称巴掌榫），并用较长圆钉与木屋架的上弦钉牢（图 33. 3 – 1）。一般不宜采取对接接头，如因檩条长度所限，只能采取对接接头时，除每根檩条端头应与屋架钉牢外，在接头处应加钉夹板。

（2）支撑与屋架的连接。

支撑系统是保持屋盖整体稳定的重要构件。由于圆钉的抗拔强度很低，故要求支撑与屋架的节点均采取螺栓连接。兼作上弦水平支撑中直杆的檩条以及兼作竖向支撑上弦杆的檩条，都应该用螺栓与屋架上弦连接。

①竖向支撑节点。

a. 交叉杆、水平系杆与屋架上、下弦的连接，均应采用螺栓连接（图33.3－2）。应该注意：即使屋架的竖向腹杆采用的是木杆件，竖向支撑也不能直接与腹杆相连，以免地震时支撑传来的拉力或压力破坏腹杆与上下弦之间的结合。

b. 天窗竖向交叉支撑的斜杆可以直接与木天窗架的立柱相连，并应采用螺栓结合。天窗架上的檐口檩条因要传递水平力，宜采用螺栓与天窗架相连。

②水平支撑节点。

a. 屋架上弦水平支撑中的垂直腹杆多利用檩条来代替。

b. 屋架下弦水平支撑中的垂直腹杆多采用方木。

c. 交叉斜杆可采用圆钢，也可以采用方木。方木交叉杆件的节点示于图33.3－3。交叉斜杆若采用钢杆，其做法一般先将ϕ16圆钢的端部打扁，钻眼，然后叠置于屋架弦杆顶面，与水平系杆一起用螺杆与屋架下弦串联（图33.3－4）。但圆钢较柔，安装时下垂度较大，需要增设花兰螺丝，以便将圆钢拧紧绷直。

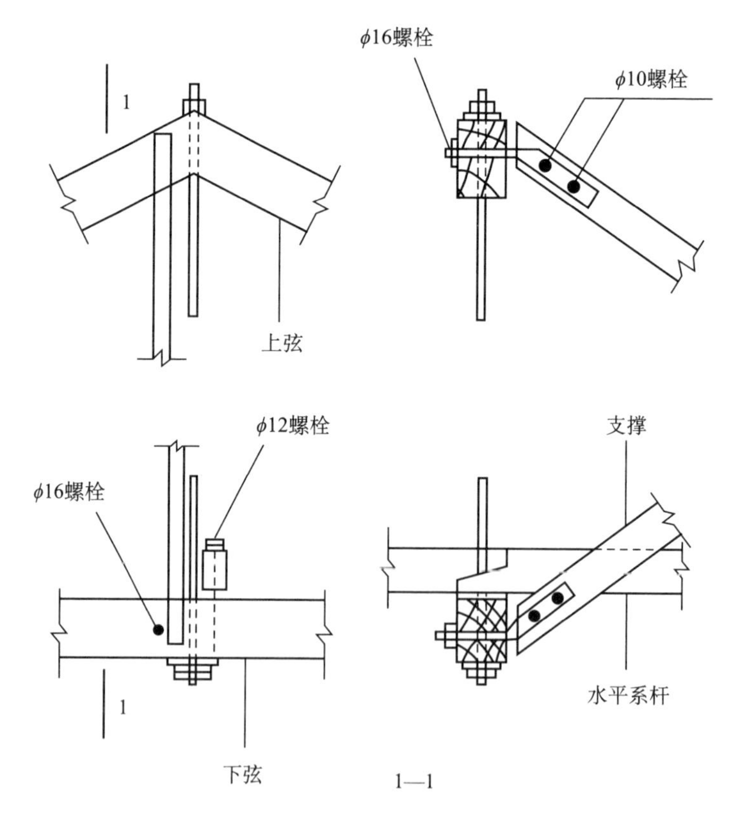

图33.3－2　竖向支撑与屋架的连接

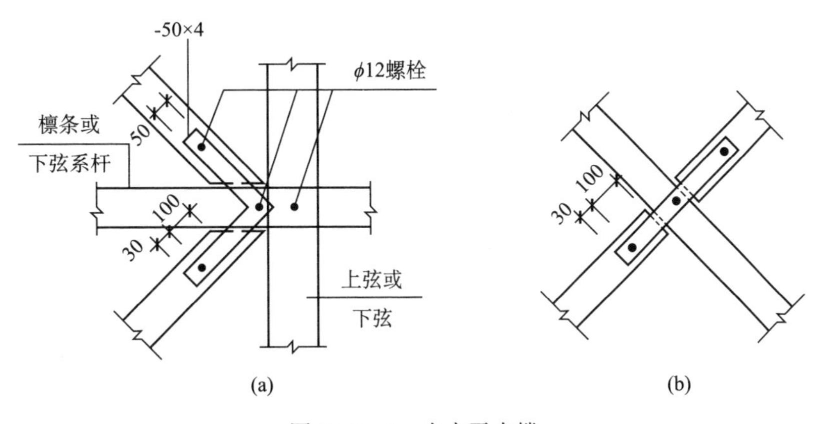

图 33.3－3　木水平支撑

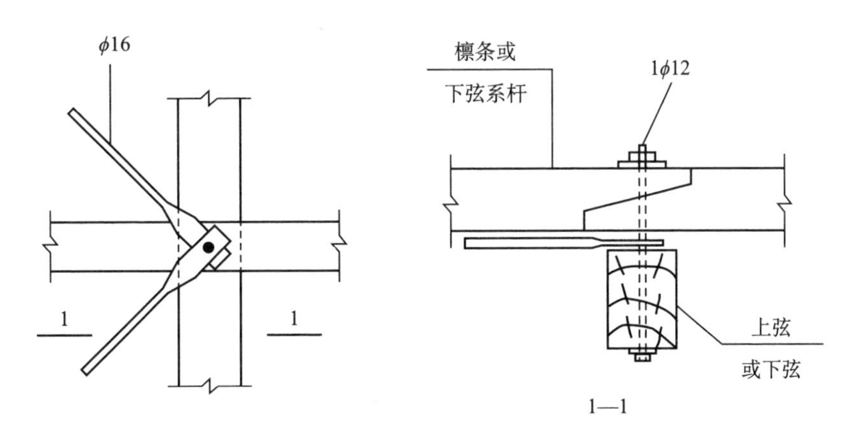

图 33.3－4　钢水平支撑

2）钢或钢筋混凝土有檩及无檩屋盖的连接

参阅第 32.6.1、1 的要求和做法。

3）钢筋混凝土槽板屋盖

防止槽板掉落的途径有二：

（1）在槽板角部及屋架上弦相应部分预埋铁件，相互焊接。

（2）确保全部槽板与屋架相对位置不改变，办法是：

①用细石混凝土将所有板间缝隙，特别是属架上的板端接缝填灌密实。

②当 7、8 度时，沿房屋上弦分别每隔 6、4.5m 将屋面板拉开，使侧边板缝加宽到 100mm，并在缝中配置 2ϕ12 纵向钢筋，用 C20 细石混凝土填灌密实（图 33.3－5）。

③沿整个屋盖周圈在屋面板的侧边现浇钢筋混凝土圈梁，板缝配筋带内的纵向钢筋伸进山墙圈梁内的长度，不少于关于混凝土内受拉钢筋搭接长度的规定（图 33.3－5）。

4）大型屋面板屋盖

大型屋面板屋盖的构造措施参阅 32.6.1、2 及图 32.6－4 和图 32.6－5 的要求和做法。

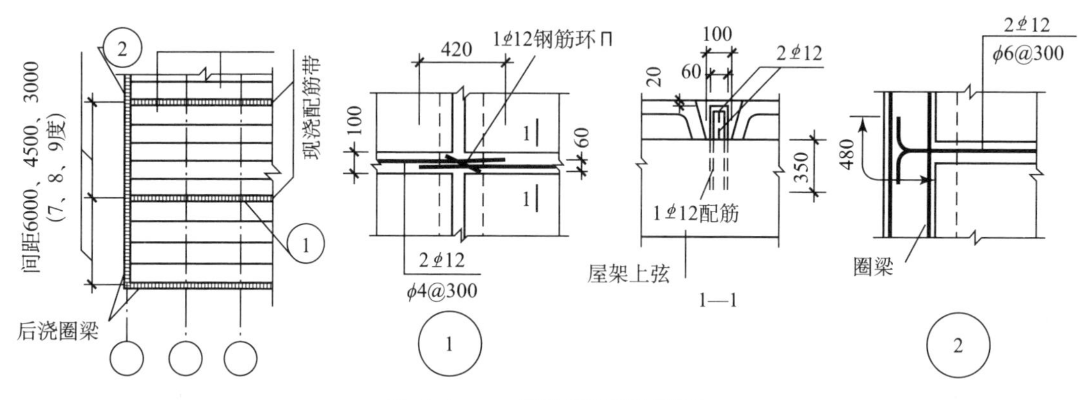

图 33.3－5　槽板屋面的配筋带

33.3.2　屋架与砖柱的连接

（1）砖墙和砖柱顶部应紧贴屋架底面设置钢筋混凝土垫块，并预埋铁件，采用螺栓或焊接加强屋架与垫块的连接。

（2）柱顶垫块的厚度不应小于240mm，并应配置直径不小于 $\phi8$ 间距不大于100mm的钢筋网两层。

（3）在外墙，混凝土垫块应与墙顶钢筋混凝土圈梁同时浇筑，连为一体（图 33.3－6）。

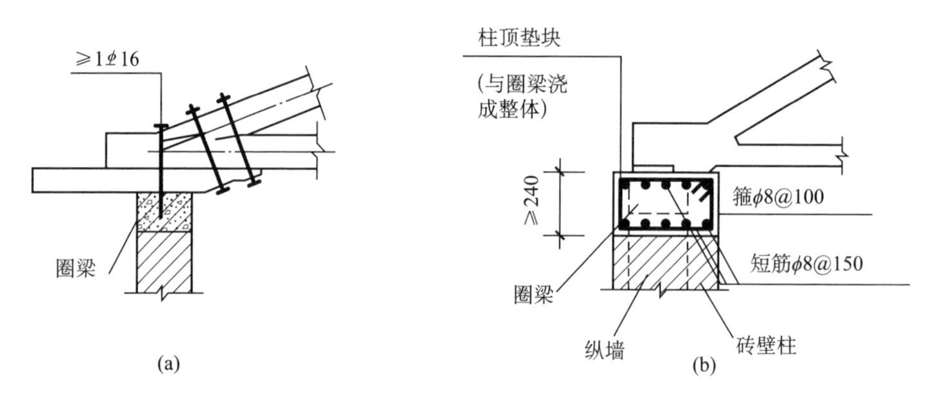

图 33.3－6　屋架与砖墙的拉结

33.3.3　山墙顶部与屋面构件的锚拉

1. 瓦木屋盖

对于瓦木屋盖，木檩条与山墙的连接，6、7度时，较矮的山墙，可以采取在墙顶砌入较长的木垫块，然后用铁钉将木檩条钉牢在垫块上（图 33.3－7）。对于较高大的山墙以及8度时，山墙应沿屋面设置现浇钢筋混凝土卧梁，并预埋铁件与檩条锚结（图 33.3－8），卧梁高一般取60mm。有条件时，檩条宜挑出山墙。

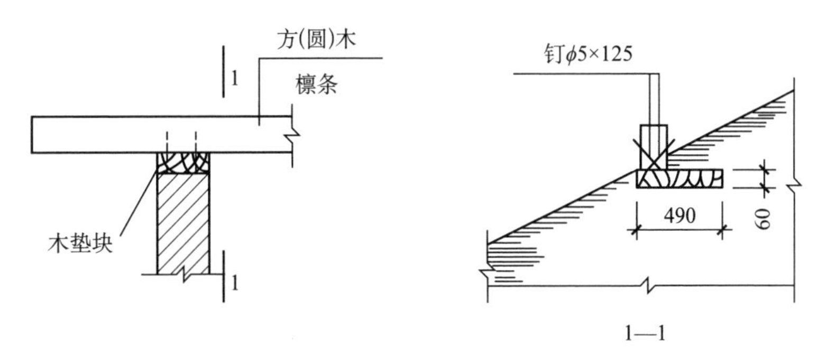

图 33.3－7　6、7 度区木檩条与山墙的简单连接

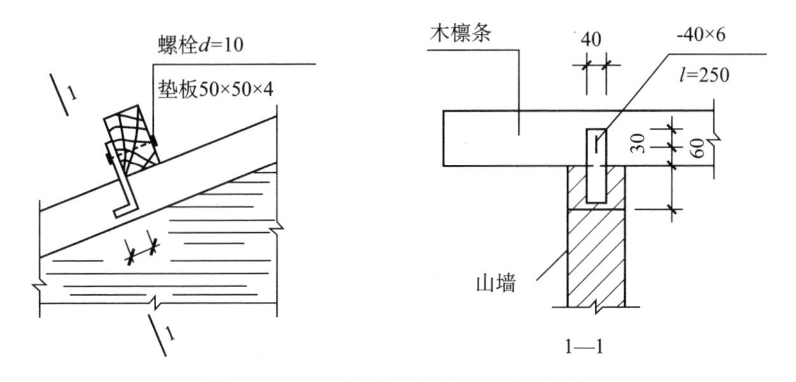

图 33.3－8　木檩条与山墙卧梁的连接

2. 混凝土屋面

（1）对于混凝土屋面，山墙与屋面构件应采取卧梁连接的做法。在卧梁面预埋带有锚爪的钢板，与混凝土檩条或屋面板焊联（图 33.3－9a、b）。

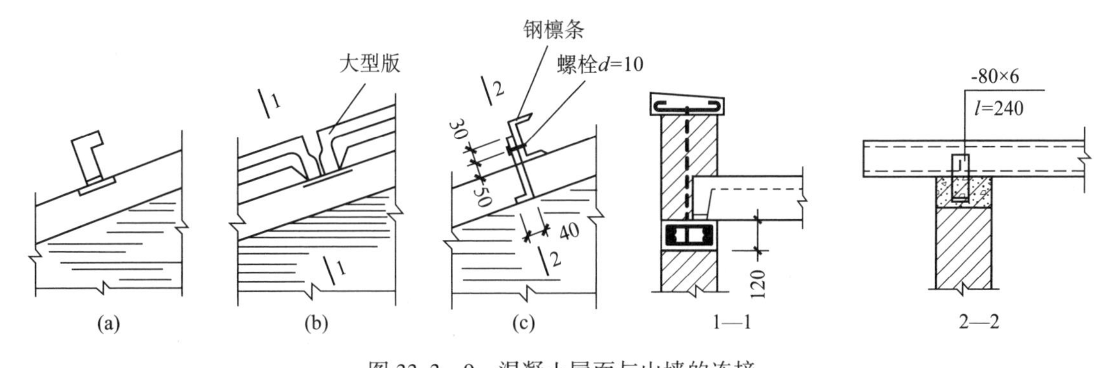

图 33.3－9　混凝土屋面与山墙的连接

（a）混凝土檩条；（b）混凝土屋面板；（c）钢檩条

（2）卧梁的厚度取 100mm 或 120mm，内配 2ϕ8 或 2ϕ10 纵向钢筋。

（3）为了增加屋面板或檩条的实际搁置长度，对于 240mm 厚山墙，宜将房屋两端轴线由山墙中线处移至离山墙外墙面 60mm 处，对于 370 墙，轴线宜定在离内墙而 250mm 处。

3. 钢檩条屋面

对于钢檩条屋面，山墙与屋面构件的连接，需要在卧梁内预埋 L 形铁板、伸出卧梁面，再用螺栓与钢檩条连接（图 33.3－9c）。

卧梁做法同混凝土屋面。

33.3.4　山墙的构造

1. 壁柱到顶

砖山墙的壁柱应伸到墙顶，并与卧梁或屋盖构件连接。

2. 砖柱配筋

8 度的砖柱厂房，山墙砖壁柱内应竖向配筋。山墙壁柱的截面与配筋，不宜小于排架柱。

竖向配筋的方式，宜采用组合砖壁柱（图 33.3－10）。组合砖柱，上端应与墙顶的锚拉屋面构件用的钢筋混凝土卧梁相连，下端应伸到室外地面下一定深度，使柱根锚固可靠。当山墙采用混凝土带形基础时，壁柱竖向钢筋可直接锚固于混凝土基础内。当山墙采用灰土类带形基础时，应于壁柱所在位置挖去一块灰土基础，换填以 C15 混凝土。此局部混凝土基础应与灰土基础同宽，长度可比砖壁柱每边宽 100～150mm，并预埋与壁柱竖筋的数量和直径相同的插筋（图 33.3－11），与壁柱竖筋搭接。

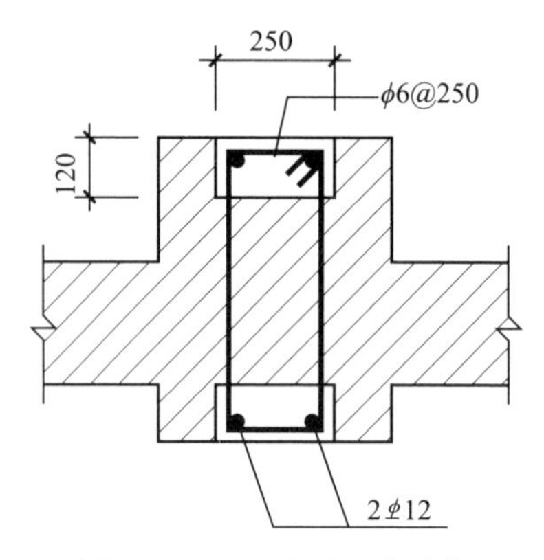

图 33.3－10　山墙组合壁柱

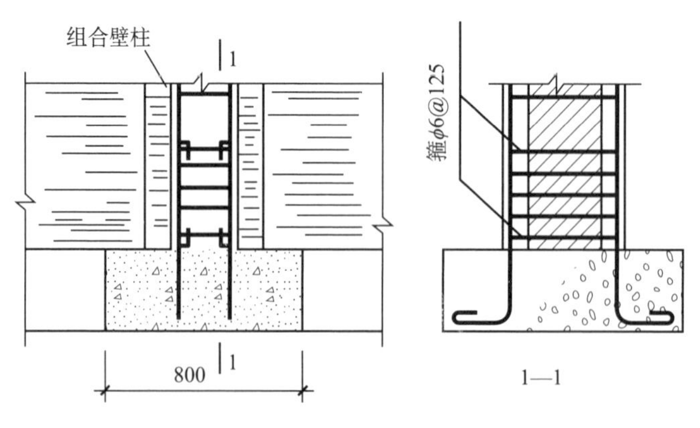

图 33.3－11　山墙组合壁柱基础

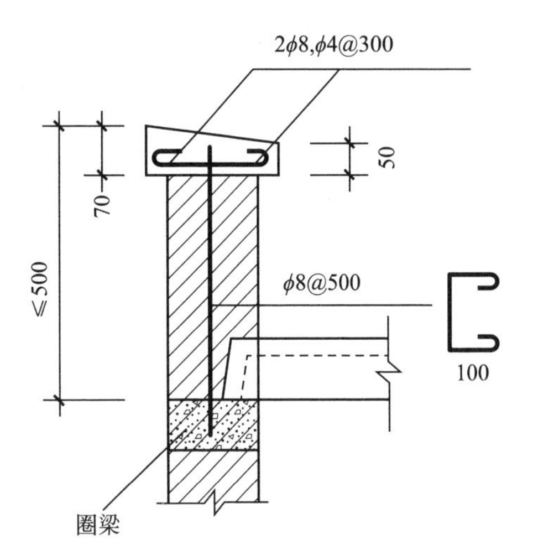

图 33.3-12 山墙女儿墙配筋

3. 女儿墙配筋

当烈度高于7度时，应在女儿墙内沿墙长每隔500mm配置1φ8竖向钢筋，上端锚入混凝土压顶，下端锚入屋面构件底面处的混凝土卧梁内（图33.3-12）。

33.3.5 圈梁的构造

1. 截面和配筋

一般情况下，各道圈梁均应与砖墙同宽，截面高度取180mm，8度时，墙顶圈梁和基础墙圈梁的截面高度宜取240mm。

各道圈梁的纵向钢筋均不应劣于4φ12，箍筋可采用φ6钢筋，间距一般不大于300mm（图33.3-13）。圈梁可采用C15混凝土。

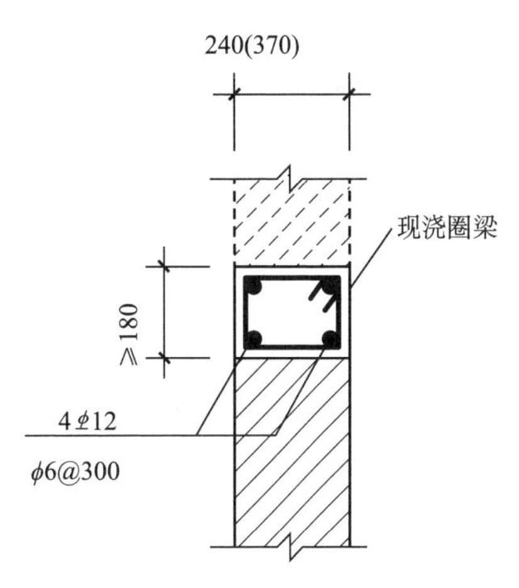

图 33.3-13 圈梁截面和配筋

2. 圈梁节点

（1）圈梁角部节点（L形）处，除纵向钢筋伸入节点内的锚固长度应不少于受拉钢筋的搭接长度外，节点核心区内还应配置两根斜方向箍筋，并于内角处配置两根45度斜向钢筋（图33.3-14a）。

（2）内横墙与外纵墙圈梁交接（T形节点）处，圈梁应设在同一水平，连为一体。外墙上圈梁的纵向钢筋应连续通过，内墙上的圈梁纵向钢筋，伸入外墙圈梁内的锚固长度，不应小于钢筋混凝土构件中受拉钢筋搭接长度的规定（图33.3-14b）。

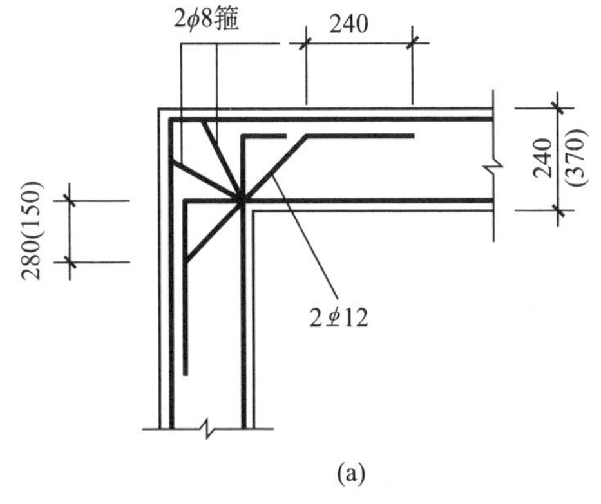

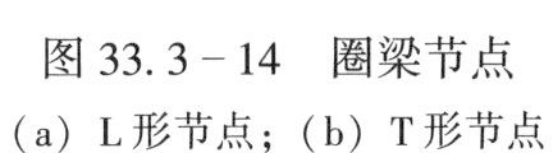

图 33.3-14 圈梁节点

（a）L形节点；（b）T形节点

3. 圈梁与构造柱的连接

砖墙两端设有构造柱时，由于有构造柱对砖墙的约束，圈梁与构造柱的连接，仅需将圈梁纵向钢筋伸入节点内的长度不少于《规范》对受拉钢筋搭接长度 l_d 的规定即可，不必像圈梁节点那样配置斜钢筋和斜向箍筋。图 33. 3 - 15 为圈梁与角柱的连接；图 33. 3 - 16 为圈梁与边柱的连接。

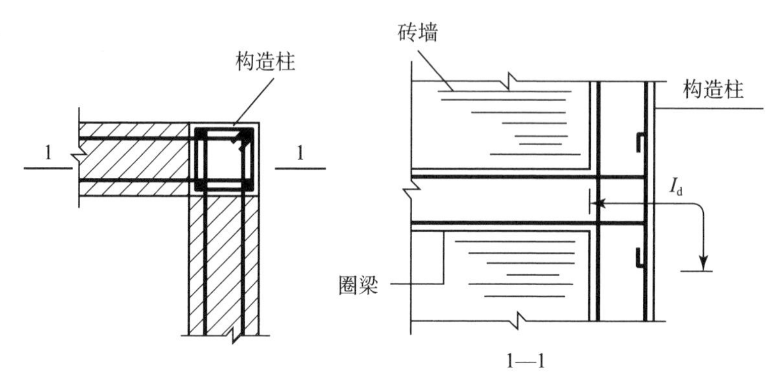

图 33. 3 - 15　圈梁与角柱的连接

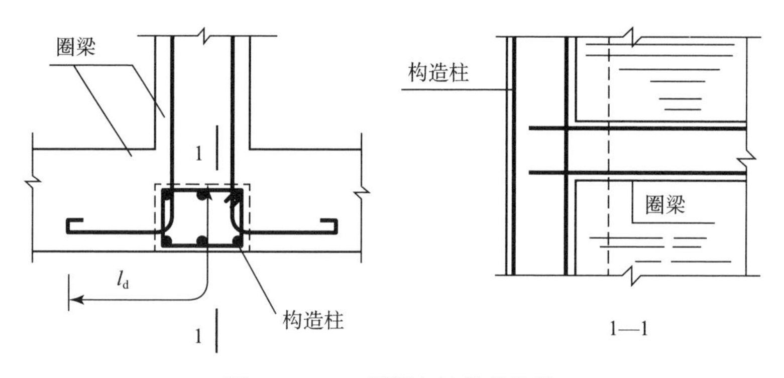

图 33. 3 - 16　圈梁与边柱的连接

33. 3. 6　构造柱

1. 截面和配筋

钢筋混凝土构造柱的截面尺寸一般为 240mm×240mm；山墙或承重内横墙的厚度为 370mm 时，其截面宽度宜取 370mm，即取等于砖墙的厚度。

竖向钢筋采用 4ϕ12，箍筋通常采用 ϕ6，间距 250～300mm。墙端构造柱在各楼层的上下端 400～500mm 范围内，箍筋应适当加密，一般，其间距可取 100mm。

2. 构造柱与砖墙的拉结

地震作用下，墙面可能严重裂缝，为使有较大块体与构造柱共同工作，应在墙柱之间配置水平联系钢筋，如图 33. 3 - 17 所示。

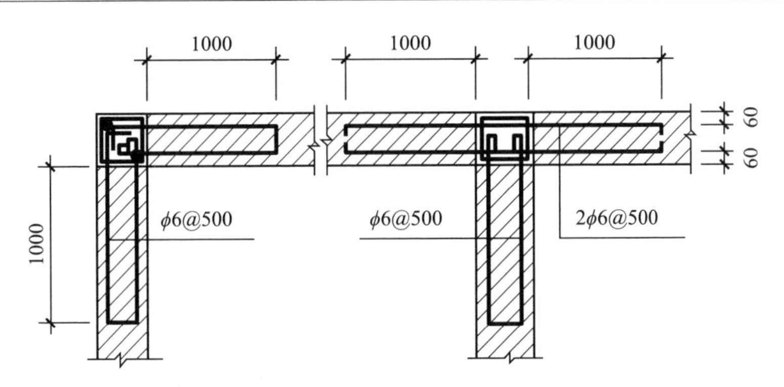

图 33.3－17　构造柱与砖墙的拉结

3. 底端的锚固

当横墙的基础墙内设有圈梁时，构造柱的底端可锚固在该圈梁内，锚有构造柱钢筋的一段圈梁宜加厚为 240mm。无基础墙圈梁时，构造柱的底端应伸到基础并锚固于混凝土基础之中。

33.3.7　砖柱截面和配筋

1. 截面形状

砖柱截面形式宜采用在砖墙两侧设砖垛，并尽量使两侧砖垛凸出的尺寸相等或相差不大的十字形截面。

2. 配筋

1）配筋范围

8 度时，砖柱应沿全高配置竖向钢筋。

2）配筋方式

（1）钢筋砂浆面层组合砖柱。

钢筋砂浆面层组合砖柱的构造（图 33.3－18），应符合下列要求：

①砖强度等级不宜低于 MU10，砌筑用砂浆的强度等级不低于 M5，配筋砂浆强度等级不低于 M7.5。

②竖向钢筋保护层的厚度，地面以上为 20mm，地面以下为 25mm，竖向钢筋与砖砌体表面的净距离不应小于 5mm。

③砂浆面层的厚度一般采用 30～45mm。

④竖向钢筋宜采用 Ⅰ 级钢，直径 $\phi8 \sim \phi12$；竖向受拉钢筋的配筋率（受拉钢筋截面积与组合砖砌体计算截面面积之比）不宜小于 0.1%，竖向钢筋的净间距，不小于 30mm，不大于 250mm。

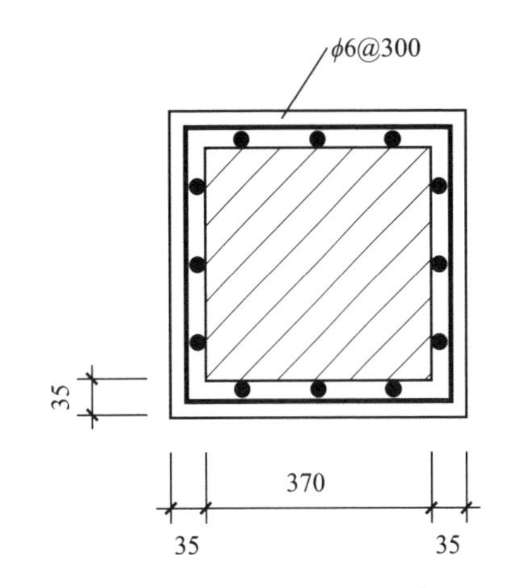

图 33.3－18　钢筋砂浆面层组合砖柱

⑤箍筋可采用冷拔低碳钢丝，直径不宜小于 4mm，不宜大于 6mm，箍筋的竖向间距不

小于120mm，并不应大于500mm，一般情况下，箍筋间距采取250mm，竖向钢筋搭接长度范围内，采取125mm。

⑥砖柱的顶端、底部及牛腿面，必须设置盖满砖柱全截面的钢筋混凝土垫块，竖向钢筋伸入此等垫块内的长度必须满足锚固要求。

对于独立砖柱，当仅需考虑沿房屋横向单方向受弯时，可仅在砖柱两面配筋；若砖柱沿房屋纵、横方向均可能受弯，则需在砖柱四面配筋。

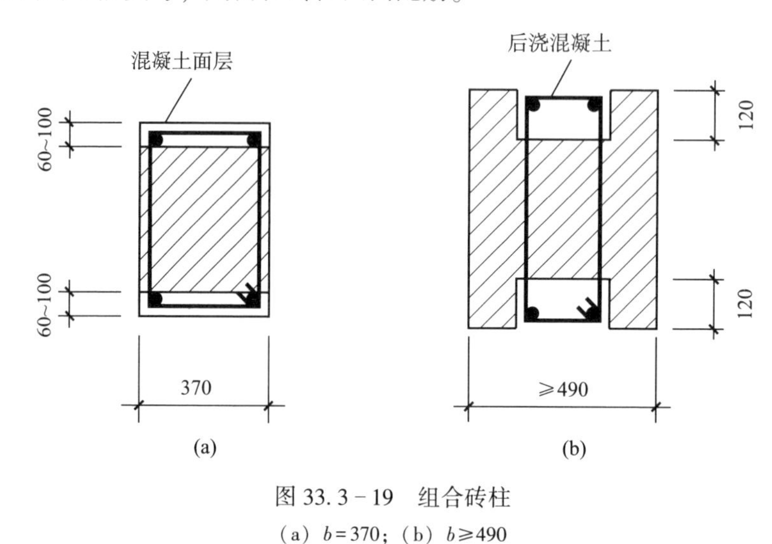

图 33.3－19　组合砖柱

（a）b=370；（b）b≥490

（2）钢筋混凝土组合砖柱。

钢筋混凝土组合砖柱的构造（图 33.3－19），应符合下列要求：

①砖柱宽度为370mm时，采取钢筋混凝土面层做法（图 33.3－19a），砖柱宽度等于或大于490mm时，采取柱身内留竖槽的做法（图 33.3－19b）。

②砖的强度等级不宜低于MU10，砌筑用砂浆的强度等级不低于M5，面层或竖槽混凝土的强度等级宜采用C15或C20。

③竖向钢筋保护层的厚度，地面以上为25mm，地面以下为35mm。

④钢筋混凝土面层的厚度不宜小于60mm，也不大于100mm，采用竖槽配筋方式时，取半砖厚，即120mm。

⑤竖向钢筋可采用Ⅰ级或Ⅱ级钢，直径不小于10mm，也不宜大于16mm，钢筋的净间距不应小于50mm。

⑥竖向受拉钢筋的配筋率不应小于0.1%。

⑦有关箍筋和钢筋混凝土垫块的要求，同钢筋砂浆面层组合砖柱中的规定。

33.3.8　纵横墙的连接

8度时，外墙转角处及承重内墙与外墙交接处，应于二分之一层高以上部位，沿墙高每隔500mm配置2ϕ6钢筋，每边伸入墙内不少于1m（图 33.3－20），柱顶以上部位的钢筋宜加密加长。

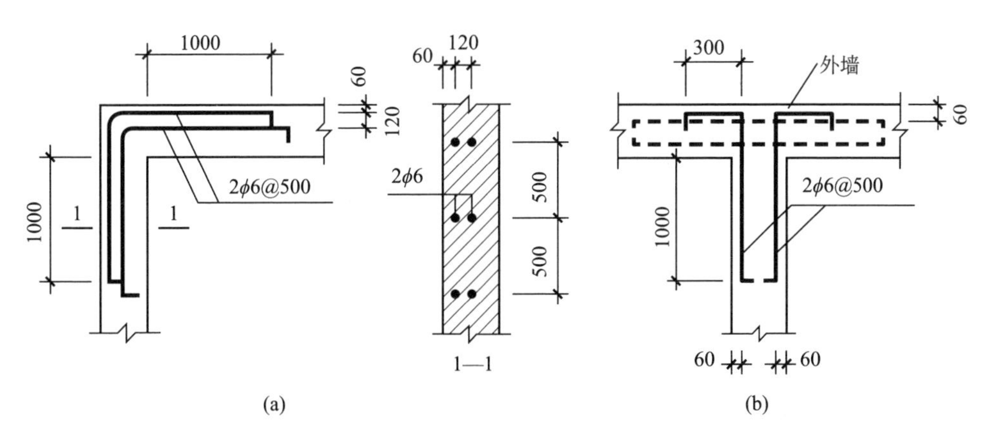

图 33.3-20　砖墙节点配筋

33.3.9　隔墙的连接

1. 变电间隔墙

布置在厂房内或厂房外的变电间、工具间等小房间，其横隔墙应与厂房排架柱和纵墙脱开（图 33.3-21），缝宽应符合关于防震缝宽度的规定。

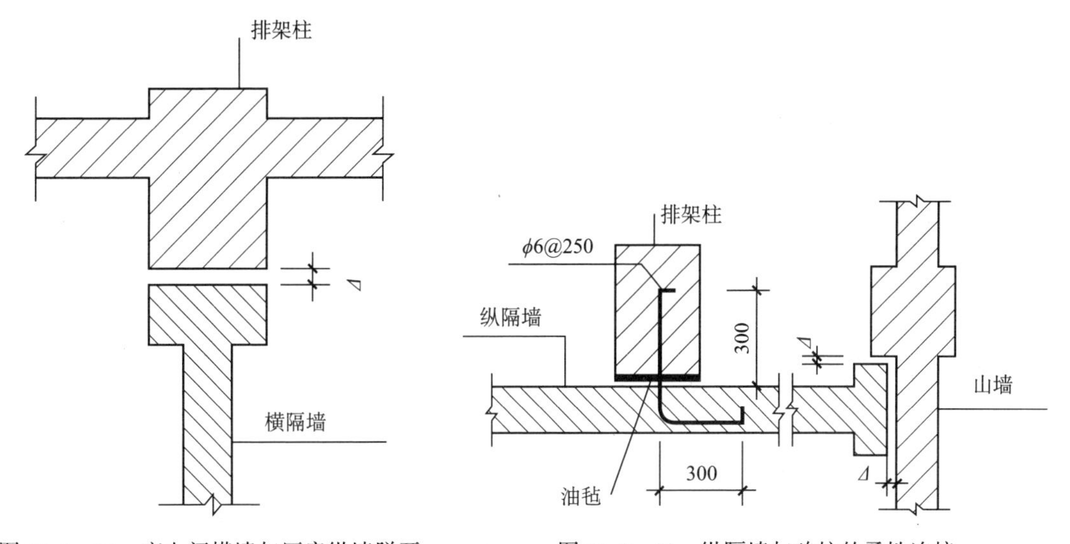

图 33.3-21　变电间横墙与厂房纵墙脱开

图 33.3-22　纵隔墙与砖柱的柔性连接

2. 纵隔墙与砖柱连接

（1）到顶纵隔墙与柱之间可采取任何连接方式。

（2）不到顶纵隔墙与柱之间应采取柔性连接（图 33.2-22）：在柱面贴一层或两层油毡，使墙与柱之间切实分开，能够自由错动；为增强隔墙的稳定性，墙柱之间应沿墙高每隔 250mm 左右用 φ6 钢筋拉结。

（3）纵向隔墙的端部与山墙之间应留有缝隙，缝宽取等于防震缝的宽度，一般取 50~

70mm（图 33. 3 – 22）。

3. 隔墙的稳定措施

（1）沿墙长每隔 3 ~ 4m 设置砖壁柱，砖壁柱应两面外凸，形成十字形截面；设防烈度为 8 度墙高大于 3m，砖壁柱内应配置竖向钢筋。

（2）在隔墙的顶部设置钢筋混凝土压顶，压顶与隔墙同宽，厚 120mm，内配 4ϕ10 纵向钢筋。当砖壁柱内配有竖向钢筋时，竖筋伸入压顶内的长度不应少于 20 倍钢筋直径。

（3）对于到顶的横隔墙，应采用螺栓将隔墙顶部与屋架或屋面梁相连（图 33. 3 – 23）。

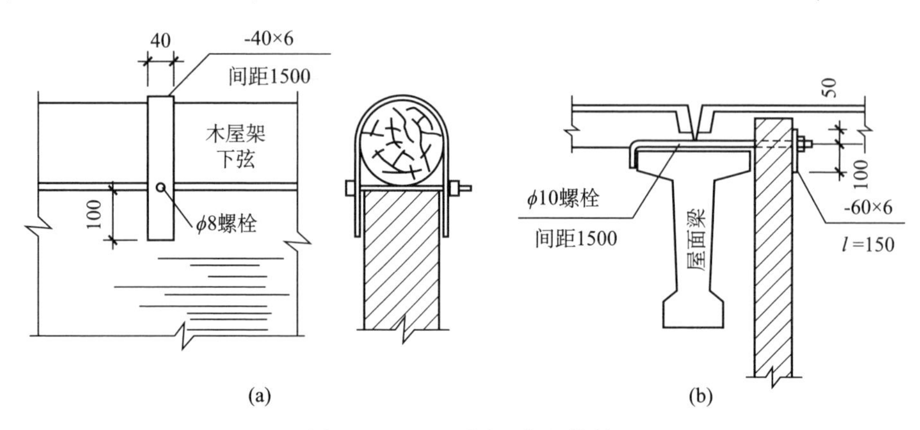

图 33. 2 – 23　隔墙顶部的拉结

33. 3. 10　有关交叉支撑的设置

在 33. 1. 5 节中已指出：不宜采用交叉支撑来取代柱列间的纵向抗震墙。

若确因生产需要，对于中间柱列，只能布置交叉支撑而不能布置纵向砖墙时，必须同时采取下列特殊措施（图 33. 3 – 24）：

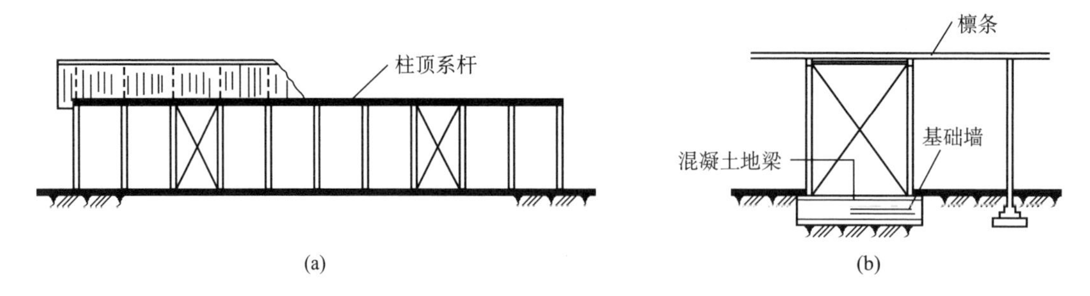

图 33. 3 – 24　柱列交叉支撑的辅助措施

（a）支撑的布置；（b）支撑所在柱间的基础墙

（1）为减轻砖柱的负担，厂房长度大于 40m 时，宜在厂房长度三分点附近开间内各布置一道支撑，小于 40m 时，可仅在长度中点处设一道支撑。

（2）支撑形式应采取单层的带有上水平杆的交叉支撑。

（3）沿柱列纵向在砖柱顶端设置通长的与柱顶混凝土垫块连为一体的钢筋混凝土水平系杆。

（4）在支撑所在开间砌筑与砖柱连为一体的基础墙，墙顶现浇钢筋混凝土卧梁，并预埋铁件，以连接支撑下节点。

33.4　横向抗震计算例题

【例 33.4－1】　单跨钢筋混凝土有檩屋盖砖柱厂房

1. 厂房简图（图 33.4－1）

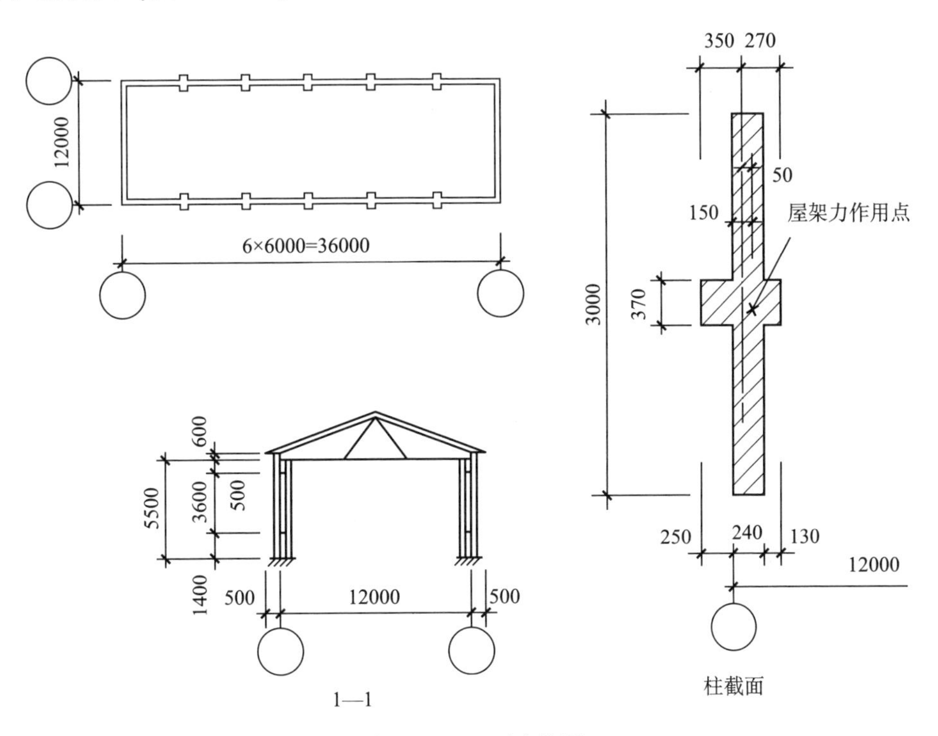

图 33.4－1　厂房简图

2. 计算数据

（1）无保温有檩体系屋面：预应力混凝土槽瓦，钢筋混凝土檩条，钢筋混凝土组合式三角形屋架。

屋面恒载：1.7kN/m^2；雪荷载：0.3kN/m^2

（2）烧结普通砖强度等级采用 MU10，砂浆强度等级采用 M5；

$$E = 1600f = 1600 \times 1.5 \times 10^3 = 2.40 \times 10\text{kN/m}^2$$

（3）设防烈度 7 度第一组，Ⅱ类场地。

3. 截面特征和排架柔度

带壁柱墙的计算截面翼缘宽度，按《砌体结构设计规范》（GB 50003）第 4.2.8 条，经过比较，取窗间墙宽度，截面如图 33.4－1 所示。

截面面积 A：

$$A = 0.25 \times 0.37 + 0.24 \times 3.0 + 0.13 \times 0.37 = 0.861\text{m}^2$$

截面重心至柱外边缘的距离 y：

$$\begin{aligned} y &= (0.25 \times 0.37 \times 0.125 + 0.24 \times 3 \times 0.37 + 0.13 \times 0.37 \times 0.555)/0.861 \\ &= 0.35\text{m} \end{aligned}$$

截面惯性矩 I：

$$\begin{aligned} I &= \frac{1}{12} \times 0.37 \times (0.13^3 + 0.25^3) + \frac{1}{12} \times 3 \times 0.24^3 + 0.25 \times 0.37 \times \left(0.35 - \frac{0.252}{-2}\right)^2 \\ &\quad + 0.24 \times 3.0 \times (0.37 - 0.35)^2 + 0.13 \times 0.37 \times \left(0.27 - \frac{0.13}{2}\right)^2 \\ &= 11 \times 10^{-3}\text{m}^4 \end{aligned}$$

回转半径 i：

$$i = \sqrt{\frac{I}{A}} = \sqrt{\frac{11 \times 10^{-3}}{0.861}} = 0.113\text{m}$$

T 形截面折算成矩形截面时的折算厚度 h_T：

$$h_T = 3.5i = 3.5 \times 0.113 = 0.4\text{m}$$

排架柔度 δ：

$$\delta = \frac{H^3}{3E\Sigma I_i} = \frac{5.5^3}{3 \times 2.40 \times 10^6 \times (11 \times 10^{-3} \times 2)} = 1.05 \times 10^{-3}\text{m/kN}$$

4. 基本周期

1）集中到柱顶处重力荷载代表值（以一榀排架计）

柱重：$G_c = 0.861 \times 5.5 \times 19 \times 2 = 180\text{kN}$

墙重：$G_{wl} = [3 \times 0.24 \times (5.5 - 3.6) \times 19 + 3 \times 3.6 \times 0.4] \times 2 = 61\text{kN}$

屋盖重：$G_r = 6 \times (6 + 0.5) \times 1.7 \times 2 = 133\text{kN}$

雪重：$G_{sn} = 6 \times (6 + 0.5) \times 0.3 \times 2 = 23\text{kN}$

柱顶以上墙重：$6 \times 0.6 \times 0.24 \times 19 \times 2 = 33\text{kN}$

根据式（33.2－6），集中到柱顶处重力荷载 G：

$$\begin{aligned} G &= 0.25G_c + 0.25G_{wl} + 1.0G_r + 0.5G_{sn} \\ &= 0.25 \times 180 + 0.25 \times 61 + 1.0 \times (133 + 33) + 0.5 \times 23 = 238\text{kN} \end{aligned}$$

2）基本周期 T_1

根据式（33.2－5），排架基本周期：

$$T_1 = 2\psi_T\sqrt{G\delta} = 2 \times 0.9 \times \sqrt{238 \times 1.05 \times 10^{-3}} = 0.90\text{s}$$

式中　ψ_T——考虑屋架与砖柱连接的固结作用对周期的调整系数。当采用钢筋混凝土组合屋架时，$\psi_T = 0.9$。

5. 水平地震作用

1）集中到柱顶处重力荷载根据式（33.2-8）

$$\bar{G} = 0.5G_c + 0.5G_{wl} + 1.0G_r + 0.5G_{sn}$$
$$= 0.5 \times 180 + 0.5 \times 61 + 1.0 \times (133 + 33) + 0.5 \times 23 = 298\text{kN}$$

2）排架水平地震作用 F

根据式（33.2-10）：

$$F = F_{Ek} = \zeta \alpha_i \bar{G} = 0.9 \times \left(\frac{0.35}{0.9}\right)^{0.9} \times 0.08 \times 298 = 9.2\text{kN}$$

式中　ζ 由表 33.2-1 查得

6. 内力分析

1）排架柱地震内力

因排架各柱侧移刚度相等，各柱顶端承担的水平地震作用为

$$F_a = F_b = \frac{1}{2}F = \frac{1}{2} \times 9.2 = 4.6\text{kN}$$

作用于各柱柱底截面的地震弯矩和地震剪力分别为

$$M_a = M_b = \pm 4.6 \times 5.5 = 25.3\text{kN} \cdot \text{m}$$
$$V_a = V_b = \pm 4.6\text{kN}$$

2）排架柱静力分析

（1）屋盖恒载：

柱顶集中力：$N_a = 133/2 = 66.5\text{kN}$

柱顶偏心弯矩：$M_a = N_a e = 66.5 \times 0.05 = 3 \times 3\text{kN} \cdot \text{m}$

因为结构及荷载对称，柱顶无位移，所以按柱上端为不动铰求柱顶剪力（图 33.4-2）：

$$R_a = R_b = \frac{3}{2}\frac{M_a}{H} = 1.5 \times \frac{3.3}{5.5} = 0.9\text{kN}$$

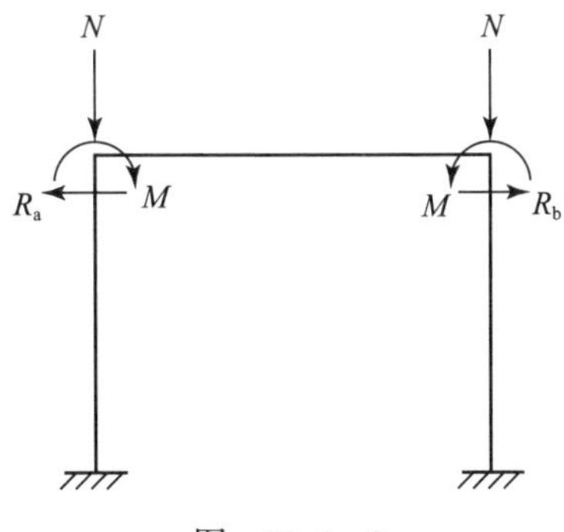

图　33.4-2

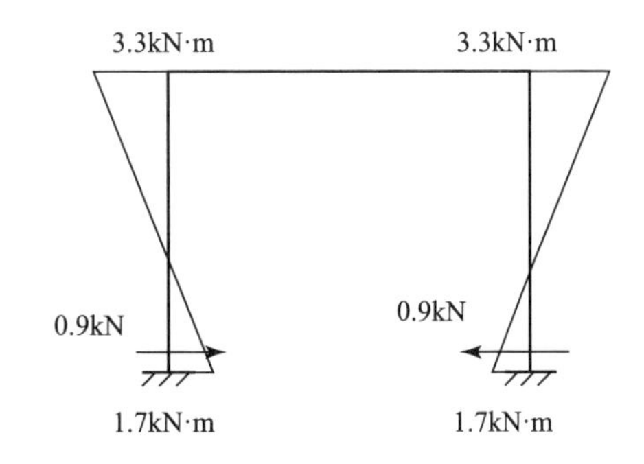

图 33.4-3　排架恒载内力

各截面内力如图 33.4-3 所示。其柱底弯矩、剪力为

$$M_A = 3.3 - 0.9 \times 5.5 =- 1.65\text{kN} \cdot \text{m} = M_B$$

$$V_A = V_B = 0.9\text{kN} \rightarrow$$

（2）雪荷载：

柱顶集中力：$N_a = \frac{23}{2} \times 0.5 = 6\text{kN}$　（式中 0.5 为雪荷载的组合值系数）

柱顶偏心弯矩：$M_a = 6 \times 0.05 = 0.3\text{kN} \cdot \text{m}$

所产生的柱底弯矩、剪力，可用屋盖恒载的结果，乘以柱顶偏心弯矩之比值即可。

$$M_A = M_B = -1.65 \times \frac{0.3}{3.3} = -0.15\text{kN} \cdot \text{m}$$

$$V_A = V_B = 0.9 \times \frac{0.3}{3.3} = 0.08\text{kN} \rightarrow$$

（3）柱顶以上砖墙：

柱顶集中力：$N_a = 33/2 = 16.5\text{kN}$

柱顶偏心弯矩：$M_a = 16.5 \times 0.02 = 0.3\text{kN} \cdot \text{m}$

同理可得柱底弯矩和剪力：

$$M_A = M_B = -1.65 \times \frac{0.3}{3.3} = -0.15\text{kN} \cdot \text{m}$$

$$V_A = V_B = 0.9 \times \frac{0.3}{3.3} = 0.08\text{kN} \rightarrow$$

（4）柱自重：

柱底集中力：　$N_A = N_B = 180/2 = 90\text{kN}$

而　$M_A = M_B = 0$

$V_A = V_B = 0$

表 33.4-1　砖排架柱底内力

荷载			*M* （kN · m）	*N* （kN · m）	*V* （kN）
静载	屋盖	恒载	-1.65	66.5	0.9
		雪载	-0.15	6	0.08
	柱顶以上墙重		-0.15	16.5	0.08
	柱自重		0	90	0
	总标准值		-1.95	179	1.06
地震作用标准值			+25.3	0	4.6

7. 承载力验算

《规范》第 9.3.8 条规定，偏心受压砖柱的抗震验算，应符合下列要求：无筋砖柱由地震作用标准值和重力荷载代表值所产生的总偏心距，不宜超过 0.9 倍截面形心到竖向力所在方向截面边缘的距离；承载力抗震调整系数 γ_{RE}，可采用 0.9。

《砌体结构设计规范》（GB 50003）第 5. 1. 5 条规定，轴向力的偏心距 e 按内力标准值计算：

$$e=\frac{25.3+1.95}{179}=0.15\text{m}\quad(<0.6y=0.6\times0.27=0.16\text{m})$$

故按 GB 50003 第 5. 1. 1 条验算受压构件承载力，同时按《规范》式（5. 4. 1）和式（9. 3. 8）的要求，取重力荷载分项系数 $\gamma_G=1.2$，承载力抗震调整系数 $\gamma_{RE}=0.9$。

$$N\leqslant\varphi fA/\gamma_{RE}$$

式中　N——荷载设计值产生的轴向力，

$$N=179\times1.2=214.8\text{kN}$$

φ——高厚比 β 和轴向力的偏心距 e 对受压构件承载力的影响系数，

$$e=0.15\text{m}$$

$$\frac{e}{h_T}=\frac{0.15}{0.4}=0.375$$

由于厂房的横墙间距 $s=36$m（20m<s<48m），查 GB 5003 表 4. 2. 1，属刚弹性方案，再查 GB 5003 表 5. 1. 3，受压构件的计算高度：

$$H_0=1.2H=1.2\times5.5=6.6\text{m}$$

$$\beta=\frac{H_0}{h_T}=\frac{6.6}{0.4}=16.5$$

查 GB 50003 附表 D. 0. 1-1，$\varphi=0.21$，

$$\frac{\varphi fA}{\gamma_{RE}}=\frac{0.21\times1.50\times10^3\times0.861}{0.9}=301\text{kN}>214.8\text{kN}$$

【例 33. 4－2】　多跨钢筋混凝土有檩星蓝组合砖柱厂房

1. 厂房简图（图 33. 4－4）

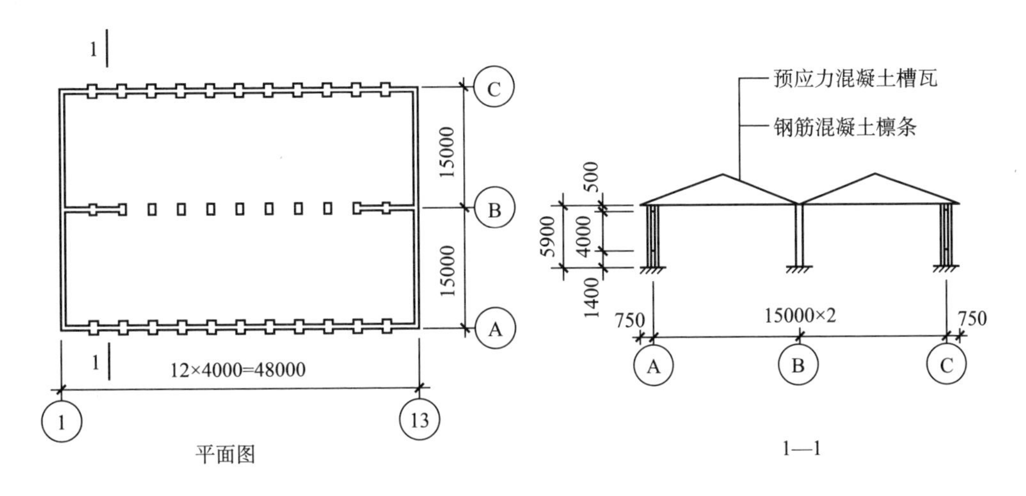

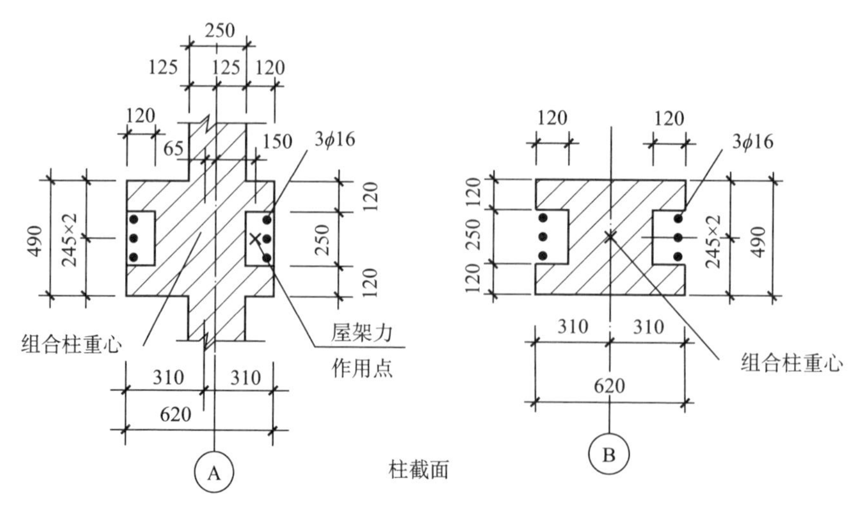

图 33.4-4　厂房简图

2. 计算数据

(1) 无保温有檩体系屋面，预应力混凝土槽瓦，钢筋混凝土檩条，钢筋混凝土组合式三角形屋架。

屋面恒载：1.7kN/m^2；雪荷载：0.2kN/m^2

(2) 砖强度等级采用 MU10，砂浆强度等级采用 M7.5，混凝土强度等级采用 C20。

混凝土：$E=2.55\times10^7\text{kN/m}^2$，$f_c=9.6\times10\text{kN/m}^2$

砌体：$E=1600f=1600\times1.69\times10^3=2.70\times10^6\text{kN/m}^2$

(3) 设防烈度 8 度第二组，I_1 楼场地。

3. 排架侧移柔度

1) 组合柱的截面惯性矩

根据《砌体结构设计规范》(GB 50003) 第 8.2.2 条的规定，带墙砖壁柱采用组合砌体时，截面按矩形考虑，不计翼缘（图 33.4-5）。故柱 A、B、C 的截面惯性矩按式 (33.2-2) 求得。

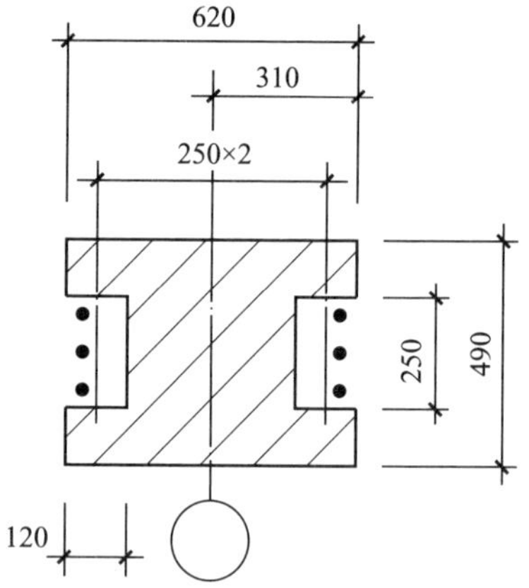

图 33.4-5　组合柱计算截面

$$I=I_0+A_c\left(\frac{E_c}{E}-1\right)(x_1^2+x_2^2)$$

$$=\frac{1}{12}\times0.49\times0.62^3+0.12\times0.25\times\left(\frac{2.55\times10^7}{2.7\times10^6}-1\right)\times(0.25^2+0.25^2)$$

$$=41.4\times10^{-3}\text{m}^4$$

2) 排架柔度

按式 (33.2-3)

$$\delta=\frac{H^3}{3E\Sigma I_i}=\frac{5.9^3}{3\times2.70'\times10^6\times(40.8\times10^{-3}\times3)}$$

$$=2.07\times10^{-4}\text{m/kN}$$

4. 基本周期

1）集中到柱顶处重力荷载代表值（以一榀排架计）

计算周期时，按“动能相等”原则，求算集中到柱顶处的重力荷载代表值。根据式（33.2－6）有：

$$G = 0.25G_c + 0.25G_{wl} + G_r + 0.5G_{sn}$$

柱总重：$G_c = 3\times[0.25\times0.12\times2\times5.9\times25+(0.49\times0.38+0.24\times0.24)\times5.9\times19]$
$= 109\text{kN}$

墙总重：$G_{wl} = 2\times[(4-0.49)\times5.9-2.4\times4.0]\times0.24\times19+2\times2.4\times4\times0.4$
$= 109\text{kN}$

屋盖总重：$G_r = 4\times(15+0.75)\times2\times1.7 = 214\text{kN}$

雪荷载：$G_{sn} = 4\times(14+0.75)\times2\times0.2 = 25\text{kN}$

$G = 0.25\times109+0.25\times109+1.0\times214+0.5\times25 = 281\text{kN}$

2）基本周期 T_1

按式（33.2－5），排架基本周期

$$T_1 = 2\psi_T\sqrt{G\delta} = 2\times0.9\sqrt{281\times2.36\times10^{-4}} = 0.46\text{s}$$

式中　ψ_T——考虑屋架与砖柱连接的固定作用对周期的调整系数，当采用钢筋混凝土组合式屋架时，$\psi_T = 0.9$。

5. 水平地震作用（图 33.4－6）

1）集中到柱顶处重力荷载代表值

求水平地震作用时，按“柱底弯矩相等原则”，求算集中到柱顶处的重力荷载代表值。根据式（33.2－8），有：

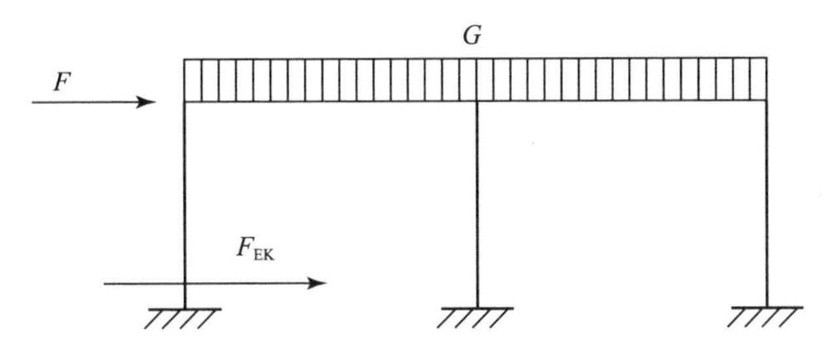

图 33.4－6　排架水平地震作用

$$\bar{G} = 0.5G_c + 0.5G_{wl} + 1.0G_r + 0.5G_{sn}$$
$$= 0.5\times109 + 0.9\times109 + 1.0\times214 + 0.5\times25 = 336\text{kN}$$

2）排架水平地震作用

$$F = F_{Ek} = \zeta\alpha_1\bar{G} = 0.95\times\left(\frac{0.3}{0.46}\right)^{0.9}\times0.16\times336 = 34.8\text{kN}$$

式中　ζ 由表 33.2.1 查得。

6. 内力分析

1）排架柱地震内力

各柱顶端的水平地震作用，因各柱侧移刚度相等，可得：

$$F_a = F_b = F_c = \frac{1}{3} \times 34.8 = \pm 11.6\text{kN}$$

作用于各柱柱底截面的地震弯矩和地震剪力分别为

$$M_A = M_B = M_C = \pm 11.6 \times 5.9 = 68.4\text{kN} \cdot \text{m}$$

$$V_A = V_B = V_C = \pm 11.6\text{kN}$$

2）排架柱静载内力

（1）屋盖恒载：

A、C 注：

柱顶集中力：$N_a = N_c = (7.5+0.75) \times 4 \times 1.7 = 56\text{kN}$

柱顶偏心弯矩：$M_a = 56 \times (0.065+0.15) = 12\text{kN} \cdot \text{m}$ ↻

$M_c = 12\text{kN} \cdot \text{m}$ ↺

因结构及荷载对称，柱顶无位移，故按柱上端为不动铰求柱顶剪力（图 33.4－7）：

$$R_a = R_c = \frac{3}{2}\frac{M_a}{H} = \frac{3}{2} \times \frac{12}{5.9} = 3.1\text{kN}$$

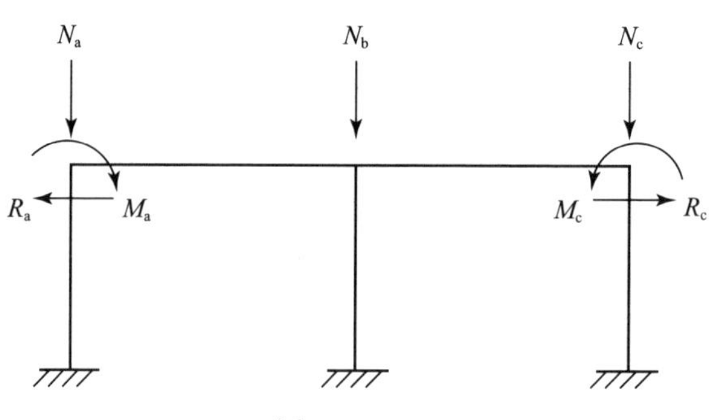

图　33.4－7

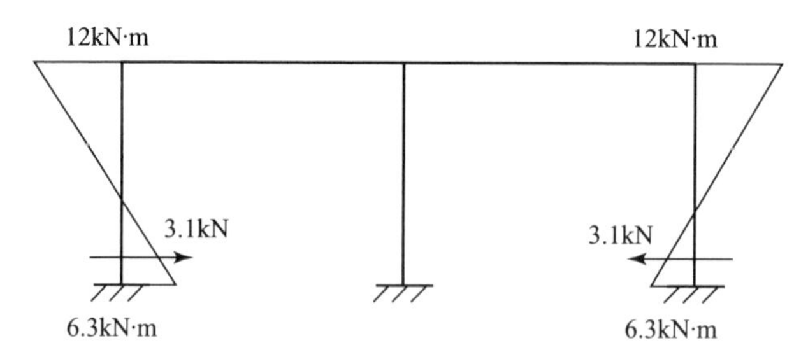

图　33.4－8

柱底弯矩：$M_A = 12-3.1 \times 5.9 = -6 \times 3\text{kN} \cdot \text{m}$

$M_C = 6.3\text{kN} \cdot \text{m}$

柱底剪力：$V_A = +3.1\text{kN}\rightarrow$　$V_C = -3.1\text{kN}\leftarrow$

B 柱：

柱顶集中力：　$N_b = 15×4×1.7 = 102kN$

柱顶偏心弯矩：　$M_b = 0$

故柱底截面内力：$N_B = 102kN$　$M_B = 0$　$V_B = 0$

（2）雪荷载：

A、C 柱：

柱顶集中力：$N_a = N_c =$（7.5+0.75）$×4×0.2×0.5 = 3×3kN$

柱顶偏心弯矩：$M_a = 3.3×$（0.065+0.15）$= 0.7kN·m$

$M_c = 0.7kN·m$

柱底弯矩：$M_A = -6.3×\frac{0.7}{12} = -0.4kN·m$

$M_C = 0.4kN·m$

柱底剪力：$V_A + 3.1×\frac{0.7}{12} = 0×2kN→$　$V_C - 0.2kN←$

B 柱：

柱顶集中力：$N_b = 15×4×0.2×0.5 = 6kN$

柱顶偏心弯矩：$M_b = 0$

柱底截面内力：$N_B = 6kN$　$M_B = 0$　$V_B = 0$

（3）柱自重：

柱底截面内力　$N_A = N_B = N_C = 109/3 = 36.3kN$

$M_A = M_B = M_C = 0$　$V_A = V_B = V_C = 0$

（4）外纵墙：

作为自承重墙考虑。

3）内力（表 33.4－2）

表 33.4－2　排架柱底截面内力

荷载			柱 A、C			柱 B		
			M（kN·m）	N（kN）	V（kN）	M（kN·m）	N（kN）	V（kN）
静载	屋盖	恒载	6.3	65	3.1	0	102	2
		雪荷载	0.4	3.3	0.2	0	6	0
	柱自重		0	36.3	0	0	36.3	0
	总标准值		6.7	95.6	3.3	0	144.3	0
地震作用标准值			68.4	0	11.6	68.4	0	11.6

7. 承载力验算

1）柱 A 和柱 C

（1）受压区高度 x 的计算。

组合砖柱混凝土面层内的配筋：两边各设置 3φ16（Ⅱ级钢，$f_y=300\times10^3\text{kN/m}^2$）。

轴向力 N 作用点的确定（图 33.4－9）。

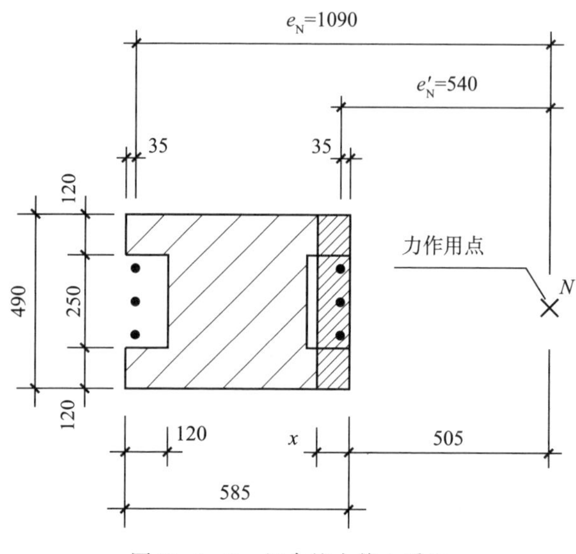

图 33.4－9　组合柱大偏心受压

厂房横墙间距为 48m，查 GB 50003 表 4.2.1，知此砖柱厂房工作性能为刚弹性，又查该规范表 5.1.3，有：

$$H_0 = 1.1H = 1.1 \times 5.9 = 6.49\text{m}$$

$$\beta = \frac{H_0}{h} = \frac{6.49}{0.62} = 10.5$$

$$e_i = \frac{\beta^2 h}{2200}(1 - 0.022\beta) = \frac{10.5^2 \times 0.62}{2200} \times (1 - 0.022 \times 10.5) = 0.024\text{m}$$

$$e = \frac{M}{N} = \frac{(68.4 + 6.7)}{95.6} = 0.79\text{m}$$

$$e'_N = e + e_i - (h/2 - a') = 0.79 + 0.024 - \left(\frac{0.62}{2} - 0.035\right) = 0.54\text{m}$$

$$e_N = e + e_i + (h/2 - a) = 0.79 + 0.024 + \left(\frac{0.62}{2} - 0.035\right) = 1.09\text{m}$$

在偏心轴向力作用下，受压区高度 x 按《砌体结构设计规范》(GB 50003）公式（8.2.4－3）计算，即：

$$fS_N + f_c S_{c,N} + \eta_s f'_y A'_s e'_N - \sigma_s A_s e_N = 0$$

假设为大偏心受压，根据该规范式（8.2.5－3）有：

$$\sigma_s = f_y (= f'_y)$$

又因为是对称配筋，$A_s'=A_s$，且 $\eta_s=1$，故上式变为

$$fS_N+f_cS_{c,N}+f'_yA'_s(e'_N-e_N)=0$$

设受压区高度为 x，则有

$$1.69\times10^3\left[0.24x\left(\frac{x}{2}+0.505\right)\right]+9.6\times10^3\times0.25x\left(\frac{x}{2}+0.505\right)$$
$$+300\times10^3\times0.603\times10^{-3}\times(0.54-1.09)=0$$

即

$$1.403x^2+1.417x-0.103=0$$
$$x=0.07\text{m}$$
$$\zeta=\frac{x}{h_0}=\frac{0.07}{0.585}=0.12\quad(<\zeta_b=0.425)$$

为大偏心受压，原计算中取 $\sigma_s=f_y$ 正确。

（2）承载力验算。

按照《砌体结构设计规范》（GB 50003）式（8.2.4－1）或式（8.2.4－2），结合《抗震规范》公式（5.4.2），进行承载力验算，形式如下

$$N\leqslant(fA'+f_cA'_c+\eta_sf'_yA'_s-f_yA_s)/\gamma_{RE}\tag{a}$$

或

$$Ne_N\leqslant(fS_s+f_cS_{c,s}+\eta_sf'_yA'_s(h_0-a'))/\gamma_{RE}\tag{b}$$

根据《抗震规范》第 9.3.8 条规定，组合砖柱的承载力抗震调整系数 γ_{RE} 可采用 0.85。

按式（a），因为对称配筋，$A_s'=A_s$，且 $\eta_s=1$，所以式（a）右边为

$$\begin{aligned}(fA'+f_cA'_c)/\gamma_{RE}&=(1.69\times10^3\times0.24\times0.08+9.6\times10^3\times0.25\times0.08)/0.85\\&=224.2/0.85=263.8\text{kN}\\&>N=95.6\times1.2=114.7\text{kN，满足要求}\end{aligned}$$

按式（b），

$$\begin{aligned}&[fS_s+f_cS_{c,s}+\eta_sf'_yA'_s(h_0-a')]/\gamma_{RE}\\&=\left[1.69\times10^3\times0.24\times0.08+9.6\times10^3\times(0.25\times0.08)\times\left(0.585-\frac{0.08}{2}\right)\right.\\&\quad\left.+1.0\times310\times10^3\times0.000603\times(0.585-0.035)\right]/0.85\\&=263.8\text{kN}\cdot\text{m}\\&>Ne_N=95.6\times1.2\times10.9=125.0\text{kN}\cdot\text{m，满足要求}\end{aligned}$$

2）柱 B

因为柱 B 的截面尺寸和柱 A、柱 C 的截面尺寸相同，而 $N_B=150.3\times1.2=180.4\text{kN}$，小于大偏心情况的柱子的承载力（263.8kN），故对柱 B 可不进行强度验算。

33.5　纵向抗震计算例题

【例 33.5－1】　轻型屋盖厂房

1. 厂房简图及计算数据（图 33.5－1）

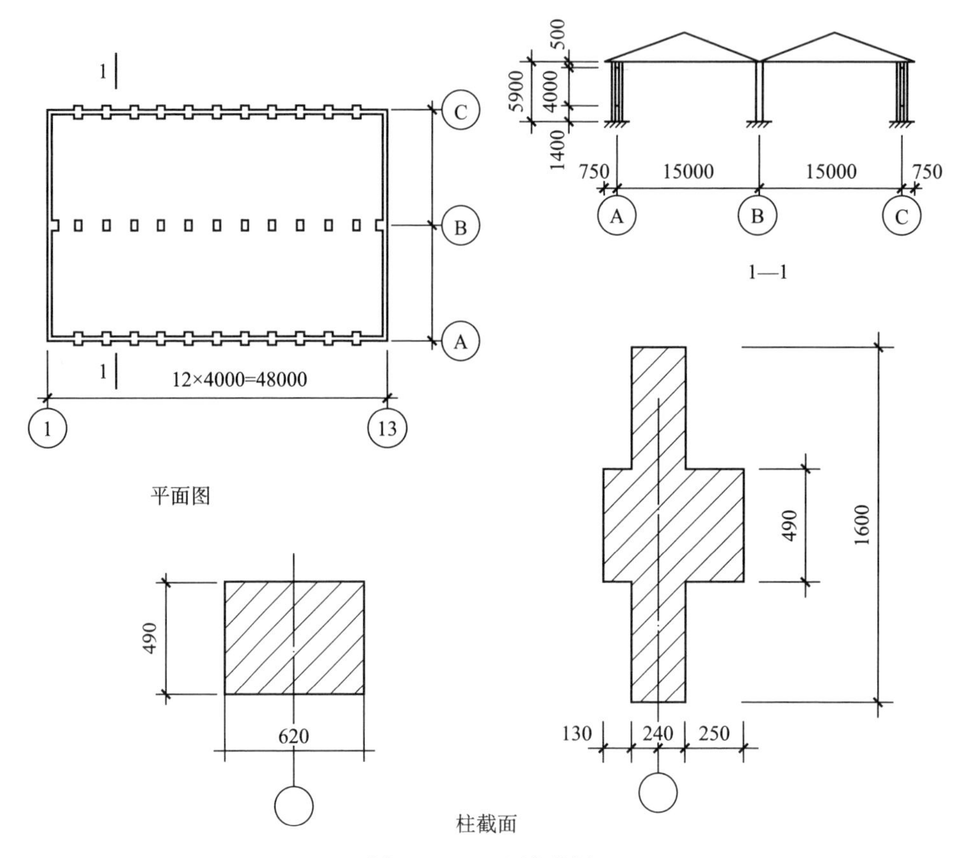

图 33.5－1　厂房简图

瓦木屋盖屋面恒载：1kN/m²；雪荷载：0.3kN/m²

材料强度等级；砖 MU10，砂浆 M5，$E=2.40\times10^6$kN/m²

设防烈度 7 度第二组，I_1 类场地。

2. 地震作用

因为是瓦木屋盖，属柔性屋盖范畴，因此，纵向抗震计算可按柱列法进行，分别对各柱列单独分析。

1）基本周期

（1）柱列柔度。

①B 柱列：

$$\delta_B=\frac{H^3}{3E\Sigma I}=\frac{5.9^3}{3\times 2.40\times 10^6\times\frac{1}{12}\times 0.62\times 0.49^3\times 12}$$

$$=3.91\times 10^{-4}\mathrm{m/kN}$$

②A、C 柱列。

因为 A、C 柱列是有 4 开间以上纵向砖墙的承重砖柱，且层高 $H<7$m，其地震影响系数 α_1 可取 α_{max}，故可不计算柱列柔度和周期。

（2）基本周期。

①B 柱列。

a. 换算集中到柱顶处重量：

柱重：$G_c=0.49\times0.62\times5.9\times19\times12=409$kN

屋盖重：$G_r=15\times4\times1\times12=720$kN

雪荷载：$G_{sn}=15\times4\times0.3\times12=216$kN

山墙：$G_{wt}=\left(15\times5.9+\frac{1}{2}\times15\times2.7\right)\times0.24\times19\times2=992$kN

由式（33.2－14）

$$G_b=0.25G_c+0.25G_{wt}+0.35G_{wl}+1.0G_r+0.5G_{sn}$$
$$=0.25\times409+0.25\times992+1.0\times(720+0.5\times216)=1178\mathrm{kN}$$

b. 基本周期：

由式（33.2－13）

$$T_{b1}=2\sqrt{G_b\delta}=2\times\sqrt{1178\times3.91\times10^{-4}}=1.36\mathrm{s}$$

$$\alpha_{b1}=\left(\frac{0.3}{1.37}\right)^{0.9}\times0.08=9.2\mathrm{kN}$$

②A、C 柱列：

$$\alpha_{a1}=\alpha_{c1}=\alpha_{max}=0.08$$

2）水平地震作用

（1）换算集中到柱顶处重力荷载代表值 $\bar{G}_s$。

根据式（33.2－16）

$$\bar{G}_s=0.5G_c+0.5G_{wt}+0.7G_{wl}+1.0G_r+0.5G_{sn}$$

①B 柱列：

$$\bar{G}_h=0.5\times409+0.5\times992+1.0\times720+0.5\times216=1528\mathrm{kN}$$

②A、C 柱列：

A、C 柱：面积　$A=0.49\times0.62+(1.6-0.49)\times0.24=0.57\mathrm{m}^2$

$$G_c=0.57\times5.9\times19\times12=767\mathrm{kN}$$

纵墙重：$G_{wl}-(0.24\times2.4\times(1.4+0.5)\times19+0.24\times4\times0.4)\times12=254$kN

屋盖重：$G_r=1\times(7.5+0.75)\times4\times12=396$kN

雪荷载：$G_{sn}=0.3\times(7.5+0.75)\times4\times12=120\text{kN}$

山墙：$G_{wt}=\left(7.5\times5.9+\frac{1}{2}\times7.5\times2.7\right)\times0.24\times19\times2=496\text{kN}$

$$\bar{G}_a=\bar{G}_c=0.5\times767+0.5\times496+0.7\times254+1.0\times(396+0.5\times120)=1265\text{kN}$$

（2）水平地震作用。

①B 柱列

由式（33.2－15），作用于 S 柱列柱顶的总水平地震作用

$$F_s=\alpha_1\bar{G}_s$$

$$F_b=0.02\times1528=31\text{kN}$$

作用于一根柱上的纵向水平地震作用

$$F'_b=\frac{31}{12}=2.6\text{kN}$$

②A、C 柱列

$$F_a=F_c=0.08\times1265=101\text{kN}$$

作用于一根柱上的纵向水平地震作用

$$F'_a=F'_c=\frac{101}{12}=8.4\text{kN}$$

3. 承载力验算

1）B 柱列的验算

（1）内力分析。

静力计算（一个柱距）：

屋盖重：$15\times4\times1=60\text{kN}$

雪荷载：$15\times4\times0.3=18\text{kN}$

柱重：$0.49\times0.62\times5.9\times19=34\text{kN}$

柱底截面：$N_B=60+18\times0.5+34=103\text{kN}$

$M_B=0$

地震作用产生的柱底弯矩：$M_B=2.6\times5.9=15.3\text{kN}\cdot\text{m}$

（2）承载力验算。

轴向力的偏心距：

$$e=\frac{M_k}{N_k}=\frac{15.3}{103}=0.15\text{m}$$

$$(<0.7y=0.7\times0.245=0.17\text{m})$$

承载力验算按《砌体结构设计规范》（GB 50003）式（5.1.1）进行，即

$$N\leqslant\varphi fA/\gamma_{RE}$$

屋盖为有密铺望板木屋盖，查《砌体结构设计规范》（GB 50003）表 4.2.1 及表 5.1.3，

$$H_0=1.1H$$

$$\beta=\frac{H_0}{h}=\frac{1.1\times5.9}{0.49}=13.2\qquad\frac{e}{h}=\frac{0.15}{0.49}=0.3$$

又查砌体规范附录 D 表 D. 0. 1－1，得 $\varphi=0.3$《抗震规范》第 9. 3. 8 条规定，承载力抗震调整系数，$\gamma_{RE}=0.9$，

$$\varphi fA/\gamma_{RE}=0.3\times1.50\times10^3\times0.62\times0.49/0.9=152.9\text{kN}$$

$$(>N=1.2\times103=123.6\text{kN})\text{，满足要求}$$

2）A、C 柱列的验算

因 A、C 柱列砖墙总面积远大于 B 柱列砖墙总面积，故对 A、C 柱列砖墙的承载力可以不再进行验算。

【例 33. 5－2】　钢筋混凝土有檩屋盖厂房

1. 厂房简图及计算数据

同横向计算【例 33. 4－2】，参见图 33. 4－4 和图 33. 4－5。

2. 地震作用

因为屋面为钢筋混凝土有檩屋盖，屋盖刚度不容忽视。故应采用“修正刚度法”进行计算。

1）柱列刚度

纵向按无筋砖砌体截面计算。

（1）A、C 柱列（图 33. 5－2）。

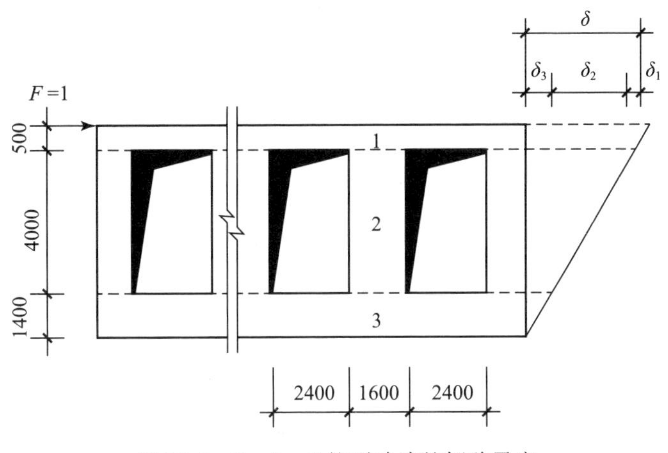

图 33. 5－2　A、C 柱列砖墙的侧移柔度

对于图 33. 5－2 中的 1、3 墙段，因为 $\rho_1=\dfrac{h_i}{L}=\dfrac{0.5}{48}\approx0.01$，$\rho_3=\dfrac{1.4}{48}\approx0.03$，故水平力作用下该两段的弯曲变形$\dfrac{\rho^3}{Et}$较之其剪切变形$\dfrac{3\rho}{Et}$小很多，即该两段在地震作用下以剪切变形为主。剪切变形仅与截面面积有关，故求 1、3 墙段在单位水平力作用下的变形，可按“截面面积相等”原则，换算为等厚 t 截面来求算。

第 1、3 墙段折算厚度 t（以一个开间计）：

$$t=\frac{0.24\times4.0+0.49\times0.38}{4.0}=0.287\text{m}$$

第 1 墙段变形 δ_1：

$$\delta_1=\frac{\rho^3+3\rho}{Et}=\frac{0.01^3+3\times0.01}{2.40\times10^6\times0.287}=4.4\times10^{-8}\text{m/kN}$$

第 3 墙段变形 δ_3：

$$\delta_3=\frac{0.03^3+3\times0.03}{2.40\times10^6\times0.287}=13.1\times10^{-8}\text{m/kN}$$

第 2 墙段变形 δ_2：

第 2 墙段柱截面如图 33.5－1 所示。因为 $\rho=\frac{4}{1.6}=2.5$，水平力作用下，该墙段的弯曲变形在总变形中占相当比重，其柔度系数不宜按折算的等截面厚度来求算。今按如下方法求算：

$$A=1.6\times0.24+0.38\times0.49=0.57\text{m}^2$$

$$I=\frac{1}{12}\times0.24\times1.6^3+\frac{1}{12}\times（0.25+0.13）\times0.49^3=0.0856\text{m}^4$$

$$G=0.4\text{E}$$

$$\delta_2'=\frac{H^3}{12E}+\frac{\xi H}{GA}=\frac{1}{2.40\times10^6}\left(\frac{4^3}{12\times0.0856}+\frac{1.2\times4}{0.4\times0.57}\right)=34.7\times10^{-6}\text{m/kN}$$

有 12 根柱，则

$$\delta_2=\frac{34.7}{12}\times10^{-6}=289\times10^{-8}\text{m/kN}$$

$$\delta_a=\delta_c=\delta_1+\delta_2+\delta_3=（4.4+289+13.1）\times10^{-8}=306\text{m/kN}$$

$$K_a=K_c=\frac{1}{\delta_a}=\frac{1}{306.5\times10^{-8}}=326\times10^3\text{kN/m}$$

（2）B 柱列。

B 柱列两端设有两开间抗震墙。在水平力作用下，计算其弯曲变形时，应考虑山墙部分参与抗弯，翼缘宽度取山墙的窗间墙宽度，见图 33.5－3。

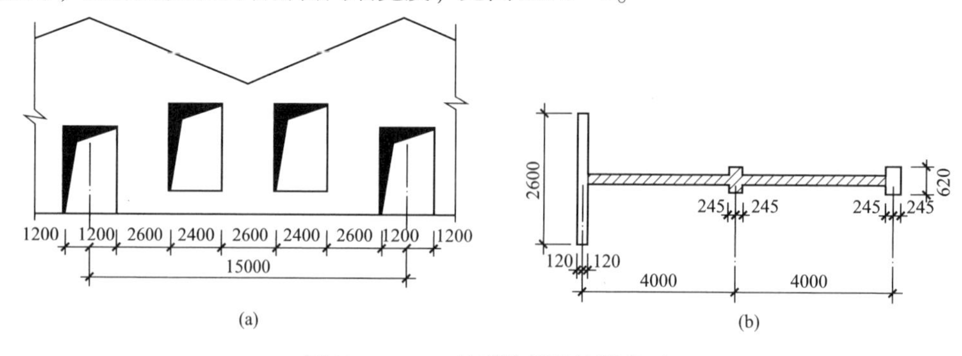

图 33.5－3　B 柱列抗震墙计算截面

（a）山墙立面；（6）抗震墙计算截面

此时，截面特征：

$$A=0.24\times2.6+0.24\times(8-0.365)+0.49\times0.38+0.49\times0.62$$
$$=0.624+1.8324+0.1862+0.3038=2.95\text{m}^2$$

$$y=\left[0.624\times0.12+1.8324\times\left(0.24+\frac{7.635}{2}\right)+0.1862\times4.12+0.3038\times8.12\right]/2.95$$
$$=3.64\text{m}$$

$$I=\frac{1}{12}\times2.6\times0.24^3+0.624\times(3.64-0.12)^2+\frac{1}{12}\times0.24\times7.635^3$$
$$+1.8324\times\left(0.24+\frac{7.635}{2}-3.64\right)^2+\frac{1}{12}\times0.38\times0.49^3+0.1862$$
$$\times(4.12-3.64)^2+\frac{1}{12}\times0.62\times0.49^3+0.3038\times(8.12-3.64)^2$$
$$=23.11\text{m}^4$$

计算剪切变形时，与地震作用方向垂直的构件不参与工作，故此时计算截面 A′如图 33.5－3b 中有斜线的截图。

$$A'=2.95-0.24\times2.6-0.49\times0.62=2.02\text{m}^2$$

一道抗震墙在单位水平力作用下的变形：

$$\delta_w=\frac{H^3}{3EI}+\frac{\xi H}{GA'}=\frac{1}{2.40\times10^6}\left(\frac{5.9^3}{3\times23.11}+\frac{1.2\times5.9}{0.4\times2.02}\right)$$
$$=4.89\times10^{-6}\text{m/kN}$$

$$K_w=\frac{1}{\delta_w}=\frac{1}{4.89\times10^{-6}}=204\times10^3\text{kN/m}$$

一根砖柱：

$$\rho=H/b=5.9/0.49=12$$

以弯曲变形为主：

$$\delta_c=\frac{H^3}{3EI}=\frac{5.9^3}{3\times2.40\times10^6\times\frac{1}{12}\times0.62\times0.49^3}=4.69\times10^{-3}\text{m/kN}$$

$$K_c=\frac{1}{\delta_c}=\frac{1}{4.69\times10^{-3}}=0.21\times10^3\text{kN/m}$$

B 柱列刚度：

$$K_B=(204\times2+0.21\times7)\times10^3=409.5\times10^3\text{kN/m}$$

从上式可以看出，砖柱的刚度相对抗震墙而言，可以不计。

2）基本周期

（1）各柱列集中到柱顶的重力荷载代表值 G_s。

A、C 柱列：

柱重：$G_c=0.57\times5.9\times19\times12=767\text{kN}$

纵墙重：$G_{wl}=(0.24\times2.4\times(1.4+0.5)\times19+0.24\times4\times0.4)\times12=254\text{kN}$

屋盖重：$G_r=1.7\times(7.5+0.75)\times4\times12=673\text{kN}$

雪荷载：$G_{sn}=0.2\times(7.5+0.75)\times4\times12=79\text{kN}$

山墙：$G_{wt}=\left(7.5\times5.9+\frac{1}{2}+7.5\times3\right)\times0.24$

$\times19\times2-2.4\times4\times0.24\times(19-0.4)\times1.5$

$=442\text{kN}$

根据式（33.2－14）

$$G_a=G_c=0.25G_c+0.35G_{wl}+0.25G_{wt}+1.0(G_r+0.5G_{sn})$$

$$=0.25\times767+0.35\times254+0.25\times442+1.0\times(673+0.5\times79)=1104\text{kN}$$

B 柱列：

柱重：$G_c=0.49\times0.62\times5.9\times19\times7=238\text{kN}$

抗震墙重：$G_{wl}=(2.02+0.49\times0.62)\times5.9\times19\times2=521\text{kN}$

屋盖重：$G_r=1.7\times15\times48=1224\text{kN}$

雪荷载：$G_{sn}=0.2\times15\times48=144\text{kN}$

山墙：$G_{wt}=442\times2=884\text{kN}$

$$G_b=0.25\times238.4+0.35\times521+0.25\times884+1.0\times(1224+0.5\times144)=1759\text{kN}$$

（2）基本周期。

根据式（33.2－20），厂房的纵向基本周期

$$T_1=2\psi_T\sqrt{\frac{\Sigma G_s}{\Sigma K_s}}=2\times1.4\sqrt{\frac{1104\times2+1759}{(326\times2+409.5)\times10^3}}=0.17\text{s}$$

式中　ψ_T　——周期修正系数，由表 33.2－2 查得，$\psi_T=1.4$。

由《抗震规范》图 5.1.5 查得地震影响系数

$$\alpha_1=\alpha_{max}=0.16$$

3）水平地震作用

（1）集中到柱顶的重力荷载代表值 $\bar{G}_s$。

根据式（33.2－16）

$$\bar{G}_s=0.5G_c+0.5G_{wt}+0.7G_{wl}+1.0G_r+0.5G_{sn}$$

$$\bar{G}_a=\bar{G}_c=0.5\times767+0.5\times442+0.7\times254+1.0\times(673+79)$$

$$=1495\text{kN}$$

$$\bar{G}_b=0.5\times238+0.5\times884+0.7\times521+1.0\times(1224+0.5\times144)$$

$$=2222\text{kN}$$

（2）纵向水平地震作用。

由式（33.2－21），纵向总水平地震作用标准值为

$$F_{Ek}=0.85\alpha_1\Sigma\bar{G}_s=0.85\times0.16\times(1495\times2+2222)$$

$$=709\text{kN}$$

（3）柱列地震作用。

沿厂房纵向第 s 柱列上端的水平地震作用，根据式（33.2－23）为：

$$F_s = \frac{\mu_s K_s}{\Sigma \mu_s K_s} F_{Ek}$$

式中　μ_s——反映屋盖水平变形影响的柱列刚度调整系数，根据屋盖类型和各柱列的纵墙设置情形，由表 33.2－3 查得。

$$\mu_a = \mu_c = 0.75$$

$$\mu_b = 1.5$$

作用于各柱列上的水平地震作用：

$$F_a = F_c = \frac{0.75 \times 326 \times 10^3}{(0.75 \times 326 \times 2 + 1.5 \times 409.5) \times 10^3} \times 709 = 157.1\text{kN}$$

$$F_b = \frac{1.5 \times 409.5}{(0.75 \times 326 \times 2 + 1.5 \times 409.5) \times 10^3} \times 709 = 394.7\text{kN}$$

作用于 B 柱列一端抗震墙顶上的水平地震作用为

$$F'_b = \frac{F_b}{2} = \frac{395.3}{2} = 197.6\text{kN}$$

3. 承载力验算

1）B 柱列

（1）抗剪承载力验算。

验算截面：抗震墙半高处，即$\frac{5.9}{2}$m 高度处

屋盖重：（1.7+0.5×0.2）×15×8＝216kN

墙重：$2.02 \times \frac{5.9}{2} \times 19 = 113\text{kN}$

$$\sigma_0 = \frac{216+113}{2.02} = 163\text{kN/m}$$

$$\sigma_0 / f_v = 163/120 = 1.36$$

由《规范》表 7.2.6，得砌体强度的正应力影响系数 $\zeta_N = 1.05$，砌体沿阶梯形截面破坏的抗震抗剪强度设计值 $f_{vE} = \zeta_N f_v = 1.05 \times 110 = 126\text{kN/m}^2$。

按《规范》第 7.2.8 条式（7.2.8－1）验算截面的抗剪承载力：

$$V \leqslant \frac{f_{vE} A}{\gamma_{RE}}$$

墙体剪力设计值：

$$V = V_b = F_b \gamma_{Eh} = 197.4 \times 1.3 = 257\text{kN}$$

由《规范》表 5.4.2 查得承载力抗震调整系数　$\gamma_{RE} = 1.0$。

$$\frac{f_{vE} A}{\gamma_{RE}} = \frac{126 \times 2.02}{1.0} = 254.5\text{kN}$$

（$\approx V = 257\text{kN}$），满足要求。

（2）偏心受压承载力验算。

验算截面，墙底截面（图 33.5－3）。

屋盖：（1.7+0.5×0.2）×15×8＝216kN

墙重：2.95×5.9×19＝331kN

$$N_k = 216+331 = 547\text{kN}$$

$$M_k = F_b' H = 197.4 \times 5.9 = 1164.7\text{kN} \cdot \text{m}$$

$$e = \frac{M_k}{N_k} = \frac{1164.7}{547} = 2.13\text{m}$$

$$(<0.7y = 0.7 \times 3.64 = 2.55\text{m})$$

按《砌体结构设计规范》（GB 50003）式（5.1.1）验算：

$$N \leqslant \varphi f A / \gamma_{RE}$$

回转半径：

$$i = \sqrt{\frac{I}{A}} = \sqrt{\frac{23.11}{2.95}} = 2.8\text{m}$$

$$h_T = 3.5i = 3.5 \times 2.8 = 9.8\text{m}$$

$$\beta = \frac{H_0}{h_T} = \frac{1.1H}{h_T} = \frac{1.1 \times 5.9}{9.8} = 0.66 < 3$$

$$e/h_T = 2.13/9.8 = 0.217$$

查砌体规范附表 D.0.1－1，得 $\varphi = 0.64$

第 34 章　单层钢结构厂房

单层钢结构厂房，在结构形式、使用特点、受力特征、荷载性质等诸多方面，与多高层钢结构房屋不尽相同，因此抗震要求也有其侧重，国际流行的抗震规范大都是针对民用钢结构房屋的，对钢结构厂房抗震的具体规定却较少见。

1. 单层钢结构厂房的分类

根据单层钢结构厂房的具体情况，可将其划分为传统的典型厂房和轻型围护厂房两类。这两类厂房钢结构的抗震设计，既有共同点，又各有特点。

1）传统的典型厂房

传统的典型单层钢结构厂房体系，横向框架基本柱距 12m，设置托架支承中间的屋架，屋架间距 6m，大型屋面板和墙面板围护，布置相应的屋面支撑、柱间支撑，纵向矩形天窗采光。这种典型厂房体系成形已 50~60 年，一般不至于再有大的变化，其应用也日渐式微。《抗震规范》中，这类厂房称为重屋盖厂房，或无檩屋盖厂房。

2）轻型围护厂房

工程中，通常把压型钢板以及其他轻型材料围护的单层钢结构厂房称为轻型围护厂房。近 30 年来，压型钢板围护的轻型围护厂房已逐步代替了传统的典型单层钢结构厂房。一般情况下，《抗震规范》中的轻型围护厂房，即是有檩屋盖厂房、轻屋盖厂房。

轻型围护厂房的屋盖横梁，当厂房跨度不超过 36m 时，通常可采用变截面实腹屋面梁，并与厂房柱刚性连接；跨度较大时，则采用屋架。设计经验表明，跨度 30m 以下的轻型围护厂房，如果仅从新建的一次投资比较，采用实腹屋面梁的造价会略比采用屋架的高一些。但实腹屋面梁加工制作简便，厂房施工期和使用期的涂装、维护量小而方便，且质量好、进度快。因此，如按厂房全寿命支出比较，则跨度 30m 以下的厂房采用实腹屋面梁比采用屋架要更合理一些。

基于轻型围护厂房的大规模工程实践经验，宝钢开发了屋盖横梁两端实腹并与柱刚接，其余部分为桁架，桁架腹杆、隅撑和屋面檩条在同一竖向平面的框桁架体系，应用于跨度大的单层钢结构厂房。这种屋盖结构体系，构件的力学性能与结构体系的受力协调一致，美观可靠，施工方便耗钢量低。

一般情况下，设置桥式起重机的轻型围护单层钢结构厂房，经济柱距为 12~15m；但是，遇深厚软土地基时，结合桩基造价综合考虑，经济柱距则可为 12~18m。

2. 抗震设计的两类思路和抗震性能化设计

抗震设计原理许可而实际工程诉求，钢结构抗震设计可遵循“高延性，低弹性承载力”和“低延性，高弹性承载力”两类思路进行（图 34.0.1）。前者谓之“延性耗能”思路，后者则称“弹性承载力超强”思路。即钢结构抗震设计可依据结构静力设计赋予（储存）的弹性抗力水平来要求其延性水平；对不同延性的结构，可取用不同的地震作用设计值。“延性耗能”和“弹性承载力超强”两类抗震设计思路相辅相成，互为补充，各具各的适用范围。

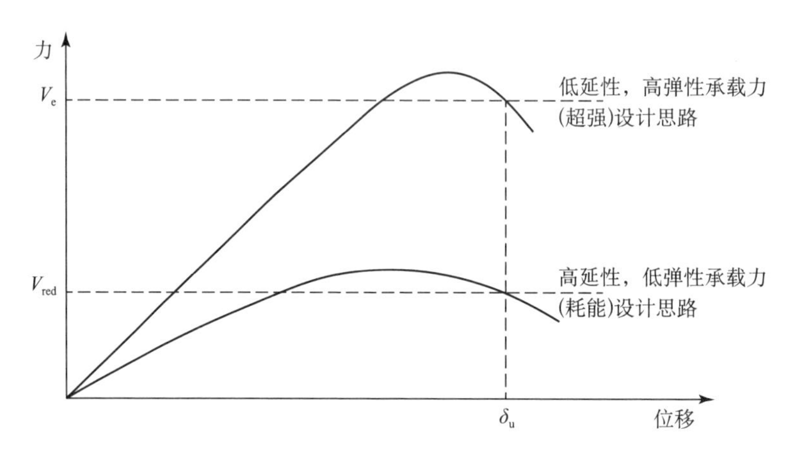

图 34.0－1　抗震设计的两类思路

V_e：地震作用下结构保持弹性的反应；V_{red}：地震作用下结构屈服的等效反应；δ_u：极限位移

轻型围护单层钢结构厂房，整个建筑的质量小，框架承受的地震惯性力也小。设计实践表明，即使采用设防烈度的地震动参数分析，单层厂房框架受力也经常可由非地震组合控制，尤其是风荷载较大的 8 度及以下地区。《抗震规范》条文说明陈述，根据实际工程的计算分析，发现单层钢结构厂房如按性能化设计的方法，可以分别按“高延性，低弹性承载力”或“低延性，高弹性承载力”两类抗震设计思路规定抗弯框架的板件宽厚比（截面延性），即在厂房框架承受的地震效应与静力设计赋予框架的弹性抗力之间进行比较的方式选用板件宽厚比，以协调厂房框架所具有的抗震能力（Capacity）和其抗震需求（Demand）之间的关系。

“高延性，低弹性承载力”抗震设计思路，是指常遇地震作用下的结构弹性设计；而“低延性，高弹性承载力”抗震设计思路，当采用性能化抗震设计时，即是对采用弹性设计截面的钢结构，采用接近设防烈度的地震作用下的弹性设计。“低延性，高弹性承载力”抗震设计思路，对轻型围护单层钢结构厂房以及其他参振质量小的建构筑物抗震设计，具有特殊的工程意义和经济价值。无须赘述，单层钢结构厂房采用性能化设计，在厂房框架“弹性承载力”和“延性”之间权衡、选择是安全可靠、经济合理的方法。

鉴于目前钢结构教科书在阐述单层钢结构厂房设计时，基本围绕传统的典型厂房展开，因此，本章选择已广泛流行的压型钢板围护的单层钢结构厂房为主线，根据其受力特征演绎抗震设计要点，间或也穿插传统的典型厂房体系的抗震设计要点。同时，《抗震规范》单层钢结构厂房修订的内容较多，较以往更重视计算分析，故据具体论述对象，叙述修改的主要背景材料和计算要点，并择要介绍国际流行规范的相关规定，演引相关计算公式，以资比较、参考和借鉴。

钢结构适合于采用抗震性能化设计，故本章结合《抗震规范》的规定，概要论述轻型围护单层厂房的抗震性能化设计的应用要点。鉴于目前无桥式起重机或虽设有桥式起重机但起重量小的厂房，普遍采用所谓的“轻型门式刚架房屋”《抗震规范》未涵盖这类单层钢结构厂房，因此，本章亦简要概述其抗震性能化设计的要点以及对其进行抗震分析的真正意义。

我国幅员辽阔，地震环境变化范围大。不言而喻，地震这种自然现象，不会自行满足规范或者期望值。所以，在进行结构抗震设计时，需要掌握地域、场地特性，考虑结构特征、用途和坍塌时的危害性，在执行规范要求的基础上，尽量考虑结构各种地震受力工况，掌握各种结构构件的力学性能，把握抗震关键连接节点，据力学原理简化、评估其力学行为。有鉴于此，本章融入了大量的设计经验和相关资料。

34.1　一 般 规 定

34.1.1　结构布置

单层钢结构厂房平面和竖向布置的总原则，是使结构的质量分布和刚度分布均匀，厂房受力合理、变形协调。厂房的结构体系布置应符合下列要求：

(1) 厂房的横向抗侧力体系，可采用刚接框架、铰接框架、门式刚架或其他结构体系。厂房的纵向抗侧力体系，8、9 度时应设置柱间支撑；6、7 度时，宜设置柱间支撑，也可采用刚接框架。

(2) 厂房内设置桥式起重机时，吊车梁系统构件与厂房框架柱的连接应能可靠地传递纵向水平地震作用。

(3) 为保证地震作用的有效传递和结构整体性能，应按照屋盖支撑的抗震构造要求设置完整的屋盖支撑系统。

(4) 屋架在柱顶铰接时，宜采用螺栓连接。

除遵守上述要求外，厂房布置时尚应注意如下要求：

(1) 多跨厂房宜采用等高（双坡屋面）厂房。当采用高低跨布置时，低跨的屋盖横梁与高跨柱的连接应选择合适位置，以减小低跨厂房地震作用对高跨柱承载力的影响，或采用其他措施。

(2) 辅助的砌体建构筑物，不应与厂房结构相连，也不应布置在厂房角部和紧邻防震缝处。

(3) 两个主厂房之间的过渡跨，至少在一侧应设置防震缝与主厂房脱开。

(4) 多跨厂房通往起重机的钢梯，不宜布置在同一榀横向框架附近。

(5) 在厂房同一结构单元内，不宜采用不同的结构形式，不应采用框架和砌体横墙混合承重。

(6) 厂房端部应设置屋盖横梁，不应采用山墙承重。

34.1.2　防震缝

(1) 单层钢结构厂房防震缝的布置，一般可参照钢筋混凝土柱厂房的有关规定执行。

(2) 防震缝的宽度应根据设防烈度、与相邻房屋可能碰撞的最高点高度、厂房的结构及其布置情况确定，一般不宜小于混凝土柱厂房防震缝宽度的 1.5 倍。当设防烈度高或厂房较高时，或当厂房坐落在软弱场地或有明显扭转效应时，还需适当增加防震缝宽度。

厂房的防震缝宽度也可通过结构动力分析计算确定，应要求在设防烈度的地震动参数下，厂房不碰撞且有足够的余地。

(3) 单层钢结构厂房防震缝通常结合其温度伸缩缝布置。轻型围护单层厂房往往多跨连绵，横向整体宽度很大，但一般可不设置沿柱全高的双柱纵向温度伸缩缝，而只是通过上柱顶部叉分设置双柱，形成所谓的“音叉式”伸缩缝；或者把上柱顶部叉分双柱中的一个，设计为上下铰接连接的“摇摆柱”。显然，这种温度伸缩缝也兼具防震缝的作用，其缝宽应由计算分析确定，一般应要求在设防烈度的地震动参数下，小柱有足够的侧移空间而不发生碰撞，或采用其他有效措施。

34.1.3　围护体系

降低厂房屋盖和围护结构的重量，对抗震十分有利。震害调查表明，采用压型钢板、硬质金属面夹芯板等轻型板材的钢结构厂房抗震效果很好；采用柔性连接大型混凝土墙板围护的厂房，其抗震性能明显优于砌体围护墙的。大型混凝土墙板与厂房柱刚性连接，对厂房的抗震不利，并对厂房的纵向温度变形、厂房柱不均匀沉降以及各种振动也都不利。因此，大型混凝土墙板与厂房柱之间一般不应采用刚性连接。

综上所述，厂房的围护材料应首选轻型板材和轻型型钢，其次是柔性连接的大型混凝土墙板。厂房围护墙一般应符合如下要求：

(1) 厂房的围护材料应优先采用轻型板材和轻型型钢。

(2) 预制钢筋混凝土墙板应与厂房柱柔性连接，其连接应具有足够的延性，以适应设防烈度地震下主体结构的变形要求。

(3) 砌体围护墙应紧贴柱边砌筑且与柱拉结。7 度时不宜采用嵌砌墙体，8、9 度时不应采用嵌砌墙体。

(4) 布置刚性非承重墙时，应避免引起主体结构强度、刚度分布的突变。

34.2　抗 震 计 算

34.2.1　计算模型

单层钢结构厂房可按纵、横两个方向分别进行抗震计算。

(1) 厂房抗震计算时，应根据屋盖高差、起重机设置情况，采用与厂房结构实际工作状况相适应的计算模型计算地震作用。总体上，单层钢结构厂房地震作用计算的单元划分、质量集中等，均可参照钢筋混凝土柱厂房的。

（2）单层钢结构厂房在弹性状态工作的阻尼比较小。钢结构厂房用脉动法和起重机刹车进行大位移自由衰减阻尼比测试的结果，小位移阻尼比在 0.012～0.029，平均阻尼比 0.018；大位移阻尼比在 0.0188～0.0363，平均阻尼比 0.026。

线性粘滞阻尼是计算模型的属性，而不是实际结构的属性。阻尼比增减的影响，表现为设计地震作用的大小，故可按调整设计地震作用的方式计入。单层厂房抗震计算的阻尼比，可根据墙屋面围护的类型，一般可取 0.045～0.05。

34.2.2　围护墙自重和刚度的取值

单层钢结构厂房的围护墙类型较多。抗震计算时，围护墙的自重和刚度取值主要由其类型和与厂房柱的连接所决定。因此，欲使厂房的抗震计算更符合实际情况、更合理，则围护墙的自重和刚度取值应结合其类型和与厂房柱的连接方式来决定：

（1）轻型墙板或与柱柔性连接的预制混凝土墙板，应计入其全部自重，但不应计入其刚度。

（2）柱边贴砌且与柱有拉结的普通黏土砖砌体围护墙，应计入其全部自重；当沿墙体纵向进行地震作用计算时，尚可计入普通黏土砖砌体墙的折算刚度，折算系数，7、8 和 9 度可分别取 0.6、0. 4 和 0.2。

34.2.3　横向抗震计算

厂房横向地震作用计算，应采用能反映厂房横向框架地震反应特点的单质点、两质点和多质点计算模型。

（1）一般情况下，宜采用考虑屋盖弹性变形的空间分析方法。

（2）对于平面规则、抗侧刚度均匀的轻屋盖厂房，可按平面框架进行计算。等高厂房可采用底部剪力法，高低跨厂房应采用振型分解反应谱法。

众所周知，乘以增大系数以考虑高振型影响的经验简化方法，仅适用于钢筋混凝土柱厂房。不等高单层钢结构厂房，不能采用底部剪力法计算，更不可采用乘以增大系数的方法来考虑高振型的影响，而应采用多质点模型振型分解反应谱法等方法计算分析。

34.2.4　纵向抗震计算

厂房的纵向地震作用计算，一般可采用底部剪力法。鉴于反应谱曲线下降段的地震作用影响系数变化梯度大，结构的自振周期对地震作用的取值很敏感。考虑到围护墙对边柱列的刚度贡献很难准确预计，计算纵向柱列框架的地震作用时，可能会使所得的纵向中间柱列框架的基本周期相对偏长，因此厂房纵向中间柱列框架的计算周期宜采用折减系数予以修正。建议采用砌体围护墙时，近似取 0.8 及以下的周期折减系数：采用轻型围护时近似取 0.85 及以下的周期折减系数。

（1）轻型板材围护墙通过墙架构件与厂房框架柱连接，预制混凝土大型墙板可与厂房框架柱柔性连接。这些围护墙类型和连接方式，对框架柱纵向侧移的影响较小。即，当各柱列的刚度基本相同时，其纵向柱列的变位亦基本相同。因此，采用轻型板材围护墙或与柱柔性连接的大型墙板厂房，可采用底部剪力法计算，各纵向柱列的地震作用可按下列原则分配：

①轻屋盖可按纵向柱列承受的重力荷载代表值的比例分配。

②钢筋混凝土无檩屋盖可按纵向柱列刚度比例分配。

③钢筋混凝土有檩屋盖可取上述两种分配结果的平均值。即，有檩屋盖可按柱列所承受的重力荷载代表值比例分配和按单柱列计算，并取两者之较大值。

（2）采用柱边贴砌且与柱拉结的砖砌体围护墙厂房，其纵向抗震计算可参照钢筋混凝土柱厂房的有关规定。

34.2.5 屋盖系统

1. 竖向地震作用

厂房的竖向地震作用具有局部性，不需从整体结构的角度考虑，而只需考虑构件本身及其支承构件。例如，在某一跨的竖向地震作用，不需考虑传递到另一跨。一般情况下，厂房的一些简支屋盖构件，竖向地震作用由规定的构件自身及其连接承受，不需考虑传递给其他构件。但是，直接传递竖向地震作用的构件，需计入屋盖横梁传至的竖向地震作用。典型的如跨度小于24m的托架，虽其本身不需考虑竖向地震作用，但当其支承跨度大于24m的屋盖横梁时，托架及其与钢柱的连接应考虑承受屋盖横梁传来的竖向地震作用。《抗震规范》规定：

8、9度时，跨度大于24m的屋盖横梁、托架（梁），以及虽然跨度小于24m但需支承跨度大于24m屋盖横梁的托架（梁），应按《抗震规范》第5.3节的规定计算其竖向地震作用。

对于屋盖横梁、支承桁架上设置较重设备的情况，不论其跨度大小都应计算竖向地震作用。

2. 屋盖支承桁架和水平支撑

1）*屋盖支承桁架*

托架、支承天窗架的竖向桁架、竖向支撑桁架等支承桁架承受的作用力包括屋盖自重产生的地震力，尚需将其传递给主框架，故其杆件截面需由计算确定。屋架、支承桁架的腹杆与弦杆连接的承载力，一般不应小于腹杆的塑性承载力。

2）*屋盖水平支撑*

屋盖横向水平支撑、纵向水平支撑的交叉斜杆均按拉杆设计，并取相同的截面面积；直压杆可按斜拉杆受拉屈服时承受的压力设计。屋盖交叉支撑有一杆中断时，交叉节点板的承载力不应小于杆件塑性承载力的1.2倍。屋盖水平支撑节点可采用焊接或螺栓牢固连接，连接的极限承载力不宜小于杆件的塑性承载力。

34.2.6 柱间支撑系统

单层钢结构厂房的纵向框架，采用“小震”组合进行抗震计算，但要求达到“中震”可修，“大震”不倒的设防目标。厂房纵向框架主要由柱间支撑抵御水平地震作用。当采用延性耗能方式进行抗震设计时，柱间支撑是耗散地震能量的主要构件，应在相连梁柱屈曲和连接破裂前受拉屈服。

对于 H 形截面柱弱轴受弯的纵向柱列框架，柱间支撑大体上要承担 80%以上的纵向水平地震作用。柱间支撑是单层钢结构厂房抗震的关键环节，但对耗钢量的影响却较小。厂房纵向柱列往往只有柱间支撑一道防线，却是震害多发部位（图 34.2－1）。因此，应深刻认识柱间支撑框架系统（柱间支撑及与其相连的周边钢柱所形成框架，还包括基础拉梁以及柱脚锚栓）对抵御地震作用的重要性。

34.2－1　阪神地震柱间支撑的屈曲和破坏

（a）槽钢 X 形柱间支撑整体失稳；（b）角钢 X 形柱间支撑节点断裂；

（c）格构门式柱间支撑屈曲；（d）槽钢 X 形支撑屈曲、端部连接断裂

简言之，支撑设计需把支撑斜杆及与其连接的柱、梁作为支撑框架系统整体加以考虑。即，柱间支撑框架系统的承载力设计，不只是支撑斜杆、斜杆与钢柱连接节点的承载力设计，而应包括与支撑斜杆相接的周圈梁、柱的承载力设计，以及基础拉梁和柱脚的设计。

1. 柱间支撑框架系统的承载力计算

1）支撑斜杆是否屈曲对柱间支撑框架系统受力的影响

厂房纵向采用常遇地震（小震）组合内力进行弹性设计。设计实践表明，采用设防地震（中震）参数进行计算分析，柱间支撑斜杆可能屈曲，也可能不屈曲。柱间支撑屈曲与

否，对与支撑相连的框架柱受力有影响。柱间支撑是否屈曲，虽然对设置较大吨位起重机的格构下柱影响不大，但对上柱（通常采用实腹 H 截面）的影响则不容忽视。遭遇强烈地震时，如受压侧支撑斜杆屈曲卸载，则受拉侧支撑斜杆内力增大，从而可导致钢柱沿 H 截面弱轴整体失稳（图 34. 2 - 2）。因而需区分支撑杆件是否发生屈曲两种状态，分别验算框架柱受力。

2）与 X 形柱间支撑相连钢柱的附加压力

单层钢结构厂房纵向框架，采用常遇地震组合进行设计的 X 形柱间支撑，当遭遇强烈地震时，支撑斜杆可能屈服，也可能不屈服。但无论支撑斜杆是否屈服，比之于常遇地震设计内力，强烈地震作用下支撑斜杆受力增大，与其相连的钢柱受力也相应增加，这也可引起上柱沿 H 截面弱轴整体失稳（图 34. 2 - 2）。

(a)

(b)

图 34. 2 - 2　与 X 形柱间支撑连接的 H 截面柱整体失稳

（a）震害实例一；（b）震害实例二

因此，柱间支撑框架系统的钢柱，应考虑遭遇强烈地震时支撑斜杆传来的这种力的放大（图 34. 3 - 3）。参考有关资料，对于上柱可考虑支撑斜杆计算内力 N_1 的 150%（即附加内力 $\Delta N_1 = 0.5N_1$）的竖向分量施加于相连柱的柱顶，并与屋盖传至的轴力叠加进行上柱的长细比选择及稳定性验算。150% 的支撑斜杆计算内力相当于达到其受拉屈服时的力 $0.75A_{br}f \times 1.5 \approx A_{br}f_y$（$A_{br}$ 为支撑截面积，f 为支撑钢材屈服强度设计值；f_y 为支撑钢材屈服强度），这与美国 AISC341 规范考虑钢柱需能承受支撑传递力 $R_yA_{br}f_y$（R_yf_y 为预期的支撑钢材屈服应力）的做法类似。

相应地，柱间支撑开间的柱顶刚性系杆，也应能承受上述支撑斜杆所传递内力的水平分量。

原则上，下柱与 X 形支撑相连处也需附加内力，与柱顶附加内力一起进行钢柱的承载力验算。鉴于地震情况下，多层框架的支撑斜杆内力不太可能同时达到最大值，因此下柱的附加内力可考虑取其支撑斜杆计算内力 N_2 的 125%（即取 $\Delta N_2 = 0.25N_2$）。

不过，下柱 X 形支撑与设置的起重机工作制紧密相关，其截面（长细比）有时系由设置的起重机情况所决定，且相当于上柱支撑也较大，故即使达到 1. 5 倍的支撑杆计算内力一般也不致屈服。然而，源于起重机荷载的移动属性，导致正常使用状态和地震作用状态框架

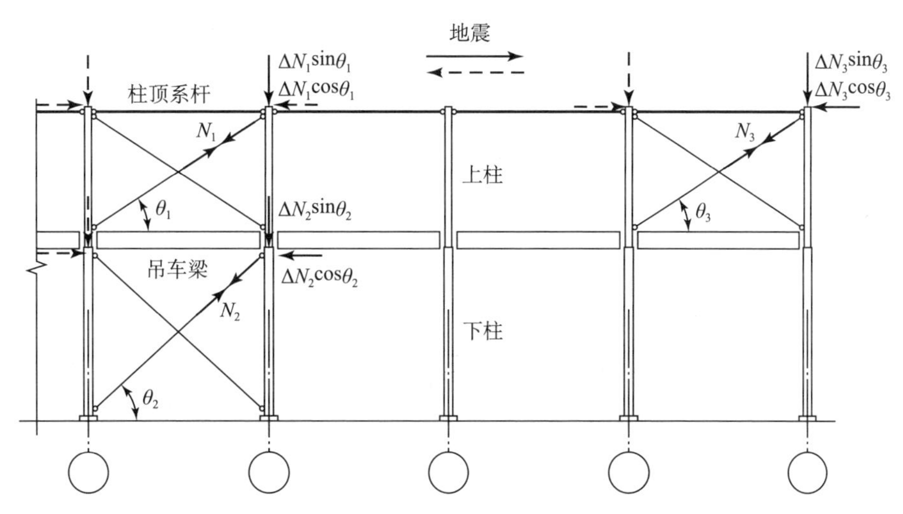

图 34.2-3　与 X 形支撑相连钢柱的附加压力

下柱的承受荷载有较大差异，静力设计赋予下柱的承载能力在遭遇地震时则转化为抗震能力。即，框架下柱有较大的抗震超强（抗震能力储备）。因此，在这种情况下，可不需再考虑进行支撑传递的附加内力作用下的下柱承载力验算。

3）关于 X 形柱间支撑的简化设计

对于 X 形柱间支撑，抗震设计时往往会简化为只考虑一根斜杆受拉，而不考虑另一根斜杆的作用。这种简化低估了柱间支撑屈曲前纵向框架的刚度，也可能低估地震作用，但对屈曲后则偏向安全一方。X 形支撑简化为一根斜杆受拉只有在其长细比较大时才适用。一般认为支撑斜杆长细比大于 150 时，可考虑这种简化，但设计时也宜计入前述的支撑斜杆传递到相连柱柱顶的附加压力。

2. 支撑斜杆屈曲后的稳定承载力

反复荷载下，支撑斜杆屈曲后的荷载-位移曲线呈退化下降趋势。要准确计算支撑斜杆屈曲后的承载力，就必须掌握退化卸载的情况。但实际设计时，计算这种稳定承载力退化下降十分困难。一般情况下，柱间支撑采用两种设计方法：其一是，支撑抵抗水平地震作用的承载力，取受压支撑杆屈曲临界承载力的 2 倍；其二是，根据受压杆件的承载力曲线简化，考虑拉伸支撑杆件的协调作用。目前，工程设计中常用第二种设计方法。

（1）支撑斜杆屈曲后稳定承载力的验算，过去通常借用美国加州 SEAOC 规范（1990）的公式：

$$C'_{\mathrm{r}}=\frac{C_{\mathrm{r}}}{1+0.5\left(\dfrac{KL}{\pi r}\sqrt{\dfrac{0.5f_{\mathrm{y}}}{E}}\right)}=\frac{C_{\mathrm{r}}}{1+0.35\lambda_{\mathrm{n}}}=\frac{C_{\mathrm{r}}}{1+0.11\lambda\dfrac{f_{\mathrm{y}}}{E}} \tag{34.2-1}$$

式中　C'_{r}——考虑支撑斜杆在地震交替荷载作用下屈曲降低的稳定承载力；

C_{r}——支撑斜杆的稳定承载力；

K、L、r——受压支撑斜杆的计算长度系数、几何长度、截面回转半径；

λ、λ_n——支撑的长细比和正则化长细比。

然而，重新解读导出式（34.2－1）的试验数据时发现，试验获得的支撑杆稳定承载力超过了其拉伸屈服承载力，这已违背了钢结构设计的一般认识。并且，式（34.2－1）的强度折减系数（即上式中的 $1/(1+0.35\lambda_n)$，也称卸载系数）偏小。重新整理试验结果表明，在 $KL/r=80$ 的支撑斜杆受压时约有 0.6 倍的受拉屈服承载力，当达到它期望的位移延性（3~4）时，其受压承载力已降低至初始稳定承载力的约 20%；对于钢管截面，降低至 40%。

不言而喻，支撑抗震承载力验算式（34.2－1）不可用于单层钢结构厂房的柱间支撑抗震验算。其实，美国规范也早已废弃了此验算式。

（2）《抗震规范》规定，单层钢结构厂房的柱间 X 形支撑、V 形、A 形支撑应考虑拉压杆共同作用，采用下式进行验算：

$$N_t = \frac{1}{(1+0.3\varphi_i)}\frac{V_{bi}}{\cos\theta} \tag{34.2-2}$$

式中　N_t——第 i 节间支撑斜杆抗拉验算时的轴向拉力设计值；

V_{bi}——第 i 节间支撑承受的地震剪力设计值；

φ_i——第 i 节间支撑斜杆的轴心受压稳定系数；

θ——支撑斜杆与水平面的夹角。

式（34.2－2）考虑了支撑杆件在反复荷载下承载力趋近稳定承载力的三分之一的试验结论，取卸载系数为 0.3。经与 AIJ《钢结构限界状态设计指针 · 同解说》的计算公式校核，适用于支撑斜杆长细比大于 60 的情况。顺便指出，公式（34.2－2）的卸载系数取值，与钢筋混凝土柱厂房对柱间支撑的规定有所不同。

（3）采用轻型围护的单层钢结构厂房，如纵向框架采用设防烈度的地震动参数计算分析，柱间支撑不进入屈曲状态工作，则无需进行支撑斜杆屈曲后的承载力验算。

3. 支撑斜杆的应力比控制

柱间支撑既不宜过于柔弱，也不宜过于刚强。柱间支撑太过柔弱，则不能保证遭遇强烈地震时单层厂房纵向柱间支撑一道防线的安全性。《抗震规范》以限定支撑斜杆截面应力比的方式，排除出现过弱的柱间支撑。柱间支撑过于刚强，吸引的地震作用也越大，对与支撑斜杆相连的钢柱产生不利影响。因为《抗震规范》要求所有抗震结构遵守“强节点，弱构件”的抗震设计理念，因此，如果支撑杆件过于刚强，则可导致设计的连接节点庞大。

1）支撑斜杆的截面应力比控制值

柱间支撑斜杆的应力比，是指按常遇地震组合内力进行弹性设计时，支撑斜杆的强度计算应力或稳定性校核的名义应力与钢材的强度设计值之比。对于按拉杆设计的支撑，一般是截面应力 N_E/A_{brn}（N_E 为常遇地震组合计算的支撑轴力；A_{brn} 为支撑斜杆净截面积）与钢材强度设计值 f 之比；对于按压杆设计的支撑，则一般是稳定性校核的支撑斜杆截面名义应力 $N_E/(\varphi A_{br})$（φ 为轴心受压构件的稳定系数；A_{br} 为支撑斜杆毛截面积）与钢材强度设计值 f 之比。

（1）据 AIJ《钢结构座曲设计指针》，拉伸压缩型支撑框架的恢复力特性随支撑杆的长细比大幅度变化。但单调加载时的荷载–位移关系表明，大变形范围时承载力减小，但逐渐稳定于某个值。设定大震时支撑杆累积塑性变形率的上限值为 25，按能量相等准则，折算成等效的理想弹塑性体系，等效水平承载力大体是支撑的极限承载力的 75%（图 34. 2 – 4），可作为支撑反复荷载作用下的理想弹塑性滞回模型。

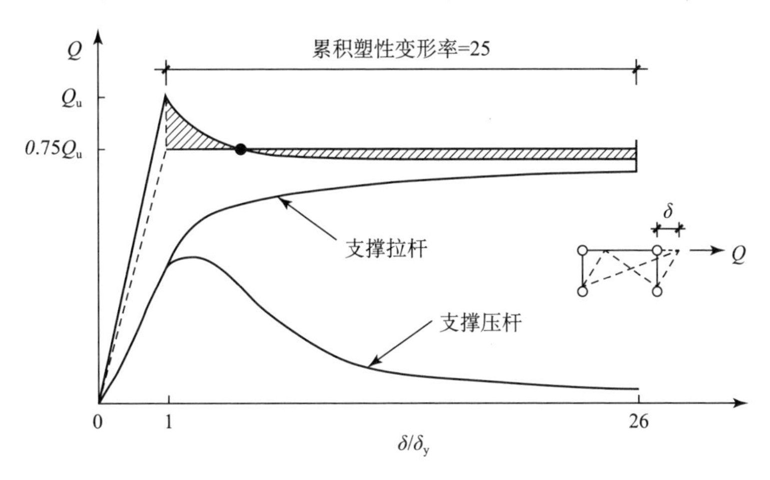

图 34. 2 – 4　拉伸压缩型支承框架的荷载–位移关系

参考上述资料（尽管支撑承载力计算公式有些不同），并考虑到厂房纵向框架只有一道防线，采用小震组合的计算内力进行支撑承载力设计却要保证“大震不倒”的设防目标，《抗震规范》规定，柱间支撑斜杆的应力比不宜大于 0. 75。

（2）《抗震规范》采用限定支撑斜杆应力比的方式，在计算中考虑支撑承载力增大，冀望增强支撑斜杆的同时，计入对与其相连的钢柱的不利影响。显然，若仅采用柱间支撑斜杆的内力设计值乘以放大系数，以提高其抗震承载力，而不考虑增强支撑而所致的传递给相连柱的支撑力增大，则容易引起上柱先于支撑斜杆发生无侧移整体失稳（图 34. 2 – 2）。

（3）一般单层钢结构厂房的安装施工次序是，首先固定柱间支撑及其相连的钢柱（即架构临时柱间支撑框架系统），以满足整个厂房结构体系形成前的施工稳定性要求；尔后，再安装其他横向框架。无疑，柱身承重后就产生轴向压缩，由柱和支撑的变形协调引起支撑斜杆附加的变形和应力。单层钢结构厂房设计时，通常忽视这种支撑斜杆的附加内力（计算公式可参见第 36 章）。固然，对于自重较小的厂房，略去支撑斜杆的这种附加内力也无可厚非，但对于自重大的厂房，则不可忽视。显然，设置支撑斜杆的截面应力比上限值，可弥补支撑斜杆的施工安装附加内力在设计时的缺省。

由于设置支撑应力比上限并增强柱间支撑系统，《抗震规范》对轻型围护厂房适当扩大了柱间支撑间距的限值。期望厂房达到抗震性能的同时，使设计更加灵活，减少柱间支撑与厂房内机械设备布置方面的矛盾。

2）国外规范的柱间支撑地震作用

日本《建筑物构造关系技术基准解说书（2007 年版）》（即 BCJ 规范）规定：一次设计时，支撑内力的放大系数由其所承担的水平地震作用占层间总水平地震作用的比例系数 β 确定。当 $\beta \leq 5/7$ 时，增大系数取 $1+0.7\beta$；当 $\beta>5/7$ 时，增大系数取 1. 5。二次设计时，支撑设计内力则据支撑类别、支撑所分担的地震作用大小 β_u（β_u 是支撑水平承载力与支撑框架总水平承载力的比值）、框架截面级别确定结构特征系数 D_s，按照折减后的地震作用计算得到。框架采用塑性设计（FA）截面时，相较于 $\beta_u=0$ 的框架或 $\beta_u\leqslant 0.3$（采用 B 级支撑杆）的支撑框架，其支撑框架的地震作用放大系数范围为 1.2~1.6。

从上述与国外规范的比较可知，柱间支撑斜杆的截面应力比控制在 0.75 及以下，并增强柱间支撑框架系统，是较适宜的。增强柱间支撑框架系统，可达到花很低的造价而大幅提高厂房抗震安全度的目的。

4. V 或 Λ 形柱间支撑尖顶横梁的承载力

由于 V 或 Λ 形支撑几何构形的特殊性，需考虑受压支撑杆屈曲后，支撑拉杆与压杆之间所产生的竖向不平衡力对尖顶横梁的作用。

V、Λ 形支撑随着结构侧移增大，压杆屈曲，承载力降低，而拉杆受力可持续增大至屈服。对于一般型钢制作的支撑，拉杆与压杆之间产生的竖向不平衡力 Q 可考虑为：

$$Q=(1-0.3\varphi_i)A_{br}f_y\sin\theta \tag{34.2-3}$$

式中　A_{br}——支撑斜杆截面积。

细柔长细比的支撑斜杆（如 $\lambda>200$）虽然具有较高的屈曲后承载力，但它对减小竖向不平衡力的作用可以略去不计；很粗壮的支撑（如 $\lambda<60$），尽管在反复荷载下承载力降低较少，但不是常规单层厂房钢结构设计中典型应用的；钢管混凝土支撑有好的性能，但目前在实际工程中还少见有应用的。所以，对于工程中一般应用的支撑杆长细比范围内，需要考虑和评估竖向不平衡力 Q 对横梁工作情况的影响。

竖向不平衡力 Q 作用下，型钢（包括钢管）制作的实腹横梁以及兼作横梁的柱顶系杆，在支撑尖顶处可能产生塑性铰，也可能不产生塑性铰。为了防止厂房纵向柱间支撑框架侧向承载力出现不期望的恶化，横梁应具有足够的承载力，以抵抗潜在的支撑显著屈曲后的荷载重分布。控制 H 形钢、钢管实腹横梁不屈服的条件，可假设其两端铰接导出：

$$M_{bp,N}\geqslant\frac{1}{4}S_c\sin\theta(1-0.3\varphi_i)A_{br}f_y \tag{34.2-4}$$

式中　$M_{bp,N}$——考虑轴力作用的横梁全截面塑性抗弯承载力；

　　　S_c——支撑所在柱间的净距。

显然，如按设防烈度的地震动参数计算分析，柱间支撑不进入屈曲状态工作，则无需采用式（34.2-4）进行验算。

单层厂房纵向柱列框架的受力特征，要求 V、Λ 形柱间支撑的尖顶横梁不得出现塑性铰。设计时，对于柱距较小的厂房可以采用增大尖顶横梁截面来控制，或首选 X 形柱间支撑回避。但是，轻型围护厂房的柱距往往较大，如采用控制横梁截面不屈服而容许支撑屈曲的方式设计，则需要可观的尖顶横梁截面，因而宜采用控制支撑斜杆遭遇设防烈度地震不屈曲方式。设计实践表明，这对轻型围护厂房很容易做到。

无疑，采用防屈曲支撑与尖顶横梁通过合理设计组合成耗能支撑系统，可以避免尖顶横梁截面屈服。这种耗能支撑系统，结合释放温度应力的要求，已经在超长超大型单层钢结构厂房中应用。

5. 柱间支撑连接的承载力

震害调查表明：柱间支撑与钢柱及其他构件的连接节点，是厂房主要震害发生部位之一（图 34.2－1b、d）。柱间支撑连接节点应能保证有效传递地震作用。

1）连接的承载力计算

（1）X 形支撑杆端的连接，单角钢支撑应计入强度折减，8、9 度时不得采用单面偏心连接。

（2）X 形支撑有一杆中断时，交叉节点板的屈服承载力、支撑斜杆与交叉节点板焊接连接的承载力，不得小于支撑杆全截面塑性承载力的 1.2 倍。即，当节点板和支撑斜杆采用相同的钢材时，X 形支撑交叉点的杆端切断处节点板的截面面积，不得小于被连接的支撑杆件截面面积的 1.2 倍。

（3）支撑杆端与钢柱及其他构件连接的承载力，不得小于支撑全截面塑性承载力的 1.2 倍。

（4）支撑杆端连接焊缝的重心应与杆件重心相重合。

（5）对于支撑杆端的常用连接构造（图 34.2－5），可按下列要求进行抗震承载力设计。

①节点板的厚度应满足下式要求：

$$t_j \geq 1.2\frac{A_{brn}f_y}{l_jf_{yj}} \tag{34.2-5}$$

式中　t_j——节点板的厚度；

A_{brn}——支撑斜杆的净截面面积；

l_j——节点板的传力计算宽度，力的扩散角可取 30°；

f_y、f_{yj}——分别为支撑斜杆和节点板钢材的屈服强度。

②节点板与柱（梁）的连接焊缝的承载力可按下式验算：

$$1.2A_{brn}f_y\sqrt{\left(\frac{\sin\alpha}{A_f^w}\right)^2+\left[\cos\left(\frac{e}{W_f^w}+\frac{1}{A_j^w}\right)\right]^2} \leq \vartheta f_f^w \tag{34.2-6}$$

式中　e——支撑轴力作用点与连接焊缝中心之间的偏心距（图 34.2－5）；

A_f^w、W_f^w——分别为连接焊缝的有效截面面积和截面模量；

f_f^w——角焊缝的强度设计值；

ϑ——考虑角焊缝极限强度 f_u^w 与角焊缝强度设计值 f_f^w 之间的换算、现场焊接的质量因素、不限制支撑钢材实际屈服强度上限值 $f_{ay,max}$ 等情况的综合系数，可取 1.5。

③支撑斜杆与节点板采用角焊缝连接：

$$1.2\frac{A_{brn}f_y}{A_f^w} \leq \vartheta f_f^w \tag{34.2-7}$$

④支撑斜杆与节点板采用高强度螺栓摩擦型连接时，其极限状态是高强度螺栓承压型连接：

$$1.2A_{brn}f_y \leq nN_u^b \tag{34.2-8}$$

式中　A_f^w——角焊缝的有效截面面积；

n——高强度螺栓数目；

N_u^b——一个高强度螺栓的极限受剪承载力和对应板件极限承压力的较小值。

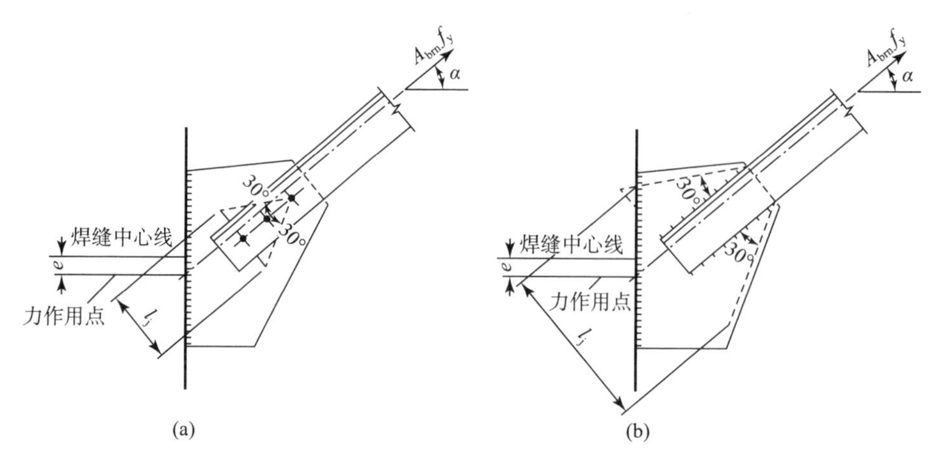

图 34.2－5　柱间支撑杆端连接节点计算简图

（a）杆端螺栓连；（b）杆端焊接连接

工程中，下柱支撑通常也采用与基础承台连接的方式，使支撑内力直接传递到基础承台，以减少柱底剪力。

2）关于支撑连接的极限承载力

支撑连接进行承载能力验算，是以支撑斜杆达到全截面塑性屈服时连接不断裂为设计准则的。一般情况下，围绕承载力能力进行的连接承载力验算，连接的承载力是指极限承载力（按连接的极限强度）计算。这在现行规范中笼统地陈述为“承载力”，易引起误解。众所周知，日本系强震多发岛国，对钢结构抗震研究也较充分，日本规范对钢结构支撑连接的承载力就按上述要求进行抗震验算。

考虑到我国工程师已习惯采用焊缝的强度设计值，现行《钢结构设计标准》也未详细列出焊缝的极限强度，因此在式（34.2－6）和（34.2－7）仍然以工程师习惯采用的角焊缝强度设计值 f_f^w 表达，但引入综合系数 ϑ 提高。

显然，如纯粹考虑角焊缝极限强度 f_u^w 与强度设计值 f_f^w 之间的换算，则系数 ϑ 可取比 1.5 更大的值。为了保证支撑斜杆呈全截面塑性状态工作时焊缝连接不断裂，考虑到支撑皆为现场焊接施工，其质量比工厂焊缝要差一些的影响；设计时不限制钢材屈服强度的实际上限 $f_{ay,max}$（下标 a 表示 Actual）的影响，经综合考虑，建议 ϑ 取 1.5，对 Q235、Q345 皆适用。当然，如有足够的经验，ϑ 可适度调整。

不言而喻，建议 ϑ 值也可应用于屋盖水平支撑的连接设计。

34.2.7　横向框架的连接节点设计

钢结构的连接节点，是区别于混凝土结构的显著特征之一。钢构件之间的连接节点设计，通常采用两种基本方法。一种是按计算内力进行设计，另一种则是围绕承载能力（等强原则、极限承载力）进行设计。

计算内力连接设计法，一般适用于计算内力较小部位的连接，或次要构件的连接。但为了保证构件的连续性和减小对构件挠度的影响，即使计算内力很小，连接也至少须按传递较小被连接构件承载力（一般指抗弯承载力）的一半进行设计。对于抗震钢结构构件连接的最小抗弯承载力，宜按不小于 $0.5W_pf_y$（W_p 为塑性截面模量）考虑。计算内力连接设计法，间或也用于梁柱连接等重要部位。例如，《抗震规范》规定的"采用弹性设计截面的梁柱刚性连接，应能可靠地传递设防烈度地震组合内力"。其实，此时的计算内力连接设计法只是一种表现形式，本质上是为了关键构件、部位的能力设计而采用放大的地震作用计算，考虑的中心仍然是围绕着连接的承载能力。

承载能力连接设计法，以被连接构件能充分发展塑性而不断裂为准则，要求连接节点能可靠传递相当于构件极限承载力的内力。即，连接节点按承载能力的设计，是保证结构进入极限状态工作时构件能达到全截面塑性承载力，一般适用于轴心拉杆的拼接、支撑杆端连接、梁柱连接、柱脚节点等。应当指出，钢结构连接设计的等强（Full strength），与力学上的等强是不同的。一般情况下，若钢结构连接的极限承载力超过被连接构件的塑性承载力，即可视为等强连接。例如，轴心拉杆的螺栓连接满足 $A_nf_u>Af_y$，（A_n 为连接处拉杆扣除螺栓孔后的净截面面积；A 为拉杆毛截面面积；f_u、f_y 为钢材的抗拉强度和屈服强度），就是等强连接。显然，如按力学上的等强度量，螺栓连接接长的拉杆由于存在截面开孔削弱，永恒达不到等强。

无需赘述，承载力抗震调整系数 γ_{RE}，是由荷载组合折算而导入的，适用于按计算内力所进行的连接弹性设计。如按承载能力验算连接节点，则无需计入。

1. 横向刚架的受力特征

压型钢板围护的单层钢结构厂房，较普遍地采用实腹屋面梁与柱刚性连接的单层刚架。无疑，梁柱刚性连接、拼接的极限承载力验算及相应的构造措施，皆应针对单层刚架的受力特征和遭遇强震作用时的可能破损机构进行。

1）受力特征和破损机构

单层厂房横向跨度大，屋面梁的截面高度通常由刚度限值所决定，其梁端的截面模量往往比上柱的要大。一般情况下，单跨横向刚架及多跨横向刚架边柱的最大应力区（潜在塑性耗能区）往往出现在梁底上柱截面；多跨横向刚架的中间柱列，则通常出现在柱顶梁端截面。这是厂房单层刚架在相当广泛范围内成立的受力特征（图 34.2-6）。即使中间柱列的柱顶梁柱，虽然梁截面应力高于梁底上柱截面的，但其应力的主体系由竖向恒载等荷载所致，而不是水平地震作用引起的。因此，亦属"强梁弱柱"范畴。的确，大多数单层厂房刚架呈"强梁弱柱"的形式。

单层等高刚架的柱顶和柱底出现塑性铰，是其极限承载力状态。单层刚架在柱顶出现塑性铰只是刚架（刚接框架）演变为所谓的"排架"（铰接框架）。于是，与多高层钢结构框架要实现梁铰耗能机构的要求不同，单层等高刚架厂房可放弃"强柱弱梁"的抗震概念。诚然，对于不等高厂房，在低跨与高跨连接处一般应采用铰接连接或者采取其他布置和措施，但如一定要采用刚性连接，则应遵守"强柱弱梁"准则。

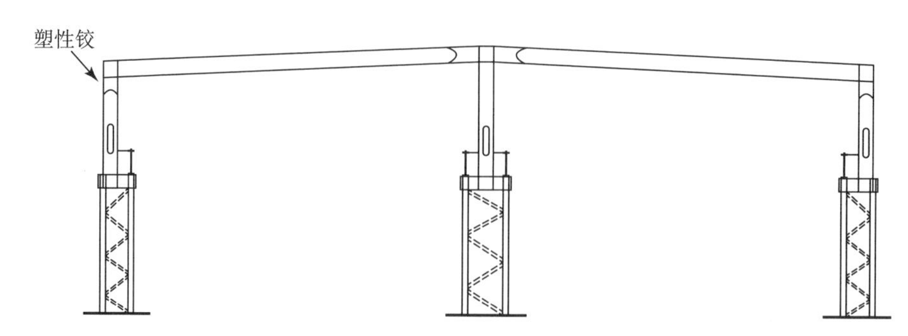

图 34.2-6　单层厂房的潜在塑性耗能区位置

当单层厂房设置起重吨位大的桥式起重机时，需要强劲粗壮的格构式下柱。但是，压型钢板墙屋面的重量很轻，其上柱却只需要较小的截面。显然，由于格构式下柱刚度很大，当遭遇强烈水平地震作用时，厂房柱底一般不会形成塑性铰，但可上移至上柱底部附近位置。即破损机构演变为在上柱屋面梁刚架中形成。此外，分析比较表明，随计算采用的地震作用增大，框架柱的最大应力区有时也可由柱顶迁移至上柱底部，即上柱底部有时最先出现塑性铰。因此，为了保证厂房横向框架的稳定性，这种情况的上柱与屋面梁一般应采用刚性连接。顺便指出，采用实腹屋面梁的厂房上柱框架，横梁与柱刚度相近，其性能属经典刚架范畴，所以在计算钢柱长细比时，需考虑屋面梁的变形，而不可采用屋面梁刚度无穷大的假设。

相应地，在单层横向刚架耗能区设置侧向支承的抗震构造措施，也应针对其受力特征展开。简言之，如横向刚架采用“延性耗能”的抗震设计思路，则应在边列柱梁底上柱、中列柱梁端的耗能区域设置侧向支承，期望塑性铰发挥应有的转动能力。同时，如果采用“延性耗能”的抗震设计思路，潜在塑性耗能区在上柱截面时，则常遇地震组合下的上柱塑性耗能区轴压比一般不宜超过 0.3。

2）变截面屋面梁

单层刚架厂房通常采用变截面屋面梁。采用变截面屋面梁固然能节省材料，但降低了其冗余度。设计时，跨中区域截面应预留适当的承载力余地，以适应遭遇强烈地震时单层刚架内力塑性重分布引起的跨中内力增加。

对于高设防烈度区的单层刚架和按“延性耗能”思路设计的单层刚架，如要采用变截面屋面梁，则跨中区域截面必须留置足够的承载力储备。

3）梁端塑性耗能区长度

梁端潜在塑性耗能区的长度可据屈强比估算，并采用与梁高的试验关系校正。在水平地震作用下，框架的弯矩沿柱、梁中心线线性变化，因此，采用屈强比 f_y/f_u 估计框架梁潜在塑性耗能区长度的计算式为：

$$L_{bp}=(1-f_y/f_u)L/2 \qquad (34.2-9)$$

式中　L_{bp}——梁端潜在塑性区的长度，等截面梁以柱翼缘表面起算；

L——梁的净跨。

屈强比 f_y/f_u 降低，梁端潜在塑性耗能区的长度 L_{bp} 将随之增大，梁的塑性耗能能力也提高。如取钢材的 f_y/f_u 为 0.8，则塑性耗能区长度为十分之一梁净跨。《抗震规范》规定，钢材屈服强度 f_y 实测值与抗拉强度 f_u 实测值的比值不得大于 0.85，所以塑性区域长度按 $L/10$ 取值不致有大的偏差。

梁越高，塑性铰转动能力就越低。参考搜集的一些试验资料，梁端潜在塑性耗能区域的长度 L_{bp} 大体是（0.5~1.5）h（h 为梁截面的高度）。

因此，一般情况下，梁端的塑性耗能区长度 L_{bp} 实用计算式为

$$L_{bp} = \max\{L/10,\ 1.5h\} \tag{34.2-10}$$

当塑性耗能区位于梁底上柱时，其长度可考虑取（1.0~1.5）h（h 为柱截面的高度）。

2. 梁柱刚性连接的承载力

1）梁柱刚性连接的常用形式

钢结构厂房典型的梁柱刚性连接节点如图 34.2－7。其一是现场梁柱直接连接（图 34.2－7a）；其二为采用柱顶预留短梁，现场梁—梁拼接的梁柱连接形式（图 34.2－7b），即所谓的“柱树（Column-tree）”形式。

翼缘焊接、腹板栓接加角焊缝的梁柱直接连接（图 34.2－7a），易引起应变集中地发生在上下翼缘焊缝处（即所谓的“应变集中”，Localization of strains），从而导致在梁截面塑性铰形成前连接焊缝断裂。美国北岭（Northridge）地震的梁柱连接以“应变集中”破坏模式为主。实际工程中，单层钢结构厂房以采用梁端梁—梁拼接（图 34.2－7b）的居多。日本阪神地震震害调查表明，梁端直接连接的损坏率是梁端梁—梁拼接的 3 倍。

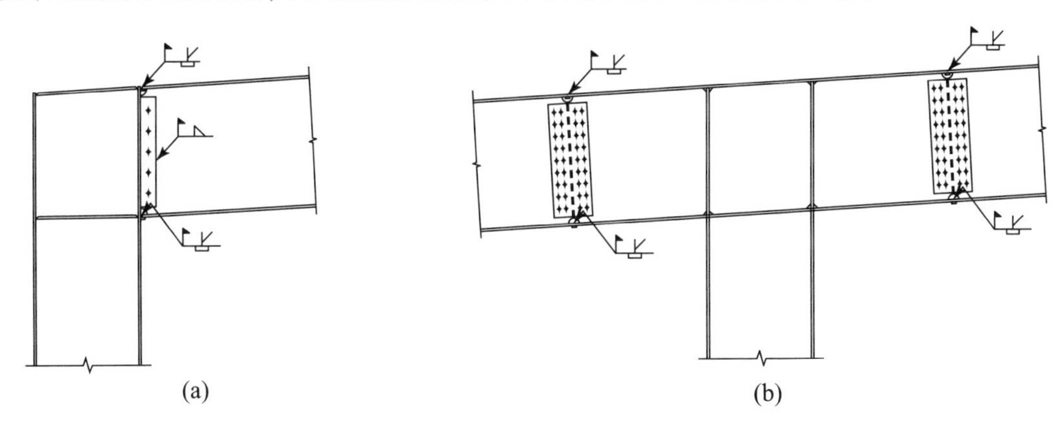

图 34.2－7　屋盖横梁与上柱的连接节点

（a）梁端直接连接；（b）梁端梁—梁拼接（混合连接）

梁的拼接除了采用图 34.2－7b 的混合连接外，也经常采用翼缘、腹板全部为高强度螺栓摩擦型连接的方式。

2）高强螺栓梁端梁—梁拼接的承载力设计注意要点

梁端梁—梁拼接位于最大应力区（潜在耗能区）时，即使在使用极限状态连接的应力也可能很大。高强度螺栓摩擦型连接的极限状态就是其承压型连接。《抗震规范》要求，采用高强度螺栓摩擦型连接并按“小震”分析的内力进行弹性设计，再进行连接的极限承载力（承压型连接）验算。但是，按“小震”分析获得的内力进行的高强度螺栓摩擦型连接

弹性设计，并非一定可保证梁端梁—梁拼接至少的抗滑移承载力。因此，建议按梁连接截面塑性承载力的0.6倍进行梁端梁—梁拼接的高强度螺栓抗滑移承载力补充验算。梁连接截面的$0.6W_{pb}f_y$，相当于$0.5\eta_j W_{pb}f_y$（W_{pb}为梁的塑性截面模量；η_j为梁端梁与梁拼接的系数，据AIJ《钢结构接合部设计指针》，其值可比《抗震规范》给出的连接系数小0.15，即可取1.2）。

据宝钢大量建设工程的检测数据，喷丸、喷砂方式的摩擦面处理，无论是Q235钢材还是Q345钢材，设计采用的摩擦面抗滑移系数皆不宜大于0.45。显然，《钢结构设计标准》的Q345钢材的抗滑移系数偏大，不宜采用。

由于遭遇地震时梁翼缘承受拉压循环作用，在梁翼缘薄弱位置撕裂是破坏形式之一，其最终发生的截面破裂位置在距柱翼缘表面最近的梁翼缘螺栓孔所在截面，因此，螺栓孔面积需控制在（$1-f_y/f_u$）A_f之内，即满足下式要求：

$$A_f f_y < A_{fn} f_u \tag{34.2-11}$$

式中 A_f——翼缘板毛截面面积；

A_{fn}——翼缘板扣除螺栓孔的净截面面积。

3）梁的拼接位置及其承载力要求

框架梁拼接的抗震承载力验算，与是否避开梁端潜在塑性耗能区的长度L_{bp}有关，即与拼接位置有关。如框架梁的拼接位置到柱翼缘表面的距离L_{bc}不小于L_{bp}，即满足：

$$L_{bc} \geqslant \max\{L/10,\ 1.5h\} \tag{34.2-12}$$

则可认为框架梁拼接位置避开了潜在塑性耗能区。于是，由于拼接落在框架梁耗能区外的弹性工作区，即可按与较小被拼接梁截面的承载力等强度的原则设计。反之，如条件限制不能避开塑性耗能区，则应考虑连接系数进行梁端梁—梁拼接极限受弯、受剪承载力验算。显然，当运输等条件容许时，拼接位置离柱翼缘表面远一些，即L_{bc}取大一些，有助于连接偏向安全侧。

当框架梁采用梁端加腋的构造形式，并合理设计时，梁的最大应力区可外移至变截面处。

4）梁端连接的承载力验算

一般情况下，位于塑性耗能区的梁柱刚性等强连接（Rigit-full strength connection）、梁端梁—梁拼接应按《抗震规范》第8.2.8条的规定考虑连接系数进行极限受弯、受剪承载力验算。

然而，与GB 50011—2001《抗震规范》采用上下翼缘全熔透坡口焊缝的极限受弯承载力M_u有所不同，现行《抗震规范》对梁柱连接的极限受弯承载力M_u^j未作具体计算规定。这意味着梁腹板与钢柱有可靠连接时，容许考虑连接的翼缘和腹板共同作用。此时，梁柱连接的极限受弯承载力M_u^j可按下式确定：

$$M_u^j = M_{fu}^j + M_{wu}^j \tag{34.2-13}$$

式中 M_{fu}^j——翼缘连接的极限受弯承载力；

M_{wu}^j——腹板连接的极限受弯承载力。

为了反映单层刚架边柱列的潜在塑性耗能区往往在梁底上柱截面这种受力特征，梁柱连接的极限受弯承载力需满足下式要求。

$$M_{u}^{j} \geqslant \eta_{j}\min\{M_{pc}, M_{pb}\} \tag{34.2-14}$$

式中　η_j——连接系数，按《抗震规范》表 8.2.8 选用；

M_{pc}、M_{pb}——梁底上柱截面、梁计算截面的全塑性受弯承载力。

连接的构造设计，应限制出现应变集中和高残余应力，防止加工缺陷，并应考虑施工方便。如果梁端直接连接中，梁腹板与钢柱的连接不可靠，则也就只能考虑梁上下翼缘全熔透坡口焊缝的极限受弯承载力。因此，梁柱连接的极限受弯承载力 M_u^j 计算时，如要计入腹板连接的贡献 M_{wu}^j，则首先需评估所采用的腹板连接是否合理可靠。应当指出，美国北岭地震和日本阪神地震虽然都引起大量的梁柱连接破坏，但其破坏模式却不同，震后的改进方式也不同。这与美、日两国的梁柱连接构造的差异紧密相关。鉴于《抗震规范》的梁柱连接系数 η_j 系参照日本的规定给出，故节点构造也应接近日本的规定。简言之，如借用日本规定的公式来计算连接的极限承载力 M_u^j 等，则应尽量靠近日本的连接构造做法；反之，如借用美国的规定，则需采用美国的做法。两者混用不尽妥当。

5）采用弹性设计截面框架的连接

《抗震规范》容许轻型围护厂房的单层框架采用弹性设计截面。然而，相较于塑性设计截面，弹性设计截面的板件较薄柔，可达到截面部分屈服的抗弯能力，但不能达到塑性弯矩。因此，《抗震规范》规定，采用弹性设计截面的梁柱刚性连接，可按下述两条要求平行控制。

（1）采用弹性设计截面的梁柱刚性连接，应能可靠地传递设防烈度地震组合内力。即，选用设防烈度的地震动参数进行结构分析，得到连接的内力，考虑承载力抗震调整系数 γ_{RE} 和连接系数 η_j（就此情况，相当于安全系数），进行连接的承载力弹性设计。

（2）如果不采用上述（1）按内力的方式进行梁柱刚性连接的承载力设计则需考虑连接系数，按前述 4）的要求和《抗震规范》第 8.2.8 条的规定，进行梁柱刚性连接的极限承载力验算。

上述两条要求中，前者系采用内力的方式进行连接设计，而后者则从承载能力的角度考量验算连接。一般情况下，后者比前者的要求更高一些。

对于采用弹性设计截面抗震钢框架的梁柱连接设计，日本 BCJ 规范保有承载力验算时，对于框架梁端截面不进入塑性的情况，按 $M_u^j \geqslant \alpha M_1$（$\alpha$ 为安全系数，取 1.2~1.3；M_1 为框架梁传递给连接的最大弯矩）进行抗震验算。

美国 AISC341 规范对“普通抗弯框架（OMF，地震作用折减系数 $R=3.5$）”连接的承载力要求，是基于发展期望的梁承载力（$1.1R_yM_p$）与系统传递的最大弯矩的较小值。其条文说明给出了决定系统传递的最大弯矩的三个因素：钢柱的承载力、基础抵抗上拔的承载力以及采用 $R=1$ 计算的地震作用；但美国 MBMA 手册则建议采用计算地震作用扩大 3 倍进行连接设计。

总体上，《抗震规范》对弹性设计截面框架梁柱连接设计的要求，与美国规范要求的涵义一致。

3. 柱、梁构件弹性工作区的拼接

柱、梁的拼接接长位置，应避开框架潜在塑性耗能区（最大应力区），选择弯矩较小、在地震作用下弯矩波动变化较小的弹性工作区。

1）柱的弹性工作区拼接

对于厂房很高而使框架柱整体运输和吊装困难时，框架上柱不得不采用工地拼接接长。框架上柱的拼接位置应选择弯矩较小区域，其承载力不应小于按上柱两端呈全截面塑性状态计算的拼接处的内力，且不得小于柱全截面塑性受弯承载力（或柱翼缘受拉屈服承载力）的0.5倍（图34.2-8）。即，钢柱拼接的承载力应符合下式要求：

$$M_j = \eta_j\left(1 - \frac{h_j}{yh}\right)M_{pc} \tag{34.2-15a}$$

$$M_j \geqslant 0.5W_{pc}f_y \tag{34.2-15b}$$

式中　M_j——柱拼接的受弯承载力；

M_{pc}——柱的全截面塑性受弯承载力；

W_{pc}——柱的塑性截面模量；

η_j——连接系数，按《抗震规范》表8.2.8中梁柱连接栏选用；

h_j、h、y——如图34.2-8所示，h为上柱计算高度，h_j为柱拼接位置距吊车梁顶面的距离，y为柱的反弯点与上柱高度的比值。

式（34.2-15a）的拼接承载力要求，与AIJ《钢结构接合部设计指针》的要求相同，式（34.2-15b）则略高于AIJ的要求。美国AISC341规范规定，柱翼缘拼接的承载力不得小于$0.5R_y f_y A_f$（$R_y f_y$为预期的柱钢材屈服应力，A_f为较小被连接柱翼缘的面积）。对于常用的H形等截面柱，式（34.2-15b）的要求与美国AISC341的大致相当。

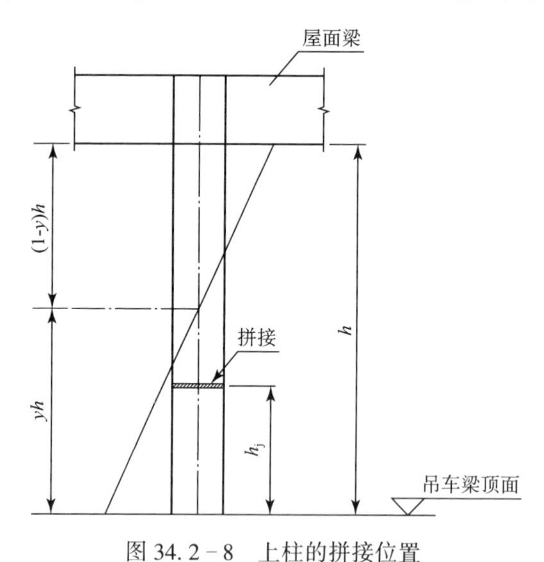

图34.2-8　上柱的拼接位置

不言而喻，式（34.2-15）是钢柱拼接起码的承载力要求，有条件时应尽量采用等强度拼接接长。

2）梁的弹性工作区拼接

地震作用交变反复，这是钢结构抗震设计区别于塑性设计的重要方面，故传递或承受地震作用的框架构件的拼接和连接，宜采用承载能力设计的方式。《抗震规范》规定：刚接框架屋盖横梁的拼接，当位于横梁最大应力区（潜在塑性耗能区）以外时，宜按与被拼接截面等强度设计。即符合式（34.2－12）位置的拼接，可采用等强原则设计。

原则上，采用弹性设计截面的框架，如梁端连接采用可靠传递设防地震作用为设计准则，则跨中现场拼接也可采用设防地震组合的计算内力，考虑连接系数 η_j（这里相当于安全系数）、抗震调整系数 γ_{RE} 进行弹性设计。显然，这种拼接的承载力不得低于较小被连接截面塑性承载力的0.5倍，即拼接的承载力不得小于 $0.5W_{pb}f_y$。

钢结构抗震设计和塑性设计不尽相同。因此，一些抗震设计规程直接移植《钢结构设计标准》（GB 50017）之塑性设计条文，规定；“主要的传递或承受地震作用的构件拼接，当不位于构件塑性区时，其承载力应不小于该处作用效应值的1.1倍。同时，梁、柱拼接的抗弯承载力尚不得低于 $0.25W_{pb}f_y$（W_{pb} 为塑性截面模量）”。显然，此规定的拼接最小承载力 $0.25W_{pb}f_y$，尚未达到非抗震钢框架连续性要求的拼接的最小承载力 $0.5Wf_y$，（W 为截面模量）。不言而喻，按此规定的承载力要求进行抗震框架梁的拼接设计，是偏向不安全的。

4. 节点域的抗剪承载力

对梁、柱刚性连接的节点域抗剪承载力计算公式以及腹板厚度的要求，我国规范一部分借用美国规范的规定，一部分又采用日本规范的规定。然而，这些舶来的规定不尽相容，其适用范围也亟需进一步厘清。

基于单层厂房刚架的受力特征，对梁、柱刚性连接节点域腹板的要求，可比多高层钢结构房屋的要求适当放松一些。于是，这里重新梳理欧洲、日本、美国钢结构规范的有关规定，结合单层钢结构厂房刚架的受力特征，给出节点域腹板厚度限值及抗剪承载力计算公式，供设计时参考和应用。

1）节点域腹板的宽厚比限值

节点域腹板宽厚比限值，国际流行规范的规定不尽相同。节点域腹板的抗剪性能可采用正则化宽厚比 λ_s 来描述，故这里借用 λ_s 对国际流行规范的规定做比较分析。

正则化宽厚比 λ_s 定义为

$$\lambda_s = \sqrt{f_{yv}/\tau_{cr}} \tag{34.2-16}$$

式中　τ_{cr}——临界抗剪应力。

（1）剪切屈曲的稳定理论。

据稳定理论，临界抗剪应力 τ_{cr} 为

$$\tau_{cr} = k_s \frac{\pi^2 E\zeta}{12(1-\nu^2)}\left(\frac{t_w}{h_b}\right)^2 \tag{34.2-17}$$

式中　E、ν——分别为钢材的弹性模量和泊松比；

h_b——梁腹板的高度；

k_s——剪切系数；

ζ——塑性因素。

弹性屈曲时，取塑性因素 $\zeta=1$；非弹性屈曲时，取 $\zeta=\sqrt{E_t/E}$（E_t 为钢材的瞬时切线模量）。

对于四边简支板，令 $\alpha=h_c/h_b$（h_c 为柱腹板的宽度），剪切系数 k_s 为：

当 $\alpha \geq 1.0$ 时，

$$k_s = 5.34 + 4/\alpha^2 \tag{34.2-18a}$$

当 $\alpha<1.0$ 时，

$$k_s = 4 + 5.34/\alpha^2 \tag{34.2-18b}$$

因此，λ_s 可表为：

$$\lambda_s = \frac{h_b/t_w}{37\sqrt{k_s}\sqrt{235/f_y}} \tag{34.2-19}$$

对于理想弹塑性完善板，按稳定理论，当 $\tau_{cr} \geq f_{yv}$ 时，即 $\lambda_s \leq 1$ 时，节点域腹板在屈曲前已屈服，从而有节点域腹板的几何宽厚比：

$$h_b/t_w \leq 37\sqrt{k_s}\sqrt{235/f_y} \tag{34.2-20}$$

一般的钢材或多或少存在缺陷。当应力超过弹性限界后需考虑板屈曲与塑性之间的相互作用，柏拉希（F. Bleich）专著借助受剪板的塑性因素 ζ，给出非弹性范围的临界抗剪屈曲应力 τ_{cr}^{in}。A. Ylinen 建议的 E_t 计算式和 F. Bleich 建议的 E_t 计算式，可取 $E_t \approx 0.03E$，因而有 $\zeta=0.17$，$\tau_{cr}^{in}=0.17\tau_{cr}$。如 $\tau_{cr}^{in} \geq f_{yv}$ 即可基本排除受剪板的非弹性屈曲，其对应的正则化宽厚比为 $\lambda_s \leq 0.4$，则相应的几何宽厚比 h_b/t_w，为

$$h_b/t_w \leq 14.8\sqrt{k_s}\sqrt{235/f_y} \tag{34.2-21}$$

（2）国际流行规范的规定。

美国 AISC341 对其"特殊抗弯框架（SMF）"，为了防止节点域腹板在循环的大塑性剪切变形中过早发生局部屈曲，要求节点域腹板厚度满足经验公式（Empirical formula）：

$$t_w \geq (h_b + h_c)/90 \tag{34.2-22}$$

如采用几何宽厚比 h_b/t_w 表示，则为：

$$h_b/t_w = 90/(1 + h_c/h_b) = 90/(1 + \alpha) \tag{34.2-23}$$

美国 AISC341 对其"中等抗弯框架 IMF"和"普通抗弯框架 OMF"的节点域腹板则皆无上述特殊经验要求，只需执行 AISC360 的规定。

AISC360 按剪切屈曲临界应力等于腹板屈服应力确定的几何宽厚比限值为：

$$h_b/t_w \leq 32\sqrt{k_v}\sqrt{235/f_y} \tag{34.2-24}$$

式中　k_v——AISC 规范定义的剪切系数，$k_v=5+5/\alpha^2$ 是 k_s 的实用简化式。

式（34.2-24）的几何宽厚比要求相当于正则化宽厚比 $\lambda_s \leq 0.85$，按其导出的不需设置横向加劲肋的梁腹板宽厚比为 $2.45\sqrt{k_v}\sqrt{235/f_y}=72\sqrt{235/f_y}$。

对节点域腹板的宽厚比限值，欧洲 EC8 除了在第 3 部分的建筑加固要求执行式（34.2-22）的经验要求外，其余的则皆都执行 EC3 规范的规定。然而 EC3 规范仅对梁腹板的抗剪稳定性要求作了规定。EC3-94 规定，当 $\lambda_s \leq 0.8$ 时，腹板的屈曲抗力等于屈服剪切应力，即其几何宽厚比为

$$h_b/t_w \leq 29.6\sqrt{k_s}\sqrt{235/f_y} \tag{34.2-25}$$

对于不设置横向加劲肋，或者 α 较大的梁腹板情况，由上式可导出不需进行抗剪屈曲

验算的腹板几何宽厚比 $h_b/t_w=69\sqrt{235/f_y}$。新版 EC3-05 对此限值降低到 $h_b/t_w=72/\eta\cdot\sqrt{235/f_y}=60\sqrt{235/f_y}$（其中，$\eta=1.2$），即 $\lambda_s\leqslant0.83/\eta=0.69$，从而有：

$$h_b/t_w\leqslant25.5\sqrt{k_s}\sqrt{235/f_y}\qquad(34.2-26)$$

日本的节点域承载力验算公式系按试验确定的。AIJ《钢结构接合部设计指针》、AIJ《钢结构塑性设计指针》给出的 H 截面节点域达到塑性屈服时的实验范围：

$$h_{c2}/t_w\leqslant50\qquad(34.2-27a)$$

$$0.7\leqslant h_{b1}/h_{c2}\leqslant1.7\quad(\text{即 }0.6\leqslant\alpha\leqslant1.43)\qquad(34.2-27b)$$

式中　h_{c2}、h_{b1}——分别为柱的截面高度、梁的翼缘厚度中点间的距离。

而节点域承载力验算公式适用范围为：

$$h_{c2}/t_w\leqslant50\qquad(34.2-28a)$$

$$0.7\leqslant h_{b1}/h_{c2}\leqslant1.8\quad(\text{即 }0.55\leqslant\alpha\leqslant1.43)\qquad(34.2-28b)$$

（3）稳定理论和规范规定的比较。

上述稳定理论和国际流行规范规定的几何宽厚比比较如图 34.2-9（以 Q235 钢表示）。由于这些规范对柱节点域宽厚比限值的规定整理到统一的坐标下，可清晰地比较其宽严程度。

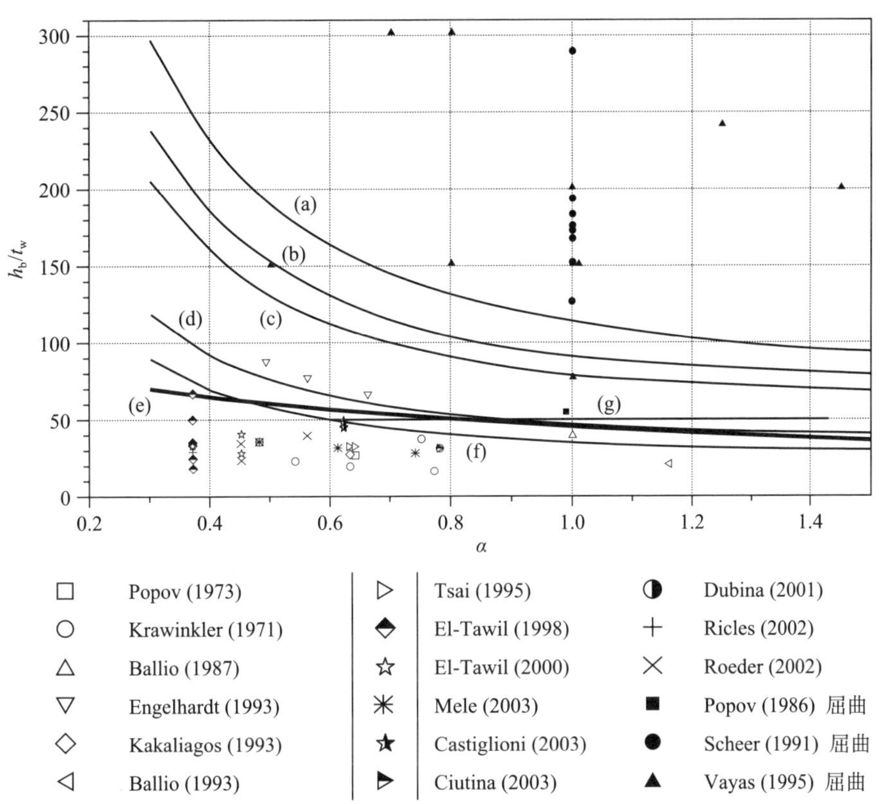

图 34.2-9　稳定理论、国际流行规范的节点域宽厚比限值与试验结果的对比

（a）$\lambda_s=1.0$；（b）$\lambda_s=0.8$，EC8/EC3-94；（c）$\lambda_s=0.69$，EC8/EC3-05；（d）$\lambda_s=0.4$；（e）AISC341-SMF；（f）$\lambda_s=0.3$；（g）AIJ 节点域塑性承载力计算式适用范围

对节点域承载力计算和宽厚比限值问题，国际上已有大量的试验研究文献。一些试验结果与稳定理论、规范规定的 λ_s 限值曲线的关系如图 34.2－9。在图中编号为（e）、（g）的曲线无钢号修正的要求。图例为全涂黑的 19 个试件发生屈曲，其中节点域宽厚比最小的为 $\lambda_s=0.47$，系 Popov 教授 1986 年的试验结果。

由图可见，节点域 $\lambda_s>0.4$ 的试件大都在塑性大变形前已先发生弹性或非弹性屈曲，而 $\lambda_s\leqslant0.4$ 的试件则未见有屈曲的。

一般的建筑钢框架，节点域的宽高比 α（h_c/h_b）往往在 0.5～1。由图可见，欧洲 EC8/EC3 规范对节点域腹板的宽厚比限值，比之于美国 AISC341“特殊抗弯框架（SMF）”的限值，要宽松得多。但是，美国 AISC341 对“普通抗弯框架（OMF）”和“中等抗弯框架（IMF）”的节点域腹板的限值，却比欧洲 EC8/EC3 规范的要宽松。

现行《钢结构设计标准》（GB 50017）借用美国 AISC341“特殊抗弯框架（SMF）”对节点域厚度的规定，即规定了无论是何种钢结构刚性连接的节点域都需要满足 $t_w\geqslant(h_b+h_c)/90$ 的 SMF 经验构造。然而，大量工程计算实践表明，梁较高时节点域厚度一般皆由这构造要求所决定。

综上所述，节点域腹板厚度的构造要求式（34.2－22），对于采用“延性耗能”思路设计的抗震框架是必要的，但对于采用“承载力超强”思路设计的抗震框架以及非抗震框架，则过度偏高而造成浪费。

框架节点域腹板的厚度限值，建议设计时按下述要求选取：

①遵循“延性耗能”抗震思路设计的框架，一般可要求正则化宽厚比 $\lambda_s\leqslant0.4$，或 $t_w\geqslant(h_b+h_c)/90$，或 $h_b/t_w\leqslant50$（$h_c/t_w\leqslant50$），由图 34.2－9 可知，此三者差距较小。

②按“承载力超强”抗震思路设计的框架（如《抗震规范》中采用弹性设计截面的轻型围护厂房框架），结合现行《钢结构设计标准》，可要求 $\lambda_s\leqslant0.8$。

③轻型门式刚架房屋，CECS102 规程要求 $\lambda_s\leqslant1.4$。建议抗震设计时采用 $\lambda_s\leqslant1.0$ 控制。

2）国外规范的节点域腹板承载力验算简介

下述关于刚性连接节点域抗剪承载力验算公式的演引，可资设计时参考和比较。

（1）节点域承载力验算公式的理论推导。

对于厚腹板 $\tau_{cr}\geqslant f_{yv}$ 的情况，考虑整个板幅屈服、柱翼缘和与梁平齐的横向加劲肋所形成的边框效应，节点域的极限抗剪承载力 V_{yu}，为：

$$V_{yu}=t_w h_c f_y/\sqrt{3}+4M_{pcf}/h_{b1} \qquad (34.2-29a)$$

$$M_{pcf}=f_y b_{cf} t_{cf}^2/4 \qquad (34.2-29b)$$

式中　M_{pcf}——柱翼缘截面塑性受弯承载力；

b_{cf}、t_{cf}——分别为柱翼缘的宽度、厚度；

h_{b1}——梁翼缘中心线之间的距离。

（2）国际流行规范的规定。

①美国 AISC341 规范对“特殊抗弯框架（SMF）”的节点域承载力验算式由式（34.2－29）化出，可改写为：

$$V_{pz} \leqslant V_{u} \tag{34.2-30a}$$

$$V_{pz} = \frac{M_{pbL} + M_{pbR}}{h_{b1}} \approx \frac{M_{pbL} + M_{pbR}}{0.95h_{b2}} \tag{34.2-30b}$$

$$V_{u} \leqslant 0.6f_{y}t_{w}h_{c2}\left[1 + \frac{3b_{cf}t_{cf}^{2}}{h_{b2}h_{c2}t_{w}}\right] \tag{34.2-30c}$$

式中　V_{pv}——节点域承受的水平剪力；

V_{u}——节点域的剪切屈服承载力；

h_{c2}——柱截面的高度；

h_{b2}——梁截面的高度。

据试验结果，简化取 $h_{b1}=0.95h_{b2}$，$f_{yv}=0.6f_{y}$，并式（34.2－29）的第二项系数修正为式（34.2－30c）的 1.8（即 3×0.6－1.8）。

美国 AISC360 规范按计算内力进行节点域的抗剪承载力验算，以限定轴压比的方式考虑节点域轴力与剪力的共同作用。当计算分析不考虑节点域变形对框架稳定性影响，轴压比不超过 0.4 时，不考虑轴压比的影响，节点域剪切屈服承载力取 $0.6f_{y}h_{c2}t_{w}$；当计算分析考虑节点域变形对框架稳定性影响，轴压比不超过 0.75 时，不考虑轴压比的影响，节点域剪切屈服承载力按式（34.2－30c）确定。如前所述，AISC360 规范中，满足式（34.2－24），即 $\lambda_{s}\leqslant 0.85$，就可取剪切屈服承载力。

②欧洲 EC8 规范要求：

$$V_{wp,Ed} \leqslant V_{wp,Rd} \tag{34.2-31}$$

节点域施加的水平设计剪力 $V_{wp,Ed}$ 为：

$$V_{wp,Ed} = \frac{M_{pbL} + M_{pbR}}{h_{b1}} \tag{34.2-32}$$

节点域的抗剪承载力 $V_{wp,Rd}$，直接采用式（34.2－29a）的形式，并引入考虑轴力对剪切承载力的影响系数 0.9，为：

$$V_{wp,Rd} = \frac{0.9f_{y}h_{c}t_{w}}{\sqrt{3}\gamma_{M0}} + \frac{4M_{pcf}}{h_{b1}} \tag{34.2-33a}$$

但是，

$$4M_{pcf} \leqslant 2M_{pcf} + 2M_{pst} \tag{34.2-33b}$$

式中　M_{pst}——与梁翼缘平齐的横向加劲肋的截面塑性受弯承载力；

γ_{M0}——分项系数，可取为 1.0。

EC8 规范使用导则指出，式（34.2－33）适用于柱节点域腹板宽厚比较小而能发展全塑性承载力的情况。但是，节点域腹板宽厚比较大的情况，由于屈曲限制了其塑性能力开展，式（34.2－33）右边应采用抗剪屈曲承载力。其实，这种情况，一般出现在采用了 EC3 规范的第 3 类截面的中等延性（DCM，性能因子 $1.5<q\leqslant 2$）框架中。

③日本 AIJ-LSD 设计指针规定，节点域的承载力可按下式验算：

$$\frac{\min(M_{ybL} + M_{ybR},\ M_{ycB} + M_{ycB})}{V_{p}} \leqslant \frac{4}{3}f_{yv} \tag{34.2-34a}$$

式中 M_{ybL}、M_{ybR}——分别为与节点域连接的左、右梁端截面边缘纤维屈服的抗弯承载力；

M_{ycB}、M_{ycB}——分别为节点域连接下柱柱顶、上柱柱底截面边缘纤维屈服的抗弯承载力；

f_{yv}——节点城腹板的剪切屈服强度，$f_{yv}=f_y/\sqrt{3}$。

式（34.2－34a）表征节点域不先于梁、柱屈服。如不满足式（34.2－34a）则需考虑节点域屈服的影响。为保证节点域不致过早屈服，应满足下式要求：

$$0.7\frac{\min(M_{pbL}+M_{pbR},\ M_{pcB}+M_{pcT})}{V_p}\leqslant\frac{4}{3}f_{yv}\tag{34.2－34b}$$

式中 M_{pcB}、M_{pcT}——节点域连接的下柱柱顶、上柱柱底截面的全塑性抗弯承载力；

M_{pbL}、M_{pbR}——分别为与节点域连接的左、右梁端截面的全塑性抗弯承载力。

无须赘述，式（34.2－34b）的要求略低于式（34.2－34a）的。

3）节点域抗剪承载力验算

对于常用的工字（H）形、箱形截面，单层钢结构厂房框架抗震设计时，可选择下列两种方法之一进行节点域抗剪承载力验算。

（1）多高层框架的节点域验算方式。

《抗震规范》规定，梁与柱刚性连接的节点域腹板应按下列公式验算：

$$t_w\geqslant(h_c+h_b)/90\tag{34.2－35a}$$

$$\frac{M_{bL}+M_{bR}}{V_p}\leqslant\frac{4}{3}\frac{f_v}{\gamma_{RE}}\tag{34.2－35b}$$

$$\psi\frac{M_{pbL}+M_{pbR}}{V_p}\leqslant\frac{4}{3}f_{yv}\tag{34.2－35c}$$

工字（H）形截面：

$$V_p=h_{b1}h_{c1}t_w\tag{34.2－35d}$$

箱形截面：

$$V_p=1.8h_{b1}h_{c1}t_w\tag{34.2－35e}$$

式中 t_w——柱节点域腹板的厚度；

h_c、h_b——分别为柱腹板的宽度和梁腹板的高度；

f_v——节点域腹板的钢材抗剪强度设计值；

M_{bL}、M_{bR}——分别为节点域两侧梁的弯矩设计值；

γ_{RE}——节点域承载力抗震调整系数，取 0.75；

M_{pb1}、M_{pb2}——分别为节点域两侧梁的全塑性受弯承载力；

V_p——节点域腹板的体积；

ψ——折减系数，三、四级取 0.6，一、二级取 0.7；

h_{b1}、h_{c1}——分别为梁翼缘厚度中点间的距离和柱翼缘厚度中点间的距离。

应当注意，为了满足式（34.2－35a）的节点域腹板的构造厚度，设计时通常会利用节点域加劲肋（例如利用 H 截面梁与节点域连接时所伸入的腹板连接板，见图 34.2－10d 划分的小区格)，以达到节点域腹板的构造厚度要求。

显然，当竖向加劲肋抗弯刚度足够时，可以提高节点域腹板的临界抗剪应力，但不能提高节点域的抗剪屈服承载力，并且是否能采用式（34.2－35b）或（34.2－35c）进行承载力验算尚需进一步研究。

节点域设置竖向加劲肋（图 34.2－10d），与设置斜向加劲肋（图 34.2－10e）提高抗剪强度承载力的情况有所不同。节点域设置斜向加劲肋一般用于“弹性承载力超强”的设计方式，而按“延性耗能”的方式设计时一般采用衬贴钢板或加厚腹板。

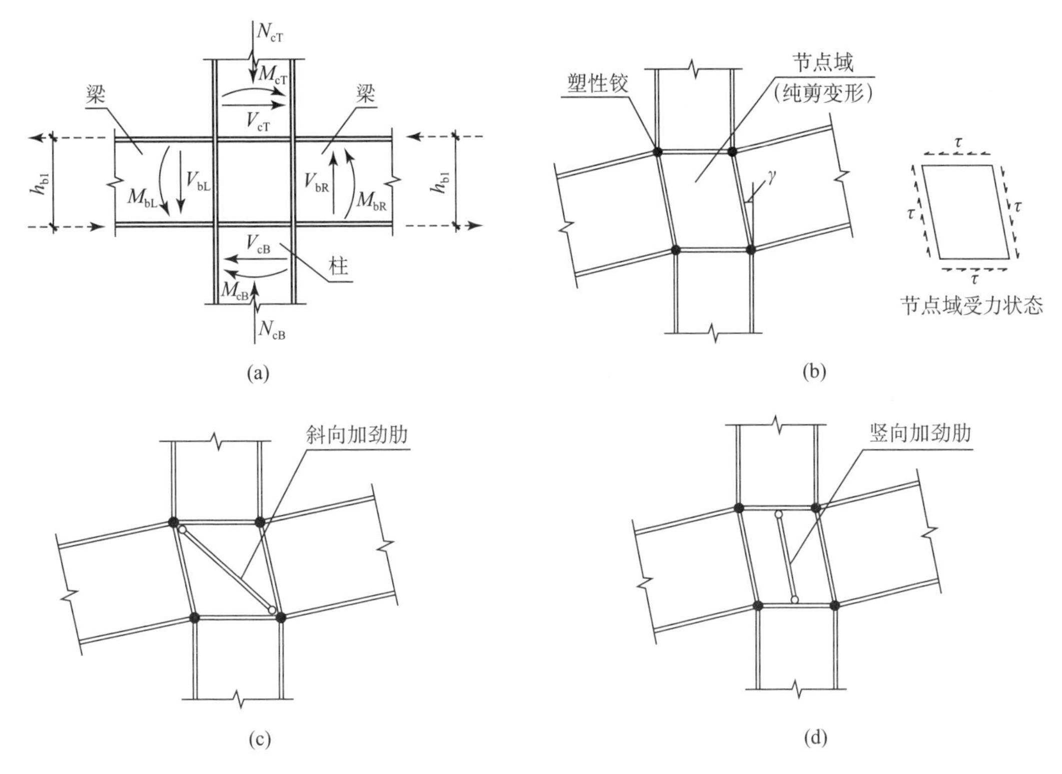

图 34.2－10　节点域极限状态示意图

（a）梁柱节点力系；（b）节点域极限受力变形状态；

（c）设置斜向加劲肋；（d）设置竖向加劲肋

（2）基于节点域腹板宽厚比的节点域验算方式。

如前所述，单层刚架无需考虑“强柱弱梁”要求，并且实际工程以“强梁弱柱”的情况居多。因此，单层刚架节点域抗剪承载力验算，可取梁和柱弯矩的较小值，即地震作用下节点域实际可能发生的最大弯矩值。

①采用“延性耗能”思路进行抗震设计的厂房框架，即采用 A、B 类截面的框架，其节点域腹板较厚，当满足 $\lambda_s \leqslant 0.4$，并柱翼缘满足塑性设计截面、厚实截面的板件宽厚比要求，与梁翼缘平齐的横向加劲肋的厚度不小于梁翼缘厚度时，可采用下列公式进行承载力验算：

$$\frac{\min(M_{ybL}+M_{ybR},\ M_{ycB})}{V_p}\leqslant\frac{4}{3}f_{yv} \tag{34.2-36}$$

式中　M_{ybL}、M_{ybR}——分别为与刚架柱节点域连接的左、右梁端截面边缘纤维屈服的抗弯承载力；

M_{ycB}——节点域连接钢柱柱顶截面边缘纤维屈服的抗弯承载力；

f_{yv}——节点域腹板的剪切屈服强度，$f_{yv}=f_y/\sqrt{3}$。

显然，式（34.2－36）系由梁截面的弹性极限弯矩所导出，故不需引入节点域承载力抗震调整系数 γ_{RE}。这与式（34.2－35b）的力学意义和表达的内涵都不同，计算结果也就自然不同。

如不满足式（34.2－36）的要求，则至少应满足下式要求：

$$0.7\frac{\min(M_{pbL}+M_{pbR},\ M_{pcB})}{V_p}\leqslant\frac{4}{3}f_{yv} \tag{34.2-37}$$

式中　M_{pcB}——节点域连接的钢柱柱顶截面的全塑性抗弯承载力；

M_{pbL}、M_{pbR}——分别为与刚架柱节点域连接的左、右梁端截面的全塑性抗弯承载力。

无须赘述，式（34.2－37）的要求，略低于式（34.2－36）的。

若不满足式（34.2－37）的要求，则应在节点域衬贴钢板加厚腹板，或采用较厚的钢板。

在《抗震规范》中划归为按“中等延性、中等承载力”规定的 B 类截面，与 AIJ-ASD 规范的弹性设计截面（FC 截面）梁、柱腹板的宽厚比限值条件基本相同。AIJ-ASD 规范的弹性设计截面框架节点域，采用式（34.2－36）或（34.2－37）进行抗剪承载力验算。因此，采用 B 类截面的框架节点域抗剪承载力也可按式（34.2－36）或（34.2－37）进行验算。

②当采用弹性设计截面的框架，节点域腹板正则化宽厚比 $\lambda_s\leqslant0.8$ 时，由于节点域腹板宽厚比增大，而需按节点域“弹性承载力超强”的抗震思路进行设计，建议按下式进行节点域承载力验算：

$$\frac{M_{bL}^{\Omega}+M_{bR}^{\Omega}}{V_p}\leqslant\frac{f_v}{\gamma_{RE}} \tag{34.2-38a}$$

或者

$$\frac{M_{cB}^{\Omega}}{V_p}\leqslant\frac{f_v}{\gamma_{RE}} \tag{34.2-38b}$$

式中　M_{bL}^{Ω}、M_{bR}^{Ω}——取地震作用调整系数 $\Omega=2$ 进行计算得到的节点左右侧的梁端弯矩；

M_{cB}^{Ω}——取地震作用调整系数 $\Omega=2$ 进行计算得到的柱顶弯矩。

显然，式（34.2－38a）和式（34.2－38b）是等价的。若不满足式（34.2－38）的要求，则应在节点域衬贴钢板加厚腹板，或采用较厚的钢板，或设置斜向加劲肋。

应当指出，式（34.2－35b）和（34.2－35c）以及式（34.2－36）、（34.2－37）的节点域抗剪屈服承载力提高系数 4/3，系借鉴日本的试验公式给出，考虑了节点域边框以及略去柱端剪力的有利作用。然而，AIJ－ASD 规定的弹性设计截面梁腹板宽厚比上限值为

$71\sqrt{235/f_y}$、柱腹板 $48\sqrt{235/f_y}$，梁柱限值截面连接的节点域 $\lambda_s \approx 0.47$，相应地其节点域抗剪屈服承载力提高到 $4/3f_{yv}$。由图 34.2-9 可知，节点域宽厚比 $\lambda_s \approx 0.47$ 的要求，要比 $\lambda_s \leqslant 0.8$ 要严格得多。显然，节点域腹板宽厚比采用 $\lambda_s = 0.8$ 为上限值时，节点域在屈服前可能已屈曲，故其抗剪屈服承载力是否可提高到 4/3 倍，尚需进一步研究。因此，在式（34.2-38）中未引入节点域抗剪屈服强度提高系数 4/3。

③采用薄柔截面的框架（如轻型门式刚架）的节点域，可采用下列公式进行承载力验算：

当 $0.8<\lambda_s \leqslant 1.4$（建议抗震设计采用 $0.8<\lambda_s \leqslant 1.0$）时：

$$\tau_{cr} = [1 - 0.64(\lambda_s - 0.8)]f_v \tag{34.2-39}$$

节点域承载力验算式为

$$\frac{M_{bL}^{\Omega} + M_{bR}^{\Omega}}{V_p} \leqslant \frac{\tau_{cr}}{\gamma_{RE}} \tag{34.2-40a}$$

$$\frac{M_{cB}^{\Omega}}{V_p} \leqslant \frac{\tau_{cr}}{\gamma_{RE}} \tag{34.2-40b}$$

当节点域承载力不满足要求时，可设置斜向加劲肋。节点域斜向加劲肋的计算公式可见本篇第 36 章。

5. 楔形加腋节点

单层刚架也经常采用楔形加腋节点，H 形截面刚架的楔形加腋节点如图 34.2-11。

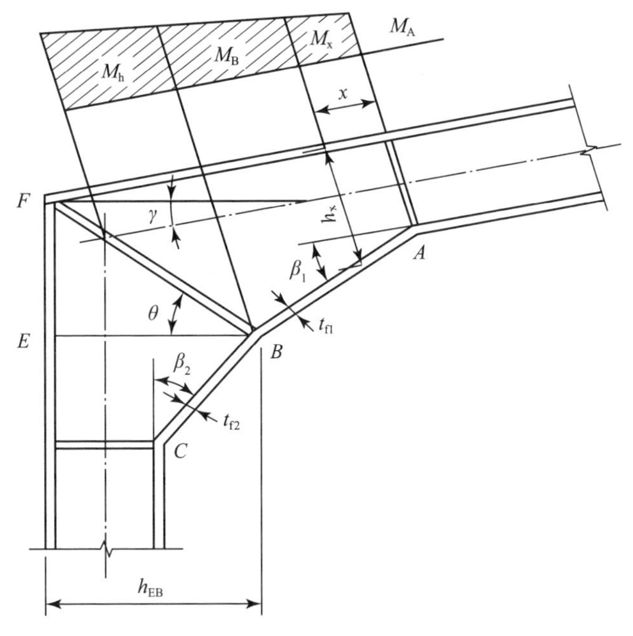

图 34.2-11　楔形加腋节点

1）加腋区段的翼缘板

加腋区段的翼缘板厚度可按下式验算：

$$t_{f1} \geqslant \frac{1}{2}\left[h_x - \sqrt{h_x^2\left(\frac{b}{b-t_w}\right) - \frac{4M_pM_x}{M_Af_y(b-t_w)}}\right] \tag{34.2-41}$$

式中　t_{f1}——加腋区内翼缘板厚度；

h_x——沿梁轴线距 A 点 x 处加腋段截面的高度，可近似地取上、下翼板中心线之间的距离；

M_x——距 A 点 x 处的弯矩；

M_A——沿梁轴线 A 点处的弯矩；

b——下翼缘的宽度；

t_w——加腋区的腹板厚度。

2）楔形加腋节点的斜向加劲肋

楔形加腋节点中斜向加劲肋 BF 的截面面积（腹板两侧加劲肋的截面面积之和），可按下式计算确定：

$$A_d = \max\left\{\frac{[A_{f1}\cos(\beta_1+\gamma) - A_{f2}\sin\beta_2]}{\cos\theta}\frac{f_y}{f_{d,y}},\ \frac{\cos\gamma}{\cos\theta}\left[\frac{A_f f_y}{f_{d,y}} - \frac{f_{vy}}{f_{d,y}}t_w h_{EB}\frac{\cos(\theta+\gamma)}{\cos\theta}\right]\right\} \tag{34.2-42}$$

式中　A_d——斜向加劲肋的截面面积；

A_{f1}、A_{f2}——分别为加腋区 AB 和 BC 段下翼缘的截面面积；

β_1——加腋区 AB 段与刚架柱轴线之间的夹角；

β_2——加腋区 BC 段与刚架柱轴线之间的夹角；

θ——斜向加劲肋与水平面之间的夹角；

f_y——加腋区上、下翼缘板钢材的屈服强度；

$f_{d,y}$——斜向加劲肋钢材的屈服强度；

γ——刚架梁轴线（或上翼缘）与水平面之间的夹角；

A_f——加腋区上翼缘板的截面面积，一般可与刚架梁上翼缘相同；

f_{vy}——加腋区腹板的抗剪屈服强度；

h_{EB}——加腋区 B 点处水平截面的计算高度，可取上、下（外、内）翼缘板中心线之间的水平距离。

6. 屋架刚接时上弦与柱的连接

刚接框架的屋架上弦与柱相连的连接板，在设防地震（“中震”）下不宜出现塑性变形。

实践表明，采用大型屋面板的重屋盖厂房，屋架上弦与柱连接处出现塑性铰的传统做法，往往引起过大的变形，导致厂房出现使用功能障碍。

34.2.8　横向刚架的抗震性能化设计要点

《抗震规范》给出了结构抗震性能化设计的途径。就目前轻型围护单层钢结构厂房所普遍采用的横向刚架情况，按“延性耗能”和“弹性承载力超强”两类抗震设计思路，通过抗震性能化设计的途径，可寻求结构可能遭受的地震作用、结构弹性承载力与延性耗能能力之间的协调，从而获得安全性和经济性之间的恰当平衡。

1. 横向刚架的抗震性能化设计途径选择

单层钢结构厂房的抗震设防，可参考如下提示选择设计途径：

(1) 传统的典型厂房结构（重屋盖厂房），除低设防烈度区外，通常可按“耗能或延性”的思路进行抗震设计，但是这类厂房的新建工程已越来越少。

(2) 轻型围护的单层厂房，在保证其抗震安全性条件下，采用“弹性承载力超强”思路进行抗震设计，可取得较好经济性的大致范围是：

①在低设防烈度区的一般厂房。

②控制框架构件受力的是风荷载组合，而不是地震作用效应组合的厂房。

显而易见，这里的地震组合是指接近设防烈度地震的组合，而不是常遇地震的组合。厂房方案设计估算时，可采用地震作用底部剪力 $F_E = 2.25G_{eq}a_g/g.\ \zeta$（$G_{eq}$为等效重力荷载代表值；$\alpha_g$ 为设计基本地震加速度值；g 为重力加速度；ζ 为经验折减系数，一般可取 0.8)，或 $F_E = 2.8\alpha_{max}G_{eq}.\zeta$（$\alpha_{max}$为水平地震影响系数最大值）和风荷载产生的底部剪力 F_w 比较的方式判别。若 $F_E \leqslant F_w$，则框架构件的受力由风荷载控制；反之，则由地震作用控制。

③由正常使用极限状态的位移（刚度）要求主导框架构件截面大小的厂房。

(3) 目前广泛流行的轻型门式刚架，可采用薄柔截面（翼缘 $b/t \leqslant 15\sqrt{235/f_y}$，腹板 $h_0/t_w \leqslant 250$（此限值系由钢板加工要求确定的，且此限值时的钢板在弹性屈曲状态工作而与其屈服强度 f_y 无关，故不需钢号修正)，其性能等级如图（34.2－12)，并采用与弯矩包络图相似的变截面，即采用刚架各截面等应力设计的方法。显然，轻型门式刚架既不能塑性耗能，也不容许产生塑性重分布，从而必须采用“弹性承载力超强”的思路进行抗震设计。

2. 截面类别（截面性能等级）

1) 国际流行规范的截面分类

欧洲、美国、日本、加拿大等国际流行规范，大都根据构件截面的板件宽厚比划分为四级截面，其性能要求（图 34.2－12）分别为：

塑性设计截面（特厚实截面）——具有发展塑性铰的转动能力。

厚实截面（塑性强度截面）——可达到全截而塑性承载力，但受局部屈曲影响截面只有有限的转动能力。

弹性设计截面（半厚实截面、弹性强度截面）——可达到部分截面屈服的抗弯能力，但不能达到塑性弯矩。

薄柔截面（超屈曲截面）——在达到全截面抗弯能力前，受压板件发生局部屈曲。

显然，这些截面中，只有塑性截面和厚实截面有足够的延性保证弯矩塑性重分布。

2) 单层横向刚架的截面分类

单层刚架（抗弯框架）梁柱截面的板件宽厚比，是衡量其延性水平的关键指标，也是影响耗钢量的主要指标。按纽马克（Newmark）的等能最准则，当承载力要求提高一倍时，延性要求可减少一半，故构造措施所对应的抗震等级大致可按降低一度的规定采用。根据《抗震规范》条文说明，这种延性（构造）要求，对钢结构构件主要是指长细比、板件宽厚

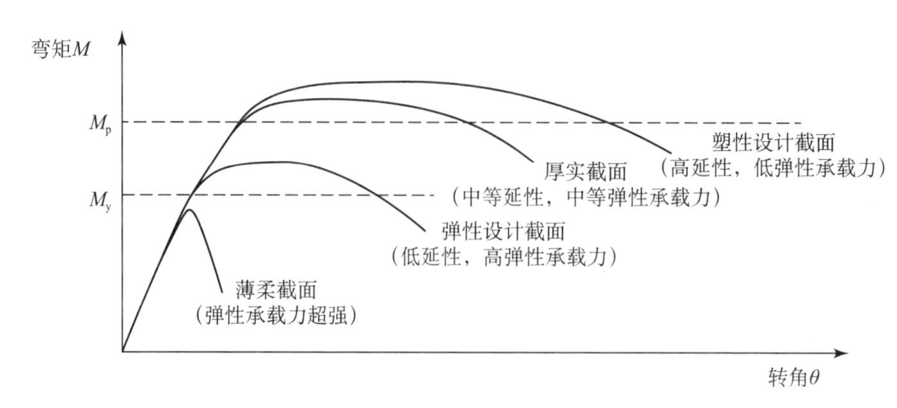

图 34.2－12 钢结构的截面性能等级和对应的抗震设计思路

M_p 为全截面塑性弯矩；M_y 为截面边缘纤维屈服弯矩

比、加劲肋细部构造等。

《抗震规范》规定，对于轻屋盖厂房，框架塑性耗能区的板件宽厚比限值可根据其承载力高低按性能目标确定。因此，单层横向刚架的抗震性能化设计，可按照其梁柱耗能区截面的板件宽厚比展开。虽然以板件宽厚比表征结构延性还不尽完善，但对于抗弯框架也已基本反映出其主要因素了，国际流行规范大都采用这种方式。

参考国外规范，《抗震规范》条文说明（也可参见 34.3 节）定义了 A、B 和 C 三类截面类别。其中，A 类相当于塑性设计截面；B 类相当于厚实截面；C 类为弹性设计截面，即按现行《钢结构设计标准》（GB 50017）按弹性准则设计的截面（不包涵基于考虑有效截面概念确定承载力的薄柔截面）。

3. 抗震性能化计算要点

1）抗震性能化设计计算

单层厂房横向刚架，可根据选定的截面类别（C 类或 B 类），按下式进行抗震性能化计算：

$$\gamma_G S_{GE} + \gamma_{Eh} \Omega S_{Ehk} + \gamma_{Ev} \Omega S_{Evk} \leqslant R/\gamma_{RE} \qquad (34.2-43)$$

式中 Ω——地震效应调整系数。采用 C 类截面（弹性设计截面）时，可取 $\Omega=2$；采用 B 类截面时，可取 $\Omega=15$（有经验时可取 1.2）；采用 A 类截面时，$\Omega=1$。

式（34.2－43）取 $\Omega=1$，即是按《抗震规范》第 5 章规定的常遇地震效应组合设计。

鉴于目前钢结构抗震性能化设计的规定尚未完备，因此，不论地震效应调整系数 Ω 取 2 还是取 1.5 的组合内力进行厂房框架构件的弹性设计，但其位移限值仍然需借用（或折算到）常遇地震组合（即 $\Omega=1$）的计算结果来控制。

设计实践表明，对于目前普遍流行的压型钢板围护的单层钢结构厂房，直接采用弹性设计截面并取 $\Omega=2$，虽然提高了设计地震作用，但由于这类厂房重量小，地震作用一般不控制构件受力，却因放松了板件宽厚比的限值，可在保证安全性的条件下降低耗钢量。

无须赘述，如有经验上述轻屋盖刚架抗震性能化设计的方法，也可应用于重屋盖厂房。

2）关于地震效应调整系数

地震效应调整系数 Ω，在《抗震规范》中采用 λ 表示，为了与钢构件长细比的通用表示字母区分，本章采用 Ω 表示。

总体上，与欧、日规范相比，式（34.2－43）采用地震作用调整系数 Ω 后的地震作用，可使设计的厂房横向抗弯框架稍偏向安全一侧。显然，也应当考虑到我国关于钢结构性能化设计的研究还很少，大都系参考国外规范的。并且，规范之间对比的前提条件不存在完全对应，各国的反应谱考虑因素不尽相同，比较时有些因素也不可能完全考虑到。因此，在没有取得系统的研究成果之前，对 Ω 取值适当留有余地是必要的。

（1）日本 BCJ 规范采用底部剪力法进行抗震分析时，取地震时的总重力荷载，而我国规范对多质点取结构总重力荷载代表值的 85%。《抗震规范》第一设防水准的底部剪力，在反应谱平台段比 BCJ 规范取 $D_s=0.25$ 时要高，但在平台段后的曲线下降段则要略低一些，而与日本一次设计（取前力系数 $C_0=0.2$）的底部剪力则较为接近。总体上，日本抗震分析的地震作用取值比我国规范第一设防水准的要稍大一些。此外，各国对截面性能等级的划分也不尽相同。例如，日本 BCJ 规范的弹性设计截面（*FC* 截面）的梁腹板宽厚比限值为 $71\sqrt{235/f_y}$，比我国钢结构设计规范的塑性设计截面的宽厚比上限值 $72\sqrt{235/f_y}$ 还严格，即其截面延性性能更好，设计地震作用取小一些也是理所当然的。

欧洲 EC8 规范考虑了场地的土壤因数（Soil factor，基岩等 $v_{s,30}>800\text{m/s}$ 的场地，土壤因数为 1，其余的为 1.15~1.4）以放大反应谱纵坐标值，而我国规范反应谱则没有引入土壤因数；同时，EC8 配有较完善的能力设计（Capacity design），提高了关键构件的承载力水平。

不言而喻，规范之间的比较，不只是涉及反应谱，而且涉及材料要求（如屈强比）、荷载组合、构件计算公式等整个规范体系以及设计过程，还涉及设计习惯（例，日本应用热轧型钢、冷弯型钢较多，而我国较普遍采用焊接型钢）以及抗震设计发展历史（如，美国加州有大量的抗震历史数据积累，在 UBC97 规范升版为 IBC2000、IBC2006 规范时，其地震作用近乎相当，而美国其他地区则有较大提高），所以不能照搬日本的结构特性系数 D_s、欧洲的性能因子 q、美国的地震作用折减系数 R 直接来折减我国的反应谱值，从而断然得出地震作用调整系数 Ω 孰大孰小；也不能通过 D_s、q、R 折减值与我国取 1/3 设防烈度地震动参数的比较，就断定我国地震作用取值偏大。

（2）地震作用调整系数与大震作用关系的评估。

《抗震规范》规定“小震不坏，中震可修，大震不到”三个水准的设防目标。其中，第三水准，即大震的地震动参数约是小震（第一水准）的 7~4.5 倍（7、8 度占我国地震区面积的大部分，为 6~5 倍）。美国规范以 50 年超越概率 2%的最大考虑地震动（MCE）的 2/3 作为设计基本地震动参数；欧洲规范认为取用性能因子 $q<1.5$ 折减地震作用时，按一般钢结构设计即可达到抗震设防的目标。参考上述，为了与第三设防水准（罕遇地震）挂钩，粗略地考虑大震的地震动参数是小震的 6 倍，如要达到第三水准设防目标，则要采用 4 倍的小震作用为基点再按延性折减系数来确定设计地震作用。

宽翼缘截面的塑性变形能力大约是屈服点变形能力的 1.15 倍。宽肢薄腹 H 形截面钢柱的试验表明，δ_m/δ_e-1（δ_e 为试件开始屈服的位移；δ_m 为对应极限承载力的位移）普遍可达 1 以上。这些试验的宽翼缘截面的板件宽厚比限值略小于《抗震规范》条文说明给出的弹性设计截面（C 级截面，梁腹板宽厚比限值为 $130\sqrt{235/f_y}$）的，所以 C 级截面的构件延性

(δ_m/δ_e) 都可在 2 及以上。由此而可据等能量或等位移原则导出地震作用降低系数约为 0.5。因此，采用弹性设计截面（C 级截面）的抗弯框架，取地震作用调整系数 $\Omega=2$（即采用 2 倍的小震作用）进行抗震验算是恰当的。

B 类截面的板件宽厚比限值，与 AISC360 的厚实截面、BCJ 的 *FB* 截面、EC3 的 2 类截面大致相当。厚实截面（相当于 B 类截面）可形成全截面塑性应力分布，在局部屈曲开始之前拥有大约 3 的转动能力。因此，采用 B 类截面的抗弯框架，取地震作用调整系数 $\Omega=1.2\sim1.5$ 也是合宜的，并略有裕度。

3）关于纵向框架的抗震验算

厂房纵向框架的受力特征和钢柱的截面型式（通常呈弱轴受弯），决定了其抗震性能不如横向抗弯框架的。也就是说，厂房纵横向框架的抗震性能不同，纵向框架不存在横向抗弯框架那样的耗能机构，所以也不能取用横向框架的地震作用折减系数。

厂房纵向框架计算分析时普遍流行的设计假定，是柱脚铰接。这对静力设计是合宜的，并偏向安全一方。然而，由抗震构造措施要求采用插入式、埋入式柱脚，皆属刚性连接；即使是外露式柱脚虽属半刚性连接，但也更接近于刚性连接。因此，当遭遇强烈地震时，框架柱列可分担一定的水平地震作用。纵向框架 H 形实腹柱往往弱轴受弯，承担的水平地震作用较小；而设置桥式起重机的双肢柱，单肢的强轴往往受弯，承担的水平地震作用相对较大。

无须赘述，前述控制支撑杆应力比所考虑的几项因素，与强烈地震同时遇合的可能性极小。当遭遇强烈地震时，结构调动所有额外承载力储备抵御地震作用。因此，采用常遇地震组合，支撑杆应力比控制在 0.75 及以下，柱脚铰接的纵向框架抗震计算结果，相当于取 1.8 倍的小震作用、支撑杆达屈服强度、柱脚刚接（考虑与基础刚接的柱列承担 20%的水平地震作用估计）。简言之，上述的有利于厂房纵向框架抗震的因素（预留的抗震裕度），已隐含了 $\Omega\approx2$。因此，厂房纵向框架采用常遇地震组合进行抗震验算，而不再需进行抗震性能化设计。

4. 轻型门式刚架的抗震性能化设计要点

《抗震规范》未包括轻型门式刚架单层厂房，但目前它广泛流行。因此，这里简要集中概述其抗震设计要点。

轻型门式刚架厂房在地震中有良好的表现，但这不是由于其抗震性能好，而是由于其振动质量很小，即结构承受的地震作用很小，遭遇强烈地震时也可处于弹性状态工作。计算分析表明，有些无桥式起重机的门式刚架轻型厂房，即使采用 8 度区的罕遇地震进行计算分析，也仍然可由静力设计内力控制。

1）门式刚架抗震性能化设计计算

如前所述，轻型门式刚架的设计原则采用基于有效截面概念的弹性设计。柱脚铰接轻型门式刚架构件变截面的设计思想，是期望实施等应力设计。轻型门式刚架冗余度低，既不能塑性耗能，也不能发生塑性重分布，从而只能采用“弹性承载力超强”的抗震设计思路。无疑，轻型门式刚架采用常遇地震组合进行抗震验算，与借助结构延性耗能来降低计算地震作用的基本原理不符。因此，轻型门式刚架厂房仅采用常遇地震组合进行抗震验算，实际意义不大。

据日本资料，轻型门式刚架（腹板宽厚比 150~200）仍有些许塑性变形，尽管很低。因此，轻型门式刚架抗震性能化设计时，可取计算阻尼比 0.05，地震效应调整系数 $2.0\leqslant\Omega\leqslant2.5$，按式（34.2-43）进行抗震验算。

上述的地震效应调整系数的下限值 $\Omega=2.0$，适用于可划归为适度设防（丁类）要求的轻型门式刚架厂房，例如农业厂房以及一些不重要的仓库、机械厂房。

其实，采用 $\Omega=2.5\sim2.0$ 所作的抗震验算，大都不控制轻型门式刚架构件的受力，而其真正价值在于发现并针对性地排除门式刚架的抗震局部薄弱环节，改进其构造要求。

2）关于位移限值

根据震害资料分析，遭遇强烈地震时，轻型门式刚架变形较大，但未见有坍塌破坏的报道。这类厂房遭遇强烈地震时，变形大而可导致卷帘门卡轨，一些非结构受损等，影响正常使用。因此，抗震设计时，要求机械非结构、电气非结构不应与厂房有过多联系。

轻型门式刚架围护质量轻，计算分析表明，其二阶效应影响可略去不计。无须赘述，地震时轻型门式刚架的位移限值取决于与其相连的非结构的要求。纯粹由压型钢板围护而柱脚铰接的轻型门式刚架厂房，只要满足静力设计使用功能的位移限值要求，一般无需对其抗震设计设置位移限值。

3）端板连接

（1）无需讳言，轻型门式刚架借助端板连接节点耗能的抗震设计思路，没有实际应用价值。端板连接节点中，高强度螺栓属脆性元件，在耗能节点中必须有足够超强；所以，唯有加强柱翼缘板而端板选薄一些，使端板在遭遇强烈地震时发生塑性变形，才可耗散一些能量。但是，单层厂房跨度较大，端板变形可留下可观的残留变形，导致永久的、较大的跨中挠度；并且端板变形后需要考虑变截面刚架梁的应力是否可重分布。

其实，压利钢板围护的轻型门式刚架，大多数情况下地震作用不控制结构受力，所以一般也不需借助端板连接节点耗能。

（2）端板连接节点，需可靠传递设防烈度的地震作用。实用计算时，也可按式（34.2-43）取地震效应调整系数 $\Omega=2.5\sim2.0$ 的计算内力，乘以相应的放大系数 1.15~1.5，考虑 $\gamma_{RE}=0.75$ 进行承载力弹性设计即可。

4）抗震构造措施

（1）轻型门式刚架应针对震害采取抗震构造措施。门式刚架的主要震害和相应改善措施如下：

①由于钢柱腹板很薄，纵向张紧的圆钢或钢索支撑连带焊贴在腹板开孔附近的加强板一起拔出，由此而需在圆钢支撑穿过钢柱腹板处附近设置横向加劲肋，使支撑对柱腹板的作用力能简捷地传递到柱翼缘。

②轻型门式刚架铰接假设的柱脚，实际却有一定的约束作用，遭受地震作用时可导致柱底截面附近的板件局部屈曲，因此柱底截面附近宜贴焊薄钢板加强，钢柱与底板应采用熔透焊连接。

③柱脚锚栓断裂，因此需保证锚栓有足够的截面面积。

④弧形或楔形垫圈破碎而导致支撑拔出，故应确保弧形或楔形垫圈的强度。

工程中发现一些花篮螺栓在张拉钢索或圆钢支撑时断裂。因此，设计图应明确花篮螺栓的强度要求和检验方法，安装施工时应抽检花篮螺栓的强度。

（2）轻型门式刚架采用性能化抗震设计，按式（34.2－43）取地震效应调整系数 Ω＝2.5，采用了已接近设防烈度的地震动参数进行计算分析和结构弹性设计。因此，制作H形截面的梁、柱构件时，腹板和翼缘之间的焊缝，如能满足截面计算受力要求，则可采用单边角焊缝，而并非必须采用双边角焊缝。

同样，梁端与端板的连接焊缝，可采用角焊缝、部分熔透焊等强连接而无需采用全熔透焊缝，以避免采用熔透焊的热应力导致端板变形翘曲，即避免构件安装后在端板与柱翼缘之间出现缝隙。这种缝隙不仅影响美观，而且降低正常使用状态和抗震的安全度。

5）柱脚

轻型门式刚架的柱脚锚栓，可按式（34.2－43）取地震效应调整系数 Ω＝1.2或1.5（仅适用于与支撑相连的框架柱脚）抗震承载力调整系数 $\gamma_{RE}=0.75$ 进行承载力弹性设计（详见34.3节），或者按式（34.2－43）取 Ω＝2的计算结果乘以2/3，采用 $\gamma_{RE}=0.75$ 进行承载力弹性设计。

轻型门式刚架柱脚是震害多发部位，主要表现形式为锚栓断裂。因此，必须控制柱脚锚栓的最小截面积。一般情况下，对于刚接柱脚，其承载力至少应保证可靠传递钢柱全塑性受弯承载力（约是 $\eta_j W f_y$，其中的连接系数 $\eta_j=1.2$）的一半；对于铰接柱脚，锚栓的全截面抗拉屈服承载力不宜小于钢柱最小截面受拉屈服承载力的一半。

括而曰之，对于轻型门式刚架，虽提高了设计地震作用，但由于振动质量很小，构件受力基本由抗风等静力设计所控制，而不是地震作用。因此，7、8度区一般不增加耗钢量，却可通过计算分析排除一些抗震薄弱环节和不必要的构造措施，以及一些不合理的构造做法。

显然，采用式（34.2－43），取 $2.0\leq\Omega\leq2.5$ 进行轻型门式刚架的抗震设计，对于8度及以上设防烈度区采用砌体围护墙的厂房，经济性不好。其实，采用砌体围护墙的厂房，本来就不归属于轻型钢结构房屋的范畴。轻型门式刚架是从美国舶来的，美国ASCE/SEI 7规范和MBMA导则对其墙面、屋面重量都有明确限制。

34.3　抗震构造措施

34.3.1　屋盖系统

《抗震规范》中，大型屋面板屋盖即为重屋盖、无檩屋盖；压型钢板等轻型围护材料形成的屋盖，则为轻屋盖、有檩屋盖。

1. 屋盖主要抗震构件的长细比

（1）屋盖系统中，承受和传递地震作用的屋架、支承桁架的杆件，其容许长细比应符合现行《钢结构设计标准》（GB 50017）的规定，并应按直接承受动力荷载的条件选用。但矩形、梯形屋架与钢柱刚接时，端部第一节间下弦应按压杆设计，其长细比不应大于 150。

（2）柱顶刚性系杆的长细比不宜大于 150。在设置柱间支撑的柱间，柱顶刚性系杆的长细比宜适当小于其他柱间的。当柱顶刚性系杆兼作 V 或 Λ 形支撑尖顶横梁时，其长细比计算时不得考虑支撑的支点作用。设计时，柱间支撑柱间的柱顶刚性系杆长细比控制，宜比其他柱间控制得严格一些。

（3）屋盖水平支撑杆件的长细比，一般可取为 350。对于小型厂房，静力设计许可时，也可取为 400。

2. 屋盖支撑系统

1）屋盖支撑布置的基本要求

屋盖水平支撑的设置原则，是期望屋盖水平荷载能有效传递并均匀分布于结构整体。屋盖支撑系统（包括系杆）的布置和构造需要满足的主要功能是：保证屋盖的整体性（主要指屋盖各构件之间不错位）、屋盖横梁平面外的稳定性，保证屋盖和山墙水平地震作用传递路线的合理、简捷，且不中断。无疑，屋盖支撑布置应同时满足静力设计和抗震设计的要求。

一般情况下，屋盖横向支撑宜对应于上柱柱间支撑布置，故其间距通常取决于柱间支撑间距。8、9 度时，屋盖上、下弦横向支撑与柱间支撑应布置在同一开间，以加强结构单元的整体性。

2）无檩屋盖（重屋盖）

无檩屋盖一般是指采用通用的 1. 5m×6. 0m 预制大型屋面板的屋盖。大型屋面板与屋架的连接需保证三个角点牢固焊接，才能起到上弦水平支撑的作用。

无檩屋盖的横向支撑、竖向支撑、纵向天窗架支撑的布置，宜符合表 34. 3 - 1 的要求。

屋架的主要横向支撑，应设置在传递厂房框架支座反力的平面内。即，当屋架为端斜杆上承式时，应以上弦横向支撑为主；当屋架为端斜杆下承式时，以下弦横向支撑为主。由于大型屋面板吊装施工的要求，当主要横向支撑设置在屋架的下弦平面区间内时，宜对应地设置上弦横向支撑；当采用以上弦横向支撑为主的屋架区间内时，一般可不设置对应的下弦横向支撑。

3）有檩屋盖（轻屋盖）

有檩屋盖主要是指彩色压型钢板、硬质金属面夹芯板等轻型板材和屋面檩条组成的屋盖（图 34. 3 - 1）。

（1）屋面檩条。

屋面檩条不仅承受和传递竖向荷载，而且往往兼作屋盖横梁上弦（上翼缘）的通长水平系杆，还兼作屋盖横向水平支撑的直压杆。因此，屋面檩条是屋盖支撑的一部分，应优先选用刚度大且受力可靠的构件形式。

表 34.3－1　无檩屋盖的支撑系统布置

<table>
<tr><th colspan="3" rowspan="2">支撑名称</th><th colspan="3">烈度</th></tr>
<tr><th>6、7</th><th>8</th><th>9</th></tr>
<tr><td rowspan="5">屋架支撑</td><td colspan="2">上、下弦横向支撑</td><td>屋架跨度小于 18m 时同非抗震设计；屋架跨度不小于 18m 时，在厂房单元端开间各设一道</td><td colspan="2">厂房单元端开间及上柱支撑开间各设一道；天窗开洞范围的两端各增设局部上弦支撑一道</td></tr>
<tr><td colspan="2">上弦通长水平系杆</td><td rowspan="4">同非抗震设计</td><td colspan="2">在屋脊处、天窗架竖向支撑处、横向支撑节点处和屋架两端处设置</td></tr>
<tr><td colspan="2">下弦通长水平系杆</td><td colspan="2">屋架竖向支撑节点处设置；当屋架与柱刚接时，为保证屋架下弦平面外长细比不大于 150，在屋架端节间处设置</td></tr>
<tr><td rowspan="2">竖向支撑</td><td>屋架跨度小于 30m</td><td>厂房单元两端开间及上柱支撑各开间各设一道</td><td>同 8 度设防，并屋架端部的竖向支撑沿厂房纵向的间距不得大于 42m</td></tr>
<tr><td>屋架跨度大于等于 30m</td><td>厂房单元的端开间，屋架 1/3 跨度处和上柱支撑开间内的屋架端部设置，并应与上、下弦横向支撑相对应。</td><td>同 8 度设防，并屋架端部竖向支撑沿厂房纵向的间距不得大于 36m</td></tr>
<tr><td rowspan="3">纵向天窗架支撑</td><td colspan="2">上弦横向支撑</td><td>天窗架单元两端开间各设一道</td><td colspan="2">天窗架单元端开间，及柱间支撑开间各设一道</td></tr>
<tr><td rowspan="2">竖向支撑</td><td>中间</td><td>跨度不小于 12m 时在中央设置，其道数与两侧相同</td><td colspan="2">跨度不小于 9m 时在中央设置，其道数与两侧相同</td></tr>
<tr><td>两侧</td><td>天窗架单元端开间及每隔 36m 设置</td><td>天窗架单元端开间及每隔 30m 设置</td><td>天窗架单元端开间及每隔 24m 设置</td></tr>
</table>

注：①本表为矩形或梯形屋架端部支承在屋架下弦或与柱刚接的情况。当屋架支承在屋架上弦时，下弦横向支撑同非抗震设计。

②支撑杆宜采用型钢，设置交叉支撑时，支撑杆的容许长细比限值取为 350。

如前所述，单层钢结构厂房的经济柱距一般为 12～18m，一般的冷弯薄壁型钢受其承载力和刚度限定，已不适宜直接用作檩条，工程中通常采用高频焊接薄壁 H 形钢，间或也采用简支轻型桁架。高频焊接薄壁 H 形钢檩条采用连续梁方式（檩条截面经常由强度控制，从而可采用 Q345），相比于采用简支方式（檩条截面往往系刚度控制，一般采用 Q235），可获得较好的经济效益。

屋面檩条与天窗架或屋盖横梁的连接应牢固可靠。屋面檩条可以通过檩托与屋架上弦连

(a)　(b)

图 34.3－1　轻屋盖实例

（a）24m 跨度实腹式屋面梁；（b）54m 跨度实腹接格构式屋面梁

接；采用高频焊接薄壁 H 形钢等作檩条时，可直接与屋盖横梁连接。檩条之间应按计算设置侧向圆钢拉条、圆钢拉条外套小钢管或角钢拉条。压型钢板等轻质屋面材料应与屋面檩条可靠连接。

（2）屋架的横向支撑、竖向支撑、纵向天窗架支撑布置。

厂房屋盖支撑的布置与起重机吨位及其工作制有关。静力设计许可时，有檩屋盖宜将主要横向支撑设置在屋架上弦平面，水平地震作用通过上弦平面传递。相应地，屋架亦应采用端斜杆上承式。设置横向支撑开间的柱顶刚性系杆或竖向支撑、屋面檩条应加强，使屋盖横向支撑能通过屋面檩条、柱顶刚性系杆或竖向支撑等构件可靠地传递水平地震作用。但当采用下沉式横向天窗时，应在屋架下弦平面设置封闭的屋盖水平支撑系统。

有檩屋盖的横向支撑、竖向支撑、纵向天窗架支撑的布置（型钢檩条一般都可兼作上弦系杆，故未列入），宜符合表 34.3－2 的要求。

采用屋架端斜杆为上承式的铰接框架，往往可配以桁架式檩条。这种压型钢板、屋架、檩条结构体系，柱顶水平力通过屋架上弦平面传递。桁架式檩条所伸出的斜杆（隅撑）支承屋架下弦节点，其间距宜按屋架下弦的平面外长细比小于 240 确定。桁架式檩条及其伸出的斜杆（隅撑）应可靠传递 $A_{ch}f_y/50$（A_{ch} 为屋架下弦截面积）的力。同时，在横向水平支撑开间的屋架两端应设置竖向支撑。厂房跨度较大时，需按表 34.3－2 配置竖向支撑的规定，跨中若干部位的桁架式檩条需满足竖向支撑桁架的要求（承受和传递水平地震作用）进行设计。

表 34.3－2　有檩屋盖的横向支撑、竖向支撑、纵向天窗架支撑的布置

<table>
<tr><th colspan="2" rowspan="2">支撑名称</th><th colspan="3">烈度</th></tr>
<tr><th>6、7</th><th>8</th><th>9</th></tr>
<tr><td rowspan="5">屋架支撑</td><td>上弦横向支撑</td><td>厂房单元端开间各设一道，间距大于60m时应增设</td><td>厂房单元端开间及上柱柱间支撑开间各设一道</td><td>同8度设防，并纵向天窗开洞范围内端部各增设局部上弦横向支撑一道</td></tr>
<tr><td>下弦横向支撑</td><td colspan="3">同非抗震设计</td></tr>
<tr><td>跨中竖向支撑</td><td colspan="2">同非抗震设计</td><td>屋架跨度大于等于30m时，跨中增设一道</td></tr>
<tr><td>两侧竖向支撑</td><td colspan="3">屋架端部高度大于900mm时，厂房单元端开间及柱间支撑开间各设一道</td></tr>
<tr><td>下弦通长水平系杆</td><td>同非抗震设计</td><td colspan="2">屋架两端和屋架竖向支撑处设置；与柱刚接时，屋架端节间处按控制下弦平面外长细比不大于150设置</td></tr>
<tr><td rowspan="2">纵向天窗架支撑</td><td>上弦横向支撑</td><td>天窗架单元两端开间各设一道</td><td>天窗架单元两端开间各设一道，间距大于等于54m时应增设</td><td>天窗架单元两端开间各设一道，间距大于等于48m时应增设</td></tr>
<tr><td>两侧竖向支撑</td><td>天窗架单元端开间各设一道，间距大于等于42m时应增设</td><td>天窗架单元端开间各设一道，间距大于等于36m时应增设</td><td>天窗架单元端开间各设一道，间距大于等于24m时应增设</td></tr>
</table>

注：①本表为屋架端部支承在上弦或屋架与柱刚接的情况。当屋架端部支承在屋架下弦时，下弦横向支撑的布置与表中上弦横向支撑布置相同。

②支撑杆宜采用型钢制作。设置交叉支撑时，其容许长细比限值可取为350。

（3）单层刚架有檩屋盖体系。

当跨度不超过30m时，轻屋盖适宜于采用实腹屋面梁的单层刚架。压型钢板屋面的坡度很平缓，单层刚架的跨变效应可略去不计。单层刚架的屋盖水平支撑可布置在实腹屋面梁的上翼缘平面。屋面梁受压下翼缘应成对设置隅撑侧向支承，隅撑的另一端与屋面檩条连接。

屋面檩条及其两端连接应足以承受隅撑传至的作用力。采用冷弯薄壁轻型型钢作屋面檩条时，应通过计算验证是否满足了此要求。

屋盖横向水平支撑、纵向天窗架支撑可参照表34.3－2的要求布置。

（4）纵横向有檩屋盖体系。

当厂房的柱距、跨度较大或屋面架设较多管线时，实际工程中间或也采用纵横向有檩屋

盖（或称双重有檩屋盖）体系。所谓的纵横向有檩屋盖体系，是指在横向刚架之间按一定间距设置纵向托梁或桁架（可替代竖向支撑，故需结合竖向支撑的设置要求排布），再据采用高频焊接薄壁 H 形钢或冷弯薄壁型钢做檩条的长度限值条件，在托梁（架）上布置柱间横向屋面梁，屋面梁上铺设高频焊接薄壁 H 形钢或冷弯薄壁型钢。显然，屋面上的管线，可沿纵向布置的托梁（托架）和横向布置的屋面梁架设。

对于轻屋盖，柱距、跨度较大的厂房，纵横向有檩屋盖体系有时能取得较好的经济效益，其屋盖横向支撑等可参照表 34.3－2 的要求布置。但是，冷弯薄壁型钢檩条作为屋盖横梁的隅撑支点时，必须保证檩条及其两端连接足以承受隅撑传至的作用力。

纵横向有檩屋盖体系，宜沿每列柱布置屋盖纵向水平支撑。

4）纵向水平支撑的布置

屋盖纵向水平支撑的布置比较灵活。除了需满足静力设计时的要求外，抗震设计应据具体情况综合分析，以达到合理布置纵向水平支撑的目的。

屋盖纵向水平支撑的布置，一般情况下应符合下列规定：

（1）当采用托架支承屋盖横梁的屋盖结构时，应沿厂房单元全长设置纵向水平支撑。

（2）对于高低跨厂房，在低跨屋盖横梁端部支承处，应沿屋盖全长设置纵向水平支撑。

（3）纵向柱列局部柱间采用托架支承屋盖横梁时，应沿托架的柱间及向其两侧至少各延伸一个柱间设置屋盖纵向水平支撑。

（4）当设置沿结构单元全长的纵向水平支撑时，应与横向水平支撑形成封闭的水平支撑体系。多跨厂房屋盖的纵向水平支撑间距布置相隔一般不宜超过两跨，至多不得超过三跨；高跨和低跨宜各自按相同的水平支撑平面标高组合成相对独立的封闭支撑体系。

鉴于屋盖水平支撑对耗钢量的影响较小，但十分有利于提高遭遇强烈地震时屋盖的整体性，从而减少震害。因此，对 8、9 度区重屋盖多跨厂房、跨度大的轻屋盖多跨厂房宜每跨设置屋盖纵向水平支撑，至多不超过两跨；对跨度较小的多跨厂房屋盖，纵向水平支撑的间距布置相隔一般也不宜超过两跨。

5）屋盖水平支撑的加强

屋盖纵、横向水平支撑一般需形成封闭系统。由于轻型围护厂房的柱距较大，交叉斜杆通常与高频焊接轻型 H 形钢檩条（兼作为直压杆）组合，屋盖横向水平支撑通常不采用在设置柱间内满堂布置的方式。为了增强支撑系统的刚度和可靠传力，必要时，在 8、9 度区可考虑在封闭支撑角区增设附加刚性系杆（图 34.3－2）；对于 8、9 度区重屋盖厂房，宜在支撑角区增设附加刚性系杆。

34.3.2　框架柱的长细比

一般的多高层钢结构房屋荷重大，但层高却不高，因此期望框架柱截面厚实以占据较小的使用空间并承受较大的荷重，而工业厂房框架柱有时很高。

对于轻屋盖厂房，压型钢板围护荷重较小，框架上柱也有足够的空间展开截面。目前连绵多跨的单层厂房通常采用双坡屋面，以减少压型钢板屋面的拼接渗水和避免内天沟的积水漏雨。显然，这种多跨厂房的一些中间柱列的上柱往往很高。总体上，单层厂房框架的上柱

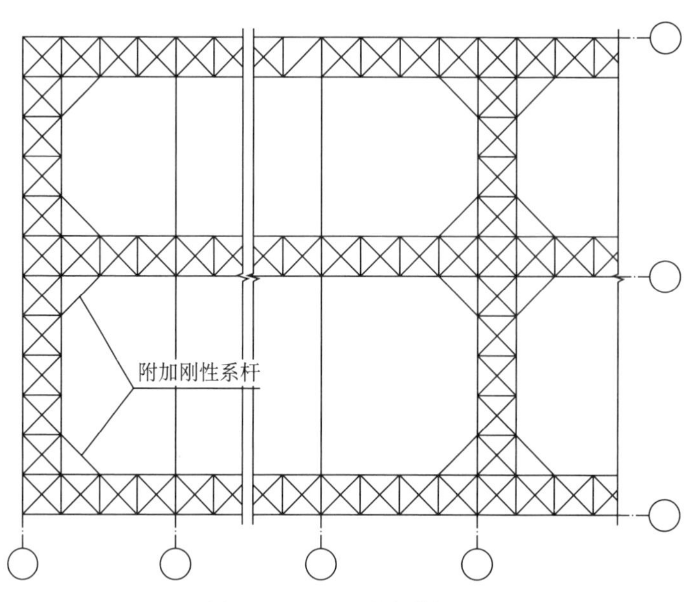

图 34. 3 - 2　屋盖支撑加强

比多高层钢结构房屋的常用柱高要高得多。

为了满足单层厂房框架柱的长细比要求，可放开柱截面以扩大回转半径。但受抗震钢结构容许板件宽厚比的限制，扩大截面回转半径就要加厚板件。这种纠结易见于确定厂房框架上柱的平面外长细比时。无疑，如对框架柱的长细比限制过于严格，则引起耗钢量较大的增加。因此，设定合适的抗震钢结构受压构件的长细比限值，在保证厂房抗震安全性的条件下，对降低耗钢量提高经济性很有实际意义。

1. 框架柱的长细比限值

抗震钢结构的框架柱长细比限值，一般参照钢结构塑性设计的要求确定。AIJ《钢结构塑性设计指针》综合理论分析和试验研究，提出常规受力条件下刚架柱的长细比（λ）与轴压比（N/N_y）可采用如下关系式确定：

$$\frac{N}{N_y} \leqslant 0.25\frac{\pi^2}{\lambda^2}\left(\frac{E}{f_y}\right) \tag{34.3-1}$$

式中　N_y——为全截面屈服时的轴向力；

λ——柱的长细比；

E——钢材的弹性模量。

简化式（34. 3 - 1），并采用折线近似，设计实用计算式为

对于 SS400（相当于 Q235），

$$\frac{N}{N_y} + \frac{\lambda}{120} \leqslant 1.0 \tag{34.3-2a}$$

对于 SM490（相当于 Q345），

$$\frac{N}{N_y} + \frac{\lambda}{100} \leqslant 1.0 \tag{34.3-2b}$$

当轴压比 $N/N_y \leqslant 0.15$ 时，轴力对弹塑性失稳现象的影响较小，则可要求：

$$\lambda \leqslant 150 \quad (34.2-2c)$$

上述系采用容许应力法的表述，经转换并结合我国的习惯表达方式和过去的经验简化，《抗震规范》规定：

厂房框架柱的长细比，轴压比小于 0.2 时不宜大于 150；轴压比不小于 0.2 时不宜大于 $120\sqrt{235/f_y}$。

众所周知，压杆的稳定性与其承受的压力紧密相关。轻型围护厂房上柱的轴压比很小，并且在水平地震作用下，多跨横向刚架中间柱列的轴压比变化也很小。因此，式（34.3-2c）常用于控制轻型围护厂房上柱的长细比。但应注意，柱间支撑框架系统的上柱，在长细比选择时应计入支撑斜杆传递的柱顶附加压力，以避免遭遇强烈地震时上柱发生整体屈曲。

2. 构件长细比的钢号修正准则

目前只要涉及抗震钢结构的构件长细比，动辄就要求进行钢号修正，无论构件是受拉还是受压，也不管构件的长细比大小。毋庸讳言，构件长细比钢号修正方式不合理，不仅引出悖论，而且也造成不必要的浪费。因此，这里就构件长细比的钢号修正问题给出简易的判定准则。

（1）拉杆长细比不须作钢号修正。对拉杆长细比设定上限值，主要是为了防止拉杆在外界振源激励下发生抖动、挠曲、下垂和松弛。例如，工厂生产用的动力基础、落锤、破碎机等皆可以是激励拉杆抖动的振源，甚至起重机刹车都曾引起出过度细长的杆件抖动的实例。

（2）受压构件的长细比是否需要进行钢号修正，与它是发生弹性屈曲还是发生非弹性屈曲有关。无疑，欧拉（Euler）公式是压杆弹性稳定性分析的基础。欧拉临界长细比 λ_E 为：

$$\lambda_E = \pi\sqrt{E/f_p} \quad (34.3-3)$$

式中　f_p——钢材的弹性限界（比例极限）。

当压杆的长细比 $\lambda > \lambda_E$ 时，发生弹性屈曲，临界承载力与钢材屈服强度无关，故其长细比限值不必进行钢号修正。反之，如 $\lambda \leqslant \lambda_E$，则压杆进入非弹性屈曲状态，与钢材的屈服强度紧密相关，因而需作钢号修正。

低碳钢热轧型钢的残余应力可达 $0.5f_y$，焊接型钢的残余应力可大于 $0.5f_y$（可高达 $0.65f_y$），但残余应力并不随钢号提高而增加，即 Q235 钢和 Q345 钢的残余应力大体相当。日本 AIJ-ASD 的弹性限界长细比为 $\lambda_E = \pi\sqrt{E/0.6f_y} \approx 120\sqrt{235/f_y}$。考虑到日本广泛应用热轧型钢，而我国则以采用焊接型钢居多，残余应力大，经综合权衡并参考美国文献，取 $f_p = 0.5f_y$，则据式（34.3-3），对于 Q235 钢 $\lambda_E \approx 130$。因此，当采用 Q345 等低合金钢时，如压杆长细比大于 130，则不需进行钢号修正。反之，则需进行钢号修正。

轴心受压构件的稳定系数 φ，日本 AIJ-ASD 在弹性范围内采用欧拉公式，弹塑性范围则采用 Johnston 公式为基础计算，我国钢结构设计规范则采用佩利（Perry）公式形式计算。据现行《钢结构设计标准》（GB 50017）核算表明，长细比大于 130 后，采用 Q235 和采用 Q345 的稳定承载力近乎相同。这也表明，上述长细比钢号修正界限值取 130 在实用上是合适的。

上述长细比钢号修正准则也可适用于压弯构件。

34.3.3　框架的板件宽厚比

单层框架塑性耗能区的板件宽厚比限值，《抗震规范》对重屋盖厂房和轻屋盖厂房的规定有所不同。

1. 重屋盖厂房

重屋盖厂房，框架柱、梁耗能区的板件宽厚比限值，考虑设防烈度等宏观因素，通过抗震构造措施控制，参照多层钢结构低于50m的抗震等级采用，7、8、9度的抗震等级可分别采用四、三、二级。不言而喻，如果有足够的经验，则可采用下述轻屋盖厂房按性能化目标确定框架板件宽厚比的方法。

2. 轻屋盖厂房

《抗震规范》规定，对于轻屋盖厂房，框架柱、梁最大应力区的板件宽厚比限值，可根据其承载力的高低按性能目标确定。

无须赘述，采用性能化设计的方法，据“高延性，低弹性承载力”或“低延性，高弹性承载力”两类抗震设计思路，通过计算比较的方式确定单层刚架的板件宽厚比，要增加一定的设计工作量，但可使设计更加合理化。

3. 截面类别及其选用要点

1）截面类别

《抗震规范》条文说明，对厂房框架的板件宽厚比定义为A、B、C类（表34.3-3）。其中，A类，可达全截面塑性，塑性铰在转动过程中承载力不降低，A类截面即是塑性设计截面。B类可达全截面塑性，在应力强化开始前可以抵抗局部屈曲发生，但由于局部屈曲，塑性铰的转动能力有限。B类截面相当于EC3规范的半厚实截面，也近似于日本BCJ规范的FB截面。C类截面即是所谓的弹性设计截面（不包涵薄柔截面，即基于考虑有效截面概念的弹性设计截面）。

表34.3-3　厂房抗弯框架柱、梁构件的板件宽厚比限值

<table>
<tr><td colspan="3">板件级别</td><td>A</td><td>B</td><td>C</td></tr>
<tr><td>构件</td><td colspan="2">板件名称</td><td colspan="3">宽厚比限值</td></tr>
<tr><td rowspan="5">柱</td><td rowspan="2">I形截面</td><td>翼缘 b/t</td><td>10</td><td>12</td><td rowspan="9">执行现行《钢结构设计标准》（GB 500017）按弹性设计准则（不包括基于有效截面概念确定承载力的薄柔截面）设计的板件宽厚比限值</td></tr>
<tr><td>腹板 h_0/t_w</td><td>44</td><td>50</td></tr>
<tr><td rowspan="2">箱形截面</td><td>壁板、腹板间翼缘 b/t</td><td>33</td><td>37</td></tr>
<tr><td>腹板 h_0/t_w</td><td>44</td><td>48</td></tr>
<tr><td>圆形截面</td><td>外径壁厚比 D/t</td><td>50</td><td>70</td></tr>
<tr><td rowspan="4">梁</td><td rowspan="2">I形截面</td><td>翼缘 b/t</td><td>9</td><td>11</td></tr>
<tr><td>腹板 h_0/t_w</td><td>65</td><td>72</td></tr>
<tr><td rowspan="2">箱形截面</td><td>腹板间翼缘 b/t</td><td>30</td><td>36</td></tr>
<tr><td>腹板 h_0/t_w</td><td>65</td><td>72</td></tr>
</table>

注：①表列数值适用于Q235钢。当材料为其他钢号时，除圆管的外径壁厚比应乘以 $235/f_y$ 外，其余的应乘以 $\sqrt{235/f_y}$。

②腹板的宽厚比，可通过设置纵向加劲肋减小。

2）板件宽厚比选择注意事项

表 34. 3 - 3 的截面类别，因循“强柱弱梁”准则给出。选用截面类别时，应注意与单层刚架受力特征协调一致。例如，必要时边列柱上柱潜在耗能区的柱翼缘板件宽厚比限值可考虑执行表 34. 3 - 3 中梁的要求。

《抗震规范》规定：塑性耗能区外的板件宽厚比限值，可采用现行《钢结构设计标准》弹性设计阶段的板件宽厚比限值。塑性耗能区的长度 L_{pb} 可按式（34. 2 - 10）计算。如图 34. 2 - 6 所示，单层单跨刚架厂房的潜在塑性铰（最大应力区）位置一般在梁底上柱截面，并且梁端的截面模量通常比上柱大，即使考虑遭遇强烈地震时梁底上柱截面进入塑性强化阶段，屋面梁也可能处于弹性工作状态。这种情况的屋面梁相当于两端施加柱塑性弯矩的简支梁。无疑，不管框架柱是 A 类截面还是 B、C 类截面，这种情况的实腹屋面梁只需按现行《钢结构设计标准》（GB 50017）设计即可。

采用延性耗能思路设计的框架，塑性耗能区采用 A、B 类截面时，为了在框架梁达到全截面塑性弯矩时具有延性塑性铰，梁截面承受的轴力不得大于轴向塑性承载力的 15%，剪力不得超过截面塑性抗剪承载力的 50%。

3）框架耗能区的宽厚比选择方式

厂房框架潜在塑性耗能区（最大应力区）的板件宽厚比，《抗震规范》条文说明推荐按下列方式计算比较选用。

（1）当构件的强度和稳定承载力均满足高承载力——2 倍多遇地震作用下的要求（$\gamma_G S_{GE}+\gamma_{Eh}2S_{Ehk}+\gamma_{Ev}2S_{Evk}\leqslant R/\gamma_{RE}$）时，可采用 C 类宽厚比限值的截面（弹性设计截面）。

（2）当强度和稳定承载力均满足中等承载力——1. 5 倍多遇地震作用下的要求（$\gamma_G S_{GE}+\gamma_{Eh}1.5S_{Ehk}+\gamma_{Ev}1.5S_{Evk}\leqslant R/\gamma_{RE}$）时，可采用表 34. 3 - 3 中的 B 类。

（3）对于结构承受的地震作用较大的其他情况，则可采用 A 类。

4. C 类截面（弹性设计截面）

根据现行《钢结构设计标准》（GB 50017），这里择要撷取单层厂房框架常用的弹性设计截面，简要概述其构造要求，供抗震设计时使用。

1）H（工字）形截面

（1）梁（受弯构件）：

①受压翼缘的宽厚比限值，按局部屈曲应力不小于钢材屈服强度的原则确定。梁翼缘的 $b/t\leqslant 15\sqrt{235/f_y}$。

②梁的受弯腹板，ISO/DIS 10721 规范和 EC3 规范的弹性设计截面取 $h_0/t_w\leqslant 124\sqrt{235/f_y}$。我国规范采用弹性准则设计时，如受压翼缘扭转不受约束，$h_0/t_w\leqslant 130\sqrt{235/f_y}$；如受压翼缘扭转受约束，则 $h_0/t_w\leqslant 150\sqrt{235/f_y}$。

考虑到在地震作用下，梁翼缘呈拉压交替受力状态，也考虑到轻型围护厂房实腹屋面梁两端的剪力一般不大，因而要求厂房框架的受弯腹板宽厚比一般应满足 $h_0/t_w\leqslant 130\sqrt{235/f_y}$。

③梁的受剪腹板，配置横向加劲肋可有效地防止受剪屈曲。单层厂房横向刚架，结合檩条设置隅撑的构造，适合于布置横向加劲肋。

现行《钢结构设计标准》对简支梁腹板设计的规定已很充分。然而，一般情况下，在刚接框架梁端最大应力区，剪力达最大值，弯矩亦可达最大值或较大值，已不宜考虑翼缘对腹板的约束作用。因此，梁端翼缘和加劲肋所包围区格的腹板抗剪承载力应按四边简支板计算。

框架梁不设横向加劲肋时，取腹板受剪计算的正则化宽厚比 $\lambda_s = 0.8$ 即可得塑性受剪屈曲范围的上限值 $h_0/t_w \approx 70\sqrt{235/f_y}$。据现行《钢结构设计标准》，当 $h_0/t_w > 80\sqrt{235/f_y}$ 时，应配置腹板横向加劲肋。

压型钢板轻型围护的单层刚架横梁，其梁端截面往往由刚度要求（如跨中挠度）控制，其剪应力一般不大。如果剪力小于腹板抗剪承载力设计值的 0.5 倍时，可不考虑剪力对梁受弯承载力的影响。梁端刚接构件试验（图 34.3－3）表明，$h_0/t_w \approx 113$，$a/h_0 = 2$（α 为柱翼缘和横向加劲肋之间的距离），转角达 1/66.7 时才开始屈曲，屈曲模式表现为弯曲引起的鼓曲，在后续更大位移的滞回加载中腹板屈曲也以弯曲屈曲为主。一般情况下，可由通过框架梁区格的弯剪共同作用计算确定配置加劲肋，也可在梁端区格内设置纵向加劲肋的构造措施解决。

（2）柱（压弯构件、轴压构件）：

①翼缘 $b/t \leq 15\sqrt{235/f_y}$。

②压弯构件的腹板，采用局部屈曲临界应力不小于构件整体稳定临界应力的原则确定，按下式计算：

当 $0 \leq \alpha_0 \leq 1.6$ 时：

$$h_0/t_w \leq (16\alpha_0 + 0.5\lambda + 25)\sqrt{235/f_y} \tag{34.3-4a}$$

当 $1.6 < \alpha_0 \leq 2.0$ 时：

$$h_0/t_w \leq (48\alpha_0 + 0.5\lambda - 26.2)\sqrt{235/f_y} \tag{34.3-4b}$$

$$\alpha_0 = (1 - \sigma_{min}/\sigma_{max}) \tag{34.3-4c}$$

式中　σ_{max}——腹板计算高度边缘的最大压应力；

σ_{min}——腹板计算高度另一边缘相应的应力，压正拉负取值；

λ——柱弯曲平面内的长细比，$\lambda < 30$ 时取 30，$\lambda > 100$ 时取 100。

当压弯构件腹板 h_0/t_w 不符合式（34.3－4a）、（34.3－4b）的要求时，可设置纵向加劲肋加强。

当实腹柱的腹板 $h_0/t_w > 80$ 时，应设置成对的横向加劲肋，其作用是防止腹板在施工和运输过程中发生变形，并可提高柱的抗扭刚度。

2）箱形截面

①受压翼缘在两腹板之间的无支承宽度 b_0 与其厚度 t 之比，应满足 $b_0/t < 40\sqrt{235/f_y}$。

②压弯构件（柱）的腹板 h_0/t_w，不应超过式（34.3－4a）和式（34.3－4b）乘以 0.8 后的值（当此值小于 $40\sqrt{235/f_y}$ 时，取 $40\sqrt{235/f_y}$）。

③轴心受压构件 $h_0/t_w \leq 40\sqrt{235/f_y}$。

3）圆形截面

受压构件外径壁厚比 D/t 不应超过 100（$235/f_y$）。

5. 刚架梁端腹板的设计

对于刚接框架梁端采用弹性设计截面腹板的承载力问题，可采用两种方式处理。其一是，采用式（34.2－43）并取 $\Omega=2$，进行框架梁腹板区格弯剪共同作用的承载力验算；其二，则是采用在区格内设置纵向加劲肋的构造措施。

厂房单层刚架梁端往往较高，从工程实用的角度考虑，在梁端腹板设置纵向加劲肋，可考虑在式（34.2－10）潜在耗能区最大长度 L_{pb} 外适当位置（例如大于 1.5h 而小于 2h）配置横向加劲肋。

据“工业建筑钢结构抗震设计成套技术研究”（上海市科委优秀学科带头人计划项目，课题编号：09XD1420500）和“腹板加肋框架梁柱刚性节点抗震性能研究”（《钢结构设计标准》国家标准管理组科研专项课题，课题编号：GB 500172010-08）所进行的梁柱刚性连接构件滞回性能试验结果分析，在弹性设计（C 类）截面梁（规格 H550×150×47×10，腹板宽厚比 113）的最大应力区腹板中部设置一道纵向加劲肋后，其延性性能大为提高，已可达不低于塑性设计（A 类）截面的延性性能要求（图 34.3－3）。

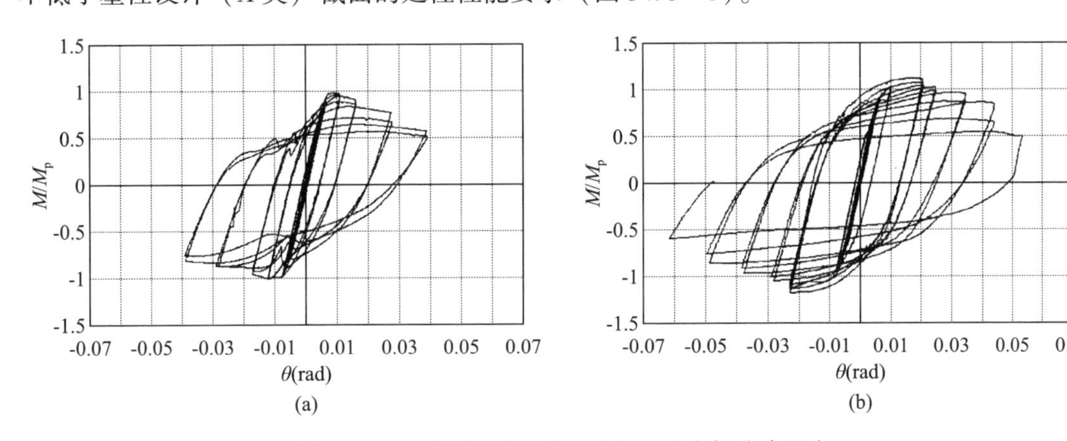

图 34.3－3　梁柱刚性连接腹板设置纵向加劲肋试验

（a）未置加劲肋的弯矩-位移角曲线；（b）配置一道纵向加劲肋的弯矩-位移角曲线

6. 关于格构柱

设置桥式起重机的厂房框架下柱，通常采用格构柱。格构式截面几乎没有塑性展开的能力，格构杆件处于拉压工作状态，不像抗弯框架那样可形成明确的耗能机构。

1）荷载性质所引起的格构柱抗震超强（抗震有利因素）

单层厂房的起重机荷载是移动荷载。厂房框架采用起重机最大吊重的最不利荷载组合进行计算，且每榀横向框架都需按这种最不利荷载组合进行设计。当遭遇地震时，软钩起重机不需考虑吊重，硬钩起重机的吊重也已大大折减；同时，在厂房的屋盖水平支撑系统、吊车梁系统的协调下，横向框架间的空间共同作用，可使起重机停留位置的框架承受的地震作用得以减小。进而，无起重机停留区域的格构柱，设计支承起重机移动荷载的能力，在遭遇地震时转化为抗震能力。因此，格构柱由于荷载原因而具有抗震超强，并且起重机的吨位越大格构下柱的超强就越大。即静力设计满足正常工作状态所取用的荷载，起重机荷载移动的特征，赋予框架格构下柱拥有较大的抗震超强能力。同样，厂房框架设计需满足风载组合的受力状态，风灾和地震灾害遇合的概率极其微小，因此结构抗风设计也赋予其一定的抗震能力。

因此，厂房在正常使用状态和地震作用状态的荷载的较大差异，以及起重机荷载的移动属性，导致框架格构下柱有较大的抗震超强（即静力设计赋予格构柱的承载能力，在遭遇地震时转化为抗震能力）。这种超强赋予框架格构下柱有较大的抗震能力储备。

2）格构构件的受力性能（抗震不利因素）

参考日本格构构件（桁架）的试验，格构构件的塑性仅仅产生在构件端部。虽然端部的杆件本身具有较大的变形能力，但在整体变形中所占的比例一般都较小。因此，格构构件的变形性能较差。

现行《钢结构设计标准》（GB 50017）在格构柱弯矩作用平面内的稳定性验算公式，系按稳定理论导出，但在推导过程中的简化在一定程度上高估了格构柱的承载力。

1985 年墨西哥地震中，Pino Suarez 大楼坍塌的主要原因，即是格构梁（桁架）的破坏。

3）格构下柱的板件宽厚比

如前所述，格构柱的变形性能较差，格构式截面几乎不能展开塑性，因此格构柱在抗震设计时，需采用“超强”抵抗的思路。

热轧型钢制作的格构柱，格构杆件的板件宽厚较小，由于起重机移动荷载属性，赋予格构柱抗震超强，按常遇地震组合设计可以抵御强烈地震。唐山地震的震害调查资料表明，未见有单层钢结构厂房格构柱的震害发生。

对于采用轻型围护的单层厂房，有时格构下柱采用焊接型钢，其板件宽厚比（特别是翼缘）采用弹性设计截面的。就此情况，建议按 $\gamma_G S_{GE}+\gamma_{Eh}1.5S_{Ehk}\leqslant R/\gamma_{RE}$ 进行抗震验算。鉴于屋盖的竖向地震作用可考虑由构件自身和传递构件内力的连接承受，而可不考虑传递给其他构件，故格构柱验算时不需考虑厂房竖向地震作用的影响。

设计实践表明，压型钢板围护的单层钢结构厂房，由于抗震设计的荷载组合中不考虑软钩起重机的吊重以及抗风等静力设计赋予框架的抗震能力，7、8 度区大都能满足 $1.5S_{Ehk}$ 所进行的附加抗震验算的要求。

上述，虽然以提高地震作用的形式出现，但由于充分利用了静力设计赋予厂房框架的抗震能力，一般不增加耗钢量。并且由于容许构件采用弹性设计截面，则比采用厚实板件的截面要稍降低耗钢量，也增加了设计选择的灵活性。

34.3.4 柱间支撑

柱间支撑对整个厂房的纵向刚度、自振特性、塑性铰产生部位都有影响。柱间支撑的布置应合理确定其间距，合理选择和配置其刚度，以减小厂房整体扭转。

1. 柱间支撑的布置

柱间支撑布置时应注意，重屋盖（大型屋面板无檩屋盖）厂房，柱顶的集中质量往往要大于各层吊车梁处的集中质量，其地震作用对各层柱间支撑大体相同，因此，上层柱间支撑的刚度总和宜接近下层柱间支撑的。而对于轻屋盖厂房，柱顶集中质量较小，故上柱柱间支撑可适当细柔一些。

一般情况下，应按下列要求布置柱间支撑：

（1）厂房结构单元的各纵向柱列，应在厂房中部或接近中部的柱间布置一道柱间下柱支撑；当柱距数不超过 5 个，且厂房长度小于 60m 时，亦可在厂房单元的两端柱间布置下柱支撑。柱间上柱支撑应布置在厂房单元两端柱间和具有下柱支撑的柱间。

（2）对于黏土砖贴砌或者大型预制墙板围护墙的厂房，当 7 度厂房单元长度大于 120m、8 度和 9 度厂房结构单元大于 90m 时，在厂房结构单元 1/3 区段内应各布置一道下柱支撑。

（3）压型钢板墙屋面围护，其波形垂直厂房纵向，对结构的约束较小，从而可放宽厂房柱间支撑的间距。即采用压型钢板等轻型围护材料的厂房，当 7 度厂房结构单元长度大于 150m、8 度和 9 度厂房结构单元大于 120m 时，在厂房结构单元 1/3 区段内应各布置一道下柱支撑。

不言而喻，如厂房纵向框架可满足温度应力的要求，并柱间支撑框架系统稳固可靠，则柱间支撑的间距就可适当增大。《抗震规范》以控制支撑斜杆截面应力比、完善柱间支撑框架系统承载力设计要求的方式，对轻型围护厂房的柱间支撑布置间距，比旧版《抗震规范》的规定有所增大。

2. 柱间支撑的几何构型

单层钢结构厂房的柱间支撑一般采用中心支撑。

1）X 形支撑

X 形布置的柱间支撑用料省，抗震性能可靠，应首先考虑采用。X 形支撑斜杆与水平面的夹角、支撑斜杆交叉点的节点板厚度，应符合单层钢筋混凝土柱厂房的有关规定。

2）V 或 Λ 形支撑

轻型围护的单层钢结构厂房的经济柱距大约是 12~18m，为单层混凝土柱厂房的基本柱距（6m）的几倍。由于柱距较大，X 形柱间支撑布置往往比较困难，在工程中也可采用 V 或 Λ 形、门形柱间支撑等。但 V 或 Λ 形布置的支撑抗震性能比 X 形柱间支撑的要差，设计时应充分考虑这种支撑的抗震不利因素。

3）屈曲约束支撑

V 形和 Λ 形支撑斜杆可采用屈曲约束支撑，与尖顶横梁一起组合成为耗能体系。这种支撑耗能结构体系，也有利于释放厂房纵向的温度应力，在超长超大钢结构单层厂房中已有应用。

4）单斜杆支撑

纵向柱列的水平地震作用基本通过柱间支撑传递到基础，因而往往在与柱间支撑相连的基础之间需设置基础梁，以可靠传递水平地震作用。对称布置的单斜杆柱间支撑的抗震性能，与 X 形柱间支撑的相当。因此，下柱柱间支撑可采用对称布置的单斜杆。单斜杆底端与基础梁连接，顶端则与框架柱连接。

3. 柱间支撑的长细比和板件宽厚比

1）长细比限值

（1）柱间支撑杆件的长细比限值，与以往藉用钢筋混凝土柱厂房按设防烈度宏观控制的方式不同，《抗震规范》执行现行《钢结构设计标准》（GB 50017）的规定。一般情况下，可按表34.3－4的规定选用。

表34.3－4 柱间支撑的长细比限值

部位 \ 受力状态	受压构件长细比限值	受拉构件长细比限值	
		有重级工作制起重机的厂房	一般建筑结构
上柱	200	350	400
下柱（吊车梁系统以下）	150	200	300

（2）对于X形柱间支撑，当拉、压杆的尺寸和材料都相同时，张紧拉杆对压杆可起不动铰支座作用，静力设计时的计算长度 l_0 可取 $0.5l_i$（l_i 为支撑斜杆总长），在弹性和非弹性范围都适用。虽然支撑斜杆屈曲后稳定承载力的计算长度 l_B 不同于屈曲前状态的，但参照若干试验结果，平面内、外屈曲后计算长度均按 $0.5l_i$（即取 $l_B = l_0 = 0.51l_i$）考虑也是偏向安全的。因此，按表34.3－4中选择受压构件（按压杆设计）选择支撑斜杆时，计算长度 l_0 可取 $0.5l_i$。但是，按受拉构件选用长细比（按拉杆设计）时，支撑斜杆的计算长度 l_0。一般是考虑取其总长 l_i 的，即 $l_0 = l_i$。

（3）对于V形和Λ形支撑斜杆，以及对称布置的单斜杆支撑，通常需按受压构件的要求控制其长细比。

（4）对于双拼角钢形成的T形、十字形截面的支撑斜杆，在其计算长度内至少须设置两块垫板。垫板与节点板等厚，宽度可取60～80mm并应与角钢焊牢。垫板之间单肢角钢的长细比 l_j/r（l_j 为缀板中心线之间的长度，r 为单肢角钢的回转半径，对于双拼角钢T形截面，r 为单角钢对平行于垫板自身重心轴的回转半径；对于十字形截面，r 为角钢的最小回转半径），不宜大于支撑斜杆采用长细比的0.4倍，一般也不宜大于40（压杆）或80（拉杆）。

2）板件宽厚比

抗震设计容许柱间支撑在梁柱屈曲和连接破裂之前受拉屈服。支撑的抗震性能十分复杂，包含了受拉屈服、受压屈服和屈曲、往复荷载下的承载力劣化、弹塑性状态下的板件局部屈曲、低周疲劳失效等诸多物理现象。试验表明，局部屈曲往往导致支撑破裂而影响其抗震性能。因此，为了延缓和防止局部屈曲，减小低周疲劳和破裂的敏感性，柱间支撑杆件的板件宽厚比，应符合塑性设计截面的板件宽厚比的要求，可按表34.3－3中A类截面的条件选用。

4. 支撑斜杆的拼接接长

《抗震规范》规定，柱间支撑宜采用整根型钢，当采用热轧型钢超过其最大长度规格时，可采用拼接等强接长。

显然，采用整根型钢制作支撑斜杆，是针对 V 形和 Λ 形柱间支撑，和 X 形柱间支撑交叉点之间的支撑段的。但当采用热轧型钢作支撑杆并不得不拼接接长时应注意，由于热轧型钢存在非常厚实的角区，试验表明，采用坡口全熔透焊不易达到等强接长的要求，需附加拼接板才可达到等强接长的要求。

34.3.5　柱脚

震害表明，外露式柱脚破坏的特征是锚栓剪断、拉断，或拔出。由于柱脚锚栓破坏，使钢结构倾斜，严重者导致厂房坍塌。外包式柱脚表现为顶部箍筋不足的破坏。《抗震规范》规定，厂房框架柱脚应能可靠传递柱身承载力，宜采用埋入式、插入式或外包式柱脚，6、7 度时也可采用外露式柱脚。

单层厂房框架柱可划分为两类，其一是单肢柱，即通常所称的实腹柱（包括钢管、组合槽钢形成的空腹式钢柱）；其二则是格构柱。两类框架柱的受力状态不同，其柱脚设计也应区别对待。

1. 实腹柱（单肢柱）

实腹柱刚接柱脚，承受弯矩、剪力和轴力共同作用。一般情况下，首先应考虑柱脚的承载力不小于柱截面塑性屈服承载力的 1.2 倍。即，满足下式要求：

$$M_u \geqslant 1.2M_{pc,N} \tag{34.3-5}$$

式中　M_u——刚接柱脚的极限受弯承载力；

$M_{pc,N}$——柱截面全塑性受弯承载力，需计入常遇地震组合轴力的影响。

1）埋入式、插入式柱脚

（1）埋入式、插入式柱脚进入混凝土基础的深度，不宜小于 2.5 倍的柱截面高度，并应符合下式要求：

$$d \geqslant \sqrt{6M_{pc,N}/b_f f_c} \tag{34.3-6}$$

式中　d——柱脚埋入深度；

b_f——翼缘宽度；

f_c——基础混凝土抗压强度设计值。

（2）埋入式柱脚埋入段柱受拉翼缘外侧所需焊钉数量，可按下式计算：

$$n \geqslant \frac{\frac{2}{3}\left(N_E\frac{A_f}{A}+\frac{M_E}{h_{c0}}\right)}{V_s} \tag{34.4-7}$$

式中　n——柱受拉翼缘外侧所需焊钉数量；

M_E、N_E——分别为常遇地震组合的柱脚弯矩设计值、轴力设计值；

A、A_f——分别为柱截面的面积、柱翼缘的截面面积；

h_{c0}——柱翼缘截面的中心距；

V_s——一个圆柱头焊钉连接件的受剪承载力设计值，可按现行《钢结构设计标准》（GB 50017）的规定计算。

（3）插入式柱脚（图 34. 3－4）插入段的剪力传递（轴力）需满足下式：

$$N_E \leqslant 0.75 f_t S d \quad (34.3-8)$$

式中　f_t——基础混凝土抗拉强度设计值；

S——插入段实腹柱截面的周长。

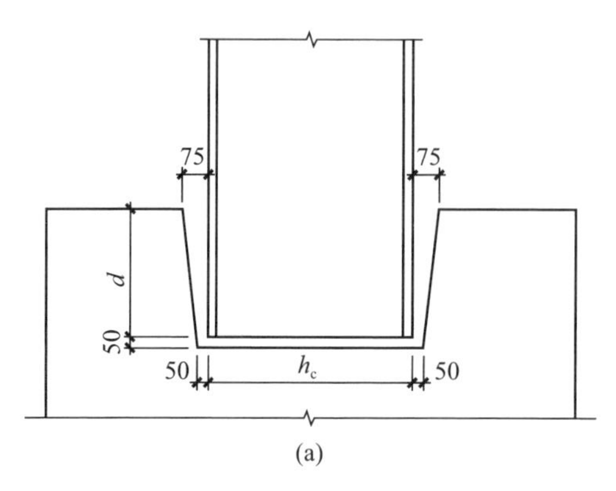

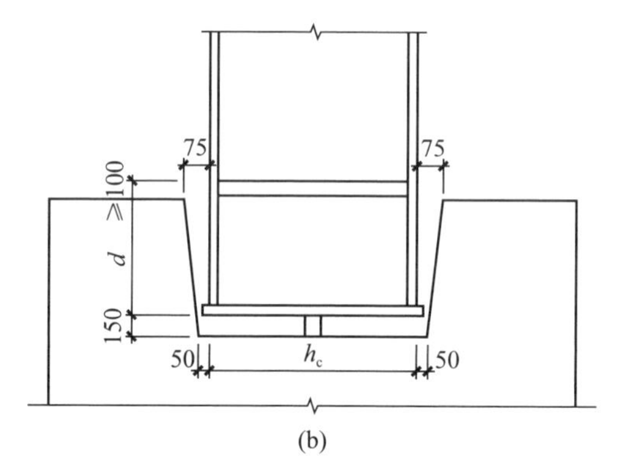

图 34. 3－4　实腹柱插入式柱脚
（a）无底板；（b）带底板

2）外包式柱脚

从实际工程看，单层钢结构厂房较少采用外包式柱脚。如果采用外包式柱脚，则实腹 H 形截面柱的钢筋混凝土外包高度不宜小于 2. 5 倍的钢结构截面高度，箱型截面柱或圆管截面柱的钢筋混凝土外包高度不宜小于 3. 0 倍的钢结构截面高度或圆管截面直径。

外包式柱脚的力学性能主要取决于外包钢筋混凝土的力学性能。所以，外包短柱的钢筋应加强，特别是顶部箍筋；并应确保外包混凝土的厚度，一般情况下不宜小于 180mm。

外包式柱脚的柱底钢板，可根据计算确定，但其厚度不宜小于 16mm；锚栓截面积可采用考虑与钢柱板件和柱底钢板厚度协调的方式确定，并其直径不宜小于 20mm，且应有足够的锚固深度。

3）插入和外包组合式柱脚

按《抗震规范》对刚性柱脚的要求以及厂房施工的特点，宝钢建设工程已在一些厂房实践了插入和外包组合式柱脚，效果较好。所谓的插入和外包组合式柱脚，是指先在基础承台设置一定深度的杯口，临时固定插入的柱脚，以便于安装施工时调整钢框架和保证其稳定性，同时在承台面预留出上半部的外包式柱脚的钢筋；当结构安装完毕或部分安装完毕后，现浇钢柱插入部分的填充混凝土和外包柱脚的钢筋混凝土。这种柱脚造价低，性能较好，施工也较方便。

插入和外包组合式柱脚中，钢柱埋在混凝土中的长度，执行外包式柱脚的要求。

4）外露式柱脚

震害调查表明，外露式柱脚属震害多发部位（图 34. 3－5）。因此，当柱脚承受的地震作用大时，采用外露式既不经济，也不合适。

（1）从力学的角度看，实腹柱的外露式柱脚作为半刚性考虑更加合适。与钢柱的全截面屈服承载力相比，在多数情况下柱脚由锚栓屈服所决定的塑性弯矩较小。外露式柱脚受弯时的力学性能主要取决于锚栓。如锚栓受拉屈服后能充分发展塑性，则承受反复荷载作用时，外露式柱脚的恢复力特性呈典型的滑移型港回特性。但实际的柱脚，往往在锚栓截面未削弱部分屈服前，螺纹部分就发生断裂，难以有充分的塑性发展。并且，当柱截面大到一定程度时，设计大于其极限抗弯承载力的外露式柱脚往往很困难。

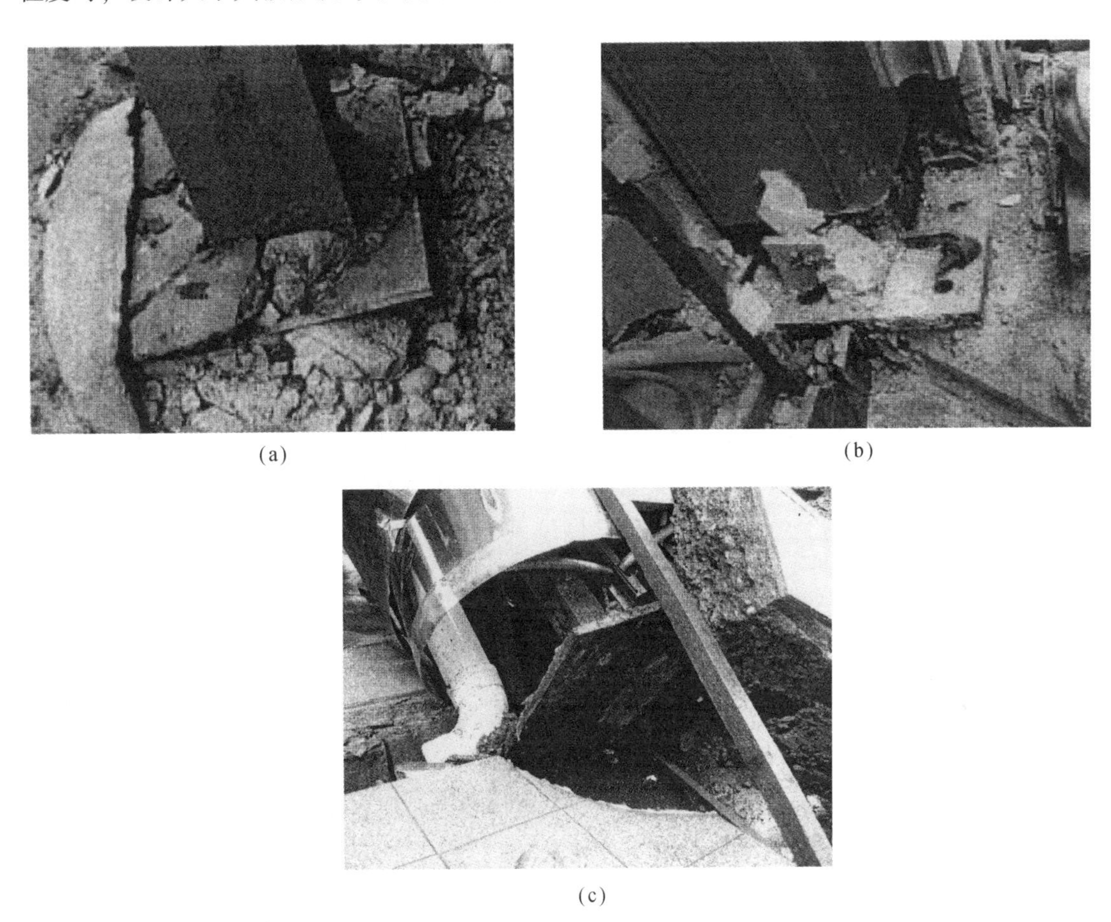

(a)　(b)　(c)

图 34.3－5　外露式柱脚的震害

(a) 阪神地震 H 截面柱柱脚锚栓断裂；(b) 阪神地震方钢管柱柱脚锚栓断裂；(c) 汶川地震格构柱整体式柱脚锚栓断裂

(2) 对于实腹柱外露式柱脚，一般可按下述两条途径进行抗震设计：

①首先，按可靠传递实腹钢柱截面塑性弯矩要求，满足式（34.3－5）的要求进行设计。显然，这是从承载能力角度考究柱脚连接设计，不需引入 γ_{RE}。

②其次，如执行①的要求设计困难，则可采用内力的方式进行设计。6、7 度区采用外露式柱脚时，建议按 $\gamma_G S_{GE}+\gamma_{Eh}(1.2\sim1.5)S_{Ehk}\leqslant R/\gamma_{RE}$（其中，$\Omega=1.2$ 用于框架，$\Omega=1.5$ 用于柱间支撑框架系统）进行柱脚的抗震验算；也可以近似按 $\gamma_G S_{GE}+\gamma_{Eh}2S_{Ehk}\leqslant R/\gamma_{RE}$ 计算结果乘以 2/3，取 $\gamma_{RE}=0.75$ 进行柱脚的弹性承载力设计。其实，此时相当于取 $\Omega=2$，而锚

栓屈服的方式进行设计。

按内力设计的柱脚抗弯承载力（锚栓的承载力，按螺纹截面乘以屈服强度计算）至少应达到钢柱全截面塑性受弯承载力 $M_{pc,N}$ 的 0.5 倍以上。

关于柱脚锚栓的抗震验算，我国规范与国际上一些规范的差异甚大。例如，日本规范把锚栓分为有延伸能力和无延伸能力两种。有延伸能力锚栓，是指在锚栓杆全面屈服前，螺纹部分不被拉断，按螺纹制作方法不同，一般要求锚栓材料的屈强比不超过 0.7~0.75。对于采用无延伸能力锚栓的柱脚，采用一次设计的计算内力，并其水平地震作用乘以 2~2.5 倍（框架为 2，支撑框架最大 2.5），进行锚栓的极限承载力（锚栓屈服强度乘以锚栓截面面积）验算。

我国对柱脚锚栓习惯于采用弹性设计方式，并取锚栓强度设计值 f_t^a（如 Q235，$f_t^a=140N/mm^2$）约为锚栓钢材屈服强度的 0.6 倍。虽然《抗震规范》未提及计算柱脚的内力放大系数，但据笔者向一些从事工业厂房设计的工程师调查，一般采取把计算要求的锚栓直径规格提高一到二档（例如，计算要求锚栓直径为 M39，而实际采用 M42 及以上），或把锚栓计算内力扩大 1.2~1.3 倍。

根据单质点底部剪力比较，日本一次设计的底部剪力在反应谱平台段，要小于我国规范的，但在平台段后的曲线下降段则基本相当。考虑到设计习惯之间的差距，也考虑到在施工要求方面日本比我国现行的要精致一些，因此建议采用上述柱脚设计的内力组合，采用 1.2（抗弯框架柱脚）或 1.5（与柱间支撑相连的框架柱脚）的地震效应调整系数。经粗略折算，此建议的要求，与日本的要求大体相当。

（3）当小型格构柱采用整体式外露式柱脚（图 34.3－5c）时，可按上述②的要求进行设计。

（4）一般情况下，要求锚栓不得承受柱底剪力。外露式柱脚应按规定设置剪力键，以可靠传递水平地震作用。

一些国外规范允许柱脚锚栓承受一定的柱底剪力，但其与之配套的施工要求也相对严格。目前我国在工程中常用的结构安装施工方式，是采用大锤砸扳手拧紧锚栓，不准确控制拧紧力，从而可导致各柱脚锚栓间的拧紧力离散性较大。同时，施工直埋螺栓时的标高误差较大，可导致锚栓螺纹段在基础混凝土面以上的空腔中裸露较长。一般情况下，柱脚底板与混凝土基础面之间采用钢垫板调整柱脚标高，安装完毕后加灌细石混凝土，由于混凝土干缩等因素的影响，混凝土与柱脚底板间的摩擦系数也是很离散的。

不言而喻，如采用较精致的施工方式，考虑柱脚锚栓承受一定的柱底剪力是合理的；但按目前常规的施工方式，不考虑柱脚锚栓承受柱底剪力是合宜的。

（5）外露式柱脚应保证锚栓的延性。锚栓材质应根据结构的工作温度，选用 Q235B、C、D 级钢或 Q345B、C、D、E 级钢，并保证屈强比要求。

锚栓应具有足够的锚固长度，并采用双螺帽拧紧。

2. 格构柱（双肢柱）

格构柱分肢主要呈拉压工作状态。格构柱一般采用插入式杯口柱脚和外露式柱脚。

1）插入式柱脚

格构柱杯口插入式柱脚（图 34.3－6）的最小插入深度不得小于单肢截面高度（或外

径）的 2.5 倍，且不得小于柱总宽度的 0.5 倍，也不得小于 500mm。

格构柱杯口插入式柱脚，可按下列公式进行插入段强度计算：

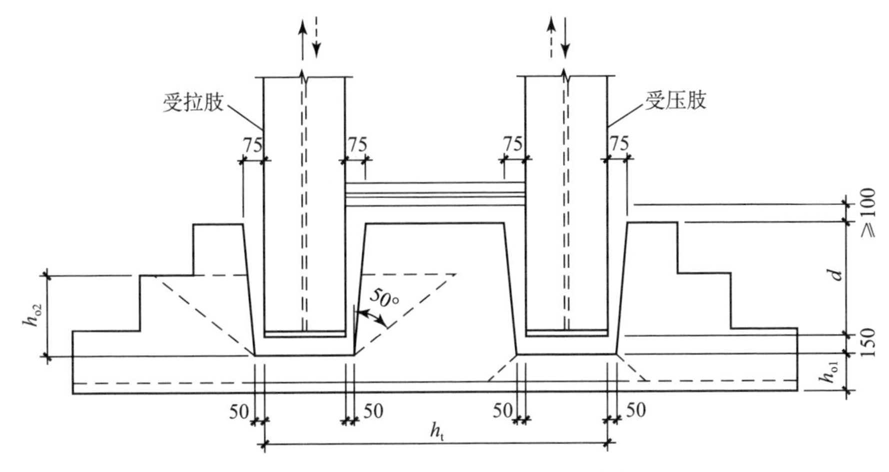

图 34.3－6　格构柱杯口插入式柱脚

（1）当格构柱的受压肢带柱底板时，可按下式验算：

$$N_E \leqslant 0.75 f_t S d + \beta f_c A_c \tag{34.3-9a}$$

$$\beta = \sqrt{A_d / A_c} \tag{34.3-9b}$$

式中　N_E——受压柱肢的常遇地震组合最大轴力设计值；

β——混凝土局部受压的强度提高系数；

A_c——柱肢底板面积；

A_d——局部承压的计算面积。

（2）计算格构柱的受拉肢以及无柱底板的格构柱受压肢时，不考虑柱底板的支承作用，即略去式（34.3－9a）中不等式右边第二项。

（3）双肢柱的受拉肢和受压肢，尚应按下列公式验算冲切强度：

$$\frac{N_{E1}}{0.6\mu_m h_{01}} \leqslant f_t \tag{34.3-10a}$$

$$\frac{N_{E2}}{0.6\mu_m h_{02}} \leqslant f_t \tag{34.3-10b}$$

式中　N_{E1}、N_{E2}——分别为受拉肢、受压柱肢的常遇地震组合最大轴力设计值；

h_{01}、h_{02}——冲切的计算高度，按图 34.3－6 所示采用；

μ_m——冲切计算高度 1/2 处的周长。

式（34.3－9）和式（34.3－10）采用内力的方式进行抗震验算，习惯上不考虑 γ_{RE} 调整，这是偏向安全一方的。

2）外露式柱脚

格构柱分离式外露式柱脚（图 34.3－7），建议按 $\gamma_G S_{GE} + \gamma_{Eh}$（1.2～1.5）$S_{Ehk} \leqslant R/\gamma_{RE}$（其中，1.2 适用于抗弯框架，1.5 适用于柱间支撑框架）进行柱脚锚栓的抗震验算。然而，

分离式柱脚格构柱受拉肢的锚栓承载力（锚栓全截面面积乘以屈服强度f_y），不宜小于分肢受拉屈服承载力的 0.5 倍。

关于锚栓的其他要求，可参见实腹柱的外露式柱脚。

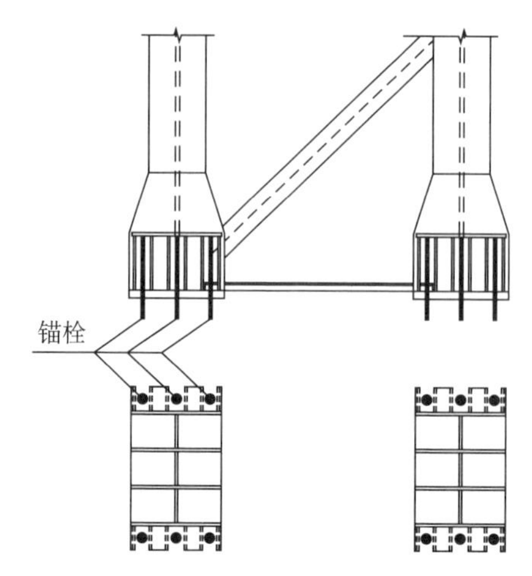

图 34.3－7　格构柱外露式柱脚

采用外露式柱脚时，柱间支撑框架系统的钢柱柱脚，不论计算是否需要，都必须设置剪力键，以可靠抵抗水平地震作用。柱脚锚栓不宜用以承受柱底水平剪力，柱底剪力应由钢底板与基础间的摩擦力或设置抗剪键及其他措施承担。柱脚锚栓应可靠锚固。

3. 外露式柱脚锚栓的最小承载力限值

众所周知，考虑结构延性采用常遇地震作用分析得到的结构内力，与遭遇强烈地震时的结构内力会有很大差异。这种差异不只是内力的大小变化，而且可导致不利内力的组合发生变化。例如一些框架柱的受力，当采用小震组合分析时，呈受压状态，或者拉力很小；而如采用中震或 2/3 大震的地震动参数分析，框架柱可呈受拉状态，甚至拉力较大。对于柱脚锚栓的拉力更是如此，小震分析和强烈地震分析得到的锚栓拉力差距有时很大。

厂房柱脚是其抗震设计的关键环节。如前所述，外露式柱脚是震害多发部位，其表现形式是锚栓剪断、拉断，或拔出，原因就是锚栓的承载力不足。显然，采取设置剪力键、保证锚栓的锚固长度等构造措施可部分解决锚栓震害，但同时还需提高外露式柱脚的最小承载力。

锚栓耗钢量占厂房钢结构耗钢量的份额很小，但对提高厂房钢框架抗震性能，防止坍塌的作用较大。为了防止遭遇强烈地震时由于锚栓承载力过小而引起结构坍塌，因此，必须对采用计算内力设计的柱脚锚栓面积设置门槛值，即对锚栓抗拉承载力设置下限值，以防止不期而遇的强烈地震下柱脚锚栓断裂。

在阐述采用内力设计法进行外露式柱脚弹性设计时，已分别述及锚栓的最小承载力限制，这里集中陈述其限值以及考量因素。

（1）实腹柱外露式刚接柱脚，当采用内力设计法时，与框架梁的拼接考虑结构的连续性一样，其抗弯承载力（锚栓的承载力按锚栓全截面乘以屈服强度计算）至少应达到钢柱截面全塑性受弯承载力$M_{pc,N}$的 0.5 倍以上。

有些规程采用控制锚栓规格不小于M24的方式控制柱脚的最小承载力。然而，结构千变万化，钢柱截面有大有小，控制锚栓规格不小于M24的方式所考虑的柱脚最小抗弯承载力，对钢柱截面很小时可能已足够，但对于钢柱截面较大时却显不足。

（2）对于框架铰接柱脚，锚栓的全截面抗拉屈服承载力不宜小于钢柱最小截面受拉屈服承载力的一半。对轻型门式刚架铰接柱脚，以柱底截面（不包括加劲肋面积）计算。

（3）分离式柱脚格构柱受拉肢的锚栓受拉承载力（按锚栓全截面面积乘以屈服强度乐f_y计算），不宜小于分肢受拉屈服承载力的0.5倍。

笔者随机抽查宝钢5个厂房的格构柱单肢与其锚栓全截面面积的比值。对于钢管混凝土格构柱，锚栓与其上单肢钢管的面积比是0.83~1.04；焊接型钢格构柱，锚栓与单肢的面积比是0.42~0.79。因此，上述格构柱分肢对应的锚栓最小面积的限定值，是适度的，也是容易做到的。

34.4　抗震计算例题

【例题一】　单层单跨厂房

1. 厂房概况及基本设计条件

（1）本设计实例为一轻型围护单层单跨厂房，跨度30m，柱距18m，总长216m，檐口标高17.1m，设有1台28t和1台65t的中级工作制桥式起重机，QU100轨道，轨面标高10.0m，肩梁顶面标高7.6m。双坡屋面，坡度1/20。具体详见厂房结构平面、立面和剖面图（图34.4－1）。

（2）本建筑结构安全等级为二级，设计使用年限为50年，建筑抗震设防类别为丙类，基本设防烈度为7度，设计基本地震加速度值为0.1g（第一组），场地类别为Ⅳ类，场地土特征周期0.9s。

（3）厂房横向刚架的梁、柱均采用Q345B，柱间支撑采用Q235B钢材。

（4）本实例计算采用中国建筑科学研究院编制的PKPM系列软件STS。

2. 结构体系

厂房横向采用梁柱刚接的钢框架体系。钢柱采用变阶柱，上柱为实腹式焊接H形截面，下柱采用焊接H形截面单肢与T形截面缀条组成的格构柱，肢距1.750m。厂房纵向在柱顶设置通长系杆，并在纵向长度1/3位置处各设置上下柱支撑，在端部设置上柱支撑，形成纵向抗侧力体系。

吊车梁系统，采用实腹式焊接工字形截面简支梁，设置制动板、辅助桁架、下弦水平支撑形成制动结构。

屋面梁采用实腹式焊接H形截面，与柱端预留短梁现场拼接连接。檩条为高频焊H形钢，擦条间距3m。屋面设置横向、纵向水平支撑以及隅撑，与檩条一起形成屋面支撑体系。单层彩色压型钢板屋面。屋面设置横向成品气楼，长度为18m，居中布置。

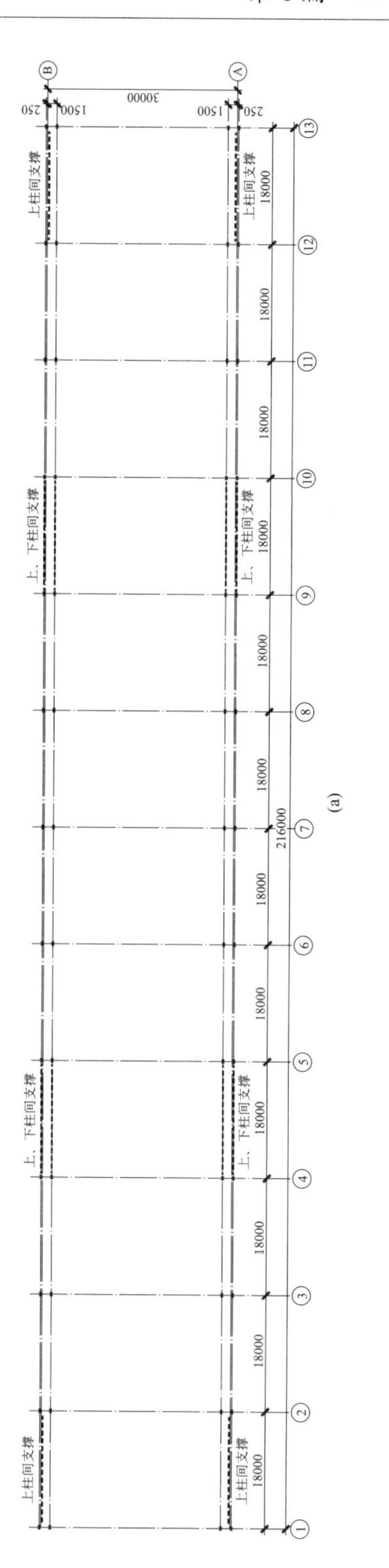

Ⓑ
Ⓐ
30000
250
1500
1500
250
上柱间支撑
上、下柱间支撑
上、下柱间支撑
上柱间支撑
18000
216000

(a)

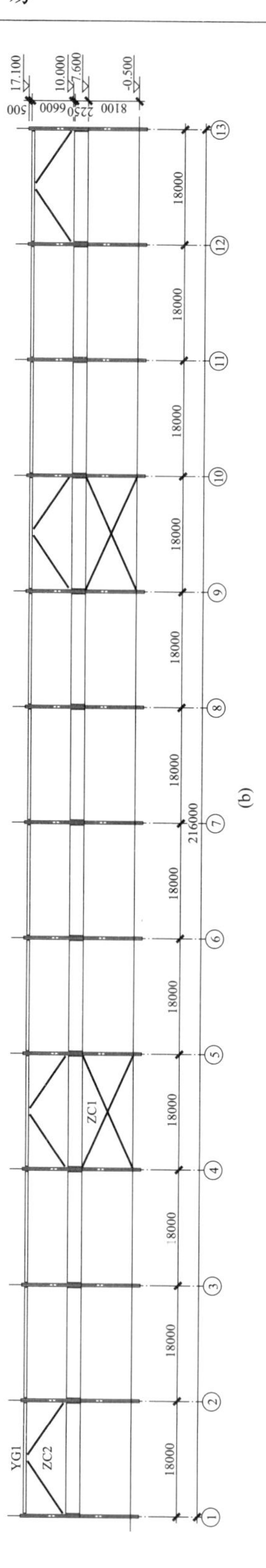

17.100
10.000
7.600
-0.500
500
6600
2250
8100
ZC1
ZC2
YG1
18000
216000

(b)

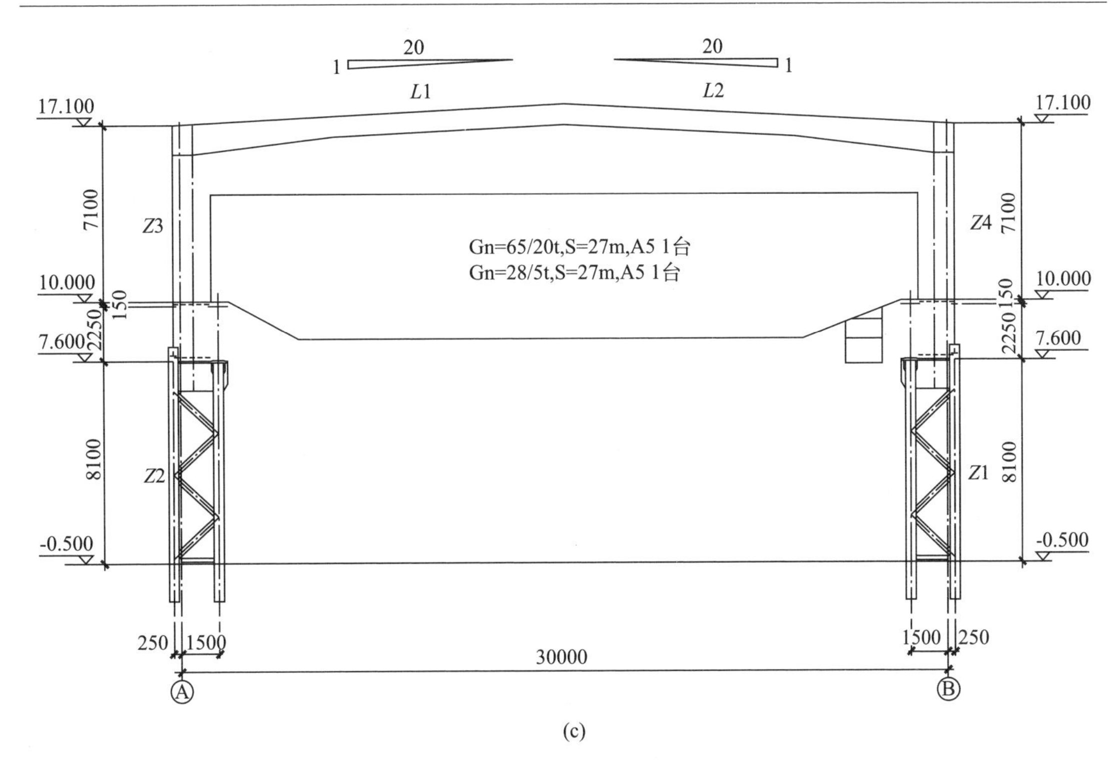

(c)

图 34.4－1　厂房结构平面、立面、剖面图

（a）平面图；（b）立面图；（c）剖面图

构件截面：

Z1、Z2：单肢为 H500×300×12×16 焊接 H 形截面的格构柱

Z3、Z4：H900×450×14×16 焊接 H 形截面

L1、L2：H（1100～700）×300×10×16 变截面焊接 H 形截面，变截面长度 6m

ZC1：[20a 双槽钢双片支撑，由角钢作为缀条形成格构式

ZC2：[16a 双槽钢双片支撑，由角钢作为缀条形成格构式

YG1：[32a 双槽钢双片支撑，由角钢作为缀条形成格构式

厂房四周设置墙架柱，纵墙墙架柱悬挂于吊车梁辅助桁架，山墙墙架柱悬挂于山墙抗风桁架。墙架柱之间设置冷弯薄壁型钢 C 型墙梁。墙面板采用单层彩色压型钢板。

3. 荷载

1）屋面荷载

（1）屋面恒载（横向刚架计算时）

单层屋面板自重	0.15kN/m^2
檩条及支撑自重	0.25kN/m^2
保温层荷载	0.15kN/m^2
合计	0.55kN/m^2（纵向计算时，取 0.7kN/m^2）

（2）屋面气楼　　5.00kN/m

(3) 屋面活载(横向刚架计算时)　　$0.30kN/m^2$

(4) 雪荷载　　$0.20kN/m^2$

本工程不考虑积灰荷载。因此，屋面可变荷载取屋面活载和雪荷载的较大值计算。

(5) 吊车检修走道活荷载　　$2.0kN/m^2$

2) 吊车荷载

起重量及台数	工作级别	跨度 L_k (m)	轨顶标高 (m)	吊车总重 (kN)	小车重 (kN)	最大轮压 (kN)	钢轨型号	备注
65/20 吨 1 台	A5	27	10.0	1250	380	365	QU100	1575 1900 2900 1900 1575
28+5 吨 1 台	A5	27	10.0	800	250	402	QU100	2505 6000 2025

3) 风载

基本风压　　$0.6kN/m^2$

地面粗糙度 B 类，风载体型系数和风压高度系数按《建筑结构荷载规范》采用，不考虑风振影响。

4) 墙面恒载　　$0.4kN/m^2$

5) 荷载组合

除《建筑结构荷载规范》规定的静力荷载组合外，考虑 1.2(重力荷载有利时取 1.0)×重力荷载代表值的效应+1.3×水平地震作用标准值的效应+1.3×竖向地震作用标准值的效应(8 度及以上抗震)+0.2×风荷载标准值的效应(风荷载起控制作用时)的地震作用组合进行抗震验算。

4. 横向框架抗震验算

厂房结构平面规则，抗侧刚度均匀，因此考虑按平面框架模型进行结构计算。

地震作用计算时，采用振型分解反应谱法(此设计实例也可按底部剪力法)，阻尼比取 0.05。由于设防烈度为 7 度，不考虑竖向地震作用。

1) 荷载计算

(1) 屋面梁均布恒荷载：

$q_{恒}=0.55\times18=9.9kN/m$

$q_{年}=5.0kN/m$　(气楼荷载，18m 长度范围，居中布置)

(2) 屋面梁均布活荷载：

$q_{活}=0.30\times18=5.4kN/m$

(3) 女儿墙恒载：

$P_{恒女}=0.4\times18\times1.2=8.6kN$

（4）天沟活载：

$P_{活天}=0.8\times0.3\times10\times18=43.2\text{kN}$

（5）吊车梁系统：

$P_{恒吊}=100\text{kN}$

$M_{恒吊}=P_{恒吊}e=100\times0.625=62.5\text{kN}\cdot\text{m}$

（6）封墙荷载：

$P_{恒封}=0.4\times17.1\times18=123.1\text{kN}$

$M_{恒封}e=P_{恒封}e=123.1\times0.25=30.8\text{kN}\cdot\text{m}$

（7）吊车检修走道活载：

$P_{活检}=1.75\times2\times18=63\text{kN}$

$M_{活检}=P_{活检}e=63\times0.625=39.4\text{kN}\cdot\text{m}$

（8）吊车荷载：

$D_{max}=1698.53\text{kN}$；$D_{min}=519.11\text{kN}$；$T_{max}=99.50\text{kN}$

吊车横向水平荷载与节点垂直距离：$L_t=2400\text{mm}$

（9）左风荷载：不考虑风振，$\beta_z=1$

$q_{风}=\beta_z\mu_s\mu_z\omega_0L$

Z1 柱：$q_{风}=1\times0.8\times1.0\times0.6\times18=8.64\text{kN/m}$

Z2 柱：$q_{风}=1\times(-0.5)\times1.0\times0.6\times18=-5.4\text{kN/m}$

Z3 柱：$q_{风}=1\times0.8\times1.25\times0.6\times18=10.8\text{kN/m}$

Z4 柱：$q_{风}=1\times(-0.5)\times1.25\times0.6\times18=-6.75\text{kN/m}$

左女儿墙：$q_{风}=1\times1.3\times1.25\times0.6\times18=17.55\text{kN/m}$

L1 梁：$q_{风}=1\times(-0.6)\times1.25\times0.6\times18=-8.1\text{kN/m}$

L2 梁：$q_{风}=1\times(-0.5)\times1.25\times0.6\times18=-6.75\text{kN/m}$

（10）右风荷载：不考虑风振，$\beta_z=1$

$q_{风}=\beta_z\mu_s\mu_z\omega_0L$

Z1 柱：$q_{风}=1\times(-0.5)\times1.0\times0.6\times18=-5.4\text{kN/m}$

Z2 柱：$q_{风}=1\times0.8\times1.0\times0.6\times18=8.64\text{kN/m}$

Z3 柱：$q_{风}=1\times(-0.5)\times1.25\times0.6\times18=-6.75\text{kN/m}$

Z4 柱：$q_{风}=1\times0.8\times1.25\times0.6\times18=10.8\text{kN/m}$

右女儿墙：$q_{风}=1\times1.3\times1.25\times0.6\times18=17.55\text{kN/m}$

L1 梁：$q_{风}=1\times(-0.5)\times1.25\times0.6\times18=-6.75\text{kN/m}$

L2 梁：$q_{风}=1\times(-0.6)\times1.25\times0.6\times18=-8.1\text{kN/m}$

2）计算结果

（1）横向刚架自振周期及侧移：

第 1 自振周期：0.763s，第 2 自振周期：0.292s。

（2）内力计算结果：

在所有工况组合下的弯矩、轴力和剪力包络图见图 34.4－2。

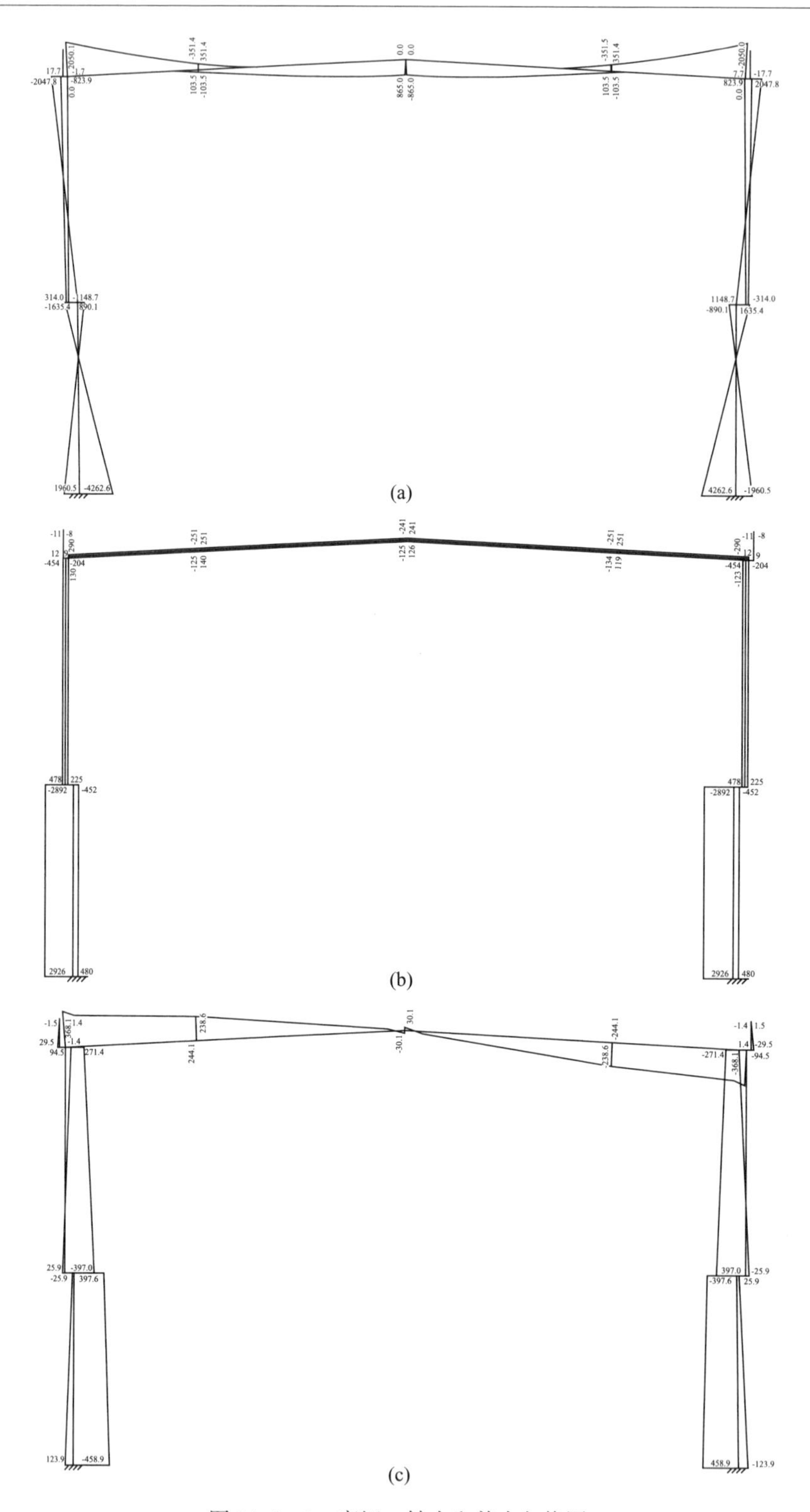

图 34.4－2　弯矩、轴力和剪力包络图

（a）弯矩包络图（单位：kN · m）；（b）轴力包络图（单位：kN）；（c）剪力包络图（单位：kN）

3）抗震验算

（1）变形验算。

表 34.4－1　水平位移验算

工况	肩梁处位移（mm）	相对位移	限值[u/H]	柱项位移（mm）	柱顶相对位移	限值[u/H]
左风	7.8			28.8	1/620	1/400
右风	7.8			28.8	1/620	1/400
吊车水平荷载	2.7	1/2994	1/1250	7.7	1/2276	
左地震作用	3.4			14.8	1/1190	1/250
右地震作用	3.4			14.8	1/1190	1/250

各计算工况的水平位移均满足规范要求。另外，地震作用下的柱顶侧移约是风荷载侧移的 1/2，由此判断，风荷载作用效应远大于“小震”的地震作用效应。

表 34.4－2　屋面梁挠度验算

工况	挠度（mm）	相对挠度	限值[u/H]
活载	38.8	1/773	1/500
恒+活	151	1/199	1/400

恒+活工况下屋面梁的挠度超出了设计限值。采用构件加工时起拱处理（起拱量按恒载挠度和活载挠度一半的和，即 131mm），屋面梁挠度满足设计要求。

（2）构件强度和稳定验算。

构件的承载力验算由程序完成，应力包络图（应力比）如图 34.4－3 所示。抗震验算时，程序自动考虑承载力抗震调整系数。

（3）连接的极限承载力验算。

梁、柱为刚性连接，采用柱顶预留短梁，现场梁—梁拼接的连接形式（见图 34.4－4）。

翼缘采用全熔透坡口焊缝连接，保证截面弯矩在翼缘处传递；腹板采用摩擦型高强螺栓连接。梁—梁拼接满足弹性阶段受弯和受剪承载力的要求（具体计算略）。

①梁柱刚性连接极限承载力。

预留短梁采用焊缝与柱等强连接，梁柱刚性连接的受弯和受剪极限承载力验算略。

②梁—梁拼接的受弯承载力。

由于本实例的框架采用了 C 类截面，根据《抗震规范》9.2.11 条，拼接的受弯承载力可按可靠传递设防地震作用组合内力计算或按《抗震规范》8.2.8 条验算。

A）按设防地震作用内力验算。

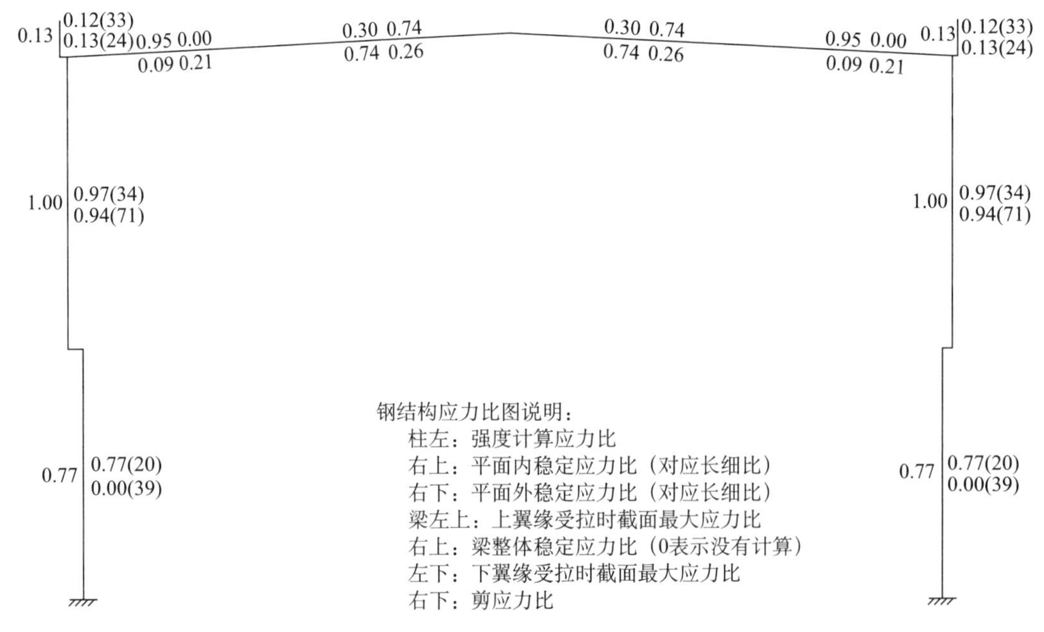

图 34.4－3　构件验算结果

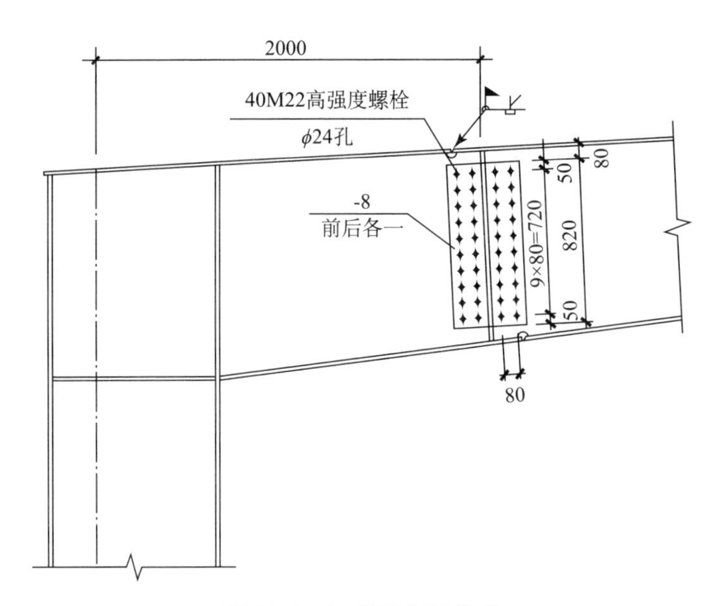

图 34.4－4　梁柱连接节点

取设防烈度地震参数进行横向框架计算分析，地震作用组合下梁柱连接的最大内力：$M=1884\text{kN}\cdot\text{m}$，$V=305\text{kN}$。

翼缘部分的受弯承载力设计值：$M_f^j=310\times300\times16\times(1000-16)=1464\text{kN}\cdot\text{m}$（拼接处梁截面高度按 1000mm 计算）。

腹板部分的受弯承载力设计值 M_w^j 取腹板拼接连接板净截面的受弯承载力设计值 M_{w1}^j 和

螺栓群考虑剪力影响后受弯承载力设计值 M^{j}_{w2} 的较小值。

M^{j}_{w1} = [（1/12）×20×820^3 − 20×24×2×（360^2 + 280^2 + 200^2 + 120^2 + 40^2）] /410×310−403k · Nm

每颗腹板 10.9 级螺栓的受剪承载力：N^b = 154kN（按高强螺栓摩擦型计算摩擦系数取 0.45）。

M^{j}_{w2} = 4×（360^2+280^2+200^2+120^2+40^2+5×40^2）/362×（$\sqrt{154^2-(305\times360/20/362)^2}$ − 305×40/20/362）= 456kN · m

因此，取 M^{j}_{w} = 403kN · m

$M^{j} = M^{j}_{f} + M^{j}_{w}$ = 1464+403 = 1867kN · m。

$\eta_{j}M$ = 1884×1.25 = 2355kN · m < M^{j}/γ_{RE} = 1867/0.75 = 2489kN · m，满足要求。

因此，在设防地震作用组合下，拼接能可靠传递内力。

B）按《抗震规范》8.2.8 条验算。

从设计的角度，上述 A）说明梁柱连接已满足了规范要求。这里为了说明梁柱刚性连接两种验算方式的差距，也示例说明按极限承载力验算，供比较参考。

翼缘部分的承载力：M^{j}_{fu} = 470×300×16×（1000−16）= 2220kN · m。

腹板部分的承载力 M^{j}_{wu} 取腹板拼接连接板截面的塑性受弯承载力 M^{j}_{wu1} 和螺栓群考虑剪力影响后极限受弯承载力 M^{j}_{wu2} 的较小值。

M^{j}_{wu1} = 345×（0.25×16×820^2）= 928kN · m

每颗腹板 10.9 级螺栓的极限受剪承载力取下列二者的较小值。

$N^{b}_{vu} = 0.58 n_f A^{b}_{e} f^{b}_{u}$ = 0.58×2×303×1040 = 366kN

$N^{b}_{cu} = d\Sigma t f^{b}_{cu}$ = 22×10×（1.5×470）= 155kN

每颗高强螺栓的极限受剪承载力 N^{b}_{u} = 155kN。

拼接处的剪力：

$V_u = 1.2(2M_{pb}/l_n) + V_{Gb}$ = 1.2×2×345×8.05×10^6/（30−2×0.65）+315 = 547kN。

每颗螺栓承担的剪力为 547/20 = 27.4kN。

考虑剪力影响后，每颗高强螺栓的极限承载力为 $\sqrt{155^2-27.4^2}$ = 153kN。

M^{j}_{wu2} = 153×2×（720+560+400+240+80）= 612kN · m

因此，取 M^{j}_{wu} = 612kN · m。

$M^{j}_{u} = M^{j}_{fu} + M^{j}_{wu}$ = 2220+612 = 2832kN · m。

$\eta_{j}\min(M_{pc}, M_{pb}) = \eta_{j}M_{pb}$ = 1.25×345×7.07×10^6 = 3049kN · m > M^{j}_{u}，不满足要求。

附加说明：

（1）混合连接腹板部分的螺栓群受力情况比较复杂。鉴于我国规范、手册中，未见有混合连接受弯承载力的验算方法，故本例 A）和 B）的验算参照 AIJ《钢结构限界状态设计指针》和 AIJ《钢结构接合部设计指针》的方法进行验算。

（2）与 A）的梁柱连接按设防烈度地震作用进行弹性设计比较，可见，梁柱刚性连接采用极限承载力验算的方式，比采用设防烈度地震作用进行弹性设计的方式，要更严格。

（3）节点域验算。

节点域腹板厚取与柱腹板厚度相同。

$\alpha = 868/1068 = 0.81$

$$\lambda_s = \frac{1068/14}{37.4\sqrt{4+5.34/0.81^2}}\sqrt{\frac{f_y}{235}} = 0.71 < 0.8$$

按“弹性承载力超强”的思路进行节点域承载力验算。

$V_p =$ （1100−16）×（900−16）$\times 14 = 1.34\times10^7 N/mm^2$

$M_b^{\Omega}/V_p = 1754\times10^6/1.34\times10^7 = 131N/mm^2 < f_v/\gamma_{RE} = 180/0.75 = 240N/mm^2$，满足要求。

（4）柱脚验算。

按外露式柱脚验算，每个格构柱单肢设置 6 颗 M56 锚栓（Q345B），每颗锚栓的抗拉设计承载力为 365kN。

取 $\Omega = 1.2$ 的地震组合进行横向框架计算，得到下柱的控制内力组合为：$M = 4263kN \cdot m$，$N = 1193kN$（压力），为非地震作用组合。

单肢最大拔力为：$N_t = 1193/2 + 4263/1.75 = 1840kN < 6\times365 = 2190kN$，满足要求。

锚栓全截面抗拉承载力为 $6\times3.14\times28^2\times345 = 5096kN$，大于分肢受拉屈服承载力的 0.5 倍（$0.5\times345\times15216 = 2625kN$），满足锚栓最小面积的要求。

（5）抗震构造要求验算。

①“强柱弱梁”验算。

单跨单层厂房不需满足“强柱弱梁”的构造要求，故不作验算。

②柱子长细比验算。

A）上柱长细比。

地震作用组合中，最大轴力设计值 $N = 353kN$。

上柱轴压比 $n = N/Af = 0.05 < 0.2$，按照《抗震规范》9.2.13 条，取上柱长细比限值为：$[\lambda] = 150$。

上柱计算长度：$L_x = 13.1m$，$L_y = 7.30m$。

长细比：$\lambda_x = 34 < [\lambda] = 150$，$\lambda_y = 71 < [\lambda] = 150$，满足要求。

B）下柱长细比。

地震作用组合下，下柱轴压比 $n = N/Af = 0.14 < 0.2$，按照《抗震规范》9.2.13 条，长细比限值为：$[\lambda] = 150$。

下柱计算长度：$L_x = 13.3m$，$L_y = 8.10m$。

长细比：$\lambda_x = 20 < [\lambda] = 150$，$\lambda_y = 39 < [\lambda] = 150$，满足要求。

③板件宽厚比验算。

本工程为轻屋盖厂房，根据《抗震规范》9.2.14 条，横向框架采用 2 倍地震效应增大系数进行计算，构件的强度和稳定均满足设计要求。因此，梁柱截面均可按 C 类截面的板件宽厚比限值验算。

A）上柱宽厚比。

翼缘宽厚比限值为：$[b/t] = 15\sqrt{235/f_y} = 12.4$。

翼缘宽厚比 $b/t = 12.12 < [b/t] = 12.4$，满足要求。

上柱选取最不利地震作用组合计算，$M=26\text{kN}\cdot\text{m}$，$N=276\text{kN}$（肩梁处）；或 $M=1105\text{kN}\cdot\text{m}$，$N=256\text{kN}$（柱顶），$\alpha_0=(1-\sigma_{min}/\sigma_{max})=0.44$（肩梁处）；1.86（柱顶）。上柱平面内长细比 $\lambda_x=34$，则上柱腹板宽厚比限值为：肩梁处 $[h_0/t_w]=(16\alpha_0+0.5\lambda+25)\sqrt{235/f_y}=41$；柱顶 $[h_0/t_w]=(48\alpha_0+0.5\lambda-26.2)\sqrt{235/f_y}=66$。

腹板宽厚比 $h_0/t_w=86.8>[h_0/t_w]$。在上柱设置纵向加劲肋减小腹板宽厚比，满足设计要求。

需要注意的是，由于上柱的受力特征，肩梁处宽厚比限值较严，但对应工况的实际应力很小；柱顶宽厚比限值较大，对应工况的实际应力较大。如按肩梁处的宽厚比限值控制，则明显偏于安全；如能保证肩梁处腹板在较小应力下不发生局部屈曲，也可按柱顶的宽厚比限值控制。

B）下柱宽厚比。

下柱为格构柱，单肢为轴向受力构件，按轴心受压构件确定翼缘和腹板的宽厚比限值。

翼缘宽厚比限值为：$[b/t]=(10+0.1\lambda)\sqrt{235/f_y}=12.5$（单肢长细比为 51）。

翼缘宽厚比 $b/t=9<[b/t]=12.5$，满足要求。

腹板宽厚比限值为：$[h_0/t_w]=(25+0.5\lambda)\sqrt{235/f_y}=41.7$。

腹板宽厚比 $h_0/t_w=39<[h_0/t_w]=41.7$，满足要求。

C）屋面梁宽厚比。

翼缘宽厚比限值为：$[b/t]=15\sqrt{235/f_y}=12.4$。

翼缘宽厚比 $b/t=9.1<[b/t]=12.4$，满足要求。

腹板宽厚比限值为：$[h_0/t_w]=130\sqrt{235/f_y}=107.3$。

腹板宽厚比 $h_0/t_w=106.8<[h_0/t_w]=107.3$，满足要求。

5. 纵向框架抗震验算

取纵向柱列按平面模型进行纵向支撑体系的结构计算。重力荷载代表值通过在模型相应位置设置附加重量实现。

地震作用计算时，采用振型分解反应谱法（此设计实例的情况也可按底部剪力法），阻尼比取 0.05。

下柱为 X 形支撑，长细比较大，按拉杆设计，不考虑其受压杆的刚度影响；上柱为 Λ 形支撑，均按压杆设计。按“中震”地震作用（“小震”作用的 2.8 倍）组合进行计算，上柱支撑压杆并不屈曲。因此，在计算时不再考虑支撑杆件屈曲后的地震作用效应对柱的影响。

1）荷载计算

(1) 柱顶重力荷载代表值：

屋面恒载	$0.7\times18\times30/2=189\text{kN}$
屋面雪载	$0.5\times0.2\times18\times30/2=27\text{kN}$
气楼	$5.0\times18/2=45\text{kN}$
女儿墙	$0.4\times18\times1.2=8.6\text{kN}$
合计	269.6kN

（2）柱肩梁处重力荷载代表值：

吊车梁系统　　100kN

封墙　　0. 4×17. 1×18＝123. 1kN

合计　　223. 1kN

（3）吊车桥架：

吊车 1 桥架　　800/2＝400kN

吊车 2 桥架　　1250/2＝625kN

（4）吊车纵向刹车力：

F＝（365×2+402）×0. 1＝113. 2kN

（5）山墙柱柱顶重力荷载代表值：

屋面恒载　　0. 55×18/2×30/2＝74. 3kN

屋面雪载　　0. 5×0. 2×18/2×30/2＝13. 5kN

女儿墙　　0. 4×18/2×1. 2+0. 4×30/2×1. 2＝11. 5kN

合计　　99. 3kN

（6）山墙柱肩梁重力荷载代表值：

吊车梁系统　　100/2＝50kN

封墙　　0. 4×17. 1×18/2＝61. 6kN

山墙　　0. 4×17. 1×30/2＝102. 6kN

合计　　214. 2kN

（7）左风荷载：不考虑风振，$\beta_z=1$

$q_{风}=\beta_z\mu_s\mu_z\omega_0 L$

1 轴下柱：$q_{风}$＝1×0. 8×1. 0×0. 6×30/2＝7. 2kN/m

13 轴下柱：$q_{风}$＝1×（−0. 5）×1. 0×0. 6×30/2＝−4. 5kN/m

1 轴上柱：$q_{风}$＝1×0. 8×1. 25×0. 6×30/2＝9. 0kN/m

13 轴上柱：$q_{风}$＝1×（−0. 5）×1. 25×0. 6×30/2＝−5. 6kN/m

1 轴女儿墙：$q_{风}$＝1×0. 8×1. 25×0. 6×30/2＝9. 0kN/m

13 轴女儿墙：$q_{风}$＝1×（−0. 5）×1. 25×0. 6×30/2＝−5. 6kN/m

（8）右风荷载：不考虑风振，$\beta_z=1$

$q_{风}=\beta_z\mu_s\mu_z\omega_0 L$

1 轴下柱：$q_{风}$＝1×（−0. 5）×1. 0×0. 6×30/2＝−4. 5kN/m

13 轴下柱：$q_{风}$＝1×0. 8×1. 0×0. 6×30/2＝7. 2kN/m

1 轴下柱：$q_{风}$＝1×（−0. 5）×1. 25×0. 6×30/2＝−5. 6kN/m

13 轴下柱：$q_{风}$＝1×0. 8×1. 25×0. 6×30/2＝9. 0kN/m

1 轴女儿墙：$q_{风}$＝1×（−0. 5）×1. 25×0. 6×30/2＝−5. 6kN/m

13 轴女儿墙：$q_{风}$＝1×0. 8×1. 25×0. 6×30/2＝9. 0kN/m

2）计算结果

（1）纵向刚架自振周期：

第 1 自振周期：0.652s，第 2 自振周期：0.309s。

（2）内力计算结果：

下柱支撑最大轴向拉力设计值 $N=507$kN（地震作用组合），上柱支撑最大轴向压力 $N=105$kN（地震作用组合），上柱支撑横梁最大轴向压力 $N=92$kN（地震作用组合）。

3）抗震验算

（1）变形验算。

纵向结构在各种荷载工况下的侧移结果见下表。各项侧移均满足设计要求。

表 34.4－3 水平位移验算

工况	肩梁处位移（mm）	相对位移	限值 [u/H]	柱顶位移（mm）	柱顶相对位移	限值 [u/H]
左风	2.9			3.3	1/5121	1/400
右风	2.9			3.3	1/5121	1/400
吊车纵向荷载	1.9	1/5447	1/400	1.9		
左地震作用	8.3			9.9	1/1724	1/250
右地震作用	8.3			9.9	1/1724	1/250

（2）构件强度和稳定验算。

厂房纵向框架的承载力验算由程序计算完成。对于地震作用组合，程序自动考虑承载力抗震调整系数（具体计算略）。

①下柱支撑。

截面内力：$N=507$kN（地震作用组合）。

压杆的长细比为：$\lambda_x=251>200$，不考虑压杆卸载效应的影响。

强度计算最大应力：$\sigma_{br}=103\text{N/mm}^2<0.75\times215/\gamma_{RE}=215\text{N/mm}^2$（考虑 0.85 的净截面系数，支撑应力比不超过 0.75），满足要求。

②上柱支撑。

压杆的长细比为：$\lambda_x=179$；稳定系数：$\varphi=0.227$；截面内力：$N=105$kN。

稳定计算最大应力：$N/\varphi A=105\text{N/mm}^2<0.75\times215/\gamma_{RE}=202\text{N/mm}^2$，满足要求。

③上柱支撑横梁。

按设防地震烈度（“中震”）地震作用组合进行计算，上柱支撑最大轴力 $N=259$kN。稳定计算最大应力：$N/(\varphi A)=260\text{N/mm}^2<215/\gamma_{RE}=269\text{N/mm}^2$。在设防地震作用组合下上柱支撑不屈曲，因此，不考虑压杆屈曲后横梁所受的不平衡力。

横梁在“小震”作用组合下的最大轴向压力：$N=89.5$kN。

稳定计算最大应力：$N/(\varphi A)=27.9\text{N/mm}^2<0.75\times215/\gamma_{RE}=202\text{N/mm}^2$，满足要求。

（3）支撑连接节点验算。

支撑连接按等强设计，极限承载力不低于支撑杆件全截面塑性承载力的 1.2 倍，具体验算略。

（4）抗震构造要求验算。

①支撑长细比验算。

A）下柱支撑长细比。

下柱X形支撑，按照《抗震规范》9.2.15条，并遵照钢结构设计规范，下柱支撑按抗拉设计，长细比限值为：$[\lambda]=300$。

下柱支撑计算长度（取对角线总长）：$L_x=19.74$m，$L_y=19.74$m。

下柱支撑长细比：$\lambda_x=251<[\lambda]=300$，$\lambda_y=24.3<[\lambda]=300$，满足要求。

B）上柱支撑长细比。

上柱支撑长细比限值为：$[\lambda]=200$。

上柱支撑计算长度：$L_x=11.25$m，$L_y=11.25$m。

上柱支撑长细比：$\lambda_x=179<[\lambda]=200$，$\lambda_y=31.0<[\lambda]=200$，满足要求。

C）上柱支撑横梁长细比。

上柱支撑横梁长细比限值为：$[\lambda]=150$。

上柱支撑横梁计算长度：$L_x=18.0$m，$L_y=18.0$m。

上柱支撑横梁长细比：$\lambda_x=144<[\lambda]=150$，$\lambda_y=49.0<[\lambda]=150$，满足要求。

②支撑板件宽厚比验算。

热轧槽钢截面为塑性设计截面，满足要求。

③与支撑连接的钢柱验算。

取支撑斜杆内力计算值的1.5倍，在下柱支撑施加于连接位置，经验算钢柱满足要求（具体计算略）。

6. 讨论

本设计实例中的抗震设防烈度为7度（0.1g）。如保持其他条件不变，假定抗震设防烈度为8度（0.2g），并采用地震效应调整系数为2（“小震”作用的2倍）验算，厂房横向框架构件的强度、稳定仍由非地震组合控制（见图34.4-5的弯矩包络图，与7度地震作用计算时几乎一致，地震组合不控制），构件的强度、稳定性验算等满足设计要求，梁柱截面仍可按C类截面的宽厚比限值控制。也就是说，当其他条件相同时，不论此厂房是建造在7度区还是建造在8度区，其耗钢量是一样的。

在假定设防烈度为9度（0.4g）时，厂房横向框架的强度、稳定应力是由地震组合控制的。如此时梁柱腹板衍选用C类截面，则可通过在潜在塑性铰区设置纵向加劲肋或局部增大腹板厚度，保证截面达到A类截面的延性性能，从而可采用较低的地震作用设计（“小震”）。当然也可增大截面保证结构在2倍的“小震”地震作用组合下的弹性超强能力，使其满足抗震设计的要求。

显然，9度区在我国的面积较小，大部分均为6~8度设防区。因此，轻型围护厂房在一般情况下均可按性能化设计的概念，按其地震作用大小选用合理的板件宽厚比，由此而可大量节约单位面积耗钢量，获得较好的经济性。

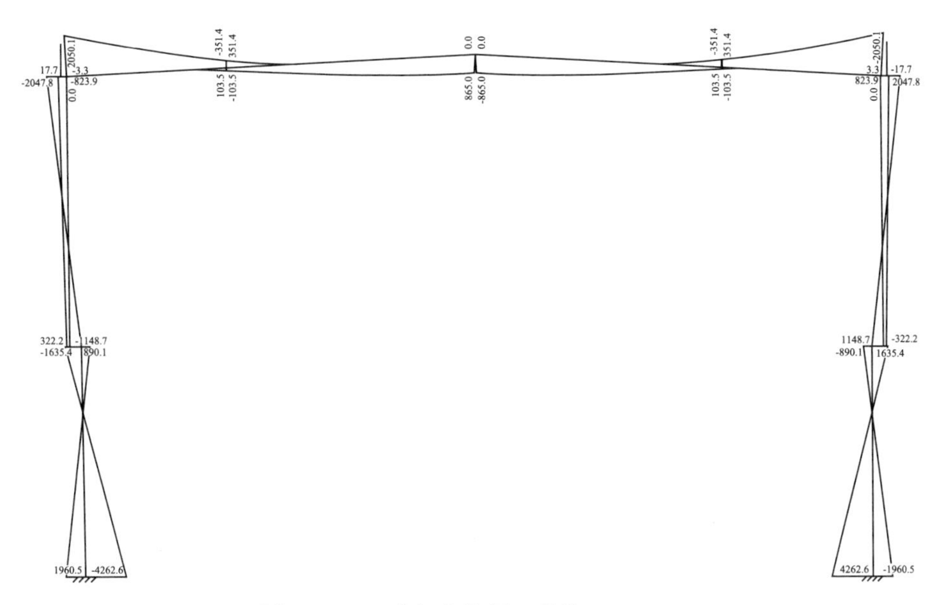

图 34.4－5 弯矩包络图（单位：kN · m）
（8 度地震作用，地震效应调整系数为 2 计算）

【例题二】 单层两跨厂房

1. 厂房概况及基本设计条件

（1）本设计实例为一单层两跨轻型围护厂房。厂房单跨跨度 36m，柱距 18m，总长 216m；檐口标高 223m，设有 3 台 35t 和 1 台 65t 桥式起重机，A7、A6 工作制。QU100 轨道，轨面标高 14.5m，肩梁顶面标高 10.8m。双坡屋面，坡度 1/20。具体详见厂房结构平面、立面和剖面图（图 34.4－6）。

（2）本建筑结构安全等级为二级，设计使用年限为 50 年，建筑抗震设防类别为丙类，基本设防烈度为 8 度，设计基本地震加速度值为 0.2g（第一组），场地类别为Ⅳ类，场地土特征周期 0.9s。

（3）厂房横向刚架的梁柱均采用 Q345B，纵向支撑采用 Q235B 钢材。

（4）计算采用中国建筑科学研究院编制的 PKPM 系列软件 STS。

2. 结构体系

厂房横向为梁柱刚接的钢框架体系。钢柱采用变阶柱，上柱为实腹式焊接 H 形截面，下柱采用焊接 H 形截面单肢与 T 形截面缀条组成的格构柱，边柱肢距 2m，中柱肢距 3m。厂房纵向在柱顶设置通长系杆，并在纵向长度 1/3 位置处各设置上下柱支撑，在端部设置上柱支撑，形成纵向抗侧力体系。

吊车梁系统，采用实腹式焊接 H 形截面简支梁，设置制动板、辅助桁架、下弦水平支撑形成制动结构。

屋面梁采用实腹式焊接 H 形截面，与柱端预留短梁现场拼接连接。檩条为高频焊 H 形钢，檩条间距 3m。屋面设置横向、纵向水平支撑以及隅撑，与檩条一起形成屋面支撑体系。

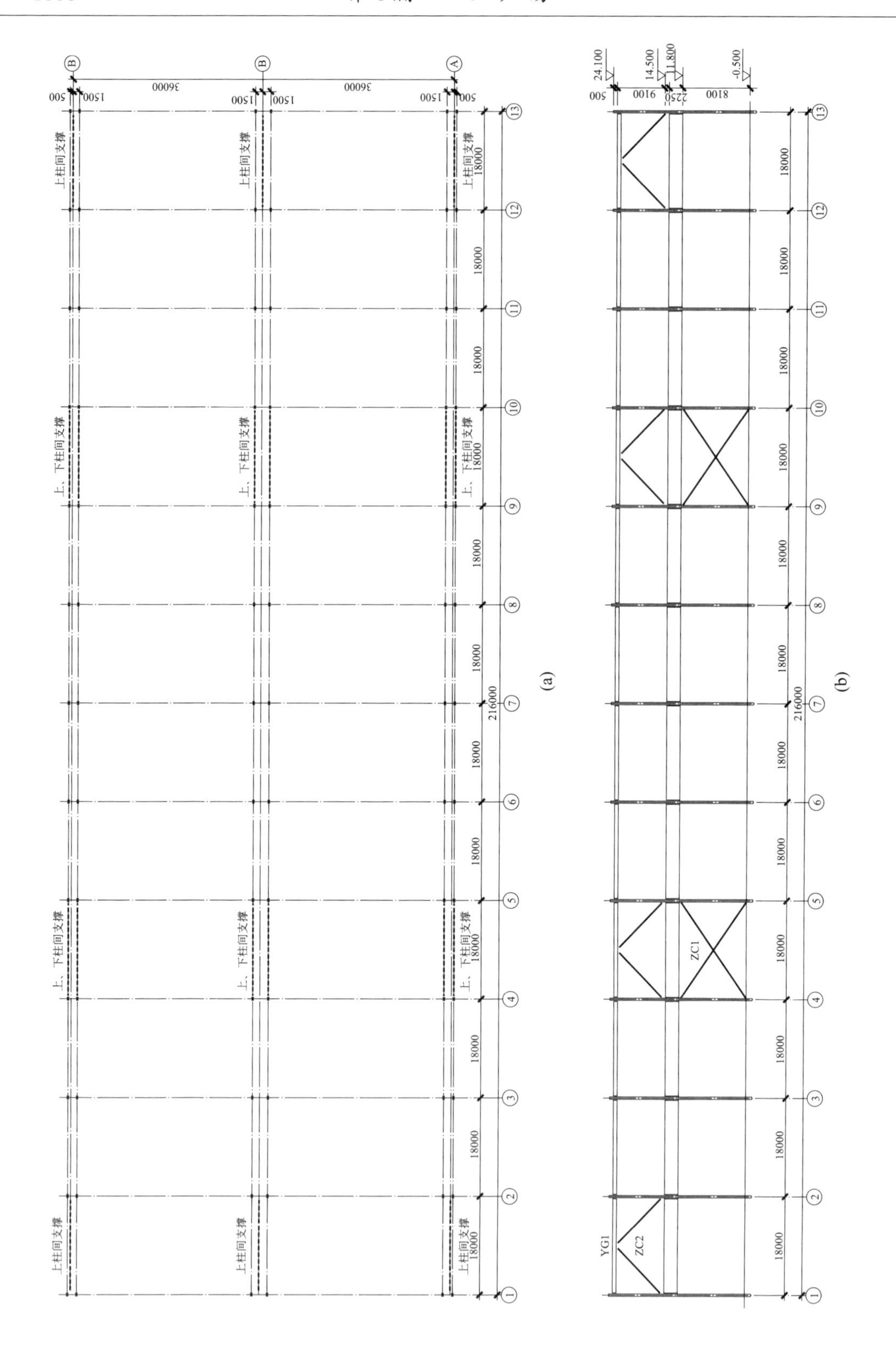
B
B
A
36000
36000
500
1500
1500
1500
1500
500
上柱间支撑
上、下柱间支撑
18000
216000
24.100
14.500
11.800
-0.500
9100
2250
8100
ZC1
ZC2
YG1
1
2
3
4
5
6
7
8
9
10
11
12
13

(a)

(b)

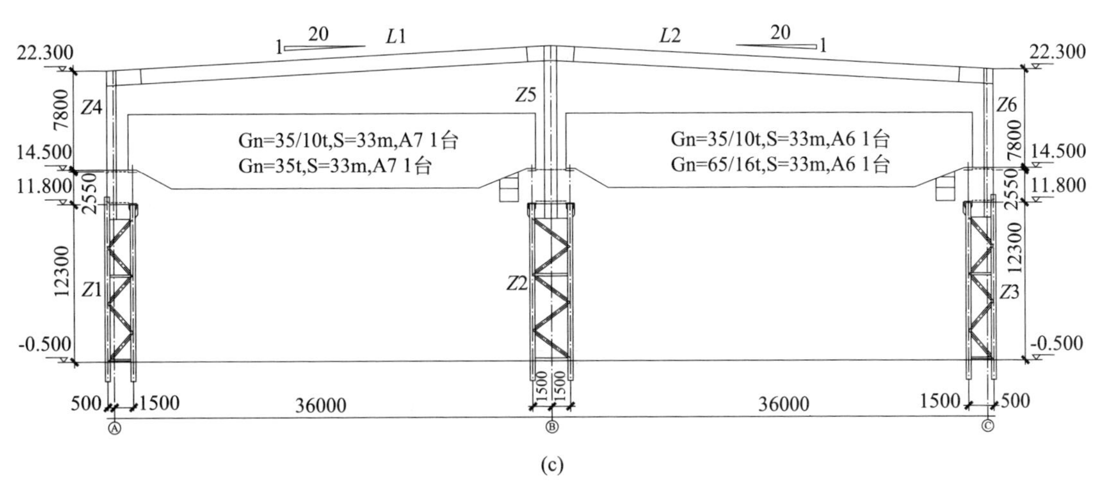

(c)

图 34.4-6　厂房结构平面、立面、剖面图

（a）平面图；（b）立面图；（c）剖面图

构件截面：

Z1、Z3：单肢为 H500×350×12×14 焊接 H 形截面的格构柱

Z2：单肢为 H500×350×12×18 焊接 H 形截面的格构柱

Z4、Z6：H800×400×10×18 焊接 H 形截面

Z5：H600×350×10×14 焊接 H 形截面

L1、L2：H1300×400×12×20 焊接 H 形截面

ZC1：[32a 双槽钢双片支撑，由角钢作为缀条形成格构式（B 轴线）

ZC2：[32a 双槽钢双片支撑，由角钢作为缀条形成格构式（B 轴线）

YG1：[32a 双槽钢双片支撑，由角钢作为缀条形成格构式（B 轴线）

屋面板采用单层彩色压型钢板。屋面设置横向成品气楼，每跨居中各布置一个，长度为 18m。

厂房四周设置墙架柱，纵墙墙架柱悬挂于吊车梁辅助桁架，山墙墙架柱悬挂于山墙抗风桁架。墙架柱之间设置冷弯薄壁型钢 C 形墙梁。墙面板采用单层彩色压型钢板。

3. 荷载

1）屋面荷载

（1）屋面恒载（横向刚架计算时）

单层屋面板自重	0.15kN/m^2
檩条及支撑自重	0.25kN/m^2
保温层荷载	0.15kN/m^2
合计	0.55kN/m^2

纵向计算时，取 0.7kN/m^2

（2）屋面活载（横向刚架计算时）	0.30kN/m^2
（3）屋面气楼	5.00kN/m
（4）雪荷载	0.20kN/m

本工程不考虑积灰荷载，因此，屋面可变荷载取屋面活载和雪荷载的较大值计算。

(5) 吊车检修走道活荷载　　2.0kN/m²

2) 吊车荷载

所在跨度	起重量及台数	工作级别	跨度 Lk (m)	轨顶标高 (m)	吊车总重 (kN)	小车重 (kN)	最大轮压 (kN)	钢轨型号	备注
Ⓐ~Ⓑ	35/10 吨 1 台	A7	33	14.5	1081	175	270	QU100	1575 1900 2900 1900 1575
	35 吨 1 台	A7	33	14.5	1081	175	270	QU100	1575 1900 2900 1900 1575
Ⓑ~Ⓒ	65/16 吨 1 台	A6	33	14.5	1372	235	370	QU100	2200 900 4400 900 2200
	35/10 吨 1 台	A6	33	14.5	1081	175	270	QU100	2400 900 4600 900 2400

3) 风载

基本风压　　0.6kN/m²

地面粗糙度 B 类，风载体型系数和风压高度系数按《建筑结构荷载规范》采用，不考虑风振影响。

4) 墙面恒载　　0.4kN/m²

5) 荷载组合

除《建筑结构荷载规范》规定的静力荷载组合外，考虑 1.2（重力荷载有利时取 1.0）×重力荷载代表值的效应+1.3×水平地震作用标准值的效应+1.3×竖向地震作用标准值的效应+0.2×风荷载标准值的效应（风荷载起控制作用时）的地震作用组合进行抗震验算。

4. 横向框架抗震验算

厂房结构平面规则，抗侧力刚度均匀，因此采用平面框架模型进行结构计算。

地震作用计算时，采用振型分解反应谱法（此设计实例的情况也可按底部剪力法），阻尼比取 0.05，考虑竖向地震作用。

由于厂房采用轻型围护，虽建设在 8 度区，但经过初步估算，风荷载引起的底部剪力大于“中震”地震作用的，适合按“弹性承载力超强”的思路进行性能化设计，并可取得较好的经济性。

因此，在横向刚架抗震计算时，采用地震效应调整系数 $\Omega=2.0$，钢结构构件截面的板件宽厚比采用 C 类。计算变形时，仍采用“小震”地震作用。

1）荷载计算

（1）屋面梁均布恒荷载：

$q_{恒}=0.55\times18=9.9kN/m$

$q_{气}=4.5kN/m$（气楼荷载，18m 长度范围，两跨居中布置）

（2）屋面梁均布活荷载：

$q_{恒}=0.30\times18=5.4kN/m$

（3）女儿墙恒载：

$P_{恒女}=0.4\times18\times1.2=8.6kN$

（4）天沟活载：

$P_{活天}=0.8\times0.3\times10\times18=43.2kN$

（5）吊车梁系统：

边柱：

$P_{恒吊}=100kN$

$M_{恒吊}=P_{恒吊}e=100\times0.5=50kN\cdot m$

中柱：

$P_{恒吊}=150kN$

（6）封墙荷载：

$P_{恒封}=0.4\times22.3\times18=161kN$

$M_{恒封}=P_{恒封}e=161\times0.5=81kN\cdot m$

（7）吊车检修走道活载：

边柱：

$P_{活检}=2\times2\times18=72kN$

$M_{活检}=P_{活检}e=72\times0.5=36kN\cdot m$

中柱：

$P_{活检}=3\times2\times18=108kN$

（8）吊车荷载：

AB 跨：

$D_{max}=1570.1kN$；$D_{min}=494.1kN$；$T_{max}=75.3kN$

吊车横向水平荷载与节点垂直距离：$L_t=2700mm$

BC 跨：

$D_{max}=1858.9kN$；$D_{min}=636.2kN$；$T_{max}=88.1kN$

吊车横向水平荷载与节点垂直距离：$L_t=2700mm$

（9）左风荷载：不考虑风振，$\beta_z=1$

$q_{风}=\beta_z\mu_s\mu_z\omega_0L$

Z1 柱：$q_{风}=1\times0.8\times1.14\times0.6\times18=9.85kN/m$

Z3 柱：$q_{风}=1\times(-0.5)\times1.14\times0.6\times18=-6.16kN/m$

Z4 柱：$q_{风}=1\times0.8\times1.42\times0.6\times18=12.27kN/m$

Z6 柱：$q_{风}=1\times(-0.5)\times1.42\times0.6\times18=-7.67kN/m$

左女儿墙：$q_{风}=1\times1.3\times1.42\times0.6\times18=19.94$kN/m

L1 梁：$q_{风}=1\times(-0.6)\times1.42\times0.6\times18=-9.2$kN/m

L2 梁：$q_{风}=1\times(-0.5)\times1.42\times0.6\times18=-7.67$kN/m

（10）右风荷载：不考虑风振，$\beta_z=1$

$q_{风}=\beta_z\mu_s\mu_z\omega_0L$

Z1 柱：$q_{风}=1\times(-0.5)\times1.0\times0.6\times18=-5.4$kN/m

Z2 柱：$q_{风}=1\times0.8\times1.0\times0.6\times18=8.64$kN/m

Z3 柱：$q_{风}=1\times(-0.5)\times1.25\times0.6\times18=-6.75$kN/m

Z4 柱：$q_{风}=1\times0.8\times1.25\times0.6\times18=10.8$kN/m

右女儿墙：$q_{风}=1\times1.3\times1.25\times0.6\times18=17.55$kN/m

L1 梁：$q_{风}=1\times(-0.5)\times1.25\times0.6\times18=-6.75$kN/m

L2 梁：$q_{风}=1\times(-0.5)\times1.25\times0.6\times18=-8.1$kN/m

2）计算结果

（1）横向刚架自振周期：

第 1 自振周期：1.19s，第 2 自振周期：0.456s。

（2）内力计算结果：

在所有工况组合下的弯矩、轴力和剪力包络图见图 34.4－7。

3）抗震验算

（1）变形验算。

表 34.4－4 水平位移验算

工况	肩梁处位移（mm）	相对位移	限值 [u/H]	柱顶位移（mm）	柱顶相对位移	限值 [u/H]
左风	23.2			38.8	1/588	1/400
右风	23.2			38.8	1/588	1/400
吊车水平荷载	4.2	1/2932	1/1250	6.7	1/3408	
左地震作用	8.6			24.1	1/944	1/250
右地震作用	8.6			24.1	1/944	1/250

各工况下的水平位移均满足规范要求。另外，地震作用下的侧移小于风荷载引起的侧移，即，风荷载作用效应远大于“小震”的地震作用效应。

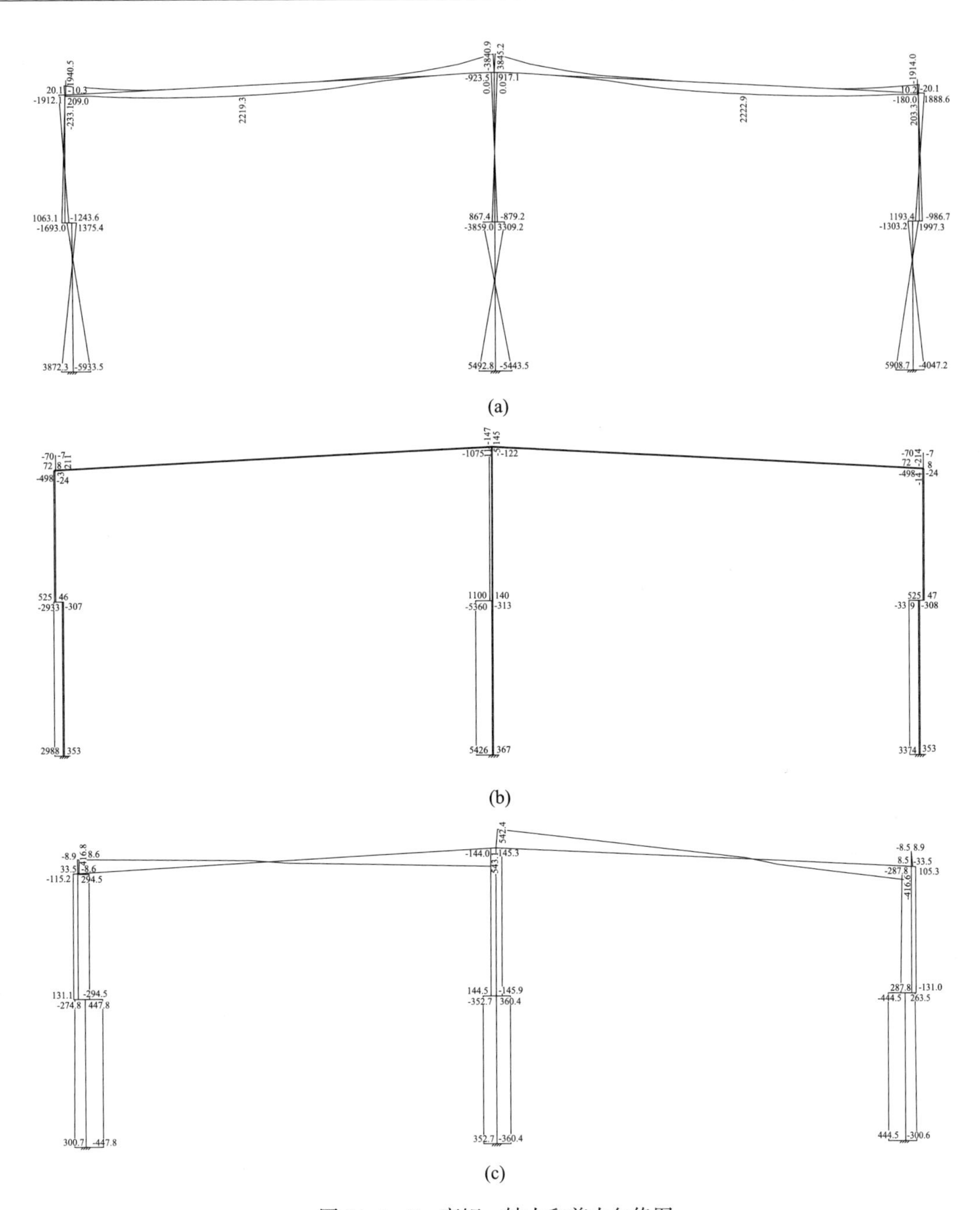

图 34.4-7　弯矩、轴力和剪力包络图

(a) 弯矩包络图（单位：kN·m）；(b) 轴力包络图（单位：kN）；(c) 剪力包络图（单位：kN）

表 34.4－5　屋面梁挠度验算

工况	挠度 (mm)	相对挠度	限值 [u/H]
活载	34.2	1/1054	1/500
恒+活	100.6	1/358	1/400

恒+活工况下屋面梁的挠度超出了设计限值。构件加工时起拱处理（起拱量按恒载挠度和活载挠度一半的和，即 83.5mm），屋面梁挠度满足设计要求。

（2）构件强度和稳定验算。

构件的承载力验算由程序完成，应力包络图（应力比）如图 34.4－8 所示。抗震验算时，程序自动考虑承载力抗震调整系数。

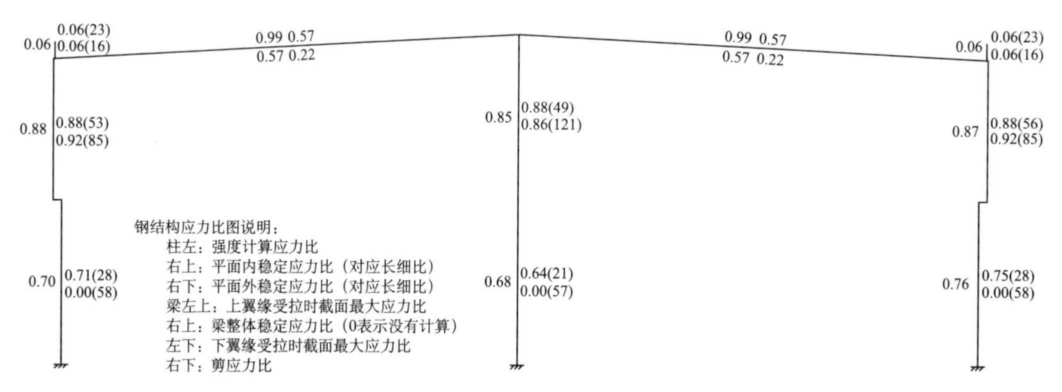

图 34.4－8　构件验算结果

（3）连接的极限承载力验算。

梁柱为刚性连接，采用柱顶预留短梁，现场梁—梁拼接的连接形式（图 34.4－9）。

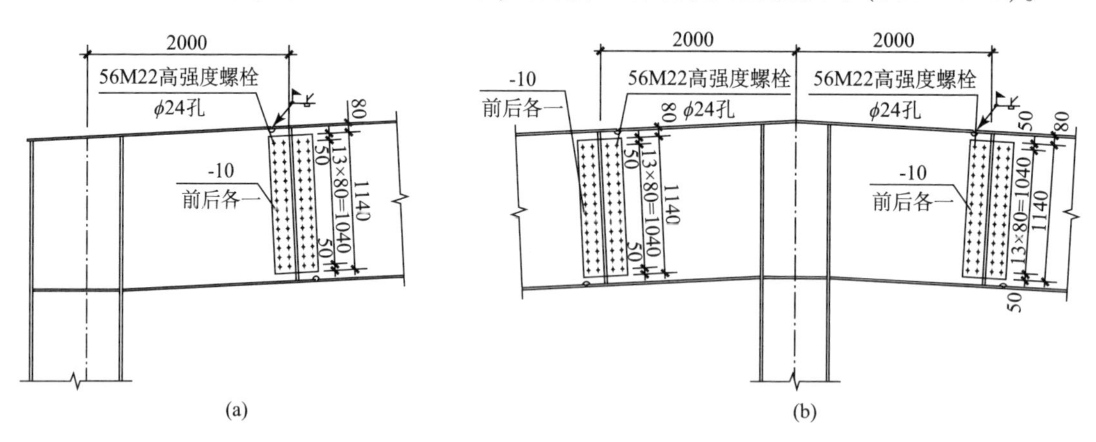

图 34.4－9　梁柱连接节点

（a）边柱节点；（b）中柱节点

翼缘采用全熔透坡口焊缝连接，保证截面弯矩在翼缘处传递；腹板采用摩擦型高强螺栓连接。梁—梁拼接满足弹性阶段受弯和受剪承载力的要求（具体计算略）。

①梁柱刚性连接极限承载力。

预留短梁采用焊缝与柱等强连接，梁柱刚性连接的受弯和受剪极限承载力验算略。

②梁—梁拼接的极限承载力。

根据《抗震规范》9.2.11 条，拼接处于潜在塑性铰区内，其极限承载力可按《抗震规范》8.2.8 条验算。

鉴于我国规范、手册中，未见有混合连接极限受弯承载力的验算方法，故本例参照 AIJ《钢结构限界状态设计指针》和 AIJ《钢结构接合部设计指针》的方法进行验算。

翼缘部分的承载力：$M_{fu}^{j}=470\times400\times20\times(1300-20)=4813\text{kN}\cdot\text{m}$。

腹板部分的承载力 M_{wu}^{j} 取腹板拼接连接板截面的塑性受弯承载力 M_{wu1}^{j} 和螺栓群考虑剪力影响后极限受弯承载力 M_{wu2}^{j} 的较小值。

$M_{wu1}^{j}=345\times(0.25\times20\times1140^{2})=2242\text{kN}\cdot\text{m}$

每颗腹板 10.9 级螺栓的极限受剪承载力取下列二者的较小值。

$N_{vu}^{b}=0.58n_{f}A_{e}^{b}f_{u}^{b}=0.58\times2\times303\times1040=366\text{kN}$

$N_{cu}^{b}=d\Sigma tf_{cu}^{b}=22\times12\times(1.5\times470)=186\text{kN}$

因此，取一颗高强螺栓的极限受剪承载力 $N_{u}^{b}=186\text{kN}$。

拼接处的剪力：

$V_{u}=1.2(2M_{pb}/l_{n})+V_{Gb}=1.2\times2\times325\times1.5\times10^{7}/(36-0.55-0.3)+341=674\text{kN}$。

每颗螺栓承担的剪力为 674/28=24.0kN。

考虑剪力影响后，每颗高强螺栓的极限承载力为$\sqrt{186^{2}-24.0^{2}}=184\text{kN}$。

$M_{wu2}^{j}=184\times2\times(1040+880+720+560+400+240+80)=1443\text{kN}\cdot\text{m}$

因此，取 $M_{wu}^{j}=1443\text{kN}$。

$M_{u}^{j}=M_{fu}^{j}+M_{wu}^{j}=4813+1443=6263\text{kN}\cdot\text{m}$

边柱处：

$\eta_{j}\min(M_{pc},M_{pb})=\eta_{j}M_{pc}=1.25\times325\times7.09\times10^{6}=2880\text{kN}\cdot\text{m}<M_{u}^{j}$，满足要求。

中柱处：

$\eta_{j}M_{pb}=1.25\times325\times1.5\times10^{7}=6094\text{kN}\cdot\text{m}<M_{u}^{j}$，满足要求。

（4）节点域验算。

边柱（节点域腹板厚度取为 12mm）：

$\alpha=764/1260=0.61$

$$\lambda_{s}=\frac{1260/12}{37.4\sqrt{4+5.34/0.61^{2}}}\sqrt{\frac{f_{y}}{235}}=0.79<0.8$$

按“弹性承载力超强”的思路进行节点域承载力验算。

$M_{b}^{\Omega}/V_{p}=1941\times10^{6}/(782\times1280\times12)=162\text{N/mm}^{2}<f_{v}/\gamma_{RE}=180/0.75=240\text{N/mm}^{2}$，满足要求。

中柱（节点域板厚同柱腹板，10mm）：

$\alpha=572/1260=0.45$

$$\lambda_s=\frac{1260/10}{37.4\sqrt{4+5.34/0.45^2}}\sqrt{\frac{f_y}{235}}=0.79<0.8$$

按“弹性承载力超强”的思路进行节点域承载力验算。

$(M_{bL}^{\Omega}+M_{bR}^{\Omega})/V_p=926\times10^6/(586\times1280\times10)=123\text{N/mm}^2<f_v/\gamma_{RE}=180/0.75=240\text{N/mm}^2$，满足要求。

（5）柱脚验算。

柱脚采用插入式柱脚，边柱插入深度 $d=1.25\text{m}$，中柱插入深度 $d=1.70\text{m}$，满足最小插入深度的抗震构造要求。

其他计算略。

（6）抗震构造要求验算。

①“强柱弱梁”验算。

单层厂房不需满足“强柱弱梁”的构造要求，不作验算。

②柱子长细比验算。

A）上柱长细比。

地震作用组合中，边柱最大轴力设计值 $N=436\text{kN}$，轴压比 $n=N/Af=0.07<0.2$；

中柱最大轴力设计值 $N=929\text{kN}$，轴压比 $n=N/Af=0.19<0.2$。

因此，按照《抗震规范》9.2.13条，取上柱长细比限值为：$[\lambda]=150$。

边柱上柱计算长度：$L_x=10.5\text{m}$，$L_y=7.95\text{m}$。

长细比：$\lambda_x=53<[\lambda]=150$，$\lambda_y=85<[\lambda]=150$，满足要求。

中柱上柱计算长度：$L_x=12.3\text{m}$，$L_x=9.75\text{m}$。

长细比：$\lambda_x=49<[\lambda]=150$，$\lambda_y=121<[\lambda]=150$，满足要求。

B）下柱长细比。

地震作用组合下，下柱的边柱轴压比 $n=N/Af=0.13<0.2$，中柱轴压比 $n=N/Af=0.198<0.2$。按照《抗震规范》9.2.13条，长细比限值为：$[\lambda]=150$。

下柱边柱计算长度：$L_x=25.1\text{m}$，$L_y=12.3\text{m}$。

长细比：$\lambda_x=28<[\lambda]=150$，$\lambda_y=58<[\lambda]=150$，满足要求。

下柱中柱计算长度：$L_x=26.1\text{m}$，$L_y=12.3\text{m}$。

长细比：$\lambda_x=21<[\lambda]=150$，$\lambda_y=57<[\lambda]=150$，满足要求。

③板件宽厚比验算。

根据前述性能化设计的规定，横向抗震计算时采用地震效应调整系数 $\Omega=20$，相应地，钢结构构件截面的板件宽厚比可采用C类。

A）上柱宽厚比。

翼缘宽厚比限值为：$[b/t]=15\sqrt{235/f_y}=12.4$。

边柱翼缘宽厚比 $b/t=10.8<[b/t]=12.4$，满足要求。

中柱翼缘宽厚比 $b/t=12.1<[b/t]=12.4$，满足要求。

边柱选取最不利地震作用组合计算，$M=898\text{kN}\cdot\text{m}$，$N=359\text{kN}$（肩梁处）；或 $M=$

53kN · m，N=239kN（柱顶）。a_0=（$1-\sigma_{min}/\sigma_{max}$）=1.79（肩梁处）；0.87（柱顶）。

上柱平面内长细比 λ_x=53，则腹板宽厚比限值为：肩梁处［h_0/t_w］=（$48\alpha_0+0.5\lambda-26.2$）$\sqrt{235/f_y}$=71；柱顶［$h_0/t_w$］=（$16\alpha_0+0.5\lambda+25$）$\sqrt{235/f_y}$=54。

边柱腹板宽厚比 h_0/t_w=76.4 >［h_0/t_w］。在上柱设置纵向加劲肋减小腹板宽厚比，满足要求。

由于本实例设防烈度为 8 度，且计算时采用了 2 倍的“小震”地震作用，肩梁处弯矩较大，宽厚比限值较大，反而柱顶的宽厚比限值较严，但同时这一工况下应力较小。如按柱顶的宽厚比限值控制，则明显偏于安全；如能保证柱顶腹板在较小应力下不发生局部屈曲，也可按肩梁处的宽厚比限值控制。

中柱选取最不利地震作用组合计算，M=669kN · m，N=834kN，α_0=（$1-\sigma_{min}/\sigma_{max}$）=1.58。上柱平面内长细比 λ_x=49，则上柱腹板宽厚比限值为：［h_0/t_w］=（$16\alpha_0+0.5\lambda+25$）$\sqrt{235/f_y}$=62。

中柱腹板宽厚比 h_0/t_w=57.2<［h_0/t_w］=62，满足要求。

B）下柱宽厚比。

下柱为格构柱，单肢为轴向受力构件，按轴心受压构件确定翼缘和腹板的宽厚比限值。

边柱翼缘宽厚比限值为：［b/t］=（$10+0.1\lambda$）$\sqrt{235/f_y}$=13.0（单肢长细比为 58）。

边柱翼缘宽厚比 b/t=12.1<［b/t］=13.0，满足要求。

边柱腹板宽厚比限值为：［h_0/t_w］=（$25+0.5\lambda$）$\sqrt{235/f_y}$=44.6。

边柱腹板宽厚比 h_0/t_w=39.3<［h_0/t_w］=44.6，满足要求。

中柱翼缘宽厚比限值为：［b/t］=（$10+0.1\lambda$）$\sqrt{235/f_y}$=14.1（单肢长细比为 71）。

中柱翼缘宽厚比 b/t=9.4<［b/t］=14.1，满足要求。

中柱腹板宽厚比限值为：［h_0/t_w］=（$25+0.5\lambda$）$\sqrt{235/f_y}$=49.9。

中柱腹板宽厚比 h_0/t_w=38.7<［h_0/t_w］=49.9，满足要求。

C）屋面梁宽厚比。

梁翼缘宽厚比限值为：［b/t］=$15\sqrt{235/f_y}$=12.4。

翼缘宽厚比 b/t=9.7<［b/t］=12.4，满足要求。

腹板宽厚比限值为：［h_0/t_w］=$130\sqrt{235/f_y}$=107.3。

腹板宽厚比 h_0/t_w=105<［h_0/t_w］=107.3，满足要求。

5. 纵向框架抗震验算

选取 B 列线进行纵向支撑体系的抗震验算。

重力荷载代表值通过在模型相应位置设置附加重量实现。地震作用计算时，采用振型分解反应谱法（此设计实例的情况也可按底部剪力法），阻尼比取 0.05。考虑到中间柱列纵向周期计算偏长，计算周期乘以 0.8 的系数折减。

下柱 X 形支撑按拉杆设计，上柱 Λ 形支撑按压杆设计。按“中震”地震作用（“小震”作用的 2.8 倍）组合进行计算，上柱支撑压杆并不屈曲，计算时不考虑支撑杆件屈曲后的地震作用效应对柱的影响。

1）荷载计算

（1）柱顶重力荷载代表值

屋面恒载	0. 7×18×36＝453. 6kN
气楼	4. 5×18/2×2＝81kN
屋面雪载	0. 5×0. 2×18×36＝64. 8kN
合计	599. 4kN

（2）柱肩梁处重力荷载代表值

吊车梁系统　150kN

（3）吊车桥架

吊车 1 桥架 3 台　3×1081/2＝1621. 5kN

吊车 2 桥架　1372/2＝686kN

（4）吊车纵向刹车力（按 2 台最大吊车计算）

F＝（370×2+370×2）×0. 1＝128kN

（5）山墙柱柱顶重力荷载代表值

屋面恒载	0. 55×18/2×36＝178. 2kN
屋面雪载	0. 5×0. 2×18/2×36＝32. 4kN
女儿墙	0. 4×36×1. 2＝17. 3kN
合计	227. 9kN

（6）山墙柱肩梁重力荷载代表值

吊车梁系统	150/2＝75kN
封墙	0. 4×27. 15×36＝391kN
合计	466kN

（7）左风荷载：不考虑风振，$\beta_z=1$

$q_{风}=\beta_z\mu_s\mu_z\omega_0 L$

1 轴下柱：$q_{风}$＝1×0. 8×1. 14×0. 6×36＝19. 7kN/m

13 轴下柱：$q_{风}$＝1×（−0. 5）×1. 14×0. 6×36＝−12. 31kN/m

1 轴上柱：$q_{风}$＝1×0. 8×1. 42×0. 6×36＝24. 54kN/m

13 轴上柱：$q_{风}$＝1×（−0. 5）×1. 42×0. 6×36＝−15. 34kN/m

1 轴女儿墙：$q_{风}$＝1×0. 8×1. 42×0. 6×36＝24. 54kN/m

13 轴女儿墙：$q_{风}$＝1×（−0. 5）×1. 42×0. 6×36＝−15. 34kN/m

（8）右风荷载：不考虑风振，$\beta_z=1$

$q_{风}=\beta_z\mu_s\mu_z\omega_0 L$

1 轴下柱：$q_{风}$＝1×（−0. 5）×1. 14×0. 6×36＝−12. 31kN/m

13 轴下柱：$q_{风}$＝1×0. 8×1. 14×0. 6×36＝19. 7kN/m

1 轴上柱：$q_{风}$＝1×（−0. 5）×1. 42×0. 6×36＝−15. 34kN/m

13 轴上柱：$q_{风}$＝1×0. 8×1. 42×0. 6×36＝24. 54kN/m

1 轴女儿墙：$q_{风}$＝1×（−0. 5）×1. 42×0. 6×36＝−15. 34kN/m

13 轴女儿墙：$q_{风}=1\times0.8\times1.42\times0.6\times36=24.54$kN/m

2）计算结果

（1）纵向刚架自振周期：

第 1 自振周期：0.648s，第 2 自振周期：0.324s。

（2）内力计算结果：

下柱支撑最大轴向拉力设计值 $N=1798$kN（地震作用组合），上柱支撑最大轴向压力 $N=472$kN（地震作用组合），上柱支撑横梁最大轴向压力 $N=439$kN（地震作用组合）。

3）抗震验算

（1）变形验算。

纵向结构在各种荷载工况下的侧移结果见下表。各侧移均满足设计要求。

表 34.4－6　水平位移验算

工况	肩梁处位移（mm）	相对位移	限值 [u/H]	柱顶位移（mm）	柱顶相对位移	限值 [u/H]
左风	9.2			10.1	1/2377	1/400
右风	9.2			10.1	1/2377	1/400
吊车纵向荷载	1.9	1/6474	1/400	1.9		
左地震作用	23.7			30.4	1/791	1/250
右地震作用	23.7			30.4	1/791	1/250

（2）构件强度和稳定验算。

对于框架柱和支撑承载力的校核均由程序计算完成。对于地震作用组合，程序自动考虑承载力抗震调整系数。纵向地震作用引起对框架柱的内力（应力）应按相应工况组合与横向框架的计算结果叠加考虑，校核框架柱的安全性（具体计算略）。

程序验算不能自动考虑交叉支撑中拉压杆共同作用和人字形支撑的极限承载力，下面通过下柱和上柱支撑的抗震承载力验算来说明具体的计算方法。

①下柱支撑。

截面内力：$N=1798$kN。

考虑相交受压杆的影响，计及压杆的卸载影响。压杆的长细比为：$\lambda_x=175$；稳定系数：$\varphi=0.236$。

考虑压杆卸载影响后的轴力：$N_t=N/(1+0.3\varphi)=1679$kN。

强度计算最大应力：$\sigma_{br}=204\text{N/mm}^2<0.75\times215/\gamma_{RE}=215\text{N/mm}^2$（考虑 0.85 的净截面系数），满足要求。

②上柱支撑。

压杆的长细比为：$\lambda_x=104$；稳定系数：$\varphi=0.529$；截面内力：$N=472$kN。

稳定计算最大应力：$N/(\varphi A)=108\text{N/mm}^2<0.75\times215/\gamma_{RE}=202\text{N/mm}^2$，满足要求。

③上柱支撑横梁。

按设防地震烈度（“中震”）地震作用组合进行计算，上柱支撑在设防地震作用组合下上柱支撑不屈曲，不考虑压杆屈曲后横梁所受的不平衡力。

横梁在“小震”作用组合下的最大压力：$N=439\text{kN}$。

稳定计算最大应力：$N/(\varphi A)=137\text{N/mm}^2<0.75\times215/\gamma_{RE}=202\text{N/mm}^2$，满足要求。

（3）支撑连接节点验算。

支撑连接按等强设计，极限承载力不低于支撑杆件全截面塑性承载力的 1.2 倍，具体验算略。

（4）抗震构造要求验算。

①支撑长细比验算。

A）下柱支撑长细比。

按照抗震规范 9.2.15 条，并遵照钢结构设计规范，下柱支撑长细比限值为：$[\lambda]=200$。

下柱支撑计算长度：$L_x=21.8\text{m}$，$L_y=21.8\text{m}$。

下柱支撑长细比：$\lambda_x=175<[\lambda]=200$，$\lambda_y=17<[\lambda]=200$，满足要求。

B）上柱支撑长细比。

上柱支撑长细比限值为：$[\lambda]=200$。

上柱支撑计算长度：$L_x=12.9\text{m}$，$L_y=12.9\text{m}$。

上柱支撑长细比：$\lambda_x=104<[\lambda]=200$，$\lambda_y=37<[\lambda]=200$，满足要求。

C）上柱支撑横梁长细比。

上柱支撑横梁长细比限值为：$[\lambda]=150$。

上柱支撑横梁计算长度：$L_x=18.0\text{m}$，$L_y=18.0\text{m}$。

上柱支撑横梁长细比：$\lambda_x=144<[\lambda]=150$，$\lambda_y=50<[\lambda]=150$，满足要求。

②支撑板件宽厚比验算。

热轧槽钢为塑性设计截面，满足要求。

6. 讨论

本设计实例中采用了 8 度地震设防，场地特征周期 0.9s，地震作用较大，但采用性能化设计仍可取得一定经济性。无疑，这一结果完全适用于 7 度设防的情况。

如果保持其他条件不变，截面仍采用 C 类，改变其抗震设防烈度为 9 度（$0.4g$），并采用地震效应调整系数为 2（2 倍的“小震”作用）进行厂房横向框架计算，框架柱受地震作用组合控制，现有的截面不满足承载力的要求。当然，此时仍可按 C 类截面的宽厚比限值控制，但需要适当加大截面实现弹性超强。由于此时地震作用已较大，也可通过控制潜在塑性铰区板件宽厚比或设置纵向加劲肋，增强框架的延性耗能能力，以采用折减的地震作用（1.5 倍或 1.0 倍的“小震”地震作用）进行抗震设计。设计人员可在上述两种设计思路中权衡、选择。

第35章　多层钢筋混凝土厂房

本章适用于多层钢筋混凝土竖向框排架厂房的抗震设计。考虑到框架与排架侧向连接组成的侧向框排架结构厂房，按《构筑物抗震规范》已经有明确的规定。本章不重复规定。

35.1　一 般 规 定

35.1.1　厂房结构的布置

（1）厂房的平面宜为矩形，立面宜简单、对称。

（2）在结构单元平面内，框架、柱间支撑等抗侧力构件宜对称均匀布置，避免抗侧力结构的侧向刚度和承载力产生突变。

（3）质量大的设备不宜布置在结构单元的边缘楼层上，宜设置在距刚度中心较近的部位，当不可避免时宜将设备平台与主体结构分开，或在满足工艺要求的条件下尽量低位布置。

（4）竖向框排架结构厂房排架跨，应符合下列要求：

①排架重心宜与下部结构刚度中心接近或重合，多跨排架宜等高等长。

②楼盖应现浇，顶层排架嵌固楼层应避免开设大洞口，其楼板厚度不宜小于150mm。保证该楼层具有足够水平刚度，使上部排架水平荷载有效传递。

③排架柱应竖向连续延伸至底部。

④顶层排架设置纵向柱间支撑处，楼盖不应设有楼梯间或开洞，柱间支撑斜杆中心线应与连接处的梁柱中心线汇交于一点。

⑤屋盖宜采用无檩屋盖体系；当采用其他屋盖体系时，应加强屋盖支撑设置和构件之间的连接，保证屋盖具有足够的水平刚度。

⑥纵向端部应设屋架、屋面梁或采用框架结构承重；不应采用山墙承重；排架跨内不应采用横墙和排架混合承重。山墙承重的结构形式，其属结构单元内有不同的结构形式，会造成刚度、荷载、材料强度不均衡。

35.1.2　结构抗震等级

多层混凝土结构设计中，抗震等级的确定是十分重要的。框排架结构厂房的框架部分应根据烈度、结构类型和高度采用不同的抗震等级。对于上下布置的竖向框排架结构，当设有仓储时，由于仓储竖壁的影响，打破了强柱弱梁的机制，地震中破坏较重，抗震等级的高度分界比普通框架降低 4m，即同样烈度下高于 20m 的框架提高一个抗震等级。

35.2 抗 震 计 算

1. 优先采用空间模型计算地震作用

多层厂房往往由于刚度、质量分布不均匀等，在地震作用下将产生显著的扭转效应，因此推荐采用空间结构模型计算地震作用，可较好地反映结构实际的地震效应。

2. 荷载组合值系数的确定

在地震时，成品或原料堆积楼面荷载、设备和料斗及管道内的物料等可变荷载的遇合概率较大，应根据行业特点和使用条件，取用不同的组合值系数。贮料的荷载组合值系数可取 0.9。

3. 高、重设备附加地震作用的计算

高大设备、料斗、贮仓的地震作用对结构构件和连接的影响不容忽视，其重力荷载除参与结构整体分析外，还应考虑水平地震作用下产生的附加弯矩，如料斗支承点不在节点处，应注意考虑附加弯矩和剪力验算支承梁的承载力。

$$F_s = \alpha_{max} \lambda G_{eq} \tag{35.2-1}$$

$$\lambda = 1.0 + H_x / H_n \tag{35.2-2}$$

式中 F_s——设备或料斗重心处的水平地震作用标准值；

α_{max}——水平地震影响系数最大值；

G_{eq}——设备或料斗重力荷载代表值：

λ——放大系数；

H_x——设备或料斗重心至室外地坪的距离；

H_n——厂房高度。

4. 异型节点的验算

工业建筑由于工艺布置特点，在某些部位左右梁截面高度不同，并且上下柱的截面也不同，形成变梁变柱的异型节点。有试验研究表明此类节点受力复杂，破坏模式多样。由于大梁荷载大、高度高、相对配筋量大。在大梁正弯矩作用下，受拉钢筋传入节点剪力一般远大于梁高差范围内的混凝土和箍筋的抗剪承载力，应进行该范围内的柱端抗剪承载力验算。当节点两侧梁高度差大于 1/4 大梁高，或梁高度差大于 500mm 时，应与一般节点不同，可能会产生小核心区或大小梁间柱端剪切破坏。为防止柱端剪切破坏，应按下式要求验算节点下柱抗震受剪承载力：

$$\frac{\eta_{jb} M_{b1}}{h_{01} - a'_s} - V_{col} \leqslant V_{RE} \tag{35.2-3}$$

9 度及一级时，尚应符合：

$$\frac{\eta_{jb} M_{b1ua}}{h_{01} - a'_s} - V_{col} \leqslant V_{RE} \tag{35.2-4}$$

式中　η_{jb}——节点剪力增大系数，一级取 1.35，二级取 1.2；

M_{b1}——较高梁端梁底组合弯矩设计值；

M_{b1ua}——较高梁端实配梁底正截面抗震受弯承载力所对应的弯矩值，根据实配钢筋面积（计入受压钢筋）和材料强度标准值确定；

h_{01}——较高梁截面的有效高度；

a_s'——较高梁端梁底受拉时，受压钢筋合力点至受压边缘的距离；

V_{col}——节点下柱计算剪力设计值；

V_{RE}——节点下柱抗震受剪承载力设计值。

5. 地震作用效应的调整和抗震验算

1）支承贮仓柱的内力调整。

震害表明，同等高度设有贮仓的比不设贮仓的框架在地震中破坏严重，采取增大内力调整的措施提高支承贮仓框架的承载力和延性，除按抗规六章要求调整外，再乘以增大系数 1.10，此调整仅对支承贮仓框架。

2）排架平台楼层框架节点的内力调整。

排架平台楼层是指顶层排架结构的下部支承楼层，该层中部框架节点应同于一般多层房屋顶层节点，明确连接排架柱节点的内力按《抗规》6.2.2 条调整。

3）排架柱间支撑下框架柱的内力调整。

排架设柱间支撑时，如支撑不向下延伸至下部框架，排架纵向地震作用将通过纵向柱间支撑传至下部框架柱，框架柱受力类似框支柱，其内力调整参照框支柱要求。

4）排架柱的弹塑性变形要求。

排架结构的弹性层间位移角根据吊车使用要求加以限制，严于抗震要求，因此以使用要求控制弹性层间位移角即可。弹塑性层间位移角可按 1/30 限制。

35.3　抗震构造措施

（1）支承贮仓的框架柱轴压比不宜超过《抗规》表 6.3.6 中框架结构的规定数值减少 0.05。

（2）支承贮仓的框架柱纵向钢筋最小总配筋率应不小于《抗规》表 6.3.7 中对角柱的要求。

（3）竖向框排架结构的顶层排架设置纵向柱间支撑时，与柱间支撑相连排架柱的下部框架柱。纵向钢筋配筋率、箍筋的配置应满足《抗规》6.3.7 条中对于框支柱的要求；箍筋加密区取柱全高。

（4）框架柱的剪跨比不大于 1.5 时，应符合下列规定：

①箍筋应按提高一级抗震等级配置，一级时应适当提高箍筋的要求。

②框架柱每个方向应配置两根对角斜筋（图 35.3－1），对角斜筋的直径，一、二级框

架不应小于 20mm 和 18mn，三、四级框架不应小于 16mn；对角斜筋的锚固长度，不应小于 40 斜筋直径。

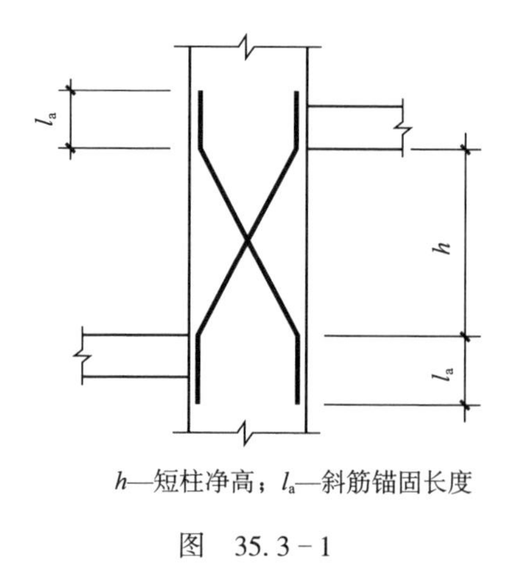

h—短柱净高；l_a—斜筋锚固长度

图　35. 3 - 1

（5）框架柱段内设置牛腿时，牛腿及上下各 500mm 范围内的框架柱箍筋应加密；牛腿的上下样段净高与柱截面高度之比大于 4 时，柱箍筋应全高加密。

35. 4　抗震计算例题

【例 35. 4】　竖向框排架结构多层筋混凝土柱厂房（图 35. 4 - 1）

有一位于 8 度Ⅱ类场地土的竖向框排架钢筋混凝土多层厂房，其结构布置及基本数据示于图 10. 4. 4 - 4。1~2 层为框架结构，顶层为单跨排架结构，框架柱距 6. 0×6. 0m，排架跨度 18m，设有 10t 桥式吊车一台。厂房屋盖采用钢屋架、预制大型屋面板。雪荷载为 0. 5kN/m²。二层楼面活荷载为 4kN/m²，设备等效均布恒荷载为 20kN/m²；三层楼面活荷载为 4kN/m²，设备等效均布恒荷载为 15kN/m²。屋盖重力荷载为 3. 5kN/m²，梁、柱的混凝土强度等级为 C30，围护结构为 240mm 砖境。设计地震分组为第一组。求厂房排架的横向地震作用。

【解】本例按平面框排架计算。

1. 荷载计算

重力荷载均按一个柱距单元进行计算，下同。

（1）屋盖结构重力荷载（G_r）：3. 5kN/m²

（2）雪载（G_{sn}）：0. 5kN/m²

（3）吊车梁重（G_b）：G_b = 30kN/根

（4）吊车桥架重（G_{cr}）

大车重 G = 164. 758kN，小车重 g = 35. 1kN

最大轮压 P_{max} = 11t，最小轮压 P_{min} = 2. 4t

吊车竖向荷载：D_{max} = 142. 937kN，D_{min} = 31. 186kN

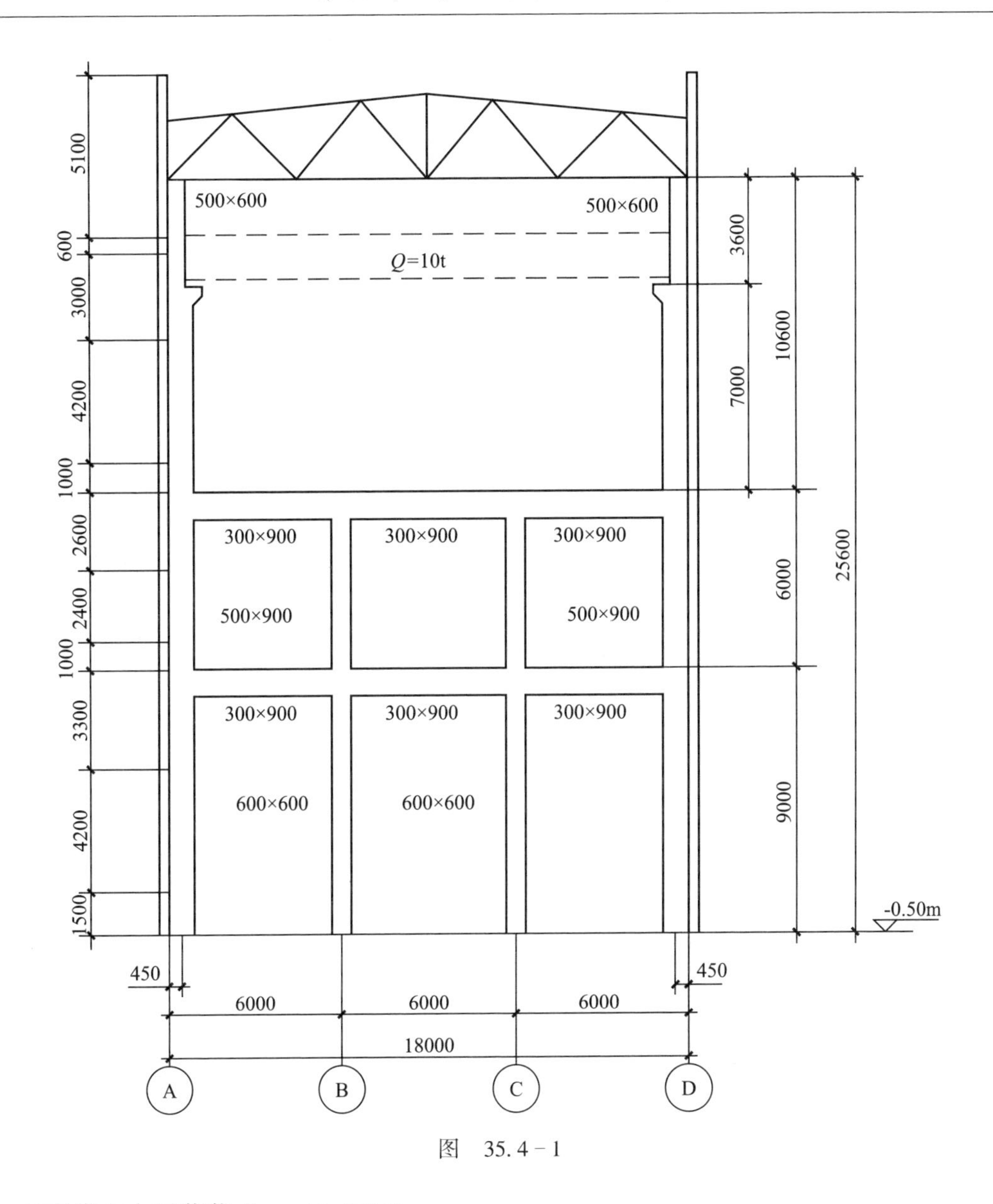

图　35.4－1

吊车横向水平荷载 $T_{max}=10.53kN$

（5）纵墙重（G_{w1}）

$G_{w1}=5.24\times(6.0\times6.0-2.4\times4.8)+2.4\times4.8\times0.45=138.8kN$

$G_{w2}=5.24\times(5.2\times6.0-4.2\times4.8)+4.2\times4.8\times0.45=66.9kN$

$G_{w3}=5.24\times(5.4\times6.0-0.6\times4.8)+0.6\times4.8\times0.45=156.0kN$

$G_{w4}=5.24\times3.3\times6.0=103.8kN$

2. 结构计算简图

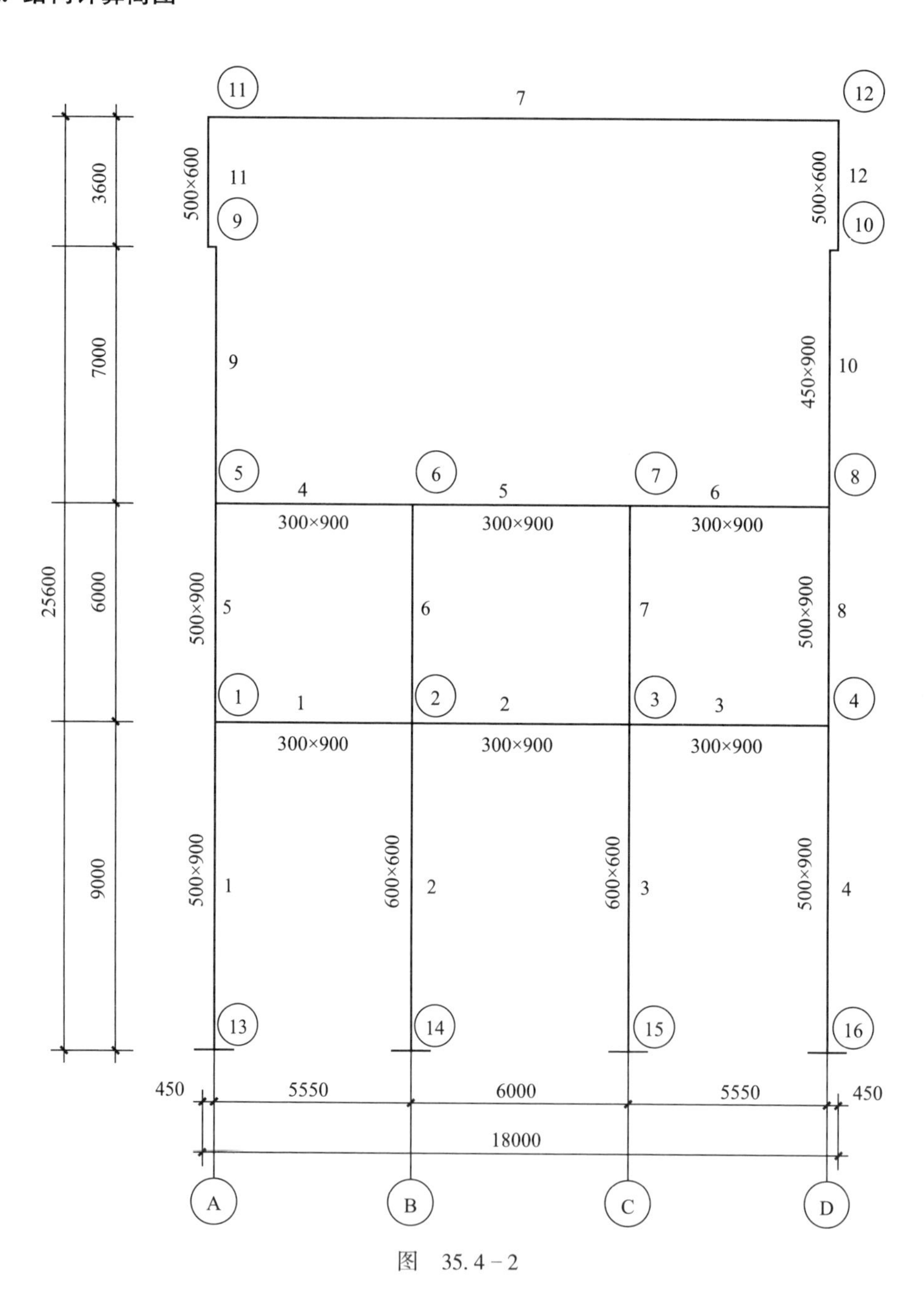

图　35.4－2

3. 计算结果

地震作用下（左震），弯矩图见 35.4－3

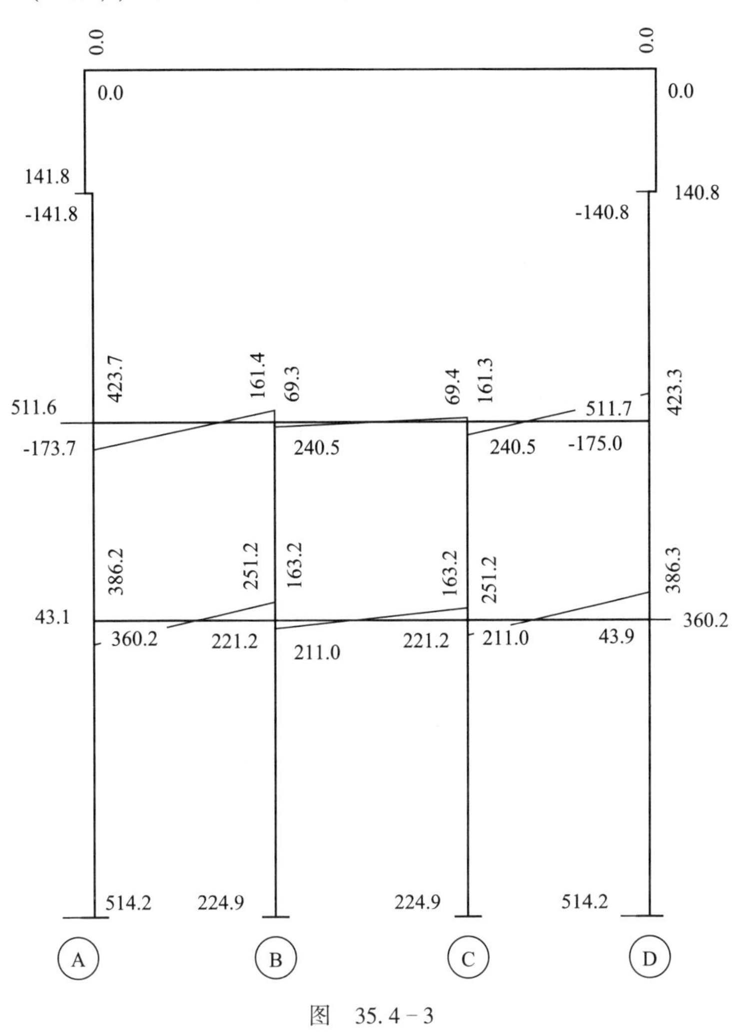

图　35.4－3

第 36 章　多层钢结构厂房

多层钢结构厂房与多高层钢结构房屋的主要区别，在于它特殊的功能需求，即满足工业设备运行、防护和操作的要求。多层钢结构厂房的范围很广，结构形式变化多端，既可以是单个设备或者罐体的支承结构厂房，也可以是炼钢车间、选矿车间等采用所谓“框排架”的大型钢结构厂房。

工业厂房的功能设计，围绕工业生产线的装备、设施的使用要求所展开。由于生产工艺不同，有些工业厂房体型较简洁，而有些则十分复杂，不规则性很强。不言而喻，对于复杂的多层钢结构厂房，若以多高层钢结构房屋抗震设计的规则性等要求度量，有时设计十分困难。因此，多层钢结构厂房的抗震设计，应重视结构布置优选，根据其具体的荷载特征、结构特点、荷载传递路径进行多方法的系统计算、比较分析、综合判断，并选择合理而恰当的抗震构造措施。

本章涉及的内容包括框架、支撑框架、框排架等结构体系的多层钢结构厂房，主要演引其中区别于单层钢结构厂房、多高层钢结构房屋抗震设计的特有内容和习惯做法。本章未阐述的多层钢结构的内容，可参考《抗震规范》第 8 章多层和高层钢结构房屋以及第 34 章的有关要求和规定。单层钢结构（即所谓的“框排架”厂房的“排架”部分）的内容，除本章另有说明者外，可遵照第 34 章单层钢结构厂房进行设计。

多层工业厂房非结构多。除了在本章有明确陈述的之外，有关非结构的抗震设计可参照《抗震规范》第 13 章的规定执行。

36.1　一 般 规 定

考虑到多层钢结构厂房受力复杂、体型不规则性强，其抗震等级的高度分界应比《抗震规范》第 8.1 节规定降低 10m。多层钢结构厂房的布置，除应符合《抗震规范》第 8 章以及第 34 章的有关要求外，尚应符合下列规定：

1. 对机械设备布置的要求

（1）重型设备宜尽量低位布置。

装料后的设备、料斗总重心应接近楼层的支承点处，可降低设备或料斗的地震作用对支承结构所产生的附加效应。

（2）当设备重量直接由基础承受，且设备竖向需要穿过楼层时，厂房楼层应与设备分开。设备与楼层之间的缝宽，不得小于防震缝的宽度。

显然，当细柔设备穿过楼层时，由于各楼层梁的竖向挠度难以同步，如采用分层支承，则各楼层结构的受力不明确。同时，在水平地震作用下，各层的层间位移对设备产生附加作用效应，严重时可损坏旋转设备。因此，如细而高的设备必须借助厂房楼层侧向支承才能稳定，则楼层与设备之间应采用能适应层间位移差异的柔性连接，或者采用其他措施。

但是，如某些设备（如大型料仓）与若干楼层连成整体，则这些设备与结构协同工作，应视作为结构的组成部分。

（3）楼层上的设备不应跨越防震缝布置；当运输机、管线等线型设备必须穿越防震缝布置时，应具有适应地震时结构变形的能力或防止断裂的措施。

2. 多层钢结构厂房布置的基本要求

（1）平面形状复杂、各部分框架高度差异大或楼层荷载相差悬殊时，应设防震缝或采取其他措施。当设置防震缝时，缝宽不应小于相应混凝土结构房屋的 1.5 倍。

防震缝缝宽与结构刚度紧密相关。在水平地震作用下，支撑框架相较于抗弯框架的位移要小。因此，必要时防震缝缝宽也可由计算确定，至少应保证遭遇设防烈度地震（中震）时不碰撞，并有足够的余地。

（2）工作平台结构与厂房框架可采用防震缝脱开布置；当与多层框架连接成整体时，平台结构的标高宜与多层框架的相应楼层标高协调一致。

（3）质量大的跨间（如料仓跨）宜靠近结构单元的刚度中心布置；避免重型设备（如料仓、通廊支点）布置在远离刚度中心的部位。

（4）竖向布置时，应协调楼（屋）面的标高，尽量避免在框架中形成短柱。

3. 围护系统

墙屋面围护材料，宜优先采用压型钢板等轻型板材。当采用其由材料的围护墙以及非承重内墙时，应符合下列要求：

（1）当采用预制钢筋混凝土墙板时，应与厂房柱柔性连接，其连接应具有足够的延性，以适应设防烈度下主体结构的变形要求。当不能采用柔性连接时，地震作用计算与构件的抗震验算均应计入其不利影响。

（2）砌体围护墙宜采用对主体结构变形约束较小的柔性连接，如紧贴柱边砌筑且与柱拉结等方式；当框架采用嵌砌墙体等非柔性连接时，其平面和竖向布置宜对称、均匀，并宜上下连续。

36.2　抗　震　计　算

多层钢结构厂房的抗震验算，除本章有规定或有专门说明的内容之外，可按《抗震规范》第 5 章、第 8 章、第 9 章的有关规定进行抗震验算。

36.2.1　基本要求

多层钢结构厂房，根据工业设备运行的需要，在一些区域局部设置楼层（平台）。楼层根据设备的功能要求进行设计，支承设备或提供到达设备的通道及操作空间等。因此，各楼层差异较大，即使同一标高的楼层的不同部位，也可能完全不同。

1. 抗震设计的注意要素

（1）不可轻易假定楼层必然将侧向地震作用传到柱间支撑开间。因为楼板开洞、部分缺失或中间变换楼面标高等任何一个因素，都可导致假定不成立。

（2）工业厂房的楼层开孔多，导致在厂房柱两个正交的方向，相同标高部位不一定都会存在侧向支承，因而柱的设计限制条件也很多。

（3）工业多层框架的层高、同楼层标高都不尽相同，从而容易出现抗震弱层（指承载力）、软层（指刚度）和薄弱环节。

（4）由于钢材屈服强度的离散性，有时 Q235 钢材的实际屈服强度 f_{ay} 要超过 Q345 的实际屈服强度。显然，这对抗震非常不利，可以颠覆延性耗能结构体系的前提条件（强柱弱梁、梁铰机制等基本假设），必须予以重视。因此，对于延性耗能结构的耗能区（最大应力区），钢材屈服强度必须限制其上限值 $f_{ay,max}$；对于框架构件的弹性区，钢材屈服强度公称值则是其下限值。

（5）存在管廊等大量的工业非结构和穿越楼层的设备，并与抗侧力框架主体交织在一起。因而结构抗震分析时，应充分考虑非结构和设备的不利影响，不应考虑非结构的有利作用。

概而言之，在多层钢结构厂房在进行抗震分析前，应恰当评估计算模型以及计算假设的合理性和适宜性。

2. 荷载

工业建筑存在大量不同于民用房屋的荷载，如热作用效应等工业特殊荷载，并且荷载及其组合值系数往往比较模糊。

多层钢结构厂房的检修、安装荷载的行业性强，有的楼面荷载很大，但大部分荷载却又仅存在于设备就位和安装过程中，属短期临时荷载，在安装或者检修完工后，就只有少量零件和操作荷载。显而易见，这类临时荷载与地震遇合的概率很低。因此，多层钢结构厂房设计时，应尽量按实际情况正确确定设备荷载的大小及其作用位置，尽量准确估计检修、操作荷载的大小，恰当评估热作用效应（如工业炉附近）等工业特殊荷载的作用，根据生产工艺特点，确定不同区域（如操作区、检修区、原料和成品堆放区、走道等）的设备、操作、检修、堆放和事故荷载分布图，用于计算分析。抗震规范要求：

（1）确定重力荷载代表值时，可变荷载应根据行业的特点，对楼面检修荷载、成品或原料堆积楼面荷载、设备和料斗及管道内的物料等，采用相应的组合值系数。

（2）直接支承设备、料斗的构件及其连接，应计入设备等产生的地震作用一般情况下，固定在楼层（不与其他楼层相连）的设备对支承构件及其连接产生的水平地震作用，可按第 32 章钢筋混凝土框排架结构厂房的规定计算；该水平地震作用对支承构件产生的弯矩、扭矩，取设备重心至支承构件形心的距离计算。

长期处于高温状态的框架，地震作用效应基本组合应计入温度作用。温度作用分项系数，γ_t 可采用 1.4，温度作用组合值系数，ψ_t 可取 0.6。

36.2.2　抗震计算

1. 计算模型

当结构布置规则时，可分别沿结构横向和纵向进行抗震验算。一般情况下，多层钢结构厂房应采用空间模型进行抗震分析。

体型复杂，质量分布、刚度分布明显不对称、不均匀的多层钢结构厂房，应采用不少于两个软件，选用符合实际的空间力学计算模型，进行较精细的抗震分析，估计局部应力集中、变形集中及扭转影响，判断易损部位，以采取合理的措施提高结构抗震能力。

1）计算模型的注意要点

抗震分析时，除了遵守常规框架的要求外，尚应注意如下多层钢结构厂房特有的要求：

（1）对于一些支承重型设备而跨度较大的框架梁，由于梁截面高大实施“强柱弱梁”的抗震概念有时很困难，或严重不经济，则须采用推覆法、时程分析法或其他有效方法，验证在地震作用下的安全性后才可放松要求。

（2）坐落在楼（屋）面、平台上，并伸出屋面的质量较大的烟囱、放散管等特种构筑物，宜作为厂房主体结构的一部分采用空间模型进行地震作用计算分析；并且，这些特种构筑物与厂房主体结构的连接，应采取适当的抗震构造措施。

（3）当料仓等设备穿过若干楼层并与厂房主体结构连接成为整体时，宜作为厂房主体结构的一部分，采用空间模型进行计算分析。

（4）钢筋混凝土楼板，当板面开孔较小且用抗剪连接件与钢梁连接成为整体时，需据具体情况考虑为刚性楼盖，或有限刚度楼盖。洞口较大时，应考虑为有限刚度楼盖。

（5）格构柱宜采用柱肢与腹杆铰接的计算简图，也可折算其刚度按单根构件处理；与柱刚接的桁架（屋架）宜采用杆件铰接桁架的计算简图。

（6）计算柱列支撑系统的抗侧刚度时，应按支撑在柱列中的道数和榀数计算支撑组合刚度。

2）计算阻尼比

多遇地震作用计算的阻尼比取 0.03~0.04；罕遇地震分析的阻尼比，可采用 0.05。

3）框架梁的截面惯性矩计算取值

（1）楼板为钢铺板时，采用钢梁本身的惯性矩 I_s。

（2）采用钢梁与混凝土组合楼盖时，框架梁可采用组合截面的惯性矩 I_{sc}。参与组合工作的楼板可作为梁翼缘的一部分计算弹性截面特性，其有效宽度 b_e 可按下式确定：

$$b_e = \min\{l/3,\ (b_0 + 12h_c),\ (b_0 + b_1 + b_2)\} \tag{36.2-1}$$

式中　l——框架梁的跨度；

b_0——框架梁上翼缘宽度；

h_c——楼板混凝土厚度；

b_1、b_2——分别为框架梁两侧楼板净跨之半，且不得大于楼板实际外伸宽度。

然而，实际参与组合的楼板有效宽度沿梁纵向是变化的。并且，遭遇地震作用时，楼板

的有效宽度 b_e 也随梁端弯矩（正或负）的变化而变化。据欧洲的文献，梁端为负弯矩（Hogging moments）时 $b_e \approx 0.15l$，正弯矩（Sagging moments）时 $b_e \approx 0.2l$。据日本的文献，当板跨大于梁跨之半时，连续梁取 $b_e \approx b_0+0.2l$，简支梁 $b_e \approx b_0+0.4l$。不言而喻，这些国外资料可供估计和校正组合截面的惯性矩 I_{sc}时参考。

当进行罕遇地震分析时，应考虑和评估楼板在反复承受拱曲弯矩和下凹弯矩作用下的工作状态。如估计楼板与钢梁的连接可能有较大破损，则不宜按式（36.2－1）考虑楼板与梁的共同作用。

（3）如钢梁与混凝土楼板的连接不满足组合楼盖的要求，则应根据具体情况适当考虑楼盖对钢梁计算惯性矩的增大作用。但进行罕遇地震分析时，一般可不考虑提高钢梁的计算惯性矩。

2. 多层框架

1）框架柱、梁的抗震承载力

多层钢结构厂房框架的抗震承载力验算，应考虑楼屋面开洞多、标高不一、跨度变化大等特征。因此，除了满足《抗震规范》多高层钢结构房屋中适用于多层钢结构厂房框架的有关规定外，对其特有部分尚应满足下列要求：

（1）多层厂房框架的楼（屋）面，当采用钢梁与混凝土板形成组合楼盖、钢梁上有抗剪连接件的现浇混凝土板、在梁的受压翼缘上密铺钢板且与其牢固连接时，可不进行框架梁的整体稳定性验算。否则，应进行框架梁的整体稳定性验算。

（2）多层厂房框架转换大梁的地震作用效应，应乘以不小于 1.2 的增大系数，其下的钢框架柱应乘以不小于 1.5 的增大系数。

（3）当采用纵横两个方向分别进行抗震验算时，框架角柱、纵横两向皆与竖向支撑连接的柱，其地震作用效应应乘以不小于 1.3 的放大系数。

2）连接节点

多层钢结构厂房框架的连接节点，除了应满足《抗震规范》第 8 章的规定以及第 34 章的规定外，尚应遵守下列要求：

（1）关于“强柱弱梁”。

“强柱弱梁”抗震概念，考虑的不仅仅是单独的梁柱连接部位，在更大程度上是反映结构的整体性能。推覆法分析表明，即使满足“强柱弱梁”的判别准则，框架的塑性铰也并不尽然出现在梁端。多层工业厂房中，有时混凝土楼板很厚，有时受工艺设备布置的限制，较难满足“强柱弱梁”框架的要求。于是，应着眼于结构整体的角度全面考虑和计算分析（参见本节计算模型），必要时可参照有关规范进行结构的能力设计。

①多层框架节点左右梁端和上下柱端的全塑性承载力，一般应满足下式（“强柱弱梁”准则）的要求：

$$\Sigma W_{pc}(f_{yc} - N_E/A_c) \geqslant \eta \Sigma W_{pb} f_{yb} \qquad (36.2-2)$$

式中　W_{pc}、W_{pb}——分别为交会于节点的柱和梁的塑性截面模量；

f_{yc}、f_{yb}——分别为柱和梁的钢材屈服强度；

N_E——地震组合的柱轴力；

η——强柱系数，一级或地震作用控制时，取 1.25；二级或 1.5 倍地震作用控制时，取 1.2；三级或 2 倍地震作用控制时，取 1.1。

②下列情况可不满足“强柱弱梁”要求：

A. 框排架单层部分的排架柱或多层结构顶层的框架柱。

B. 不满足式（36.2-2）的框架柱，沿验算方向的受剪承载力总和小于该楼层框架受剪承载力的 20%；且该楼层每一柱列不满足式（36.2-2）的框架柱的受剪承载力总和小于本柱列全部框架柱受剪承载力总和的 33%。

上述的柱列，定义为一个列线的柱列或垂直于该柱列方向平面尺寸 10%范围内的几列平行的柱列。

（2）刚性连接的节点域。

①鉴于多层钢结构厂房顶层和“排架”可不符合“强柱弱梁”准则，而容许其为“强梁弱柱”，因而刚性连接节点域承载力验算，应区分“强柱弱梁”节点和“强梁弱柱”节点。

②节点域承载力的验算公式，见第 34 章单层钢结构厂房。设计时，可以采用《抗震规范》第 8 章多层和高层钢结构房屋的有关公式验算，也可以采用第 34 章“基于节点域腹板宽厚比的节点域承载力”验算方式。

H 形和箱形截面节点域腹板的体积 V_p 的计算公式见第 34 章。

对于多层钢结构厂房中常用的十字形截面（图 36.2-1），其节点域腹板的体积 V_p 可按下式计算：

$$V_p = \frac{\left(\frac{h_{b1}}{b}\right)^2 + 2.6\left(1 + \frac{bt_f}{h_{c1}t_w}\right)}{\left(\frac{h_{b1}}{b}\right)^2 + 2.6} h_{b1}h_{c1}t_w \tag{36.2-3}$$

式中　h_{b1}——梁翼缘中心线之间的高度；

h_{c1}——柱翼缘中心线之间的距离；

t_w——节点域腹板厚度。

③当节点域采用衬贴钢板或设置斜向加劲肋时，宜按下列要求进行设计：

A. 采用节点域衬贴钢板加强时，据 AIJ《钢结构塑性设计指针》，如贴焊于腹板的钢板与柱翼缘之间有空隙，则应考虑衬贴钢板的效率系数，一般可取 0.8。即衬贴钢板的计算厚度需除以 0.8 予以增厚。但衬贴钢板与翼缘板焊接时，效率系数取 1。

B. 当设置斜向加劲肋（图 36.2-2）时，其截面积可按式（36.2-4）计算确定。

$$A_d \geqslant \frac{1}{\cos\theta}\left(\frac{M_{pbL} + M_{pbR}}{h_{b1}} - \frac{V_{cT} + V_{cB}}{2} - t_w h_{c1} f_{yv}\right)\frac{1}{f_{d,\ y}} \tag{36.2-4}$$

式中　M_{pbL}、M_{pbR}——分别为与节点域左、右连接的梁的全塑性受弯承载力；

V_{cT}、V_{cB}——分别为节点域的下部钢柱的柱顶剪力、上部钢柱的柱底剪力；

h_{b1}、h_{c1}——分别为梁翼缘中心线之间的距离、柱翼缘中心线之间的距离；

A_d——斜向加劲肋的总截面面积，一般应双侧布置；

$f_{d,y}$——斜向加劲肋钢材的屈服强度；

θ——斜向加劲肋的倾角。

式（36.2-4）中，为简化计算并偏向安全，通常略去上下钢柱的剪力 V_{cT}、V_{cB}。

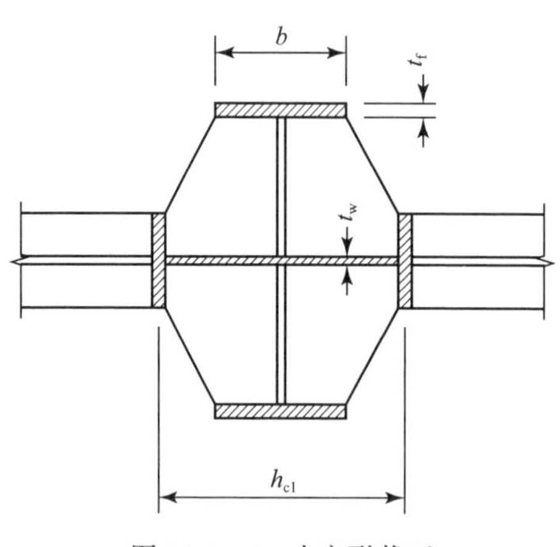

图 36.2-1　十字形截面

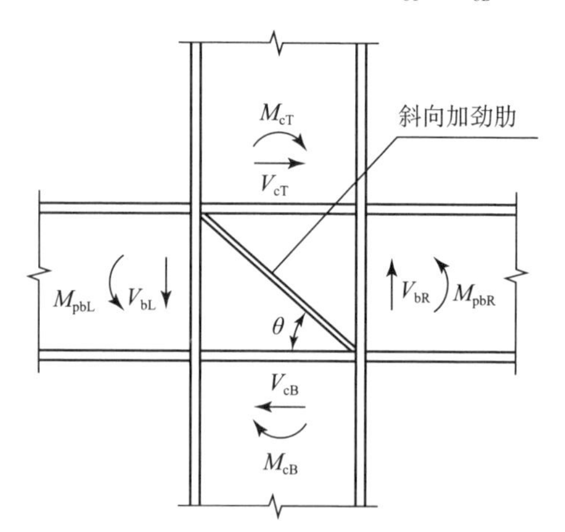

图 36.2-2　节点域的斜向加劲肋

（3）框架梁端形式。

多层工业厂房的楼板有时很厚，框架梁也易遭受碰撞。因此，在决定采用 RBS（翼缘削弱梁）形式前应评估其适用性。美国的 RBS 形式主要用于其“特殊抗弯框架”，即 RBS 形式主要适用于按“延性耗能”抗震思路设计而采用塑性设计截面的框架梁。

梁翼缘宽度减小，可以起到延迟翼缘局部屈曲的作用，但腹板屈曲和弯扭屈曲的可能性增加。减小梁翼缘宽度后，通常是腹板首先屈曲，然后是弯扭屈曲和翼缘局部屈曲。然而，有的多层钢结构厂房框架的柱截面较大，其翼缘外伸长度也大，RBS 形式的弯扭屈曲容易引起钢柱很大的扭矩效应。因而 RBS 形式附近应设置侧向支承以减小钢柱的扭转效应。

不言而喻，如果对 RBS 的适用性评估存异议，则宜采用其他节点加强形式。梁端节点加强形式较多。对于多层工业厂房，从改善抗震性能的角度和实用的角度考虑，采用梁端加腋连接是合理的。图 36.2-3 表示梁端腹板加腋和翼缘加腋形式及其设计概念图。图中，水平梁段下翼缘可据具体要求延伸到柱翼缘。

一般情况下，腹板加腋长度不宜小于梁截面高度，腹板加腋后的最大截面高度不宜大于梁截面高度的 2 倍，并加腋拐点处的腹板均应设置横向加劲肋。

（4）框架塑性耗能区支撑。

按“延性耗能”抗震思路设计的框架塑性耗能区，如预期遭遇强烈地震时出现塑性铰，则为了保证塑性铰在转动过程中维持极限受弯承载力，既要避免板件局部屈曲，也要避免梁的侧向扭转屈曲。因此，在耗能梁区上下翼缘应设置侧向支承，侧向支撑杆的轴力设计值不应小于 $0.02A_f f$（A_f 为翼缘板截面积），以防止梁的扭转屈曲发生。该支承点与相邻支承点间构件的长细比 λ_y 应符合下列要求：

当 $-1\leqslant\dfrac{M_1}{W_{px}f}\leqslant 0.5$ 时：

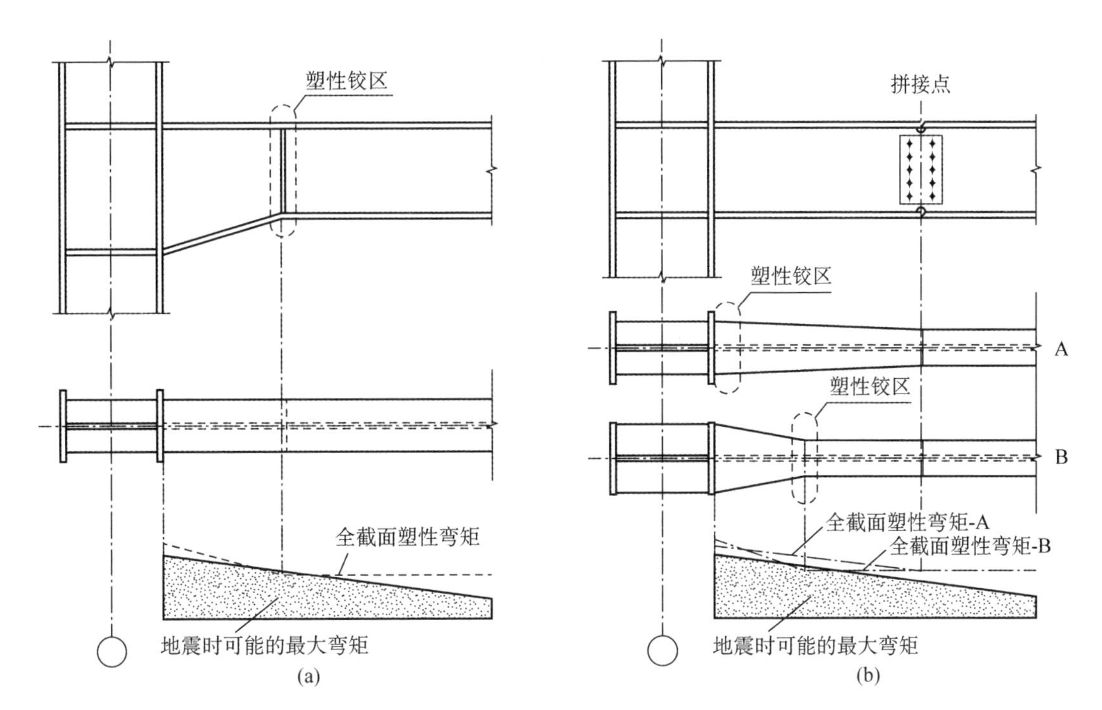

图 36.2－3 框架梁端加腋形式

（a）梁端腹板加腋；（b）梁端翼缘加腋

$$\lambda_y \leqslant \left(60 - 40\frac{M_1}{W_{px}f}\right)\sqrt{\frac{235}{f_y}} \tag{36.2-5a}$$

当 $0.5<\dfrac{M_1}{W_{px}f}\leqslant 1.0$ 时：

$$\lambda_y \leqslant \left(45 - 10\frac{M_1}{W_{px}f}\right)\sqrt{\frac{235}{f_y}} \tag{36.2-5b}$$

式中 λ_y——弯矩作用平面外的长细比，$\lambda_y = l_1/r_y$；

l_1——侧向支承点间的距离；

r_y——截面回转半径；

M_1——与塑性铰相距为 l_1 的侧向支承点处的弯矩；当长度 l_1 内为同向曲率时，$M_1/W_{px}f$ 为正，反之则为负；

W_{px}——对 x 轴（H 形、工字形截面 x 轴为强轴）的塑性截面模量。

塑性耗能区外的框架梁，侧向支承点间距应按弯矩作用平面外的整体稳定性计算确定。

（5）框架梁端腹板的纵向加劲肋。

多层工业厂房的框架梁有时很高，为了形成梁铰机制，其塑性耗能区的板件宽厚比要求严格，梁腹板往往需要采用较厚的钢板。众所周知，板件宽厚比是控制钢结构厂房框架耗钢量的关键要素。

国内外对于钢框架刚性连接节点静力和拟静力性能的研究较多，但钢框架梁设置纵向加劲肋后截面的抗震性能，尚未发现有研究文献报道。美国 FEMA-350 提到“虽然腹板可设置纵向加劲肋限制局部屈曲，但加劲肋可能对连接性能有不利影响”。日本 BCJ 规范也述及“如设置纵向加劲肋能达到 *FA*、*FB* 截面等级的同等性能，则可降低腹板厚度”。但 BCJ 规范没有提到如何评价“同等性能”，日本的实际建筑工程设计也几乎不考虑采用设置纵向加劲肋的方式。

据“工业建筑钢结构抗震设计成套技术研究”（上海市优秀学科带头人计划项目，课题编号：09XD1420500）和“腹板加肋框架梁柱刚性节点抗震性能研究（《钢结构设计标准》国家标准管理组科研专项课题，课题编号：GB 500172010-08）进行的 5 个梁柱刚性连接构件滞回性能试验结果，在框架梁端腹板（弹性设计截面，即 C 类截面）塑性耗能区设置纵向加劲肋后，可达到塑性设计截面（即 A 类截面）的延性性能要求。

在 C 类截面梁（规格 H550×150×4.7×10，腹板宽厚比 113）的潜在塑性耗能区腹板中部设置一道纵向加劲肋后，其延性性能（图 36.2-4b）相较于未设置纵向加劲肋的刚性连接构件（图 36.2-4a），已大为提高，达到不低于 A 类截面（规格 H550×150×8×10，腹板宽厚比 66）的延性性能要求（图 36.2-4e）

在同样规格梁柱连接的梁腹板设置两道纵向加劲肋后，其延性性能远好于 A 类截面（图 36.2-4c）。介于 A 和 C 类截面之间的中间截面梁（H550×150×6×10，腹板宽厚比 88），在腹板中部设置一道纵向加劲肋后，其延性性能（图 36.2-4c）要优于 A 类截面的。

据上述试验曲线，在框架塑性耗能区设置纵向加劲肋可以较大改善其延性性能。无须赘述，多层钢结构厂房框架在梁端耗能区腹板适宜于设置纵向加劲肋，不仅降低耗钢量，提供抗震性能，而且也简化设计。

3. 柱间支撑框架系统

1）柱间支撑框架系统的承载力

（1）支撑斜杆的应力比限值。

多层框架的支撑布置往往受工艺要求制约，有时不能按照结构最合理的要求设置，故在柱间支撑进行弹性阶段设计时就应控制支撑斜杆的应力比。《抗震规范》规定：支撑杆件应力比不宜大于 0.80。然而，如果受力分析时未计入框架柱身承重产生的轴向压缩变形所致的支撑斜杆产生附加应力，则应力比不宜大于 0.75。

（2）柱间支撑框架系统的承载力。

一般情况下，柱间支撑框架系统（包括柱间支撑及其相连的钢柱）应进行支撑斜杆屈曲前、后的承载力验算。诚然，如按设防烈度地震动参数进行抗震分析，支撑斜杆不进入屈曲状态工作，则可不考虑支撑斜杆屈曲后支撑系统的承载力验算。

与柱间支撑连接的钢柱，应据具体情况综合判断，适当考虑放大支撑斜杆传递来作用力，以弥补按常遇地震计算的支撑斜杆在遭遇强烈地震时屈服耗能等，使钢柱的轴向压力增大，从而引起钢柱无侧移失稳。

柱间支撑连接的承载力要求，一般可按第 34 章进行设计，或者参照《抗震规范》第 8 章的规定执行。

（3）柱间支撑的计算长度。

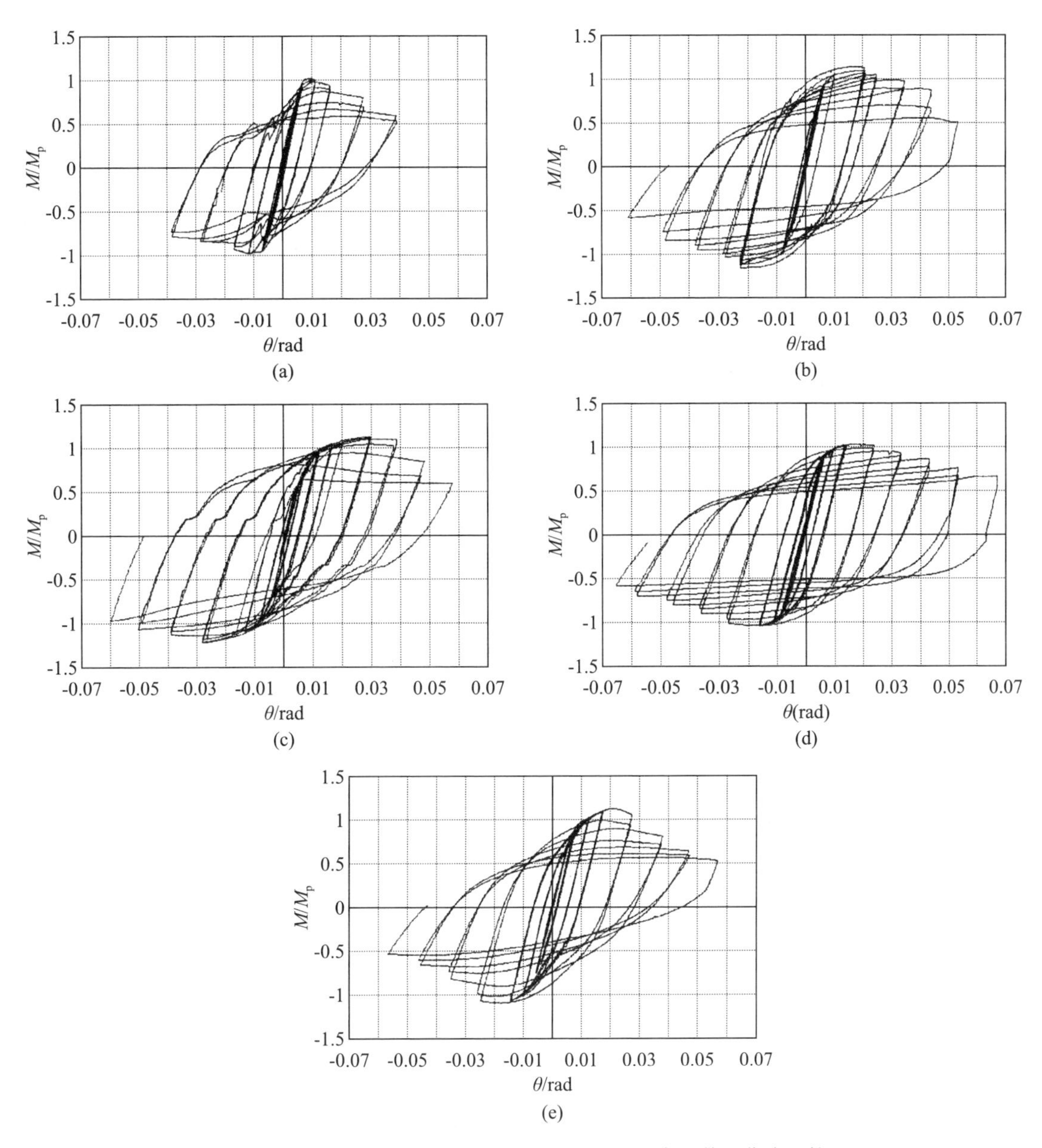

图 36.2－4　梁端腹板设置和不设置纵向加劲肋的滞回曲线比较

（a）C 类截面未置加劲肋的荷载—转角曲线（H550×150×4.7×10，腹板宽厚比 113）；

（b）C 类截面置一道纵向加劲肋的荷载转角曲线（H550×150×4.7×10）；

（c）C 类截面配置两道加劲肋的荷载转角曲线（H550×150×4.7×10）；

（d）中间截面配置纵向加劲肋的荷载转角曲线（H550×150×6×10）；

（e）A 类截面的荷载—转角曲线（H550×150×8×10，腹板宽厚比 66）

抗震中心支撑屈曲后计算长度的研究资料较少。多层钢结构厂房有时采用粗壮的柱间支撑，所以需要考虑支撑斜杆屈曲后的杆端约束系数的影响。理论上柱间支撑屈曲前、后的杆端约束系数不尽相同，参考日本 AIJ-LSD 等有关资料，实用上柱间支撑的计算长度可按下列要求计算：

①V 或 Λ 形支撑、对称布置的单斜杆支撑，如支撑斜杆截面较大，而和框架采用直接焊接等刚性连接的情况，相当于支撑与节点固结，而可近似取 $l_0 \approx l_B \approx 0.6l_i$（$l_0$ 为支撑斜杆屈曲前的计算长度；l_B 为支撑斜杆屈曲后的计算长度；l_i 为支撑斜杆的几何总长）：而如采用节点板连接、连接抗弯刚度较小的情况，可近似取 $l_0 \approx l_B \approx 0.8l_i$。

②一般情况下，X 形支撑斜杆截面比之梁柱截面要小得多，故对称 X 形柱间支撑的计算长度，按压杆设计时，可取 $l_0 \approx l_B \approx 0.5l_i$，即取 X 形支撑中间交叉点到支撑斜杆杆端的长度；按拉杆设计时，取 $l_0 \approx l_B = l_i$。

2）柱间支撑斜杆的附加应力

X 形、V 或 Λ 形支撑杆端与梁柱交会处，框架柱身承重而产生轴向压缩变形。钢柱和支撑变形协调，引起支撑斜杆产生附加的变形和应力。按照常规的施工安装次序，当多层钢结构厂房竖向荷载较大或层数较多时，不可忽视支撑承受的这种附加应力。因此，如计算中支撑斜杆未计入此附加应力，则应按下列公式计算支撑斜杆中的附加应力。

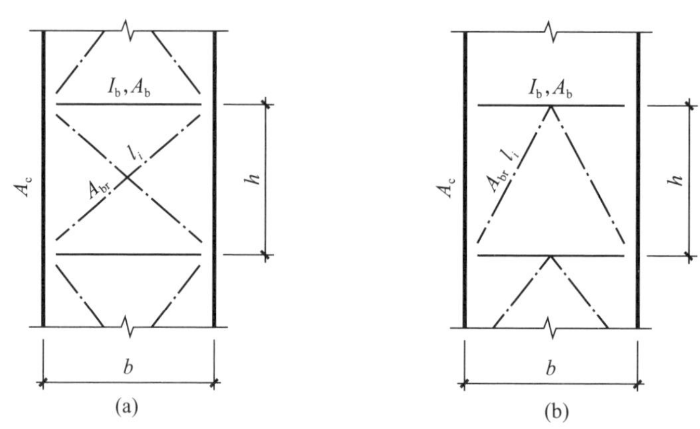

图 36.2－5　柱间支撑附近应力计算简图

（a）X 形支撑；（b）V、Λ 形支撑

（1）X 形支撑（按拉杆设计时除外）：

$$\Delta\sigma = \frac{\sigma_c}{\left(\dfrac{l_i}{h}\right)^2 + \dfrac{h}{l_i}\dfrac{A_{br}}{A_c} + 2\dfrac{b^3}{l_i h^2}\dfrac{A_{br}}{A_b}} \tag{36.2-6a}$$

（2）V 或 Λ 形支撑：

$$\Delta\sigma = \frac{\sigma_c}{\left(\dfrac{l_i}{h}\right)^2 + \dfrac{b^3}{24l_i}\dfrac{A_{br}}{l_b}} \tag{36.2-6b}$$

式中　$\Delta\sigma_c$——支撑斜杆的附加压应力；

$\Delta\sigma_c$——支撑斜杆两端连接固定后，由验算层以上各楼层重力荷载引起的支撑所在开间柱的轴向压应力；

b、h——分别为验算层支撑所在开间的框架梁的跨度和楼层的高度；

A_b、I_b——分别为验算层支撑所在开间框架的截面面积和绕水平主轴的惯性矩；

A_{br}——支撑斜杆的截面面积；

A_c——验算层支撑所在开间框架柱的截面面积；左柱、右柱截面不相等时，可采用平均值。

4. 关于非结构抗震

多层工业厂房，除了常规的建筑非结构外，通常存在大量的电气非结构、机械设备非结构，各类管线及其支架非结构。据震害资料，地震引起的损失的主体往往是非结构破坏。因此，多层钢结构厂房抗震设计应十分重视非结构的抗震设计。

与多层厂房内通用非结构相关的抗震验算及其采用的抗震构造措施，应按《抗震规范》第 13 章的要求执行。对于特殊的、重要的非结构，则应据具体情况分析论证，保证其抗震安全性。

36.2.3　抗震性能化设计

抗震规范容许高度 40m 以下的多层钢结构厂房框架采用抗震性能化设计（有关钢结构厂房框架的抗震性能化设计，详细见第 34 章）。多层钢结构框架的抗震性能化设计，期望达到结构的抗震能力（Capacity）和抗震需求（Demand）之间的合理平衡，可围绕抗弯框架耗能区的截面等级（板件宽厚比）展开。多层钢结构厂房框架的变化大，对一些受力复杂而重要的特殊构件，或特殊子结构，或特殊部位，可根据具体情况提高截面性能等级要求。

一般情况下，多层钢结构厂房抗弯框架可按下式进行抗震性能化设计：

$$\gamma_G S_{GE} + \gamma_{Eh} \Omega S_{Ehk} + \gamma_{Ev} \Omega S_{Evk} \leqslant R/\gamma_{RE} \tag{36.2-7}$$

式中　Ω——地震效应调整系数。

采用弹性设计截面（C 类截面）时，可取 $\Omega=2$；采用 B 类截面时，可取 $\Omega=1.5$（有经验时可取 1.2）；采用塑性设计截面（A 类截面）时，$\Omega=1$。

如果满足了工艺设备的位移限值要求，那么厂房框架的位移仍然需按常遇地震组合的要求控制，即按上式中取 $\Omega=1$ 的要求进行控制。

鉴于工业多层厂房的多样性，并且目前其围护采用压型钢板的很多。因此，在低烈度区，或者荷载较小，或者静力抗风设计赋予结构较大的承载力储备，或者位移限值要求使结构超强较多等情况时，对体型比较规则的厂房，采用抗震性能化设计，按“弹性承载力超强”的抗震设计思路，框架可采用弹性设计截面。

对于采用弹性设计截面的框架刚性连接，应能可靠传递设防烈度的地震作用，或进行考虑连接系数的承载能力验算（详细可参见第 34 章）。

36.3　抗震构造措施

36.3.1　楼屋盖系统

1. 框排架的屋盖

框排架应设置完整的屋盖支撑系统，屋盖支撑布置可见第34章单层钢结构厂房，并且尚应符合下列要求：

（1）排架的屋盖横梁与多层框架的连接支座的标高，宜与多层框架相应楼层标高一致，以避免在框架柱中形成短柱，并应沿与多层相连柱列全长设置屋盖纵向水平支撑。

排架与多层框架之间，也可采用在框架楼层伸出的牛腿上设置“摇摆柱”的方式形成纵向结构缝（温度伸缩缝兼防震缝），以释放温度应力和避免短柱。显然，其缝宽应符合防震缝的要求或采取其他措施，“摇摆柱”之间应沿结构单元全长设置柱间支撑。

（2）多层框架和排架宜按各自的标高组成相对独立的封闭支撑系统。

（3）框排架突出屋面的天窗架，宜采用刚架或桁架结构。天窗的端壁与挡风板，宜采用轻质材料。

2. 多层框架的楼屋盖

多层框架楼面板可采用现浇钢筋混凝土板、预制混凝土板上铺配筋细石混凝土现浇层、钢板、钢格栅板。楼屋盖的钢梁和楼板应可靠连接，并应注意与计算模型是否考虑结构整体共同工作协调一致。

多层框架的楼屋盖的构造措施，应按下列要点进行：

（1）采用现浇钢筋混凝土楼板时，钢梁上翼缘应焊接抗剪栓钉或抗剪型钢。当按组合楼盖设计时，则应满足组合楼盖对钢梁与混凝土界面的抗剪栓钉的要求。

（2）采用预制钢筋混凝土板时，端部板角应与钢梁焊接，板面上应设细石钢筋混凝土现浇层，厚度不得小于40mm，并应在板缝中应配置钢筋。细石混凝土整浇层角区应加强配筋。

（3）采用钢梁上铺钢板时，钢板与梁可采用间断焊缝焊接，焊缝中心间距不宜大于200mm，焊缝长度不小于焊缝中心间距的0.5倍。

钢铺板与钢梁采用连续焊缝理论上可行，但连续焊缝易导致钢铺板翘曲，受力上也不必要（恰如现浇混凝土楼板组合楼盖并不需设置连续的抗剪栓钉一样），现场焊接量大增。一般情况下，上述关于间断焊缝的布置要求，已能可靠承受钢铺板所能传递的力。

（4）当楼屋面板上孔洞尺寸较大时，除了在计算分析中已充分考虑不利影响的情况外，宜设置局部楼盖水平支撑；即使采用格栅板铺设时，也宜设置楼盖水平支撑。

（5）当框架、支撑框架、框排架的侧向刚度相差较大、柱间支撑布置又不规则时，采用钢铺板的楼盖，也应设置楼盖水平支撑。

36. 3. 2　框架柱梁

1. 框架柱长细比限值

参考 AIJ《钢结构塑性设计》的规定，结合我国钢结构设计习惯，《抗震规范》规定如下：

（1）框架柱的长细比不宜大于 150。

（2）轴压比大于 0. 2 时，不宜大于 125 $(1-0.8N/Af)\sqrt{235/f_y}$。

2. 框架柱、梁的板件宽厚比

对多层框架梁柱板件宽厚比的要求，按照多层框架的层数和高度进行区分。

（1）总高度不超过 40m 的多层框架，其柱、梁的板件宽厚比可按抗震性能化设计的要求，选择截面的板件宽厚比。详见第 34 章单层钢结构厂房的专门阐述。

按抗震性能化设计的要求选择框架的板件宽厚比时，应据具体情况，可对特殊构件或特殊子结构提高截面性能等级要求。

（2）多层框架总高度超出 40m 的，可按照《抗震规范》第 8 章多层和高层钢结构房屋的相关规定执行。这是考虑到有些多层钢结构厂房很复杂，对抗震不利。确定板件宽厚比时的抗震等级分界比民用钢结构房屋降低了 10m。

3. 框架的连接

（1）多层框架的潜在塑性耗能区，不得突然改变截面。

（2）宜采用摩擦型高强度螺栓连接，不宜采用承压型高强度螺栓。

高强度螺栓拼接位于最大应力区（潜在耗能区）时，需按梁连接截面塑性承载力的 0. 6 倍进行其抗滑移补充校核，并 Q235 和 Q345 采用的摩擦面抗滑移系数皆不宜大于 0. 45。

（3）潜在塑性耗能区采用摩擦型高强度螺栓梁-梁拼接连接时，翼缘的螺栓孔面积必须限制在 $(1-f_y/f_u)A_f$（A_f 为翼缘截面积）之内。

关于框架连接节点的其他要求，可参见第 34 章。

36. 3. 3　柱间支撑

1. 柱间支撑布置的一般要求

一般情况下，柱间支撑布置时应考虑尽量使竖向支撑系统的抗侧刚度中心与水平作用力中心接近；支撑开间宜靠近厂房的中央部位，可使结构有适当伸缩，从而降低温度应力。

结构布置合理的柱间支撑位置，有时往往与工艺布置冲突，柱间支撑布置难以上下贯通，平面布置错位。在保证支撑能把水平地震作用通过适当的、相对简捷的途径，可靠地传递至基础前提下，支撑位置也可不设置在同一柱间。对这些较特殊的情况，总体上可按如下规定执行：

（1）柱间支撑宜布置在荷载较大的柱间，且在同一柱间上下贯通；当条件限制必须错开布置时，应在紧邻柱间连续布置，并宜适当增加相近楼层或屋面的水平支撑或柱间支撑搭接一层，确保支撑承担的水平地震作用可靠传递至基础。

（2）各柱列的柱间支撑应尽量设置在对应柱间。

（3）有抽柱的结构，应适当增加相近楼层、屋面的水平支撑，并在相邻柱间设置竖向支撑。

2. 框排架柱间支撑布置要点

一般情况下，框排架单层部分（排架）各柱列的纵向抗侧刚度宜相等或接近（其布置要求见第 34 章），多层部分同一楼层各柱列的纵向抗侧力刚度宜相等或接近。

1）柱间支撑的抗侧刚度要求

柱间支撑宜采用中心支撑，其抗侧刚度宜符合下列要求：

（1）同一列柱，上部柱柱间支撑抗侧刚度，不宜大于下部柱的柱间支撑的。

（2）同一柱采用双片支撑时，其抗侧刚度宜相等。

（3）同一结构单元内，当采用结构变形约束小的纵向围护墙体时，各柱列柱间支撑框架的抗侧刚度宜相接近，但边列柱柱间支撑框架的抗侧刚度不宜大于中间列柱的。

（4）当两边列柱有约束结构变形的纵向贴砌墙体时，中间柱列柱间支撑框架的抗侧刚度应大于边列柱柱间支撑框架的。

2）纵向柱间支撑的布置要点

（1）框排架的柱间支撑间距，可执行第 34 章单层钢结构厂房的规定。

（2）柱间支撑宜设置于柱列中部附近，当纵向柱数较少时，亦可在两端设置。多层多跨框架纵向柱间支撑宜布置在质心附近，且宜减小上下层间刚心的偏移。

（3）各柱列纵向支撑宜设置在同一开间内，当设置很困难时，可局部设置在相邻的开间内。

（4）支撑形式一般可采用 X 形、V 或 Λ 形等中心支撑，也可采用对称设置的单斜杆中心支撑。8、9 度时，支撑框架也可采用偏心支撑。

3. 支撑斜杆的长细比

（1）多层钢结构框架的柱间支撑，宜与框架横梁组成 X 形或其他有利于抗震的形式。一般情况下，支撑斜杆的长细比一般不宜大于 150。

（2）V 或 Λ 形柱间支撑，宜采用防屈曲支撑，以减小楼屋盖横梁截面。

防屈曲支撑的设计原理很简单，设计、加工不需要特殊技术，可以像一般钢构件一样设计施工。

（3）鉴于多层厂房框架的竖向支撑一般应设置在荷载集中的柱间，因此，对于竖向荷载巨大的情况（如炼钢车间的料仓柱间多层框架），支撑的长细比应限制在 $60\sqrt{235/f_y}$ 以下。即，要求该框架的支撑斜杆，在遭遇地震作用时，发生塑性屈服而减小屈曲影响。

（4）大体上，柱间支撑据其抗震性能，可划分为“延性耗能型”和“承载力超强型”，以及既不属于“延性耗能型”又不属于“承载力超强型”的第三种。“承载力超强型”的支撑，其长细比范围大体是 $\lambda>130\sqrt{235/f_y}$；“延性耗能型”支撑的长细比范围为 $\lambda<60\sqrt{235/f_y}$；中等长细比支撑（$60\sqrt{235/f_y}<\lambda<130\sqrt{235/f_y}$），既不属于“延性耗能型”又不属于“承载力超强型”。

据日本 BCJ 规范，中等长细比支撑的屈曲后承载力值下降急剧，过载能力差。循环荷载下，其承载力值波动跳跃大，滞回环不稳定。中等长细比支撑的能量耗散能力并不比细柔长细比的强，且循环荷载下，受压承载力性能劣化严重。中等长细比的支撑，既不能说是“承载力超强型”，也不能说是“延性耗能型”。其抗震性能，较细柔长细比、小长细比支撑的要差。日本 BCJ 规范规定的中等长细比支撑框架的结构特征系数 D_s，比其他两类支撑的要大，即设计采用的地震作用比其他两类支撑的要大。

美国文献对美国以往数十根支撑在循环加载下的试验结果重新解读后指出，中等长细比（$\lambda = 80 \sim 120$）的支撑，比之于细柔长细比（$\lambda > 120$），正则化能量耗散能力并不明显增大。长细比 $\lambda > 80$ 的宽翼缘支撑的受压性能（最终承载力与初始承载力之比）劣化特别严厉，但 $\lambda = 120 \sim 160$ 范围的支撑，其受压性能劣化程度相对缓和。

因此，柱间支撑长细比设计时，宜考虑上述支撑斜杆的抗震性能。有条件时，应选用抗震性能好的支撑。

4. 支撑斜杆的板件宽厚比

多层框架柱间支撑的板件宽厚比，应采用塑性设计截面，与第 34 章单层钢结构厂房一致。

36.3.4　柱脚设计

多层钢结构厂房的柱脚设计，参见第 34 章单层钢结构厂房。

36.4　抗震计算例题

1. 厂房概况及基本设计条件

（1）本设计实例为某钢铁厂炼钢厂房的一个温度区段，为多层两跨钢结构轻型屋盖厂房。厂房单跨跨度为 30m 和 12m，柱距 12m，总长 144m；厂房高度 43.4m，A—B 跨设有 1 台 200t 和 1 台 80t 重级工作制桥式起重机，QU120 轨道，轨面标高 30.000m，肩梁顶面标高 26.680m。BC 跨设置 16.5m、20.8m、24.4m、31.5m 四层工艺平台。双坡屋面，坡度 1/20。C 轴处设置纵向伸缩缝，相邻 CD 跨的跨度为 30m。具体详见图 36.4-1 的厂房结构平面和剖面图。

（2）本建筑结构安全等级为二级，设计使用年限为 50 年，建筑抗震设防类别为丙类，基本设防烈度为 7 度，设计基本地震加速度值为 0.1g（第一组），场地类别为Ⅳ类，场地土特征周期 0.9s。

（3）厂房横向刚架的梁柱均采用 Q345B，纵向支撑采用 Q235B 钢材。

（4）本实例计算采用中国建筑科学研究院编制的 PKPM 系列软件 STS。

2. 结构体系

厂房横向采用梁柱刚接的钢框架体系。钢柱采用变阶柱，上柱为实腹式焊接 H 形截面，下柱采用焊接 H 形截面单肢与 T 形截面缀条组成的格构柱，肢距 2.5m。厂房纵向在柱顶设置通长系杆，并在纵向长度 1/3 位置处各设置上下柱支撑，在端部设置上柱支撑，形成纵向

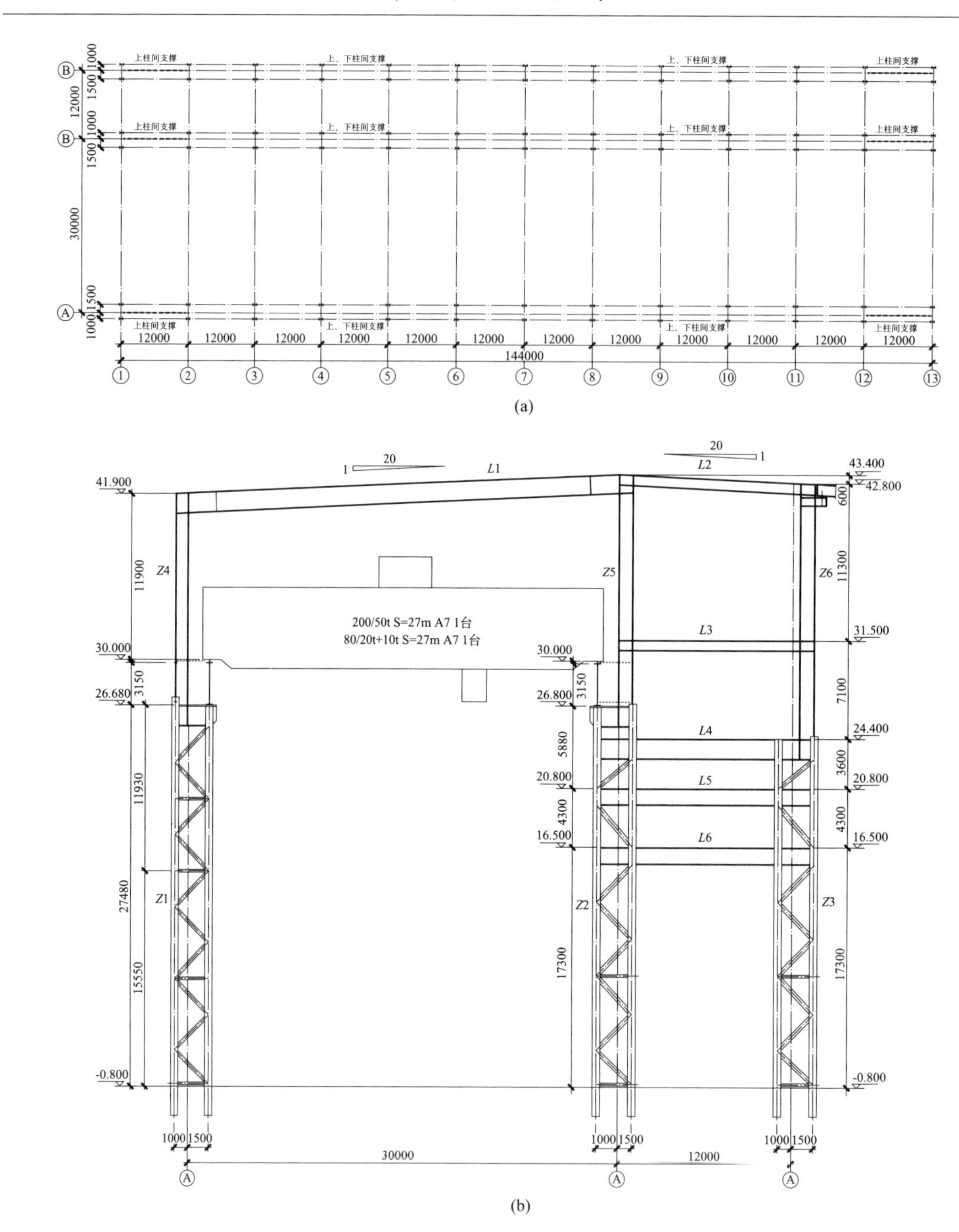

图 36.4-1　厂房结构平面、剖面图

（a）平面图；（b）剖面图

构件截面：

Z1：单肢为 H800×400×18×20 焊接 H 形截面的格构柱；Z2：单肢为 H800×400×20×25 焊接 H 形截面的格构柱；

Z3：单肢为 H600×350×14×20 焊接 H 形截面的格构柱；Z4：H800×450×12×20 焊接 H 形截面；

Z5、Z6：H750×400×18×25 焊接 H 形截面；Lh：H1100×300×10×14 焊接 H 形截面；

L2：H800×200×8×16 焊接 H 形截面；L3、L5、L6：H1000×300×10×22 焊接 H 形截面；

L4：H1600×400×16×25 焊接 H 形截面

抗侧力体系。平台部分框架梁横向和纵向均采用焊接 H 形截面。

吊车梁采用实腹式焊接 H 形截面简支梁，设置制动板、辅助桁架、下弦水平支撑形成制动结构。

屋面梁采用实腹式焊接 H 形截面，与柱端预留短梁现场拼接连接。檩条为高频焊 H 形钢，檩条间距 3m。屋面设置横向、纵向水平支撑以及隅撑，与檩条一起形成屋面支撑体系。屋面板采用单层彩色压型钢板。

厂房四周设置墙架柱，纵墙墙架柱悬挂于吊车梁辅助桁架，山墙墙架柱悬挂于山墙抗风桁架。墙架柱之间设置冷弯薄壁型钢 C 形墙梁。墙面板采用单层彩色压型钢板。

3. 荷载

1）屋面荷载

（1）屋面恒载（横向刚架计算时）

单层屋面板自重	0. 15kN/m^2
檩条及支撑自重	0. 20kN/m^2
吊挂荷载	0. 10kN/m2
合计	0. 45kN/m^2
（2）气楼荷载	4. 70kN/m
（3）屋面活载（横向刚架计算时）	0. 30kN/m^2
（4）雪荷载	0. 20kN/m^2
（5）积灰荷载	0. 30kN/m^2
（6）吊车检修走道活荷载	2. 0kN/m^2

2）吊车荷载

吊车轮压：

所在跨度	起重量及台数	工作级别	跨度 L_k（m）	轨顶标高（m）	吊车总重（kN）	小车重（kN）	最大轮压（kN）	钢轨型号	备注
Ⓐ~Ⓑ	200/80t 1 台	A7	27	30. 0	4290	1306	640	QU120	710 1000 1000 1000 8200 1000 1000 1000 710
	80/20t 1 台	A7	27	30. 0	1582	495	500	QU120	1500 900 6500 900 1500

3）风载

基本风压	0. 6kN/m^2

地面粗糙度 B 类，风载体型系数和风压高度系数按《建筑结构荷载规范》采用，不考虑风振影响。

4）墙面恒载	0. 4kN/m^2

5）荷载组合

除《建筑结构荷载规范》规定的静力荷载组合外，考虑 1.2（重力荷载有利时取 1.0）×重力荷载代表值的效应+1.3×水平地震作用标准值的效应+1.3×竖向地震作用标准值的效应（8 度及以上抗震）+0.2×风荷载标准值的效应（风荷载起控制作用时）的地震作用组合进行抗震验算。

4. 横向框架抗震验算

厂房结构平面规则，抗侧力刚度均匀，因此考虑按平面框架模型进行结构计算，不考虑各榀刚架空间协同作用的影响。

地震作用计算时，采用振型分解反应谱法，阻尼比取 0.035。由于设防烈度为 7 度，不考虑竖向地震作用。

1）荷载计算

（1）屋而梁均布恒荷载：

$q_{恒}=0.45\times12+4.7=10.1\text{kN/m}$

（2）屋面梁均布活荷载：

$q_{活}=0.30\times12=3.6\text{kN/m}$

（3）屋面积灰荷载：

$q_{灰}=0.30\times12=3.6\text{kN/m}$

（4）女儿墙恒载：

$P_{恒女}=0.4\times12\times1.2=5.8\text{kN}$

（5）天沟活载：

$P_{活天}=0.8\times0.3\times10\times12=28.8\text{kN}$

（6）C 轴伸缩缝处荷载（标高 42.8m 处）：

$P_{恒}=0.45\times12\times30/2+4.7\times30/2=151.5\text{kN}$

$M_{恒}=P_{恒}e=151.5\times2=303\text{kN}\cdot\text{m}$

$P_{活}=0.3\times12\times30/2=54\text{kN}$

$M_{活}=P_{活}e=54\times2=108\text{kN}\cdot\text{m}$

$P_{灰}=0.3\times12\times30/2=54\text{kN}$

$M_{灰}=P_{灰}e=54\times2=108\text{kN}\cdot\text{m}$

（7）A 轴肩梁处封墙荷载：

$P_{恒}=0.4\times41.9\times12=201\text{kN}$

$M_{恒}=P_{恒}e=201\times1.0=201\text{kN}\cdot\text{m}$

（8）A 轴肩梁处吊车梁系统+管线荷载：

$P_{恒}=220+180=500\text{kN}$

$M_{恒}=P_{恒}e=500\times0.25=125\text{kN}\cdot\text{m}$

（9）A 轴肩梁处检修走道活载：

$P_{活}=4\times2.5\times12=120\text{kN}$

$M_{活恒}=P_{活}e=120\times0.25=30\text{kN}\cdot\text{m}$

（10）B 轴肩梁处吊车梁系统+管线荷载：

$P_{恒}=220+180=500\text{kN}$

$M_{恒}=P_{恒}e=500\times(-0.25)=-125\text{kN}\cdot\text{m}$

（11）B 轴肩梁处检修走道活载：

$P_{活}=4\times2.5\times12=120\text{kN}$；

$M_{活}=P_{活}e=120\times(-0.25)=-30\text{kN}\cdot\text{m}$

（12）BC 跨平台荷载：

16.500m 平台均布荷载：

恒载 $q_{恒}=1.5\times12=18\text{kN/m}$

活载 $q_{活}=5\times12=60\text{kN/m}$

20.800m 平台均布荷载：

恒载 $q_{恒}=1.5\times12=18\text{kN/m}$

活载 $q_{活}=5\times12=60\text{kN/m}$

24.400m 平台均布荷载：

恒载 $q_{恒}=2\times12=24\text{kN/m}$

活载 $q_{活}=15\times12=180\text{kN/m}$

31.500m 平台均布荷载：

恒载 $q_{恒}=1.5\times12=18\text{kN/m}$

活载 $q_{活}=5\times12=60\text{kN/m}$

（13）A—B 跨吊车荷载：

$D_{max}=3265.1\text{kN}$；$D_{min}=696.7\text{kN}$；$T_{max}=166.7\text{kN}$

吊车横向水平荷载与节点垂直距离：$L_t=3320\text{mm}$

（14）左风荷载：不考虑风振，$\beta_z=1$

$q_{风}=\beta_z\mu_s\mu_z\omega_0L$

Z1 柱：$q_{风}=1\times0.8\times1.42\times0.6\times12=8.18\text{kN/m}$

Z3 柱（0~16.5）：$q_{风}=1\times(-0.5)\times1.25\times0.6\times12=-4.5\text{kN/m}$

Z3 柱（16.5~24.4）：$q_{风}=1\times(-0.5)\times1.42\times0.6\times12=-5.1\text{kN/m}$

Z4 柱：$q_{风}=1\times0.8\times1.67\times0.6\times12=9.62\text{kN/m}$

Z6 柱（24.4~31.5）：$q_{风}=1\times(-0.5)\times1.56\times0.6\times12=-5.6\text{kN/m}$

Z6 柱（31.5~42.8）：$q_{风}=1\times(-0.5)\times1.67\times0.6\times12=-6\text{kN/m}$

A 轴女儿墙：$q_{风}=1\times1.3\times1.67\times0.6\times12=15.63\text{kN/m}$

L1 梁：$q_{风}=1\times(-0.6)\times1.67\times0.6\times12=-7.21\text{kN/m}$

L2 梁：$q_{风}=1\times(-0.5)\times1.67\times0.6\times12=-6\text{kN/m}$

（15）右风荷载：不考虑风振，$\beta_z=1$

$q_{风}=\beta_z\mu_s\mu_z\omega_0L$

Z1 柱：$q_{风}=1\times(-0.5)\times1.42\times0.6\times12=5.11\text{kN/m}$

Z3 柱（0~16.5）：$q_{风}=1\times0.8\times1.25\times0.6\times12=7.2\text{kN/m}$

Z3 柱（16.5~24.4）：$q_{风}=1\times0.8\times1.42\times0.6\times12=8.18\text{kN/m}$

Z4 柱：$q_{风}$ = 1×（−0.5）×1.67×0.6×12 = 6kN/m

Z6 柱（24.4～31.5）：$q_{风}$ = 1×0.8×1.4256×0.6×12 = 8.99kN/m

Z6 柱（31.5～42.8）：$q_{风}$ = 1×0.8×1.67×0.6×12 = 9.62kN/m

A 轴女儿墙：$q_{风}$ = 1×（−1.3）×1.67×0.6×12 = −15.63kN/m

L1 梁：$q_{风}$ = 1×（−0.5）×1.67×0.6×12 = −6kN/m

L2 梁：$q_{风}$ = 1×（−0.6）×1.67×0.6×12 = −7.21kN/m

2）计算结果

（1）横向刚架自振周期及侧移：

第 1 自振周期：1.84s，第 2 自振周期：1.28s，第 3 自振周期：0.793s。

（2）内力计算结果：

在所有工况组合下的弯矩、轴力和剪力包络图见图 36.4－2。

3）抗震验算

（1）变形验算。

表 36.4－1　单层部分的位移验算

工况	肩梁处位移（mm）	相对位移	限值 [u/H]	柱顶位移（mm）	柱顶相对位移	限值 [u/H]
左风	68.3			65.8	1/649	1/400
右风	36.3			65.3	1/654	1/400
吊车水平荷载	23.4	1/1176	1/1250	20.3	1/2106	
左地震作用	39.0			36.1	1/1184	1/250
右地震作用	39.1			36.1	1/1188	1/250

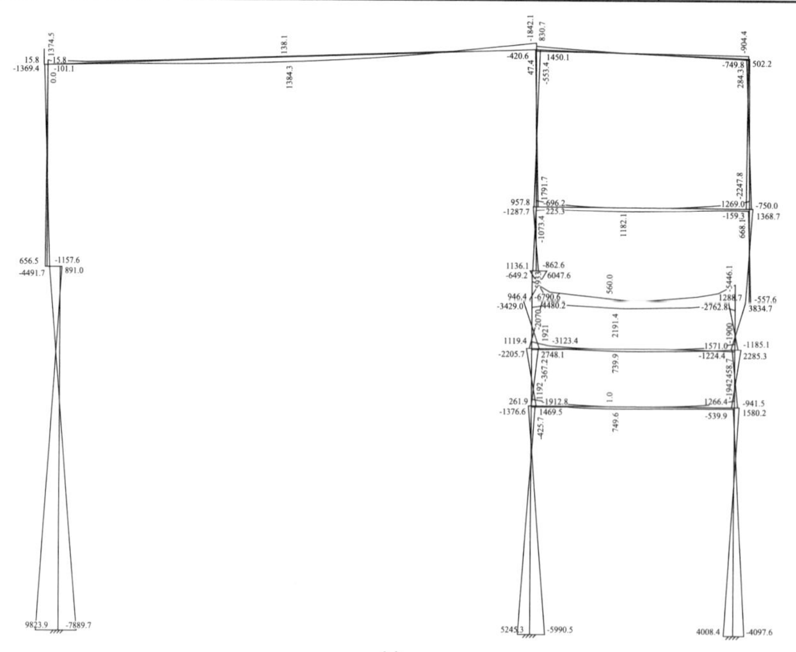

(a)

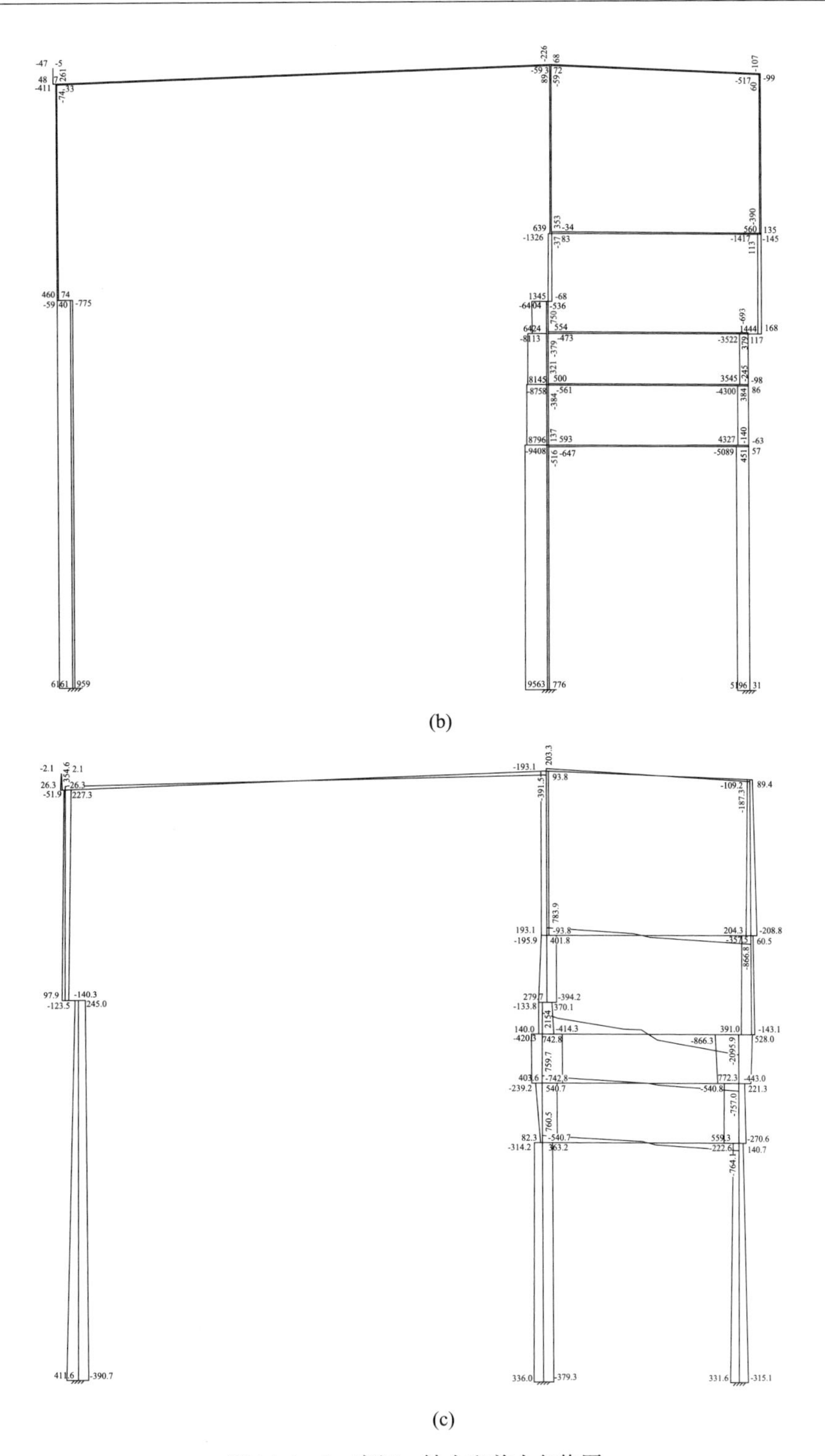

图 36.4-2　弯矩、轴力和剪力包络图

(a) 弯矩包络图（单位：kN · m）；(b) 轴力包络图（单位：kN）；(c) 剪力包络图（单位 kN）

表 36. 4－2　多层部分的位移验算

工况	16. 5m 层	20. 8m 层	24. 4m 层	31. 5m 层	屋面层	限值 [u/H]
左风	1/1618	1/1512	1/1473	1/1223	1/678	1/400
右风	1/1135	1/1068	1/1048	1/901	1/684	1/400
左地震作用	1/2051	1/1924	1/1887	1/1754	1/1235	1/250
右地震作用	1/2048	1/1921	1/1884	1/1751	1/1234	1/250

各工况下的水平位移均满足规范要求。

表 36. 4－3　屋面梁挠度验算

工况	AB 跨		BC 跨		限值 [u/H]
	挠度/mm	相对挠度	挠度/mm	相对挠度	
活载	43. 9	1/696	3. 2	1/4025	1/500
恒+活	115	1/265	0. 5	1/27984	1/400

AB 跨屋面梁的挠度在恒+活工况下超出了设计限值。构件加工时起拱处理（起拱量按恒载挠度和活载挠度一半的和，即 93mm），屋面梁挠度满足设计要求。

（2）构件强度和稳定验算。

构件的承载力验算由程序完成，应力包络图（应力比）如图 36. 4－3 所示。抗震验算时，程序自动考虑承载力抗震调整系数。

（3）连接的极限承载力验算。

梁柱为刚性连接，采用柱顶预留短梁，现场梁—梁拼接的连接形式。

在弹性阶段设计时，梁—梁拼接按等强原则设计，翼缘采用全熔透坡口焊缝连接，保证截面弯矩在翼缘处传递；腹板按传递截面剪力等强设计。梁—梁拼接满足弹性阶段受弯和受剪承载力的要求（具体计算略）。

选取多层部分钢梁 L4 的连接节点进行极限承载力验算（图 36. 4－4）。

①梁柱刚性连接极限承载力。

预留短梁采用焊缝与柱等强连接，梁柱刚性连接的受弯和受剪极限承载力验算略。

②梁—梁拼接的极限承载力

根据《抗震规范》9. 2. 11 条，拼接的极限承载力可按《抗震规范》8. 2. 8 条验算。

极限受弯承载力。

鉴于我国规范、手册中，未见有混合连接极限受弯承载力的验算方法，故本例参照 AIJ《钢结构限界状态设计指针》和 AIJ《钢结构接合部设计指针》的方法进行验算。

翼缘部分的承载力 $M_{fu}^{j}=470\times400\times25\times(1600-25)=7403\text{kN}\cdot\text{m}$

腹板部分的承载力 M_{wu}^{j} 取腹板拼接连接板截面的塑性受弯承载力 M_{wu1}^{j} 和螺栓群考虑剪力

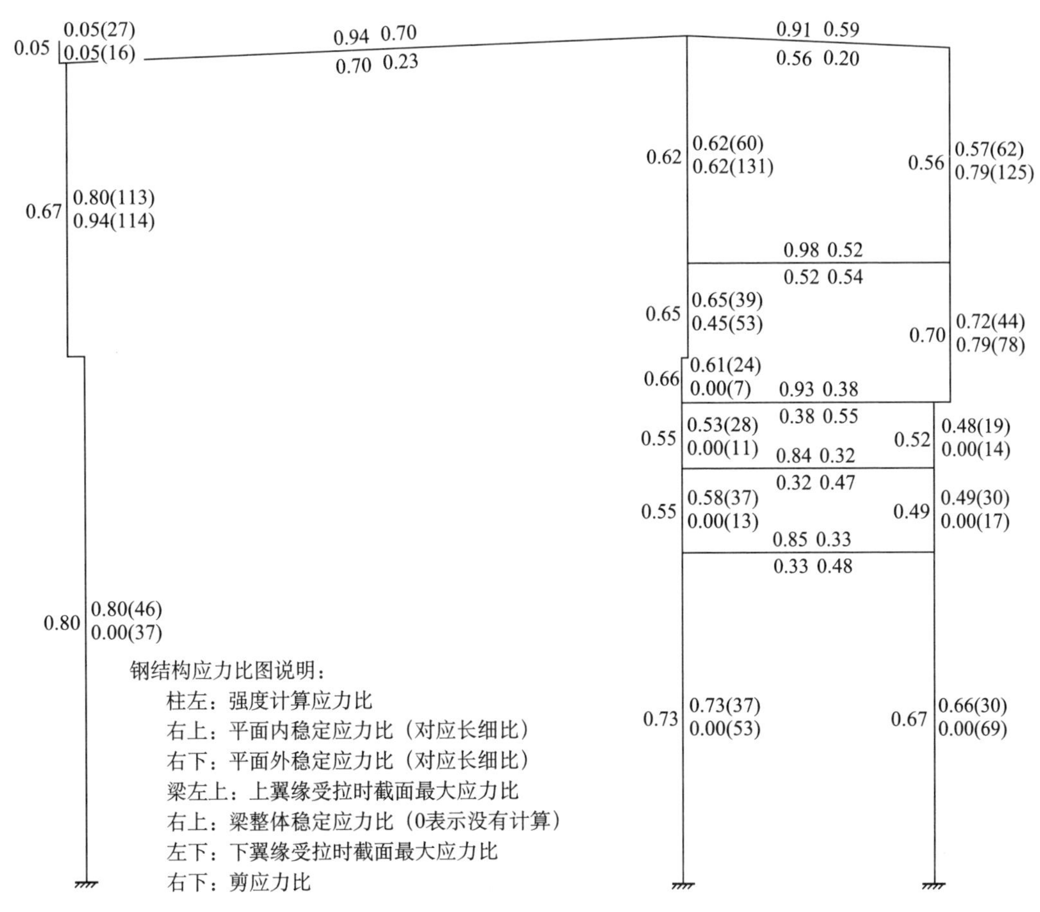

图 36.4－3　构件验算结果

影响后极限受弯承载力 M_{wu2}^{j}，的较小值。

$M_{wu1}^{j}=345\times（0.25\times20\times1460^{2}）=3677\text{kN}\cdot\text{m}$

每颗腹板 10.9 级高强螺栓的极限受剪承载力取下列二者的较小值。

$N_{vu}^{b}=0.58n_{f}A_{e}^{b}f_{u}^{b}=0.58\times2\times303\times1040=366\text{kN}$

$N_{cu}^{b}=d\Sigma tf_{cu}^{b}=22\times16\times（1.5\times470）=248\text{kN}$

因此，取一颗高强螺栓的极限受剪承载力 $N_{u}^{b}=248\text{kN}$。

拼接处的剪力 $V_{u}=1.2（2M_{p}/l_{n}）+V_{Gb}=1.2\times2\times325\times2.54\times10^{7}/10+750=2731\text{kN}$。

每颗螺栓承担的剪力为 2731/36＝75.9KN。

考虑剪力影响后，一颗高强螺栓的极限承载力为 $\sqrt{248^{2}-75.9^{2}}=236\text{kN}$

$M_{wu2}^{j}=236\times2\times（1360+1200+1040+880+720+560+400+240+80）=3059\text{kN}\cdot\text{m}$

因此，取 $M_{wu}^{j}=3059\text{kN}\cdot\text{m}$。

$M_{u}^{j}=M_{fu}^{j}+M_{wu}^{j}=7403+3059=10462\text{kN}\cdot\text{m}>\eta_{j}M_{pb}=1.25\times325\times2.54\times10^{7}=10319\text{kN}\cdot\text{m}$，满足要求。

（4）节点域验算。

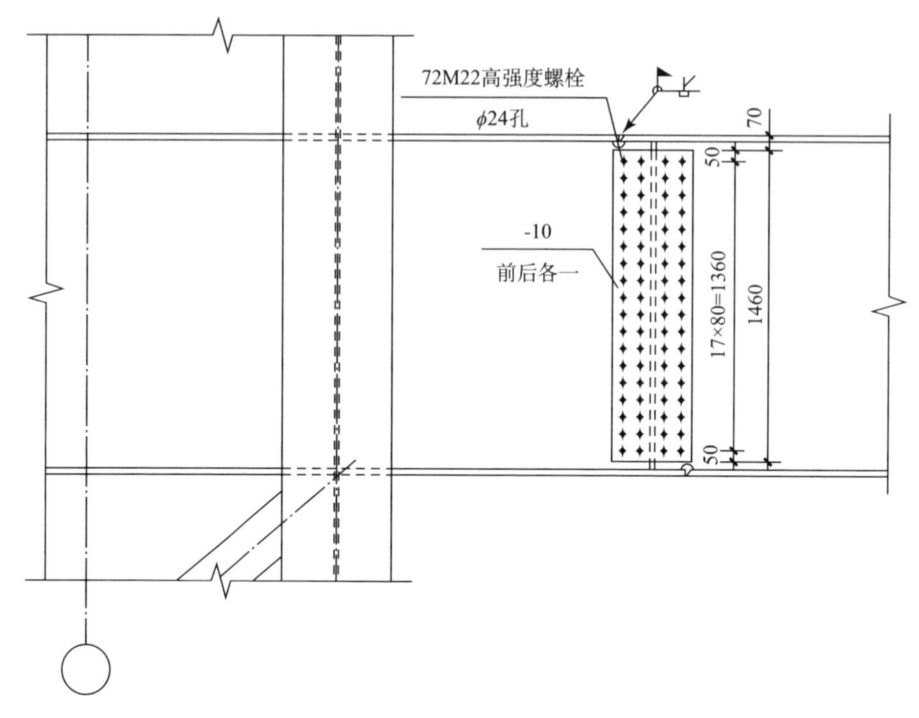

图 36.4－4　梁柱连接节点

选取钢梁 L3 与钢柱连接处节点域进行验算。

节点域腹板厚取 22mm。按基于节点域腹板宽厚比进行节点域的承载力验算。

$$\alpha=\frac{700}{956}=0.73$$

$$\lambda_s=\frac{956/22}{37.4\sqrt{4+5.34/0.73^2}}\sqrt{\frac{f_y}{235}}=0.38<0.4$$

按节点域钢板抗剪屈服强度计算。

$\frac{\min\ (M_{yb},\ M_{ycT}+M_{ycB})}{V_p}=\frac{M_{yb}}{V_p}=7.77\times10^6\times325/\ (978\times725\times22)\ =162\mathrm{N/mm^2}<\frac{4}{3}f_{yv}=\frac{4}{3\sqrt{3}}\times$ $295=227\mathrm{N/mm^2}$，满足要求。

其余节点域的验算略。

（5）柱脚验算。

略。

（6）抗震构造要求验算。

①“强柱弱梁”验算。

选取钢梁 L3 与钢柱的连接进行验算。

地震作用组合下的轴力 $N_E=950\mathrm{kN}$。

$\Sigma W_{pc}\ (f_{yc}-N_E/A_c)\ =2\times9.46\times10^6\times\ (325-950\times10^3/32600)\ =5598\mathrm{kN\cdot m}$

$\eta\Sigma W_{pb}f_{yb}=1.1\times8.74\times10^6\times325=3125\mathrm{kN\cdot m}<\Sigma W_{pc}\ (f_{yc}-N_E/A_c)\ =5598\mathrm{kN\cdot m}$，满足

要求。

钢梁 L4、L5、L6 的验算略。

单层部分钢梁 L1 和多层的顶部 L2 不作“强柱弱梁”要求。

②柱子长细比验算。

A. 单层部分钢柱长细比。

地震作用组合中，钢柱 Z4 和 Z1 的最大轴力设计值 N 为 360kN 和 3432kN。

Z4 轴压比 $n=N/Af=0.04<0.2$，按照《抗震规范》9.2.13 条，取长细比限值为：$[\lambda]=150$。

计算长度：$L_x=38.7\text{m}$，$L_y=12.1\text{m}$。

长细比：$\lambda_x=113<[\lambda]=150$，$\lambda_y=114<[\lambda]=150$，满足要求。

Z1 轴压比 $n=N/Af=0.19<0.2$，按照《抗震规范》9.2.13 条，取长细比限值为：$[\lambda]=150$。

计算长度：$L_x=54.3\text{m}$，$L_y=12.0\text{m}$。

长细比：$\lambda_x=46<[\lambda]=150$，$\lambda_y=37<[\lambda]=150$，满足要求。

B. 多层部分钢柱长细比。

地震作用组合中，钢柱 Z5 和 Z2 的最大轴力设计值 N 为 980kN 和 5720kN。

Z5 轴压比 $n=N/Af=0.10<0.2$，按照《抗震规范》H.2.8 条，长细比限值为：$[\lambda]=150$。

计算长度：$L_x=18.8\text{m}$，$L_y=11.9\text{m}$。

长细比：$\lambda_x=60<[\lambda]=150$，$\lambda_y=131<[\lambda]=150$，满足要求。

Z2 轴压比 $n=N/Af=0.28>0.2$，按照《抗震规范》H.2.8 条，长细比限值为：$[\lambda]=125(1-0.8N/Af)\sqrt{235/f_y}=80$。

计算长度：$L_x=34.2\text{m}$，$L_y=17.3\text{m}$。

长细比：$\lambda_x=32<[\lambda]=80$，$\lambda_y=53<[\lambda]=80$，满足要求。

③板件宽厚比验算。

A. 单层部分板件宽厚比。

根据《抗震规范》9.2.14 条，单层部分横向框架采用 2 倍地震效应增大系数进行计算，构件的强度和稳定均满足设计要求。因此，单层部分梁柱截面均可按 C 类截面的板件宽厚比限值验算。

a. 上柱宽厚比。

翼缘宽厚比限值为：$[b/t]=15\sqrt{235/f_y}=12.4$。

翼缘宽厚比 $b/t=10.8<[b/t]=12.4$，满足要求。

选取最不利地震作用组合计算，$M=140\text{kN}\cdot\text{m}$，$N=321\text{kN}$（肩梁处），$\alpha_0=(1-\sigma_{min}/\sigma_{max})=1.20$。上柱平面内长细比 $\lambda_x=113$，则腹板宽厚比限值为：$[h_0/t_w]=(16\alpha_0+0.5\lambda+25)\sqrt{235/f_y}=83$（柱项）。

腹板宽厚比 $h_0/t_w=63.3<[h_0/t_w]=83$，满足要求。

b. 下柱宽厚比。

下柱为格构柱，单肢为轴向受力构件。按轴心受压构件确定翼缘和腹板的宽厚比限值。

翼缘宽厚比限值为：[b/t]（10+0.1λ）$\sqrt{235/f_y}$=13.1（单肢长细比为59）。

翼缘宽厚比 b/t=9.6<[b/t]=13.1，满足要求。

腹板宽厚比限值为：[h_0/t_w]=（25+0.5λ）$\sqrt{235/f_y}$=45。

腹板宽厚比 h_0/t_w=42.2<[h_0/t_w]=45，满足要求。

c. 屋面梁宽厚比。

梁翼缘宽厚比限值为：[b/t]=15$\sqrt{235/f_y}$=12.4。

翼缘宽厚比 b/t=10.4<[b/t]=12.4，满足要求。

腹板宽厚比限值为：[h_0/t_w]=130$\sqrt{235/f_y}$=107.3。

腹板宽厚比 h_0/t_w=107<[h_0/t_w]=107.3，满足要求。

B. 多层部分板件宽厚比。

根据《抗震规范》9.2.14条，多层部分高度超过40m，则按《抗震规范》8.2节的规定执行。相应地，抗震等级确定为三级，板件宽厚比可按《抗震规范》表8.3.2的相应限值控制。

a. 钢柱。

钢柱翼缘宽厚比限值为：[b/t]=12$\sqrt{235/f_y}$=9.9。

钢柱腹板宽厚比限值为：[h_0/t_w]=48$\sqrt{235/f_y}$=40。

Z5、Z6翼缘宽厚比 b/t=7.6<[b/t]=9.9，满足要求。

Z5、Z6腹板宽厚比 h_0/t_w=38.9<[h_0/t_w]=40，满足要求。

Z2翼缘宽厚比 b/t=7.6<[b/t]=9.9，满足要求。

Z2腹板宽厚比 h_0/t_w=37.5<[h_0/t_w]=40，满足要求。

Z3翼缘宽厚比 b/t=8.4<[b/t]=9.9，满足要求。

Z3腹板宽厚比 h_0/t_w=40≤[h_0/t_w]=40，满足要求。

其实，起重机荷载的移动荷载属性，格构柱通常有较大超强，按2倍“小震”地震作用计算时，地震作用也并不控制其受力。因此，也可不考虑其宽厚比的构造要求，按C类截面宽厚比限值控制即可。

b. 钢梁。

钢梁翼缘宽厚比限值为：[b/t]=10$\sqrt{235/f_y}$=8.3。

腹板宽厚比限值为：[h_0/t_w]=70$\sqrt{235/f_y}$=58（轴力较小）。

L2翼缘宽厚比 b/t=6.0<[b/t]=8.3，满足要求。

L2腹板宽厚比 h_0/t_w=96.0>[h_0/t_w]=58，钢梁潜在塑性铰区设置纵向加劲肋，满足要求。

L3、L5、L6翼缘宽厚比 b/t=6.6<[b/t]=8.3，满足要求。

L3、L5、L6腹板宽厚比 h_0/t_w=95.6>[h_0/t_w]=58，钢梁潜在塑性铰区设置纵向加劲肋，满足要求。

L4翼缘宽厚比 b/t=7.7<[b/t]=8.3，满足要求。

L4腹板宽厚比 h_0/t_w=96.9>[h_0/t_w]=58，钢梁潜在塑性铰区设置纵向加劲肋。满足要求。

第 7 篇　底部框架砌体房屋、空旷房屋和大跨屋盖建筑

本篇主要编写人

肖　伟	中国建筑科学研究院有限公司
袁金西（第 38 章）	新疆维吾尔自治区建筑设计研究院有限公司
涂　锐（第 38 章）	新疆维吾尔自治区建筑设计研究院有限公司
唐曹明（第 39 章）	中国建筑科学研究院有限公司
邓　华（第 41 章）	浙江大学
保海娥（第 40 章）	中国建筑科学研究院有限公司

第 37 章　底部框架–抗震墙砌体房屋

底部框架–抗震墙砌体房屋是指底层或底部两层为钢筋混凝土框架–抗震墙结构体系、其以上楼层为砌体墙（砖砌体墙或混凝土小型空心砌块砌体墙）承重结构体系构成的房屋。

37.1　一 般 要 求

37.1.1　适用范围

（1）底部框架–抗震墙砌体房屋适用于抗震设防烈度为 6、7 和 8 度（0.20g）的地区，不适用于 8 度（0.30g）和 9 度地区；其抗震设防类别适用于标准设防类，重点设防类建筑不应采用此类结构形式。

（2）此类房屋底部框架–抗震墙结构的层数不得超过两层。

（3）所采用的砌体类型适用于烧结类砖（包括烧结普通砖、烧结多孔砖）砌体、混凝土砖（包括混凝土普通砖、混凝土多孔砖）砌体和混凝土小型空心砌块（以下简称小砌块）砌体。当采用非黏土的烧结砖、混凝土砖的房屋，块体的材料性能应有可靠的试验数据。蒸压类砖材料性能相对较差，不适宜采用。

（4）底部和上部的砌体墙所采用的砌体形式宜对应。当上部采用砖砌体抗震墙时，底部的约束砌体抗震墙宜对应采用砖砌体；当上部采用小砌块砌体抗震墙时，底部的砌体抗震墙（约束砌体抗震墙或配筋小砌块砌体抗震墙）宜对应采用小砌块砌体。

约束砌体抗震墙大体上指由间距接近层高的构造柱与圈梁组成的砌体抗震墙，同时墙中拉结钢筋网片符合相应的构造要求，具体做法可参见后文对应的抗震构造措施部分；配筋小砌块砌体抗震墙的性能及设计方法接近钢筋混凝土抗震墙。

37.1.2　房屋层数和总高度、高宽比、层高

1. 房屋层数和总高度

（1）一般情况下，房屋的层数和总高度不应超过表 37.1–1 的规定。上部为横墙较少情况时，底部框架–抗震墙砌体房屋的总高度，应比表中的规定降低 3m，层数相应减少一层；上部砌体房屋不应采用横墙很少的结构。

注：横墙较少指同一楼层内开间大于 4.2m 的房间面积占该层总面积的 40%以上，横墙很少指同一楼层内开间不大于 4.2m 的房间面积占该层总面积不到 20%且开间大于 4.8m 的房间面积占该层总面积的 50%以上。

（2）6、7 度时，底部框架-抗震墙砌体房屋的上部为横墙较少时，当按规定采取加强措施并满足抗震承载力要求时，房屋的总高度和层数应允许仍按表 37. 1 - 1 的规定采用。

表 37. 1 - 1　底部框架-抗震墙砌体房屋总高度（m）和层数限值

上部砌体抗震墙类别	上部砌体抗震墙最小厚度（mm）	烈度和设计基本地震加速度							
		6		7				8	
		0. 05g		0. 10g		0. 15g		0. 20g	
		高度	层数	高度	层数	高度	层数	高度	层数
普通砖 多孔砖	240	22	7	22	7	19	6	16	5
多孔砖	190	22	7	19	6	16	5	13	4
小砌块	190	22	7	22	7	19	6	16	5

注：①房屋的总高度指室外地面到主要屋面板板顶或檐口的高度，半地下室可从地下室室内地面算起，全地下室和嵌固条件好的半地下室应允许从室外地面算起；对带阁楼的坡屋面应算到山尖墙的 1/2 高度处；
②室内外高差大于 0. 6m 时，房屋总高度应允许比表中数值适当增加，但增加量应少于 1. 0m。

底部框架-抗震墙砌体房屋地下室的嵌固条件应符合有关规定。当符合嵌固条件时，地下室的层数可不计入房屋的允许总层数内。对于设置半地下室的底部两层框架-抗震墙砌体房屋，当半地下室不满足嵌固条件要求时，其半地下室楼层和其上部的一层已具有底部两层框架-抗震墙砌体房屋的特点，因此半地下室应计入底部两层的范围，半地下室上部仅允许再设一层框架-抗震墙的楼层。

突出屋面的屋顶间、女儿墙、烟囱等出屋面小建筑，可不计入房屋总层数和高度。但坡屋面阁楼层一般仍需计入房屋总层数和高度；对于斜屋面下的“小建筑”是否计入房屋总高度和层数，通常可按实际有效使用面积或重力荷载代表值是否小于顶层总数的 30%控制。

2. 房屋高宽比

底部框架-抗震墙砌体房屋总高度和总宽度的比值，不应超过表 37. 1-2 的要求。当建筑平面接近正方形时，其高宽比宜适当减小。

表 37. 1 - 2　底部框架-抗震墙砌体房屋高宽比限值

烈度	6	7	8
高宽比限值	2. 5	2. 5	2. 0

同时，房屋总高度与总长度的比值宜小于 1. 5。

3. 房屋层高

底部框架-抗震墙砌体房屋底部楼层的层高不应超过 4. 5m，当底层框架-抗震墙砌体房屋的底层采用约束砌体抗震墙时，底层层高不应超过 4. 2m；上部砌体房屋部分的层高不应超过 3.6m。

37.1.3　结构布置

1. 平、立面布置

(1) 房屋的平面、竖向布置宜规则、对称。房屋平面突出部分尺寸不宜大于该方向总尺寸的 30%；除顶层或出屋面小建筑外，楼层沿竖向局部收进的水平向尺寸不宜大于相邻下一层该方向总尺寸的 25%。当建筑平面布置复杂，存在严重的凹凸不规则时，可设缝将结构分为相对规则的几个结构单元，缝宽应按防震缝考虑。

(2) 建筑的质量分布和刚度变化宜均匀。

(3) 上部砌体房屋的平面轮廓凹凸尺寸，不应超过基本部分尺寸的 50%；当超过基本部分尺寸的 25%时，房屋转角处应采取加强措施。

(4) 楼板开洞面积不宜大于该层楼面面积的 30%；底部框架-抗震墙部分有效楼板宽度不宜小于该层楼板基本部分宽度的 50%；上部砌体房屋楼板局部大洞口的尺寸不宜超过楼板宽度的 30%，且不应在墙体两侧同时开洞。

(5) 过渡楼层不应错层，其他楼层不宜错层。当仅有局部错层且局部错层的楼板高差超过 500mm 且不超过层高的 1/4 时，应按两层计算，错层部位的结构构件应采取加强措施；当错层的楼板高差大于层高的 1/4 时，应设置防震缝，缝两侧均应设置对应的结构构件。

2. 对应布置底部、上部楼层的竖向构件

底部框架柱和抗震墙的轴线宜与上部砌体房屋的轴线一致。上部的砌体墙体与底部的框架梁或抗震墙，除楼梯间附近的个别墙段外均应对齐（图 37.1－1）。支承上部砌体承重墙的托墙梁宜为底部框架梁或抗震墙，底部抗震墙应布置在上部砌体结构有砌体抗震墙轴线处。

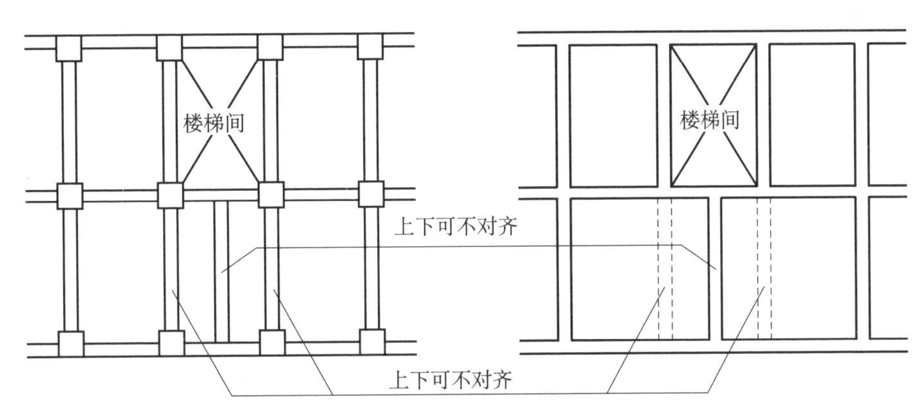

图 37.1－1　底部框架-抗震墙与上部砌体墙平面布置

上部砌体墙体和底部的框架梁或抗震墙，除楼梯间附近的个别墙段外均应对齐，以利于荷载传递。在定量上，每单元砌体抗震墙最多有二道可以不落在框架主梁或底部抗震墙上，而由次梁支托（二次转换），其余的均应落在框架主梁或底部抗震墙上。

当由于使用功能的要求而不可避免地出现上部砌体部分凹凸不规则的情况时，应在局部

凹凸部位的墙下设置框架柱，使主要上部砌体抗震墙下均有框架柱落地，尽可能减少竖向抗侧力构件不连续和平面结构体系复杂造成的不利影响。

上部结构在满足抗震验算和抗震措施要求的前提下，可在上部结构中减少无法上下对齐的抗震墙数量，改为由次梁支承的非抗震隔墙。

图 37.1－2 中列出了几种竖向布置方案。

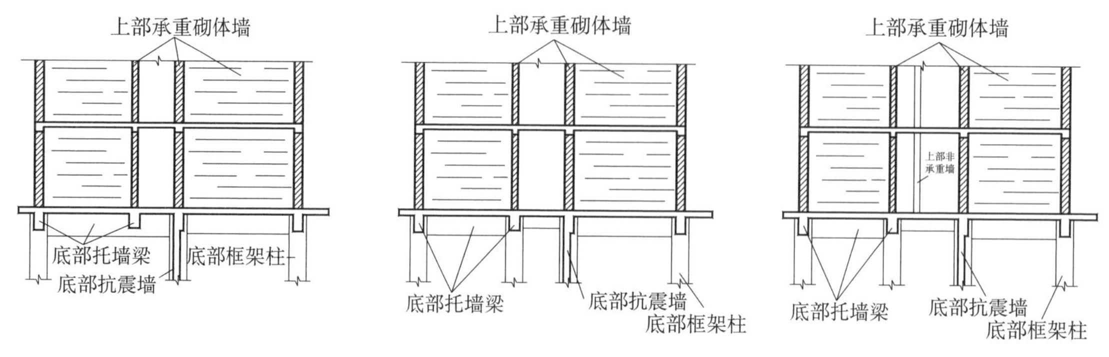

图 37.1－2　竖向布置方案

3. 底部框架–抗震墙结构布置

（1）底层或底部两层的纵、横向均应布置为框架–抗震墙体系，避免一个方向为框架、另一个方向为连续梁的体系，同时，也不应设置为半框架体系或山墙和楼梯间轴线为约束砌体抗震墙的体系。

（2）底部框架的跨度不宜大于 7.5m。

（3）底部抗震墙布置（图 37.1－3）。

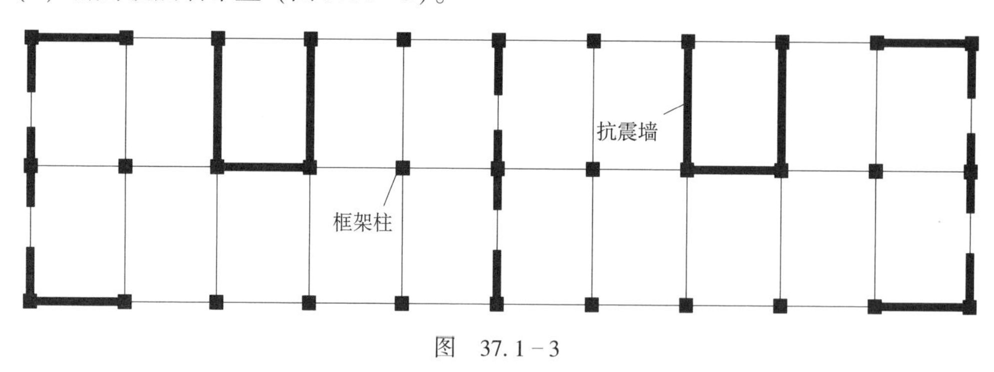

图　37.1－3

①底部应沿纵横两个方向设置一定数量的抗震墙。6 度且总层数不超过 4 层的底层框架–抗震墙砌体房屋，应采用钢筋混凝土抗震墙、配筋小砌块砌体抗震墙、嵌砌于框架之间的约束普通砖砌体或小砌块砌体的砌体抗震墙，当采用约束砌体抗震墙时，应计入砌体墙对框架的附加轴力和附加剪力并进行底层的抗震验算，且同一方向不应同时采用钢筋混凝土抗震墙和约束砌体抗震墙；6 度时其余情况及 7 度时应采用钢筋混凝土抗震墙或配筋小砌块砌体抗震墙；8 度时应采用钢筋混凝土抗震墙。

②抗震墙应贯通底部两层。

③抗震墙应基本均匀对称布置，宜纵、横向相连，布置为 T 形、L 形或 Π 形；钢筋混凝土抗震墙墙板的两端（不包括洞口两侧）应设置框架柱；约束砌体抗震墙和配筋小砌块砌体抗震墙墙板应嵌砌于框架平面内。

④楼梯间宜设置抗震墙，但不宜造成较大的扭转效应。

⑤房屋较长时，刚度较大的纵向抗震墙不宜设置在房屋的端开间。

⑥底层框架-抗震墙砌体房屋中，钢筋混凝土抗震墙的高宽比宜大于 1.0；底部两层框架-抗震墙砌体房屋中，钢筋混凝土抗震墙的高宽比宜大于 1.5。当不满足上述高宽比的要求时，宜采取在抗震墙的墙板中开设竖缝或在墙板中设置交叉的钢筋混凝土暗斜撑等措施。当在墙体开设洞口形成若干墙肢时，各墙肢的高宽比不宜小于 2.0。

⑦钢筋混凝土抗震墙洞口边距框架柱边不宜小于 300mm；约束砌体抗震墙和配筋小砌块砌体抗震墙洞口宜沿墙板居中设置；底部两层框架-抗震墙结构中的抗震墙洞口宜上下对齐。

（4）底部框架-抗震墙的纵向或横向，可设置一定数量的钢支撑或耗能支撑，部分抗震墙可采用支撑替代。支撑的布置宜均匀对称。在计算楼层侧向刚度时，应计入支撑的刚度。

（5）底部框架-抗震墙砌体房屋的底部抗震墙应设置条形基础、筏形基础等整体性好的基础，抗震墙的基础应有良好的整体性和较强的抗转动能力。

（6）底部楼梯间布置。

①宜采用现浇钢筋混凝土楼梯。

②楼梯间的布置不应导致结构平面特别不规则；楼梯构件与主体结构整浇时，应计入楼梯构件对地震作用及其效应的影响，并应对楼梯构件进行抗震承载力验算；宜采取构造措施，减少楼梯构件对主体结构刚度的影响。

③楼梯间两侧填充墙与柱之间应加强拉结。

（7）底部砌体隔墙、填充墙布置应均匀，当其布置可能导致短柱或加大扭转效应时，应与框架柱脱开或采取柔性连接等措施。不作为抗震墙的砌体墙，应按填充墙处理，施工时后砌。

4. 上部砌体房屋部分结构布置

上部砌体房屋部分结构布置与多层砌体房屋的要求相同。

（1）应优先采用横墙承重或纵横墙共同承重的结构体系，不应采用砌体墙和混凝土墙混合承重的结构体系。

（2）纵横向砌体抗震墙的布置。

①宜均匀对称，沿平面内宜对齐，沿竖向应上下连续；且纵横向墙体的数量不宜相差过大；内纵墙不宜错位。

②同一轴线上的窗间墙宽度宜均匀，在满足墙段局部尺寸要求的前提下，墙面洞口的立面面积，6、7 度时不宜大于墙面总面积的 55%，8 度时不宜大于 50%。同一轴线上的窗间墙，包括与同一直线或弧线上墙段平行错位净距离不超过 2 倍墙厚的墙段上的窗间墙（此时错位处两墙段之间连接墙的厚度不应小于外墙厚度）。

③房屋在宽度方向的中部（约 1/3 宽度范围）应设有足够数量的内纵墙，多道内纵墙开洞后的累计长度不宜小于房屋纵向总长度的 60%（高宽比大于 4 的墙段不计入）。

（3）楼梯间不宜设置在房屋的尽端或转角处。

（4）不应在房屋转角处设置转角窗。

（5）上部为横墙较少情况时或跨度较大时，宜采用现浇钢筋混凝土楼、屋盖。

37.1.4 抗震横墙间距

底部框架-抗震墙砌体房屋的抗震横墙间距，不应超过表37.1-3的要求。其中，上部砌体房屋部分的横墙间距要求与多层砌体房屋是相同的。

表37.1-3 底部框架-抗震墙砌体房屋抗震横墙间距限值（m）

部位		烈度		
		6	7	8
底层或底部两层		18	15	11
上部各层	现浇或装配整体式钢筋混凝土楼、屋盖	15	15	11
	装配式钢筋混凝土楼、屋盖	11	11	9

注：①上部砌体房屋的顶层，最大横墙间距允许适当放宽，但应采取相应加强措施；

②上部多孔砖抗震墙厚度为190mm时，最大横墙间距应比表中数值减少3m；

③底部抗震横墙至无抗震横墙的边轴线框架的距离，不应大于表内数值的1/2。

上部砌体房屋的顶层，当屋面采用现浇钢筋混凝土结构，大房间平面长宽比不大于2.5时，最大抗震横墙间距的要求可适当放宽，但不应超过表37.1-3中数值的1.4倍及18m。此时抗震横墙除应满足抗震承载力计算要求外，相应的构造柱应予加强并至少向下延伸一层。

37.1.5 侧向刚度比

底层框架-抗震墙砌体房屋在纵横两个方向，第二层计入构造柱影响的侧向刚度与底层的侧向刚度比值，6、7度时不应大于2.5，8度时不应大于2.0，且均不得小于1.0。

底部两层框架-抗震墙砌体房屋在纵横两个方向，底层与底部第二层侧向刚度应接近，第三层计入构造柱影响的侧向刚度与底部第二层的侧向刚度比值，6、7度时不应大于2.0，8度时不应大于1.5，且均不得小于1.0。

在计算侧向刚度比时，过渡楼层的侧向刚度应考虑构造柱的刚度贡献。

37.1.6 底部框架和抗震墙的抗震等级

底部框架-抗震墙砌体房屋中，底部框架的抗震等级，6、7、8度时应分别按三级、二级、一级采用；底部钢筋混凝土抗震墙和配筋小砌块砌体抗震墙的抗震等级，6、7、8度时应分别按三级、三级、二级采用，其抗震构造措施按相应抗震等级中一般部位的要求采用（以下将“抗震等级一级、二级、三级”简称为“一级、二级、三级”）。

37.1.7　上部砌体抗震墙墙段的局部尺寸

底部框架–抗震墙砌体房屋中上部砌体抗震墙墙段的局部尺寸，宜符合表 37.1－4 的要求。

表 37.1－4　上部砌体墙的局部尺寸限值（m）

部位	6 度	7 度	8 度
承重窗间墙最小宽度	1.0	1.0	1.2
承重外墙尽端至门窗洞边的最小距离	1.0	1.0	1.2
非承重外墙尽端至门窗洞边的最小距离	1.0	1.0	1.0
内墙阳角至门洞边的最小距离	1.0	1.0	1.5
无锚固女儿墙（非出入口处）的最大高度	0.5	0.5	0.5

注：①局部尺寸不足时，应采取局部加强措施弥补，且最小宽度不宜小于 1/4 层高和表中数据的 80%；
②出入口处的女儿墙应有锚固。

上部砌体抗震墙墙段局部尺寸的要求与多层砌体房屋是相同的。个别或少数墙段不满足时可采取如增设构造柱等加强措施，但尺寸不足的小墙段应满足最小限值的要求。

外墙尽端指建筑物平面凸角处（不包括外墙总长的中部局部凸折处）的外墙端头，以及建筑物平面凹角处（不包括外墙总长的中部局部凹折处）未与内墙相连的外墙端头。

37.1.8　结构材料性能指标

（1）普通砖和多孔砖的强度等级不应低于 MU10；其砌筑砂浆强度等级，过渡楼层及底层约束砌体抗震墙不应低于 M10，其他部位不应低于 M5。

（2）小砌块的强度等级，过渡楼层及底层约束砌体抗震墙不应低于 MU10，其他部位不应低于 MU7.5；其砌筑砂浆强度等级，过渡楼层及底层约束砌体抗震墙不应低于 Mb10，其他部位不应低于 Mb7.5。

（3）混凝土的强度等级，框架柱、梁、节点核心区及钢筋混凝土抗震墙不应低于 C30，构造柱、圈梁及其他各类构件不应低于 C20，小砌块砌体抗震墙的芯柱及配筋小砌块砌体抗震墙的灌孔混凝土不应低于 Cb20。

（4）框架和斜撑构件（含楼梯踏步段），其纵向受力钢筋采用普通钢筋时，钢筋的抗拉强度实测值与屈服强度实测值的比值不应小于 1.25；钢筋的屈服强度实测值与屈服强度标准值的比值不应大于 1.3，且钢筋在最大拉力下的总伸长率实测值不应小于 9%。

（5）普通钢筋宜优先采用延性、韧性和可焊性较好的钢筋。普通钢筋的强度等级，纵向受力筋宜选用符合抗震性能指标的不低于 HRB400 级的钢筋，也可采用符合抗震性能指标的 HRB335 级钢筋；箍筋宜选用符合抗震性能指标的不低于 HRB335 级的钢筋，也可选用 HPB300 级钢筋。

37.1.9 防震缝

对于多层砌体房屋，有下列情况之一时宜设置防震缝，缝两侧均应设置墙体，缝宽应根据烈度和房屋高度确定，可采用 70～100mm：①房屋立面高差在 6m 以上；②房屋有错层，且楼板高差大于层高的 1/4；③各部分结构刚度、质量截然不同。

底部框架-抗震墙砌体房屋的防震缝设置要求，基本上与多层砌体结构是相同的。但注意该类房屋由于底部的侧向刚度相对多层砌体房屋要小，底部层间位移相对增大，使得房屋的整体水平位移相应增大，防震缝的宽度应比多层砌体房屋适当加大。

37.2 内力分析和抗震承载力验算

37.2.1 抗震验算基本要求

（1）底部框架-抗震墙砌体房屋结构体系上属于竖向不规则，6、7 和 8 度时，均应进行多遇地震作用下的截面抗震验算。

（2）7 度（0.15g）和 8 度（0.20g）时，底部框架-抗震墙砌体房屋应进行罕遇地震作用下结构薄弱楼层的判别，且宜进行罕遇地震作用下结构薄弱楼层的弹塑性变形验算。

37.2.2 水平地震作用

1. 计算基本原则

（1）对于平、立面布置规则，质量和刚度在平、立面分布比较均匀的结构，可采用底部剪力法等简化方法计算；其余情况宜采用振型分解反应谱法计算。

（2）采用底部剪力法时，突出屋面的屋顶间、女儿墙、烟囱等的地震作用效应，宜乘以增大系数 3，此增大部分不应往下传递，但与该突出部分相连的构件应予以计入；采用振型分解法时，突出屋面部分可作为一个质点。突出屋面的小建筑，一般按其重力荷载小于标准层 1/3 来控制。

（3）底部框架-抗震墙砌体房屋的动力特性类似多层砌体房屋，周期短。在采用振型分解反应谱法计算水平地震作用时，应考虑底部框架填充墙的刚度贡献、做适当调整，以保证对应的地震影响系数能够达到 $\alpha_{\max}$ 为宜。

（4）楼梯间受力情况比较复杂，楼梯的踏步板等构件具有斜撑的受力状态，对结构的刚度有较为明显的影响。故在采用振型分解法进行结构计算时应将楼梯构件（踏步板、踏步板边梁、休息平台梁板、小梯柱等）加入计算模型进行整体计算，计入其对整体结构及其相邻结构构件的影响。同时对楼梯构件本身应进行抗震承载力验算，应按加入楼梯构件后的整体计算模型考虑其地震作用效应。

2. 底部剪力法计算方法

确定水平地震作用时，可采用图 37.2－1b 所示的计算简图，整个结构同一楼层的重力荷载代表值集中为一个质点。质点的重力荷载代表值按下列各式计算：

屋盖处
$$G_n = G_r + \frac{1}{2}G_{w,n} + 0.5G_{sn} \tag{37.2-1}$$

第 i 层楼盖处
$$G_i = G_{f,i} + \frac{1}{2}(G_{w,i+1} + G_{w,i}) + 0.5G_l \tag{37.2-2}$$

式中　G_r、$G_{f,i}$、$G_{w,i}$、$G_{w,n}$、G_{sn}、G_l——分别为屋盖自重、第 i 层楼盖自重、第 i 层楼层竖向构件重、第 n 层楼层竖向构件重、雪荷载、楼面活荷载。

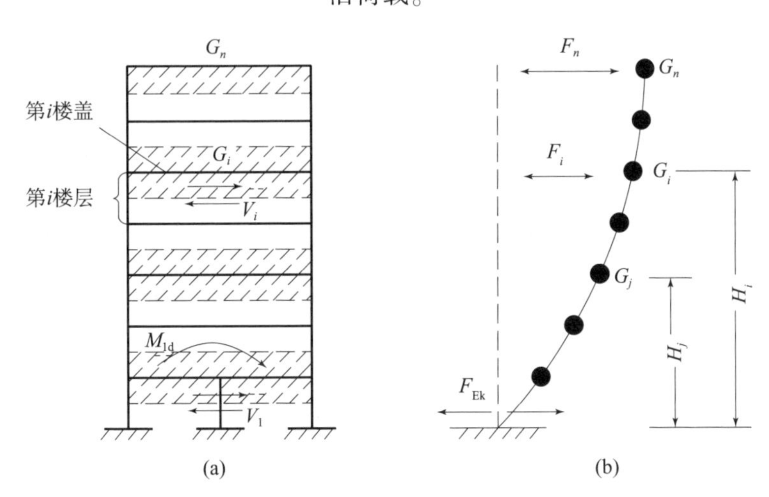

图 37.2-1　结构水平地震作用计算简图

（a）结构简图；（b）计算简图

结构的水平地震作用标准值，按下列公式计算：

$$F_{Ek} = \alpha_{max}G_{eq} = \alpha_{max}(0.85\sum_{i=1}^{n}G_i) \tag{37.2-3}$$

$$F_i = \frac{G_iH_i}{\sum_{j=1}^{n}G_jH_j}F_{Ek} \quad (i = 1, 2, \cdots, n) \tag{37.2-4}$$

式中　F_{Ek}——结构总水平地震作用标准值；

α_{max}——水平地震影响系数最大值；

G_{eq}——结构等效总重力荷载，多质点取总重力荷载代表值的 85%；

F_i——质点 i 的水平地震作用标准值；

G_i、G_j——分别为集中于质点 i、j 的重力荷载代表值；

H_i、H_j——分别为质点 i、j 的计算高度。

在求得各楼层的水平地震作用后，可计算各层水平地震剪力。第 i 楼层的横向（或纵向）水平地震剪力（图 37.2-1a）等于第 i 层以上各层水平地震作用之和，即

$$V_i = \sum_{i}^{n}F_i \quad (i \geqslant 2) \tag{37.2-5}$$

37.2.3　楼层层间侧向刚度

1. 砌体抗震墙、约束砌体抗震墙侧向刚度

上部砌体抗震墙、底层框架-抗震墙砌体房屋中的底层约束普通砖砌体抗震墙或约束小砌块砌体抗震墙的层间侧向刚度可采用下列方法进行计算：

（1）墙片宜按门窗洞口划分为墙段。

（2）墙段的层间侧向刚度可按下列原则进行计算：

①对于无洞墙段的层间侧向刚度，当墙段高宽比小于 1.0 时，可仅考虑其剪切变形，按式（37.2-6）计算；当墙段高宽比不小于 1.0 且不大于 4.0 时，应同时考虑其剪切和弯曲变形，按式（37.2-7）计算；当墙段的高宽比大于 4.0 时，不考虑其侧向刚度。

注：墙段的高宽比指层高与墙长之比，对门窗洞边的小墙段指洞净高与洞侧墙段宽之比。

$$K_{bw} = \frac{GA}{1.2h} \tag{37.2-6}$$

$$K_{bw} = \frac{1}{\dfrac{1.2h}{GA} + \dfrac{h^3}{12EI}} = \frac{GA}{h(1.2 + 0.4h^2/b^2)} = \frac{EA}{h(3 + h^2/b^2)} \tag{37.2-7}$$

式中　K_{bw}——墙段的层间侧向刚度；

E、G——分别为砌体墙的弹性模量和剪变模量；

h——该层的层高，对门窗洞边的小墙段为洞净高；

b——墙段长度，对门窗洞边的小墙段为洞侧墙段宽；

A——墙段的水平截面面积。

②对于设置构造柱的小开口墙段，可按无洞墙段计算的刚度，根据开洞率情况乘以表 37.2-1 的洞口影响系数。

表 37.2-1　小开口墙段洞口影响系数

开洞率	0.10	0.20	0.30
影响系数	0.98	0.94	0.88

注：(1) 开洞率为洞口水平截面积与墙段水平毛截面积之比；

(2) 本表中洞口影响系数的适用范围如下：

①门洞的高度不超过墙段层间计算高度的 80%；

②内墙门、窗洞边离墙段端部净距离不小于 500mm；

③当窗洞高度大于墙段高的 50% 时，与开门洞同样处理；当小于墙段高的 50% 时，表中影响系数可乘以 1.1；

④相邻洞口之间净宽小于 500mm 的墙段视为洞口；

⑤洞口中线偏离墙段中线的距离大于墙段长度的 1/4 时，表中影响系数应乘以 0.9。

（3）复杂大开洞墙片的层间侧向刚度可按下列原则进行计算：

①一般可根据墙体开洞的实际情况，沿高度分段求出各墙段在单位水平力作用下的侧移 δ_n，求和得到整个墙片在单位水平力作用下的顶点侧移值 δ，取其倒数得到该墙片的层间侧向刚度。

②对于图 37.2-2 所示的等高大开洞墙片，可采用式（37.2-8）计算；对于图 37.2-3 所示的有两个以上高度或位置大开洞的墙片，可采用式（37.2-9）至式（37.2-12）计算。

$$K_{bwj} = \frac{1}{\delta} = \frac{1}{\sum \delta_n} \quad (n=1,\ 2;\ 或\ n=1,\ 2,\ 3) \tag{37.2-8}$$

$$K_{bwj} = \frac{1}{\delta} \tag{37.2-9}$$

图 37.2-3a、b 中：

$$\delta = \delta_1 + \frac{1}{\frac{1}{\delta_2 + \delta_3} + \frac{1}{\delta_4}} \tag{37.2-10}$$

图 37.2-3c 中：

$$\delta = \delta_1 + \frac{1}{\frac{1}{\delta_2 + \delta_3} + \frac{1}{\delta_4 + \delta_5}} \tag{37.2-11}$$

图 37.2-3d 中：

$$\delta = \delta_1 + \frac{1}{\frac{1}{\delta_2 + \delta_3} + \frac{1}{\delta_4 + \delta_5} + \frac{1}{\delta_6 + \delta_7 + \delta_8}} \tag{37.2-12}$$

式中　δ_n（n=1，2，3，…）——第 n 墙段在单位水平力作用下的侧移；

K_{bwj}——第 j 片墙的层间侧向刚度。

③在选择开洞墙层间侧向刚度的计算方法时，应对同一种类型墙体（承重墙或自重墙）采用同一种方法。

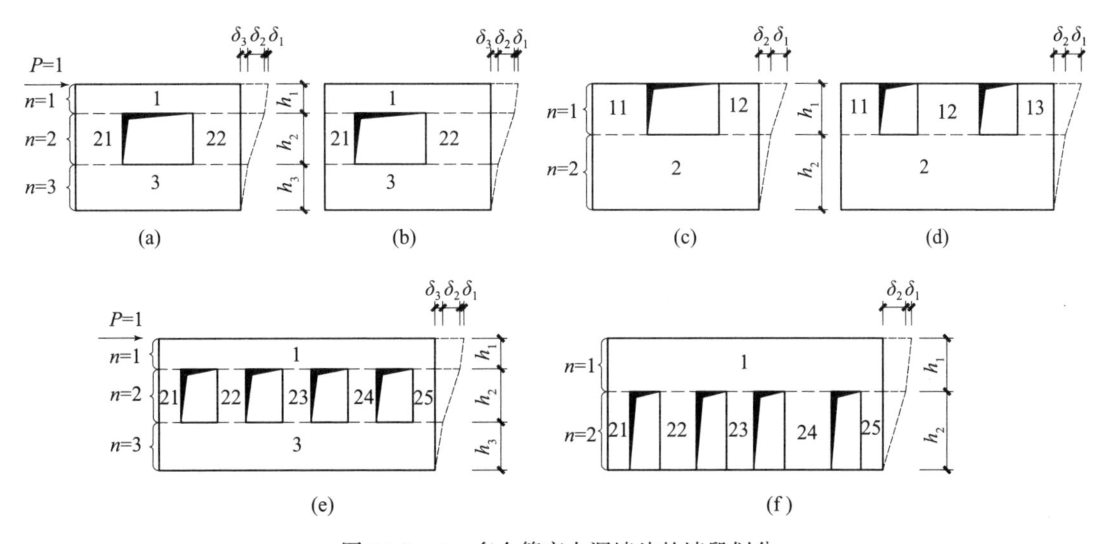

图 37.2-2　多个等高大洞墙片的墙段划分

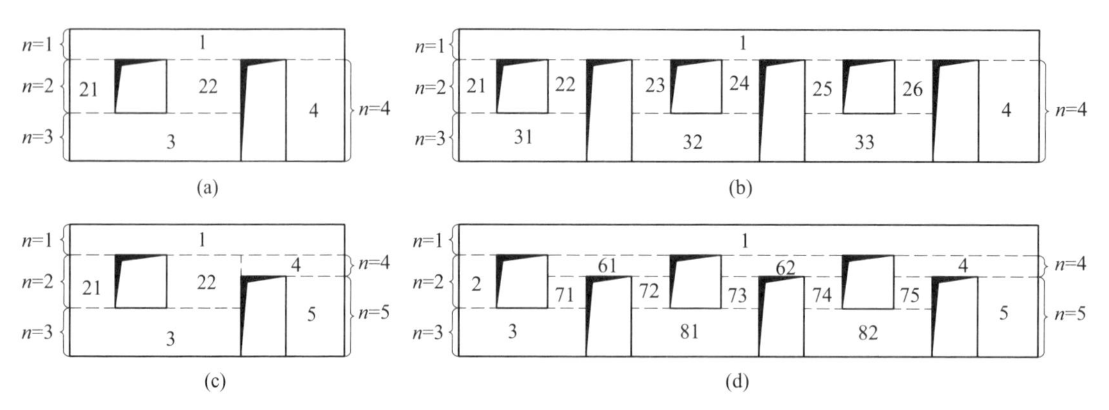

图 37.2－3　多个不等高大洞墙片的墙段划分

（4）计算砌体抗震墙的层间侧向刚度时，可计入其中部构造柱的作用。

2. 钢筋混凝土抗震墙、配筋小砌块砌体抗震墙侧向刚度

底层框架-抗震墙砌体房屋中，底层钢筋混凝土抗震墙或配筋小砌块砌体抗震墙的层间侧向刚度可采用下列方法进行计算：

（1）无洞钢筋混凝土抗震墙的层间侧向刚度可按式（37.2－13）计算；无洞配筋小砌块砌体抗震墙的层间侧向刚度可按式（37.2－14）计算：

$$K_{cwj}=\frac{1}{\dfrac{1.2h}{G_cA}+\dfrac{h^3}{6E_cI}} \tag{37.2-13}$$

$$K_{gwj}=\frac{1}{\dfrac{1.2h}{G_gA}+\dfrac{h^3}{6E_gI}} \tag{37.2-14}$$

式中　K_{cwj}——底层第 j 片钢筋混凝土抗震墙的层间侧向刚度；

K_{gwj}——底层第 j 片配筋小砌块砌体抗震墙的层间侧向刚度；

E_c、G_c——分别为底层钢筋混凝土抗震墙的混凝土弹性模量和剪变模量；

E_g、G_g——分别为底层配筋小砌块砌体抗震墙的弹性模量和剪变模量；

I、A——分别为底层钢筋混凝土抗震墙（包括边框柱）或配筋小砌块砌体抗震墙的截面惯性矩和截面面积；

h——底层钢筋混凝土抗震墙或配筋小砌块砌体抗震墙的计算高度。

（2）开洞的钢筋混凝土抗震墙或配筋小砌块砌体抗震墙的层间侧向刚度，可按照复杂大开洞墙片层间侧向刚度计算的基本原则进行计算。

3. 框架侧向刚度

底部钢筋混凝土框架的层间侧向刚度 K_{cf}，可采用 D 值法进行简化计算。

4. 框架-抗震墙并联体侧向刚度

底部在同一轴线内，既有框架又有抗震墙，形成框架-抗震墙并联体。并联体的刚度可近似地取单独框架（或所有单柱）的刚度 K_{cf}与抗震墙刚度 K_w 之和，即

$$K_{\mathrm{cfw}} = K_{\mathrm{cf}} + K_{\mathrm{w}} \tag{37.2-15}$$

5. 楼层总层间侧向刚度

（1）底层框架-抗震墙砌体房屋的底层层间侧向刚度，为底层横向或纵向各抗侧力构件层间侧向刚度的总和，可按下列公式计算：

$$K(1) = \sum K_{\mathrm{cf}j} + \sum K_{\mathrm{bw}j} \tag{37.2-16}$$

$$K(1) = \sum K_{\mathrm{cf}j} + \sum K_{\mathrm{cw}j} + \sum K_{\mathrm{gw}j} \tag{37.2-17}$$

式中　$K(1)$——底层框架-抗震墙砌体房屋的底层横向或纵向层间侧向刚度；底层采用约束砌体抗震墙时按式（37.2-16）计算，底层采用混凝土抗震墙或配筋小砌块砌体抗震墙时按式（37.2-17）计算；

$\sum K_{\mathrm{cf}j}$——底层钢筋混凝土框架的层间侧向刚度总和；

$\sum K_{\mathrm{bw}j}$——底层约束砌体抗震墙的层间侧向刚度总和；

$\sum K_{\mathrm{cw}j}$——底层钢筋混凝土抗震墙的层间侧向刚度总和；

$\sum K_{\mathrm{gw}j}$——底层配筋小砌块砌体抗震墙的层间侧向刚度总和。

（2）上部砌体房屋的层间侧向刚度为该层横向或纵向所有墙片侧向刚度的总和，可按下式计算：

$$K(i) = \sum K_{\mathrm{bw}j} \tag{37.2-18}$$

式中　$K(i)$——上部砌体房屋某层横向或纵向层间侧向刚度；

$\sum K_{\mathrm{bw}j}$——上部砌体房屋某层横向或纵向砌体抗震墙的层间侧向刚度总和。

37.2.4　底部楼层地震剪力调整

底部框架-抗震墙砌体房屋进行抗震承载力验算时，考虑到底部楼层的塑性变形集中效应，为减少底部的薄弱程度，可以采用对底层或底部两层的楼层地震剪力乘以增大系数的办法作近似处理。《抗震规范》规定：底层框架-抗震墙砌体房屋的底层纵向与横向地震剪力设计值，和底部两层框架-抗震墙砌体房屋的底层和第二层的纵向与横向地震剪力设计值，均应乘以增大系数，其值可根据侧向刚度比值在 1.2~1.5 范围选用。

调整的具体方法为：按过渡楼层与其下楼层层间侧向刚度的比例相应地增大底部的地震剪力，比例越大，增加越多。可采用线性插值法进行计算，即

$$\eta_{\mathrm{E}} = 1.2 + (\lambda - 1.0)\frac{(1.5 - 1.2)}{([\lambda] - 1.0)} \tag{37.2-19}$$

式中　η_{E}——底部楼层地震剪力增大系数；

λ——过渡楼层与其下楼层的层间侧向刚度比；

$[\lambda]$——过渡楼层与其下楼层的层间侧向刚度比上限值。

底层或底部两层调整后的楼层地震剪力为：

$$V_i = \eta_{\mathrm{E}} \sum_{j=i}^{n} F_j \qquad (i = 1 \text{ 或 } 2) \tag{37.2-20}$$

37.2.5 底部框架-抗震墙部分地震剪力的分配

底部水平地震剪力要根据对应的框架-抗震墙结构中各构件的侧向刚度比例，并考虑塑性内力重分布来分配，使其符合多道防线的设计原则。

1. 底部抗震墙

当整个房屋完全处于弹性变形阶段时，底部抗震墙与框架相比具有很大的侧向刚度，一般情况下框架的侧向刚度在楼层侧向刚度中所占的比例很小。从底部二道防线的设计原则考虑，《抗震规范》规定，抗震墙作为第一道防线，底部的横向和纵向水平地震剪力，应全部由该方向的抗震墙承担，并按各抗震墙的弹性侧向刚度比例进行分配。

一片钢筋混凝土抗震墙承担的横向（或纵向）水平地震剪力为

$$V_{cwj}=\frac{K_{cwj}}{\sum K_{cwj}+\sum K_{gwj}}V_i \tag{37.2-21}$$

一片配筋小砌块砌体抗震墙承担的横向（或纵向）水平地震剪力为

$$V_{gwj}=\frac{K_{gwj}}{\sum K_{cwj}+\sum K_{gwj}}V_i \tag{37.2-22}$$

一片约束砌体抗震墙承担的横向（或纵向）水平地震剪力为

$$V_{bwj}=\frac{K_{bwj}}{\sum K_{bwj}}V_i \tag{37.2-23}$$

式中 V_i——房屋底层或底部二层横向（或纵向）的层间总地震剪力，$i=1$ 或 2；

K_{cwj}——第 j 片钢筋混凝土抗震墙的层间弹性侧向刚度；

K_{gwj}——第 j 片配筋小砌块砌体抗震墙的层间弹性侧向刚度；

K_{bwj}——第 j 片约束砌体抗震墙的层间弹性侧向刚度。

2. 底部框架

底部框架-抗震墙的总侧向刚度中，钢筋混凝土框架占有一定的比例。房屋结构在设防烈度地震作用下一般将进入非弹性变形阶段。此时，底部抗震墙首先出现裂缝，刚度迅速降低，抗震墙开裂后将产生塑性内力重分布，使框架所承担的地震剪力增大。因此，底部框架作为第二道防线，应考虑由于抗震墙侧向刚度降低所带来的地震剪力重分配。

《抗震规范》规定，底部框架承担的地震剪力设计值，可按底部框架和抗震墙的有效侧向刚度的比例进行分配。有效侧向刚度可按如下比例取值：框架刚度不折减，取其初始弹性刚度；钢筋混凝土抗震墙或配筋小砌块砌体抗震墙，取其初始弹性侧向刚度的30%；约束普通砖砌体或小砌块砌体抗震墙，取其初始弹性侧向刚度的20%。

钢筋混凝土框架承担的横向或纵向地震剪力为（底部采用钢筋混凝土抗震墙或配筋小砌块砌体抗震墙时按式（37.2-24）计算，底部采用约束砌体抗震墙时按式（37.2-25）计算）：

$$V_{cfj}=\frac{K_{cfj}}{\sum K_{cfj}+0.3(\sum K_{cwj}+\sum K_{gwj})}V_i \tag{37.2-24}$$

或
$$V_{cfj}=\frac{K_{cfj}}{\sum K_{cfj}+0.2\sum K_{bwj}}V_i \quad (37.2-25)$$

式中　K_{cfj}——第 j 榀钢筋混凝土框架的层间弹性侧向刚度。

同时,《抗震规范》规定，当抗震墙之间楼盖长宽比大于 2.5 时，框架柱各轴线承担的地震剪力和轴向力，尚应计入楼盖平面内变形的影响。

37.2.6　底部地震倾覆力矩的分配

底部框架-抗震墙砌体房屋的底部和上部由两种不同的承重和抗侧力体系构成，对于底部框架-抗震墙结构构件，应考虑上面各层地震作用引起的倾覆力矩对其的影响。

作用于房屋过渡楼层及以上的各楼层水平地震作用对底层或底部两层产生的倾覆力矩，将使底部抗震墙产生附加弯矩，并使底部框架柱产生附加轴力。在确定底部框架和抗震墙结构构件的地震作用效应时，应计入地震倾覆力矩对底部抗震墙产生附加弯矩和对底部框架柱产生附加轴力。

作用于整个房屋底部的地震倾覆力矩（图 37.2-4）为

$$M_i=\sum_{j=i+1}^{n}F_j(H_j-H_i)\qquad(i=1\text{ 或 }2) \quad (37.2-26)$$

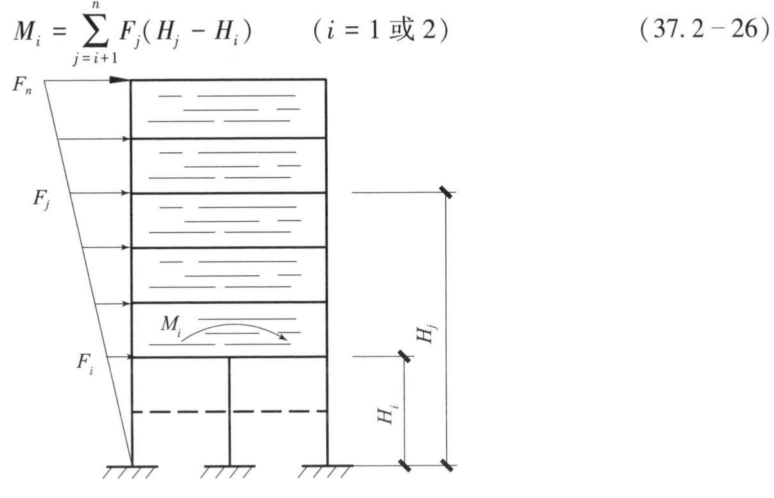

图 37.2-4　底部地震倾覆力矩

倾覆力矩和水平剪力两者所引起的构件变形性质是截然不同的，水平剪力引起楼层的侧移、使竖向构件的水平截面产生错动，倾覆力矩则是引起楼层的转动、使竖向构件的水平截面产生倾斜转动。因此，从概念上和结构实际受力特点上来说，影响底部地震倾覆力矩分配的主要因素应该是底部抗震墙和框架的转动刚度，而不是其侧向刚度。对应的，上部砌体结构楼层水平地震作用在过渡楼层下部楼板处产生的倾覆力矩，应采用基于底部框架和抗震墙整体弯曲刚度（即转动刚度）比例的方法进行分配。

1.《抗震规范》的分配方法

在《建筑抗震设计规范》(GBJ 11—89）中，底层框架砖房地震倾覆力矩的分配，是按照底层抗震墙和框架转动刚度的比例进行分配。计算时多采用假定底层顶板处弯曲刚度无限大和考虑构件基础转动影响的方法，在实际中得到了应用。由于在抗震设计中，基础截面是根据竖向荷载、地基承载力、基础型式和地震作用影响综合确定的，而且因基础型式的差异使基础转动计算更加复杂化。因此，考虑基础转动对构件弯曲刚度的影响在具体操作时有一定的困难。

考虑实际运算的可操作性，现行的《抗震规范》规定，可将地震倾覆力矩在底部框架和抗震墙之间按它们的有效侧向刚度比例进行分配，这是一种近似的分配方法。有效侧向刚度的计算方法同地震剪力分配时的计算方法。相比之下，《建筑抗震设计规范》（GBJ 11—89）中规定的底部地震倾覆力矩分配方法更接近实际情况。

2. 基于转动刚度的分配方法

基于转动刚度的地震倾覆力矩分配的简化方法，基本可分为两大类：一类是假定过渡楼层下部楼板平面外弯曲刚度无限大的分配方法（刚性分配法），另一类是基于有限元分析的、考虑过渡楼层下部楼板平面外弯曲刚度实际情况的分配方法（半刚性分配法）。

1）刚性分配法

当房屋层数较多或房屋底部横向抗震墙的间距（L）较小，上部砌体结构楼层在底部相邻两道横向抗震墙之间的纵向区段的长高比 $L/H_m \leq 1.0$ 时（H_m 为上部砌体结构楼层的总高度），可以认为，底部框架-抗震墙结构的顶面楼板与其上部几层砌体墙和楼板所形成的箱形结构，具有很大的竖向抗弯刚度。从而可以假定，在上部楼层倾覆力矩作用下，过渡楼层下部楼板在各轴线处具有相同的倾角，倾覆力矩在各框架和抗震墙之间的分配，与各构件的转动刚度成正比。

一榀框架承担的倾覆力矩为

$$M_{cf} = \frac{K'_{cf}}{K'} M_i \qquad (i = 1 \text{ 或 } 2) \tag{37.2-27}$$

一片钢筋混凝土抗震墙承担的倾覆力矩为

$$M_{cw} = \frac{K'_{cw}}{K'} M_i \qquad (i = 1 \text{ 或 } 2) \tag{37.2-28}$$

一片配筋小砌块砌体抗震墙承担的倾覆力矩为

$$M_{gw} = \frac{K'_{gw}}{K'} M_i \qquad (i = 1 \text{ 或 } 2) \tag{37.2-29}$$

一片约束砌体抗震墙承担的倾覆力矩为

$$M_{bw} = \frac{K'_{bw}}{K'} M_i \qquad (i = 1 \text{ 或 } 2) \tag{37.2-30}$$

一榀框架-抗震墙并联体承担的倾覆力矩为

$$M_{cfw} = \frac{K'_{cfw}}{K'} M_i \qquad (i = 1 \text{ 或 } 2) \tag{37.2-31}$$

过渡楼层下一层的框架-抗震墙的总转动刚度 K' 为（底部采用钢筋混凝土抗震墙或配筋小砌块砌体抗震墙时按式（37.2-32）计算，底部采用约束砌体抗震墙时按式（37.2-33）计算）

$$K' = \sum K'_{cf} + \sum K'_{cw} + \sum K'_{gw} + \sum K'_{cfw} \tag{37.2-32}$$

或

$$K' = \sum K'_{cf} + \sum K'_{bw} + \sum K'_{cfw} \tag{37.2-33}$$

式中　M_i——作用于过渡楼层下部楼板处的地震倾覆力矩，见式（37.2-26）；

K'_{cf}、K'_{cw}、K'_{gw}、K'_{bw}、K'_{cfw}——分别为过渡楼层下一层的一榀框架、一片钢筋混凝土抗震墙、一片配筋小砌块砌体抗震墙、一片约束砌体抗震墙、一榀框架-抗震墙并联体的转动刚度。

假定底部各抗震墙和框架在过渡楼层下部楼板处的弯曲变形相同，与实际情况有较大差别。对过渡楼层下部楼板处平面外弯曲刚度有较大贡献的是垂直于地震作用方向的梁和墙，只有当层数多，梁和墙截面大时效果才明显。而实际底部顶板平面外弯曲刚度是较小的。因此，这种方法是一种近似方法。

该方法需注意以下几点问题：

（1）偏大考虑了抗震墙弯曲刚度的作用，使框架分配的倾覆力矩小于实际承担值。

（2）抗震墙弯曲刚度对框架的影响程度与墙距框架的距离有关，该方法无法反映。

（3）无法反映当各开间柱距相差较大时，框架柱上由地震倾覆力矩产生附加轴力的差别。

2）半刚性分配法

当房屋层数较少或房屋底部横向抗震墙的间距（L）较大，上部砌体结构楼层在底部相邻两道横向抗震墙之间的纵向区段的长高比 $L/H_m>1.0$ 时，底部框架-抗震墙结构的顶面楼板与其上部几层砌体墙和楼板所形成的箱形结构，其竖向抗弯刚度较小，相当于半刚性构件。因此，倾覆力矩在各框架和抗震墙之间的分配，可按过渡楼层下一层的框架或抗震墙转动刚度比例和它们各自的荷载从属面积比例的平均值进行分配。

这是一种考虑过渡楼层下部楼板平面外弯曲刚度实际情况的分配方法，更接近实际情况。

一榀框架承担的倾覆力矩为

$$M_{cf} = \frac{1}{2}\left(\frac{K'_{cf}}{K'} + \frac{A_{cf}}{A}\right)M_i \qquad (i = 1 \text{ 或 } 2) \tag{37.2-34}$$

一片钢筋混凝土抗震墙承担的倾覆力矩为

$$M_{cw} = \frac{1}{2}\left(\frac{K'_{cw}}{K'} + \frac{A_{cw}}{A}\right)M_i \qquad (i = 1 \text{ 或 } 2) \tag{37.2-35}$$

一片配筋小砌块砌体抗震墙承担的倾覆力矩为

$$M_{gw} = \frac{1}{2}\left(\frac{K'_{gw}}{K'} + \frac{A_{gw}}{A}\right)M_i \qquad (i = 1 \text{ 或 } 2) \tag{37.2-36}$$

一片约束砌体抗震墙承担的倾覆力矩为

$$M_{bw} = \frac{1}{2}\left(\frac{K'_{bw}}{K'} + \frac{A_{bw}}{A}\right)M_i \qquad (i = 1 \text{ 或 } 2) \tag{37.2-37}$$

一榀框架-抗震墙并联体承担的倾覆力矩为

$$M_{cfw}=\frac{1}{2}\left(\frac{K'_{cfw}}{K'}+\frac{A_{cfw}}{A}\right)M_i \qquad (i=1\text{ 或 }2) \tag{37.2-38}$$

式中　A——过渡楼层下部楼板的楼面总面积；

A_{cf}、A_{cw}、A_{gw}、A_{bw}、A_{cfw}——分别为过渡楼层下一层的一榀框架、一片钢筋混凝土抗震墙、一片配筋小砌块砌体抗震墙、一片约束砌体抗震墙、一榀框架-抗震墙并联体的荷载从属面积。

需要注意的是，对于底部各榀框架-抗震墙之间中和轴不相一致的情况，首先需要求出底部框架-抗震墙的总中和轴，然后得到各轴墙、框架及墙柱并联体对总中和轴的弯曲刚度，并依此进行地震倾覆力矩的分配。

3. 转动刚度的实用计算方法

在倾覆力矩作用下，底部框架-抗震墙的转动刚度（即构件的整体弯曲刚度）取决于框架、抗震墙自身的整体弯曲变形及其基础底面地基变形。考虑到同一结构中，框架各柱基础底面面积整体转动惯量与抗震墙基础底面积整体转动惯量的比值，与框架各柱截面整体转动惯量与抗震墙截面整体转动惯量比值两者之间的差别不是很大；同时，基础底面尺寸的确定又取决于各构件最终的组合内力设计值，计算其地基变形及其对构件整体转动惯量的影响，存在一定的难度。因此，在实际工程设计中，计算底部框架、抗震墙及其并联体的整体弯曲刚度时，为简化计算，可略去地基基础刚度一项。

1）底层框架-抗震墙砌体房屋

（1）框架的整体弯曲刚度。

底层框架柱在倾覆力矩作用下，中和轴一侧的柱将产生压缩，另一侧柱将产生拉伸。假定框架梁的竖向刚度为绝对刚性，整个框架梁将具有相同的转角，各柱的压缩或拉伸量将与柱到中和轴的距离成正比。略去各柱截面绕自身中和轴的惯性矩，则一榀框架对框架中和轴的惯性矩可近似地取为各柱截面面积对框架中和轴的惯性矩之和。使框架顶面产生单位转角所施加的力矩即为一榀框架的整体弯曲刚度（图 37.2－5），按下式计算：

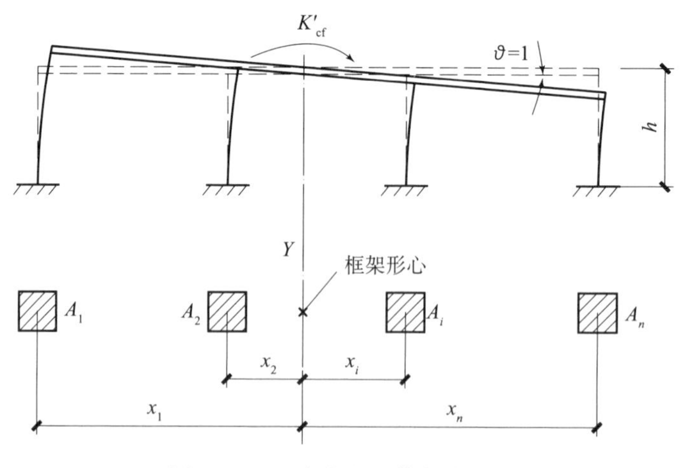

图 37.2－5　框架的整体弯曲刚度

$$K'_{cf}=\frac{E_c\sum_{i=1}^{n}A_ix_i^2}{h} \tag{37.2-39}$$

式中　A_i——第 i 根柱的截面面积；

x_i——第 i 根柱到框架中和轴 Y 的距离；

E_c——底层框架柱的混凝土弹性模量；

h——框架柱的计算高度。

(2) 钢筋混凝土抗震墙的整体弯曲刚度。

①无洞墙。

当抗震墙顶端作用一倾覆力矩，假定墙体在弯矩作用下各个截面仅产生转动，不发生扭曲，变形后依旧保持其平截面，则抗震墙顶端水平截面的转动角度与倾覆力矩的大小成正比。使抗震墙顶面产生单位转角所需施加的倾覆力矩即为抗震墙的整体弯曲刚度（图 37.2-6），按下式计算：

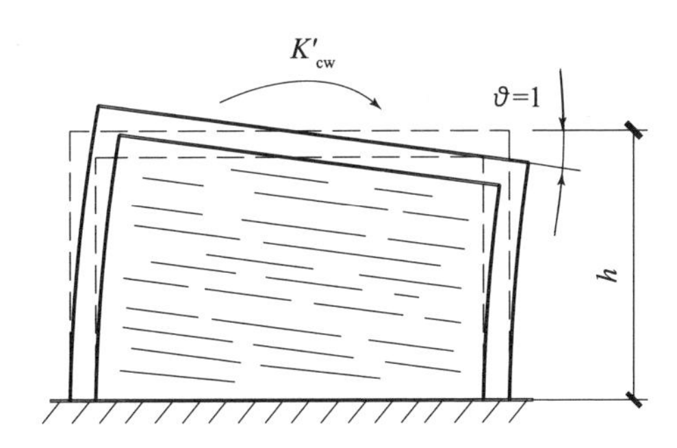

图 37.2-6　无洞钢筋混凝土抗震墙的整体弯曲刚度

$$K'_{cw}=\frac{E_cI_{cw}}{h} \tag{37.2-40}$$

式中　I_{cw}——钢筋混凝土抗震墙（包括边框柱）水平截面的惯性矩；

E_c——底层钢筋混凝土抗震墙的混凝土弹性模量；

h——抗震墙的计算高度。

②小开洞墙。

有洞抗震墙，如果洞口较小，抗震墙在顶端倾覆力矩的作用下，其弯曲状态仍可采取平截面假定，即抗震墙弯曲后，原来的各个截面只产生转动，不产生扭曲。即墙面开洞后，抗震墙仍保持整体弯曲，而不出现墙肢的单独弯曲的成分（图 37.2-7）。在这种情况下，有洞抗震墙的整体弯曲刚度可采取类似于无洞墙的计算公式。计算时，墙体水平截面的惯性矩取平均惯性矩，按下式计算：

$$K'_{cw}=\frac{E_c\bar{I}_{cw}}{h} \tag{37.2-41}$$

$$\bar{I}_{cw}=0.85\frac{I_1(h_1+h_3)+I_2h_2}{h} \tag{37.2-42}$$

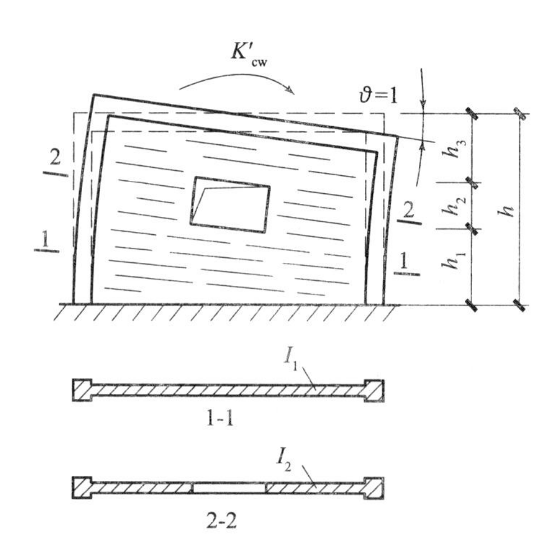

图 37.2－7　小开洞钢筋混凝土抗震墙的整体弯曲刚度

式中　$\bar{I}_{cw}$——小开洞钢筋混凝土抗震墙（包括边框柱）水平截面的平均惯性矩。

（3）配筋小砌块砌体抗震墙的整体弯曲刚度。

配筋小砌块砌体抗震墙的整体弯曲刚度，计算方法与钢筋混凝土抗震墙相同，可按下列各式进行计算：

无洞墙

$$K'_{gw}=\frac{E_g I_{gw}}{h} \tag{37.2-43}$$

小开洞墙

$$K'_{gw}=\frac{E_g \bar{I}_{gw}}{h} \tag{37.2-44}$$

$$\bar{I}_{gw}=0.85\frac{I_1(h_1+h_3)+I_2h_2}{h} \tag{37.2-45}$$

式中　I_{gw}——配筋小砌块砌体抗震墙水平截面的惯性矩；

E_g——底层配筋小砌块砌体抗震墙的弹性模量；

$\bar{I}_{gw}$——小开洞配筋小砌块砌体抗震墙水平截面的平均惯性矩。

（4）钢筋混凝土墙柱并联体的整体弯曲刚度。

假定框架梁的竖向弯曲刚度为无限大，则并联体的整体弯曲刚度（图 37.2－8）为

$$K'_{cfw}=\frac{E_c\left(\sum_{i=1}^{n}A_i x_i^2+I_{cw}+A'_w x^2\right)}{h} \tag{37.2-46}$$

式中　A_i——框架第 i 根柱（无墙相连）的水平截面面积；

x_i——框架第 i 根柱（无墙相连）到并联体中和轴的距离；

x——抗震墙形心轴到并联体中和轴的距离；

A'_w——抗震墙及与之相连柱的总水平截面面积。

图 37.2－8 中，“抗震墙形心”指抗震墙及与之相连柱的水平截面形心，“并联体中和

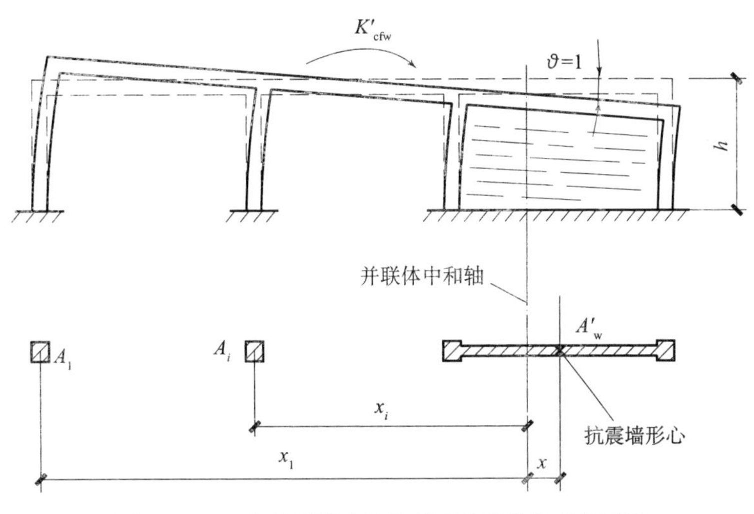

图 37.2-8　钢筋混凝土墙柱并联体的整体弯曲刚度

轴”指通过抗震墙及其所在轴线各独立柱的联合水平截面形心的轴。

（5）约束砌体抗震墙的整体弯曲刚度。

嵌砌有约束砌体抗震墙的框架，在倾覆力矩的作用下，当结构处于弹性变形阶段时，框架和约束砌体抗震墙的变形应该是协调的，框架和约束砌体抗震墙因倾覆力矩引起的水平截面转动具有相同的转角。因此，嵌砌约束砌体抗震墙框架的整体弯曲刚度，可近似地取等于框架的整体弯曲刚度加上约束砌体抗震墙的弯曲刚度。框架的整体弯曲刚度 K'_{cf} 按式（37.2-39）计算，约束砌体抗震墙的整体弯曲刚度可按下述方法计算。

约束砌体抗震墙的弯曲刚度计算公式，与钢筋混凝土抗震墙弯曲刚度计算公式具有相同的形式。开有大洞的约束砌体抗震墙在单独工作时，由于洞口上部砌体竖向刚度减弱，它的弯曲变形将包含墙片整体弯曲成分和各竖向墙段独自弯曲的成分，而且当洞口较高时后一种变形可能还占有相当大的比重。但是对于底层约束砌体抗震墙，要求嵌砌在承托着上部砌体承重墙的框架内。因而，尽管约束砌体抗震墙自身的抗弯整体性较差，但由于框架梁及其上部砌体墙的竖向抗弯刚度很大，即使墙片被较高的洞口分割成多条竖向墙段，在上层倾覆力矩的作用下，也不会发生墙肢的单独弯曲，其变形应像整片墙体那样仅发生整体弯曲。所以，带有大洞口的约束砌体抗震墙依旧可以采用类似于整片墙的计算式来确定其整体弯曲刚度，计算中仅考虑洞口对墙体水平截面惯性矩的减小所引起的弯曲刚度降低。

①无洞墙。

无洞约束砌体抗震墙的弯曲刚度（图 37.2-9），按下式计算：

$$K'_{bw}=\frac{E_b t l^3}{12h} \tag{37.2-47}$$

式中　E_b——底层约束砌体抗震墙的弹性模量；

t——约束砌体抗震墙的厚度；

l——约束砌体抗震墙的长度，等于框架柱内侧面之间的距离。

②开洞墙。

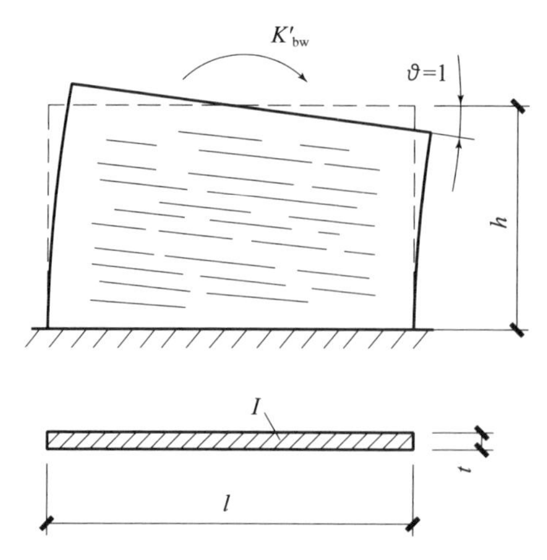

图 37.2－9　无洞约束砌体抗震墙的弯曲刚度

开洞约束砌体抗震墙的弯曲刚度（图 37.2－10），按下列各式计算：

$$K'_{bw}=\frac{E_b\bar{I}_{bw}}{h} \tag{37.2-48}$$

当墙面上有一个窗洞、或两个窗洞时（图 37.2－10a）

$$\bar{I}_{bw}=0.85\frac{I_1(h_1+h_3)+I_2h_2}{h} \tag{37.2-49}$$

当墙面上有一个门洞、或一个门洞和一个窗洞时（图 37.2－10b）

$$\bar{I}_{bw}=0.85\frac{I_1h_1+I_2h_2}{h} \tag{37.2-50}$$

式中　$\bar{I}_{bw}$——开洞约束砌体抗震墙水平截面的平均惯性矩。

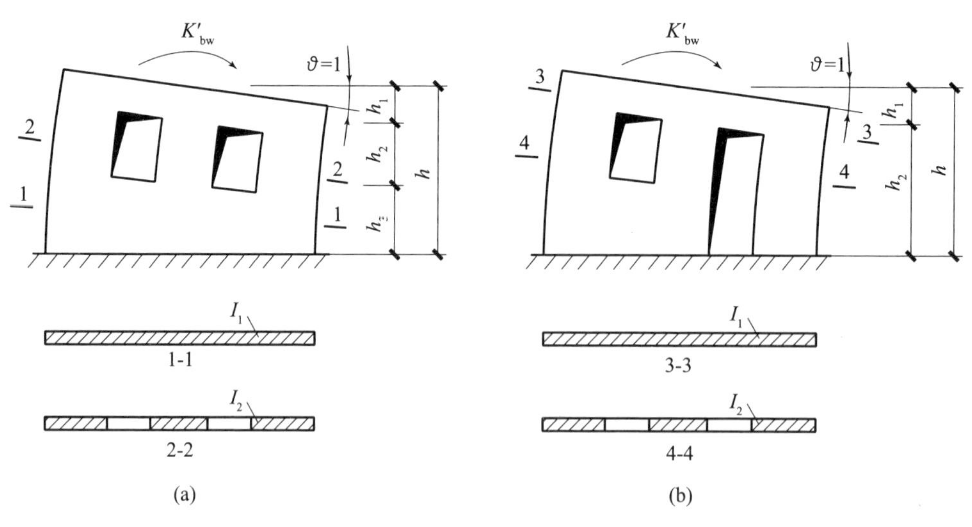

图 37.2－10　开洞约束砌体抗震墙的整体弯曲刚度

2）底部两层框架-抗震墙砌体房屋

对于底部两层框架-抗震墙砌体房屋，底部地震倾覆力矩的分配需要计算第二层框架-抗震墙的整体弹性弯曲刚度。可采用与底层框架-抗震墙砌体房屋相同的计算公式，即式（37.2-39）至式（37.2-50），计算时，框架柱或抗震墙的计算高度取第二层的计算高度。

37.2.7　上部砌体结构水平地震剪力的分配

上部砌体结构的楼层水平地震剪力的分配原则同多层砌体房屋，应按下原则分配：

（1）现浇和装配整体式钢筋混凝土楼、屋盖等刚性楼、屋盖建筑，宜按各抗侧力构件的等效侧向刚度的比例分配。

（2）普通的预制装配式钢筋混凝土楼、屋盖等半刚性楼、屋盖的建筑，宜按各抗侧力构件的等效侧向刚度的比例和其从属面积上重力荷载代表值比例的平均值分配。

37.2.8　底部约束砌体抗震墙对框架产生的附加轴力和剪力

底层框架-抗震墙砌体房屋中，当底层采用嵌砌于框架之间的约束普通砖或小砌块砌体作为抗震墙时，砌体墙和框架成为组合的抗侧力构件，由砌体抗震墙和周边框架所承担的地震作用，将通过周边框架向下传递，故底层砌体抗震墙周边的框架柱还需考虑墙体引起的附加轴向力和附加剪力（图 37.2-11），其值可按下列公式确定：

$$\Delta N_{\mathrm{f}} = V_{\mathrm{w}} H_{\mathrm{f}} / l \tag{37.2-51}$$

$$\Delta V_{\mathrm{f}} = V_{\mathrm{w}} \tag{37.2-52}$$

式中　ΔN_{f}——框架柱的附加轴向压力设计值；

ΔV_{f}——框架柱的附加剪力设计值；

V_{w}——墙体承担的剪力设计值，框架柱两侧有墙时，采用两者的较大值；

H_{f}——框架层高；

l——框架跨度（柱中距）。

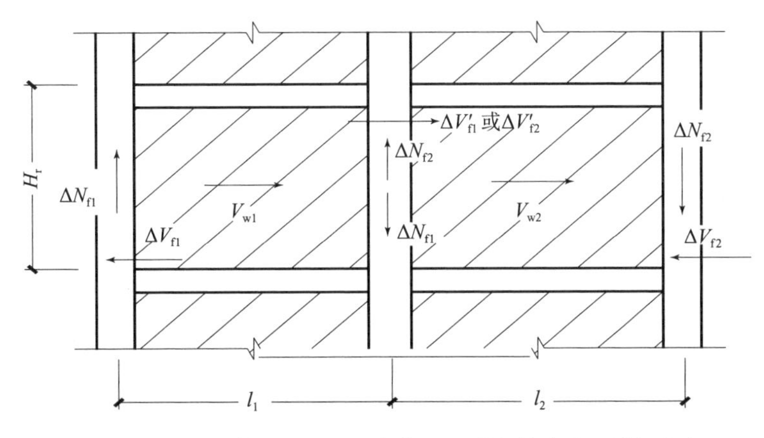

图 37.2-11　砌体抗震墙引起框架柱的附加轴向力和附加剪力

嵌砌于框架之间的普通砖抗震墙及两端框架柱，在计算其抗震受剪承载力时，需按组合构件进行抗震分析。

37.2.9　底部框架托墙梁计算

底部框架托墙梁的受力状态是非常复杂的。

分析表明，底层框架-抗震墙砌体房屋第一层的框架托墙梁和底部两层框架-抗震墙砌体房屋第二层的框架托墙梁承担竖向荷载的特点和规律是相同的。在不考虑上部墙体开裂的前提下，底部框架-抗震墙砌体房屋的上部砌体墙未开洞或仅在跨中开一个洞口时，对于其下部框架托墙梁的墙梁作用较为明显。

1. 影响底部框架托墙梁承担竖向荷载的主要因素

（1）上部砌体部分墙上开洞情况（如跨中开门洞和跨端开门洞等）。

（2）上部砌体部分墙中构造柱、圈梁设置情况（如内纵墙与横墙交接处设置构造柱的不同情况及圈梁的截面尺寸等）。

（3）上部砌体部分层数。

（4）底部框架跨数。

2. 底部框架托墙梁受力的主要规律

（1）底部框架跨数不同时，框架托墙梁承担竖向荷载的规律是相似的。

（2）影响框架托墙梁承担竖向荷载的主要因素是上部墙体开门洞的位置，其最不利位置是门洞在跨端。

（3）在过渡楼层内纵墙和横墙交接处设置钢筋混凝土构造柱，上部砌体各层每层均设置圈梁，有助于发挥砌体墙起拱的作用，特别是考虑墙体开裂后更是如此。

（4）上部砌体部分层数增多，则墙体与托墙梁的组合作用更明显一些。

（5）对于底部框架为大开间时（局部抽柱），空间有限元分析能较好地模拟墙梁作用的空间影响。当过渡楼层楼板为现浇钢筋混凝土板时，其横向框架主梁承担的竖向荷载明显增多，而次梁承担的竖向荷载明显减少。

（6）底部框架为大开间时（局部抽柱），纵向框架托墙梁除承受纵向平面内的墙体自重以及楼盖荷载外，还承受横向次梁托墙传来的集中荷载，其受力比较复杂。

（7）在水平和竖向荷载共同作用下，由于上部砌体墙受拉侧开裂较早，可忽略托墙梁在水平荷载作用下的墙梁作用。托墙梁的组合作用是对承担竖向荷载而言的，在水平和竖向荷载共同作用下，托墙梁的内力实际上是竖向荷载效应下墙梁组合作用效应与水平荷载作用效应的组合。

3. 底部框架托墙梁计算的基本原则

（1）计算竖向荷载作用下托墙梁的弯矩和剪力时，作用在托墙梁上的竖向荷载可按下列方法确定：

①当底部均为框架梁作为托墙梁时，横向框架托墙梁取其承载范围内本层楼盖传递的全部竖向荷载和托墙梁以上墙体传递的相应承载范围内全部楼（屋）盖荷载与墙体自重之和的 60%。

②当底部为大开间、有次梁作为托墙梁时，支承在纵向框架托墙梁上的横向托墙次梁荷

载，可按第①条的方法采用；与其相邻的横向框架托墙梁荷载，取其承载范围内本层楼盖传递的全部竖向荷载和托墙梁以上墙体传递的相应承载范围内全部楼（屋）盖荷载与墙体自重之和的 85%。

③纵向框架托墙梁荷载，取其承载范围内本层楼盖（当为现浇双向板时）传递的全部竖向荷载、托墙梁以上墙体传递的相应承载范围内全部楼（屋）盖荷载（当上部各层楼盖为现浇双向板时）与墙体自重之和的 60%、以及支承在其上的横向托墙次梁传递的集中荷载。内纵托墙梁上的集中荷载取其承载范围内（图 37.2－12）全部竖向荷载的 0.9 倍；外纵托墙梁上的集中荷载取其承载范围内（图 37.2－12）全部竖向荷载的 1.1 倍。

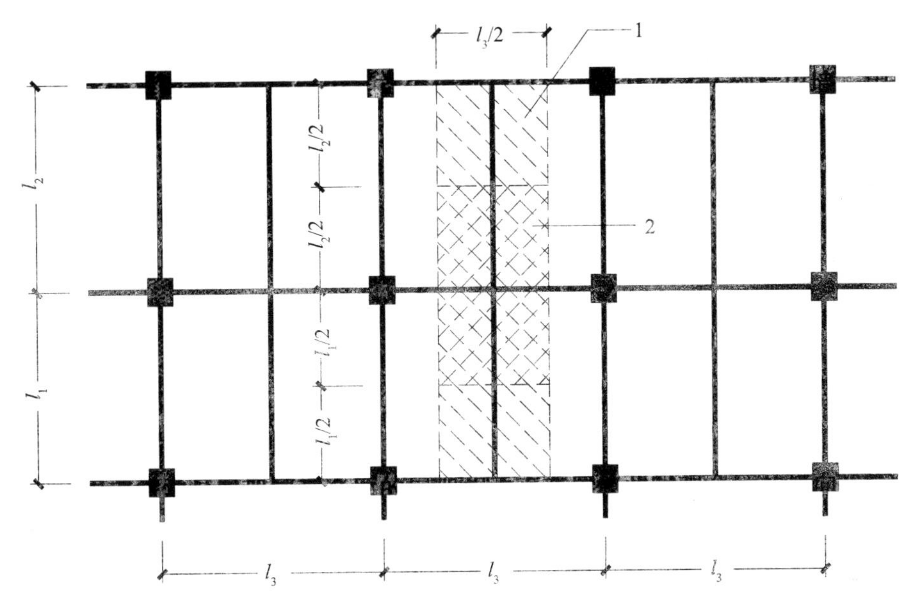

图 37.2－12　纵向框架托墙梁上集中荷载承载范围示意图

1. 外纵梁上集中荷载取值范围；2. 内纵梁上集中荷载取值范围

（2）托墙梁的地震作用效应和地震组合内力应采用下列方法计算：

①一般的托墙梁，可按框架梁计算其水平地震作用效应。

②一端与钢筋混凝土抗震墙平面内相连、另一端与框架相连的托墙梁，可按连梁计算其水平地震作用效应。

③托墙梁计算地震组合内力时，应采用合适的计算简图。若考虑上部墙体与托墙梁的组合作用，应计入地震时墙体开裂对组合作用的不利影响，可调整有关的弯矩系数、轴力系数等计算参数。

抗震设计时，考虑到实际地震作用与试验室条件的差异，“大震”时梁上墙体严重开裂，若拉结不良则平面外倒塌，震害严重，托墙梁与非抗震的墙梁受力状态有所差异，需要依据开裂的程度调整有关计算参数。

作为简化计算，偏于安全，在托墙梁上部各层墙体不开洞和跨中 1/3 范围内开一个洞口的情况，也可采用折减荷载的方法：

托墙梁弯矩计算，由重力荷载代表值产生的弯矩，托墙梁上部楼层四层以下全部计入组合，四层以上可有所折减，取不小于四层的数值计入组合；

托墙梁剪力计算，由重力荷载代表值产生的剪力不折减；

对于框架柱的轴向力应对应于上部的全部竖向荷载。

（3）次梁转换计算的基本原则。

①其计算模型为两端弹性支承，不同于主梁。如何考虑上部墙体与托梁的共同工作，目前《抗震规范》没有明确规定，应根据实际情况确定。

②托墙的次梁应按《抗震规范》第3.4.4条的要求考虑地震作用的计算和内力调整。

③梁的竖向力和弯矩应作为主梁的集中力和集中扭矩，并应传递到主梁两端的竖向支承构件，形成附加的地震作用效应。这个传递过程要有明确的地震作用传递途径。

④主梁两端的竖向支承构件，应考虑主梁平面外的附加内力，构造上也应相应加强。

37.2.10　底部框架-抗震墙构件截面组合内力的调整

为使底部框架-抗震墙砌体房屋的底部框架-抗震墙具有较合理的地震破坏机制，按弹性分析得到的组合内力设计值，应进行适当的调整。

针对底部框架-抗震墙部分，6、7、8度时底部框架的抗震等级分别为三级、二级、一级，底部钢筋混凝土抗震墙和配筋小砌块砌体抗震墙的抗震等级分别为三级、三级、二级，应进行构件截面组合内力的调整。

“强柱弱梁”的调整是底部框架应遵从的原则。对于框架托墙梁的梁柱节点，由于托墙梁与一般框架梁受力的差异，托墙梁的截面比一般框架梁大得多，其具有比较大的变形能力，与钢筋混凝土结构的框支梁相同，不再要求托墙梁节点处满足强柱弱梁的规定。

需进行内力调整的主要内容有：

（1）底部两层框架-抗震墙砌体房屋，第一层顶部框架梁柱节点处柱端组合的弯矩设计值，柱轴压比小于0.15者除外。

（2）底部框架柱的最上端和最下端组合的弯矩设计值。

（3）框架梁端、框架柱端、钢筋混凝土抗震墙或配筋小砌块砌体抗震墙连梁梁端组合的剪力设计值。

（4）框架角柱柱端的组合弯矩设计值、剪力设计值。

37.2.11　截面抗震验算

底部框架-抗震墙砌体房屋的构件截面抗震验算，构件可分为底部框架-抗震墙部分的结构构件（框架柱，框架梁，钢筋混凝土抗震墙、配筋小砌块砌体抗震墙、约束砌体抗震墙）和上部砌体部分的结构构件（砌体抗震墙）两大类。

（1）底部钢筋混凝土构件的验算方法与钢筋混凝土结构构件验算方法相同，上部砌体抗震墙构件的验算方法与多层砌体结构构件验算方法相同。

（2）底部框架梁柱节点核心区的抗震验算应符合下列要求：

①底部两层框架第一层顶的节点核心区，一级、二级、三级时应进行抗震验算。

②底层框架的底层顶部和底部两层框架第二层顶部的节点核芯区，由于托墙梁的存在，可不进行抗震验算，但应符合抗震构造措施要求。

（3）底层框架-抗震墙砌体房屋中，6 度且总层数不超过四层时，底层允许采用约束普通砖砌体或小砌块砌体抗震墙。由约束普通砖砌体或小砌块砌体抗震墙与钢筋混凝土框架组成的组合抗侧力构件，在满足上下层侧向刚度比 2.5 的前提下，数量较少但需承担全楼层 100%的地震剪力（6 度约为全楼总重力的 4%）。因此，虽然仅适用于 6 度设防，但为判断其安全性，仍应对其进行截面抗震验算。其抗震受剪承载力，应按下列规定计算：

①一般情况下，可采用下式计算：

$$V_{fw} \leqslant \frac{1}{\gamma_{REc}} \sum (M_{yc}^{u} + M_{yc}^{l}) / H_0 + \frac{1}{\gamma_{REc}} \sum f_{vE} A_{w0} \quad (37.2-53)$$

式中 V_{fw}——嵌砌于框架之间的约束普通砖或小砌块抗震墙及两端框架柱承担的剪力设计值；

f_{vE}——约束普通砖或小砌块抗震墙抗震抗剪强度设计值；

A_{w0}——约束普通砖或小砌块抗震墙水平截面的计算面积，无洞口时取实际截面面积的 1.25 倍；有洞口时取净截面面积，但不计入宽度小于洞口高度 1/4 的墙段截面面积；

M_{yc}^{u}、M_{yc}^{l}——分别为底层框架柱上下端的正截面受弯承载力设计值，可按现行国家标准《混凝土结构设计规范》（GB 50010）非抗震设计的有关公式取等号计算；

H_0——底层框架柱的计算高度，两侧均有约束普通砖或小砌块抗震墙时，取柱净高的 2/3，其余情况，取柱净高；

γ_{REc}——底层框架柱承载力抗震调整系数，可采用 0.8；

γ_{REw}——嵌砌约束普通砖或小砌块抗震墙承载力抗震调整系数，可采用 0.9。

②当计入墙体内水平配筋、中部构造柱或芯柱对抗震受剪承载力的提高作用时，墙体受剪承载力可参照砌体结构构件相关验算方法进行计算。

（4）底部配筋小砌块砌体抗震墙的截面抗震验算，可参照附录 37.1 给出的相关方法。

37.3 抗震构造措施

底部框架-抗震墙砌体房屋的抗震构造措施，按照承重和抗侧力体系的不同，主要分为底部框架-抗震墙和上部砌体两个部分。

总体上看，底部框架-抗震墙砌体房屋比钢筋混凝土房屋及多层砌体房屋抗震性能弱，因此构造要求更为严格。

底部框架-抗震墙砌体房屋中，底部框架梁、柱和钢筋混凝土抗震墙的常规构造要求与钢筋混凝土房屋中相应抗震等级的钢筋混凝土框架及抗震墙的构造要求大致相同，上部砌体部分的常规构造要求与多层砌体房屋的构造要求大致相同。

此外，还有一些符合这类房屋特点的专门的构造要求，作为加强的抗震构造措施。以下重点列出了这些专门的构造要求。

37.3.1 底部框架-抗震墙部分

1. 底部框架柱

（1）矩形截面柱的各边边长均不应小于400mm，长边与短边的边长比不宜大于2；圆形截面柱的直径不应小于450mm。

（2）柱的轴压比，6度时不宜大于0.85，7度时不宜大于0.75，8度时不宜大于0.65。

（3）柱的纵向钢筋配置，应符合下列要求：

①应对称配置。

②柱纵向钢筋的最小总配筋率应按表37.3－1采用。

表37.3－1 柱截面纵向钢筋的最小总配筋率（百分率）

类别	抗震等级		
	一	二	三
中柱	1.0	0.8	0.8
边柱、角柱 混凝土抗震墙端柱	1.1	0.9	0.9

注：①柱纵向钢筋每一侧的配筋率不应小于0.2%；

②钢筋强度标准值小于400MPa时，表中数值应增加0.1；钢筋强度标准值为400MPa时，表中数值应增加0.05。

（4）柱的箍筋直径，6、7度时不应小于8mm，8度时不应小于10mm，且沿柱全高箍筋间距不应大于100mm。

2. 底部钢筋混凝土抗震墙

底部框架-抗震墙砌体房屋的总高度较低，底部钢筋混凝土抗震墙一般应按低矮墙或开竖缝墙设计，构造要求上有所区别。其抗震构造措施按相应抗震等级中一般部位的要求采用。

（1）底部钢筋混凝土抗震墙的截面尺寸，应符合下列规定：

①抗震墙墙板周边应设置梁（或暗梁）和端柱组成的边框。边框梁的截面宽度不宜小于墙板厚度的1.5倍，截面高度不宜小于墙板厚度的2.5倍；端柱的截面高度不宜小于墙板厚度的2倍，且其截面宜与同层框架柱相同。

②抗震墙墙板的厚度不宜小于160mm，且不应小于墙板净高的1/20。

（2）钢筋混凝土抗震墙的水平和竖向分布钢筋的配筋率，均不应小于0.30%，钢筋直径不宜小于10mm，间距不宜大于250mm，且应采用双排布置；双排分布钢筋间拉筋的间距不应大于600mm，直径不应小于6mm；墙体水平和竖向分布钢筋的直径，均不宜大于墙厚的1/10。

（3）钢筋混凝土抗震墙两端和洞口两侧应设置构造边缘构件（包括暗柱、端柱和翼墙），构造边缘构件的要求同钢筋混凝土房屋中的相关要求。

（4）开竖缝的钢筋混凝土抗震墙，应符合下列规定：

①墙体水平钢筋在竖缝处断开，竖缝两侧墙板的高宽比应大于 1.5。

②竖缝两侧应设暗柱，暗柱的截面范围为 1.5 倍墙体厚度；暗柱的纵筋不宜少于 4ϕ16，箍筋可采用 ϕ8，箍筋间距不宜大于 200mm。

③竖缝内可放置两块预制隔板，隔板宽度应与墙体厚度相同。

④墙体的边框梁，在竖缝对应部位将受到因竖缝作用引起的附加剪力，故箍筋除其他加密要求外，还应在竖缝两侧 1.5 倍的梁高范围内进行加密，加密区箍筋间距不应大于 100mm。

3. 底部约束砌体抗震墙

6 度设防且总层数不超过四层的底层框架-抗震墙砌体房屋，底层可采用约束砌体抗震墙，其构造要求，应保证确实能加强砌体抗震墙的抗震能力，并在使用中不致随意被拆除或更换。

（1）底层采用约束砖砌体抗震墙时，其构造应符合下列要求：

①砖墙应嵌砌于框架平面内，厚度不应小于 240mm，砌筑砂浆强度等级不应低于 M10，应先砌墙后浇框架梁柱。

②沿框架柱每隔 300mm 配置 2ϕ8 水平钢筋和 ϕ4 分布短钢筋平面内点焊组成的拉结钢筋网片，并沿砖墙水平通长设置；在墙体半高处尚应设置与框架柱相连的钢筋混凝土水平系梁，系梁截面不应小于 240mm×180mm，纵向钢筋不应少于 4ϕ12，箍筋直径不应小于 ϕ6、间距不应大于 200mm。

③墙长大于 4m 时和门、窗洞口两侧，应在墙内增设钢筋混凝土构造柱。

（2）底层采用约束小砌块砌体抗震墙时，其构造应符合下列要求：

①小砌块墙应嵌砌于框架平面内，厚度不应小于 190mm，砌筑砂浆强度等级不应低于 Mb10，应先砌墙后浇框架梁柱。

②沿框架柱每隔 400mm 配置 2ϕ8 水平钢筋和 ϕ4 分布短钢筋平面内点焊组成的拉结钢筋网片，并沿砌块墙水平通长设置；在墙体半高处尚应设置与框架柱相连的钢筋混凝土水平系梁，系梁截面不应小于 190mm×190mm，纵向钢筋不应少于 4ϕ12，箍筋直径不应小于 ϕ6、间距不应大于 200mm。

③墙体在门、窗洞口两侧应设置芯柱，墙长大于 4m 时，应在墙内增设芯柱；其余位置，宜采用钢筋混凝土构造柱替代芯柱。

4. 底部配筋小砌块砌体抗震墙

底部配筋小砌块砌体抗震墙的抗震构造措施，可参照附录 37.1 的相关内容。

5. 底部钢筋混凝土托墙梁

底部框架的托墙梁（包括托墙次梁）是重要的受力构件。根据有关试验资料和工程经验，参照钢筋混凝土框支梁的相关规定，其构造措施更为严格。

（1）托墙梁承担上部砌体墙的较大竖向荷载且受力复杂，其截面应符合下列要求：

①梁截面宽度不应小于 300mm，截面高度不应小于跨度的 1/10。

②当上部砌体墙在梁端附近有洞口时，托墙梁的截面高度不宜小于梁跨度的 1/8，且不宜大于梁跨度的 1/6。当梁端受剪承载力不能满足要求时，可采用加腋梁。

（2）梁的箍筋直径不应小于8mm，非加密区间距不应大于200mm；在梁端1.5倍梁高且不小于1/5梁净跨范围内，以及上部砌体墙的洞口处和洞口两侧各500mm且不小于梁高的范围内，箍筋间距应加密，其间距不应大于100mm。

（3）在竖向荷载作用下，上部砌体墙作为组合梁的压区参与工作，而托梁承受大部分拉力。故托梁截面的应力分布与一般框架梁有一定的差异，突出特点之一是截面应力分布的中和轴上移。因此，梁的纵向受力钢筋和腰筋设置应符合下列要求：

①梁底部的纵向钢筋应通长设置，不得弯起或截断；梁顶部的纵向钢筋面积不应小于底面纵向钢筋面积的1/3，且宜至少有2ϕ18的通长钢筋。

②沿梁截面高度应设置通长腰筋，数量不应少于2ϕ14，间距不应大于200mm。

③梁的主筋和腰筋应按受拉钢筋的要求锚固在柱内，且支座上部的纵向钢筋在柱内的锚固长度应符合钢筋混凝土框支梁的有关要求。

6. 过渡楼层的底板

底部框架-抗震墙房屋的底部与上部的抗侧力结构体系不同，过渡楼层底板担负着传递上、下层不同间距墙体的水平地震作用和倾覆力矩等的作用，受力较为复杂。为使该楼盖具有传递水平地震作用的刚度，要求其采用现浇钢筋混凝土板，并应满足下列要求：

（1）楼板厚度不应小于120mm。当底部框架榀距大于3.6m时，其板厚可采用140mm。

（2）楼板应少开洞、开小洞，当洞口边长或直径大于800mm时，应采取加强措施，洞口周边应设置边梁，边梁宽度不应小于2倍板厚。

37.3.2 上部砌体部分

底部框架-抗震墙房屋上部砌体部分的抗震构造措施与多层砌体房屋相比，其加强措施主要体现在钢筋混凝土构造柱或芯柱的加强、过渡楼层构造措施的加强。

1. 钢筋混凝土构造柱、芯柱

底部框架-抗震墙砌体房屋属于竖向不规则结构，构造柱、芯柱的抗震构造要求应加强。

（1）上部砌体部分的钢筋混凝土构造柱、芯柱的设置部位，应根据房屋的总层数和房屋所在地区的设防烈度，按照多层砌体房屋的相应要求进行设置。

（2）构造柱、芯柱的构造，除应符合多层砌体房屋的相应要求外，尚应符合下列要求：

①砖砌体墙中构造柱截面不宜小于240mm×240mm（墙厚190mm时为240mm×190mm）。

②构造柱的纵向钢筋不宜少于4ϕ14，箍筋间距不宜大于200mm；芯柱的每孔插筋不应小于1ϕ14，芯柱之间沿墙高应每隔400mm设ϕ4焊接钢筋网片。

③构造柱、芯柱应与每层圈梁连接，或与现浇楼板可靠拉接。

2. 过渡楼层

与底部框架-抗震墙相邻的过渡楼层，承担着将水平地震作用传递到底部的任务，是刚度变化和应力集中的部位。震害经验、试验和理论分析表明，该层墙体容易受到损害，尤其是位于落地混凝土墙上方的砌体墙破坏较重。为此，过渡楼层的构造措施应专门加强。

（1）上部砌体墙的中心线宜与底部的框架梁、抗震墙的中心线相重合；构造柱或芯柱宜与框架柱上下贯通。

（2）过渡楼层的构造柱、芯柱设置，除应符合多层砌体房屋的相应要求外，尚应在底部框架柱、混凝土墙或配筋小砌块墙边缘构件、约束砌体墙构造柱或芯柱所对应处，以及所有横墙（轴线）与内外纵墙交接处设置构造柱或芯柱。墙体内的构造柱间距不宜大于层高；芯柱设置除应符合多层砌体房屋的相应要求外，最大间距不宜大于 1m。

（3）过渡楼层构造柱的纵向钢筋，6、7 度时不宜少于 4ϕ16，8 度时不宜少于 4ϕ18；过渡楼层芯柱的纵向钢筋，6、7 度时不宜少于每孔 1ϕ16，8 度时不宜少于每孔 1ϕ18。纵向钢筋应锚入下部的框架柱、混凝土墙或配筋小砌块墙、约束砌体墙、托墙梁内，当纵向钢筋锚固在托墙梁内时，托墙梁的相应位置应采取加强措施。

（4）过渡楼层的砌体墙在窗台标高处，应设置沿纵横墙通长的水平现浇钢筋混凝土带；其截面高度不小于 60mm，宽度不小于墙厚，纵向钢筋不少于 2ϕ10，横向分布筋的直径不小于 6mm 且其间距不大于 200mm。

此外，砖砌体墙在相邻构造柱间的墙体，应沿墙高每隔 360mm 设置 2ϕ6 通长水平钢筋和 ϕ4 分布短筋平面内点焊组成的拉结网片或 ϕ4 点焊钢筋网片，并锚入构造柱内；小砌块砌体墙芯柱之间沿墙高应每隔 400mm 设置 ϕ4 通长水平点焊钢筋网片。

（5）过渡楼层的砌体墙，凡宽度不小于 1.2m 的门洞和 2.1m 的窗洞，洞口两侧宜增设截面不小于 120mm×240mm（墙厚 190mm 时为 120mm×190mm）的构造柱或单孔芯柱。

（6）当过渡楼层的砌体抗震墙与底部框架梁、墙体不对齐时，应在底部框架内设置托墙转换次梁，并且过渡楼层砖墙或砌块墙应采取比上述第（4）条更高的加强措施。

3. 楼梯间

实际震害表明，单层配筋的板式楼梯在强震中破坏严重，踏步板中部断裂、钢筋拉断。因此，底部框架-抗震墙砌体房屋采用板式楼梯时，楼梯踏步板宜采用双层配筋予以加强。

（1）底部框架-抗震墙部分的楼梯间。

①楼梯间框架柱形成短柱时，其钢筋配置和其他抗震构造措施应符合短柱的相关规定，如箍筋全高加密等。

②楼梯间的框架填充墙，应采用钢丝网砂浆面层加强。楼梯间填充墙的其他抗震构造措施，尚应符合《抗震规范》中有关钢筋混凝土结构中的砌体填充墙的相关要求。

（2）上部砌体部分的楼梯间。

上部砌体部分楼梯间的抗震构造措施同多层砌体房屋楼梯间的要求。

37.4　薄弱楼层的判别及薄弱楼层弹塑性变形验算

底部框架-抗震墙砌体房屋的抗震设计，宜使底部框架-抗震墙部分与上部砌体房屋部分的抗震性能均匀匹配，避免出现特别薄弱的楼层和避免薄弱楼层出现在上部砌体房屋部分。

底部框架-抗震墙砌体房屋是由两种承重和抗侧力体系构成的结构，具有与同一种抗侧力体系构成的房屋不同的受力、变形和薄弱楼层判别的特点。底部框架-抗震墙具有较好的承载能力、变形能力和耗能能力，上部砌体房屋具有一定的承载能力，但其变形和耗能能力比较差。这类房屋的抗震能力不仅取决于底部框架-抗震墙和上部砌体房屋各自的抗震能力，而且还取决于两者之间抗震能力的匹配程度，即不能有一部分太弱。这种类型的房屋对结构抗震能力沿竖向分布的均匀性要求更加严格，关键在于底部与上部结构抗震能力的匹配关系，必须避免出现特别薄弱的楼层。

对薄弱楼层的判别要求，是基于底部和上部之间抗震性能相匹配、不能有一部分过弱的前提而提出的，薄弱楼层系指在此前提下相对薄弱的楼层。由于底部框架-抗震墙部分具有较好的变形能力和耗能能力，在具有适当的极限承载力时不致发生集中的严重脆性破坏；而上部砌体部分的变形和耗能能力比较差，“大震”作用下若在极限承载力相对较小的楼层出现薄弱楼层，将产生集中的严重脆性破坏。实际震害表明，薄弱楼层出现在上部砌体部分时，房屋的整体抗震能力是比较差的。因此结构的薄弱楼层不宜出现在上部砌体结构部分。

37.4.1 薄弱楼层的判别

由于此类房屋对结构抗震能力沿竖向分布的均匀性要求比一般房屋更加严格，结构薄弱楼层判别的关键在于底部与上部结构抗震能力的匹配关系，因此，不能简单采用多层钢筋混凝土框架房屋判断薄弱楼层的方法。

为分析底部框架-抗震墙砌体房屋的竖向均匀性、判断薄弱楼层在底部框架-抗震墙部分还是在上部砌体部分，可采用ξ_y和ξ_R两个参数的对比关系来进行判断（其中：ξ_y为底层框架-抗震墙砌体房屋的底层层间屈服强度系数、或底部两层框架-抗震墙砌体房屋的底部两层的层间屈服强度系数；ξ_R为上部砌体结构的层间极限剪力系数）。

1. 底部层间屈服强度系数ξ_y和上部层间极限剪力系数ξ_R的计算

（1）罕遇地震作用下，底层框架-抗震墙砌体房屋的底层屈服强度系数，可按下列公式计算：

$$\xi_y(1) = V_R(1)/V_e(1) \qquad (37.4-1)$$

$$V_R(1) = V_{cy} + \gamma_1 \sum V_{my} \qquad (37.4-2)$$

$$V_R(1) = V_{cy} + \gamma_2 \sum V_{wy} \qquad (37.4-3)$$

式中 $\xi_y(1)$——底层层间屈服强度系数；

$V_R(1)$ 底层的层间极限受剪承载力，底层采用约束砌体抗震墙时按式（37.4-2）计算；底层采用混凝土抗震墙或配筋小砌块砌体抗震墙时按式（37.4-3）计算；

$V_e(1)$——罕遇地震作用下，按弹性分析的底层地震剪力；

V_{cy}——底层框架的极限受剪承载力，可参考附录37.2的方法计算；

V_{my}——底层一片约束普通砖或小砌块抗震墙的极限受剪承载力，可参考附录37.2的方法计算；

V_{wy}——底层一片混凝土抗震墙或配筋小砌块砌体抗震墙的极限受剪承载力，可参考附录37.2的方法计算；

γ_1——约束普通砖或小砌块抗震墙的极限受剪承载力的折减系数，可取0.70；

γ_2——混凝土抗震墙或配筋小砌块砌体抗震墙的极限受剪承载力的折减系数，对于高宽比不大于1的整体混凝土墙或配筋小砌块砌体抗震墙，γ_2 可取0.75；对于开竖缝带边框的混凝土抗震墙，γ_2 可取0.90。

(2) 罕遇地震作用下，底部两层框架-抗震墙砌体房屋的底部两层屈服强度系数，可采用下列公式计算：

$$\xi_y(i)=V_R(i)/V_e(i) \tag{37.4-4}$$

$$V_R(i)=V_{cy}(i)+\gamma_3\sum V_{wy}(i) \tag{37.4-5}$$

式中　$\xi_y(i)$——底层或第二层的层间屈服强度系数；

$V_R(i)$——底层或第二层的层间极限受剪承载力；

$V_e(i)$——罕遇地震作用下，按弹性分析的底层或第二层的地震剪力；

$V_{cy}(i)$——底层或第二层框架的极限受剪承载力；

$V_{wy}(i)$——底层或第二层一片混凝土抗震墙或配筋小砌块砌体抗震墙的极限受剪承载力；

γ_3——底部两层混凝土抗震墙或配筋小砌块砌体抗震墙的极限受剪承载力的折减系数，对于高宽比大于1的整体混凝土墙或配筋小砌块砌体抗震墙，γ_3 可取0.80。

(3) 罕遇地震作用下底部框架-抗震墙砌体房屋中上部砌体房屋部分的层间极限剪力系数，可按下式计算：

$$\xi_R(i)=V_R(i)/V_e(i) \tag{37.4-6}$$

式中　$\xi_R(i)$——上部砌体房屋部分第 i 层的层间极限剪力系数；

$V_R(i)$——上部砌体房屋部分第 i 层的层间极限受剪承载力，可参考附录37.2的方法计算；

$V_e(i)$——罕遇地震作用下，按弹性分析的上部砌体房屋部分第 i 层的地震剪力。

2. 薄弱楼层的判别方法

(1) 底层框架-抗震墙砌体房屋薄弱楼层的判别，可采用下列方法：

当 $\xi_y(1)<0.8\xi_R(2)$ 时，底层为薄弱楼层；

当 $\xi_y(1)>0.9\xi_R(2)$ 时，第二层或上部砌体房屋中的某一楼层为相对薄弱楼层；

当 $0.8\xi_R(2)\leqslant\xi_y(1)\leqslant0.9\xi_R(2)$ 时，房屋较为均匀。

(2) 底部两层框架-抗震墙砌体房屋薄弱楼层的判别，可采用下列方法：

①薄弱楼层处于底部或上部的判别，可按下列情况确定：

当 $\xi_y(2)<0.8\xi_R(3)$ 时，薄弱楼层在底部两层中 $\xi_y(i)$ 相对较小的楼层；

当 $\xi_y(2)>0.9\xi_R(3)$ 时，第三层或上部砌体房屋中的某一楼层为相对薄弱楼层；

当 $0.8\xi_R(3)\leqslant\xi_y(2)\leqslant0.9\xi_R(3)$ 时，房屋较为均匀。

②弱楼层处于底部时，尚应判断薄弱楼层处于底层或第二层。可按下列情况确定：

当 $\xi_y(2)<\xi_y(1)$ 时，薄弱楼层在第二层；

当 $\xi_y(2) > \xi_y(1)$ 时，薄弱楼层在底层。

37.4.2　薄弱楼层的弹塑性变形验算

多层结构的弹塑性变形验算实质上就是薄弱楼层的最大层间弹塑性位移是否在结构楼层的变形能力允许的范围内。

在《抗震规范》中规定底部框架-抗震墙砌体房屋宜进行罕遇地震作用下薄弱楼层的弹塑性变形验算，并给出了底部框架-抗震墙部分的弹塑性层间位移角限值为 1/100。模型试验研究的结果以及实际震害调查结果表明，底部框架-抗震墙砌体房屋的薄弱楼层不一定均在底部，薄弱楼层的位置与底部抗震墙数量的多少以及上部砌体房屋的材料强度等级、抗震墙间距等有关。

砌体房屋的抗震性能，主要是依靠砌体的承载能力和钢筋混凝土构造柱、圈梁对脆性砌体的约束作用、以及房屋规则性等来保证。因此，在《抗震规范》中对砌体房屋的抗震设计，采用的是“小震”作用下的构件承载力截面验算和设防烈度下的抗震构造措施。多层砌体房屋变形能力的离散性比较大，墙片的试验还不能完全反应整体房屋的状况。所以在砌体房屋中采用弹塑性变形验算有一定的困难。

底部框架-抗震墙砌体房屋在罕遇地震作用下，当底部为薄弱楼层时的弹塑性变形验算，可采用下列方法：

1. 静力弹塑性分析方法或弹塑性时程分析法

该方法应采用空间结构模型，需采用专用计算软件进行分析。

2. 简化计算方法

当结构薄弱楼层的位置在底部框架-抗震墙部分、且薄弱楼层的屈服强度系数不大于 0.5 时，底部框架-抗震墙砌体房屋结构薄弱楼层的弹塑性层间位移可采用简化计算的方法。

（1）结构薄弱楼层的弹塑性层间位移可按下列公式计算：

$$\Delta u_p = \eta_p \Delta u_e \qquad (37.4-7)$$

或

$$\Delta u_p = \mu \Delta u_y = \frac{\eta_p}{\xi_y} \Delta u_y \qquad (37.4-8)$$

式中　Δu_p——最大层间弹塑性位移；

Δu_y——最大层间屈服位移；

μ——楼层延性系数；

Δu_e——罕遇地震作用下按弹性分析的最大层间位移；

η_p——弹塑性层间位移增大系数，当薄弱楼层的屈服强度系数不小于相邻层该系数平均值的 0.8 时，可按表 37.4-1 采用；当不大于该平均值的 0.5 时，可按表内相应数值的 1.5 倍采用；其他情况可采用内插法取值；

ξ_y——楼层屈服强度系数。

表 37.4－1　弹塑性层间位移增大系数 η_p

房屋总层数	ξ_y		
	0.5	0.4	0.3
2~4	1.30	1.40	1.60
5~7	1.50	1.65	1.80

（2）结构薄弱楼层弹塑性层间位移应符合下式要求：

$$\Delta u_p \leqslant [\theta_p] h \tag{37.4-9}$$

式中　$[\theta_p]$——弹塑性层间位移角限值，对底部框架-抗震墙部分可取 1/100；

h——薄弱层楼层高度。

37.5　计 算 例 题

37.5.1　建筑结构概况

本算例分别考虑了 7 和 8 度设防的底层框架-抗震墙砌体临街住宅。底层层高 4.5m，其余各层均为 2.8m。底层地面标高为±0.000。结构的平面图参见图 37.5－1 至图 37.5－3。

本工程的底层纵横向均布置有一定数量的 240mm 钢筋混凝土抗震墙（局部开门、窗洞）。框架梁截面尺寸为 350mm×800mm，次梁截面尺寸为 250mm×600mm，柱截面尺寸均为 450mm×450mm。房屋总层数，7 度设防时为 6、7 层，8 度设防时为 5 层。楼板为现浇钢筋混凝土板，板厚均为 120mm。墙体厚度均为 240mm（外墙外侧做外保温）。构造柱配筋不少于 4 ф14（过渡楼层 8 度设防时不宜少于 4 ф18、7 度设防时不宜少于 4 ф16）；圈梁配筋不少于 4 ф12（8 度）、4 ф10（7 度）。

本例题主要对底层、过渡楼层进行水平地震作用下的抗震验算及分析。

37.5.2　基本设计参数

1. 结构计算基本条件

（1）设计使用年限 50 年。

（2）建筑抗震设防类别：丙类；建筑结构安全等级：二级。

（3）建筑场地类别：Ⅱ类；抗震一般地段。

（4）框架、抗震墙的抗震等级：7 度设防为二级、8 度设防为一级。

（5）抗震设防烈度分两种情况：

①7 度设防，设计基本地震加速度 0.10g 和 0.15g，设计地震分组为第一组。

②8 度设防，设计基本地震加速度 0.20g，设计地震分组为第一组。

2. 可变荷载标准值

（1）屋面均布活荷载　　　　0.5kN/m^2（不上人）

（2）屋面雪荷载　　0. 8kN/m²

（3）居室楼面均布活荷载　　2. 0kN/m²

（4）厨、卫楼面均布活荷载　　2. 0kN/m²

（5）楼梯均布活荷载　　2. 0kN/m²

（6）阳台楼面均布活荷载　　2. 5kN/m²

3. 地基基础

（1）地基基础设计等级为丙级。

（2）基础底面持力层为粉质黏土，地基承载力特征值 $f_{ak}=180\text{kPa}$。

4. 材料强度

（1）现浇整体式钢筋混凝土楼板、楼梯、圈梁、构造柱均为 C20 混凝土，底层框架、抗震墙为 C30 混凝土。

（2）墙体均为 MU10 烧结普通砖，KP1 多孔砖。

（3）砌筑砂浆为 M10（二层）、M7. 5（三、四层）和 M5（五层及上）混合砂浆。

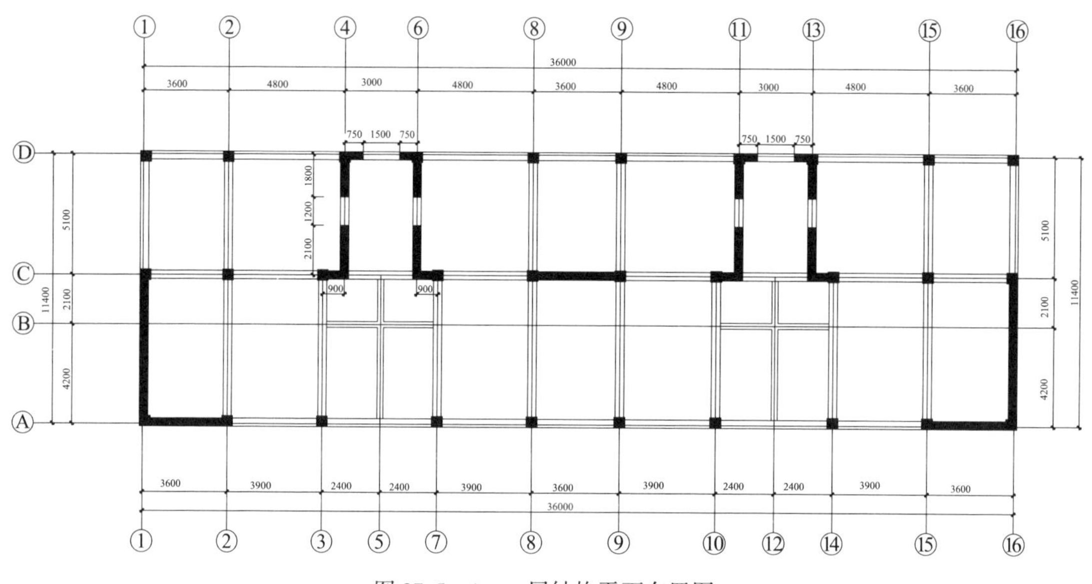

图 37. 5 – 1　一层结构平面布置图

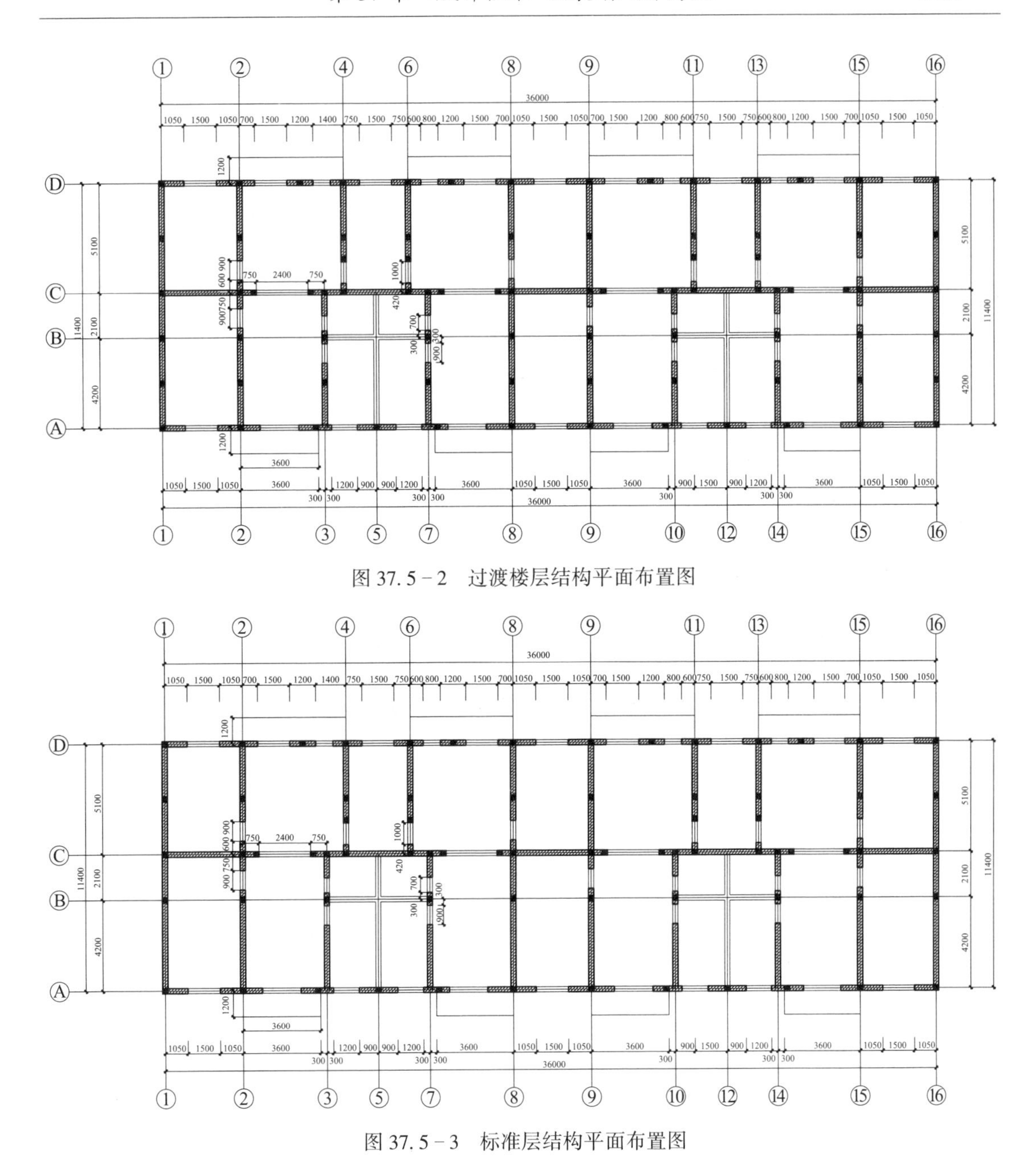

图 37.5－2　过渡楼层结构平面布置图

图 37.5－3　标准层结构平面布置图

37.5.3　结构整体计算模型

1. 地震作用计算

底层框架–抗震墙结构地震作用可以采用底部剪力法计算，在每个水平方向，各楼层可以仅取一个自由度，按照式（37.2－3）和式（37.2－4）进行计算。

1）各楼层重力荷载代表值的计算

各楼层质点重力荷载代表值 G_i 应为楼板恒载、0.5 倍活载与楼板上下各半层高竖向构件重力三者之和。本算例按照此标准进行。

2）水平地震作用及地震剪力的计算

底层框架-抗震墙结构的总地震作用为 $F_{Ek}=\alpha_{max}\times G_{eq}$（$G_{eq}$ 计算过程略），可以求不同设防烈度下底层的地震剪力（表 37.5-1）。

表 37.5-1 7、8 度设防各情况底层地震剪力汇总

序号	类别	α_{max}	G_{eq}（kN）	F_{Ek}（kN）	$V_0=1.3F_{Ek}$（kN）
1	8 度五层（0.20g）	0.16	26110	4177.9	5431.3
2	7 度六层（0.15g）	0.12	31350	3761.8	4890.3
3	7 度七层（0.10g）	0.08	36580	2926.7	3804.7

楼层地震作用及地震剪力计算结果见表 37.5-2 至表 37.5-4。

表 37.5-2 8 度五层（0.20g）各层水平地震作用及地震剪力

楼层	G_i（kN）	H_i（m）	G_iH_i	$F_i=\frac{G_iH_i}{\sum_{j=1}^{n}G_jH_j}F_{Ek}$	$V_{ik}=1.3\sum_{i=1}^{n}F_i$
5	5510	15.7	86507	1192.5	1550.2
4	6160	12.9	79464	1095.4	2974.2
3	6160	10.1	62216	857.6	4089.1
2	6160	7.3	44968	619.9	4894.9
1	6650	4.5	29925	412.5	5431.3
Σ	30720		303080	4177.9	

表 37.5-3 7 度六层（0.15g）各层水平地震作用及地震剪力

楼层	G_i（kN）	H_i（m）	G_iH_i	$F_i=\frac{G_iH_i}{\sum_{j=1}^{n}G_jH_j}F_{Ek}$	$V_{ik}=1.3\sum_{i=1}^{n}F_i$
6	5510	18.5	101935	923.5	1200.6
5	6160	15.7	96712	876.2	2339.6
4	6160	12.9	79464	719.9	3275.7

续表

楼层	G_i (kN)	H_i (m)	G_iH_i	$F_i=\frac{G_iH_i}{\sum_{j=1}^{n}G_jH_j}F_{Ek}$	$V_{ik}=1.3\sum_{i=1}^{n}F_i$
3	6160	10.1	62216	563.7	4008.3
2	6160	7.3	44968	407.4	4537.9
1	6650	4.5	29925	271.1	4890.3
Σ	36880		415220	3761.8	

表 37.5-4　7 度七层（0.10g）各层水平地震作用及地震剪力

楼层	G_i (kN)	H_i (m)	G_iH_i	$F_i=\frac{G_iH_i}{\sum_{j=1}^{n}G_jH_j}F_{Ek}$	$V_{ik}=1.3\sum_{i=1}^{n}F_i$
7	5510	21.3	117363	630.7	819.9
6	6160	18.5	113960	612.4	1616.0
5	6160	15.7	96712	519.7	2291.6
4	6160	12.9	79464	427.0	2846.7
3	6160	10.1	62216	334.3	3281.3
2	6160	7.3	44968	241.6	3595.5
1	6650	4.5	29925	160.8	3804.5
Σ	43040		544608	2926.7	

2. 过渡楼层与底层侧向刚度比值

以横向为例说明计算过程，纵向计算方法相同（略）。

1）底层钢筋混凝土框架刚度

假设梁为无限刚性，则一根柱子的刚度为 $K_{cf}=12E_cI_c/h_1^3$，其中混凝土弹性模量 E_c 由《混凝土结构设计规范》查得：$E_c=3\times10^7\text{kN/m}^2$（C30）。

柱截面惯性矩　$I_c=bh^3/12=0.45^4/12=3.42\times10^{-3}\text{m}^4$

柱计算高度　$h_1=4.5\text{m}$

单根柱刚度　$K_{cfj}=\dfrac{12E_cI_c}{h_1^3}=\dfrac{12\times3\times10^7\times3.42\times10^{-3}}{4.5^3}=13.5\times10^3\text{kN/m}$

框架总刚度　$\sum K_{cfj}=14\times13.5\times10^3=1.89\times10^5\text{kN/m}$

2）底层钢筋混凝土抗震墙刚度

根据《抗震规范》6.2.13 条要求，底部框架-抗震墙应该考虑翼墙影响。墙长计算到端柱外边沿。翼墙长度按《抗震规范》6.2.13 条文说明第 3 款规定，取横墙间距的一半、到洞边的距离、墙高的15%三者之中的最小值。分别计算抗震墙的侧向刚度如下：

（1）①轴为无洞抗震墙，如图37.5－4所示：

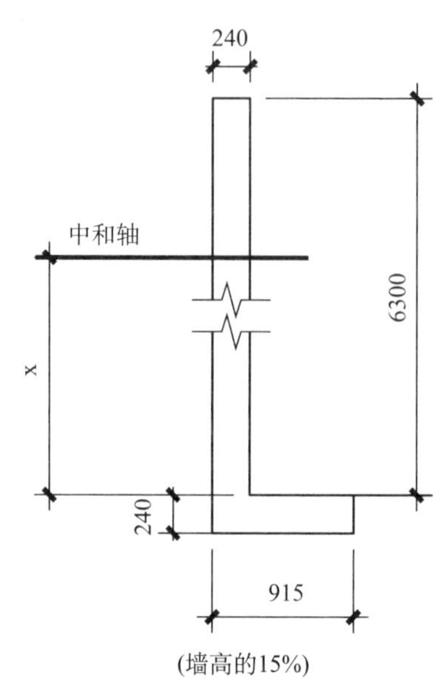

图37.5－4 ①轴墙段计算截面示意图

腹板面积 $A' = 0.24 \times 6.3 = 1.512\text{m}^2$

截面面积 $A = 0.512 + 0.24 \times 0.915 = 1.7316\text{m}^2$

截面形状系数 $\mu \approx A'/A = 1.7316/1.512 = 1.145$

中和轴 $x = \dfrac{0.24 \times 0.915 \times 0.12 + 0.24 \times 6.3 \times 3.39}{1.7316} = 2.98\text{m}$

$$I = \frac{1}{12} \times 0.915 \times 0.24^3 + \frac{1}{12} \times 0.24 \times 6.3^3 + 0.24 \times 0.915 \times 2.86^2 + 0.24 \times 6.3 \times 0.41^2 = 7.0524\text{m}^4$$

$$K_{cw1} = \frac{1}{\dfrac{\mu h}{G_c A} + \dfrac{h^3}{3E_c I}} = \frac{1}{\dfrac{1.145 \times 4.5}{0.4 \times 3 \times 10^7 \times 1.7316} + \dfrac{4.5^3}{3 \times 3 \times 10^7 \times 7.0524}} = 25.54 \times 10^5\text{kN/m}$$

（2）④轴为有洞抗震墙，洞口为1200mm×3600mm，如图37.5－5所示：

分墙肢、墙段计算：

①号墙段柔度：

腹板面积 $A' = 0.24 \times 4.86 = 1.1664\text{m}^2$

截面面积 $A = 1.1664 + 0.24 \times 0.915 + 0.24 \times 0.87 = 1.5948\text{m}^2$

截面形状系数 $\mu \approx A'/A = 1.5948/1.1664 = 1.367$

中和轴 $x = 4.86/2 + 0.24 = 2.67\text{m}$

$$I = \frac{1}{12} \times 0.915 \times 0.24^3 + \frac{1}{12} \times 0.24 \times 4.86^3 + 0.24 \times 0.87 \times 2.55^2$$

$$+0.24\times0.915\times2.55^{2}+\frac{1}{12}\times0.87\times0.24^{3}\approx5.084\text{m}^{4}$$

$$\delta_{\text{cw}(1)}=\frac{\mu h}{G_{c}A}+\frac{h^{3}}{3E_{c}I}=\frac{1.367\times0.9}{0.4\times3\times10^{7}\times1.5948}+\frac{0.9^{3}}{3\times3\times10^{7}\times5.084}=6.588\times10^{-8}$$

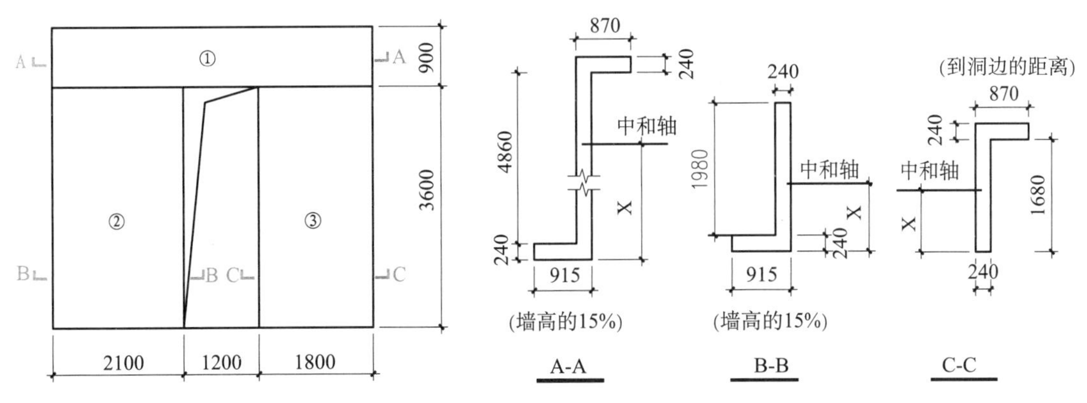

图 37.5-5　④轴墙计算立面与墙段图

②号墙段刚度：

腹板面积　$A'=0.24\times1.98=0.4752\text{m}^{2}$

截面面积　$A=0.4752+0.24\times0.915=0.6948\text{m}^{2}$

截面形状系数　$\mu\approx A'/A=0.6948/0.4752=1.46$

中和轴　$x=\dfrac{0.24\times0.915\times0.12+0.24\times1.98\times1.23}{0.6948}=0.88\text{m}$

$$I=\frac{1}{12}\times0.915\times0.24^{3}+\frac{1}{12}\times0.24\times1.98^{3}+0.24\times0.915\times0.76^{2}+0.24\times1.98\times0.35^{2}=0.3414\text{m}^{4}$$

$$K_{\text{cw}(2)}=\frac{1}{\dfrac{\mu h}{G_{c}A}+\dfrac{h^{3}}{3E_{c}I}}=\frac{1}{\dfrac{1.46\times3.6}{0.4\times3\times10^{7}\times0.6948}+\dfrac{3.6^{3}}{3\times3\times10^{7}\times0.3414}}=4.65\times10^{5}\text{kN/m}$$

③号墙段刚度：

腹板面积　$A'=0.24\times1.68=0.4032\text{m}^{2}$

截面面积　$A=0.4032+0.24\times0.87=0.612\text{m}^{2}$

截面形状系数　$\mu\approx A'/A=0.612/0.4032=1.52$

中和轴　$x=\dfrac{0.24\times0.87\times0.12+0.24\times1.68\times1.08}{0.612}=0.75\text{m}$

$$I=\frac{1}{12}\times0.87\times0.24^{3}+\frac{1}{12}\times0.24\times1.68^{3}+0.24\times0.87\times0.63^{2}+0.24\times1.68\times0.33^{2}=0.2226\text{m}^{4}$$

$$K_{cw(3)}=\frac{1}{\frac{\mu h}{G_c A}+\frac{h^3}{3E_c I}}=\frac{1}{\frac{1.52\times3.6}{0.4\times3\times10^7\times0.612}+\frac{3.6^3}{3\times3\times10^7\times0.2226}}$$
$$=3.25\times10^5\text{kN/m}$$

④轴墙组合刚度

$$K_{cw4}=\frac{1}{\frac{1}{K_{cw(2)}+K_{cw(3)}}+\delta_{cw(1)}}=\frac{1}{\frac{1}{(4.65+3.25)\times10^5}+6.588\times10^{-8}}$$
$$=7.51\times10^5\text{kN/m}$$

3）底层总的横向侧向刚度

$$K_1=\sum K_{cfj}+\sum K_{cwj}=(1.89+2\times25.54+4\times7.51)\times10^5=83.01\times10^5\text{kN/m}$$

（柱刚度约占 4.755%）

4）上部多层砌体抗侧刚度计算

上部多层砌体抗侧刚度计算如表 37.5－5。其中过渡楼层的抗侧刚度按《抗震规范》的规定，应计入构造柱影响。

过渡楼层抗侧刚度计算，以⑨轴墙段为例说明计算过程：

计算⑨轴过渡楼层以上各层各墙段不计入构造柱影响的抗侧刚度及柔度为：

$$K'_{2b}=0.795\qquad K'_{2c}=0.995\qquad \delta_1=0.129$$

根据《抗震规范》的规定，过渡楼层刚度计算应该计入构造柱的刚度贡献。简化计算时将一根构造柱折算为 3 倍的砌体墙，则按照等面积原则折算厚度后计算刚度增大系数 η。

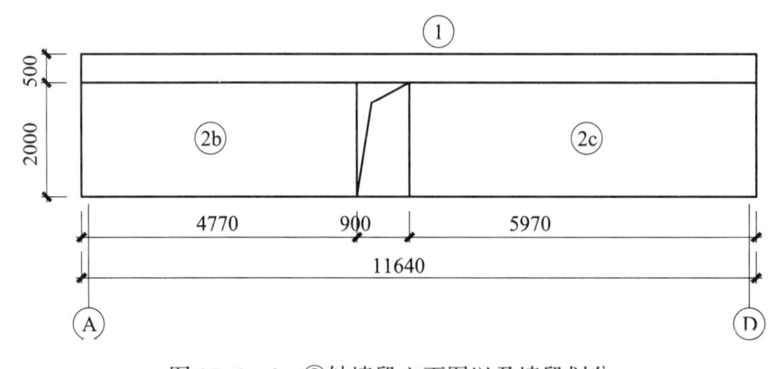

图 37.5－6　⑨轴墙段立面图以及墙段划分

$$\eta_{2b}=\frac{4.77\times0.24+0.48\times0.24\times3}{4.77\times0.24}=1.3$$

$$\eta_{2c}=\frac{5.97\times0.24+0.48\times0.24\times3}{5.97\times0.24}=1.24$$

$$\eta_1=\frac{11.64\times0.24+0.48\times0.24\times6}{11.64\times0.24}=1.25$$

总的⑨轴墙段组合刚度为：

$$K_9=\frac{1}{\frac{1}{K_{2b}\eta_{2b}+K_{2c}\eta_{2c}}+\frac{\delta_1}{\eta_1}}=\frac{1}{\frac{1}{0.795\times1.3+0.995\times1.24}+\frac{0.129}{1.25}}=1.834$$

(该值不计构造柱时为 1.454)

⑨轴墙总抗侧刚度（砌体弹性模量 E 由《砌体结构设计规范》查得）：

$E=1600f=1600\times1.89\times10^3=2.99\times10^6\text{kN/m}^2$（MU10，M10）

$K_{bw9}=K_9Et=1.834\times2.99\times10^6\times0.24=1.32\times10^6\text{kN/m}$

按⑨轴方法计算其他墙段，计算结果详见表 37.5－5（标准层、过渡层墙段立面及墙段划分参见图 37.5－7)，横墙总的相对刚度为 $E=15.14$，过渡楼层总的抗侧刚度为：

$$K_2=\sum K_{bwj}=\sum KEt=15.14\times2.99\times10^6\times0.24=108.64\times10^5\text{kN/m}$$

5）过渡楼层与底层侧向刚度比

$$\lambda=\frac{K_2}{K_1}=\frac{108.64}{83.01}=1.30$$

$\lambda>1.0$ 且 $\lambda<2.0$，符合要求。

3. 底层地震倾覆力矩计算及在框架墙、柱中的分配

1）底层地震倾覆力矩

仍然以 8 度 5 层计算为例：

$$M_1=1.3\sum_{i=2}^{n}F_i(H_i-H_1)=1.3\times(619.9\times2.8+857.6\times5.6+1095.4\times8.4+1192.5\times11.2)=37824\text{kN}\cdot\text{m}$$

2）框架和墙各自承担的倾覆力矩

按照《抗震规范》的方法，倾覆力矩按照各抗侧力构件的有效侧向刚度进行分配，框架不折减，混凝土墙取 30%，则底层横向各抗侧力构件的总的有效侧向刚度为：

$$K_1^e=\sum K_{cfj}+0.3\sum K_{cwj}=1.89+0.3\times(25.54\times2+7.51\times4)=26.226$$

(框架柱约占 14.27%)

一根框架柱分配的倾覆力矩为：

$$M_{cfj}=\frac{0.135}{26.226}\times37824=194.7\text{kN}\cdot\text{m}$$

一片无洞抗震墙分配的倾覆力矩为（轴 1、轴 16)：

$$M_{cw1}=\frac{0.3\times25.54}{26.226}\times37824=11050\text{kN}\cdot\text{m}$$

一片有洞抗震墙分配的倾覆力矩为（轴 4、6、11、13)：

$$M_{cw2}=\frac{0.3\times7.51}{26.226}\times37824=3249\text{kN}\cdot\text{m}$$

表 37.5－5　过渡楼层各墙段抗侧刚度计算表

墙位置	墙段位置	墙段长度	墙段高度	ρ_1	$3\rho_1$	ρ_1^3	δ_1	K	墙段长度	墙段高度	ρ_2	$3\rho_2$	δ_2	组合值
		b_1/mm	h_1/mm	h_1/b_1	$3\times\rho_1$		$3\rho_1+\rho_1^3$	$1/\delta_1$	b_2/mm	h_2/mm	h_2/b_2	$3\times\rho_2$	$3\rho_2+\rho_2^3$	K
1、16 轴	A-D	11640	2500	0.215	0.645		0.645	1.934						1.934
2、15 轴	2	4770	2000	0.419	1.258		1.258	1.034	11640	500	0.043	0.129	0.103	1.652
	2a	1350		1.481	4.444	3.248	7.692	0.177						
	2b	3720		0.538	1.613		1.613	0.781						
3、7、10 14 轴	2	3120	2000	1.56	4.68	3.796	7.593	0.152	6740	500	0.074	0.222	0.183	0.311
	2a	1000		2	6	8	14	0.105						
	2b	820		2.439	7.317	14.509	21.826	0.073						
4、6、11 13 轴	2	540	2000	3.704	11.111	50.817	61.928	0.030	5340	500	0.094	0.281	0.207	0.762
	2a	3800		0.526	1.579		1.579	0.874						
8 轴	2	7020	2000	0.285	0.855		0.855	1.486	11640	500	0.043	0.129	0.103	1.838
	2a	3720		0.538	1.613		1.613	0.781						
9 轴	2b	4770	2000	0.419	1.258		1.258	1.034	11640	500	0.043	0.129	0.103	1.838
	2c	5970		0.335	1.005		1.005	1.234						
横向 $K=1.934\times2+1.652\times2+0.311\times4+0.762\times4+1.838\times2=15.14$														
墙位置	墙段位置	墙段长度	墙段高度	ρ_1	$3\rho_1$	ρ_1^3	δ_1	K	墙段长度	墙段高度	ρ_2	$3\rho_2$	δ_2	K
C 轴 内纵墙	2	4470	2500	0.559	1.678		1.678	0.918						0.918
	2a	6300		0.397	1.190		1.190	1.285						1.285
	2b	5100		0.490	1.470		1.470	1.000						1.000
	2a	6300		0.397	1.190		1.190	1.285						1.285
	2	4470		0.559	1.678		1.678	0.918						0.918
	$0.918\times2+1.285\times2+1.000=5.406$													

续表

墙位置	墙段位置	墙段长度 b_1/mm	墙段高度 h_1/mm	ρ_1 h_1/b_1	$3\rho_1$ $3\times\rho_1$	ρ_1^3	δ_1 $3\rho_1+\rho_1^3$	K $1/\delta_1$	墙段长度 b_2/mm	墙段高度 h_2/mm	ρ_2 h_2/b_2	$3\rho_2$ $3\times\rho_2$	δ_2 $3\rho_2+\rho_2^3$	组合值 K
A 轴外纵墙	2	1170	1500	1. 282	3. 846	2. 107	5. 953	0. 237	4620	1000	0. 216	0. 649	0. 536	0. 548
	2a	1950		0. 769	2. 308		2. 308	0. 541						
	2b	1500	1500	1. 000	3. 000	1. 000	4. 000	0. 33	7200	1000	0. 139	0. 417	0. 348	0. 827
	2c	1800		0. 8333	2. 500		2. 500	0. 501						
	2b	1500		1. 000	3. 000	1. 000	4. 000	0. 33						
	2a	1950	1500	0. 769	2. 308		2. 308	0. 541	5400	1000	0. 185	0. 556	0. 471	0. 717
	2a	1950		0. 769	2. 308		2. 308	0. 541						
	0. 548×2+0. 827×2+0. 717=3. 467													
D 轴外纵墙	2	1170	1500	1. 282	3. 846	2. 107	5. 953	0. 237	7120	1000	0. 140	0. 421	0. 351	0. 727
	2a	1750		0. 857	2. 571		2. 571	0. 494						
	2b	1200		1. 250	3. 750	1. 953	5. 703	0. 245						
	3	1350	2000	1. 481	4. 444	3. 248	7. 692	0. 177	4200	500	0. 119	0. 357	0. 29	0. 321
	2b	1200	1500	1. 250	3. 750	1. 953	5. 703	0. 245	10400	1000	0. 096	0. 288	0. 253	1. 080
	2a	1750		0. 857	2. 571		2. 571	0. 498						
	2a	1750		0. 857	2. 571		2. 571	0. 498						
	2b	1200		1. 250	3. 750	1. 953	5. 703	0. 245						
	0. 727×2+0. 321×2+1. 080=3. 176													
纵向 K=5. 406+3. 476+3. 176=12. 058														

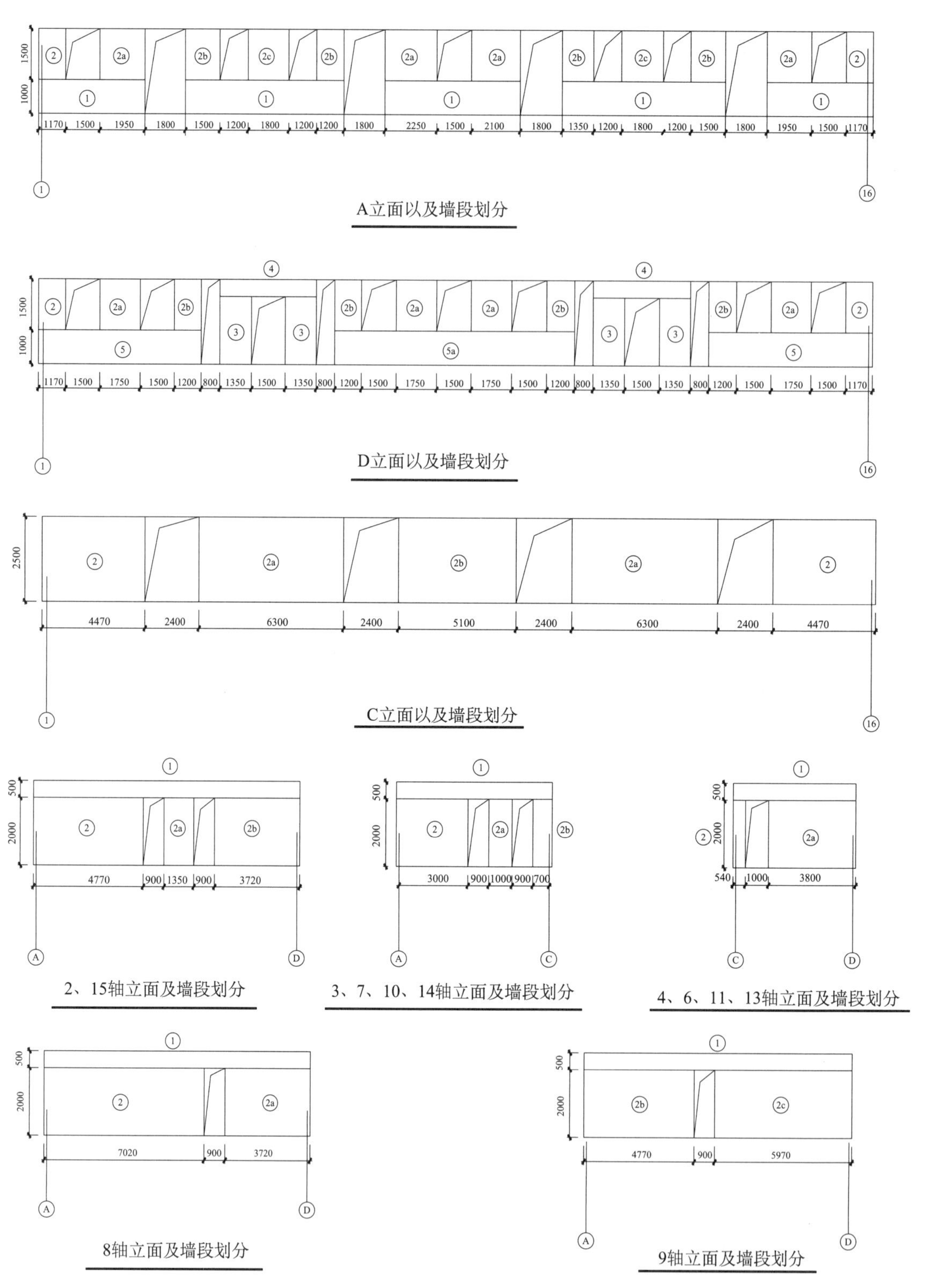

图 37.5-7 标准层（过渡层）墙段立面图及墙段划分

37.5.4　底层截面抗震承载力验算

1. 底层地震剪力设计值的分配

底层框架的地震设计剪力增大系数按照侧向刚度比线性插值，对于 8 度（0.2g）5 层按侧向刚度比在 1.0~2.0，增大系数在 1.2~1.5 插值，则当刚度比为 1.30 时，增大系数 η_E = 1.26，则调整后的底层地震剪力设计值为：

$$V_1 = \eta_E \sum_{i=1}^{n} F_i = 1.26 \times 5431.3 = 6843\text{kN}$$

底层框架结构的底层横向、纵向的地震剪力设计值全部由该方向的抗震墙承担，并按照抗震墙的侧向刚度比例分配。仍以横向为例，抗震墙总侧向刚度为：

$$\sum K_{cwj} = (2 \times 25.54 + 4 \times 7.51) \times 10^5 = 81.12 \times 10^5\text{kN/m}$$

①轴无洞抗震墙承担的地震剪力设计值为：

$$V_{cw1} = \frac{K_{cw1}}{\sum K_{cwj}} V_1 = \frac{25.54}{81.12} \times 6843 = 2155\text{kN}$$

④轴有洞抗震墙承担的地震剪力设计值为：

$$V_{cw2} = \frac{K_{cw2}}{\sum K_{cwj}} V_1 = \frac{7.51}{81.12} \times 6843 = 634\text{kN}$$

一根框架柱承担的地震剪力按照各抗侧力构件的有效侧向刚度的比例进行分配，并应按 0.2Q_0 调整，则

$$K_1^e = 26.226 \times 10^5\text{kN/m}$$

$$V_{cfj} = \frac{K_{cfj}}{K_1^e} V_1 = \frac{0.135}{26.226} \times 6843 = 35.22\text{kN} < 0.2Q_0 = 0.2 \times 6843/14 \approx 98\text{kN}$$

2. 截面抗震承载力验算

1）钢筋混凝土抗震墙截面抗震承载力验算

初选钢筋混凝土墙竖向、横向均设置双排 ϕ10@200 钢筋，共放 28 组，一片抗震墙的水平截面纵向钢筋面积为：

$$A_{sw} = 157 \times 28 = 4396\text{mm}^2$$

抗震墙竖向、横向的分布钢筋配筋率为 0.4%，满足《抗震规范》要求。抗震墙边柱纵筋为 8 Φ25，A_s = 3927mm^2。

以①轴为例，抗震墙底部截面承担弯矩为：

$$M_c = M_{cw} + V_{cw}H = 11050 + 2154.6 \times 4.5 = 20746\text{kN} \cdot \text{m}$$

（1）正截面受弯承载力验算。

沿截面均匀配置的纵向钢筋的矩形、I 字形截面钢筋混凝土偏心受压构件，其正截面受弯承载力，可按照下列近似公式验算（图 37.5 - 8）：

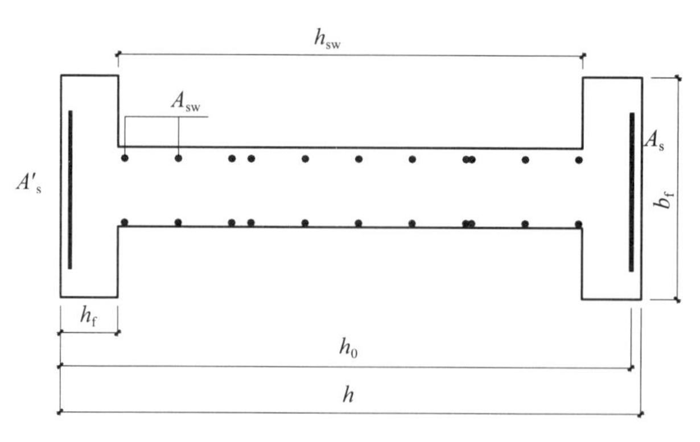

图 37.5－8　I 字形截面抗震墙配筋示意图

$$N \leqslant \frac{1}{\gamma_{RE}}\{f_c[\xi b h_0 + (b'_f - b)h'_f] + f'_y A'_s - \sigma_s A_s + N_{sw}\}$$

$$M \leqslant \frac{1}{\gamma_{RE}}\{f_c[\xi(1-0.5\xi)bh_0^2 + (b'_f - b)h'_f(h_0 - h'_f/2)] + f'_y A'_s(h_0 - a'_s) + M_{sw} + 0.5\gamma_{RE}N(h_0 - a'_s)\}$$

$$N_{sw} = [1 + (\xi - 0.8)/0.4\omega]f_{yw}A_{sw}$$

$$M_{sw} = \{0.5 - [(\xi - 0.8)/0.8\omega]^2\}f_{yw}A_{sw}h_{sw}$$

式中　A_{sw}——均匀配置的全部纵向钢筋截面面积；

f_{yw}——均匀配置的纵向钢筋抗拉强度设计值；

σ_s——受拉边或受压边钢筋的应力。当 $\xi \leqslant \xi_b$ 时，取 $\sigma_s = f_y$；当 $\xi > \xi_b$ 时，取 $\sigma_s = f_y(\xi_b - 0.8)(\xi - 0.8)$；当 $\xi > h/h_0$ 时，ξ 取为 h/h_0，σ_s 仍按 $\xi \leqslant \xi_b$ 时的公式计算；

N_{sw}——均匀配置的纵向钢筋所承担的轴向力；当 $\xi > 0.8$ 时，取 $N_{sw} = f_{yw}A_{sw}$；

M_{sw}——均匀配置的纵向钢筋的内力对的 A_s 重心力矩；当 $\xi > 0.8$ 时，取 $M_{sw} = 0.5 f_{yw}A_{sw}h_{sw}$；

ω——均匀配置纵向钢筋区段的高度 h_{sw} 与截面有效高度 h_0 的比值，$\omega = h_{sw}/h_0$；

γ_{RE}——承载力抗震调整系数，取 0.85。

在此抗震墙中：

$$\omega = \frac{6300 + 240 - 480}{6300 + 240} = \frac{6060}{6540} = 0.93$$

$$\xi = 1 - \sqrt{1 - \frac{2M}{\alpha_1 f_c b'_f h_0^2}} = 1 - \sqrt{1 - \frac{2 \times 111050 \times 10^6}{1 \times 14.3 \times 450 \times 6510^2}} = 0.02$$

$$M_{sw} = \{0.5 - [(\xi - 0.8)/0.8\omega]^2\}f_{yw}A_{sw}h_{sw} = \{0.5 - [(0.02 - 0.8)/(0.8 \times 0.87)]^2\} \times 270 \times 4396 \times 6060 = -5437.3\text{kN} \cdot \text{m}$$

$$M = \frac{1}{\gamma_{RE}}\{f_c[\xi(1-0.5\xi)bh_0^2 + (b'_f - b)h'_f(h_0 - h'_f/2)] + f'_y A'_s(h_0 - a'_s) + M_{sw} + 0.5\gamma_{RE}N(h_0 - a'_s)\}$$

$$= \frac{1}{0.85 \times 10^6}\{14.3 \times [0.02 \times (1 - 0.5 \times 0.02) \times 240 \times 6510^2 + 210 \times 450 \times 6285]$$

$$+ 270 \times 3927 \times 6285 - 5437.3 \times 10^6 + 0.5 \times 0.85 \times 2884000 \times 6285\}$$

$$= 23886\text{kN}\cdot\text{m} > M_c = 20746\text{kN}\cdot\text{m}$$

(2) 斜截面受剪承载力验算。

$V_R = 0.2f_c bh_0/\gamma_{RE} = 0.2 \times 1.43 \times 240 \times 6510/(0.85 \times 10^3) = 5257\text{kN}$

$V_R = 5257\text{kN} > V_{cw} = 2217\text{kN}$

剪跨比　$\lambda = \dfrac{M}{Vh_0} = \dfrac{11050}{2154.6 \times 4.5} = 1.14$

$$V_R = \frac{1}{\gamma_{RE}}\left[\frac{1}{\lambda - 0.5}\left(0.4f_t bh_0 + 0.1N\frac{A_w}{A}\right) + 0.8f_{yh}\frac{A_{sh}}{s}h_0\right]$$

$$= \frac{1}{0.85 \times 10^3}\left[\frac{1}{1.14 - 0.5}(0.4 \times 1.43 \times 240 \times 6510 + 0.1 \times 2884000 \times 1)\right.$$

$$\left. + 0.8 \times 270 \times \frac{157}{200} \times 6510\right] = 3472\text{kN}$$

V_R>V，验算满足要求。

2) 钢筋混凝土框架抗震承载力验算

(1) 地震剪力设计值引起的柱、梁杆端弯矩。

柱：$M_{AD} = M_{BE} = M_{CF} = \pm 98 \times 4.5/2 = 220.5\text{kN}\cdot\text{m}$

梁：$M_{BA} = \mp \dfrac{5.1}{6.3 + 5.1} \times 220.5 = \mp 98.7\text{kN}\cdot\text{m}$

$$M_{BC} = \mp \frac{6.3}{6.3 + 5.1} \times 220.5 = \mp 121.8\text{kN}\cdot\text{m}$$

$$V_{AB} = \pm \frac{220.5 + 98.7}{6.3} = \pm 51\text{kN}$$

$$V_{BC} = \pm \frac{220.5 + 121.8}{5.1} = \pm 67.1\text{kN}$$

则梁剪力引起的相应柱轴力

$N_{AD} = \pm 51\text{kN}$

$N_{BE} = \mp 16.1\text{kN}$

$N_{CF} = \mp 67.1\text{kN}$

(2) 倾覆力矩在底层框架中引柱起的附加轴力。

$$x = \frac{0.45^2 \times 0.225 + 0.45^2 \times 5.22 + 0.45^2 \times 11.295}{0.45^2 \times 3} = 5.58\text{m}$$

$$N_{AD} = \pm \frac{M_{cfj}x_i}{\sum x_i^2} = \pm \frac{194.7 \times 14 \times 5.715}{5.715^2 + 0.36^2 + 4.995^2} = \pm 270\text{kN}$$

$$N_{CF} = \mp \frac{M_{cfj}x_i}{\sum x_i^2} = \mu \frac{194.7 \times 14 \times 4.995}{5.715^2 + 0.36^2 + 4.995^2} = \mp 236\text{kN}$$

$N_{BE} = \pm 34\text{kN}$

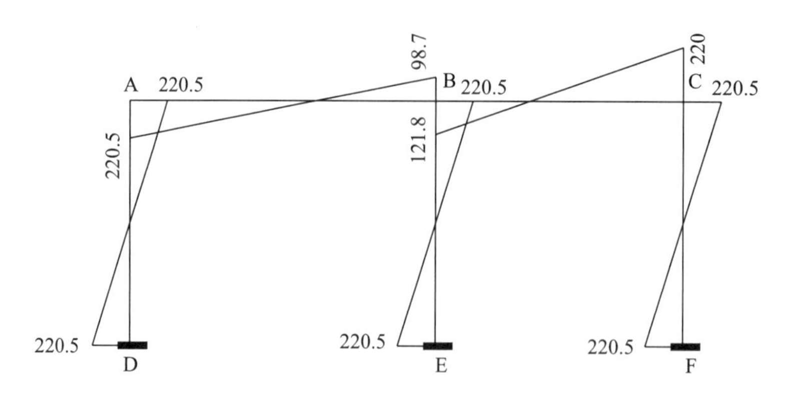

图 37.5－9 底层框架地震弯矩图

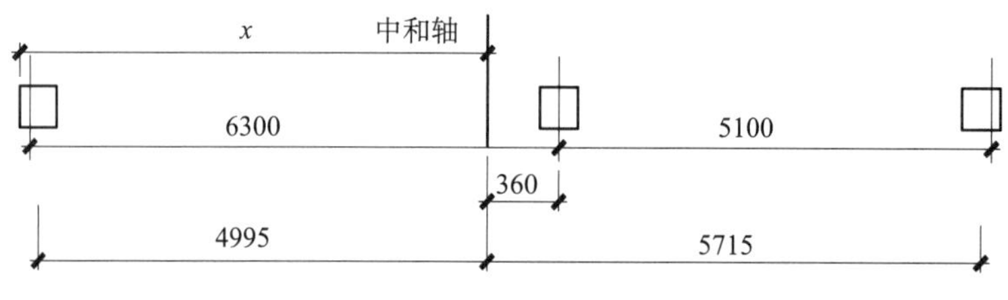

图 37.5－10 底层框架中和轴计算图

（3）重力荷载代表值产生的框架内力。

重力荷载代表值作用下，底层框架的内力设计值计算结果详见表 37.5－6（计算过程从略）。

表 37.5－6 重力荷载作用下的底层框架内力设计值

梁 AB		梁 BC		柱 AD			柱 BE			柱 CF		
M_{AB} (kN · m)	M_{BA} (kN · m)	M_{BC} (kN · m)	M_{CB} (kN · m)	N (kN)	M_u (kN · m)	M_l (kN · m)	N (kN)	M_u (kN · m)	M_l (kN · m)	N (kN)	M_u (kN · m)	M_l (kN · m)
-72	570	-570	42	-734	83	0	-614	25	4	-674	34	7

（4）底层框架组合内力设计值。

以 8 度区计算为例，其抗震等级为一级，内力组合应考虑重力荷载与水平地震作用内力组合以及内力调整，各个构件的组合内力设计值的具体计算为：

梁端弯矩 $M_b = M_{bG} \pm M_{bE}$

梁端剪力 $V_b = \dfrac{1.3(M_b^l + M_b^r)_{max}}{l_n} + V_{Gb}$

节点核心区剪力 $V_j = 1.35\dfrac{\sum M_b}{h_0 - a'_s}$

柱轴向力 $N_c = N_G \pm N_E$

柱端弯矩　$M_c = 1.4\quad(M_{cG} \pm M_{cE})$

柱端剪力　$V_c = \dfrac{1.4(M_c^u + M_c^l)_{max}}{H_n}$

其中，梁 $l_n = 5.745$m，$q_k = 132$kN/m，柱净高 $H_n = 3.7$m，组合内力值计算结果见表 37.5-7。

表 37.5-7　梁、柱和节点组合内力设计值

荷载组合	梁 AB				柱 AD				边节点	中节点
	M_b^l (kN·m)	M_b^r (kN·m)	V_{Gb} (kN)	V_b (kN)	N_c (kN)	M_c^u (kN·m)	M_c^l (kN·m)	V_c (kN)	V_j (kN)	V_j (kN)
G+E	-171	472	430	688	-1055	303	220	198	1181	2374
G-E	27	669			-413	-137	-220			

（5）梁截面抗震承载力验算。

梁截面纵向配筋为

下部　5ϕ25　$A_s = 2450\text{mm}^2$

上部　4ϕ25　$A_s' = 1963\text{mm}^2$

截面上部

$A_s' = 1963\text{mm}^2(>0.3A_s)$，计算 x 时，取 $A_s' = 0.5A_s$

$$x = \frac{f_y(A_s - A_s')}{f_c b} = \frac{300\times(2450-0.5\times2450)}{14.3\times350} = 74\text{mm} > 2a_s'$$

$$M_R = \frac{1}{\gamma_{RE}}\left[f_c bx(h_0 - \frac{x}{2}) + f_y' A_s'(h_0 - a_s')\right]$$

$$= \frac{1}{0.85\times10^6}\left[14.3\times350\times74\times(765-\frac{74}{2}) + 300\times1963\times730\right]$$

$$= 822\text{kN}\cdot\text{m} > M_b^r = 669\text{kN}\cdot\text{m}$$

截面下部

$A_s' = 2450\text{mm}^2(>0.3A_s)$，计算 x 时，取 $A_s' = 0.5A_s$

$$x = \frac{f_y(A_s - A_s')}{f_c\text{b}} = \frac{300\times(1963-0.5\times1963)}{14.3\times350} = 59\text{mm} > 2a_s'$$

$$M_R = \frac{1}{\gamma_{RE}}\left[f_c bx(h_0 - \frac{x}{2}) + f_y' A_s'(h_0 - a_s')\right]$$

$$= \frac{1}{0.85\times10^6}\left[14.3\times350\times59\times(765-\frac{59}{2}) + 300\times2450\times730\right]$$

$$= 887\text{kN}\cdot\text{m} > M_b^r = 669\text{kN}\cdot\text{m}$$

箍筋配筋为 2 ϕ10@100，$A_{sV} = 157\text{mm}^2$

$$V_R = \frac{1}{\gamma_{RE}}(0.056f_c bh_0 + 1.2f_{yv}\frac{A_{sv}}{s}h_0)$$

$$= \frac{1}{0.85 \times 10^3}(0.056 \times 14.3 \times 350 \times 765 + 1.2 \times 270 \times \frac{157}{100} \times 765)$$

$$= 710\text{kN} > V_b = 688\text{kN}$$

(6) 框架柱截面抗震承载力验算。

柱轴压比 $\lambda_N = \frac{N}{f_c bh} = \frac{1055 \times 10^3}{14.3 \times 450 \times 450} = 0.36 < [\lambda_N] = 0.8$

柱截面纵向钢筋数量柱底和柱顶均为8ϕ25，$A_s = A_s' = 1473\text{mm}^2$

$$x = \frac{N\gamma_{RE}}{f_c b} = \frac{0.85 \times 1055 \times 10^3}{14.3 \times 450} = 139\text{mm}$$

$\xi = \frac{x}{h_0} = \frac{139}{410} = 0.339$，属于大偏心受压构件。

$$M_R = \frac{1}{\gamma_{RE}}\left[f_c bx(h_0 - \frac{x}{2}) + f_y'A_s'(h_0 - a_s')\right] - 0.5N(h_0 - a_s)$$

$$= \frac{1}{0.85 \times 10^6}\left[14.3 \times 450 \times 139 \times (410 - \frac{139}{2}) + 300 \times 1473 \times 370\right]$$

$$- 0.5 \times 1055 \times 10^3 \times 370 \div 10^6$$

$$= 355\text{kN} \cdot \text{m} > M_c = 303\text{kN} \cdot \text{m}$$

箍筋配筋为ϕ10@100复合箍，$A_{sv} = 314\text{mm}^2$

$N_c = 1055\text{kN} > 0.3f_c bh = 0.3 \times 14.3 \times 450^2 = 869\text{kN}$，取 $N_c = 869\text{kN}$

$\lambda = \frac{5.75}{2 \times 0.41} = 7 > 3$，取 $\lambda = 3$

$$V_R = \frac{1}{\gamma_{RE}}\left(\frac{0.16}{\lambda + 1.5}f_c bh_0 + f_{yv}\frac{A_{sv}}{s}h_0 + 0.056N_c\right)$$

$$= \frac{1}{0.85 \times 10^3}\left(\frac{0.16}{3 + 1.5} \times 14.3 \times 450 \times 410 + 270 \times \frac{310}{100} \times 410 + 0.056 \times 869000\right)$$

$$= 571\text{kN} > V_c = 198\text{kN}$$

(7) 框架节点核心区受剪承载力验算。

箍筋配筋为ϕ10@100复合箍，$\eta_j = 1.5$，$b_j = 450\text{mm}$，$h_j = 450\text{mm}$

$N_c = 1055\text{kN} < 0.5f_c bh = 0.5 \times 14.3 \times 450^2 = 1477\text{kN}$，取 $N_c = 1055\text{kN}$

$$V_R = \frac{1}{\gamma_{RE}}\left(0.4\eta_j f_c b_j h_j + 0.1\eta_j N_c + f_{yv}\frac{A_{sv}}{s}h_0\right)$$

$$= \frac{1}{0.85 \times 10^3}\left(0.4 \times 1.5 \times 14.3 \times 450 \times 450 + 0.1 \times 1.5 \times 1055000 + 270 \times \frac{310}{100} \times 410\right)$$

$$= 2634\text{kN} > V_j = 2374\text{kN}$$

附录 37.1　底部配筋小砌块砌体抗震墙抗震设计要求

（1）底部配筋小砌块砌体抗震墙和配筋小砌块砌体连梁，其截面组合的剪力设计值应符合下列要求：

剪跨比大于 2 的抗震墙：

$$V \leqslant \frac{1}{\gamma_{RE}}(0.2f_g bh_0) \quad (F37.1-1)$$

跨高比不大于 2.5 的连梁、剪跨比不大于 2 的抗震墙：

$$V \leqslant \frac{1}{\gamma_{RE}}(0.15f_g bh_0) \quad (F37.1-2)$$

式中　V——墙端或梁端截面组合的剪力设计值；

b——截面宽度；

h_0——截面有效高度，抗震墙可取墙肢长度；

f_g——灌孔小砌块砌体抗压强度设计值；

γ_{RE}——承载力抗震调整系数，取 0.85。

（2）配筋小砌块砌体抗震墙中跨高比大于 2.5 的连梁宜采用钢筋混凝土连梁，其截面组合的剪力设计值和斜截面受剪承载力，应符合现行国家标准《混凝土结构设计规范》（GB 50010）对连梁的有关规定。

（3）偏心受压时配筋小砌块砌体抗震墙斜截面抗震受剪承载力，应按下列公式计算：

$$V_w \leqslant \frac{1}{\gamma_{RE}}\left[\frac{1}{\lambda-0.5}(0.48f_{gv}b_w h_{w0}+0.1N_w)+0.72f_{yh}\frac{A_{sh}}{s}h_{w0}\right] \quad (F37.1-3)$$

$$0.5V_w \leqslant \frac{1}{\gamma_{RE}}\left(0.72f_{yh}\frac{A_{sh}}{s}h_{w0}\right) \quad (F37.1-4)$$

式中　N_w——组合的墙体轴向压力设计值，当 N_w 大于 $0.2f_g b_w h_w$ 时，取 $0.2f_g b_w h_w$；

V_w——墙体计算截面处的组合剪力设计值；

λ——计算截面处的剪跨比，$\lambda=M_w/(V_w h_{w0})$；当 λ 小于 1.5 时，取 1.5；当 λ 大于 2.2 时，取 2.2；此处，M_w 为与剪力设计值 V_w 对应的弯矩设计值；当计算截面与墙底之间的距离小于 $h_{w0}/2$ 时，λ 应按距墙底 $h_{w0}/2$ 处的弯矩设计值和剪力设计值计算；

f_{gv}——灌孔小砌块砌体抗剪强度设计值；

A_{sh}——同一截面内的水平钢筋全部截面面积；

s——水平分布钢筋间距；

f_{yh}——水平分布钢筋抗拉强度设计值；

h_{w0}——墙体截面有效高度。

（4）配筋小砌块砌体抗震墙的灌孔混凝土应采用塌落度大、流动性及和易性好，并与砌块结合良好的混凝土，灌孔混凝土的强度等级不应低于Cb20。

（5）配筋小砌块砌体抗震墙应全部用灌孔混凝土灌实。

（6）配筋小砌块砌体抗震墙的水平和竖向分布钢筋应符合附表37.1－1的要求。水平分布钢筋宜双排布置，双排分布钢筋之间拉结筋的间距不应大于400mm，直径不应小于6mm；竖向分布钢筋宜采用单排布置，直径不应大于25mm。

附表37.1－1　配筋小砌块砌体抗震墙分布钢筋构造要求

抗震等级	最小配筋率/%	最大间距/mm	最小直径/mm	
			水平分布钢筋	竖向分布钢筋
二	0.13	600	8	12
三	0.11	600	8	12

（7）配筋小砌块砌体抗震墙墙肢端部应设置构造边缘构件。构造边缘构件的配筋范围为：无翼墙端部为3孔配筋，L形转角节点为3孔配筋，T形转角节点为4孔配筋；边缘构件范围内应设置水平箍筋；边缘构件的配筋应符合附表37.1－2的要求。当墙肢端部为边框柱时，边框柱可作为构造边缘构件，墙肢与边框柱交接端宜设置1孔配筋。

附表37.1－2　配筋小砌块砌体抗震墙边缘构件配筋要求

抗震等级	每孔竖向钢筋最小配筋量	水平箍筋最小直径/mm	水平箍筋最大间距/mm
二	1ϕ16	6	200
三	1ϕ14	6	200

注：①边缘构件水平箍筋宜采用搭接点焊网片形式；
　　②边缘构件水平箍筋应采用不低于HRB335级的钢筋。

（8）配筋小砌块砌体抗震墙内水平和竖向分布钢筋的搭接长度不应小于48倍钢筋直径，锚固长度不应小于42倍钢筋直径。

（9）配筋小砌块砌体抗震墙的水平分布钢筋，沿墙长应连续设置，两端的锚固应符合下列规定：

①二级抗震墙，水平分布钢筋可绕竖向主筋弯180°弯钩，弯钩端部直段长度不宜小于12倍钢筋直径；水平分布钢筋亦可弯入端部灌孔混凝土中，锚固长度不应小于30倍钢筋直径且不应小于250mm；当墙肢端部为边框柱时，水平分布钢筋应锚入边框柱中，其锚固构造应符合现行国家标准《混凝土结构设计规范》（GB 50010）的有关规定。

②三级抗震墙，水平分布钢筋可弯入端部灌孔混凝土中，锚固长度不应小于25倍钢筋直径且不应小于200mm；当墙肢端部为边框柱时，水平分布钢筋应锚入边框柱中，其锚固构造应符合现行国家标准《混凝土结构设计规范》（GB 50010）的有关规定。

（10）配筋小砌块砌体抗震墙中，跨高比小于2.5的连梁，可采用砌体连梁，其构造应符合下列要求：

①连梁的上下纵向钢筋锚入墙内的长度，应符合纵向受拉钢筋抗震锚固长度 l_{aE} 的要求，且均不应小于 600mm。

②连梁的箍筋应沿梁长设置；箍筋直径不应小于 8mm；箍筋间距，二级不应大于 100mm，三级不应大于 120mm。

③连梁在伸入墙体的纵向钢筋长度范围内应设置间距不大于 200mm 的构造箍筋，其直径应与该连梁的箍筋直径相同。

④自梁顶面下 200mm 至梁底面上 200mm 范围内应增设腰筋，其间距不应大于 200mm；每层腰筋的数量不应少于 2ϕ10；腰筋伸入墙内的长度不应小于 30 倍的钢筋直径且不应小于 300mm。

⑤连梁内不宜开洞，需要开洞时应符合下列要求：

A. 在跨中梁高 1/3 处预埋外径不大于 200mm 的钢套管。

B. 洞口上下的有效高度不应小于 1/3 梁高，且不应小于 200mm。

C. 洞口处应配补强钢筋，被洞口削弱的截面应进行受剪承载力验算。

（11）配筋小砌块砌体抗震墙在基础处应设置现浇钢筋混凝土地圈梁；圈梁的截面宽度应同墙厚，截面高度不宜小于 200mm；圈梁混凝土抗压强度不应小于相应灌孔小砌块砌体的强度，且不应小于 C20；圈梁的纵向钢筋不应小于 4ϕ12，箍筋直径不应小于 8mm，间距不应大于 200mm。

附录 37.2　层间极限受剪承载力计算

（1）矩形框架柱的层间极限受剪承载力，可按下式计算：

$$V_{cy} = \frac{M_{cy}^{u} + M_{cy}^{l}}{H_n}\alpha \tag{F37.2-1}$$

式中　M_{cy}^{u}、M_{cy}^{l}——分别为验算层偏心受压柱上、下端受弯极限承载力；

H_n——框架柱净高度；

α——修正系数，一般取为 1.0；对于底部两层框架的底层取为 0.9。

（2）对称配筋矩形截面偏心受压柱极限受弯承载力可按下列公式计算：

当 $N \leqslant \xi_{bk}\alpha_1 f_{ck} b h_0$ 时

$$M_{cy} = f_{yk}A_s(h_0 - a'_s) + 0.5Nh(1 - N/\alpha_1 f_{ck} bh) \tag{F37.2-2}$$

当 $N > \xi_{bk}\alpha_1 f_{ck} b h_0$ 时

$$M_{cy} = f_{yk}A_s(h_0 - a'_s) + \xi(1 - 0.5\xi)\alpha_1 f_{ck} b h_0^2 - N(0.5h - a'_s) \tag{F37.2-3}$$

$$\xi = \frac{(\xi_{bk} - 0.8)N - \xi_{bk} f_{yk} A_s}{(\xi_{bk} - 0.8)\alpha_1 f_{ck} b h_0 - f_{yk} A_s} \tag{F37.2-4}$$

$$\xi_{bk} = \frac{\beta_1}{1 + \dfrac{f_{yk}}{E_s \varepsilon_{cu}}} \tag{F37.2-5}$$

$$\varepsilon_{cu} = 0.0033 - (f_{cu,k} - 50) \times 10^{-5} \tag{F37.2-6}$$

式中　N——对应于重力荷载代表值的柱轴向压力；

A_s——柱实配纵向受拉钢筋截面面积；

f_{yk}——柱纵向钢筋抗拉强度标准值；

α_1——受压区混凝土等效矩形应力图的应力值与混凝土轴心抗压强度设计值的比值，当混凝土强度等级不超过 C50 时，α_1 取为 1.0；

a'_s——纵向受压钢筋合力点至截面近边的距离；

ξ_{bk}——相对界限受压区高度；

β_1——系数，当混凝土强度等级不超过 C50 时，β_1 取为 0.8；

E_s——钢筋弹性模量；

ε_{cu}——非均匀受压时正截面的混凝土极限压应变，如计算的 ε_{cu} 值大于 0.0033，取 0.0033；

$f_{cu,k}$——混凝土立方体抗压强度标准值。

（3）钢筋混凝土抗震墙偏心受压时的层间极限受剪承载力可按下式计算：

$$V_{wy} = \frac{1}{\lambda - 0.5}\left(0.4 f_{tk} b_w h_{w0} + 0.1 N_w \frac{A_w}{A}\right) + 0.8 f_{yhk}\frac{A_{sh}}{s}h_{w0} \tag{F37.2-7}$$

式中　N_w——对应于重力荷载代表值的墙体轴向压力，当 N_w 大于 $0.2f_{ck}A_w$ 时取 $0.2f_{ck}A_w$；

A——抗震墙的截面面积；

A_w——T 形或 I 字形截面抗震墙腹板部分截面面积，矩形截面时，取 A_w 等于 A；

b_w——抗震墙截面宽度；

h_{w0}——抗震墙截面有效高度；

λ——抗震墙的计算剪跨比；当 λ 小于 1.5 时，取 1.5；当 λ 大于 2.2 时，取 2.2；

f_{tk}——混凝土轴心抗拉强度标准值；

f_{yhk}——抗震墙水平分布钢筋抗拉强度标准值；

s——抗震墙水平分布钢筋间距；

A_{sh}——配置在同一截面内的全部水平钢筋截面面积。

（4）配筋小砌块砌体抗震墙偏心受压时的层间极限受剪承载力，可按下式计算：

$$V_{wy}=\frac{1}{\lambda-0.5}(0.48f_{gvk}b_wh_{w0}+0.1N_w)+0.72f_{yhk}\frac{A_{sh}}{s}h_{w0} \tag{F37.2-8}$$

式中　N_w——对应于重力荷载代表值的墙体轴向压力，当 N_w 大于 $0.2f_{gk}A_w$ 时取 $0.2f_{gk}A_w$；此处，A_w 为抗震墙截面面积，f_{gk} 为灌孔小砌块砌体抗压强度标准值；

b_w——抗震墙截面宽度；

h_{w0}——抗震墙截面有效高度；

λ——抗震墙的计算剪跨比；当 λ 小于 1.5 时，取 1.5；当 λ 大于 2.2 时，取 2.2；

f_{gvk}——灌孔小砌块砌体抗剪强度标准值；

f_{yhk}——抗震墙水平分布钢筋抗拉强度标准值；

s——水平分布钢筋间距；

A_{sh}——同一截面内的水平钢筋全部截面面积。

（5）底层框架-抗震墙砌体房屋中，底层嵌砌于框架之间的约束普通砖抗震墙或小砌块抗震墙及两端框架柱，其层间极限受剪承载力，应按下列规定计算：

①一般情况下，可按下列公式计算：

$$V_{my}=\sum(M_{cy}^{u}+M_{cy}^{l})/H_0+f_{vEu}A_{w0} \tag{F37.2-9}$$

$$f_{vEu}=\zeta_N f_{vu} \tag{F37.2-10}$$

$$\zeta_N=\frac{1}{1.2}\sqrt{1+\sigma_0/f_{vu}} \tag{F37.2-11}$$

$$\begin{cases}\zeta_N=1+0.55\sigma_0/f_{vu} & (\sigma_0/f_{vu}\leqslant 2.7)\\ \zeta_N=1.54+0.35\sigma_0/f_{vu} & (2.7<\sigma_0/f_{vu}\leqslant 6.8)\\ \zeta_N=3.92 & (\sigma_0/f_{vu}>6.8)\end{cases} \tag{F37.2-12}$$

式中　f_{vEu}——砌体沿阶梯形截面破坏的抗震极限抗剪强度计算值；

f_{vu}——约束普通砖或小砌块抗震墙的非抗震设计的砌体极限抗剪强度计算取值，可按附表 37.2-1 采用；

A_{w0}——约束普通砖或小砌块抗震墙水平截面的计算面积，无洞口时可采用 1.25 倍实际截面面积；有洞口时取净截面面积，但宽度小于洞口高度 1/4 的墙段不考虑；

H_0——底层框架柱的计算高度，两侧均有约束普通砖或小砌块抗震墙时，可采用柱净高的 2/3，其余情况，可取柱净高；

ζ_N——约束普通砖或小砌块抗震墙抗震抗剪强度正应力影响系数，对于约束普通砖抗震墙按式（F37.2－11）计算，对于约束小砌块抗震墙按式（F37.2－12）计算；

σ_0——对应于重力荷载代表值的砌体截面平均压应力。

附表 37.2－1　非抗震设计的砌体极限抗剪强度计算取值（MPa）

砌体种类	砂浆强度等级		
砖砌体	≥M10	M7.5	M5
	0.40	0.34	0.28
小砌块砌体	≥Mb10	Mb7.5	–
	0.22	0.19	–

②当计入墙体内水平配筋、中部构造柱或芯柱对墙体层间极限受剪承载力的提高作用时，可参照《抗震规范》中砖砌体、小砌块砌体墙体截面抗震受剪承载力的相关验算公式进行计算。计算时，水平配筋、中部构造柱或芯柱的材料强度设计值应采用材料强度标准值替代，并不应再考虑承载力抗震调整系数。

（6）上部砌体结构层间极限受剪承载力，应按下列规定计算：

①一般情况下，可按下列公式计算：

$$V_R(i)=\sum V_{Rj}(i) \tag{F37.2－13}$$

$$V_{Rj}(i)=f_{vEu}A_j(i) \tag{F37.2－14}$$

$$f_{vEu}=\zeta_N f_{vu} \tag{F37.2－15}$$

式中　$V_{Rj}(i)$——上部砌体结构第 i 层第 j 个墙片的层间极限受剪承载力；

$A_j(i)$——上部砌体结构第 i 层第 j 个墙片的水平截面面积，多孔砖取毛截面面积；

f_{vu}——上部砌体抗震墙非抗震设计的砌体极限抗剪强度计算取值，可按附表 37.2－1 采用；

ζ_N——上部砌体抗震墙的抗震抗剪强度的正应力影响系数，对于砖抗震墙和小砌块抗震墙，可分别按本附录式（F37.2－11）和式（F37.2－12）计算。

②当计入墙体内水平配筋、中部构造柱或芯柱对墙体层间极限受剪承载力的提高作用时，可参照《抗震规范》中砖砌体、小砌块砌体墙体截面抗震受剪承载力的相关验算公式进行计算。计算时，水平配筋、中部构造柱或芯柱的材料强度设计值应采用材料强度标准值替代，并不应再考虑承载力抗震调整系数。

第 38 章　单层砖结构空旷房屋

本章适用于带砖壁柱承重的中小型影剧院和俱乐部等空旷房屋。

38.1　一 般 要 求

38.1.1　防震缝

《规范》规定，观众厅与门厅和舞台之间不宜设置防震缝；观众厅与两侧休息廊之间可不设防震缝，但在构造上应加强相互间的连接。

38.1.2　构件选型

1. 观众厅排架

（1）单层空旷房屋大厅（观众厅），支承屋盖的承重结构，在下列情况下不应采用砖柱：

①7 度（0.15g）、8 度、9 度时的大厅。

②大厅内设有挑台。

③7 度（0.10g）时，大厅跨度大于 12m 或柱顶高度大于 6m。

④6 度时，大厅跨度大于 15m 或柱顶高度大于 8m。

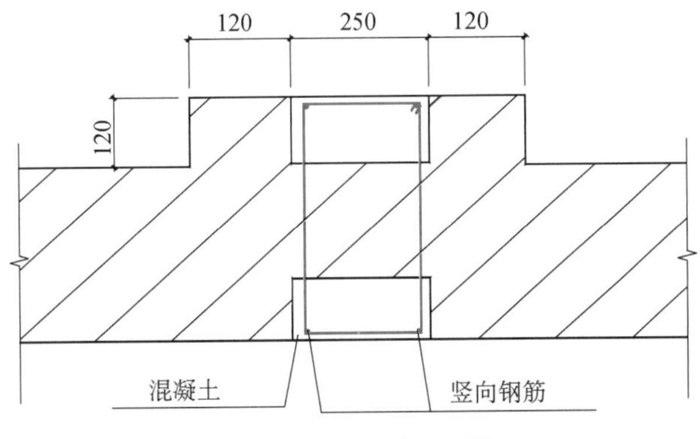

图 38.1－1　组合砖壁柱

（2）单层空旷房屋大厅，支承屋盖的承重结构，除上一款规定者外，可在大厅纵墙屋架支点下，增设钢筋混凝土-砖组合壁柱（图 38.1－1），不得采用无筋砖壁柱。

（3）大厅与两侧附属房屋（休息廊）间不设防震缝时，应在同一标高处设置封闭圈梁，并在交接处连通。墙体交接处，应沿墙高每隔400mm在水平灰缝内设置拉结钢筋网片，且每边伸入墙内不宜小于1m。

2. 屋盖

对于影剧院的观众厅，有条件时宜采用轻屋盖。采用钢筋混凝土屋面板重屋盖时，按照38.3节所提出的抗震措施，对门厅与观众厅、观众厅与舞台相接处的墙体予以特别加强。

舞台部分也宜采用轻屋盖。门厅部分的屋盖选型可以不限。

3. 门厅墙体

前厅结构布置应加强横向的侧向刚度。7度时，门厅外墙四角应设置钢筋混凝土构造柱；高于7度时，大门两侧及内墙转角处应增设构造柱，大门处壁柱及门厅内独立柱应采用钢筋混凝土柱（图38.1-2）。

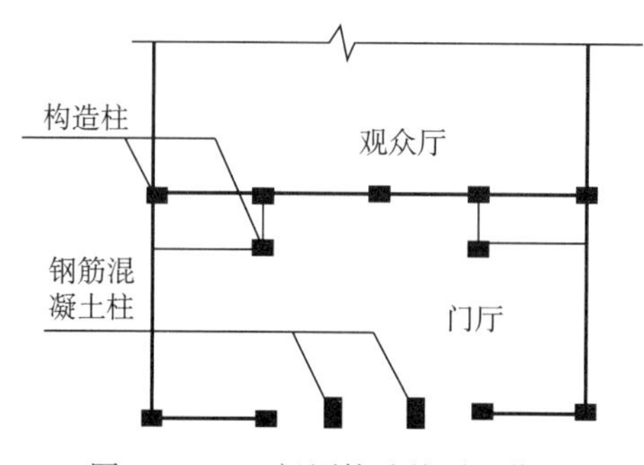

图38.1-2 门厅构造柱平面位置

4. 舞台前后墙

（1）《规范》规定，舞台口的横墙，应符合下列要求：

①应在横墙两端、纵向梁支点及大洞口两侧设置钢筋混凝土框架柱或构造柱。

②嵌砌在框架柱间的横墙应有部分设计成抗震等级不低于二级的钢筋混凝土抗震墙。

③舞台口横墙的两端和台口两边应设置钢筋混凝土构造柱和框架柱，并将台口两边的构造柱伸至墙顶，与墙顶卧梁相连（图38.1-3）。

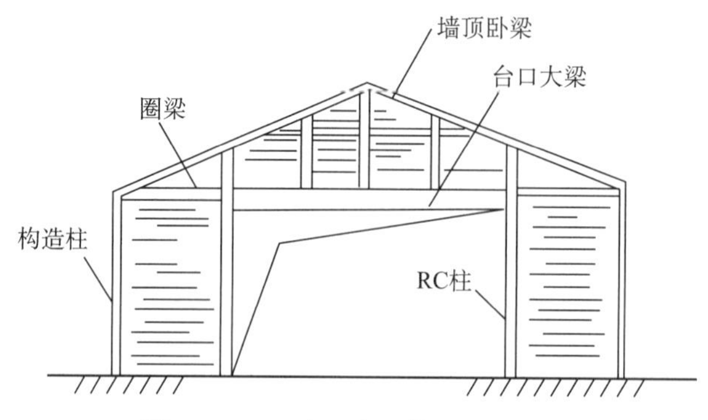

图38.1-3 台口墙的构造柱和圈梁

④舞台口的柱和梁应采用钢筋混凝土结构，舞台口大梁上承重砌体墙应设置间距不大于4m 的立柱和间距不大于 3m 的圈梁，立柱、圈梁的截面尺寸、配筋及与周围砌体的拉结应符合多层砌体房屋的要求。

⑤9 度时，舞台口大梁上的墙体应采用轻质隔墙。

（2）舞台后山墙应沿屋面设置钢筋混凝土卧梁，并应与屋盖构件锚拉；山墙应设置钢筋混凝土柱或组合柱，其截面和配筋分别不宜小于排架柱或纵墙组合柱，并应直通到山墙的顶端与卧梁相连。

5. 观众厅前山墙

从历次地震中一些影剧院的破坏状况来看，与门厅相接的观众厅前山墙，主要是山尖部分发生平面外的折断或倾倒，特别是观众厅部分采用钢筋混凝土屋面板等刚性屋盖时，高出门厅的山尖部分由于两边屋盖的相对运动，出平面的破坏更加严重。要消除这种震害，除了加强山墙顶部与屋面构件的连接外，还应在高出门厅屋盖的山墙内设置几根钢筋混凝土小柱。6~8 度时，小柱间距不大于 6m；9 度时，不大于 4m。6 度和 7 度时，观众厅为轻屋盖的影剧院，也可以不设混凝土小柱。小柱上端与墙顶卧梁相连，下端应伸过门厅屋盖处圈梁，锚入基础或门厅屋顶楼板处的圈梁内（图 38.1－4），并应先砌墙后浇灌小柱。

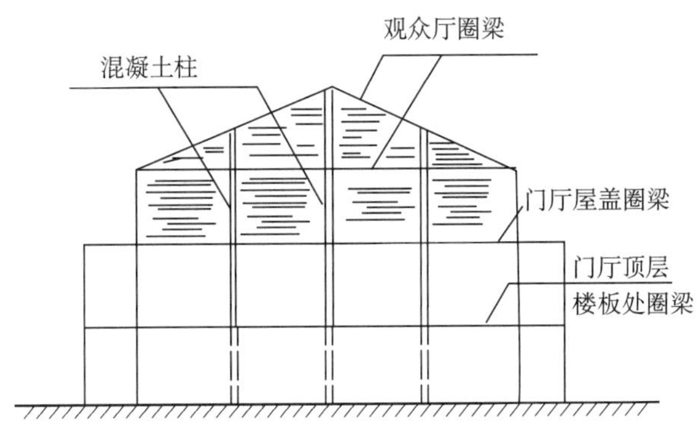

图 38.1－4　前山墙的小柱和圈梁

6. 观众厅挑台

砖结构影剧院不宜设置钢筋混凝土挑台。因为钢筋混凝土挑台很重，它所引起的水平地震力作用很大，使砖结构难以负担，8 度时就可能造成很严重的破坏，9 度时就可能全部倒塌。唐山地震时，位于 9 度区内的赵各庄建筑材料厂俱乐部就是一座设有钢筋混凝土挑台的砖结构影剧院，震后，挑台部分及相邻一个开间的观众厅以及与挑台相连的门厅全部倒塌。

若观众厅内必须设置挑台，而又没有条件将整个房屋建成钢筋混凝土结构时，当低于 9 度时可将挑台部分支承于钢筋混凝土框架上，其余部分仍采用砖结构，但与挑台相连的砖墙，应每隔 4m 左右设置后浇（砌墙时预留竖槽）钢筋混凝土柱。

38.1.3　构造柱的布置

1976 年唐山地震中，唐山地区烈度达到 10 度和 11 度，大量单层和多层砖房几乎全部倒塌，而几幢设置钢筋混凝土构造柱的多层砖房无一倒塌。事实说明，构造柱能够大大提高砖结构的抗倒塌能力。北京市建筑设计院曾进行过有、无构造柱的多层模型的对比试验。结果表明，在水平荷载作用下，构造柱虽仅能少许提高砖墙的初裂强度，但却能大幅度地提高砖墙的变形能力，限制墙面裂缝的开展，控制住砖墙的破坏程度，从而防止砖墙的坍塌。所以，要提高砖结构影剧院的抗震能力，确保安全使用，最为经济、有效的措施就是在一些关键部位和薄弱部位布置一定数量的构造柱。

6 度和 7 度时，应在舞台口横墙两端及门厅四角设置构造柱（图 38. 1 - 5a），8 度时，还应在后山墙的两端、门厅的大门两侧和内墙阳角处设置构造柱（图 38. 1 - 5b）。

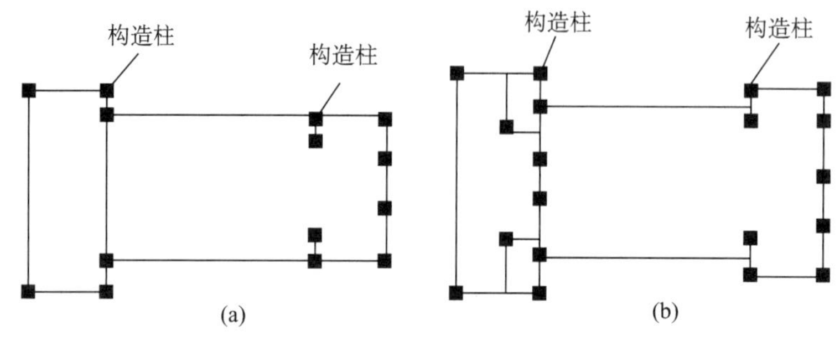

图 38. 1 - 5　构造柱的布置

（a）6、7 度；（b）8 度

38. 1. 4　圈梁的布置

从砖结构影剧院的破坏情况来看，钢筋混凝土圈梁对减轻震害的作用似乎不及在多层砖房中那样明显。观众厅的震害主要是纵墙出平面的弯曲破坏，圈梁所能起的作用较小。但从某些部位的震害也可看出是由于缺乏圈梁或圈梁构造不当所引起的，诸如山墙的外倾、观众厅纵墙与舞台横墙连接处的竖向裂缝、地基不均匀沉陷引起的墙体竖向和斜向裂缝等。因此，在适当部位布置一定数量的圈梁是必要的。

1. 门厅部分

采用装配式楼（屋）盖时，应在屋盖和各层楼盖处设置封闭形现浇钢筋混凝土圈梁，采用现浇钢筋混凝土楼板时，可不设圈梁。

2. 观众厅部分

沿观众厅纵墙墙顶周圈应设置封闭的现浇钢筋混凝土圈梁；并宜沿墙高每隔 3m 左右增设一道圈梁。梯形屋架端部高度大于 900mm 时，还应在上弦端头标高处增设一道圈梁。

3. 舞台部分

分别于墙顶和舞台口上口高度处，沿外墙、舞台口横墙，以及观众厅耳光室的弧形砖墙设置现浇钢筋混凝土圈梁各一道。8 度时，还应在舞台口半高沿横墙和弧形墙增设局部圈梁一道。

当为软弱场地土时，应沿门厅、观众厅、舞台所有承重墙的基础墙内设置圈梁一道。

38.2 抗震计算

38.2.1 一般规定

（1）《规范》规定单层空旷房屋的抗震计算，可将房屋划分为前厅、舞台、大厅和附属房屋分别进行计算，但应计及相互影响。

注：本章除按此《规定》介绍简化计算方法外，还介绍空间整体分析方法。以期获得更符合实际的结果。

（2）《规范》规定单层空旷房屋的抗震计算，可采用底部剪力法，地震影响系数可取最大值。

注：如此，地震剪力会比《89 规范》规定增大许多，本章仍保留《89 规范》的办法，按计算自振周期，取用地震影响系数，以资比较。

（3）偏心受压砖柱的抗震验算，应符合下列要求：

①无筋砖柱地震组合轴向力设计值的偏心距，不宜超过 0.9 倍截面形心到轴向力所在方向截面边缘的距离；承载力抗震调整系数可采用 0.9。

②组合砖柱的配筋应按计算确定；承载力抗震调整系数可采用 0.85。

38.2.2 横向抗震计算

砖结构空旷房屋的横向计算，可根据房屋体形、平面布置、结构特征以及计算条件等，分别采用空间分析法、两质点法和分块法（空间分析的简化计算）。

采用空间分析法的影剧院，应先计算出各竖向构件和水平构件的刚度，建立空间结构的自由振动方程，求解结构的周期、振型和水平地震作用。

注：当舞台部分的屋架布置方向，与观众厅部分不同时，在进行结构横向分析时，应注意，舞台和观众厅的屋盖水平刚度应取不同数值。

1. 构件侧移刚度

1）排架柱

等截面独立柱或带墙柱在单位水平力作用下的侧移（图 38.2－1）按下式计算：

$$\left.\begin{aligned}\delta_{11}&=\frac{H_1^3}{3EI}\\ \delta_{22}&=\frac{H_2^3}{3EI}\\ \delta_{12}=\delta_{21}&=\frac{H_1^2(3H_2-H_1)}{6EI}\end{aligned}\right\}\tag{38.2-1a}$$

观众厅两侧设置休息通廊时，为支承通廊屋盖，观众厅纵墙有时采用带墙单阶柱，其在单位水平力作用下的侧移（图 38.2－2），按下式计算：

$$\left.\begin{aligned}\delta_{11} &= \frac{H_1^3}{3EI} \\ \delta_{22} &= \frac{H_2^3 - (H_2 - H_1)^3}{3EI_1} + \frac{(H_2 - H_1)^3}{3EI_2} \\ \delta_{12} = \delta_{21} &= \frac{H_2^3 - (H_2 - H_1)^3}{6EI_1} - \frac{H_2^2(H_2 - H_1) - (H_2 - H_1)^3}{2EI_2}\end{aligned}\right\} \tag{38.2-1b}$$

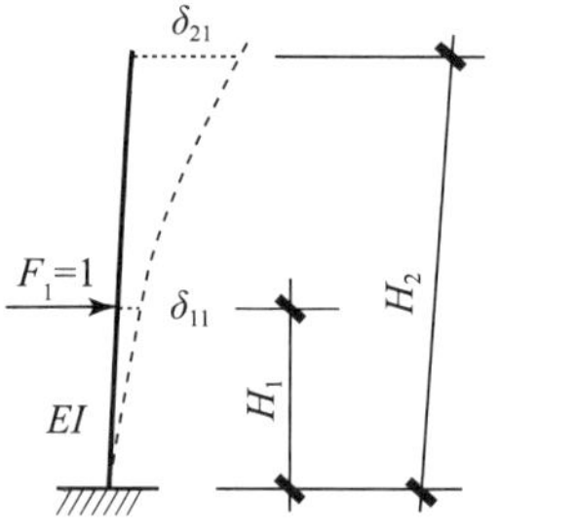

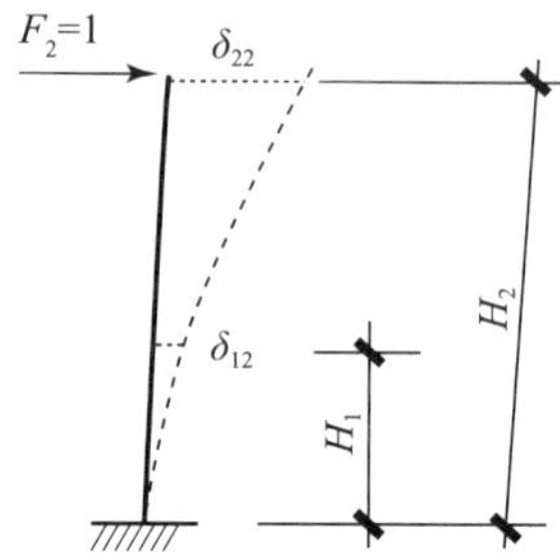

图 38.2－1　等截面柱的柔度

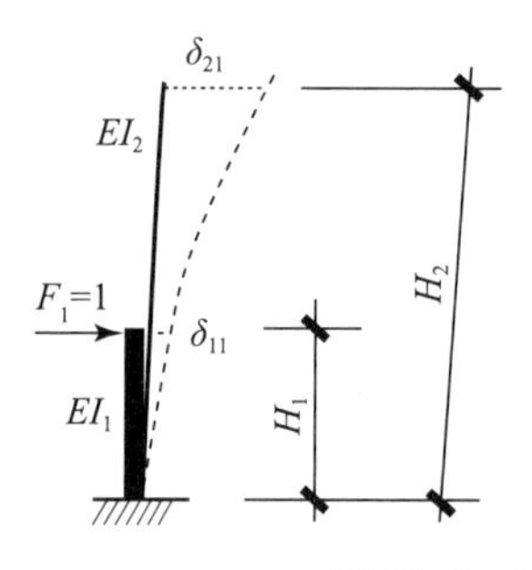

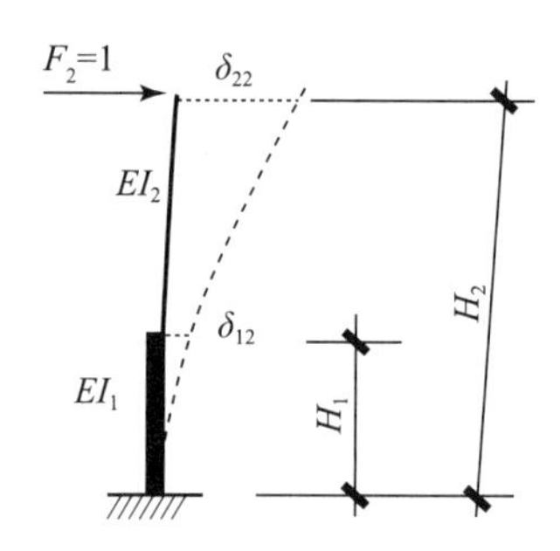

图 38.2－2　单阶柱的柔度

柱在 1 点和 2 点的刚度系数，可以从上述柔度系数组成的矩阵求逆得之，即

$$[K] = \begin{bmatrix} K_{11} & K_{12} \\ K_{21} & K_{22} \end{bmatrix} = \begin{bmatrix} \delta_{11} & \delta_{12} \\ \delta_{21} & \delta_{22} \end{bmatrix}^{-1} \tag{38.2-2}$$

2）砖墙

各种情况下砖墙顶端的柔度系数 δ（即单位水平力作用下的侧移）和刚度系数 K（即使顶端产生单位侧移所需施加的水平力），分别情况按下列公式计算。

（1）底端固定上端自由的悬臂墙（图 38.2－3）。

$$\delta = \frac{h^3}{3EI} + \frac{\xi h}{GA} = \frac{12h^3}{3Etb^3} + \frac{1.2h}{0.4Etb} \tag{38.2-3}$$

$$K = \frac{1}{\delta} = \frac{Et}{4\rho^3 + 3\rho} \tag{38.2-4}$$

（2）上下两端均为嵌固的墙肢（图 38.2－4）。

$$\delta = \frac{h^3}{12EI} + \frac{\xi h}{GA} = \frac{h^3}{Etb^3} + \frac{3h}{Etb} \tag{38.2-5}$$

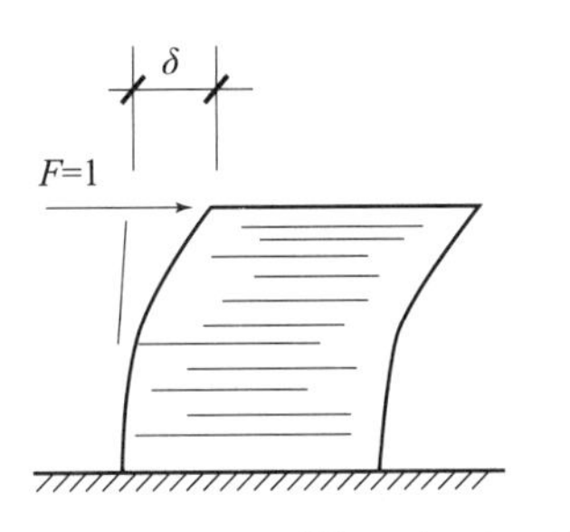

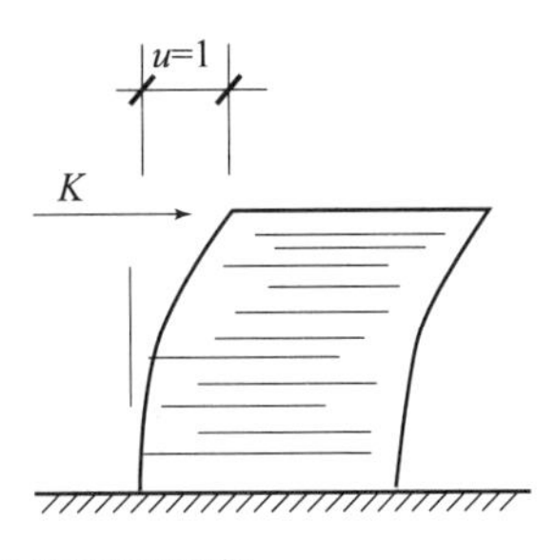

图 38.2－3　悬壁墙的柔度和刚度

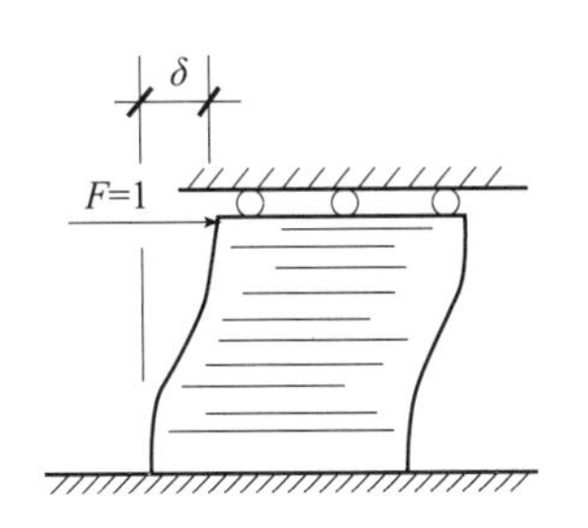

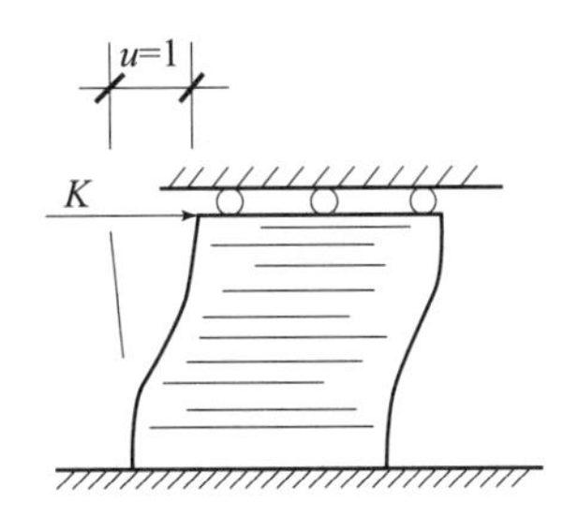

图 38.2－4　上下嵌固墙的柔度和刚度

$$K=\frac{1}{\delta}=\frac{Et}{\rho^{3}+3\rho} \tag{38.2-6}$$

（3）多洞墙片。

当一片砖墙上开设多个门窗洞口时，墙顶在单位水平力作用下的侧移 δ，等于各分段砖墙侧移 δ_i 之和（图 38.2－5）。窗洞上下的水平砖带，因高宽比值很小，仅需计算剪切变形。窗间墙或门间墙可视为上下两端嵌固的墙肢，并计算剪切和弯曲两项变形。

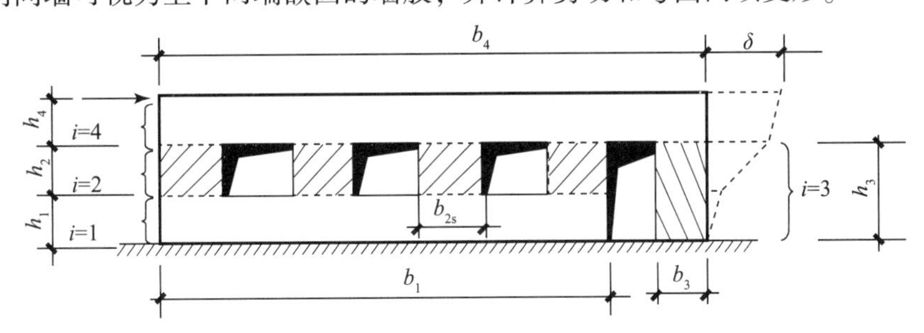

图 38.2－5　多洞墙片的柔度

$$\delta=\sum\delta_i=\frac{1}{\dfrac{1}{\delta_1+\delta_2}+\dfrac{1}{\delta_3}}+\delta_4 \tag{38.2-7}$$

$$\delta_1=\frac{3h_1}{Etb_1}$$

$$\delta_2=\frac{1}{\sum\limits_{s=1}^{m}K_{2s}}=\frac{1}{\sum\limits_{s=1}^{m}\dfrac{Etb_{2s}^2}{h_2^3+3h_2b_{2s}^2}}$$

$$\delta_3 = \frac{h_3^3}{Etb_3^3} + \frac{3h_3}{Etb_3}$$

$$\delta_4 = \frac{3h_4}{Etb_4}$$

式中　h、b、t、ρ——悬臂墙或墙肢的高度、宽度、厚度和高宽比，$\rho = h/b$；

E、G——砌体的压缩和剪变弹性模量，$G = 0.4E$；

ξ——剪应变不均匀系数，矩形截面，$\xi = 1.2$；

m——同类墙肢的总片数。

3）屋盖水平刚度

每平方米屋盖的等效水平剪切刚度 $\bar{K}$：对于大型屋面板屋盖可暂取 2×10^4kN；对于钢筋混凝土有檩屋盖可暂取 6×10^3kN。

2. 质量集中系数

建筑物均为连续体，各个构件沿长度或高度方向，质量多是连续分布的。为了简化计算，有必要在满足工程设计精度的条件下，尽量减少结构的自由度。压缩结构自由度的方法有多种，在工程设计中，应用最广泛的是“集中质量法”。

分布质量相对集中于结构各节点时，应按照“动能相等”或“内力相等”原则进行换算。其换算系数的大小，因结构类型、构件部位、质量位置以及振动分析的目标而不同。

对于单层结构，若将其中每一竖构件的质量，沿各自轴线相对集中为 5 个以上质点时（图 38.2－6a），质量集中系数等于 1，所得多质点系的自振特性和由此计算出的构件截面地震内力，与按连续分布结构计算出的结果相比较，误差很小。如果将结构中每一竖构件的质量，全部集中到顶端形成一个质点时（图 38.2－6b），换算系数将小于 1，而且为使多质点系的自振特性以及由此计算出的构件地震内力，均与原分布质量结构的计算结果相同，就需要先后取两个不同的质量集中系数。即确定多质点系自振特性时，按动能相等原则取值；确定水平地震作用时，按构件底部截面地震内力相等原则取值。

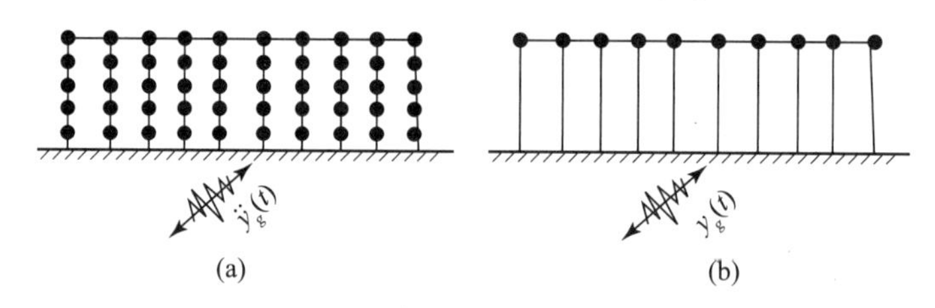

图 38.2－6　质量的集中

对于多层结构，一般是将每一楼层的质量集中为一个质点，质量集中系数取等于 1。如此形成的多质点系，自振特性及竖构件地震内力，均与原分布质量结构的计算结果基本相同。

下面就空旷砖房各部分的计算分述如下：

1）门厅

影剧院的门厅部分为多层结构，一般是以每个楼层的半高处划界（图 38.2－7），将楼层质量向上或向下就近集中到各层楼盖高度处，与楼盖质量合并为一个质点。楼层质量集中到楼盖处时，换算系数取等于 1。

2）观众厅纵墙

在横向水平地震作用下，纵墙的分布质量 m 向壁柱顶端集中时，应按弯曲杆确定质量集中系数。当计算房屋的自振周期和振型时，按动能相等原理，集中系数 μ 应取 0.25；当确定质点水平地震作用的数值时，根据壁柱底端截面地震弯矩相等条件，质量集中系数 μ 应取 0.5（图 38.2－8）。

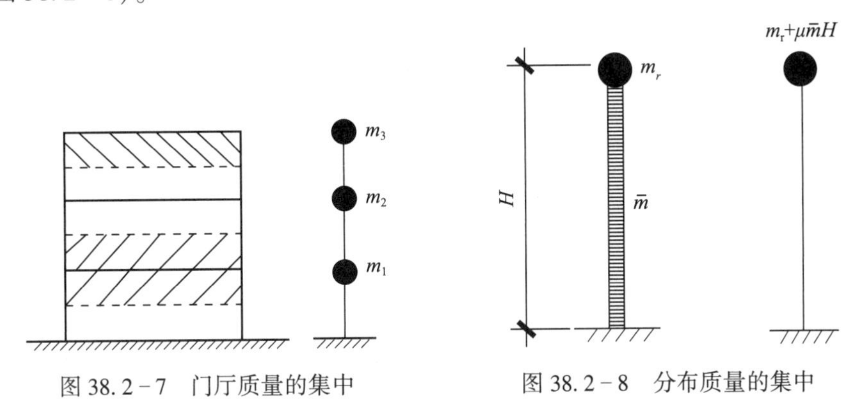

图 38.2－7　门厅质量的集中　　图 38.2－8　分布质量的集中

3）舞台部分

舞台口和后山墙均为砖墙承重，在横向水平地震作用下，舞台口横墙和后山墙的分布质量 m 若要集中到顶端时，应按照剪切杆来确定质量集中系数。当计算房屋的自振周期和振型时，按照动能相等原理，质量集中系数 μ 应取 0.35；当确定质点水平地震作用的数值时，根据砖墙底部截面地震剪力相等的条件，质量集中系数 μ 应取 0.7（图 38.2－8）。

3. 空间分析法

1）力学模型和计算简图

进行图 38.2－9a 所示影剧院的横向结构地震内力计算时，对于门厅部分，因为纵向长度较小，各层楼层和屋盖均可视为绝对刚性，在计算简图中（图 38.2－9b）整个门厅各横向竖构件可合并为一根竖杆，全部质量分别集中到屋盖和各层楼盖处形成质点。对于观众厅，纵墙按开间中线划分，分别将每开间的分布质量沿高度集中为 5 个以上质点，墙顶的一个质点与屋盖质量形成的质点合并。对于舞台部分，舞台口横墙因为被洞口分为两片，用二

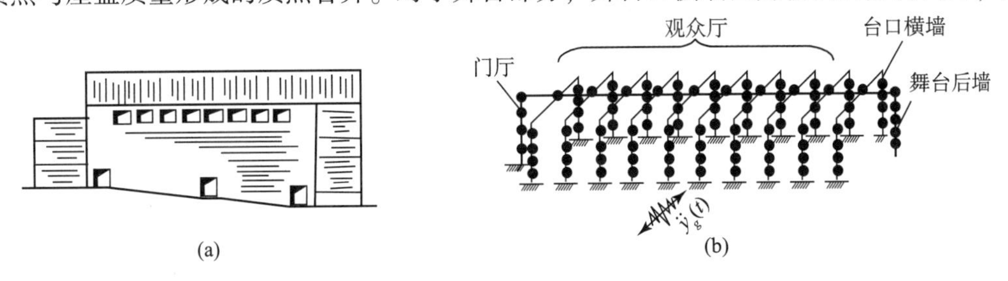

图 38.2－9　横向计算简图

（a）结构简图；（b）计算简图

根并联竖杆代表，每片墙的质量沿高度分别集中为5个质点；后山墙因是整片墙，可以用一根竖杆来代表，山墙质量沿高度分别集中为5个质点。屋盖高度处的各个质点，由代表屋盖水平刚度的纵向水平杆连为一体，从而使整个房屋的空间结构转换为“串并联多质点系”。

若要使计算更简单一些，将观众厅和舞台等单层部分的全部质量均集中到墙顶或柱顶，将整个结构凝聚为较少质点的串并联多质点系（图38.2－10）。此时应该注意，计算多质点系的周期和振型时，单层部分的质点，应采取按动能相等原理所得的换算质量；确定质点水平地震作用数值时，则应采取按柱底弯矩或墙底剪力相等条件所得的换算质量。即在计算过程中，先后使用两个数值不同的质量矩阵。

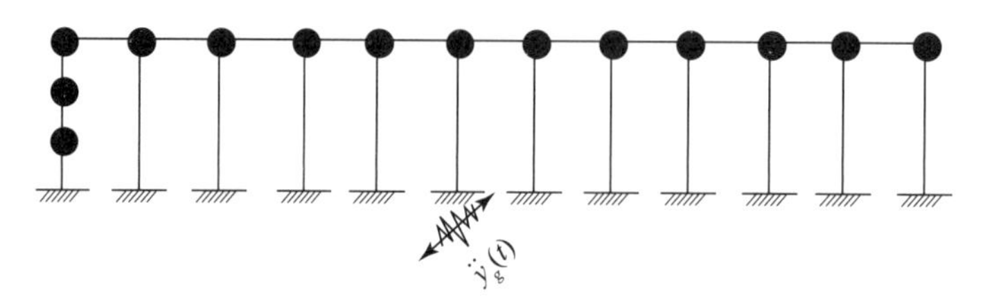

图38.2－10　凝聚的多质点系

对于图38.2－9a所示影剧院进行横向抗震分析时，特别是当观众厅纵墙较厚、屋面较轻，在整个排架的质量中，纵墙的质量占有较大比重时，宜采取图38.2－9b所示的串并联多质点系计算简图。

应用矩阵位移法进行结构分析时，需对各质点编排序号。对串并联多质点系的质点编号排列顺序，并无硬性规定，一般要与所采用的分析方法相配套。编排的原则是，所形成的质量矩阵和刚度矩阵比较整齐，规律性强，带宽小。

当采取各个横向竖构件作为子结构形成子矩阵的方法时，质点总的编排顺序是，由左向右按照横向竖构件的顺序依次排列。在每个横向竖构件中，由下到上，由前到后先依次编排竖杆上质点的号码，与纵向水平杆相连的横杆上质点（柱顶和屋盖质量合并形成的质点）编号排在最后（图38.2－11）。

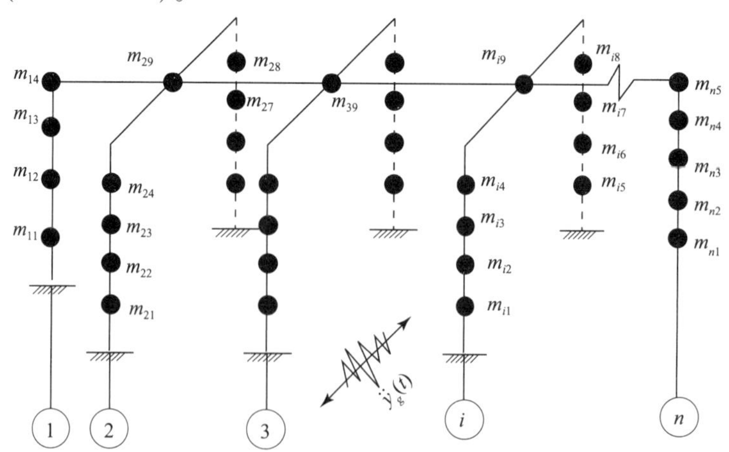

图38.2－11　串并联多质点系的质点编号

2）结构刚度

（1）排架刚度矩阵。

建立水平地震作用下空间结构的振动方程时，为形成空间结构的刚度矩阵，需要先形成各构件的刚度矩阵。为了能方便地从排架总刚度矩阵中分离出排架刚度矩阵，进行排架各杆单元节点位移未知量的编号时，先编排各单元节点转角未知量，再编排柱身各节点侧移未知量（与质点编号的顺序对应），并将排架柱顶的侧移未知量排在最后（图 38.2－12）。图中，1~10 为节点转角编号，11~18 为柱单元节点侧移编号，19 为排架柱顶侧移编号。

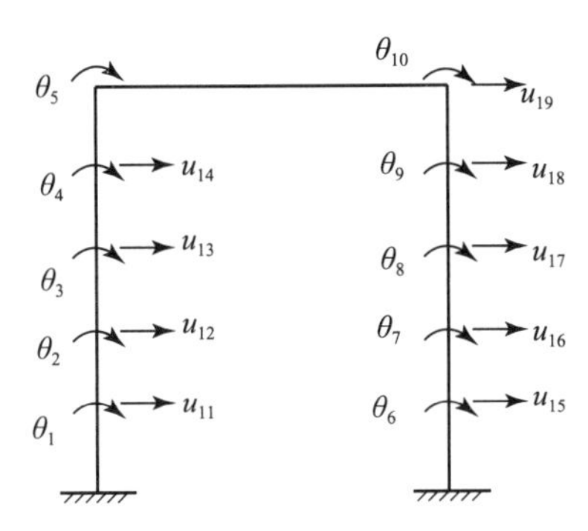

图 38.2－12　排架各单元节点位移的编号

排架刚度矩阵是：依次使某杆单元节点产生单位侧移，而其他杆单元节点不产生侧移（转角不约束）时，在各杆单元节点处所需施加的侧力所形成的矩阵。排架刚度矩阵是侧力与侧移单一对应关系的矩阵，它可以从排架总刚度矩阵中消去力矩-转角关系以及力矩-侧移、侧力-转角耦合关系后得到。此即“块消去法”。

水平地震作用下排架结构的静力平衡方程为

$$[K_T]\{D\} = \{P\}$$

即

$$\begin{bmatrix} [K_{M\theta}] & [K_{Mu}] \\ [K_{F\theta}] & [K_{Fu}] \end{bmatrix} \begin{bmatrix} \{\theta\} \\ \{u\} \end{bmatrix} = \begin{bmatrix} \{M\} \\ \{F\} \end{bmatrix} \tag{38.2-8}$$

式中　$[K_T]$——排架总刚度矩阵；

$[K_{M\theta}]$、$[K_{Fu}]$——联系排架单元节点的力矩与转角、侧力与侧移的刚度子矩阵；

$[K_{Mu}]$、$[K_{F\theta}]$——联系排架单元节点的力矩与侧移、侧力与转角的耦合刚度子矩阵；

$\{D\}$、$\{\theta\}$、$\{u\}$——排架单元节点的广义位移、转角、侧移列向量；

$\{P\}$、$\{M\}$、$\{F\}$——排架单元节点的广义力、力矩、侧力列向量（图 38.2－13）。

由式（38.2－8）得

$$\left.\begin{aligned} [K_{M\theta}]\{\theta\} + [K_{Mu}]\{u\} = \{M\} \\ [K_{F\theta}]\{\theta\} + [K_{Fu}]\{u\} = \{F\} \end{aligned}\right\} \tag{38.2-9}$$

从式（38.2－9）中消去 $\{\theta\}$，得

$$([K_{Fu}] - [K_{F\theta}][K_{M\theta}]^{-1}[K_{Mu}])\{u\} = \{F\} - [K_{F\theta}][K_{M\theta}]^{-1}\{M\}$$

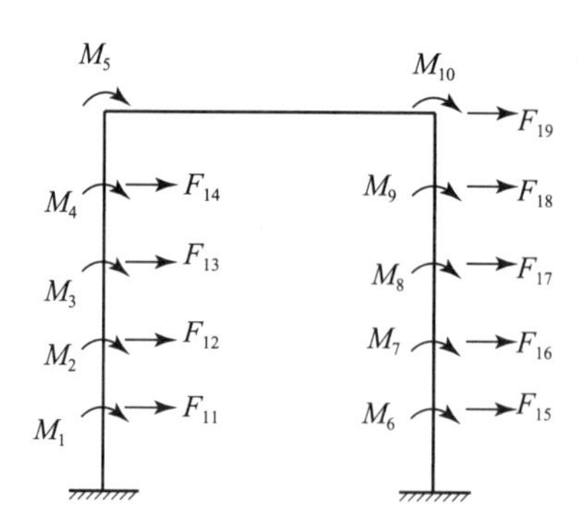

图 38.2－13　排架各单元节点外力的编号

水平地面运动对排架各单元节点不引起惯性力矩，因而 $\{M\}=0$，上式变为

$$[K_i]\{u\}=\{F\} \tag{38.2-10}$$

式中　$[K_i]$——排架各单元节点侧移与侧力单一对应关系的矩阵，即排架刚度矩阵，

$$[K_i]=[K_{Fu}]-[K_{F\theta}][K_{M\theta}]^{-1}[K_{Mu}] \tag{38.2-11}$$

对于单排架，由于自由度不是很多，也可以直接对排架总刚度矩阵 $[K_T]$ 求逆，得排架的总柔度矩阵 $[\Delta_i]=[K_T]^{-1}$，取出右下角阶数等于排架侧移未知量数目（即质点数 l，图 38.2－11 中 $l=9$）的方阵，就是排架柔度矩阵 $[\delta_{uF}]$。对它求逆，即得排架刚度矩阵 $[K_i]$。

$$[\Delta_i]=[K_T]^{-1}=\begin{bmatrix}[\delta_{\theta M}] & [\delta_{\theta E}]\\ [\delta_{uM}] & [\delta_{uF}]\end{bmatrix}$$

$$[K_i]=[\delta_{uF}]^{-1} \tag{38.2-12}$$

（2）空间结构刚度矩阵。

代表整个空旷砖房横向空间结构的“串并联多质点系”，其刚度矩阵 $[K]$ 等于体系中所有构件的一组刚度系数所形成的矩阵。它可分解为两个矩阵的叠加，一个是各竖构件刚度系数形成的矩阵，另一个是水平构件刚度系数形成的矩阵。下面列出体系刚度矩阵的具体内容：

$$[K]=[\bar{K}]+[k] \tag{38.2-13}$$

式中　$[\bar{K}]$——横向竖构件刚度矩阵，等于门厅部分、观众厅各榀排架及舞台部分等横向竖构件（共 n 个）刚度子矩阵组成的对角方阵，

$$[\bar{K}]=\mathrm{diag}[[K_1]\quad[K_2]\quad\cdots\quad[K_i]\quad\cdots\quad[K_n]] \tag{38.2-14}$$

$[k]$——由各开间屋盖水平刚度引起各横向竖构件相互耦联的刚度子矩阵 $[k_i]$ 所组成的三对角方阵。

$$[k]=\begin{bmatrix}[k_1] & -[k_1] & & 0 & & \\ -[k_1] & [k_1]+[k_2] & -[k_2] & & & \\ & & \cdots & \cdots & \cdots & \\ & 0 & & -[k_{n-2}] & [k_{n-2}]+[k_{n-1}] & -[k_{n-1}]\\ & & & & -[k_{n-1}] & [k_{n-1}]\end{bmatrix} \tag{38.2-15}$$

$$[k_i] = \mathrm{diag}[0 \quad 0 \quad \cdots \quad 0 \quad k_{ir}]_{l \times l}$$

$$k_{ir} = \bar{k}\frac{L}{a_i}$$

式中 k_{ir}——第 i 开间屋盖的横向水平剪切刚度；

$\bar{k}$——观众厅屋盖单位面积的等效水平剪切刚度基本值；

L——观众厅的跨度；

a_i——第 i 开间柱距。

3）振动方程式

观众厅为弹性屋盖的影剧院，在沿房屋横向的单向地面运动分量作用下，其振动方程式为

$$[m]\{\ddot{y}\} + [C]\{\dot{y}\} + [K]\{y\} = -[m]\{1\}_N \ddot{y}_g \qquad (38.2-16)$$

式中 $[m]$——多质点系的质量矩阵，其中，n 为横向竖构件的片数，l 为第 i 横向竖构件的质点数，

$$[m] = \mathrm{diag}[[m_1] \quad [m_2] \quad \cdots \quad [m_i] \quad \cdots \quad [m_n]]$$

$$[m_i] = \mathrm{diag}[m_1 \quad m_2 \quad \cdots \quad m_s \quad \cdots \quad m_l]$$

$[K]$——刚度矩阵，其表达式见式（38.2－13）、式（38.2－14）、式（38.2－15）；

$[C]$——阻尼矩阵，$[C] = a_1[m] + a_2[K]$，a_1、a_2 为常数；

$\{y\}$、$\{\dot{y}\}$、$\{\ddot{y}\}$——质点的瞬时相对位移、相对速度、加速度列向量，

$$\{y\} = [\{y_1\}^T \quad \{y_2\}^T \quad \cdots \quad \{y_i\}^T \quad \cdots \quad \{y_n\}^T]^T$$

$\ddot{y}_g$——沿房屋横向的地面平动加速度分量；

N——“串并联多质点系”的质点数，$N = \sum_1^n l$。

采用基于弹性反应谱理论的振型分解法，利用地震反应谱确定地震影响系数以及计算质点地震作用时，仅需结构的自振周期和振型。因此，不必直接求解振动方程式（38.2－16），而代之以建立结构的自由振动方程式，并将它转变为空间结构动力矩阵的标准特征值问题进行求解；得空旷砖房的各阶自振周期和振型。

影剧院横向空间结构的自由振动方程式为

$$[m][\ddot{y}] + [K]\{y\} = 0 \qquad (38.2-17)$$

假定多质点系作自由振动时，各质点作同频率 ω 同相位 φ 的简谐振动，则有

$$\left.\begin{aligned}\{y\} &= \{Y\}\sin(\omega t + \varphi)\\ \{\ddot{y}\} &= -\omega^2\{Y\}\sin(\omega t + \varphi)\end{aligned}\right\} \qquad (a)$$

将式（a）代入式（38.2－17），消去 sin（$\omega t+\varphi$），得多质点系（图 38.2－11）的自由振动振幅方程式

$$-\omega^2[m]\{Y\} + \{K\}\{Y\} = 0 \qquad (38.2-18)$$

对上式各项左乘以 $[K]^{-1}$，同除以 ω^2，并令 $\lambda = 1/\omega^2$，再移项，即得求解特征值问题所

应具有的形式：

$$[K]^{-1}[m]\{Y\}=\lambda\{Y\} \tag{38.2-19}$$

4）周期和振型的计算

求解矩阵特征值的方法很多，使用较广泛的是雅可比法标准程序，它将一次给出多质点系的全部振型和特征值。但它仅适用于解实对称方阵。因此，需先将动力矩阵 $[K]^{-1}[m]$ 作对称化处理。此处，$[m]$ 为对角阵，故可按下述方法实现对称化。令 $[\Delta]=[K]^{-1}$，式（38.2－19）可改写为

$$[\Delta][m]^{\frac{1}{2}}[m]^{\frac{1}{2}}\{Y\}=\lambda\{Y\} \tag{a}$$

以 $[m]^{\frac{1}{2}}$ 左乘等式两边，得

$$[m]^{\frac{1}{2}}[V][m]^{\frac{1}{2}}[m]^{\frac{1}{2}}\{Y\}=\lambda[m]^{\frac{1}{2}}\{Y\} \tag{b}$$

令 $[V]=[m]^{\frac{1}{2}}[\Delta][m]^{\frac{1}{2}}$，$[X]=[m]^{\frac{1}{2}}\{Y\}$　(c)

则式（b）变为

$$[V]\{X\}=\lambda\{X\} \tag{d}$$

可以证明，$[V]$ 已是实对称矩阵。式（38.2－19）中的 $[K]^{-1}[m]$ 与式（d）中的 $[V]$ 具有相同的特征值，但特征向量不同。在解出式（d）的特征向量 $\{X\}$ 之后，回代到式（c），即得原方程式（38.2－19）的特征向量 $\{Y\}=[m]^{\frac{1}{2}}\{X\}$，也就是多质点系的振型。相应于第 j 振型的周期为

$$T_j=\frac{2\pi}{\omega_j}=2\pi\sqrt{\lambda_j} \tag{38.2-20}$$

5）质点地震作用

结构因地震而产生的振动，可看成是按照各个振型单独振动的组合，并将每个振型的振动看做广义单自由度系的振动，从而可以利用各个振型的周期分别查地震反应谱. 得各该振型的地震影响系数 α_j。

质点的各振型水平地震作用为

$$[F]=[\{F_1\}\quad\{F_2\}\quad\cdots\quad\{F_j\}\quad\cdots\quad\{F_N\}]=\begin{bmatrix}F_{11}&F_{21}&\cdots&F_{j1}&\cdots&F_{N1}\\F_{12}&F_{22}&\cdots&F_{j2}&\cdots&F_{N2}\\\vdots&\vdots&&\vdots&&\vdots\\F_{1N}&F_{2N}&\cdots&F_{jN}&\cdots&F_{NN}\end{bmatrix}$$

$$=g[m][Y][\alpha[\Gamma]] \tag{38.2-21}$$

$$[Y]=[\{Y_1\}\quad\{Y_2\}\quad\cdots\quad\{Y_j\}\quad\cdots\quad\{Y_N\}]=\begin{bmatrix}Y_{11}&Y_{21}&\cdots&Y_{j1}&\cdots&Y_{N1}\\Y_{12}&Y_{22}&\cdots&Y_{j2}&\cdots&Y_{N2}\\\vdots&\vdots&&\vdots&&\vdots\\Y_{1N}&Y_{2N}&\cdots&Y_{jN}&\cdots&Y_{NN}\end{bmatrix}$$

$$[\alpha]=\mathrm{diag}[\alpha_1\quad\alpha_2\quad\cdots\quad\alpha_N]$$

$$[\Gamma]=\mathrm{diag}[\gamma_1 \quad \gamma_2 \quad \cdots \quad \gamma_N]$$

一般情况下仅需取前 3~5 个振型水平地震内力进行组合，即可满足工程设计精度要求。于是式（38.2－21）中的振型矩阵［Y］和振型地震作用［F］矩阵为 $N\times5$ 阶，地震影响系数矩阵［α］、振型参与系数矩阵［Γ］为 5×5 阶。其中 j 振型参与系数按下式计算：

$$\gamma_j=\frac{\sum_{i=1}^{N} m_i Y_{ji}}{\sum_{i=1}^{N} m_i Y_{ji}^2} \tag{38.2-22}$$

6）空间结构节点侧移

由于存在着屋盖的空间作用，质点地震作用不是直接作用于各竖构件分离体上的力，而是作用于空间结构各节点上的力。因此，需要先计算出多质点系空间结构分别在各振型质点地震作用下的节点侧移，利用各横向竖构件的振型侧移反求作用于各竖构件分离体上的单元节点振型地震力，进而计算出竖构件各截面的振型地震内力。

前 5 个振型的节点侧移（即多质点系中的质点侧移）为

$$[U]_{n\times5}=[\Delta]\,[F]_{n\times5} \tag{38.2-23}$$

$$[U]=[\{U_1\} \quad \{U_2\} \quad \cdots \quad \{U_5\}]=\begin{bmatrix}\{U_{11}\} & \{U_{21}\} & \cdots & \{U_{51}\}\\ \{U_{12}\} & \{U_{22}\} & \cdots & \{U_{52}\}\\ \vdots & \vdots & & \vdots\\ \{U_{1i}\} & \{U_{2i}\} & & \{U_{5i}\}\\ \vdots & \vdots & & \vdots\\ \{U_{1n}\} & \{U_{2n}\} & & \{U_{5n}\}\end{bmatrix}$$

7）构件水平地震作用

作用于门厅横墙、观众厅排架或舞台横墙等横向竖构件分离体上的前 5 个振型水平地震力，等于各该竖构件前 5 个振型侧移［U_{ji}］分别右乘各自的刚度矩阵［K_i］。第 i 片横向竖构件的前 5 个振型水平地震力为

$$[F_{ji}]=[K_i]\,[U_{ji}] \qquad (i=1,\ 2,\ \cdots,\ n;\ j=1,\ 2,\ \cdots,\ 5) \tag{38.2-24}$$

即

$$[\{F_{1i}\} \quad \{F_{2i}\} \quad \cdots \quad \{F_{5i}\}]=[K_i]\,[\{U_{1i}\} \quad \{U_{2i}\} \quad \cdots \quad \{U_{5i}\}]$$

$$\{F_{ji}\}=[\{F_{j1s}\}^{\mathrm T} \quad \{F_{j2s}\}^{\mathrm T} \quad \cdots \quad \{F_{j(n-1)s}\}^{\mathrm T} \quad \{F_{jns}\}^{\mathrm T}]^{\mathrm T}$$

式中　$\{F_{jis}\}$、$\{F_{j(n-1)s}\}$ 和 $\{F_{jns}\}$ ——分别表示作用于门厅、舞台竖构件各质点上 j 振型地震作用，其余元素为作用于观众厅竖构件各质点上 j 振型地震作用。

8）构件地震内力

（1）门厅。

在计算简图（图 38.2－9b）中，整个门厅的各片横墙合并用一根竖杆来代表，该竖杆上的质点数，等于房屋的层数。所以，门厅部分第 s 楼层 j 振型水平地震剪力（图 38.2－14a）为

$$V_{js} = \sum_{k=s}^{l} F_{jik} \qquad (i=1;\ s=1,\ 2,\ \cdots,\ l) \tag{38.2-25}$$

式中　l——门厅部分的总层数。

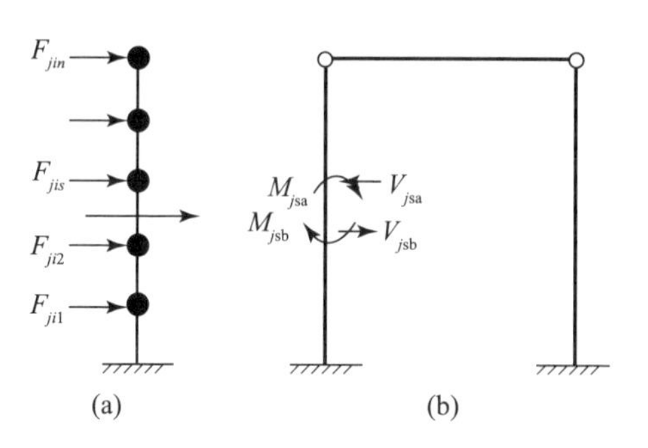

图 38.2－14　构件地震内力

（a）门厅或舞台横墙；（b）观众厅排架柱

（2）舞台。

①舞台口横墙。

舞台口两侧的横墙一般是等宽的，也就是说，是对称的，因而可以取舞台口一侧的横墙单独进行验算。台口一侧横墙沿高度划分的第 s 墙段的 j 振型水平地震剪力，可仍按公式（38.2－25）计算，但此处，$i=n-l$，l 为多质点系简图中代表台口一侧横墙的竖杆上，包括顶端质点在内的总质点数，亦即该横墙沿竖向的分段数目。

②舞台后山墙。

在图 38.2－9b 所示的多质点系计算简图中，整片后山墙用一根竖杆来代表。该竖杆上的质点数，等于后山墙沿高度划分成的竖墙段的数目。按由下而上顺序排列的第 s 墙段的 j 水平地震剪力，仍可按式（38.2－25）计算，其中，$i=n$，l 代表后山墙的质点数。

③观众厅排架。

欲求观众厅排架柱各截面地震内力，需先计算出排架柱各杆单元节点广义位移。由于地震对空间结构的作用，仅对排架柱各单元节点处的质点引起惯性侧向力，而不引起惯性力矩，也就是说，仅 $[F_{ji}]$ 有数值，而 $[M_{ji}]=0$：所以，第 i 榀排架柱各杆单元节点的前 5 个振型广义位移为

$$[D_{ji}] = [K_T]^{-1}[P] = \begin{bmatrix} [\delta_{\theta M}] & [\delta_{\theta F}] \\ [\delta_{uM}] & [\delta_{uF}] \end{bmatrix} \begin{bmatrix} [0] \\ [F_{ji}] \end{bmatrix} \tag{38.2-26}$$

有了排架柱各杆单元两端的 j 振型广义位移，就可以利用杆单元刚度矩阵，逐一计算出排架柱在各杆单元两端截面的 j 振型地震剪力和弯矩。排架柱在第 5 杆单元两端截面的前 5 个振型地震内力（图 38.2－14b）为

$$[S_{js}] = [K_s][D_{js}] \qquad (j=1,\ 2,\ \cdots,\ 5) \tag{38.2-27}$$

$$
\begin{bmatrix} M_{1sa} & M_{2sa} & \cdots & M_{5sa} \\ M_{1sb} & M_{2sb} & \cdots & M_{5sb} \\ V_{1sa} & V_{2sa} & \cdots & V_{5sa} \\ V_{1sb} & V_{2sb} & \cdots & V_{5sb} \end{bmatrix} = \frac{2EI}{l} \begin{bmatrix} 2 & 1 & \frac{3}{l} & -\frac{3}{l} \\ 1 & 2 & \frac{3}{l} & -\frac{3}{l} \\ \frac{3}{l} & \frac{3}{l} & \frac{6}{l^2} & -\frac{6}{l^2} \\ -\frac{3}{l} & -\frac{3}{l} & -\frac{6}{l^2} & \frac{6}{l^2} \end{bmatrix} \begin{bmatrix} \theta_{1sa} & \theta_{2sa} & \cdots & \theta_{5sa} \\ \theta_{1sb} & \theta_{2sb} & \cdots & \theta_{5sb} \\ u_{1sa} & u_{2sa} & \cdots & u_{5sa} \\ u_{1sb} & u_{2sb} & \cdots & u_{5sb} \end{bmatrix}
$$

式中　$[K_s]$——排架拄第 s 杆单元刚度矩阵；

l——杆长；

$[D_{js}]$——由 $[D_{ji}]$ 中取出的第 s 杆单元两端前 5 个振型转角和侧移。

9）构件截面组合地震内力

门厅部分第 s 楼层或舞台部分某片墙第 s 墙段的水平地震剪力，观众厅排架柱第 s 杆单元端部截面水平地震剪力和弯矩，等于前 5 个振型地震剪力和弯矩的组合，即

$$
V_s = \sqrt{\sum_{j=1}^{5} V_{js}^2} \qquad M_s = \sqrt{\sum_{j=1}^{5} M_{js}^2} \tag{38.2-28}
$$

门厅部分某一片横墙某一墙肢所承担的水平地震剪力，等于该楼层水平地震剪力 V_s 按各墙肢侧移刚度比例分配的结果。

10）横墙非弹性变形对排架柱地震内力的影响

影剧院观众厅的横向空间作用，主要决定于观众厅屋盖的水平刚度和门厅、舞台的横墙刚度。为使观众厅排架能够适应强震时的大变形而保持有较高的安全度，参照 1975 年美国加州侧力规范的有关规定，应考虑横墙弹塑性变形的影响。使观众厅排架在门厅、舞台横墙进入非弹性变形后仍处于弹性变形阶段，并相应地承担按横墙割线刚度进行分配所得的地震力。具体方法是，计算空间结构多质点系在各振型质点地震作用下的节点侧移时，采取横墙的非弹性割线刚度 K'（$K'=\frac{1}{3}K$）取代其弹性刚度 K，重新建立横向竖构件刚度矩阵 $[\bar{K}]$ 和空间结构刚度矩阵 $[K]$。就是说，按照前面所述的空间分析法步骤进行地震内力分析，当计算到第 6 步，应将式（38.2-13）中的 $[\bar{K}]$ 换成如下的形式

$$
[\bar{K}] = \mathrm{diag}[[K_1'] \quad [K_2'] \quad \cdots \quad [K_{n-2}'] \quad [K_{n-1}'] \quad [K_n']] \tag{38.2-29}
$$

采用上面新的 $[\bar{K}]$，重新建立空间刚度矩阵，并求逆得新的空间结构柔度矩阵 $[\Delta]$，代入式（38.2-23），用以计算振型节点侧移，以及以后的各步计算。

11）结构对称性的利用

绝大多数砖结构影剧院，对房屋纵轴来说，都是对称结构。因而可以截取房屋的一半进行地震内力计算，图 38.2-11 所示的计算简图用图 38.2-15 来代替。整个体系的自由度几乎可以减少一半。在新的计算简图中，门厅部分和舞台后山墙，质量和刚度均取原先的一半；观众厅屋盖部分的质量也取原先的一半，其余不变。

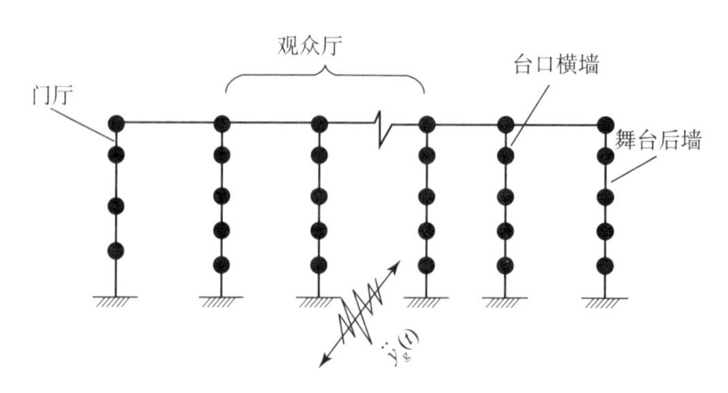

图 38.2－15　半边房屋的计算简图

4. 两质点法

采用“串并联多质点系”空间分析法进行结构地震内力计算时，需要借助于电子计算机。然而实际工作中并非都能应用计算机。因此对于某些较简单的影剧院，有必要给出一个能够进行手算的空间分析方法。

砖结构影剧院的门厅部分和舞台部分虽然不相同，但均为砖墙承重结构，横向刚度相差不是很大. 因而有条件进行对称化处理：对门厅和舞台部分均采取两者的平均质量和平均刚度来置换，并采用具有一个质点的竖杆来代表；对观众厅部分，按照动能相等的原则，凝聚为两个质点。从而使整个房屋的横向空间结构转换为具有 4 个质点的“并联多质点系”。然后利用此多质点系的对称性，截取体系的一半，即“并联两质点系”，进行观众厅排架的地震内力计算。

两质点法与“串并联多质点系”的空间分析结果相比较，观众厅部分的误差不大，在工程设计允许范围之内；较大误差主要发生在门厅部分和舞台部分，该两部分宜参照“分块法”另行验算。

两质点法仅适用于观众厅无披屋的、体形比较简单的砖结构影剧院的横向抗震分析。

1）并联多质点系的质量集中

对于图 38.2－16a 所示的影剧院，先分别将其门厅部分、舞台部分及观众厅每一开间的质量，全部换算集中到观众厅排架柱顶高度处，形成一个质点。并由分别具有门厅横墙、观众厅各开间排架、舞台横墙等竖构件刚度的各根竖杆，及具有观众厅屋盖水平刚度的水平杆，连接成为并联多质点系（图 38.2－16b）。

并联多质点系的质量集中原则：

（1）确定周期和振型时。

①门厅或舞台部分。

以观众厅屋架下弦高度为基准，位于此高度以上的砖墙质量 m_w' 和屋盖质量 m_r，质量集中系数为 1.0；位于此高度以下砖墙质量 m_w，集中系数为 0.35；位于此高度以下的各层楼盖质量 m_{fi} 集中系数等于各该楼盖所在高度 H_i 与观众厅屋架下弦高度 H 的比值。设 m_1 和 m_n 分别代表门厅部分和舞台部分的换算总质量，则

$$m_1 \text{ 或 } m_n = m_r + m_w' + 0.35m_w + 0.7\sum_i \frac{H_i}{H}m_{fi} \qquad (38.2-30)$$

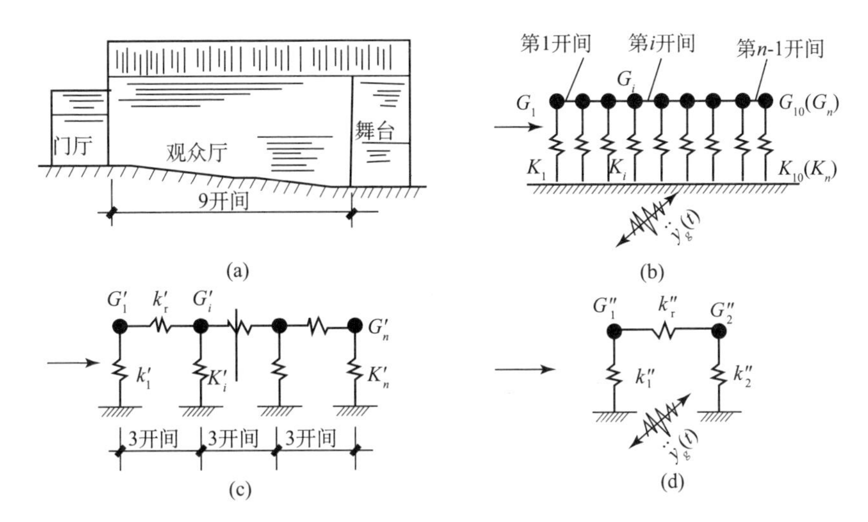

图 38.2－16　两质点计算简图

（a，b）并联多质点系的质量集中；（c，d）空间结构的两质点系

②观众厅。

壁柱顶端质点的质量，等于观众厅一个开间的屋盖质量加上墙柱质量的 25%，即

$$m_i = m_r + 0.25m_w \qquad (i = 2,\ 3,\ \cdots,\ n-1) \qquad (38.2-31)$$

（2）确定质点水平地震作用时。

$$m_1 \text{ 或 } m_n = m_r + m'_w + 0.7m_w + \sum_i \frac{H_i}{H} m_{fi} \qquad (38.2-32)$$

$$m_i = m_r + 0.5m_w \qquad (i = 2,\ 3,\ \cdots,\ n-1) \qquad (38.2-33)$$

2）计算简图

（1）质点的凝聚。

按照动能相等原则，将观众厅的 $n-2$ 个质点（图 38.2－16b）合并成为两个质点，并将其部分质量分别合并到门厅质点和舞台质点（图 38.2－16c）。各竖杆和水平杆的刚度也应作相应地调整。

$$\left.\begin{aligned}
&m'_1 = m_1 + \frac{n-1}{6}m_i \qquad m'_n = m_n + \frac{n-1}{6}m_i \qquad m'_i = \frac{n-1}{3}m_i \\
&K'_1 = K_1 + \frac{n-1}{6}K_i \qquad K'_n = K_n + \frac{n-1}{6}K_i \qquad K'_i = \frac{n-1}{3}K_i \\
&K'_r = \frac{3}{n-1}K_r \qquad K_r = \bar{K}\frac{L}{a}
\end{aligned}\right\} \qquad (38.2-34)$$

式中　L、a、n——观众厅的跨度、开间宽度和开间数加 1。

（2）对称化处理。

将图 38.2－16c 中代表门厅部分和舞台部分的两个质点及竖杆，均用两者的平均质量和平均刚度取代，使其变为对称质点系。然后取其一半即两质点系（图 38.2－16d）作为计算简图，进行周期、振型和地震内力的计算。两质点系的质点质量和杆体刚度按下式确定。

$$\left.\begin{aligned} m''_1 &= \frac{1}{2}(m'_1 + m'_n) = \frac{1}{2}(m_1 + m_n) + \frac{n-1}{6}m_i \\ m''_2 &= m'_i = \frac{n-1}{3}m_i \end{aligned}\right\} \quad (38.2-35)$$

$$\left.\begin{aligned} K''_1 &= \frac{1}{2}(K'_1 + K'_n) = \frac{1}{2}(K_1 + K_n) + \frac{n-1}{6}K_i \\ K''_2 &= K'_i = \frac{n-1}{3}K_i \end{aligned}\right\} \quad (38.2-36)$$

$$K''_2 = K'_r = \frac{3}{n-1}k_r \quad (38.2-37)$$

（3）周期和振型。

“并联两质点系”的弹性刚度矩阵为

$$[K] = \begin{bmatrix} K_{11} & K_{12} \\ K_{21} & K_{22} \end{bmatrix} = \begin{bmatrix} K''_1 + k''_r & -k''_r \\ -k''_r & K''_2 + k''_r \end{bmatrix}$$

基本周期和第二周期为

$$\left.\begin{aligned} &T_1 = \frac{2\pi}{\omega_1} \qquad T_2 = \frac{2\pi}{\omega_2} \\ &\omega_1 \text{ 或 } \omega_2 = \sqrt{\frac{K_{11}}{2m_1}\frac{K_{22}}{2m_2} \pm \sqrt{\left(\frac{K_{11}}{2m_1} - \frac{K_{22}}{2m_2}\right)^2 + \frac{K_{12}^2}{m_1 m_2}}} \end{aligned}\right\} \quad (38.2-38)$$

基本振型和第一二振型分别为

$$\left.\begin{aligned} Y_{11} &= 1 \qquad Y_{12} = \frac{1}{K_{12}}(m_1\omega_1^2 - K_{11}) \\ Y_{21} &= 1 \qquad Y_{22} = \frac{1}{K_{12}}(m_1\omega_2^2 - K_{11}) \end{aligned}\right\} \quad (38.2-39)$$

（4）质点地震作用。

质点 i 的 j 振型水平地震作用为

$$F_{ji} = \alpha_j \gamma_j Y_{ji} \bar{m}_i g$$

$$\gamma_j = \frac{\sum_{i-1}^{2} Y_{ji} m''_i}{\sum_{i=1}^{2} Y_{ji}^2 m''_i} \qquad (i = 1;\ j = 1,\ 2) \quad (38.2-40)$$

式中 α_j——j 振型地震影响系数，根据第 j 振型周期 T_j 查得；

g——重力加速度；

$\bar{m}_i$——采用式（38.2－32）、式（38.2－33）的数值重新按式（38.2－35）计算得的 i 质点的质量。

（5）结构侧移。

与“串联多质点系”的情况不同，式（38.2－40）计算出的质点地震作用 F_{ji}，并非直接作用于竖构件上的地震力，而是作用于空间结构节点上的力。对于“并联多质点系”所代表的空间结构，欲求作用于砖墙、排架等竖构件分离体上的水平地震力，需要计算出空间结构在质点地震作用下的侧移，利用竖构件的侧移再反求作用于该构件分离体上的水平地震力。

地震时房屋实际上已进入非弹性变形阶段。但是，为了适当提高观众厅排架柱的抗震安全度，按照侧移限值适当加大排架柱的屈服强度，使排架柱依旧保持在弹性阶段内是可能的，也是必要的。为此，确定质点地震作用在空间结构各构件之间的分配，以及计算空间结构在质点地震作用下所产生的侧移时，对门厅和舞台部分的砖墙，应取其非弹性割线刚度；对观众厅排架柱和屋盖，则仍旧采取弹性刚度。门厅和舞台砖墙的非弹性割线刚度，近似地取其弹性刚度的三分之一。于是，“并联两质点系”的非弹性刚度矩阵可以写为

$$[\bar{K}]=\begin{bmatrix}\bar{K}_{11} & \bar{K}_{12}\\ \bar{K}_{21} & \bar{K}_{22}\end{bmatrix}=\begin{bmatrix}\frac{1}{3}K''_1+k''_r & -k''_r\\ -k''_r & K''_2+k''_r\end{bmatrix}$$

“并联两质点系”的非弹性柔度矩阵为

$$[\Delta]=\begin{bmatrix}\delta_{11} & \delta_{12}\\ \delta_{21} & \delta_{22}\end{bmatrix}=[\bar{K}]^{-1}=\frac{1}{|\bar{K}|}\begin{bmatrix}\bar{K}_{22} & -\bar{K}_{21}\\ -\bar{K}_{12} & \bar{K}_{11}\end{bmatrix} \qquad (38.2-41)$$

$$|\bar{K}|=\bar{K}_{11}\bar{K}_{22}-\bar{K}_{12}^2$$

排架柱顶（即质点 2）的弹性侧移为：

$$\left.\begin{aligned}&\text{基本振型(图 39.2 - 17a)} \quad \Delta_{12}=F_{11}\delta_{21}+F_{12}\delta_{22}\\ &\text{第二振型(图 39.2 - 17b)} \quad \Delta_{22}=F_{21}\delta_{21}+F_{22}\delta_{22}\end{aligned}\right\} \qquad (38.2-42)$$

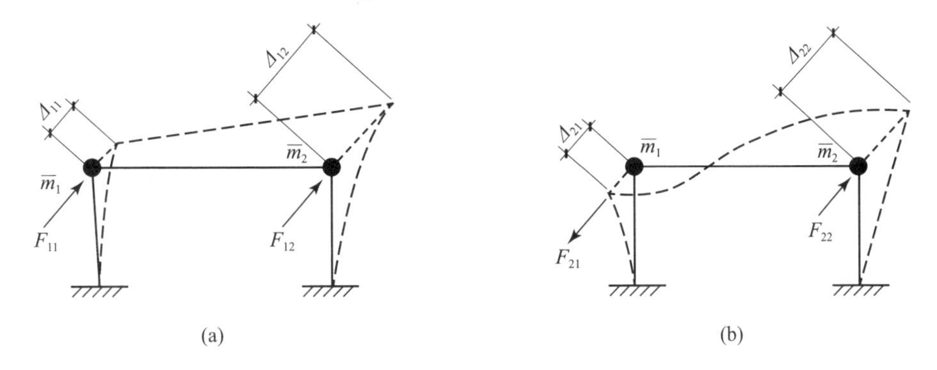

图 38.2－17　振型侧移

（a）基本振型；（b）第二振型

（6）排架地震力。

对于串联或串并联多质点系，在求出作用于各构件分离体地震作用后，宜接着计算出各振型地震作用分别影响下的构件地震内力，然后按照振型组合法则，求得各构件截面的设计地震内力。对于并联多质点系，可以在求得各振型地震作用分别影响下的结构侧移后，先进行振型组合，计算出结构的组合地震侧移，然后乘以构件的弹性刚度，一次计算出作用于构件分离体上的地震作用及截面地震内力。

观众厅排架柱顶处的组合侧移为

$$[\Delta] = \sqrt{(\Delta_{12})^2 + (\Delta_{22})^2} \tag{38.2-43}$$

作用于观众厅一榀排架柱顶处的设计水平地震力为

$$F_i = \Delta_2 K_i \tag{38.2-44}$$

$$K_i = \frac{1}{\delta_{22}} \tag{38.2-45}$$

式中　δ_{22}——一榀排架柱顶处的侧移柔度系数，按式（38.2-1）计算。

最后，计算出 F_i 作用于一榀排架柱顶时，排架柱各控制截面的地震弯矩和水平地震剪力，并与相应的静力荷载作用下的截面内力合并，验算柱截面的抗弯和抗剪承载力。

门厅和舞台部分，宜参照下面介绍的“分块法”另行验算。

5. 分块法——空间分析的简化计算

前述的两质点法，尽管作了一些近似假定，但仍属于理论解的范畴。只要房屋的基本条件符合，它适用于各种结构类型与各种跨度、高度、长度的观众厅的计算。但是，对工程设计来说，计算还是稍嫌复杂。此外，对于观众厅带有披屋的影剧院，此法即不适用。

为了在一定范围内弥补以上缺点，从工程实例中选取了一些高度为 6~10m 的多种不同屋盖、跨度、长度的影剧院，采用“串并联多质点系”空间分析法，利用电子计算机进行结构地震内力的计算，将其计算结果逐一与单排架计算结果进行对比，并与历次地震中 7、8、9 度区砖结构影剧院的震害程度相协调，归纳整理出空间工作的修正系数，从而使复杂的空间结构得以分成门厅、舞台和观众厅三个独立部分，分别进行横向抗震分析。

1）观众厅

观众厅的横向分析是以单排架的计算结果为基础，根据整个房屋的横向空间分析结果，分别对单排架的基本周期和地震内力乘以修正系数，从而获得接近空间分析结果的排架柱截面地震内力。

（1）无披屋或披屋内有较多横墙的观众厅。

①计算简图。

取观众厅的一个开间作为计算单元，进行排架分析。对于无披屋的观众厅（图 38.2-18），排架柱的下面固定端取在室外地坪下 500mm 处。对于观众厅两侧均为有较多横墙的披屋时（图 38.2-19），因为横墙的侧移刚度比排架柱大得多，横墙间距较小时，披屋屋盖可视为刚片，因而排架柱的下面固定端可取在披屋的屋盖高度处，对于仅一侧设置带较多横墙的披屋的观众厅（图 38.2-20），排架一侧柱的底端取在披屋屋盖处，另一侧柱的底端取在室外地坪下 500mm 处。

以上三种情况均可取单自由度体系作为计算简图。

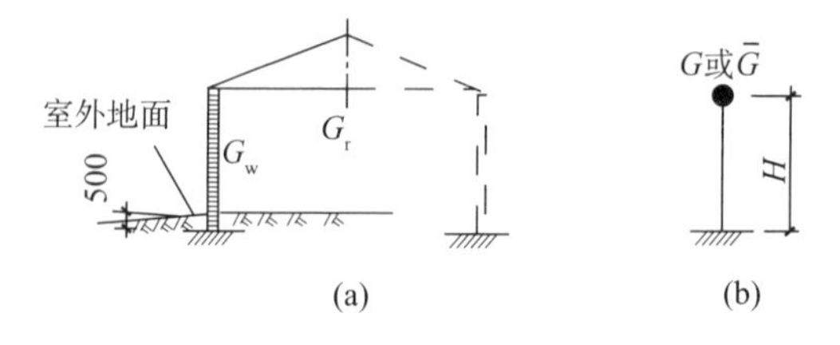

图 38.2-18　无披屋的观众厅

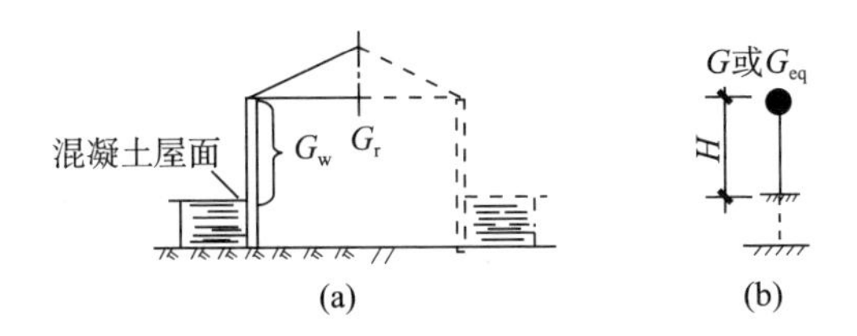

图 38. 2 - 19　两侧有披屋的观众厅

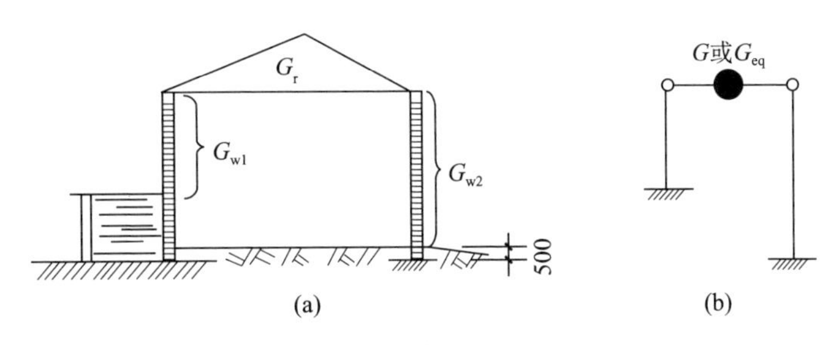

图 38. 2 - 20　一侧有披屋的观众厅

②排架侧移柔度。

图 38. 2 - 18 和图 38. 2 - 19 所示的观众厅，因为是对称结构，可取排架的一半即单根砖壁柱进行分析。砖壁柱顶端在单位水平集中力作用下的侧移（图 38. 2 - 21a），即砖壁柱的侧移柔度为：

$$\delta = \frac{H^3}{3EI} \tag{38.2-46}$$

图 38. 2 - 20 所示的高低柱排架，柱顶在单位水平集中力作用下产生的侧移，即排架的柔度（图 38. 2 - 21b）为：

$$\delta = \frac{1}{\frac{3EI_1}{H_1^3} + \frac{3EI_2}{H_2^3}} \tag{38.2-47}$$

③自振周期。

$$T_1 = 2\varphi_T\sqrt{G\delta} \tag{38.2-48}$$

式中　φ_T——考虑房屋整体工作的调整系数，钢筋混凝土无檩屋盖：焊接时，$\varphi_T=0.6$；非焊接（少焊接）时，$\varphi_T=0.7$；钢筋混凝土有檩屋盖：$\varphi_T=0.7$；瓦木屋盖、石棉瓦、瓦楞铁皮等轻屋面，$\varphi_T=0.8$；

G——按照动能相等原则换算集中到柱顶的半榀或一榀排架的重力代表值，对于恒荷载和雪荷载，分别取其静力设计时数值的 100% 和 50%，对于图 38. 2 - 18 或图 38. 2 - 19，

$$G=0.25G_w+\frac{1}{2}G_r$$

对于图 38. 2 - 20，

$$G=0.25\ (G_{w1}+G_{w2})\ +1.0G_r$$

G_r——观众厅一个开间屋盖的重力荷载代表值；

G_w、G_{w1}、G_{w2}——观众厅一侧纵墙一个开间的重力荷载代表值；

δ——按式（38.2－46）或式（38.2－47）计算得的单柱或排架的柔度。

④水平地震作用。

半榀或一榀排架柱顶处的水平地震作用为

$$F_{Ek}=\zeta\alpha_1\overline{G} \tag{38.2－49}$$

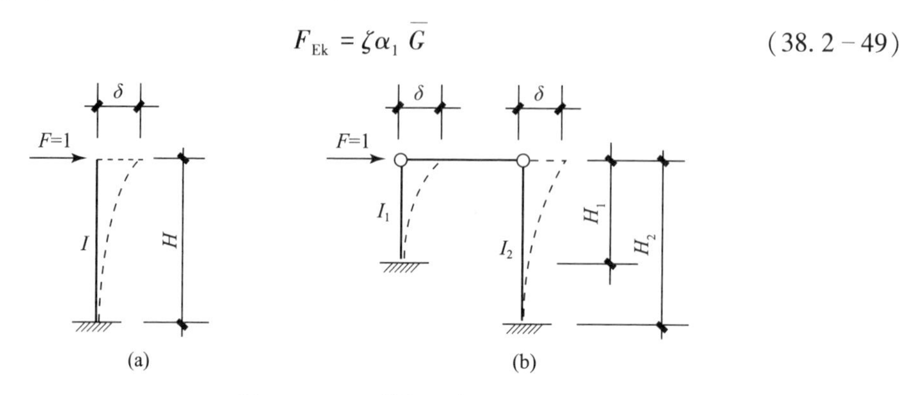

图 38.2－21　排架柔度

式中　α_1——根据 T_1 确定的地震影响系数；

$\overline{G}$——按柱底弯矩相等原则，换算集中到柱顶高度处的半榀或一榀排架的重力荷载代表值，对于图 38.2－18 或图 38.2－19，

$$\overline{G}=0.5G_w+\frac{1}{2}G_r$$

对于图 38.2－20，

$$\overline{G}=0.5\ (G_{w1}+G_{w2})\ +G_r$$

ζ——考虑观众厅屋盖空间作用的调整系数，按《规范》这个系数是效应调整系数（表 38.2－1），乘在这里是为了方便计算。

表 38.2－1　砖柱考虑空间作用的效应调整系数 ζ

观众厅屋盖类别 \ 山墙间距 L/m	24	30	36	42	48
钢筋混凝土无檩屋盖	0.70	0.75	0.80	0.85	0.85
钢筋混凝土有檩屋盖	0.75	0.80	0.90	0.95	0.95

（2）带休息廊的观众厅。

①计算简图。

观众厅的一侧或两侧设置休息通廊，休息廊内无横墙时，可取中央一个开间作为计算单元，进行排架分析。对于一侧有休息廊的观众厅（图 38.2－22），可采用“串联两质点系”作为计算简图。对于两侧有休息廊的观众厅（图 38.2－23），虽然整个排架具有三层屋盖，

应采用“串并联 3 质点系”作为计算简图。然而，一般情况下，它总是对称结构，第三振型的影响很小，可略去不计，因而，可以取半榀排架进行分析。这样，就可以采用“串联两质点系”作为计算简图，以简化计算。

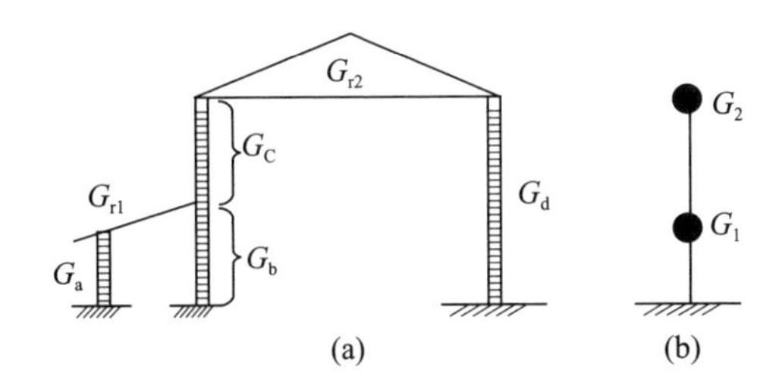

图 38. 2 - 22　单侧有休息廊的观众厅

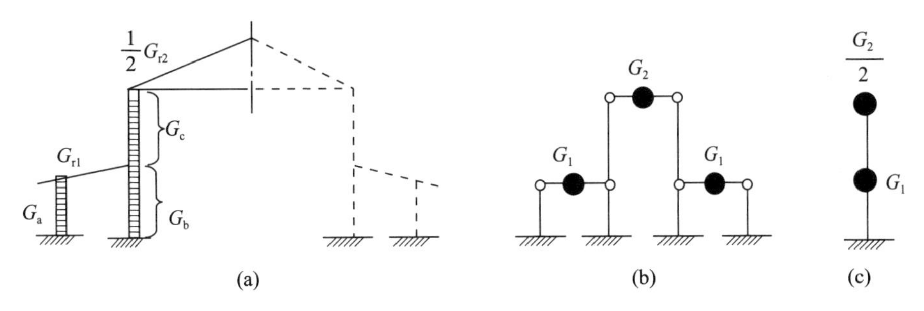

图 38. 2 - 23　两侧有休息廊的观众厅

②排架柔度。

排架柔度系数的计算，可以通过先确定排架在单位水平力作用下所引起的横梁内力，使排架成为静定结构后，再利用单柱分离体来计算侧移。

计算排架侧移时，假定观众厅、休息廊屋架与柱的连接为铰接，各柱底部固定端设在室外地坪下 500mm 处。

A. 两跨不等高排架。

横梁内力

单位水平力作用于低跨屋盖处时（图 38. 2 - 24a）

$$x_{11}=\frac{\delta_a}{k_1}\qquad x_{21}=k_3x_{11}\tag{38. 2 - 50}$$

单位水平力作用于高跨屋盖处时（图 38. 2 - 24b）

$$x_{12}=k_4x_{22}\qquad x_{22}=\frac{\delta_a}{k_2}\tag{38. 2 - 51}$$

式中　k_1、k_2、k_3、k_4——系数，根据图 38. 2 - 25 所示单柱柔度系数确定，

$$k_1=\delta_a+\delta_b-k_3\delta_{bc}\qquad k_2=\delta_c+\delta_d-k_4\delta_{bc}$$

$$k_3=\frac{\delta_{bc}}{\delta_c+\delta_d}\qquad k_4=\frac{\delta_{bc}}{\delta_a+\delta_b}$$

δ_a、δ_c、δ_d 按式（38. 2 - 46）计算，

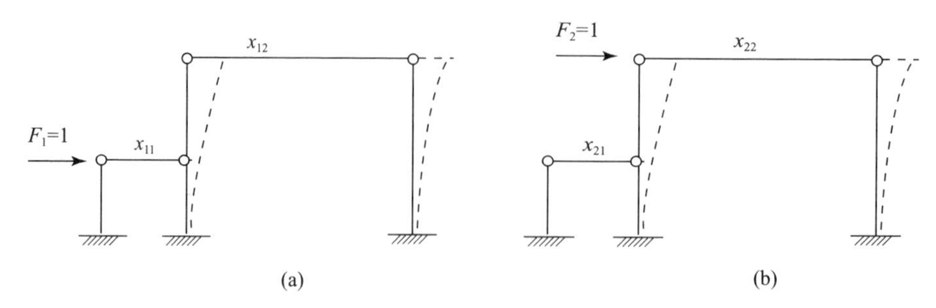

图 38. 2 - 24　两侧有休息廊的观众厅

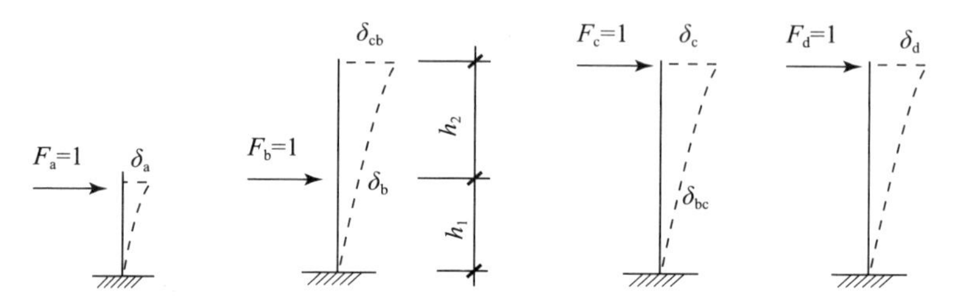

图 38. 2 - 25　单柱侧移柔度系数

$$\delta_b = \frac{h_1^3}{3EI} \qquad \delta_{bc} = \frac{h_1(2h_1 + 3h_2)}{6EI} \tag{38.2-52}$$

排架柔度系数

$$\left.\begin{aligned} \delta_{11} &= (1 - x_{11})\delta_a \\ \delta_{12} &= x_{12}\delta_a = \delta_{21} = x_{21}\delta_a \\ \delta_{22} &= (1 - x_{22})\delta_d \end{aligned}\right\} \tag{38.2-53}$$

B. 对称升高中跨排架。

横梁内力

单位水平力作用于低跨屋盖处（图 38. 2 - 26a）

$$x_{11} = \frac{\delta_a}{\delta_a + \delta_b} \tag{38.2-54}$$

单位水平力作用于高跨屋盖处（用 38. 2 - 26b）

$$x_{12} = \frac{\delta_{bc}}{\delta_a + \delta_b} \tag{38.2-55}$$

式中　δ_a、δ_b、δ_{bc}——单柱柔度系数，按式（38. 2 - 46）、式（38. 2 - 52）计算，

排架柔度系数

$$\left.\begin{aligned} \delta_{11} &= (1 - x_{11})\delta_a \\ \delta_{12} &= x_{12}\delta_a = \delta_{21} = x_{12}\delta_{cb} \\ \delta_{13} &= \delta_c - x_{12}\delta_{cb} \end{aligned}\right\} \tag{38.2-56}$$

③基本周期。

“两质点系”具有两个自振周期和振型，一般应先分别计算结构的两个振型的地震内

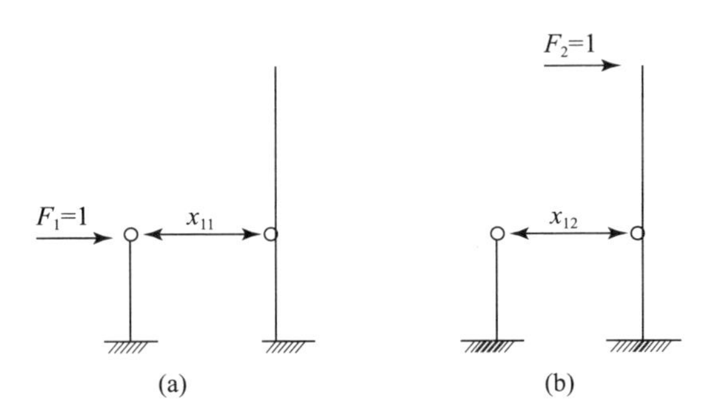

图 38.2-26　升高中跨排架的横梁内力

力，然后进行组合得设计地震内力。然而对于带休息廊的影剧院观众厅，经过比较计算，采用底部剪力法来确定结构地震内力，误差很小，完全满足工程设计的精度要求。这样，就仅需计算出基本周期，确定底部地震剪力，然后按倒三角形分布规律确定各屋盖高度处的水平地震作用。整个计算比较简单。两质点系的基本周期可近似地按下面的能量公式计算：

$$T_1 = 2\varphi_T \sqrt{\frac{G_1 u_1^2 + G_2 u_2^2}{G_1 u_1 + G_2 u_2}} \tag{38.2-57}$$

式中　φ_T——考虑房屋整体工作的周期调整系数，见式（38.2-48）；

G_1、G_2——按照动能相等原则换算集中到低跨和高跨柱顶的半榀或一榀排架的重力荷载代表值，

对于图（38.2-22），

$$G_1 = G_{r1} + 0.25\ (G_a + G_b)\ + 0.6G_c$$

$$G_2 = G_{r2} + 0.4G_c + 0.25G_d$$

对于图（38.2-23）

$$G_1 = G_{r1} + 0.25\ (G_a + G_b)\ + 0.6G_c$$

$$G_2 = \frac{1}{2}G_{r2} + 0.4G_c$$

u_1、u_2——代表整个或半个排架的两质点系，在以 G_1 和 G_2 作为水平力的共同作用下，质点 1 和质点 2 处的侧移（图 38.2-27），

$$u_1 = G_1\delta_{11} + G_2\delta_{12}$$

$$u_2 = G_1\delta_{21} + G_2\delta_{22}$$

④结构底部地震剪力。

作用于一榀或半榀排架的总水平地震作用（标准值）为

$$F_{EK} = 0.85\zeta\alpha_1(\overline{G}_1 + \overline{G}_2) \tag{38.2-58}$$

式中　α_1——根据基本周期确定的地震影响系数；

ζ——考虑观众厅屋盖空间作用的砖排架地震作用调整系数，见表 38.2-1；

0.85——多质点系的等效质量系数；

$\overline{G}_1$、$\overline{G}_2$——按照柱底弯矩相等原则，换算集中到低跨和高跨柱顶处的半榀或一榀排架的重力荷载代表值，

对于图 38. 2 - 22，$\overline{G}_1 = G_{r1} + 0.5\ (G_a + G_b + G_c)$

$\overline{G}_2 = G_{r2} + 0.5\ (G_c + G_d)$

对于图 38. 2 - 23，$\overline{G}_1 = G_{r1} + 0.5\ (G_a + G_b + G_c)$

$\overline{G}_2 = \frac{1}{2} G_{r2} + 0.5 G_c$

⑤柱顶水平地震作用。

按照倒三角形分布规律，一侧或两侧有休息通廊的观众厅排架，低跨和高跨柱顶处的水平地震作用分别为

$$\left.\begin{aligned} F_1 &= \frac{\overline{G}_1 H_1}{\overline{G}_1 H_1 + \overline{G}_2 H_2} F_{Ek} \\ F_2 &= \frac{\overline{G}_2 H_2}{\overline{G}_1 H_1 + \overline{G}_2 H_2} F_{Ek} \end{aligned}\right\} \quad (38.2-59)$$

式中 H_1、H_2——分别为休息廊和观众厅的砖柱或砖壁柱的计算高度，等于室外地坪面以下 500mm 处至各柱顶的高度。

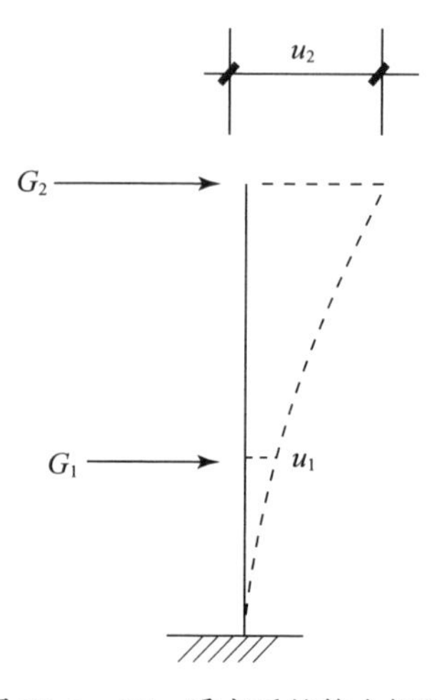

图 38. 2 - 27 质点系的静力侧移

⑥柱截面地震内力。

A. 一侧有休息廊的观众厅。

排架在低跨和高跨柱顶处水平地震作用 F_1 和 F_2 的同时作用下，其横梁内力（图 38. 2 - 28a）为

$$\left.\begin{aligned} x_1 &= F_1 x_{11} + F_2 x_{12} \\ x_2 &= F_1 x_{21} + F_2 x_{22} \end{aligned}\right\} \quad (38.2-60)$$

式中 x_{11}、x_{12}、x_{21}、x_{22}——单位水平力分别作用于低跨或高跨柱顶时的排架横梁内力，按式（38. 2 - 50）和式（38. 2 - 51）计算。

作用于各柱底部截面和高低跨上柱底截面的地震弯矩和剪力（图 38. 2 - 28b）分别为

$$\left.\begin{aligned} &M_a - \pm (F_1 - x_1) H_1 && V_a = \pm (F_1 - x_1) \\ &M_b = \pm [x_1 H_1 + (F_2 - x_2) H_2] && V_b = \pm (x_1 + F_2 - x_2) \\ &M_c = \pm (F_2 - x_2)(H_2 - H_1) && V_c = \pm (F_2 - x_2) \\ &M_d = \pm x_2 H_2 && V_d = \pm x_2 \end{aligned}\right\} \quad (38.2-61)$$

B. 两侧均有休息廊的观众厅。

半榀排架在其低跨和高跨柱顶处水平地震作用 F_1 和 F_2 的同时作用下，低跨横梁内力（图 38. 2 - 29a）为

$$x_1 = F_1 x_{11} + F_2 x_{12} \quad (38.2-62)$$

式中 x_{11}、x_{12}——单位水平力分别作用于低跨或高跨柱顶时的排架横梁内力，按式

(38. 2 –53)、式 (38. 2 – 54) 计算。

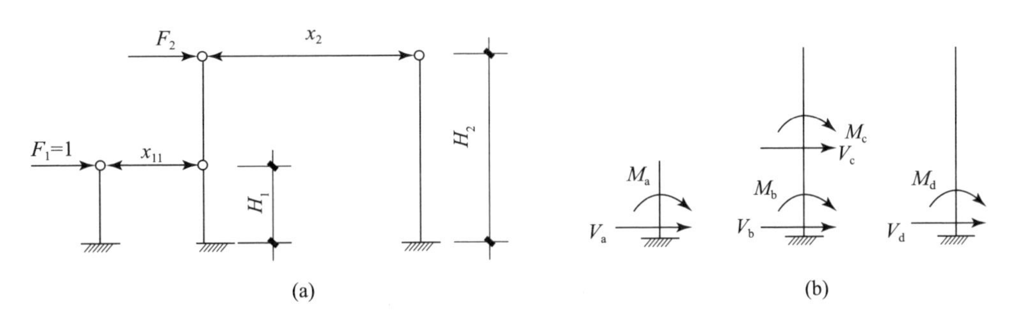

图 38. 2 – 28　一侧有休息廊的观众厅

(a) 横梁地震内力；(b) 柱截面地震内力

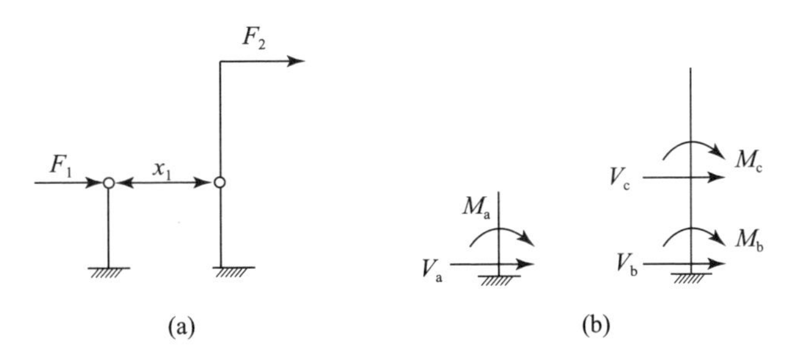

图 38. 2 – 29　两侧均有休息廊的观众厅

(a) 横梁地震内力；(b) 柱截面地震内力

作用于各柱底部截面和高低跨上柱底截面的地震弯矩和剪力（图 38. 2 – 29b）分别为

$$\left.\begin{aligned} M_a &= \pm(F_1 - x_1)H_1 \qquad & V_a &= \pm(F_1 - x_1) \\ M_b &= \pm(x_1H_1 + F_2H_2) \qquad & V_b &= \pm(x_1 + F_2) \\ M_c &= \pm(H_2 - H_1)F_2 \qquad & V_c &= \pm F \end{aligned}\right\} \tag{38. 2 – 63}$$

2）门厅或舞台

门厅或舞台部分砖墙所承担的水平地震力包括两部分，一是各该部分自身质量所引起的地震力，二是通过房屋空间作用传来的观众厅的部分地震力。前者可采用底部剪力法计算确定，后者可近似地取等于观众厅部分的总地震力扣除观众厅排架所承担的地震力。

(1) 自身质量引起的水平地震力。

①结构底部地震剪力。

结构底部的水平地震剪力（图 38. 2 – 30）为

$$F_{EK} = \alpha_{max} G_{eg} \tag{38. 2 – 64}$$

$$G_{eq} = 0.85 \sum_{i=1}^{n} G_i \tag{38. 2 – 65}$$

式中　G_i——集中到第 i 楼盖处的重力荷载代表值，它等于第 i 楼盖的自重和 50%楼面活荷载及上下各半层墙重之和；

n——门厅或舞台部分的总层数。

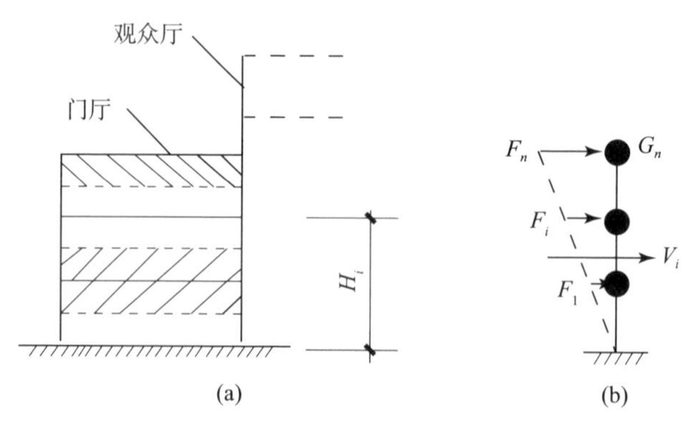

图 38.2-30　结构底部地震剪力

②楼盖处地震作用。

门厅或舞台部分第 i 楼盖高度处的水平地震作用（图 38.2-30）为

$$F_i = \frac{G_i H_i}{\sum_{k=1}^{n} G_k H_k} F_{\text{Ek}} \tag{38.2-66}$$

式中　G_k——集中到第 k 楼盖处的重力荷载代表值；

H_i、H_k——自室外地坪面下 500mm 算起的第 i、k 楼盖的高度。

③楼层地震剪力。

作用于某楼层的地震剪力等于该楼层以上各楼盖处水平地震作用之和，因而有

$$V_i = \sum_{k=i}^{n} F_k = \frac{\sum_{k=i}^{n} G_k H_k}{\sum_{k=1}^{n} G_k H_k} \tag{38.2-67}$$

（2）观众厅传来的水平地震力。

由于屋盖的空间作用，观众厅各榀排架所承担的水平地震作用，假设以中央排架为最大，靠近门厅和舞台处的山墙时接近于零，沿房屋纵向呈线性变化。那么，根据式（38.2-49），观众厅所有排架共同承担的总水平地震作用等于

$$\sum F = \frac{1}{2}(n-1)\zeta\alpha_1 \bar{G} \tag{38.2-68}$$

传递到门厅处或舞台处山墙的观众厅部分水平地震作用的可能最大值为

$$F'_n = \frac{1}{2}\left[(n-1)\alpha_1 \bar{G} - \sum F\right] = \frac{n-1}{2}\left(1 - \frac{1}{2}\zeta\right)\alpha_1 \bar{G} \tag{38.2-69}$$

式中　n——观众厅排架总数。

（3）横墙地震剪力。

①门厅部分。

门厅部分沿房屋纵轴方向的尺寸较小，在横向地震作用下，各层楼板可采取刚性楼盖假定。因而某楼层某片横墙的地震剪力，等于该楼层地震剪力按该层各片横墙侧移刚度比例分

配的结果；门厅与观众厅连接处的横墙即观众厅的前山墙，还应附加观众厅传来的地震力。

一般横墙，第 i 楼层第 k 片横墙水平地震剪力为

$$V_{ik} = \frac{K_{ik}}{\sum_{k} K_{ik}} V_i \tag{38.2-70}$$

与观众厅相接处横墙 i 层水平地震剪力为

$$V'_{ik} = V_{ik} + F'_n \tag{38.2-71}$$

式中　K_{ik}——第 i 楼层第 k 片横墙的侧移刚度，按式（38.2-3）至式（38.2-7）计算。

②舞台部分。

舞台部分一般有台口墙和后山墙两道横墙，台口横墙的刚度远小于后山墙，但它更靠近观众厅。观众厅传来的部分地震作用，首先传到台口横墙，其次才传到后山墙，因而台口横墙所负担的地震作用，要比按刚度比例分配的多一些。精确结果应按 38.2.2 节的空间分析法计算。作为一种近似和简化，可以依旧假定，舞台部分自身地震作用和观众厅传来的地震作用均按刚度比例分配到各片横墙。

一片横墙所承担的水平地震剪力为

$$V_m = \frac{K_m}{\sum_{m} K_m} (V + F')_n \tag{38.2-72}$$

式中　V——舞台部分按底部剪力法计算得的横向水平地震剪力；

K_m——某 m 片横墙的刚度。

舞台部分屋盖常常是屋架同观众厅的屋架相垂直布置，此时观众厅的横向恰为舞台屋盖的纵向，地震作用分析时须按此求得山墙和台口墙的地震剪力。

38.2.3　纵向抗震计算

1. 计算原则

砖结构影剧院在纵向地震作用下，门厅、观众厅和舞台三部分都是以纵墙为主要抗震构件，每延米的刚度无大差异，而且各部分单位长度纵墙所负担的屋盖和楼盖面积也相差不多。所以，进行整个房屋的纵向抗震承载力验算时，可以将门厅、观众厅和舞台分离为二个或三个独立部分，分别进行纵向抗震承载力验算。

2. 门厅部分的纵向计算

1）楼层纵向地震剪力

砖结构影剧院的门厅部分，沿房屋纵轴方向的宽度虽然有时比较窄，高宽比值较大，但是，因为它与观众厅相连，在纵向地震作用下的变形仍以层间剪切变形为主，因而确定楼层水平地震作用时仍可采用底部剪力法。

门厅部分的底层半高处截面纵向水平地震剪力、第 i 楼盖高度处的纵向水平地震作用及第 i 楼层纵向地震剪力，分别等于按式（38.2-64）至式（38.2-67）计算所得的结果。

2）纵墙地震剪力

门厅部分第 i 楼层纵向地震剪力 V_i，也是按该层各片纵墙的刚度比例分配。第 i 楼层第

k 片纵墙所承担的地震剪力 V_{ik}，同样可以按式（38.2－70）计算，不过式中的 K_{ik} 此时是代表着第 k 片纵墙的刚度。

3）墙肢地震剪力

一片纵墙若被门窗洞口分割成多个墙肢时，该片墙承担的地震剪力 V_{ik}，按各墙肢的刚度比例分配到墙肢。

3. 观众厅部分的纵向计算

1）计算简图

砖结构影剧院的观众厅多采用轻屋面，而纵墙却比较厚，而且开窗面积小，因而在观众厅的总重力中，纵墙所占比例较大。所以，进行观众厅的纵向计算时，宜沿墙高分段集中为 4 个质点，作为确定水平地震作用的计算简图（图 38.2－31）。

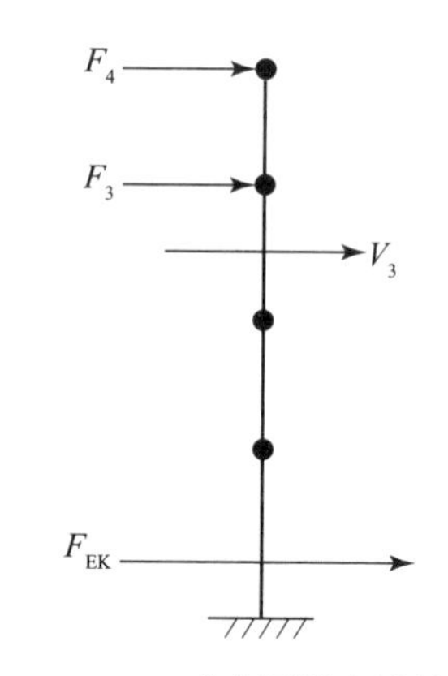

图 38.2－31　观众厅纵向计算简图

2）纵墙地震剪力

实测数据表明，砖结构影剧院的纵向自振周期很短，因而确定观众厅的结构底部地震剪力时，地震影响系数可取其最大值 α_{max}，可利用公式（38.2－64）至式（38.2－67）来确定观众厅纵墙的底部地震剪力、质点水平地震作用及各段墙的水平地震剪力。而作用于纵墙某一高度处各窗间墙上的水平地震剪力，则按墙肢刚度比例分配。

4. 舞台部分的纵向计算

（1）舞台的主体结构若是观众厅的延伸，则其纵向计算应与观众厅合并进行；若舞台部分宽于观众厅，或舞台部分的屋架布置方向同观众厅屋架方向垂直时，则根据结构特点分别进行抗震验算。

（2）高大山墙的壁柱应进行平面外的截面抗震验算。

38.3　抗震构造措施

38.3.1　圈梁

1. 截面和配筋

（1）《规范》规定，大厅柱（墙）顶标高处应设置现浇圈梁，并宜沿墙高每隔 3m 左右增设一道圈梁；梯形屋架端部高度大于 900mm 时还应在上弦标高处增设一道圈梁。圈梁截面高度不宜小于 180mm，宽度宜与墙厚相同，遇砖壁柱时，该部分与壁柱同宽。纵向钢筋不应少于 4ϕ12，箍筋间距不宜大于 200mm。

（2）大厅与两侧附属房屋间不设防震缝时，应在同一标高处设置封闭圈梁并在交接处拉通，墙体交接处应沿墙高每隔 400mm 在水平灰缝内设置拉结钢筋网片，且每边伸入墙内不宜小于 1m。

（3）建于软弱场地土上的影剧院，应在基础墙内设置圈梁，其截面和配筋的要求与观众厅墙顶圈梁相同。

2. 节点

对于纵、横向圈梁交接处的丁字形节点，应使横向圈梁的钢筋伸入节点内的长度，不少于混凝土内受拉钢筋搭接长度的规定，外墙转角处的 L 形节点，两个方向钢筋伸入节点内的长度均不应少于受拉钢筋搭接长度。为了提高节点的抗剪承载力，除在节点内设置斜向箍筋外，还应增配 $\phi12$ 的 45°斜向钢筋。为了避免节点内钢筋过密，圈梁外侧钢筋应连续通过节点，将钢筋接头设在离节点 1m 以外。

38.3.2　构造柱

1. 截面和配筋

钢筋混凝土构造柱的截面尺寸一般取 240mm 见方。8 度和 9 度时，舞台口横墙及门厅前墙处的构造柱，宜与砌体墙同厚，构造柱的竖向钢筋一般采用 $4\phi12$。8 度和 9 度时，当砌体墙上圈梁的竖向间距大于 4m 时，构造柱的截而高度和竖向配筋宜适当增大。构造柱的箍筋一般采用 $\phi6$，间距 250mm。

2. 箍筋加密范围

为了适当提高构造柱的抗剪承载力，在圈梁上下各 400～500mm 一段内，箍筋宜加密，间距一般取 100～150mm。

3. 与砌体墙的拉结

构造柱应先砌墙后浇柱，并宜在墙柱之间沿高度每隔 400mm 在水平灰缝内设置拉结钢筋网片，且每边伸入墙内不宜小于 1m。

38.3.3　大厅的钢筋混凝土柱和组合砖柱

1. 组合砖柱

观众厅纵墙的组合砖柱的竖向钢筋，除按排架分析计算确定外，6 度Ⅲ、Ⅳ类场地和 7 度（0.10g）Ⅰ、Ⅱ类场地，每侧不应少于 $4\phi14$；7 度（0.10g）Ⅲ、Ⅳ类场地，每侧不应少于 $4\phi16$。组合砖柱纵向钢筋的上端应锚入屋架底部的钢筋混凝土圈梁内。

2. 钢筋混凝土柱

钢筋混凝土柱应按抗震等级为二级框架设计，其配筋应按计算确定。

38.3.4　屋架与砖墙的连接

屋架与观众厅纵墙顶部圈梁的连接，对于木屋架，可在圈梁内预埋一根 $\phi22$ 螺栓，穿过下弦端头，顶面垫板最好嵌入下弦 10mm（图 38.3－1）；对于钢或钢筋混凝土屋架，可在圈梁内预埋螺栓或钢板与屋架连接（图 38.3－2）。当舞台部分高出观众厅，舞台部分的屋架顺房屋纵轴方向布置时，屋架与后墙及舞台口横墙的连接，也应采取图 38.3－2 所示的构造。

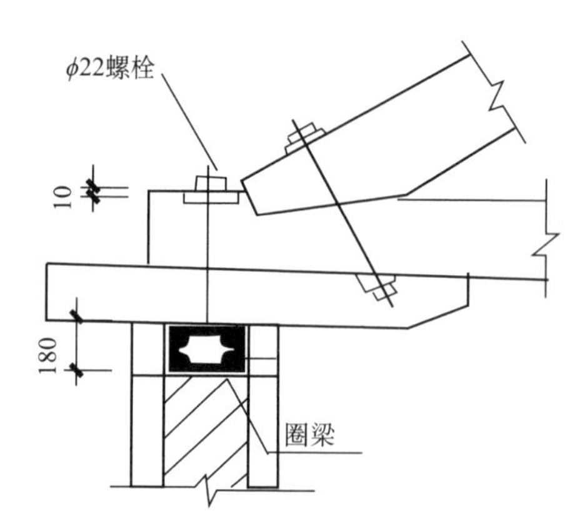

图 38. 3 - 1 木屋架与墙顶圈梁的连接

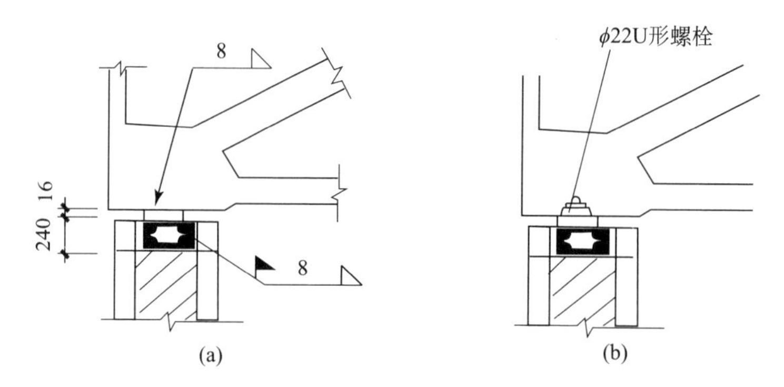

图 38. 3 - 2 混凝土屋架与圈梁的连接

38. 3. 5 山墙与屋面构件的连接

山墙顶部应沿屋面设置钢筋混凝土卧梁，在卧梁内预埋 L 形钢板，用螺栓与木檩条或型钢檀条连接（图 38. 3 - 3a、b），或在卧梁内顶埋带锚筋的钢板，用以与混凝土檩条焊接(图 38. 3 - 3c)。

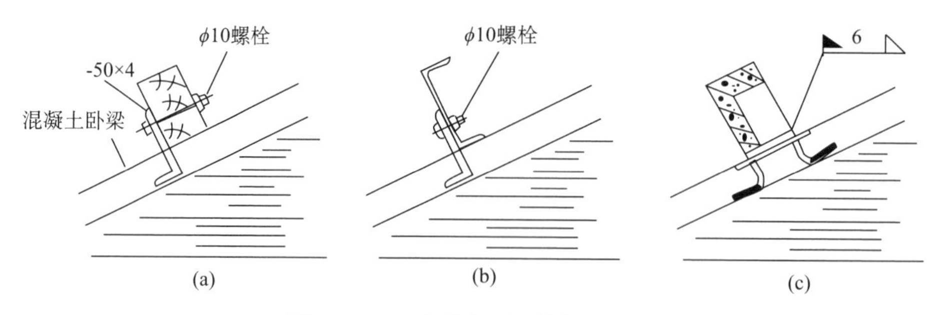

图 38. 3 - 3 山墙与屋面构件的连接

此外，山墙应设置钢筋混凝土柱或组合砖柱，其截面和配筋分别不宜小于排架柱或纵墙组合砖柱，并应延伸至墙顶与钢筋混凝土卧梁相连。8 度和 9 度时，山墙壁柱应采用钢筋混凝土柱。

38.3.6　附墙烟囱

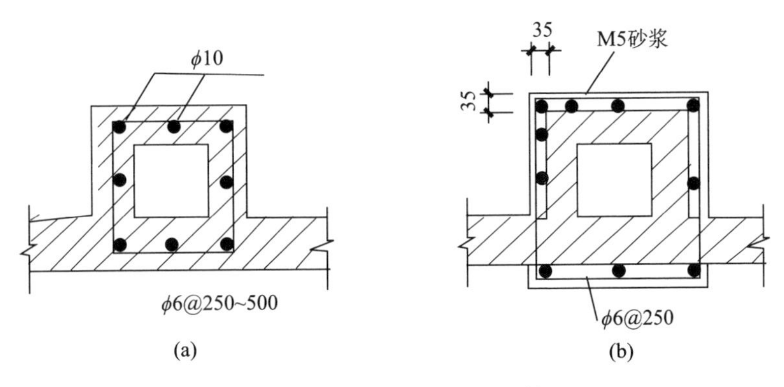

图 38.3-4　附墙烟囱的配筋

沿附墙烟囱周围配置竖向钢筋，是防止烟囱破坏倒塌的有效措施。6 度和 7 度时，可以直接在烟囱筒壁砌体内配置水平和竖向钢筋（图 38.3-4a），水平钢筋采用 ϕ6，竖向间距 250mm，竖向钢筋采用 ϕ10，水平间距取 250~500mm，配筋范围自所在部位的屋架下弦底面圈梁以下 1m 处至烟囱顶面。8 度和 9 度时，宜采取在烟囱筒壁外做配筋砂浆面层的措施（38.3-4b），水平钢筋仍取 ϕ6，间距 250mm，竖向钢筋取 ϕ10，间距 300mm。面层砂浆厚度取 30~35mm。配筋范围的下端应延伸至墙顶以下第二层圈梁处。此外，附墙烟囱的位置宜选在纵横墙交接处。

38.4　计 算 例 题

【例 38.4-1】　观众厅两侧无披屋、木屋盖电影院

某电影院，观众厅两侧无披屋，木屋盖（图 38.4-1）。砖壁柱砌体材料强度等级，砖为 MU7.5、砂浆为 M5。设防烈度为 7 度，第二组，Ⅰ类场地。雪荷载为 0.3kN/m²。

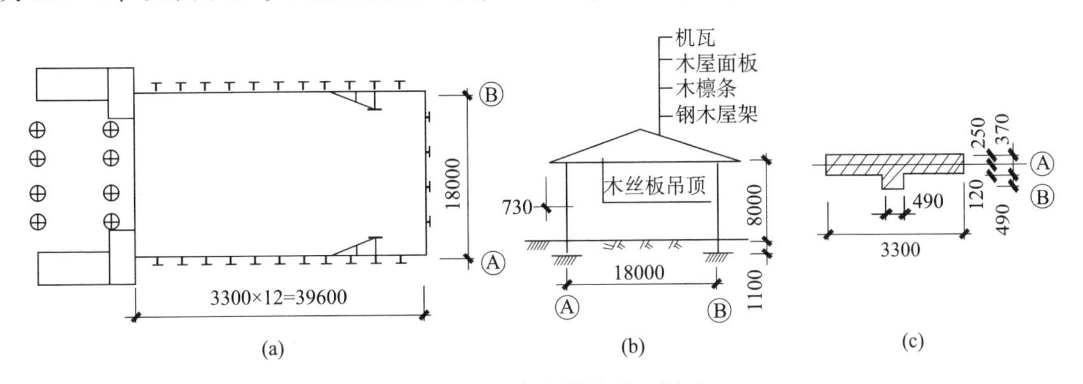

图 38.4-1　某电影院平、剖面

1. 横向抗震计算

取观众厅一个开间作为计算单元，由于结构对称于房屋纵轴，可取半榀排架按分块法进行分析，参见图 38.2－18。

1）自振周期

（1）按照动能相等原则换算集中到柱顶的半榀排架的重力荷载代表值。

$$G = 0.25G_w + \frac{1}{2}G_r = 0.25 \times 250 + \frac{1}{2} \times 114 = 120\text{kN}$$

（G_r 中包括 0.5 雪荷载）

（2）砖壁柱的柔度。

由《砌体结构设计规范》（GB 50003）

$$E = 1500f = 1500 \times 1.37 \times 10^3 = 2.06 \times 10^6\text{kN/m}^2$$

$$I = 5.58 \times 10^{-2}\text{m}^4$$

$$\delta = \frac{H^3}{3EI} = \frac{9.1^3}{3 \times 2.06 \times 10^6 \times 5.58 \times 10^{-2}} = 2.19 \times 10^{-3}\text{m/kN}$$

（3）自振周期。

按式（38.2－48），$T_1 = 2\varphi_T\sqrt{G\delta}$

φ_T 为房屋整体工作的调整系数，当为瓦木屋盖时 $\varphi_T = 0.8$。

$$T_1 = 2 \times 0.8\sqrt{120 \times 2.19 \times 10^{-3}} = 0.82\text{s}$$

2）水平地震作用

（1）按柱底弯矩相等原则，换算集中到柱顶高度处的半榀排架的重力荷载代表值。

$$\bar{G} = 0.5G_w + \frac{1}{2}G_r = 0.5 \times 250 + \frac{1}{2} \times 114 = 182\text{kN}$$

（2）柱顶处水平地震作用。

按式（38.2－49），$F_{Ek} = \zeta\alpha_1\bar{G}$

ζ 为砖排架地震作用调整系数，当为瓦木屋盖时 $\zeta = 1.0$。

$$\alpha_1 = \left(\frac{T_g}{T_1}\right)^{0.9}\alpha_{max} \qquad T_g = 0.3\text{s} \qquad \alpha_{max} = 0.08$$

$$\alpha_1 = \left(\frac{0.3}{0.82}\right)^{0.9} \times 0.08 = 0.0324$$

$$F_{Ek} = 1.0 \times 0.0324 \times 182 = 5.9\text{kN}$$

3）柱底截面地震内力

$$M_A = \pm 5.9 \times 9.1 = \pm 53.7\text{kN} \cdot \text{m}$$

$$V_A = \pm 5.9\text{kN}$$

注：按《规范》，地震影响系数采用最大值，不需计算结构周期，但上列 F_{Ek}、M_A、V_A 均需乘以 $2.5\left(\approx\frac{\alpha_{max}}{\alpha_1}\right)$。

2. 纵向抗震计算

由于结构对称于纵轴，且舞台的宽度与观众厅相同，因此，可取一片纵墙进行抗震计算

(图 38.4－2)。

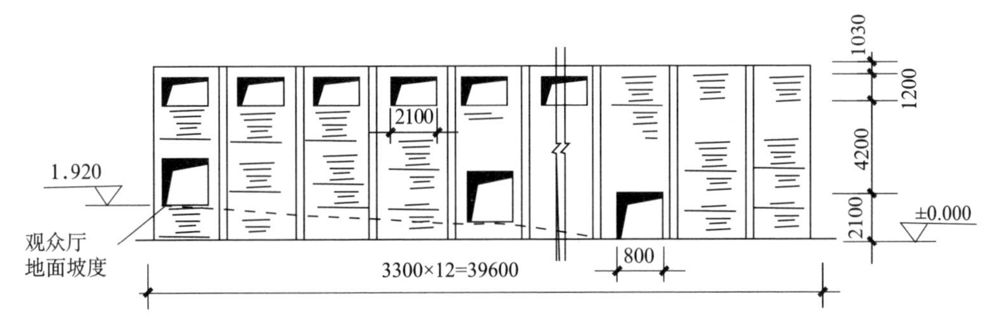

图 38.4－2　纵墙立面

1）集中到各质点的重力荷载代表值

沿墙面高度分段集中为 4 个质点（图 38.4－3），质点的重力荷载代表值 G_i，其数值分别为：

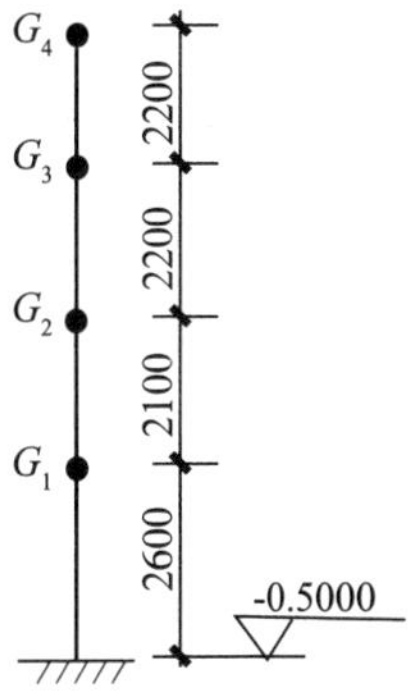

$$G_1=\left\{\left[\frac{1}{2}(2.6+2.1)(39.6+10.5)-\frac{1}{2}\times2\times2.1\times1.8-2.1\times1.8\right]\times0.39+\frac{1}{2}(2.6+2.1)\times0.49^2\times13\right\}\times19=956\text{kN}$$

$$G_2=\left\{\left[\frac{1}{2}(2.1+2.2)(39.6+10.5)-\frac{1}{2}\times2.1\times1.8\right]\times0.39+\frac{1}{2}(2.1+2.2)\times0.49^2\times13\right\}\times19=926\text{kN}$$

$$G_3=\left\{\left[\frac{1}{2}(2.2+2.2)(39.6+10.5)-1.1\times2.1\times7\right]\times0.39+\frac{1}{2}(2.2+2.2)\times0.49^2\times13\right\}\times19=827\text{kN}$$

$$G_4=\left\{\left[\frac{1}{2}(2.2\times(39.6+10.5)-0.1\times2.1\times7\right]\times0.39+\frac{1}{2}\times2.2\times0.49^2\times13+\frac{1}{2}\times10.5\times5.25\times0.37\right\}\times19+5.84\times12=1357\text{kN}$$

图 38.4－3　计算简图

2）结构底部地震剪力

等效总重力荷载

$$G_{eq}=0.85\sum_i G_i=0.85(956+926+827+1357)=3455\text{kN}$$

由式（38.2－65）

$$F_{Ek}=\alpha_{max}G_{eq}=0.08\times3455=276.4\text{kN}$$

3）质点水平地震作用

由式（38.2－66）

$$F_i = \frac{G_i H_i}{\sum_{k=1}^{n} G_k H_k} F_{\mathrm{Ek}}$$

$$F_1 = \frac{956 \times 2.6}{956 \times 2.6 + 926 \times 4.7 + 827 \times 6.9 + 1357 \times 9.1} \times 276.4$$

$$= 956 \times 2.6 \times 1.11 \times 10^{-2} = 27.6\mathrm{kN}$$

$$F_2 = 926 \times 4.7 \times 1.11 \times 10^{-2} = 48.3\mathrm{kN}$$

$$F_3 = 827 \times 6.9 \times 1.11 \times 10^{-2} = 63.4\mathrm{kN}$$

$$F_4 = 1357 \times 9.1 \times 1.11 \times 10^{-2} = 137.1\mathrm{kN}$$

4）各墙段的水平地震剪力

由式（38.2－67）　　$V_i = \sum_{k=i}^{n} F_k$

$$V_4 = F_4 = 137.1\mathrm{kN}$$

$$V_3 = F_3 + F_4 = 63.4 + 137.1 = 200.5\mathrm{kN}$$

$$V_2 = F_2 + F_3 + F_4 = 48.3 + 200.5 = 248.8\mathrm{kN}$$

$$V_1 = F_1 + F_2 + F + F_4 = 27.6 + 248.8 = 276.4\mathrm{kN}$$

5）各墙肢的水平地震剪力

对于有门、窗洞口的墙段，可参照式（38.2－6）计算出各墙肢的刚度，按墙肢刚度比例分配，得该墙肢地震剪力，然后进行墙肢抗剪承载力验算。

当整片墙上无门、窗洞口时，无须进行地震剪力的分配，可直接根据该墙段地震剪力进行抗剪强度验算。

【例 38.4－2】　观众厅两侧有披屋、槽形板屋盖电影院

某电影院，观众厅两侧有披屋，非焊接槽形板屋盖（图 38.4－4）。组合砖柱材料的强度等级混凝土为 C15，砖为 MU1O，砂浆为 M5。设防烈度为 7 度，第二组，Ⅰ类场地。

因为整个结构对称于房屋纵轴，取半榀排架按分块法对观众厅进行横向计算，参见图 38.2－23。

1. 周期

（1）集中到低跨和高跨柱顶的半榀排架重力荷载代表值。

$$G_1 = G_{\mathrm{r1}} + 0.25(G_{\mathrm{a}} + G_{\mathrm{b}}) + 0.6G_{\mathrm{c}}$$

$$= 77.4 + 0.25 \times (83.8 + 175.5) + 0.6 \times 215.4 = 272\mathrm{kN}$$

$$G_2 = \frac{1}{2}G_{\mathrm{r2}} + 0.4G_{\mathrm{c}} = \frac{1}{2} \times 350 \times 67.3^{*} + 0.4 \times 215.4 = 329\mathrm{kN}$$

* 为 B 柱在低跨屋盖高度以上的墙柱自重。

（2）排架柔度。

横梁内力（图 38.2－26）

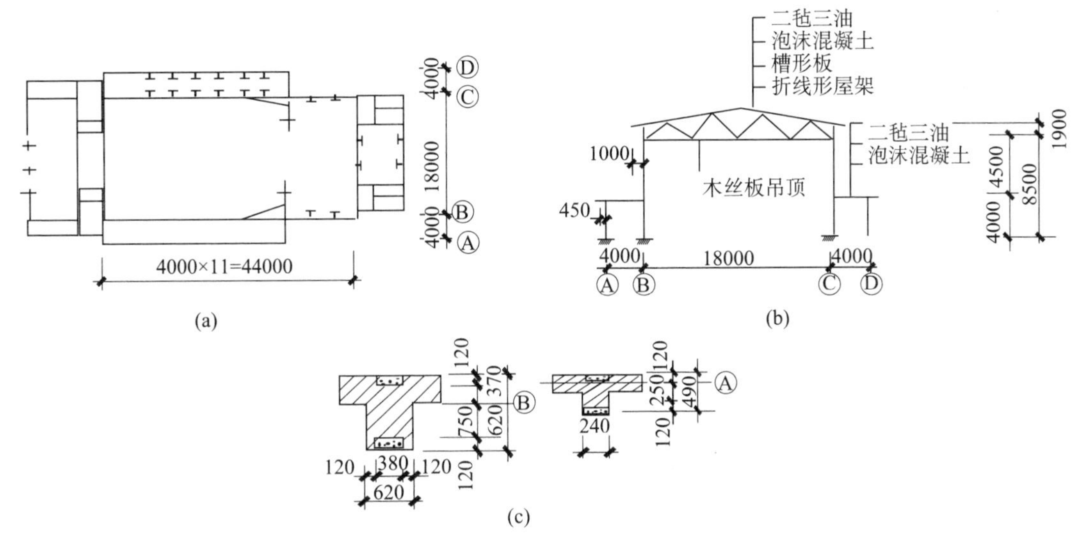

图 38.4-4　某电影院平、剖面

$$x_{11}=\frac{\delta_{a}}{\delta_{a}+\delta_{b}}=\frac{6.359\times10^{-4}}{(6.359+0.632)\times140^{-4}}=0.91\text{kN}$$

$$x_{12}=\frac{\delta_{bc}}{\delta_{a}+\delta_{b}}=\frac{1.895\times10^{-4}}{(6.359+0.632)\times140^{-4}}=0.27\text{kN}$$

按式（38.2-56）

$$\delta_{11}=(1-x_{11})\delta_{a}=(1-0.91)\times6.359\times10^{-4}=5.72\times10^{-5}\text{m/kN}$$

$$\delta_{12}=x_{12}\delta_{a}=0.27\times6.359\times10^{-4}=17.23\times10^{-5}\text{m/kN}$$

$$\delta_{21}=\delta_{12}=17.23\times10^{-5}\text{m/kN}$$

$$\delta_{22}=\delta_{c}-x_{12}\delta_{cb}=8.024\times10^{-4}-0.27\times1.895\times10^{-4}=75.1\times10^{-5}\text{m/kN}$$

（3）周期。

由式（38.2-57），$T_1=2\varphi_{T}\sqrt{\dfrac{G_1u_1^2+G_2u_2^2}{G_1u_1+G_2u_2}}$

$$u_1=G_1\delta_{11}+G_2\delta_{12}=(272\times5.72+329\times17.23)\times10^{-5}=0.0723\text{m}$$

$$u_2=G_1\delta_{21}+G_2\delta_{22}=(272\times17.23+329\times75.1)\times10^{-5}=0.294\text{m}$$

$$T_1=2\times0.7\times\sqrt{\frac{272\times0.0723^2+329\times0.294^2}{272\times0.0723+329\times0.294}}=0.71\text{s}$$

2. 作用于半榀排架的总水平地震作用

换算集中到低跨和高跨柱顶处半榀排架的重力荷载代表值（图 38.2-23）。

$$\bar{G}_1=G_{r1}+0.5(G_a+G_b+G_c)=77.4+0.5\times(83.8+175.5+215.4)=315\text{kN}$$

$$\bar{G}_2=\frac{1}{2}G_{r2}+0.5G_c=(\frac{1}{2}\times350\times67.3)+0.5\times215.4=350\text{kN}$$

由式（38.2-58）

$$F_{Ek} = 0.85\zeta\alpha_1(\bar{G}_1 + \bar{G}_2) = 0.85 \times 0.85 \times \left(\frac{0.3}{0.71}\right)^{0.9} \times 0.16 \times (315 + 350) = 35.4\text{kN}$$

3. 柱顶水平地震作用

由式（38.2－59）

$$F_1 = \frac{\bar{G}_1 H_1}{\bar{G}_1 H_1 + G_2 H_2} F_{Ek} = \frac{315 \times 4.5}{315 \times 4.5 + 350 \times 10.5} \times 35.4 = 9.85\text{kN}$$

$$F_2 = \frac{\bar{G}_2 H_2}{\bar{G}_2 H_1 + G_2 H_2} F_{Ek} = \frac{350 \times 10.5}{315 \times 4.5 + 350 \times 10.5} \times 35.4 = 25.55\text{kN}$$

4. 柱截面地震内力（图 38.2－29）

按公式（38.2－62）、式（38.2－63）计算。

$$x_1 = F_1 x_{11} - F_2 x_{12} = 9.85 \times 0.91 - 25.55 \times 0.27 = 2.07\text{kN}$$

$$M_a = \pm(F_1 - x_1)H_1 = \pm(9.85 - 2.07) \times 4.5 = \pm 35.01\text{kN} \cdot \text{m}$$

$$V_a = \pm(F_1 - x_1) = \pm(9.85 - 2.07) = \pm 7.78\text{kN}$$

$$M_b = \pm(x_1 H_1 + F_2 H_2) = \pm(2.07 \times 4.5 + 25.6 \times 10.5) = \pm 278\text{kN} \cdot \text{m}$$

$$V_b = \pm(x_1 + F_2) = \pm(2.07 + 25.6) = \pm 27.6\text{kN}$$

$$M_c = \pm(H_2 - H_1)F_2 = \pm(10.5 - 4.5) \times 25.6 = \pm 154\text{kN} \cdot \text{m}$$

$$V_c = \pm F_2 = \pm 25.6\text{kN}$$

注：按《规范》，地震影响系数采用最大值，不需计算结构周期，但上列 F_{Ek}、M_A、V_A 均需乘以 $2.5\left(\approx\frac{\alpha_{max}}{\alpha_1}\right)$。

第 39 章　单层钢筋混凝土空旷房屋

本章适用于主体结构采用钢筋混凝土排架和框架的影剧院等空旷房屋。

39.1　一 般 要 求

39.1.1　防震缝的位置

观众厅与门厅之间不宜设置防震缝。观众厅与舞台之间，一般也不宜设置防震缝。如果因房屋太长，结构伸缩问题不易解决，必须在该处设置伸缩缝时，该伸缩缝除了应该符合防震缝的构造要求外，并应设法增强靠近伸缩缝处框架的刚度和强度，如利用观众厅两侧休息廊及观众厅前部三角区的灯光控制室，设置尽可能宽的抗震墙或竖向钢支撑（图 39.1－1）。

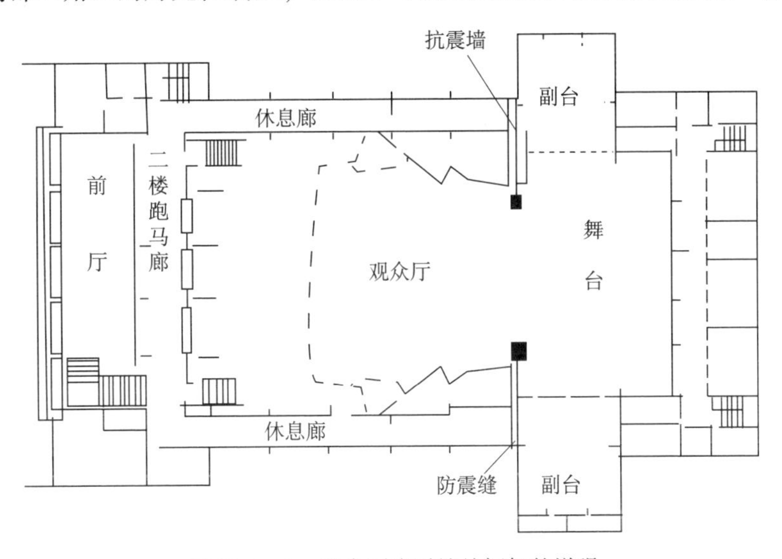

图 39.1－1　观众厅防震缝处框架的增强

一些大型影剧院，在舞台后侧设有比较大的后台裙房，可能是平房或是二层楼房。此类影剧院，应该沿舞台和后台相接处设置防震缝（图 39.1－2）。

防震缝两侧的建筑物应完全脱开。防震缝的宽度根据烈度和后台高度确定，一般情况下，7、8、9 度时，其宽度均不应小于 100mm。

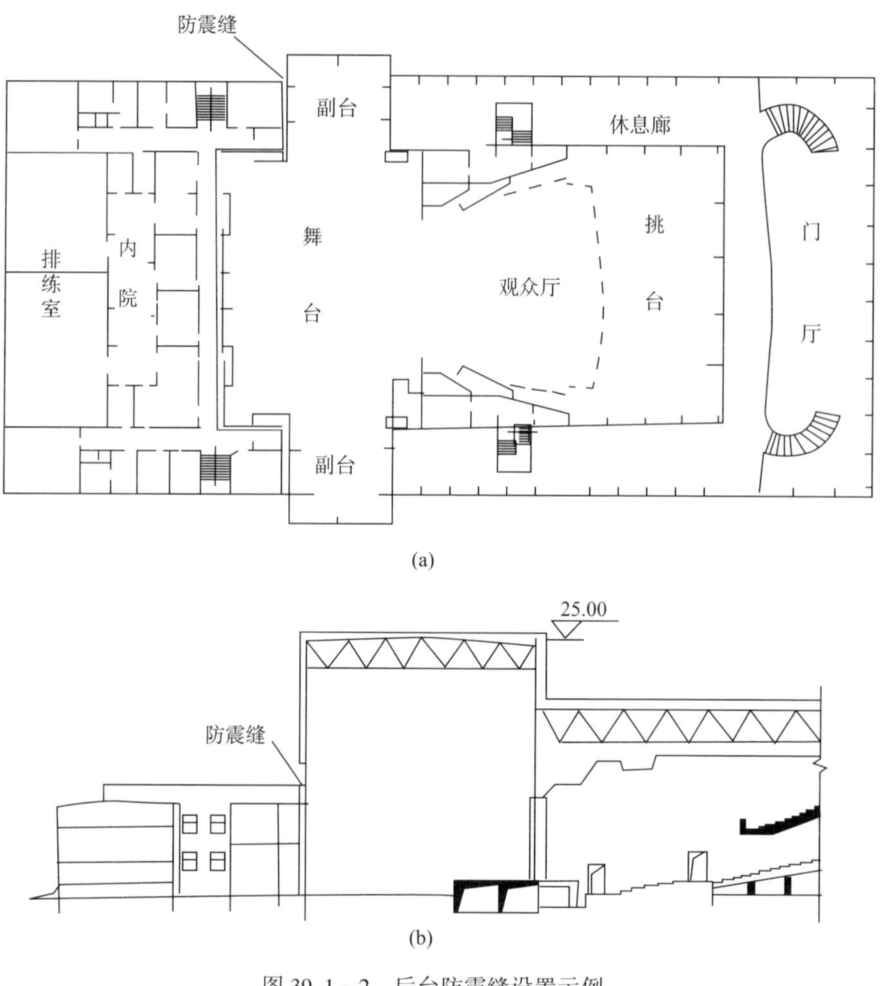

图 39. 1 - 2　后台防震缝设置示例

（a）平面；（b）纵剖面

39. 1. 2　抗侧力体系

1. 横向

6~8 度的大、中型空旷房屋，可采用钢筋混凝土框架结构作为横向抗侧力体系，包括用标准砖、多孔砖等在框架间砌筑隔墙和围护墙的填充墙框架结构。但对填充墙造成框架柱端的附加震害，需要参考第 39. 3 节的构造措施予以加强。

设防烈度为 9 度的小型空旷房屋，也可采用钢筋混凝土框架或填充墙框架结构。设防烈度为 9 度的大、中型空旷房屋，横向抗侧力体系宜采用钢筋混凝土框架-抗震墙结构或框架-支撑结构。

框架-支撑结构中的竖向支撑，可利用所在框架的梁、柱，兼作竖向支撑体系的水平杆和竖杆，另加型钢制作的支撑斜杆。竖向支撑的形式可以是交叉支撑、人字形支撑或八字形支撑（即偏交支撑）。

关于钢筋混凝土抗震墙的结构形式，宜采用“带竖缝抗震墙”来提高墙体的延性。

2. 纵向

框架柱应尽可能采用正方形截面，并采取双向对称配筋，纵向框架的梁也应与柱采取刚性连接。

根据烈度和建筑物规模，房屋横向结构需要采用钢筋混凝土框架-抗震墙体系或框架-支撑体系时，房屋纵向也需采用相应的结构形式，以达到房屋纵、横向抗力大致相等的要求。

39.1.3　观众厅与休息廊的高度

休息廊框架顶面宜与观众厅屋架底面位于同一高度（图 39.1-3a）。如果因面积限制休息廊高度低于观众厅高度时，可由休息廊框架上伸出一个小柱，以支托观众厅屋架（图 39.1-3b），并使两部分屋面的高度差不小于 3~5m，如高差小于 3m 时，小柱的设计水平地震作用，应取按振型分解法或底部剪力法确定的水平地震作用的 1.5 倍，并沿小柱全高加密箍筋。

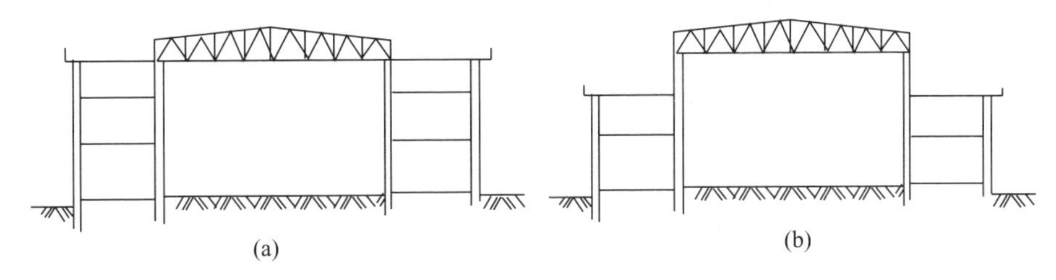

图 39.1-3　观众厅与休息廊的关系

（a）屋面等高；（b）屋面不等高

39.1.4　舞台口框架

大型和中型影剧院，舞台部分屋顶一般都高出观众厅（图 39.1-4a）。因面舞台口框架的设计应采取以下措施：

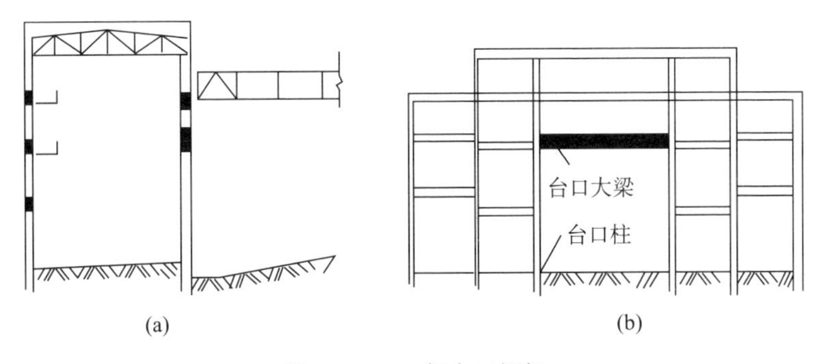

图 39.1-4　舞台口框架

（a）房屋纵剖面；（b）舞台口框架立面

（1）舞台口两侧的柱，宜以相同截面伸到墙顶，与墙顶处水平梁相连接（图 39.1－4b）。

（2）墙顶处用以连接舞台屋架的横梁，应以较大截面延伸至观众厅纵向框架，梁的宽度不宜小于 500mm，使该梁具有较强的水平刚度，能与舞台部分的屋盖及屋架下弦纵向水平支撑共同工作，将舞台部分沿房屋纵向的水平地震作用直接传至观众厅纵向框架。

（3）台口大梁两端应以较大截面尺寸的横梁和一定数量的钢筋穿过台口柱，延伸至观众厅纵向框架，以提高台口大梁的侧向稳定性。

（4）舞台口填充横墙，为了防火的需要，多采用实心墙，为了防止墙体出平面倒塌，台口大梁上部横墙面应以间距不大于 3m 的小柱和水平梁形成网格。

（5）为了加强填充墙与网格的连接，整片舞台口墙宜先砌墙后浇梁柱。如为后砌填充墙，墙体周边，特别是墙的顶面，必须与梁、柱有上十分可靠的拉结措施。

39.1.5 挑台的支承结构

大、中型影剧院的挑台，悬挑长度一般为 5～10m。在确定挑台结构方案时，应考虑以下措施（图 39.1－5）：

（1）将支承挑台的框架同门厅框架连为一体。

（2）支承挑台框架的悬挑部分采用桁架形式。

（3）与挑台相连的休息廊二楼楼板，应采用现浇钢筋混凝土梁板结构。

（4）与挑台相连的门厅部分楼盖，也应采用现浇钢筋混凝土梁板结构。

（5）对于悬挑长度很大的挑台，宜在门厅室内地坪下增加一道水平梁，以减少挑台框架柱的无支长度，加强挑台框架与门厅框架的共同工作程度。

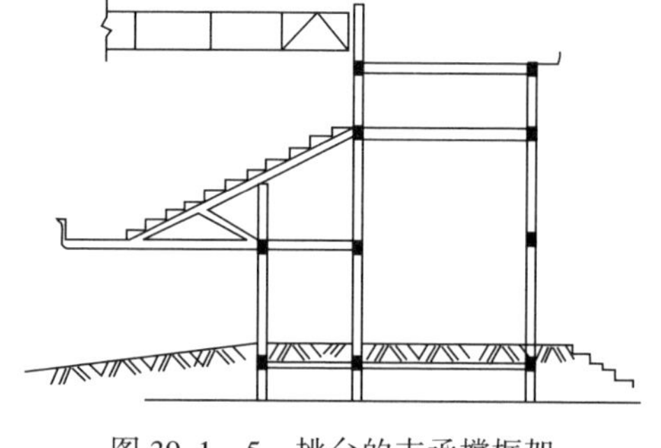

图 39.1－5 挑台的支承撑框架

39.2 计 算 要 点

一般规定见第 38.2.1 节。

39.2.1 横向抗震计算

1. 构件刚度

1）框架

（1）单柱刚度。

框架第 i 楼层一根柱的刚度为

$$K_c = \alpha K_0 = \alpha \frac{12EI}{h_i^3} \tag{39.2-1}$$

式中　K_0——框架节点仅发生平移时的单柱侧移刚度；

I_c、E——柱的截而惯性矩和混凝土弹性模量；

h_i——第 i 楼层的层高；

α——节点转动影响系数，其计算式可由倾角位移方程推导出，几种常见情况的 α 值计算式列于表 39.2－1。

表 39.2－1　α 值计算式

楼屋	边柱	中柱	α 值
顶层、中间层	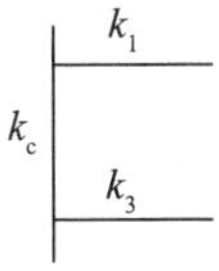 k_1，k_c，k_3　$\bar{k}=\dfrac{k_1+k_2}{2k_c}$	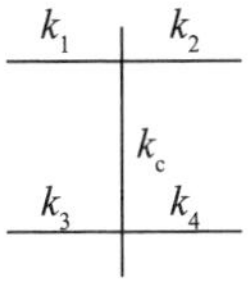 k_1，k_2，k_c，k_3，k_4　$\bar{k}=\dfrac{k_1+k_2+k_3+k_4}{2k_c}$	$\alpha=\dfrac{\bar{k}}{2+\bar{k}}$
底层	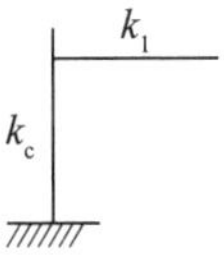 k_1，k_c　$\bar{k}=\dfrac{k_1}{k_c}$	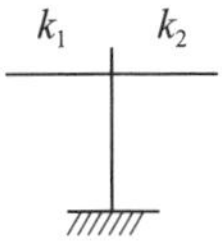 k_1，k_2　$\bar{k}=\dfrac{k_1+k_2}{2k_c}$	$\alpha=\dfrac{0.5+\bar{k}}{2+\bar{k}}$
顶层大跨度（顶端铰接）	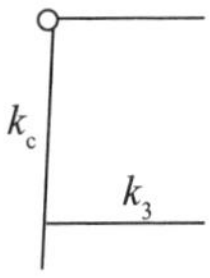 k_c，k_3　$\bar{k}=\dfrac{k_3}{k_c}$		$\alpha=\dfrac{0.5\bar{k}}{1+2\bar{k}}$

注：k_c 为柱的线刚度，$k_c=\dfrac{EI_c}{h_i}$；k_i 为框架梁的线刚度，$k_i=\dfrac{\beta EI_b}{l}$，（$i$=1，2，3，4），$l$ 为梁的跨度；I_b 为按矩形截面计算的梁的惯性矩；β 为楼板对梁截面惯性矩的影响系数，现浇梁板 T 形和 L 形截面梁，β 分别为 2 和 1.5；装配整体式叠合梁，则分别为 1.5 和 1.2。

（2）框架楼层刚度。

若不考虑倾覆力矩引起的柱轴向变形对框架侧移的影响，视框架为剪切型结构时，一榀框架第 i 楼层的刚度 K_i，相当于仅使该楼层的上、下楼盖沿框架所在平面产生单位相对侧移，而在上、下楼盖处各需施加的水平力（图 39.2－1）。它等于一榀框架第 i 楼层所有柱的刚度之和，即

$$K_i=\sum K_c \tag{39.2-2}$$

（3）框架刚度系数。

仅使框架某一层（i 层）楼盖节点产生单位侧移，并保持其他各层楼盖节点原位不动时，在各层楼盖节点所需施加的一组水平力 K_{1i}、K_{2i}、…、K_{ii}、…、K_{ni}，称为框架在 i 层楼盖单位侧移情况下的各楼盖处刚度系数（图 39.2－2）。依次使 i=1、2、…、n，即得框架

的一组（$n \times n$ 个）刚度系数。

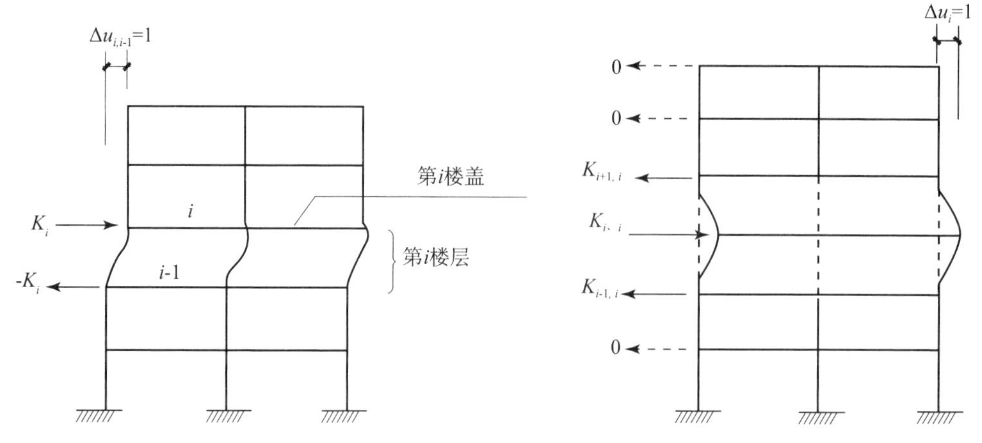

图 39.2-1 框架第 i 楼层刚度

图 39.2-2 框架 i 节点刚度系数

将框架视作剪切型结构，对某一楼盖（i 层楼盖）节点施加水平力，使该楼盖产生单位侧移时，认为该层框架梁仅发生平移而不发生转动，略去框架梁弯曲变形对上下相邻楼盖以外各层楼盖节点侧移的影响，故有：

$$\left.\begin{aligned}&K_{i,\ i}=K_i+K_{i+1}\\&K_{i,\ i-1}=K_{i-1,\ i}=-K_i\\&K_{i,\ i+1}=K_{i+1,\ i}=-K_{i+1}\\&K_{i,\ k}=K_{k,\ i}=0\\&(i-2\geqslant k\geqslant i+2)\qquad(i=1,\ 2,\ \cdots,\ n)\end{aligned}\right\}\tag{39.2-3}$$

（4）框架柔度系数。

单位水平力作用于框架第 k 层楼盖（即 $F_k=1$），在框架各楼盖处所引起的一组侧移 δ_{fik}（$i=1,\ 2,\ \cdots,\ n$），称之为框架的柔度系数（图 39.2-3）。当变量 k 由 1 逐个地变到 n 时，即得框架的全套柔度系数。

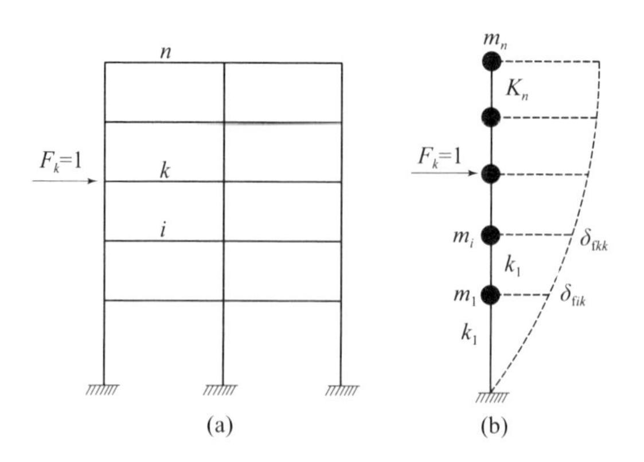

图 39.2-3 框架柔度系数

层数较少的框架可认为是剪切型结构，水平力作用点以上各层楼盖的侧移，将等于水平力所作用的楼盖处的侧移。

柔度系数的公式为

$$\left.\begin{aligned}\delta_{fik} &= \sum_{i=1}^{i}\frac{1}{K_i} \quad &(i \leqslant k)\\ \delta_{fik} &= \delta_{kk} = \sum_{i=1}^{k}\frac{1}{K_i} \quad &(i > k)\end{aligned}\right\} \tag{39.2-4}$$

2）抗震墙

对于等截面抗震墙，单位水平力作用于 k 点时，i 点所产生的侧移，即为抗震墙 i 点的柔度系数（图 39.2－4）为

$$\delta_{ik} = \frac{3H_kH_i^2 - H_i^3}{6EI} + \frac{3H_i}{EA} \quad (i \leqslant k) \tag{39.2-5}$$

式中　A、I——抗震墙的水平截面面积和截面惯性矩；

E——混凝土的弹性模量。

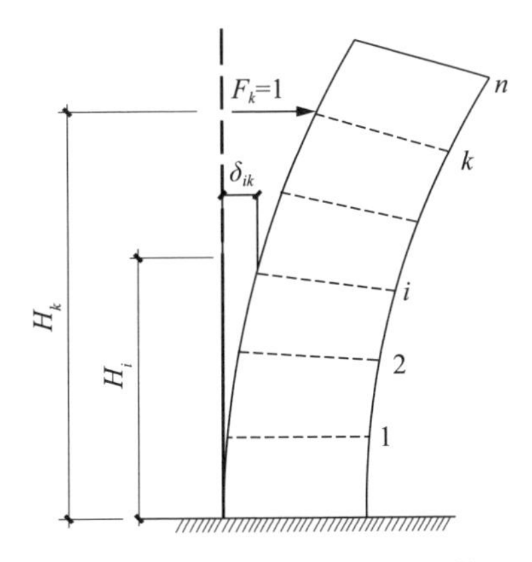

图 39.2－4　抗震墙的柔度系数

对于 $i>k$ 情况下的 δ_{ik}，可以利用 $\delta_{ik}=\delta_{ki}$ 的互等原理，直接取相对应的 δ_{ik}（$i<k$）的数值。例如，$\delta_{42}=\delta_{24}$，$\delta_{54}=\delta_{45}$。

采取按式（39.2－5）求出的抗震墙的一组柔度系数，作为元素，形成抗震墙的柔度矩阵［Δ_w］。对它求逆，所得逆矩阵，就是抗震墙的刚度矩阵［K_w］。该矩阵中的各个元素，就是抗震墙的刚度系数。

$$[K_w] = [\Delta_w]^{-1} = \begin{bmatrix} K_{11} & K_{12} & \cdots & K_{1n} \\ K_{21} & K_{22} & \cdots & K_{2n} \\ \cdots & \cdots & \cdots & \cdots \\ K_{n1} & K_{n2} & \cdots & K_{nn} \end{bmatrix} \tag{39.2-6}$$

3）竖向支撑

(1) 支撑层间刚度。

计算带支撑刚接框架的刚度是比较困难的。通常假定它由刚接框架和铰接支撑体系两部

分所组成（图 39.2－5），并且在计算铰接支撑体系的侧移和刚度时，略去水平杆和竖杆轴向变形的影响。

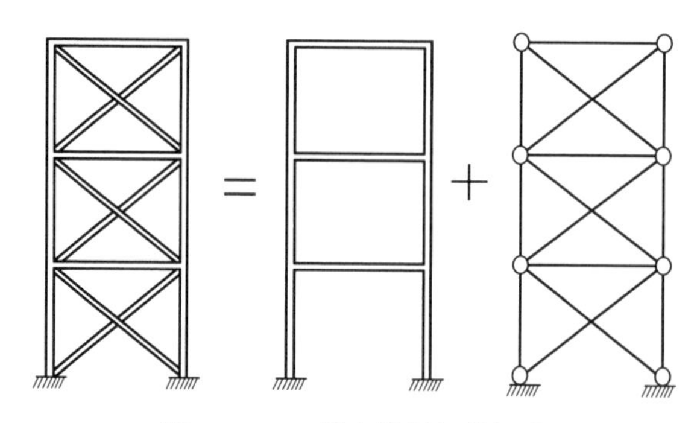

图 39.2－5　带支撑框架的组成

竖向交叉支撑体系是双向受力系统，是超静定结构。根据《规范》规定，交叉支撑斜杆的长细比 $\lambda<200$ 时，应考虑拉、压二杆的共同作用。竖向交叉支撑第 i 楼层的刚度 K_i（图 39.2－6），按下式计算

$$K_i = (1+\varphi_i)\frac{EA_ia^2}{l_i^3} \qquad (39.2-7)$$

式中　E——钢的弹性模量；

a——竖向支撑的宽度；

A_i、l_i——第 i 楼层支撑斜杆的截面积和全长；

φ_i——第 i 楼层斜杆的轴心受压稳定系数，根据钢号和斜杆长细比，按《钢结构设计规范》的规定取值。

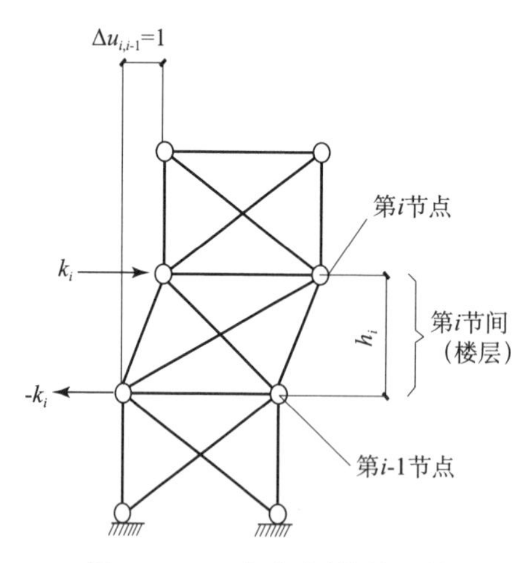

图 39.2－6　竖向支撑层间刚度

（2）刚度系数。

竖向支撑的一组刚度系数，可参照式（39.2－3）计算。

2. 分块计算法

钢筋混凝土结构影剧院宜采取能够确切反映其整体工作特性的空间结构力学模型，按“串并联多质点系”计算简图进行横向抗震分析，亦可采用分块计算方法。所谓分块法，就是将整个影剧院沿横向分割为门厅、观众厅和舞台三大独立部分，然后分别进行结构的横向抗震分析。

1）门厅

观众厅的楼座和挑台部分具有很大的水平刚度，而且在结构方案设计中，着意加强了挑台支承结构与门厅的连接。因此，在分块时，应该将观众厅楼座和挑台部分，与门厅合并进行分析。

（1）计算简图。

因为门厅及观众厅的楼座和挑台部分，多采用现浇钢筋混凝土楼盖，而且平面尺寸较大，因而可视各层楼盖为刚性，将各竖向构件合并成一榀总框架或框架—抗震墙并联体（图 39. 2 - 7a）。其相应的计算简图可采取“串联多质点系”（图 39. 2 - 7b）。

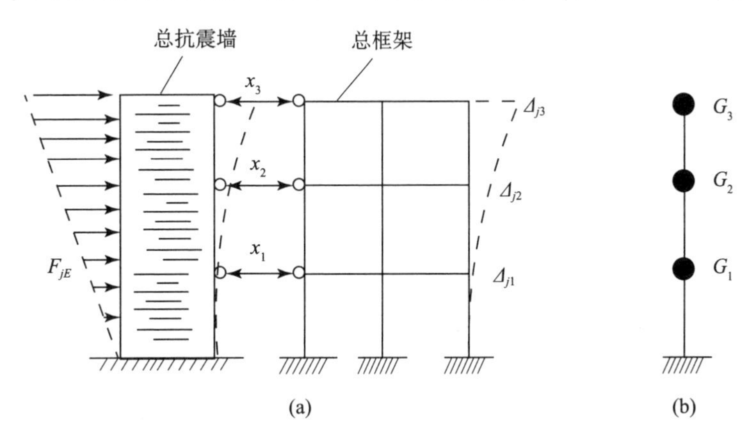

图 39. 2 - 7　门厅横向结构计算简图
（a）框-墙并联体；（b）串联多质点系

（2）总水平地震作用。

门厅部分的框架或框-墙结构的总水平地震作用，可采用振型分析法或底部剪力法，这里不赘述。

（3）分离体水平地震作用。

①框架结构。

对于框架结构，总地震作用所产生的楼层水平地震剪力，直接按各榀框架或框架柱的刚度比例分配。

②框-墙结构。

框-墙结构的力学模型是由总框架和总抗震墙组成的并联体（图 39. 2 - 7a）。需要选择下列两种方法之一，先计算出并联体的赘余力或侧移未知量，方可求得分别加于总框架和总抗震墙分离体上的 j 振型水平地震作用。随后，计算出各榀框架柱的水平地震剪力，各片抗震墙的水平地震作用，则是总抗震墙水平地震作用按各片抗震墙的刚度比例分配得之。

A. 力法。

求解框–墙并联体一组水平联杆内力 x（图 39.2－7a）的方程组为

$$\left.\begin{aligned}(F_{j1}-x_1)\delta_{w11}+(F_{j2}-x_2)\delta_{w12}+(F_{j3}-x_3)\delta_{w13}=S_1\delta_{f11}+S_2\delta_{f12}+\delta_i\delta_{f13}\\(F_{j1}-x_1)\delta_{w21}+(F_{j2}-x_2)\delta_{w22}+(F_{j3}-x_3)\delta_{w23}=S_1\delta_{f21}+S_2\delta_{f22}+\delta_i\delta_{f23}\\(F_{j1}-x_1)\delta_{w31}+(F_{j2}-x_2)\delta_{w32}+(F_{j3}-x_3)\delta_{w33}=S_1\delta_{f31}+S_2\delta_{f32}+\delta_i\delta_{f33}\end{aligned}\right\}\tag{39.2-8}$$

式中　δ_{wik}、δ_{fik}——分别为抗震墙和框架的侧移柔度系数，按式（39.2－5）、式（39.2－4）计算。

解上式，所得一组力 S_1、S_2、S_3，就是加于总框架分离体上的 j 振型水平地震作用。另一组力（$F_{j1}-x_1$）、（$F_{j2}-x_2$）、（$F_{j3}-x_3$），就是加于总抗震墙分体上的 j 振型水平地震作用。

B. 位移法。

框–墙并联体由 j 振型水平地震作用引起的侧移为

$$\{\Delta_i\}=[\delta]\{F_{ji}\}=[K]^{-1}\{F_{ji}\}\tag{39.2-9}$$

$$[K]=[K_w]+[K_f]$$

式中　$[K_w]$、$[K_f]$——分别为总抗震墙和总框架的刚度矩阵。

加于总抗震墙或总框架分离体上的 j 振型水平地震作用分别为

$$\{F_{jw}\}=[K_w]\{\Delta_i\}\tag{39.2-10}$$

$$\{F_{jf}\}=[K_f]\{\Delta_i\}\tag{39.2-11}$$

（4）地震作用效应。

按照以上公式，计算出各片抗震墙和各榀框架梁、柱的前 3 个振型的截面地震作用效应 S_j（剪力或弯矩），即可由下式计算出抗震墙和框架梁、柱截面的设计地震作用效应。然后，与相应的静力作用效应组合，进行截面承载力验算。

$$S=\sqrt{\sum_{j=1}^{3}S_j^2}\tag{39.2-12}$$

2）观众厅

观众厅每个开间排架的高度不尽相同。一般可取与平均高度大致相等的一榀排架作为代表性排架进行抗震分析。观众厅为单跨，而且一般均为对称结构，可以取半榀排架，即取单根悬臂柱或一侧的单跨框架作为代表。可以按振型分解法求得，亦可采用底部剪力法。其具体计算步骤如下。注意，按单榀框架或排架确定观众厅的横向基本周期时，应该考虑房屋整体作用的影响，对框排架周期进行调整。

（1）无披屋观众厅。

无披屋观众厅的具有代表性开间的抗侧力构件，是由两根钢筋混凝土悬臂柱组成的单跨排架，侧移可以取一根柱来计算。

①周期

确定半榀排架基本周期 T_1 的公式为

$$T_1=2\varphi_T\sqrt{G\delta}\tag{39.2-13}$$

$$G=\frac{1}{2}G_{\mathrm{r}}+0.25g_{\mathrm{c}}H$$

式中　G——质点等效重力荷载（kN）；

G_{r}——观众厅一个开间屋盖的重力荷载代表值；

g_{c}——观众厅一侧一个开间宽的墙体和柱每延米重力荷载代表值；

H——观众厅平均层高；

δ——悬臂柱的柔度系数，按式（38.2－1a）计算；

φ_{T}——考虑观众厅屋盖空间作用、屋架柱的固结以及砖围护墙影响等情况的综合修正系数，一般取 $\varphi_{\mathrm{T}}=0.7$。

②水平地震作用。

观众厅单根柱柱顶处的水平地震作用（图 39.2－8）为

$$F=\alpha_1\bar{G} \tag{39.2－14}$$

式中　$\bar{G}$　——按柱底弯矩相等原则，换算集中到柱顶高度处的重力荷载代表值，

$$\bar{G}=\frac{1}{2}G_{\mathrm{r}}+0.5g_{\mathrm{c}}H$$

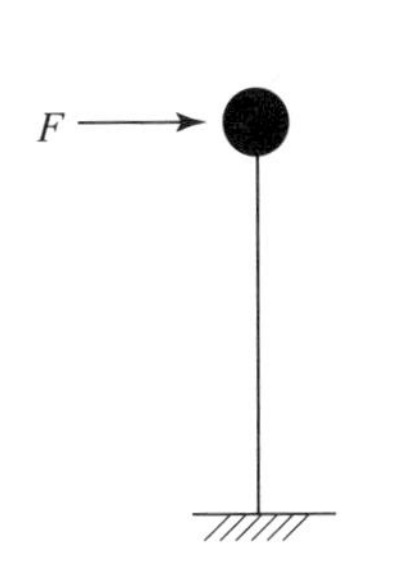

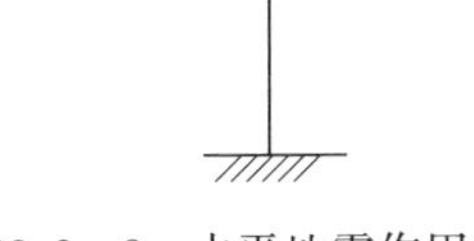

图 39.2－8　水平地震作用

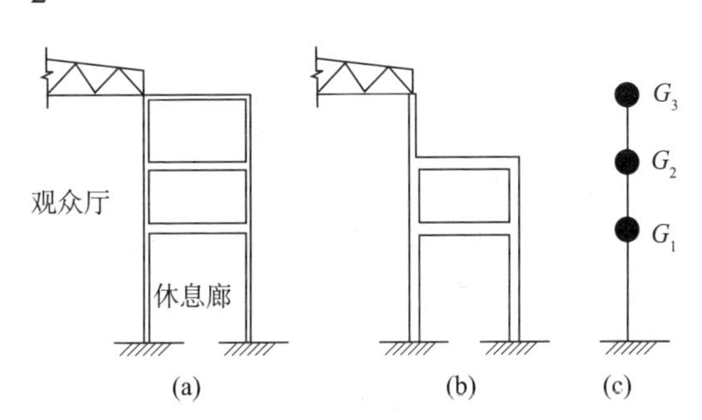

图 39.2－9　框架计算简图

（2）带休息廊的观众厅。

对于图 39.2－9a 所示带多层休息廊的观众厅，可以取其一侧的一榀框架进行计算。对于图 39.2－9a、b 所示的多层框架，均可转换为图 39.2－9c 所示的“串联多质点系”，按底部剪力法确定水平地震作用。

①基本周期。

$$T_1=2\varphi_{\mathrm{T}}\sqrt{\frac{\sum_{i=1}^{n}G_iu_i^2}{\sum_{i=1}^{n}G_iu_i}} \tag{39.2－15}$$

式中　G_i——第 i 质点的重力荷载（包括结构自重）代表值（kN），等于质点处楼盖重力荷载与上下各半层墙柱重力荷载之和；

u_i——体系各质点承受相当于其重力荷载代表值的水平力时，第 i 质点的侧移（图 39.2－10），

$$u_i=\sum_{k=1}^{i}\Delta u_k \qquad \Delta u_i=\frac{V_i}{K_i}=\frac{\sum_{k=i}^{n}G_k}{K_i}$$

Δu_i、K_i、V_i——第 i 楼层的层间位移、刚度和楼层剪力；

φ_T——考虑房屋整体作用的修正系数参见式（39.2－13），对于有多层休息廊的观众厅，$\varphi_T=0.9$，对于有单层休息廊的观众厅，$\varphi_T=0.8$。

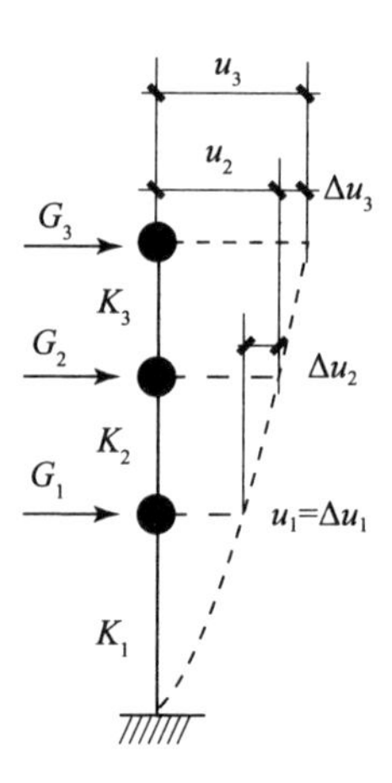

图 39.2－10　多质点系的静力侧移

②水平地震作用。

多质点系的水平地震作用，分别按下列公式计算。

结构总水平地震作用（标准值）为

$$F_{Ek}=\alpha_1 G_{eq} \tag{39.2-16}$$

质点 i 的水平地震作用为

$$F_i=\frac{G_iH_i}{\sum_{k=1}^{n}G_kH_k}F_{Ek}(1-\delta_n) \qquad (i=1,\ 2,\ \cdots,\ n) \tag{39.2-17}$$

顶点的附加水平地震作用为

$$\Delta F_n=\delta_n F_{Ek} \tag{39.2-18}$$

式中的符号及含义均与《规范》相同。

③地震作用效应

A. 观众厅屋盖与休息廊屋盖等高时（图 39.2－9a）。

作用于休息廊框架第 i 楼层的水平地震剪力为

$$V_i=\sum_{i=1}^{n}F_i+\Delta F_n \tag{39.2-19}$$

第 i 楼层第 k 根柱的水平地震剪力为

$$V_{ik}=\frac{K_{ck}}{\sum_{k}K_{ck}}V_i \tag{39.2-20}$$

式中　K_{ck}——按式（39.2－1）计算出的第 i 楼层第 k 根柱的刚度。

柱上、下端截面地震弯矩（图 39.2－11）分别为

$$M_{u}=(1-\xi)h_{i}V_{ik}\qquad M_{l}=\xi h_{i}V_{ik}\tag{39.2-21}$$

式中　ξ——第 i 楼层柱的反弯点高度系数，一般情况下，可取下述的近似值：对于底层，$\xi=0.6$；其他楼层，$\xi=0.5$。

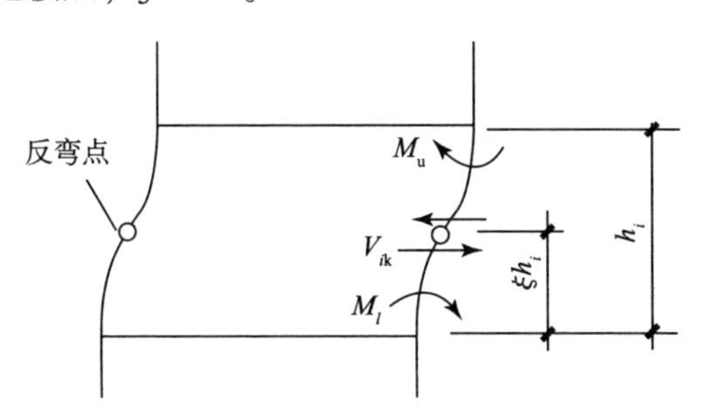

图 39.2－11　柱端弯矩

梁端截面地震弯矩，根据节点平衡条件由上下层柱端弯矩求得（图 39.2－12），

$$\left.\begin{aligned}&\text{对于边柱(图 40.2－12a)}\qquad M_{b}=M_{l}+M_{u}\\&\text{对于中柱(图 40.2－12b)}\quad M_{bl}=\frac{k_{bl}}{k_{bl}+k_{br}}(M_{l}+M_{u})\\&\qquad\qquad\qquad\qquad\quad M_{br}=\frac{k_{br}}{k_{bl}+k_{br}}(M_{l}+M_{u})\end{aligned}\right\}\tag{39.2-22}$$

式中　k_{bl}、k_{br}——分别为节点左、右侧框架梁的线刚度。

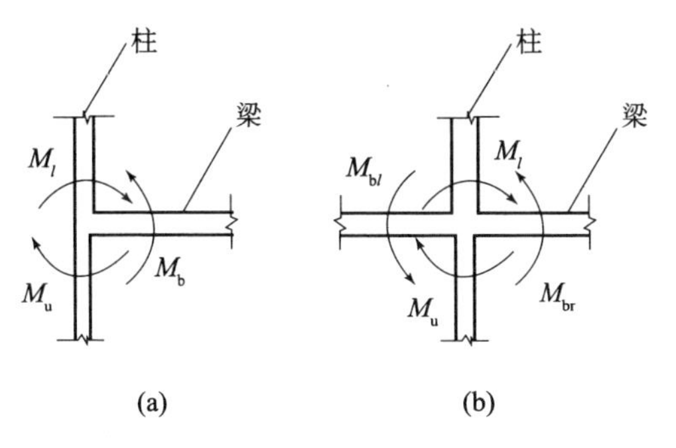

图 39.2－12　框架节点的弯矩平衡

（a）边节点；（b）中间节点

B. 观众厅屋盖高于休息廊屋盖时（图 39.2－9b）。

框架各层梁柱截面地震弯矩的计算方法同上。但框架顶端伸出的小柱，各截面地震剪力 V 和弯矩 M（图 39.2－13），应该考虑屈服强度比减小所引起的塑性变形集中效应，按下式计算

$$\left.\begin{aligned}V&=\eta_{p}(F_{n}+\Delta F_{n})\\M&=\eta_{p}(F_{n}+\Delta F_{n})H_{n}\end{aligned}\right\}\tag{39.2-23}$$

式中　η_p——考虑塑性变形集中效应引入的增大系数，可粗略地取 $\eta_p = 1.5$。

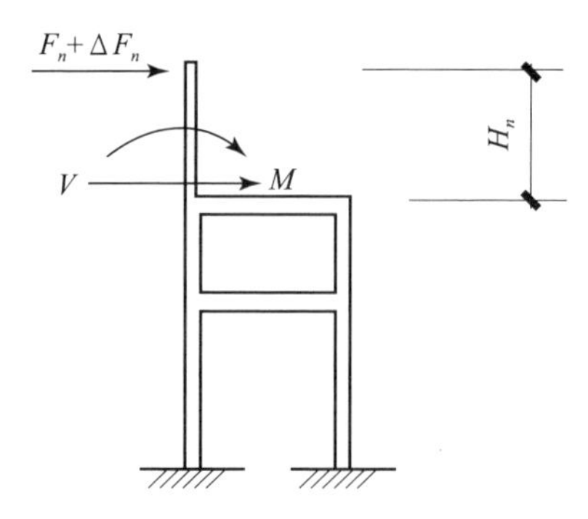

图 39.2-13　框架顶端小柱地震作用效应

3）舞台

（1）先将舞台口框架和舞台后墙框架的刚度和所负担的重力荷载合并在一起，形成类似于图 39.2-9c 的多质点系。考虑到观众厅屋盖的空间工作传来部分水平地震作用，可近似将舞台口框架的负荷范围，由原来考虑半个开间的观众厅扩大为一个至一个半开间（图 39.2-14）。

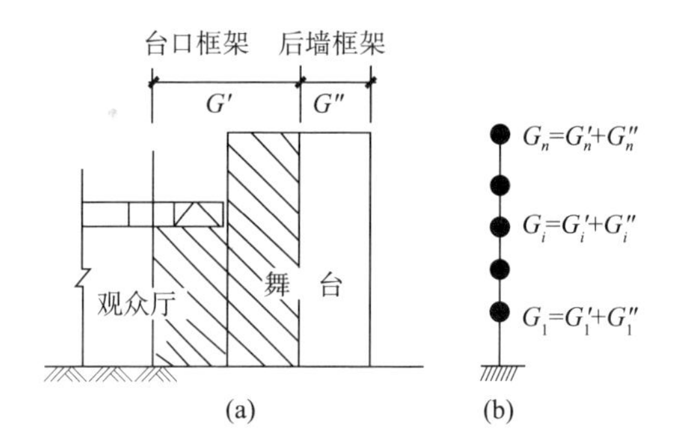

图 39.2-14　舞台框架的负荷范围

（2）参照图 39.2-9 和公式（39.2-15）确定多质点系（图 39.2-14b）的基本周期 T_1。

（3）根据基本周期 T_1 确定地震影响系数 α_1。

（4）分别计算两片框架的水平地震作用：

①舞台口框架。

结构总水平地震作用（标准值）为

$$F'_{Ek} = \alpha_1 G'_{eq} \tag{39.2-24}$$

$$G'_{eq} = 0.85 \sum G'$$

式中，质点 i 的水平地震作用 F_i 和顶点的附加水平地震作用 ΔF_n，按式（39.2-17）和式（39.2-18）计算，但需将式中的 F_{Ek}、G_i 和 G_k 分别换为 F'_{Ek}、G_i'和 G_k'(图 39.2-14)。

②舞台后墙框架。

结构总水平地震作用（标准值）为

$$F''_{\mathrm{Ek}} = \alpha_1 G''_{\mathrm{eq}} \tag{39.2-25}$$

$$G''_{\mathrm{eq}} = 0.85 \sum G''$$

质点 i 的水平地震作用 F_i 和 ΔF_n 同样按式（39.2-17）和式（39.2-18）计算，同样需将式中的 F_{Ek}、G_i 和 G_k 分别换为 F''_{Ek}、G''_i和 G''_k(图 39.2-14a)。

（5）地震作用效应的计算，可按观众厅部分的式（39.2-19）至式（39.2-22）计算。

39.2.2　纵向抗震计算

影剧院的纵向抗震计算方法，一是将挑台框架与观众厅及舞台纵向框架一并计算；二是各片框架分别单独计算。舞台后墙壁柱或框架，一般均是单独计算。

1. 整体计算

假定各层楼盖为刚片，不考虑地震时的水平变形，则挑台框架、观众厅及舞台纵向框架，在各层楼盖处的侧移将相等。因而，可将两类框架在各层楼盖处采用水平的铰接刚性杆相联结，形成并联体（图 39.2-15）。如果计算机容量足够，采取这样的计算简图，进行房屋在纵向地面运动作用下的地震反应分析，能够取得较合理的计算结果。在图 39.2-15 所示的计算简图中，左侧的总挑台框架为几榀挑台框架之和；右侧的总纵向框架，代表所有纵向框架之和。计算出并联体的总水平地震作用 F_{ji} 及其水平联杆的赘余内力 x_{ji} 后，则可算出总挑台框架和总纵向框架的各楼层水平地震剪力，再按各榀框架的刚度比例分配，并进一步计算出各榀框架梁、柱截面地震作用效应，与相应的静力设计荷载下的截面内力组合，验算构件截面强度。内力组合以及构件截面强度验算时，需考虑分项系数和承载力抗震调整系数。

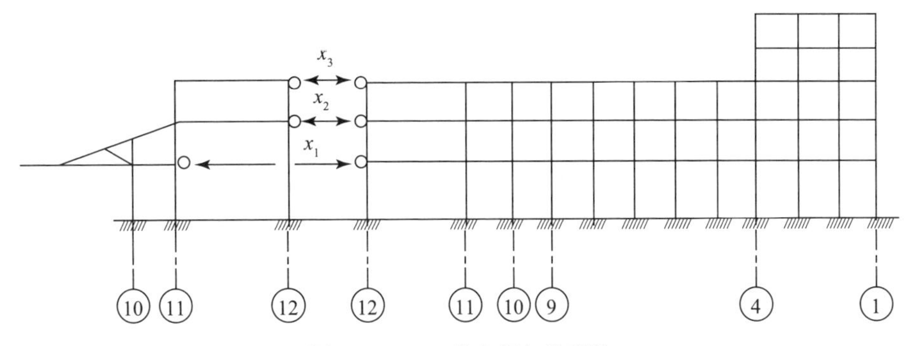

图 39.2-15　纵向框架并联体

并联体的刚度矩阵为

$$[K] = [K_{\mathrm{f1}}] + [K_{\mathrm{f2}}] \tag{39.2-26}$$

式中　$[K_{\mathrm{f1}}]$、$[K_{\mathrm{f2}}]$——分别为总挑台框架和总纵向框架的刚度矩阵。

总挑台框架第 i 楼层 j 振型地震剪力为

$$V_{ji} = \sum_{i=i}^{n} x_{ji} \qquad (i = 1,\ 2,\ \cdots,\ n) \tag{39.2-27}$$

总纵向框架第 i 楼层 j 振型地震剪力为

$$V_{ji} = \sum_{i=i}^{n} (F_{ji} - x_{ji}) \qquad (i = 1, 2, \cdots, n) \tag{39.2-28}$$

式中　n——框架总层数。

2. 分片计算

1）挑台框架

按两种情况的计算简图进行纵向抗震分析。

（1）视挑台框架上端的水平支承为弹性铰支座，它相当于不动铰支座加上一个水平位移 u（图 39.2－16）。u 表示地震期间观众厅屋盖与挑台框架上端连接处可能发生的最大相对水平位移。它可以从房屋纵向框架的抗震计算中得到，或者根据以往的计算经验估算。进行数值的估算时，《规范》规定的允许层间位移角也可以作为参考指标。譬如，当房屋纵向采用框架结构时，7～9 度，u 取 $H/550-H/450$，对于框架－抗震墙结构，u 取 $H/800 \sim H/650$，H 为挑台框架总高度。

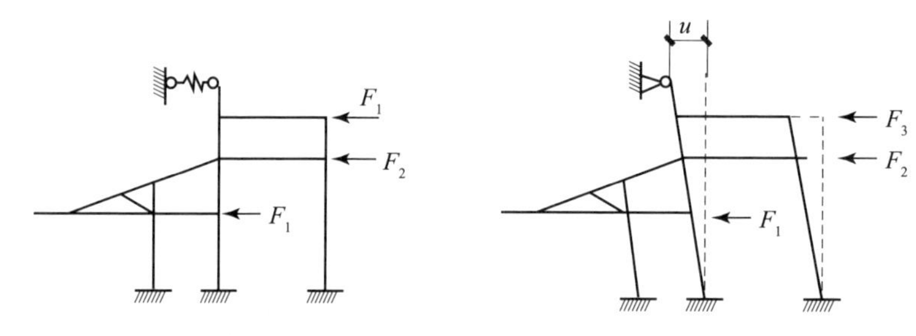

图 39.2－16　挑台框架抗震分析简图（一）

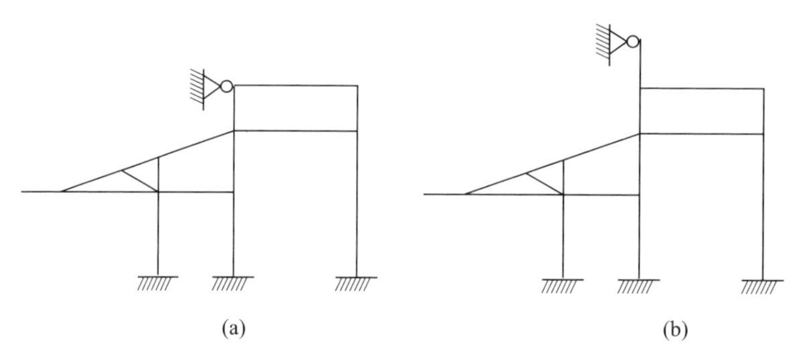

图 39.2－17　挑台框架抗震分析简图（二）

（a）门厅屋面与观众厅屋面等高；（b）门厅屋面低于观众厅屋面

（2）视挑台框架上端的水平支承为不动铰支承（图 39.2－17），对挑台框架作补充性的地震内力计算，以考虑地震时可能出现的各种不利情况。

作为一种近似和简化，确定挑台框架的纵向水平地震作用时，不再单独计算挑台框架的自振周期，而可借用观众厅纵向框架的纵向自振周期，并按底部剪力法计算。

2）观众厅纵向框架

观众厅两侧不论有无休息廊，结构一般都是对称的。所以，对于无休息廊的观众厅可以取其一侧的单片框架进行纵向抗震分析。对于有休息廊的观众厅，可将两片框架合并为一片，以确定水平地震作用。然后再分开，计算每片框架的梁、柱截面地震剪力和弯矩。总水平地震作用在两片框架之间进行分配时，宜将观众厅屋盖水平地震作用的 70%以上分配给内侧纵向框架，30%以下分配给外侧框架。如果观众厅的纵向抗侧力体系采用的是框架-抗震墙结构或框架—支撑结构，还应参照 38.2.1 节关于并联体在侧力作用下的分析方法，并进一步计算出各构件地震作用效应。

对于较复杂的观众厅纵向框架，采用机算时，计算出动力矩阵的特征值和特征向量后，按下式确定其自振周期。

$$T_j = 2\pi\sqrt{\lambda_j} \qquad (j = 1,\ 2,\ 3) \tag{39.2-29}$$

式中 λ_j——观众厅纵向结构动力矩阵的 j 振型特征值。

3）舞台框架

舞台两侧纵向框架地震内力的计算方法，与前述的观众厅纵向框架相同。如果舞台部分的宽度与观众厅宽度相等，舞台两侧纵向框架可以与观众厅纵向框架一次分析。舞台后墙框架在垂直其平面的纵向水平地震力作用下，可按下端嵌固、左右上三边铰接的井字梁（图 39.2-18）来计算。

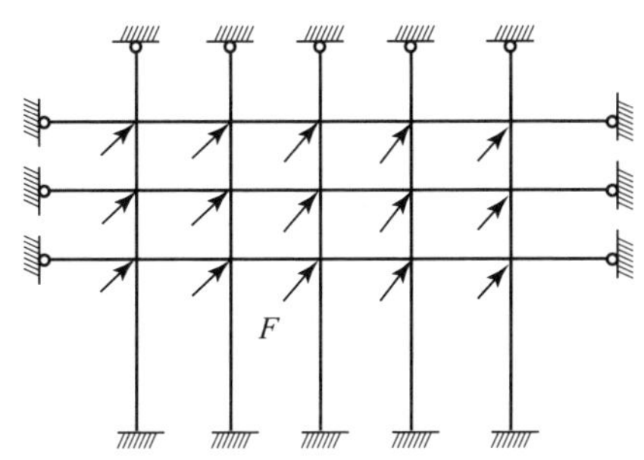

图 39.2-18 舞台后墙框架出平面计算简图

39.2.3 变形验算

1. 弹性变形验算

空旷房屋纵向结构或横向结构的弹性层间位移值 Δu_e 的验算要求和方法参阅第 38 章。

2. 弹塑性变形验算

钢筋混凝土空旷房屋，应着重验算具有开敞式门厅和楼层屈服强度系数 ξ_y 小于 0.5 的框架结构的底层，以及具有较低休息廊的观众厅排架上柱。

验算要求和方法参阅第 38 章。

39.2.4 竖向地震作用的计算

按《规范》规定，对于观众厅部分的挑台和跨度大于 24m 的屋架和平板网架，结构竖向地震作用标准值按下式计算：

$$F_{Evk} = \lambda_v G_E \tag{39.2-30}$$

（1）对观众厅部分，平板型网架屋盖和跨度大于 24m 的屋架，式（39.2－30）中：

G_E 为构件及其承受的重力荷载代表值；λ_v 为竖向地震作用系数，按表 39.2－2 取值。

（2）对观众厅挑台，式（39.2－30）中：

G_E 为挑台悬挑构件重力荷载代表值，对于恒载和楼面活荷载，均取其静力设计时数值的 100%；λ_v，8 度Ⅰ区（$a_g=0.2g$）、8 度Ⅱ区（$a_g=0.3g$）和 9 度时，分别取 0.1、0.15 和 0.2。

表 39.2－2　竖向地震作用系数 λ_v

结构类型	烈度	场地类别		
		Ⅰ	Ⅱ	Ⅲ、Ⅳ
平板型网架、钢屋架	8	可不计算（0.10）	0.08　（0.12）	0.10　（0.15）
	9	0.15	0.15	0.20
钢筋混凝土屋架	8	0.10　（0.15）	0.13　（0.19）	0.13　（0.19）
	9	0.20	0.25	0.25

注：括号中数值用于设计基本地震加速度为 0.30g 的地区。

（3）计算出的竖向地震作用 F_{Evk} 仅需考虑向下的情况。

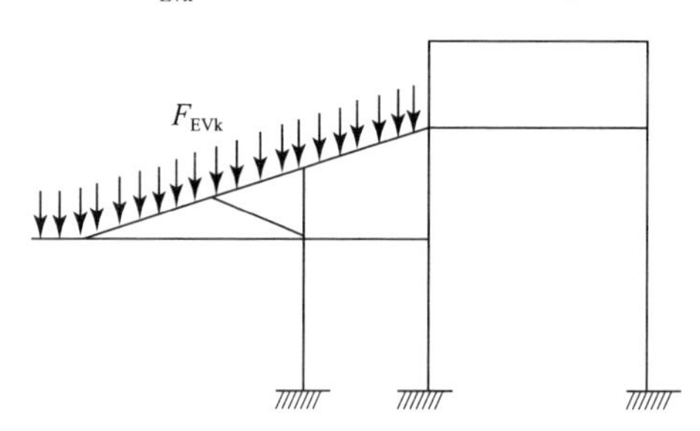

图 39.2－19　挑台的竖向地震作用

39.3　抗震构造措施

39.3.1　框架部分抗震构造措施参阅第 5 篇钢筋混凝土框架

对于填充墙框架，一侧嵌砌有实心砖、空心砖或砌块等墙体的框架柱，框架边柱、楼层柱的上端，除加密箍筋外，还应增设 45°斜向钢筋，并不少于 2ϕ16。框架角柱，则应沿纵、横两个方向配置斜向钢筋．以抵抗纵向和横向砖填充墙引起的附加地震剪力。

39.3.2　竖向支撑

对于竖向交叉钢支撑，应采用上下节点板连为一体的整体式节点板（图 39.3－1）。

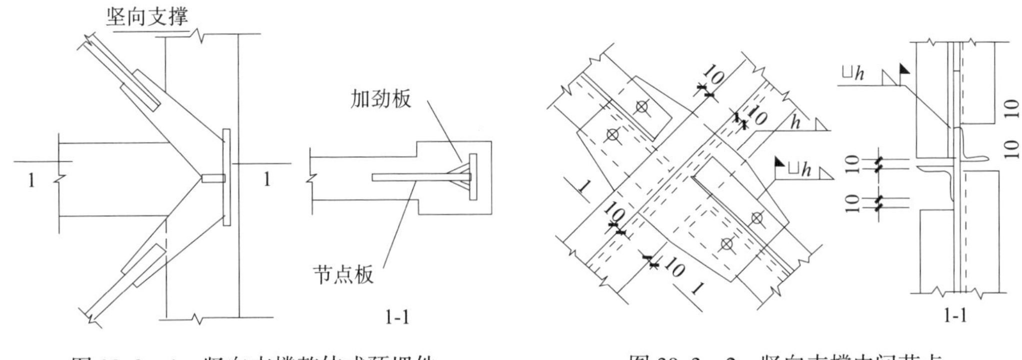

图 39.3－1　竖向支撑整体式预埋件　　图 39.3－2　竖向支撑中间节点

若节点板较宽，妨碍柱的水平箍筋通过时，可在箍筋通过位置预先钻孔，或者将箍筋焊在节点板上。此外，当交叉斜杆在中间节点处中断时，连接用的节点板宜采用角钢或槽钢，若采用平钢板作为连接板时，应增焊加劲肋，以提高节点板的出平面刚度（图 39.3－2）。

39.4　计 算 例 题

某影剧院观众厅，带两层休息廊，剖面如图 39.4－1 所示。观众厅屋盖采用钢筋混凝土槽形板、钢檩条、钢屋架，休息廊采用现浇钢筋混凝土框架。梁截面为 300mm×650mm，柱截面，底层为 500mm×600mm，二层为 500mm×500mm，梁、柱混凝土强度等级采用 C20。围护墙采用 370mm 厚砖墙。设防烈度为 8 度第二组，Ⅱ类场地，试按分块法进行横向抗震计算。

由于结构对称于房屋纵轴线，可以取某一侧的一榀框架（图 39.4－2a）进行分析，计算简图如图 39.4－2b 所示。

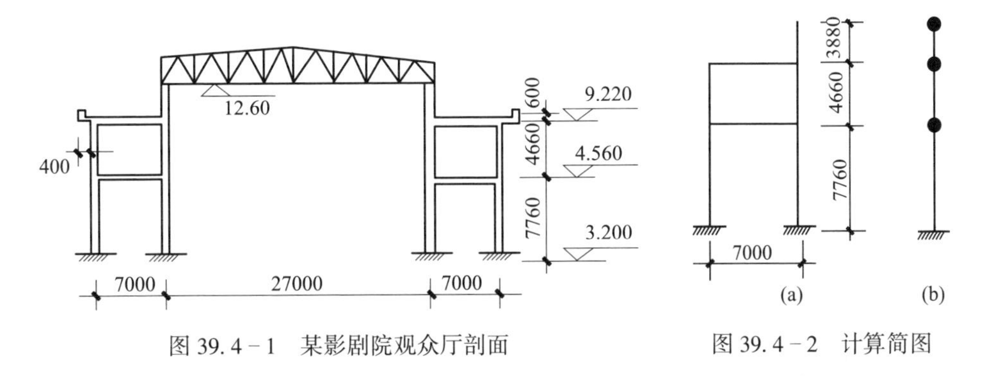

图 39.4－1　某影剧院观众厅剖面　　图 39.4－2　计算简图

39.4.1　基本周期

1. 质点的重力荷载代表值

$G_1 = 848\text{kN}$　　$G_2 = 580\text{kN}$　　$G_3 = 520\text{kN}$

2. 框架楼层刚度

采用“D 值法”按表 39. 2 − 1 中公式计算。

1）框架顶端伸臂柱

二层框架梁的线刚度

$$k_b = \frac{\beta E_c I_b}{l} = \frac{2 \times 2.55 \times 10^7 \times 6.87 \times 10^{-3}}{7} = 50100\text{kN/m}$$

伸臂柱的线刚度

$$k_c = \frac{E_c I_b}{h_3} = \frac{2.55 \times 10^7 \times 5.2 \times 10^{-3}}{3.38} = 39200\text{kN} \cdot \text{m}$$

刚度修正系数　$\bar{k} = \frac{k_b}{k_c} = \frac{50100}{39200} = 1.28$　　$\alpha = \frac{0.5\bar{k}}{1 + 2k} = \frac{0.5 \times 1.28}{1 + 2 \times 1.28} = 0.18$

单根伸臂柱的刚度

$$K_3 = K_c = \alpha k_c \frac{12}{h_3^2} = 0.18 \times 392000 \times \frac{12}{3.28^2} = 7400\text{kN/m}$$

2）二层

二层柱上、下端框架梁的线刚度均为 $k_b = 50100\text{kN} \cdot \text{m}$

二层柱的线刚度　$k_c = \frac{E_c I_c}{h_2} = \frac{2.55 \times 10^7 \times 5.2 \times 10^{-3}}{4.66} = 28500\text{kN} \cdot \text{m}$

刚度修正系数　$\bar{k} = \frac{2k_b}{2k_c} = \frac{2 \times 50100}{2 \times 28500} = 1.76$　　$\alpha = \frac{\bar{k}}{2 + \bar{k}} = \frac{1.76}{2 + 1.76} = 0.47$

二层框架单根柱的层间刚度　$K_c = \alpha k_c \frac{12}{h_2^2} = 0.47 \times 28500 \times \frac{12}{4.66^2} = 7400\text{kN/m}$

框架二层刚度　$k_2 = 2K_c = 2 \times 7400 = 14800\text{kN/m}$

3）底层

底层柱上端框架梁的线刚度　$k_b = 50100\text{kN/m}$

底层柱的线刚度　$k_c = \frac{E_c I_c}{h_1} = \frac{2.55 \times 10^7 \times 9 \times 10^{-3}}{7.76} = 29600\text{kN} \cdot \text{m}$

刚度修正系数　$\bar{k} = \frac{k_b}{k_c} = \frac{50100}{29600} = 1.69$　　$\alpha = \frac{0.5 + \bar{k}}{2 + k} = \frac{0.5 + 1.69}{2 + 1.69} = 0.59$

底层框架单根柱的层间刚度

$$K_c = \alpha k_c \frac{12}{h_1^2} = 0.59 \times 29600 \times \frac{12}{7.76^2} = 3500\text{kN/m}$$

框架底层刚度　$K_1 = 2K_c = 2 \times 3500 = 7000\text{kN/m}$

层间相对侧移

$$\Delta u_3 = \frac{G_3}{K_3} = \frac{520}{7400} = 0.07\text{m}$$

$$\Delta u_2 = \frac{G_3 + G_2}{K_2} = \frac{520 + 580}{14800} = 0.074\text{m}$$

$$\Delta u_1 = \frac{G_3 + G_2 + G_1}{K_1} = \frac{520 + 580 + 848}{7000} = 0.278\text{m}$$

质点的侧移

$$u_1 = \Delta u_1 = 0.278\text{m}$$

$$u_2 = u_1 + \Delta u_2 = 0.278 + 0.074 = 0.352\text{m}$$

$$u_3 = u_2 + \Delta u_3 = 0.352 + 0.07 = 0.422\text{m}$$

基本周期

按式（39.2－15）并考虑房屋整体作用的影响，对于有两层休息廊的观众厅，周期调整系数 φ_T 取 0.9。

$$T_1 = 2\varphi_T \sqrt{\frac{\sum_{i=1}^{n} G_i u_i^2}{\sum_{i=1}^{n} G_i u_i}} = 2 \times 0.9 \sqrt{\frac{848 + 0.278^2 + 580 \times 0.352^2 + 520 \times 0.422^2}{848 \times 0.278 + 580 \times 0.352 + 520 \times 0.422}} = 1.05\text{s}$$

39.4.2　水平地震作用

1. 框架总水平地震作用

等效总重力荷载　$G_{eq} = 0.85(848 + 580 + 520) = 1656\text{kN}$

按式（39.2－19）　$F_{Ek} = \alpha_1 G_{eq} = \left(\frac{0.3}{1.05}\right)^{0.9} \times 0.16 \times 1656 = 86\text{kN}$

2. 顶点附加水平地震作用

$T_1 > 1.4T_g$，即 $1.05 > 1.4 \times 0.3 = 0.42\text{s}$，按《规范》表 5.2.1 中公式计算。

$$\delta_n = 0.08T_1 + 0.01 = 0.08 \times 1.05 + 0.01 = 0.094$$

$$\Delta F_3 = \delta_n F_{Ek} = 0.094 \times 86 = 8.1\text{kN}$$

3. 各质点的水平地震作用

按式（39.2－17）$F_i = \frac{G_i H_i}{\sum_{k=1}^{n} G_i H_i} F_{Ek}(1 - \delta_n)$

$$F_3 = \frac{520 \times 15.8}{848 \times 7.76 + 580 \times 12.42 + 520 \times 15.8} \times 86(1 - 0.094) = 29.1\text{kN}$$

$$F_2 = 25.5\text{kN}$$

$$F_1 = 23.3\text{kN}$$

39.4.3　地震作用效应

1. 各楼层水平地震剪力

按式（39.2－23）　$V_3 = \eta_P(F_3 + \Delta F_3) = 1.5(29.1 + 8.1) = 55.8\text{kN}$

按式（39.2－19） $V_2 = 29.1 + 8.1 + 25.5 = 62.7\text{kN}$

$V_1 = 62.7 + 23.3 = 86\text{kN}$

2. 各楼层柱的水平地震剪力

$V_{31} = 55.8\text{kN}$

$$V_{21} = V_{22} = \frac{1}{2} \times 62.7 = 31.4\text{kN}$$

$$V_{11} = V_{12} = \frac{1}{2} \times 86 = 43\text{kN}$$

3. 梁、柱端部截面地震弯矩

柱：顶端伸臂柱 $M_l = 55.8 \times 3.38 = 189\text{kN} \cdot \text{m}$

二层，由 $\bar{k}=1.76$，查得 $\xi=0.45$

$$M_u = (1 - \xi) h_2 V_{21} = (1 - 0.45) 4.46 \times 31.4 = 77\text{kN} \cdot \text{m}$$

$$M_l = \xi h_2 V_{21} = 0.45 \times 4.46 \times 31.4 = 63\text{kN} \cdot \text{m}$$

底层，由 $\bar{k}=1.69$，查得 $\xi=0.55$

$$M_u = (1 - 0.55) 7.76 \times 43 = 150\text{kN} \cdot \text{m}$$

$$M_l = 0.55 \times 7.76 \times 43 = 184\text{kN} \cdot \text{m}$$

梁：二层，$M_{b5} = M_u = 77\text{kN} \cdot \text{m}$

$$M_{b6} = \frac{M_l}{k} + M_u = \frac{189}{1.5} + 77 = 203\text{kN} \cdot \text{m}$$

底层，$M_{b3} = M_{b4} = M_l + M_u = 63 + 150 = 213\text{kN} \cdot \text{m}$

注：按《规范》，地震影响系数可采用最大值，不需计算结构周期，但上述所有 F_{EK} 均须乘以 2.5（$\approx \alpha_{max}/\alpha_1$）。

第 40 章　多层空旷房屋

多层空旷房屋是指下面 1~3 层为餐厅或游艺室、顶层为礼堂或电影厅的多功能房屋，一般为 2 层或 3 层建筑，个别为 4 层。多见于大型宾馆和招待所的附属用房，城市公共建筑也偶有采用。其结构型式一般是，用作餐厅的下部楼层，为小柱网的框架结构或内框架结构；顶层为大跨度的排架结构。由于各楼层侧移刚度差别很大，地震反应与一般结构不同，因而，其结构抗震计算和构造，也就有其独特之处。

40.1　一 般 规 定

40.1.1　防震缝的设置

多层空旷房屋常与主楼（宾馆或招待所）连在一起，地震时，由于两者侧移量的不同而在连接处造成破坏。因而，该相连部位应设置防震缝，使两相邻部分截然分开，而且要有足够的宽度。《规范》规定，一般情况下，防震缝的宽度不得小于 70mm；房屋高度超过 15m 时，对应于 6、7、8、9 度，房屋高度每增高 5、4、3、2m，缝宽应增加 2mm。

40.1.2　结构选型

1. 横向结构

1）框架与内框架

（1）6 度Ⅰ、Ⅱ类场地可以采用内框架结构，即下层的内柱采用钢筋混凝土柱承重，外圈包括顶层排架采用带壁柱的砖墙。

（2）6 度Ⅲ、Ⅳ类场地及 7 度Ⅰ、Ⅱ类场地，且顶层跨度不大于 15m 的房屋，下层的外圈砖墙及顶层砖排架和山墙，在各轴线处均应设置组合砖柱。

（3）7 度Ⅲ、Ⅳ类场地和 8、9 度以及 7 度Ⅰ、Ⅱ类场地而顶层跨度大于 15m 的房屋，下层框架和顶层排架（门架），应该全部采用钢筋混凝土结构。另外，空旷顶层两端山墙处还应该设置端屋架和钢筋混凝土防风柱，不应采用砖砌山墙承重。

2）排架与门架

柱顶为铰接的排架结构，刚度和楼层屈服剪力均很小，与下层框架结构的相应数值相比较，差别很大，容易在顶层引起严重的“变形集中”。而带有人字形横梁的门式刚架（双坡门架），不仅刚度和楼层屈服剪力增大很多，而且可以利用横梁下的三角形空间，既有降低层高的效果，又可进一步增大结构的刚度。因此，在确定结构方案时，应优先采用门架结构，以提高顶层的抗震能力。

3）框架-抗震墙结构

多屋空旷房屋由于荷载较大、结构刚度较小、而且存在着薄弱楼层，高烈度时，一般框架结构或框排架结构的实际层间位移角，可能超出《规范》规定的允许极限值。所以，在确定结构方案时，应对结构的地震侧移进行估算。如果一般框架结构不能满足要求时，应改用框架-抗震墙结构，在房屋两端的横向框架平面内，增设钢筋混凝土抗震墙或竖向钢支撑，以限制结构地震时的最大层间位移角，将房屋的损坏程度控制在《规范》所规定的设防标准的限度以内。

2. 纵向结构

为控制结构的纵向变形，在确定房屋结构方案时，应确保纵向结构具有足够的刚度和屈服强度。对于下部几层的小柱网结构，除了横向应做成框架外，纵向同样应该做成框架，而且纵向框架梁的截面尺寸不宜太小，此处框架柱子也应该做成正方形截面。对于空旷顶层，如果横向采取排架结构，最好沿纵向设置两道框架梁，并与排架柱刚接，使边柱列形成纵向刚接框架。或者沿每一纵向边柱列，在房屋中段某个开间内各设置一道竖向钢支撑。此柱间支撑下端节点的锚固件，应该埋设在下层纵向框架梁的顶面，而不是埋设在本层柱的下端。

40.1.3 屋面支撑系统

房屋顶层是大跨结构，一般采用钢屋架或钢筋混凝土屋架，上铺大型屋面板；或者在钢檩条或钢筋混凝土檩条上铺设钢丝网水泥瓦、压型钢板等瓦材。下面就常用的几种类型屋盖，按照《规范》的规定，提出抗震支撑系统的具体布置方案。

1. 钢筋混凝土无檩屋盖和有檩屋盖

可参照第6篇第32章的有关要求设计。

2. 门架屋面支撑

当房屋顶层空旷部分采用双坡门式刚架时，关于屋面支撑系统的布置要求，可参《厂房抗震设计》第十章第二节（中国建筑工业出版社，1997）。

40.1.4 地基和基础

多层空旷房屋对于地震的不均匀沉陷比较敏感，所以，建筑场地内如遇有饱和砂土、粉土和淤泥质土时，首先应按照《规范》判别饱和砂土或粉土在相应于设防烈度的条件下是否可能发生液化。如果有可能液化，就需要采取桩基础等深基础，或进行地基处理，以消除地基液化对上部结构的不利影响。

软土地区，地震时往往产生地面裂隙。地裂缝通过房屋时常造成建筑物的破坏。因此，在软土地区，即使对地基采取了消除液化可能性的措施，或者采用了深基础，还是不宜用独立基础。应根据上部结构荷载情况和地基土质条件，采取钢筋混凝土筏形基础、网格基础或加有钢筋混凝土系梁的带形基础，以抗御地裂缝对房屋上部结构所造成的破坏。

40.2 抗震计算

40.2.1 横向计算

1. 空间结构整体分析

1）计算简图

多层空旷房屋的屋盖，无论是有檩还是无檩，都是采用装配式结构，水平刚度较小，地震时将产生不容忽略的水平变形。各层楼板，或采用现浇钢筋混凝土梁板结构，或采用装配式预制楼板，后者的水平刚度也较小，地震时同样要产生显著的水平变形。所以，对于框架-抗震墙结构，应采取空间结构力学模型，以考虑地震时屋盖和楼盖的水平变形，对总水平地震作用在各个横向竖构件之间分配的影响。

为了简化计算，应根据动能相等和地震效应相等的原则，对结构的连续分布质量进行离散化处理。进行质量的相对集中时，不考虑框架横梁和屋架下弦的轴向变形。因整个结构对称于房屋纵向中心线，可取其一半进行分析。对于下面几层的框架结构，每半榀横向框架左右各半开间和上下各半层范围内的所有质量，集中到相应的框架梁柱节点处，形成一个质点。对于顶层排架结构，则应将每榀排架的柱身分布质量，沿高度等分为 5 段，相对集中为 5 个质点。每半榀排架所负担的屋面质量，集中为一个质点，并与柱顶处的质点合并。图 40.2－1 为全长共计 6 个开间、顶部空旷的 3 层房屋的计算简图。

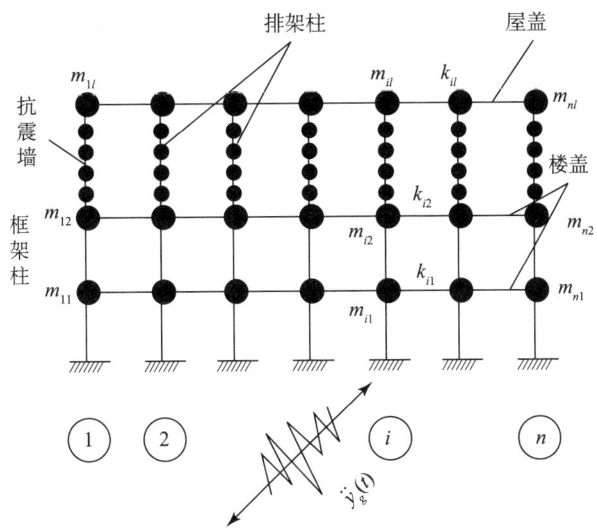

图 40.2－1　三层空旷房屋空间结构计算简图

2）振动方程

采用基于反应谱理论的振型分解法，进行空间结构地震作用效应的计算时，不再求解结构在地面运动作用下的振动方程，只需通过求解结构自由振动方程的特征值和特征向量，以取得结构的自由振动周期和振型。所以，下面仅列出诸如图 40.2-1 所示“串并联多质点系”的自由振动振幅方程式：

$$-\omega^2[m]\{Y\}+[K]\{Y\}=0 \tag{40.2-1}$$

式中　ω——多质点系按某一振型作自由振动时的圆频率；

$[m]$——多质点系的质量矩阵，由各竖杆的质量子矩阵 $[m_i]$ 所组成，其中元素的下角码 n 为体系中竖杆的数量，l 为一根竖杆中质点的数量，

$$[m]=\mathrm{diag}[[m_1]\quad[m_2]\quad\cdots\quad[m_i]\quad\cdots\quad[m_n]]$$

$$[m_i]=\mathrm{diag}[m_1\quad m_2\quad\cdots\quad m_s\quad\cdots\quad m_l]$$

$\{Y\}$——多质点系按某一振型作自由振动时的质点相对侧移幅值列向量，

$$\{Y\}=[\{Y_1\}^{\mathrm{T}}\quad\{Y_2\}^{\mathrm{T}}\quad\cdots\quad\{Y_i\}^{\mathrm{T}}\quad\cdots\quad\{Y_n\}^{\mathrm{T}}]^{\mathrm{T}}$$

$$\{Y_i\}=[Y_1\quad Y_2\quad\cdots\quad Y_s\quad\cdots\quad Y_l]$$

$[K]$——多质点系的刚度矩阵，

$$[K]=[\bar{K}]+[k]$$

$[\bar{K}]$——空间结构中横向竖构件的刚度矩阵，是按房屋纵向中心线划分的一半房屋内各片抗震墙和框架刚度子矩阵所组成的对角方阵，

$$[\bar{K}]=\mathrm{diag}[[K_1]\quad[K_2]\quad\cdots\quad[K_i]\quad\cdots\quad[K_n]]$$

$[k]$——由房屋一半跨度内各开间屋盖和水平刚度引起各横向竖构件相互耦联的耦合刚度子矩阵，所组成的三对角方阵，

$$[k]=\begin{bmatrix}[k_1] & -[k_1] & & & & & \\ -[k_1] & [k_1]+[k_2] & -[k_2] & & & 0 & \\ & & \cdots & \cdots & \cdots & & \\ & & -[k_i] & [k_i]+[k_{i+1}] & -[k_{i+1}] & & \\ & & & \cdots & \cdots & \cdots & \\ & 0 & & & -[k_{n-2}] & [k_{n-2}]+[k_{n-1}] & -[k_{n-1}] \\ & & & & & -[k_{n-1}] & [k_{n-1}]\end{bmatrix}$$

$$[k_i]=\mathrm{diag}[k_{i1}\quad k_{i2}\quad 0\quad 0\quad 0\quad 0\quad k_{il}]_{l\times l}$$

$$k_{is}=\bar{k}_s\frac{B}{a_i}\qquad(s=1\text{ 或 }2\text{ 或 }l)$$

这里，k_{is} 为第 i 开间第 s 楼盖或屋盖的横向水平剪切刚度，$\bar{k}_s$ 为第 s 楼盖或屋盖单位面积的等效水平剪切刚度基本值（kN），B 为房屋的宽度，a_i 为第 i 开间的柱距。

3）水平地震作用

多质点系的各阶振型和周期，质点的水平地震作用，空间结构各节点的侧移，框架或抗震墙等竖构件分离体所承担的水平地震作用，均可参照本篇第 38.2.2 节空间分析法中所介绍的步骤进行计算。

4）构件截面地震作用效应

在求得框架或抗震墙作为分离体所受到的 j 振型水平地震作用后，按静力分析方法，计

算出框架梁、柱端部截面和抗震墙各水平截面地震作用效应（地震弯矩和剪力）。然后按本篇式（38.2-28）进行前 3~5 个振型地震作用效应的组合，得构件各截面地震作用效应（弯矩和剪力）。再按《规范》第 5.4.1 条规定，将构件各截面地震作用效应与相应重力荷载效应组合，进行截面承载力验算。

2. 平面结构分析

当多层空旷房屋采用单一框排架结构时，即使屋面和各层楼板为非刚性楼盖，也可从中取出一榀典型框排架按平面结构进行地震作用效应计算，无需进行空间分析。多层空旷房屋若因设防烈度高或使用高级装饰材料，为控制结构的层间变位角，采用了框排架-抗震墙结构，而又缺少空间分析计算机程序时，也可假定屋盖和各层楼盖为刚片，将同方向的各榀"框排架"和各片抗震墙分别合并为"总框排架"和"总抗震墙"，然后用水平刚杆连成"并联体"（图 40.2-2），按框-墙平面结构协同工作程序进行地震作用效应计算。

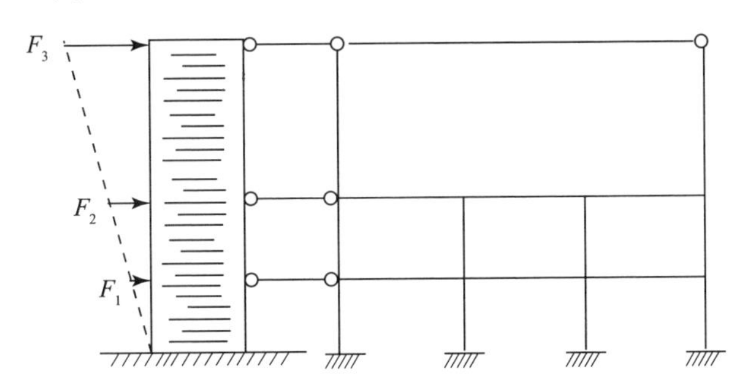

图 40.2-2　框排架-抗震墙并联体

若按平面结构确定单榀"框排架"的地震作用效应，采用手算方法也是可行的，下面介绍其计算步骤和有关公式。

1）刚度

（1）单柱刚度。

多层空旷房屋"框排架"结构中，单根柱的层间刚度 K_c，按本篇第 39 章式（39.2-1）计算。

（2）楼层刚度。

当不考虑框架梁柱轴向变形的影响时，可视整个结构为剪切型结构，框架的楼层刚度按下式计算。

①顶层排架结构。

顶层单榀排架的楼层侧移刚度 K_n（图 40.2-3a），等于两根单柱侧移刚度之和，即

$$K_n = 2K_c \tag{40.2-2}$$

②下层框架结构。

底层或 2 层的框架楼层侧移刚度 K_i（图 40.2-3b），等于该楼层所有单柱侧移刚度之和，即

$$K_i = \sum_m K_{cim} \tag{40.2-3}$$

2）结构弹性侧移

若利用能量法原理确定单榀框排架的基本周期时，需要先计算出结构在其自身重力当作水平力时所产生的结构弹性侧移（图 40.2－3c）。

第 i 楼层的层间相对侧移为

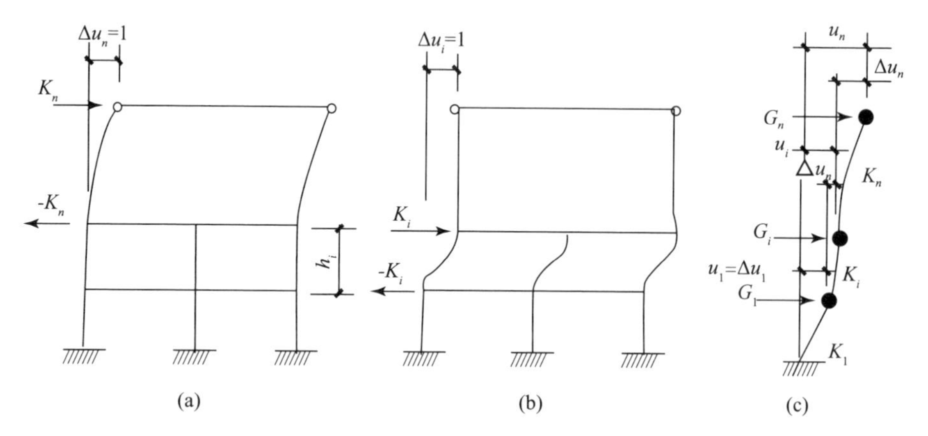

图 40.2－3　框排架结构的刚度和侧移

（a）顶层刚度；（b）楼层刚度；（c）质点侧移

$$\Delta u_i = \frac{\sum_{k=i}^{n} G_k}{K_i} \tag{40.2-4}$$

式中　G_k——第 k 质点的重力荷载（包括结构自重）代表值，等于质点处楼盖重力荷载与上下各层墙柱重力荷载之和；

K_i——第 i 楼层的刚度。

第 i 楼层的侧位移为

$$u_i = \sum_{k=1}^{i} \Delta u_k \tag{40.2-5}$$

3）水平地震作用

对于顶层刚度骤然减小的多层空旷房屋“框排架”结构，按底部剪力法计算所得结果误差较大，但计算简便，可用于初步估算。按振型分析法确定 2~4 层“框排架”水平地震作用时，虽然需要求解二阶以上矩阵的逆矩阵、特征值和特征向量，但利用计算器或微型计算机也可方便地得之。

3. 顶层变形集中效应

从多层空旷房屋震例的破坏情况来看，采用排架结构的空旷房屋，破坏重；采用框架结构的底层，破坏轻。很显然，这种上、下层破坏程度轻重悬殊的震害特点，是与这类房屋的特殊结构形式有着密切的关系。弹塑性时程分析结果也表明，当结构中仅存在一个柔弱楼层时，该楼层的塑性变形集中现象，要比存在着多个柔弱楼层时的变形集中现象强烈得多。

以上情况说明，对于这类存在柔弱楼层的非均匀结构，不能直接搬用一般结构的抗震分析方法；应根据非均匀结构的地震反应特点，对它进行一定的修正，以保证结构的各个部位具有大致相等的抗震能力。以下介绍变形集中效应的近似计算。

1981 年日本实行的新的房屋抗震设计规范，吸取了历次地震经验，增加了有关柔弱层变形集中效应的简化计算方法。该方法采用柔弱楼层的刚性比作为指标，来确定变形集中引起的楼层地震剪力增大值。

1）刚性比

地震期间存在柔弱楼层的多层建筑，柔弱楼层变形集中量值的大小，不仅决定于该楼层刚度相对减弱的程度，更取决于地震作用下该楼层层间位移角与其他各楼层层间位移角的比值。

在地震作用下，房屋某一楼层的位移角，等于该楼层水平地震剪力除以该楼层刚度与层高的乘积。某一楼层的刚性比，等于该楼层变形角的倒数除以房屋各楼层变形角倒数的平均值。

地震作用下第 i 楼层的位移角 θ_i 及其倒数 r_i 分别按下式计算，

$$\theta_i = \frac{V_i}{K_i h_i} \qquad r_i = \frac{1}{\theta_i} = \frac{K_i h_i}{V_i} \tag{40.2-6}$$

式中　V_i——按《规范》确定的第 i 楼层设计地震剪力；

h_i、K_i——第 i 楼层的层高和刚度。

一般情况下，房屋各楼层的“刚性比”按下式确定，第 i 楼层的“刚性比”为

$$R_i = \frac{n r_i}{\sum_{k=1}^{n} r_k} \tag{40.2-7}$$

对于顶层空旷的多层房屋，顶层的“刚性比” R_n 按下式计算，

$$R_n = \frac{(n-1) r_n}{\sum_{k=1}^{n-1} r_k} \tag{40.2-8}$$

式中　r_i、r_k——地震作用下房屋第 i 和第 k 楼层变形角 θ_i 的倒数，称之为第 i 和第 k 楼层的“刚性”；

n——房屋的总层数。

2）剪力增大系数

各楼层“刚性比”均大致相等的房屋，地震时的弹性和弹塑性变形分布都将比较均匀，房屋的各个楼层将能大致同时进入塑性变形阶段，各楼层的塑性变形发展也会比较均匀。这意味着房屋各个部位具有大致相等的抗震可靠度。房屋中存在着刚性比很小的楼层时，塑性变形将集中发生在刚度小的楼层，从而使该楼层的破坏程度远比其他各层为重。为了避免房屋因局部破坏而造成严重后果，设计时应着重提高该楼层的抗剪屈服强度。具体方法可以是，按《规范》规定的适用于一般均匀性结构的振型分解法或底部剪力法，计算出结构各楼层地震剪力；然后，根据柔弱楼层的“刚性比”数值，由表 40.2－1 查得增大系数，对该柔弱楼层的设计地震剪力进行修正。其余楼层则仍取原值，不作修正。

3）顶层设计地震内力

一般情况下，多层空旷房屋仅顶层是柔弱楼层，“刚性比”数值较小。所以，仅需对顶层排架（或门架）柱的地震内力进行修正。由此引起的顶层柱端弯矩增大，在进行该柱下端框架节点力矩平衡，以确定梁端地震弯矩时不予考虑。

顶层排架（或门架）柱设计地震弯矩和剪力，按下式确定：

$$\bar{M}_n = \eta M_n \qquad \bar{V}_n = \eta V_n \tag{40.2-9}$$

式中 M_n、V_n——按《规范》振型分解法或底部剪力法确定的顶层排架（或门架）柱截面地震弯矩和地震剪力；

η——根据顶层“刚性比”查表40.2-1所得薄弱楼层地震内力增大系数。

表40.2-1 柔弱楼层地震内力增大系数

R	η	R	η
≥0.6	1.0	≤0.3	1.5
>0.3~<0.6	按线性内插		

40.2.2 纵向抗震计算

1. 计算原则

多层空旷房屋的主体部分，一般均采用简单体形，而且对称于纵轴。因而，房屋各个部分的水平地震作用，也将对称于房屋的纵轴。进行房屋纵向抗震计算时，取整个房屋或者房屋纵向的一半作为计算单元，计算结果无大差异，设计时可任选一种。

纵向抗震分析时，对于顶层的单跨排架结构，不论采取的是何种类型屋盖，确定纵向边柱列所负担的质量及其水平地震作用的范围时，均以跨度中线为界进行划分。对于下面几层楼板，如采取刚性楼盖假定时，可以将各榀纵向框架合并为一榀总框架，以确定纵向水平地震作用及楼层纵向地震剪力。然后再按照各榀纵向框架柱的纵向刚度比例分配，得各柱的纵向地震剪力。如果在纵向框架平面内设置了钢筋混凝土抗震墙或竖向钢支撑，就需要参照本篇第39章第39.2节的方法及图39.2-5、图39.2-7所示简图，采取框架-抗震墙或框架-支撑并联体作为计算简图，进行纵向水平地震作用的计算。

2. 计算方法

房屋顶层排架柱一般均采用长边平行于房屋横轴的矩形截面。因为要使顶层排架沿房屋横向具有足够的刚度和承载力，只有加大排架柱沿房屋横向的截面尺寸；而沿房屋纵向，采取加大柱截面尺寸的办法并不经济，通常是沿纵向柱列设置柱间支撑；少数情况设置纵向抗震墙。对于房屋下面几层的框架结构，通常是沿房屋纵、横两个方向均采用刚接框架，并尽可能地采取正方形截面框架柱，从而保证结构沿房屋纵、横两个方向均具有足够的刚度和承载力。仅当烈度很高或者顶层设置了纵向抗震墙时，才会采用框架-抗震墙结构。下面列出最常用结构型式的计算方法。

1）计算简图

以三层空旷房屋为例。房屋纵向的结构情况是，底部一、二层，采用双向刚接框架结构；顶层，沿每侧边柱列在房屋中央开间内设置型钢柱间支撑一道（或抗震墙）。为进行纵向抗震计算，先将房屋纵向各榀框架、顶层柱及柱间支撑（或抗震墙）合并，形成一个纵向平面结构（图 40.2－4a）作为结构分析用的力学模型，并进一步采用多质点系（图 40.2－4b）作为计算简图。该多质点系竖杆每一段的刚度，等于各该层所有框架柱楼层刚度之和，对于顶层，等于柱和柱间支撑（或抗震墙）刚度之和。

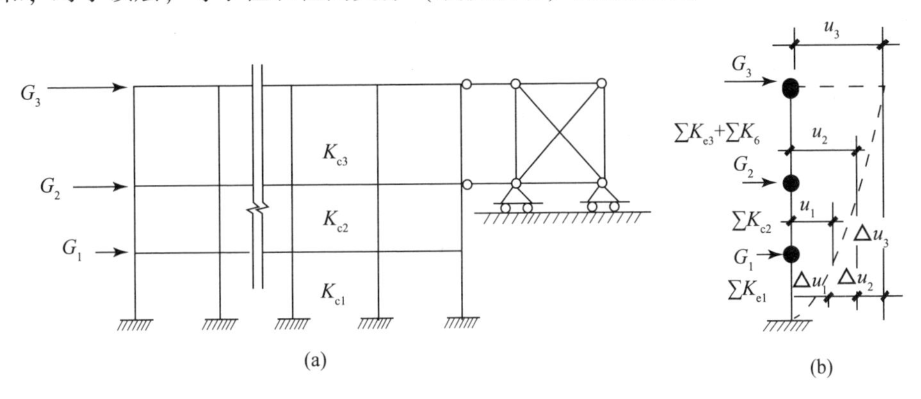

图 40.2－4　纵向结构计算简图

（a）力学模型；（b）计算简图

2）纵向结构刚度

计算方法同第 39 章。

3）结构纵向侧移（图 40.2－4b）

顶层，在以重力荷载代表值作为水平静力的作用下所产生的纵向层间相对侧移为

$$\Delta u_3 = \frac{V_3}{K_3} = \frac{G_3}{\sum K_{c3} + \sum K_b} \qquad (i = 1 \text{ 或 } 2) \qquad (40.2-10)$$

第一、二层的纵向层间相对侧移为

$$\Delta u_i = \frac{V_i}{K_i} = \frac{\sum_{k=1}^{3} G_k}{\sum_m K_{eim}} \qquad (i = 1 \text{ 或 } 2) \qquad (40.2-11)$$

纵向结构，在以重力荷载代表值作为水平静力的作用下，第 i 楼盖的纵向相对侧移为：

$$u_i = \sum_{k=1}^{i} \Delta u_k \qquad (40.2-12)$$

4）结构纵向基本周期

按式（39.2－15）计算，其中取 ψ_T 取 1.0。

5）纵向水平地震作用

按式（39.2－16）至式（39.2－18）计算。

6）楼层纵向地震剪力

结构纵向的楼层地震剪力，等于该楼层以上各纵向水平地震作用之和，即

$$\sum V_i = \sum_{k=i}^{n} F_k \tag{40.2-13}$$

7）构件纵向地震作用效应

（1）顶层。

柱顶纵向水平地震作用为 $F_c = \frac{K_c}{K_3} F_3$

柱底端纵向地震弯矩为 $M = \pm F_c H_3$

柱间支撑纵向水平地震剪力为 $F_b = \frac{K_b}{K_3} F_3$

（2）底层或二层。

一根柱的纵向水平地震剪力为 $V_c = \frac{K_c}{K_i} V_i \quad (i = 1 \text{ 或 } 2)$

柱上、下端弯矩和梁端弯矩分别按式（39.2-21）、式（39.2-22）及图39.2-11、图39.2-12计算。

40.3 抗震构造措施

顶层空旷房屋部分构造措施参见第6篇第32章和第35章，框架部分和抗震墙部分参见第五篇。

对于顶层柱间支撑节点应采取以下措施：

1. 支撑上节点

（1）节点板的厚度不宜小于10mm，支撑斜杆和水平杆的端面应尽量靠近柱面。

（2）节点采取焊接方案时，由于柱的宽度往往小于埋板锚筋的锚固长度，所以，应在锚筋端头加焊小钢板。锚筋直径大于ϕ16时，与埋板之间的连接应采取钻孔丁字焊。用于抗震的柱间支撑埋件，要承受较大的拉力和剪力，通常均采用小角钢代替锚筋，并在小角钢端头加焊小钢板，确保角钢的可靠锚固（图40.3-1）。

2. 支撑下节点

多层空旷房屋，通常仅于顶层纵向边柱列设置柱间支撑，支撑下节点位于排架柱的根部。而柱的根部受力较大，地震时本来就容易破坏，支撑下节点若设在该处，就更增加了破坏的可能性。而且柱的根部是竖向钢筋接头所在，钢筋密集，箍筋间距又小，在该处埋设支撑节点锚杆也很困难。所以，柱间支撑下节点应改设在框架梁端（图40.3-2）。

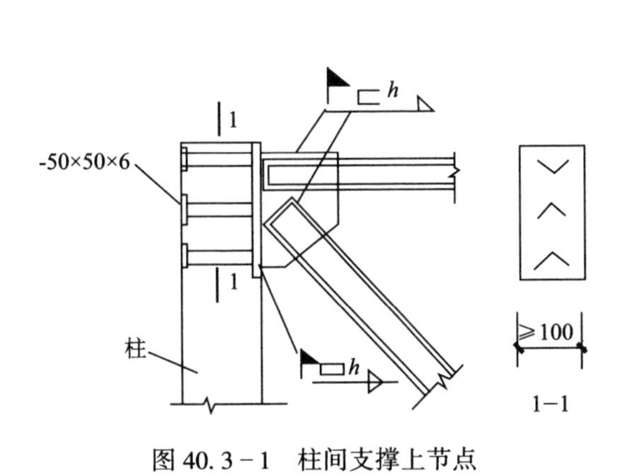

图 40.3-1　柱间支撑上节点

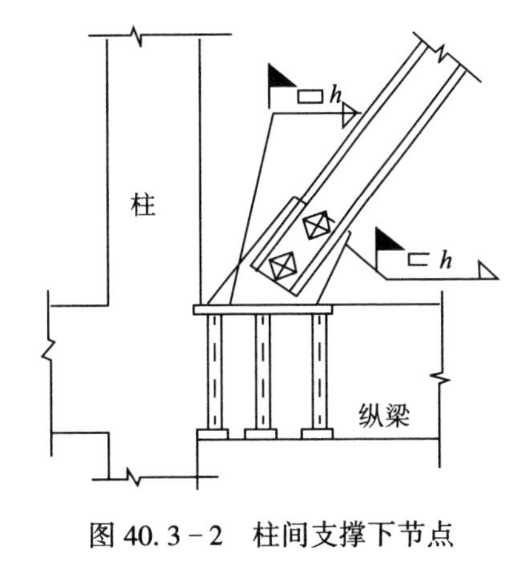

图 40.3-2　柱间支撑下节点

40.4 计算例题

两层空旷房屋，底层为现浇钢筋混凝土框架，二层为排架结构，现浇钢筋混凝土柱，屋盖采用钢屋架、预制大型屋面板。开间尺寸为 6m。结构简图如图 40.4-1a 所示。楼面活荷载为 3.5kN/m^2，雪荷载为 0.4kN/m^2，梁、柱混凝土强度等级采用 C30。围护墙采用 240mm 厚砖墙。设防烈度为 8 度第二组，Ⅰ类场地。试按两质点振型分解法进行横向抗震计算。

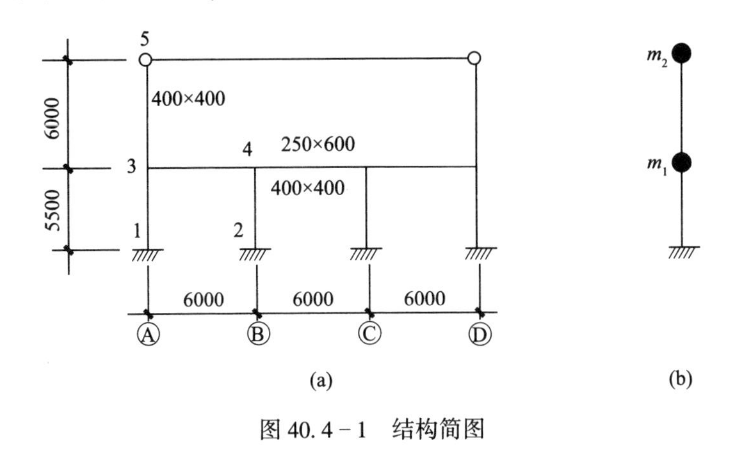

图 40.4-1　结构简图

按平面结构确定单榀框排架的地震作用效应，计算简图如图 41.4-1b。

40.4.1　框排架楼层刚度

采用“D 值法”按表 39.2-1 中公式计算

混凝土弹性模量：　$E_c = 3.0\times10^7\text{kN/m}^2$

柱截面惯性矩：边柱 $I_c = \dfrac{0.4\times0.6^3}{12} = 7.2\times10^{-3}\text{m}^4$，

$$中柱\ I_c = \frac{0.4^4}{12} = 2.13 \times 10^{-3}\mathrm{m}^4$$

按矩形截面计算梁的惯性矩：　$I_b = \frac{0.25 \times 0.6^3}{12} = 4.5 \times 10^{-3}\mathrm{m}^4$

楼板对梁截面惯性矩的影响系数，对于现梁浇板的 T 形截面，$\beta=2$。

1. 顶层排架

顶层排架柱的线刚度　$k_c = \frac{E_c I_c}{h_2} = \frac{3.0 \times 10^7 \times 7.2 \times 10^{-3}}{6} = 30600\mathrm{kN \cdot m}$

柱下端框架梁的线刚度　$k_c = \frac{\beta E_c I_b}{l} = \frac{2 \times 3.0 \times 10^7 \times 4.5 \times 10^{-3}}{6} = 38300\mathrm{kN \cdot m}$

刚度修正系数　$\bar{k} = \frac{k_b}{k_c} = \frac{38300}{30600} = 1.25$

$$\alpha = \frac{0.5\bar{k}}{1+2\bar{k}} = \frac{0.5 \times 1.25}{1 + 2 \times 1.25} = 0.18$$

顶层排架单根柱的层间刚度　$K_c = \alpha k_c \frac{12}{h_2^2} = 0.18 \times 30600 \times \frac{12}{6^2} = 1840\mathrm{kN/m}$

顶层排架的楼层刚度，由式（40.2－2）

$$K_2 = 2K_c = 2 \times 1840 = 3680\mathrm{kN/m}$$

2. 底层框架

底层柱上端框架梁的线刚度　$k_b = 38300\mathrm{KN \cdot m}$

底层边柱的线刚度　$k_{c1} = \frac{E_c I_{c1}}{h_1} = \frac{3.0 \times 10^7 \times 7.2 \times 10^{-3}}{5.5} = 33400\mathrm{kN \cdot m}$

刚度修正系数　$\bar{k} = \frac{k_b}{k_{c1}} = \frac{38300}{33400} = 1.15$

$$\alpha = \frac{0.5 + \bar{k}}{2 + \bar{k}} = \frac{0.5 + 1.15}{2 + 1.15} = 0.52$$

底层框架单根边柱的层间刚度

$$K_{c1} = \alpha k_{c1} \frac{12}{h_1^2} = 0.51 \times 33400 \times \frac{12}{5.5^2} = 6760\mathrm{kN/m}$$

底层中柱的线刚度　$k_{c2} = \frac{E_c I_{c2}}{h_1} = \frac{3.0 \times 10^7 \times 2.13 \times 10^{-3}}{5.5} = 9880\mathrm{kN \cdot m}$

刚度修正系数　$\bar{k} = \frac{2k_b}{k_{c2}} = \frac{2 \times 38300}{9880} = 7.75$

$$\alpha = \frac{0.5 + 7.75}{2 + 7.75} = 0.82$$

底层框架单根中柱的层间刚度

$$K_{c2} = \alpha k_{c2} \frac{12}{h_1^2} = 0.85 \times 9880 \times \frac{12}{5.5^2} = 3330\text{kN/m}$$

框架底层刚度，由式（40.2－3）

$$K_1 = \sum K_c = 2(6760 + 3330) = 20200\text{kN/m}$$

40.4.2　周期和振型

1. 刚度系数

$$K_{11} = K_1 + K_2 = 20200 + 3680 = 23880\text{kN/m}$$

2. 质点的质量

1）重力荷载代表值

质点 1 的重力荷载代表值，等于质点处楼盖重力荷载与上下各半层墙柱重力荷载之和。

楼面活荷载　$3.5\times6\times18=378\text{kN}$

楼板自重（板厚 80mm）　$0.08\times6\times18\times25=216\text{kN}$

水磨石地面　$0.65\times6\times18=70\text{kN}$

框架梁自重　$0.25\times0.6\times18\times25=68\text{kN}$

次梁自重　$0.2\times0.5\times6\times25\times10=150\text{kN}$

柱自重　$\left[0.4\times0.6\times\frac{1}{2}(6+5.5)+0.4^2\times\frac{1}{2}\times5.5\right]\times25\times2=91\text{kN}$

墙自重　$\left[\frac{1}{2}(6+5.5)\times6-(2+2.05)\times2.1\times2\right]\times0.26\times19\times2=173\text{kN}$

（窗尺寸为 2.8m×2.1m，每开间 2 个）

质点 2 的重力荷载代表值，等于质点处屋盖重力荷载与下半层墙柱重力荷载之和。

雪荷载　$0.4\times6\times18=43\text{kN}$

屋盖自重（包括屋架）　$3\times6\times18=324\text{kN}$

吊顶自重　$0.85\times6\times18=92\text{kN}$

柱自重　$\frac{6}{2}\times0.4\times0.6\times25\times2=36\text{kN}$

墙自重　$\left(\frac{6}{2}\times6-0.8\times2.1\times2\right)\times0.26\times19\times2=145\text{kN}$

按《规范》第 5.1.3 条规定，可变荷载组合值系数，雪荷载、楼面活荷载均取 0.5。则重力荷载代表值为

$$G_1 = 0.5 \times 378 + 216 + 70 + 68 + 150 + 91 + 173 = 957\text{kN}$$

$$G_2 = 0.5 \times 43 + 324 + 92 + 36 + 145 = 619\text{kN}$$

2）质点的质量

$$m_1 \approx 96\text{t} \qquad m_2 \approx 62\text{t}$$

3. 周期

计算体系的自振频率

$$\omega_1^2,\ \omega_2^2 = \frac{1}{2m_1m_2}\left[m_1K_{22} + m_2K_{11} \mp \sqrt{(m_1K_{22} - m_2K_{11})^2 + 4m_1m_2K_{12}^2}\right]$$

$$= \frac{1}{2\times 96\times 62}[96\times 3680 + 62\times 23880$$

$$\mp \sqrt{(96\times 3680 - 62\times 23880)^2 + 4\times 96\times 62\times(-3680)^2}]$$

$$= \frac{1}{11.9\times 10^3}[1834\times 10^3 \mp 1262\times 10^3] = 48,\ 260$$

$$\omega_1 \approx 6.9 \qquad \omega_2 \approx 16.1$$

体系的基本周期和第二周期按下式计算,

$$T_1 = \frac{2\pi}{\omega_1} = \frac{2\times 3.14}{6.9} = 0.91\text{s} \qquad T_2 = \frac{2\pi}{\omega_2} = \frac{2\times 3.14}{16.1} = 0.39\text{s}$$

4. 振型

第一振型按下式计算,

$$Y_{12} = 1 \qquad Y_{11} = \frac{m_2\omega_1^2 - K_{22}}{K_{21}} = \frac{62\times 48 - 3680}{-3680} = 0.19$$

第二振型按下式计算,

$$Y_{22} = 1 \qquad Y_{21} = \frac{m_2\omega_2^2 - K_{22}}{K_{21}} = \frac{62\times 260 - 3680}{-3680} = -3.38$$

40.4.3　振型水平地震作用

按下式计算　$F_{ji} = \alpha_j\gamma_jY_{ji}G_i$

第一振型

$$\gamma_1 = \frac{\sum_{i=1}^{2}Y_{1i}G_i}{\sum_{i=1}^{2}Y_{1i}^2G_i} = \frac{0.19\times 960 + 1\times 620}{0.19^2\times 960 + 1^2\times 620} = 1.23$$

α 值按《规范》第 5.1.5 条第图 5.1.5 采用

$$\alpha_1 = \left(\frac{T_g}{T_1}\right)^{0.9}\alpha_{max} = \left(\frac{0.3}{0.91}\right)^{0.9}\times 0.16 = 0.059$$

$$F_{11} = \alpha_1\gamma_1Y_{11}G_1 = 0.059\times 1.23\times 0.19\times 960 = 13.2\text{kN}$$

$$F_{12} = \alpha_1\gamma_1Y_{12}G_2 = 0.059\times 1.23\times 1\times 620 = 45\text{kN}$$

第二振型

$$\gamma_2 = \frac{\sum_{i=1}^{2}Y_{2i}G_i}{\sum_{i=1}^{2}Y_{2i}^2G_i} = \frac{-3.38\times 960 + 1\times 620}{(-3.38)^2\times 960 + 1^2\times 620} = -0.23$$

$$\alpha_2 = \left(\frac{T_g}{T_2}\right)^{0.9}\alpha_{max} = \left(\frac{0.3}{0.39}\right)^{0.9}\times 0.16 = 0.13$$

$$F_{21} = \alpha_2 \gamma_2 Y_{21} G_1 = 0.13 \times (-0.23) \times (-3.38) \times 960 = 92.8\text{kN}$$
$$F_{22} = \alpha_2 \gamma_2 Y_{22} G_2 = 0.13 \times (-0.23) \times 1 \times 620 = -18.5\text{kN}$$

40.4.4 楼层各柱振型地震剪力

作用于顶层一根排架柱的 j 振型水平地震剪力：

第一振型 $V_1 = \frac{1}{2} F_{12} = \frac{1}{2} \times 45 = 22.5\text{kN}$

第二振型 $V_2 = \frac{1}{2} F_{22} = \frac{1}{2} \times (-18.5) = -9.3\text{kN}$

作用于底层第 k 根柱的 j 振型水平地震剪力：

第一振型

边柱 $V_1 = \frac{K_{ck}}{\sum_k K_{ck}} V_{11} = \frac{K_{c1}}{K_1}(F_{12} + F_{11}) = \frac{6760}{20200}(45 + 13.2) = 19.5\text{kN}$

中柱 $V_1 = \frac{K_{c2}}{K_1}(F_{12} + F_{11}) = \frac{3330}{20200}(45 + 13.2) = 9.6\text{kN}$

第二振型

边柱 $V_2 = \frac{K_{c1}}{K_1}(F_{21} + F_{22}) = \frac{6760}{20200}(92.8 - 18.5) = 24.9\text{kN}$

中柱 $V_2 = \frac{K_{c2}}{K_1}(F_{21} + F_{22}) = \frac{3330}{20200}(92.8 - 18.5) = 12.3\text{kN}$

40.4.5 梁、柱截面地震作用效应

1. 柱

顶层：

地震剪力 $V_c = \sqrt{V_1^2 + V_2^2} = \sqrt{22.5^2 + (-8.9)^2} = 24.4\text{kN}$

柱底截面地震弯矩 $M_{35} = 24.4 \times 6 = 146\text{kN} \cdot \text{m}$

底层：

边柱，地震剪力 $V_c = \sqrt{V_1^2 + V_2^2} = \sqrt{19.5^2 + 24.9^2} = 31.6\text{kN}$

柱端地震弯矩 由式（39.2－21），梁柱线刚度比 $\bar{k} = 1.15$，反弯点高度系数 $\xi = 0.6$

$$M_{31} = (1 - \xi) h_1 V_c = (1 - 0.6) \times 5.5 \times 31.6 = 69.5\text{kN} \cdot \text{m}$$

$$M_{13} = \xi h_1 V_c = 0.6 \times 5.5 \times 31.6 = 104\text{kN} \cdot \text{m}$$

中柱，地震剪力 $V_c = \sqrt{V_1^2 + V_2^2} = \sqrt{9.6^2 + 12.3^2} = 15.6\text{kN}$

柱端地震弯矩 由式（39.2－21），梁柱线刚度比 $\bar{k} = 7.76$，反弯点高度系数 $\xi = 0.55$

$$M_{42} = (1 - \xi) h_1 V_c = (1 - 0.55) \times 5.5 \times 15.6 = 38.6\text{kN} \cdot \text{m}$$

$$M_{24} = \xi h_1 V_c = 0.55 \times 5.5 \times 15.6 = 47.2\text{kN} \cdot \text{m}$$

2. 底层框架梁

梁端地震弯矩

$$M_{34}=M_{35}+M_{31}=146+69.5=216\text{kN}\cdot\text{m}$$

$$M_{43}=\frac{1}{2}M_{42}=\frac{1}{2}\times 38.6=19.3\text{kN}\cdot\text{m}$$

40.4.6　顶层变形集中效应

1. 顶层“刚性比”

（1）楼层刚性 r_i（层间位移角 θ_i 的倒数），按式（40.2－6）计算：

顶层，楼层刚性　$r_2=\dfrac{K_2h_2}{\sum V_c}=\dfrac{3680\times 6}{2\times 24.4}=453$

底层，楼层刚性　$r_1=\dfrac{K_1h_1}{\sum V_c}=\dfrac{20200\times 5.5}{2\times(31.6+15.6)}=1176$

（2）“刚性比”按式（40.2－8）计算：

$$R_2=\frac{(n-1)r_n}{\sum_{k=1}^{n-1}r_k}=\frac{r_2}{r_1}=\frac{453}{1176}=0.39$$

由表40.2－1得 $\eta=1.35$。

2. 顶层柱截面地震内力

按式（40.2－9）计算

地震剪力　$V'_c=\eta V_c=1.35\times 24.4=32.9\text{kN}$

地震弯矩　$M'_{35}=\eta M_{35}=1.35\times 146=197\text{kN}\cdot\text{m}$

40.4.7　截面抗震验算

（略）

参　考　文　献

[1] GB 50011—2010　建筑抗震设计规范

[2] GB 50009—2012　建筑结构荷载规范

[3] GB 50003—2011　砌体结构设计规范

[4] GB 50010—2010　混凝土结构设计规范

[5] JGJ 3—2010　高层建筑混凝土结构技术规程

[6]《工业与民用建筑抗震设计手册》编写组，工业与民用建筑抗震设计手册，1981

[7] 刘大海、钟锡根、杨翠如，房屋抗震设计，西安：陕西科学技术出版社，1985

[8] 南京工学院，简明砖石结构，上海：上海科学技术出版社，1981

[9] 刘锡荟等，用钢筋混凝土构造柱加强砖房抗震性能的研究，建筑结构学报，2卷6期，1981

[10] 刘锡荟等，多层砖房设置钢筋混凝土构造柱抗震设计方法，建筑结构，第 5 期，1985
[11] 钟锡根、杨翠如、刘大海，内框架房屋抗震的空间分析，建筑结构学报. 5 卷 4 期，1984
[12] 连志勤、黄泉生，多层内框架房屋动力特性实测及分析，中国科学院工程力学研究所报告，1978
[13] 刘季等，多层砖石结构房屋空间作用的实测与分析，建筑结构，第 4 期，1981
[14] 沈恒滋、宝志雯，在装配式板柱体系住宅建筑的脉动量测中扭转效应的分析，清华大学科学研究报告集第三集，1981
[15] 钟锡根、杨翠如、刘大海，柔性底层房屋的抗震设计，工程抗震，第 4 期，1985
[16] 钟锡根、杨翠如、刘大海，底层框架房屋的抗震计算和构造，建筑结构，第 2 期，1986
[17] 刘大海、杨翠如、钟锡根，考虑空间作用时影剧院的地震内力计算，西安冶金建筑学院学报，第 3 期，1982
[18] 刘大海、钟锡根、杨翠如，底层框架——抗震墙和多层内框架房屋——新规范背景介绍，工程抗震，第 3 期，1986
[19] 钟锡根、杨翠如、刘大海，弹性楼盖内框架房屋抗震简化计算，工程抗震，第 2 期，1987
[20] 刘大海、杨翠如、钟锡根，空旷房屋抗震设计，北京：地震出版社，1989
[21] 沈聚敏、周锡元、高小旺、刘晶波，抗震工程学，北京：中国建筑工业出版社，2000
[22] 刘大海、杨翠如，厂房抗震设计，北京：中国建筑工业出版社，1997
[23] 刘大海、杨翠如，建筑抗震构造手册，北京：中国建筑工业出版社，1998

第 41 章　大跨屋盖建筑

大跨屋盖结构是指与传统板式、梁板式屋盖结构相区别，且具有更大跨越能力的屋盖结构体系，如桁架、网架、网壳、张弦梁、弦支穹顶等。大跨屋盖结构主要应用于体育场馆、会展中心、候机楼、车站、剧院、仓库以及大型厂房等建筑中。《规范》10.2 节对此类大跨屋盖建筑的抗震设计专门进行了规定。

41.1　一 般 规 定

41.1.1　适用的屋盖结构形式

大跨度屋盖结构形式众多，《规范》10.2 节仅适用于采用一些常用结构形式的大跨屋盖建筑的抗震设计，包括拱、平面桁架、立体桁架、网架、网壳、张弦梁、弦支穹顶等基本形式（图 41.1－1）及由这些基本形式组合而成的屋盖结构形式。

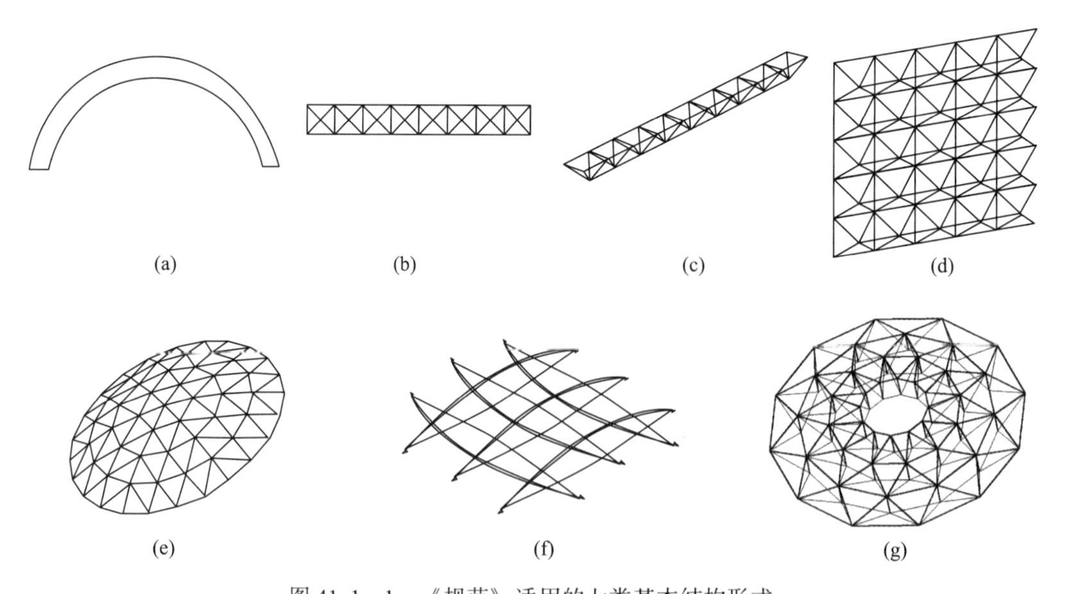

图 41.1－1　《规范》适用的七类基本结构形式

（a）拱；（b）平面桁架；（c）立体桁架；（d）网架；（e）网壳；（f）张弦梁；（g）弦支穹顶

对于悬索结构、膜结构、索杆张力结构等柔性屋盖体系，由于几何非线性效应，其地震作用计算方法和抗震设计理论目前尚不成熟，因此《规范》10.2 节并不适用于这些结构体系。此外，大跨屋盖结构基本以钢结构为主，故《规范》10.2 节也未对混凝土薄壳、组合网架、组合网壳等屋盖结构形式做具体规定。

41.1.2　应进行专门研究和论证的结构范围

考虑到大跨屋盖的结构新形式不断出现、体型复杂化、跨度极限不断突破的特点。为保证结构的安全性，避免抗震性能差、受力很不合理的结构形式被采用，有必要对超出适用范围的大型建筑屋盖结构进行专门的抗震性能研究和论证。

《规范》规定，对于采用非常用结构形式以及跨度大于 120m、结构单元长度大于 300m 或悬挑长度大于 40m 的大跨钢屋盖建筑的抗震设计，应进行专门研究和论证，采取有效的加强措施。

对于可开启屋盖，也属于非常用形式之一，其抗震设计除满足《规范》10.2 节的规定外，与开闭功能有关的设计也需要另行研究和论证。

41.1.3　结构选型和布置

屋盖及支承结构的选型和布置应符合以下要求：

（1）应能将屋盖的地震作用有效地传递到下部支承结构。实际设计时，特别应重点关注水平地震力的传递路径及承受水平力的支座布置。对于单向传力结构应重视纵向支撑系统的布置；支承点的布置也应根据屋盖竖向和水平地震作用分布情况均衡布置；支座的构造应符合计算模型的边界条件假定并具有足够的承载能力。

（2）应具有合理的刚度和承载力分布，屋盖及其支承的布置宜均匀对称。

（3）宜优先采用两个水平方向刚度均衡的空间传力体系，如网架、网壳、双向立体桁架、双向张弦梁或弦支穹顶等。

（4）结构布置宜避免因局部削弱或突变形成薄弱部位，产生过大的内力、变形集中。对于可能出现的薄弱部位，应采取措施提高其抗震能力。

（5）宜采用轻型屋面系统。控制屋面系统的单位自重，对于减少大跨屋盖结构的地震作用是很重要的，需要予以重视。

（6）下部支承结构应合理布置，避免使屋盖产生过大的地震扭转效应。屋盖结构的地震作用不仅与屋盖结构自身相关，而且还与下部结构的动力性能密切相关，是整体结构的反应。因此，下部结构设计也应充分考虑屋盖结构地震响应的特点，避免采用很不规则的结构布置而造成屋盖结构产生过大的地震扭转效应。

41.1.4　各类屋盖结构体系

《规范》10.2 节中根据是否存在明确的抗侧力系统，将屋盖结构体系划分为单向传力体系和空间传力体系。单向传力体系指平面拱、单向平面桁架、单向立体桁架、单向张弦梁等结构形式；空间传力体系指网架、网壳、双向立体桁架、双向张弦梁和弦支穹顶等结构形式。

1. 单向传力体系

对于单向平面拱、单向桁架、单向张弦梁等单向传力体系，主结构（桁架、拱、张弦梁）一般抵抗竖向和主结构方向的水平地震作用，而垂直于主结构方向的水平地震作用靠支撑系统承担。一般情况下，单向传力体系的主要抗震措施是保证垂直于主结构方向的水平地震力传递以及主结构的平面外稳定性。因此，屋盖支撑系统的合理布置是非常重要的。在单榀立体桁架中，与屋面支撑同层的两（多）根主弦杆间也应设置斜杆（图 41.1－2）。这一方面可提高桁架的平面外刚度，同时也使得纵向水平地震内力在同层主弦杆中分布均匀，避免薄弱区域的出现。

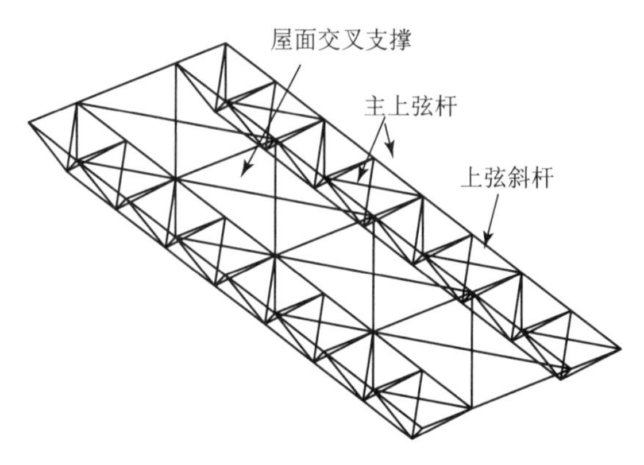

图 41.1－2　立体桁架的主弦杆间设置斜杆

当桁架支座采用下弦节点支承时，必须采取有效措施确保支座处桁架不发生平面外扭转。设置纵向桁架是一种有效的做法，同时还可保证纵向水平地震力的有效传递。

2. 空间传力体系

对于网架、网壳、双向立体桁架、双向张弦梁和弦支穹顶等空间传力体系。一般具有良好的整体性和空间受力特点，抗震性能优于单向传力体系。结构布置的重点是保证结构的刚度均匀和整体性，避免出现薄弱环节。

对平面形状为矩形且三边支承一边开口的屋盖结构，应提高开口边的刚度和加强结构整体性，如可在开口边局部增加层数来形成边桁架。

对于两向正交正放网架和双向张弦梁，由于屋盖平面的水平刚度较弱，为保证结构的整体性及水平地震作用的有效传递与分配，应沿上弦周边网格设置封闭的水平支撑（图 41.1－3）。当结构跨度较大或下弦周边支承时，下弦周边网格也应设置封闭的水平支撑。

单层网壳应采用刚接节点，这是确保屋盖结构整体稳定性的要求。

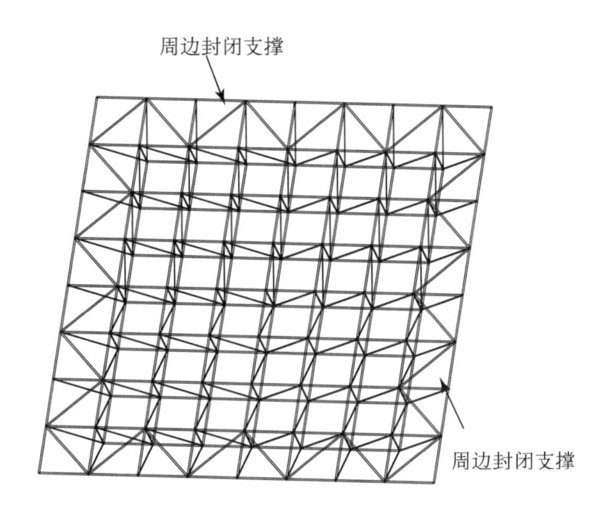

图 41.1－3　两向正交类结构的周边封闭支撑

41.1.5　防震缝

当大跨屋盖分区域采用不同抗震性能的结构形式、或屋盖支承于不同的下部结构上时，在结构交界区域通常会产生复杂的地震响应，对构件和节点的设计带来困难。此时在建筑设计和下部支承条件允许时，设置防震缝往往是有效的。当屋盖分区域采用不同的结构形式时，交界区域的杆件和节点应加强；也可设置防震缝，缝宽不宜小于 150mm。

由于实际工程情况复杂，为避免其两侧结构在强烈地震中碰撞，《规范》所规定的最小防震缝宽度可能不足。建议最好按设防烈度下两侧独立结构在交界线上的相对位移最大值来复核。对于规则结构，为了方便计算，设防烈度下的相对位移最大值也可将多遇地震下的最大相对变形值乘以不小于 3 的放大系数近似估计。

41.1.6　非结构构件

屋面围护系统、吊顶及悬吊物等非结构构件应与结构可靠连接，其抗震措施应符合《规范》第 13 章的有关规定。

41.2　抗 震 计 算

41.2.1　可不进行地震作用计算的范围

（1）对于矢跨比小于 1/5 的单向平面桁架和单向立体桁架，7 度时可不进行沿桁架的水平向和竖向地震作用计算。但是由于垂直桁架方向的水平地震作用主要由屋盖支撑承担，由于《规范》中并没有对支撑的布置进行详细规定，因此对于 7 度及 7 度以上的该类体系，均应进行垂直于桁架方向的水平地震作用计算并对支撑构件进行验算。这也说明，单向传力体系抗震计算的重点更主要的是屋面支撑系统的计算。

（2）对于7度时的网架结构，设计往往由非地震作用工况控制，因此可不进行地震作用计算，但应满足相应的抗震措施的要求。

41.2.2 计算模型

（1）应合理确定计算模型，屋盖与主要支承部位的连接假定应与构造相符。

（2）计算模型应计入屋盖结构与下部结构的协同作用。屋盖结构自身的地震效应是与下部结构协同工作的结果。研究表明，不考虑屋盖结构与下部结构的协同工作，会对屋盖结构的地震作用，特别是水平地震作用计算产生显著影响，甚至得出错误结果。即便在竖向地震作用计算时，当下部结构给屋盖提供的竖向刚度较弱或分布不均匀时，仅按屋盖结构模型所计算的结果也会产生较大的误差。因此，考虑上下部结构的协同作用是屋盖结构地震作用计算的基本原则。

考虑上下部结构协同工作的最合理方法是按整体结构模型进行地震作用计算。特别是对于不规则的结构，抗震计算应采用整体结构模型。当下部结构比较规则时，设计人员也可以采用一些简化方法（譬如等效为支座弹性约束）来计入下部结构的影响。但是，这种简化必须依据可靠且符合动力学原理，即应综合考虑刚度和质量等效后的有效性。

（3）单向传力体系支撑构件的地震作用，宜按屋盖结构整体模型计算。

41.2.3 几何刚度

当前的大跨屋盖结构中有较多包含拉索的预张拉体系，总体可分为三类：预应力结构，如预应力桁架、网架或网壳等；悬挂（斜拉）结构，如悬挂（斜拉）桁架、网架或网壳等；张弦结构，主要指张弦梁结构和弦支穹顶结构。根据几何非线性理论，一般会关心初应力产生的几何刚度对结构动力性能的影响。

研究表明，对于预应力桁架和网格结构、悬挂（斜拉）结构，几何刚度对结构动力特性的影响非常小，完全可以忽略。但是，对于跨度较大的张弦梁和弦支穹顶结构，预张力引起几何刚度对结构动力特性有一定的影响。此外，对于某些布索方案（譬如肋环型布索）的弦支穹顶结构（图41.2-1），撑杆和下弦拉索系统实际上是需要依靠预张力来保证体系稳定性的几何可变体系，且不计入几何刚度也将导致结构总刚矩阵奇异。因此，这些形式的张弦结构计算模型就必须计入几何刚度。几何刚度一般可取重力荷载代表值作用下结构平衡态的内力（包括预张力）贡献。

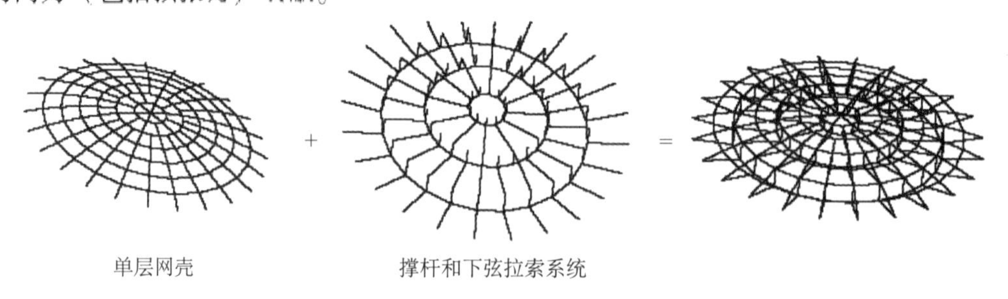

图41.2-1 存在机构位移模态的弦支穹顶

41.2.4　组合振型数

在振型分解反应谱法计算时，组合振型数也可按所取振型的参与质量是否达到总质量90%来确定。研究表明，在不按上下部结构整体模型进行计算时，网架结构的组合振型数宜至少取前 10~15 阶，网壳结构宜至少取前 25~30 阶。当结构规模较大或下部结构比较复杂时，按整体模型计算时的组合振型数有时可能需要数百阶，但目前的计算机性能一般都可以满足相应的计算要求。

通常，按整体模型计算时两个水平方向的振型参与质量容易达到占总质量 90%的要求。但有时即便是取数百阶振型，其竖向振型参数质量系数却较难达到 90%，也许可能还到不了 50%。其主要的原因是下部结构竖向刚度较大，即使取数百阶振型，竖向振型也基本上是屋盖结构变形为主，下部结构的竖向振型还没能激发出来。一般有两种处理办法，一是如果仅设计屋盖结构，那么能够确保计算结果随组合振型数增加而收敛，便可不过多拘泥参与质量系数达到 90%的要求；二是可以采用里兹振型（Ritz Modal）法，即组合振型采用里兹振型而不用自然振型。里兹振型法在 SAP 和 ETABS 软件中均提供这种功能。

还应该强调的是，对于存在明显扭转效应的屋盖结构，振型间效应的组合应采用完全二次型方根（CQC）法，这对于大跨屋盖结构尤为重要。

41.2.5　阻尼比的取值

《规范》10.2.8 条规定：当下部支承结构为钢结构或屋盖直接支承在地面时，阻尼比可取 0.02；当下部支承结构为混凝土结构时，阻尼比可取 0.025~0.035。

当钢屋盖的下部支承结构为混凝土结构时，按整体模型进行抗震计算时如何确定阻尼比，相关的研究工作非常少，一般认为与屋盖钢结构和下部混凝土支承结构的组成比例有关。《规范》条文说明中根据位能等效原则建议了两种计算整体结构阻尼比的方法，可在实际设计中采用。

（1）振型阻尼比法。振型阻尼比是指针对各阶振型所定义的阻尼比。组合结构中，不同材料的能量耗散机理不同，因此相应构件的阻尼比也不相同，一般钢构件取 0.02，混凝土构件取 0.05。对于每一阶振型，不同构件单元对于振型阻尼比的贡献认为与单元变形能有关，变形能大的单元对该振型阻尼比的贡献较大，反之则较小。所以，可根据该阶振型下的单元变形能，采用加权平均的方法计算出振型阻尼比 ζ_i：

$$\zeta_i = \sum_{s=1}^{n} \zeta_s W_{si} \Big/ \sum_{s=1}^{n} W_{si} \qquad (41.2-1)$$

式中　ζ_i——结构第 i 阶振型的阻尼比；

ζ_s——第 s 个单元阻尼比，对钢构件取 0.02；对混凝土构件取 0.05；

n——结构的单元总数；

W_{si}——第 s 个单元对应于第 i 阶振型的单元变形能。

（2）统一阻尼比法。依然采用方法一的公式，但并不针对各振型 i 分别计算单元变形能 W_{si}，而是取各单元在重力荷载代表值作用下的变形能 W_{si}，这样便求得对应于整体结构的一个阻尼比。

在罕遇地震作用下，一些实际工程的计算结果表明，屋盖钢结构也仅有少量构件能进入塑性屈服状态，所以阻尼比仍建议与多遇地震下的结构阻尼比取值相同。

41. 2. 6　计算方法

大跨屋盖结构通常均有较多的结构自由度，结构分析一般需采用电算，主要方法是有限元法。由于此次修订所适用的大跨屋盖结构为满足小变形假定的刚性体系，属于线性结构，因此振型分解反应谱法依然可作为是结构弹性地震效应计算的基本方法。

近年来结构动力学理论和计算技术的发展，一些更为精确的动力学计算方法逐步被接受和应用，包括多向地震反应谱法、时程分析法、甚至多向随机振动分析方法。对于结构动力响应复杂和跨度较大的结构，《规范》鼓励采用这些方法进行地震作用计算，以作为振型分解反应谱法的补充。

《规范》依然对一些规则结构保留了其竖向地震作用的简化算法。对于周边支承或周边支承和多点支承相结合、且规则的网架、平面桁架和立体桁架结构，其竖向地震作用可按《规范》第 5. 3. 2 条规定进行简化计算。但对于需要计算水平地震作用的屋盖结构，采用简化算法的意义就不大。因此简化算法比较多地应用于屋盖结构的初步设计。

《规范》条文中没有规定须进行罕遇地震变形验算的大跨屋盖结构范围。但是对于需进行特别研究和论证的屋盖结构，或进行性能化设计的屋盖结构，一般也可采用时程法进行弹塑性地震作用计算。

41. 2. 7　水平地震作用的计算方向

（1）对于单向传力体系，可取主结构方向和垂直主结构方向分别计算水平地震作用。

（2）对于空间传力体系，应至少取两个主轴方向同时计算水平地震作用；对于有两个以上主轴或质量、刚度明显不对称的屋盖结构，应增加水平地震作用的计算方向。

41. 2. 8　多向地震效应的组合

对于大跨屋盖结构中的空间传力体系，通常并没有明确的抗侧力系统。也就是说，构件的承受的地震力来自各向地震动分量的共同作用，结构的地震效应必须考虑多向地震效应的组合，因此地震作用也就不能仅计算水平或竖向。同时由于目前大跨屋盖结构的地震作用计算基本是电算，既然计算了水平地震作用，那么竖向地震作用计算就不会有太大问题。故《规范》弱化了屋盖结构的地震效应按水平和竖向区分的概念。关于多向地震效应组合的具体规定是：

（1）对于单向传力体系，结构的抗侧力构件通常是明确的。桁架（主结构）构件抵抗其面内的水平地震作用和竖向地震作用，垂直桁架方向的水平地震作用则由屋盖支撑承担。因此，可针对各向抗侧力构件分别进行地震作用计算。

（2）除单向传力体系外，一般屋盖结构的构件难以明确划分为沿某个方向的抗侧力构件，即构件的地震效应往往包含三向地震作用的结果，因此其构件验算应考虑三向（两个水平向和竖向）地震作用效应的组合。结构构件的地震作用效应和其他荷载效应的基本组合，应按下式计算：

$$S = \gamma_G S_{GE} + \gamma_{Eh} S_{Ehk} + \gamma_{Ev} S_{Evk} + \psi_w \gamma_w S_{wk} \quad (41.2-2)$$

式中　S——结构构件内力组合的设计值，包括组合的弯矩、轴向力和剪力设计值等；

γ_G——重力荷载分项系数，一般情况应采用 1.2，当重力荷载效应对构件承载能力有利时，不应大于 1.0；

γ_{Eh}、γ_{Ev}——分别为水平、竖向地震作用分项系数，应按表 41.2-1 采用；当同时输入水平和竖向地震进行时程分析时，均应按 1.3 采用；

γ_w——风荷载分项系数，应采用 1.4；

S_{GE}——重力荷载代表值的效应；

S_{Ehk}——水平地震作用标准值的效应，尚应乘以相应的增大系数或调整系数；

S_{Evk}——竖向地震作用标准值的效应，尚应乘以相应的增大系数或调整系数；

S_{wk}——风荷载标准值的效应；

ψ_w——风荷载组合值系数，一般结构取 0.0，风荷载起控制作用的建筑应采用 0.2。

式（41.2-1）中，S_{Ehk}应考虑双向水平地震作用下的共同效应，按下面公式计算：

$$S_{Ehk} = \sqrt{S_x^2 + (0.85 S_y)^2} \quad (41.2-3)$$

式中　S_x、S_y——分别为所验算的主方向及其垂直方向的水平地震作用按《规范》公式（5.2.3-5）计算的地震效应。

表 41.2-1　地震作用分项系数

地震作用	γ_{Eh}	γ_{Ev}
同时计算水平与竖向地震作用（水平地震为主）	1.3	0.5
同时计算水平与竖向地震作用（竖向地震为主）	0.5	1.3

41.3　抗震验算和构造

41.3.1 内力调整

1. 关键杆件和关键节点

考虑到大跨屋盖结构支座及其邻近构件发生较多破坏的情况，《规范》通过放大地震作用效应的方法来提高该区域杆件和节点的承载力，这是重要的抗震措施。《规范》中通过定义关键构件和关键节点来确定需要提高承载能力的构件的范围：

1）关键杆件

对于空间传力体系，关键杆件指临支座杆件，即：临支座 2 个区（网）格内的弦杆、腹杆；临支座 1/10 跨度范围内的弦杆、腹杆，两者取较小的范围。对于单向传力体系，关键构件指与支座直接相临节间的弦杆和腹杆。

2）关键节点

关键节点为与关键构件连接的节点。

2. 内力放大系数

根据设防烈度不同，构件承载能力的提高通过其地震作用效应组合设计值乘以相应的放大系数来实现。放大系数的取值如表 41. 3 – 1。

表 41. 3 – 1　地震作用效应组合设计值放大系数

设防烈度	7	8	9
关键杆件	1. 1	1. 15	1. 2
关键节点	1. 15	1. 2	1. 25

3. 拉索

拉索是预张拉结构的重要构件。在多遇地震作用下，应保证拉索不发生松弛而退出工作。在设防烈度下，也宜保证拉索在各地震作用参与的工况组合下不出现松弛。

41. 3. 2　变形验算

大跨屋盖结构在重力荷载代表值和多遇竖向地震作用标准值下的组合挠度值不宜超过表 41. 3 – 2 的限值。

表 41. 3 – 2　大跨屋盖结构的挠度限值

结构体系	屋盖结构（短向跨度 l_1）	悬挑结构（悬挑跨度 l_2）
平面桁架、立体桁架、网架、张弦梁	$l_1/250$	$l_2/125$
拱、单层网壳	$l_1/400$	–
双层网壳、弦支穹顶	$l_1/300$	$l_2/150$

41. 3. 3　杆件的长细比限值

屋盖钢杆件的长细比，宜符合规范表 41. 3 – 3 的规定。

表 41. 3 – 3　钢杆件的长细比限值

杆件形式	受拉	受压	压弯	拉弯
一般杆件	250	180	150	250
关键杆件	200	150（120）	150（120）	200

注：①括号内数值用于 8、9 度；

②表列数据不适用于拉索等柔性构件。

表中杆件长细比限值参考了《钢结构设计规范》（GB 50017）和《空间网格结构技术规程》（JGJ 17）的相关规定，但对关键杆件的长细比限制加严，特别是 8、9 度设防的关键杆件。

41.3.4　节点的构造要求

《规范》10.2 节仅对常用节点板连接、相贯节点和焊接球节点的板件厚度提出了一定的要求，主要是保证节点不出现过小的承载力和刚度，具体要求为：

（1）采用节点板连接各杆件时，其节点板的厚度不宜小于连接杆件最大壁厚的 1.2 倍。

（2）采用相贯节点时，应将内力较大方向的杆件直通。直通杆件的壁厚不应小于焊于其上各杆件的壁厚。

（3）采用焊接球节点时，球体的壁厚不应小于相连杆件最大壁厚的 1.3 倍。

（4）杆件宜相交于节点中心。

实际上大跨屋盖钢结构的节点形式众多，抗震设计时节点选型要与屋盖结构的类型及整体刚度等因素结合起来，采用的节点要便于加工、制作、焊接。设计中，结构杆件内力的正确计算，必须用有效的构造措施来保证，且节点构造应符合计算假定。在地震作用下，节点应不先于杆件破坏，也不产生不可恢复的变形，所以要求节点具有足够的强度和刚度。杆件相交于节点中心将不产生附加弯矩，也使模型计算假定更加符合实际情况。

41.3.5　支座的构造要求

支座节点属于前面定义的关键节点的范畴，应予加强。在节点验算方面，已经对地震作用效应进行了必要的提高。此外，支座节点是将屋盖地震作用传递给下部结构的关键部件，其构造应与结构分析所取的边界条件相符，否则将使结构实际内力与计算内力出现较大差异，并可能危及结构的整体安全。《规范》的具体规定如下：

（1）应具有足够的强度和刚度，在荷载作用下不应先于杆件和其他节点而破坏，也不得产生不可忽略的变形。支座节点构造形式应传力可靠、连接简单，并符合计算假定。

（2）对于水平可滑动的支座，应保证屋盖在罕遇地震下的滑移不超出支承面，并应采取限位措施。设计时，也可按设防烈度计算值作为可滑动支座的位移限值（确定支承面的大小）。

（3）对于 8、9 度设防，当按多遇地震验算时在竖向仅受压的支座节点，考虑到在强烈地震作用（如中震、大震）下可能出现受拉，建议采用构造上也能承受拉力的拉压型支座形式，且预埋锚筋、锚栓也按受拉情况进行构造配置。

（4）屋盖结构采用隔震及减震支座时，其性能参数、耐久性及相关构造应符合《规范》第 12 章的有关规定。

41.4　计 算 例 题

41.4.1　结构概况

本算例选自 8 度区的某体育场馆。体育馆屋盖为弦支穹顶，支承在下部钢筋混凝土框架看台结构上（图 41.4－1）。弦支穹顶跨度 108m，屋盖中心结构标高为 35.86m，支座标高为 25.6m（图 41.4－2）。弦支穹顶矢跨比约为 1/10，由上部单层网壳和下部三圈索杆体系组成（图 41.4－3）。单层网壳中部为凯威特型网格，外围为葵花型网格，下部索杆体系为肋环型布置。看台混凝土框架为四层，层高 5m。框架沿体育馆中心环向布置，共 36 榀，梁柱截面见图 41.4－1b。最外圈柱柱顶设置一 1000mm×1200mm 的环梁。

该体育馆的建筑安全等级为二级，结构重要性系数为 1.0，抗震设防类别为乙类，设防烈度为 8 度，设计基本地震加速度 0.20g，场地类别为Ⅲ类，设计地震分组为第一组。

下部框架梁柱的混凝土等级均为 C40，纵筋为 HRB335，箍筋为 HPB235；屋盖结构的网壳和竖腹杆均采用 Q345 钢钢管，斜拉索采用 Q345 钢的实心钢拉杆，三道环索采用抗拉强度为 1670MPa 的平行钢丝束，弹性模量为 $1.90\times10^5 N/mm^2$。

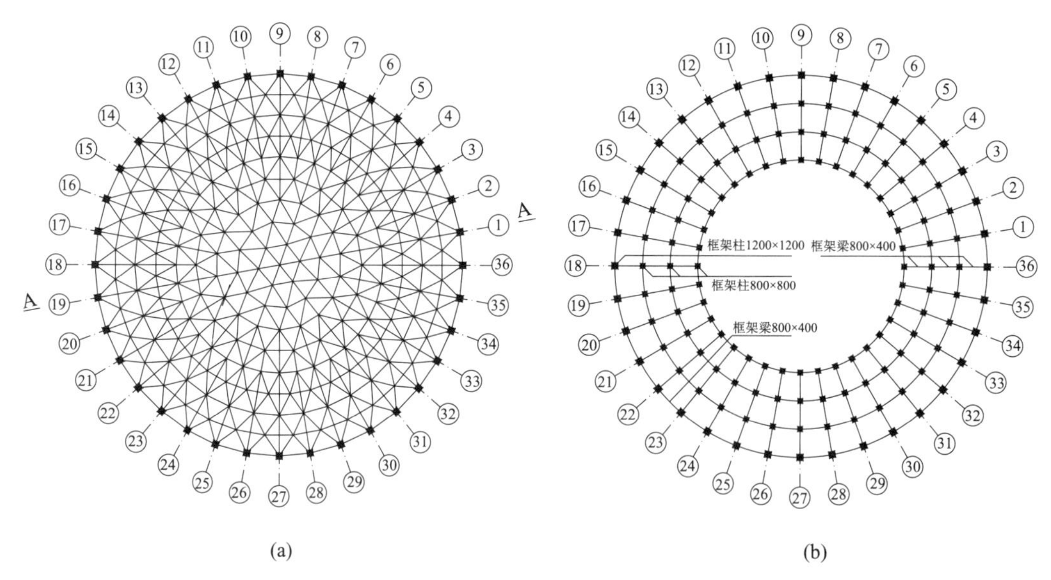

图 41.4－1　屋盖结构平面图和下部框架布置图

（a）屋盖平面；（b）下部框架平面

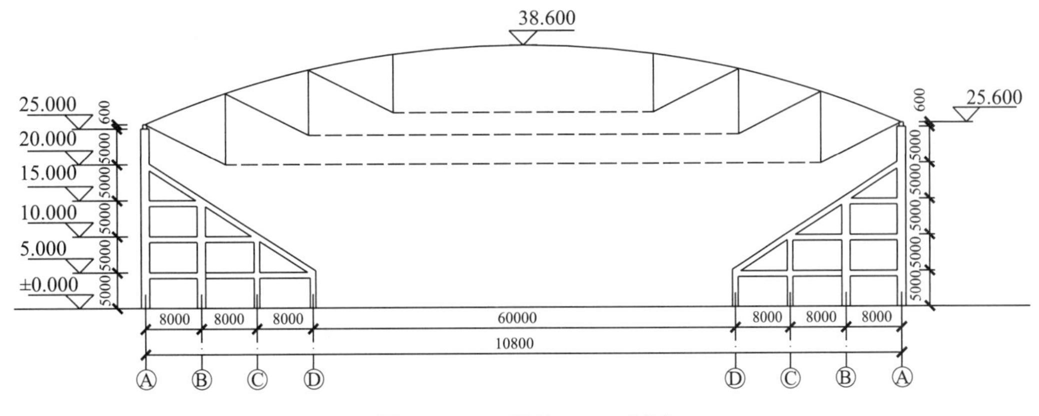

图 41.4-2 结构 A—A 剖面

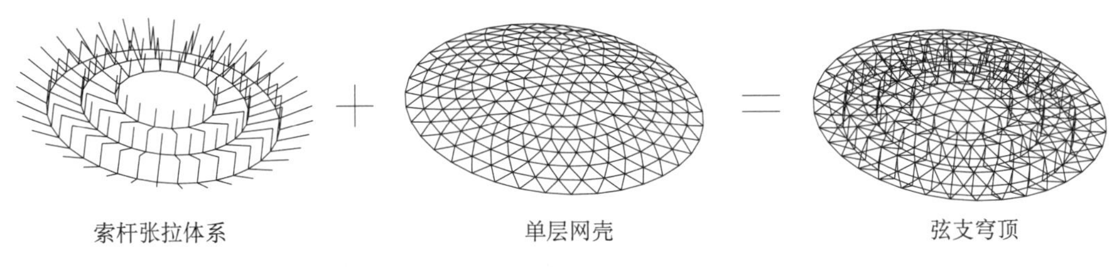

图 41.4-3 屋盖构成

41.4.2 荷载标准值

1. 恒荷载

结构自重：程序自动计算；屋面恒载：0.8kN/m^2；楼面恒载：3kN/m^2；看台恒载：3kN/m^2。

2. 活荷载

屋面活载（雪荷载）：0.5kN/m^2；楼面活载：3kN/m^2；看台活载：3kN/m^2。

3. 风荷载

基本风压为 0.50kN/m^2，地面粗糙度 B 类，风压高度变化系数 μ_z 统一按屋面顶部结构标高取 1.5，风振系数 β_z 取 1.6，体形系数按《建筑结构荷载规范》（GB 50009）中 7.3.1 条取值。

4. 温度作用

±25℃。

41.4.3 结构的非抗震设计

1. 荷载工况组合

承载能力极限状态下的荷载工况组合见表 41.4-1。

表 41.4－1　承载力极限状态下的工况组合

工况号	控制荷载	恒载	活载	风	温度
1	恒	1.35	1.4×0.7		
2	恒	1.35			0.7
3	恒	1.35	1.4×0.7		0.7
4	活	1.2	1.4		
5	活	1.2	1.4		0.7
6	风	1.0		1.4	
7	风	1.0		1.4	0.7
8	温度	1.2			1.0
9	温度	1.2	1.4×0.7		1.0

注：表中恒载中包括了预应力。

正常使用极限状态下的荷载工况组合见表 41.4－2。

表 41.4－2　正常使用极限状态下的工况组合

组合编号	恒载	活载	风	温度
10	1	1		
11	1			1
12	1	1		0.7
13	1		1	

2. 索杆体系设计参数

由于弦支穹顶的下弦索和撑杆系统需要预应力来保证其几何稳定性，因此应保证钢索在任何非地震作用工况组合下都不发生松弛，但过大的索张力又会对网壳中的杆件造成负担，因此索中预张力大小必须维持在一个合适的水平上。经过综合比较分析，确定了钢索初始预张力大小，列于表 41.4－3 中。

表 41.4－3　下弦索和撑杆系统的设计参数

索杆位置	构件形式	截面	初始预张力/kN	最小设计轴力/kN	最大设计轴力/kN
外环索	平行钢丝束	ϕ7×253	1020.675	205.92	3062.82
外斜索	实心圆钢棒	ϕ90	198.09	40.99	596.39
外竖杆	圆钢管	ϕ273×10	−86.805	—	−248.95
中环索	平行钢丝束	ϕ5×187	451.14	18426	1020.27

续表

索杆位置	构件形式	截面	初始预张力/kN	最小设计轴力/kN	最大设计轴力/kN
中斜索	实心圆钢棒	ϕ55	87.585	36.16	199.27
中竖杆	圆钢管	ϕ245×8	-38.19	—	-83.38
内环索	平行钢丝束	ϕ5×61	151.92	79.42	243.13
内斜索	实心圆钢棒	ϕ45	58.485	30.81	94.09
内竖杆	圆钢管	ϕ219×8	-25.635	—	-39.12

注：索杆初始预张力是指结构在零状态（无自重等外荷载情况）下，索张拉后的轴力大小。

3. 网壳杆件的截面设计

在进行静力分析后，对网壳中的每根杆件取七个截面，得出它们在 1~9 号工况组合下的内力。根据《钢结构设计规范》（GB 50017）中公式（5.2.1）、式（5.2.5－1）和式（5.2.5－2）对杆件进行强度和稳定验算，选择满足要求的最小截面型号，然后重新进行静力分析。重复上述步骤直至所有静力分析中的截面型号和设计截面型号一致。

选择网壳结构中的 25 根代表性杆件进行分析（图 41.4－4），其中 1~15 号为径向或斜向杆件，16~25 号为环向杆件。杆件非抗震设计的控制内力和验算结果见表 41.4－4。

表 41.4－4　杆件截面非抗震设计参数

杆号	设计截面型号	轴力（kN）	主轴弯矩（kN·m）	次轴弯矩（kN·m）	应力比
1	ϕ273×14	-612.91	-57.17	5.35	0.780
2	ϕ245×14	-473.45	-36.95	-2.99	0.743
3	ϕ219×14	-476.54	-32.20	1.50	0.951
4	ϕ219×14	-505.22	-22.80	-0.74	0.898
5	ϕ194×12	-268.22	-25.60	-0.79	0.877
6	ϕ245×14	-535.10	-27.36	0.55	0.864
7	ϕ203×14	-441.45	-35.81	-0.09	0.900
8	ϕ219×14	-457.92	-21.79	0.00	0.894
9	ϕ245×14	-669.37	-29.47	-1.14	0.931
10	ϕ219×14	-601.10	-31.66	0.00	0.933
11	ϕ219×14	-35421	-26.89	0.45	0.900
12	ϕ245×14	-608.17	-30.44	-0.76	0.771
13	ϕ245×14	-736.51	15.79	0.00	0.739
14	ϕ219×14	-423.87	-22.17	-0.58	0.924

续表

杆号	设计截面型号	轴力(kN)	主轴弯矩(kN·m)	次轴弯矩(kN·m)	应力比
15	ϕ219×14	−595.11	−20.67	0.00	0.868
16	ϕ245×14	−424.39	−27.59	−0.15	0.803
17	ϕ194×12	−274.49	−19.78	−0.12	0.966
18	ϕ203×14	−511.84	−17.00	−0.10	0.982
19	ϕ168×10	−211.04	−20.96	−1.83	0.863
20	ϕ273×14	−581.80	−27.97	0.69	0.786
21	ϕ245×14	−498.01	−34.39	−0.88	0.968
22	ϕ194×12	−343.53	−18.19	−1.00	0.914
23	ϕ194×12	−378.27	−18.25	−0.34	0.992
24	ϕ219×14	−598.02	−17.41	−1.67	0.904
25	ϕ219×14	−641.37	−18.96	0.00	0.918

注：应力比是指控制公式（本例为《钢结构设计规范》（GB 50017）中公式（5.2.5－2）左边项计算结果与f_y的比值。

4. 正常使用极限状态下的变形验算

参考《网壳结构技术规程》的双层网壳规定，正常使用极限状态下网壳的最大挠度允许值为［$L/300$］，本算例屋盖结构为360mm。10～13号工况组合下网壳的最大挠度为92.80mm（从初始形态算起），满足要求。

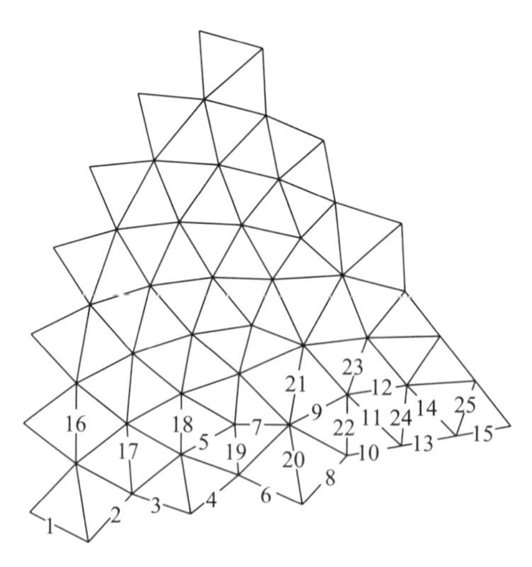

图41.4－4 网壳代表性杆件编号

41.4.4 抗震计算

1. 计算模型

根据《规范》10.2.7 条第 2 款，采用上下部结构的整体模型进行地震作用计算，模型如图 41.4－5。

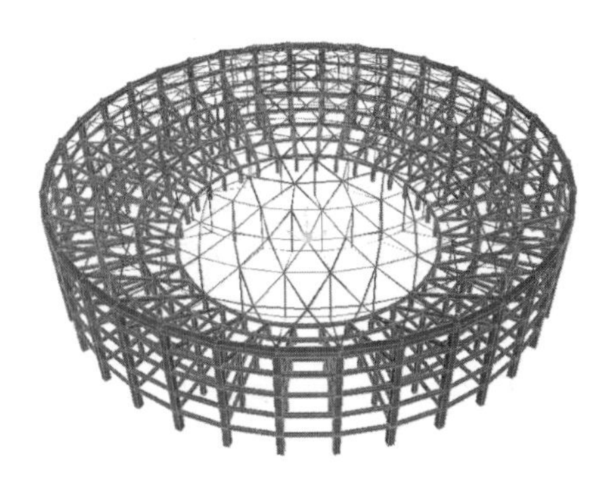

图 41.4－5 整体结构计算模型

根据《规范》5.1.3 条，取重力荷载代表值为 1.0 恒载+0.5 活载。

根据《规范》10.2.7 条第 4 款，模态分析时结构刚度来自重力荷载代表值和钢索预应力作用下，几何非线性分析的终点刚度。

2. 动力性能分析

结构的前 600 阶振型的特征周期和各方向质量参与系数见表 41.4－5。表中只列出了主要阶次的数据，包括前 10 阶振型，在 x、y 方向或 z 轴转动方向质量参与系数超过 10%的振型，z 方向质量参与系数超过 1%的振型。

表 41.4－5 结构振型的特征周期和质量参与系数

阶数	特征周期（s）	质量参与系数				累积质量参与系数			
		x 方向	y 方向	z 方向	z 轴转动	x 方向	y 方向	z 方向	z 轴转动
1	1.063	0.00%	0.00%	0.00%	0.39%	0.00%	0.00%	0.00%	0.39%
2	0.807	0.00%	0.00%	0.00%	0.18%	0.00%	0.00%	0.00%	0.57%
3	0.688	0.10%	0.01%	0.00%	0.00%	0.10%	0.01%	0.00%	0.57%
4	0.688	0.02%	0.10%	0.00%	0.00%	0.11%	0.11%	0.00%	0.57%
5	0.676	0.06%	0.12%	0.00%	0.00%	0.18%	0.23%	0.00%	0.57%
6	0.676	0.12%	0.06%	0.00%	0.00%	0.30%	0.29%	0.00%	0.57%
7	0.669	0.00%	0.00%	0.00%	0.00%	0.30%	0.29%	0.00%	0.57%
8	0.669	0.00%	0.00%	0.00%	0.00%	0.30%	0.29%	0.00%	0.57%
9	0.650	0.00%	0.00%	0.00%	0.00%	0.30%	0.29%	0.00%	0.57%

续表

阶数	特征周期（s）	质量参与系数				累积质量参与系数			
		x方向	y方向	z方向	z轴转动	x方向	y方向	z方向	z轴转动
10	0.648	0.00%	0.00%	0.00%	0.00%	0.30%	0.29%	0.00%	0.57%
34	0.549	0.00%	0.00%	0.00%	62.00%	1.23%	1.23%	0.00%	63%
44	0.501	0.00%	0.00%	1.40%	0.00%	1.33%	1.33%	1.44%	63%
77	0.401	35.00%	11.00%	0.00%	0.00%	48%	23%	3.08%	63%
78	0.401	11.00%	35.00%	0.00%	0.00%	59%	59%	3.08%	63%
81	0.395	0.00%	0.00%	0.00%	13.00%	59%	59%	3.08%	76%
97	0.367	0.00%	0.01%	2.46%	0.00%	59%	59%	5.74%	76%
208	0.249	5.35%	12.00%	0.00%	0.00%	71%	78%	6.08%	82%
209	0.249	12.00%	5.35%	0.00%	0.00%	84%	84%	6.08%	82%
244	0.186	5.05%	0.99%	0.00%	0.00%	90%	90%	6.28%	82%
334	0.073	0.00%	0.00%	1.06%	0.00%	98%	98%	7.36%	96%
385	0.056	0.00%	0.00%	5.92%	0.00%	99%	99%	13%	98%
450	0.050	0.00%	0.00%	14.00%	0.00%	99%	99%	33%	98%
493	0.047	0.00%	0.00%	41.00%	0.00%	99%	99%	74%	98%
584	0.039	0.00%	0.00%	2.94%	0.00%	100%	100%	77%	100%
600	0.038	0.00%	0.00%	0.00%	0.00%	100%	100%	77%	100%

图41.4－6给出了结构某些主要阶次的振型图：第1阶振型为外环索扭转振动，第2阶为中环索扭转振动，第3阶为屋盖沿x向的反对称振动，第4阶为屋盖沿y向的反对称振动，第5~10阶为屋盖的高阶局部振动，第34阶为整体结构扭转振动，第44阶为屋盖竖向振动，第77阶为x向为主的整体结构水平振动，第78阶为y向为主的整体结构水平振动。

3. 反应谱分析计算参数

1）振型阻尼比

采用《规范》10.2.8条文说明中的统一阻尼比法。在重力荷载代表值的作用下，所有钢结构单元在的变形能W_s为388.05kN·m，所有混凝土单元在的变形能W_c为240.83kN·m。统一阻尼比$\zeta=(\zeta_s W_s+\zeta_c W_c)/(W_s+W_c)=0.0315$，其中$\zeta_s$取0.02，$\zeta_c$取0.05。

2）设计反应谱基本参数

根据《规范》第5.1.4条，确定地震影响系数最大值α_{max}为0.16，特征周期值T_g为0.45s；根据《规范》第5.1.5条，得到阻尼比为0.0315下的设计反应谱；根据《规范》第5.3.4条，取竖向地震影响系数为水平地震影响系数的65%，特征周期按第一组。

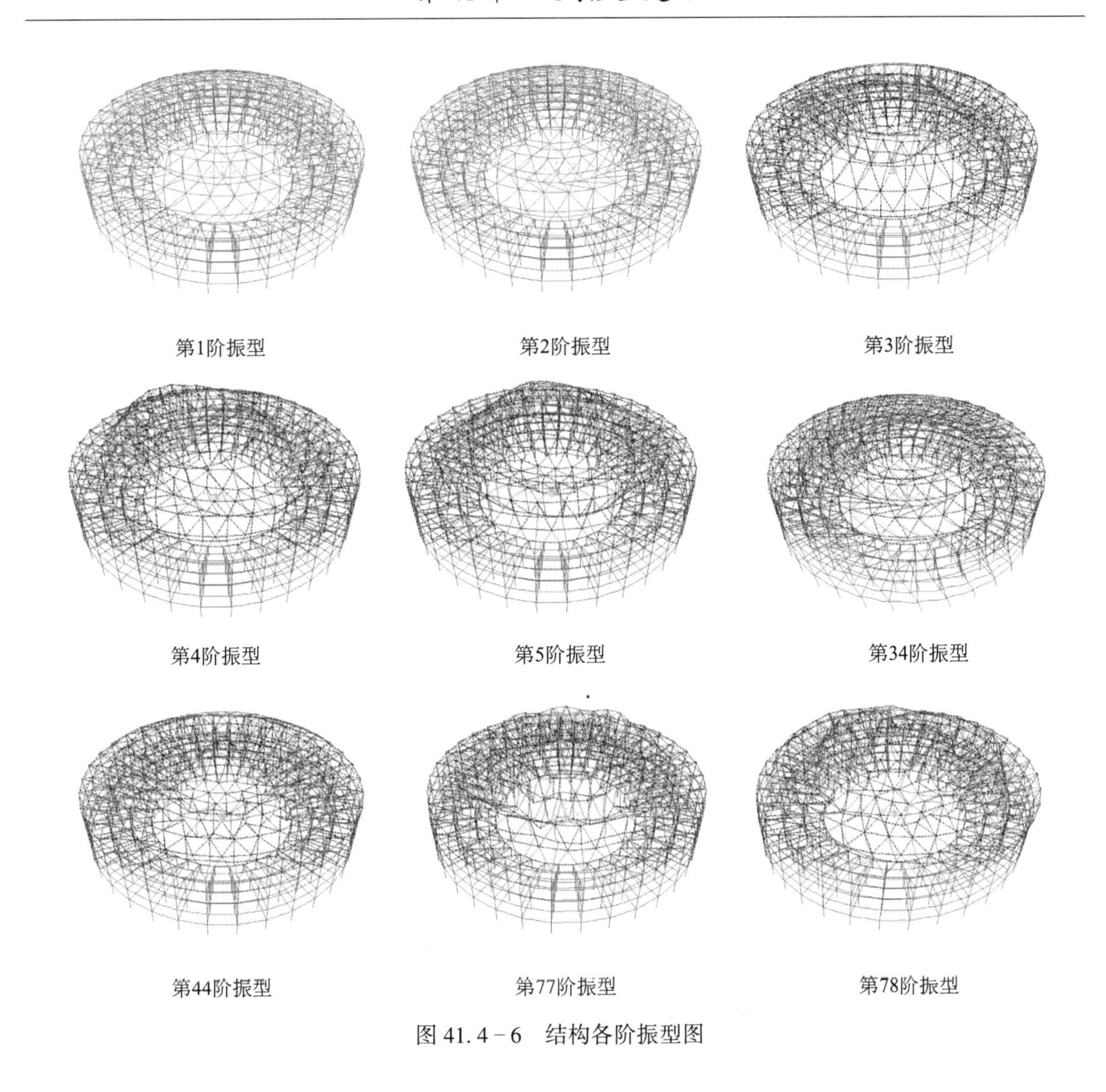

图 41.4-6　结构各阶振型图

3）振型组合

振型组合方法采用完全二次型方根（CQC）法。

4. 地震作用计算

1）地震作用的计算方向

本例按照《规范》10.2.11 条第 2 款的规定，对结构进行三向地震作用效应的组合。

本例有多个主轴，按照《规范》10.2.9 条第 2 款的规定，应当进行多个方向的水平地震作用计算。考虑到对称性，选取 0°、45°、90°和 135°四个方向分别作为主轴（x 轴）进行水平地震作用计算。

2）地震作用效应组合

根据《规范》5.4.1 条规定，截面抗震验算的效应组合见表 41.4-6。

表 41.4－6　截面抗震验算的效应组合

组合编号	控制荷载	恒载	活载	风	S_H	S_z
1	水平地震	1.2	1.2×0.5		1.3	0.5
2	竖向地震	1.2	1.2×0.5		0.5	1.3
3	水平地震	1.0	0.5		1.3	0.5
4	竖向地震	1.0	0.5		0.5	1.3
5	水平地震	1.2	1.2×0.5	1.4×0.2	1.3	0.5
6	竖向地震	1.2	1.2×0.5	1.4×0.2	0.5	1.3
7	水平地震	1.0	0.5	1.4×0.2	1.3	0.5
8	竖向地震	1.0	0.5	1.4×0.2	0.5	1.3

注：表中恒载中包括了预应力

根据《规范》10.2.12规定，进行屋盖抗震变形验算的效应组合见表41.4－7。

表 41.4－7　抗震变形验算的效应组合

组合编号	恒载	活载	S_H	S_z
9	1.0	0.5	1.0	0.4
10	1.0	0.5		0.4
11	1.0	0.5	0.4	1.0
12	1.0	0.5		1.0

表41.4－6和41.4－7中：$S_H=\sqrt{S_x^2+(0.85S_y)^2}$，为双向水平地震作用下的共同效应；$S_x$、$S_y$、$S_z$分别为$x$、$y$、$z$向单向水平地震作用的效应；且所有组合均考虑地震作用效应的正负值。

3）组合振型数的选取

屋盖结构的组合振型数一般可根据振型参与质量是否达到总质量的90%以上来判定。从表41.4－5可以看出，在水平地震作用下，当取前244阶振型时，x方向和y方向的质量参与系数均达到规范规定的90%的要求。

根据振型参与质量系数是否大于90%的原则，即便组合振型数达到600阶，z方向也不能满足。但是如不考虑下部柱子的质量，而只计入其刚度时（即相当将下部结构模型按弹簧单元等效），244阶振型进行组合足以达到z方向振型参与质量系数大于90%的要求。因此，在整体模型基础上，分别采用600阶和244阶组合振型计算网壳的竖向地震作用效应S_z，所求得的网壳代表性杆件（图41.4－4）的内力列于表41.4－8中。可见，两者的内力相差很小，可以忽略244阶以上高阶振型的影响。

表 41.4－8　600 阶和 244 阶组合振型的杆件内力 S_z 的比较

杆件编号	前 600 阶组合			前 244 阶组合		
	轴力（kN）	主轴弯矩（kN·m）	次轴弯矩（kN·m）	轴力（kN）	主轴弯矩（kN·m）	次轴弯矩（kN·m）
1	34.633	8.894	2.157	33.525	8.894	2.157
2	29.562	5.721	0.799	28.594	5.721	0.798
3	28.796	2.804	0.473	28.288	2.804	0.472
4	28.315	3.549	0.289	28.146	3.549	0.288
5	21.470	2.862	0.312	21.247	2.862	0.312
6	30.959	2.115	0.336	30.940	2.115	0.335
7	32.467	5.213	0.038	32.413	5.213	0.038
8	30.298	2.841	0.198	30.271	2.841	0.197
9	41.928	3.446	0.193	41.694	3.446	0.193
10	36.462	4.381	0.010	36.010	4.381	0.010
11	26.539	2.771	0.353	26.245	2.771	0.352
12	38.797	5.070	0.397	38.126	5.070	0.397
13	45.601	8.283	0.009	44.156	8.283	0.009
14	26.091	4.636	0.267	25.253	4.636	0.267
15	54.304	6.797	0.006	53.184	6.797	0.006
16	78.695	0.626	0.203	78.690	0.626	0.203
17	20.202	0.653	0.197	20.159	0.653	0.197
18	52.539	0.598	0.144	52.469	0.598	0.144
19	26.532	2.640	0.600	26.421	2.640	0.600
20	48.447	1.021	0.144	47.819	1.021	0.144
21	44.309	1.047	0.220	43.825	1.047	0.220
22	40.308	1.419	0.213	39.916	1.419	0.213
23	41.181	0.431	0.055	40.705	0.431	0.055
24	92.020	0.983	0.199	91.562	0.983	0.198
25	39.721	3.260	0.015	38.184	3.260	0.015

4）截面验算

对结构进行反应谱分析后，得出 24～31 号工况组合下的内力。根据《规范》10.2.13 条，对结构中的关键杆件——1、2、16 号杆件的内力乘以 1.2 的放大系数（乙类建筑，措施提高 1 度）。之后对每根杆件（非抗震设计得出的截面型号）进行强度和稳定验算，结果见表 41. 4 – 9。

表 41. 4 – 9　杆件截面抗震验算参数

杆号	验算截面型号	放大系数	轴力（kN）	主轴弯矩（kN · m）	次轴弯矩（kN · m）	应力比
1	ϕ273×14	1. 2	−680. 95	−128. 92	22. 70	0. 821
2	ϕ245×14	1. 2	−522. 93	−84. 91	−11. 61	0. 756
3	ϕ219×14	1	−449. 03	−65. 37	6. 86	0. 817
4	ϕ219×14	1	−494. 04	−41. 86	−2. 80	0. 737
5	ϕ194×12	1	−260. 55	−45. 06	−3. 05	0. 757
6	ϕ245×14	1	−544. 18	−49. 16	4. 83	0. 729
7	ϕ203×14	1	−411. 50	−64. 57	−0. 51	0. 795
8	ϕ219×14	1	−462. 17	−48. 45	3. 25	0. 783
9	ϕ245×14	1	−640. 46	−64. 20	−3. 60	0. 780
10	ϕ219×14	1	−565. 23	−60. 12	0. 57	0. 776
11	ϕ219×14	1	−400. 06	−40. 67	1. 39	0. 798
12	ϕ245×14	1	−599. 40	−53. 67	−1. 63	0. 642
13	ϕ245×14	1	−729. 54	−59. 99	−2. 04	0. 685
14	ϕ219×14	1	−601. 94	−49. 88	−1. 47	1. 060
15	ϕ219×14	1	−518. 32	−61. 24	0. 31	0. 736
16	ϕ245×14	1. 2	−785. 33	−34. 11	−1. 85	1. 066
17	ϕ194×12	1	−276. 75	−20. 14	−0. 72	0. 732
18	ϕ203×14	1	−726. 72	−17. 39	−1. 13	1. 043
19	ϕ168×10	1	−206. 94	−29. 21	−4. 35	0. 719
20	ϕ273×14	1	−839. 54	−27. 78	1. 66	0. 823
21	ϕ245×14	1	−757. 74	−31. 74	−1. 46	1. 060
22	ϕ194×12	1	−417. 84	−21. 44	2. 07	0. 835
23	ϕ194×12	1	−439. 22	−17. 44	−0. 72	0. 845
24	ϕ219×14	1	−736. 59	−19. 05	2. 16	0. 830
25	ϕ219×14	1	−890. 26	−50. 05	−0. 64	1. 049

注：应力比的定义同表 41. 4 – 4。

从表 41.4－9 中可以看出，14、16、18、21 和 25 号杆件不满足《钢结构设计规范》（GB 50017）中公式（5.2.5－2）的要求。对其截面加大一个规格后，重新计算分析的结果满足规范要求。

5）变形验算

《建筑抗震设计规范》10.2.12 条要求屋盖结构在重力荷载代表值和多遇竖向地震作用标准值效应下的组合挠度值不宜超过［$L/300$］，本例为 360mm。9~12 号工况效应组合下网壳的最大挠度为 75.68mm（从初始形态算起），满足要求。

第 8 篇　钢结构房屋

本篇主要编写人

郁银泉　中国建筑标准设计研究院有限公司
王　喆　中国建筑标准设计研究院有限公司

第42章　多层和高层钢结构房屋

42.1　抗震结构体系

42.1.1　多高层钢结构的体系与抗侧力构件

多高层钢结构的结构体系有纯框架结构、框架-中心支撑结构、框架-偏心支撑（延性墙板）结构、筒体结构（框筒、筒中筒、桁架筒、束筒）及巨型框架结构等。各种体系的抗侧力构件均由框架和支撑（剪力墙板）部分组成。

1. 钢框架

梁柱之间均为刚性连接，从而形成刚构体系，可单独承受侧向力，即纯框架结构，可用于不超过110m（6度、7度（0.10g））至50m（9度）的结构或较低的高层钢结构，有较好的延性。

多层及较低的高层钢结构，在低烈度抗震设防地区，框架的部分跨间或一个方向的梁柱之间可采用部分铰接，以减少现场的焊接工作量及降低造价，而主要由支撑（剪力墙板）承担水平力。这种梁柱之间铰接连接的框架在美国多见（主要是非震地区），在日本罕见，这与房屋所在地区的地震烈度有关。我国已有的多层钢结构中也有这种做法，仅用在7度设防地区。支撑应设计为受压支撑，并注意加强抗震构造措施。

无支撑的筒体结构也是纯框架。利用其整体的空间作用功能，形成较强的侧向刚度，承担地震作用，能具有较好的延性。

采用框架结构时，甲、乙类建筑和高层丙类建筑不应采用单跨框架结构，多层的丙类建筑不宜采用单跨框架结构。

2. 钢支撑框架

（1）支撑构件与周边框架组成的支撑框架，作为结构的主要抗侧力构件。

支撑框架中的支撑可以是中心支撑、偏心支撑、带竖缝钢筋混凝土抗震墙板、内藏钢支撑外包钢筋混凝土抗震墙板，以及屈曲约束支撑等消能支撑。

一、二级的钢结构房屋，宜采用偏心支撑、带竖缝钢筋混凝土抗震墙板、内藏钢支撑外包钢筋混凝土抗震墙板及屈曲约束支撑等延性较好的支撑结构，能有效地减小结构实际所承受的地震力。

（2）支撑框架设计应注意的问题。

①支撑框架在结构平面两个方向的布置均宜基本对称，支撑框架之间楼盖的长宽比不宜大于 3。

②不超过 50m 的钢结构宜采用中心支撑，必要时也可采用偏心支撑、屈曲约束支撑等消能支撑。

③中心支撑框架宜采用交叉支撑，也可采用人字支撑或单斜杆支撑，不宜采用 K 形支撑；支撑的轴线宜交会于梁柱构件轴线的交点，若偏离交点，其偏心距不应超过支撑杆件宽度，并应计入由此产生的附加弯矩。当中心支撑采用只能受拉的单斜杆体系时，应同时设置不同倾斜方向的两组斜杆，且每组中不同方向单斜杆的截面面积在水平方向的投影面积之差不得大于 10%。

④支撑框架的竖向布置。

支撑框架沿结构竖向应连续布置，以使层间刚度变化均匀，不要形成刚度突变。支撑框架要延伸到地下室基础，不可由于使用功能需要在地下室变动支撑位置。地下室周边可依据框架的形式（钢或钢骨混凝土结构）选用支撑或钢筋（骨）混凝土抗震墙。

⑤支撑框架的适宜数量。

《规范》对结构在水平力作用下发生的层间位移限值，是对结构侧向刚度的最低要求。对于钢结构而言，应满足位移限制，但不宜要求结构侧向刚度过大，否则降低了延性，又增加了材料用量。因此在考虑支撑框架的数量时，一般可按满足规定的水平位移限值为目标。

3. 偏心支撑框架

偏心支撑框架的特点是每对支撑与梁的交点间形成消能梁段，或是支撑与梁的交点和柱之间形成消能梁段，而每根支撑应至少有一端与框架梁相连。

偏心支撑的消能原理：偏心支撑框架是由较强的柱、横梁及支撑与较弱的消能梁段组成，在多遇地震时，它们都处于弹性状态，罕遇地震时消能梁段屈服形成塑性铰，且具有稳定的滞回性能。当消能梁段由于较大的地震力作用进入了应变硬化阶段时，其余构件如支撑斜杆、柱和梁的其他梁段仍应保持弹性工作状态。消能梁段的屈服过程使结构刚度降低、减小了地震作用，即起到消能或结构的“保险丝”作用。

偏心支撑在弹性阶段的水平刚度可以接近中心支撑，在弹塑性阶段的延性可以接近于延性框架。在同一结构中可以全部使用偏心支撑，也可以部分采用偏心支撑。在同一竖向连续的支撑框架中可以部分层采用偏心支撑，部分层采用中心支撑，以适应建筑使用要求、荷载或结构刚度变化等情况，取得整体刚度尽可能均匀的效果。支撑类型竖向变化也可以起到一定消能的效果。一般顶层可以不设偏心支撑。如果底层采用中心支撑，上层为偏心支撑，则要求底层的弹性承载力大于以上各层承载力的 1.5 倍。

偏心支撑框架中耗能梁段的设置部位决定于支撑的布置。常用的偏心支撑形式见图 42.1－1 所示。美国有关资料提出，根据震害经验，偏心支撑最好采用消能梁段位于横梁中部的支撑形式，因为与柱相连的消能梁段地震时易损坏。

4. 带竖缝钢筋混凝土剪力墙板

带竖缝钢筋混凝土剪力墙板是嵌在钢框架中的预制墙板，形成钢框架–剪力墙体系，其特点如下：

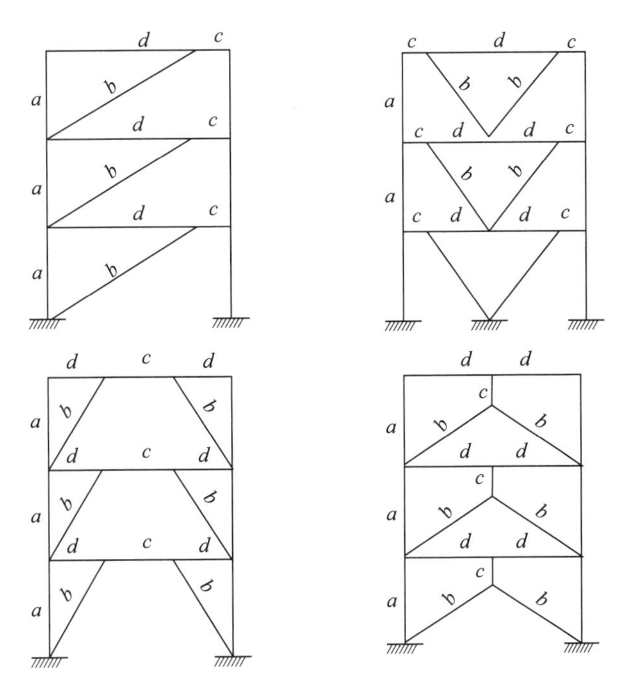

42.1－1　偏心支撑结构示意图（图中 c 为耗能梁（柱）段）

（1）带竖缝钢筋混凝土剪力墙板只承受水平荷载产生的剪力，不考虑承担竖向荷载产生的轴力。

（2）嵌在梁与柱区格内的预制墙板上设置数条竖缝。一般缝长取墙板高度的 1/2，缝间距取缝长的 1/2，缝宽一般可为 10mm。

（3）预制墙板与钢框架柱没有任何连接，仅与梁连接。

（4）预制墙板上端与钢框架梁下翼缘通过连接板用高强度螺栓连接。预制墙板下端设齿槽，将下部钢框架梁上翼缘的焊接栓钉嵌入齿槽中，并埋入钢筋混凝土墙板内，预制墙板通过楼板及梁传递水平力。

预制墙板的耗能机理：弹性阶段时由各缝间及其范围内的实体墙共同构成的“并联壁式框架”承担水平力，可具有较高的侧向刚度。在弹塑性阶段，各缝间墙肢弯曲屈服，同时产生裂缝，侧向刚度变小，使整体结构能量消耗，起到减震耗能的作用。

带竖缝钢筋混凝土剪力墙可以与其他抗侧力构件在同一结构上使用。

5. 内藏钢支撑钢筋混凝土剪力墙板

内藏钢支撑钢筋混凝土剪力墙板主要是以其中的钢板支撑承担水平地震作用，外包钢筋混凝土在弹性阶段可以增加水平刚度。优点是内藏钢板支撑可以不考虑受压屈曲；所形成的预制墙板易于现场安装。

内藏的钢支撑可以是中心支撑也可以采用偏心支撑（可用于高烈度地震区）。

内藏钢板支撑剪力墙只承担水平荷载产生的剪力，不考虑承担竖向荷载产生的内力。因此在构造上墙板外露的支撑斜杆和框架上下梁通过连接板用高强度螺栓相连。墙板与框架柱不连接且留空隙。施工时，墙板与上端框架梁在现场组合后吊装，然后与下端梁连接。

内藏钢板支撑剪力墙板的耗能机理是：弹性阶段墙板的钢支撑与钢筋混凝土形成刚度较大的抗侧力构件，支撑不受稳定控制，弹塑性阶段混凝土开裂，刚度减小，由支撑单独承担刚度变化后的水平力，仍可保证结构的安全，结构刚度减小的过程即完成抗震耗能的过程。

6. 钢板剪力墙

钢板剪力墙是以钢板作为承担水平剪力构件，有较大的侧向刚度，比钢筋混凝土剪力墙有更好的延性，与钢框架同一材料，有较好的协调性。

非抗震设计及四级抗震等级时钢板剪力墙可以不设加劲肋，三级及以上时宜采用带竖向加劲肋和/或水平加劲肋的钢板剪力墙。竖向加劲肋宜两面设置或交替两面设置，横向加劲肋可单面或双面或交替双面设置。钢板墙的四周与框架梁柱直接用高强度螺栓或焊缝连接。因此，钢板剪力墙承担框架梁柱周边传递的剪力。但不考虑由梁承担的竖向荷载。在抗震设防区，应采用尽量使竖向加劲肋不参与承担竖向荷载的构造和布置，见图 42. 1 - 2。

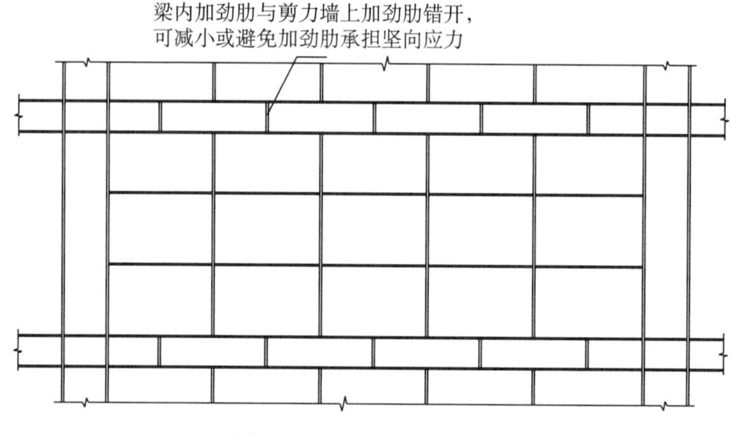

图 42. 1 - 2　加劲肋的布置

7. 带缝钢板剪力墙

带缝钢板剪力墙类似带竖缝钢筋混凝土剪力墙，在钢板上开多条竖缝，将墙板由受剪控制变为板条受弯控制，板面不需设置加劲肋；它具有良好的延性和稳定性；可使结构水平刚度显著提高，如图 42. 1 - 3 所示。

带缝钢板剪力墙在构造上的特点是：①缝区沿墙板高度可设为 2 段或 3 段，相邻缝区间留有一定间隔，通过改变钢板条的段数、宽厚比和长宽比，可以调节墙板的侧向刚度和承载力。②仅墙板上下边与上下框架梁连接，左右与框架柱不连接；为了防止钢墙板平面外变形，在墙板的两个侧边垂直于墙板方向需设置加劲肋。

在建筑上，与支撑相比不需占用开间内的全部空间，便于在墙上布置门、窗。此外，墙板厚度较薄，可设置较薄的装修材料。这种墙板安装简单，大量减少了焊接作业，也不需特殊材料和制作方法。建议用于 15 层以下多层钢结构建筑。鉴于钢板条的抗扭刚度较弱，采用本剪力墙的房屋宜具有较好的平面和竖向规则性。

8. 无粘结内藏钢板支撑剪力墙

无粘结内藏钢板支撑剪力墙（如图 42. 1 - 4）是一种以钢板为基本单元，外包钢筋混凝

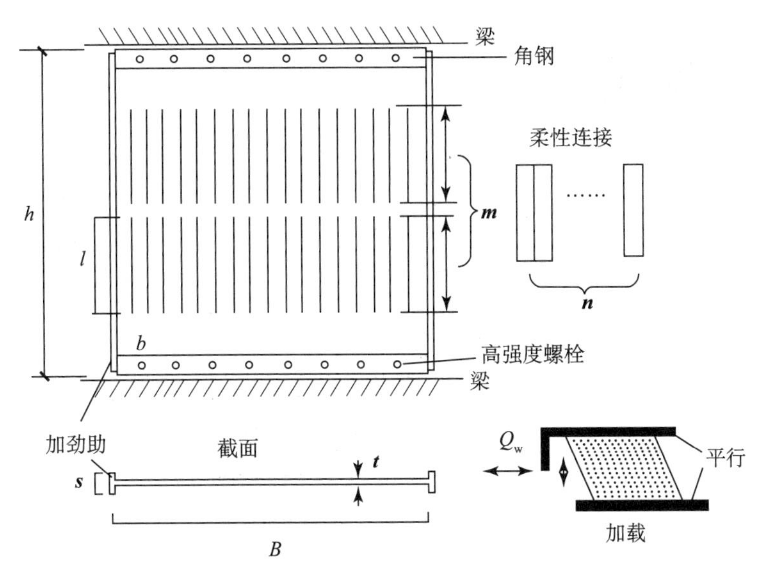

图 42.1-3　带缝钢墙板示意图

土墙板为约束单元的板式约束屈曲构件。内藏钢板支撑的形式宜采用人字支撑、V 形支撑或单斜杆支撑，且应设置成中心支撑。若采用单斜支撑，应在相应柱间成对对称布置。内藏钢板支撑的净截面面积，应根据无粘结内藏钢板支撑剪力墙所承受的楼层剪力按强度条件选择，不考虑屈曲。无粘结内藏钢板支撑剪力墙制作中，应对内藏钢板表面的无粘结材料的性能和敷设工艺进行专门的验证。无粘结材料应沿支撑轴向均匀地设置在支撑钢板与墙板孔壁之间。钢板支撑的材性应满足下列要求：钢材拉伸应有明显屈服台阶，且同一批钢材屈服强度的波动范围不宜过大；屈强比不大于 0.8；断后伸长率不小于 20%；具有良好的可焊性。

内藏钢板支撑剪力墙只承担水平荷载产生的剪力，不考虑承担竖向荷载产生的内力。因此在构造上墙板外露的支撑斜杆和框架上下梁通过连接板用高强度螺栓相连。墙板与框架柱不连接且留空隙。施工时，墙板与上端框架梁在现场组合后吊装，然后与下端梁连接。

内藏钢板支撑剪力墙板的耗能机理是：弹性阶段墙板的钢支撑不受稳定控制，不发生屈曲变形，刚度较大，弹塑性阶段，内藏钢板支撑产生屈曲变形，刚度变化，仍可保证结构的安全，结构刚度减小的过程即完成抗震耗能的过程。

9. 屈曲约束支撑

屈曲约束支撑一般由核心钢支撑、约束单元和两者之间的无粘结构造层三部分组成，见图 42.1-5 所示。核心钢支撑由工作段、过渡段和连接段组成，见图 42.1-6。约束单元可采用钢、钢管混凝土或钢筋混凝土材料。

屈曲约束支撑设计宜符合下列原则：

(1) 屈曲约束支撑宜设计为仅承受轴向力作用。

(2) 多遇地震作用下，屈曲约束支撑宜保持在弹性状态。

(3) 耗能型屈曲约束支撑在设防地震和罕遇地震作用下应显著屈服和耗能；承载型屈曲约束支撑在设防地震作用下应保持弹性，在罕遇地震作用下可以进入屈服，但不能用作结

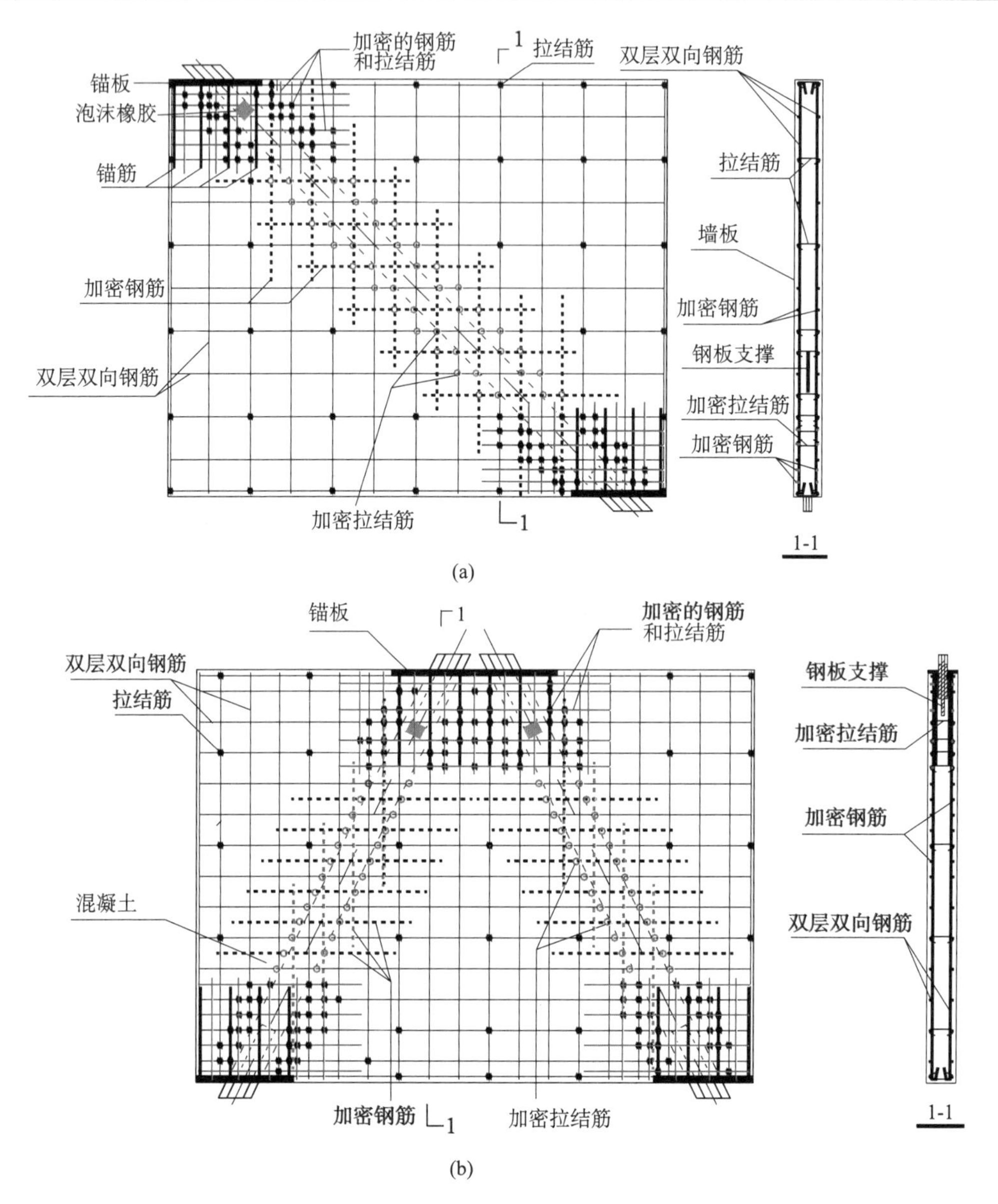

42.1－4　墙板内钢筋布置

（a）单斜无粘结内藏钢板支撑剪力墙；（b）人字形无粘结内藏钢板支撑剪力墙

构体系的主要耗能构件。

（4）在罕遇地震作用下，屈曲约束支撑连接部分不应发生损坏。

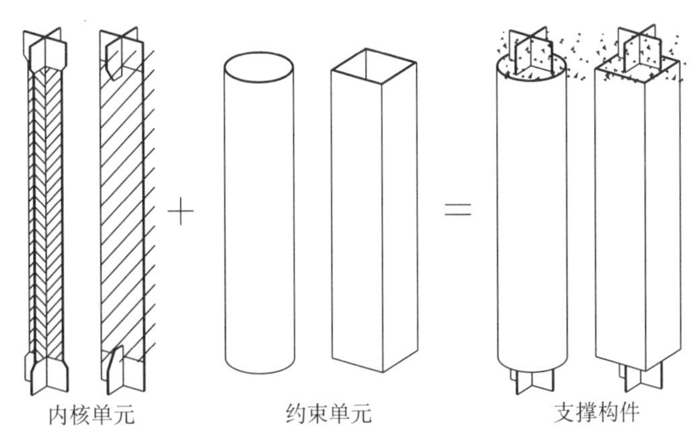

42.1－5　屈曲约束支撑的典型构成

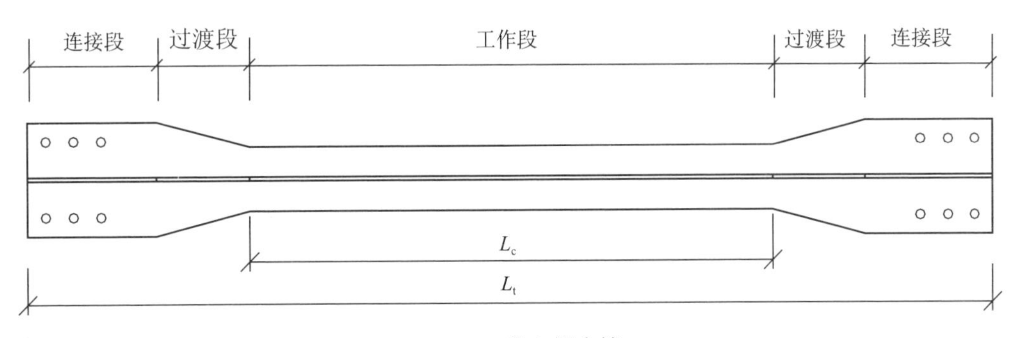

42.1－6　核心钢支撑

42.1.2　高层钢结构适用的最大高度及适用的最大高宽比

由于各种外部条件（如地震作用、风荷载、温度变化等）和现有科技手段的约束，目前，国内外关于钢结构抗震技术的研究成果，均只能在一定范围内适用，因此《规范》提出了钢结构房屋适用高度要求，如表 42.1－1。

表 42.1－1　钢结构房屋适用的最大高度（m）

结构类型	6 度、7 度 （0.10g）	7 度 （0.15g）	8 度		9 度 （0.40g）
			（0.20g）	（0.30g）	
框架	110	90	90	70	50
框架-中心支撑	220	200	180	150	120
框架-偏心支撑（延性墙板）	240	220	200	180	160
筒体（框筒，筒中筒，桁架筒，束筒）和巨型框架	300	280	260	240	180

注：①房屋高度指室外地面到主要屋面板板顶的高度（不包括局部突出屋顶部分）；

②超过表内高度的房屋，应进行专门研究和论证，采取有效的加强措施；

③表内的筒体不包括混凝土筒。

建筑物的高宽比对结构的整体稳定、构件的受力与变形性能都有较大影响。作为高层钢结构的设计限制要求，高宽比比房屋高度的限制意义更为重要。按照不同结构形式的特点及抗震设防烈度，《规范》提出了如表 42.1－2 的要求。

表 42.1－2　钢结构民用房屋适用的最大高宽比

烈度	6、7	8	9
最大高宽比	6.5	6.0	5.5

注：①计算高宽比的高度从室外地面算起；
②当塔形建筑的底部有大底盘时，计算高宽比采用的高度从大底盘顶部算起。

适用的最大高度及高宽比数值是根据国内外已有建筑结构及各种研究资料提出的。从国内目前的已建高层建筑钢结构来看，多数均可以满足以上适用高度及高宽比的限值。当由于建筑使用或规划功能的特点必须超过以上限值时，需要按“超限”建筑结构处理。此时，对于设计者来说，要加强计算分析，必要时要用多款软件核算；确定结构设计是否需要采用抗震性能设计方法，同时有必要进行弹塑性时程分析，认定薄弱部位，并在设计中采取措施加强；对于设计管理部门来说，按照政府规定由该部门或其委托的审查机构进行抗震审查，并提出改进及加强的意见，以保证“超限”的高层钢结构安全可靠，以保证结构“小震不坏，中震可修，大震不倒”。

在国内外已经建成的部分高层钢结构的高宽比如表 42.1－3 所列。

表 42.1－3　国内外已建部分高层钢结构的高宽比

建筑物名称	总高度/m	高宽比
原纽约世贸中心（钢结构）	411	6.5
芝加哥标准石油大厦（钢结构）	342	6.06
上海浦东金茂大厦（钢–混结构）	421	7.9
北京国贸三期大厦（钢–混结构）	330	15.5
北京银泰中心 A 座（钢）	249.5	6.32
深圳地王大厦（钢–混结构）	320	8.8
广州西塔（钢–混结构）	312	8.2
深圳汉京中心（钢结构）	320	7.3
香港中环中心（钢结构）	346	8.1

不同结构形式的钢结构，其结构延性也有所差别。例如支撑或剪力墙板等抗侧力构件，在结构承担侧向力比例大时延性相对小。对延性较好，体型较规则的结构，高宽比的掌握可以较松，相反要从严掌握，但均宜在规范规定的限值以内。

42.1.3　高层钢结构的抗震等级

钢结构房屋应根据设防类别、烈度和房屋高度采用不同的抗震等级，并应符合相应的计算和构造措施要求。丙类建筑的抗震等级应按表 42.1－4 确定。

表 42.1－4　丙类钢结构房屋的抗震等级

房屋高度	烈度			
	6	7	8	9
≤50m	—	四	三	二
>50m	四	三	二	一

注：①高度接近或等于高度分界时，应允许结合房屋不规则程度和场地、地基条件确定抗震等级；
②一般情况，构件的抗震等级应与结构相同；当某个部位各构件的承载力均满足 2 倍地震作用组合下的内力要求时，7~9 度的构件抗震等级应允许按降低一度确定。

一、二级的钢结构房屋，宜采用含偏心支撑、带竖缝钢筋混凝土剪力墙板、内藏钢支撑钢筋混凝土墙板或屈曲约束支撑等消能支撑的框架-支撑结构或筒体结构。

不同的抗震等级，体现不同的延性要求。可借鉴国外相应的抗震规范，如欧洲 Eurocode8，美国 AISC，日本 BCJ 的高、中、低的延性规定。根据抗震耗能的概念设计原则，当构件的承载力明显提高，能满足烈度高一度的地震作用要求时，延性要求可适当降低，故允许降低其抗震等级。

42.1.4　高层钢结构的规则性问题

规则的结构体形对保证较好的抗震性能是重要的条件，钢结构与其他结构形式的基本要求是一致的，均应符合抗震《规范》第 3.4 节规定。

（1）高层钢结构在竖向经常会有结构材料的变化。例如底部（或地下室）是钢筋混凝土，上部（包括裙房）是钢骨混凝土，再以上是钢结构。钢骨混凝土结构的刚度比钢结构大，如果在构件材料变更处再有其他变化，有可能造成层间侧向刚度突变。因此，在设计时要考虑构件材料变更时层间侧向刚度的变化，采用刚度过渡的方法，避免侧向刚度的突变。过渡层的钢柱（外包钢筋混凝土）宜按《钢骨混凝土结构设计规程》（YB 9082）规定，其侧向刚度宜取（0.4~0.6）$[(EI)_{SRC}+(EI)_S]$。

（2）钢结构的侧向刚度较混凝土结构小，一般为柔性结构，在平面不规则的几种情况中，楼板局部不连续或较大开洞的影响要比混凝土结构更为敏感，应从严掌握。但钢结构楼面开洞的补强手段比混凝土结构丰富。例如，在开洞部位或是开洞旁邻跨内设置水平支撑，可以有效地增强楼层平面内刚度。

（3）关于竖向抗侧力构件不连续问题。对于钢结构，当不同的抗侧力构件不连续时，对整体结构的抗震性影响很大。采用混凝土剪力墙作为主要抗侧力构件时，一般墙体所分担的水平力比例相当大，而框架对抗侧力的贡献较小。因此，剪力墙竖向不连续对整体结构的竖向刚度造成的影响非常突出，对转换层的处理和计算也比较复杂。因此，设计中应避免混凝土剪力墙在竖向的间断。对于采用钢支撑作为抗侧力构件，比较容易做到与钢框架之间形成较合理的抗侧力比例，框架本身相对也有较大的刚度，支撑的竖向不连续对整体刚度的影响相对较小。同时，钢支撑与间断部位转换层构件的计算，受力比较明确，设计相对简单。因此，对于钢结构应尽可能采用钢支撑作为抗侧力构件。由于支撑在全部用钢量中比例很小，所以采用支撑抗侧力较采用混凝土剪力墙的用钢量增加不多，而施工可以简便、工期缩短。

（4）防震缝。

钢结构房屋应按照《规范》第 3.4 节规定设计，一般可不设防震缝。

多高层钢结构存在以下情况一般宜设置防震缝：一是结构体型复杂、平立面特别不规则的建筑，通过设防震缝形成多个规则的抗侧力结构单元。二是由于地基沉降差异较大而设置的沉降缝，或建筑物过长、平面复杂而设置的变形缝，都应按防震缝考虑，其宽度应满足防震缝的要求。由于钢结构侧向位移的规定限值较混凝土结构要大，防震缝的宽度应不小于钢筋混凝土框架结构缝宽的 1.5 倍。

防震缝的宽度：钢结构房屋的防震缝宽度（两侧建筑物外边缘的距离）当高度不超过 15m 时不小于 150mm，6、7、8、9 度分别每增加高度 5、4、3、2m 时，防震缝宜加宽 30mm。当防震缝两侧，分别为钢结构及混凝土结构时，按钢结构的防震缝宽度设置。

防震缝两侧建筑结构之间的联系构件要采用柔性连接。避免连接刚性过大而丧失了设置了防震缝的功能。

防震缝两侧建筑有错层情况时，应对柱采取加强措施，避免楼盖与柱相撞而造成柱的破坏。

近年来，由于地基勘察、处理的水平和结构计算能力的提高，对地基变形的分析观念也有所变化。很多建筑取消了按过去设计规定应设置的沉降缝。例如，北京某公共建筑，上部为高层钢结构（主楼）与下部总长约 120m 的混凝土结构（裙房）连成一体，没有设沉降缝及变形缝。经过十五年没有发现问题，沉降差保持在设计计算范围之内。但在沉降缝、变形缝减少时，要注意采取合理的基础方案及对变化部分的结构采取加强措施。

42.1.5 钢结构房屋的底部嵌固

钢结构房屋的底部嵌固包括整体建筑在地下部分埋深及钢框架柱的嵌固两个方面。

1. 关于整体建筑的埋深与嵌固

（1）超过 50m 的钢结构房屋应设置地下室，其基础埋置深度，当采用天然地基时不宜小于房屋总高度的 1/15；当采用桩基时，桩承台埋深不宜小于房屋总高度的 1/20。

（2）设置地下室时，框架-支撑（剪力墙板）结构中的支撑（剪力墙板）应延伸至地下室的基础，使地震力有效地传递至基础。

2. 关于钢框架柱的底部嵌固，即钢柱脚的设计

钢框架底层柱的嵌固程度对结构抗震性能的影响应予以充分重视。1995 年日本阪神地震在被震坏的 993 幢钢结构房屋中，柱脚破坏的有 211 幢，占 21%。具体情况见表 42.1－5。

表 42.1-5　阪神地震柱脚破坏的建筑物统计表

破坏情况	倒塌	大破坏	中破坏	小破坏	合计
柱脚损坏的结构	41（19.4%）	91（43.1%）	55（26.1%）	24（11.4%）	211（100%）
全部被调查的结构	90（9.1%）	333（33.5%）	270（27.2%）	300（30.2%）	993（100%）

在受震害的钢结构中有外露式也有外包式。外包式柱脚在震后混凝土破裂，钢箍脱开，柱脚锚固螺栓被拔出。有的外露式柱脚，柱与底板的焊缝完全开裂，柱脚螺栓断开。总之，日本震害调查总结报告中表明，由于柱脚破坏原因造成钢结构倒塌的比例很大，应引起设计人员的重视。

钢结构的柱脚型式有外露式、外包式及埋入式三种。外露式一般用于单层厂房、低层框架或是高层的裙房，可以按铰接或刚接设计。高层的柱脚为刚接，抗震构造要求较高，不宜采用外露式柱脚。高层钢结构下部都有地下室，基础多为筏基或桩筏基础。钢柱脚埋入桩承台内或筏基底板内的做法在施工中有一定困难，实例不多，较多的做法是将钢柱深入全部地下室深度或部分地下室层的深度，将该层作成钢骨混凝土柱而形成外包式柱脚与地下室的结构型式相结合。在《规范》中要求钢柱至少延伸到地下一层是必要的。同时与框架柱相连的支撑（剪力墙）则应继续延伸到基础部位。

日本高层钢结构底部的结构型式通常采用以下做法：地上底部数层（如与裙房连通的各层内）与地下室 1~2 层采用钢骨混凝土结构，以上为钢结构，以下采用钢筋混凝土结构直至基础。钢柱脚设置在钢筋混凝土层的顶板部位，成为外包式柱脚。由于在顶板平面上安装钢柱脚，施工容易，这种做法能满足抗震规范中要求钢柱至少延伸到地下一层的要求。同时，可增加房屋底部刚度、整体性及抗倾覆的稳定性。钢骨混凝土结构层的设置，可以达到基础与上部钢结构的刚度过渡的作用。

美国高层钢结构设计实例中有以下做法：将自上部延伸到地下室的钢柱的柱脚设置于基础底板或桩承台上，采用外露式柱脚；柱脚一般为刚接，层数不高时也有铰接。

外包式柱脚的设计中要注意加强箍筋的配置，特别是对外包层顶部的箍筋要予以加强。同时，需保证混凝土的厚度与强度。

高层钢结构中尽量不使用外露式柱脚，如要使用必须延伸到地下室底板或桩基承台上。

42.1.6　楼盖结构

1. 多、高层钢结构房屋楼盖形式选取的原则

（1）保证楼盖的整体性，具有相当的刚度以保证有效地传递水平力。

（2）楼盖应与钢结构同步安装，以创造必要的工作平台；为主体结构楼盖模板、钢筋、混凝土工序的流水作业创造条件，满足施工速度的需要。对于高层钢结构，要及时浇筑楼板混凝土，以保证施工过程中楼板的刚度。

（3）板厚的取值对楼盖的经济性和自重至关重要。因此，在满足板的刚度和构造要求前提下，尽可能的遵循“最小板厚原则”。

2. 楼盖结构的形式

（1）压型钢板现浇钢筋混凝土组合楼板或非组合楼板。

组合楼板是用压型钢板代替一部分受力钢筋与混凝土共同承受楼面荷载及自重，同时也作混凝土的模板。对这种压型钢板防火要求较高，形状较复杂，造价也较高。

非组合楼板是将压型钢板只作为模板，不考虑受力，形状简单，对压型钢板没有防火要求，造价较低。

超过 50m 的高层钢结构楼盖均应采用以上形式的结构。

钢梁上需设置焊接栓钉，起抗剪锚固作用加强与楼板的整体性，钢次梁可以按组合梁设计。

不采用压型钢板而用普通模板现浇钢筋混凝土楼板，通过焊接、栓钉也可以与钢梁共同作用。

（2）装配整体式钢筋混凝土楼板、装配式楼板或轻型楼盖。

装配整体式钢筋混凝土楼板是在预制板上现浇钢筋混凝土板，二者形成组合构件共同工作，其预制板可以是预应力板，板厚较小，也可以用非预应力板，一般现浇钢筋混凝土板厚度要大于预应力板厚度。

轻型楼盖是用密肋钢梁或轻钢龙骨为骨架，铺设各种宜于作地面的板材，重量较轻，防火要求较高，要有严格的防火措施。

装配式楼板及轻型楼盖都应通过楼板上的预埋件与钢梁焊接或采取其他保证楼盖整体性的措施。

以上三种楼盖仅用于 6、7 度时不超过 50m 的钢结构。

（3）楼盖孔口较大如中庭、电梯间等削弱较大的楼板，在开洞旁应设水平支撑，以保证楼盖平面内刚度。

42.1.7　高层钢结构加强层的设置

1. 水平加强层的设置

钢框架-支撑（钢框架-核心支撑框架）体系，在层数较多、高度较高时，侧向刚度较弱，设计要求增强刚度、减小位移，而又不能增加支撑数量时，可设置水平加强层，即在结构的某些层柱间设垂直桁架（伸臂桁架和周边桁架）与支撑框架构成侧向刚度较大的结构层，水平加强层的位置选择一般与设备层、避难层结合。从结构增加刚度效果看，宜设在房屋总高度的中部和顶层。可根据计算比较选择设置的楼层。

2. 水平加强层的作用

由垂直桁架（外框与内筒的伸臂桁架及周边桁架）构成竖向刚度很大的楼层，使垂直桁架与所连接的柱子（如外框架柱）增加共同抗弯作用的效果，相对减小了支撑框架（内筒）所承担的倾覆力矩。同时，由于加强层的刚度较大，减小了结构整体侧向位移。

在加强层设置的垂直桁架数量以及该桁架的竖向刚度对加强层的效果有很大影响。同时，与结构用钢量及造价也相关联，应统一综合考虑。

全钢结构设置水平加强层的效果明显，一般顶点位移可减小 10%~15%。

钢框架—钢筋混凝土核心筒，由于核心筒分担水平力很大，外框架较弱，外框架柱基本上承担竖向荷载。水平加强层对内筒外框所形成的共同弯矩作用较小，对结构整体侧向刚度的提高幅度很小，一般顶点位移减小幅度为 5%～10%。

3. 采用水平加强层应注意的问题

（1）水平加强层的刚度大大超过上下各层，属于竖向不规则结构，造成在水平加强层相邻上下层柱子受力很复杂，形成应力集中状态。在设计中需加强该部位的计算及构造，必要时应进行弹塑性时程分析，检验该处薄弱部位的受力性能。

（2）由于上述原因，一般水平加强层用于非抗震结构，减小风荷载作用下的水平位移。美国在地震高烈度区不使用，我国在 8 度及以上抗震设防地区也不宜采用。

（3）支撑框架的斜撑与伸臂桁架及周边桁架要有很好的连续性，能有效地传递弯矩及剪力。

钢框架-钢筋混凝土筒体结构设置的伸臂桁架要与筒体形成刚接，最好在筒体内设置贯通式钢梁柱或桁架，与内筒外框间的伸臂桁架形成连续性较好的连接。

对于钢框架-钢筋混凝土核心筒混合结构，施工过程中内筒外框有竖向变形差，在设计伸臂桁架与外框柱的连接节点时，要考虑以上变形等的影响。

42.1.8　高层钢结构构件的连接形式

根据结构体系、层数、抗震设防类别及标准等因素，确定采用柱、梁、支撑间的连接型式。

1. 构件连接型式选取的原则

（1）结构体的各计算单元均不能成为可变的机构。

（2）地震作用时结构具有多道防线，以保证结构的延性，对设防烈度低或层数较少的结构要求可以适当降低。

（3）造价及施工速度。

2. 选取适宜的构件连接型式

（1）高层钢框架结构的梁柱节点均应采用刚接。

房屋高度不超过 50m 的钢框架结构，对于设防烈度不超过 7 度的，当框架在计算方向的柱数量较多或设计有特殊要求时，梁柱节点可以用部分铰接部分刚接，但应用支撑作为抗侧力构件。

（2）钢框架-混凝土剪力墙体系中钢框架与混凝土剪力墙的连接，由于连接双方刚度相差太大，一般采用铰接连接。

（3）柱脚的连接。

多高层钢结构的框架柱延伸到地下一层或基础，当地下部分为钢骨混凝土柱时，则计算模型为刚接。当地下部分为钢柱而伸到基础时，则可为刚接也可为铰接。

低层钢结构建筑无地下室时，当地上钢框架有较强的侧向刚度，柱脚也可以采用铰接。

（4）支撑框架中的支撑杆件与框架梁柱的连接，一般计算模型中采用铰接，但实际有次弯矩，在构件验算中要考虑。

（5）多高层钢结构中大跨度的钢梁或屋架、顶层大跨度空间屋架或屋面梁与柱的连接节点，根据实际情况可优先考虑铰接，铰接可以无需考虑强柱弱梁的问题，施工也较简单，若结构整体侧向刚度不足，也可采用刚接，但对刚度较弱的柱要加强构造措施。

（6）高层钢结构加强层的伸臂桁架的杆件宜采用刚接，伸臂桁架宜贯穿核心区。转换层或巨型框架的斜支撑等重要构件均应采用刚接。在构造设计上要保证刚接的实现。伸臂桁架与外框架柱的连接宜采用铰接。

42.2　地震作用计算

多层和高层钢结构的地震作用，除应遵守《规范》第 5 章有关规定并参考本手册第 3 篇的方法外，还应按钢结构的实际情况，考虑以下一些问题。

42.2.1　多高层钢结构地震影响系数的阻尼调整

钢结构在多遇地震计算时，阻尼比宜按下列规定采用：

（1）高度不大于 50m 时，可取 0.04；高度大于 50m 且小于 200m 时，可取 0.03；高度不小于 200m 时，宜取 0.02。

（2）当偏心支撑框架部分承担的地震倾覆力矩大于结构总地震倾覆力矩的 50%时，其阻尼比可比（1）款相应增加 0.005。

（3）在罕遇地震下的弹塑性分析，阻尼比可取 0.05。

构成地震影响系数曲线的阻尼调整系数、下降段的衰减指数、直线下降段的下降斜率调整系数，是由结构的阻尼比决定的。

《规范》5.1.5－2 款对地震影响系数曲线的阻尼调整系数和形状参数的调整系数按以下三个关系式计算：

①曲线下降段的衰减指数按下式确定：

$$\gamma = 0.9 + \frac{0.05 - \xi}{0.3 + 6\xi} \tag{42.2-1}$$

②直线下降段的下降斜率调整系数应按下式确定：

$$\eta_1 = 0.02 + \frac{(0.05 - \xi)}{(4 + 32\xi)} \tag{42.2-2}$$

③阻尼调整系数应按下式确定：

$$\eta_2 = 1 + \frac{0.05 - \xi}{0.08 + 1.6\xi} \tag{42.2-3}$$

式中　ξ——阻尼比。

按以上关系式，《规范》图 5.1.5 地震影响系数曲线的各项系数取值与钢结构、钢-混凝土混合结构的各项系数取值比较如表 42.2－1 所示。

表 42.2-1　与阻尼有关的地震影响系数的修正系数

结构状况	η_2	η_1	γ
《规范》图 5.1.5 取值	1.0	0.02	0.9
高度不大于 50m 钢结构	1.069	0.0219	0.919
高度大于 50m 且小于 200m 的钢结构	1.156	0.0240	0.942
高度不小于 200m 的钢结构	1.268	0.0265	0.971

表 42.2-1 说明，高层钢结构阻尼比为 0.03、0.02 时，η_2 为 1.156、1.268，η_1 为 0.0240、0.0265，γ 为 0.942、0.971。地震影响系数将比混凝土结构略大。以结构自振周期 3s，场地类别Ⅱ类，设计地震分组第二组，$T_g=0.4s$ 为例，钢结构大概比混凝土大 7%。

42.2.2　结构自振周期

钢结构的自振周期计算值，采用按主体结构（包括结构连为一体的裙房）的弹性刚度计算所得的周期，再乘以考虑非结构构件影响的修正系数。由于钢结构多为轻质装配式墙体，提高结构刚度作用较小，一般修正系数可取为 0.9。对于周期很长的重要结构，根据设计者的判断也可适当减小周期以提高地震作用。

用弹性方法计算钢结构周期及振型时，计算模型及静力分析方法应符合《规范》及《高层民用建筑钢结构技术规程》（JGJ 99—2015）的有关规定。

对于重量及刚度沿高度分布比较均匀的结构，基本自振周期可用下列公式近似计算：

$$T_1 = 1.7\xi_T\sqrt{u_n} \qquad (42.2-4)$$

式中　ξ_T——考虑非结构影响的修正系数；

u_n——结构顶层假想位移（m），即假想将结构各层的重力荷载作为楼层的集中力，按弹性静力方法计算所得到的顶层侧移值。

在方案设计阶段，可按以下经验公式估算结构的自振周期：

$$T_1 = 0.1n \qquad (42.2-5)$$

式中　n——建筑物地上部分层数（不包括屋顶以上的塔楼、塔架等）。

由于现在使用各种结构软件，用计算机计算得到自振周期越来越精细、快捷，以上经验公式可作为初步估算之用。

42.2.3　结构计算模型

1. 弹性分析计算模型

多高层钢结构的弹性分析计算模型，可采用平面抗侧力结构的空间协同计算模型。

当结构布置规则、质量及刚度沿高度分布均匀、不计算扭转效应时，可采用平面结构计算模型。

如结构平面或立面不规则、体型复杂、无法划分成平面抗侧力单元的结构，或为筒体结构，应采用空间结构计算模型，考虑扭转效应。

2. 横隔板

在进行结构抗震分析时，应按照楼盖、屋盖的平面形状和平面内变形情况确定为刚性、分块刚性、半刚性、局部弹性和柔性的横隔板，再按抗侧力系统的布置确定抗侧力构件间的共同工作并进行构件间的地震内力分析。

刚性、半刚性、柔性横隔板分别指在平面内不考虑变形、考虑变形、不考虑刚度的楼、屋盖。

3. 在结构分析中构件变形影响

多高层钢结构中一般梁柱构件的截面（相对于跨度与层高）较小，因此，在结构分析时作为杆件体系中的构件除了应计算梁柱的弯曲变形和柱的轴向变形外，尚应计算梁柱剪切变形的影响。一般不需考虑梁的轴向变形，但是当梁在结构中明显承受较大的拉（压）力时，例如梁同时作为腰桁架或支撑桁架的弦杆，应考虑轴力的影响。

4. 梁柱节点域剪切变形对结构侧移的影响

（1）对箱形截面柱框架、中心支撑框架和不超过 50m 的钢结构，其层间位移计算可不计入梁柱节点域剪切变形的影响，近似按框架轴线进行分析。

（2）对 H 形截面柱框架，宜计入梁柱节点域剪切变形对结构侧移的影响。

考虑节点域剪切变形对层间位移角的影响，可近似将所得层间位移角与节点域在相应楼层弯矩作用下的剪切变形角平均值相加求得。节点域剪切变形角的楼层平均值可按下式计算：

$$\Delta\gamma_i = \frac{1}{n}\sum \frac{M_{j,\ i}}{GV_{\mathrm{pe},\ ji}} \qquad (j = 1,\ 2,\ \cdots,\ n)$$

式中　$\Delta\gamma_i$——第 i 层钢框架在所考虑的受弯平面内节点域剪切变形引起的变形角平均值；

$M_{j,i}$——第 i 层框架的第 j 个节点域在所考虑的受弯平面内不平衡弯矩，由框架分析得出，即 $M_{j,i}=M_{\mathrm{b1}}+M_{\mathrm{b2}}$；

$V_{\mathrm{pe},ji}$——第 i 层框架的第 j 个节点域的有效体积；

M_{b1}、M_{b2}——分别为受弯平面内第 i 层第 j 个节点左，右梁端同方向的地震作用组合下的弯矩标准值。对箱形截面柱节点域变形较小，其对框架位移的影响可以忽略不计。

5. 楼板与钢梁的共同作用

进行结构弹性分析时，可考虑现浇钢筋混凝土楼板与钢梁的共同作用，以提高共同工作的框架梁的抗弯刚度，也就是加大梁惯性矩。对两侧有楼板的梁取 $1.5I_{\mathrm{b}}$，对一侧有楼板的梁取 $1.2I_{\mathrm{b}}$，以上 I_{b} 为钢梁的惯性矩。

在罕遇地震作用时，由于楼板受拉区开裂，钢梁与楼板的连接得不到保证；所以，进行弹塑性分析而取的计算模型不能考虑钢梁与楼板的共同工作。

42.3　结构抗震分析

根据《规范》要求，抗震设计的多高层钢结构都要进行多遇地震作用下弹性分析。此时，假设结构及构件均处于弹性工作状态，验算构件的承载力及稳定、结构的层间变形和总体稳定。

对于高度、高宽比、平面及竖向不规则超过《规范》规定的结构、或有明显薄弱部位、有可能导致严重破坏的多高层钢结构，应该进行罕遇地震作用下的弹塑性变形分析，即第二阶段抗震设计，验算结构的弹塑性层间变形。

42.3.1　弹性分析——第一阶段设计的结构抗震分析

（1）不超过50m的钢结构、平面与竖向较规则，可按《规范》规定的地震作用，用底部剪力法计算。

（2）超过50m的高层钢结构，包括上述范围以外的不超过50m的钢结构，应采用振型分解反应谱法计算。

（3）平面或竖向不规则的结构或结构体系较特殊的结构（如巨型结构，带有转换层或伸臂桁架的结构），最好采用时程分析方法作为补充校核计算。在弹性阶段进行内力与变形分析时，应采用不少于两个不同的力学模型或者计算程序进行计算分析比较。

（4）在风荷载比较大的地区，当风荷载作用效应大于地震荷载作用效应，即结构层间位移及构件承载力都由风荷载组合所决定时，在弹性阶段可以不考虑地震作用的验算，但是结构抗震的构造要求要严格按照《规范》的有关各项规定进行设计。

（5）考虑框架与支撑协同工作的地震剪力调整。

钢框架-支撑（剪力墙）体系中，侧向力由钢框架及支撑（剪力墙）框架共同承担，一般认为支撑框架为主要抗侧力构件，承担较大的侧向力，为抗震的第一道防线。当发生罕遇地震，支撑不能正常工作时，由框架部分的水平刚度抵抗水平力的作用。结构刚度的降低，减小了地震作用，达到了吸收地震能量的效果，并使结构不致发生大破坏或倒塌，从而形成所谓的第二道防线。要形成可靠的第二道防线，框架部分就要具有一定抗侧力能力。对此，《规范》8.2.3条3款作了如下规定：“框架部分按刚度分配计算得到的地震层剪力应乘以调整系数，达到不小于结构底部总地震剪力的25%和框架部分地震最大层地震剪力1.8倍二者的较小值”。

框架-支撑结构体系的支撑数量（即承担水平力的比率）与结构的延性有密切关系。《规范》8.2.3条第3款根据国外有关资料提出的对支撑数量控制的量化限值，有两个控制指标，可根据结构情况选用适合的限值。第一个指标是框架部分的地震剪力不小于结构底部总地震剪力的25%。设计中具体操作时，可对去掉支撑的框架进行弹性阶段地震作用分析，在所有构件均满足承载力要求时，得到的底层地震剪力与原结构底部总地震剪力比较，不小于其25%，这个指标限值对于多层或不太高的高层建筑比较容易满足。对于高层及超高层则较难满足，因此可用第二指标要求，即框架各层地震剪力中的最大值的1.8倍作为原结构框架部分任一层地震剪力的控制限值。用各楼层之间的抗剪承载能力相对比较的关系，与总底部地震剪力无关，对于高层结构比较容易满足。《规范》6. 2. 13 条第 1 款对多高层混凝土结构也提出了相似的要求，比 8. 2. 3 条第 3 款对钢结构的要求略低。

框架支撑结构体系中支撑数量与结构延性的关系，在日本抗震设计规定中也有体现。日本现行的极限承载力（即保有耐力）设计法中结构特性系数 D_s（也就是地震作用的折减系数）的取值，其支撑所承担的水平剪力比率是很重要的因素。例如，在结构构件的长细比、宽度比相同的情况下 D_s 值随支撑承担水平力的比例（β_u）而变化。见表 42. 3 - 1。

表 42. 3 - 1　D_s 值随 β_u 变化表

β_u	$\beta_u \leqslant 0.3$	$0.3 \leqslant \beta_u \leqslant 0.7$	$\beta_u \geqslant 0.7$
D_s	0. 25	0. 3	0. 35

42. 3. 2　弹塑性变形验算——第二阶段设计的结构抗震分析

1. 应进行弹塑性分析

按《规范》规定下列钢结构应进行弹塑性分析：

（1）高度超过 150m 的建筑。

（2）甲类建筑和 9 度设防时乙类建筑。

（3）采用隔震及消能减震的建筑。

2. 宜进行弹塑性分析

鉴于罕遇地震时，结构受力比较复杂，虽然不属于甲、乙类重要建筑的一般建筑，有以下情况的，为避免薄弱部位的破损而造成较大损失，宜进行弹塑性变形计算。

（1）房屋高度不超过《规范》表 5. 1. 2. 1 但属于表 3. 4. 2-2 所列竖向不规则类型的高层建筑结构。

（2）设防烈度 7 度Ⅲ、Ⅳ类场地和设防烈度 8 度的乙类建筑。

（3）高度不大于 150m 的其他高层钢结构建筑。

3. 在罕遇地震作用下薄弱层（部位）弹塑性计算分析要点

（1）弹塑性分析模型。

在罕遇地震作用下的弹塑性变形验算，可采用弹塑性时程分析法或静力弹塑性分析法。进行弹塑性时程分析和静力弹塑性分析时，应对结构整体进行分析，并采用合理的计算模型。

对于规则结构可采用弯剪层模型或平面杆系模型，对于不规则结构应采用空间结构模型。

（2）进行弹塑性时程分析，应选用不少于 2 条能反映场地特性的实际强震记录和 1 条人工模拟的加速度时程曲线，阻尼比可取 0. 05。

地震加速度时程的时间步长不宜超过输入地震波卓越周期的 1/10，且不宜大于 0. 2s，地震波的持续时间宜取不少于 20s。应同时作用重力荷载代表值，其荷载分项系数可取 1. 0。

恢复力模型可由试验或根据已有资料确定。钢柱及梁的恢复力模型可采用二折线型，其滞回模型可不考虑刚度退化；钢支撑和耗能梁段等构件的恢复力模型，应按杆件特性确定；混凝土剪力墙板及核心筒，应选用二折线或三折线型，并考虑刚度退化。

（3）进行静力弹塑性分析时，水平荷载的分布模式不应少于两种。可采用第一模态分布，与质量有关的分布或自适应分布，或其他合理的分布形式，并应同时作用竖向的重力荷载代表值。

（4）进行弹塑性时程分析或静力弹塑性计算时，构件所用材料的屈服强度和极限强度应采用标准值。

（5）进行弹塑性时程分析或静力弹性分析时，应计入二阶效应对侧移的影响。

4. 钢结构薄弱层的位置，可首先考虑以下部位

（1）楼层屈服强度系数沿高度分布均匀的结构，可取底层。楼层屈服强度系数为按构件实际的材料屈服强度标准值所计算的楼层受剪承载力，和按罕遇地震作用标准值计算的楼层弹性地震剪力的比值。

（2）楼层屈服强度系数沿高度分布不均匀的结构，可首先考虑该系数最小的楼层（部位）和相对较小的楼层，一般选取不超过 2~3 处。

5. 弹塑性层间位移简化分析

可用下列公式计算：

$$\Delta u_{p}=\eta_{p}\Delta u_{e} \qquad (42.3-1)$$

或

$$\Delta u_{p}=\mu\Delta u_{y}=\frac{\eta_{p}}{\xi_{y}}\Delta u_{y} \qquad (42.3-2)$$

式中　Δu_{p}——弹塑性层间位移；

Δu_{y}——层间屈服位移；

μ——楼层延性系数；

Δu_{e}——罕遇地震作用下按弹性分析的层间位移；

η_{p}——弹塑性层间位移增大系数，按《规范》表 5.5.4 取值；

ξ_{y}——楼层屈服强度系数。

42.3.3　高层钢结构的重力二阶效应的影响

1. 结构的整体稳定

高层钢结构的侧向整体刚度较小，一般高宽比又较大，在风荷载或地震作用下产生水平位移，致使竖向荷载作用下产生重力二阶效应，就必须对整体稳定进行检验，也就是考虑水平位移产生附加弯矩对结构的影响。

超高层或高宽比大的钢结构，重力二阶效应更为明显，50~60 层的高层钢结构，二阶效应产生的附加内力及位移，所占的比例有可能达到或超过 10%~15%，可能使一些构件所承担的内力大于本身的承载能力，导致构件的损坏。因此，对于超高层钢结构应重视整体稳定的检验。

2. 结构整体稳定的判断

（1）《规范》规定（3.6.3 条）；当结构在地震作用下的重力附加弯矩大于初始弯矩的10%时，应计入重力二阶效应的影响，即：

$$\theta_i = \frac{\sum G_i \cdot \Delta u_i}{V_i h_i} > 0.1 \tag{42.3-3}$$

式中　θ_i——稳定系数；

$\sum G_i$——i 层以上全部重力荷载计算值；

Δu_i——第 i 层楼层质心处的弹性或弹塑性层间位移；

V_i——第 i 层地震剪力计算值；

h_i——第 i 层楼层高度。

由上式可以看出，决定重力二阶效应影响的主要因素是 Δu_i，其上限将有弹性层间位移角限值控制。高层钢结构的层间位移角限值较大，更应重视二阶效应的影响。

（2）二阶效应（p-Δ 效应）的计算方法。

①数值迭代法。

较为精确及便捷的方法通常采用数值分析法进行迭代计算。

如图 42.3－1，将第 i 层竖向荷载 p_i 产生的二阶弯矩 $p_i\delta_i$ 转换为第 i 层柱底的等效剪力增量 δQ_i：

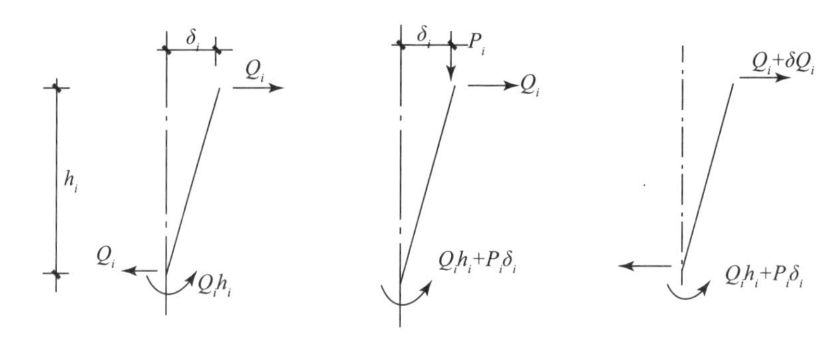

图 42.3－1　将 p-Δ 效应等效为水平荷载增量

$$\delta Q_i h_i = p_i \delta_i \tag{42.3-4}$$

式中　δQ_i——第 i 层的水平荷载 Q_i 的增量；

δ_i——Q_i 荷载作用而产生的层间位移；

p_i——第 i 层竖向荷载；

$p_i\delta_i$——竖向荷载在柱底产生的附加弯矩。

取附加水平荷载增量：

$$\delta H_i = \delta Q_i - \delta Q_{i+1} \tag{42.3-5}$$

将上式的一组附加的水平荷载增量作用于结构，即可得到考虑 p-Δ 效应的水平位移计算结果。当结果不满足精度要求时，再进行下一轮计算。如在等效剪力增量上乘一因子 β，可以加快迭代的收敛速度。

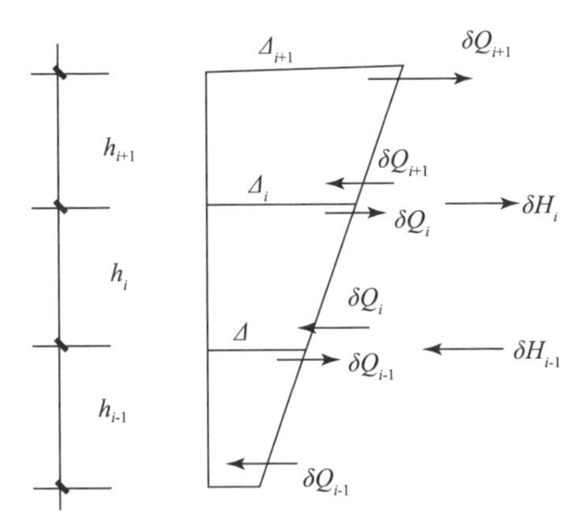

图 42.3－2　附加水平荷载示意图

$$\delta Q_i = \beta \frac{P_i \delta_i}{h_i} \tag{42.3-6}$$

式中　β——一般可取 1.1~1.2。

②其他简化计算：

在弹性分析时，作为简化方法，二阶效应的内力增大系数可取 1/（1-θ），θ 为稳定系数。

放大系数法：将高层建筑假定为一竖直悬臂构件，端头作用竖向集中力，用简化方法求出一阶与二阶的位移、内力的对比关系，并根据结构变形型式求出临界荷载值，以及 p-Δ 效应时的位移增大系数。这种方法精确度较低，可作为方案阶段一般的估算。

（3）进行二阶效应的弹性分析时，应按现行国家标准《钢结构设计标准》（GB 50017）第 3.2.8 条第 2 款的要求，在每层柱顶附加假想水平力 H_{ni}。

$$H_{ni} = \frac{\alpha_y Q_i}{250}\sqrt{0.2 + \frac{1}{n_s}} \tag{42.3-7}$$

式中　Q_i——第 i 楼层的总重力荷载设计值；

n_s——框架总层数；当 $\sqrt{0.2+\frac{1}{n_s}}>1$ 时，取根号值为 1.0；

α_y——钢材强度影响系数，其值：Q235 为 1.0，Q345 为 1.1，Q390 为 1.2。

42.4　构件抗震验算

42.4.1　钢结构构件截面及连接的抗震验算

$$S \leqslant R/\gamma_{RE} \tag{42.4-1}$$

式中　S——钢结构构件内力组合的设计值，包括组合弯矩、轴向力和剪力设计值等；

γ_{RE}——承载力抗震调整系数，除有规定外，按表 42.4－1 取值；

R——钢结构承力设计值。

表 42.4－1　承载力抗震调整系数 γ_{RE}

结构构件（连接）	γ_{RE}
柱、梁、支撑、节点板件，螺栓、焊缝、 柱、支撑	0.75（强度） 0.80（稳定）

42.4.2　抗震变形验算

（1）按照《规范》表 5.5.1 多高层钢结构弹性层间位移角限值为 1/250。

（2）钢框架-混凝土剪力墙结构。当剪力墙成为主要抗侧力构件时，在地震作用下，层间位移角限值应按《规范》表 5.5.1 中钢筋混凝土相应结构的位移角限值取值。在风荷载作用下应按《高层建筑混凝土结构技术规程》的相关规定。

（3）对于钢框架-混凝土筒体混合结构，风荷载与地震作用下的层间位移角限值，可根据《规范》的规定及结构形式的实际情况，选取层间位移角的限值。

（4）多高层钢结构在罕遇地震作用下弹塑性阶段抗震设计时，层间位移角不得超过 1/50。层间侧移延性比按表 42.4－2 取值。

表 42.4－2　结构层间侧移延性比

结构类型	层间侧移延性比	结构类型	层间侧移延性比
钢框架	3.5	中心支撑框架	2.5
偏心支撑框架	3.0	钢框架-混凝土剪力墙	2.0

表中的层间位移延性比限值，是层间最大允许位移与弹性位移之比，系参考有关文献和算例结果提出的。

42.4.3　构件及节点内力（效应）调整

（1）内力（效应）增大系数为钢结构中部分构件由于受力比较复杂或容易发生薄弱部位的构件，而将其内力乘以大于 1 的增大系数，主要考虑以下构件（部位）：

①偏心支撑框架中，与消能梁段相连构件的内力设计值，应按下列要求调整：

A. 支撑斜杆的轴力设计值，应取与支撑斜杆相连接的消能梁段达到受剪承载力时支撑斜杆轴力与增大系数的乘积；其增大系数，一级不应小于 1.4，二级不应小于 1.3，三级不应小于 1.2。

B. 位于消能梁段同一跨的框架梁内力设计值，应取消能梁段达到受剪承载力时框架梁内力与增大系数的乘积；其增大系数，一级不应小于 1.3，二级不应小于 1.2，三级不应小于 1.1。

C. 框架柱的内力设计值，应取消能梁段达到受剪承载力时柱内力与增大系数的乘积；其增大系数，一级不应小于 1.3，二级不应小于 1.2，三级不应小于 1.1。

②钢结构转换层下的钢框架柱，地震内力应乘以内力增大系数 1.5。

③承托钢筋混凝土抗震墙的钢框架柱，地震内力应乘以内力增大系数 1.5。水平转换构件的地震内力应根据烈度高低和水平转换构件的类型，受力情况，几何尺寸乘以 1.25~2.0 的增大系数。

④在地震作用效应验算中，对两个主轴方向分别计算水平地震作用时，建筑的角柱或由两个方向支撑（剪力墙版）所共有的柱，其地震内力应乘以内力增大系数 1.3。

⑤当采用带有消能装置的中心支撑体系，支撑斜杆的承载力应为消能装置滑动或屈服时承载力的 1.5 倍。

⑥支撑框架中柱、梁及其连接点的内力：

支撑框架在承受水平荷载时，斜杆中的轴力将通过连接点传到柱及梁，在设计中柱梁内力应包含支撑所传来的力。

与人字形及 V 形支撑相连的梁，在跨中与支撑的连接梁应保持连续而不断开；在计算人字形支撑框架的梁时，在不考虑支撑形成的支点情况下，该梁应满足按简支梁跨中作用竖向集中荷载和支撑屈曲时不平衡力作用下的承载力要求。不平衡力应按受拉支撑的最小屈服承载力和受压支撑最大屈曲承载力的 0.3 倍计算。必要时，人字形支撑和 V 形支撑可沿竖向交替设置或采用拉链柱。

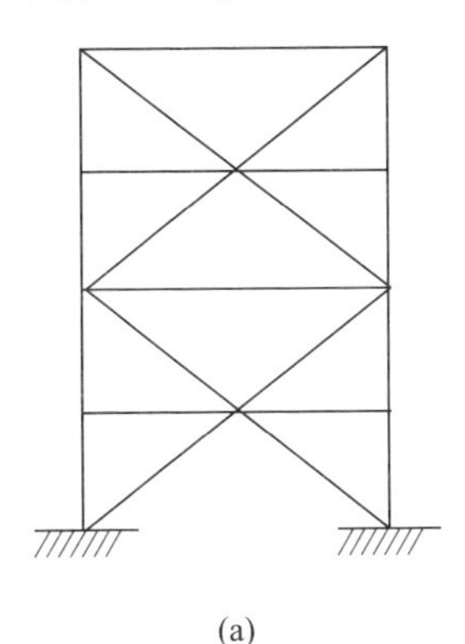

(a)

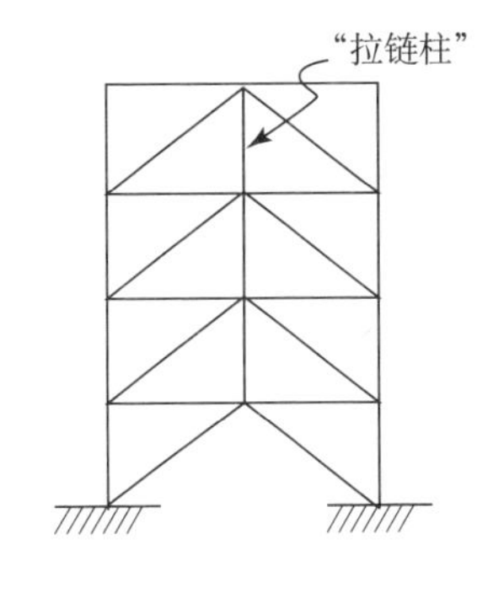

(b)

图 42.4－1　人字支撑的加强

（a）人字形和 V 形支撑交替布置；（b）“拉链柱”

⑦支撑框架中的支撑构件内力计算时，要考虑其他附加效应：

A. 在地震作用或风荷载和垂直荷载作用下，支撑斜杆主要承受以上荷载引起的剪力。此外，还承受水平位移和垂直荷载产生的附加弯矩，楼层附加剪力可按下式计算：

$$V_i = 1.2 \frac{\Delta u_i}{h_i} \sum G_i \tag{42.4-2}$$

式中　h_i——所计算楼层的高度；

$\sum G_i$——所计算楼层以上的全部重力；

Δu_i——所计算楼层的层间位移。

B. 人字形和 V 字形支撑的内力计算时，应考虑由支撑跨的梁传来的楼面垂直荷载。

C. 对于十字形交叉支撑、人字形支撑和 V 形支撑的斜杆。在内力计算时，应考虑由于柱子垂直荷载作用下的弹性压缩变形而在斜杆中引起的附加压应力，可按下式计算：

a. 十字形交叉支撑的斜杆：

$$\Delta\sigma_{br}=\frac{\sigma_c}{\left(\frac{l_{br}}{h}\right)^2+\frac{h}{l_{br}}\cdot\frac{A_{br}}{A_c}+2\frac{b^3}{l_{br}}\cdot\frac{A_{br}}{A_b}} \tag{42.4-3}$$

b. 人字形和 V 形支撑的斜杆：

$$\Delta\sigma_{br}=\frac{\sigma_c}{\left(\frac{l_{br}}{h}\right)^2+\frac{b^3}{24l_{br}}\cdot\frac{A_{br}}{I_b}} \tag{42.4-4}$$

式中　σ_c——斜杆端部连接固定后，该楼层以上各层增加的恒荷载和活荷载产生的柱中压应力；

l_{br}——支撑斜杆长度；

b、I_b、h——分别为支撑跨梁的长度，绕水平主轴的惯性矩和楼层高度；

A_{br}、A_c、A_b——分别为计算楼层的支撑斜杆、支撑跨的柱和梁的截面面积。

⑧在地基基础设计时应考虑水平力作用下结构整体倾覆力矩的影响，并应符合以下规定：

A. 验算多遇地震作用下整体基础（筏形或箱形基础）对地基的作用时，可采用底部剪力法计算作用于地基的倾覆力矩，其折减系数可取 0.8。

B. 计算倾覆力矩对地基的作用时，不应考虑基础侧面回填土部分的约束作用。

42.4.4　构件的抗震承载力验算

（1）钢框架的柱与梁的承载能力应符合强柱弱梁的原则，使框架在地震作用下梁先于柱产生塑性铰。在抗震验算中以柱梁构件的全塑性受弯承载力的比较作为判断强柱弱梁的关系式。其中考虑了柱的轴压比影响及设置了强柱系数以提高柱的承载能力。

钢框架构件及节点的抗震承载力验算，应符合下列规定：

节点左右梁端和上下柱端的全塑性承载力，除下列情况之一外应符合下式要求：

A. 柱所在楼层的受剪承载力比相邻上一层的受剪承载力高出 25%。

B. 柱轴压比不超过 0.4 或 $N_2\leqslant\phi A_c f$（N_2 为 2 倍地震作用下组合轴力设计值）。

C. 与支撑斜杆相连的节点。

等截面梁与柱连接时

$$\sum W_{pc}(f_{yc}-N/A_c)\geqslant\eta\sum W_{pb}f_{yb} \tag{42.4-5}$$

梁端扩大、加盖板或采用 RBS（骨形）的梁与柱连接时

$$\sum W_{pc}(f_{yc}-N/A_c)\geqslant\sum(\eta W'_{pb}f_{yb}+M_v) \tag{42.4-6}$$

式中　W_{pc}、W_{pb}——分别为计算平面内交会于节点的柱和梁的塑性截面模量；

W'_{pb}——框架梁塑性铰所在截面的梁塑性截面模量；

f_{yc}、f_{yb}——分别为柱和梁的钢材屈服强度；

N——按设计地震作用组合得出的柱轴力；

A_c——框架柱的截面面积；

η——强柱系数，一级取 1.15，二级取 1.10，三级取 1.05；

M_v——梁塑性铰剪力对柱面产生的附加弯矩，$M_v = V_p x$；

V_p——梁塑性铰剪力；

x——塑性铰至柱面的距离，RBS 连接取 $(0.5\sim0.75)b_f+(0.65\sim0.85)h_b/2$（其中，$b_f$ 和 h_b 分别为梁翼缘宽度和梁截面高度）；梁端扩大型和加盖板时取净跨的 1/10 和梁高二者的较大值。

（2）柱梁刚接节点中，柱翼缘与梁翼缘对应位置的柱加劲肋所包围的范围为节点域。柱梁节点域与整个钢框架的变形及承载力都有较大影响，因此在钢框架结构的验算中，节点域的重要性是不容忽视的。

①节点域的屈服承载力应符合下列要求：

$$\psi(M_{pb1} + M_{pb2})/V_p \leqslant (4/3)f_{yv} \tag{42.4-7}$$

其中：H 形截面柱　　$V_p = h_{b1}h_{c1}t_w$

箱形截面柱　　$V_p = 1.8h_{b1}h_{c1}t_w$

圆管截面柱　　$V_p = (\pi/2)h_{b1}h_{c1}t_w$

②H 形截面柱和箱形截面柱的节点域应按下列公式验算：

$$t_w \geqslant (h_b + h_c)/90 \tag{42.4-8}$$

$$(M_{b1} + M_{b2})/V_p \leqslant (4/3)f_v/\gamma_{RE} \tag{42.4-9}$$

式中　M_{pb1}、M_{pb2}——分别为节点域两侧梁的全塑性受弯承载力；

V_p——节点域的体积；

f_v——钢材的抗剪强度设计值；

f_{yv}——钢材的屈服抗剪强度，取钢材屈服强度 f_y 的 0.58 倍；

ψ——折减系数，三、四级取 0.6，一、二级取 0.7；

h_{b1}、h_{c1}——分别为梁翼缘厚度中点间的距离，和柱翼缘（或钢管直径线上管壁）厚度中点间的距离；

t_w——柱在节点域的腹板厚度；

M_{b1}、M_{b2}——分别为节点域两侧梁的弯矩设计值；

γ_{RE}——节点域承载力抗震调整系数，取 0.75。

钢框架中采用柱贯通的形式时，节点域即柱的腹板的一部分，考虑适应框架的受力变形能力，节点域的厚度不能过厚或过薄，如节点域过厚，则刚度太大不能发挥耗能的作用。在罕遇地震时，要在梁塑性铰出现之前，节点域达到屈服。如节点域过薄，可能会使框架的侧向位移太大。若柱腹板的厚度不能满足以上公式条件时，宜加厚节点域，可将局部柱腹板做成为较厚钢板。当采用 H 形钢柱时，可在柱腹板上贴焊补强板。补强板的厚度及其焊缝应按传递补强板所分担剪力的要求设计。补强板还应采用塞焊与节点域连接，以避免在出平面方向受力时被拉脱。

在以上公式中 $M_{pb1}+M_{pb2}$ 为节点域两侧梁的总屈服承载力，因此采用折减系数 ψ，是根据上述要求参考国外研究成果采用的，是对地震作用的程度进行折减。

在节点域强度计算公式中，使设计强度提高 4/3，是因为该式忽略了节点域上下柱端剪力的有利影响，予以相应提高。

因国内试验表明，节点域厚度小于其高度和宽度之和的 1/70 时会失稳。板的初始缺陷对平面内的稳定影响较大，特别是试验的板厚较薄时，一次试验也难以得到可靠结果。考虑到美国节点板域稳定公式为高度和宽度之和除以 90，历次修订未变，故我国也采用美国系数 1/90。

（3）中心支撑框架构件的抗震承载力验算：

支撑斜杆的受压承载力应按下式验算：

$$N/(\varphi A_{br}) \leqslant \psi f/\gamma_{RE} \tag{42.4-10}$$

$$\psi = 1/(1 + 0.35\lambda_n) \tag{42.4-11}$$

$$\lambda_n = (\lambda/\pi)\sqrt{f_{ay}/E} \tag{42.4-12}$$

式中　N——支撑斜杆的轴向力设计值；

A_{br}——支撑斜杆的截面面积；

φ——轴心受压构件的稳定系数；

ψ——受循环荷载时的强度降低系数；

λ、λ_n——支撑斜杆的长细比和正则化长细比；

E——支撑斜杆钢材的弹性模量；

f、f_{ay}——分别为钢材强度设计值和屈服强度；

γ_{RE}——支撑稳定破坏承载力抗震调整系数。

在罕遇地震作用下，支撑斜杆反复受拉压，在构件屈服后变形增加很大。在受拉时，变形不能完全拉直，使构件继续受压时承载力将降低。长细比越大，承载力降低的幅度越大，上式中强度降低系数就是因此而设置，其值主要与构件长细比有关。

（4）偏心支撑框架构件的抗震承载力验算：

①消能梁段的受剪承载力应符合下列要求：

当 $N\leqslant 0.15Af$ 时

$$V \leqslant \phi V_l/\gamma_{RE} \tag{42.4-13}$$

其中，$V_l=0.58A_w f_{ay}$ 或 $V_l=2M_{lp}/a$，取较小值，$A_w=(h-2t_f)\ t_w$，$M_{lp}=fW_p$

当 $N>0.15Af$ 时

$$V \leqslant \phi V_{lc}/\gamma_{RE} \tag{42.4-14}$$

其中，$V_{lc}=0.58A_w f_{ay}\sqrt{1-[N/(Af)]^2}$ 或 $V_{lc}=2.4M_{lp}[1-N/(Af)]/a$，取较小值

N、V——分别为消能梁段的轴力设计值和剪力设计值；

V_l、V_{lc}——分别为消能梁段受剪承载力和计入轴力影响的受剪承载力；

M_{lp}——消能梁段的全塑性受弯承载力；

A、A_w——分别为消能梁段的截面面积和腹板截面面积；

W_p——消能梁段的塑性截面模量；

a、h——分别为消能梁段的净长和截面高度；

t_w、t_f——分别为消能梁段的腹板厚度和翼缘厚度；

f、f_{ay}——消能梁段钢材的抗压强度设计值和屈服强度；

ϕ——系数，可取 0.9；

γ_{RE}——消能梁段承载力抗震调整系数，取 0.75。

②消能梁段的受弯承载力应符合下列要求：

$N \leqslant 0.15Af$ 时

$$\frac{M}{W} + \frac{N}{A} \leqslant f/\gamma_{RE} \tag{42.4-15}$$

$N > 0.15Af$ 时

$$\left(\frac{M}{h} + \frac{N}{2}\right)\frac{1}{b_f t_f} \leqslant f/\gamma_{RE} \tag{42.4-16}$$

式中　M——消能梁段的弯矩设计值；

N——消能梁段的轴力设计值；

W——消能梁段的截面模量；

A——消能梁段的截面面积；

h、b_f、t_f——分别为消能梁段的截面高度、翼缘宽度和翼缘厚度；

γ_{RE}——消能梁段受弯承载力抗震调整系数，可取 0.75。

③偏心支撑中其他构件内力设计值

抗震设计时，偏心支撑框架中除消能梁段外的构件内力设计值应按下列规定进行调整。

A. 支撑的轴力设计值：

$$N_{br} = \eta_{br}\frac{V_l}{V}N_{br,com} \tag{42.4-17}$$

B. 位于消能梁段同一跨的框架梁的弯矩设计值：

$$M_b = \eta_b\frac{V_l}{V}M_{b,com} \tag{42.4-18}$$

C. 柱的弯矩、轴力设计值：

$$M_c = \eta_c\frac{V_l}{V}M_{c,com} \tag{42.4-19}$$

$$N_c = \eta_c\frac{V_l}{V}N_{c,com} \tag{42.4-20}$$

式中　N_{br}——支撑的轴力设计值；

M_b——位于消能梁段同一跨的框架梁的弯矩设计值；

M_c、N_c——分别为柱的弯矩、轴力设计值；

V_l——消能梁段不计入轴力影响的受剪承载力，取 $0.58A_wf_{ay}$ 或 $2M_{lp}/a$ 的较大值；

V——消能梁段的剪力设计值；

$N_{br,com}$——对应于消能梁段剪力设计值 V 的支撑组合的轴力计算值；

$M_{b,com}$——对应于消能梁段剪力设计值 V 的位于消能梁段同一跨框架梁组合的弯矩计算值；

$M_{c,com}$、$N_{c,com}$——分别为对应于消能梁段剪力设计值 V 的柱组合的弯矩、轴力计算值；

η_{br}——偏心支撑框架支撑内力设计值增大系数，其值在一级时不应小于 1.4，二级时不应小于 1.3，三级时不应小于 1.2；

η_b、η_c——分别为位于消能梁段同一跨的框架梁的弯矩设计值增大系数和柱的内力设计值增大系数，其值在一级时不应小于 1.3，二级及以下时不应小于 1.2。

④偏心支撑的轴向承载力抗震验算

$$N_{br} \leqslant \varphi f A_{br} / \gamma_{RE} \tag{42.4-21}$$

式中　N_{br}——支撑的轴力设计值；

A_{br}——支撑截面面积；

φ——由支撑长细比确定的轴心受压构件稳定系数；

f——钢材的抗拉、抗压强度设计值；

γ_{RE}——支撑轴向承载力抗震调整系数，取 0.80。

⑤偏心支撑框架梁和柱的承载力，应按现行国家标准《钢结构设计标准》（GB 50017）的规定进行验算；有地震作用组合时，钢材强度设计值应除以承载力抗震调整系数 γ_{RE}。

⑥支撑斜杆与消能梁段连接的承载力不得小于支撑的承载力。若支撑需抵抗弯矩，支撑与梁的连接应按抗压弯连接设计。

42.4.5　钢结构抗侧力构件的连接验算

构件的连接，须符合强连接、弱构件的原则。

（1）钢结构抗侧力构件连接的承载力设计值，不应小于相连构件的承载力设计值；高强度螺栓不得滑移。

（2）钢结构抗侧力构件连接的极限承载力应大于相连构件的屈服承载力。

（3）梁与柱刚性连接的极限承载力，应按下列公式验算：

$$M_u^j \geqslant \alpha M_p \tag{42.4-22}$$

$$V_u^j \geqslant 1.2(\sum M_p / l_n) + V_{Gb} \tag{42.4-23}$$

（4）支撑与框架连接和梁、柱、支撑的拼接承载力，应按下列公式验算：

支撑连接和拼接　　$$N_{ubr}^j \geqslant \alpha A_{br} f_y \tag{42.4-24}$$

梁的拼接　　$$M_{ub,sp}^j \geqslant \alpha M_p \tag{42.4-25}$$

柱的拼接　　$$M_{uc,sp}^j \geqslant \alpha M_{pc} \tag{42.4-26}$$

（5）柱脚与基础的连接承载力，应按下列公式验算：

$$M_{u,base}^j \geqslant \alpha M_{pc} \tag{42.4-27}$$

式中 M_{p}、M_{pc}——分别为梁的塑性受弯承载力和考虑轴力影响时柱的塑性受弯承载力；

V_{Gb}——重力荷载代表值（9 度尚应包括地震作用标准值）作用下，按简支梁分析的梁端截面剪力设计值；

l_{n}——梁的净跨；

A_{br}——支撑杆件的截面面积；

M_{u}^{j}、N_{u}^{j}、V_{u}^{j}——分别为连接的极限受弯、压（拉）、剪承载力；

N_{ubr}^{j}、$M_{ub,sp}^{j}$、$M_{uc,sp}^{j}$——分别为支撑、梁、柱拼接的极限受弯承载力；

$M_{u,base}^{j}$——柱脚的极限受弯承载力；

α——连接系数，可按表 42.4－1 采用。

表 42.4－1　钢结构抗震设计的连接系数

母材牌号	梁柱连接时		支撑连接＼构件拼接		柱脚	
	焊接	螺栓连接	焊接	螺栓连接		
Q235	1.40	1.45	1.25	1.30	埋入式	1.2
Q355	1.30	1.35	1.20	1.25	外包式	1.2
Q345GJ	1.25	1.30	1.15	1.20	外露式	1.1

注：①屈服强度高于 Q355 的钢材，按 Q355 的规定采用；
②屈服强度高于 Q355GJ 的 GJ 钢材，按 Q355GJ 的规定采用；
③外露式柱脚是指刚接柱脚，只适用于房屋高度 50m 以下；
④翼缘焊接腹板栓接时，连接系数分别按表中连接形式取用。

42.5　抗震构造措施

对地震作用效应进行的设计计算，有一些不确定的因素，或是结构构件的很多功能需要通过具体构造才能满足。因此，结构抗震构造措施是保证建筑物具有足够延性的重要条件。钢结构的构造措施对保证结构安全更为重要。通过构造措施实现可靠的连接，保证构件的局部与整体稳定。《规范》对于不同建筑抗震设防类别、抗震设防烈度、场地土类别应采取不同的抗震构造措施。当风荷载为结构的承载力与变形验算的主要荷载时，地震作用不起主要作用，但仍要按当地的设防烈度采取相应的抗震构造措施。

多高层钢结构的抗震构造措施主要有以下几方面：

42.5.1　构件长细比

1. 框架柱长细比

框架柱的长细比，一级不应大于 $60\sqrt{235/f_{ay}}$，二级不应大于 $80\sqrt{235/f_{ay}}$，三级不应大

于 $100\sqrt{235/f_{ay}}$，四级时不应大于 $120\sqrt{235/f_{ay}}$。

2. 计算长度

（1）计算框架柱在重力作用下的稳定性时。

纯框架体系：当 $\Delta u/h>1/1000$ 时，按现行国家标准《钢结构设计标准》有侧移计算长度系数附表确定计算长度系数 μ 值，也可以用以下近似公式确定计算长度系数：

$$\mu = \sqrt{\frac{1.6 + 4(K_1 + K_2) + 7.5K_1K_2}{K_1 + K_2 + 7.5K_1K_2}} \tag{42.5-1}$$

支撑框架体系：当 $\Delta u/h \leqslant 1/1000$ 时为无侧移框架时，框架柱的计算长度按现行国家标准《钢结构设计标准》附表确定计算长度系数，也可以用以下近似公式确定计算长度系数 μ。

$$\mu = \frac{3 + 1.4(K_1 + K_2) + 0.64K_1K_2}{3 + 2(K_1 + K_2) + 0.28K_1K_2} \tag{42.5-2}$$

式中　K_1、K_2——分别为交于柱上、下端的横梁线刚度之和与柱线刚度之和的比值。

（2）计算在重力和风荷载或多遇地震作用组合下的稳定性时。

有支撑或剪力墙的结构，在满足整体结构整体稳定情况下，在层间位移角满足《规范》的限制要求条件时，柱计算长度系数可取 1.0；若层间位移角小于 1/1000 时，可按无侧移柱确定 μ 值。

纯框架体系，当层间位移角 $\Delta u/h \leqslant 1/1000$ 时，可以按无侧移框架的公式计算 μ，当 $\Delta u/h>1/1000$ 时，需按有侧移框架确定计算长度系数。

3. 支撑斜杆的长细比

（1）中心支撑斜杆长细比限值。

支撑杆件的长细比，按压杆设计时，不应大于 $120\sqrt{235/f_{ay}}$；中心支撑杆一、二、三级时不得采用拉杆，四级时可采用拉杆，其长细比不应大于 180。

（2）偏心支撑斜杆长细比不应小于 $120\sqrt{235/f_{ay}}$，在地震作用时，不希望支撑斜杆屈曲。因此，支撑内力应乘以增大系数。

当支撑采用双肢组合结构，填板间单肢的长细比不应大于构件最大长细比的 1/2，且不小于 40。

42.5.2　构件板件宽厚比

1. 框架梁柱板的宽厚比

框架梁柱板件宽厚比限值见表 42.5-1。

钢结构构件中板件的宽厚比直接影响构件的局部稳定性。很多钢结构工程由于板件的宽厚比过大，造成构件失稳以致破坏，尤其在荷载突然变化，例如发生地震时，非常容易导致构件破坏。这种震害实例在唐山、日本阪神地震中很多。由于某些原因板件宽厚比满足规定限值时，应按照《钢结构设计标准》的规定设置纵向加劲肋，设置梁的侧向支承，尤其是可能出现塑性铰的部位，上下翼缘均应设置侧向支承，而且相邻两支承点间的构件长细比应符合《钢结构设计标准》关于塑性设计的有关规定。主梁上的次梁以及次梁的楼板（与钢梁有可靠连接）也可以起到侧向支撑的作用。

表 42.5－1　框架梁、柱的板件宽厚比限值

板件名称		抗震等级			
		一级	二级	三级	四级
柱	H 形截面翼缘外伸部分	10	11	12	13
	H 形截面腹板	43	45	48	52
	箱形截面壁板	33	36	38	40
梁	工字形截面和箱形截面翼缘外伸部分	9	9	10	11
	箱形截面翼缘在两腹板之间部分	30	30	32	36
	工字形截面和箱形截面腹板	$72-120\frac{N_b}{Af}$	$72-100\frac{N_b}{Af}$	$80-110\frac{N_b}{Af}$	$85-120\frac{N_b}{Af}$

注：①表列数值适用于 Q235 钢，采用其他牌号钢材时，应乘以 $\sqrt{235/f_{ay}}$，f_{ay} 为钢材的名义屈服强度。

②工字形梁和箱形梁的腹板宽厚比，对一、二、三、四级分别不宜大于（60、65、70、75）$\sqrt{235/f_{ay}}$。

梁柱构件的侧向支承应符合下列要求：

（1）梁柱构件受压翼缘应根据需要设置侧向支承。

（2）梁柱构件在出现塑性铰的截面，上下翼缘均应设置侧向支承。

（3）相邻两支承点间的构件长细比，应符合现行国家标准《钢结构设计标准》（GB 50017）的有关规定。

2. 支撑斜杆的板件宽厚比

（1）中心支撑斜杆板件宽厚比限值见表 42.5－2。

表 42.5－2 规定了支撑板件的宽厚比。当支撑用节点板与梁柱连接时，在设计中应注意节点板的强度和稳定。

表 42.5－2　钢结构中心支撑板件宽厚比限值

板件名称	抗震等级			
	一级	二级	三级	四级
翼缘外伸部分	8	9	10	13
H 形截面腹板	25	26	27	33
箱形截面壁板	18	20	25	30
圆管外径与壁厚比	38	40	40	42

注：表列数值适用于 Q235 钢，采用其他牌号钢材应乘以 $\sqrt{235/f_{ay}}$，圆管应乘以 $235/f_{ay}$。

（2）偏心支撑的消能梁段应符合规定的设计要求，它比该跨非消能梁段的宽厚比要求严。在偏心支撑框架范围内，消能梁段外不允许出现屈服或屈曲现象。消能梁段要有很好的延性，所选的钢材屈服强度不应大于 355MPa。消能梁段及其与它在同一跨内的非消能梁段，其板件宽厚比不应大于表 42.5－3 所列限值。

表 42.5－3　偏心支撑框架梁的板件宽厚比限值

<table>
<tr><th colspan="2">板件名称</th><th>宽厚比限值</th></tr>
<tr><td colspan="2">翼缘外伸部分</td><td>8</td></tr>
<tr><td rowspan="2">腹板</td><td>当 $N/Af \leq 0.14$ 时</td><td>$90\left(1-1.65\frac{N}{Af}\right)$</td></tr>
<tr><td>当 $N/Af > 0.14$ 时</td><td>$33\left(2.3-\frac{N}{Af}\right)$</td></tr>
</table>

注：表列数值适用于 Q235 钢，当材料为其他钢号时应乘以 $\sqrt{235/f_{ay}}$。

偏心支撑框架的支撑，根据设计要求应保持弹性，故要求其板件宽厚比不应超过轴心受压在弹性设计时的限值（参考《钢结构设计标准》）。

42.5.3　钢框架节点部位的抗震构造

关于钢框架（含支撑）梁柱连接的节点做法，在钢结构的规范规程标准图以及国内外大量研究资料中已经有很多。本手册仅从地震作用时特别需要加强的连接部位予以说明。

1. 梁与柱的连接构造应符合下列要求

（1）梁与柱的连接宜采用柱贯通型。

（2）柱在两个互相垂直的方向都与梁刚接时宜采用箱形截面，在梁翼缘连接处设置隔板。隔板采用电渣焊时，壁板厚度不应小于 16mm，小于此限时可改用 H 形柱或采用贯通式隔板。当柱仅在一个方向与梁刚接时，宜采用 H 形截面，并将柱腹板置于刚接框架平面内。

（3）H 形柱（绕强轴）和箱形柱与梁刚接时（图 42.5－1），应符合下列要求：

①梁翼缘与柱翼缘间应采用全熔透坡口焊缝；一级抗震时，应检验焊缝的 V 形切口冲击韧性，其夏比冲击韧性在－20℃时不低于 27J。

②柱在梁翼缘对应位置应设置横向加劲肋（隔板），加劲肋（隔板）厚度不应小于梁翼缘厚度，强度与梁翼缘相同。

③梁腹板宜采用摩擦型高强度螺栓与柱连接板连接（经工艺试验合格能确保现场焊接质量时，可用气保焊进行焊接）；腹板角部应设置焊接孔，孔形应使其端部与梁翼缘全焊透焊缝完全隔开。

④腹板连接板与柱的焊接，当板厚不大于 16mm 时应采用双面角焊缝，焊缝有效厚度应满足等强度要求，且不小于 5mm；板厚大于 16mm 时采用 K 形坡口对接焊缝。该焊缝宜采用气体保护焊，且板端应绕焊。

⑤一级和二级抗震时，宜采用能将塑性铰自梁端外移的端部扩大形连接、梁端加盖板或

骨形连接。

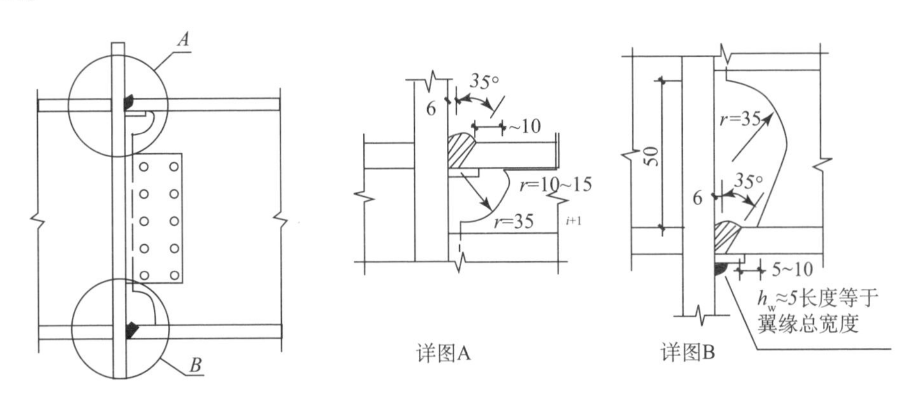

图 42.5－1　框架梁与柱的现场连接

框架梁采用悬臂梁段与柱刚性连接时（图 42.5－2），悬臂梁段与柱应采用全焊接连接，此时上下翼缘焊接孔的形式宜相同；梁的现场拼接可采用翼缘焊接腹板螺栓连接或全部螺栓连接。

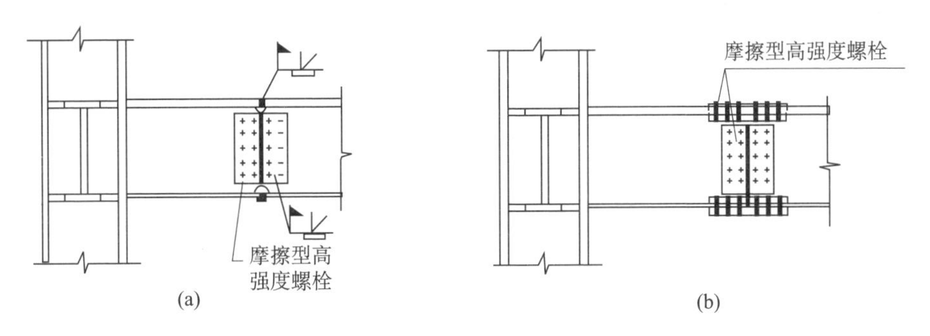

图 42.5－2　框架柱与梁悬臂段的连接

箱形柱在与梁翼缘对应位置设置的隔板，应采用全熔透对接焊缝与壁板相连。H 形柱的横向加劲肋与柱翼缘，应采用全熔透对接焊缝连接，与腹板可采用角焊缝连接。

梁与柱刚性连接时，柱在梁翼缘上下各 500mm 的范围内，柱翼缘与柱腹板间或箱形柱壁板间的连接焊缝应采用坡口全焊透焊缝。

上下柱的对接接头应采用全熔透焊缝，柱拼接接头上下各 100mm 范围内，H 形柱翼缘与腹板间及箱型柱角部壁板间的焊缝，应采用全熔透焊缝。

2. 柱的拼接

H 形柱的拼接接头宜设置在梁上翼缘 1.3m 左右，或柱净高的一半，取二者较小值。该处弯矩应由翼缘和腹板共同承受，剪力应由腹板承受，轴力应由翼缘与腹板分担。因此，柱翼缘应采用坡口全熔透焊缝，或按等强度要求计算，用高强螺栓通过拼接板连接；柱腹板可采用部分熔透焊缝或高强度螺栓连接。

箱形柱的拼接宜全部采用坡口全熔透焊缝。

3. 梁腹板与柱的连接

梁腹板通常通过连接板用高强度螺栓与柱相连。当梁翼缘的塑性截面模量小于梁全截面塑性截面模量的 70%时，梁腹板与柱连接的高强度螺栓不应少于二列。

42.5.4　中心支撑的抗震构造

中心支撑节点的构造应符合下列要求：

（1）房屋高度超过 50m 时，支撑宜采用 H 形钢制作，两端与框架可采用刚接构造，梁柱与支撑连接处应设置加劲肋；一级和二级采用焊接 H 形截面的支撑时，其翼缘与腹板的连接宜采用全熔透连续焊缝。

（2）支撑与框架连接处，支撑杆端宜做成圆弧。

（3）梁在其与 V 形支撑或人字支撑相交处，应设置侧向支承；该支承点与梁端支承点间的侧向长细比（λ_y）以及支承力，应符合现行国家标准《钢结构设计标准》（GB 50017）关于塑性设计的规定。

（4）若支撑和框架采用节点板连接，应符合现行国家标准《钢结构设计标准》（GB 50017）关于节点板在连接杆件每侧有不小于 30°夹角的规定；一、二级时，支撑端部至节点板最近嵌固点（节点板与框架构件连接焊缝的端部）垂直于支撑杆件轴线方向的直线，不应小于节点板厚度的 2 倍。

42.5.5　钢框架—偏心支撑结构的抗震构造措施

1. 消能梁段的构造应符合下列要求

（1）当 $N>0.16Af$ 时，消能梁段的长度应符合下列规定：

当 $\rho\ (A_w/A)<0.3$ 时
$$a<1.6M_{lp}/V_l \tag{42.5-3}$$

当 $\rho\ (A_w/A)\geq0.3$ 时
$$a\leq[1.15-0.5\rho(A_w/A)]1.6M_{lp}/V_l \tag{42.5-4}$$

$$\rho=N/V \tag{42.5-5}$$

式中　a——消能梁段的长度；

ρ——消能梁段轴向力设计值与剪力设计值之比。

（2）消能梁段的腹板不得贴焊补强板，也不得开洞。

（3）消能梁段与支撑连接处，应在其腹板两侧配置加劲肋，加劲肋的高度应为梁腹板高度，一侧的加劲肋宽度不应小于（$b_f/2-t_w$），厚度不应小于 $0.75t_w$ 和 10mm 的较大值。

（4）消能梁段应按下列要求在其腹板上设置中间加劲肋：

当 $a\leq1.6M_{lp}/V_l$ 时，　加劲肋间距不大于（$30t_w\sim h/5$）；

当 $2.6M_{lp}/V_l<a\leq5M_{lp}/V_l$ 时，　应在距消能梁段端部 $1.5b_f$ 处配置中间加劲肋，且中间加劲肋间距不应大于（$52t_w-h/5$）；

当 $1.6M_{lp}/V_l<a\leq2.6M_{lp}/V_l$ 时，　中间加劲肋的间距宜在上述二者间线性插入；

当 $a>5M_{lp}/V_l$ 时，　可不配置中间加劲肋。

中间加劲肋应与消能梁段的腹板等高，当消能梁段截面高度不大于 640mm 时，可配置单侧加劲肋，消能梁段截面高度大于 640mm 时，应在两侧配置加劲肋，一侧加劲肋的宽度不应小于（$b_f/2-t_w$），厚度不应小于 t_w 和 10mm。

2. 消能梁段与柱的连接应符合下列要求

（1）消能梁段与柱连接时，其长度不得大于 $1.6M_{lp}/V_l$，且应满足相关标准的规定。

（2）消能梁段翼缘与柱翼缘之间应采用坡口全熔透对接焊缝连接，消能梁段腹板与柱之间应采用角焊缝（气保焊）连接；角焊缝的承载力不得小于消能梁段腹板的轴向力、剪力和弯矩同时作用时的承载力。

（3）消能梁段与柱腹板连接时，消能梁段翼缘与横向加劲板间应采用坡口全熔透焊缝，其腹板与柱连接板间应采用角焊缝（气保焊）；角焊缝的承载力不得小于消能梁段腹板的轴力、剪力和弯矩同时作用时的承载力。

3. 消能梁段侧向支撑的设置

（1）消能梁段两端上下翼缘应设置侧向支撑，支撑的轴力设计值不得小于消能梁段翼缘轴向承载力的 6%，即 $0.06b_ft_ff$。

（2）偏心支撑框架梁的非消能梁段上下翼缘，应设置侧向支撑，支撑的轴力设计值不得小于梁翼缘轴向承载力的 2%，即 $0.02b_ft_ff$。

第9篇　隔震与消能减震

本篇主要编写人

张　超　广州大学

周　云　广州大学

第 43 章　隔 震 结 构

43.1　一 般 要 求

43.1.1　隔震结构的适用范围

隔震结构可用于医院、学校、住宅、生命线工程等不同功能需求的建筑中，但从经济性考虑，多数用于对抗震安全性和使用功能有较高要求或专门要求的建筑，符合以下各项要求的建筑可采用隔震技术：

（1）隔震建筑的高宽比宜满足相应抗震结构类型的要求。隔震结构高宽比计算时，其高度应取隔震层以上结构的高度。当高宽比大于 4 或非隔震结构相关规定的结构采用隔震技术时，应进行专门研究。

（2）建筑变形特征接近剪切变形，建筑最大高度应满足《建筑抗震设计规范》（GB 50011）非隔震结构要求。

（3）建筑场地宜为Ⅰ、Ⅱ、Ⅲ类，并应选用稳定性较好的基础类型，当场地为Ⅳ类时，应采取有效措施。

（4）风荷载和其他非地震作用的水平荷载标准值产生的水平力不宜超过结构的总重力的 10%。

（5）隔震层应提供必要的竖向承载力、侧向刚度和阻尼；穿过隔震层的设备配管、配线，应采用柔性连接或其他有效措施以适应隔震层的罕遇地震水平位移。

隔震建筑方案的采用，应根据建筑抗震设防类别、抗震设防烈度、建筑高度、场地条件、地基、结构材料和施工等因素，经技术、经济和使用条件综合比较确定。

采用隔震技术后，结构其建筑最大适用高度的取值是否按隔震后结构的所处的设防烈度确定，为了明确建筑的最大适用高度，根据《建筑隔震设计标准》中提出的建议范围，如表 43.1－1 至表 43.1－3 所示。

表 43.1－1　现浇钢筋混凝土结构隔震建筑的最大适用高度（m）

结构类型	烈度				
	6 度	7 度	8 度（0.2g）	8 度（0.3g）	9 度
框架	60	50	40	35	24

续表

结构类型	烈度				
	6 度	7 度	8 度（0.2g）	8 度（0.3g）	9 度
框架-抗震墙	130	120	100	80	50
抗震墙	140	120	100	80	60
部分框支抗震墙	120	100	80	50	/
框架-核心筒	150	130	100	90	70
筒中筒	180	150	120	100	80
板柱-抗震墙	80	70	55	40	/

表 43.1-2　钢结构隔震建筑的最大适用高度（m）

结构类型	烈度				
	6 度	7 度	8 度（0.2g）	8 度（0.3g）	9 度
框架	110	90	90	70	50
框架-中心支撑	220	200	180	150	120
框架-偏心支撑，框架-屈曲约束支撑	240	220	200	180	160
筒体	300	280	260	240	180

表 43.1-3　钢-混凝土混合结构隔震建筑的最大适用高度（m）

结构类型		烈度				
		6 度	7 度	8 度（0.2g）	8 度（0.3g）	9 度
框架-核心筒	钢框架-钢筋混凝土核心筒	200	160	120	100	70
	型钢（钢管）混凝土框架-钢筋混凝土核心筒	220	190	150	130	70
筒中筒	钢外筒-钢筋混凝土核心筒	260	210	160	140	80
	型钢（钢管）混凝土外筒-钢筋混凝土核心筒	280	230	170	150	90

43.1.2　隔震层设计基本要求

1. 隔震层的位置

在建筑结构中依据隔震层布置位置的不同可以将隔震结构分为：基础隔震和层间隔震。

基础隔震是将隔震支座直接与基础连接，其如图 43.1－1a、b；层间隔震是隔震支座布置在建筑的某一层，如在地下室与首层之间布置隔震层、隔震层布置在首层柱底、大底盘顶部设置隔震层等，其如图 43.1－1c、d。

隔震层宜设置在结构的底部或者下部，通常位于第一层以下。当隔震层位于第一层以上或结构上部时，结构体系的特点与普通隔震结构可能有较大差异，隔震层以下的结构设计计算也更复杂，需作专门研究。

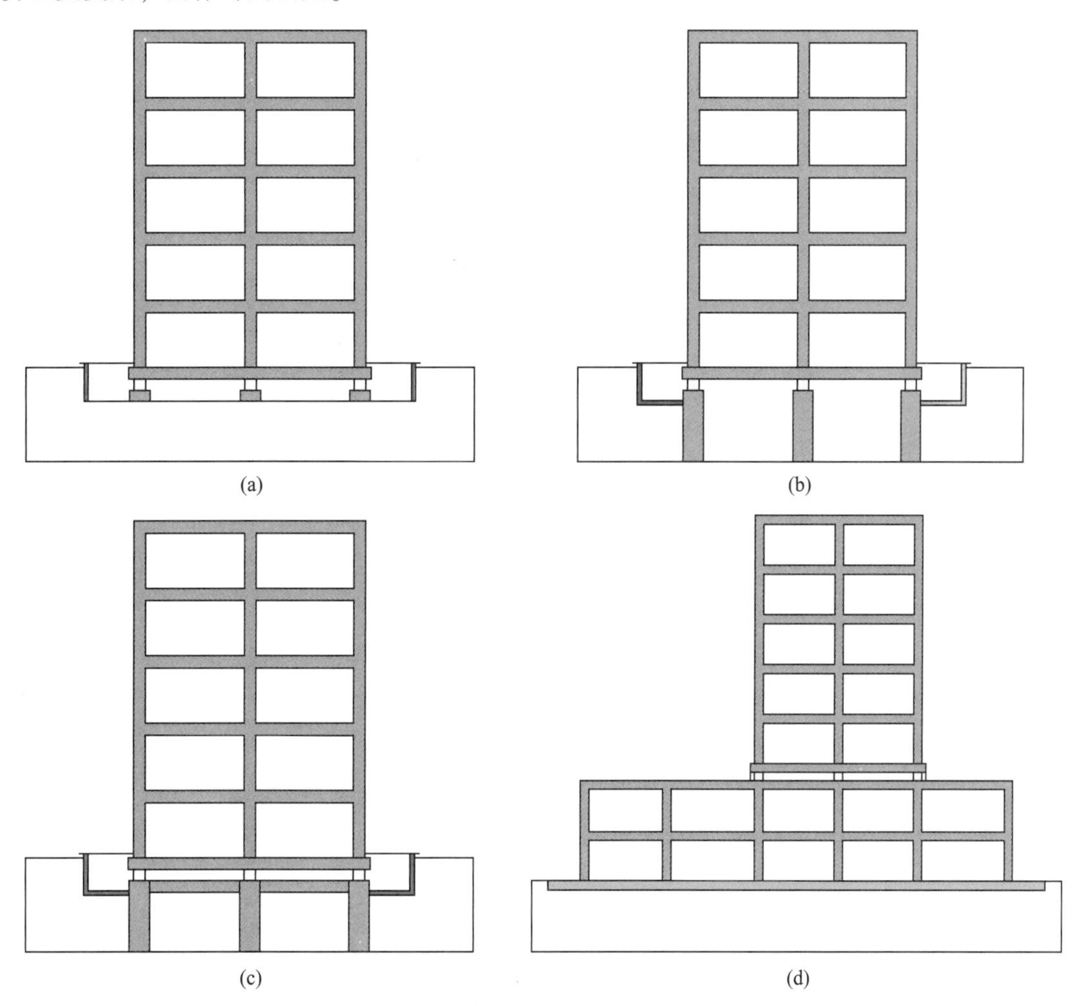

图 43.1－1　隔震层布置位置

（a）基础隔震；（b）地下室柱顶隔震；

（c）地下室与首层间隔震；（d）大底盘隔震

2. 隔震层支座布置要求

隔震层的布置应符合下列的要求：

（1）隔震层可由隔震支座、阻尼装置和抗风装置组成。阻尼装置和抗风装置可与隔震支座合为一体，亦可单独设置。必要时可设置限位装置。

（2）隔震层刚度中心宜与上部结构的质量中心重合，宜控制其偏心率。

（3）隔震支座的平面布置宜与上部结构和下部结构的竖向受力构件的平面位置相对应。

（4）同一房屋选用多种规格的隔震支座时，应注意充分发挥每个橡胶支座的承载力和水平变形能力。

（5）同一支承处选用多个隔震支座时，隔震支座之间的净距应大于安装操作所需要的空间要求。

（6）设置在隔震层的抗风装置宜对称、分散地布置在建筑物的周边或周边附近。

隔震结构的偏心率计算如下：

隔震结构的偏心率是隔震层设计中的一个重要指标。隔震层偏心率计算方法为：

重心：$X_{g}=\dfrac{\sum N_{i}\cdot X_{i}}{\sum N_{i}}\qquad Y_{g}=\dfrac{\sum N_{i}\cdot Y_{i}}{\sum N_{i}}$

刚心：$X_{k}=\dfrac{\sum K_{ey,i}\cdot X_{i}}{\sum K_{ey,i}}\qquad Y_{k}=\dfrac{\sum K_{ex,i}\cdot Y_{i}}{\sum K_{ex,i}}$

偏心距：$e_{x}=|Y_{g}-Y_{k}|\qquad e_{y}=|X_{g}-X_{k}|$

扭转刚度：$K_{t}=\sum\left[K_{ex,i}(Y_{i}-Y_{k})^{2}+K_{ey,i}(X_{i}-X_{k})^{2}\right]$

回转半径：$R_{x}=\sqrt{\dfrac{K_{t}}{\sum K_{ex,i}}}\qquad R_{y}=\sqrt{\dfrac{K_{t}}{\sum K_{ey,i}}}$

偏心率：$\rho_{x}=\dfrac{e_{y}}{R_{x}}\qquad \rho_{y}=\dfrac{e_{x}}{R_{y}}$

式中　N_{i}——第 i 个隔震支座承受的重力荷载；

X_{i}、Y_{i}——第 i 个隔震支座中心位置 X 方向和 Y 方向坐标；

$K_{ex,i}$、$K_{ey,i}$——第 i 个隔震支座在 X 方向和 Y 方向的等效刚度。

确定完隔震支座的直径和布置图之后，需考虑结构在隔震层抗风装置，确保隔震层在风荷载作用下不会产生过大的变形，根据规程的要求对抗风装置的数量进行了计算，其计算公式为：

$$\gamma_{w}V_{wk}\leqslant V_{Rw}\qquad(43.1-1)$$

式中　V_{Rw}——抗风装置的水平承载力设计值。当抗风装置是隔震支座的组成部分时，取隔震支座的水平屈服荷载设计值；当抗风装置单独设置时，取抗风装置的水平承载力，可按材料屈服强度设计值确定；

γ_{w}——风荷载分项系数，采用 1.4；

V_{wk}——风荷载作用下隔震层的水平剪力标准值。

当结构风荷载较大需要布置较多的铅芯橡胶支座或阻尼器时，其减震效果可能会降低，为了得到更好的减震效果，常需要在结构中减少铅芯橡胶支座或阻尼器的数量，单独布置抗风装置来抵抗风荷载，抗风装置在正常使用时参与工作，提供水平抵抗力，满足风荷载作用下结构变形要求，当结构遭遇地震作用时，抗风装置退出工作，不影响上部结构的隔震效果。

43.1.3 隔震支座选择

隔震支座的规格、数量和布置应根据竖向承载力、侧向刚度和阻尼的要求通过计算确定。隔震支座应进行竖向承载力和水平向抗风和抗震验算。

1. 隔震层的竖向受压承载力验算

橡胶隔震支座的压应力既是确保橡胶隔震支座在无地震时正常使用的重要指标，也是直接影响橡胶隔震支座在地震作用时其他各种力学性能的重要指标。它是设计或选用隔震支座的关键因素之一。在永久荷载和可变荷载作用下组合的竖向压应力设计值，不应超过表43.1-4的规定，其橡胶支座在罕遇地震的水平和竖向地震同时作用下，拉应力不应大于1MPa。

表43.1-4 重力荷载代表值下隔震支座压应力限值（N/mm^2）

支座类型	甲类建筑	乙类建筑	丙类建筑
橡胶隔震	10	12	15
弹性滑板支座	12	15	20
摩擦摆隔震支座	20	25	30

注：①压应力设计值应按永久荷载和可变荷载的组合计算；其中楼面活荷载应按现行国家标准《建筑结构荷载规范》（GB 50009）的规定乘以折减系数；
②对需验算倾覆的结构，压应力应包括水平地震作用效应组合；
③对需进行竖向地震作用计算的结构，压应力设计值尚应包括竖向地震作用效应组合；
④当橡胶支座的第二形状系数（有效直径与各橡胶层总厚度之比）小于5.0时，应降低压应力限值；小于5不小于4时降低20%，小于4不小于3时降低40%；
⑤外径小于300mm的橡胶支座，丙类建筑的压应力限值为10MPa。

规定隔震支座控制拉应力，主要是考虑以下三个因素：

（1）橡胶受拉后内部有损伤，降低了支座的弹性性能。

（2）隔震支座出现拉应力，意味着上部结构存在倾覆危险。

（3）规定隔震支座拉应力$\sigma_t<1MPa$理由是：①广州大学工程抗震研究中心所作的橡胶垫的抗拉试验中，其极限抗拉强度为2.0~2.5MPa；②美国UBC规范采用的容许抗拉强度为1.5MPa。

2. 隔震支座在罕遇地震作用下的水平位移验算

隔震支座在罕遇地震作用下的水平位移应满足下式要求：

$$u_i \leqslant [u_i] \tag{43.1-2}$$

$$u_i = \eta_i u_c \tag{43.1-3}$$

式中 u_i——罕遇地震作用下，第i个隔震支座考虑扭转的水平位移；

$[u_i]$——第i个隔震支座的水平位移限值；对橡胶隔震支座，不宜超过该支座橡胶直径的0.55倍和支座橡胶总厚度3.0倍二者中的较小值；

u_c——罕遇地震下隔震层质心处或不考虑扭转的水平位移；

η_i——第 i 个隔震支座的扭转影响系数，应取考虑扭转和不考虑扭转时 i 支座计算位移的比值；当隔震层以上结构的质心与隔震层刚度中心在两个主轴方向均无偏心时，边支座的扭转影响系数不应小于 1.15。

43.2 隔震结构设计与分析

根据隔震结构的组成，上部结构、隔震层、下部结构及基础，现行的隔震结构设计目前基本还是采用分段式设计形式，即分为上部结构设计、隔震层设计和下部结构设计三部分。

1. 上部结构设计

（1）根据结构所在地区的设防烈度、场地类别和结构类型、确定结构的隔震设计目标，如隔震后上部结构的地震影响系数最大值的取值范围；构造措施：不降低、降低一度。

（2）根据确定的隔震设计目标对上部结构时行设计。

2. 隔震层设计

基于确定的上部结构方案，设计隔震支座的类型、隔震结构的偏心率、水平向减震系数计算、罕遇地震作用下隔震支座的变形和拉应应力验算、隔震结构抗风和抗倾覆验算、隔震支墩的设计。

隔震支座类型、偏心率、抗风验算参考 43.1.2 和 43.1.3 节，其面压组合采用 1.0×恒载+0.5 活载。

3. 水平向减震系数（β）计算

对于多层建筑取按弹性计算所得的隔震与非隔震结构各层层剪力比值的最大值；对于高层建筑取按弹性计算所得的隔震与非隔震结构各层层剪力和倾覆弯矩比值的最大值。其计算过程如下：

（1）建立隔震和非隔震结构的计算模型。

（2）选取满足《建筑抗震设计规范》（GB 50011）中规定的地震波。

（3）对隔震与非隔震结构模型进行时程分析。

（4）计算隔震与非隔震结构各层层剪力和倾覆弯矩比值。

（5）确定水平向减震系数，确定上部结构的地震影响系数最大值。

隔震后结构的水平向地震影响系数最大值 $\alpha_{max1}=\beta\alpha_{max}/\Psi$，式中，$\alpha_{max1}$ 为隔震后上部结构地震影响系数最大值；α_{max} 为非隔震结构地震影响系数最大值；Ψ 为根据概率可靠度分析提供一定的概率保证及考虑支座剪切刚度变异后得到的安全系数，对于 S-A 类支座为 0.85；S-B 类支座为 0.8，当设置阻尼器时需要附加与阻尼器相关的变异系数，S-A 类支座为 0.8；S-B 类支座为 0.75。

4. 上部结构的设计及构造措施确定

隔震后的上部结构按相关规范和规定进行设计时，地震作用可以降低，抗震措施也可以适当降低。隔震后结构的水平地震作用大致归纳为比非隔震时降低一度，如表 43.2－1 所示

(对于一般橡胶支座)；而隔震后的上部结构的抗震措施，一般橡胶支座以隔震结构底部剪力比 0.5 为界划分，只能按降低一度分档，即以 $\beta=0.5$ 分档。

表 43.2－1　水平向减震系数与隔震后上部结构抗震措施所对应烈度的分档

本地设防烈度区（设计基本地震加速度）		9（0.40g）	8（0.30g）	8（0.20g）	7（0.15g）	7（0.10g）
水平向减震系数 β	$\beta>0.5$	9（0.40g）	8（0.30g）	8（0.20g）	7（0.15g）	7（0.10g）
	$\beta\leqslant0.5$	8（0.20g）	7（0.10g）	7（0.10g）	6（0.05g）	6（0.05g）

罕遇地震作用下隔震支座的变形和拉应应力验算，隔震橡胶支座在罕遇地震的水平和竖向地震同时作用下，拉应力不应大于 1.0MPa，压应力不应大于 20MPa（甲类建筑）、25MPa（乙类建筑）、30MPa（丙类建筑）。

隔震支座拉应力验算采用的荷载组合：1.0×恒荷载±1.0×水平地震−0.5×竖向地震（注：竖向地震作用：8 度（0.20g）、8 度（0.30g）和 9 度（0.40g），其值分别取 0.20、0.30 和 0.40 倍重力荷载代表值），其荷载组合为：$1.0D\pm1.0F_{ek}-0.5F_{vk}$，隔震支座罕遇地震下压应力验算采用的荷载组合：1.0×恒荷载+0.5 活荷载+1.0×水平地震+0.5×竖向地震，其荷载组合为：$1.0D+0.5L+1.0F_{ek}+0.5F_{vk}$。

变形验算时的荷载组合为：1.0×恒荷载+0.5×活荷载+1.0×水平地震。

5. 下部结构的设计及构造措施

《抗震规范》12.2.9 条规定：与隔震层连接的下部构件（如地下室、支座下的墩柱等）的地震作用和抗震验算，应采用罕遇地震下隔震支座的竖向力、水平力和力矩进行计算。如图 43.2－1 所示，P 为在罕遇地震时设计组合工况下产生的轴向力；V_x 和 V_y 为罕遇地震时设计组合工况下产生的 X 和 Y 向水平剪力；U_x、U_y 为罕遇地震作用下隔震支座产生的水平位移；h_b 为隔震支座高度，H 为隔震支墩的高度。则有，隔震支座下支墩顶部产生的弯矩：$M_1=0.5\times[(P_1+P_2)\times U+V\times H_1]$，用于支座连接件的承载力设计；隔震支座下支墩底部产生的弯矩：$M_2=M_1+V\times H_2$，结合前面直接求得的轴力 N、剪力 V_x、剪力 V_y，可以进行下支墩的设计；上支墩的设计内力计算，与下支墩类似。

地基基础的抗震验算和地基处理仍按原设防烈度进行。

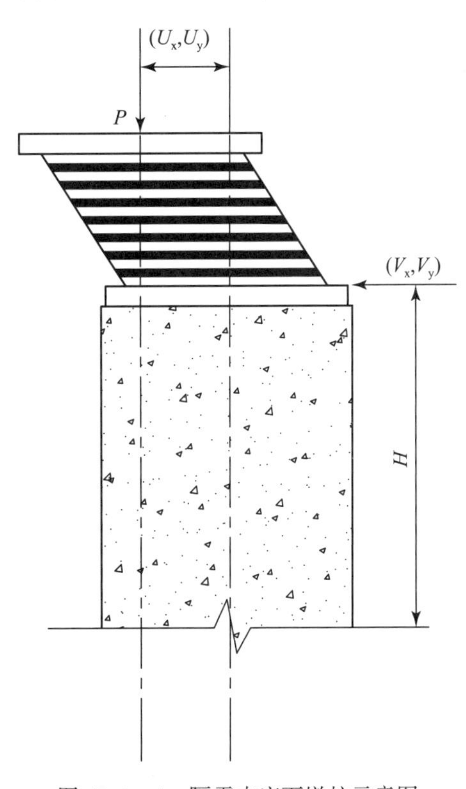

图 43.2－1　隔震支座下墩柱示意图

43.3　抗震构造措施

隔震层由隔震支座，阻尼器和为地基微地震
动与风荷载提供初刚度的部件组成，阻尼器与隔震合为一体，亦可单独设置，必要时，宜设置防风锁定装置。

隔震层顶部应设置梁板体系，应采用现浇或装配整体式钢筋混凝土楼板体系，现浇板厚度不宜小于 160mm，配筋现浇面层厚度不应小于 50mm。隔震支座上方的纵、横梁应采用现浇钢筋混凝土结构，且隔震层顶部梁板体系的承载力和刚度宜大于一般楼面的梁板承载力和刚度。

隔震支座附近的梁，柱应考虑冲切和局部承压加密钢筋，并根据需要配置网状钢筋。

隔震支座和阻尼器应安装在便于维护人员接近的部位。隔震支座与上部结构、基础结构之间的连接件，应能传递支座的最大水平剪力。外露的预埋件应有可靠的防锈措施。锚固钢筋应与钢板牢固连接，宜采用钻孔塞焊，锚固钢筋的锚固长度应大于 $l_{ab} \geqslant \alpha_c \dfrac{\sigma_B}{f_t} d_{ab}$（$\alpha_c$，锚筋的外形系数，$d_{ab}$，锚筋直径），且不应小于 250mm。

砌体结构的隔震层位于地下室顶部时，隔震支座不宜直接放置在砌体墙上，并应验算砌体的局部承压，隔震层顶部的纵、横梁的构造还应符合《建筑抗震设计规范》（GB 50011—2010）有关托墙梁的要求。

43.4　施工与维护

1. 隔震支座的检查和试验

隔震支座的生产厂家应为通过产品型式检验的企业。建设单位应对厂方提供的每一种型号的隔震支座按《抗震规范》12.1.5 条规定进行抽检，合格后才能使用。

2. 施工安装

（1）支承隔震支座的支墩（或柱）其顶面水平度误差不宜大于 5‰；在隔震支座安装后隔震支座顶面的水平度误差不宜大于 8‰。

（2）隔震支座中心的平面位置与设计位置的偏差不应大于 5.0mm。

（3）隔震支座中心的标高与设计标高的偏差不应大于 5.0mm。

（4）同一支墩上多个隔震支座之间的顶面高差不宜大于 5.0mm。

（5）隔震支座连接板和外露连接螺栓应采取防锈保护措施。

（6）在隔震支座安装阶段应对支墩（或柱）顶面、隔震支座顶面的水平度、隔震支座中心的平面位置和标高进行观测并记录。

（7）在工程施工阶段对隔震支座宜有临时覆盖保护措施，隔震房屋宜设置必要的临时支撑或连接，避免隔震层发生水平位移。

3. 施工测量

（1）在工程施工阶段应对隔震支座的竖向变形做观测并记录。

（2）在工程施工阶段应对上部结构隔震层部件与周围固定物的脱开距离进行检查。

4. 工程验收

隔震结构的验收除应符合国家现行有关施工及验收规范的规定外尚应提交下列文件：

（1）隔震层部件供货企业的合法性证明。

（2）隔震层部件出厂合格证书。

（3）隔震层部件的产品性能出厂检验报告。

（4）隐蔽工程验收记录。

（5）预埋件及隔震层部件的施工安装记录。

（6）隔震结构施工全过程中隔震支座竖向变形观测记录。

（7）隔震结构施工安装记录。

（8）含上部结构与周围固定物脱开距离的检查记录。

5. 隔震层的维护与管理

（1）应制订和执行对隔震支座进行检查和维护的计划。

（2）应定期观测隔震支座的变形及外观情况。

（3）应经常检查是否存在有限制上部结构位移的障碍物，并及时予以清除。

（4）隔震层部件的改装、修理、更换或加固，应在有经验的专业工程技术人员的指导下进行。

（5）考虑到隔震技术的专业性，建议小区的物业管理公司人员应具有这方面的知识，最好是由对工程施工过程比较熟悉的人员参加管理。

43.5 设 计 案 例

43.5.1 砖砌体结构隔震设计案例

某砌体结构办公楼隔震设计，其平面图及剖面图如图 43.5－1、图 43.5－2 所示。场地土为Ⅱ类，抗震设防烈度为 7 度，设计地震分组为第二组，场地特征周期为 0.4s。

1. 荷载资料（标准值）

屋面恒荷载为 4.24kN/m^2，楼面恒荷载为 3.64kN/m^2。屋面活荷载为 0.7kN/m^2，雪荷载为 0.5kN/m^2，楼面活荷载为 2.0kN/m^2，双面粉刷 240mm 厚砖墙自重为 5.24kN/m^2，双面粉刷 370mm 厚砖墙自重为 7.62kN/m^2。门窗自重为 0.3kN/m^2。隔震层顶部梁取 400×800mm。

2. 重力荷载计算

屋面荷载：屋面雪荷载组合系数取为 0.5，屋面活荷载不考虑，屋面均布荷载为

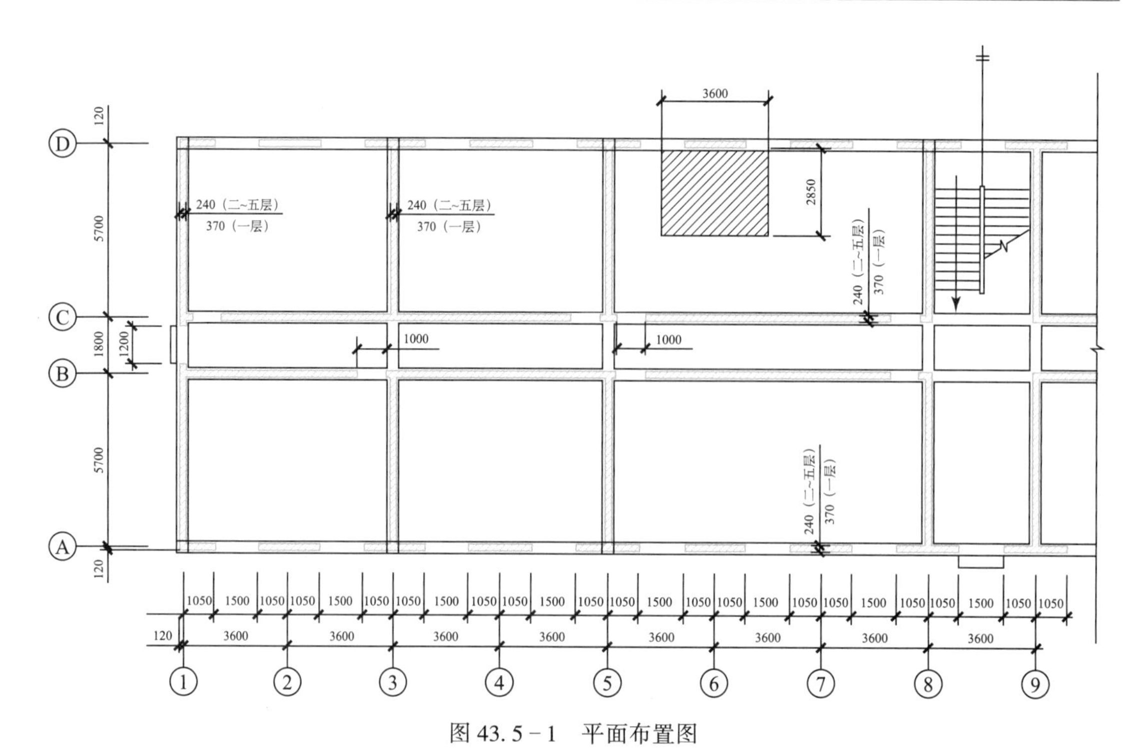

图 43.5－1　平面布置图

（4.24+0.5×0.5）kN/m^2=4.49kN/m^2，则屋面总荷载为：

（54.0+1.0）×（13.2+1.0）×4.49=3507kN

楼面荷载：楼面活荷载组合系数取为 0.5，楼面均布荷载为（3.64+0.5×2.0）=4.64kN/m^2，则楼面总荷载为：54.0×13.2×4.64=3307kN

2~5 层山墙重　[（13.2−0.24）×3.4−1.2×1.8]×5.24×2+1.2×1.8×0.3×2=440kN

2~5 层横墙重　（5.7−0.24）×3.4×5.24×12=1167kN

2~5 层外纵墙重　[（54.0+0.24）×3.4−15×1.5×1.8]×5.24×2kN
+15×1.5×1.8×0.3×2=1532kN

2~5 层内纵墙重　[（54.0−0.24）×3.4−8×1.0×2.5−3.36×3.4]×5.24×2
+8×1.0×2.5×0.3×2=1598kN

1 层山墙重　[（13.2−0.5）×3.6−1.2×2.7]×7.62×2+1.2×2.7×0.3×2=649kN

1 层横墙重　（5.7−0.5）×3.6×7.62×12=1712kN

1 层外纵墙重　[（54.0+0.24）×3.6−14×1.5×1.8−1.5×2.7]×7.62×2
+（14×1.5×1.8+1.5×2.7）×0.3×2=2363kN

1 层内纵墙重　[（54.0−0.5）×3.6−8×1.0×2.5−3.23×3.6]×7.62×2
+8×1.0×2.5×0.3×2=2465kN

计算各层水平地震剪力时的重力荷载代表值取楼（屋）盖重力荷载代表值加相邻上、下层墙体重力荷载代表值的一半，则：

G_5=3507+0.5×（440+1167+1532+1598）=3507+0.5×4737=5876kN

$G_4=G_3=G_2$=3307+4737=8044kN

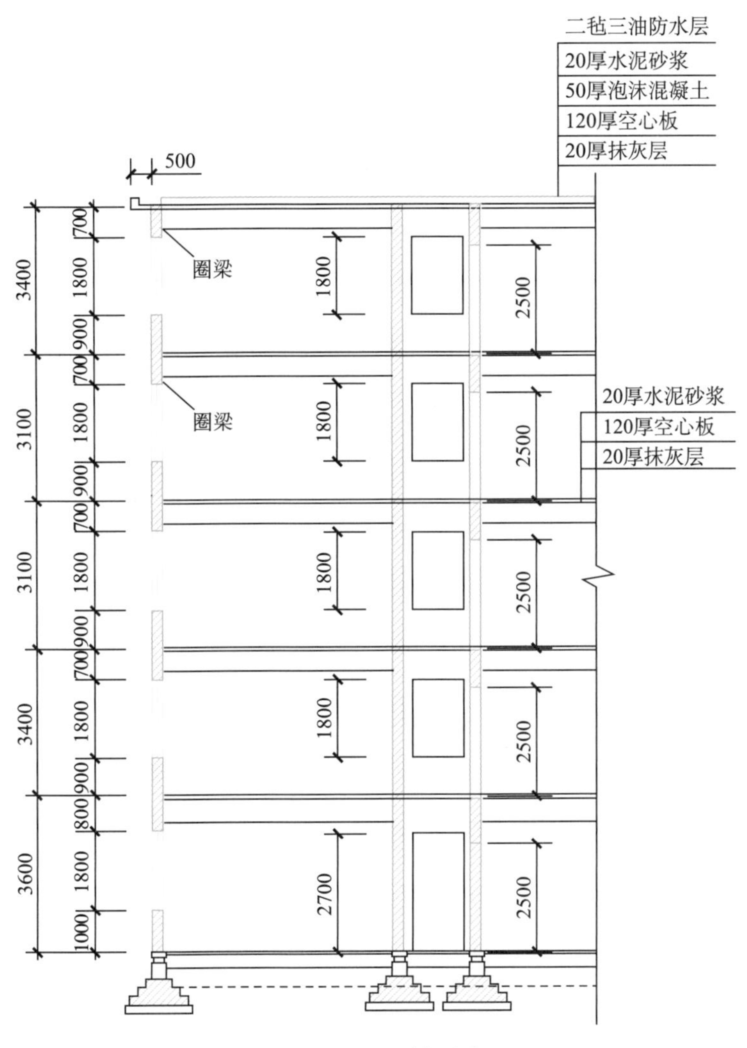

图43.5-2 剖面图

$G_1=3307+0.5\times4737+0.5\times(649+1712+2363+2465)=9270\text{kN}$

$G_{is}=3307+0.5\times(649+1712+2363+2465)$

$\quad+(7.2\times3\times4+13.2\times4+5.4\times4)\times0.4\times0.8\times26\times2=9577\text{kN}$

总重力荷载代表值为：

$$G=\sum_{i=1}^{6}G_i=9577+9270+3\times8044+5876=48955\text{kN}$$

3. 隔震支座选型

根据《建筑抗震设计规范》要求，砌体结构在纵横墙交接位置需布置隔震支座，为此其初步确定需要32个隔震支座，采用每个隔震支座承担的竖向力相同，48955/32=1529kN，初步选用隔震支座的型号为直径为500的隔震支座，其参数如表43.5-1所示。

表 43.5-1　隔震支座参数

型号	橡胶层厚度（mm）	有效面积（cm^2）	竖向承载力（kN）	竖向刚度（kN/mm）	屈服后刚度（kN/mm）	等效阻尼比（%）	100%应变时等效刚度（kN/mm）	屈服力（kN）
LRB500	96	1963	1963	2049	1.137（100%）	26.5%（100%）	1.789	62.6
LNR500	96	1963	1963	1525			0.788	

按抗风要求，确定铅芯橡胶支座的数量；由地面粗糙度类别 B 类和基本风压 $0.35kN/m^2$，确定风作用下结构基底剪力为：$V_{wk}=335kN$；由下式计算初步确定铅芯橡胶隔震支座的数量为 12 个。

$$\gamma_w V_{wk}=1.4\times335=469kN<V_{Rw}=12\times62.6=751kN$$

再根据隔震支座的布置原则，初步布置的隔震支座如图 43.5-3 所示。

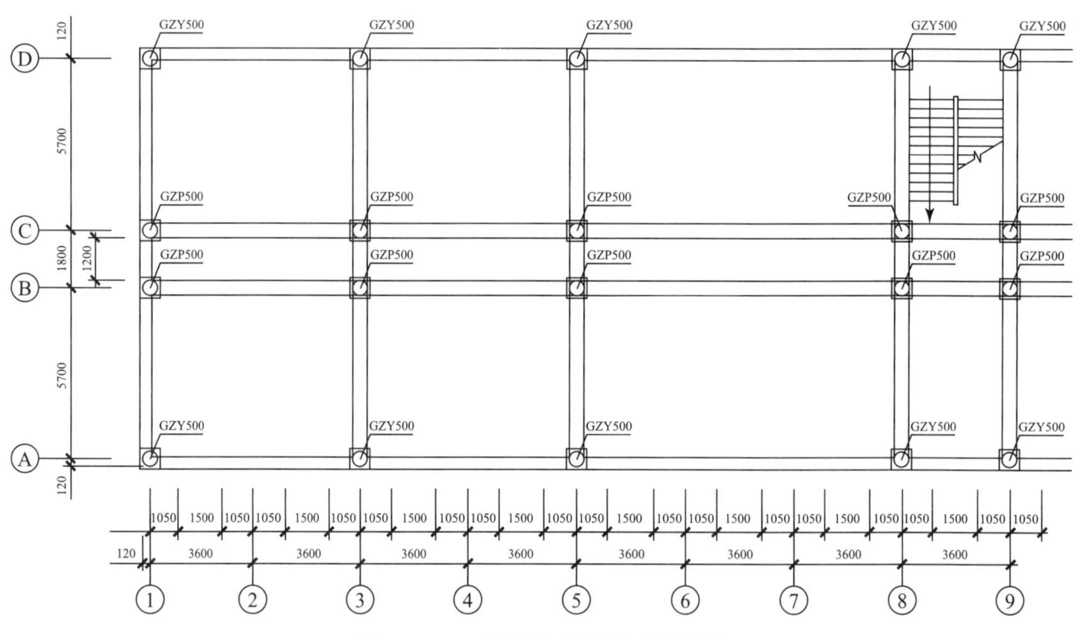

图 43.5-3　隔震支座的平面布置图

4. 水平向减震系数（设防地震）

根据《建筑抗震设计规范》（GB 50011）和上节的布置方案可计算出隔震层的刚度、阻尼及隔震结构的自振周期（看成单自由度体系），如下：

$$K_h=0.788\times20+1.789\times12=37.33kN/mm$$

$$\xi_h=\frac{12\times1.789\times0.265}{37.33}=0.15$$

$$T_1=2\times3.14\times\sqrt{48955/(37.33\times9800)}=2.30s$$

再由隔震设计的简化计算方法，可计算出隔震后整体体系的水平向减震系数：

$$\eta_2 = 1 + \frac{0.05 - 0.15}{0.08 + 1.6 \times 0.15} = 0.69$$

$$\gamma = 0.9 + \frac{0.05 - 0.15}{0.3 + 6 \times 0.15} = 0.82$$

$$\beta = 1.2 \times \eta_2 \times (T_{gm}/T_1)^{\gamma} = 1.2 \times 0.7 \times (0.4/2.3)^{0.81} = 0.20$$

计算隔震后结构的水平向减震系数最大值

$$\alpha_{max1} = \beta\alpha_{max}/\varphi = 0.20 \times 0.08/0.85 = 0.019$$

5. 上部结构的计算

普通结构与隔震结构层间剪力比值的平均值最大值为 0.2，隔震结构水平地震影响系数的最大值可按计算出的 α_{max1} 取值，或从安全考虑，可按《建筑抗震设计规范》（GB 50011）抗震设防烈度为 6 度取值，选用多遇地震取 0.04。上部结构抗震构造措施可依照《建筑抗震设计规范》（GB 50011—2010）有关规定按设防烈度为 6 度进行。

6. 罕遇地震下隔震层的水平地震剪力

（1）在计算隔震层在罕遇地震下的水平剪力时，本实例为丙类建筑，近场系数 λ_s 可取为 1，罕遇地震下的地震影响系数值为 $\alpha_1(\zeta_{eq}) = 0.50 \times 0.7 \times \left(\frac{0.4}{2.3}\right)^{0.81} = 0.084$

将 $G = 48955\text{kN}$ 代入式 $V_c = \lambda_s \alpha_1(\zeta_{eq}) G = 0.07 \times 48955 = 4110\text{kN}$

（2）水平位移验算：

由式 $u_e = \lambda_s \alpha_1(\zeta_{eq}) G/K_h = 4110/38.33 = 110\text{mm}$

隔震支座考虑扭转的水平位移按式 $u_i = \beta_i u_c = \beta_i u_e$，本例可近似视为质心与刚心在双向均无偏心的结构，《建筑抗震设计规范》（GB 50011）规定此时边支座的扭转影响系数不应小于 1.15。因此应验算边支座，得

$$u_{边} = 1.15 \times 110 = 126.5\text{mm}$$

支座水平位移限值 $[u_i] = 0.55 \times 500 = 275\text{mm}$ 和橡胶层总厚度的 3 倍（取总厚度为 96mm，有 $96 \times 3 = 288\text{mm}$）的较小值，则

$$[u_i] = 275\text{mm}$$

$$u_{边} = 126.5\text{mm} < [u_i] = 275\text{mm}$$

满足要求。

根据《建筑抗震设计规范》12.2.7 条规定：隔震结构应该采取不阻碍隔震层在罕遇地震下发生大变形的构造措施。上部结构的周边应设置竖向隔离缝，缝宽不宜小于隔震橡胶支座在罕遇地震下的最大水平位移的 1.2 倍且不宜小于 200mm。通过对隔震结构进行罕遇地震作用分析，其在罕遇地震作用下隔震支座最大位移为 126.5mm，本案例其他位置的隔震缝宽度取 300mm。上部结构和下部结构之间，应设置完全贯通的水平隔离缝，缝高可取 20mm，并用柔性材料填充；当设置水平隔离缝确有困难时，应设置可靠的水平滑移垫层。隔震构造措施的具体做法参考图集《楼地面变形缝》（04J312）和《建筑结构隔震构造详图》（03SG610-1）。

7. 隔震支墩及基础设计

（1）支墩计算需计算出隔震支座的竖向力，其竖向力包括倾覆弯矩和自重产生，其通

过力的平衡计算出隔震支座的最轴力。

由 $M_1=0.5\times[(P_1+P_2)\times U+V\times H_1]$ 计算出支墩底部的弯矩。

通过压弯构件计算出支墩的配筋。

（2）基础还是采用设防烈度为 7（0.1g）要求进行验算。

43.5.2 钢筋混凝土框架结构隔震设计案例

1. 工程概况

新疆某学生宿舍，建筑长 63.3m，宽 16.5m，总建筑面积为 4146.72m^2。建筑地上 4 层，主要屋面标高 14.4m（隔震层层高为 1.8m），结构为混凝土框架结构，图 43.5－4 为该建筑首层建筑平面布置，隔震层柱截面为 800×800mm，其他楼层柱截面尺寸为 600×650mm，隔振层主梁截面选用 350×800mm，次梁 250×500mm、其他楼层主梁选用 300×600mm，次梁选用 200×500mm；结构隔震层和一层柱混凝土选用 C35，其他楼层柱和全结构梁选用 C30 混凝土。结构抗震设防烈度 8 度（0.3g），地震分组为二组，场地土类型为中硬场地土，场地类别为Ⅱ类，基本风压为 0.55kN/m^2，地面粗糙度为 B 类。

2. 隔震层设计

1）隔震支座选型

根据框架柱在恒载和活载作用下的轴力标准值及隔震支座产品的参数（表 43.5－2），初步确定结构采用直径为 600mm 的橡胶隔震支座（其中 LNR 为普通橡胶隔震支座，LRB 为铅芯橡胶隔震支座），并采用铅芯橡胶隔震支座进行抗风设计，最后选用了 LRB/LNR600 型橡胶隔震支座。隔震层布置在底层楼板下部，为了减少结构的扭转变形和水平位移，在结构平面的四周布置铅芯隔震支座。结构中共布置了隔震支座 44 个，其中 LNR600 支座 4 个、LRB600 支座 40 个，该工程隔震支座的平面布置图见图 43.5－5。

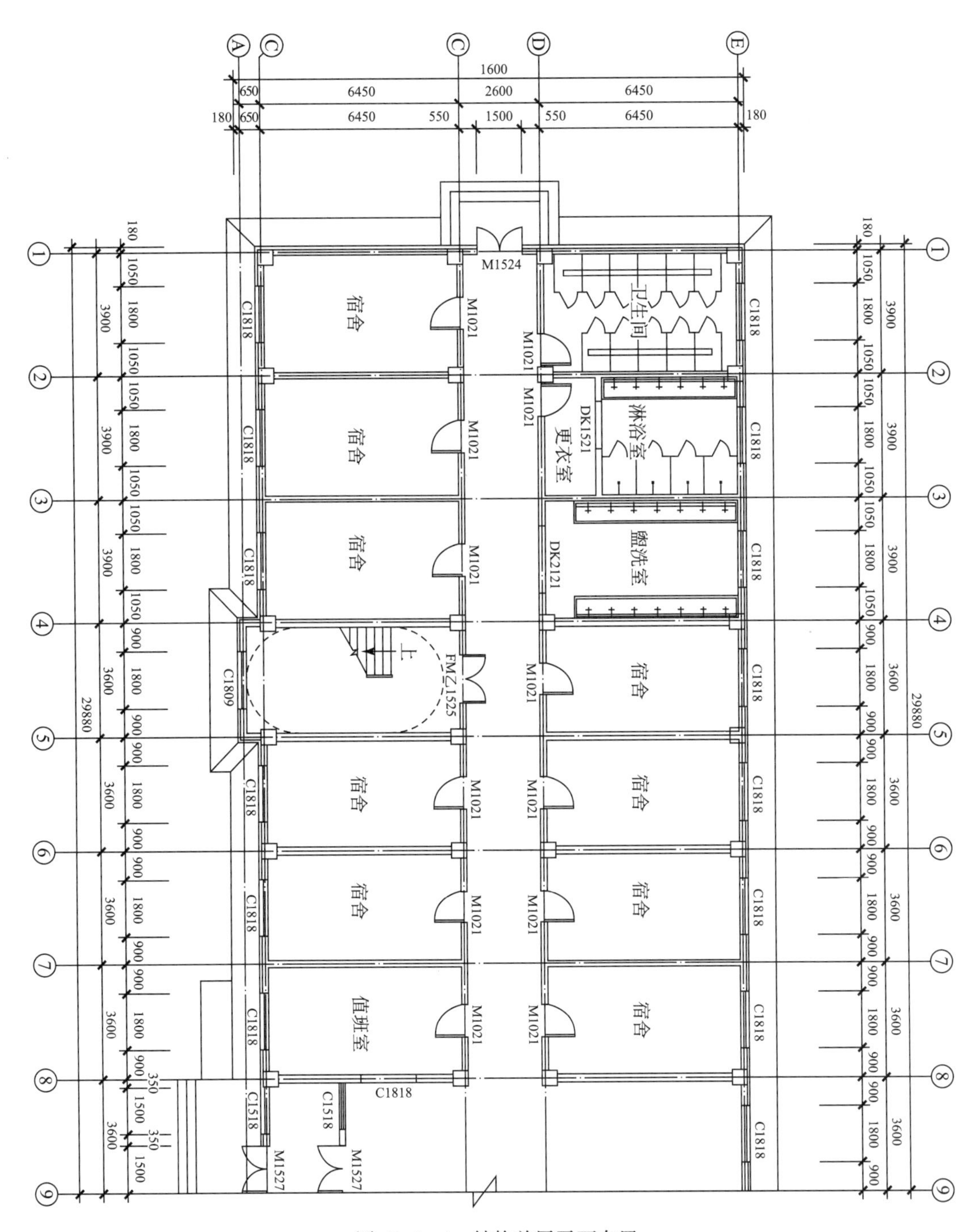

图43.5-4 结构首层平面布置

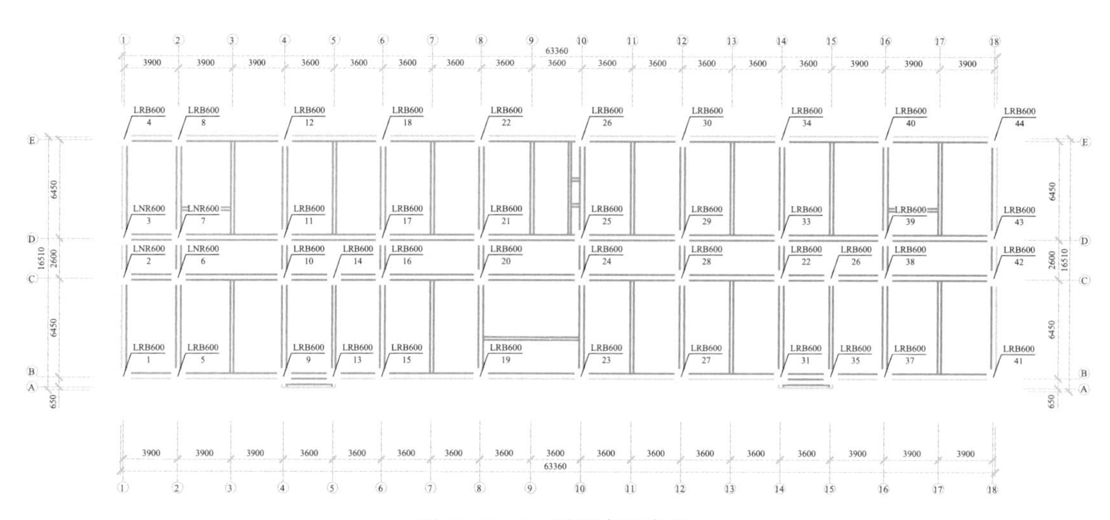

图 43.5－5　隔震支座布置

表 43.5－2　隔震支座参数

参数 \ 型号	LRB600	LNR600
产品外径/mm	620	620
含连接板高度/mm	245	245
连接板厚度/mm	22	22
橡胶总厚度/mm	113	113
有效面积/cm^2	2827	2827
第一形状系数 $S1$	31.85	31.85
第二形状系数 $S2$	5.31	5.31
基准面压（MPa）/竖向承载力（kN）	12/3392	12/3392
竖向刚度/（kN/mm）	2525	2340
屈服后刚度/（kN/mm）	13.62	
屈服前刚度/（kN/mm）	1.362	
等效阻尼比/%	22	
100%应变时等效水平刚度/（kN/mm）	2.066	1.383
屈服力/kN	90.2	
250%应变时等效水平刚度/（kN/mm）	1.338	
250%应变时屈服后刚度/（kN/mm）	0.955	
设计位移/mm	330	

续表

参数＼型号	LRB600	LNR600
拉压刚度比	1/10	
数量	40	4

对隔震支座压应力进行验算时，在重力荷载代表值作用下隔震支座的压应力如表 43.5－3 所示。从表中可以看出隔震支座压应力都没有超过 12MPa，满足规范要求。

表 43.5－3　支座压应力验算

支座编号	支座直径	1.0 恒+0.5 活（kN）	压应力（MPa）
1	600	−762	−2.70
4	600	−914	−3.24
5	600	−1460	−5.17
8	600	−1640	−5.80
9	600	−1610	−5.70
10	600	−1850	−6.55
11	600	−2140	−7.57
12	600	−1857	−6.57
13	600	−1110	−3.93
14	600	−1209	−4.28
15	600	−1384	−4.90
16	600	−1703	−6.03
17	600	−2020	−7.15
18	600	−1771	−6.27
19	600	−1895	−6.70
20	600	−2093	−7.41
21	600	−2072	−7.33
22	600	−1764	−6.24
23	600	−1883	−6.66
24	600	−2075	−7.34
25	600	−2092	−7.40

续表

支座编号	支座直径	1.0 恒+0.5 活 (kN)	压应力 (MPa)
26	600	−1794	−6.35
27	600	−1783	−6.31
28	600	−2124	−7.52
29	600	−2114	−7.48
30	600	−1774	−6.28
31	600	−1541	−5.45
32	600	−1762	−6.24
33	600	−2052	−7.26
34	600	−1802	−6.38
35	600	−1134	−4.01
36	600	−1237	−4.38
37	600	−1480	−5.24
38	600	−1850	−6.55
39	600	−2313	−8.18
40	600	−1992	−7.05
41	600	−1169	−4.14
42	600	−1499	−5.30
43	600	−1640	−5.80
44	600	−1395	−4.94
2	600	−995	−3.52
3	600	−1088	−3.85
6	600	−1751	−6.20
7	600	−1926	−6.81

2）隔震层抗风及自复位验算

采用软件计算结构在风载作用时的剪力其隔震层在风载作用下的标准值为 1139N，小于结构总重力的 10%（73550kN）；再根据表 43.5－2 中数值可计算出铅芯橡胶隔震支撑的屈服荷载，则通过下式计算：

$$\gamma_w V_{wk} = 1.4 \times 1139 = 1595\text{kN} \leqslant V_{Rw} = 40 \times 90.2 = 3608\text{kN}$$

根据《叠层橡胶支座隔震技术规程》（CECS126：2001）第 4.3.6 条规定，隔震层支座的弹性恢复力应能满足下式要求：

$$K_{100}T_{r} \geqslant 1.4V_{Rw}$$

式中　K_{100}——隔震支座水平剪切应变为 100%时的水平有效刚度；

T_{r}——橡胶隔震支座橡胶层总厚度。

隔震层的屈服荷载总值为：3608kN

$K_{100}T_{r} = 113 \times 2.061 \times 40 + 113 \times 1.383 \times 4 = 9316\text{kN} > 1.4 \times 3608 = 5051\text{kN}$

因此，本结构的隔震设计满足隔震结构弹性自动复位要求。

3）偏心率验算

根据 43.1.2 节的计算公式，计算出结构偏心率，如表 43.5－4 所示，结构两个方向最大偏心率均小于 3%，隔震支座布局合理。

表 43.5－4　结构偏心率计算结果

项目	X 方向	Y 方向
重心/m	38.6	12.4
刚心/m	38.4	12.0
偏心距/m	0.4	0.1
回转半径/m	25.96	25.96
偏心率/%	1.38	0.53

3. 隔震结构分析

1）ETABS 分析模型验证

采用 ETABS 软件建立模型。为了验证 ETABS 模型的准确性，将 EATBS 和 PKPM 非隔震模型计算得到的质量、周期、地震剪力进行对比（说明：与设计模型的区别，①将橡胶支座以上，正负 0 以下部分作为结构首层进行计算，并且嵌固端为首层；②模型中梁柱单元都对中，不考虑偏移的影响），如下表所示，表中误差的算法为：误差 =（|ETABS-PKPM|/PKPM）×100%，其验算结构如表 43.5－5 至表 43.5－7。

表 43.5－5　非隔震结构质量对比（单位：t）

PKPM	ETABS	差值/%
7355	7497	1.93

表 43.5－6　非隔震结构周期对比

振型	PKPM	ETABS	方向	误差/%
1	0.6012	0.60065	X 向平动为主	0.09
2	0.5701	0.56957	Y 向平动为主	0.09
3	0.5004	0.49863	扭转	0.35

表 43.5-7　多遇地震作用下非隔震结构设防烈度地震剪力对比（单位：kN）

层数	ETABS		PKPM		误差	
	X 向	Y 向	X 向	Y 向	X 向	Y 向
5	3893	3845	4032	3989	3.44	3.62
4	7732	7630	7734	7645	0.02	0.19
3	10456	10323	10344	10236	1.08	0.85
2	11911	11787	11732	11637	1.53	1.29
1（隔震层）	12235	12111	12037	11941	1.64	1.42

从以上数据可以看出，ETABS 非隔震结构模型与 PKPM 模型的结构质量、计算周期和地震剪力的差异很小。

通过以上对比分析可以看出，ETABS 模型作为本案例隔震分析的有限元模型是准确的，能较为真实的反映结构基本特性。

2）地震波选取

《抗震规范》12.2.2 条规定，建筑结构隔震设计的计算分析，一般情况下，宜采用时程分析法进行计算。本案例隔震分析选取了 7 条时程曲线，其中 2 条人工波、5 条天然波，如图 43.5-6 所示，地震波的特征如表 43.5-8、表 43.5-9 所示。对地震波进行频谱分析，其分析结构如图 43.5-7 和表 43.5-10 所示，从表中和图中可以看出其都能满足规范要求。

表 43.5-8　时程分析底部剪力与振型分解反应谱底部剪力对比

地震波		反应谱	SUP	EL	EUR	NR	LAD	AW2	AW1	平均值
剪力/kN	X	12235	11195	13240	10080	13272	8486	9003	11302	10940
	Y	12111	10969	15272	11253	14651	9403	10582	10432	11794
比例/%	X	100	91	108	82	108	69	74	92	89
	Y	100	91	126	93	121	78	87	86	97

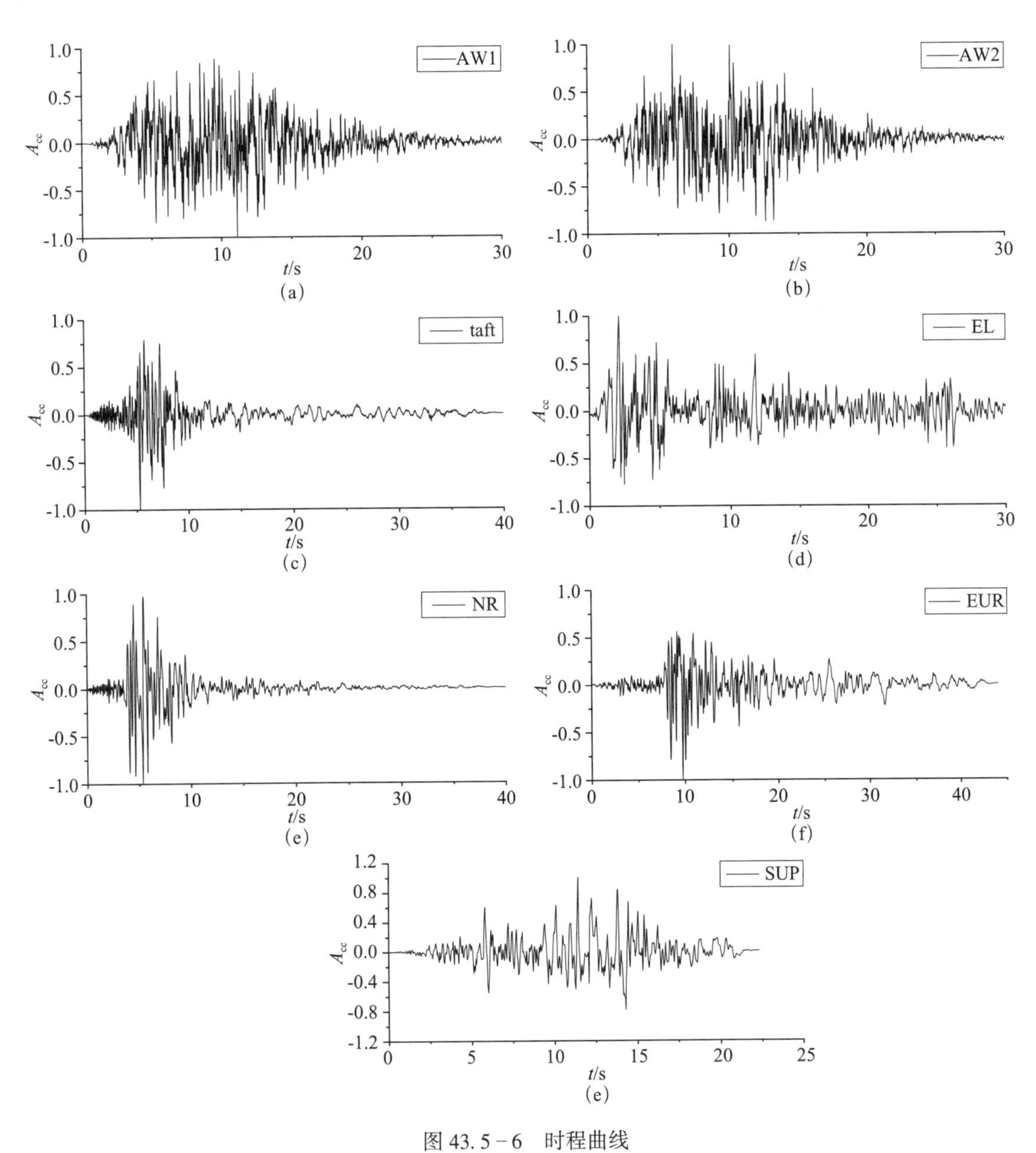

图 43.5－6　时程曲线

(a) AW1；(b) AW2；(c) LAD (549 ladfn)；(d) EL (elcentro 波)；(e) NR (北岭波)；(f) EUR (EUR 波)；(g) SUP (SUP 波)

表 43.5－9　时程曲线持续时间（s）

名称	第一次达到该时程曲线最大峰值 10%对应的时间	最后一次达到该时程曲线最大峰值 10%对应的时间	有效持续时间	结构基本周期		比值	
				非隔震	隔震	非隔震	隔震
AW1	2.047	24.110	22.063	0.60065	2.1268	36.73	10.37
AW2	1.877	23.942	22.065			36.74	10.37
EL	0.86	29.16	28.30			47.12	13.31
NR	2.04	20.44	18.4			30.63	8.65
LAD	1.62	21.54	19.92			36.86	9.37
EUR	3.06	36.96	33.9			56.44	15.94
SUP	2.43	20.8	18.37			30.58	8.64

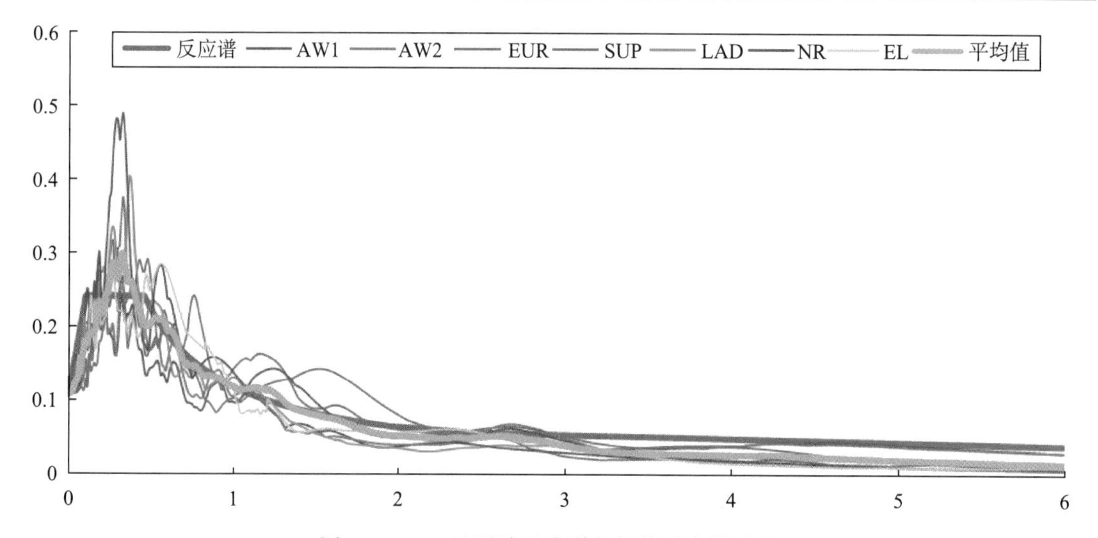

图 43.5－7　地震波反应谱与规范反应谱对比

表 43.5－10（a）　时程反应谱与规范反应谱曲线对比（非隔震）

振型	ETABS	时程平均影响系数（α）	规范反应谱影响系数（α）	时/规
1	0.60065	0.192837	0.185253	1.040938
2	0.56957	0.206439	0.194006	1.064087
3	0.49863	0.206177	0.218288	0.944518

表 43.5－10（b）　时程反应谱与规范反应谱曲线对比（隔震）

振型	ETABS	时程平均影响系数（α）	规范反应谱影响系数（α）	时/规
1	2.1268	0.049279	0.059233	0.831955

续表

2	2. 1202	0. 049436	0. 059484	0. 831083
3	1. 9873	0. 051491	0. 06297	0. 817709

4. 设防地震水平向减震系数计算

设防地震（中震）作用下，隔震结构与非隔震结构的周期对比见表 43. 5 - 11，《叠层橡胶支座隔震技术规程》规定：隔震房屋两个方向的基本周期相差不宜超过较小值的 30%。

由表 43. 5 - 11 可知，采用隔震技术后，结构的周期明显延长，且满足相关规定要求。

隔震结构与非隔震结构的层间剪力比值见表 43. 5 - 12、表 43. 5 - 13。

表 43. 5 - 11　隔震前后结构的周期

振型	ETABS 前/s	ETABS 后/s	两方向差值/%
1	0. 60065	2. 1268	0. 3
2	0. 56957	2. 1202	
3	0. 49863	1. 9873	

由表 43. 5 - 12、表 43. 5 - 13 分析得到隔震层以上结构隔震前后，楼层间剪力比值的平均值最大值为 0. 262（不考虑隔震层和小塔楼层），根据《抗震规范》第 12. 2. 5 条，确定隔震后水平地震影响系数最大值 $\alpha_{max1}=\beta\alpha_{max}/\psi=0.262\times0.24/0.8=0.0786$。综合上述分析，上部结构设计时地震影响系数统一取 0. 12。

表 43.5-12 X 向楼层剪力比

楼层	非隔震结构层间剪力/kN							隔震结构层间剪力/kN							层间剪力比							
	X 向							X 向							X 向							X 向平均值
	SUP	EL	EUR	NR	LAD	AW2	AW1	SUP	EL	EUR	NR	LAD	AW2	AW1	SUP	EL	EUR	NR	LAD	AW2	AW1	
5	9557	12961	9794	10545	10509	9141	8634	2613	2389	2775	2838	2975	2417	2385	0. 273	0. 184	0. 283	0. 269	0. 283	0. 264	0. 276	0. 262
4	17261	25162	18866	20008	17949	18031	18511	5466	4247	5229	5300	5641	4431	4517	0. 317	0. 169	0. 277	0. 265	0. 314	0. 246	0. 244	0. 262
3	21929	33234	24629	28764	18964	23766	25650	7638	5074	6253	6094	6708	5852	5974	0. 348	0. 153	0. 254	0. 212	0. 354	0. 246	0. 233	0. 257
2	26199	36046	27756	34357	22460	25460	29647	8879	5331	7202	6006	6658	6765	7082	0. 339	0. 148	0. 259	0. 175	0. 296	0. 266	0. 239	0. 246
1（隔震层）	30531	36110	27490	36196	23144	24554	30825	10576	6873	9144	7649	7036	8352	8083	0. 346	0. 190	0. 333	0. 211	0. 304	0. 340	0. 262	0. 284

表 43.5-13 Y 向楼层剪力比

楼层	非隔震结构层间剪力/kN							隔震结构层间剪力/kN							层间剪力比							
	Y 向							Y 向							Y 向							Y 向平均值
	SUP	EL	EUR	NR	LAD	AW2	AW1	SUP	EL	EUR	NR	LAD	AW2	AW1	SUP	EL	EUR	NR	LAD	AW2	AW1	
5	8813	12627	10170	12314	11720	9818	8760	2555	2303	2823	2821	2879	2573	2259	0. 290	0. 182	0. 278	0. 229	0. 246	0. 262	0. 258	0. 249
4	16724	25448	18773	24379	21497	17435	16391	5301	4386	5192	5178	5180	4722	4197	0. 317	0. 172	0. 277	0. 212	0. 241	0. 271	0. 256	0. 249
3	22533	34735	26235	31724	24928	23733	21851	7414	5322	6503	6290	6416	6176	5960	0. 329	0. 153	0. 248	0. 198	0. 257	0. 260	0. 273	0. 246
2	26334	39790	30155	37139	25027	27791	26468	8701	5591	7386	6374	6987	6906	7129	0. 330	0. 141	0. 245	0. 172	0. 279	0. 248	0. 269	0. 241
1（隔震层）	29915	41652	30690	39956	25644	28860	28451	10814	6780	9589	7657	7199	8334	8241	0. 361	0. 163	0. 312	0. 192	0. 281	0. 289	0. 290	0. 270

5. 罕遇地震支座内力和位移计算

1）支座位移验算

罕遇地震下隔震层（隔震支座）水平位移计算采用的荷载组合为：1.0×恒荷载+0.5×活荷载+1.0×水平地震，即荷载组合为：1.0D+0.5L+1.0F_{ek}。由此得到罕遇地震下各个支座最大水平位移如表 43.5－14 所列，隔震层高度为 1.8m。

（1）隔震缝确定。

根据《建筑抗震设计规范》12.2.7 条规定：隔震结构应该采取不阻碍隔震层在罕遇地震下发生大变形的构造措施。上部结构的周边应设置竖向隔离缝，缝宽不宜小于隔震橡胶支座在罕遇地震下的最大水平位移的 1.2 倍且不宜小于 200mm。通过结构隔震结构进行罕遇地震作用分析（结果见表 43.5－14），其在罕遇地震作用下隔震支座最大位移为 192mm，本案例其他位置的隔震缝宽度取 350mm。上部结构和下部结构之间，应设置完全贯通的水平隔离缝，缝高可取 20mm，并用柔性材料填充；当设置水平隔离缝确有困难时，应设置可靠的水平滑移垫层。

隔震构造措施的具体做法参考图集《楼地面变形缝》（04J312）和《建筑结构隔震构造详图》（03SG610-1）。

（2）大震时隔震层最大水平位移验算。

对于橡胶隔震支座而言，其在罕遇地震作用下的水平位移限值不应超过支座有效直径的 0.55 倍和支座内部橡胶总厚度 3.0 倍二者的较小值。本案例中隔震支座选取了两种型号，出于更严格的安全考虑，选取 LRB600 支座类型最不利情况确定隔震层各支座的水平位移限值［U］：

$$[U] = 0.55d = 0.55 \times 600 = 330\text{mm}$$

$$3t_r = 3 \times 113 = 339\text{mm}$$

式中　d——隔震支座直径；

　　t_r——隔震支座橡胶层总厚度。

显然，取［U］=330mm，同时依据表 43.5－14 可得隔震结构在罕遇地震作用下的隔震支座最大水平位移 192mm<330mm，满足规范要求。

表 43.5－14　罕遇地震下隔震结构隔震层各支座的最大位移

支座编号	支座直径	支座位移/mm														支座位移		
		X 向							Y 向							平均值/mm		
		NR	LAD	SUP	EL	EUR	AW2	AW1	NR	LAD	SUP	EL	EUR	AW2	AW1	X 向	Y 向	最值
1	600	164	101	211	238	128	186	193	169	118	218	259	140	183	201	174	184	184
4	600	166	102	212	240	129	188	196	169	119	218	260	141	184	201	176	185	185
5	600	164	101	212	239	128	186	194	169	116	214	258	140	184	200	175	183	183
8	600	166	103	213	241	130	189	197	169	117	215	258	140	185	201	177	184	184
9	600	165	102	213	240	129	187	194	168	113	206	254	137	185	198	176	180	180
10	600	166	103	213	241	130	188	196	170	114	208	256	139	187	200	177	182	182
11	600	166	103	213	240	129	188	196	169	114	208	256	138	186	199	176	182	182
12	600	166	103	213	241	130	189	197	169	114	207	255	138	186	199	177	181	181
13	600	165	102	213	240	129	187	194	166	110	201	250	135	184	195	176	177	177
14	600	166	103	213	241	130	188	196	167	111	202	251	136	185	196	177	178	178
15	600	164	101	212	239	128	186	194	167	109	199	250	135	186	196	175	178	178
16	600	165	102	212	240	129	188	195	169	111	201	253	137	188	198	176	179	179
17	600	166	102	213	240	129	188	196	169	110	201	252	136	187	197	176	179	179
18	600	166	103	213	241	130	189	197	168	110	200	251	136	187	197	177	179	179
19	600	165	102	212	239	129	187	194	166	105	200	246	133	187	194	175	176	176
20	600	166	103	213	240	129	188	196	169	108	203	249	135	189	196	176	178	178
21	600	166	103	213	241	129	188	196	168	107	202	249	134	189	196	176	178	178
22	600	166	103	213	241	130	189	197	168	107	201	248	134	188	195	177	177	177
23	600	165	101	212	239	128	186	194	165	102	201	243	131	188	192	175	175	175

续表

支座编号	支座直径	支座位移/mm														支座位移平均值/mm		
		X向							Y向									
		NR	LAD	SUP	EL	EUR	AW2	AW1	NR	LAD	SUP	EL	EUR	AW2	AW1	X向	Y向	最值
24	600	166	102	212	240	129	188	195	168	104	204	246	133	191	194	176	177	177
25	600	166	102	212	240	129	188	196	167	104	203	245	132	190	194	176	176	176
26	600	166	103	213	241	130	189	197	167	103	202	244	132	189	193	177	176	177
27	600	164	101	212	238	128	186	194	165	100	203	240	129	190	191	175	174	175
28	600	166	102	212	240	129	188	195	167	101	205	242	131	192	193	176	176	176
29	600	166	103	213	241	129	188	196	167	101	205	242	130	192	193	176	175	176
30	600	166	103	213	241	130	189	197	166	100	204	241	130	191	192	177	175	177
31	600	165	102	213	240	129	187	194	165	96	205	237	127	192	190	176	173	176
32	600	166	103	213	241	130	188	196	167	98	207	239	129	194	192	177	175	177
33	600	166	103	213	240	129	188	196	166	97	206	238	128	193	191	176	174	176
34	600	166	103	213	241	130	189	197	166	97	206	238	128	193	191	177	174	177
35	600	165	102	212	239	129	187	194	163	94	203	233	125	191	188	176	171	176
36	600	166	103	213	241	130	188	196	164	95	204	234	126	192	189	177	172	177
37	600	164	101	212	239	128	186	194	164	93	206	233	125	194	189	175	172	175
38	600	166	102	212	240	129	188	195	166	94	208	235	126	195	191	176	174	176
39	600	166	102	213	240	129	188	196	165	94	208	234	126	195	190	176	173	176
40	600	166	103	213	241	130	189	197	165	94	207	234	126	194	190	177	173	177
41	600	164	101	211	238	128	186	193	163	90	208	229	123	195	188	174	171	174
42	600	165	102	212	239	129	187	195	165	91	210	231	124	197	189	176	172	176

续表

支座编号	支座直径	支座位移/mm														支座位移平均值/mm		
		X 向							Y 向									
		NR	LAD	SUP	EL	EUR	AW2	AW1	NR	LAD	SUP	EL	EUR	AW2	AW1	X 向	Y 向	最值
43	600	165	103	212	240	129	188	195	164	90	209	231	124	196	189	176	172	176
44	600	166	103	212	240	129	188	196	164	90	209	230	123	196	188	176	172	176
2	600	165	163	212	240	112	187	195	171	182	220	262	124	186	203	182	192	192
3	600	165	164	212	240	112	188	196	170	182	220	261	124	185	203	182	192	192
6	600	166	164	213	240	112	188	196	171	181	217	260	123	186	202	183	191	191
7	600	166	165	213	241	113	188	196	170	181	216	259	122	186	202	183	191	191

2）隔震支座拉及压应力验算

根据规范规定：隔震橡胶支座在罕遇地震的水平和竖向地震同时作用下，拉应力不应大于1.0MPa，压应力不宜大于25MPa。

隔震支座拉应力验算采用的荷载组合：

（1）1.0×恒荷载-1.0×水平地震-0.5×竖向地震（注：竖向地震取0.3重力荷载代表值），其荷载组合为：$1.0D-1.0F_{ek}-0.5F_{vk}=0.85D-0.075L-1.0F_{ek}$；

（2）1.0×恒荷载-0.5×水平地震-1.0竖向地震（注：竖向地震取0.3重力荷载代表值），其荷载组合为：$1.0D-1.0F_{ek}-0.5F_{vk}=0.7D-0.15L-0.5F_{ek}$。

隔震支座罕遇地震下压应力验算采用的荷载组合：

（1）1.0×恒荷载+0.5活荷载+1.0×水平地震+0.5×竖向地震，其荷载组合为：$1.0D+0.5L+1.0F_{ek}+0.5(0.3D+0.15L)=1.15D+0.575L+1.0F_{ek}$；

（2）1.0×恒荷载+0.5活荷载+0.5×水平地震+1.0×竖向地震，其荷载组合为：$1.0D+0.5L+0.5F_{ek}+1.0(0.3D+0.15L)=1.3D+0.65L+0.5F_{ek}$。

得到罕遇地震下各个支座承受的最大拉应力和压应力，详见表43.5-15。

由表43.5-15可知，在罕遇地震作用下，当荷载组合作用下隔震支座都没有出现拉应力，罕遇地震下，隔震支座拉应力和压应力满足规范要求。

表 43.5-15　罕遇地震下隔震支座拉应力及压应力

支座编号	支座型号	拉应力								压应力					
		$0.85D-0.075L-1.0F_{ek}$				$0.7D-0.15L-0.5F_{ek}$				$1.15D+0.575L+1.0F_{ek}$		$1.3D+0.65L+0.5F_{ek}$			
		X 向		*Y* 向		*X* 向		*Y* 向							
		最小轴向力（kN）	支座拉应力（MPa）	最小轴向力（kN）	支座拉应力（MPa）	最小轴向力（kN）	支座拉应力（MPa）	最小轴向力（kN）	支座拉应力（MPa）	X	Y	X	Y	最大值	支座拉应力（MPa）
1	600	32	0.11	17	0.06	2	0.01	-14	-0.05	-1716	-1571	-1438	-1360	-1716	-6.07
4	600	12	0.04	-5	-0.02	-33	-0.12	-54	-0.19	-1824	-1722	-1590	-1571	-1824	-6.45
5	600	-497	-1.76	-443	-1.57	-507	-1.79	-470	-1.66	-2142	-2195	-2135	-2160	-2195	-7.77
8	600	-591	-2.09	-669	-2.37	-582	-2.06	-641	-2.27	-2402	-2324	-2410	-2361	-2410	-8.53
9	600	-523	-1.85	-631	-2.23	-552	-1.95	-607	-2.15	-2394	-2290	-2371	-2311	-2394	-8.47
10	600	-790	-2.80	-931	-3.30	-732	-2.59	-807	-2.86	-2561	-2422	-2623	-2543	-2623	-9.28
11	600	-1417	-5.01	-1128	-3.99	-1145	-4.05	-971	-3.43	-2495	-2786	-2768	-2948	-2948	-10.43
12	600	-1329	-4.70	-768	-2.72	-1057	-3.74	-723	-2.56	-2078	-2639	-2349	-2690	-2690	-9.52
13	600	-742	-2.63	-432	-1.53	-584	-2.07	-400	-1.41	-1202	-1513	-1361	-1544	-1544	-5.46
14	600	-738	-2.61	-722	-2.55	-598	-2.11	-582	-2.06	-1375	-1394	-1519	-1535	-1535	-5.43
15	600	-446	-1.58	-427	-1.51	-451	-1.60	-444	-1.57	-2042	-2060	-2038	-2039	-2060	-7.29
16	600	-710	-2.51	-867	-3.07	-647	-2.29	-753	-2.66	-2368	-2210	-2432	-2322	-2432	-8.60
17	600	-1344	-4.75	-1037	-3.67	-1079	-3.82	-902	-3.19	-2346	-2652	-2611	-2792	-2792	-9.88
18	600	-1278	-4.52	-704	-2.49	-1020	-3.61	-672	-2.38	-1971	-2544	-2229	-2582	-2582	-9.14
19	600	-1336	-4.73	-804	-2.85	-1081	-3.82	-760	-2.69	-2155	-2691	-2416	-2735	-2735	-9.68
20	600	-1481	-5.24	-1066	-3.77	-1178	-4.17	-933	-3.30	-2347	-2763	-2651	-2894	-2894	-10.24

续表

支座编号	支座型号	拉应力								压应力					
		$0.85D-0.075L-1.0F_{ek}$				$0.7D-0.15L-0.5F_{ek}$				$1.15D+0.575L+1.0F_{ek}$		$1.3D+0.65L+0.5F_{ek}$			
		X向		Y向		X向		Y向							
		最小轴向力（kN）	支座拉应力（MPa）	最小轴向力（kN）	支座拉应力（MPa）	最小轴向力（kN）	支座拉应力（MPa）	最小轴向力（kN）	支座拉应力（MPa）	X	Y	X	Y	最大值	支座拉应力（MPa）
21	600	-1451	-5.13	-1086	-3.84	-1152	-4.08	-935	-3.31	-2338	-2703	-2638	-2857	-2857	-10.11
22	600	-1263	-4.47	-699	-2.47	-1011	-3.58	-664	-2.35	-1972	-2535	-2225	-2574	-2574	-9.11
23	600	-1337	-4.73	-791	-2.80	-1079	-3.82	-751	-2.66	-2138	-2683	-2397	-2723	-2723	-9.64
24	600	-1474	-5.22	-1034	-3.66	-1169	-4.14	-917	-3.25	-2321	-2760	-2626	-2876	-2876	-10.18
25	600	-1459	-5.16	-1019	-3.60	-1167	-4.13	-902	-3.19	-2368	-2811	-2663	-2930	-2930	-10.37
26	600	-1284	-4.54	-785	-2.78	-1029	-3.64	-719	-2.55	-2007	-2510	-2266	-2577	-2577	-9.12
27	600	-1287	-4.56	-673	-2.38	-1029	-3.64	-662	-2.34	-1985	-2598	-2245	-2609	-2609	-9.23
28	600	-1520	-5.38	-1117	-3.95	-1207	-4.27	-968	-3.43	-2373	-2775	-2687	-2924	-2924	-10.35
29	600	-1512	-5.35	-1126	-3.99	-1200	-4.25	-965	-3.41	-2362	-2748	-2675	-2911	-2911	-10.30
30	600	-1285	-4.55	-698	-2.47	-1023	-3.62	-660	-2.33	-1968	-2556	-2232	-2596	-2596	-9.19
31	600	-552	-1.95	-550	-1.95	-556	-1.97	-546	-1.93	-2233	-2238	-2232	-2242	-2242	-7.93
32	600	-806	-2.85	-844	-2.99	-729	-2.58	-746	-2.64	-2378	-2342	-2457	-2441	-2457	-8.69
33	600	-1390	-4.92	-1054	-3.73	-1116	-3.95	-904	-3.20	-2355	-2693	-2632	-2844	-2844	-10.06
34	600	-1299	-4.60	-714	-2.53	-1033	-3.65	-668	-2.36	-2007	-2592	-2274	-2639	-2639	-9.34
35	600	-708	-2.51	-436	-1.54	-571	-2.02	-406	-1.44	-1283	-1555	-1422	-1587	-1587	-5.62
36	600	-820	-2.90	-728	-2.58	-644	-2.28	-590	-2.09	-1349	-1441	-1525	-1580	-1580	-5.59

续表

支座编号	支座型号	拉应力								压应力					
		$0.85D-0.075L-1.0F_{ek}$				$0.7D-0.15L-0.5F_{ek}$				$1.15D+0.575L+1.0F_{ek}$		$1.3D+0.65L+0.5F_{ek}$			
		X向		Y向		X向		Y向							
		最小轴向力（kN）	支座拉应力（MPa）	最小轴向力（kN）	支座拉应力（MPa）	最小轴向力（kN）	支座拉应力（MPa）	最小轴向力（kN）	支座拉应力（MPa）	X	Y	X	Y	最大值	支座拉应力（MPa）
37	600	-569	-2.02	-456	-1.61	-534	-1.89	-480	-1.70	-2105	-2217	-2141	-2195	-2217	-7.85
38	600	-882	-3.12	-926	-3.28	-768	-2.72	-816	-2.89	-2478	-2433	-2593	-2545	-2593	-9.17
39	600	-1630	-5.77	-1141	-4.04	-1297	-4.59	-1004	-3.55	-2625	-3114	-2959	-3251	-3251	-11.50
40	600	-1403	-4.96	-927	-3.28	-1128	-3.99	-827	-2.93	-2265	-2744	-2542	-2844	-2844	-10.07
41	600	-460	-1.63	-37	-0.13	-425	-1.50	-97	-0.34	-1620	-2167	-1657	-1985	-2167	-7.67
42	600	-667	-2.36	-440	-1.56	-601	-2.13	-478	-1.69	-2047	-2273	-2113	-2237	-2273	-8.04
43	600	-838	-2.96	-597	-2.11	-739	-2.61	-576	-2.04	-2160	-2401	-2262	-2422	-2422	-8.57
44	600	-720	-2.55	-153	-0.54	-638	-2.26	-252	-0.89	-1813	-2380	-1898	-2279	-2380	-8.42
2	600	14	0.05	-186	-0.66	-34	-0.12	-251	-0.89	-2028	-1581	-1772	-1508	-2028	-7.18
3	600	-18	-0.06	-265	-0.94	-98	-0.35	-316	-1.12	-2080	-1690	-1857	-1648	-2080	-7.36
6	600	-710	-2.51	-880	-3.11	-669	-2.37	-777	-2.75	-2493	-2323	-2535	-2421	-2535	-8.97
7	600	-828	-2.93	-956	-3.38	-764	-2.70	-862	-3.05	-2721	-2593	-2785	-2696	-2785	-9.86

注：正值表示受拉，负值表示受压。

3）隔震支座内力计算

根据《抗震规范》12.2.9 条规定：隔震层的支墩、支柱及相连构件，满足罕遇地震下隔震支座底部的竖向力、水平力和力矩的承载力要求；罕遇地震下验算隔震层的位移，同时得到轴力、剪力用于支墩设计。

隔震支座最大剪力、最大轴力计算的计算方法及过程如下：

（1）罕遇地震下隔震支座最大剪力和最大轴力计算采用的荷载组合：

1.2（1.0×恒荷载+0.5×活荷载）+1.3×水平地震+0.5×竖向地震（注：竖向地震取 0.3 重力荷载代表值）；

其荷载组合为：$1.2(1.0D+0.5L)+1.3F_{ek}+0.5\times0.3(1.0D+0.5L)=1.35D+0.675L+1.3F_{ek}$。

（2）罕遇地震下隔震支座最大轴力计算采用的荷载组合：

1.2（1.0×恒荷载+0.5×活荷载）+1.3×水平地震+0.5×竖向地震和 1.2（1.0×恒荷载+0.5×活荷载）+0.5×水平地震+1.3×竖向地震（注：竖向地震取 0.3 重力荷载代表值）；

其荷载组合为：$1.2(1.0D+0.5L)+1.3F_{ek}+0.5(0.3D+0.15L)=1.35D+0.675L+1.3F_{ek}$（罕遇地震作用时时程分析的地震波峰值取 $1.3\times5100=6630$）和 $1.2(1.0D+0.5L)+0.5F_{ek}+1.3(0.3D+0.15L)=1.59D+0.795L+0.5F_{ek}$（罕遇地震作用时时程分析的地震波峰值取 $0.5\times5100=2550$）。

由上，可以得到罕遇地震下各个支座最大剪力和最大轴力及压应力，如表 43.5－16 和表 43.5－17 所示。

表 43.5-16　罕遇地震时隔震结构各支座剪力

支座编号	支座有效直径	支座力/kN														支座剪力设计值/kN	
		X 向							Y 向							平均值/kN	
		NR	LAD	SUP	EL	EUR	AW2	AW1	NR	LAD	SUP	EL	EUR	AW2	AW1	X 向	Y 向
1	600	350	400	491	448	324	457	463	364	431	494	472	349	438	450	419	428
4	600	354	404	494	450	326	462	469	363	431	494	472	349	438	450	423	428
5	600	352	401	493	450	326	459	465	363	429	491	471	348	441	452	421	428
8	600	356	406	496	452	328	464	471	362	428	491	470	347	441	452	425	427
9	600	353	402	494	450	326	460	465	360	422	484	466	343	447	454	421	425
10	600	354	404	495	451	327	462	468	362	425	487	468	345	451	457	423	428
11	600	354	404	495	451	327	462	469	362	425	487	469	345	451	457	423	428
12	600	355	405	495	451	327	464	471	360	422	484	466	343	447	454	424	425
13	600	353	403	494	451	327	460	466	356	416	477	460	338	446	452	422	421
14	600	355	404	496	452	328	463	469	356	417	478	460	338	448	453	424	422
15	600	353	402	493	450	326	459	465	357	417	477	461	338	452	456	421	422
16	600	354	404	495	451	327	462	468	359	419	481	464	340	456	460	423	425
17	600	355	404	495	451	327	462	469	359	419	481	464	340	456	460	423	425
18	600	356	406	496	451	328	464	471	357	417	477	461	338	452	456	424	423
19	600	353	402	494	450	326	460	465	354	410	476	456	333	456	458	421	420
20	600	355	404	495	451	327	462	468	357	413	481	459	335	460	463	423	424
21	600	355	404	495	451	327	463	469	357	413	481	459	336	460	463	424	424
22	600	356	406	496	451	328	464	471	354	411	477	457	334	456	459	425	421
23	600	353	402	494	450	326	460	465	351	404	477	451	328	460	462	421	419

续表

支座编号	支座有效直径	支座力/kN														支座剪力设计值/kN	
		X 向							Y 向							平均值/kN	
		NR	LAD	SUP	EL	EUR	AW2	AW1	NR	LAD	SUP	EL	EUR	AW2	AW1	X 向	Y 向
24	600	355	404	495	451	327	462	469	354	407	482	454	331	465	466	423	423
25	600	355	404	495	451	327	462	469	354	407	481	454	331	465	466	423	423
26	600	356	406	496	451	328	464	471	351	405	477	452	329	461	462	424	419
27	600	352	401	493	450	325	459	465	350	399	479	448	324	467	466	421	419
28	600	354	404	495	451	327	462	468	352	402	483	451	326	471	470	423	422
29	600	355	404	495	451	327	463	469	352	402	483	451	326	471	470	424	422
30	600	356	406	496	451	328	464	471	350	399	478	448	324	467	466	425	419
31	600	353	402	494	451	326	460	466	348	394	480	444	320	472	470	422	418
32	600	355	404	495	452	327	462	469	351	396	484	446	322	477	474	423	421
33	600	355	404	495	451	327	462	469	351	396	484	447	322	477	474	423	421
34	600	356	405	496	451	328	464	471	348	394	480	444	320	472	470	424	418
35	600	353	402	494	451	326	460	466	344	388	477	439	315	472	468	422	415
36	600	355	404	496	452	327	462	469	346	388	479	439	316	474	470	423	416
37	600	352	402	493	450	326	459	465	346	388	482	440	315	479	474	421	418
38	600	354	404	495	451	327	462	468	349	390	486	442	317	482	477	423	420
39	600	355	404	495	451	327	462	469	349	389	486	442	317	482	477	423	420
40	600	355	405	496	451	328	464	471	346	387	481	440	315	478	474	424	417
41	600	349	398	490	447	323	455	461	344	381	483	435	310	485	478	418	416
42	600	351	401	491	448	325	458	465	347	383	487	437	312	488	481	420	419

续表

支座编号	支座有效直径	支座力/kN														支座剪力设计值/kN	
		X 向							Y 向							平均值/kN	
		NR	LAD	SUP	EL	EUR	AW2	AW1	NR	LAD	SUP	EL	EUR	AW2	AW1	X 向	Y 向
43	600	352	401	492	448	325	459	466	347	383	487	437	312	488	481	421	419
44	600	353	403	492	448	326	460	468	344	381	483	435	310	484	477	421	416
2	600	288	340	437	390	259	402	408	302	373	441	417	287	384	394	361	371
3	600	289	341	437	391	260	403	410	302	373	441	417	287	384	394	361	371
6	600	290	342	438	392	261	404	410	300	370	438	415	284	387	395	362	370
7	600	290	343	439	392	261	404	411	300	370	437	415	284	387	395	363	370

表43.5-17　罕遇地震时隔震结构各支座轴力（kN）

支座编号	支座有效直径	$1.35D+0.675L+1.3F_{ek}$		$1.59D+0.795L+0.5F_{ek}$		最大值
		X 向	Y 向	X 向	Y 向	
1	600	-2140	-1945	-1658	-1581	-2140
4	600	-2258	-2177	-1855	-1836	-2258
5	600	-2640	-2663	-2558	-2583	-2663
8	600	-2950	-2848	-2886	-2837	-2950
9	600	-2899	-2768	-2838	-2778	-2899
10	600	-3079	-2900	-3159	-3079	-3159
11	600	-2955	-3358	-3388	-3568	-3568
12	600	-2457	-3218	-2887	-3229	-3229
13	600	-1428	-1829	-1683	-1865	-1865
14	600	-1644	-1672	-1869	-1886	-1886
15	600	-2519	-2497	-2439	-2440	-2519
16	600	-2892	-2651	-2925	-2816	-2925
17	600	-2787	-3202	-3196	-3377	-3377
18	600	-2333	-3104	-2742	-3095	-3104
19	600	-2552	-3240	-2965	-3284	-3284
20	600	-2773	-3313	-3258	-3501	-3501
21	600	-2764	-3255	-3238	-3457	-3457
22	600	-2333	-3088	-2736	-3086	-3088
23	600	-2534	-3234	-2943	-3269	-3269
24	600	-2741	-3317	-3227	-3477	-3477
25	600	-2801	-3398	-3269	-3536	-3536
26	600	-2373	-3045	-2786	-3097	-3097
27	600	-2350	-3142	-2762	-3126	-3142
28	600	-2802	-3326	-3302	-3540	-3540
29	600	-2790	-3305	-3287	-3524	-3524
30	600	-2326	-3110	-2746	-3110	-3110
31	600	-2699	-2721	-2679	-2689	-2721
32	600	-2856	-2819	-2968	-2951	-2968
33	600	-2788	-3243	-3227	-3438	-3438
34	600	-2371	-3153	-2796	-3161	-3161

续表

支座编号	支座有效直径	$1.35D+0.675L+1.3F_{ek}$		$1.59D+0.795L+0.5F_{ek}$		最大值
		X 向	Y 向	X 向	Y 向	
35	600	-1537	-1885	-1750	-1916	-1916
36	600	-1602	-1728	-1883	-1938	-1938
37	600	-2581	-2697	-2570	-2624	-2697
38	600	-3006	-2931	-3129	-3081	-3129
39	600	-3093	-3765	-3629	-3922	-3922
40	600	-2683	-3322	-3119	-3422	-3422
41	600	-1986	-2679	-1996	-2324	-2679
42	600	-2496	-2776	-2547	-2672	-2776
43	600	-2617	-2942	-2738	-2897	-2942
44	600	-2199	-2930	-2302	-2683	-2930
2	600	-2505	-1931	-2061	-1797	-2505
3	600	-2559	-2098	-2173	-1963	-2559
6	600	-3050	-2788	-3043	-2928	-3050
7	600	-3319	-3147	-3344	-3254	-3344

6. 上部结构设计

普通结构与隔震结构层间剪力比值的平均值最大值为 0.262，算得出隔震结构水平地震影响系数的最大值和《建筑抗震设计规范》（GB 50011—2010）抗震设防烈度为 7 度取值，最终可选用多遇地震取 0.12、罕遇地震取 0.72。上部结构抗震构造措施可依照《建筑抗震设计规范》（GB 50011—2010）有关规定按设防烈度为 8 度（0.2g）进行。结构的水平向减震系数都小于 0.3，根据规范要求，结构要考虑竖向地震作用，竖向地震作用不得小于 0.3 倍的重力荷载代表值。可能通过软件中调整地震组合分项系数来实现。

7. 支墩设计

根据 43.2 节要求，与隔震层连接的下部构件（如地下室、支座下的墩柱等）的地震作用和抗震验算，应采用罕遇地震下隔震支座的竖向力、水平力和力矩进行计算，按压弯构件进行配筋计算，项目取 39 号支座对应的支墩（其内力最大）进行设计，其设计配筋结构如图 43.5-8 所示，根据《建筑抗震设计规范》要求，支墩位置钢筋还要形成钢筋笼。

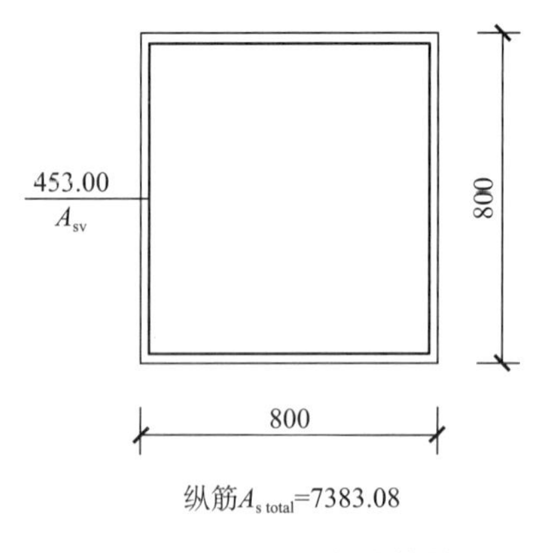

图 43.5-8　支墩配筋计算结果

第 44 章　消能减震结构设计

消能减震结构是在结构某些部位（如支撑、剪力墙、节点、变形缝或连接件、楼层空间、相邻建筑间、主附结构间等）设置消能减震装置，通过消能减震装置产生摩擦或弯曲、剪切、扭转等弹塑性滞回变形来耗散或吸收地震输入结构中的能量，从而减小主体结构的地震反应。与传统抗震结构相比，消能减震结构具有以下特点和优势：

（1）结构更为安全。传统抗震结构通过自身的滞回变形能力来抵御地震风险，但由于地震的随机性，结构在地震中的破坏位置和破坏程度通常难以精确控制，地震破坏风险防不胜防。消能减震结构通过增设消能减震装置，实现了结构构件与消能部件的明确分工，地震能量主要由专门设置的消能减震装置来吸收并耗散，减小了主体结构的地震响应，进而有效保证了主体结构的抗震安全性。

（2）安全性价比更高。消能减震结构通过增加结构阻尼比，在有效保证结构抗震安全度的前提下，可适当减小主结构构件的截面尺寸和配筋，取得合理的经济性。一般来说，通过合理优化设计，对于新建建筑采用消能减震技术可降低 5%~10%的造价，对于既有建筑进行消能减震加固可降低 10%~20%的造价。

44.1　一 般 要 求

44.1.1　消能减震结构的减震目标

消能减震结构设计应首先确定减震目标。设计中应通过设置消能减震装置有效消耗地震能量，使建筑抗震性能（如楼层剪力、层间位移角、阻尼比等）得到明显改善，一般根据建筑结构的实际需求，分别选定针对整个结构、局部部位或关键部位、关键部件、重要构件、次要构件以及建筑构件和消能部件的性能目标。

采用消能减震技术的新建建筑或加固建筑，其抗震设防目标的确定有如下两种选择：

（1）按《建筑抗震设计规范》（GB 50011）“小震不坏、中震可修、大震不倒”的三水准抗震设防目标执行，即：当遭受低于本地区抗震设防烈度的多遇地震影响时，消能部件正常工作，主体结构不受损坏或不需要修理可继续使用；当遭受相当于本地区抗震设防烈度的设防地震影响时，消能部件正常工作，主体结构可能发生损坏，但经一般修理仍可继续使用；当遭受高于本地区抗震设防烈度的罕遇地震影响时，消能部件不应丧失功能，主体结构不致倒塌或发生危及生命的严重破坏。

（2）按“中震不坏、大震可修”的抗震性能化目标执行，即：当遭受设防地震作用时，消能部件应正常工作，主体结构无损坏或轻微损坏，不需修理或经一般修理可继续使用；当遭受罕遇地震作用时，消能部件不应丧失功能，不需修理或经一般修理可继续使用，主体结构不发生较严重损坏。

44.1.2　消能减震结构的适用范围

一般情况下，阻尼器属于非承重构件，其功能仅在结构变形过程中发挥耗能作用，不承担结构竖向荷载作用，即增设阻尼器不改变主体结构的竖向受力体系，故消能减震技术不受结构类型、形状、层数、高度等条件的限制。但由于阻尼器在一定的相对位移或相对速度下才工作消能，因此更适用于较柔的结构体系，如：①高层建筑，超高层建筑；②高柔结构，高耸塔架；③大跨度桥梁；④柔性管道、管线；⑤旧有高柔性建筑或结构物的抗震性能改善提高。对于混凝土、剪力墙等较刚的结构体系，采用阻尼器则有利于控制结构构件早期裂缝的产生。总的说来，根据阻尼器的类型、性能特点以及建筑的性能要求，阻尼器既可用于新建建筑，也可用于既有建筑。其应用场景包括：①新建建筑本身已满足抗震要求，设置阻尼器是为了提高结构抗震设防标准和可靠度；②新建建筑本身不满足抗震要求，通过在结构中设置阻尼器使结构满足抗震要求；③既有建筑中设置阻尼器以提高结构抗震性能或满足抗震加固需求。

44.1.3　消能部件的要求

消能减震结构中附加的消能部件可由阻尼器及斜撑、墙体、梁或节点板等支承构件组成，其中阻尼器可采用速度相关型、位移相关型或其他类型。

1. 阻尼器的选用要求

阻尼器的选择应考虑结构类型、使用环境、结构控制参数等因素。根据结构在地震作用时预期的结构位移或内力控制要求，选择不同类型的阻尼器。应用于消能减震结构中的阻尼器应符合下列规定：

（1）阻尼器应具备良好的变形能力和消耗地震能量的能力，阻尼器的极限位移应大于设计位移的 120%，速度相关型阻尼器极限速度应大于设计速度的 120%。

（2）阻尼器应具有良好的耐久性和环境适应性。

（3）在 10 年一遇标准风荷载作用下，摩擦阻尼器不应进入滑动状态，金属阻尼器和屈曲约束支撑不应产生屈服。

（4）阻尼器应具有型式检验报告或产品合格证，同时阻尼器的性能参数和数量应在设计文件中注明。

2. 阻尼器的性能要求

消能减震结构中实际使用的阻尼器应经检测满足以下技术性能要求：

（1）阻尼器的设计使用年限不宜小于建筑物的设计使用年限，当阻尼器设计使用年限小于建筑物的设计使用年限时，阻尼器达到使用年限应及时检测，重新确定阻尼器使用年限或更换。

（2）阻尼器应具有良好的抗疲劳、抗老化性能，阻尼器工作环境应满足国家现行标准《建筑消能阻尼器》（JG/T 209）的要求，不满足时应作保温、除温等相应处理。

(3) 阻尼器外表应光滑无明显缺陷，其外观和尺寸偏差应满足国家现行标准《建筑消能减震技术规程》(JGJ 297) 的要求，当需要考虑防腐、防锈和防火时，应外涂防腐、防锈漆、防火涂料或进行其他相应处理，但不能影响阻尼器的正常工作。

(4) 阻尼器中非消能构件的材料应达到设计强度要求，设计时荷载应按阻尼器 1.5 倍极限阻尼力选取，应保证阻尼器中构件在罕遇地震作用下都能正常工作。

(5) 阻尼器在要求的性能检测试验工况下，试验滞回曲线应平滑、无异常。

(6) 阻尼器应经过消能减震结构或子结构动力试验，验证阻尼器的性能和减震效果。

(7) 消能部件的耐久性应符合国家现行标准《混凝土结构设计规范》(GB 50010) 的规定，承受竖向荷载作用的阻尼器应按主体结构的要求进行防火处理。

3. 消能部件的布置原则

确定消能减震结构设计方案时，消能部件的布置应经优化确定并遵循以下原则：

(1) 消能部件宜根据需要沿结构主轴方向布置，使结构在两个主轴方向的动力特性相近，形成均匀合理的结构体系。

(2) 消能部件的竖向布置宜使结构沿高度方向刚度均匀，避免使结构出现薄弱构件或薄弱层。

(3) 消能部件宜布置在层间相对位移或相对速度较大的楼层，同时可采用合理形式增加阻尼器两端的相对变形或相对速度的技术措施，提高阻尼器的减震效率。

(4) 消能部件的布置，应便于检查、维护和替换，设计文件中应注明阻尼器使用的环境、检查和维护要求。

44.1.4　消能减震结构的要求

1. 地震作用计算

对于消能减震结构的地震作用，一般情况下，应在结构各个主轴方向分别计算水平地震作用并进行抗震验算，各方向的水平地震作用应由该方向消能部件和抗侧力构件承担；针对有斜交抗侧力构件的结构，当相交角度大于 15°时，应分别计算各抗侧力构件方向的水平地震作用；对于质量和刚度分布明显不对称的消能减震结构，应计入双向水平地震作用下的扭转影响；其他情况，应允许采用调整地震作用效应的方法计入扭转影响；对于 8 度及 8 度以上的大跨度与长悬臂消能减震结构及 9 度时的高层消能减震结构，应计算竖向地震作用。此外，对于消能减震结构设计，当采用振型分解反应谱法分析时，宜采用时程分析法进行多遇地震下的补充计算。时程波的选取应考虑建筑场地类别和设计地震分组情况并包含实际强震记录和人工模拟的加速度时程曲线，设计中可选择 3 组或 7 组（及以上）时程波，其中实际强震记录数量不应少于总数的 2/3，不宜均采用同一地震事件，多组时程曲线的平均地震影响系数曲线应与振型分解反应谱法采用的地震影响系数曲线在统计意义上相符。弹性时程分析时，每条时程曲线计算所得主体结构底部剪力不应小于振型分解反应谱法计算结果的 65%，多条时程曲线计算主体结构底部剪力的平均值不应小于振型分解反应谱法计算结果的 80%。同一场地上动力特性接近的结构单元，宜采用同一组时程曲线。当取 3 组加速度时程曲线输入时，计算结果宜取时程分析法包络值和振型分解反应谱法的较大值；当取 7 组及 7

组以上时程曲线时，计算结果可取时程分析法的平均值和振型分解反应谱法的较大值。

2. 消能减震结构分析

消能减震结构分析模型及分析方法的合理性和准确性验证是消能减震设计分析的基础，一般应满足以下规定：

（1）当采用不同的计算软件对消能减震结构进行设计时，各计算模型应保持一致。在弹性模型条件下，各软件计算所得的质量、周期相对误差不大于 5%；振型分解反应谱法所得的层间剪力，除顶部个别楼层外，相对误差不大于 10%。

（2）消能减震结构分析模型应正确地反映不同荷载工况的传递途径、在不同地震动水准下主体结构和阻尼器所处的工作状态；当采用多遇地震作用下处于非线性工作状态的阻尼器时，消能减震结构可利用近似计算模型进行初步的构件配筋设计，但应采用能够实际模拟阻尼器非线性性能的计算模型，利用非线性时程分析进行各构件的配筋校核；在进行设防地震或罕遇地震作用下的结构分析时，应采用实际截面尺寸和配筋；阻尼器的恢复力模型应采用成熟的模型并经试验验证。

（3）消能减震结构的分析方法应根据主体结构、阻尼器的工作状态选择，可采用振型分解反应谱法、弹性时程分析法、静力弹塑性分析法和弹塑性时程分析法。

（4）地震作用下消能减震结构的内力和变形分析，宜采用不少于两个不同软件进行对比，计算结果应经分析判断确认其合理、有效后方可用于工程设计。

（5）消能减震结构的总阻尼比应为主体结构阻尼比和阻尼器附加给主体结构的阻尼比的总和，结构阻尼比应根据主体结构处于弹性或弹塑性工作状态分别确定；消能减震结构的总刚度应为结构刚度和消能部件附加给结构的有效刚度之和。

3. 消能子结构设计

消能减震结构中，与消能部件相连的柱（墙）和梁所承受的作用不仅包括地震作用部分，还包括与该柱（墙）和梁相连的消能部件传至连接节点的作用，因此设计时应考虑与消能部件相连的主体结构构件（即消能子结构）由于消能部件附加作用的影响。

消能子结构设计应着重加强节点、构件的延性，可采用沿构件全长提高配箍率、增设型钢等方法。消能子结构的强度应满足下列要求：

（1）消能子结构中梁、柱、墙构件宜按重要构件设计，并应考虑罕遇地震作用效应和其他荷载作用标准值的效应，其值应小于构件极限承载力；罕遇地震作用下材料强度可采用《建筑抗震设计规范》（GB 50011）附录 M-1. 2. 4 规定的极限值。

（2）消能子结构的框架柱在两个方向都应满足上述强度要求。

（3）消能子结构下方至少一层的对应竖向构件也应满足上述强度要求。

44. 2　减震设计与分析

消能减震结构由主体结构和消能部件（包括阻尼器和支撑等）组成，其分析模型可采用与普通结构相同的分析模型，唯一的差别就是必须考虑消能部件对结构的作用和影响。由于消能部件相对于主体结构而言为附加体系，因此在实际设计中通常将消能部件与主体结构分开进行。这种分部设计思路对于既有结构的消能减震加固是易于理解的，而对于新建结构亦是如此，即先完成主体结构设计，其后再进行附加消能部件设计。当采用层间模型时，消能减震结构的分析模型可分别由主体结构模型和消能部件模型叠加而成，如图 44. 2－1 所示。

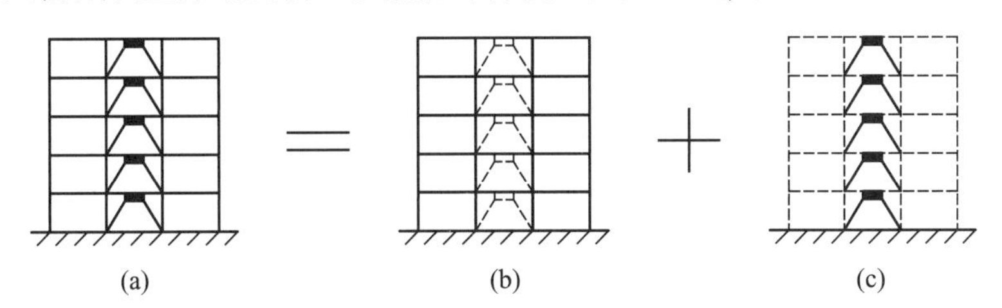

图 44. 2-1　消能减震结构分析模型
（a）消能减震结构；（b）主体结构模型；（c）消能部件模型

44. 2. 1　消能减震结构设计流程

随着消能减震技术在工程应用中的不断普及，面向消能减震结构的设计方法也在不断推陈出新，其中基于性能的抗震设计方法（Performance-Based Seismic Design，PBSD）对于旨在获得更优抗震性能的消能减震结构而言无疑更加契合，近年来提出的诸如按延性系数设计的方法、能力谱方法和直接基于位移的方法等，这些设计理念和方法在美国、欧洲、日本、中国等许多国家设计规范中得以体现，如 ATC-33、FEMA-273/274、NEHRP 2000（FEMA-368/369）、NEHRP 2003（FEMA-450）、ASCE 7-05，Eurocode 8（Part 1），JSSI Manual，以及我国《建筑消能减震技术规程》和《建筑抗震设计规范》等标准。综合而言，目前在实用设计流程上，消能减震结构设计的基本步骤可概括如下，见图 44. 2－2 所示。

1. 确定抗震设防新目标

在设计地震下，依据国家现行标准《建筑抗震设计规范》（GB 50011）和《建筑工程抗震设防分类标准》（GB 50223），确定建筑结构的抗震设防等级和抗震设防类别，并由此明确满足要求的抗震设防新目标。

2. 主体结构设计分析

对于新建结构，可结合设防目标和减震目标进行主体结构初步设计，在此基础上再进行附加消能部件设计；对于既有结构加固，则须依据抗震鉴定结果，建立待加固原结构的三维有限元模型（快速设计时也可建立拐把子层串简化模型）。

3. 设定消能减震结构的性能水准

在满足步骤 1 所确定抗震设防目标的前提下，兼顾业主要求，设定消能减震结构的性能水准。设计中一般可结合我国现行规范“小震不坏、中震可修、大震不倒”的三水准设防目标，依据建筑功能及其重要程度不同来确定相应的减震结构性能水准。

4. 消能减震方案布置与参数设计

根据建筑功能和结构布置情况，选用阻尼器类型，并确定附加阻尼器的支撑型式和安装位置。实际设计中应结合所选用阻尼器的特点确定消能减震方案的初设和优化，目前阻尼器

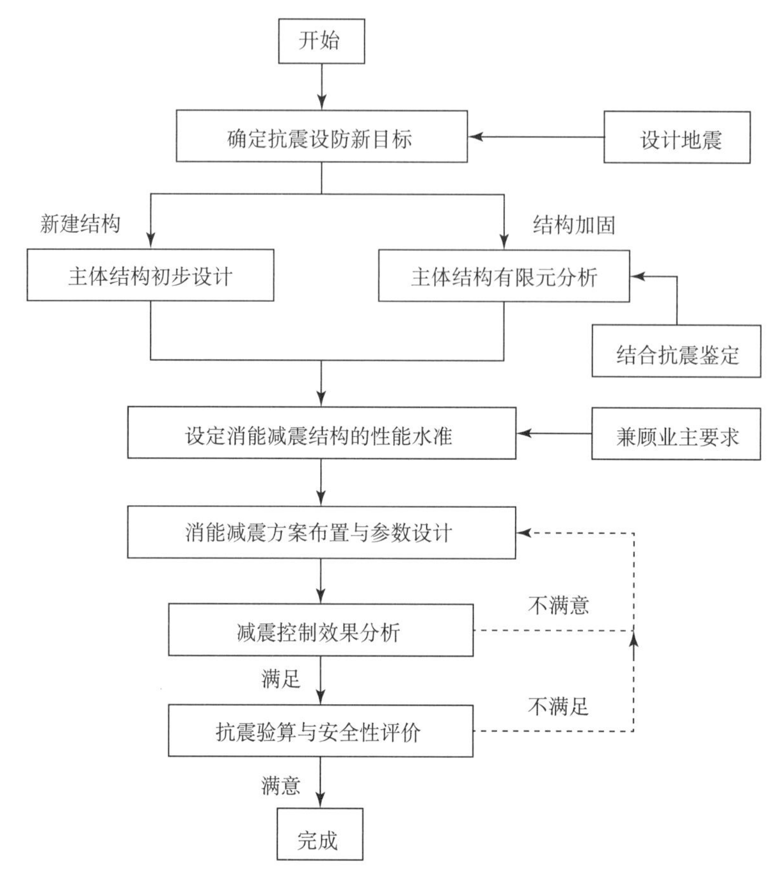

图 44.2 − 2　消能减震结构设计流程

类型大致可分为速度相关型阻尼器（如黏滞阻尼器、黏弹性阻尼器等）、位移相关型阻尼器（如金属阻尼器、摩擦阻尼器、屈曲约束支撑等）和复合型阻尼器（如铅黏弹性阻尼器等），根据阻尼器在各地震工况中的工作特点又可进行以下划分，见表 44.2 − 1。

表 44.2 − 1　常用阻尼器在各地震工况中的工作特点

阻尼器类型		多遇地震	设防地震	罕遇地震	工作特点
速度相关型阻尼器	黏滞阻尼器	开始耗能	大量耗能	大量耗能	忽略其附加刚度作用，仅提供附加阻尼
位移相关型阻尼器	屈曲约束支撑	不屈服，同普通支撑	开始屈服耗能	大量耗能	多遇地震作用下仅提供附加刚度，设防地震及罕遇地震作用下考虑其附加阻尼
	金属阻尼器、铅黏弹性阻尼器等	开始屈服耗能	大量耗能	大量耗能	多遇地震下同时附加阻尼和附加刚度

注：多遇地震下开始屈服耗能的耗能型屈曲约束支撑不在本表讨论范围。

5. 减震控制效果分析

采用时程分析方法对原结构和消能减震结构进行多遇地震、设防地震和罕遇地震作用下的减震控制效果分析。分析内容包括计算附加等效阻尼比，对比原结构和消能减震结构的层间位移角与层间剪力，校验预设的消能减震结构性能水准是否满足要求等。若减震分析所得的控制效果不理想，则返回步骤 4 进行重新设计计算。其中对于附加等效阻尼比，在不计及结构扭转影响的情况下，可按照抗震设计规范中的计算方法进行计算。

6. 抗震验算与安全性评价

完成步骤 5 后，若对减震控制效果满意，则还需对消能子结构进行抗震强度验算和安全性评价。主要内容包括对消能子结构构件的内力分析和截面抗震验算，对阻尼器连接支撑、连接板和梁柱节点稳定性和强度的校核，以及对结构在罕遇地震作用下薄弱层（部位）的弹塑性变形验算等。对于罕遇地震验算，通常可采用静力弹塑性分析方法（即依据计算阻尼比推覆本体结构来评估抗倒塌能力）或弹塑性时程分析方法等，若达不到相关安全要求则需返回步骤 4 进行重新设计计算。

综上，可见对于采用不同阻尼器的消能减震结构设计而言，其设计区别在于“消能减震方案布置与参数设计”环节的内容有所不同。在现行基于多遇地震作用工况设计的抗震理论下，对于附加黏滞阻尼器减震结构可通过“附加阻尼比”项来控制；对于附加屈曲约束支撑减震结构可通过“附加刚度”项来调整；对于采用金属阻尼器或铅黏弹性阻尼器等的其他消能减震结构，由于多遇地震作用下结构同时存在似乎相对独立但又具有一定耦合关系的附加阻尼和附加刚度项，参数关系存在多种可能组合，故实际设计中一般采用“试设计”或“设计迭代”的方法。

44.2.2　附加速度相关型阻尼器减震结构的设计与分析

速度相关型阻尼器主要有黏滞阻尼器和黏弹性阻尼器，严格说来，黏弹性阻尼器兼具速度相关和位移相关的特点，目前国内黏弹性阻尼器存在载荷较小且其受力性能受温度、频率影响较大等缺点较少得到工程应用，而黏滞阻尼器则是唯一可同时减小结构楼层位移和楼层剪力的阻尼器，在工程设计领域广受青睐。为此，以下将选取黏滞阻尼器为代表介绍附加速度相关型阻尼器减震结构的设计与分析过程。

附加黏滞阻尼器减震结构设计的核心是黏滞消能部件方案布置及参数设计，而黏滞消能部件通常包括黏滞阻尼器和附加支撑体系，设计中一般根据建筑结构的平面布置，确定附加黏滞阻尼器的支撑型式和安装位置，附加黏滞消能部件的设计步骤可概括如下：①依据主体结构的现有性能（楼层剪力和位移等）和预期的减震结构性能水准，可转化为等效单自由度体系，其后基于能量方法或者反应谱法初步估算结构减震设计的需求阻尼比；②基于需求阻尼比计算结构所需设计期望阻尼力，并分配至多层结构的相应楼层；③根据设计阻尼力确定结构相应楼层的附加阻尼器数量，以及阻尼系数、速度指数、支撑刚度等设计参数；④验算阻尼器支撑附加给结构的实际等效阻尼比，并与此前预估的需求阻尼比进行对比，如不满足要求，还需进行设计循环迭代。

黏滞阻尼器的恢复力特性可通过线性模型、Maxwell 模型等来描述，其基本的力学特性是黏滞阻尼力与阻尼器相对速度的指数幂成正比。如图 44.2－3 为黏滞阻尼器（考虑支撑影响）往复一周的力-位移滞回曲线，图中 F_d 为设计阻尼力，K_{d0} 为黏滞阻尼器考虑支撑影响的初始内部刚度，Δ_{d0} 为初始内部刚度 K_{d0} 下对应于设计阻尼力的阻尼器位移，Δ_d 为黏滞阻尼器两端的相对位移。

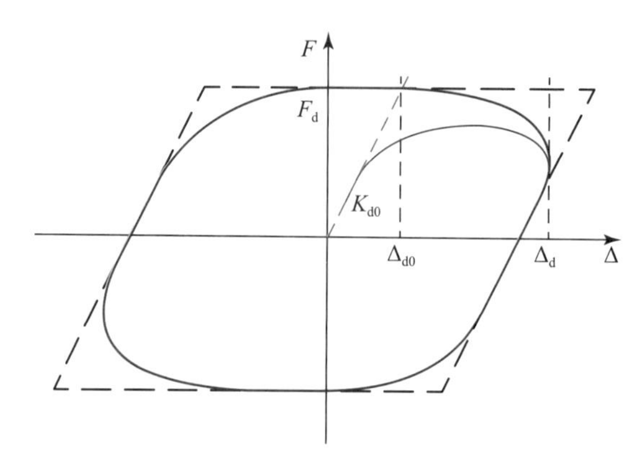

图 44.2－3　黏滞阻尼器的滞回曲线

1. 估算附加需求阻尼比

在初步设计阶段，为方便估算结构减震设计所需的附加阻尼比，通常假定黏滞阻尼器及支撑所提供的附加刚度可以忽略不计，即通过调整附加阻尼比的大小来控制结构地震响应，并以此来计算消能减震结构的设计期望阻尼力。在不计及结构扭转影响的情况下，一般可通过能量法或者规范反应谱法按式（44.2－1）初步估算结构减震设计所需的附加阻尼比：

$$\Delta_t/\Delta_{max}=\alpha_{(\zeta_r+0.05)}/\alpha_{0.05} \quad 或 \quad u_t/u_{eff}=\alpha_{(\zeta_r+0.05)}/\alpha_{0.05} \tag{44.2－1}$$

式中　Δ_{max}——原结构的层间位移峰值（或取等效单自由度体系的等效位移 u_{eff}）；

Δ_t——消能减震结构预设的目标层间位移（或取等效单自由度体系的目标位移 u_t）；

ζ_r——结构消能减震的附加需求阻尼比；

$\alpha_{0.05}$——《建筑抗震设计规范》中 5%阻尼比时的地震影响系数；而 $\alpha_{(\zeta_r+0.05)}$ 则为（ζ_r+0.05）阻尼比时的地震影响系数。

另需要说明的是，《建筑抗震设计规范》规定“消能部件附加给结构的有效阻尼比超过 25%时，宜按 25%计算”。因而此处预估的结构减震所需的附加阻尼比一般也不应超过 25%，当计算超过 25%时，则说明原结构本身还过于薄弱，需要调整设计方案或做加强设计。

2. 计算设计期望阻尼力

依据估算的附加需求阻尼比，可以由等效单自由度体系计算出结构总的设计期望阻尼力，再按结构控制需求及相关的设计准则（比如可按楼层刚度分配阻尼力、按楼层屈服承载力分配阻尼力、按楼层应变能分配阻尼力等）将结构总的设计期望阻尼力分配至多层结构各楼层，并以此配置相应的阻尼器及其设计参数。此外，实际设计中也可采用基于概念设计和经验设计的“试设计”方法进行多次设计迭代，直至达到设计预期目标。

3. 确定阻尼器支撑刚度

对于支撑型黏滞阻尼器减震结构而言，阻尼器支撑刚度的大小不同无疑会对黏滞消能部件的耗能能力产生影响，因而无论对线性还是非线性黏滞阻尼器，其对应支撑刚度的配套设计都是值得注意的问题。一般而言，为最大发挥阻尼器的耗能效果，支撑刚度应取得越大越好，但过大的支撑截面会导致过高的经济费用。从工程成本控制的角度而言，实际的阻尼器支撑刚度取值也应有所限定。现行抗震设计规范对线性黏滞阻尼器支撑的计算刚度有明确规定，如式（44.2-2）所示。但对于目前减震工程中广泛应用的非线性黏滞阻尼器，却缺乏相应的支撑刚度计算公式，常用的工程做法是在非线性黏滞阻尼器的支撑刚度取值中考虑阻尼器本身的动力柔度影响（一般在设计前通过构件试验来考察），并按式（44.2-3）进行计算：

线性黏滞阻尼器：
$$K_{b} \geqslant (6\pi/T_{1}) \cdot C_{v} \tag{44.2-2}$$

非线性黏滞阻尼器：
$$K_{b} \geqslant 3K_{c} = |F_{d}|_{max}/|\Delta_{d}|_{max} \tag{44.2-3}$$

式中　K_b——支撑构件沿阻尼器受力方向的刚度；

T_1——黏滞阻尼减震结构的基本自振周期；

C_v——阻尼器由试验确定的相应于结构基本自振周期的线性阻尼系数；

K_c——阻尼器的损失刚度（工程应用可近似取消能部件的最大阻尼力与最大相对位移之比），$|F_d|_{max}$、$|\Delta_d|_{max}$为中震工况下非线性黏滞阻尼器设计阻尼力绝对值的最大值及相应的最大相对位移。

4. 验算实际附加阻尼比

尽管在设计中通过预估结构减震的需求阻尼比来设计黏滞消能部件，然而实配黏滞阻尼器消能支撑在地震中所提供的实际减震效果和耗能能力仍然是有待验证的。为此，需计算黏滞消能部件附加给结构的实际等效阻尼比，并比照此前的估算值进行设计修正，同时也为后续结构静力弹塑性分析（Push-over）所需要的结构阻尼比提供数值参考。在不计及扭转影响的情况下，结构附加等效阻尼比计算可采用规范给出的近似方法，其中黏滞阻尼器的耗能滞回圈可近似假定为平行四边形，并忽略主体结构与消能部件地震响应的峰值相位差，则附加等效阻尼比、黏滞消能部件耗能及结构总弹性应变能可按式（44.2-4）至式（44.2-6）计算：

$$\zeta_{a} = \frac{W_{c}}{(4\pi \cdot W_{s})} \tag{44.2-4}$$

$$W_{c} = \sum_{i=1}^{m} W_{ci} = \sum_{i=1}^{m}\sum_{j=1}^{N_{di}} E_{d(ij),\,max} = 4\sum_{i=1}^{m}\sum_{j=1}^{N_{di}} [\psi_{ij} \cdot |F_{d(ij),\,max} \cdot \Delta_{d(ij),\,max}|] \tag{44.2-5}$$

$$W_{s} = \frac{1}{2}\sum (F_{i} \cdot u_{i}) = \frac{1}{2}\sum_{j=1}^{n} [M_{j} \cdot |\ddot{u}_{j}(t) + \ddot{u}_{g}(t)|_{max} \cdot |u_{j}(t)|_{max}] \tag{44.2-6}$$

式中　ζ_a——黏滞消能部件附加给结构的实际等效阻尼比；

W_{ci}——第 i 层消能部件在结构预期位移下往复一周所消耗的能量；

N_{di}——第 i 层所安装阻尼器的总数目；

$E_{d(ij),max}$——第 i 层第 j 个阻尼器往复一周做功的最大值；

ψ_{ij}——第 i 层第 j 个阻尼器耗能曲线对应于平行四边形面积的折减系数，根据滞回环的饱满程度取值；

$F_{d(ij),max}$——第 i 层第 j 个阻尼器的最大阻尼力；

$\Delta_{d(ij),max}$——第 i 层第 j 个阻尼器在阻尼力为零时的最大位移；

F_i——质点 i 的水平地震作用标准值；

u_i——质点 i 对应于水平地震作用标准值的位移；

M_j——结构第 j 层的质量；

$u_j(t)$——结构第 j 层质心 t 时刻的位移峰值；

$\ddot{u}_j(t)$——结构第 j 层质心 t 时刻的加速度峰值；

$\ddot{u}_g(t)$——t 时刻的地面绝对加速度。

44.2.3　附加位移相关型阻尼器减震结构的设计与分析

目前工程界对位移相关型阻尼器的工作特点存在两种认知：①是确保该类阻尼器在多遇地震作用下不发生屈服，设防地震作用下开始屈服耗能，并在罕遇地震作用下提升结构的抗震安全度；②是使该类阻尼器在多遇地震作用下便开始屈服耗能，给结构提供一定的附加阻尼比，为当前抗震结构基于多遇地震作用下的强度设计提供便利。第 1 类位移相关型阻尼器的典型代表是屈曲约束支撑，第 2 类位移相关型阻尼器则包括剪切型软钢阻尼器、弯曲型软钢阻尼器、铅黏弹性阻尼器等。依据其不同工作特点，这两类位移相关型阻尼器减震结构的设计流程及分析要点略有不同，以下将分别展开介绍。

1. 以屈曲约束支撑为例的第 1 类位移相关型阻尼器减震结构的设计分析

屈曲约束支撑如同任何其他位移相关型阻尼器一样，用于结构减震设计的关键要点在于如何对附加刚度 $[K_a]$ 和附加阻尼 $[C_a]$ 这两个不确定项进行解耦求值。出于材料疲劳性能和构件延性控制的考虑，屈曲约束支撑用于结构设计的普遍观点倾向于多遇地震下不发生屈服，依据该设计期望，可认为屈曲约束支撑在多遇地震作用下仅提供附加刚度，而在设防地震（或罕遇地震）作用下可基于附加刚度影响来考虑附加阻尼的作用。如此按照“多遇地震下基于附加刚度设计、设防地震下基于附加阻尼设计”的理念，可以提出附加屈曲约束支撑减震结构的设计步骤如下：①依据目标位移比由位移反应谱初步估定多遇地震下附加阻尼器的初始刚度，其后通过预设延性系数 μ 和屈服刚度比 α 近似确定设防地震下阻尼器的附加刚度；②依据目标剪力比及阻尼器附加刚度由加速度反应谱估算设防地震下结构减震的需求阻尼比；③基于需求阻尼比计算设防地震下结构相应楼层附加屈曲约束支撑的屈服力，并验算或调整前面预设的延性系数 μ（依据设计目的考虑是否进行设计循环迭代）；④根据设计屈服阻尼力确定结构相应楼层的附加阻尼器数量，以及阻尼器初始刚度、屈服后刚度与初始弹性刚度比、支撑刚度等设计参数；⑤验算阻尼器支撑附加给结构的实际等效阻尼比，并与此前预估的需求阻尼比进行对比，如不满足要求，还需进行设计循环迭代。

屈曲约束支撑的恢复力特性可通过直线型滞回模型（如理想弹塑性模型、弹性线性应变强化模型等）或曲线型滞回模型（如 Ramberg-Osgood 模型、Bouc-Wen 模型等）来表现。以双线性滞回模型（即弹性线性应变强化模型）为例，其关键的力学参数包括：初始刚度 k_{d0}、屈服力 F_{dy}、屈服后刚度与初始刚度比 α_d 和屈服位移 Δ_{dy}，如图 44.2－4 所示。

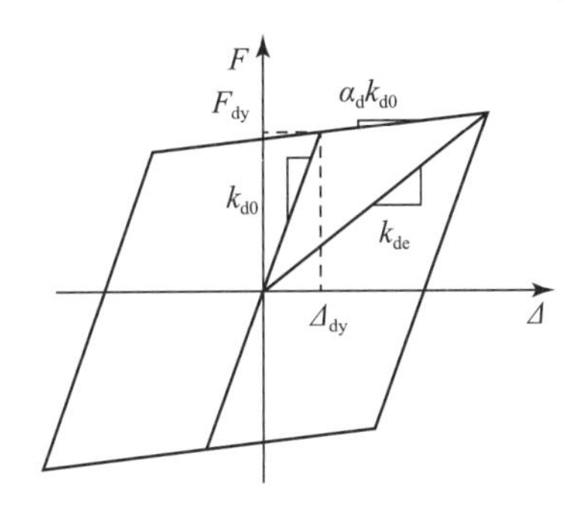

图 44.2－4 双线性滞回模型

显然，当采用双线性滞回模型来模拟屈曲约束支撑的恢复力特性时，可得屈曲约束支撑 i 在一个滞回循环中所耗散的能量 E_{di}、有效刚度 k_{dei} 及等效阻尼比 ξ_{ddi} 的表达式如下：

$$E_{di} = 4k_{d0i} \cdot \Delta_{dyi}^2 \cdot (1-\alpha_{di})(\mu_{di}-1) \tag{44.2-7}$$

$$k_{dei} = k_{d0i}(1+\alpha_{di} \cdot \mu_{di} - \alpha_{di})/\mu_{di} \tag{44.2-8}$$

$$\xi_{ddi} = \frac{E_{di}}{4\pi \cdot E_{pdi}} = \frac{E_{di}}{2\pi \cdot k_{dei} \cdot \Delta_{di}^2} = \frac{2(1-\alpha_{di})(\mu_{di}-1)}{\pi \cdot \mu_{di} \cdot (1+\alpha_{di}\mu_{di}-\alpha_{di})} \tag{44.2-9}$$

式中 k_{d0i}、Δ_{dyi}、Δ_{di}、α_{di}、μ_{di}——屈曲约束支撑 i 的初始（弹性）刚度、屈服位移、最大变形、屈服刚度比及位移延性系数（$\mu_{di}=\Delta_{di}/\Delta_{dyi}$）；

E_{pdi}——屈曲约束支撑应变能。

式（44.2－8）和式（44.2－9）表明，当给定初始刚度后，单个屈曲约束支撑的有效刚度和等效阻尼比只与其屈服刚度比 α_{di} 和延性系数 μ_{di} 有关。然而 α_{di} 随金属材料不同而变化，其取值通常很小（如软钢取 $\alpha_{di}=0.02$），因此屈曲约束支撑自身的有效刚度和等效阻尼比主要还是取决于其延性系数值。

1）估算需求初始刚度

对于多层结构，依据等效周期和等效阻尼比不变原则可将其转化为等效单自由度体系，并得到相应的等效位移 u_{eff}、等效质量 M_{eff} 和等效刚度 K_{eff} 等；其后根据“屈曲约束支撑在多遇地震下仅提供附加刚度”的设定，可由多遇地震下结构减震目标位移控制比 λ_u 结合相对位移反应谱 S_d 按式（44.2－10）确定减震结构的周期，进而由式（44.2－11）初步估定附加屈曲约束支撑的弹性初始刚度：

$$\lambda_u = u_t/u_{eff} = S_d(T, \zeta_0)/S_d(T_0, \zeta_0) \tag{44.2-10}$$

$$K_{d0} = [(T_0/T)^2 - 1] \cdot K_{eff} \tag{44.2-11}$$

式中　T_0、ζ_0——原结构的基本周期和弹性阻尼比；

T、u_t——附加屈曲约束支撑结构的等效周期和目标层间位移（多遇地震下）；

K_{d0}——附加屈曲约束支撑的弹性初始刚度。

2）确定附加需求阻尼比

基于选用的屈曲约束支撑产品，得到屈服刚度比 α_d；同时根据设防地震下消能减震结构的目标性能，预设屈曲约束支撑延性系数 μ，如此通过 K_{d0} 按式（44.2－8）可得附加屈曲约束支撑在设防地震下的等效刚度 K_{de}，将其代入式（44.2－11）中可得设防地震下消能减震结构的等效周期 T_1。同理，由设防地震下结构减震目标剪力控制比 λ_Q 结合绝对加速度谱 S_a 按式（44.2－12）可确定结构的附加需求阻尼比。

$$\lambda_Q = Q_1/Q_0 = S_a(T_1,\ \zeta_0 + \zeta_r)/S_a(T_0,\ \zeta_0) = \alpha(T_1,\ \zeta_0 + \zeta_r)/\alpha(T_0,\ \zeta_0) \tag{44.2-12}$$

式中　Q_0、Q_1——设防地震下原结构的楼层剪力及消能减震结构的目标楼层剪力；

α——地震影响系数，可由相应的阻尼比和周期值确定；

ζ_r——结构减震的附加需求阻尼比，由附加的屈曲约束支撑提供且最大不超过25%。

3）计算设计屈服阻尼力

依据需求初始刚度和附加需求阻尼比，可以确定结构减震所需屈曲约束支撑的总附加刚度和总的设计屈服阻尼力，在此基础上，参考 44.2.2 节中有关设计期望阻尼力在多层结构层间的分配准则，比如按楼层屈服承载力或楼层应变能成比例原则进行附加屈曲约束支撑减震结构中设计屈服阻尼力（即屈曲约束支撑数量和设计参数）的层间分配。

4）设定屈曲约束支撑设计参数

《建筑抗震设计规范》（GB 50011）和《建筑消能减震技术规程》（JGJ 297）均规定：位移相关型阻尼器与斜撑、墙体或梁等支承构件组成消能部件时，消能部件的恢复力模型参数宜符合式（44.2－13）的要求，则屈曲约束支撑设计同样需要满足该要求：

$$\Delta_{py}/\Delta_{sy} \leqslant 2/3 \tag{44.2-13}$$

式中　Δ_{py}——消能部件在水平方向的屈服位移；

Δ_{sy}——设置消能部件结构的层间屈服位移。

此外，参照位移相关型阻尼器设计要求，屈曲约束支撑设计还应符合式（44.2－14）的要求：

$$0 \leqslant F_{py}/F_{sy} \leqslant 0.6 \tag{44.2-14}$$

式中　F_{py}——消能部件在水平方向的屈服强度；

F_{sy}——设置消能部件结构的层间屈服强度。

实际设计中，综合式（44.2－13）和式（44.2－14）的要求可完成屈曲约束支撑刚度设计。

5）验算实际附加阻尼比

屈曲约束支撑附加给结构的等效阻尼比可按应变能法计算，见式（44.2－4）。当不计及其扭转影响时，附加屈曲约束支撑减震结构在水平地震作用下的总应变能仍可按《建筑抗震设计规范》第 12.3.4 条款估算，或参照式（44.2－6）确定。对于附加屈曲约束支撑减震结构而言，其总应变能可拆分为主体结构的应变能和屈曲约束支撑的应变能，因而对于屈曲约束支撑实际附加的等效阻尼比 ζ_a 可按式（44.2－15）至式（44.2－18）式验算：

$$\zeta_a = \frac{W_c}{4\pi \cdot W_s} = \frac{W_c}{4\pi \cdot (W_{fs} + W_{ds})} \tag{44.2-15}$$

$$W_c = \sum_{i=1}^{m} W_{ci} = \sum_{i=1}^{m}\sum_{j=1}^{N_{di}} E_{d(ij),\max} = 4\sum_{i=1}^{m}\sum_{j=1}^{N_{di}}\left[\frac{(1-\alpha_{ij})(1-\mu_{ij})}{1+\mu_{ij}\cdot\alpha_{ij}-\alpha_{ij}}\cdot F_{d,ij}\cdot\Delta_{d,ij}\right] \tag{44.2-16}$$

$$W_{fs} = \frac{1}{2}\sum_{i=1}^{m}(Q_{1i}\cdot\Delta_{1i}) \tag{44.2-17}$$

$$W_{ds} = \frac{1}{2}\sum_{i=1}^{m}\sum_{j=1}^{N_{di}}(F_{d,ij}\cdot\Delta_{d,ij}) \tag{44.2-18}$$

式中　W_{ci}——第 i 层消能部件在结构预期位移下往复一周所消耗的能量；

m——结构楼层总数；

N_{di}——第 i 层安装屈曲约束支撑的总数目；

$E_{d(ij),\max}$——第 i 层第 j 个屈曲约束支撑往复一周做功的最大值；

α_{ij}——第 i 层第 j 个屈曲约束支撑的屈服后刚度比；

μ_{ij}——第 i 层第 j 个屈曲约束支撑的位移延性系数；

$F_{d,ij}$——第 i 层第 j 个屈曲约束支撑的最大阻尼力；

$\Delta_{d,ij}$——第 i 层第 j 个屈曲约束支撑的最大位移；

W_{fs}——主体结构的应变能；

W_{ds}——附加屈曲约束支撑的应变能。

2. 以铅黏弹性阻尼器为例的第 2 类位移相关型阻尼器减震结构的设计分析

该类阻尼器（如铅黏弹性阻尼器）在多遇地震下便开始屈服耗能，因而在结构承载能力设计阶段便同时提供有附加刚度和附加阻尼，由于存在双参数影响，在消能减震方案初设中难以据此配置阻尼器数量和参数，故在实际设计中对于附加铅黏弹性阻尼器减震结构设计一般采用设计迭代的方法进行试算。当采用振型分解反应谱法分析时，可按下述步骤计算结构等效阻尼比和阻尼器参数：

（1）根据经验进行铅黏弹性阻尼器减震方案初设，包括阻尼器数量、位置、性能参数及连接支撑部件设计。假定结构层间位移为设计水准下（一般为多遇地震）的层间位移限值，并据此计算各阻尼器在该层间位移下的等效刚度 K_{eff}。

（2）根据阻尼器等效刚度和连接支撑部件信息计算消能部件的等效刚度，进而计算等代构件（一般为等代斜撑）的尺寸，并将等代斜撑布置于计算模型中相应的阻尼器位置。按照式（44.2－15）至式（44.2－18），计算在该状态下铅黏弹性阻尼器为结构提供的附加等效阻尼比，附加等效阻尼比 ζ_{eff} 与主体结构阻尼比 ζ_0 之和即为消能减震结构的总阻尼比 ζ。

（3）采用振型分解反应谱法对带等代斜撑的消能减震等代结构按总阻尼比进行结构

分析。

（4）经结构分析可得各楼层的水平剪力 F_i、水平位移 Δ_i、各铅黏弹性阻尼器的阻尼力 F_{di}及相对变形 Δ_{di}。

（5）基于结构楼层水平剪力和水平位移，以及各铅黏弹性阻尼器的阻尼力和相对变形，可重新计算阻尼器等效刚度和附加给结构的等效阻尼比，并计算得到结构总阻尼比。

（6）重复步骤 2~5，通过反复迭代，直至步骤 3 计算所得结构等效阻尼比与步骤 5 所得阻尼比值基本相同。

（7）计算收敛后得到的结构效应即为考虑铅黏弹性阻尼器对主体结构减震效果的结构效应，检查消能减震结构是否满足设计要求。如果满足，则设计结束；如果不满足，则需要返回步骤 1 重新布置阻尼器。

上述基于振型分解反应谱法分析得到的结果应通过弹塑性时程分析进行验证，当采用弹塑性时程分析方法时，需在结构中建立阻尼器的动力模型。对于铅黏弹性阻尼器，可以采用合适的双线性模型进行模拟。值得注意的是，由于铅黏弹性阻尼器给结构的附加阻尼比与位移幅值相关，因此消能减震结构的附加阻尼比在多遇地震、设防地震与罕遇地震下是不同的，应分别计算，且阻尼器变形能力应满足罕遇地震下的变形能力要求。此外，一般设计中为确保消能减震结构能够达到设防目标并有足够的安全储备，应在附加阻尼器减震设计方案的基础上适当增加阻尼器数量或吨位，或者实际采用的结构附加阻尼比应在计算值的基础上进行适当打折，但需注意实际附加阻尼比值不得超过 25%。

44.3　抗 震 措 施

消能减震结构的弹性、弹塑性层间位移角限值应与《建筑抗震设计规范》（GB 50011）保持一致，但又要体现出消能减震技术提高结构抗震能力的优势。一般结合抗震设防需要和业主额外需求，消能减震结构的层间位移角限值可比不设置消能减震的结构适当减小。具体到消能减震结构的抗震措施，其内容包含消能减震主体结构和消能子结构的抗震验算与基本抗震构造措施，以及阻尼器与主体结构的连接构造等。

44.3.1　消能减震主体结构的抗震措施

对于消能减震结构中的主体结构，由于消能部件附加的阻尼比使得结构地震反应降低，构件截面尺寸可能会有所减小，但主体结构的截面抗震验算，仍应按《建筑抗震设计规范》（GB 50011）的规定执行。考虑到消能减震结构中附加刚度和附加阻尼相比于主体结构存在一定的变化，在计算地震作用效应时应考虑阻尼器附加刚度和附加阻尼的影响。当采用振型分解反应谱法计算消能减震结构的地震作用效应时，宜按多遇地震作用下阻尼器的附加阻尼比（取值不得超过 25%）加上结构自身阻尼比来计算消能减震结构的总阻尼比。

消能减震主体结构的抗震构造等级是根据设防烈度、结构类型、房屋高度进行区分，主体结构应采用对应结构体系的计算和构造措施执行，抗震构造等级的高低体现了对结构抗震性能要求的严格程度。为此，对于消能减震结构的主体结构抗震构造等级应根据其自身的特点，按相应的规范和规程取值，当消能减震结构的减震效果比较明显时，主体结构的构造措施可适当降低。《建筑抗震设计规范》（GB 50011）和《建筑消能减震技术规程》（JGJ 297）均规定，“当消能减震结构的抗震性能明显提高时，除消能子结构外的主体结构的抗震构造措施要求可适当降低，降低程度可根据消能减震主体结构地震剪力与不设置消能减震结构的地震剪力之比确定，最大降低程度应控制在 1 度以内”。

44.3.2　消能子结构的抗震措施

为确保消能减震结构在罕遇地震作用下不发生倒塌，消能减震结构需要保证在主体结构达到极限承载力前，消能部件不能产生失稳或节点板破坏等丧失功能的问题。为了保证消能部件的安全，其连接节点和构件都应进行罕遇地震作用下阻尼器引起的附加外荷载作用下的截面验算，即需要保证消能子结构在罕遇地震作用下具有足够的承载能力，为此，消能子结构抗震验算应考虑罕遇地震作用效应，并应符合《建筑消能减震技术规程》（JGJ 297）的以下规定：①消能子结构中梁、柱（墙）构件宜按重要构件设计。在罕遇地震作用和其他荷载作用下的效应组合，应小于构件极限承载力标准值。②消能子结构中的梁、柱和墙截面设计应考虑阻尼器在极限位移或极限速度下的阻尼力作用效应。③消能部件采用高强螺栓或焊接连接时，消能子结构节点部位组合弯矩设计值应考虑消能部件端部的附加弯矩。④消能子结构的节点和构件应进行阻尼器极限位移和极限速度下的阻尼器引起的阻尼力作用下的截面验算。⑤当阻尼器的轴心与结构构件的轴线有偏差时，结构构件应考虑附加弯矩或因偏心而引起的平面外弯曲的影响。

考虑到消能减震结构中消能部件与消能子结构相连接会传递较大的阻尼力，为保证消能子结构在消能部件附加的外力作用下不至于发生破坏，需要在与消能部件连接的部位进行箍筋加密，并且加密区长度要延伸到连接板以外的位置，因而箍筋加密区长度从连接板的外侧进行计算。另一方面，消能部件子结构的抗震构造措施则应按本地区抗震设防烈度要求确定。当消能部件子结构为混凝土构件时，构件的箍筋加密区长度、箍筋最大间距和箍筋最小直径，应满足《混凝土结构设计规范》（GB 50010）和《高层建筑泪凝土结构技术规程》（JGJ 3）的要求；当消能子部件结构为钢结构构件时，钢梁、钢柱节点的构造措施应按《钢结构设计规范》（GB 50017）和《高层民用建筑钢结构技术规程》（JGJ 99）中中心支撑的要求确定。

44.3.3　阻尼器与结构的连接构造

阻尼器与主体结构的连接一般分为：支撑型、墙型、柱型、门架式和腋撑型等，设计时应根据各工程具体情况和阻尼器的类型合理选择连接型式。当阻尼器采用支撑型连接时，可采用单斜支撑布置、“V”字形和人字形等布置，不宜采用“K”字形布置。支撑宜采用双轴对称截面，宽度比或径厚比应满足《高层民用建筑钢结构技术规程》（JGJ 99）的要求。与阻尼器相连的支撑应保证在阻尼器最大输出阻尼力作用下处于弹性状态，不发生平面内、外整体失稳，同时与主体相连的预埋件、节点板等也应处于弹性状态，不得发生滑移、拔出和局部失稳等破坏。与支撑相连接的节点承载力应大于支撑的极限承载力，以保证节点足以承受罕遇地震下可能产生的最大内力。

考虑到阻尼器附加阻尼力主要通过预埋件、支撑或支墩（剪力墙）传递给主体结构，为保证消能部件系统的有效性，需要保证预埋件、支撑或支墩（剪力墙）在阻尼器极限位移时附加的外力作用下不会发生失效，因此预埋件、支撑和支墩（剪力墙）及节点板应具有足够的刚度、强度和稳定性。设计中为保证阻尼器的耗能效果和安全性，要求在阻尼器极限位移或极限速度对应的阻尼力作用下（即位移相关型或速度相关型阻尼器在设计位移或设计速度下对应阻尼力的 1.2 倍），与阻尼器连接的支撑、墙、支墩应处于弹性工作状态，消能部件与主体结构相连的预埋件、节点板等应处于弹性工作状态，且不应出现滑移或拔出等破坏。对于预埋件、支撑或支墩（剪力墙）的具体构造要求为：①埋件的锚筋应与钢板牢固连接，锚筋的锚固长度宜大于 20 倍锚筋直径，且不应小于 250mm，当无法满足锚固长度的要求时，应采取其他有效的锚固措施；②支撑长细比、宽厚比应符合《钢结构设计规范》（GB 50017）和《高层民用建筑钢结构技术规程》（JGJ 99）中中心支撑的规定；③支墩（剪力墙）沿长度方向全截面箍筋应加密，并配置网状钢筋。

44.4　施工与维护

消能减震结构中消能部件是关键部分，由于阻尼器类型和构造多样化，其制作和施工安装方法各有特点。因此，消能部件及主体结构的进场验收、施工安装、质量验收和维护管理需精心组织，一般消能部件工程应作为主体结构分部工程的一个子分部工程进行施工和验收。

44.4.1　消能部件进场验收

消能部件进场验收应提供下列资料：①阻尼器产品检验报告；②监理单位、建设单位对阻尼器检验的确认单；③支撑或连接件等附属支承构件原材料、产品的质量合格证书。另外，阻尼器类型、规格和性能参数，以及消能部件尺寸、变形、连接件位置及角度、螺栓孔位置及直径、高强度螺栓、焊接材料、表面防锈漆等应符合设计文件和《建筑消能阻尼器》（JG/T 209）的规定。

44.4.2　消能部件施工安装顺序

消能部件的施工安装顺序应符合下列规定：

（1）对于钢结构，消能部件和主体结构构件的总体安装顺序宜采用平行安装法，平面上应从中部向四周开展，竖向应从下向上逐渐进行，具体为：在每层柱所在的高度范围内，应先安装平面内的中部柱，再沿本层柱高从下向上分别进行消能部件、楼层梁吊装连接；然后从中部向四周按上述次序，逐步安装其余柱、消能部件、梁及其他构件，最后安装本层柱高范围内的各层楼梯，并铺设各层楼面板。

（2）对于现浇混凝土结构，消能部件和主体结构构件的总体安装顺序宜采用后装法，具体为：先施工一个或多个结构层的混凝土墙柱和梁板等构件，包括混凝土构件上与消能部件相连的节点预埋件；然后安装消能部件，并与混凝土构件的预埋件连接。当设计中不考虑消能部件的抗风作用时，可在各层混凝土柱墙、梁、板以及节点预埋件全部施工完毕后，再安装消能部件。

（3）对于木结构或装配式混凝土结构，消能部件和主体结构构件的总体安装顺序可根据结构特点、施工条件等确定，采用平行安装法或后装法。

（4）对于消能减震加固结构，消能部件和主体结构构件的总体安装顺序宜采用后装法，具体可依据结构形式进行确定。

（5）对于消能部件的现场安装单元及局部安装连接顺序，当同一部位消能部件的制作单元超过一个时，宜先将各制作单元及连接件在现场拼装为扩大安装单元后，再与主体结构进行连接。消能部件的现场安装单元或扩大安装单元与主体结构的连接，宜采用现场原位连接。

44.4.3　消能部件施工安装准备

消能部件安装前，准备工作应包括下列内容：①消能部件的定位轴线、标高点等应进行复查；②消能部件的运输进场、存储及保管应符合制作单位提供的施工操作说明书和国家现行有关标准的规定；③按照阻尼器制作单位提供的施工操作说明书的要求，应核查安装方法和步骤；④对消能部件的制作质量应进行全面复查。

44.4.4　消能部件安装的连接

消能部件安装的连接有焊接、螺栓连接等，当采用铰接连接时，由于连接间隙会影响消能部件的消能性能的发挥，为了减小其对结构减震性能的影响，规定消能部件与销栓或球铰等铰接件之间的间隙应符合设计文件要求，当设计文件无要求时，间隙不应大于 0.3mm。此外，消能部件安装连接完成后，尚应符合下列规定：①阻尼器没有形状异常及损害功能的外伤；②阻尼器的黏滞材料、黏弹性材料未泄漏或剥落，未出现涂层脱落和生锈；③消能部件的临时固定件应予撤除。

44.4.5　消能部件施工质量验收

消能部件的施工应符合《建筑消能减震技术规程》（JGJ 297）、《建筑施工高处作业安全技术规范》（JGJ 80）和《建筑机械使用安全技术规程》（JGJ 33）的有关规定。消能部件子分部工程有关安全及功能的见证取样检测项目和检验项目可按表 44.4－1 的规定执行。

表 44.4－1　消能部件子分部工程有关安全及功能的见证取样检测项目和检验项目

项次	项目	抽检数量及检验方法	合格质量标准
1	见证取样送样检测项目：①消能部件钢材复验；②高强度螺栓预拉力和扭矩系数复验；③摩擦面抗滑移系数复验	符合《钢结构工程施工质量验收规范》（GB 50205）的规定	符合《钢结构工程施工质量验收规范》（GB 50205）的规定

续表

项次	项目	抽检数量及检验方法	合格质量标准
2	焊缝质量：①焊缝尺寸；②内部缺陷；③外观缺陷	一、二级焊缝按焊缝处数随机抽验 3%，且不应少于 3 处；检验采用超声波或射线探伤及量规、观察	符合《钢结构工程施工质量验收规范》（GB 50205）的规定
3	高强度螺栓施工质量：①终拧扭矩；②梅花头检查	按节点数随机抽验 3%，且不应少于 3 个节点；检验方法应符合《钢结构工程施工质量验收规范》（GB 50205）的规定	符合《钢结构工程施工质量验收规范》（GB 50205）的规定
4	消能部件平面外垂直度	随机抽查 3 个部位的消能部件	符合设计文件及《钢结构工程施工质量验收规范》（GB 50205）的规定

44.4.6　消能部件维护管理

为保证消能部件在地震作用下能正常发挥其预定功能，确保建筑结构的安全，在消能减震结构使用过程中应进行消能部件的检查和维护管理。其中，消能部件的检查根据检查时间或时机可分为定期检查和应急检查，根据检查方法可分为目测检查和抽样检验。

按照《建筑消能减震技术规程》（JGJ 297）的有关规定，消能部件应根据阻尼器的类型、使用期间的具体情况、阻尼器设计使用年限和设计文件要求等进行定期检查。金属阻尼器、屈曲约束支撑和摩擦阻尼器在正常使用情况下可不进行定期检查；黏滞阻尼器和黏弹性阻尼器在正常使用情况下一般 10 年或二次装修时应进行目测检查，在达到设计使用年限时应进行抽样检验。消能部件在遭遇地震、强风、火灾等灾害后应进行抽样检验。

阻尼器及其连接支撑的目测检查内容及维护方法应符合表 44.4-2 和表 44.4-3 的有关规定。

表 44.4-2　阻尼器目测检查内容及维护处理方法

序号	检查内容	维护方法
1	黏滞阻尼器的导杆上漏油，黏滞阻尼材料泄露	更换阻尼器
2	黏弹性材料层龟裂、老化	更换阻尼器
3	金属阻尼器产生明显的累积损伤和变形	更换阻尼器
4	摩擦阻尼器的摩擦材料磨损、脱落，接触面施加压力的装置产生松弛	更换相关材料和压力装置
5	阻尼器连接部位的螺栓出现松动，或焊缝有损伤	拧紧、补焊
6	黏滞阻尼器的导杆、摩擦阻尼器的外露摩擦截面出现腐蚀、表面污垢硬化结斑结块	及时清除

续表

序号	检查内容	维护方法
7	阻尼器被涂装的金属表面外露、锈蚀或损伤，防腐或防火涂装层出现裂纹、起皮、剥落、老化等	重新涂装
8	阻尼器产生弯曲、局部变形	更换阻尼器
9	阻尼器周围存在可能限制阻尼器正常工作的障碍物	及时清除

表 44.4－3　支撑目测检查内容及维护处理方法

序号	检查内容	维护方法
1	出现弯曲、扭曲	更换支撑
2	焊缝有裂纹、螺栓、锚栓的螺母松动或出现间隙，连接件出现错动移位、松动等	拧紧、补焊
3	支撑和连接部位被涂装的金属表面、焊缝或紧固件表面上，出现金属外露、锈蚀或损伤等	重新涂装

消能部件抽样检验时，应在结构中抽取在役的典型阻尼器，对其基本性能进行原位测试或实验室测试，测试内容应能反映阻尼器在使用期间可能发生的性能参数变化，并应能推定可否达到预定的使用年限。

44.5　设 计 案 例

考虑到现行工程用阻尼器种类繁多，由此应用于工程中形成多种类别的消能减震结构。本书中依据常用阻尼器在各地震工况下的工作特点，分别选取了附加黏滞阻尼器、铅黏弹性阻尼器和屈曲约束支撑的三种消能减震结构为代表进行设计案例分析。

44.5.1　附加黏滞阻尼器减震结构设计案例

1. 工程概况

根据有关要求采用消能减震设计来进一步提高建筑物的可靠性和安全性。本案例的结构形式为框架结构，地上 6 层，地下 0 层，地下室 1.0m，首层层高 4.6m，二到四层层高 3.6m，五层层高 4.8m。结构首层平面图如图 44.5－1 所示。

1）结构设计参数

（1）场地的工程地质：

场地土的类型为中硬场地，场地类别 II 类。

（2）风荷载：

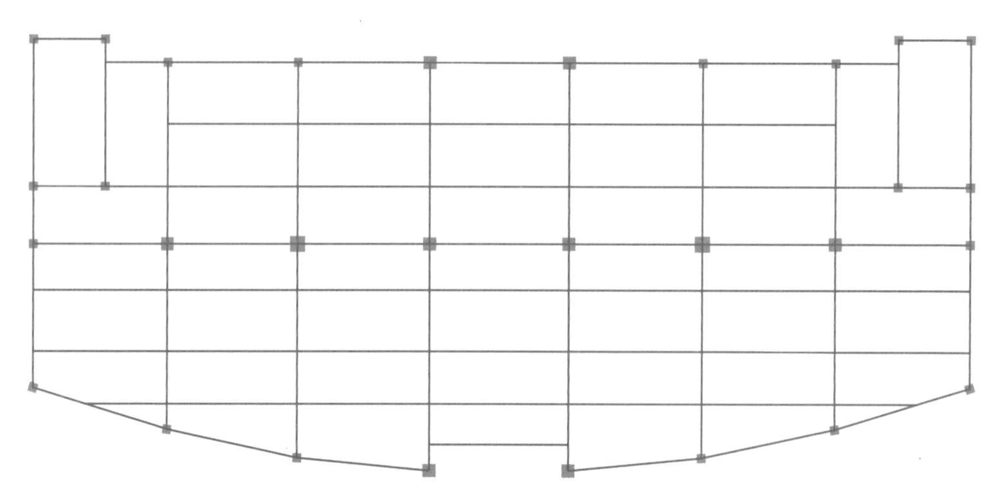

图 44.5-1　首层平面图

基本风压：按 50 年一遇的基本风压采用，取 0.75kN/m^2。

地面粗糙度：C 类

（3）地震荷载：

抗震设防烈度：8 度；

设计基本地震加速度：0.3g

设计地震分组：第二组

特征周期：T_g=0.35s

2）结构设计标准

建筑抗震设防类别：丙类

建筑抗震设防烈度：8 度

混凝土框架抗震等级：一级

2. 减震方案设计

本案例拟通过采用黏滞阻尼器消能减震设计方案，使结构在多遇地震下满足当地 8 度（0.30g）抗震设防烈度下的层间位移角及位移比的规范要求；使结构在罕遇地震下能够控制和改善损伤状况，提高整体结构的抗震性能，有利于实现“大震不倒”的设防目标。

本案例采用黏滞阻尼器，即利用阻尼介质的流体运动产生的阻尼力耗散地震能量，其基本构造如图 44.5-2 所示。在本案例减震设计中，共安装 40 个黏滞阻尼器。

本案例实际所选用阻尼器规格和数量详见表 44.5-1 所列，阻尼器平面及立面布置位置详见图 44.5-3 至图 44.5-5。其中阻尼器的编号 SXDX 中的 SX 代表所在的立面楼层，如 1 层为 S1；DX 代表该楼层的阻尼器的编号。

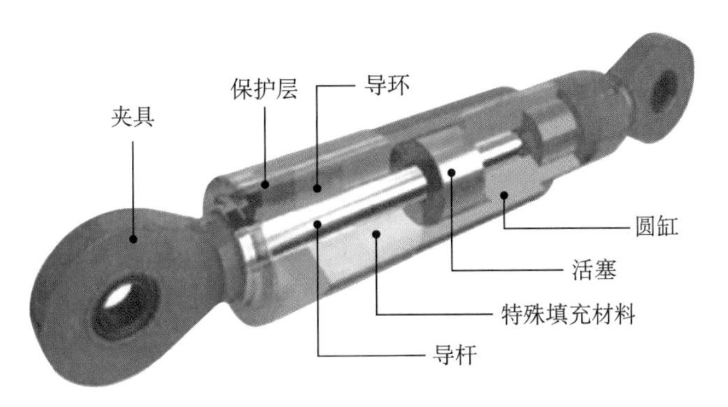

图 44.5－2　黏滞阻尼器构造原理示意图

表 44.5－1　黏滞阻尼器技术参数

性能参数	阻尼系数 C kN/（mm/s）$^{\alpha}$	速度指数 α
黏滞阻尼器	50	0.3

图 44.5－3　消能结构 ETABS 模型

1）Etabs 分析模型验证

结合模型信息，建立原结构的 Etabs 模型。同时，为验证该模型的准确性，将 Etabs 和 PKPM 模型计算得到的质量、周期、地震剪力进行对比，如表 44.5－2 至表 44.5－4 所示，表中误差的算法为：误差=（PKPM-Etabs | /PKPM）×100%

表 44.5－2　原结构模型质量对比

PKPM/t	Etabs/t	差值/%
6749	6750	0.015

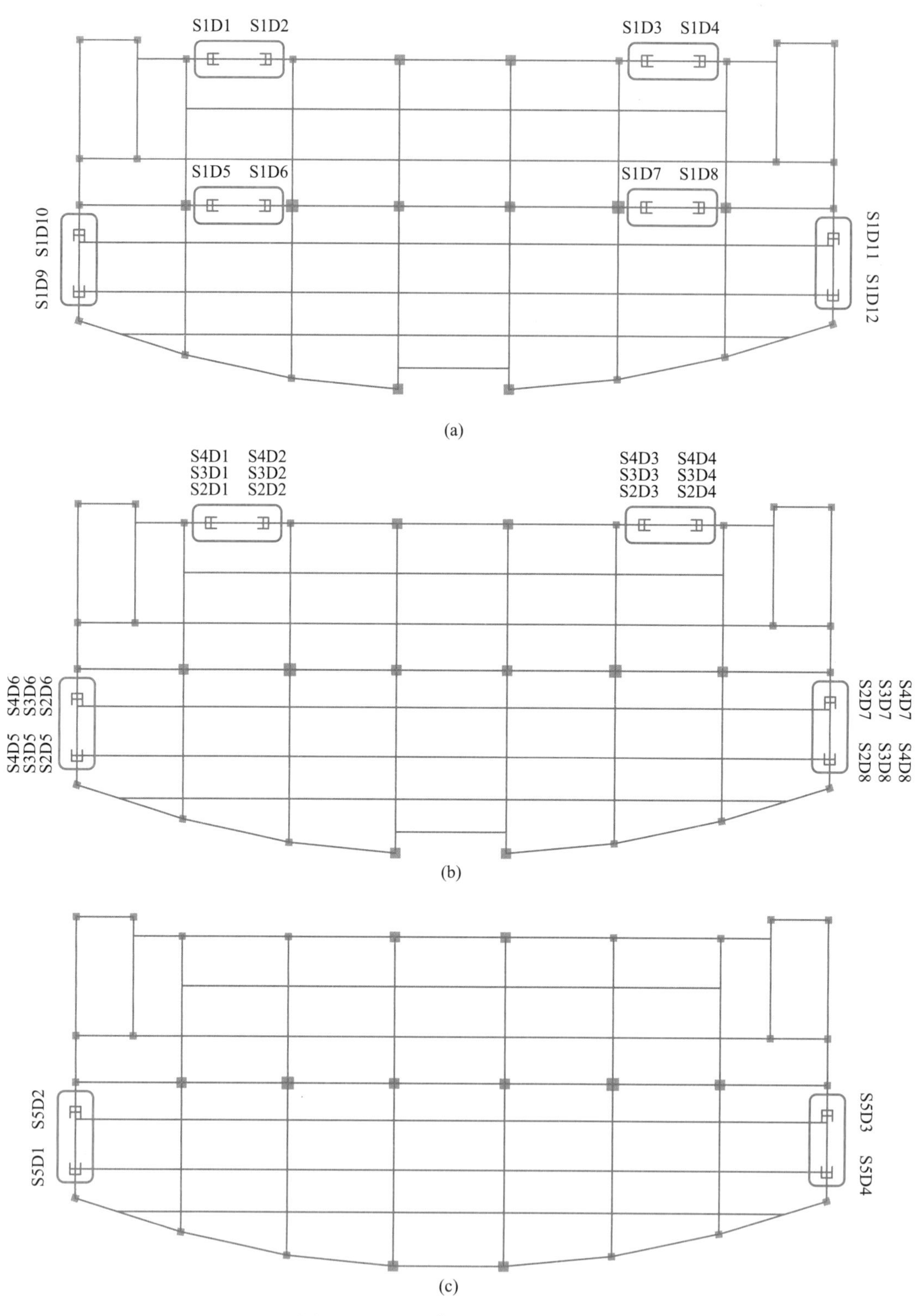

图 44.5－4　黏滞阻尼器布置平面图

（a）首层阻尼器布置平面图；（b）二层~四层阻尼器布置平面图；（c）五层布置平面图

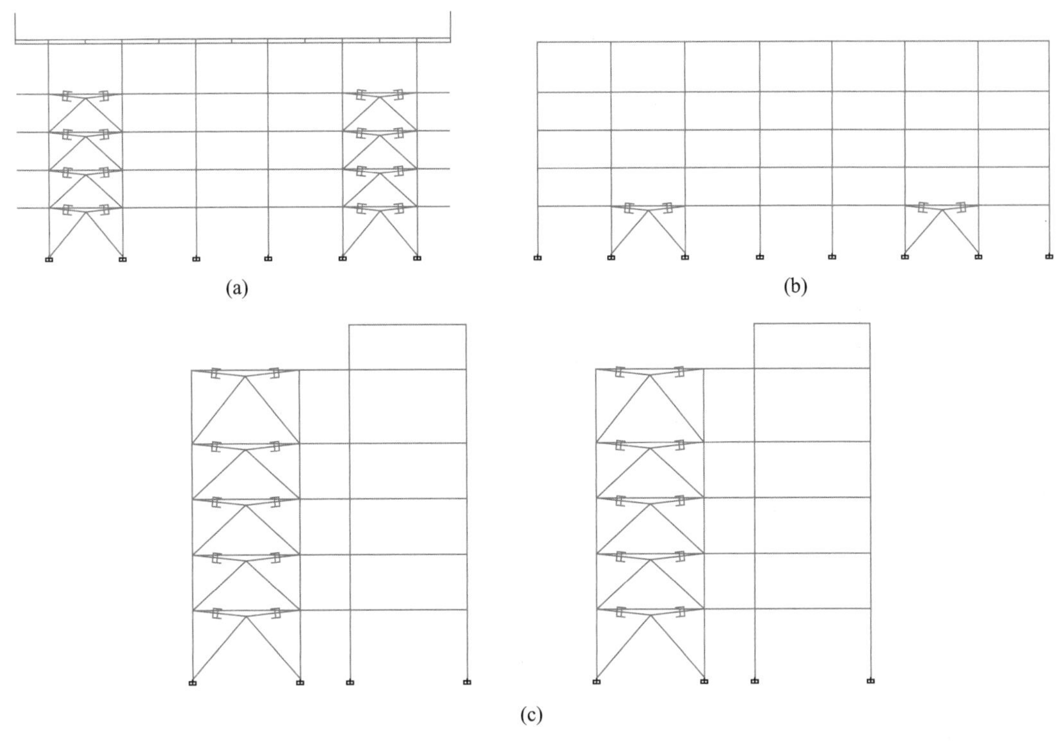

图 44.5－5　黏滞阻尼器布置立面图

（a）1 轴立面阻尼器布置；（b）2 轴立面阻尼器布置；（c）3、4 轴立面阻尼器布置

表 44.5－3　原结构模型周期对比

阶数	PKPM/s	Etabs/s	差值/%
3	0.97	0.99	2.06
2	0.88	0.89	1.14
1	0.86	0.88	2.33

表 44.5－4　原结构模型楼层剪力对比

层数	PKPM/kN		Etabs/kN		差值/%	
	X 向	Y 向	X 向	Y 向	X 向	Y 向
6	221	237	230	249	4.23	4.92
5	3299	3606	3135	3435	−4.97	−4.74
4	4623	5098	4458	4937	−3.57	−3.16
3	5570	6154	5438	6065	−2.37	−1.45
2	6223	6841	6283	7017	0.96	2.57
1	6687	7464	6866	7657	2.68	2.59

综合上述数据可以看出，原结构 Etabs 模型与 PKPM 模型的结构质量、计算周期和地震剪力的差异较小，由此可以认为，Etabs 模型作为本案例消能减震分析的有限元模型是相对准确的，且能较为真实地反映结构的基本特性。

2）地震波的选取

《建筑抗震设计规范》（GB 50011—2010）5.1.2 条规定：采用时程分析法时，应按建筑场地类别和设计地震分组选用实际强震记录和人工模拟的加速度时程，其中实际强震记录的数量不应少于总数的 2/3，多组时程的平均地震影响系数曲线应与振型分解反应谱法所采用的地震影响系数曲线在统计意义上相符。弹性时程分析时，每条时程计算的结构底部剪力不应小于振型分解反应谱计算结果的 65%，多条时程计算的结构底部剪力的平均值不应小于振型分解反应谱法计算结果的 80%。

本案例选取 5 条强震记录和 2 条人工模拟加速度时程，7 条时程曲线如图 44.5 – 6 所示，7 条时程反应谱和规范反应谱曲线如图 44.5 – 7 所示，基底剪力对比结果如表 44.5 – 5 所示。

表 44.5 – 5　原结构模型反应谱与时程工况的基底剪力对比

工况		反应谱	AW1	AW2	TH1	TH2	TH3	TH4	TH5	平均值
基底剪力/kN	X 向	6866	6333	6594	6097	7378	7553	5899	5933	6541
	Y 向	7657	6735	6826	8210	7374	6727	7965	8757	7514
比例/%	X 向	100	92.24	96.04	88.80	107.46	110.01	85.92	86.41	95.27
	Y 向	100	87.96	89.15	107.22	96.30	87.85	104.02	114.37	98.13

注：①比例为各时程分析与振型分解反应谱法得到的结构基底剪力之比。

②表中反应谱剪力取 Etabs 计算结果。

③各时程详细信息：

地震波信息	
原地震波名	报告中的地震波名
‘ArtWave-RH2TG040-PW’	AW1
‘ArtWave-RH3TG045 – PW’	AW2
‘BigBear-01_NO_923（T_g=0.63）-SW’	TH1
‘BorregoMtn_NO_40（T_g=0.4）-PW’	TH2
‘Chi-Chi，Taiwan_NO_1191（T_g=0.51）-PW’	TH3
‘Chi-Chi，Taiwan-02_NO_2194（T_g=0.26）-SW’	TH4
‘Chi-Chi，Taiwan-03_NO_2456（T_g=0.7）-SW’	TH5

《抗震规范》规定：输入的地震加速度时程曲线的有效持续时间，一般从首次达到该时程曲线最大峰值的 10%那一刻算起，到最后一点达到最大峰值的 10% 为止；无论是实际的强震记录还是人工模拟波形，有效持续时间一般为结构基本周期的 5~10 倍。详细情况见表 44.5 – 6，显然，表中所选的七条时程波满足《抗震规范》的规定要求。

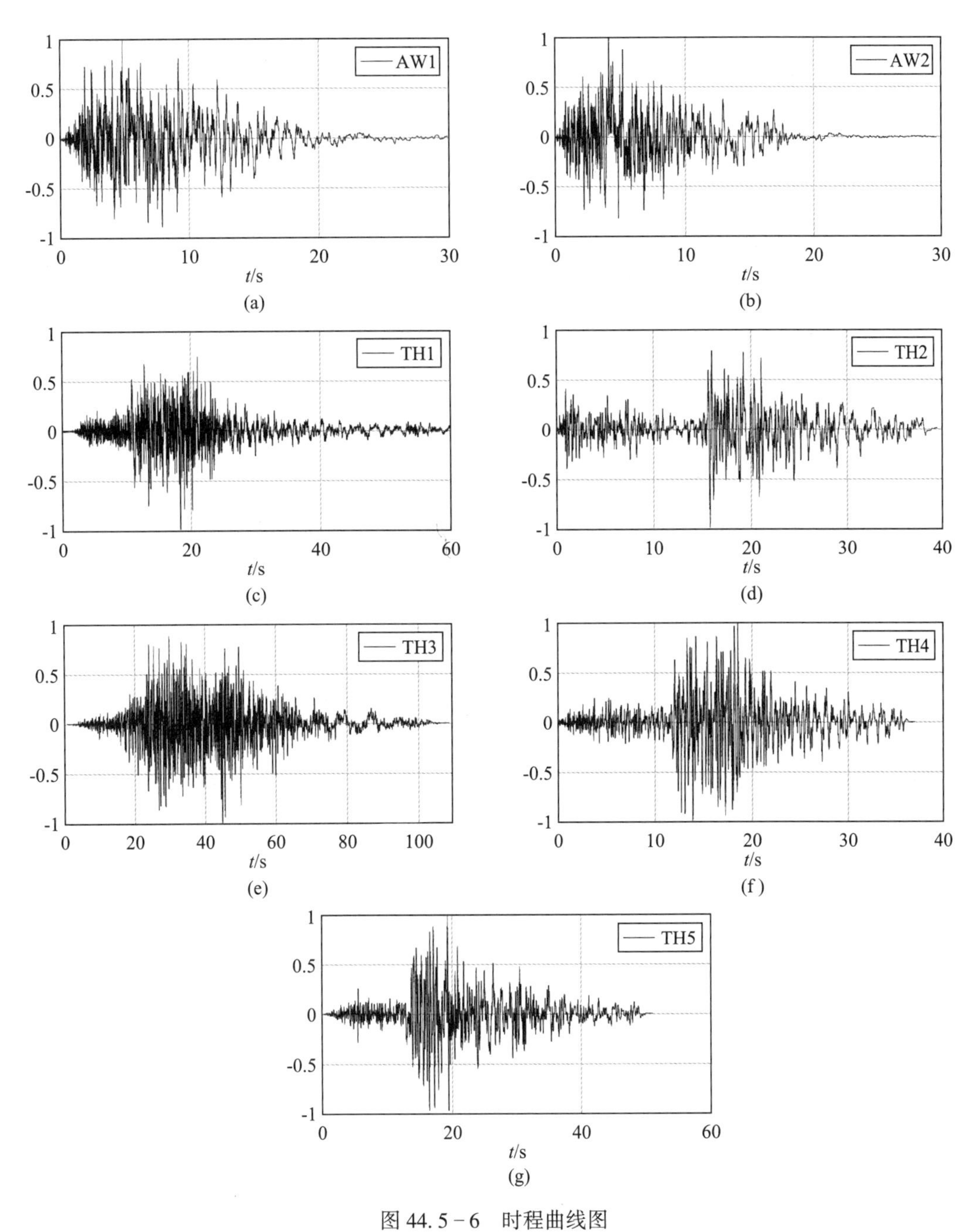

图 44.5-6　时程曲线图

(a) AW1 波；(b) AW2 波；(c) TH1 波；(d) TH2 波；(e) TH3 波；(f) TH4 波；(g) TH5 波

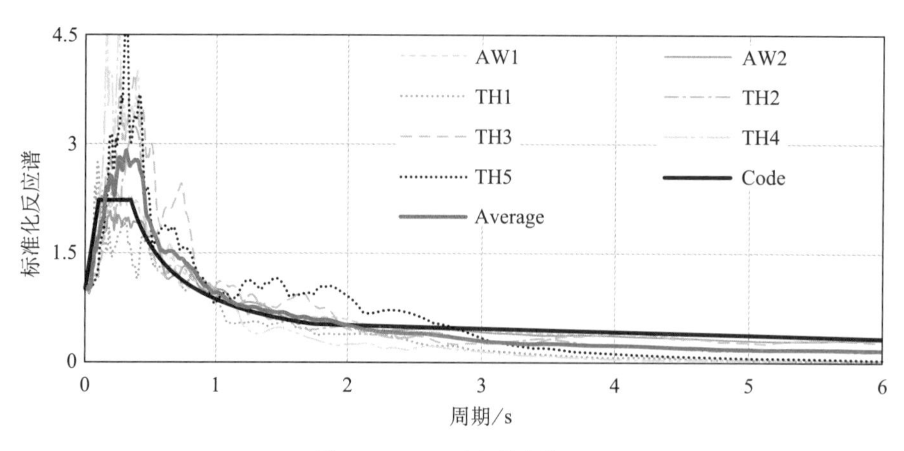

图 44. 5 - 7 反应谱曲线图

表 44. 5 - 6 时程波持续时间表

时程名称	第一次达到最大峰值 10%对应的时间 (s)	最后一次达到最大峰值 10%对应的时间 (s)	有效持续时间 (s)	结构周期 (s)	比值
AW1	0. 72	19. 72	19	0. 99	19. 11
AW2	0. 6	17. 58	16. 98	0. 99	17. 08
TH1	3. 01	47. 26	44. 25	0. 99	44. 52
TH2	0. 415	38. 07	37. 655	0. 99	37. 88
TH3	9. 564	88. 628	79. 064	0. 99	79. 54
TH4	1. 15	35. 545	34. 395	0. 99	34. 60
TH5	3. 392	48. 164	44. 772	0. 99	45. 04

图 44. 5 - 7 给出了各地震加速度时程反应谱、各地震加速度时程平均反应谱以及规范反应谱；表 44. 5 - 7 给出了在结构基本周期处，地震加速度时程的地震影响系数均值以及反应谱的地震影响系数。结合图 44. 5 - 7 与表 44. 5 - 7 可知，各时程平均反应谱与规范反应谱整体上较为接近，在结构基本周期处各地震加速度时程的地震影响系数均值与反应谱地震影响系数相近。

表 44. 5 - 7 原结构时程反应谱与规范反应谱影响系数对比

振型	结构周期/s	时程平均影响系数	规范反应谱影响系数	时程/规范
1	0. 99	0. 953	0. 869	1. 097
2	0. 89	1. 103	0. 963	1. 145
3	0. 88	1. 109	0. 966	1. 148

阻尼器设计布置应符合下列要求：

（1）本案例减震建筑之要求为在多遇地震下，其建筑主体结构仍保持弹性，且非结构构件无明显损坏；在罕遇地震考虑下，其减震阻尼器系统仍能正常发挥功能。

（2）阻尼器配置在层间相对位移或相对速度较大的楼层，条件允许时应采用合理形式增加阻尼器两端的相对变形或相对速度，以提高阻尼器的减震效率。

（3）消能减震结构设计时按各层消能部件的最大阻尼力进行截面设计。

（4）与阻尼器支撑相连接构件或接合构件需适当设计使其在罕遇地震作用下仍维持弹性或不屈状态。

（5）阻尼器及支撑的布置应基本满足建筑使用上的要求，并尽量对称布置，为了保护阻尼器的耐久性，可采用轻质强度低的防火材料作隔板把阻尼器包裹在隔墙中间。

3. 减震效果分析

采用非线性时程分析法进行消能减震结构的抗震性能分析和减震效果评价，并与振型反应谱分析法进行比较。时程波采用案例工程所选取的 7 条波，对于多遇地震输入时程，调整其峰值加速度，8 度（0.30g）为 110cm/s^2。为便于分析比较，将分析结构分为如下两种结构状态：结构 1（ST0）为不设阻尼器的主体结构；结构 2（ST1）为增设阻尼器后的主体结构，小震考虑填充墙的刚度折减效应。

对于多遇地震作用下的弹性工况分析基于 Etabs 软件进行，其中弹性时程分析采用软件所提供的快速非线性分析（FNA）方法，（即只考虑阻尼器的非线性、结构本身假设为线性），并进行多次分析迭代。分析内容包括：结构减震前后的层间剪力及层间位移角对比、阻尼器在多遇地震下的实际等效附加阻尼比计算和滞回耗能分析等。

对于罕遇地震作用下的工况基于 Perform-3D 软件进行，主要分析内容为：结构罕遇地震下抗震性能分析及阻尼器出力情况。

1）多遇地震作用下消能减震结构弹性分析

基于前面建立的 Etabs 模型（与 PKPM 模型对比验证其准确性），对消能减震结构进行多遇地震作用下的弹性分析，计算结果可取七条时程波计算的平均值和振型分解反应谱法的较大值。

（1）ST0 与 ST1 结构地震响应对比。

在 8 度（0.30g）多遇地震作用下，原结构（ST0）和消能减震结构（ST1）输入 7 条时程波的计算结果见表 44.5－8、表 44.5－9 和图 44.5－8、图 44.5－9。其中 ST1 结构的层间剪力通过框架柱分层截面切割读取，层间位移角通过读取层质心处的层间位移运算求得。综合图表结果可知，消能减震结构（ST1）在多遇地震作用下的层间剪力和层间位移角明显优于原结构（ST0），这说明结构附加黏滞阻尼器之后的抗震性能获得大幅提高。

表 44.5-8　多遇地震作用下 ST0 与 ST1 层间剪力对比

层号	X 向																
	ST0 楼层剪力/kN									ST1 楼层剪力/kN								
	反应谱	AW1	AW2	TH1	TH2	TH3	TH4	TH5	平均值	AW1	AW2	TH1	TH2	TH3	TH4	TH5	平均值	剪力均值比
6	230	200	236	211	243	279	282	233	241	128	122	115	149	181	165	174	148	0.61
5	3135	2691	3183	2785	3327	3768	3778	3109	3234	1813	1757	1656	2158	2615	2341	2469	2116	0.65
4	4458	3548	4416	3884	4053	4460	3878	3703	3992	2545	2718	2692	3353	3627	2807	3106	2978	0.75
3	5438	4576	5117	4728	4730	5219	4767	4138	4754	3124	3614	3554	4075	4140	3613	4175	3757	0.79
2	6283	5564	5763	5451	6305	6526	5120	5301	5719	3561	4635	4345	4630	5004	4130	5024	4475	0.78
1	6866	6333	6594	6097	7378	7553	5899	5933	6541	4292	5796	5050	5517	6028	4580	6001	5323	0.81

层号	Y 向																	
	ST0 楼层剪力/kN									ST1 楼层剪力/kN								
	反应谱	AW1	AW2	TH1	TH2	TH3	TH4	TH5	平均值	AW1	AW2	TH1	TH2	TH3	TH4	TH5	平均值	剪力均值比
6	249	224	195	226	295	286	300	394	274	202	200	202	221	303	231	271	233	0.85
5	3435	3055	2709	3055	4036	3951	3984	5258	3721	1920	1951	2206	2338	3268	2057	2972	2387	0.64
4	4937	4258	4086	4211	5259	5275	5022	5650	4823	3102	3204	3227	3781	4935	3339	3863	3636	0.75
3	6065	5377	4883	5498	5925	5712	6182	5913	5642	3966	4194	4073	4694	5976	4118	4595	4517	0.8
2	7017	6247	6021	7007	6307	6258	7165	7431	6634	4552	5272	4969	5317	6761	4842	5734	5349	0.81
1	7657	6735	6826	8210	7374	6727	7965	8757	7514	4902	6215	5859	5920	7369	5478	6471	6031	0.8

表 44.5-9　多遇地震作用下 ST0 与 ST1 层间位移角对比

层号	X 向																
	ST0 层间位移角/rad									ST1 层间位移角/rad								
	反应谱	AW1	AW2	TH1	TH2	TH3	TH4	TH5	平均值	AW1	AW2	TH1	TH2	TH3	TH4	TH5	平均值	位移角均值比
6	1/6167	1/8055	1/6090	1/6900	1/6136	1/5054	1/5694	1/6840	1/6273	1/11809	1/11965	1/11452	1/9794	1/7184	1/8755	1/9003	1/9693	0.65
5	1/562	1/814	1/608	1/692	1/610	1/507	1/586	1/696	1/632	1/1291	1/1317	1/1243	1/1077	1/784	1/971	1/993	1/1064	0.59
4	1/467	1/640	1/497	1/541	1/528	1/496	1/605	1/663	1/560	1/1221	1/1110	1/1032	1/905	1/773	1/1101	1/942	1/992	0.56
3	1/408	1/474	1/442	1/464	1/468	1/457	1/526	1/604	1/486	1/1059	1/883	1/896	1/765	1/799	1/906	1/805	1/865	0.56
2	1/495	1/410	1/410	1/431	1/391	1/390	1/494	1/495	1/428	1/1003	1/725	1/784	1/691	1/671	1/851	1/695	1/761	0.56
1	1/580	1/553	1/535	1/589	1/518	1/502	1/617	1/645	1/561	1/1304	1/919	1/1015	1/925	1/859	1/1207	1/932	1/1002	0.56
层号	Y 向																
	ST0 层间位移角/rad									ST1 层间位移角/rad								
	反应谱	AW1	AW2	TH1	TH2	TH3	TH4	TH5	平均值	AW1	AW2	TH1	TH2	TH3	TH4	TH5	平均值	位移角均值比
6	1/4019	1/4551	1/5188	1/4767	1/3417	1/3471	1/3509	1/2673	1/3759	1/6182	1/5658	1/5348	1/4974	1/3135	1/5021	1/4003	1/4684	0.8
5	1/610	1/774	1/892	1/809	1/577	1/586	1/582	1/439	1/632	1/1518	1/1388	1/1266	1/1202	1/763	1/1288	1/951	1/1140	0.55
4	1/560	1/696	1/762	1/760	1/586	1/571	1/608	1/536	1/634	1/1266	1/1225	1/1128	1/1031	1/703	1/1175	1/993	1/1038	0.61
3	1/485	1/569	1/627	1/587	1/560	1/543	1/544	1/550	1/567	1/1042	1/984	1/932	1/836	1/631	1/1011	1/865	1/878	0.65
2	1/565	1/520	1/563	1/473	1/510	1/542	1/481	1/456	1/504	1/944	1/828	1/828	1/744	1/618	1/914	1/717	1/784	0.64
1	1/670	1/667	1/680	1/556	1/599	1/638	1/572	1/532	1/602	1/1138	1/921	1/961	1/900	1/767	1/1063	1/843	1/928	0.65

注：平均值为 7 条时程波均值，反应谱层间位移角取 pkpm 计算结果。

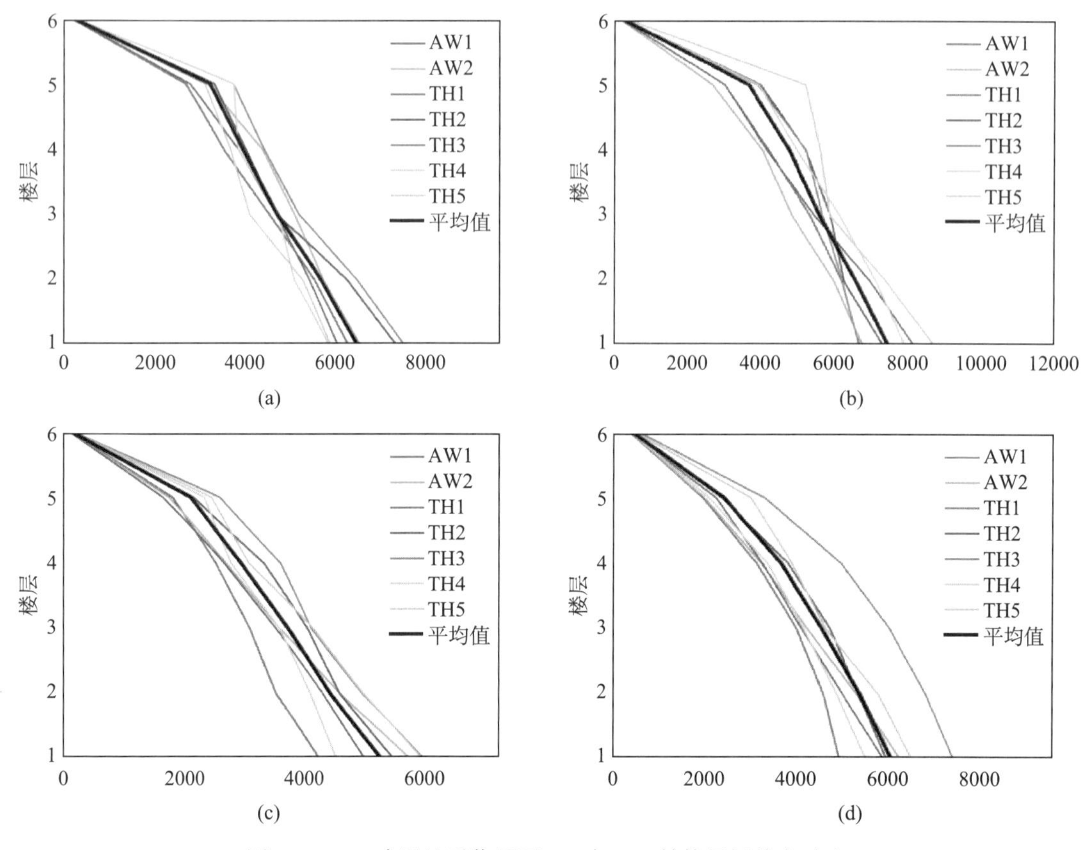

图 44.5 - 8　多遇地震作用下 ST0 与 ST1 结构层间剪力对比

（a）ST0 结构 X 向层间剪力（kN）；（b）ST0 结构 Y 向层间剪力（kN）；

（c）ST1 结构 X 向层间剪力（kN）；（d）ST1 结构 Y 向层间剪力（kN）

（2）阻尼器附加阻尼比计算。

本案例中黏滞阻尼器附加给结构的等效阻尼比可按应变能法计算。当结构为以剪切变形为主的多层框架，且不计及其扭转影响时，消能减震结构在水平地震作用下的总应变能仍可按《建筑抗震设计规范》（GB 50011—2010）第 12.3.4 条款估算。其中黏滞阻尼器的恢复力特性可通过 Maxwell 模型等来描述，其基本的力学特性是黏滞阻尼力与阻尼器相对速度的指数幂成正比，当忽略主体结构与消能部件地震响应的峰值相位差时，黏滞阻尼器附加给结构的等效阻尼比可按式（44.5 - 1）至式（44.5 - 3）验算：

$$\zeta_a = W_c / (4\pi \cdot W_s) \tag{44.5-1}$$

$$W_c = \sum_{j=1}^{m} \lambda_1 \cdot F_{\mathrm{d}j\max} \Delta u_j \tag{44.5-2}$$

$$W_s = \frac{1}{2} \sum (F_i \cdot u_i) \tag{44.5-3}$$

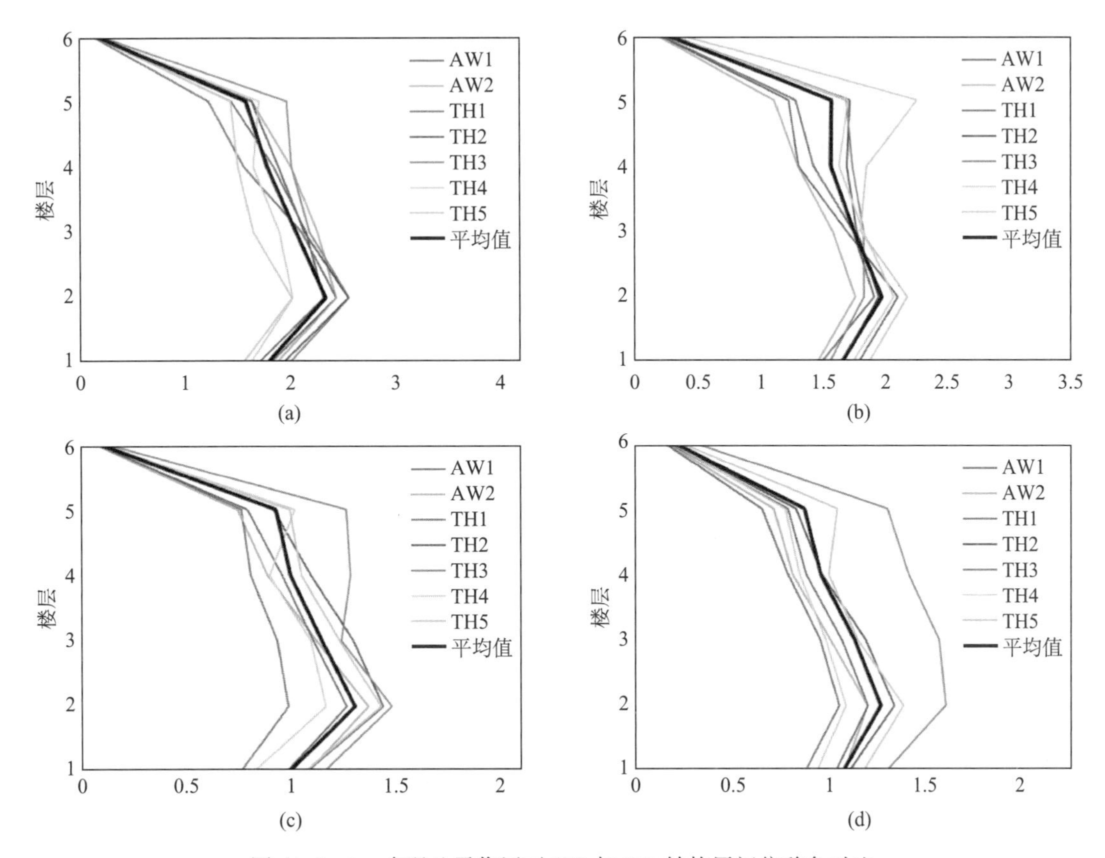

图 44.5-9　多遇地震作用下 ST0 与 ST1 结构层间位移角对比
(a) ST0 结构 X 向层间位移角（1/1000）；(b) ST0 结构 Y 向层间位移角（1/1000）；
(c) ST1 结构 X 向层间位移角（1/1000）；(d) ST1 结构 Y 向层间位移角（1/1000）

式中　ζ_a——黏滞消能部件附加给结构的实际等效阻尼比；

$F_{dj\max}$——第 j 个阻尼器在相应水平地震作用下的平均阻尼力；

Δu_j——第 j 个阻尼器两端的相对水平位移；

λ_1——阻尼指数的函数，取值为 3.66；

F_i——质点 i 的水平地震作用标准值；

u_i——质点 i 对应于水平地震作用标准值的位移。

由式（44.5-1）至式（44.5-3）可以计算阻尼器在多遇地震作用下的等效附加阻尼比，相应的 7 条时程波作用下的等效附加阻尼比计算结果见表 44.5-10 至表 44.5-16。综合 7 条时程波计算结果的等效附加阻尼比平均值为：X 向 7.54% 和 Y 向 6.22%，（表 44.5-17）。

如图 44.5-10 所示分别为 8 度（0.30g）多遇地震 AW1 时程下减震结构中 S1D1 号（X 向）和 S1D9 号（Y 向）黏滞阻尼器的滞回曲线。由图示可以看出，阻尼器的滞回曲线较为饱满，这说明结构中附加的黏滞阻尼器在多遇地震作用下已经开始耗能，表现出较好的减震能力。

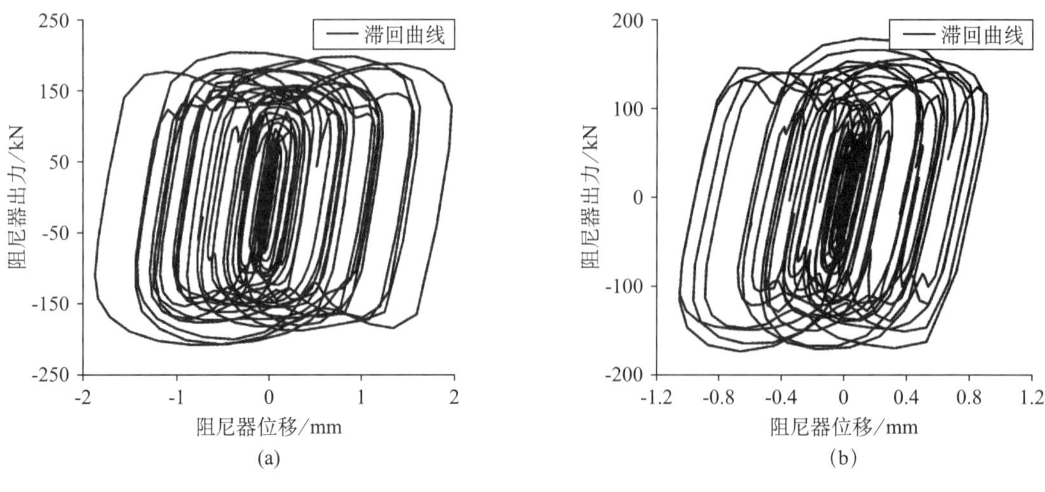

图 44.5 - 10　多遇地震作用下 ST1 结构布置阻尼器的耗能情况

(a) 阻尼器 S1D1 的滞回耗能；(b) 阻尼器 S1D9 的滞回耗能

进一步分析，对 ST1 结构中布置的所有黏滞阻尼器进行受力分析和位移校核，7 条时程波作用下的阻尼器出力和位移结果见表 44.5 - 10 至表 44.5 - 16。

表 44.5 - 10　等效附加阻尼比计算（AW1 波）

X 向				*Y* 向			
楼层号	层剪力	层位移	应变能	楼层号	层剪力	层位移	应变能
6	128	0.25	16	6	202	0.49	50
5	1813	3.72	3370	5	1920	3.16	3035
4	2545	2.95	3752	4	3102	2.84	4410
3	3124	3.4	5311	3	3966	3.45	6847
2	3561	3.59	6389	2	4552	3.81	8677
1	4292	3.53	7573	1	4902	4.04	9906
总应变能：		26411		总应变能：		32925	
阻尼器				阻尼器			
总耗散能量：		29348		总耗散能量：		28675	
附加阻尼比：		8.84		附加阻尼比：		6.93	

表 44.5－11　等效附加阻尼比计算（AW2 波）

X 向				Y 向			
楼层号	层剪力	层位移	应变能	楼层号	层剪力	层位移	应变能
6	122	0. 25	15	6	200	0. 53	53
5	1757	3. 64	3202	5	1951	3. 46	3374
4	2718	3. 24	4408	4	3204	2. 94	4707
3	3614	4. 08	7368	3	4194	3. 66	7669
2	4635	4. 97	11509	2	5272	4. 35	11465
1	5796	5	14504	1	6215	4. 99	15521
总应变能：		41007		总应变能：		42789	
阻尼器				阻尼器			
总耗散能量：		37782		总耗散能量：		32759	
附加阻尼比：		7. 33		附加阻尼比：		6. 09	

表 44.5－12　等效附加阻尼比计算（TH1 波）

X 向				Y 向			
楼层号	层剪力	层位移	应变能	楼层号	层剪力	层位移	应变能
6	115	0. 26	15	6	202	0. 56	57
5	1656	3. 86	3198	5	2206	3. 79	4183
4	2692	3. 49	4693	4	3227	3. 19	5148
3	3554	4. 02	7139	3	4073	3. 86	7864
2	4345	4. 59	9969	2	4969	4. 35	10808
1	5050	4. 53	11446	1	5859	4. 79	14018
总应变能：		36461		总应变能：		42078	
阻尼器				阻尼器			
总耗散能量：		35389		总耗散能量：		33210	
附加阻尼比：		7. 72		附加阻尼比：		6. 28	

续表

表 44.5-13　等效附加阻尼比计算（TH2 波）

X 向				Y 向			
楼层号	层剪力	层位移	应变能	楼层号	层剪力	层位移	应变能
6	149	0. 31	23	6	221	0. 6	66
5	2158	4. 46	4807	5	2338	3. 99	4670
4	3353	3. 98	6670	4	3781	3. 49	6600
3	4075	4. 7	9584	3	4694	4. 31	10112
2	4630	5. 21	12063	2	5317	4. 84	12867
1	5517	4. 97	13712	1	5920	5. 11	15122
总应变能：		53735		总应变能：		49437	
阻尼器				阻尼器			
总耗散能量：		41227		总耗散能量：		36146	
附加阻尼比：		7. 00		附加阻尼比：		5. 82	

表 44.5-14　等效附加阻尼比计算（TH3 波）

X 向				Y 向			
楼层号	层剪力	层位移	应变能	楼层号	层剪力	层位移	应变能
6	181	0. 42	38	6	303	0. 96	145
5	2615	6. 12	8002	5	3268	6. 29	10280
4	3627	4. 66	8448	4	4935	5. 12	12638
3	4140	4. 5	9323	3	5976	5. 7	17046
2	5004	5. 36	13415	2	6761	5. 82	19689
1	6028	5. 36	16140	1	7369	6	22088
总应变能：		55365		总应变能：		81886	
阻尼器				阻尼器			
总耗散能量：		46446		总耗散能量：		52756	
附加阻尼比：		6. 68		附加阻尼比：		5. 13	

表 44.5-15　等效附加阻尼比计算（TH4 波）

X 向				Y 向			
楼层号	层剪力	层位移	应变能	楼层号	层剪力	层位移	应变能
6	165	0.34	28	6	231	0.6	69
5	2341	4.94	5784	5	2057	3.73	3832
4	2807	3.27	4590	4	3339	3.06	5114
3	3613	3.97	7178	3	4118	3.56	7334
2	4130	4.23	8733	2	4842	3.94	9532
1	4580	3.81	8729	1	5478	4.33	11858
总应变能：		35043		总应变能：		37739	
阻尼器				阻尼器			
总耗散能量：		35244		总耗散能量：		33491	
附加阻尼比：		8.00		附加阻尼比：		7.06	

表 44.5-16　等效附加阻尼比计算（TH5 波）

X 向				Y 向			
楼层号	层剪力	层位移	应变能	楼层号	层剪力	层位移	应变能
6	174	0.33	29	6	271	0.75	102
5	2469	4.83	5965	5	2972	5.05	7498
4	3106	3.82	5933	4	3863	3.63	7006
3	4175	4.47	9335	3	4595	4.16	9567
2	5024	5.18	13014	2	5734	5.02	14392
1	6001	4.94	14814	1	6471	5.45	17644
总应变能：		49090		总应变能：		56209	
阻尼器				阻尼器			
总耗散能量：		44544		总耗散能量：		43970	
附加阻尼比：		7.22		附加阻尼比：		6.22	

表 44.5－17　结构总体等效附加阻尼比计算

	地震波	AW1	AW2	TH1	TH2	TH3	TH4	TH5
X 向	结构总耗能	26411	41007	36461	53735	55365	35043	49090
	阻尼器耗能总和	29348	37782	35389	41227	46446	35244	44544
	阻尼比	8.84%	7.33%	7.72%	7.00%	6.68%	8.00%	7.22%
	阻尼比平均值	7.54%						
Y 向	地震波	AW1	AW2	TH1	TH2	TH3	TH4	TH5
	结构总耗能	32925	42789	42078	49437	81886	37739	56209
	阻尼器耗能总和	28675	32759	33210	36146	52756	33491	43970
	阻尼比	6.93%	6.09%	6.28%	5.82%	5.13%	7.06%	6.22%
	阻尼比平均值	6.22%						

2）罕遇地震作用下消能减震结构弹塑性分析

为达到罕遇地震作用下防倒塌的抗震设计目标，采用以抗震性能为基准的设计思想和位移为基准的抗震设计方法。基于性能化的抗震设计方法是使抗震设计从宏观定性的目标向具体量化的多重目标过渡，强调实施性能目标的深入分析和论证，具体来说就是通过复杂的非线性分析软件对结构进行分析，通过对结构构件进行充分的研究以及对结构的整体性能的研究，得到结构系统在地震下的反应，以证明结构可以达到预定的性能目标。因此，达到防倒塌设计目标的依据是限制结构的最大弹塑性变形在规定的限值以内。根据《建筑抗震设计规范》，取弹塑性最大层间位移角限值为 1/50。通过弹塑性时程分析得出阻尼器的最大位移和最大速度为设计提供参数依据。

（1）分析软件。

Perform-3D 软件的前身为 Drain-2DX 和 Drain-3DX 软件，是由美国加州大学的伯克利分校 Powell 教授等人开发，是一个用于建筑结构抗震设计的专业非线性计算软件。通过基于构件变形或强度的界限状态对复杂的结构（其中包含剪力墙结构）开展非线性分析。Perform-3D 软件为用户提供了强大的地震工程分析、计算工具来进行诸如静力推覆分析和非线性的动力时程分析，能同时在一个模型里实现静力以及动力非线性的分析，荷载也可以通过任意顺序施加，譬如动力时程分析结束后进行静力推覆分析。

（2）分析模型验证。

为了校核所建立 Perform-3D 模型的准确性，将 Perform-3D 和 PKPM 模型计算得到的质量、周期进行对比，如表 44.5－18、表 44.5－19 所示，表中差值 = |Perform-3D-PKPM|/ PKPM ×100%。

表 44.5－18　原结构模型质量对比

PKPM/t	Perform-3D/T	差值/%
6749	6887	2.04

表 44.5－19　原结构模型周期对比

阶数	PKPM/s	Perform-3D/s	差值/%
1	0.97	0.962	0.82
2	0.88	0.865	1.70
3	0.86	0.835	2.91

综合上述数据可以看出，原结构 Perform-3D 模型与 PKPM 模型的结构模型质量差别小，两者的结构动力特性基本一致。Perform-3D 模型的周期较 PKPM 模型周期相差不大。由此可以认为，Perform-3D 模型作为本案例消能减震分析的弹塑性计算模型是相对准确的，且能较为真实地反映结构的基本特性。

(3) 消能减震结构罕遇地震响应分析。

罕遇地震分析时选取了 2 条强震记录和 1 条人工模拟加速度时程，3 条时程曲线如图 44.5－11 所示，3 条时程反应谱和规范反应谱曲线如图 44.5－12 所示，基底剪力对比结果如表 44.5－20 所示。

表 44.5－20　原结构模型反应谱与时程工况的基底剪力对比

工况		反应谱	AW1	TH1	TH5	平均值
基底剪力/kN	X 向	6866	6320	6515	6105	6313
	Y 向	7657	6785	6902	8205	7297
比例/%	X 向	100	92.05	94.89	88.92	91.95
	Y 向	100	88.61	90.14	107.16	95.30

注：①比例为各时程分析与振型分解反应谱法得到的结构基底剪力之比。

②各时程详细信息：

地震波信息	
原地震波名	报告中的地震波名
'ArtWave-RH2TG040-PW'	AW1
'BigBear-01_NO_923 (T_g=0.63) -SW'	TH1
'BorregoMtn_NO_40 (T_g=0.4) -PW'	TH2

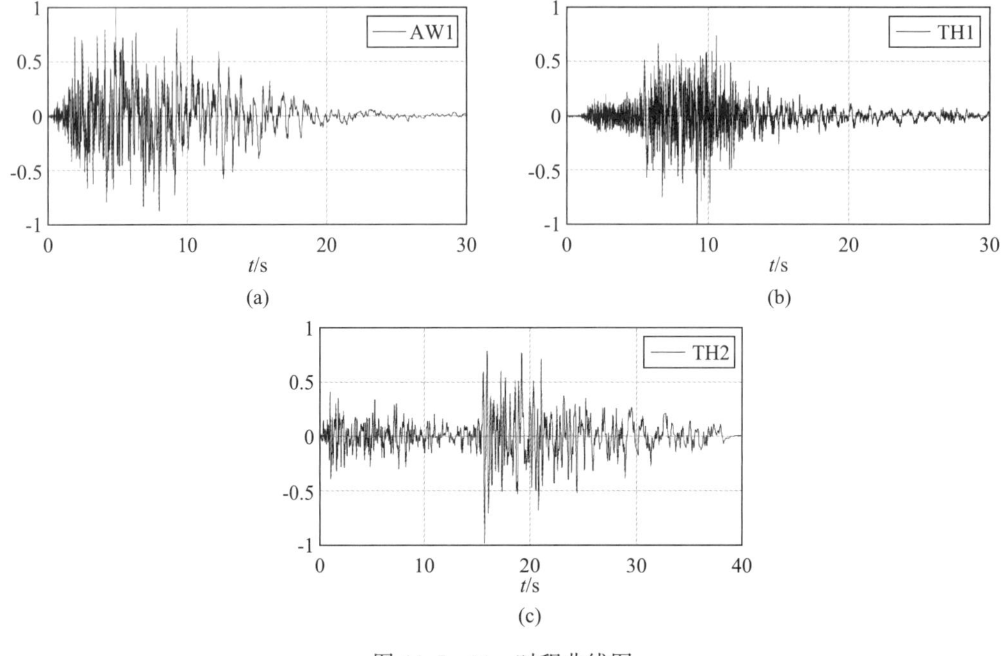

图 44.5 - 11　时程曲线图

（a）AW1 波；（b）TH1 波；（g）TH2 波

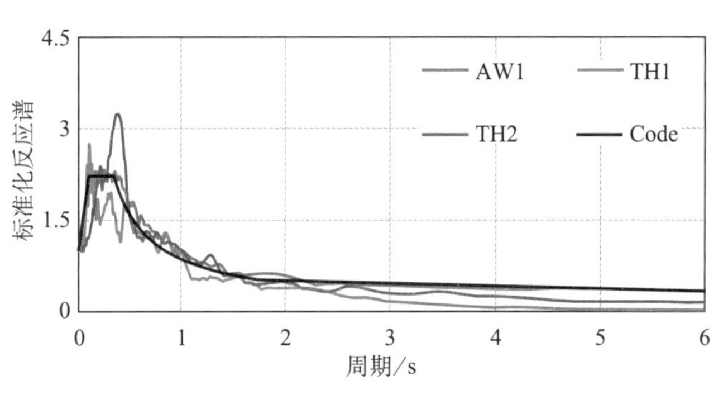

图 44.5 - 12　反应谱曲线图

《抗震规范》规定：输入的地震加速度时程曲线的有效持续时间，一般从首次达到该时程曲线最大峰值的 10%那一刻算起，到最后一点达到最大峰值的 10%为止；无论是实际的强震记录还是人工模拟波形，有效持续时间一般为结构基本周期的 5~10 倍。详细情况见表 44.5 - 21，显然，由表可知所选的三条时程波满足《抗震规范》的规定要求。

表 44.5-21（a）　时程波持续时间表

时程名称	第一次达到最大峰值 10%对应的时间（s）	最后一次达到最大峰值 10%对应的时间（s）	有效持续时间（s）	结构周期（s）	比值
AW1	0.72	19.72	19.00	0.962	19.75
TH1	3.01	47.26	44.25	0.962	46.00
TH5	0.415	38.07	37.66	0.962	39.14

表 44.5-21（b）　原结构时程反应谱与规范反应谱影响系数对比

振型	结构周期/s	时程平均影响系数	规范反应谱影响系数	时程/规范
1	0.962	0.99	0.89	1.11
2	0.865	1.15	0.98	1.17
3	0.835	1.18	1.02	1.16

由图 44.5-12 可知，各时程平均反应谱与规范反应谱较为接近（结构基本周期处）。选择 AW1、TH1 和 TH5 三条时程波进行罕遇地震作用下的弹塑性动力时程分析，得到消能减震结构（ST1）的层间位移角，见表 44.5-22。

表 44.5-22　罕遇地震结构层间位移角（rad）

输入地震波		AW1		TH1		TH5		最大值	
地震作用方向		*X* 向	*Y* 向	*X* 向	*Y* 向	*X* 向	*Y* 向	*X* 向	*Y* 向
层数	层高/m	层间位移角							
1	4.6	1/442	1/2246	1/710	1/3128	1/493	1/2446	1/442	1/2246
2	3.6	1/177	1/299	1/243	1/353	1/204	1/291	1/177	1/291
3	3.6	1/199	1/315	1/237	1/354	1/253	1/387	1/199	1/315
4	3.6	1/199	1/239	1/227	1/282	1/165	1/213	1/165	1/213
5	4.8	1/116	1/127	1/170	1/162	1/92	1/96	1/92	1/96

各地震时程加速度的罕遇地震作用下，结构减震后（ST1）的 *X*、*Y* 向层间位移角如图 44.5-13 所示。

由上述 AW1、TH1 和 TH5 三条时程波在罕遇地震作用下 *X*、*Y* 向的计算结果可知，消能减震结构（ST1）的层间位移角都小于 1/50，满足规范 1/50 的限值要求，这充分说明结构采用黏滞阻尼器进行消能减震设计是切实有效的。

（4）罕遇地震作用下阻尼器出力分析。

对于罕遇地震作用下本案例黏滞阻尼器的出力分析仍然按 AW1、TH1 和 TH5 三条时程波分别检查。AW1 时程波罕遇地震作用下，结构中布置阻尼器的最大出力、最大位移见表 44.5-23。

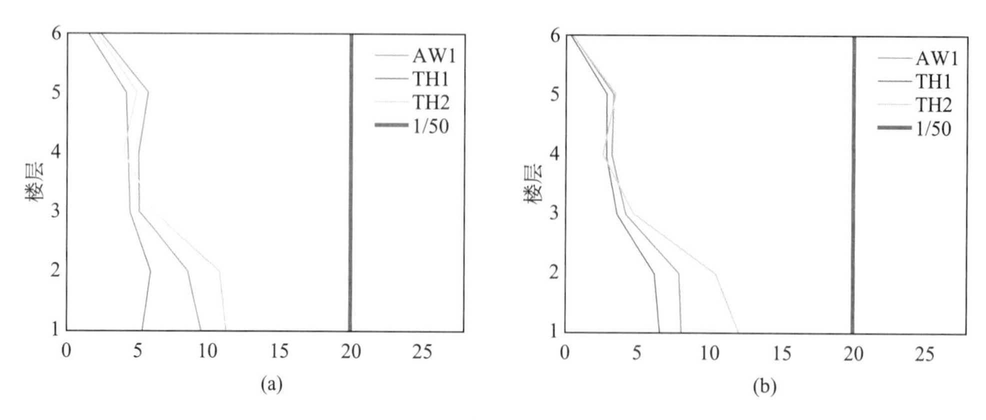

图 44.5-13　各时程波作用下的层间位移角对比

（a）*X* 向层间位移角对比（1/1000）；（b）*Y* 向层间位移角对比（1/1000）

表 44.5-23　AW1 时程作用下阻尼器出力位移分析

X 向阻尼器			*Y* 向阻尼器		
编号	出力/kN	变形/mm	编号	出力	变形
S1D1	267	43.91	S1D10	250	36.6
S1D2	267	43.71	S1D11	252	36.99
S1D3	267	43.88	S1D12	252	37.14
S1D4	267	43.69	S1D9	250	36.45
S1D5	267	44.3	S2D5	233	27.98
S1D6	267	44.06	S2D6	233	27.89
S1D7	267	44.28	S2D7	234	27.87
S1D8	267	44.05	S2D8	234	27.79
S2D1	251	30.43	S3D5	205	14.62
S2D2	251	30.41	S3D6	205	14.58
S2D3	251	30.14	S3D7	205	14.51
S2D4	251	30.12	S3D8	205	14.48
S3D1	220	17.48	S4D5	199	10.28
S3D2	220	17.46	S4D6	199	10.31
S3D3	219	17.6	S4D7	200	10.45
S3D4	219	17.62	S4D8	200	10.47
S4D1	226	17.51	S5D1	217	14.64
S4D2	226	17.49	S5D2	217	14.68
S4D3	226	17.32	S5D7	217	14.88
S4D4	226	17.3	S5D8	218	14.92

TH1 时程波罕遇地震作用下，结构中布置阻尼器的最大出力及最大位移见表 44.5－24。

表 44.5－24　TH1 时程作用下阻尼器出力位移分析

X 向阻尼器			Y 向阻尼器		
编号	出力/kN	变形/mm	编号	出力	变形
S1D1	219	23.98	S1D10	227	29.69
S1D2	219	24.05	S1D11	227	30.01
S1D3	219	23.99	S1D12	227	29.86
S1D4	219	24.06	S1D9	227	29.84
S1D5	220	24.47	S2D5	219	22.23
S1D6	220	24.54	S2D6	219	22.18
S1D7	220	24.48	S2D7	219	22.14
S1D8	220	24.56	S2D8	219	22.09
S2D1	211	20.78	S3D5	199	12.21
S2D2	211	20.79	S3D6	199	12.17
S2D3	212	20.93	S3D7	199	12.17
S2D4	212	20.95	S3D8	199	12.14
S3D1	215	15.32	S4D5	185	9.23
S3D2	215	15.32	S4D6	185	9.2
S3D3	215	15.45	S4D7	185	9.35
S3D4	215	15.47	S4D8	185	9.31
S4D1	213	14.46	S5D1	206	12.08
S4D2	213	14.48	S5D2	206	12.04
S4D3	213	14.61	S5D7	206	12.27
S4D4	213	14.64	S5D8	206	12.23

TH5 时程波罕遇地震作用下，结构中布置阻尼器的最大出力及最大位移见表 44.5－25。

表 44.5－25　TH2 时程作用下阻尼器出力位移分析

X 向阻尼器			Y 向阻尼器		
编号	出力/kN	变形/mm	编号	出力	变形
S1D1	233	51.61	S1D10	237	55.13
S1D2	233	51.38	S1D11	237	55.76

续表

X 向阻尼器			Y 向阻尼器		
编号	出力/kN	变形/mm	编号	出力	变形
S1D3	233	51. 51	S1D12	238	56
S1D4	233	51. 36	S1D9	237	54. 89
S1D5	234	52. 25	S2D5	226	36. 5
S1D6	234	51. 96	S2D6	227	36. 57
S1D7	234	52. 18	S2D7	227	36. 33
S1D8	234	51. 96	S2D8	227	36. 39
S2D1	227	38. 52	S3D5	212	16. 11
S2D2	227	38. 48	S3D6	212	16. 14
S2D3	227	37. 77	S3D7	213	16. 11
S2D4	227	37. 74	S3D8	213	16. 14
S3D1	220	21. 26	S4D5	219	8. 83
S3D2	220	21. 23	S4D6	219	8. 79
S3D3	219	20. 51	S4D7	221	8. 99
S3D4	219	20. 5	S4D8	220	8. 95
S4D1	216	13. 59	S5D1	254	15. 96
S4D2	216	13. 57	S5D2	254	15. 91
S4D3	216	12. 91	S5D7	256	16. 26
S4D4	216	12. 9	S5D8	256	16. 2

综合表 44. 5 - 23 至表 44. 5 - 25，可知结构中所附加的黏滞阻尼器在罕遇地震作用下的出力最大为 267kN，最大位移为 56mm。

（5）消能减震结构的弹塑性发展示意图。

以 TH1 时程波为代表，观察整体结构在罕遇地震作用下的弹塑性发展情况。其中图 44. 5 - 14、图 44. 5 - 15 分别为 TH1 时程波作用下整体结构 X、Y 向的弹塑性发展示意图。

由图 44. 5 - 14、图 44. 5 - 15 可知，设置黏滞阻尼器的消能减震结构在罕遇地震作用下呈现“强柱弱梁”的塑性铰发展机制，主体结构在罕遇地震作用下的损伤状况能够得到有效控制和改善，整体结构具有良好的抗震性能，更有利于实现“大震不倒”的设防目标。

4. 消能子结构验算

消能子结构性能目标要求为大震下不屈服，确保其可在大震下正常工作。消能子框架梁、柱根据“强柱弱梁”原则进行设计，并验算节点；考虑有关的消能子结构的传力及确保阻尼器有效的发挥耗能作用，将消能子结构受力及配筋的柱向下延伸一层（即延伸到本

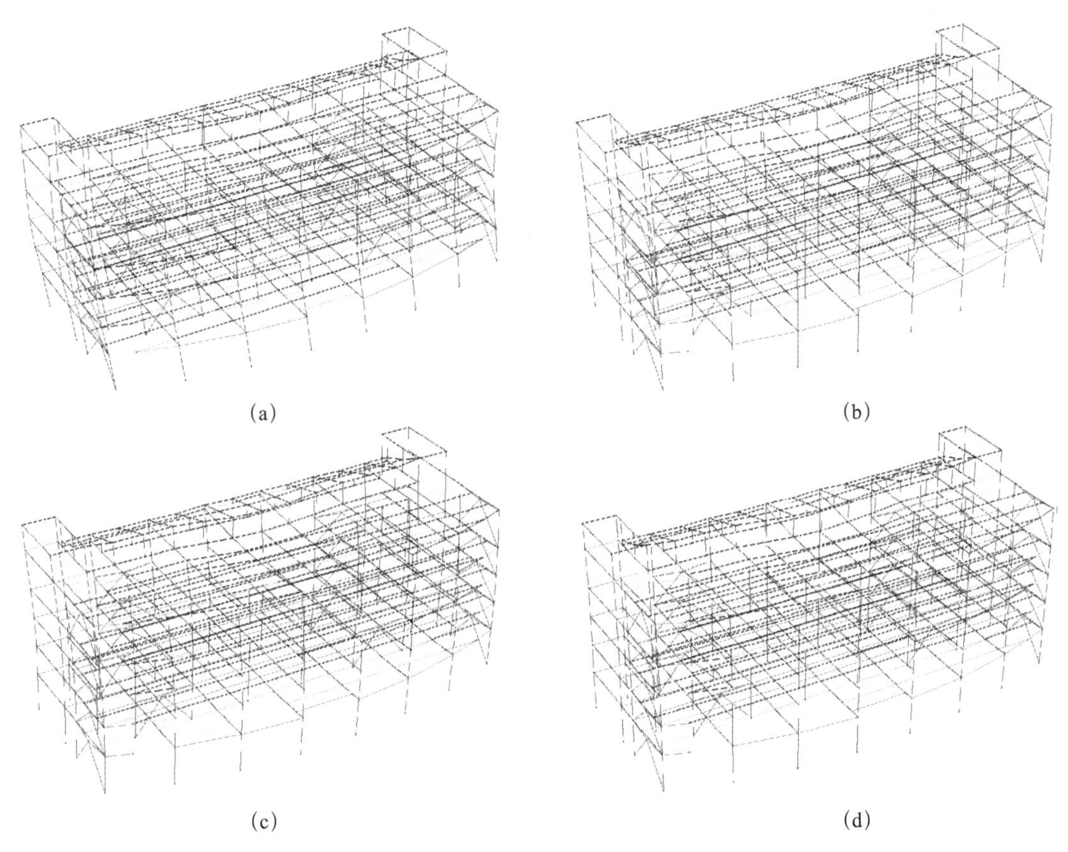

图 44.5－14　X 向罕遇地震整体结构的塑性铰发展示意图

(a) 5s 时；(b) 10s 时；(c) 15s 时；(d) 20s 时

结构的一层柱也包括在消能子结构的范畴)。

根据 JGJ 297—2013　6.4.2 条第 2 款规定：消能子结构中的梁、柱和墙截面设计应考虑阻尼器在极限位移或极限速度下的阻尼力的作用。此时 $F=1.2F$。

本设计案例以 1 轴黏滞阻尼器 S2D1 所在的子框架（图 44.5－16）为例进行消能子结构验算，列出与消能部件相连接的消能子框架计算过程：根据大震计算结果提取出子框架梁柱的轴力、弯矩、剪力及扭矩等内力。

1）消能子结构框架梁

以黏滞阻尼器 S2D1 所在子框架的框架梁为例：

截面属性 400×700，混凝土等级 C30，纵向钢筋等级 HRB400，箍筋等级 HRB400 内力值，内力值：$V=430.4\text{kN}$，$M=472.7\text{kN}\cdot\text{m}$。

（1）受弯验算：

已知（取标准值）：钢筋 HRB400，$f_{yk}=f_{yk}'=400\text{N/mm}^2$；$a_s=a_s'=35\text{mm}$

钢筋的面积为：$A_S=A_S'=\dfrac{M}{f_{yk}\ (h_0-\alpha_s')}=\dfrac{1.0\times472.7\times10^6}{360\times\ (700-35-35)}=2084\text{mm}^2$

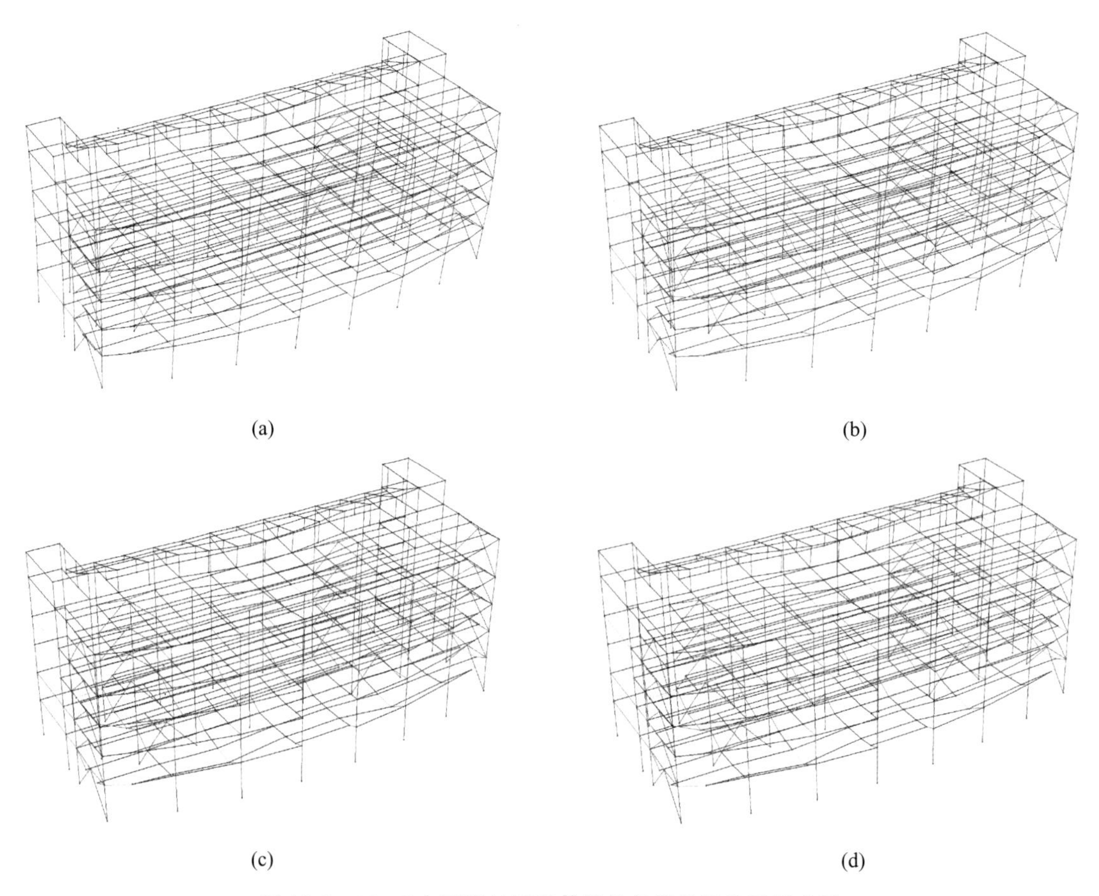

图 44.5－15　Y 向罕遇地震整体结构的塑性铰发展示意图

（a）5s 时；（b）10s 时；（c）15s 时；（d）20s 时

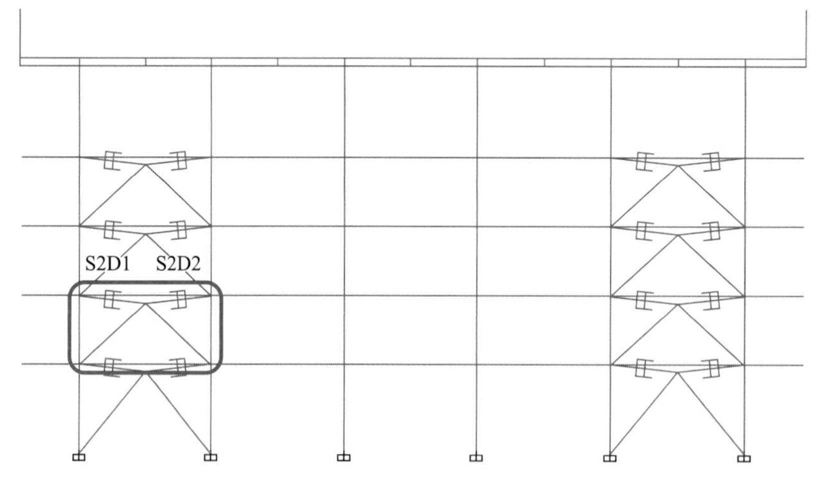

图 44.5－16　1 轴阻尼器 S2D1 位置示意

受拉钢筋的配筋率为：$\rho_s = \frac{2084}{400\times700} = 0.74\% < 2.5\%$

满足《抗震规范》6.3.4 条的规定。

（2）受剪验算：

已知（取标准值）：钢筋 HRB400，混凝土 C30，$f_{tk} = 2.01\text{N/mm}^2$，$f_{ck} = 20.1\text{N/mm}^2$，$f_{yvk} = 400\text{N/mm}^2$。

采用箍筋直径为 8mm，间距 100mm，3 肢箍。根据《混凝土结构设计规范》（GB 50010—2010）6.3.1 条规定：

$$0.25\beta_c f_{ck} bh_0 = 0.25\times1.0\times20.1\times400\times665 = 1336.65\text{kN} > V = 1.0\times430.4\text{kN} = 430.4\text{kN}$$

截面满足要求。

根据《混凝土结构设计规范》（GB 50010—2010）6.3.4 条规定：

$$0.7f_{tk} bh_0 + f_{yvk}\frac{A_{sv}}{s}h_0 = 0.7\times2.01\times400\times665 + 400\times\frac{3\times50.3}{100}\times665 = 775.66\text{kN} > V = 1.0\times430.4\text{kN} = 430.4\text{kN}$$

截面满足要求。

2）消能子结构框架柱

以 1 轴线三层阻尼器 S2D1 所在子框架左、右柱为例。

子框架左柱截面为 600×600，混凝土等级为 C30，纵向钢筋等级 HRB400，箍筋等级 HRB400 内力值：$V=607.7\text{kN}$，$M=622.6\text{kN}\cdot\text{m}$，$N=315.7\text{kN}$。

子框架右柱截面为 600×600，混凝土等级为 C30，纵向钢筋等级 HRB400，箍筋等级 HRB400 内力值：$V=290.5\text{kN}$，$M=495.8\text{kN}\cdot\text{m}$，$N=569.2\text{kN}$。

根据《混凝土结构设计规范》（GB 50010—2010）第 4 章及条文说明第 4.1.3 条和《建筑抗震设计规范》（GB 50011—2010）第 M.1.2 条第 4 款，可确定材料标准值和最小极限强度值。

（1）正截面受弯承载力验算。

结合《混凝土结构设计规范》（GB 50010—2010）第 6.2.15 条，可确定一个已知柱截面的 P-M 曲线。

将未设置塑性铰的框架柱，在三条波大震作用下取包络值，提取框架柱在罕遇地震作用下的受力结果，可得到框架柱在地震波各个时刻所受的轴力 P 和弯矩 M_x、M_y，将 P-M 值描述在柱截面的 P-M 曲线图上，如图 44.5－17 和图 44.5－18 所示，框架柱所受各个力均在其 P-M 曲线内，故截面配筋可设计完成。

由图 44.5－17 和图 44.5－18 可知子框架左柱和右柱纵向钢筋配筋面积均为 $A_s = 2000\text{mm}^2$。

（2）正截面受剪承载力验算。

①框架左柱。

考虑地震组合框架柱受剪截面应满足《混凝土结构设计规范》11.4.6 条：

$$\lambda = \frac{M}{Vh_0} = \frac{622.6\times100}{607.7\times(600-35)} = 1.82 < 2$$

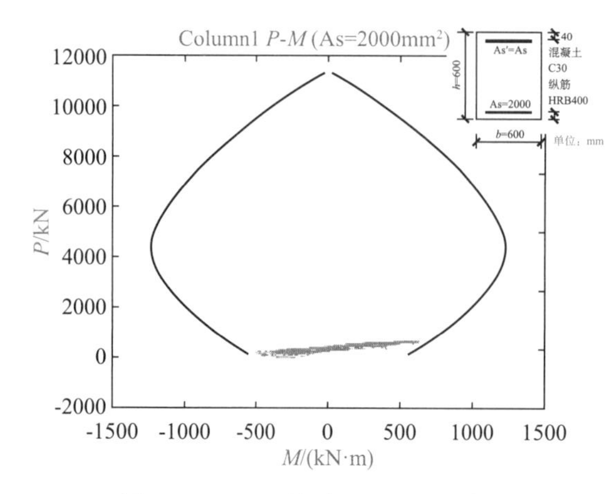

图 44.5－17　子框架左柱 P－M 曲线

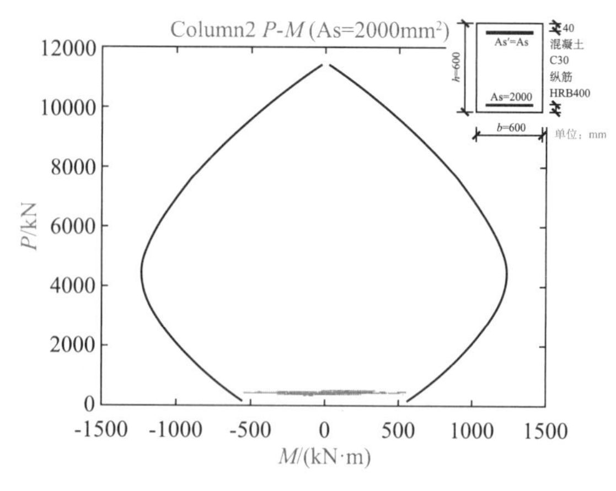

图 44.5－18　子框架右柱 P－M 曲线

由于 $\lambda<2$，则按下式进行验算，混凝土强度影响系数 β_c 取 1.0，框架柱（轴压比 $\mu=0.16$）承载力抗震调整系数 γ_{RE} 根据《建筑抗震设计规范》表 5.4.2 取 0.80：

$$\frac{1}{\gamma_{RE}}(0.15\beta_c f_{ck} b h_0)=\frac{1}{0.80}\times(0.15\times1.0\times20.1\times600\times565)=1277.61\text{kN}>607.7\text{kN}$$

②框架右柱。

考虑地震组合框架柱受剪截面应满足《混凝土结构设计规范》第 11.4.6 条要求：

$$\lambda=\frac{M}{Vh_0}=\frac{495.8\times1000}{290.5\times(600-35)}=3.02>2$$

由于 $\lambda>2$，则按下式进行验算，混凝土强度影响系数 β_c 取 1.0，框架柱（轴压比 $\mu=0.15$）承载力抗震调整系数 γ_{RE} 根据《建筑抗震设计规范》表 5.4.2 取 0.80：

$$\frac{1}{\gamma_{RE}}(0.2\beta_c f_{ck} b h_0)=\frac{1}{0.80}\times(0.2\times1.0\times20.1\times600\times565)=1703.48\text{kN}>290.5\text{kN}$$

（3）斜截面受剪承载力验算。

①框架左柱。

考虑地震组合框架柱斜截面受剪承载力应满足《混凝土结构设计规范》第 11.4.7 条，框架柱（轴压比 $\mu=0.16$）承载力抗震调整系数 γ_{RE} 根据《建筑抗震设计规范》表 5.4.2 取 0.80：

$$\lambda=\frac{M}{Vh_0}=\frac{622.6\times1000}{607.7\times(600-35)}=1.82>2$$

则：λ 取 1.82，$\lambda>3$ 时取 3，$\lambda<1$ 时取 1，非加密区配置 4 肢箍 $A8@100$

$$\frac{1}{\gamma_{RE}}\left[\frac{1.05}{\lambda+1}f_{tk}bh_0+f_{yvk}\frac{A_{sv}}{s}h_0+0.056N\right]$$

$$=\frac{1}{0.80}\left[\frac{1.05}{1.82+1}\times2.01\times600\times565+400\times\frac{4\times50.3}{100}\times565+0.056\times315.7\times1000\right]$$

$$=907.63\text{kN}>607.7\text{kN}$$

可知，非加密区配置的箍筋满足斜截面抗剪承载力要求。

框架柱加密区配置 4 肢箍 $A8@100$，加密区箍筋的体积配筋率应符合《混凝土结构设计规范》第 11.4.12 与第 11.4.17 条要求，最小配箍特征值 λ_v（抗震等级二级，框架柱轴压比 μ=0.16）取 0.08：

$$\rho_v = \frac{n_1 A_{s1} l_1 + n_2 A_{s2} l_2}{A_{cor} s} = \frac{4 \times 50.3 \times (600 - 35 - 35) + 4 \times 50.3 \times (600 - 35 - 35)}{(600 - 35 - 35) \times (60 - 35 - 35) \times 100}$$

$$= 0.76\% \geqslant \lambda_v \frac{f_{ck}}{f_{yvk}} = 0.08 \times \frac{20.1}{400} = 0.402\%$$

可知，加密区配置的箍筋满足最小体积配箍率要求。

②框架右柱。

考虑地震组合框架柱斜截面受剪承载力应满足《混凝土结构设计规范》第 11.4.7 条；框架柱（轴压比 μ=0.15）承载力抗震调整系数 γ_{RE} 根据《建筑抗震设计规范》表 5.4.2 取 0.80：

$$\lambda = \frac{M}{Vh_0} = \frac{495.8 \times 1000}{290.5 \times (600 - 35)} = 3.02 > 2$$

则：λ 取 3，λ>3 时取 3，λ<1 时取 1，非加密区配置 4 肢箍 A8@ 100

$$\frac{1}{0.75}\left[\frac{1.05}{\lambda + 1} f_{tk} b h_0 + f_{yvk} \frac{A_{sv}}{S} h_0 + 0.056N\right]$$

$$= \frac{1}{0.08}\left[\frac{1.05}{(3 + 1)} \times 2.01 \times 600 \times 565 + 400 \times \frac{(4 * 50.3)}{100} \times 565 + 0.056 \times 569.2 \times 1000\right]$$

$$= 831.82\text{kN} > 290.5\text{kN}$$

可知，非加密区配置的箍筋满足斜截面受剪承载力要求。

框架柱加密区配置 4 肢箍 A8@ 100，加密区箍筋的体积配筋率应符合《混凝土结构设计规范》第 11.4.12 与第 11.4.17 条，最小配箍特征值 λ_v（抗震等级二级，框架柱轴压比 μ=0.15）取 0.08：

$$\rho_v = \frac{n_1 A_{s1} l_1 + n_2 A_{s2} l_2}{A_{cor} S} = \frac{4 \times 50.3 \times (600 - 35 - 35) + 4 \times 50.3 \times (600 - 35 - 35)}{(600 - 35 - 35) \times (600 - 35 - 35) \times 100} = 0.76\%$$

$$\geqslant \lambda_v \frac{f_{ck}}{f_{yvk}} = 0.08 \times \frac{20.1}{400} = 0.402\%$$

可知，加密区配置的箍筋满足最小体积配箍率要求。

5. 结论

使用 Etabs 软件和 Perform-3D 软件对普通结构和减震结构在 8 度（0.3g）地震作用下进行反应谱分析和时程分析，分析了多遇地震作用下和罕遇地震作用下结构的反应，通过对比分析表明结构采用消能减震设计方案具有良好的效果和独特的优势，主要体现在以下几个方面：

（1）在结构中共设置黏滞阻尼器 40 个。通过七条时程波的计算分析，得出多遇地震作用下阻尼器所提供的等效附加阻尼比为 X 向 7.54%和 Y 向 6.22%。建议不考虑黏滞阻尼器的附加阻尼比，设置黏滞阻尼器仅为结构提供多一重安全保障。

（2）在 8 度（0.3g）多遇地震作用下，原结构 X、Y 向的最大层位移角平均值分别是 1/428、1/504，消能减震结构 X、Y 向的最大层间位移角平均值则分别降低到 1/761、1/784。

（3）在 8 度（0.3g）多遇地震作用下，消能减震结构 X、Y 向层间位移角均小于原结构，X 向各楼层的最大位移角均值比为 0.65，Y 向各楼层的最大位移角均值比为 0.80，这表明结构附加黏滞阻尼器减震设计后主体结构部分的抗震安全性有所提高，消能减震设计是可行有效的。

（4）结构中所附加的黏滞阻尼器在罕遇地震作用下的出力最大 267kN，最大位移为 56mm。考虑到安全储备，建议阻尼器行程不小于±60mm。

（5）设置黏滞阻尼器的消能减震结构在罕遇地震作用下呈现"强柱弱梁"的塑性铰发展机制，主体结构在罕遇地震作用下的损伤状况能够得到有效控制和改善，从而使得整体结构具有良好的抗震性能，更有利于实现"大震不倒"的设防目标。

44.5.2　附加铅黏弹性阻尼器减震结构设计案例

1. 工程概况

根据有关要求采用消能减震设计来进一步提高建筑物的可靠性和安全性。本案例的结构形式为框架结构，地上 6 层，地下 0 层，地下室 1.0m，首层层高 4.6m，二到四层层高 3.6m，五层层高 4.8m。结构首层平面图如图 44.5－19 所示。

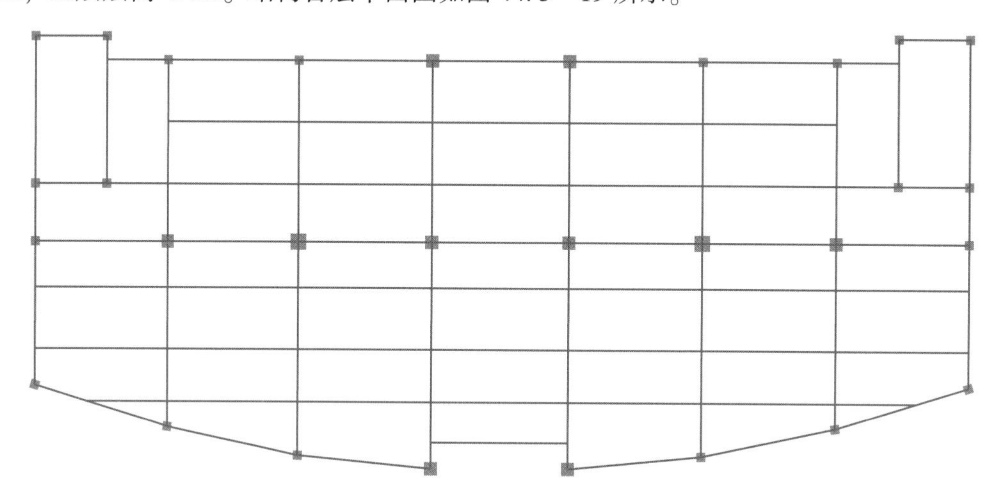

图 44.5－19　首层平面图

1）结构设计参数

（1）场地的工程地质：

场地土的类型为中硬场地，场地类别Ⅱ类。

（2）风荷载：

基本风压：按 50 年一遇的基本风压采用，取 0.75kN/m^2。

地面粗糙度：C 类

（3）地震荷载：

抗震设防烈度：8 度；

设计基本地震加速度：0.3g

设计地震分组：第二组

特征周期：T_g=0.35s

2）结构设计标准

建筑抗震设防类别：丙类

建筑抗震设防烈度：8 度

混凝土框架抗震等级：一级

2. 减震方案设计

本案例采用铅黏弹性阻尼器，即利用铅芯的剪切和挤压塑性滞回变形与黏弹性材料的剪切滞回变形耗散输入结构中的地震能量，其基本构造如图 44.5－20 所示。在本案例减震设计中，为确保消能减震结构层间刚度平稳变化，以避免生成新的薄弱层，决定将附加消能减震装置逐层缓变地安装在原结构上，本案例共安装 40 个铅黏弹性阻尼器（X 向、Y 向吨位均为 25t），具体选用的阻尼器规格和数量详见表 44.5－26 所列，铅黏弹性阻尼器及悬臂支撑的平面、立面布置位置详见图 44.5－21 至图 44.5－23。其中阻尼器的编号 SXDX 中的 SX 代表所在的立面楼层，如 1 层为 S1；DX 代表该楼层的阻尼器的编号。

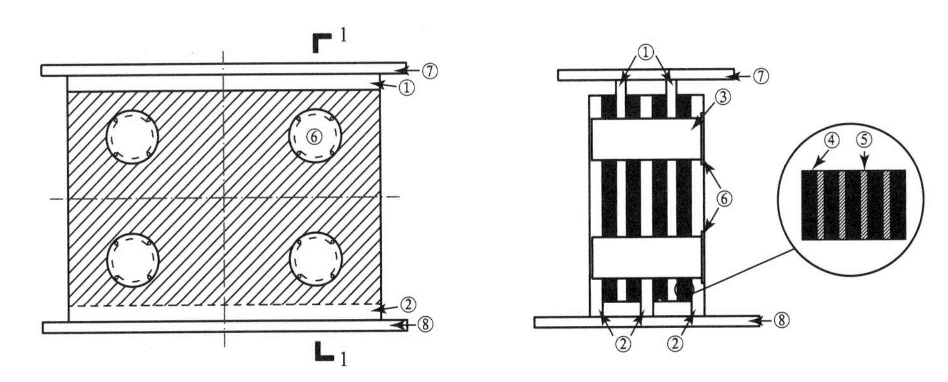

图 44.5－20　铅黏弹性阻尼器构造原理示意图

①剪切钢板；②约束钢板；③铅芯；④黏弹性层；⑤薄钢板；⑥铅芯封盖；⑦上连接端板；⑧下连接端板

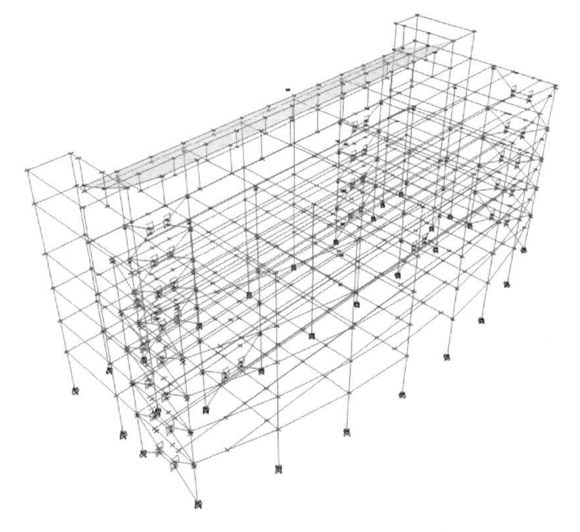

图 44.5－21　消能结构 ETABS 模型

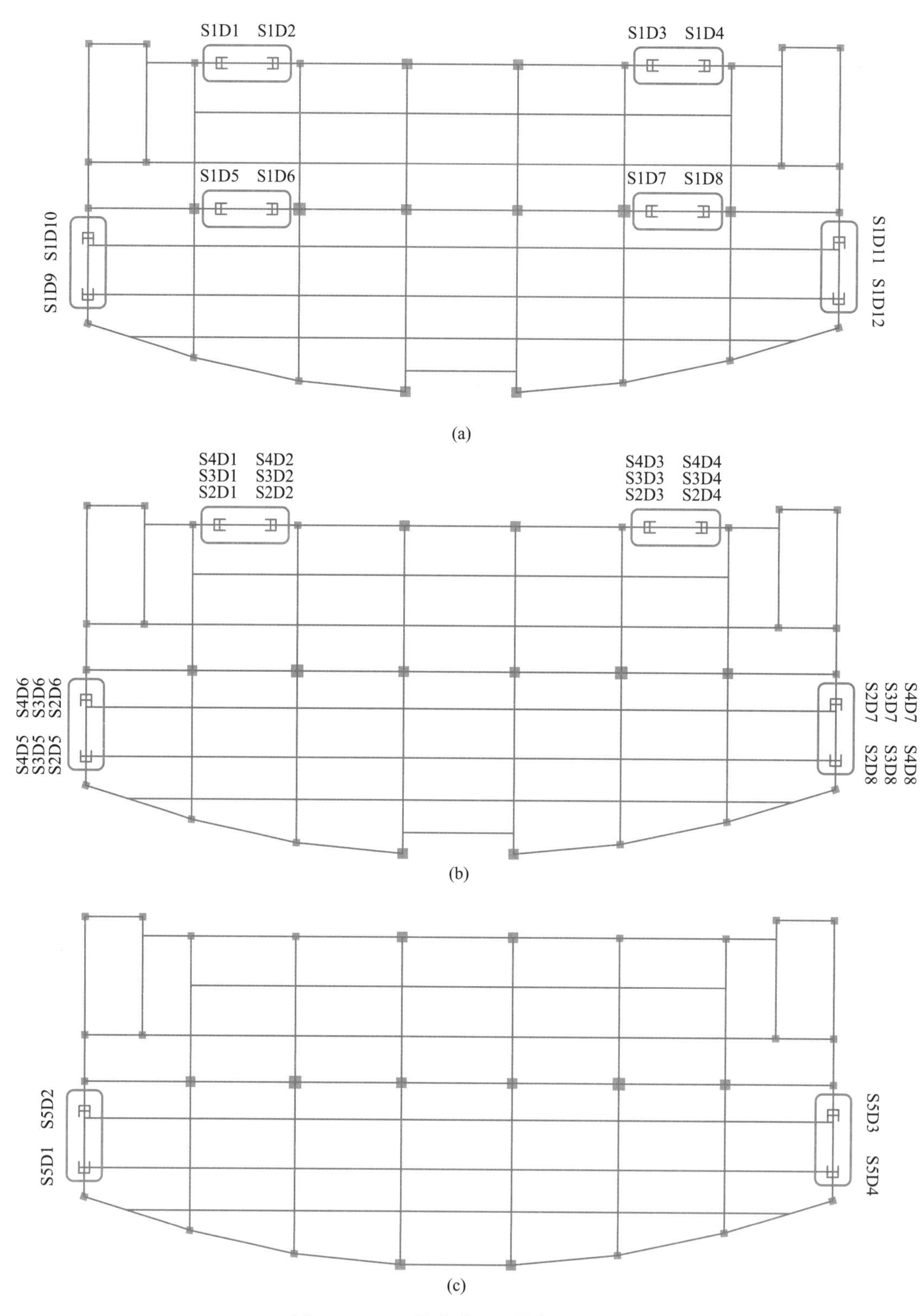

图 44.5－22　铅黏弹阻尼器布置平面图

（a）首层阻尼器布置平面图；（b）二层～四层阻尼器布置平面图；（c）五层阻尼器布置平面图

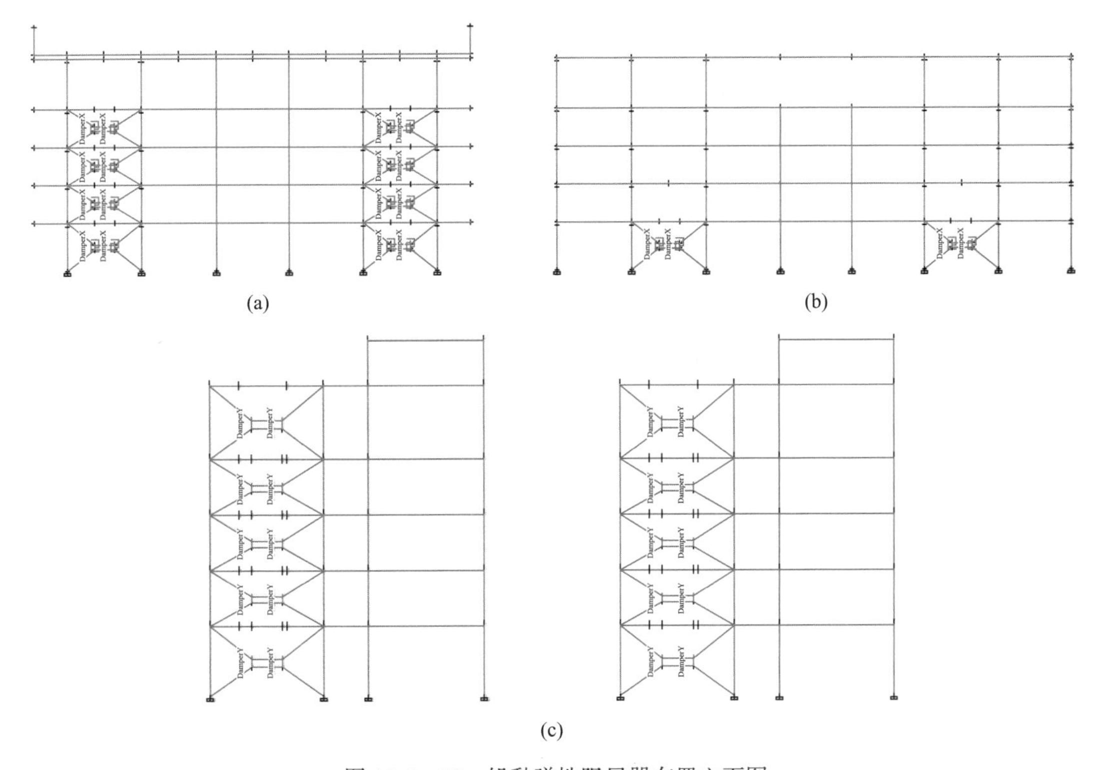

图 44.5－23　铅黏弹性阻尼器布置立面图

（a）1 轴立面阻尼器布置；（b）2 轴立面阻尼器布置；（c）3、4 轴立面阻尼器布置

表 44.5－26　铅黏弹性阻尼器技术参数

<table>
<tr><td rowspan="2">型号
（A 型）</td><td>约束钢板厚度
（mm）</td><td>剪切钢板厚度
（mm）</td><td>铅芯直径
（mm）
（个数）</td><td>薄钢板厚度
（mm）
（层数）</td><td>黏弹性层厚度
（mm）
（层数）</td><td>材料剪切模量
G/MPa</td></tr>
<tr><td>25</td><td>25</td><td>80（4）</td><td>3（4）</td><td>6（5）</td><td>0.45</td></tr>
<tr><td rowspan="2">性能参数
（A 型）</td><td colspan="2">初始刚度
K_0/（kN/mm）</td><td>屈服力
F_y/kN</td><td>屈服位移
y/mm</td><td colspan="2">屈服后刚度
（kN/mm）</td></tr>
<tr><td colspan="2">200</td><td>200</td><td>1</td><td colspan="2">4</td></tr>
</table>

注：钢材统一采用 Q345 钢，黏弹性材料剪切模量不应大于 0.45MPa。

1）Etabs 分析模型验证

结合模型信息，建立原结构的 Etabs 模型。同时，为验证该模型的准确性，将 Etabs 和 PKPM 模型计算得到的质量、周期、地震剪力进行对比，如表 44.5－27 至表 44.5－29 所示，表中误差的算法为：误差＝（PKPM－Etabs｜/PKPM）×100%。

表 44.5－27 原结构模型质量对比

PKPM/t	Etabs/t	差值/%
6749	6750	0.015

表 44.5－28 原结构模型周期对比

阶数	PKPM/s	Etabs/s	差值/%
3	0.97	0.99	2.06
2	0.88	0.89	1.14
1	0.86	0.88	2.33

表 44.5－29 原结构模型楼层剪力对比

层数	PKPM/kN		Etabs/kN		差值/%	
	X 向	Y 向	X 向	Y 向	X 向	Y 向
6	221	237	230	249	4.23	4.92
5	3299	3606	3135	3435	−4.97	−4.74
4	4623	5098	4458	4937	−3.57	−3.16
3	5570	6154	5438	6065	−2.37	−1.45
2	6223	6841	6283	7017	0.96	2.57
1	6687	7464	6866	7657	2.68	2.59

综合上述数据可以看出，原结构 Etabs 模型与 PKPM 模型的结构质量、计算周期和地震剪力的差异较小，由此可以认为，Etabs 模型作为本案例消能减震分析的有限元模型是相对准确的，且能较为真实地反映结构的基本特性。

2）地震波的选取

《建筑抗震设计规范》（GB 50011—2010）第 5.1.2 条规定：采用时程分析法时，应按建筑场地类别和设计地震分组选用实际强震记录和人工模拟的加速度时程，其中实际强震记录的数量不应少于总数的 2/3，多组时程的平均地震影响系数曲线应与振型分解反应谱法所采用的地震影响系数曲线在统计意义上相符。弹性时程分析时，每条时程计算的结构底部剪力不应小于振型分解反应谱计算结果的 65%，多条时程计算的结构底部剪力的平均值不应小于振型分解反应谱法计算结果的 80%。

本案例选取 5 条强震记录和 2 条人工模拟加速度时程，7 条时程曲线如图 44.5－24 所示，7 条时程反应谱和规范反应谱曲线如图 44.5－25 所示，基底剪力对比结果如表 44.5－30 所示。

表 44.5－30　原结构模型反应谱与时程工况的基底剪力对比

工况		反应谱	AW1	AW2	TH1	TH2	TH3	TH4	TH5	平均值
基底剪力/kN	X 向	6866	6333	6594	6097	7378	7553	5899	5933	6541
	Y 向	7657	6735	6826	8210	7374	6727	7965	8757	7514
比例/%	X 向	100	92.24	96.04	88.80	107.46	110.01	85.92	86.41	95.27
	Y 向	100	87.96	89.15	107.22	96.30	87.85	104.02	114.37	98.13

注：①比例为各时程分析与振型分解反应谱法得到的结构基底剪力之比。

②表中反应谱剪力取 Etabs 计算结果。

③各时程详细信息：

地震波信息	
原地震波名	报告中的地震波名
‘ArtWave-RH2TG040-PW’	AW1
‘ArtWave-RH3TG045－PW’	AW2
‘BigBear-01_NO_923（T_g=0.63）-SW’	TH1
‘BorregoMtn_NO_40（T_g=0.4）-PW’	TH2
‘Chi-Chi，Taiwan_NO_1191（T_g=0.51）-PW’	TH3
‘Chi-Chi，Taiwan-02_NO_2194（T_g=0.26）-SW’	TH4
‘Chi-Chi，Taiwan-03_NO_2456（T_g=0.7）-SW’	TH5

《抗震规范》规定：输入的地震加速度时程曲线的有效持续时间，一般从首次达到该时程曲线最大峰值的 10%那一刻算起，到最后一点达到最大峰值的 10%为止；无论是实际的强震记录还是人工模拟波形，有效持续时间一般为结构基本周期的 5~10 倍。详细情况见表 44.5－31，显然，表中所选的 7 条时程波满足《抗震规范》的规定要求。

表 44.5－31　时程波持续时间表

时程名称	第一次达到最大峰值 10%对应的时间（s）	最后一次达到最大峰值 10%对应的时间（s）	有效持续时间（s）	结构周期（s）	比值
AW1	0.72	19.72	19	0.99	19.11
AW2	0.6	17.58	16.98	0.99	17.08
TH1	3.01	47.26	44.25	0.99	44.52
TH2	0.415	38.07	37.655	0.99	37.88
TH3	9.564	88.628	79.064	0.99	79.54
TH4	1.15	35.545	34.395	0.99	34.60
TH5	3.392	48.164	44.772	0.99	45.04

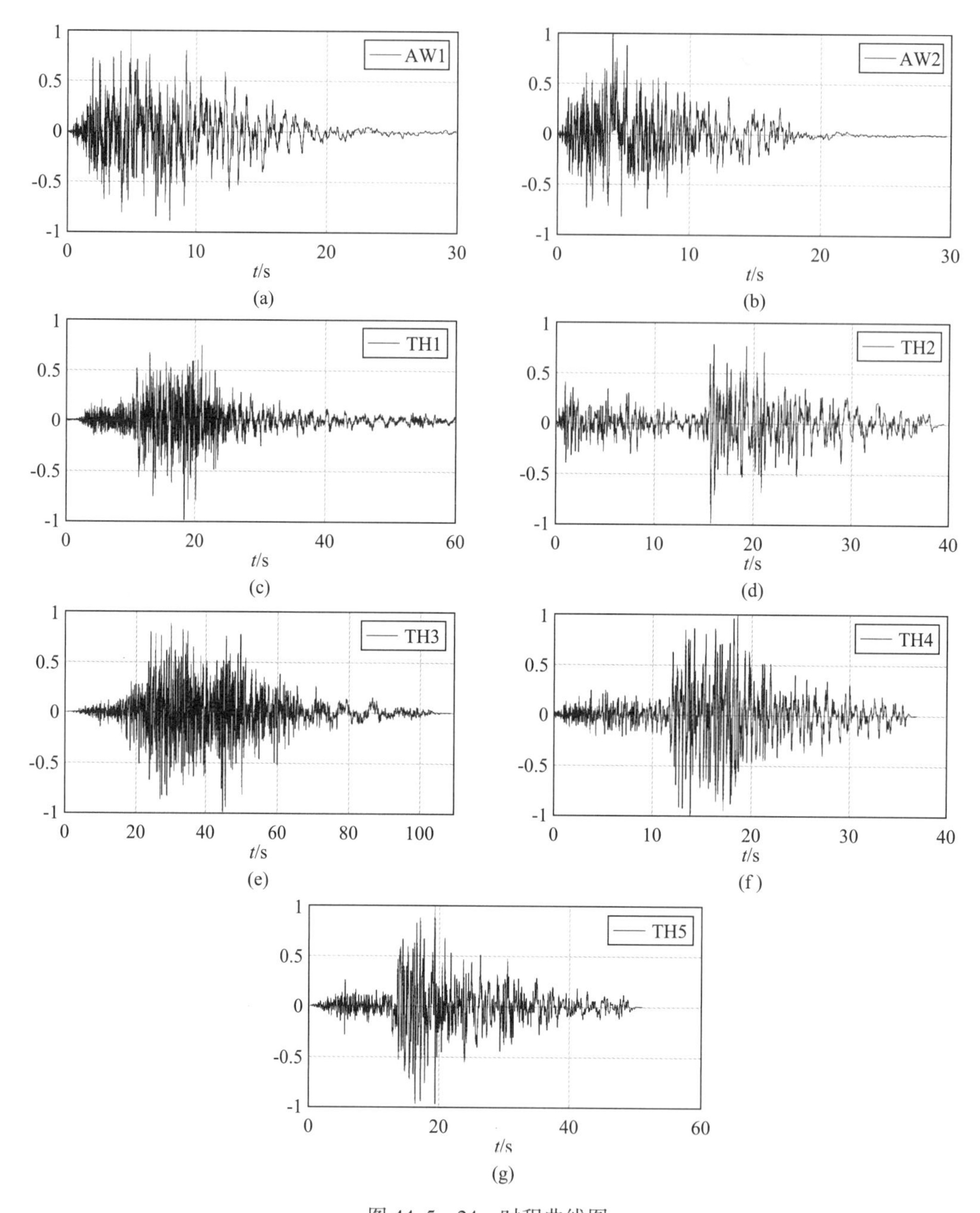

图 44.5-24 时程曲线图

(a) AW1 波；(b) AW2 波；(c) TH1 波；(d) TH2 波；(e) TH3 波；(f) TH4 波；(g) TH5 波

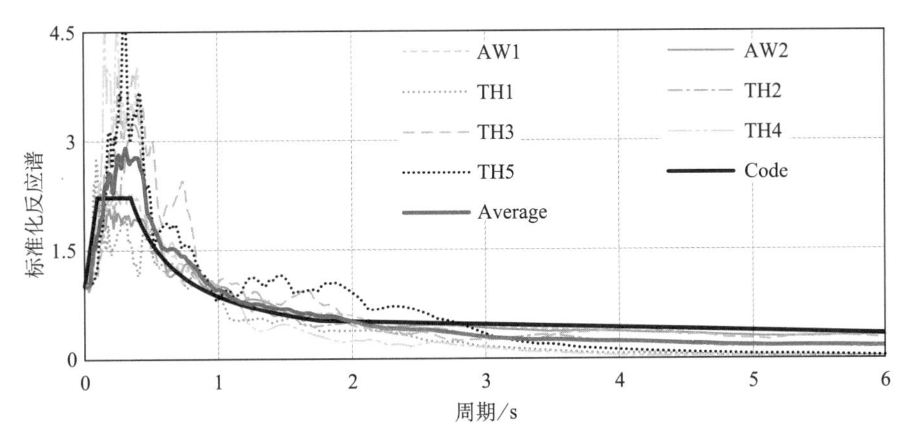

图 44.5－25　反应谱曲线图

表 44.5－32　原结构时程反应谱与规范反应谱影响系数对比

振型	结构周期/s	时程平均影响系数	规范反应谱影响系数	时程/规范
1	0.99	0.953	0.869	1.097
2	0.89	1.103	0.963	1.145
3	0.88	1.109	0.966	1.148

图 44.5－25 给出了各地震加速度时程反应谱、各地震加速度时程平均反应谱以及规范反应谱；表 44.5－32 给出了在结构基本周期处，地震加速度时程的地震影响系数均值以及反应谱的地震影响系数。结合图表结果可知，各时程平均反应谱与规范反应谱整体上较为接近，在结构基本周期处各地震加速度时程的地震影响系数均值与反应谱地震影响系数相近。

阻尼器设计布置应符合下列要求：

（1）本案例减震建筑之要求为在多遇地震下，其建筑主体结构仍保持弹性，且非结构构件无明显损坏；在罕遇地震考虑下，其减震阻尼器系统仍能正常发挥功能。

（2）阻尼器配置在层间相对位移或相对速度较大的楼层，条件允许时应采用合理形式增加阻尼器两端的相对变形或相对速度，以提高阻尼器的减震效率。

（3）消能减震结构设计时按各层消能部件的最大阻尼力进行截面设计。

（4）与阻尼器支撑相连接构件或接合构件需适当设计使其在罕遇地震作用下仍维持弹性或不屈状态。

（5）阻尼器及支撑的布置应基本满足建筑使用上的要求，并尽量对称布置，为了保护阻尼器的耐久性，可采用轻质强度低的防火材料作隔板把阻尼器包裹在隔墙中间。

3. 减震效果分析

采用非线性时程分析法进行消能减震结构的抗震性能分析和减震效果评价，并与振型反应谱分析法进行比较。时程波采用案例工程所选取的 7 条波，对于多遇地震输入时程，调整其峰值加速度，8 度（0.30g）为 110cm/s^2。为便于分析比较，将分析结构分为如下两种结构状态：结构 1（ST0）为不设阻尼器的主体结构；结构 2（ST1）为增设阻尼器后的主体结构，小震考虑填充墙的刚度折减效应。

对于多遇地震作用下的弹性工况分析基于 Etabs 软件进行，其中弹性时程分析采用软件所提供的快速非线性分析（FNA）方法，（即只考虑阻尼器的非线性、结构本身假设为线性），并进行多次分析迭代。分析内容包括：结构减震前后的层间剪力及层间位移角对比、阻尼器在多遇地震下的实际等效附加阻尼比计算和滞回耗能分析等。

对于罕遇地震作用下的工况基于 Perform-3D 软件进行，主要分析内容为：结构罕遇地震下抗震性能分析及阻尼器出力情况。

1）多遇地震作用下消能减震结构弹性分析

基于前面建立的 Etabs 模型（与 PKPM 模型对比验证其准确性），对消能减震结构进行多遇地震作用下的弹性分析，计算结果可取七条时程波计算的平均值和振型分解反应谱法的较大值。

（1）ST0 与 ST1 结构地震响应对比。

在 8 度（0.30g）多遇地震作用下，原结构（ST0）和消能减震结构（ST1）输入 7 条时程波的计算结果见表 44.5－33、表 44.5－34 和图 44.5－26、图 44.5－27。其中 ST1 结构的层间剪力通过框架柱分层截面切割读取，层间位移角通过读取层质心处的层间位移运算求得。综合图表结果可知，消能减震结构（ST1）在多遇地震作用下的层间剪力和层间位移角明显优于原结构（ST0），这说明结构附加铅黏弹性阻尼器之后的抗震性能获得大幅提高。

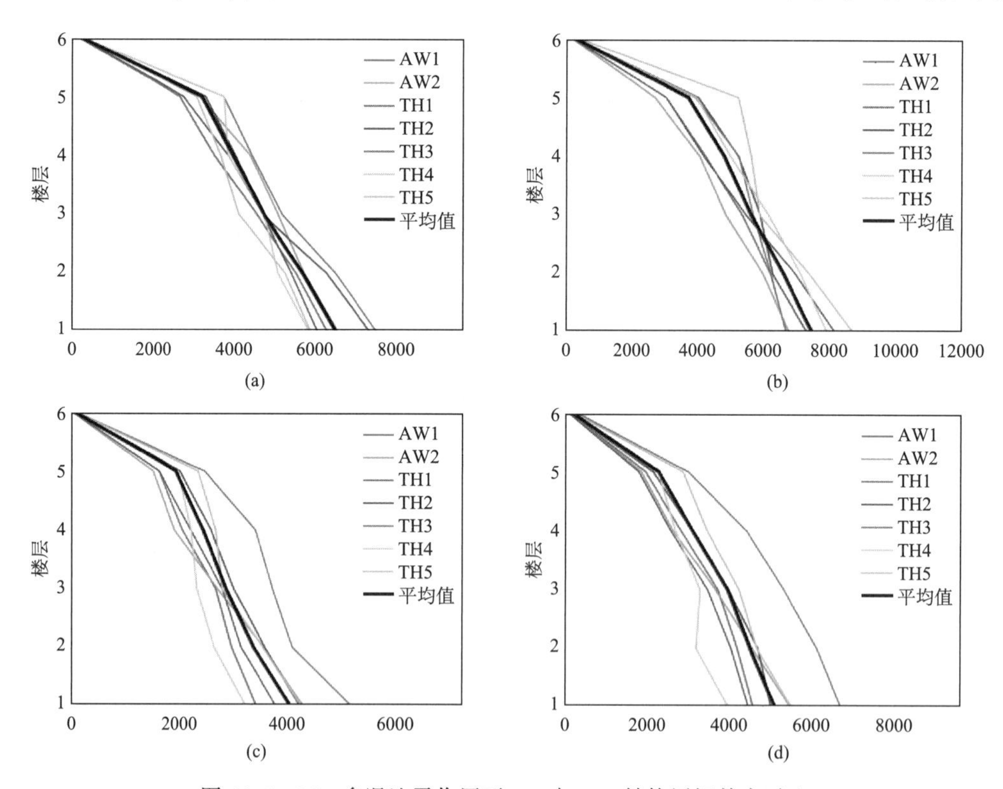

图 44.5－26　多遇地震作用下 ST0 与 ST1 结构层间剪力对比

（a）ST0 结构 X 向层间剪力（kN）；（b）ST0 结构 Y 向层间剪力（kN）；

（c）ST1 结构 X 向层间剪力（kN）；（d）ST1 结构 Y 向层间剪力（kN）

表 44.5-33　多遇地震作用下 ST0 与 ST1 层间剪力对比

层号	X 向																	
	ST0 楼层剪力/kN									ST1 楼层剪力/kN								
	反应谱	AW1	AW2	TH1	TH2	TH3	TH4	TH5	平均值	AW1	AW2	TH1	TH2	TH3	TH4	TH5	平均值	剪力均值比
6	230	200	236	211	243	279	282	233	241	161	147	159	195	238	193	233	189	0.79
5	3135	2691	3183	2785	3327	3768	3778	3109	3234	2251	2102	2257	2794	3406	2744	3243	2685	0.83
4	4458	3548	4416	3884	4053	4460	3878	3703	3992	2854	2653	3065	3559	4647	3073	3681	3362	0.84
3	5438	4576	5117	4728	4730	5219	4767	4138	4754	3681	3726	3842	4118	5085	3216	3839	3930	0.83
2	6283	5564	5763	5451	6305	6526	5120	5301	5719	4068	4856	4298	4886	5583	3643	4840	4596	0.8
1	6866	6333	6594	6097	7378	7553	5899	5933	6541	4676	5867	5175	5778	7039	4423	5818	5539	0.85
层号	Y 向																	
	ST0 楼层剪力/kN									ST1 楼层剪力/kN								
	反应谱	AW1	AW2	TH1	TH2	TH3	TH4	TH5	平均值	AW1	AW2	TH1	TH2	TH3	TH4	TH5	平均值	剪力均值比
6	249	224	195	226	295	286	300	394	274	196	195	166	234	435	216	341	255	0.93
5	3435	3055	2709	3055	4036	3951	3984	5258	3721	2504	2374	2296	2731	3812	2890	3649	2893	0.78
4	4937	4258	4086	4211	5259	5275	5022	5650	4823	3583	3343	3274	3928	5588	3414	4387	3931	0.82
3	6065	5377	4883	5498	5925	5712	6182	5913	5642	4712	4647	4398	5020	6722	4169	5360	5004	0.89
2	7017	6247	6021	7007	6307	6258	7165	7431	6634	5298	5767	5112	5938	7724	4050	5910	5685	0.86
1	7657	6735	6826	8210	7374	6727	7965	8757	7514	5799	6941	5650	6337	8448	5045	6971	6456	0.86

表 44.5－34　多遇地震作用下 ST0 与 ST1 层间位移角对比

层号	X 向																	
	ST0 层间位移角/rad									ST1 层间位移角/rad								
	反应谱	AW1	AW2	TH1	TH2	TH3	TH4	TH5	平均值	AW1	AW2	TH1	TH2	TH3	TH4	TH5	平均值	位移角均值比
6	1/6167	1/8055	1/6090	1/6900	1/6136	1/5054	1/5694	1/6840	1/6273	1/10078	1/10907	1/8744	1/7377	1/5759	1/8559	1/6129	1/7826	0.8
5	1/562	1/814	1/608	1/692	1/610	1/507	1/586	1/696	1/632	1/1081	1/1164	1/966	1/804	1/637	1/912	1/681	1/854	0.74
4	1/467	1/640	1/497	1/541	1/528	1/496	1/605	1/663	1/560	1/1032	1/987	1/851	1/817	1/637	1/929	1/812	1/848	0.66
3	1/408	1/474	1/442	1/464	1/468	1/457	1/526	1/604	1/486	1/842	1/754	1/725	1/724	1/611	1/981	1/840	1/767	0.63
2	1/495	1/410	1/410	1/431	1/391	1/390	1/494	1/495	1/428	1/827	1/638	1/734	1/649	1/595	1/996	1/694	1/714	0.6
1	1/580	1/553	1/535	1/589	1/518	1/502	1/617	1/645	1/561	1/1224	1/852	1/1055	1/940	1/758	1/1271	1/863	1/963	0.58

层号	Y 向																	
	ST0 层间位移角/rad									ST1 层间位移角/rad								
	反应谱	AW1	AW2	TH1	TH2	TH3	TH4	TH5	平均值	AW1	AW2	TH1	TH2	TH3	TH4	TH5	平均值	位移角均值比
6	1/4019	1/4551	1/5188	1/4767	1/3417	1/3471	1/3509	1/2673	1/3759	1/8786	1/7383	1/8563	1/6786	1/3616	1/7735	1/4456	1/6121	0.61
5	1/610	1/774	1/892	1/809	1/577	1/586	1/582	1/439	1/632	1/1339	1/1400	1/1387	1/1208	1/708	1/1274	1/847	1/1096	0.58
4	1/560	1/696	1/762	1/760	1/586	1/571	1/608	1/536	1/634	1/1177	1/1213	1/1122	1/1058	1/659	1/1291	1/896	1/1012	0.63
3	1/485	1/569	1/627	1/587	1/560	1/543	1/544	1/550	1/567	1/938	1/905	1/856	1/857	1/590	1/1042	1/821	1/835	0.68
2	1/565	1/520	1/563	1/473	1/510	1/542	1/481	1/456	1/504	1/832	1/736	1/755	1/731	1/552	1/1068	1/714	1/744	0.68
1	1/670	1/667	1/680	1/556	1/599	1/638	1/572	1/532	1/602	1/1001	1/796	1/922	1/846	1/684	1/1179	1/824	1/870	0.69

注：平均值为 7 条时程波均值，反应谱层间位移角取 pkpm 计算结果。

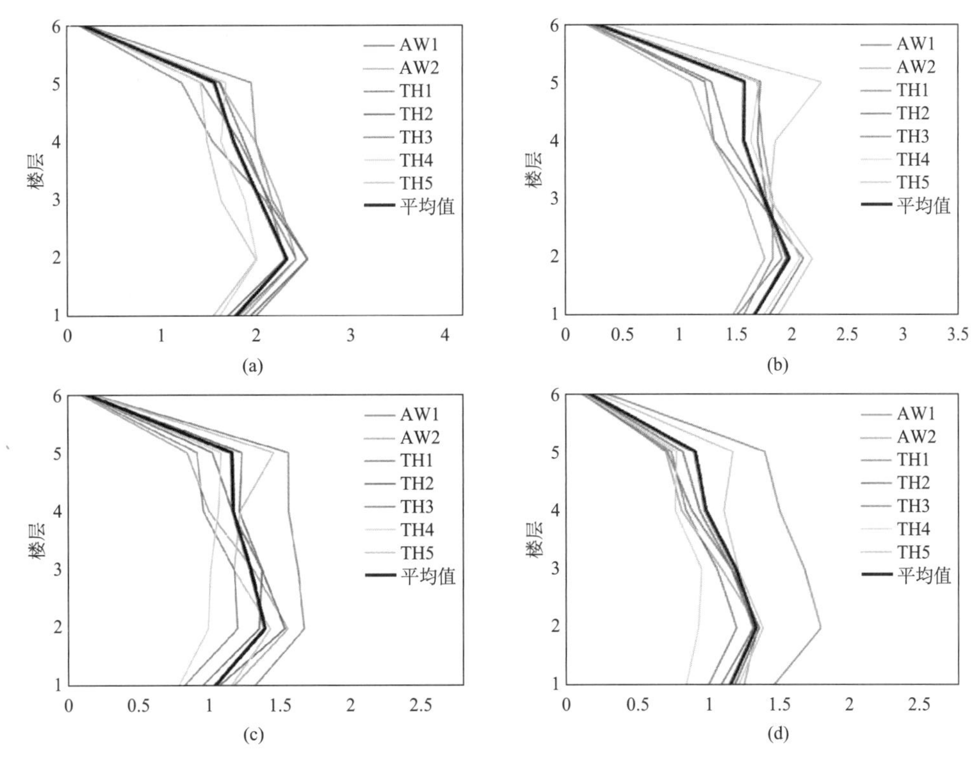

图 44.5－27 多遇地震作用下 ST0 与 ST1 结构层间位移角对比

（a）ST0 结构 X 向层间位移角（1/1000）；（b）ST0 结构 Y 向层间位移角（1/1000）；

（c）ST1 结构 X 向层间位移角（1/1000）；（d）ST1 结构 Y 向层间位移角（1/1000）

（2）阻尼器附加阻尼比计算。

本案例中铅黏弹性阻尼器附加给结构的等效阻尼比可按应变能法计算。当阻尼器采用梁式连接安装以受剪为主，且不计及其扭转影响时，消能减震结构在水平地震作用下的总应变能仍可按《建筑抗震设计规范》（GB 50011—2010）第 12.3.4 条进行估算。对于附加铅黏弹性阻尼器结构而言，其总应变能可由主体结构的应变能和铅黏弹性阻尼器的应变能叠加而得。进一步分析，铅黏弹性阻尼器的恢复力特性可通过直线型滞回模型（如理想弹塑性模型、弹性线性应变强化模型等）或曲线型滞回模型（如 Ramberg-Osgood 模型、Bouc-Wen 模型等）来表现。然而值得一提的是，无论是直线型滞回模型还是曲线型滞回模型，阻尼器的实际耗能滞回曲线形状都可以通过一个平行四边形来表征或等效，有区别的只是屈服点位置的表现形式。以双线性滞回模型（即弹性线性应变强化模型）为例，其滞回曲线呈现一个标准的平行四边形，该滞回模型的关键力学参数包括：初始刚度 k_{d0}、屈服力 F_{dy}、屈服后刚度与初始刚度比 α_d 和屈服位移 Δ_{dy}。在本案例中采用 Bouc-Wen 模型来模拟铅黏弹性阻尼器，其滞回耗能曲线在屈服点附近存在一个光滑圆弧过渡段，但在计算其滞回耗能时仍可近似等效为一个平行四边形，即阻尼器的滞回耗能面积可按图 44.5－28 的表现形式计算，单个阻尼器 i 在一个滞回循环中所耗散的能量 E_{di}、有效刚度 k_{dei} 及等效阻尼比 ξ_{ddi} 可分别按式（44.5－4）至式（44.5－6）式计算：

$$E_{di} = 4k_{d0i} \cdot \Delta_{dyi}^2 \cdot (1 - \alpha_{di})(\mu_{di} - 1) \tag{44.5-4}$$

$$k_{dei} = k_{d0i}(1 + \alpha_{di} \cdot \mu_{di} - \alpha_{di}) / \mu_{di} \tag{44.5-5}$$

$$\xi_{ddi} = \frac{E_{di}}{4\pi \cdot E_{pdi}} = \frac{E_{di}}{2\pi \cdot k_{dei} \cdot \Delta_{di}^2} = \frac{2(1 - \alpha_{di})(\mu_{di} - 1)}{\pi \cdot \mu_{di} \cdot (1 + \alpha_{di}\mu_{di} - \alpha_{di})} \tag{44.5-6}$$

式中　k_{d0i}、Δ_{dyi}、Δ_{di}、α_{di}、μ_{di}——阻尼器 i 的初始（弹性）刚度、屈服位移、最大变形、屈服刚度比及位移延性系数（$\mu_{di}=\Delta_{di}/\Delta_{dyi}$）；

E_{pdi}——阻尼器应变能。

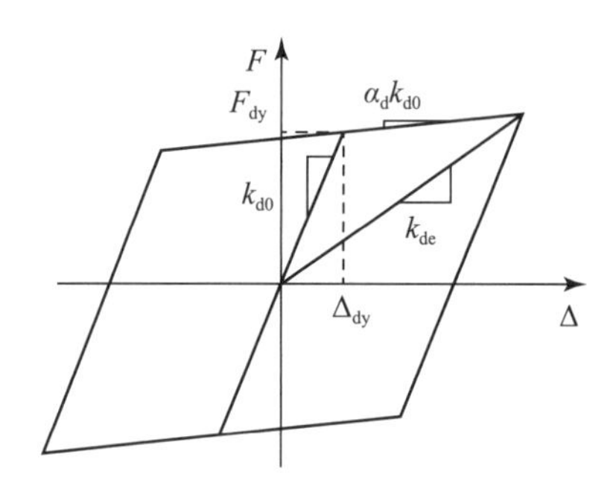

图 44.5－28　双线性滞回模型

有鉴于此，铅黏弹性阻尼器附加给结构的等效阻尼比 ζ_a 可按式（44.5－7）至式（44.5－10）计算：

$$\zeta_a = \frac{W_c}{4\pi \cdot W_s} = \frac{W_c}{4\pi \cdot (W_{fs} + W_{ds})} \tag{44.5-7}$$

$$W_c = 4\sum_{i=1}^{m} W_{ci} = 4\sum_{i=1}^{m}\sum_{j=1}^{N_{di}}\left[\frac{(1 - \alpha_{dij})\left(1 - \frac{1}{\mu_{ij}}\right)}{1 + \mu_{ij}\alpha_{dij} - \alpha_{dij}} F_{d,ij} \cdot \Delta_{d,ij}\right] \tag{44.5-8}$$

$$W_{fs} = \frac{1}{2}\sum_{i=1}^{m}(Q_{1i} \cdot \Delta_{1i}) \tag{44.5-9}$$

$$W_{ds} = \frac{1}{2}\sum_{i=1}^{m}\sum_{j=1}^{N_{di}}(F_{d,ij} \cdot \Delta_{d,ij}) \tag{44.5-10}$$

式中　W_c——所有铅黏弹性阻尼器在结构预期位移下往复一周所消耗的能量；

W_s——设置铅黏弹性阻尼器结构在预期位移下的总应变能；

W_{ci}——第 i 层消能部件在结构预期位移下往复一周所消耗的能量；

m——结构楼层总数；

N_{di}——第 i 层所安装阻尼器的总数目；

$E_{d(ij),max}$——第 i 层第 j 个阻尼器往复一周做功的最大值；

α_{dij}——第 i 层第 j 个阻尼器的屈服后刚度比；

μ_{ij}——第 i 层第 j 个阻尼器的位移延性系数；

$F_{d,ij}$——第 i 层第 j 个阻尼器的最大阻尼力；

$\Delta_{d,ij}$——第 i 层第 j 个阻尼器的最大位移；

W_{fs}——主体结构的应变能；

Q_{1i}、Δ_{1i}——减震结构第 i 层层间剪力和层间位移；

W_{ds}——附加铅黏弹性消能部件的应变能。

如图 44.5－29 所示分别为 AW1 时程多遇地震下减震结构中 S1D1 号（X 向）和 S1D9 号（Y 向）铅黏弹性阻尼器的滞回曲线。由图示可以看出，阻尼器的滞回曲线较为饱满，这说明结构中附加的铅黏弹性阻尼器在多遇地震作用下已经开始耗能，表现出较好的减震能力。

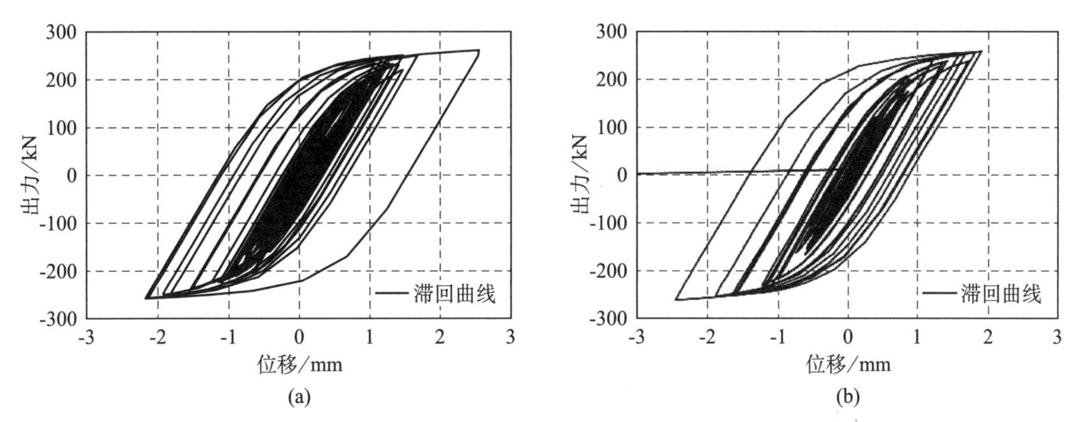

图 44.5－29　AW1 时程多遇地震作用下 ST1 结构 X、Y 向布置阻尼器的耗能情况

（a）阻尼器 S1D1 的滞回耗能；（b）阻尼器 S1D9 的滞回耗能

进一步分析，对 ST1 结构中布置的所有铅黏弹性阻尼器进行受力分析和位移校核，7 条时程波作用下的阻尼器出力、位移和结构总体等效附加阻尼比计算结果见表 44.5－35 至表 44.5－42。

表 44.5－35　等效附加阻尼比计算（AW1 波）

X 向				Y 向			
楼层号	层剪力	层位移	应变能	楼层号	层剪力	层位移	应变能
6	161	0.3	24	6	196	0.34	33
5	2251	4.44	4995	5	2504	3.58	4487
4	2854	3.49	4976	4	3583	3.06	5482
3	3681	4.28	7872	3	4712	3.84	9042
2	4068	4.35	8858	2	5298	4.33	11458
1	4676	3.76	8788	1	5799	4.6	13325
总应变能：		35514		总应变能：		43827	
阻尼器				阻尼器			
总耗散能量：		33795		总耗散能量：		33137	
附加阻尼比：		7.57%		附加阻尼比：		6.02%	

表 44.5－36　等效附加阻尼比计算（AW2 波）

X 向				Y 向			
楼层号	层剪力	层位移	应变能	楼层号	层剪力	层位移	应变能
6	147	0.28	20	6	195	0.41	40
5	2102	4.12	4332	5	2374	3.43	4069
4	2653	3.65	4841	4	3343	2.97	4959
3	3726	4.78	8899	3	4647	3.98	9243
2	4856	5.64	13691	2	5767	4.89	14109
1	5867	5.4	15838	1	6941	5.78	20048
总应变能：		47621		总应变能：		52468	
阻尼器				阻尼器			
总耗散能量：		40997		总耗散能量：		36075	
附加阻尼比：		6.85%		附加阻尼比：		5.47%	

表 44.5－37　等效附加阻尼比计算（TH1 波）

X 向				Y 向			
楼层号	层剪力	层位移	应变能	楼层号	层剪力	层位移	应变能
6	159	0.34	27	6	166	0.35	29
5	2257	4.97	5609	5	2296	3.46	3972
4	3065	4.23	6484	4	3274	3.21	5252
3	3842	4.97	9545	3	4398	4.21	9249
2	4298	4.9	10540	2	5112	4.77	12195
1	5175	4.36	11284	1	5650	4.99	14096
总应变能：		43489		总应变能：		44793	
阻尼器				阻尼器			
总耗散能量：		38274		总耗散能量：		29505	
附加阻尼比：		7.00%		附加阻尼比：		5.24%	

表 44.5-38　等效附加阻尼比计算（TH2 波）

X 向				Y 向			
楼层号	层剪力	层位移	应变能	楼层号	层剪力	层位移	应变能
6	195	0.41	40	6	234	0.44	52
5	2794	5.97	8335	5	2731	3.97	5425
4	3559	4.4	7838	4	3928	3.4	6680
3	4118	4.97	10245	3	5020	4.2	10543
2	4886	5.55	13549	2	5938	4.93	14626
1	5778	4.89	14131	1	6337	5.44	17228
总应变能：		54138		总应变能：		54555	
阻尼器				阻尼器			
总耗散能量：		44552		总耗散能量：		38575	
附加阻尼比：		6.55%		附加阻尼比：		5.63%	

表 44.5-39　等效附加阻尼比计算（TH3 波）

X 向				Y 向			
楼层号	层剪力	层位移	应变能	楼层号	层剪力	层位移	应变能
6	238	0.52	62	6	435	0.83	180
5	3406	7.54	12840	5	3812	6.78	12920
4	4647	5.65	13134	4	5588	5.46	15267
3	5085	5.89	14980	3	6722	6.1	20514
2	5583	6.05	16883	2	7724	6.52	25179
1	7039	6.07	21353	1	8448	6.73	28426
总应变能：		79252		总应变能：		102487	
阻尼器				阻尼器			
总耗散能量：		59105		总耗散能量：		61610	
附加阻尼比：		5.93%		附加阻尼比：		4.78%	

表 44.5－40 等效附加阻尼比计算（TH4 波）

X 向				Y 向			
楼层号	层剪力	层位移	应变能	楼层号	层剪力	层位移	应变能
6	193	0. 35	34	6	216	0. 39	42
5	2744	5. 27	7224	5	2890	3. 77	5445
4	3073	3. 87	5953	4	3414	2. 79	4762
3	3216	3. 67	5901	3	4169	3. 46	7203
2	3643	3. 61	6581	2	4050	3. 37	6823
1	4423	3. 62	8002	1	5045	3. 9	9843
总应变能：		33695		总应变能：		34118	
阻尼器				阻尼器			
总耗散能量：		31371		总耗散能量：		26939	
附加阻尼比：		7. 41%		附加阻尼比：		6. 28%	

表 44.5－41 等效附加阻尼比计算（TH5 波）

X 向				Y 向			
楼层号	层剪力	层位移	应变能	楼层号	层剪力	层位移	应变能
6	233	0. 49	57	6	341	0. 67	115
5	3243	7. 05	11435	5	3649	5. 67	10342
4	3681	4. 43	8158	4	4387	4. 02	8816
3	3839	4. 29	8225	3	5360	4. 38	11752
2	4840	5. 19	12561	2	5910	5. 04	14900
1	5818	5. 33	15498	1	6971	5. 58	19446
总应变能：		55934		总应变能：		65370	
阻尼器				阻尼器			
总耗散能量：		45989		总耗散能量：		45652	
附加阻尼比：		6. 54%		附加阻尼比：		5. 56%	

表 44.5-42　结构总体等效附加阻尼比计算

	地震波	AW1	AW2	TH1	TH2	TH3	TH4	TH5
X 向	结构总耗能	35514	47621	43489	54138	79252	33695	55934
	阻尼器耗能总和	33795	40997	38274	44552	59105	31371	45989
	阻尼比	7.57%	6.85%	7.00%	6.55%	5.93%	7.41%	6.54%
	阻尼比平均值	6.84%						
Y 向	地震波	AW1	AW2	TH1	TH2	TH3	TH4	TH5
	结构总耗能	43827	52468	44793	54555	102487	34118	65370
	阻尼器耗能总和	33137	36075	29505	38575	61610	26939	45652
	阻尼比	6.02%	5.47%	5.24%	5.63%	4.78%	6.28%	5.56%
	阻尼比平均值	5.57%						

2）罕遇地震作用下消能减震结构弹塑性分析

为达到罕遇地震作用下防倒塌的抗震设计目标，采用以抗震性能为基准的设计思想和位移为基准的抗震设计方法。基于性能化的抗震设计方法是使抗震设计从宏观定性的目标向具体量化的多重目标过渡，强调实施性能目标的深入分析和论证，具体来说就是通过复杂的非线性分析软件对结构进行分析，通过对结构构件进行充分的研究以及对结构的整体性能的研究，得到结构系统在地震下的反应，以证明结构可以达到预定的性能目标。因此，达到防倒塌设计目标的依据是限制结构的最大弹塑性变形在规定的限值以内。根据《建筑抗震设计规范》，取弹塑性最大层间位移角限值为 1/50。通过弹塑性时程分析得出阻尼器的最大位移和最大速度为设计提供参数依据。

（1）分析软件。

Perform-3D 软件的前身为 Drain-2DX 和 Drain-3DX 软件，是由美国加州大学的伯克利分校 Powell 教授等人开发，是一个用于建筑结构抗震设计的专业非线性计算软件。通过基于构件变形或强度的界限状态对复杂的结构（其中包含剪力墙结构）开展非线性分析。Perform-3D 软件为用户提供了强大的地震工程分析、计算工具来进行诸如静力推覆分析和非线性的动力时程分析，能同时在一个模型里实现静力以及动力非线性的分析，荷载也可以通过任意顺序施加，譬如动力时程分析结束后进行静力推覆分析。

（2）分析模型验证。

为了校核所建立 Perform-3D 模型的准确性，将 Perform-3D 和 PKPM 模型计算得到的质量、周期进行对比，如表 44.5-43、表 44.5-44 所示，表中差值 = |Perform-3D-PKPM|/ PKPM × 100%。

表 44.5-43　原结构模型质量对比

PKPM/t	Perform-3D/t	差值/%
6749	6887	2.04

表 44.5-44　原结构模型周期对比

阶数	PKPM/s	Perform-3D/s	差值/%
1	0.97	0.962	0.82
2	0.88	0.865	1.70
3	0.86	0.835	2.91

综合上述数据可以看出，原结构 Perform-3D 模型与 PKPM 模型的结构模型质量差别小，两者的结构动力特性基本一致。Perform-3D 模型的周期较 PKPM 模型周期相差不大。由此可以认为，Perform-3D 模型作为本案例消能减震分析的弹塑性计算模型是相对准确的，且能较为真实地反映结构的基本特性。

（3）消能减震结构罕遇地震响应分析。

罕遇地震分析时选取了 2 条强震记录和 1 条人工模拟加速度时程，3 条时程曲线如图 44.5-30 所示，3 条时程反应谱和规范反应谱曲线如图 44.5-31 所示，基底剪力对比结果如表 44.5-45 所示。

表 44.5-45　原结构模型反应谱与时程工况的基底剪力对比

工况		反应谱	AW1	TH1	TH5	平均值
基底剪力/kN	*X* 向	6866	6320	6515	6105	6313
	Y 向	7657	6785	6902	8205	7297
比例/%	*X* 向	100	92.05	94.89	88.92	91.95
	Y 向	100	88.61	90.14	107.16	95.30

注：①比例为各时程分析与振型分解反应谱法得到的结构基底剪力之比。

②各时程详细信息：

地震波信息	
原地震波名	报告中的地震波名
‘ArtWave-RH2TG040-PW’	AW1
‘BigBear-01_NO_923（T_g=0.63）-SW’	TH1
‘BorregoMtn_NO_40（T_g=0.4）-PW’	TH2

《抗震规范》规定：输入的地震加速度时程曲线的有效持续时间，一般从首次达到该时程曲线最大峰值的10%那一刻算起，到最后一点达到最大峰值的10%为止；无论是实际的

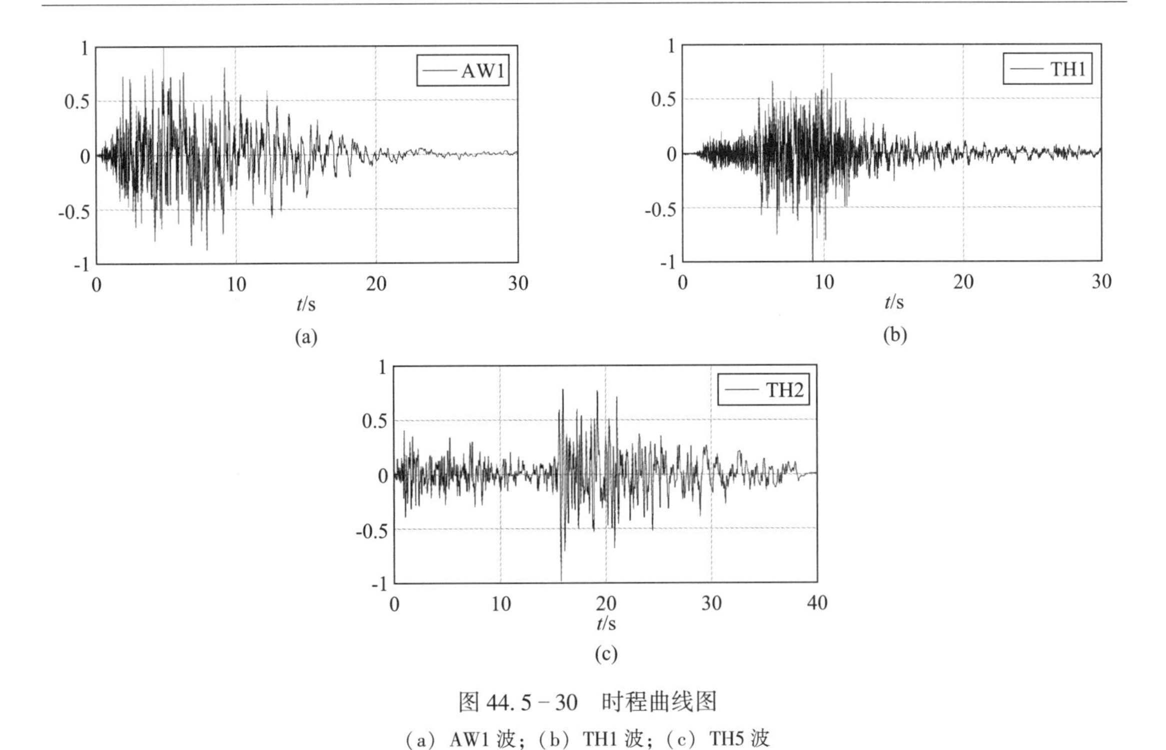

图 44.5－30　时程曲线图

（a）AW1 波；（b）TH1 波；（c）TH5 波

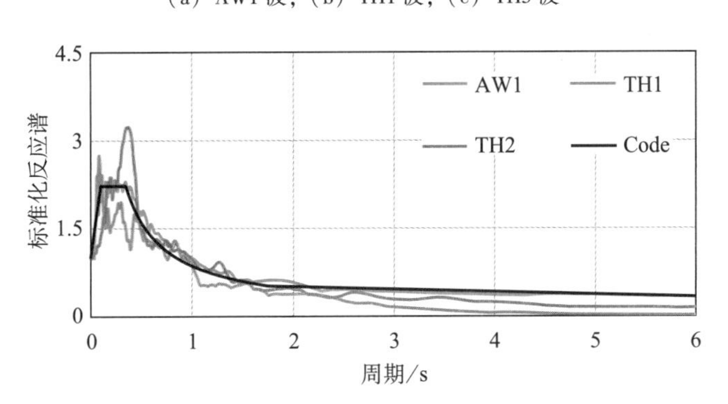

图 44.5－31　反应谱曲线图

强震记录还是人工模拟波形，有效持续时间一般为结构基本周期的 5～10 倍。详细情况见表 44.5－46、表 44.5－47，显然，由表可知所选的 3 条时程波满足《抗震规范》的规定要求。

表 44.5－46　时程波持续时间表

时程名称	第一次达到最大峰值 10%对应的时间（s）	最后一次达到最大峰值 10%对应的时间（s）	有效持续时间（s）	结构周期（s）	比值
AW1	0.72	19.72	19.00	0.962	19.75
TH1	3.01	47.26	44.25	0.962	46.00
TH5	0.415	38.07	37.66	0.962	39.14

表 44.5 - 47　原结构时程反应谱与规范反应谱影响系数对比

振型	结构周期/s	时程平均影响系数	规范反应谱影响系数	时程/规范
1	0.962	0.99	0.89	1.11
2	0.865	1.15	0.98	1.17
3	0.835	1.18	1.02	1.16

由图 44.5 - 31 可知，各时程平均反应谱与规范反应谱较为接近（结构基本周期处）。选择 AW1、TH1 和 TH5 三条时程波进行罕遇地震作用下的弹塑性动力时程分析，得到消能减震结构（ST1）的层间位移角，见表 44.5 - 48。

表 44.5 - 48　罕遇地震结构层间位移角（rad）

输入地震波		AW1		TH1		TH5		最大值	
地震作用方向		X 向	Y 向	X 向	Y 向	X 向	Y 向	X 向	Y 向
层数	层高/m	层间位移角							
1	4.6	1/373	1/1926	1/720	1/3173	1/385	1/2372	1/373	1/1926
2	3.6	1/155	1/276	1/244	1/376	1/177	1/295	1/155	1/276
3	3.6	1/195	1/281	1/235	1/374	1/250	1/361	1/195	1/281
4	3.6	1/193	1/250	1/224	1/281	1/188	1/205	1/188	1/205
5	4.8	1/146	1/125	1/185	1/164	1/113	1/105	1/113	1/105

各地震时程加速度的罕遇地震作用下，结构减震后（ST1）的 X、Y 向层间位移角如图 44.5 - 32 所示。

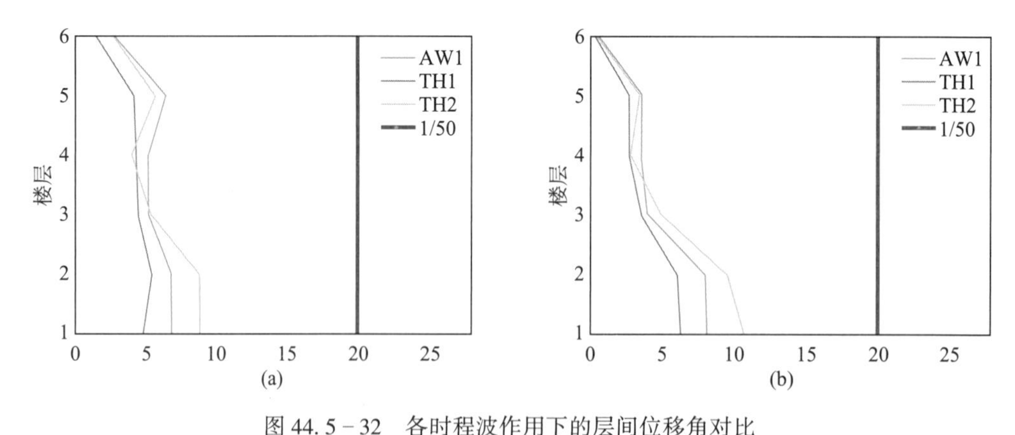

图 44.5 - 32　各时程波作用下的层间位移角对比

（a）X 向层间位移角对比（1/1000）；（b）Y 向层间位移角对比（1/1000）

由上述 AW1、TH1 和 TH5 三条时程波在罕遇地震作用下 X、Y 向的计算结果可知，消能减震结构（ST1）的层间位移角都小于 1/50，满足规范 1/50 的限值要求，这充分说明结构采用铅黏弹性阻尼器进行消能减震设计是切实有效的。

（4）罕遇地震作用下阻尼器出力分析。

对于罕遇地震作用下本案例黏滞阻尼器的出力分析仍然按 AW1、TH1 和 TH5 三条时程波分别检查。AW1 时程波罕遇地震作用下，结构中布置阻尼器的最大出力、最大位移见表 44.5－49。

表 44.5－49　AW1 时程作用下阻尼器出力位移分析

X 向阻尼器			*Y* 向阻尼器		
编号	出力/kN	变形/mm	编号	出力	变形
S1D10	284	31.17	S1D1	300	36.86
S1D11	284	31.11	S1D2	300	36.73
S1D12	284	31.15	S1D3	302	37.3
S1D5	284	30.89	S1D4	301	37:16
S1D6	284	30.9	S2D1	274	27.31
S1D7	284	30.84	S2D2	274	27.27
S1D8	284	30.84	S2D3	274	27.34
S1D9	285	31.18	S2D4	274	27.3
S2D5	264	23.72	S3D1	234	13.01
S2D6	264	23.78	S3D2	234	12.98
S2D7	262	23.25	S3D3	233	12.91
S2D8	262	23.29	S3D4	233	12.88
S3D5	245	16.9	S4D1	228	10.84
S3D6	244	16.87	S4D2	228	10.85
S3D7	246	17.56	S4D3	228	11.16
S3D8	246	17.51	S4D4	228	11.18
S4D5	246	17.39	S5D1	238	14.57
S4D6	246	17.41	S5D2	238	14.61
S4D7	244	16.64	S5D3	239	14.98
S4D8	244	16.66	S5D4	239	15.03

TH1 时程波罕遇地震作用下，结构中布置阻尼器的最大出力及最大位移见表 44.5－50。

表 44.5－50 TH1 时程作用下阻尼器出力位移分析

X 向阻尼器			Y 向阻尼器		
编号	出力/kN	变形/mm	编号	出力	变形
S1D10	260	22.37	S1D1	277	28.47
S1D11	260	22.45	S1D2	277	28.39
S1D12	260	22.43	S1D3	277	28.66
S1D5	257	21.48	S1D4	277	28.59
S1D6	257	21.42	S2D1	256	20.95
S1D7	257	21.52	S2D2	256	20.94
S1D8	257	21.46	S2D3	256	20.87
S1D9	260	22.44	S2D4	256	20.86
S2D5	249	18.47	S3D1	228	11.07
S2D6	249	18.43	S3D2	228	11.04
S2D7	250	18.89	S3D3	228	11
S2D8	250	18.83	S3D4	228	10.97
S3D5	238	14.57	S4D1	218	7.44
S3D6	238	14.56	S4D2	218	7.4
S3D7	240	15.13	S4D3	218	7.54
S3D8	239	15.09	S4D4	218	7.5
S4D5	235	13.56	S5D1	224	9.52
S4D6	235	13.53	S5D2	224	9.46
S4D7	237	14.31	S5D3	224	9.64
S4D8	237	14.29	S5D4	224	9.58

TH5 时程波罕遇地震作用下，结构中布置阻尼器的最大出力及最大位移见表 44.5－51。

表 44.5－51 TH5 时程作用下阻尼器出力位移分析

X 向阻尼器			Y 向阻尼器		
编号	出力/kN	变形/mm	编号	出力	变形
S1D10	311	40.56	S1D1	333	48.32
S1D11	311	40.49	S1D2	333	48.45
S1D12	311	40.53	S1D3	334	48.81
S1D5	309	40.01	S1D4	334	48.94

续表

X 向阻尼器			Y 向阻尼器		
编号	出力/kN	变形/mm	编号	出力	变形
S1D6	309	40.03	S2D1	287	32.1
S1D7	309	39.96	S2D2	287	32.13
S1D8	309	39.98	S2D3	287	32.1
S1D9	311	40.61	S2D4	287	32.13
S2D5	282	30.28	S3D1	241	15.79
S2D6	282	30.34	S3D2	241	15.78
S2D7	281	29.8	S3D3	241	15.77
S2D8	281	29.85	S3D4	241	15.76
S3D5	246	17.44	S4D1	220	8.22
S3D6	246	17.48	S4D2	220	8.22
S3D7	244	16.71	S4D3	221	8.43
S3D8	244	16.75	S4D4	221	8.43
S4D5	233	12.7	S5D1	237	14.16
S4D6	233	12.68	S5D2	237	14.09
S4D7	235	13.49	S5D3	238	14.66
S4D8	235	13.47	S5D4	238	14.59

综合表 44.5-49 至表 44.5-51，可知结构中所附加的铅黏弹性阻尼器在罕遇地震作用下的出力最大为 334kN，最大位移为 48.94mm。

（5）消能减震结构的弹塑性发展示意图。

以 TH1 时程波为代表，观察整体结构在罕遇地震作用下的弹塑性发展情况。其中图 44.5-33、图 44.5-34 分别为 TH1 时程波作用下整体结构 X、Y 向的弹塑性发展示意图。

由图 44.5-33、图 44.5-34 可知，设置铅黏弹性阻尼器的消能减震结构在罕遇地震作用下呈现“强柱弱梁”的塑性铰发展机制，主体结构在罕遇地震作用下的损伤状况能够得到有效控制和改善，整体结构具有良好的抗震性能，更有利于实现“大震不倒”的设防目标。

4. 消能子结构验算

消能子结构验算的内容和流程与 44.5.1 节设计案例一样，只是罕遇地震作用下消能减震结构相应的消能子结构（框架梁、柱及节点）内力不一样，故此处不作赘述，其计算和验算过程可参考 44.5.1 节设计案例的“消能子结构验算”。

5. 结论

使用 Etabs 软件和 Perform-3D 软件对普通结构和减震结构在 8 度（0.3g）地震作用下

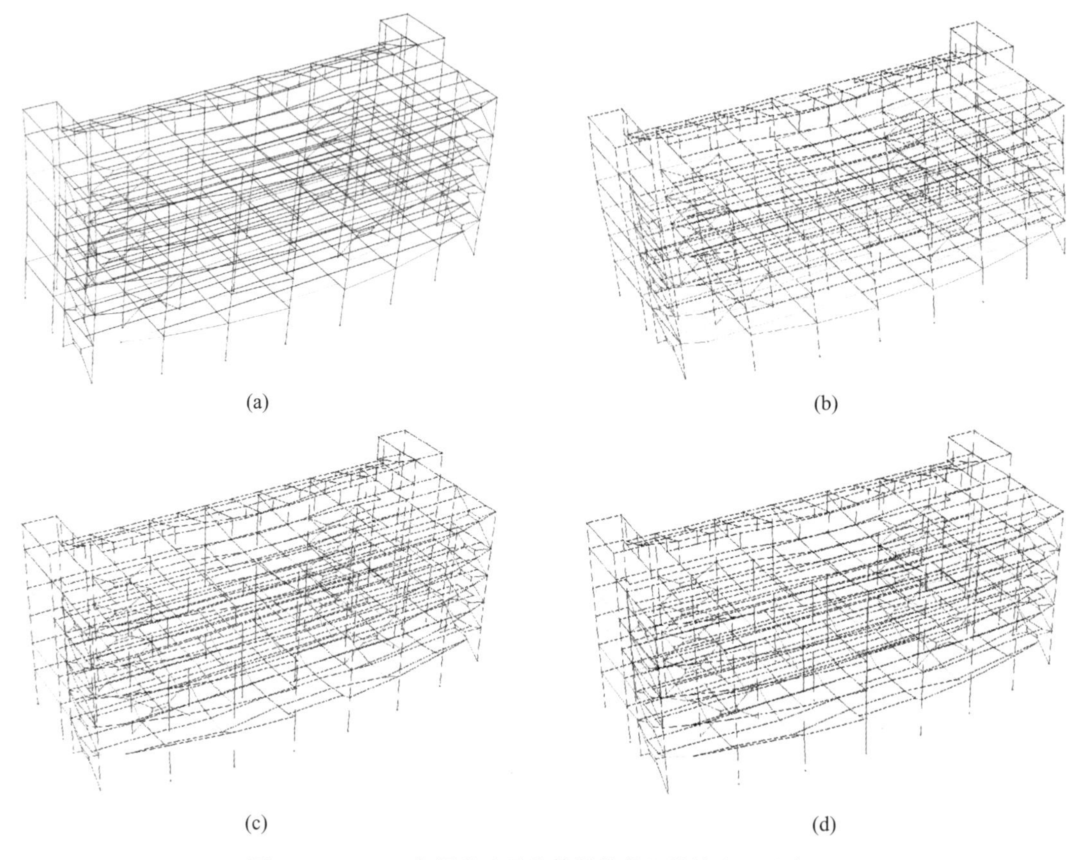

图 44.5 - 33　X 向罕遇地震整体结构的塑性铰发展示意图

(a) 5s 时；(b) 10s 时；(c) 15s 时；(d) 20s 时

进行反应谱分析和时程分析，分析了多遇地震作用下和罕遇地震作用下结构的反应，通过对比分析表明结构采用消能减震设计方案具有良好的效果和独特的优势，主要体现在以下几个方面：

（1）在结构中共设置铅黏弹性阻尼器 40 个。通过七条时程波的计算分析，得出多遇地震作用下铅黏弹性阻尼器所提供的等效附加阻尼比为 X 向 6.84% 和 Y 向 5.57%。建议不考虑铅黏弹性阻尼器的附加阻尼比，设置铅黏弹性阻尼器仅为结构提供多一重安全保障。

（2）在 8 度（0.3g）多遇地震作用下，原结构 X、Y 向的最大层位移角平均值分别是 1/428、1/504，消能减震结构 X、Y 向的最大层间位移角平均值则分别降低到 1/714、1/744。

（3）在 8 度（0.3g）多遇地震作用下，消能减震结构 X、Y 向层间位移角均小于原结构，X 向各楼层的最大位移角均值比为 0.80，Y 向各楼层的最大位移角均值比为 0.69，这表明结构附加铅黏弹性阻尼器减震设计后主体结构部分的抗震安全性有所提高，消能减震设计是可行有效的。

（4）结构中所附加的铅黏弹性阻尼器在罕遇地震作用下的出力最大 267kN，最大位移为 56mm。考虑到安全储备，建议阻尼器行程不小于±50mm。

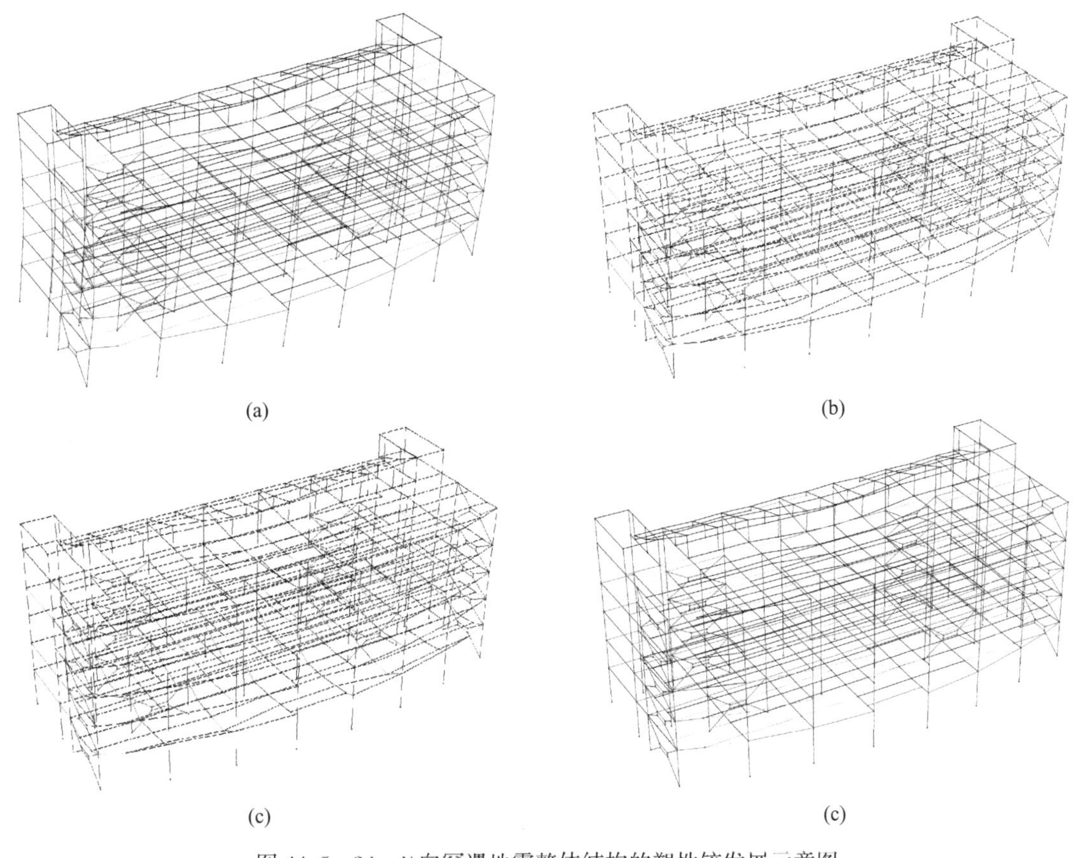

图 44.5－34　Y 向罕遇地震整体结构的塑性铰发展示意图

（a）5s 时；（b）10s 时；（c）15s 时；（d）20s 时

（5）设置铅黏弹性阻尼器的消能减震结构在罕遇地震作用下呈现“强柱弱梁”的塑性铰发展机制，主体结构在罕遇地震作用下的损伤状况能够得到有效控制和改善，从而使得整体结构具有良好的抗震性能，更有利于实现“大震不倒”的设防目标。

44.5.3　附加屈曲约束支撑减震结构设计案例

1. 工程概况

根据有关要求采用消能减震设计来进一步提高建筑物的可靠性和安全性。本案例的结构形式为框架结构，地上 6 层，地下 0 层，地下室 1.0m，首层层高 4.6m，二到四层层高 3.6m，五层层高 4.8m。结构首层平面图如图 44.5－35 所示。

1）结构设计参数

（1）场地的工程地质：

场地土的类型为中硬场地，场地类别 II 类。

（2）风荷载：

基本风压：按 50 年一遇的基本风压采用，取 0.75kN/m^2。

地面粗糙度：C 类

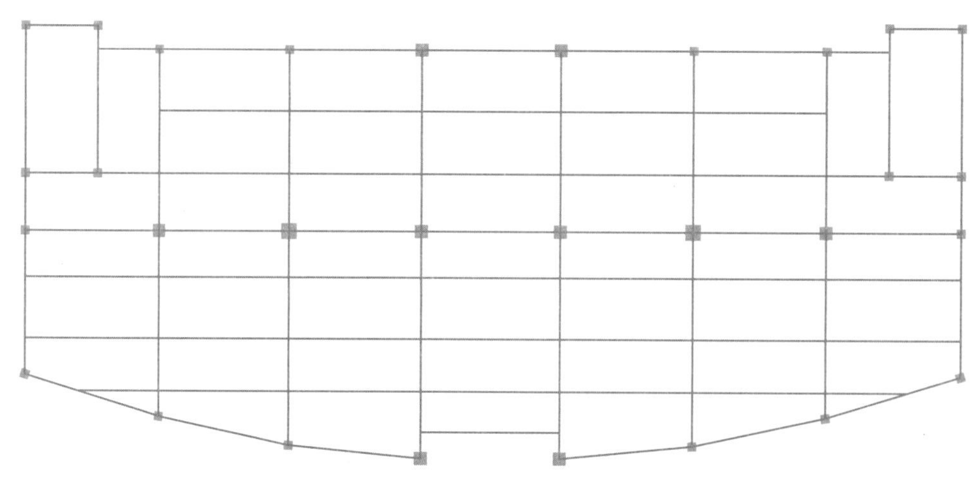

图 44.5－35　首层平面图

（3）地震荷载：

抗震设防烈度：8 度；

设计基本地震加速度：0.3g

设计地震分组：第二组

特征周期：T_g = 0.35s

2）结构设计标准

建筑抗震设防类别：丙类

建筑抗震设防烈度：8 度

混凝土框架抗震等级：一级

2. 减震方案设计

本案例拟通过附加屈曲约束支撑消能减震设计方案，使结构在多遇地震下满足当地 8 度（0.30g）抗震设防烈度下的层间位移角及位移比的规范要求；使结构在罕遇地震下能够控制和改善损伤状况，提高整体结构的抗震性能，有利于实现“大震不倒”的设防目标。

本案例采用屈曲约束支撑，其基本构造如图 44.5－36 所示。在本案例减震设计中，共安装 40 个屈曲约束支撑，其规格和数量详见表 44.5－52 所列，屈曲约束支撑平面及空间布

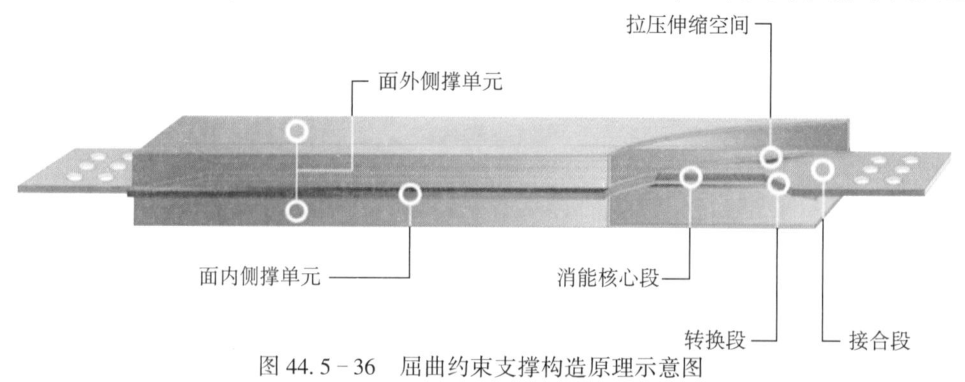

图 44.5－36　屈曲约束支撑构造原理示意图

置位置详见图 44.5－37、图 44.5－38。其中阻尼器的编号 SXDX 中的 SX 代表所在的立面楼层，如 1 层为 S1；DX 代表该楼层的阻尼器的编号。

表 44.5－52　屈曲约束支撑技术参数

层号	方向	BRB				
		长度/mm	刚度/（kN/mm）	屈服力/kN	屈服位移/mm	数量
1	*X*	5000	350	1200	4.1	8
	Y	5000	350	1200	4.1	4
2~4	*X*	4200	400	1200	3.5	12
	Y	4200	360	1500	4.5	12
5	*X*	5100	300	1200	4.1	0
	Y	5100	300	1200	4.1	4

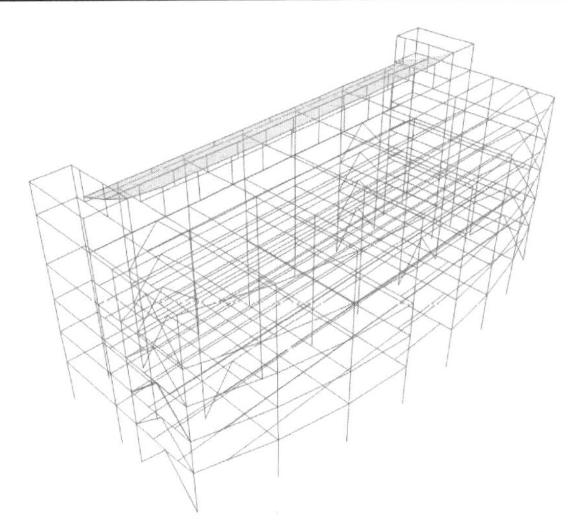

图 44.5－37　附加屈曲约束支撑减震结构 ETABS 模型

1）Etabs 分析模型验证

结合模型信息，建立原结构的 Etabs 模型。同时，为验证该模型的准确性，将 Etabs 和 PKPM 模型计算得到的质量、周期、地震剪力进行对比，如表 44.5－53 至表 44.5－55 所示，表中误差的算法为：误差=（PKPM−Etabs | /PKPM）×100%。

表 44.5－53　原结构模型质量对比

PKPM/t	Etabs/t	差值/%
6749	6750	0.015

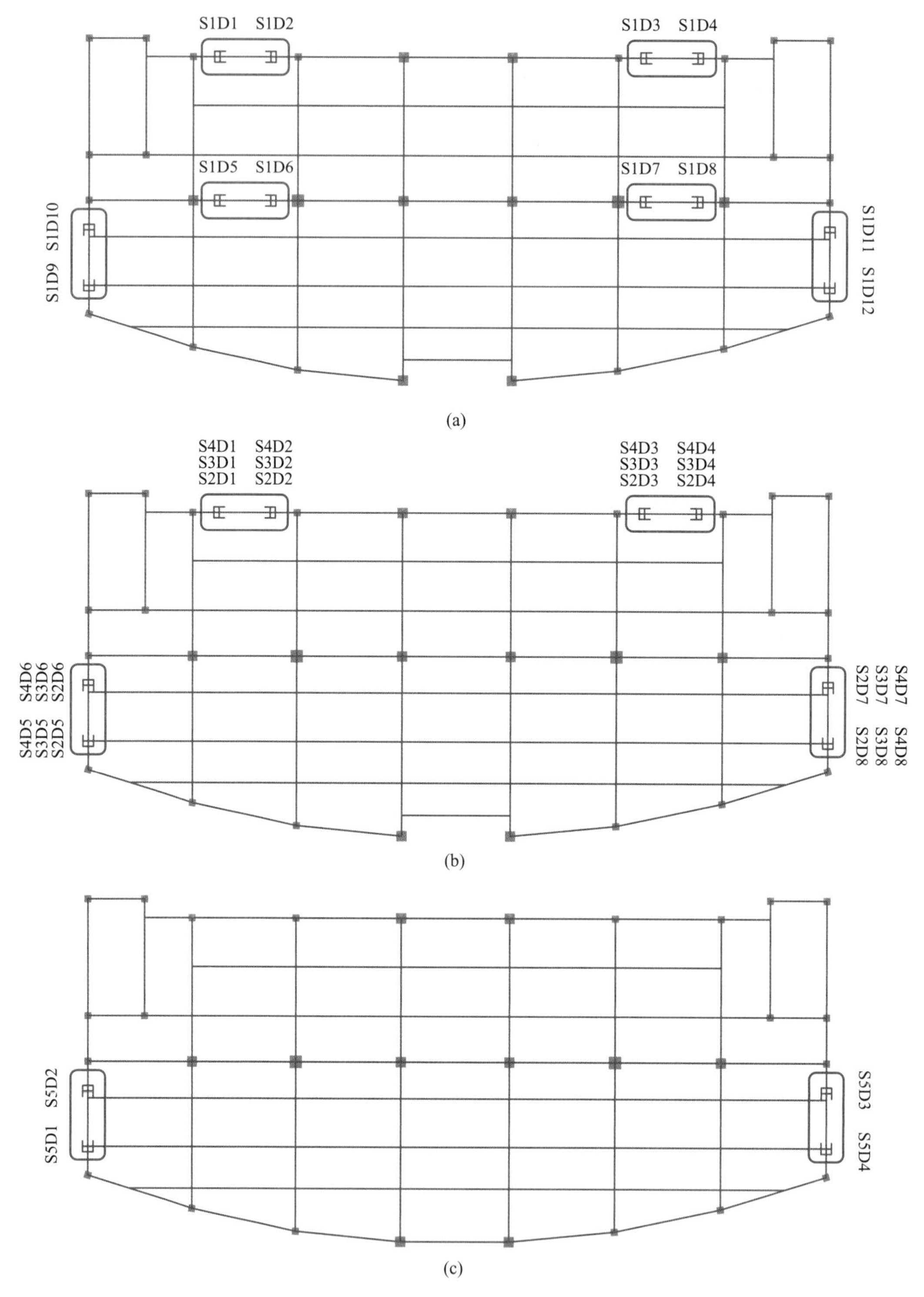

图 44.5－38　屈曲约束支撑首层布置平面图

（a）首层 BRB 布置平面图；（b）二层～四层 BRB 布置平面图；（c）五层 BRB 布置平面图

表 44.5-54　原结构模型周期对比

阶数	PKPM/s	Etabs/s	差值/%
3	0.97	0.99	2.06
2	0.88	0.89	1.14
1	0.86	0.88	2.33

表 44.5-55　原结构模型楼层剪力对比

层数	PKPM/kN		Etabs/kN		差值/%	
	X 向	Y 向	X 向	Y 向	X 向	Y 向
6	221	237	230	249	4.23	4.92
5	3299	3606	3135	3435	-4.97	-4.74
4	4623	5098	4458	4937	-3.57	-3.16
3	5570	6154	5438	6065	-2.37	-1.45
2	6223	6841	6283	7017	0.96	2.57
1	6687	7464	6866	7657	2.68	2.59

综合上述数据可以看出，原结构 Etabs 模型与 PKPM 模型的结构质量、计算周期和地震剪力的差异较小，由此可以认为，Etabs 模型作为本案例消能减震分析的有限元模型是相对准确的，且能较为真实地反映结构的基本特性。

2）地震波的选取

《建筑抗震设计规范》（GB 50011—2010）5.1.2 条规定：采用时程分析法时，应按建筑场地类别和设计地震分组选用实际强震记录和人工模拟的加速度时程，其中实际强震记录的数量不应少于总数的 2/3，多组时程的平均地震影响系数曲线应与振型分解反应谱法所采用的地震影响系数曲线在统计意义上相符。弹性时程分析时，每条时程计算的结构底部剪力不应小于振型分解反应谱计算结果的 65%，多条时程计算的结构底部剪力的平均值不应小于振型分解反应谱法计算结果的 80%。

本案例选取 5 条强震记录和 2 条人工模拟加速度时程，7 条时程曲线如图 44.5-40 所示，7 条时程反应谱和规范反应谱曲线如图 44.5-41 所示，基底剪力对比结果如表 44.5-56 所示。

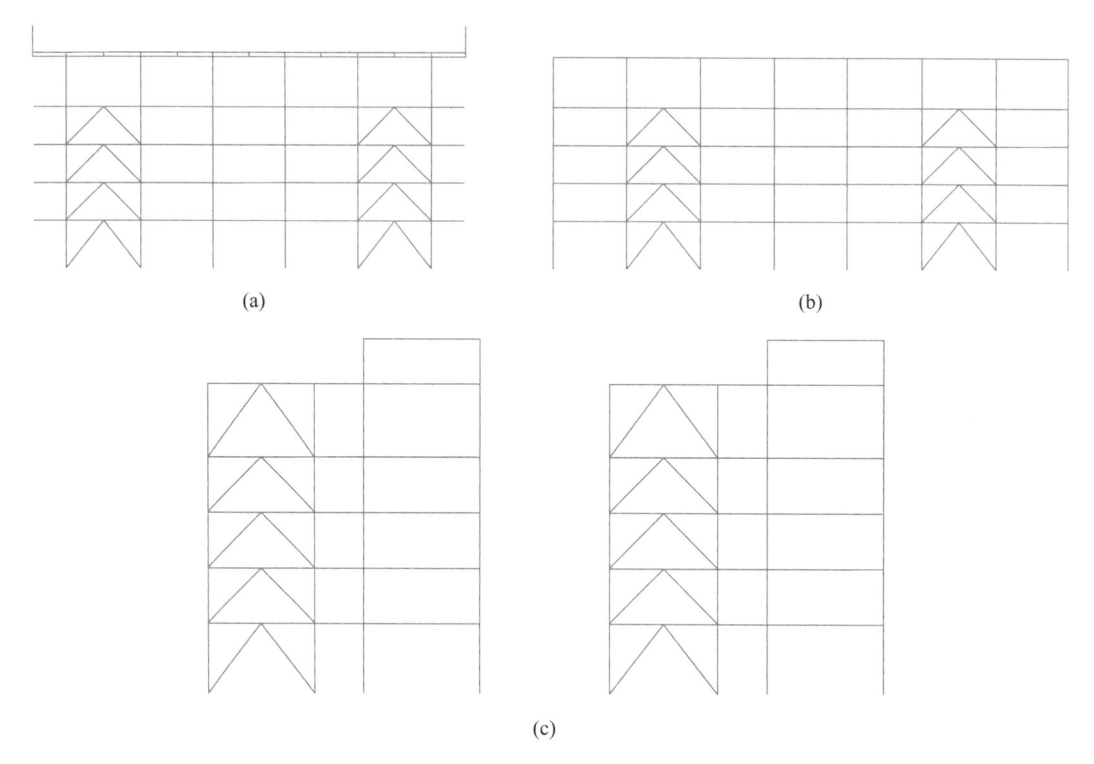

图 44.5－39　屈曲约束支撑布置立面图

（a）1 轴立面 BRB 布置；（a）2 轴立面 BRB 布置；（a）3、4 轴立面 BRB 布置

表 44.5－56　原结构模型反应谱与时程工况的基底剪力对比

工况		反应谱	AW1	AW2	TH1	TH2	TH3	TH4	TH5	平均值
基底剪力/kN	X 向	6866	6333	6594	6097	7378	7553	5899	5933	6541
	Y 向	7657	6735	6826	8210	7374	6727	7965	8757	7514
比例/%	X 向	100	92. 24	96. 04	88. 80	107. 46	110. 01	85. 92	86. 41	95. 27
	Y 向	100	87. 96	89. 15	107. 22	96. 30	87. 85	104. 02	114. 37	98. 13

注：①比例为各时程分析与振型分解反应谱法得到的结构基底剪力之比。

②表中反应谱剪力取 Etabs 计算结果。

③各时程详细信息：

地震波信息	
原地震波名	报告中的地震波名
‘ArtWave-RH2TG040-PW’	AW1
‘ArtWave-RH3TG045-PW’	AW2
‘BigBear-01_NO_923（T_g＝0. 63）-SW’	TH1
‘BorregoMtn_NO_40（T_g＝0. 4）-PW’	TH2

续表

地震波信息	
原地震波名	报告中的地震波名
‘Chi-Chi，Taiwan_NO_1191（T_g=0.51）-PW’	TH3
‘Chi-Chi，Taiwan-02_NO_2194（T_g=0.26）-SW’	TH4
‘Chi-Chi，Taiwan-03_NO_2456（T_g=0.7）-SW’	TH5

《抗震规范》规定：输入的地震加速度时程曲线的有效持续时间，一般从首次达到该时程曲线最大峰值的 10%那一刻算起，到最后一点达到最大峰值的 10%为止；无论是实际的强震记录还是人工模拟波形，有效持续时间一般为结构基本周期的 5~10 倍。详细情况见表 44.5-57，可见所选的七条时程波满足《抗震规范》的规定要求。

表 44.5-57　时程波持续时间表

时程名称	第一次达到最大峰值 10%对应的时间（s）	最后一次达到最大峰值 10%对应的时间（s）	有效持续时间（s）	结构周期（s）	比值
AW1	0.72	19.72	19	0.99	19.11
AW2	0.6	17.58	16.98	0.99	17.08
TH1	3.01	47.26	44.25	0.99	44.52
TH2	0.415	38.07	37.655	0.99	37.88
TH3	9.564	88.628	79.064	0.99	79.54
TH4	1.15	35.545	34.395	0.99	34.60
TH5	3.392	48.164	44.772	0.99	45.04

图 44.5-41 给出了各地震加速度时程反应谱、各地震加速度时程平均反应谱以及规范反应谱；表 44.5-58 给出了在结构基本周期处，地震加速度时程的地震影响系数均值以及反应谱的地震影响系数。结合图表结果可知，各时程平均反应谱与规范反应谱整体上较为接近，在结构基本周期处各地震加速度时程的地震影响系数均值与反应谱地震影响系数相近。

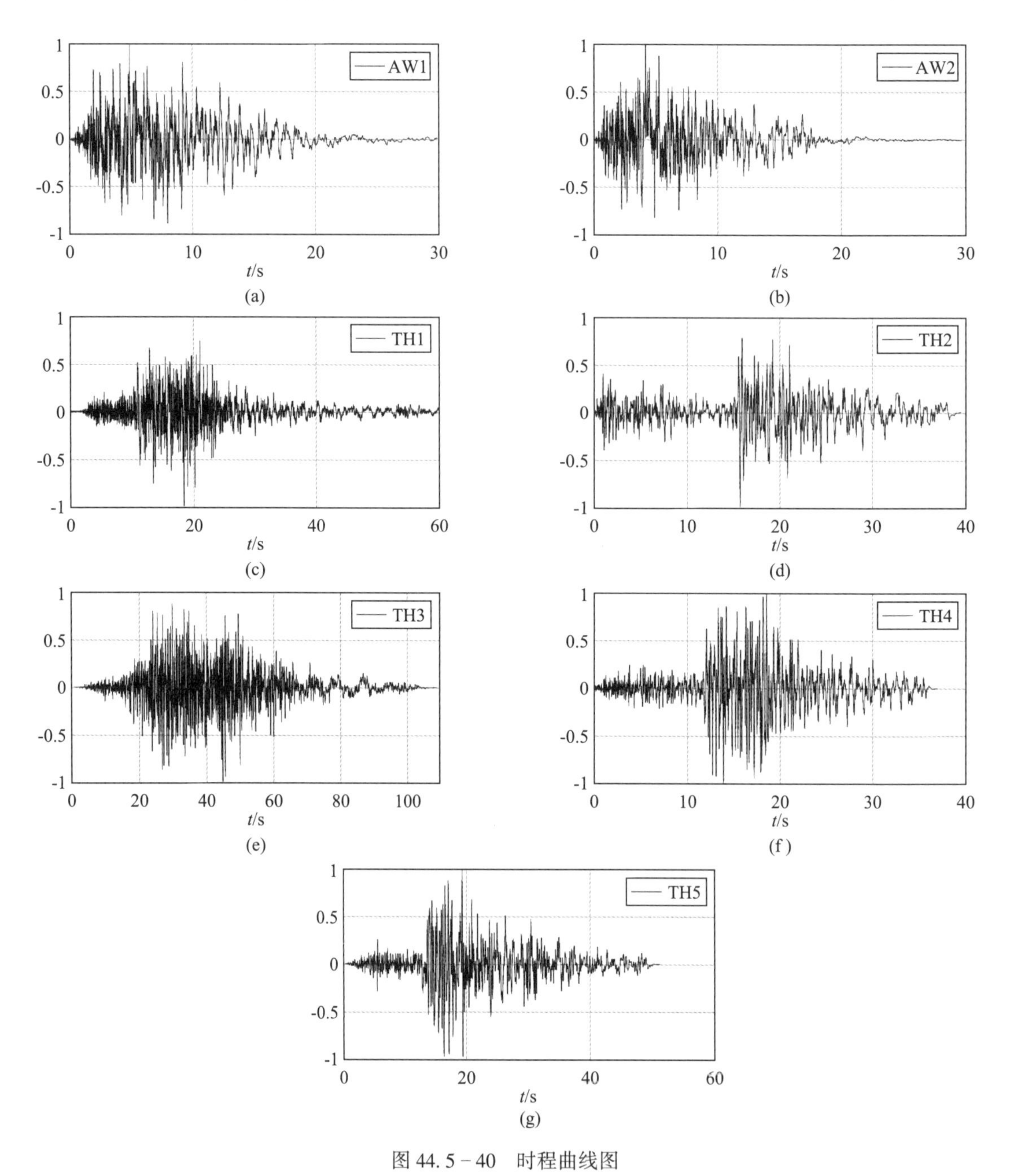

图 44.5-40 时程曲线图

（a）AW1 波；（b）AW2 波；（c）TH1 波；（d）TH2 波；（e）TH3 波；（f）TH4 波；（g）TH5 波

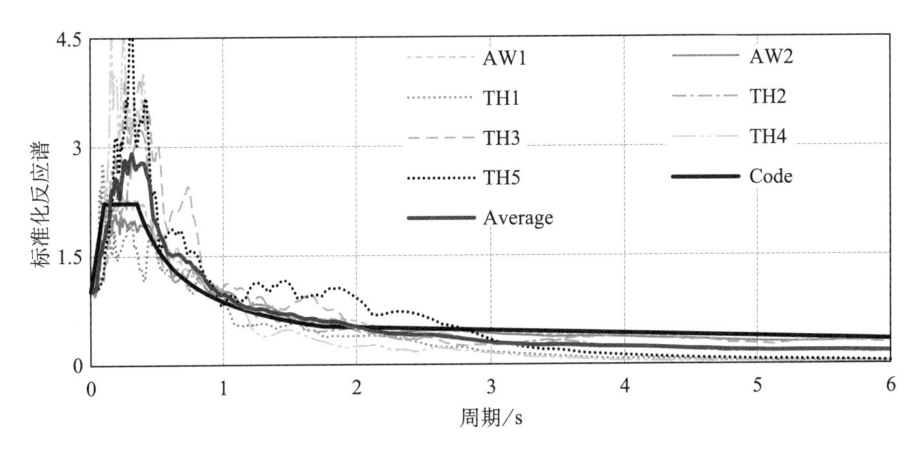

图 44.5－41　反应谱曲线图

表 44.5－58　原结构时程反应谱与规范反应谱影响系数对比

振型	结构周期/s	时程平均影响系数	规范反应谱影响系数	时程/规范
1	0.99	0.953	0.869	1.097
2	0.89	1.103	0.963	1.145
3	0.88	1.109	0.966	1.148

屈曲约束支撑设计布置应符合下列要求：

（1）本案例减震建筑之要求为在多遇地震下，其建筑主体结构仍保持弹性，且非结构构件无明显损坏；在罕遇地震考虑下，其屈曲约束支撑系统仍能正常发挥功能。

（2）屈曲约束支撑配置在层间相对位移较大的楼层，条件允许时应采用合理形式增加屈曲约束支撑两端的相对变形，以提高其减震效率。

（3）消能减震结构设计时按各层消能部件的最大阻尼力进行截面设计。

（4）与屈曲约束支撑相连接构件或接合构件需适当设计使其在罕遇地震作用下仍维持弹性或不屈状态。

（5）屈曲约束支撑的布置应基本满足建筑使用上的要求，并尽量对称布置，为了保护屈曲约束支撑的耐久性，可采用轻质强度低的防火材料作隔板把屈曲约束支撑包裹在隔墙中间。

3. 减震效果分析

采用非线性时程分析法进行消能减震结构的抗震性能分析和减震效果评价。时程波采用前面选取的 7 条波，对于多遇地震输入时程，调整其峰值加速度，8 度（0.30g）为 110cm/s^2。为便于分析比较，将分析结构分为如下两种结构状态：结构 1（ST0）为不设 BRB 的主体结构；结构 2（ST1）增设 BRB 后的主体结构，小震考虑填充墙的刚度折减效应。

对于多遇地震作用下的弹性工况分析基于 Etabs 软件进行，其中弹性时程分析采用软件所提供的快速非线性分析（FNA）方法，考虑到本案例所采用的 BRB 在多遇地震下不发生屈服耗能，在结构中仅提供附加刚度作用。故分析内容为结构减震前后的层间位移角对比。

对于罕遇地震作用下的工况基于 Perform-3D 软件进行，主要分析内容为：结构罕遇地震下抗震性能分析及 BRB 出力情况。

1）多遇地震作用下消能减震结构弹性分析

基于前面建立的 Etabs 模型（与 PKPM 模型对比验证其准确性），对消能减震结构进行多遇地震作用下的弹性分析，计算结果可取七条时程波计算的平均值和振型分解反应谱法的较大值。在 8 度（0.20g）多遇地震作用下，原结构（ST0）和消能减震结构（ST1）输入七条时程波的计算结果见表 44.5－59 和图 44.5－42。其中 ST1 结构的层间位移角通过读取层质心处的层间位移运算求得。综合图表结果可知，消能减震结构（ST1）在多遇地震作用下的层间位移角明显优于原结构（ST0），这说明结构附加 BRB 之后的抗侧刚度获得大幅提高。

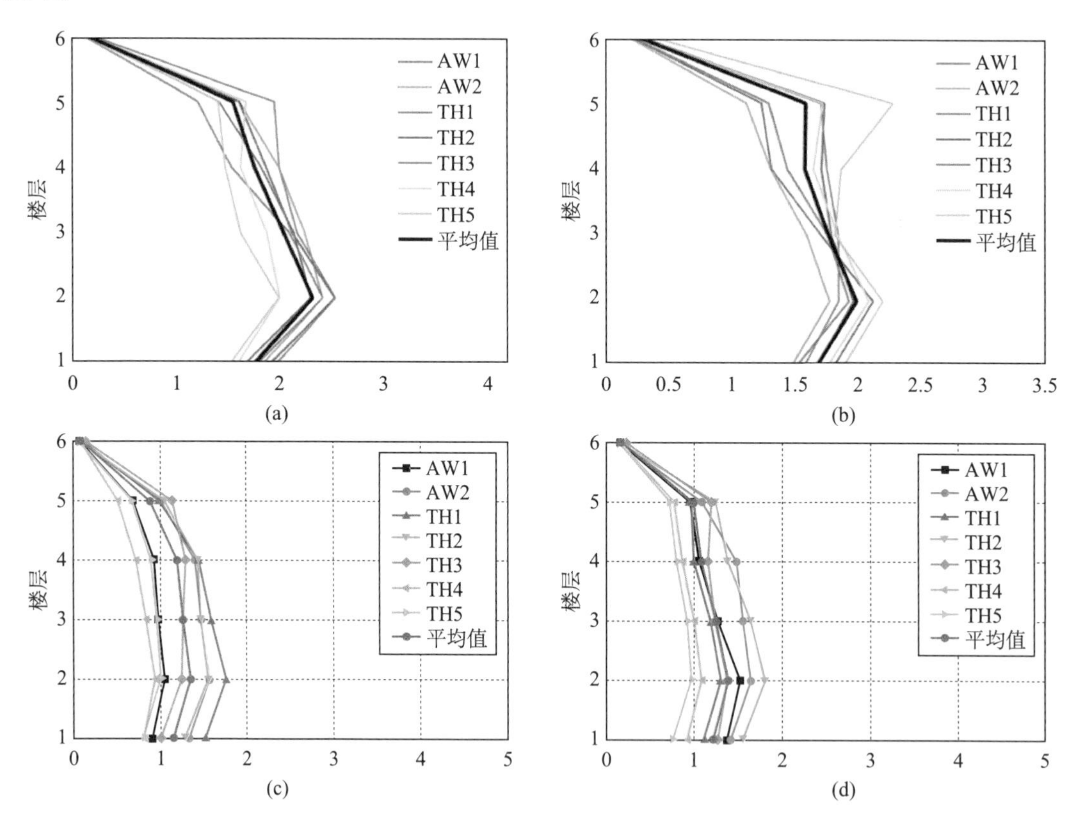

图 44.5－42 多遇地震作用下 ST0 与 ST1 结构层间位移角对比

（a）ST0 结构 X 向层间位移角（1/1000）；（b）ST0 结构 Y 向层间位移角（1/1000）；（c）ST1 结构 X 向层间位移角（1/1000）；（d）ST1 结构 Y 向层间位移角（1/1000）

2）罕遇地震作用下消能减震结构弹塑性分析

为达到罕遇地震作用下防倒塌的抗震设计目标，采用以抗震性能为基准的设计思想和位移为基准的抗震设计方法。基于性能化的抗震设计方法是使抗震设计从宏观定性的目标向具体量化的多重目标过渡，强调实施性能目标的深入分析和论证，具体来说就是通过复杂的非

表 44.5-59　多遇地震作用下 ST0 与 ST1 层间位移角对比

层号	X 向																		
	ST0 层间位移角/rad									ST1 层间位移角/rad									位移角均值比
	反应谱	AW1	AW2	TH1	TH2	TH3	TH4	TH5	平均值	反应谱	AW1	AW2	TH1	TH2	TH3	TH4	TH5	平均值	
6	1/6167	1/8055	1/6090	1/6900	1/6136	1/5054	1/5694	1/6840	1/6273	1/8130	1/10753	1/8850	1/9346	1/8621	1/6944	1/15385	1/11765	1/9456	0.66
5	1/562	1/814	1/608	1/692	1/610	1/507	1/586	1/696	1/632	1/961	1/1453	1/986	1/1018	1/953	1/874	1/1927	1/1464	1/1124	0.56
4	1/467	1/640	1/497	1/541	1/528	1/496	1/605	1/663	1/560	1/708	1/1072	1/719	1/693	1/701	1/769	1/1377	1/1075	1/837	0.67
3	1/408	1/474	1/442	1/464	1/468	1/457	1/526	1/604	1/486	1/655	1/1026	1/681	1/632	1/681	1/796	1/1211	1/1021	1/793	0.61
2	1/495	1/410	1/410	1/431	1/391	1/390	1/494	1/495	1/428	1/597	1/951	1/639	1/567	1/646	1/802	1/1071	1/974	1/740	0.58
1	1/580	1/553	1/535	1/589	1/518	1/502	1/617	1/645	1/561	1/693	1/1100	1/756	1/651	1/776	1/1000	1/1232	1/1190	1/874	0.64

层号	Y 向																		
	ST0 层间位移角/rad									ST1 层间位移角/rad									位移角均值比
	反应谱	AW1	AW2	TH1	TH2	TH3	TH4	TH5	平均值	反应谱	AW1	AW2	TH1	TH2	TH3	TH4	TH5	平均值	
6	1/4019	1/4551	1/5188	1/4767	1/3417	1/3471	1/3509	1/2673	1/3759	1/4975	1/5814	1/5952	1/5814	1/4587	1/4651	1/7143	1/7752	1/5654	0.66
5	1/610	1/774	1/892	1/809	1/577	1/586	1/582	1/439	1/632	1/881	1/1034	1/1047	1/1037	1/810	1/840	1/1263	1/1376	1/1004	0.63
4	1/560	1/696	1/762	1/760	1/586	1/571	1/608	1/536	1/634	1/786	1/955	1/922	1/1012	1/719	1/873	1/1161	1/1229	1/930	0.68
3	1/485	1/569	1/627	1/587	1/560	1/543	1/544	1/550	1/567	1/673	1/797	1/807	1/843	1/608	1/808	1/993	1/1071	1/801	0.71
2	1/565	1/520	1/563	1/473	1/510	1/542	1/481	1/456	1/504	1/612	1/664	1/722	1/764	1/550	1/726	1/908	1/1020	1/720	0.70
1	1/670	1/667	1/680	1/556	1/599	1/638	1/572	1/532	1/602	1/717	1/740	1/787	1/903	1/645	1/790	1/1076	1/1272	1/829	0.73

注：平均值为 7 条时程波均值，反应谱层间位移角取 pkpm 计算结果。

线性分析软件对结构进行分析，通过对结构构件进行充分的研究以及对结构的整体性能的研究，得到结构系统在地震下的反应，以证明结构可以达到预定的性能目标。因此，达到防倒塌设计目标的依据是限制结构的最大弹塑性变形在规定的限值以内。根据《建筑抗震设计规范》，取弹塑性最大层间位移角限值为 1/50。通过弹塑性时程分析得出阻尼器的最大位移和最大速度为设计提供参数依据。

（1）分析软件。

Perform-3D 软件的前身为 Drain-2DX 和 Drain-3DX 软件，是由美国加州大学的伯克利分校 Powell 教授等人开发，是一个用于建筑结构抗震设计的专业非线性计算软件。通过基于构件变形或强度的界限状态对复杂的结构（其中包含剪力墙结构）开展非线性分析。Perform-3D 软件为用户提供了强大的地震工程分析、计算工具来进行诸如静力推覆分析和非线性的动力时程分析，能同时在一个模型里实现静力以及动力非线性的分析，荷载也可以通过任意顺序施加，譬如动力时程分析结束后进行静力推覆分析。

（2）分析模型验证。

为了校核所建立 Perform-3D 模型的准确性，将 Perform-3D 和 PKPM 模型计算得到的质量、周期进行对比，如表 44.5 - 60、表 44.5 - 61 所示，表中差值 = |Perform-3D-PKPM|/PKPM ×100%。

表 44.5 - 60　原结构模型质量对比

PKPM/t	Perform-3D/t	差值/%
6749	6887	2.04

表 44.5 - 61　原结构模型周期对比

阶数	PKPM/s	Perform-3D/s	差值/%
1	0.97	0.962	0.82
2	0.88	0.865	1.70
3	0.86	0.835	2.91

综合上述数据可以看出，原结构 Perform-3D 模型与 PKPM 模型的结构模型质量差别小，两者的结构动力特性基本一致。Perform-3D 模型的周期较 PKPM 模型周期相差不大。由此可以认为，Perform-3D 模型作为本案例消能减震分析的弹塑性计算模型是相对准确的，且能较为真实地反映结构的基本特性。

（3）BRB 在 Perform-3D 中的实现。

以 Y-1 处 BRB 为例介绍 Perform-3D 中 BRB 材料属性的定义。首先创建一个塑性的屈曲约束支撑本构（Inelastic→BRB（Buckling Restrained Brace）），如图 44.5 - 43 所示；然后定义一个弹性杆件（Elastic→Linear Elastic Bar），如图 44.5 - 44 所示；最后再将两者结合（Compound→BRB Compound Component）如图 44.5 - 45。材料属性定义完成后，在对支撑进

行布置并赋予材料属性。

（4）消能减震结构罕遇地震响应分析。

罕遇地震分析时选取了 2 条强震记录和 1 条人工模拟加速度时程，3 条时程曲线如图 44. 5 - 46 所示，3 条时程反应谱和规范反应谱曲线如图 44. 5 - 47 所示，基底剪力对比结果见表 44. 5 - 62。

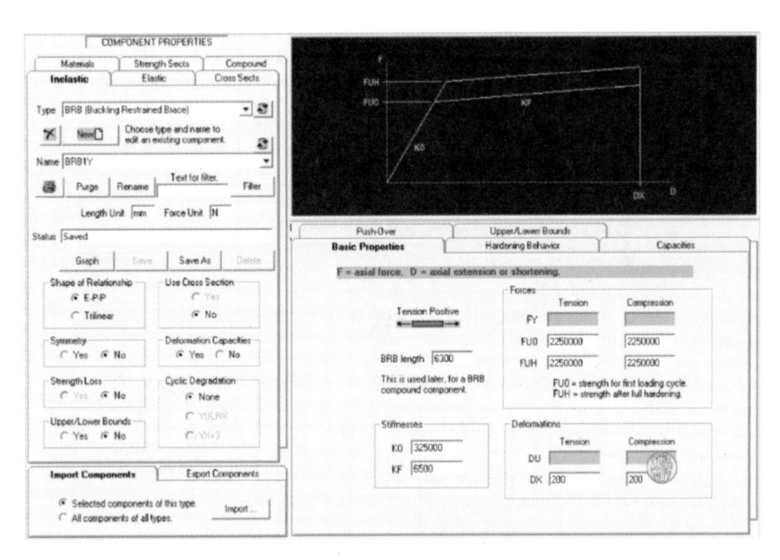

图 44. 5 - 43　创建塑性属性

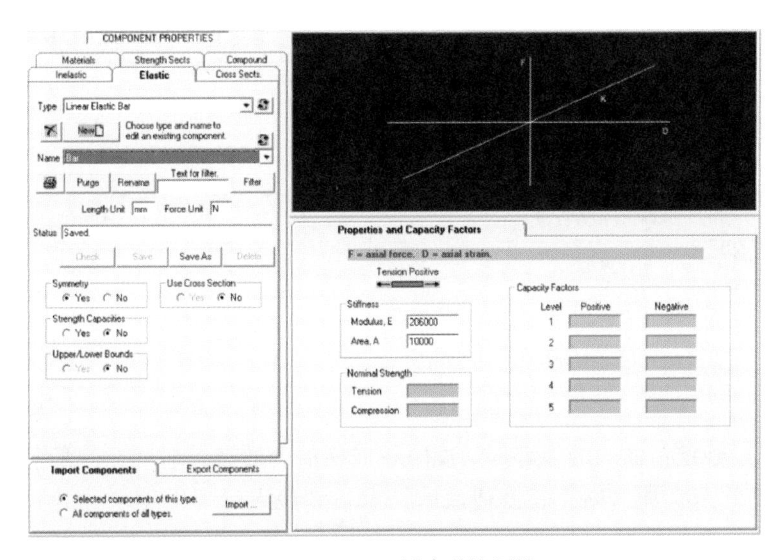

图 44. 5 - 44　创建弹性属性

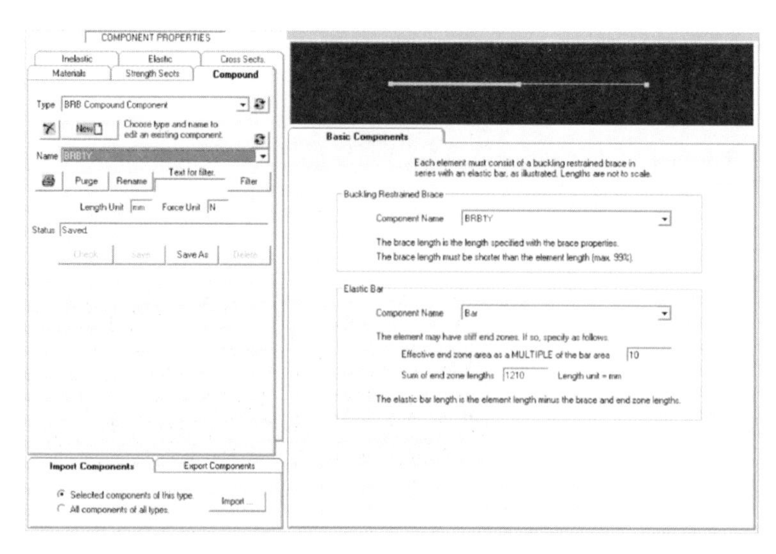

图 44.5 - 45　形成 BRB 材料属性

表 44.5 - 62　原结构模型反应谱与时程工况的基底剪力对比

工况		反应谱	AW1	TH1	TH5	平均值
基底剪力/kN	X 向	6866	6320	6515	6105	6313
	Y 向	7657	6785	6902	8205	7297
比例/%	X 向	100	92.05	94.89	88.92	91.95
	Y 向	100	88.61	90.14	107.16	95.30

注：①比例为各时程分析与振型分解反应谱法得到的结构基底剪力之比。

②各时程详细信息：

地震波信息	
原地震波名	报告中的地震波名
'ArtWave-RH2TG040-PW'	AW1
'BigBear-01_NO_923（T_g=0.63）-SW'	TH1
'BorregoMtn_NO_40（T_g=0.4）-PW'	TH2

《抗震规范》规定：输入的地震加速度时程曲线的有效持续时间，一般从首次达到该时程曲线最大峰值的10%那一刻算起，到最后一点达到最大峰值的 10% 为止；无论是实际的强震记录还是人工模拟波形，有效持续时间一般为结构基本周期的 5～10 倍。详细情况见表 44.5 - 63、表 44.5 - 64，显然，由表可知所选的三条时程波满足《抗震规范》的规定要求。

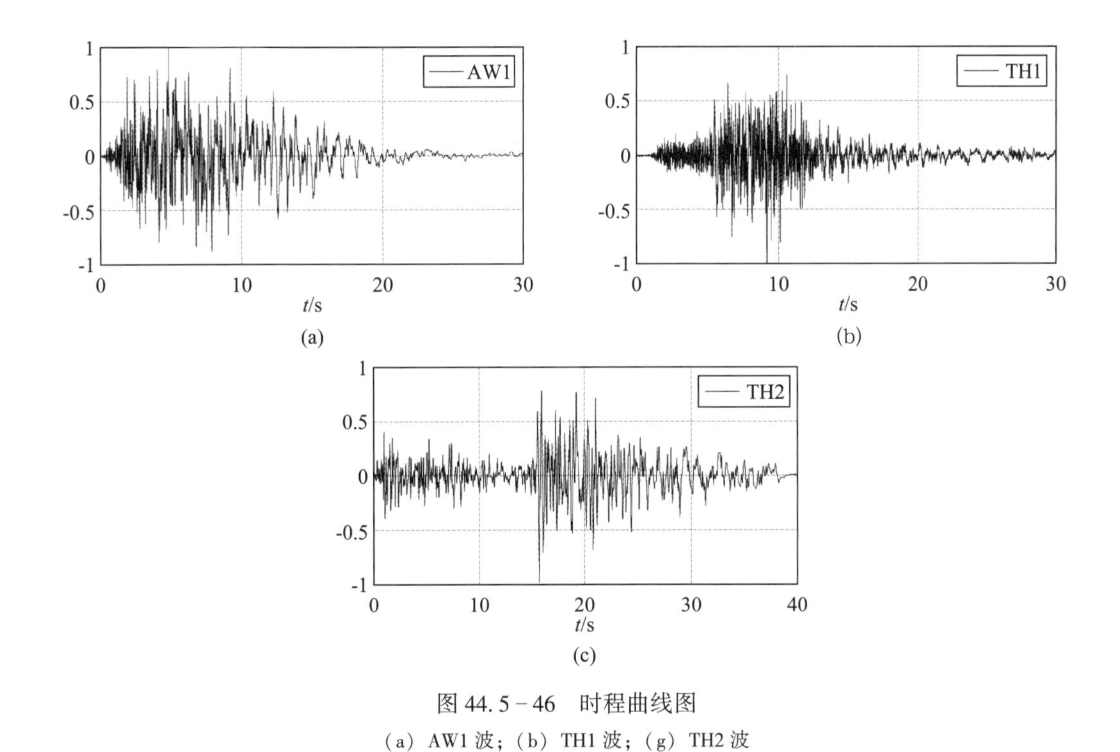

图 44.5－46　时程曲线图

（a）AW1 波；（b）TH1 波；（g）TH2 波

表 44.5－63　时程波持续时间表

时程名称	第一次达到最大峰值 10%对应的时间（s）	最后一次达到最大峰值 10%对应的时间（s）	有效持续时间（s）	结构周期（s）	比值
AW1	0.72	19.72	19.00	0.962	19.75
TH1	3.01	47.26	44.25	0.962	46.00
TH5	0.415	38.07	37.66	0.962	39.14

表 44.5－64　原结构时程反应谱与规范反应谱影响系数对比

振型	结构周期/s	时程平均影响系数	规范反应谱影响系数	时程/规范
1	0.962	0.99	0.89	1.11
2	0.865	1.15	0.98	1.17
3	0.835	1.18	1.02	1.16

由图 44.5－47 可知，各时程平均反应谱与规范反应谱较为接近（结构基本周期处）。选择 AW1、TH1 和 TH5 三条时程波进行罕遇地震作用下的弹塑性动力时程分析，得到消能减震结构（ST1）的层间位移角，见表 44.5－65。

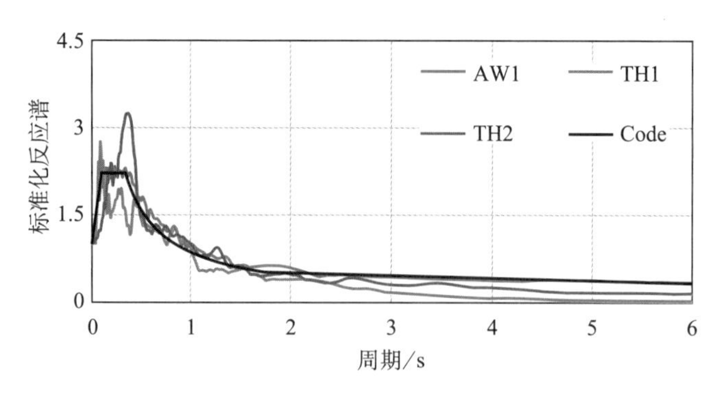

图 44.5-47　反应谱曲线图

表 44.5-65　罕遇地震结构层间位移角（rad）

输入地震波		AW1		TH1		TH5		最大	
地震作用方向		*X* 向	*Y* 向	*X* 向	*Y* 向	*X* 向	*Y* 向	*X* 向	*Y* 向
层数	层高/m	层间位移角							
1	4.6	1/476	1/324	1/433	1/410	1/365	1/232	1/420	1/305
2	3.6	1/444	1/379	1/457	1/460	1/337	1/236	1/405	1/332
3	3.6	1/262	1/222	1/430	1/282	1/302	1/258	1/317	1/252
4	3.6	1/109	1/95	1/210	1/151	1/199	1/158	1/158	1/128
5	4.8	1/92	1/80	1/219	1/159	1/224	1/162	1/150	1/120

各地震时程加速度的罕遇地震作用下，结构减震后（ST1）的 *X*、*Y* 向层间位移角如图 44.5-48 所示。

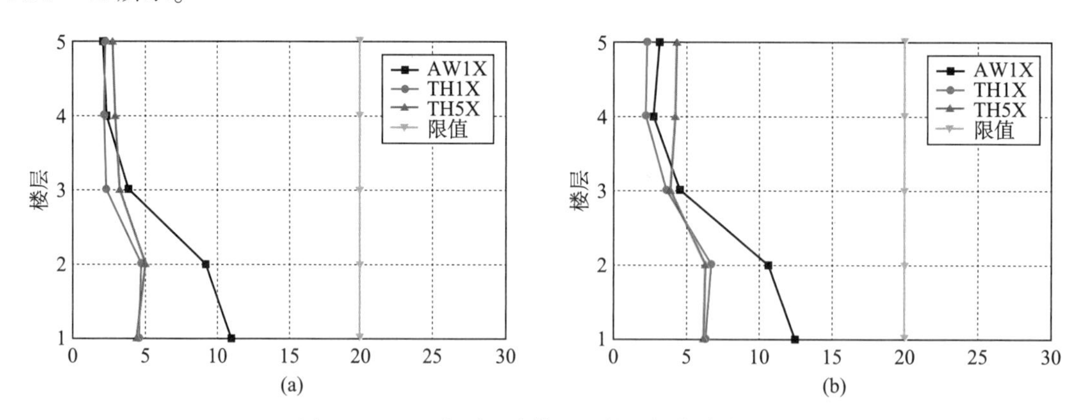

图 44.5-48　各时程波作用下的层间位移角对比

（a）*X* 向层间位移角对比（1/1000）；（b）*Y* 向层间位移角对比（1/1000）

由上述 AW1、TH1 和 TH5 三条时程波在罕遇地震作用下 *X*、*Y* 向的计算结果可知，消能减震结构（ST1）的层间位移角都小于 1/50，满足规范 1/50 的限值要求，这充分说明结构采用 BRB 进行消能减震设计是切实有效的。

（5）罕遇地震作用下 BRB 出力分析。

对于罕遇地震作用下本案例 BRB 的出力分析仍然按 AW1、TH1 和 TH5 三条时程波分别检查。AW1、TH1 和 TH5 时程波罕遇地震作用下，结构中布置 BRB 的最大出力分别见表 44.5-66 至表 44.5-68。

表 44.5-66　AW1 时程作用下 BRB 出力分析

层号	出力/kN											
	D1	D2	D3	D4	D5	D6	D7	D8	D9	D10	D11	D12
S5	1211	1214	1211	1216	—	—	—	—	—	—	—	—
S4	1010	913	920	1020	1225	1218	1217	1221	—	—	—	—
S3	1232	1209	1223	1203	1250	1223	1243	1218	—	—	—	—
S2	1335	1305	1328	1298	1367	1306	1356	1304	—	—	—	—
S1	1375	1343	1375	1343	1410	1332	1408	1335	1314	1466	1315	1470

表 44.5-67　TH1 时程作用下 BRB 出力分析

层号	出力/kN											
	D1	D2	D3	D4	D5	D6	D7	D8	D9	D10	D11	D12
S5	1205	1120	1208	1157	—	—	—	—	—	—	—	—
S4	1058	966	995	1071	1226	1225	1219	1232	—	—	—	—
S3	1199	1209	1196	1214	1218	1225	1215	1226	—	—	—	—
S2	1236	1266	1238	1268	1247	1276	1243	1282	—	—	—	—
S1	1239	1265	1238	1266	1262	1287	1260	1292	1336	1299	1339	1302

表 44.5-68　TH5 时程作用下 BRB 出力分析

层号	出力/kN											
	D1	D2	D3	D4	D5	D6	D7	D8	D9	D10	D11	D12
S5	1224	1236	1224	1239	—	—	—	—	—	—	—	—
S4	1165	1202	1200	1213	1245	1237	1237	1244	—	—	—	—
S3	1211	1227	1209	1233	1231	1342	1228	1245	—	—	—	—
S2	1252	1266	1244	1270	1274	1280	1272	1288	—	—	—	—
S1	1267	1272	1264	1276	1291	1290	1288	1294	1345	1342	1347	1345

（6）消能减震结构的弹塑性发展示意图。

以 TH1 时程波为代表，观察整体结构罕遇地震作用下的弹塑性发展情况。其中图44.5-49、图 44.5-50 分别为 TH1 时程波作用下整体结构 *X*、*Y* 向随时间步长增加的弹塑性发展示意图。

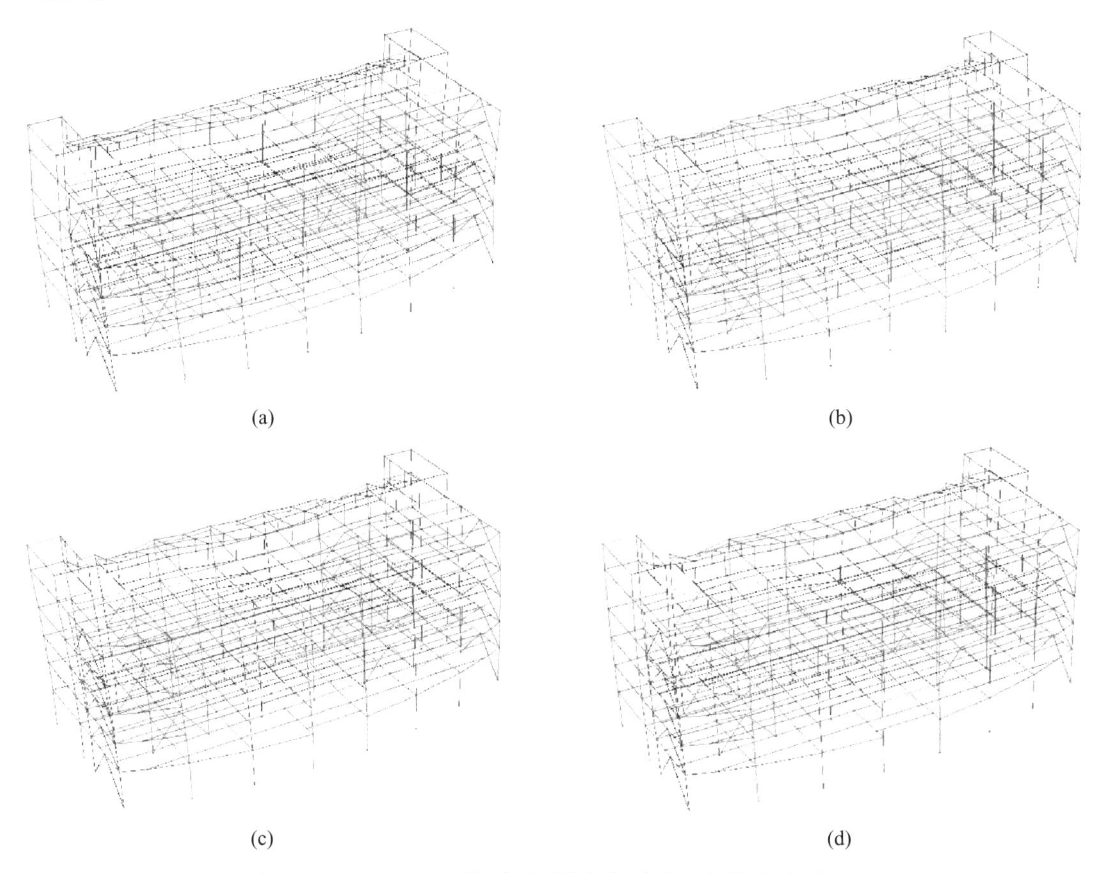

图 44.5-49　*X* 向罕遇地震整体结构的塑性铰发展示意图

（a）5s 时；（b）10s 时；（c）15s 时；（d）20s 时

由图 44.5-49、图 44.5-50 可知，地震作用下，BRB 率先进入屈服，其后结构首层有少部分梁出现屈服，最后结构底层有一根柱子出现屈服（设计中应采用相应的加强措施）。整体上，由结构的屈服过程可知，该消能减震结构实现了“强柱弱梁”的机制，在罕遇地震作用下结构仍具有足够的竖向承载能力，更有利于实现“大震不倒”的设防目标。

4. 消能子结构验算

消能子结构验算的内容和流程与 44.5.1 节设计案例一样，只是罕遇地震作用下消能减震结构相应的消能子结构（框架梁、柱及节点）内力不一样，故此处不作赘述，其计算和验算过程可参考 44.5.1 节设计案例的“消能子结构验算”。

5. 结论

使用 Etabs 软件和 Perform-3D 软件对普通结构和减震结构在 8 度（0.3*g*）地震作用下

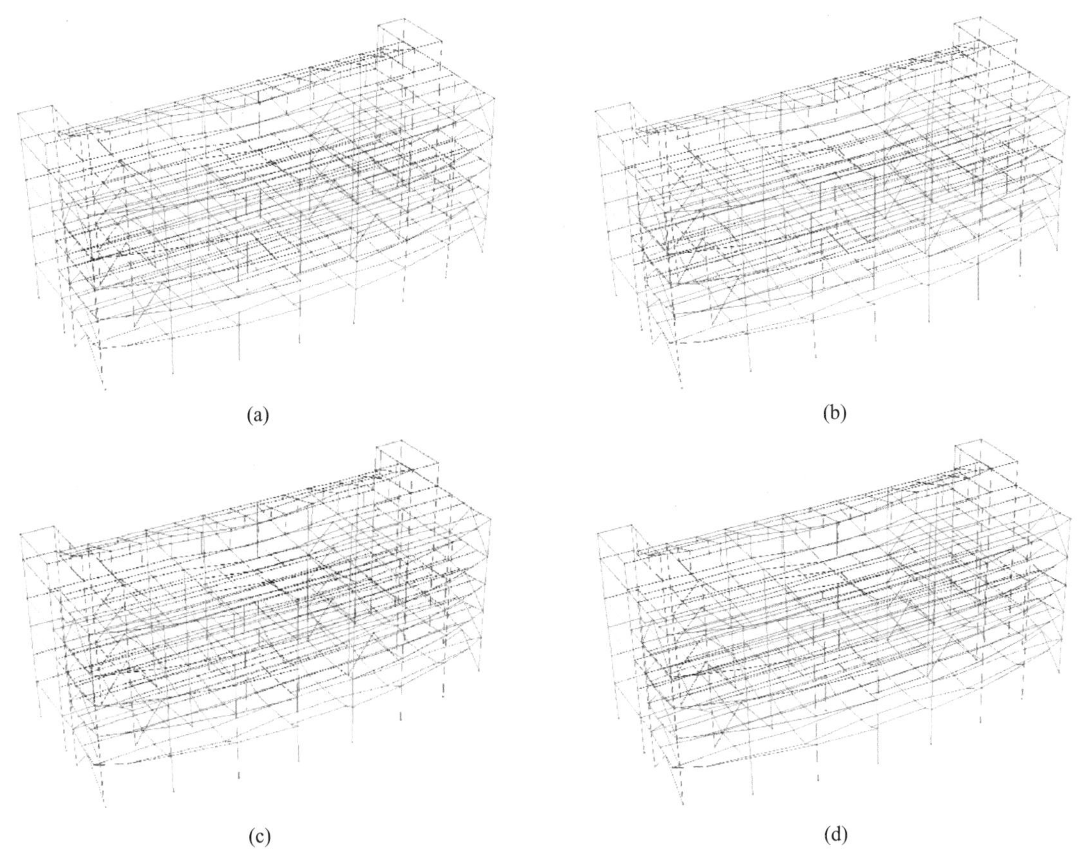

(a)　(b)　(c)　(d)

图 44.5-50　Y 向罕遇地震整体结构的塑性铰发展示意图

（a）5s 时；（b）10s 时；（c）15s 时；（d）20s 时

进行反应谱分析和时程分析，分析了多遇地震作用下和罕遇地震作用下结构的反应，通过对比分析表明结构采用消能减震设计方案具有良好的效果和独特的优势，主要体现在以下几个方面：

（1）在 8 度（$0.3g$）多遇地震作用下，原结构 X、Y 向的最大层位移角平均值分别是 1/428、1/504，消能减震结构 X、Y 向的最大层间位移角平均值则分别降低到 1/740、1/720。

（2）在 8 度（$0.3g$）多遇地震作用下，消能减震结构 X、Y 向层间位移角均小于原结构，X 向各楼层的最大位移角均值比为 0.67，Y 向各楼层的最大位移角均值比为 0.73，这表明结构附加屈曲约束支撑减震设计后主体结构部分的抗震安全性有所提高，消能减震设计可行有效。

（3）结构中所附加的屈曲约束支撑在罕遇地震作用下的出力最大 1470kN。

参　考　文　献

[1] GB 50011—2010　建筑抗震设计规范 [S]
[2] GB 50010—2010　混凝土结构设计规范 [S]
[3] 中国建筑标准设计研究院，09SG610-2　国家建筑标准设计图集：建筑结构消能减震（振）设计 [M]，北京：中国计划出版社，2009
[4] JG/T 209—2012　建筑消能阻尼器 [S]
[5] JGJ 293—2013　建筑消能减震设计规程 [S]
[6] 周云，金属耗能减震结构设计 [M]，武汉：武汉理工大学出版社，2006
[7] 周云，黏弹性阻尼减震结构设计 [M]，武汉：武汉理工大学出版社，2006
[8] 周云，摩擦耗能减震结构设计 [M]，武汉：武汉理工大学出版社，2006
[9] 周云，黏滞阻尼减震结构设计 [M]，武汉：武汉理工大学出版社，2006
[10] 周云，耗能减震加固技术与设计方法 [M]，北京：科学出版社，2006
[11] 周云，防屈曲耗能支撑结构设计与应用 [M]，北京：中国建筑工业出版社，2007
[12] 周福霖，工程结构减震控制 [M]，北京：地震出版社，1996
[13] 吕西林、周德源、李思明等，建筑结构抗震设计理论与实例（第二版）[M]，上海：同济大学出版社，2002
[14] 潘鹏、叶列平、钱稼茹等，建筑结构消能减震设计与案例 [M]，北京：清华大学出版社，2014
[15] 陈永祁、马良喆，结构保护系统的应用与发展 [M]，北京：中国铁道出版社，2015
[16] 苏经宇、曾德民等，建筑隔震减震优秀设计案例汇编 [M]，北京：冶金工业出版社，2017
[17] 丁洁民、吴宏磊编著，减隔震建筑结构设计指南与工程应用 [M]，北京：中国建筑工业出版社，2018

第10篇　非结构构件

本篇主要编写人

罗开海　中国建筑科学研究院有限公司
秦　权　清华大学

第 45 章　概　　述

45.1　非结构构件的分类

随着人类文明的发展和社会进步，人们对室内的生活和工作环境的要求日渐增高，由此，建筑内的设备种类和数量日渐增加，设备的性能和质量也日益提高。这一点首先反映在我国的高层建筑上，许多高层建筑中非结构构件的造价已经占总造价的四分之三，这个趋势正在向多层甚至单层房屋扩展，智能建筑的发展还将进一步提高非结构构件的造价在总造价中所占的比重。

非结构构件分为两类，即建筑非结构构件和建筑设备。

室内建筑非结构构件包括各类隔墙、顶棚、吊柜和贴面等；室外建筑非结构构件包括各类幕墙、女儿墙、出屋面烟囱、建筑标志牌、建筑饰面、挑檐、雨棚、遮光板和建筑上的广告牌等。

建筑设备包括电梯、永久及临时供电及照明设备（包括配电盘、应急发电机及油箱等）、暖通、空调设备及管道、供水设备及管道、水箱、灭火系统、煤气设备及管道、有线及无线通信设备（包括控制台、交换机、计算机及服务器等）及天线、保安监视系统、办公自动化设备、容器、货架及储物柜等。

厂房的设备还包括各类生产设备。

45.2　非结构构件抗震设防目标

用传统观点看，非结构构件和设备只是建筑物的附属部分，但是他们的震害却不容忽视：现代建筑中非结构构件和设备的造价高达总造价的四分之三，其震害的直接损失已经很大；此外，非结构构件和设备的损坏还会在相当长时间内影响建筑物的正常使用，造成可观的间接损失；特别是一些关键的设备，如通信、消防设备，或者储有易燃、有毒物质的容器或管道，一旦破坏还会引发更严重的次生灾害，因此对现代建筑而言，仅对结构系统进行抗震设计远不能保证地震安全性。随着我国建筑业的发展，非结构构件和设备抗震设计的重要性日益显著。美、日等国早已在其建筑抗震设计规范中对各类非结构构件的抗震设计做出详细的规定。有鉴于此，我国自《建筑抗震设计规范》（GB 50011—2001）起，增加了“非结构构件”章节，对非结构构件给出了抗震设计方法。

任何非结构构件和设备，如果是安装在建筑物上的，就应当进行抗震设计。但设备自身的抗震设计应当由设备的生产厂家进行。

非结构构件的抗震设防目标可不同于结构构件，建筑非结构构件可从修复费用的大小、避免倒塌后伤人和是否砸坏重要设备等方面考虑，而建筑设备则从维持运行功能，防止重大次生灾害（火灾、爆炸、有毒物品泄漏等）方面考虑。

45.3　非结构构件的地震反应分析

45.3.1　原理

原则上，应当使用由非结构构件与其支架或连接组成的子系统（下称附属系统）和他们所在的建筑物（下称为主系统或建筑物）组成的总系统来分析非结构构件的支架或连接所受的地震作用。但这样做并不合理，一个原因是：主系统一般远比附属系统庞大，一座高层建筑往往有成千上万个自由度，而一个附属系统往往只有一、两个自由度，对只有一、两个自由度的附属系统进行抗震设计，而反复分析有成千上万个自由度的高层建筑的地震反应，是很不经济的。再一个原因则是技术上的困难，附属系统的质量和刚度一般远远小于楼层的质量和刚度。放在一起建立分析模型，会造成质量阵和刚度阵主对角元素的数值有几个量级的差别。一般的分析软件，当质量阵和刚度阵主对角元素的数值有 10^3 以上的差别时，求逆的精度就会大幅下降，难以得到可靠的解。

为此，人们转而研究楼面反应谱，即把建筑物与附属系统隔离开，建立建筑物各楼层的地震反应谱，用这个反应谱进行附属系统的抗震设计。

45.3.2　楼面反应谱

楼面反应谱法是计算非结构构件和设备地震力的有效方法。楼面反应谱（下称楼面谱）是安装在某楼面上的、具有不同自振周期和阻尼的单自由度系统，对楼面地震运动反应的最大值的均值组成的曲线。楼面谱的发展经历了两个阶段。第一代楼面谱将不含附属系统的主系统的楼面反应作为输入，求具有不同自振周期的单自由度系统的反应谱，其优点是解耦，避免了求解主系统的运动方程。这种楼面谱仅对很轻的非结构构件能给出可靠的地震力。由于它不考虑附属系统与主系统间的相互作用及以下四个影响因素，所得到的楼面谱有较大的误差，在某些情况下误差可达百分之几百。

这四个影响因素是：

（1）质量比——当附属系统与主系统楼层的质量比大于 1%时，附属系统反应对主系统楼层的反应有明显影响，否则可使用第一代楼面谱。

（2）谐振——当附属系统的自振周期与主系统的自振周期相等或接近时，两个系统将发生强烈的相互作用，出现“吸振器效应”——此时附属系统出现强烈的振动，而主系统的反应则大大减弱一同时主系统的自振周期将发生漂移。

（3）非经典阻尼——当附属系统与主系统楼层的阻尼特性不一致时，联合系统具有非经典阻尼性质。在谐振的情况下，其影响不可忽视，此时主坐标中的阻尼矩阵不是对角阵，形成主坐标中的阻尼耦联运动方程，不能用基于杜哈梅积分的振型叠加法求解。

（4）多支座激励——当附属系统在主系统不同楼层有支点时，不同支点间的相互运动还会引起附属系统中的附加内力，即“伪静力效应”。

为克服第一代楼面谱的缺点，第二代楼面谱基于求解由主系统和安装在不同楼层上的单自由度附属系统组成的组合系统中附属系统的地震反应，这样就综合考虑了上述四个因素的影响，从而得到更可靠的楼面谱。

研究楼面谱的目的是为附属系统的抗震设计。有了楼面谱，只要知道附属系统本身的特性（自振周期，质量和阻尼）就可查出其地震力，而不需要分析主系统。但建立楼面谱时需要知道主系统的自振特性（自振周期，振型），而这些特性在建筑物抗震设计完成后都是已知的。应当说明，本篇所说的设备抗震设计仅限于验算设备的支架，连接件或锚固件的抗震能力，不包括设备自身的抗震能力。本篇所说的设备自振周期是指设备和支架，连接件或锚固件组成的了系统的自振周期。对于与楼层刚接的设备，则是指设备自身的自振周期。

45.3.3 楼面谱计算程序 FSAP

为建立楼面谱需要计算自振周期在0~6s范围的附属系统的地震反应，用时程积分法求解时，需要对大量不同的地震记录，大量不同周期的附属系统，积分求解组合系统在不同楼层的大量反应。这包含极大的工作量。为避免进行大量的计算，第二代楼面谱计算程序FSAP[4,5,6,7]用滤波白噪声表示地面运动，用随机振动法通过峰值系数直接得到楼而谱从而大大地提高了计算楼面谱的效率。

FSAP是考虑了主系统和附属系统相互作用的，基于随机振动的附属系统地震力计算程序。它依据Asfura和Der Kiureghian[8]的方法，利用已知的主系统的自振特性，计算由不同楼层上的单自由度振子与主系统组成的一系列组合系统的互振子-互楼面反应谱（简称互-互谱），互-互谱包括了上述四个因素。

FSAP的计算分两步：第一步计算互-互谱，第二步对互-互谱进行四重叠加求附属系统反应最大值的均值。其中两重叠加是对振子，另两重叠加是对主系统。形式上仍是附属系统的解耦分析，因此运算效率高。

文献［4，5，6，7］用精确解对比了FSAP的结果，对经典阻尼，FSAP与精确解的误差在非谐振时小于2%，谐振时小于4%。对非经典阻尼误差稍大，但在谐振时仍小于11%。

FSAP源代码已用Fortran90标准升级，在Windows95或98环境下工作，并按照《规范》规定，将地震影响系数曲线的周期范围由3s增加至6s。尽管考虑了非经典阻尼，由于采用了特殊的数学处理，FSAP仍在实数域运算，因此便于与常用的有限元分析程序连接使用：对单支点附属系统，FSAP给出指定楼层、指定方向的楼面加速度反应谱和楼面位移反应谱；对多支点附属系统，FSAP给出附属系统的各节点的反应加速度和反应位移，由此可计算出附属系统上的惯性力和伪静力，从而得到附属系统的总地震力。FSAP既可以独立运行，也可以作以作为任何抗震分析或设计程序的子程序。

第46章 单支点非结构构件的抗震设计

46.1 设计方法

对只在一个楼层有支点的附属系统（称单支点系统），可进一步简化其抗震设计：即通过对大量建筑不同楼层上的不同周期的附属系统反应的计算结果进行统计，直接给出附属系统的地震力简化验算公式，UBC97[2]和ANSI/ASCE 7-95[3]都给出了这种公式。

《建筑抗震设计规范》（GB 50011—2010）[1]的式（13.2-3）在对单支点系统进行抗震设计，采用等效侧力法时，水平地震作用标准值宜按下列公式计算：

$$F = \gamma\eta\zeta_1\zeta_2\alpha_{max}G \tag{46.1-1}$$

式中 F——沿最不利方向施加于非结构构件重心处的水平地震作用标准值；

γ——附属系统功能系数，反映附属系统的重要性，与附属系统性质及建筑类别有关，功能级别一、二、三级分别取1.4、1.0、0.6，建筑构件的功能级别可参照表46.1-1取值，建筑设备的功能级别可参照表46.1-2取值；

η——附属系统类别系数，反映附属系统特性对地震反应的影响，建筑构件可参照表46.1-1取值，建筑设备可参照表46.1-2取值；

ζ_1——附属系统的连接状态系数，反映地震时附属系统反应放大的情况，弹性附属系统或与建筑物弹性连接（下面简称“弹性连接”）时取2，其他情况（即与建筑物刚接的刚性附属系统，下面简称“一般情况”）时取1；

ζ_2——位置系数，建筑的顶点宜取2.0，底部宜取1.0，沿高度线性分布；对《规范》第5章要求采用时程分析法补充计算的结构，应按其计算结果调整；

α_{max}——地震影响系数最大值；按《规范》第5.1.4条采用；

G——非结构构件的重力，应包括运行时有关的人员、容器和管道中的介质及储物柜中物品的重力。

表 46.1－1　建筑构件的功能级别和类别系数 η

建筑构件		功能级别，当建筑物设防类别为:			类别系数 η
类别	名称	甲类	乙类	丙类	
非承重外墙	围护墙	一级	一级	一级	0.9
	玻璃幕墙等	一级	一级	一级	0.9
非承重内墙	楼梯间隔墙	一级	二级	二级	1.0
	电梯间隔墙	一级	三级	三级	1.0
	天井隔墙	一级	二级	二级	0.9
	到顶防火隔墙	一级	二级	二级	0.9
	其他隔墙	二级	三级	三级	0.6
连接	墙体连接件	一级	一级	二级	1.0
	饰面连接件	二级	二级	三级	1.0
顶棚	防火顶棚	一级	二级	二级	0.9
	非防火顶棚	二级	二级	三级	0.6
附属构件	女儿墙、小烟囱	一级	二级	三级	1.2
	标志牌、广告牌	一级	二级	二级	1.2
	挑檐、雨棚	二级	二级	三级	0.9
高于 2.4m 的储物柜	货架、文件柜	一级	二级	三级	0.6
	文物柜	一级	一级	二级	1.0

表 46.1－2　建筑设备的功能级别和类别系数 η

设备部件 所属系统	功能级别，当建筑物设防类别为:			类别系数 η
	甲类	乙类	丙类	
应急电器系统 烟火检测和灭火系统 保安监视系统	一级	一级	一级	1.0
排烟、排风口 电器主管和主缆 电机、变压器、控制中心	一级	二级	三级	1.0
电梯的支撑结构系统	一级	二级	二级	1.0
悬挂式灯具	一级	二级	三级	0.9
其他灯具	一级	二级	三级	0.6
弹性支撑管网	一级	二级	-	1.2

续表

设备部件 所属系统	功能级别，当建筑物设防类别为：			类别系数 η
	甲类	乙类	丙类	
刚性支撑管网	二级	三级	–	0.6
柜式设备支座	一级	二级	三级	0.6
水箱、冷却塔支座	一级	二级	二级	1.2
锅炉、压力容器支座	二级	二级	二级	1.0

应注意，这个公式当附属系统对楼层质量比较大时，给出的结果趋于保守。因此，《建筑抗震设计规范》规定，当与建筑物刚接的刚性附属系统的重力超过所在楼层的1%，或弹性的或弹性连接的附属系统的重力超过所在楼层的10%时，不宜使用式（13.2－3），即不宜使用本章式（46.1－1），而宜采用楼面谱程序计算附属系统的地震力。

46.2　计算例题

一冷风机组型号为39FD560，重量 $G=28.1\text{kN}$，高1.625m，宽1.94m，长8.755m，属刚性柜式设备。机组刚性安装于一丙类建筑物半高楼层，属于刚性连接，所在地区设防烈度为8度（设计峰值地面加速度0.20g）。

功能系数 γ：按功能级别三级，取=0.6

类别系数 $\eta=0.6$

连接状态系数 $\zeta_1=1$

楼层位置系数 $\zeta_2=1.5$

地震影响系数最大值 $\alpha_{max}=0.16$

作用于附属系统重心的水平地震力标准值 $F=0.6\times0.6\times1\times1.5\times0.16\times28.1=2.43\text{kN}$

验算地脚螺栓强度：设重心在楼面以上1m外，则水平地震力的力矩为 $2.43\times1=6.07\text{kN}\cdot\text{m}$

按平面尺寸的短边取两排地脚螺栓间距1.94m，则每排地脚螺栓应能承受 $2.43/1.94=1.25\text{kN}$ 的拉力。

第 47 章　其他情况的非结构构件的抗震设计——用 FSAP 程序

47.1　多支点附属系统

由于影响多支点附属系统地震效应的因素太多，难以给出适用于各种情况的简化楼面谱，所以多支座附属系统的抗震设计只能用楼面谱计算程序进行。使用楼面潜计算程序的要点如下：

（1）输入数据包括：

建筑物：自振频率、振型、阻尼比及结构 ID 数据。

附属系统：几何尺寸、节点质量、单元刚度、阻尼比、支座信息。

建筑物与附属系统的连接信息。

地面加速度反应谱。

（2）输出结果为附属系统各自由度的反应加速度和位移。由此可计算出附属系统上的惯性力和伪静力，从而得到附属系统的总地震力。

【例 47.1-1】　轻钢龙骨石膏板隔墙的抗震计算

轻钢龙骨石膏板隔墙按“华北地区建筑设计标准化办公室，建筑构造通用图集-88J2《六》墙身一轻钢龙骨石膏板”的标准做法，以地震区隔声墙为例（图 47.1-1）。按规定，“为避免在水平力作用下以及楼板竖向变形引起的隔墙开裂，在地震区或强风作用下的建筑物，其隔墙宜采用滑动连接”。按双支点 5 自由度系统建模型，将上部支座的射钉作为一个受力单元考虑，下部墙体与主结构刚接。墙身沿高度分为 5 个自由度（图 47.1-2）。有关参数如下：

隔墒每段有效长度 4m，总长度与主结构平面布置有关，多段隔墙按并联计算。

石膏板：弹性模量 $E=5\times10^{6}\mathrm{kN/m^{2}}$，密度 $900\mathrm{kg/m^{3}}$，板厚见图 47.1-1b。

龙骨：弹性模量 $E=7.06\times10^{7}\mathrm{kN/m^{2}}$，密度 $2700\mathrm{kg/m^{3}}$，中距 453mm，断面 $A\times B\times t=$ 75mm×50mm×0.6mm，见图 47.1-1a。射钉：ϕ4mm，中距 700mm。

隔墙位于二个结构上：长富宫、北京图书馆藏书楼（南北方向），结构位于 8 度区、Ⅱ类场地上。

用任何程序（本例用 SAP6）完成每个建筑物的抗震验算后，与之连接的 FSAP 由已获得的每个建筑物的自振特性计算出各建筑物中各层隔墙平面内、平面外的地震内力和变形，

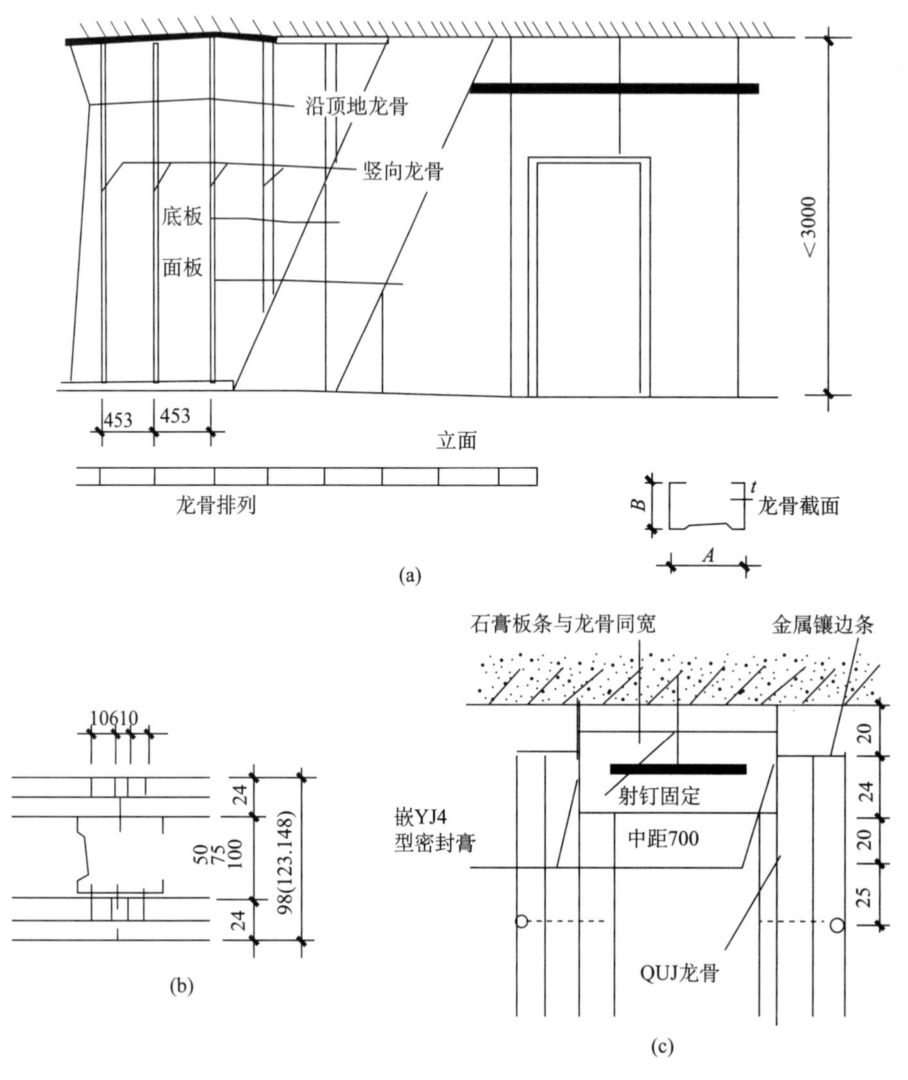

图 47.1－1　隔墙结构

（a）龙骨及石膏板排列；（b）墙厚组合；（c）与顶板滑动连接示意

有关参数、隔墙自振周期及隔墙反应加速度（见表 47.1－1，表中只给出最大值），振型见图 47.1－3。图 47.1－4 和图 47.1－5 给出二个建筑物中位于结构顶部、中部、底部的隔墙上各自由度的位移和加速度。隔墙在地震作用下的反应有以下特点：

（1）隔墙在平面内和平面外振动的自振特性是不同的（图 47.1－3）。在平面内振动时，由于墙体的刚度非常大，上端支座处的滑动支座的刚度相对来说非常小，所以在平面内振动的振型近似于悬臂梁，此时隔墙的受力状况与单支点系统相近这正是滑动支座的作用。往平面外振动时，墙体的刚度与支座的刚度接近，支座与隔墙组成的系统是两端固定的超静定梁：墙体中间变形最大，上下两端变形小，振型沿墙高对称分布。所以，在水平地震作用下，隔墙在平面内和平面外振动的加速度和位移沿墙高的分布也是不同的，与振型的特点一致。

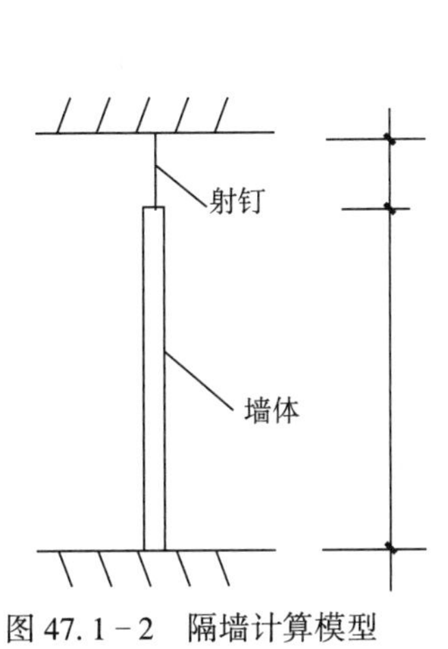

图 47.1－2　隔墙计算模型

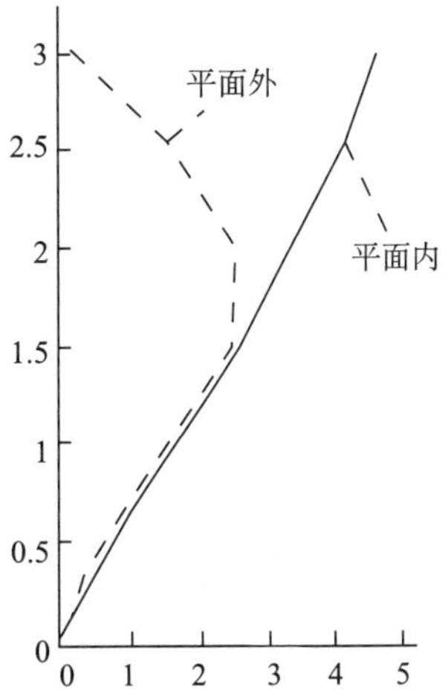

图 47.1－3　隔墙振型

（2）墙体内部自由度在 8 度地震作用下的加速度最大值列于表 47.1－1 隔墙平面内振动自振周期很小（≈0.01s），属刚性附属系统，平面外自振周期稍长（≈0.17s），属于弹性附属系统。所以，平面内振动的加速度小于平面外振动的加速度。

（3）隔墙平面内振动时为刚性系统，不存在谐振问题，楼面反应仪与主系统特性有关。北图刚性很大，受到的地震作用比另两个结构要大，所以隔墙的反应也最大。长富宫为柔性结构，但长富宫一方面是钢结构，阻尼较小，对应的地面输入谱较钢混结构大；另一方面，长富宫层间变形较大，所以长富宫的隔墙的地震力比较大。

（4）隔墙平面内振动时由于北图刚度很大且隔墙自振周期与北图第二周期接近（北图 0.146s，隔墙 0.138s），所以隔墙受到的地震力很大，内部自由度最大可达 0.84g。

表 47.1－1　隔墙计算数据

建筑物	隔墙振动分析方向	隔墙总长度（m）	质量比 m/M（%）	隔墙基本周期（s）	最大反应加速度（g）
长富宫	平面内	160	2.2	0.0116	0.165
	平面外	160	2.2	0.169	0.268
北京图书馆（X 方向）	平面内	220	1.39	0.0103	0.20
	平面外	220	1.39	0.138	0.84

①隔墙底部支座剪力及等级加速度：

FSAP 按下述方法计算隔墙内部各质点的惯性力引起的隔墙顶部支座剪力（图47.1－6）：

$$Q_1 = \sum_{i=1}^{n} m_i \cdot a_i \cdot \frac{L_i}{L}$$

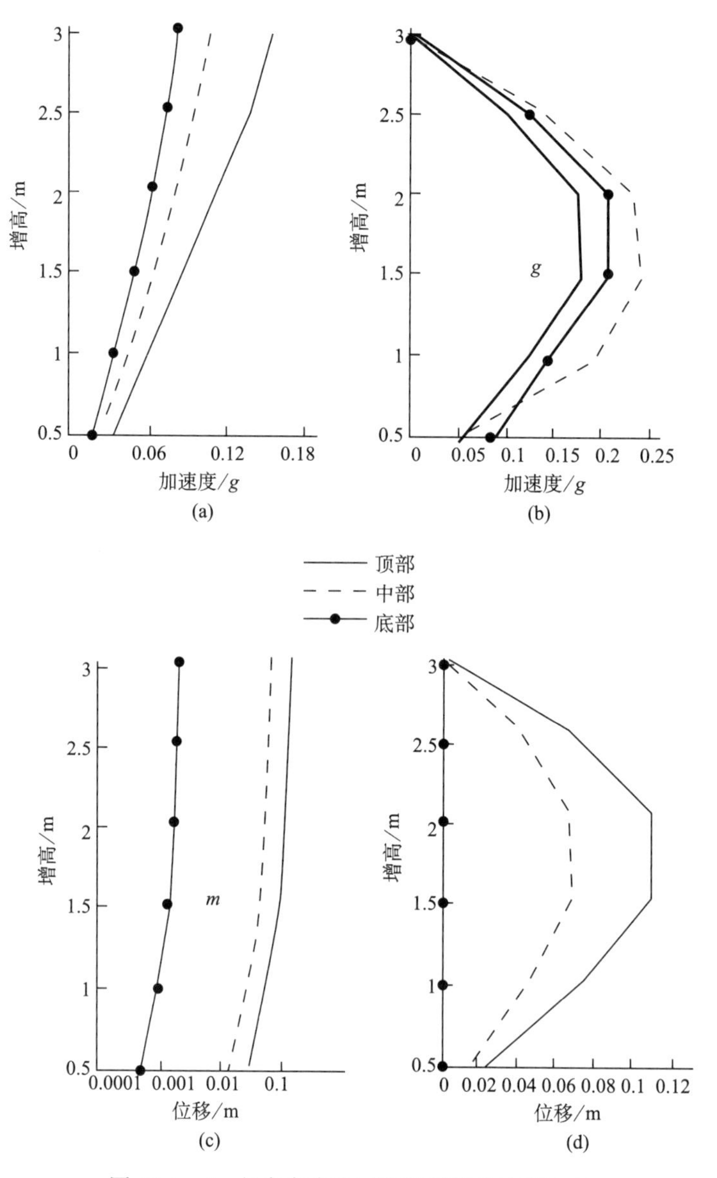

图 47.1-4　长富宫内不同楼层隔墙的地震反应

（a）平面内加速度；（b）平面外加速度；（c）平面内位移；（d）平面外位移

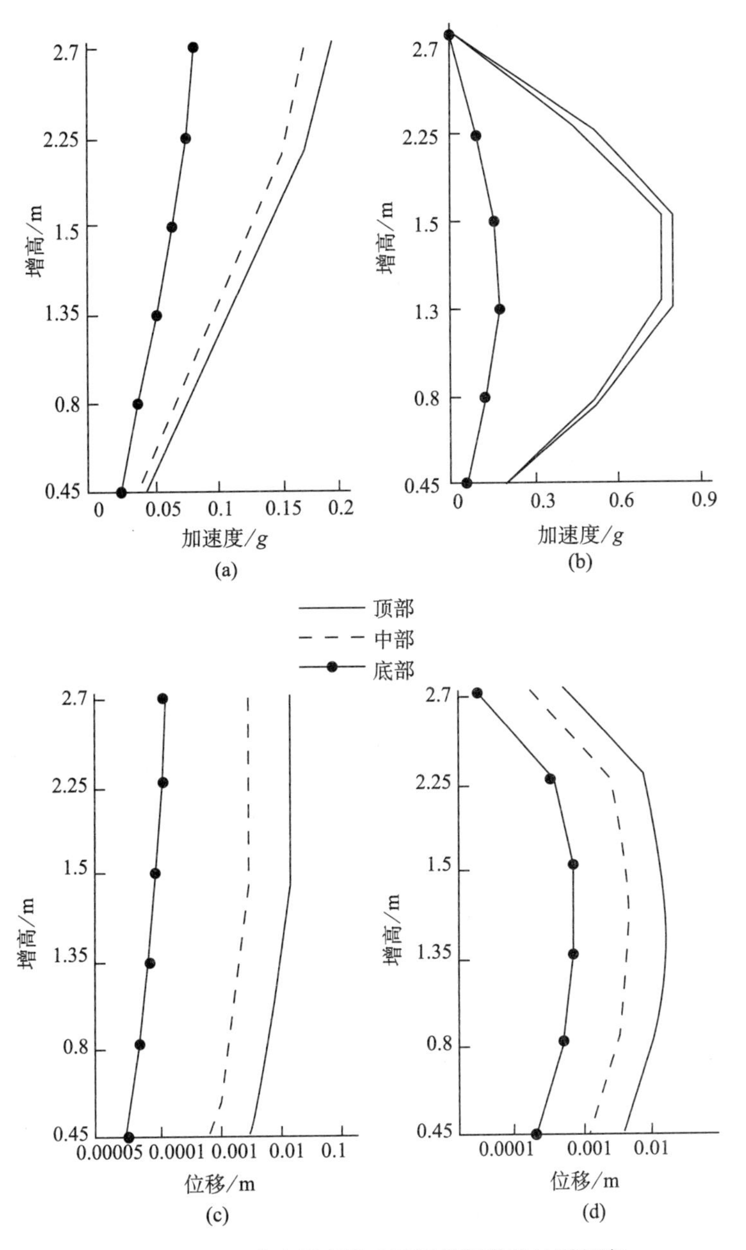

图 47.1-5　北京图书馆内不同楼隔墙的地震反应

（a）平面内加速度；（b）平面外加速度；（c）平面内位移；（d）平面外位移

②定义隔墙底部支座等效加速度：

$$a_v = \frac{Q_1}{M}$$

式中　m_i、M——隔墙第 i 个质点质量及隔墙总质量；

L_i、L——隔墙第 i 个质点距隔墙底部的高度及隔墙总高度；

a_i——隔墙第 i 个质点加速度。

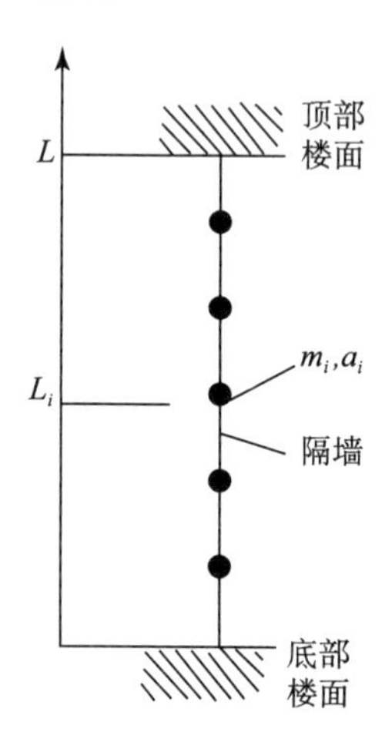

图 47.1-6　隔墙支座剪力计算简图

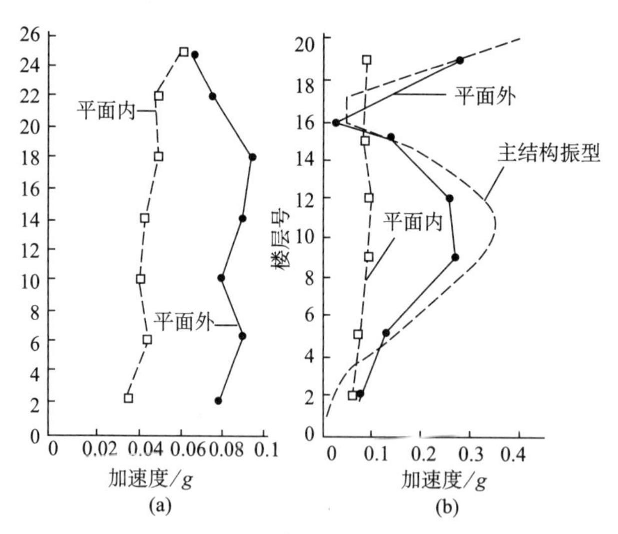

图 47.1-7　两栋建筑物不同楼层隔墙等效加速度

（a）长富宫；（b）北京图书馆

两个结构中位于不同楼层处的隔墙的等效加速度见图 47.1-7。图中可见：①平面内振动时，支座处受到的剪力最大为隔墙重量的 10%；②平面外振动时，最大剪力为隔墙质量 30%；平面内振动，隔墙等效加速度沿竖向变化不大，因为附属系统刚度很大，由于动力作用使隔墙产生的加速度不大且不同楼层差异也较小，而且由平面内振动的振型（图 47.1-

7）可见，此时支座刚度相对很小，隔墙变形近似于悬臂杆，由于层间位移产生的伪静力作用也很小；③平面外振动时的情形相对复杂：平面外振动时隔墙两端简支，隔墙半高部分振动最大，地震效应沿不同楼层变化较大，北图中，隔墙自振周期与主结构第二周期调谐。动力加速度沿高度的变化趋势与第二振型一致，由于调谐，动力加速度很大，另外，北图结构较为刚性，层间位移小，对隔墙的伪静力作用小，所以总加速度以动力加速度为主且按第二振型沿结构高度变化（图 47.1－4c）。

（5）长富宫平面外振动周期位于建筑物高阶周期范围内，动力加速度沿高度变化与高阶振型变化趋势接近。总加速度沿楼层高度的变化既与动力加速度有关，又与伪静力加速度有关，所以比较复杂（图 47.1－7a）。

支座抗剪强度验算：

支座最大剪力出现在北图顶层平面外振动的隔墙顶部滑动支座处。剪力为：

$$Q = 0.3017\text{mg} = 0.3017 \times 2.524 \times 9.81 = 0.76152\text{kN}$$

剪切面积（7 根 4ϕ 射钉）$A=88$，剪应力为

$$\tau = \frac{Q}{A} = 0.865 \times 10\text{kN/m}^2 < [\tau] = 4.8 \times 10\text{kN/m}^2$$

小于射钉抗剪切强度［τ］。

【例 47.1－2】　复杂多支点管道的抗震计算

本例用某电表厂上的一组管道系统，说明 FSAP 计算复杂多支点附属系统地震反应的能力。考虑不同直径的管道系统的地震分析。

图 47.1－8 为一组管道系统的计算模型。管道为螺旋焊缝钢管，主要用于热力电网与煤气管网，取三种规格的管道计算（参数见表 47.1－2）。FSAP 计算的管道系统前五阶自振周期见表 47.1－3。地震输入为 8 度，Ⅱ类场地。根据电表厂抗震验算时得到的自振特性，FSAP 计算所得三种直径管道的各结点水平位移和水平加速度见图 47.1－9。

图中可见：

（1）小直径的管道不论是加速度还是位移都比大直径管道大。震害调查表明，大口径管道的震害率小于小口径管道。FSAP 计算结果与震害调查一致。

（2）管道的最大反应出现在中间高度处。这是合理的。由于主结构是剪切型结构，结构低处的层间位移大，相应管道的伪静力反应大；而动力反应是管道上部大，下部小。所以，管道的中间高度处的总反应最大是可能的。

（3）在图 47.1－9 所示支承条件下，管道加速度最大不超过 0.16g，位移最大不超过 25mm。

不同支承条件对管道反应的影响：

当管道与建筑物间以弹性支座连接时，管道的反应受支座刚度的影响。用 FSAP 以 $D=720$mm 的管道为例（图 47.1－10），计算不同刚度时管道的反应。弹性支座取四种刚度，分别为 $10k$，k，$0.1k$，$0.01k$，k 为管道的刚度。四种情况下的管道系统（包括支座）的自振频率见表 47.1－4。计算结果见图 47.1－11。

图 47.1－11 可以看出支座刚度对管道反应的影响：

表 47.1－2　管道参数

类型	外径/mm	壁厚/mm	质量/(kg/m)	E/(kN/m^2)	μ
A	44	3	3.03	2.0×10^8	0.3
B	159	5	18.99		
C	720	10	175.10		

表 47.1－3　管道系统自振周期（s）

类型	1	2	3	4	5
A	0.612	0.478	0.328	0.154	0.136
B	0.164	0.128	0.088	0.041	0.037
C	0.036	0.029	0.021	0.010	0.009

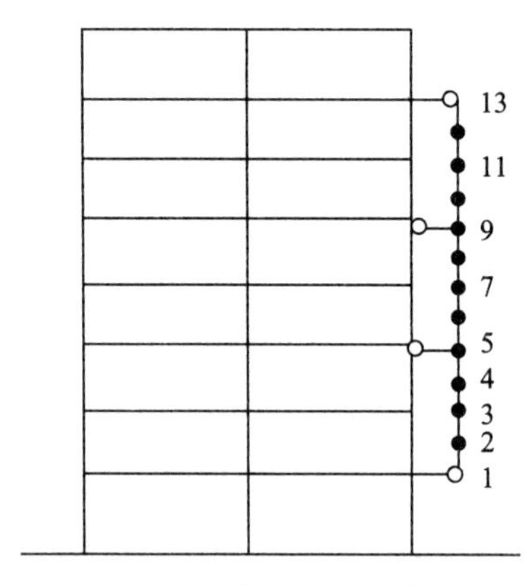

图 47.1－8　管道系统计算简图

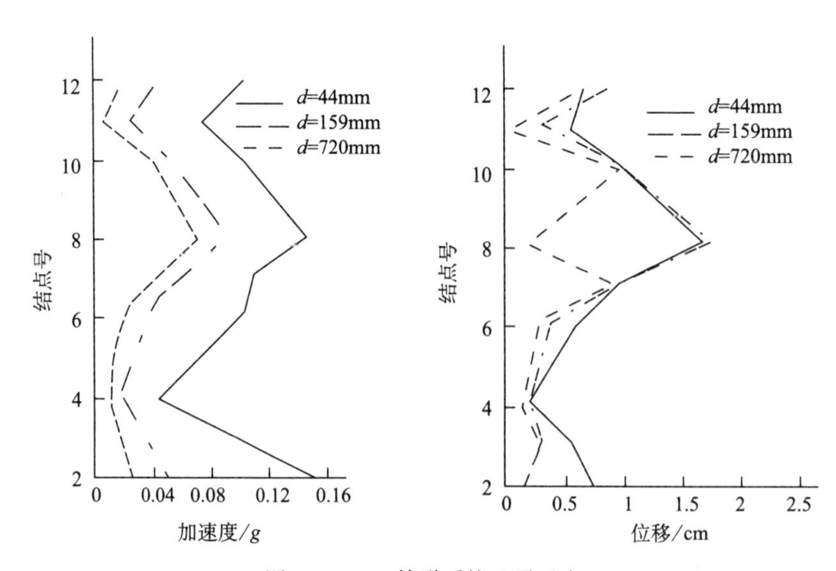

图 47.1－9　管道系统地震反应

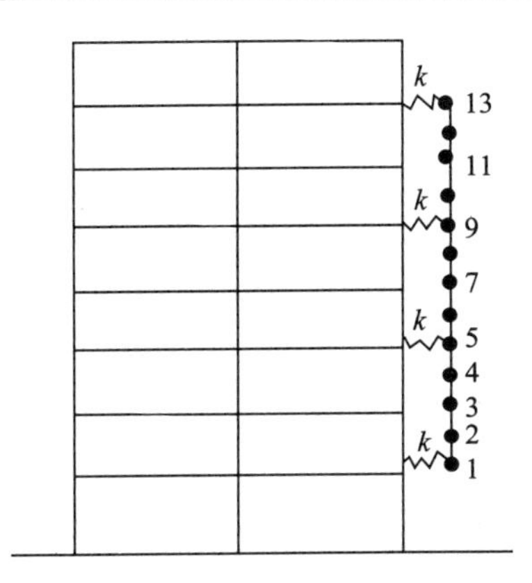

图 47.1－10　弹性支座的管道系统

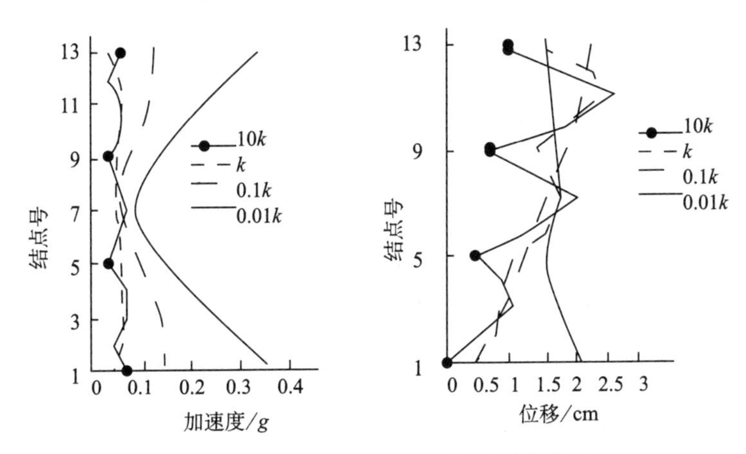

图 47.1－11　不同支座刚度的管道系统的反应

表 47.1－4　管道系统自振周期（s）

编号	支座刚度	1	2	3	4	5
1	$10k$	0.0365	0.0306	0.0245	0.0107	0.0105
2	k	0.0471	0.0459	0.0399	0.0221	0.0182
3	$0.1k$	0.139	0.110	0.0794	0.0495	0.0292
4	$0.01k$	0.536	0.482	0.231	0.0952	0.0344

（1）当支座刚度很大时，对管道的约束很强，管道由支座分为三段，每段分别振动。每段的振动接近两端固端的梁的振动。此时，管道的反应主要是由内结点的振动引起的：当支座刚度很小时，管道相比支座可以看作刚体，管道的反应主要是由于支座的运动引起的刚体位移；支座刚度介于二者之间时，管道的反应与支座运动及管道自身的振动都有关。

（2）当支座刚度很大时，管道的加速度很小（小于 $0.07g$）；随着支座刚度的减小，管道的加速度增大；当支座刚度非常小时，两端支座处的加速度较大，可达 $0.35g$。总的趋势是：支座刚度越小，管道的受力反而越大。因此，保证支座具有足够的刚度是必要的。但是，支座刚度太大时（如 $10k$），管道的相对位移较大。

47.2　楼层质量比大于 0.1 的单支点附属系统

对楼层质量比大于 0.1 的单支点附属系统，为使抗震设计不过分保守，可用楼面谱计算程序算出所在楼层的楼面谱，再用这个楼面谱来计算附属系统的地震力。此时，使用楼面谱计算程序的要点同于上节，但输出结果为所在楼层的楼面谱，再根据附属系统的自振周期由此楼面谱查出加速度，乘以附属系统质量后即得其质心所受的地震力。此力乘以力臂（质心到支座平面的距离）即是支架或锚固螺栓应能承受的地震力矩。

【例 47.2-1】大质量比单支点设备支座的抗震计算——25t 水箱在京城大厦和北京图书馆藏书楼上

根据京城大厦典型楼层的层质量，25t 水箱的楼层质量比为 0.7%，根据北京图书馆藏书楼典型楼层的层质量，25t 水箱的楼层质量比为 0.9%，均大于 0.001，水箱对两座建筑物的反应有明显影响。式（46.1-1）给出的水箱地震反应会有较大误差，因此举例用 FSAP 计算其地震反应，考虑水箱在两座建筑物均为刚性连接的情况，水箱阻尼比均取 0.02。由于不知道它们的自振周期，所以本文计算了设备自振周期在 0.01~6s 范围的反应。本文在此区间取 50 个点进行计算，实际上是给出楼面谱（其横轴是设备自振周期，纵轴是设备地震反应加速度），以与式（46.1-1）相比较。

为便于比较，图中均不计入 γ 和 η。式（46.1-1）不考虑设备自振周期，其结果在图上成为两条水平直线。对应“弹性连接”的直线的反力足对应“一般情况”的直线的二倍。

图 47.2-1 至图 47.2-4 比较了 10t 和 25t 水箱在两座处的楼面谱和式（46.1-1）的结果。图 47.2-1 和图 47.2-2 表明，当结构较柔（如京城大厦）时，对两种楼顶水箱，式（46.1-1）计算的“一般情况”的直线基本上包住了所有谱振峰。楼顶水箱越重，式（46.1-1）的“一般情况”直线则越安全。但由图 47.2-4 可见，对较刚性的结构（如北京图书馆藏书楼），式（46.1-1）对 25t 水箱（质量比为 0.9%）给出的地震力在两个区段小于实际地震力（称为危险周期区）。这表明按式（46.1-1）对在较刚性的建筑设计的楼顶水箱的锚固螺栓有可能不甚安全。

由图 47.2-2 和图 47.2-3 可见，场地土类的影响十分明显，对于在京城大厦楼顶 25t 的水箱，Ⅱ类场地没有危险周期区，但Ⅳ类场地有 3 个危险周期区。

上述结果都是在不知设备的自振周期的条件下得出的，若能实测出设备的自振周期，其地震加速度将是楼面谱曲线上的一个点。因而能得出更明确的结论。

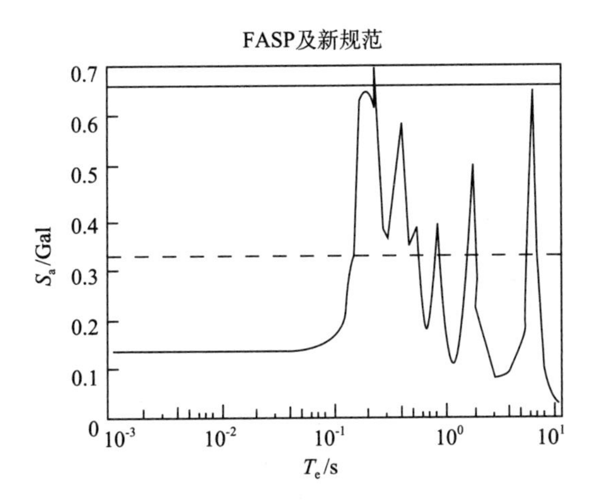

图 47.2－1　10t 水箱在京城大厦楼顶 X 方向，8 度，Ⅱ类场地，质量比 0.3%

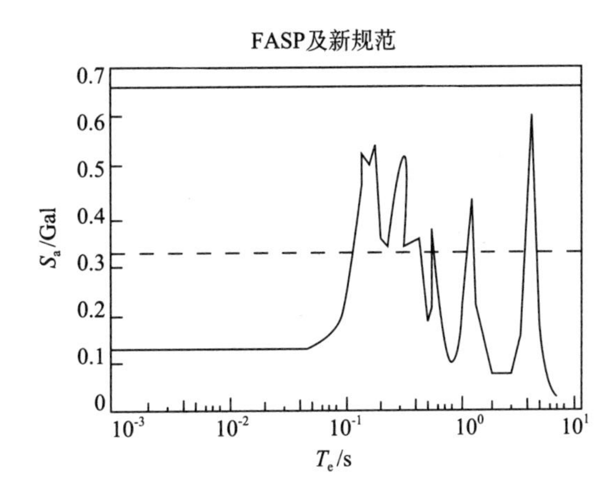

图 47.2－2　25t 水箱在京城大厦楼顶 X 方向，8 度，Ⅱ类场地，质量比 0.3%

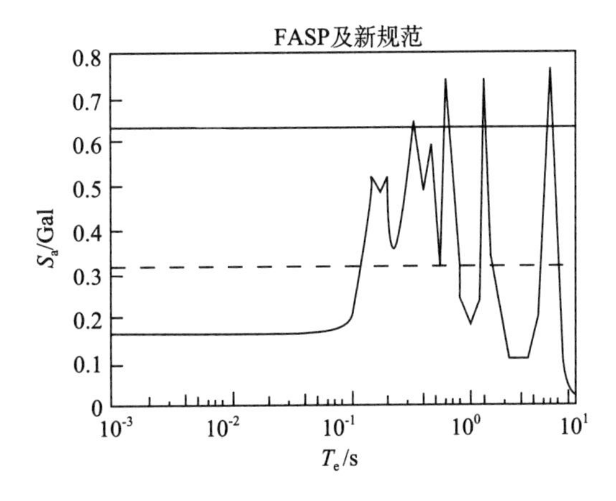

图 47.2－3　25t 水箱在京城大厦楼顶 X 方向，8 度，Ⅳ类场地，质量比 0.7%

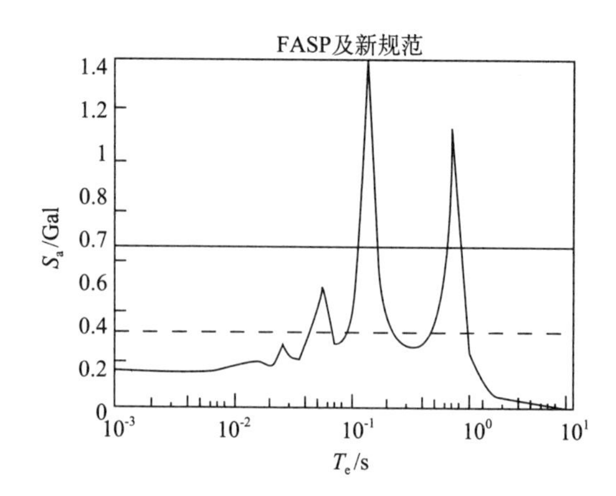

图 47.2－4　25t 水箱在北京图书馆藏书楼楼顶 X 方向，8 度，Ⅱ类场地，质量比 0.9%

参　考　文　献

[1] GB 50011—2010　建筑抗震设计规范

[2] International Conference. f Building Officials，1997 Uniform BuildirIg Code，1997

[3] ASCE，Minimum Design Loads for Buildings and Other Structures，ANSI/ASCE7—95，1995

[4] 秦权、李瑛，非结构构件和设备的抗震设计楼面谱，清华大学学报（自然科学版），37，6，1997，82~86

[5] 李瑛，抗震用楼面反应谱，清华大学硕士学位论文，1996

[6] 秦权、李瑛，抗震用楼面谱，第五届高届建筑抗震技术交流会论文集，浙江，桐庐，1995，148~153

[7] Qin Q and Li Y，Seismic Design of Nonstructural Components and Equipment in Tall Buildings，Proceeding of the 5th International Conference on Tall buildings，Hong Kong，Dec. 9-11，1998，(855－860)

[8] Asfura A and Der Kiureghian A，Floor Response Spectrum Method for Seismic Analysis of Multi-Supported Secondary Systems，Report No. UBC/EERC-84/04，Earthquake Engineering Research Center，University of California，Berkeley，1984

第11篇 地下建筑

本篇主要编写人

陈之毅 同济大学

杨林德 同济大学

第48章　概　　述

48.1　地下建筑的特点和分类

根据以往工程设计和震害经验，地下建筑与地面建筑在地震作用下的振动特性有很大的不同。其主要原因在于，地下结构受周围地基介质约束作用，结构的动力响应一般不能表现出自振特性的影响。地基在地震作用下的应变或变形以及土—结相互作用对地下结构的地震响应起主要作用。而地面结构的自振特性，如结构质量、刚度等对结构地震响应影响很大。

除此以外，与地面结构相比，地下结构的地震反应特点还表现在以下几个方面：

(1) 由于地下结构的尺寸相对于地震波波长的比例很小，地下结构的存在对周围地基地震动的影响一般都不大；而地面结构则对该处地基自由场的地震动将发生较大的扰动。

(2) 地下结构的振动形态受地震波入射方向作用的影响很大，即使地震波的入射角发生不大的变化，地下结构各点的变形和应力都将有较大的变化；地面结构的振动形态受地震波入射方向的影响则相对小得多。

(3) 地下结构在振动中各点的相位差特别明显。而地面结构振动时的相位差则不很显著。

(4) 地下结构的振动主应变一般地与地震加速度大小的联系不很明显；而地面结构的地震加速度大小则直接影响结构的动力反应。

(5) 对地下结构和地面结构两者言，它们与地基土的相互作用都对其动力反应产生重要影响；但对两者影响的方式与影响程度则有很大的不同。

以往我国地下建筑结构的抗震设计，主要参照地面建筑进行。随着城市建设的快速发展，单建式地下建筑的规模正在增大，类型也正在增多，其抗震能力和抗震设防要求也会有所差异，需要在工程设计中进一步研究，逐步解决。鉴于此，《建筑抗震设计规范》修订新增加了地下建筑抗震设计，主要规定地下建筑不同于地面建筑的抗震设计要求。地下建筑抗震设计应根据建筑抗震设防类别、抗震设防烈度、场地条件、地下建筑使用要求等条件进行综合分析对比后，确定其设计方案。

由于地下建筑种类较多，有的抗震能力强，有的使用要求高，有的服务于人流、车流，有的服务于物资储藏，抗震设防应有不同的要求。《规范》修订新增加的地下建筑抗震设计的适用范围为单建式地下建筑，且不包括地下铁道和城市公路隧道，因为地下铁道和城市公路隧道等属于交通运输类工程。

高层建筑的地下室（包括设置防震缝与主楼对应范围分开的地下室）属于附建式地下

建筑，考虑到在楼房倒塌后一般即弃之不用，其性能要求通常与地面建筑一致，可按《规范》有关章节所提出的要求设计。

单建式钢筋混凝土地下建筑结构的抗震等级，规定为：丙类钢筋混凝土地下结构的抗震等级，6、7 度时不应低于四级，8、9 度时不宜低于三级。乙类钢筋混凝土地下结构的抗震等级，6、7 度时不宜低于三级，8、9 度时不宜低于二级。

其要求略高于高层建筑的地下室，是考虑到：

（1）单建式地下建筑在附近房屋倒塌后仍常有继续服役的必要，其使用功能的重要性常高于高层建筑地下室。

（2）地下结构一般不宜带缝工作，尤其是在地下水位较高的场合，其整体性要求高于地面建筑。

（3）地下空间通常是不可再生的资源，损坏后一般不能推倒重来，需原地修复，而难度较大。

48. 2　地下建筑抗震设计一般原则

建立地下建筑结构抗震计算模型时，需要重点考虑以下三个方面内容：

1. 周围土层的模拟

除了结构自身受力、传力途径的模拟外，如何正确模拟周围土层的影响是地下建筑结构抗震计算模型的最大特点。无论是采用地基弹簧模型还是建立土层—结构模型，均应能较准确地反映周围挡土结构和内部各构件的实际受力状况；与周围挡土结构分离的内部结构，可采用与地上建筑同样的计算模型。

2. 结构模型的选取

周围地层分布均匀、规则且具有对称轴的纵向较长的地下建筑，结构分析可选择平面应变分析模型并采用反应位移法或等效水平地震加速度法、等效侧力法计算。根据《上海地铁车站抗震设计方法研究（项目研究总报告）》（2002 年 6 月）研究结果，典型软土地铁车站结构受到横断面方向的水平地震作用时，自车站结构两端起，各中柱柱端弯矩逐渐增大，并在离两端约 0. 76 倍横向跨度时，变化趋于平缓。因此，建议长条形地下结构按横截面的平面应变问题进行抗震计算的方法一般适用于离端部或接头的距离达 1. 5 倍结构跨度以上的地下建筑结构。端部和接头部位等的结构受力变形情况较复杂，进行抗震计算时原则上应按空间结构模型进行分析。

结构型式、土层和荷载分布的规则性对结构的地震反应都有影响。差异较大时地下结构的地震反应也将有明显的空间效应的影响。此时，即使是外形相仿的长条形结构，也宜按空间结构模型进行抗震计算和分析。对于长宽比和高宽比均小于 3 及不适于采用平面应变分析的地下建筑，宜采用空间结构分析计算模型并采用土层—结构时程分析法计算。采用空间结构模型计算时，在横截面上的计算范围和边界条件可与平面应变问题的计算相同，纵向边界可取为离结构端部距离为 2 倍结构横断面面积当量宽度处的横剖面，边界条件均宜为自由场边界。

3. 地震作用方向及其量值的确定

地下结构的地震作用方向与地面建筑的区别，首先是对于长条形地下结构，作用方向与其纵轴方向斜交的水平地震作用，可分解为横断面上和沿纵轴方向作用的水平地震作用，二者强度均将降低，一般不可能单独起控制作用。因而对其按平面应变问题分析时，一般可仅考虑沿结构横向的水平地震作用；对地下空间综合体等体型复杂的地下建筑结构，宜同时计算结构横向和纵向的水平地震作用。其次是对竖向地震作用的要求，体型复杂的地下空间结构或地基地质条件复杂的长条形地下结构，都易产生不均匀沉降并导致结构裂损，因而即使设防烈度为 7 度，必要时也需考虑竖向地震作用效应的综合作用。

地震作用的取值，应随地下的深度比地面相应减少：基岩处的地震作用可取地面的一半，地面至基岩的不同深度处可按插入法确定；地表、土层界面和基岩面较平坦时，也可采用一维波动法确定；土层界面、基岩面或地表起伏较大时，宜采用二维或三维有限元法确定。

48.3　地下建筑抗震设计方法及其适用范围

在地震作用下，地下结构和地面结构动力响应特点的不同，决定了它们抗震分析方法的不同。但是，在 20 世纪 60、70 年代以前，地下结构的抗震设计基本上还沿用地面结构的抗震设计方法，只是在 70 年代以后，地下结构抗震设计才逐步形成较为完整的独立体系。纵观地下结构抗震理论的发展可以看到，由于地基、地下结构以及土-结相互作用的复杂性，地震作用下地下结构的动力响应规律和震害机制尚未形成统一、明晰的看法，由此导致抗震分析方法名目繁多。目前，设计中用的较多的是等效侧力法、等效水平地震加速度法、反应位移法和土层-结构时程分析法。

48.3.1　等效侧力法

等效侧力法又称惯性力法、拟静力法，它将地下结构的地震反应简化为作用在节点上的等效水平地震惯性力的作用效应，从而可采用结构力学方法计算结构的动内力。但由于其计算结果与实际地震中观测到的动土压力结果有较大的差别，且等效侧力系数取值需要事先确定，普遍适用性较差。

48.3.2　等效水平地震加速度法

等效水平地震加速度法将地下结构的地震反应简化为沿垂直向线性分布的等效水平地震加速度的作用效应，计算采用的数值方法常为有限元法。建立计算模型时，土体可采用平面应变单元、结构可采用梁单元进行建模。计算模型底面采用固定边界，侧面采用水平滑移边界。模型底面可取设计基岩面，顶面取地表面，侧面边界到结构的距离宜取结构水平有效宽度的 2~3 倍。

48.3.3　反应位移法

反应位移法（Displacement response method）依据地下结构在地震中的响应特征，即其地震响应主要取决于周围地层的变形，而开发的计算方法。将土层动力反应位移的最大值作为强制位移施加于地基弹簧的非结构连接端的节点上，然后按静力原理计算内力。土层动力反应位移的最大值可通过输入地震波的动力有限元计算确定。

由于反应位移法中需要用到地基弹簧这种力学单元，地基弹簧的弹性模量对抗震计算的最终结果起到非常大的影响。因此，如何合理评价其弹性模量是这种方法的关键因素。

此外，实际应用该方法时，如何选择作用在地下结构上的等效侧向荷载，也是一个必须考虑的问题。近年来的研究表明，将反应位移法用于地下结构横断面的抗震计算中时，可主要考虑：①地层变形（即强制位移的计算）；②结构自重产生的惯性力；③结构与周围土层间的剪切力；④地震时结构两侧土层变形形成的侧向力。

48.3.4　土层-结构时程分析法

土层-结构时程分析法即直接动力法，是最经典的方法。其基本原理为：将地震运动视为一个随时间而变化的过程，并将地下建筑结构和周围岩土体介质视为共同受力变形的整体，通过直接输入地震加速度记录，在满足变形协调条件的前提下分别计算结构物和岩土体介质在各时刻的位移、速度、加速度，以及应变和内力，并进而验算场地的稳定性和进行结构截面设计。

时程分析法有普遍适用性，尤其是需按空间结构模型分析时可采用这一方法，且迄今尚无其他计算方法可予以代替。但其可操作性、可信度究竟如何，一直是人们关心和怀疑的问题。从工程应用角度看，地下建筑结构的线性与非线性时程分析至少有以下几个方面是值得关注的：①计算区域及边界条件；②地面以下地震作用的大小；③地下结构的重力；④土层的计算参数。

第49章　地下通道

49.1　一般要求

地下通道应建造在密实、均匀、稳定的地基上。地下通道结构的抗震设计，一般可仅计算沿结构横向的水平地震作用，地基、地质条件明显变化的区段，尚应考虑竖向地震作用。其主体结构可按平面应变问题分析和计算，两端及地质条件明显变化的区段则宜与相邻建筑结构一起，按空间结构模型计算与分析。

49.2　内力分析和抗震承载力验算

按平面应变问题进行分析和计算时，地下通道结构可取单位长度。

对地下通道进行结构抗震验算时，应按《建筑结构荷载规范》（GB 50009）确定地震作用效应与其他荷载效应的基本组合，并检验结构构件的抗震承载力。

49.3　抗震构造措施

地下通道在夹有薄层液化土层的地基中穿越时，可不做地基抗液化处理，但结构强度及其抗浮稳定性的验算应考虑土层液化的影响。

在地震时易发生液化、突沉的地段，尚可按设计配置较大膨胀倍率的橡胶垫，以适应通道有可能产生的较大的纵向弯曲。

明挖地下通道结构宜采用墙—板结构。设置立柱时，宜采用延性良好的劲性钢筋混凝土柱或钢管混凝土柱；当采用钢筋混凝土柱时，应限定轴压比并加密箍筋。

49.4　计算例题

【例49.4－1】两跨钢筋混凝土地下通道框架结构抗震设计

1. 工程概况

如图 49. 4 - 1 所示，浅埋地下通道结构，埋置深度 2m，地下水位位于自然地面以下 1. 0m，考虑地面超载 $q = 30\text{kN/m}^2$。土层①为粉质黏土，重度、内摩擦角和粘聚力分别为：$\gamma_1 = 18\text{kN/m}^3$，$\varphi_1 = 15°$，$c_1 = 10\text{kN/m}^2$。土层②为淤泥质黏土，重度 $\gamma_2 = 17\text{kN/m}^3$，内摩擦角和粘聚力分别为：$\varphi_2 = 8°$，$c_2 = 10\text{kN/m}^2$。地下通道结构混凝土强度等级 C30，钢筋采用 HPB335，砼重度为 25kN/m^3。

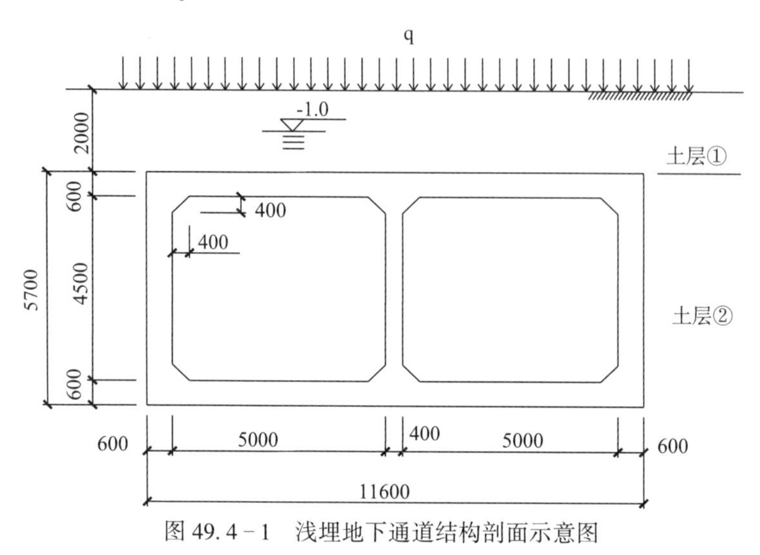

图 49. 4 - 1　浅埋地下通道结构剖面示意图

2. 结构静力计算

1）计算模型

见图 49. 4 - 2。

2）荷载计算

（1）顶板荷载。

覆土压力：$q_{e1} = \Sigma\gamma_i h_i = 18 \times 1 + (18 - 10) \times 1 = 26\text{kN/m}$

水压力：$q_{w1} = \gamma_w h_w = 10 \times 1 = 10\text{kN/m}$

顶板自重：$q_{g1} = \gamma_c t = 25 \times 0.6 = 15\text{kN/m}$

总荷载：$q_1 = 1.2q_{e1} + 1.2q_{w1} + 1.2q_{g1} + 1.2q = 1.2 \times (26 + 10 + 15 + 30)$
$= 97.2\text{kN/m}$

（2）地基反力。

侧墙自重：$G_1 = 1.2 \times (25 \times 4.5 \times 0.6 + 25 \times 0.4 \times 0.4) = 85.8\text{kN}$

中柱自重：$G_2 = 1.2 \times (25 \times 4.5 \times 0.4 + 25 \times 0.4 \times 0.4 \times 2) = 63.6\text{kN}$

总荷载：$q_2 = 97.2 + \dfrac{2 \times 85.8 + 63.6}{11} = 118.6\text{kN/m}$

（3）侧墙土压力。

土压力系数：$K = \tan^2\left(45° - \dfrac{8°}{2}\right) = 0.7556$，$\sqrt{K} = \tan\left(45° - \dfrac{8°}{2}\right) = 0.8693$

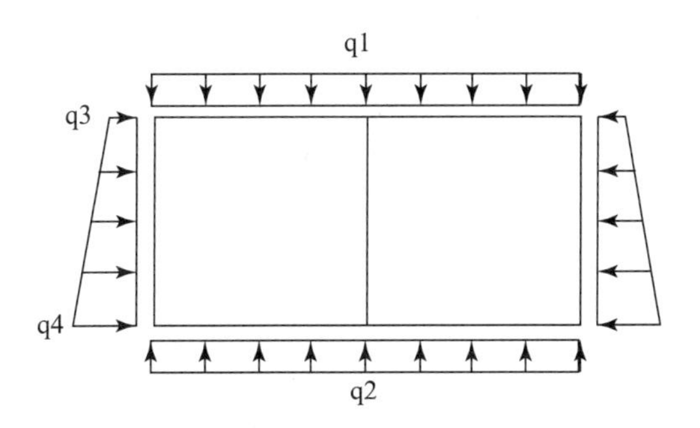

图49.4-2　浅埋地下通道结构剖面示意图

$$q_3 = 1.2 \times ((18 \times 1 + 8 \times 1 + 7 \times 0.3 + 30) \times 0.7556 - 2 \times 10 \times 0.8693 + 10 \times (1 + 0.3)) = 47.4\text{kN/m}$$

$$q_4 = 1.2 \times ((18 \times 1 + 8 \times 1 + 7 \times (5.7 - 0.3) + 30) \times 0.7556 - 2 \times 10 \times 0.8693 + 10 \times (1 + 5.7 - 0.3)) = 141.0\text{kN/m}$$

3）计算结果

通过计算得到静荷载作用下结构的静内力分布如图49.4-3至图49.4-5所示，其中静内力的最大值见表49.4-1。

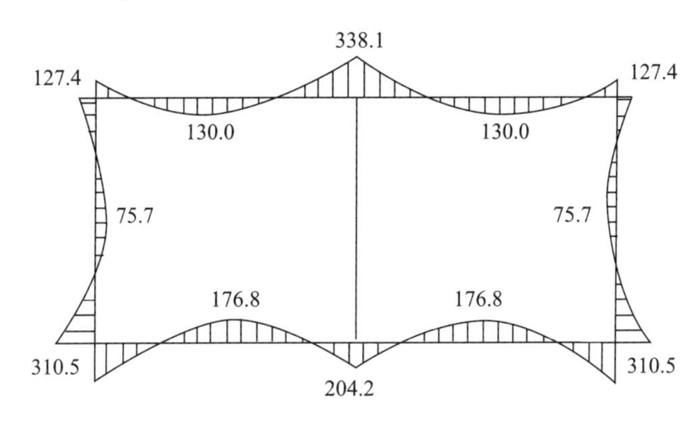

图49.4-3　弯矩图（kN·m）

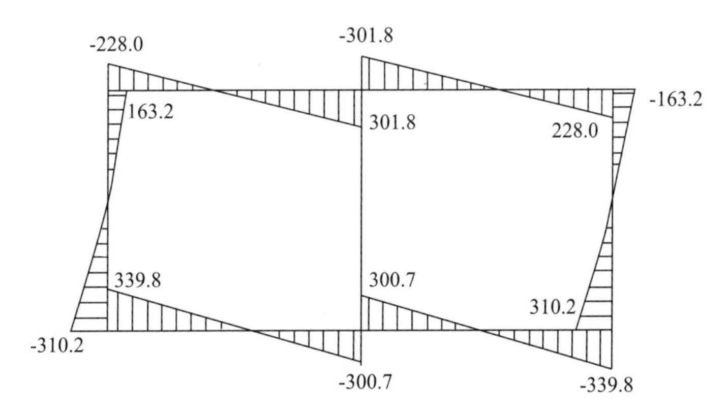

图49.4-4　剪力图（kN）

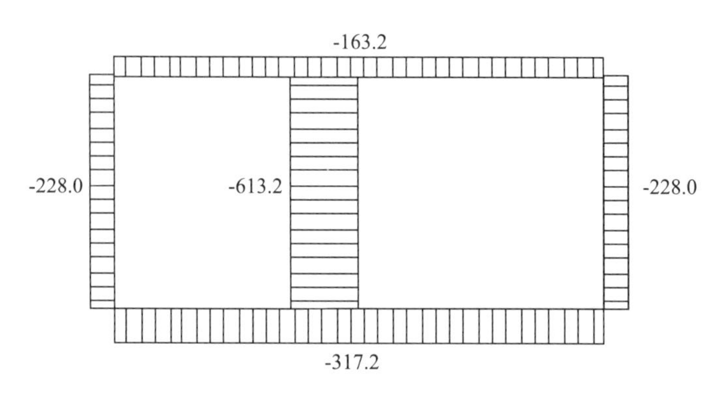

图 49.4－5 轴力图（kN）

表 49.4－1 地下通道结构静内力最大值

结构部位	弯矩/(kN·m)	剪力/kN	轴力/kN
顶板	338.1	301.8	163.2
底板	310.5	339.8	317.2
侧墙	310.5	310.2	228.0
中柱	0	0	613.2

3. 结构动力计算（反应位移法）

反应位移法的基本原理是假设地下结构地震反应的计算可简化为平面应变问题，其在地震时的反应加速度、速度及位移等与周围地层保持一致。因天然地层在不同深度上反应位移不同，地下结构在不同深度上必然产生位移差。将该位移差以强制位移形式施加在地下结构上，并将其与其他工况的荷载进行组合，则即可由按静力问题进行计算，得到地下结构在地震作用下的动内力和合内力。

1）抗震设计基本条件和场地地震参数

（1）抗震设防烈度与设计基本地震加速度：

上海地区抗震设防烈度为 7 度，场地类别为Ⅳ类，设计地震分组为第一组，设计基本地震加速度值为 0.10g。

（2）剪切波的传播速度：

根据《铁路工程抗震设计规范》（GB 50111—2006）附录 A 中不同岩土剪切波速值表，确定各个土层中剪切波的传播速度，取加权平均值 $C_s=150\text{m/s}$。

（3）隧道深度土颗粒峰值速度、加速度和振幅：

日本《地下构造物的耐震设计》根据统计规律，给出了隧道深度土颗粒峰值速度、峰值加速度、振幅与地表土颗粒峰值加速度比例关系。将地表颗粒峰值加速度做相应折减，得到隧道深度的颗粒峰值加速度 $a_s=1.0\times0.1g$。根据隧道深度的颗粒峰值加速度计算隧道深度土颗粒峰值速度 $V_s=208\text{cm}/g\times a_s$。根据波动方程基本公式可以由以下公式确定剪切波的振幅：

$$A = (\frac{L}{2\pi C_s}) \times V_s \tag{49.4-1}$$

由以上公式可知，本算例地下通道深度土颗粒峰值加速度为0.1g，峰值速度0.208m/s，剪切波波长取为土层厚度的4倍，为280m，则剪切波振幅0.062m。

2）土体动力参数

土体的动剪切模量：

$$G_m = \rho_m C_s^2 \tag{49.4-2}$$

式中　ρ_m——土体密度；

C_s——土层中剪切波的传播速度。

则可得土体动剪切模量为 $G_m = \rho_m C_s^2 = 1800 \times 150^2 = 40.5\text{MPa}$

土体的动弹性模量 $E_m = 2(1+\nu_m)G_m = 2 \times (1+0.3) \times 40.5 = 105.3\text{MPa}$

3）地层变形模式

采用反应位移法抗震计算时，假定地层变形模式如图49.4－6所示。

$$\left.\begin{aligned} u_a(z) &= \frac{2}{\pi^2} \times S_V \times T_s \times \cos(\frac{\pi z}{2H}) \\ u_t(x,\ z) &= u_a(z) \times \sin\frac{\pi x}{2L} \end{aligned}\right\} \tag{49.4-3}$$

式中　S_V——震动基准面速度反应谱（m/s）；

T_s——地层的固有周期（s）；

L——地层震动的波长（m）。

地层的固有周期，一般根据建设地点的剪切波速计算。由多层构成的地层固有周期特征值，可按下式计算：

$$T_G = 4\sum_{i=1}^{n} \frac{h_i}{V_{si}} \tag{49.4-4}$$

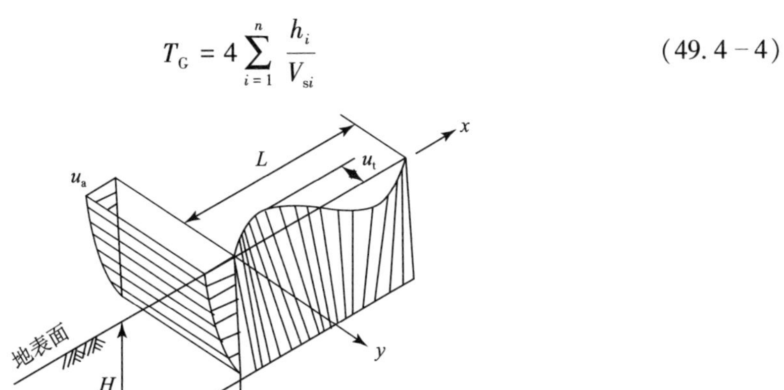

图49.4－6　地震时地层变形模式

但由于地震发生时的地层应变大于勘测时的地层应变，考虑应变水平，取 $T_s = 1.25T_G$，即 $T_s = 5\sum_{i=1}^{n}\frac{h_i}{V_{si}} = 2.33\text{s}$。

震动基准面速度反应谱

$$S_u = k_h \times S_V \tag{49.4-5}$$

式中　k_h——设计水平地震系数；

S_V——单位水平地震系数的速度反应谱（m/s）。

根据日本《地下构造物的耐震设计》，设计水平地震系数 $k_h = 0.21$；S_V 可按图 49.4－7 确定，因 $T_s = 2.33\text{s}$，有 $S_V = 0.8\text{m/s}$，故 $S_u = 0.168\text{m/s}$。

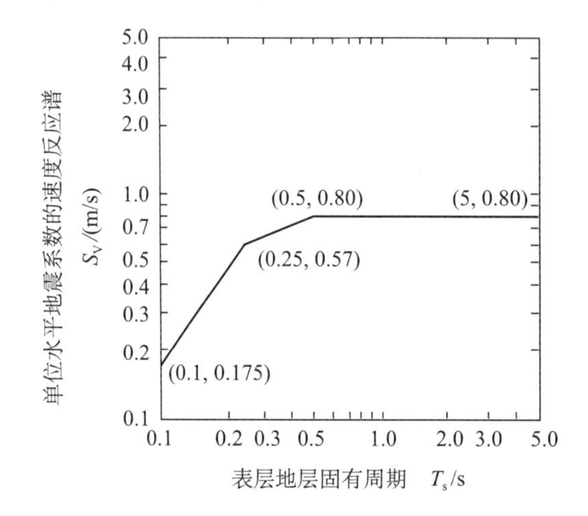

图 49.4－7　单位水平地震系数的速度反应谱

4）结构的计算分析模型

由于地震时结构和地层的相互作用关系极为复杂，计算时假定结构和地层之间通过各种弹簧连接，结构的计算分析模型如图 49.4－8 所示。

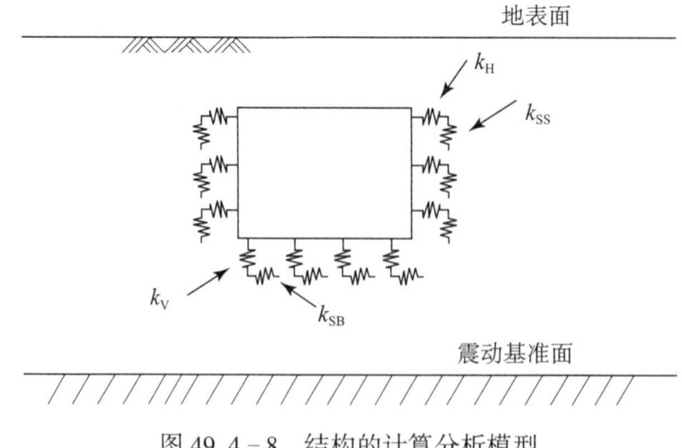

图 49.4－8　结构的计算分析模型

5）地基弹簧系数的确定

地基弹簧系数的取值与地层条件、结构形状尺寸及埋深等有关，而且还随地层应变大小而变，因此计算时要考虑这些因素。实际应用时可以采用图 49.4－9 所示的静力有限元模型，假设地下结构产生单位强制位移，从而计算出各节点的反力，然后按下列各式计算。

$$\left.\begin{aligned} k_{H} &= \frac{\sum R_{HSi}}{l_{S} \times \delta_{H}} \\ k_{V} &= \frac{\sum R_{VBi}}{l_{B} \times \delta_{V}} \\ k_{SS} &= \frac{\sum R_{VSi}}{l_{S} \times \delta_{V}} \\ k_{SB} &= \frac{\sum R_{HBi}}{l_{B} \times \delta_{H}} \end{aligned}\right\} \quad (49.4-6)$$

式中　k_H——侧壁的水平方向弹簧系数（kN/m^3）；

k_V——底板的铅直方向弹簧系数（kN/m^3）；

k_{SS}——侧壁的剪切弹簧系数（kN/m^3）；

k_{SB}——底板的剪切弹簧系数（kN/m^3）；

l_S——侧壁的高度，为 5.7（m）；

l_B——底板的宽度，为 11.6（m）；

δ_H——水平方向的强制变位，取 1（m）；

δ_V——铅直方向的强制变位，取 1（m）；

R_{HSi}——水平方向强制变位下侧壁各节点作用的水平反力（kN/m）；

R_{HBi}——水平方向强制变位下底板各节点作用的水平反力（kN/m）；

R_{VSi}——铅直方向强制变位下侧壁各节点作用的铅直反力（kN/m）；

R_{VBi}——铅直方向强制变位下底板各节点作用的铅直反力（kN/m）。

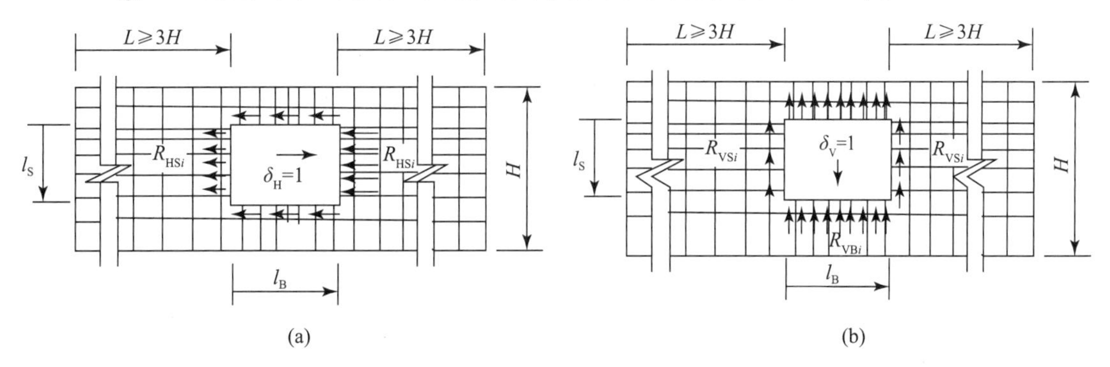

图 49.4－9　地基弹簧系数计算图示

（a）水平方向单位强制位移时；（b）垂直方向单位强制位移时

有限元模型水平边界确定：

$$L \geqslant 3H \tag{49.4-7}$$

式中　L——有限元模型中地下结构侧壁距水平边界距离（m）；

H——地层厚度（m）。

对于本算例，采用有限元分析程序计算，得到地层的动弹性系数：

$k_H=2976\text{kN/m}^3$，$k_V=4335\text{kN/m}^3$，$k_{SS}=2489\text{kN/m}^3$，$k_{SB}=2348\text{kN/m}^3$。

6）结构自身的惯性力

由于设计基本地震加速度值为0.1g，结构质量引起的惯性力为$P_1=m\times0.1g=53.3\text{kN}$。

7）土层变位引起的侧向土压力

根据反应位移法，周围介质在地震作用下产生变位对结构侧壁的作用可用下式计算：

$$\left.\begin{aligned} p(z) &= k_H \times \{u(z) - u(z_B)\} \\ u(z) &= \frac{2}{\pi^2} \times S_u \times T_s \times \cos\left(\frac{\pi z}{2H}\right) \end{aligned}\right\} \tag{49.4-8}$$

式中　$p(z)$——距地表面深度为z(m)处地震时单位面积上的土压力（kPa）；

$u(z)$——距地表面深度为z(m)处地震时地层变位（m），顶板位置地层变形为0.0794m，底板位置地层变形为0.0794m；

z_B——地下结构底面处深度（m），为7.7m；

k_H——地震时单位面积上的水平地基弹簧系数（kN/m^3），为2976kN/m^3；

S_u——震动基准面速度反应谱（m/s），为0.168m/s；

T_s——地层的固有周期（s），2.33s。

则由于地层变位引起的侧向土压力分布为$p(z)=236.06\cos0.0224z-221.89\text{kPa}$

对于底板位置，侧向土压力为0kPa；对于顶板位置，侧向土压力为0kPa。

8）地震时结构周围剪应力

地震时结构周围剪应力按下式计算：

$$\tau=\frac{G_D}{\pi H} \times S_u \times T_s \times \sin\left(\frac{\pi z}{2H}\right) \tag{49.4-9}$$

式中　τ——距地表面深度为z处地震时周边单位面积上的剪力（kPa）；

G_D——地基的动剪切变形系数（kPa），$4.05\times10^4\text{kPa}$。

对于结构顶板，$\tau_U=0.05\text{kPa}$；对于结构底板，$\tau_B=0.21\text{kPa}$；对于结构侧壁，$\tau_S=\frac{\tau_U+\tau_B}{2}=0.13\text{kPa}$。

9）计算结果

通过计算得到地震荷载作用下结构的动内力分布如图49.4-10至图49.4-12所示，其中动内力的最大值见表49.4-2。

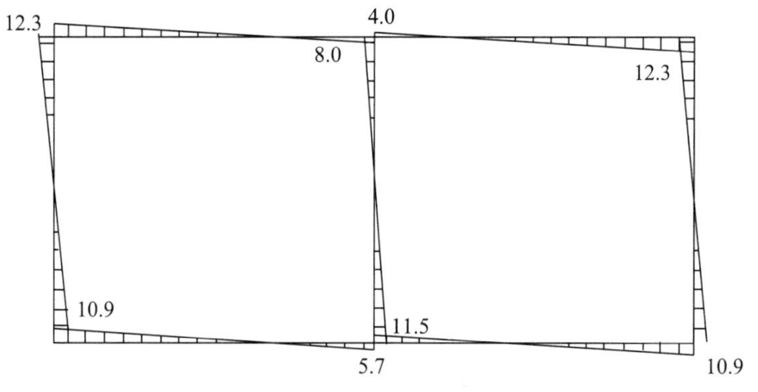

图 49.4－10　弯矩图（k·Nm）

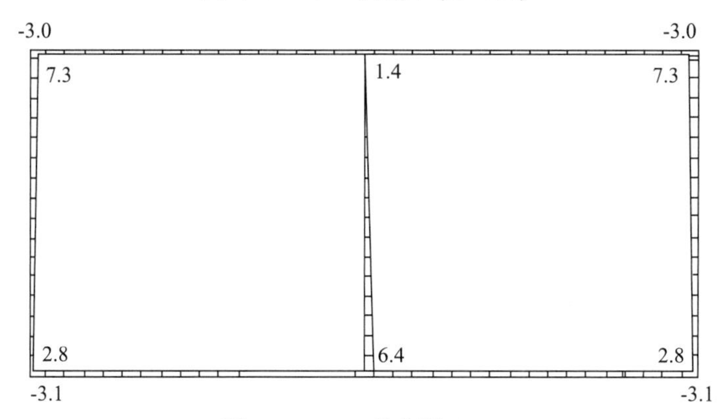

图 49.4－11　剪力图（kN）

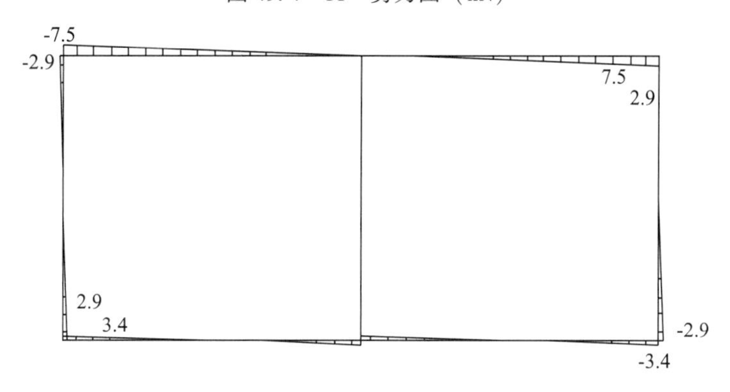

图 49.4－12　轴力图（kN）

表 49.4－2　地下通道结构动内力最大值

结构部位	弯矩/(kN·m)	剪力/kN	轴力/kN
顶板	12.3	3.0	7.5
底板	10.9	3.1	3.4
侧墙	12.3	7.3	2.9
中柱	11.5	6.4	0

4. 结构内力合力

将上述静力荷载作用下的结构内力与地震荷载作用下结构的动内力叠加，即可得到地震荷载及静荷载组合作用下，地下通道结构的合内力。图 49.4－13 至图 49.4－15 依次为结构的合弯矩、合剪力和合轴力的分布图，其中各结构部位合内力的最大值见表 49.4－3。

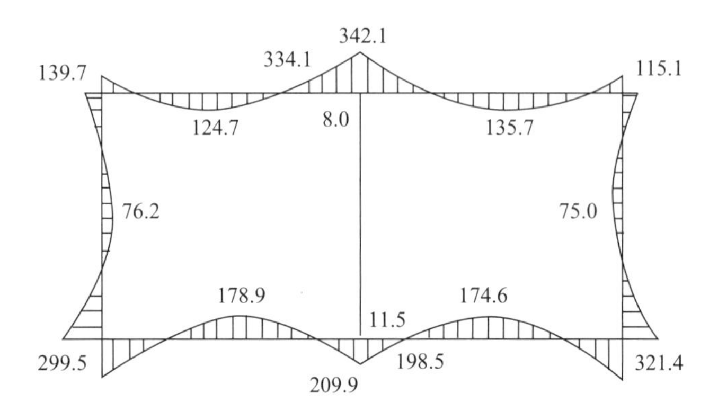

图 49.4－13　弯矩图（kN · m）

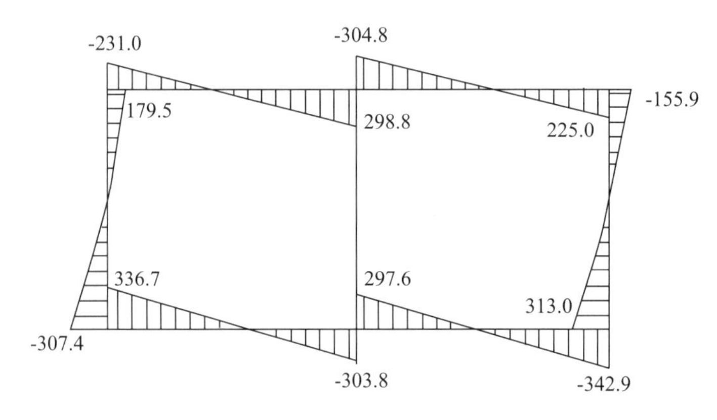

图 49.4－14　剪力图（kN）

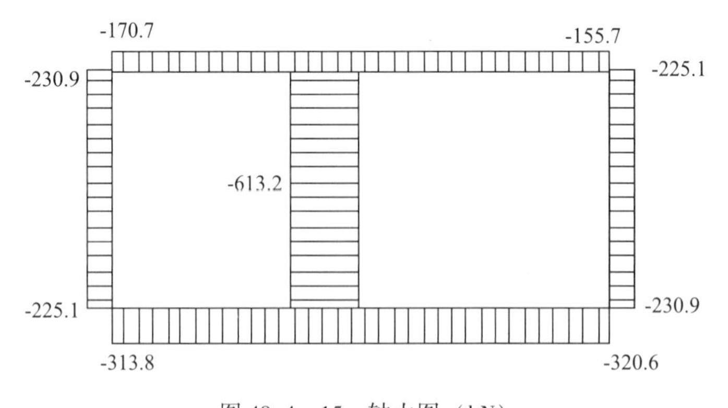

图 49.4－15　轴力图（kN）

表 49.4-3 地下通道结构内力合力最大值

结构部位	弯矩/(kN·m)	剪力/kN	轴力/kN
顶板	342.1	304.8	170.7
底板	321.4	342.9	230.9
侧墙	321.4	313.0	313.8
中柱	11.5	6.4	613.2

第50章　地 下 车 库

50.1　一 般 要 求

地下车库结构的抗震设计，一般可仅计算沿结构横向的水平地震作用。其主体结构可按平面应变问题分析和计算，两端则宜与相邻建筑结构一起，按空间结构模型计算与分析。建筑布置不规则的地下车库，抗震设计时应同时考虑两个主轴方向上的水平地震作用，并按空间结构模型计算和分析。

50.2　内力分析和抗震承载力验算

按平面应变问题进行分析和计算时，地下车库结构的计算单元可沿结构纵向取为相邻柱间中—中间距。

采用惯性力法计算地下车库结构时，对常见的双层三跨矩形断面可按弹性地基上的平面框架对其计算横向水平地震作用下的地震反应。

对地下通道进行结构抗震验算时，应按《建筑结构荷载规范》（GB 50009—2012）确定地震作用效应与其他荷载效应的基本组合，并检验结构构件的抗震承载力。

50.3　抗震构造措施

采用矩形钢筋混凝土框架结构时，顶、底和楼板宜采用梁板结构。

矩形钢筋混凝土框架结构可采取以下措施加强墙板与顶板，梁板与立柱间的节点的刚度、强度和变形能力：

（1）在中柱与顶板、中板及底板的连接处应满足柱箍筋加密区的构造要求，其范围与抗震等级相同的地面结构柱构件相同，防止中柱发生剪弯破坏。

（2）墙体为包含地下连续墙的复合墙体时，顶底板及各层楼板的负弯矩钢筋应至少有50%锚入地下连续墙，锚入长度应按受力计算确定；正弯矩钢筋需锚入内衬，并均不小于规定的锚固长度。

（3）地下连续墙在与楼板及水平框架相交处预留钢筋连接器时，应在板和框架厚度范围内预留剪力槽，槽深为 50mm。

（4）中柱宜采用劲性钢筋混凝土柱或钢管钢筋混凝土柱，也可适当提高混凝土强度等级，或使用钢纤维混凝土代替普通混凝土对其加强。

地下车库结构周围地基为液化土且未采取措施消除液化可能性时，尚应考虑采取抗浮措施。在可液化地基中建造地下车库时，可通过对地基采取注浆加固和换土等措施消除或减小结构上浮的可能性，也可通过增设抗拔桩使其保持抗浮稳定。

50.4　计 算 例 题

【例 50.4－1】两层三跨钢筋混凝土地下车库结构抗震设计

1. 工程概况

某地下车库为 2 层三跨钢筋混凝土结构，左右两跨停放车辆，中间一跨为过道。建筑结构立面布置和构件尺寸如图 50.4－1 所示。抗震设防烈度为 7 度，设计地震第一组，Ⅳ类场地，设计基本地震加速度 0.10g。梁、柱的混凝土强度等级均为 C35，主筋采用 HPB235 和 HRB335 钢筋。场地主要土层组成依次为：粉质黏土、淤泥质粉质黏土、淤泥质粉质黏土、淤泥质粉质黏土、淤泥质黏土、黏土和粉土。土层厚度见表 50.4－3，土层平均重度为 18kN/m^3，地下水位在地表以下 1m，重度为 9.8kN/m^3。

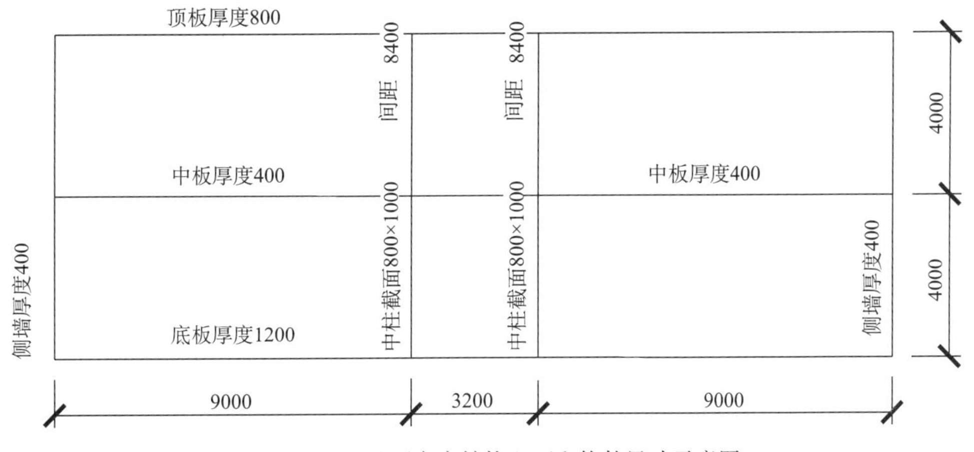

图 50.4－1　地下车库结构立面和构件尺寸示意图

2. 主要荷载

1）设计恒载标准值

（1）侧向土压力。

侧向土压力按静止土压力计算，静止土压力系数为 0.8。本例不考虑地面超载。

$$F_1 = (0 \times 18) \times 0.8 = 0\text{kN/m}^2$$

$$F_2 = (8 \times 18) \times 0.8 - 9.8 \times (8 - 1) = 46.6\text{kN/m}^2$$

（2）水反力　$Q_2 = 9.8 \times (8 - 1) = 68.6\text{kN/m}^2$

（3）结构自重由程序自动计算得：

顶板的重度为 25.67kN/m^3

中板的重度为 26.34kN/m^3

底板的重度为 25kN/m^3

侧墙的重度为 25kN/m^3

中柱的重度为 27.38kN/m^3

2）设计活载标准值

（1）地面超载　　本例未计入

（2）地面超载引起的侧向土压力　　本例未计入

3）土层竖向基床系数

土层竖向基床系数取 4000kN/m^3

3. 结构静力计算

1）计算荷载模型

恒载计算荷载模型示意图

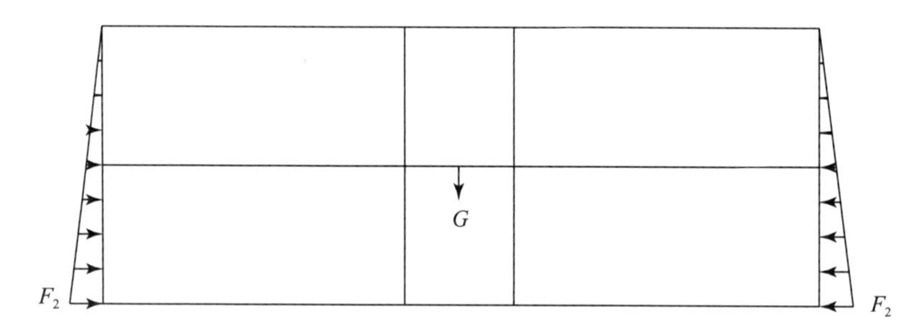

图 50.4－2　不考虑水反力工况荷载模型示意图

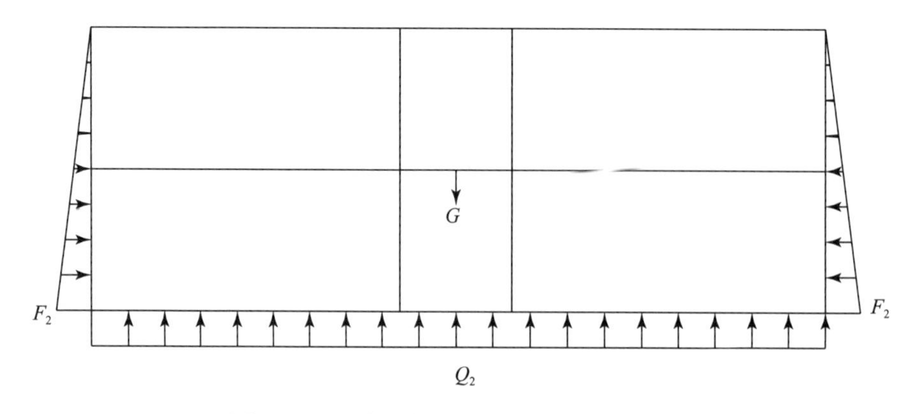

图 50.4－3　考虑水反力工况荷载模型示意图

2）静力计算结果整理

表50.4－1　恒载计算结果

项目		恒载（不考虑水反力）工况		恒载（考虑水反力）工况	
底板	最大弯矩/(kN·m)	346.58	-346.33	337.09	-342.97
	对应轴力/kN	-86.71	-86.71	-87.57	87.87
	最大剪力/kN	-233.62	38.58	-263.84	58.24
中板	最大弯矩/(kN·m)	39.77	-71.18	39.69	-69.54
	对应轴力/kN	-82.18	-82.18	-82.01	-82.01
	最大剪力/kN	3.62	-37.68	3.97	-37.33
顶板	最大弯矩/(kN·m)	115.87	-94.06	114.9	-98.80
	对应轴力/kN	-51.81	-51.81	-51.12	-51.12
	最大剪力/kN	-8.33	92.3	-7.57	93.05
侧墙	最大弯矩/(kN·m)	25.27	-78.44	25.25	-76.39
	对应轴力/kN	-118.23	-88.83	-117.47	-88.07
	最大剪力/kN	6.61	51.81	5.92	51.12
中柱	最大弯矩（kN.m）	21.79	-17.30	22.36	-18.03
	最大轴力/kN	-210.36	-124.5	-211.12	-125.25
	最大剪力/kN	9.78	9.78	10.10	10.10

4. 结构动力计算（等代水平地震惯性力法）

1）计算模型及边界条件

采用等代水平地震惯性力法，计算地下车库在横向水平地震作用下的地震反应，按平面应变问题分析。等代水平地震惯性力法将地震反应用作用于构件结点处的水平地震惯性力及其相应地层抗力的作用效应等代，底板结构下部范围内设置竖向地基弹簧，土层竖向基床系数取为4000kN/m^3。

2）水平地震惯性力计算

结构水平向地震惯性力 F_{ij} 作用在地下结构的各个结点处，土压力按力的平衡条件计算，并按三角形分布作用于结构一侧。本例中按上海市工程建设规范《上海市地下铁道建筑结构抗震设计规范》（DG/TJ 08—2009）给出的式（50.4－1），确定等代水平地震惯性力，其值与结构自重、埋深和结构周围土层的性质有关。

$$F_{ij} = k_c Q_{ij} \qquad (50.4-1)$$

式中　Q_{ij}——通过结点 ij 的各个构件的重量之半的总和；

k_c——矩形地下结构等代水平地震惯性力系数，$0.35 \leqslant k_c \leqslant 0.50$，

$$k_c = \sum_{i=1}^{N} \frac{H_i}{H} k_{ci} \tag{50.4-2}$$

N——自地表起地下结构周围对结构地震反应有较大影响的土层的总数；

H——自地表起地下结构周围对结构地震反应有较大影响的土层的总厚度；

H_i——第 i 层土的厚度；

k_{ci}——矩形地下结构断面上第 i 层土的等代水平地震惯性力影响系数，

$$k_{ci} = k_{0ci}\beta_h \tag{50.4-3}$$

k_{0ci}——矩形地下结构顶板上表面与地表齐平时的 k_{ci} 值，可根据土层种类不同按表 50.4-2 取值；

β_h——地下结构埋深影响系数，取值范围为 $0.7 \leqslant \beta_h \leqslant 1$。当 $\beta_h < 0.7$ 时，令 $\beta_h = 0.7$，

$$\beta_h = 1.00 - 0.0093z \tag{50.4-4}$$

z——自地表起至地下结构顶面的距离（m）。

表 50.4-2　k_{0ci} 取值表

黏土	淤泥质黏土	粉质黏土	粉土、粉砂
0.36	0.40	0.38	0.31

表 50.4-3 列出了等代地震惯性力系数 k_c 值的求解过程。选取 $H=30$m，计算得到的 k_c 为 0.46。最终，F_{ij} 的计算结果如图 50.4-4 所示，P_k 的值为 17.04kN。

表 50.4-3　k_c 值的计算过程

H	i	H_i/m	z/m	β_h	k_{oi}	k_{ci}	$k_{ci} \times H_i$	k_c
30	粉质黏土	1.6	0	1.0	0.44	0.44	0.704	0.46
	淤泥质粉质黏土	3.3	0	1.0	0.49	0.49	1.617	
	淤泥质粉质黏土	1.7	0	1.0	0.49	0.49	0.833	
	淤泥质粉质黏土	1.9	0	1.0	0.49	0.49	0.931	
	淤泥质黏土	10.2	0	1.0	0.49	0.49	4.998	
	黏土	5.3	0	1.0	0.44	0.44	2.332	
	粉土	6	0	1.0	0.38	0.38	2.28	

3）等代水平地震惯性力法计算结果及其修正

计算所得结果列于表 50.4-4。需要说明的是，采用等代水平地震惯性力法计算所得结构动内力与实际结构地震响应有一定的差别，因此宜根据研究成果和工程经验，进行结构动内力修正。本例为按上海市工程建设规《地下铁道建筑结构抗震设计规范》（DG/TJ 08—2009）的相关最大动内力值修正系数表修正后得到的结果。

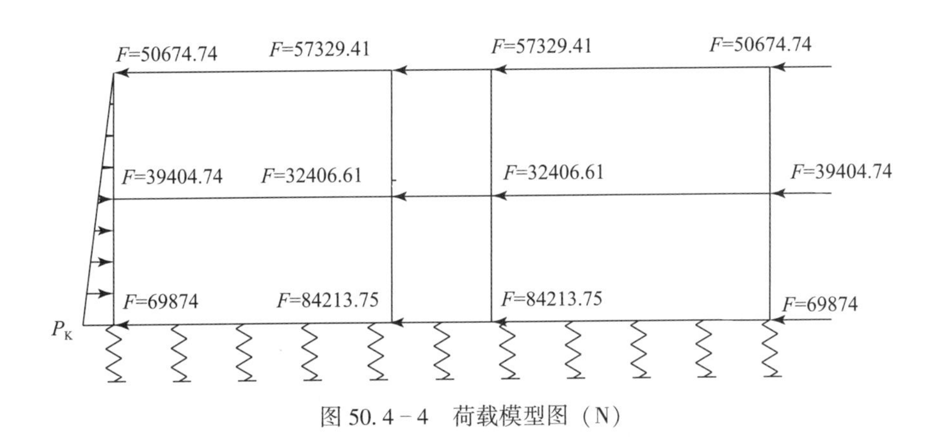

图 50.4－4　荷载模型图（N）

表 50.4－4　结构地震动内力计算结果

项目		地震工况	
		最大值	最小值
底板	最大弯矩/(kN·m)	182.15	−13.43
	对应轴力/kN	−313.94	−80.77
	最大剪力/kN	58.38	−23.02
中板	最大弯矩/(kN·m)	16.07	−18.9
	对应轴力/kN	−164.49	−243.18
	最大剪力/kN	−25.78	−9.56
顶板	最大弯矩/(kN·m)	42.96	−58.95
	对应轴力/kN	−144.54	−144.54
	最大剪力/kN	−35.22	−35.22
侧墙	最大弯矩/(kN·m)	134.12	−209.47
	对应轴力/kN	−148.48	−148.48
	最大剪力/kN	−7.18	−211.7
中柱	最大弯矩/(kN·m)	51.41	−56.74
	最大轴力/kN	16.35	16.35
	最大剪力/kN	24.58	24.58

注：板弯矩以下面受拉为正；侧墙弯矩以左侧受拉为正；轴力以受拉为正。

5. 结构内力组合和构件抗震承载力验算

1）荷载和作用效应组合

结构构件的水平地震作用效应和静力荷载效应的基本组合及相应荷载系数，列于表 50.4－5 和表 50.4－6 中。

表 50.4－5 不考虑水反力作用的荷载效应组合和组合系数

	组合工况号	恒载	水平地震	重要性系数 r_0	
静力荷载的效应组合	1	1.35	0	1.1	强度计算
	2	1	0	—	裂缝验算
与地震作用的效应组合	3	1.2	1.3	—	强度计算

表 50.4－6 考虑水反力作用的荷载效应组合和组合系数

	组合工况号	恒载	水平地震	重要性系数 r_0	
静力荷载的效应组合	4	1.35	0	1.1	强度计算
	5	1	0	—	裂缝验算
与地震作用的效应组合	6	1.2	1.3	—	强度计算

2）最不利组合下的构件内力

各部件工况作用效应组合如下表 50.4－7 和表 50.4－8

表 50.4－7 底板、中板及顶板各工况作用效应组合

项目 工况号	底板			中板			顶板		
	最大弯矩（kN·m）		最大剪力（kN）	最大弯矩（kN·m）		最大剪力（kN）	最大弯矩（kN·m）		最大剪力（kN）
工况 1	514.67	-514.30	346.93	59.06	-105.70	55.95	172.07	-139.68	76.94
工况 2	346.58	-346.33	233.62	39.77	-71.18	37.68	115.87	-94.06	92.3
工况 3	652.69	-433.06	204.45	68.62	-109.99	57.64	194.89	-189.51	64.97
工况 4	500.58	-509.31	391.80	58.94	-103.27	55.44	170.63	-146.72	138.18
工况 5	337.09	-342.97	263.84	39.69	-69.54	37.33	114.9	-98.80	93.05
工况 6	641.30	-429.02	240.71	68.52	-108.02	57.22	193.73	-195.20	65.87
强度计算最不利值（工况号）	652.69（3）	-514.30（1）	391.80（4）	68.62（3）	-109.99（3）	57.64（3）	194.89（3）	-195.20（6）	138.18（4）
裂缝验算最不利值（工况号）	346.58（1）	-346.33（1）	—	39.77（2）	-71.18（2）	—	115.87（2）	—98.80（5）	—

表50.4-8 侧墙及中柱各工况作用效应组合

项目 工况号	侧墙		中柱		
	最大弯矩/(kN·m)	最大剪力/kN	最大弯矩/(kN·m)	对应轴力/kN	最大剪力/kN
工况1	116.48	76.97	271.82	-2623.99	122.0
工况2	78.44	51.81	183.04	-1767.02	82.15
工况3	366.44	213.04	793.97	-1941.89	367
工况4	113.44	75.91	278.88	-2633.51	126.00
工况5	76.39	51.12	187.82	-1773.41	84.84
工况6	363.98	213.86	801.34	-1946.55	370.22
强度计算最不利值(工况号)	366.44 (3)	213.86 (6)	801.34 (6)	-2633.51 (4)	352.59 (6)
裂缝验算最不利值(工况号)	78.44 (2)	—	187.82 (5)	—	—

3) 结构板配筋验算(板宽均为1m)

(1) 结构板正截面受弯承载力计算。

①底板配筋验算(按照板的纯弯构件进行配筋):

底板厚度 $h=1200\text{mm}$

A. 正弯矩

强度计算:

底板组合弯矩设计值 $M_{强度计算(正)}=652.69\text{kN}\cdot\text{m}$

钢筋保护层厚度 $a=40\text{mm}$

纵向受拉钢筋 $A_{s,req}=1903.61\text{mm}^2$

裂缝验算:

底板组合弯矩设计值 $M_{裂缝验算(正)}=346.58\text{kN}\cdot\text{m}$

钢筋保护层厚度 $a=30\text{mm}$

实际配筋 $\phi36@180$(一层)

实际纵向受拉钢筋 $A_s=5039.38\text{mm}^2$

最大裂缝 $w_{max}=0.09\text{mm}$

配筋率 $\rho=0.42\%$

最小配筋率 $\rho_{min}=\text{Max}\{0.2\%,\ 0.45f_t/f_y\}=\text{Max}\{0.2\%,\ 0.25\%\}=0.25\%$

由上计算得:底板正弯矩配筋为$\phi25@100+\phi20@200$(分两层)。

B. 负弯矩

强度计算:

底板组合弯矩设计值　$M_{强度计算(负)} = -514.30\text{kN} \cdot \text{m}$

钢筋保护层厚度　$a = 35\text{mm}$

纵向受拉钢筋　$A_{s,req} = 1495.18\text{mm}^2$

裂缝验算：

底板组合弯矩设计值　$M_{裂缝验算(负)} = -346.33\text{kN. m}$

钢筋保护层厚度　$a = 30\text{mm}$

实际配筋　$\phi25@180$

实际纵向受拉钢筋　$A_s = 2945.24\text{mm}^2$（一层）

最大裂缝　$w_{max} = 0.18\text{mm}$

配筋率　$\rho = 0.25\%$

最小配筋率　$\rho_{min} = \text{Max}\{0.2\%, 0.45f_t/f_y\} = \text{Max}\{0.2\%, 0.25\%\} = 0.25\%$

由上计算得：底板负弯矩配筋为 $\phi22@180$。

②中板配筋验算（按照板的纯弯构件进行配筋）：

中板厚度　$h = 400\text{mm}$

A. 正弯矩

强度计算：

中板组合弯矩设计值　$M_{强度计算(正)} = 68.52\text{kN} \cdot \text{m}$

钢筋保护层厚度　$a = 30\text{mm}$

纵向受拉钢筋　$A_{s,req} = 627.77\text{mm}^2$

裂缝验算：

中板组合弯矩设计值　$M_{裂缝验算(正)} = 39.77\text{kN} \cdot \text{m}$

钢筋保护层厚度　$a = 30\text{mm}$

实际配筋　$\phi12@100$

实际纵向受拉钢筋　$A_s = 2945.24\text{mm}^2$

最大裂缝　$w_{max} = 0.024\text{mm}$

配筋率　$\rho = 0.74\%$

最小配筋率　$\rho_{min} = \text{Max}\{0.2\%, 0.45f_t/f_y\} = \text{Max}\{0.2\%, 0.25\%\} = 0.25\%$

由上计算得：中板正弯矩配筋为 $\phi12@100$。

B. 负弯矩

强度计算：

中板组合弯矩设计值　$M_{强度计算(负)} = -109.99\text{kN} \cdot \text{m}$

钢筋保护层厚度　$a = 30\text{mm}$

纵向受拉钢筋　$A_{s,req} = 1015.96\text{mm}^2$

裂缝验算：

中板组合弯矩设计值　$M_{裂缝验算(正)} = -71.18\text{kN} \cdot \text{m}$

钢筋保护层厚度　$a = 30\text{mm}$

实际配筋　$\phi25@180$

实际纵向受拉钢筋　$A_s = 2945.24\text{mm}^2$

最大裂缝　$w_{max}=0.044mm$

配筋率　$\rho=0.74\%$

最小配筋率　$\rho_{min}=Max\{0.2\%，0.45f_t/f_y\}=Max\{0.2\%，0.25\%\}=0.25\%$

由上计算得：中板负弯矩配筋为 ϕ20@180。

③顶板配筋验算（按照板的纯弯构件进行配筋）：

顶板厚度　$h=800mm$

A. 正弯矩

强度计算：

顶板组合弯矩设计值　$M_{强度计算(正)}=194.89kN\cdot m$

钢筋保护层厚度　$a=35mm$

纵向受拉钢筋　$A_{s,req}=857.83mm^2$

裂缝验算：

顶板组合弯矩设计值　$M_{裂缝验算(正)}=115.87kN\cdot m$

钢筋保护层厚度　$a=30mm$

实际配筋　ϕ25@180

实际纵向受拉钢筋　$A_s=2454.37mm^2$

最大裂缝　$w_{max}=0.086mm$

配筋率　$\rho=0.61\%$

最小配筋率　$\rho_{min}=Max\{0.2\%，0.45f_t/f_y\}=Max\{0.2\%，0.25\%\}=0.25\%$

由上计算得：顶板正弯矩配筋为 ϕ25@180。

B. 负弯矩

强度计算：

顶板组合弯矩设计值　$M_{强度计算(负)}=-195.20kN\cdot m$

钢筋保护层厚度　$a=40mm$

纵向受拉钢筋　$A_{s,req}=864.98mm^2$

裂缝验算：

顶板组合弯矩设计值　$M_{裂缝验算(正)}=-98.80kN\cdot m$

钢筋保护层厚度　$a=30mm$

实际配筋　ϕ25@100

实际纵向受拉钢筋　$A_s=2454.37mm^2$

最大裂缝　$w_{max}=0.073mm$

配筋率　$\rho=0.61\%$

最小配筋率　$\rho_{min}=Max\{0.2\%，0.45f_t/f_y\}=Max\{0.2\%，0.25\%\}=0.25\%$

由上计算得：顶板负弯矩配筋为 ϕ25@100。

④侧墙配筋验算（按照板的纯弯构件进行配筋）：

侧墙厚度　$h=400mm$

强度计算：

侧墙组合弯矩设计值　$M=M_{强度计算(正)}\times0.75=366.44\times0.75=274.83kN\cdot m$

钢筋保护层厚度　$a=30\text{mm}$
纵向受拉钢筋　$A_{s,req}=2635.56\text{mm}^2$
裂缝验算：
顶板组合弯矩设计值　$M_{裂缝验算(正)}=78.44\text{kN}\cdot\text{m}$
钢筋保护层厚度　$a=30\text{mm}$
实际配筋　$\phi25@180$
实际纵向受拉钢筋　$A_s=2945.24\text{mm}^2$
最大裂缝　$w_{max}=0.085\text{mm}$
配筋率　$\rho=0.74\%$
最小配筋率　$\rho_{min}=\text{Max}\{0.2\%,\ 0.45f_t/f_y\}=\text{Max}\{0.2\%,\ 0.25\%\}=0.25\%$
由上计算得：顶板负弯矩配筋为 $\phi25@180$。

（2）结构板受剪验算（板宽均为 1m）

①底板受剪验算：

剪力最不利组合工况为工况 4（无水平地震作用组合的弯矩值）：
$V=391.80\text{kN}$；$h_w=h_0=1.2-0.040=1.052\text{m}$；$b=1\text{m}$；
$h_w/b=1.052<4$
$0.25\beta_c f_c bh_0=0.25\times1\times16.7\times1\times1.060\times1000=4425.5\text{kN}>V$　截面满足要求
$0.7\beta_h f_t bh_0=0.7\times(800/1060)^{1/4}\times1.57\times1.060\times1\times1000=1085.80>V$　不需设置箍筋

②中板受剪验算：

剪力最不利组合工况为工况 3（有水平地震作用组合的弯矩值）：
$V=57.64\text{kN}$；$h_w=h_0=0.4-0.03=0.37\text{m}$；$b=1\text{m}$；
$h_w/b=0.37<4$
$0.25\beta_c f_c bh_0=0.25\times1\times16.7\times0.37\times1\times1000=1544.75\text{kN}>V$　截面满足要求
$0.7\beta_h f_t bh_0=0.7\times(800/370)^{1/4}\times1.57\times0.37\times1\times1000=493.08>V$　不需设置箍筋

③顶板受剪验算：

剪力最不利组合工况为工况 4（无水平地震作用组合的弯矩值）：
$V=138.18\text{kN}$；$h_w=h_0=0.8-0.035=0.765\text{m}$；$b=1\text{m}$；
$h_w/b=0.765<4$
$0.25\beta_c f_c bh_0=0.25\times1\times16.7\times0.765\times1\times1000=3193.88\text{kN}>V$　截面满足要求
$0.7\beta_h f_t bh_0=0.7\times(800/765)^{1/4}\times1.57\times0.765\times1\times1000=850.19>V$　不需设置箍筋

④侧墙受剪验算：

剪力最不利组合工况为工况 6（有水平地震作用组合的弯矩值）：
$V=213.86\times0.75=160.40\text{kN}$；$h_w=h_0=0.4-0.03=0.370\text{m}$；$b=1\text{m}$；
$h_w/b=0.37<4$
$0.25\beta_c f_c bh_0=0.25\times1\times16.7\times0.37\times1\times1000=1544.75\text{kN}>V$　截面满足要求
$0.7\beta_h f_t bh_0=0.7\times(800/370)^{1/4}\times1.57\times0.37\times1\times1000=493.08>V$　不需设置箍筋

4）结构柱配筋验算

柱截面为矩形，截面尺寸为 800mm×1000mm（$h\times b$），柱间距为 8.4m，净高度为 4m；

混凝土强度等级为C35。按照二级框架柱进行验算。根据《规范》规定，需对构件内力进行调整。

（1）轴压比验算。

框架柱的轴压比：根据《抗震规范》6.3.7和《高规》第6.4.2条规范：二级框架柱的轴压比不宜大于0.80。

经上比较，轴压比控制内力的最不利组合工况为工况4（无水平地震作用组合的弯矩值）

N =1.1×1.35×恒载（水反力）标准值×8.4

=1.1×1.35×−211.12×8.4

=−2633.51kN

$\mu_N = N/f_c bh = 2633.51\times10^3/16.7/800/1000 = 0.20 \leqslant 0.8$ 满足要求

（2）构件内力最不利组合。

经上比较，弯矩最不利组合工况为工况6（有水平地震作用组合的弯矩值）：

$M'_{强度计算(柱顶)}$ = 1.2 ×（1.2 × 恒载(水反力) 标准值 + 1.3 × 水平地震荷载）× 8.4

= 1.2 ×（1.2 × 18.03 + 1.3 × 56.74）× 8.4

=961.61kN·m

$M'_{强度计算(柱底)}$ = 1.2 ×（1.2 × 恒载(水反力) 标准值 + 1.3 × 水平地震荷载）× 8.4

= 1.2 ×（1.2 × 22.36 + 1.3 × 51.41）× 8.4

=944.14kN·m

对应最不利弯矩的轴力：

N =（1.2 × 恒载(水反力) 标准值 + 1.3 × 水平地震荷载）× 8.4

=（1.2 ×− 211.12 + 1.3 × 16.35）× 8.4

=−1949.55kN

（3）柱截面配筋验算。

钢筋保护层厚度 $a = 40\text{mm}$

强度计算（按对称配筋）：

柱截面组合弯矩设计值 $M = M'_{强度计算(柱顶)} \times 0.8 = 961.61\times0.8 = 769.29\text{kN}\cdot\text{m}$

对应组合轴力设计值 $N = -1946.55\text{kN}$

纵向受拉钢筋 $A_{s,req} = 0\text{mm}^2$

$e_0/h_0 = M/N/h_0 = 769.29/1946.55/0.760 = 0.52$

实际配筋 5ϕ36

实际纵向受拉钢筋 $A_s = 5089.38\text{mm}^2$

配筋率 $\rho = 0.64\%$

最小配筋率按照《规范》第6.3.8条按二级框架，对称配筋$\rho = 0.4\%$

由上计算得：结构柱配筋为5ϕ36

（4）柱截面受剪验算。

$V = \gamma_{RE} \cdot \eta_{vc}(M_c^b + M_c^t)/H_n = 0.8 \times 1.2 \times (961.61 + 944.14)/4 = 457.38\text{kN}$

$h_w = h_0 = 0.8 - 0.04 = 0.76\text{m}$；$b = 1\text{m}$；

$h_w/b=0.76<6$

$0.2\beta_c f_c bh_0=0.2\times1\times16.7\times0.76\times1\times1000=2538.4\text{kN}>V$　　截面满足要求

$\lambda=H_n/(2h_0)=4/(2\times0.76)=2.63>3$ 时，$\lambda=2.63$

$0.3f_c A=0.3\times16.7\times0.8\times1000=4008\text{kN}>N$

四肢箍筋采用 4ϕ10@ 100；

$f_{yv}=2.1\times10^5\text{kN/m}^2$；$s=0.1\text{m}$；$A_{sv}=4\times78.5\times10^{-6}=3.14\times10^{-4}\text{m}^2$

$$\frac{1.75}{\lambda+1}f_t bh_0+f_{yv}\frac{A_{sv}}{s}h_0+0.07N$$

$$=\frac{1.75}{2.63+1}\times1.57\times1000\times0.76+2.1\times10^5\times\frac{3.14\times10^{-4}}{0.1}\times0.76+0.07\times4008$$

$$=575.23+501.14+280.56$$

$$=1356.93\text{kN}>V$$　截面满足要求

6. 地下结构变形验算

对地下结构进行设计地震作用下的抗震变形验算时，其层内最大的弹性层间位移应符合下式要求：

$$\Delta u_e\leqslant[\theta_e]h$$

（1）对于上层，式中：$\Delta u_e=0.00053\text{m}$；$[\theta_e]=1/550$；$h=4\text{m}$

$$\frac{\Delta u_e}{h}=\frac{0.00053}{4}=\frac{1}{7547}\leqslant\frac{1}{550}$$　满足要求

（2）对于下层，式中：$\Delta u_e=0.00023\text{m}$；$[\theta_e]=1/550$；$h=4\text{m}$

$$\frac{\Delta u_e}{h}=\frac{0.00023}{4}=\frac{1}{17391}\leqslant\frac{1}{550}$$　满足要求

第 51 章　地下综合体

51.1　一 般 要 求

地下综合体是指在城市中心广场地带，城市主导发展的都心地区和城市的交通枢纽地区的地下，建设沿三维方向发展的一种地面与地下系统联系、输送、转换的连接网络，并结合商业、存储、物流、娱乐、换乘和市政等设施，共同构成的用以组织人们活动，协调上下空间，维持城市高效运转的一种综合性地下设施，其主要特征是功能上的多样性、空间上的整合性、系统组织上的有序性、开发建设的联合性以及工程设施的综合性等。

地下综合体应建造在密实、均匀、稳定的地基上。当处于软弱土、液化土或断层破碎带等不利地段时，应分析其对结构抗震稳定性的影响，采取相应措施。地下综合体的建筑布置应力求简单、对称、规则、平顺；横剖面的形状和构造不宜沿纵向突变。

51.2　内力分析和抗震承载力验算

根据《建筑抗震设计规范》（GB 50011—2010）要求，宜采用空间结构分析计算模型并采用土层—结构时程分析法计算。地震烈度为 8、9 度时尚宜计及竖向地震作用。土层的动力特性参数可由试验确定。

地下综合体的抗震验算，应符合下列规定：

（1）应进行多遇地震作用下截面承载力和构件变形的抗震验算。

（2）应进行罕遇地震作用下的抗震变形验算。

（3）位于液化地基中时，应验算液化时的抗浮稳定性。液化土层对地下连续墙和抗拔桩等的摩阻力，宜根据实测的标准贯入锤击数与临界标准贯入锤击数的比值确定其液化折减系数。

51.3　抗震构造措施

目前，我国对地下建筑结构抗震设计中结构构件所采用的抗震构造措施研究还很缺乏。在实际设计中主要参照地面建筑结构的抗震构造措施进行设计，这种做法忽视了地下、地上结构的动力响应差别，具有一定的片面性。实际上应该考虑我国砂卵石地区、砂粉土地区、软黏土地区和岩体为主的山区等不同地基特点，区分明挖整体框架结构、矿山法施工的复合式结构、穿越江河湖泊的沉埋结构等不同形式，考虑这些结构的构造特点、动力性能和破坏特征的异同，分别研究其抗震措施。

根据以往地下建筑震害特点和经验，地下建筑的抗震措施主要包括两个方面，即抗震构造措施和抗液化措施。

在抗震构造措施方面，建议地下建筑宜采用现浇结构。需要设置部分装配式构件时，应使其与周围构件有可靠的连接。地下钢筋混凝土结构按抗震等级提出的构造要求，应根据“强柱弱梁”的设计概念适当加强框架柱的措施。考虑到地下钢筋混凝土框架结构构件的尺寸常大于同类地面结构的构件，但因使用功能不同的框架结构要求不一致，因而建议结构构件的最小尺寸应不低于同类地面结构构件的规定。同时，应加强周边墙体与楼板的连接构造的措施，防止节点提前破坏。节点是构件间内力传递的途径，也是保证结构整体性和连续性的重要条件。造成节点破坏的原因是在节点处产生过大的位移和转动。因此，在中柱纵向钢筋最小总配筋率增加0.2%的基础上，要求中柱与梁或顶板、中间楼板及底板连接处的箍筋应加密，其范围和构造与地面框架结构的柱相同。

对于位于岩石中的地下建筑，汶川地震中公路隧道的震害调查表明，当断层破碎带的复合式支护采用素混凝土内衬时，地震下内衬结构严重裂损并大量坍塌，而采用钢筋混凝土内衬结构的隧道口部地段，复合式支护的内衬结构仅出现裂缝。因此，要求在断层破碎带中采用钢筋混凝土内衬结构，不得采用素混凝土衬砌。

根据工程经验，采用离壁式衬砌时，内衬结构应在拱墙相交处设置水平撑抵紧围岩。采用钻爆法施工时，初期支护和围岩地层间应密实回填。干砌块石回填时应注浆加强。

在抗液化措施方面，根据单建式地下建筑结构的特点，提出遇到液化地基时可采用的处理技术和要求。对周围土体和地基中存在的液化土层，注浆加固和换土等技术措施可有效地消除或减轻液化危害。对液化土层未采取措施时，应考虑其上浮的可能性，验算方法及要求可参见《规范》第5.2节，必要时采取抗浮措施。地基中包含薄的液化土夹层时，以加强地下结构而不是加固地基为好。当基坑开挖中采用深度大于20m的地下连续墙作为围护结构时，坑内土体将因受到地下连续墙的挟持包围而形成较好的场地条件，地震时一般不可能液化。这两种情况，周围土体都存在液化土，在承载力及抗浮稳定性验算中，仍应计入周围土层液化引起的土压力增加和摩阻力降低等因素的影响。

51.4　计算例题

【例51.4－1】某地下综合体三维抗震设计

1. 工程概况

某地下综合体采用明挖顺作法施工。主体结构外包尺寸为490.6m（长）×55m（宽），分为两个部分：

（1）车站部分，基坑埋深16.5～19.27m，为地下二层结构，采用地下连续墙围护结构，地下连续墙深 30~35m，明挖法施工。

(2) 联体地下空间开发部分，基坑埋深 7.8~8.8m，为地下一层结构，采用钻孔灌注桩+搅拌桩作为围护结构，灌注桩长约 17m，搅拌桩长约 16m，逆作法施工。

结构平面图、典型剖面图分别如图 51.4-1、图 51.4-2 所示。

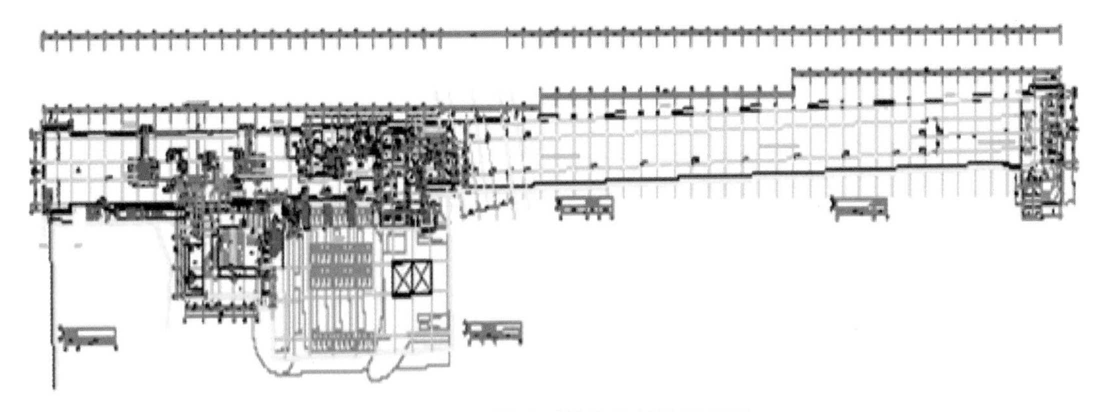

图 51.4-1　某地下综合体结构平面图

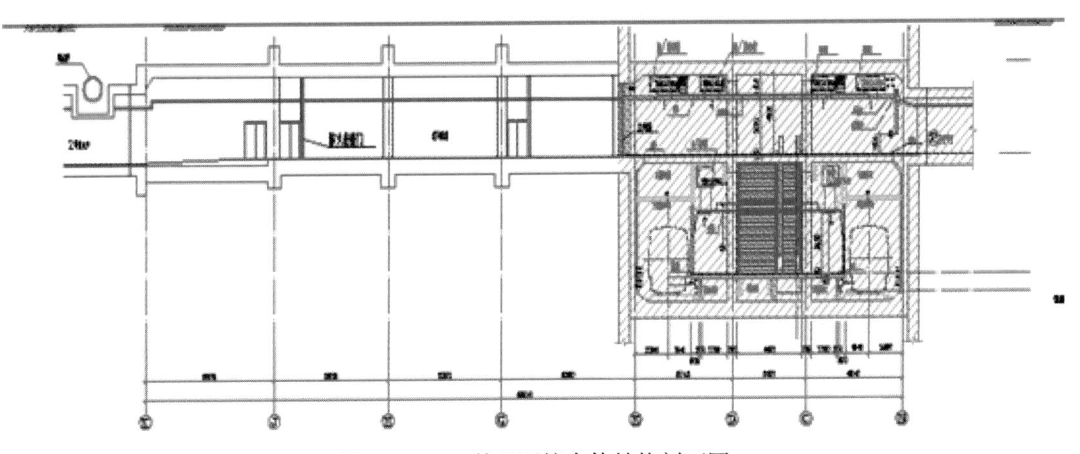

图 51.4-2　某地下综合体结构剖面图

2. 三维动力非线性时程分析

土层-结构时程分析法的基本原理是将地震运动视为一个随时间而变化的过程，并将地下结构物和周围岩土体介质视为共同受力变形的整体，通过直接输入地震加速度记录，在满足变形协调条件的前提下分别计算结构物和岩土体介质在各时刻的位移、速度、加速度，以及应变和内力，并进而验算场地的稳定性和进行结构截面设计。

1) 计算原理

(1) 基本方程。

采用土层-结构时程分析法按三维问题的有限元方法计算地下结构物的地震反应时，基本方程为：

$$[M]\{\ddot{u}\} + [C]\{\dot{u}\} + [K]\{u\} = -[M]\{l\}\ddot{u}_g(t) = \{F(t)\} \qquad (51.4-1)$$

式中 $\{u\}$——节点位移列阵；

$[M]$——体系的整体质量矩阵；

$[C]$——体系的整体阻尼矩阵，$[C]=\alpha[M]+\beta[K]$，α 和 β 为由试验确定的系数。当采用瑞利阻尼时，可取 $\alpha=\lambda\omega_1$，$\beta=\lambda/\omega_1$，λ 为阻尼比，ω_1 为体系的一阶自振频率；

$[K]$——体系的整体刚度矩阵；

$\{l\}$——元素均为 1 的列阵；

$\ddot{u}_g(t)$——输入的地震加速度时程曲线；

$\{F(t)\}$——荷载向量列阵。

（2）基本方程的求解方法。

基本方程属于非线性动力方程，可采用时域积分法逐步求解。其计算步骤为：

①将输入地震加速度的计算时间划分成若干个足够微小的时间间隔。

②假设在每个微小的时间间隔内，地震加速度及体系的反应加速度均随时间呈线性变化，据此算得该时间间隔最后时刻的位移 $\{u\}$、速度 $\{\dot{u}\}$ 及加速度 $\{\ddot{u}\}$。

③根据位移 $\{u\}$ 求出应变和应力。

④重复步骤②、③，计算下一时间间隔的最后时刻的位移、速度、加速度、应变和应力，直到输入地震加速度的计算时间结束。

2）计算模型

（1）计算范围。

车站结构横向宽 72m（其中车站结构主体横向宽度为 53.2m，附属部分横向宽 18.8m），纵向长 490.6m，高 14.3m。

计算范围的选取原则为：沿水平激振方向取车站结构宽度的 5 倍（即左右两侧土体均为车站横向跨度的 2 倍），纵向计算长度取车站纵向长加 4 倍车站横向宽（即前后土体各取车站横向跨度的 2 倍），下部深度取为 70m。

由此确定的计算范围为：360m（水平横向）×702m（水平纵向）×70m（深度）。

土体及结构计算模型见图 51.4－3 至图 51.4－6。

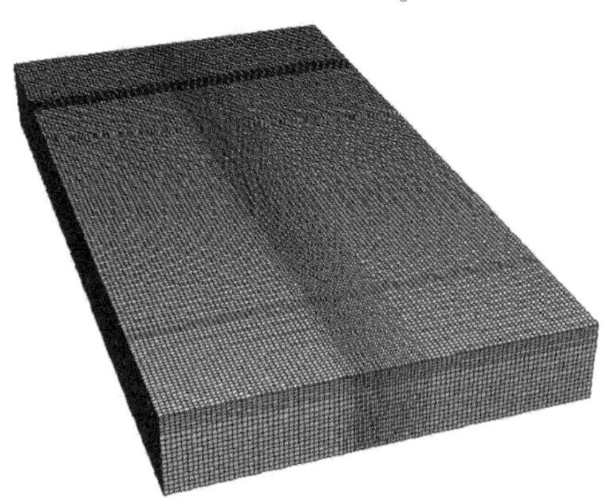

图 51.4－3 土体计算模型

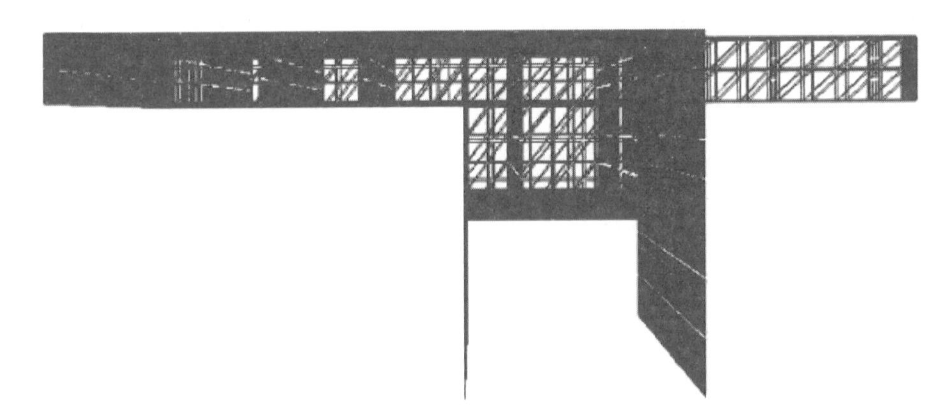

图51.4-4　车站结构计算模型

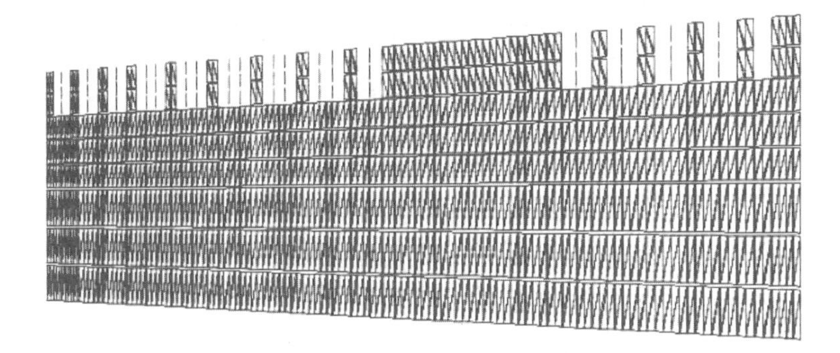

图51.4-5　车站左上侧墙连续开孔情况示意图

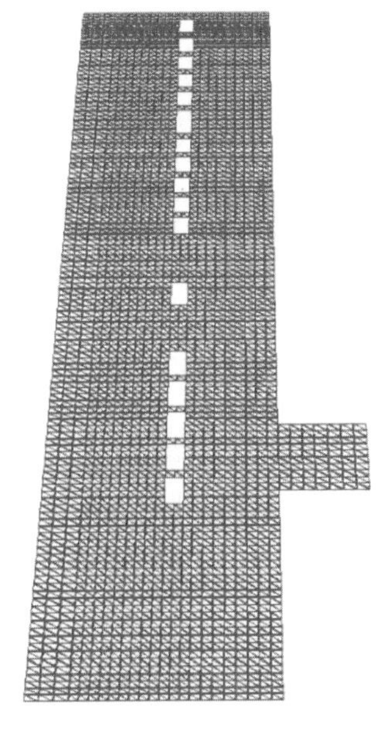

图51.4-6　空间开发部位顶板采光天棚开孔情况示意图

（2）材料本构模型及计算参数。

①静力计算参数。

土体采用摩尔-库仑模型，土体柱状图及计算参数见图 51.4－7 和表 51.4－1。C30 混凝土采用弹性模型，弹性模量 E_s 取 3×10^{10}MPa，泊松比取 0.2。

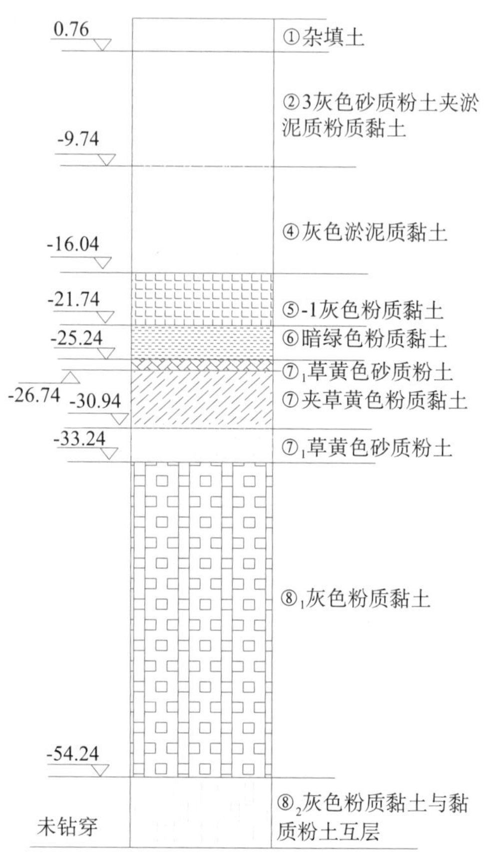

图 51.4－7　地质柱状图

表 51.4－1　土层物理力学性质参数表

土层编号	土层名称	厚度（m）	弹性模量（MPa）	静止侧压力系数	密度（kg/m³）	剪切波速（m/s）
①	杂填土	2.50	7.5	0.47	1840	90
②	灰色砂质粉土夹淤泥质粉质黏土	10.50	22.4	0.40	1830	160
④	灰色淤泥质黏土	6.30	7.5	0.54	1680	160
⑤1	灰色粉质黏土	5.70	11.5	0.48	1800	220
⑥	暗绿色粉质黏土	3.50	20.0	0.42	1990	220
⑦1	草黄色砂质粉土	1.50	28.0	0.40	1900	251
⑦夹	草黄色粉质黏土	4.20	21.0	0.38	1920	249

续表

土层编号	土层名称	厚度（m）	弹性模量（MPa）	静止侧压力系数	密度（kg/m^3）	剪切波速（m/s）
⑦2	草黄色砂质粉土	2.30	28.0	0.35	1900	251
⑧1	灰色粉质黏土	21.00	24.0	0.47	1800	290
⑧2	灰色粉质黏土与黏质粉土互层		36.0	0.38	1880	290

②动力计算参数。

上海市区地层材料的动力特性可采用 Davidenkov 模型表述，动剪切模量 G 及阻尼比 λ 的计算式分别为：

$$\frac{G}{G_{max}} = 1 - \left[\frac{\left(\frac{\gamma_d}{\gamma_0}\right)^{2B}}{1 + \left(\frac{\gamma_d}{\gamma_0}\right)^{2B}}\right]^A \tag{51.4-2}$$

$$\frac{\lambda}{\lambda_{max}} = \left(1 - \frac{G}{G_{max}}\right)^{\beta} \tag{51.4-3}$$

式中　A、B、β——拟合参数；

G_{max}——最大剪切模量；

γ_d——动剪应变；

γ_0——参考应变；

λ_{max}——最大阻尼比。

模型参数由试验确定，详见表 51.4－2。最大动剪模量可依据表 51.4－1 中场地土剪切波速按式（51.4－4）计算：

$$G_{max} = \rho c_s^2 \tag{51.4-4}$$

当缺少剪切波速资料时，最大动剪模量可按式（51.4－5）计算：

$$G_{max} = a \cdot \frac{(2.97 - e_0)^2}{1 + e_0} \cdot (\sigma'_v)^{\frac{1}{2}} \tag{51.4-5}$$

式中　σ'_v——上覆有效压力；$\sigma'_v = \sum_{i=1}^{n} \gamma_i h_i$；

a——拟合系数，按表 51.4－3 选取。

混凝土结构采用弹性本构模型，其动力特性参数按常规方法由将混凝土材料的静弹性模量提高 30%～50%，此处，动弹性模量取 $E_d = E_s \times 140\% = 4.2 \times 10^{10}$MPa。

表 51.4－2　上海地区软土 Davidenkov 模型拟合参数表

土层名称	A	B	γ_0
粉质黏土	1.2046	0.4527	7.1×10^{-4}
黏土	0.5773	0.6487	20.4×10^{-4}
粉土	0.6909	0.553	15.5×10^{-4}
粉砂	0.8094	0.5421	13.5×10^{-4}

表 51.4－3　上海地区软土最大动剪模量拟合参数表

土层名称	粉质黏土	黏土	粉土	粉砂
a/MPa	2.036	2.881	2.381	3.026

（3）动力计算边界条件。

计算时四个侧面边界均采用自由场边界，底部取为竖向固定、水平自由的边界，顶面为自由变形边界。

（4）地震荷载的输入。

地震动输入取自上海市地震动参数小区划研究的成果，并由等效线性化一维土层地震反应计算程序 LSSRL 计算获得地下 70m 深度处未来 50 年超越概率为 10%的地震动加速度时程，对应的最大加速度为 0.74m/s^2。超越概率 10%时上海人工波加速度时程及其频谱曲线如图 51.4－8 所示。

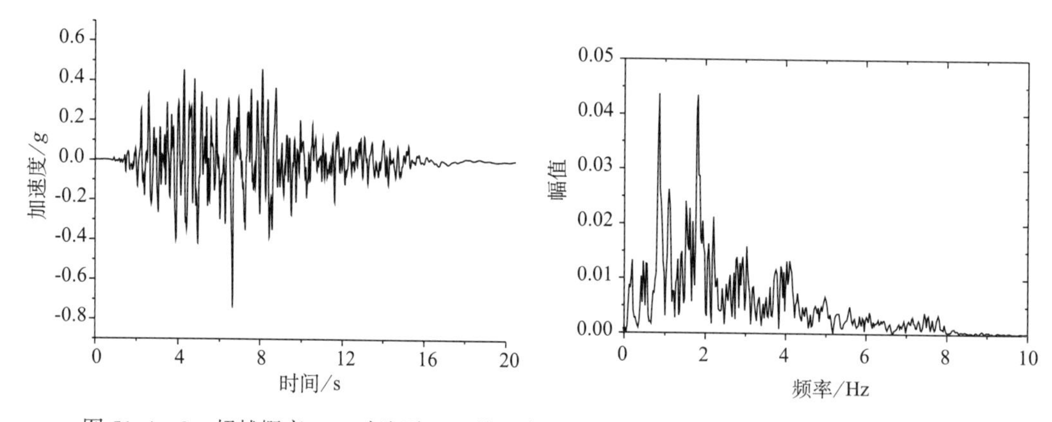

图 51.4－8　超越概率 10%时地下 70m 处上海人工地震波加速度时程及其频谱特征曲线图

3）计算结果与分析

（1）柱子及结构侧墙的内力。

柱子与车站结构及空间开发部位的侧墙均为抗侧力构件。计算得到柱子在静力及静、动合力作用下的轴力、平面外的剪力以及平面内的弯矩分别见表 51.4－4 至表 51.4－6，车站结构及空间开发部位的侧墙在静力及静、动合力作用下的弯矩见表 51.4－7。

表 51.4-4　柱子在静力及静、动合内力作用下的轴力及其增幅

部位	轴力/kN			
	静力	合力	增幅/%	平均增幅/%
车站左上柱	3898	4091	4.95	5.12
车站左下柱	4285	4483	4.54	
车站右上柱	4203	4438	5.59	
车站右下柱	4822	5052	4.77	
中间仅一排柱子	5198	5411	4.1	
车站左上侧墙开发部位的柱子	5544	5997	6.63	
空间开发部位左柱	3915	4132	5.54	
空间开发部位中柱	3685	3897	5.75	
空间开发部位右柱	5268	5484	4.1	

表 51.4-5　柱子在静力及静、动合内力作用下平面外剪力及其增幅

结构部位		柱子平面外的剪力/kN			
		静力下	合力下	增加率/%	总平均增加率/%
车站	车站左上边墙开发部位柱子	254.2	501.21	97.17	108.35
	左上柱	247.2	442.58	79.04	
	左下柱	12.64	33.54	165.35	
	右上柱	202.4	349.84	72.85	
	右下柱	19.77	35.92	81.69	
开发部位	左柱	69.14	142.82	106.57	
	中柱	33.87	88.35	160.85	
	右柱	45.23	91.96	103.32	

表 51.4－6　柱子在静力及静、动合内力作用下平面内弯矩及其增幅

结构部位	平面内弯矩/(kN·m)			
	静力	合力	增幅/%	平均增幅/%
车站左上柱上端	429	739	72.26	89.24
车站左下柱下端	88	226	156.8	
车站右上柱上端	497	742	49.3	
车站右下柱下端	181	307	69.6	
中间仅一排柱子上端	335.5	494.8	47.5	
车站左上侧墙开发部位柱子上端	524	1039	98.3	
空间开发部位左柱上端	169	321	89.9	
空间开发部位中柱上端	134	295	120.1	
空间开发部位右柱上端	154	307	99.4	

表 51.4－7　结构侧墙在静力及静、动合内力作用下的弯矩及其增幅

结构部位		弯矩/(kN·m)				
		静力	合力	增幅/%	平均增幅/%	总的平均增幅/%
空间开发部位左侧墙	上部	644	998.3	54.4	52.5	54.4
	中间	395.5	564.8	42.8		
	下部	668.2	1071.7	60.4		
车站左下侧墙	上部	875.8	1306.9	49.2	47.4	
	中间	615.7	871.7	41.6		
	下部	1084	1644.6	51.3		
车站左上侧墙（开发部位）	上部	895.8	1344.5	50.1	50.2	
	中间	426.4	613.9	43.97		
	下部	666.5	1042.1	56.4		
车站右侧墙	上部	543.1	967.8	55.3		
	中间	485.5	724.5	49.2		
	下部	672.2	1066.3	58.6		

（2）板的内力。

板端部与跨中在静力及合力作用下弯矩及增幅分别见表 51.4－8 和表 51.4－9。

表 51.4－8　板端部在静力及静、动合内力作用下的弯矩及其增幅

结构部位			静力	合力	增幅/%	各跨平均增幅/%	各板平均增幅/%	总平均增幅/%
车站顶板	左跨	左边	484	607.4	25.50	30.53	33.00	43.97
		右边	695.7	943.1	35.56			
	中跨	左边	543.6	746.9	37.40	35.29		
		右边	596.8	794.8	33.18			
	右跨	左边	542.9	816.5	31.08	33.18		
		右边	444.4	601.2	35.28			
车站中板	左跨	左边	84.5	162.1	91.83	92.40	85.91	
		右边	146.4	282.5	92.96			
	中跨	左边	101.6	177.3	74.51	71.69		
		右边	96.4	162.8	68.88			
	右跨	左边	113.4	220.8	94.71	93.63		
		右边	69.9	134.6	92.56			
车站底板	左跨	左边	699	987.8	41.32	44.32	35.56	
		右边	885.8	1305	47.32			
	中跨	左边	694.6	901.4	29.77	34.54		
		右边	605.6	843.6	39.30			
	右跨	左边	803.2	983.1	22.40	27.82		
		右边	610.8	813.8	33.24			
空间开发部位顶板	左跨	左边	542	676.3	24.78	27.03	32.69	
		右边	714.5	923.7	29.28			
	左中跨	左边	584.7	745.8	27.55	30.69		
		右边	775.8	1038.2	33.82			
	右中跨	左边	674.2	994.4	47.49	49.69		
		右边	780.4	1185.3	51.88			
	右跨	左边	675.7	870.3	28.80	32.30		
		右边	862.8	1171.7	35.80			
空间开发部位底板	左跨	左边	506	655.8	29.60	32.49	32.69	
		右边	675.8	914.9	35.38			
	左中跨	左边	585.4	701.3	19.80	29.12		
		右边	704.6	975.4	38.43			
	右中跨	左边	626.1	856.8	36.85	33.26		
		右边	754.1	977.8	29.66			
	右跨	左边	678.5	878.7	29.51	35.17		
		右边	795.3	1120	40.83			

表 51.4－9　板跨中在静力及静、动合内力作用下的弯矩及其增幅

结构部位		静力	合力	增幅/%	平均增幅/%	总平均增幅/%
车站顶板	左跨跨中	224.4	255.2	13.73	22.64	38.73
	中跨跨中	855.8	1143.7	33.64		
	右跨跨中	403.8	486.8	20.55		
车站中板	左跨跨中	47.9	96.8	102.09	79.79	
	中跨跨中	255.8	467.2	82.64		
	右跨跨中	87.5	135.3	54.63		
车站底板	左跨跨中	384.5	510.1	32.67	38.72	
	中跨跨中	458	650.3	41.99		
	右跨跨中	384.4	543.9	41.49		
空间开发部位顶板	左跨跨中	621.3	750.4	20.78	27.63	
	左中跨跨中	410.1	503.4	22.75		
	右中跨跨中	500.5	723.4	44.54		
	右跨跨中	530.7	649.8	22.44		
空间开发部位底板	左跨跨中	325.8	414.7	27.29	24.86	
	左中跨跨中	414.6	483.8	16.69		
	右中跨跨中	545.2	644.9	18.29		
	右跨跨中	563.4	772.9	37.18		